河南省南水北调
年鉴2018

《河南省南水北调年鉴》编纂委员会 编著

黄河水利出版社

图书在版编目（CIP）数据

河南省南水北调年鉴. 2018 /《河南省南水北调年鉴》
编纂委员会编著. —郑州：黄河水利出版社，2019. 1
ISBN 978 - 7 - 5509 - 2274 - 7

Ⅰ.①河…　Ⅱ.①河…　Ⅲ.①南水北调–水利工程–
河南–2018–年鉴　Ⅳ.①TV68–54

中国版本图书馆CIP数据核字（2019）第031345号

出　版　社：黄河水利出版社
　　　　　　地址：河南省郑州市顺河路黄委会综合楼14层　邮政编码：450003
发行单位：黄河水利出版社
　　　　　　发行部电话：0371–66026940、66020550、66028024、66022620（传真）
　　　　　　E–mail：hhslcbs@126.com
承印单位：河南瑞之光印刷股份有限公司
开本：787 mm × 1092 mm　1/16
印张：40.25　　　　　　　　　　插页：12
字数：1069千字
版次：2019年1月第1版　　　　　印次：2019年1月第1次印刷

定价：210.00元

《河南省南水北调年鉴2018》
编纂委员会

主 任 委 员：刘正才

副主任委员：王国栋　　贺国营　　杨继成

委　　　员：卢新广　　刘亚琪　　冯光亮　　王家永　　雷淮平

张兆刚　　邹志悝　　单松波　　田自红　　吕秀荣

蒋勇杰　　余　洋　　秦鸿飞　　徐庆河　　邹根中

胡国领　　谢道华　　朱明献　　于澎涛　　尹延飞

靳铁拴　　曹宝柱　　李洪汉　　徐克伟　　张小保

李　峰　　段承欣　　吴玉岭　　邵长征　　张作斌

杜长明　　马荣洲　　陈志超　　李耀忠

《河南省南水北调年鉴2018》
编纂委员会办公室

主　　任：余　洋

副 主 任：谢道华

《河南省南水北调年鉴2018》
编　辑　部

主　编：耿新建

编　辑：（按姓氏笔画排序）

马玉凤	马树军	王　冲	王　振	王　海
王双双	王秋彬	王留伟	王海峰	王跃宇
王淑芬	王朝朋	王道明	石帅帅	付黎歌
宁俊杰	司占录	吕书广	任　辉	刘晓英
刘素娟	刘富伟	孙玉萍	孙军民	安玉德
安红义	朱　震	朱子奇	闫利明	齐声波
余培松	吴　燕	张　进	张　琳	张永兴
张伟伟	张志清	李万明	李申亭	李志伟
李沛炜	李首伦	李新梅	杜军民	杨宏哲
陈杰森	周　璇	周天贵	周郎中	岳玉民
罗志恒	范毅君	郑　军	郑国印	姚林海
胡代楼	赵　彬	骆　州	徐振国	郭　强
高　翔	高　攀	崔　堃	崔杨馨	黄红亮
龚莉丽	程晓亚	谢康军	鲁　肃	雷应国
蔡舒平	樊国亮	薛雅琳		

2017年10月18日，河南省南水北调办公室集体收看十九大现场直播 　　　　（余培松 摄）

　　2017年10月，国务院南水北调办公室主任鄂竟平带队检查干线郑州管理处须水河闸站运行管理工作

　　　　　　　　　　　　　　　　　　　　　　　　　　　　　　　　（杨莉莉 摄）

2017年5月，国务院南水北调办公室副主任张野调研郑州市新郑观音寺调蓄水库建设

（刘素娟 摄）

2017年4月，国务院南水北调办公室副主任蒋旭光检查干线卫辉管理处调度情况

（杨莉莉 摄）

2017年9月，河南省南水北调办公室主任刘正才到南阳调研配套工程唐河水厂运行管理工作
（朱　震摄）

2017年6月，河南省南水北调办公室主任刘正才到帮扶村肖庄村调研　　　（薛雅琳　摄）

2017年12月，河南省南水北调办公室副主任贺国营出席南水北调中线工程通水三周年写生创作展开幕式
（余培松 摄）

2017年6月，河南省南水北调办公室副主任杨继成调研许昌市鄢陵县配套工程向经济技术开发区医药产业园供水项目
（程晓亚 摄）

2017年1月，中线建管局局长于合群检查干线叶县管理处运行调度工作

（杨莉莉 摄）

2017年1月，河南省南水北调工作会议召开

（余培松 摄）

2017年1月，全省南水北调系统党风廉政建设会议召开 （余培松 摄）

2017年6月，河南省南水北调办公室召开"两学一做"学习教育常态化制度化部署推进会

（余培松 摄）

2017年12月，南水北调中线一期工程通水三周年新闻通气会　　　　　　　（余培松 摄）

2017年6月，全省南水北调对口协作工作座谈会在洛阳市栾川县召开　　　　（范毅君 摄）

2017年6月，河南省南水北调中线干线工程保护范围划定工作会召开　　　（余培松　摄）

2017年11月，河南省法学会南水北调政策法律研究会年会在山河宾馆召开

（余培松　摄）

2017年5月，河南省南水北调办公室举办南水北调生态安全法治论坛

（余培松 摄）

2017年2月，南阳市召开年度南水北调保水质护运行暨移民工作会议 　　（朱 震 摄）

2017年4月，鹤壁市供水配套工程36号分水口门第三水厂泵站机组启动及通水验收会

（姚林海 摄）

2017年7月，河南省南水北调中线工程建设管理局挂牌仪式　　　　　　（余培松 摄）

2017年9月，南水北调中线工程水源地淅川县丹江口水库　　　　　　　（余培松 摄）

2017年10月，南水北调中线陶岔渠首枢纽工程　　　　　　　（王 蒙摄）

2017年10月，渠首分局邓州段南水北调干线工程绿化带　　　　　　　　（王　蒙　摄）

2017年12月，渠首分局举办通水三周年"开放日"活动　　　　　　　　（王山立　摄）

2017年10月27日，南水北调干线工程平顶山澎河渡槽退水闸退水　　　　（余培松 摄）

2017年10月28日，漯河临颍黄龙湿地公园南水北调工程生态补水　　　　（余培松 摄）

2017年11月，南水北调中线工程向许昌禹州神垕镇水厂供水　　　　　　（余培松 摄）

2017年11月，南水北调中线工程突发水污染事件应急演练在郑州市荥阳段举行 （余培松 摄）

2017年12月，南水北调中线工程向郑州市航空港区二水厂供水　　　　　　（余培松 摄）

2017年12月，南水北调郑州市荥阳移民村里的幼儿园　　　　　　（刘素娟 摄）

2017年12月，河南分局焦作管理处举办南水北调"开放日"活动　　　　（余培松　摄）

2017年11月1日，南水北调中线工程向焦作龙源湖公园受水置换　　　　（余培松　摄）

2017年9月27日，南水北调中线新乡县调蓄池工程通水　　　　　　　（吴　燕　摄）

2017年10月，新乡市南水北调水行政监察大队揭牌仪式　　　　　　　（吴　燕　摄）

2017年10月30日，濮阳龙湖南水北调中线工程生态补水　　　　　　　　（余培松　摄）

2017年10月，濮阳市南水北调配套工程输水线路巡查队　　　　　　　　（王道明　摄）

2017年12月，濮阳市南水北调办公室开展通水三周年活动　　　　　　　（王道明　摄）

2017年10月31日，南水北调工程向鹤壁市淇河生态补水　　　　　　　（余培松　摄）

2017年11月，安阳市南水北调办公室组织到涉县129师旧址参观学习 　　（任　辉　摄）

2017年1月，河南省南水北调办公室举办在郑参建单位新春联谊会 　　（余培松　摄）

编 辑 说 明

一、《河南省南水北调年鉴2018》记述河南南水北调2017年度工作信息，既是面向社会公开出版发行的连续性工具书，也是展示河南南水北调工作的窗口。年鉴由河南省南水北调中线工程建设管理局主办，年鉴编纂委员会承办，河南南水北调有关单位供稿。

二、年鉴内容的选择以南水北调供水、运行管理、生态带建设、配套工程建设和组织机构建设的信息以及社会关注事项为基本原则，以存史价值和现实意义为基本标准。

三、年鉴供稿单位设组稿主管领导、组稿负责人和撰稿联系人，负责本单位年鉴供稿工作。年鉴内容全部经供稿单位审核。

四、年鉴2018卷力求全面、客观、翔实展示2017年度工作。记述党务工作重要信息；记述政务和业务工作重要事项、重要节点和成效；描述年度工作特点和特色。

五、年鉴内容按照南水北调中线工程从南向北记述。

六、年鉴设置篇目、栏目、（类目）、条目，根据每一卷内容的主题和信息量划分。

七、年鉴规范遵循国家出版有关规定和约定俗成。

八、年鉴从2007卷编辑出版，2016卷开始公开出版发行。

《河南省南水北调年鉴》
供稿单位名单

　　省南水北调办综合处、投资计划处、经济与财务处、环境与移民处、建设管理处、监督处、审计监察室、机关党委、质量监督站、南阳建管处、平顶山建管处、郑州建管处、新乡建管处、安阳建管处，省政府移民办综合处，省文物局南水北调办，淮委陶岔渠首建管局，中线建管局渠首分局、河南分局，南阳市南水北调办，南阳市移民局，平顶山市南水北调办，漯河市南水北调办，漯河市移民局，周口市南水北调办，许昌市南水北调办，郑州市南水北调办，焦作市南水北调办，焦作市南水北调城区办，新乡市南水北调办，濮阳市南水北调办，鹤壁市南水北调办，安阳市南水北调办，邓州市南水北调办，滑县南水北调办，栾川县南水北调办，卢氏县南水北调办。

目　录

特　载

壹　要事纪实

贰　规章制度·重要文件

叁　综 合 管 理

肆 中线工程运行管理

伍 配套工程运行管理

陆 水 质 保 护

柒 河南省委托段建设管理

捌 配套工程建设

玖　移　民　征　迁

拾 政 府 信 息

拾壹　传　媒　信　息

拾贰 组织机构

拾叁　统 计 资 料

拾肆 大 事 记

南水北调

特载

张高丽主持召开南水北调工程建委会全会汪洋出席

国务院南水北调工程建设委员会第八次全体会议2日在北京召开，国务院副总理、国务院南水北调工程建设委员会主任张高丽主持会议并讲话。他强调，要贯彻落实党的十九大精神，认真学习领会习近平新时代中国特色社会主义思想，进一步把思想认识行动统一到以习近平同志为核心的党中央重大决策部署上来，勇于担当、奋发有为，推动南水北调工程发挥更大效益。

中共中央政治局常委、国务院副总理、国务院南水北调工程建设委员会副主任汪洋出席会议。

在充分肯定南水北调工程工作取得的成绩后，张高丽强调，要继续扎实做好南水北调工程各项工作。要加强安全管理，保证工程平稳运行。要强化监测保护，确保调水水质稳定达标。要做好移民帮扶，促进移民和当地群众同步实现小康。要优化水量省际配置和调度，服务京津冀协同发展、长江经济带发展等重大战略，保障好雄安新区建设发展用水需求。要建立良好的节水、调水和用水机制，推动工程充分发挥效益。要深入研究论证，有序推进后续工程建设准备工作。

汪洋指出，南水北调工程建成运营并取得巨大成效，再次验证了我国的政治优势和制度优势。要认真总结工程建设和运营积累的好经验、好做法，加快建立适应新时代要求的管理体制和运行机制，把南水北调工程打造成"清水走廊"、"绿色走廊"，让工程长期造福人民、造福社会。要加大对库区移民的帮扶力度，确保他们在全面建成小康社会中不掉队。

（来源：央视网　2017年11月2日）

通水三周年专记

推进供水运行管理水平提升充分发挥南水北调工程效益

河南省南水北调办公室主任　刘正才

2014年12月12日，举世瞩目的南水北调中线工程正式通水，中华民族的世纪梦想变为现实，神州大地书写了一部治水新史诗。通水三年来，我省南水北调工程供水运行管理水平不断提升，发挥出越来越重要的经济、社会、生态效益，为中原更加出彩夯实了水利支撑。

一、供水效益显著

截至今年12月10日，南水北调中线工程累计向北方供水达107.8亿立方米，其中，向北京供水30亿立方米，向天津供水23.5亿立方米，向河南供水40.4亿立方米，向河北供水13.9亿立方米，使四省市水资源保障能力得到极大提高。

通水以来，我省用水量逐年增长，2014—2015年度累计供水7.38亿立方米，2015—2016年度累计供水13.45亿立方米，2016—2017年度累计供水17.11亿立方米，2017—2018年度计划分配水量17.73亿立方米。

我省规划受水区包括南阳、漯河、周口、平顶山、许昌、郑州、焦作、新乡、鹤壁、濮阳、安阳11个省辖市及邓州市、滑县2个省直管县（市），2016年年底实现了通水目标全覆盖，实际受益人口达到1800万。

河南是水资源严重短缺地区，南水北调中线工程建成通水，有效缓解了我省多地日趋尖锐的水资源供需矛盾，成为经济社会发展的重要基础支撑。

南水北调中线工程通水后，输水水质始终稳定达到或优于地表水Ⅱ类标准，沿线受水区供水水质大为改善，自来水口感明显提升，受到了广大居民的交口称赞，人民群众的幸福感、获得感进一步增强。

随着经济社会发展，我省部分非受水区迫切要求使用南水北调水。在充分论证水资源配置的基础上，为使南水北调工程充分发挥效益，对分配我省的南水北调水量和布局进行了优化调配，新建了清丰、博爱、鄢陵、南乐、新密等南水北调供水工程，同时，加快推进开封、驻马店（西平、上蔡、汝南、平舆）、汝州、内乡、淮阳以及郑州市的登封、经开区、高新区、新郑龙湖等供水工程的前期工作，扩大供水范围，充分发挥效益。

南水北调中线工程通水三年来，不仅经济社会效益与日俱增，生态效益也日渐凸显，加快了美丽河南建设步伐。

多年来，我省许多地区为维系经济社会的快速发展，地下水超采严重。南水北调中线工程通水后，为各受水区压采地下水提供了条件。通过科学调配，水源切换，实施生态补水效益逐步发挥。

全省受水区浅层地下水平均升幅1.14米，其中安阳市上升3.6米，新乡市上升2.35米；中深层地下水平均上升幅度1.88米，其中郑州市上升3.03米，许昌市上升2.96米。

南水北调中线工程通水后，许多受水城市捉襟见肘的水资源状况大为改观，被挤占的生态用水得以置换，为实施水生态文明建设提供了水源支持。许昌、郑州、焦作、新乡等城市积极开展生态水系建设，河清景美、人水相谐，城市品质大大提升。以许昌市为例，自南水北调中线工程通水以来，已为许昌市生态供水1.58亿立方米，成为许昌水系构筑的重要依托。特别是2017年汉江流域发生了秋汛，丹江口水库持续高水位运行，为补充我省受水区生态水量、改善河湖水质提供了条件，省南水北调办会同省水利厅积极协调，争取国家有关部门的大力支持，积极与南水北调干线工程管理单位对接，认真摸底排查，科学调度，9月29日至11月13日，利用南水北调总干渠退水闸向我省13条河流、白龟山水库、城市河湖水系补水，累计生态补水量为2.96亿立方米，美化了城市环境，满足了人民对改善城市生态环境的需求。

二、水质保护提升

南水北调，成败在水质。作为核心水源地，我省做出了确保一渠清水永续北送的庄严承诺，始终坚持"先节水后调水、先治污后通水、先环保后用水"的原则，站位全局、勇挑重担，持续深入开展水源地和总干渠水质保护工作。特别是今年以打赢水污染防治攻坚战为契机，认真抓好《河南省水污染防治攻坚战（1+2+9）总体方案》的贯彻落实，助推南水北调工程水质安全。

1.强抓环保治污，确保水源区水质稳定达标。

南水北调中线水源地在我省涉及淅川县、西峡县、内乡县、栾川县、卢氏县、邓州市，流域总面积为7815平方公里。我省各级各有关部门采取有效措施，加强水源地污染治理，积极开展生态保护，有效改善了丹江口水库水质。

2003年以来，我省在水源区累计关停并转污染企业1000多家。加强环境执法，拆除库区内5万多个养殖网箱，关闭、取缔或搬迁禁养区、限养区养殖户600余家。

全省累计建成环库生态林带18.33万亩，植树造林535万亩，治理水土流失面积2704平方公里，库区森林覆盖率达到53%，为一库清水建起绿色屏障。

开展丹江口水库（河南辖区）饮用水水源保护区划定工作，共划定一级、二级和准保护区面积1595平方公里，明确禁止事项，规范涉水活动，落实保护责任，确保水源安全。

发挥丹江口库区及上游地区生态转移支付资金的引导作用，加大水污染防治力度，促进经济社会可持续发展。2008年至2017年，财政部下达我省丹江口库区及上游地区生态转移支付资金70.36亿元，在促进水源地污染企业的"关、停、转、调"，补偿安置企业下岗工人，保持社会稳定，促进水源区生态环境设施建设等方面发挥了积极作用。

紧紧抓住国家对口协作的政策机遇，积极开展与北京市的对口协作，北京6区与我省水源区6县（市）建立了"一对一"结对协作。从2014年起，京豫对口协作项目建设稳步推进，干部人才交流有序进行，区县合作不断深化，水源地地区经济社会发展明显提速，水质保护工作取得可喜成效。北京市每年安排对口协作资金2.5亿元，紧紧围绕"保水质、强民生、促转型"三大任务，支持水源地经济社会发展和民生改善，从根本上夯实保水质的基础。

2.打造绿色走廊，确保一渠清水永续北送。

严把环评专项审核关。认真落实《南水北调中线一期工程总干渠（河南段）两侧水源保护区划定方案》，制订《南水北调中线一期工程总干渠（河南段）两侧水源保护区内建设项目专项审核工作管理办法》，对保护区内新建项目严格审核把关，各级南水北调部门共受理项目1000多个，其中环境影响审批项目400多个，600多个有污染风险的项目被

拒之门外。

提升生态带建设水平。积极探索绿色经济发展模式，确保把南水北调中线工程建成清水走廊、生态走廊。坚持高起点规划、高标准实施，沿线各市县积极发挥政策引领作用，以国家规划作为政策倾斜和补贴依据，以土地流转、政府补贴、大户承包、生态林和经果林相结合的机制为导向，充分调动群众参与的积极性，吸引民营企业、种植大户投入到生态带建设之中。按照省政府安排部署，各有关省辖市政府高度重视、积极行动、超前谋划、措施到位，生态带建设工作取得了显著成效。截至2017年10月，我省已累计完成生态带建设长约684.83公里，面积约19.28万亩，占《河南林业生态省建设提升工程规划》总任务21.59万亩的89.3%。南阳、许昌、新乡、安阳市以及邓州市已全部完成生态带建设任务。

创新生态补偿制度。总干渠水源保护区的划定，有效保护了干线水质，但也在一定程度上限制了相关地区的经济社会发展。经过积极争取，2017年财政部安排我省南水北调工程总干渠生态补偿资金3.2亿元，对进一步提高总干渠沿线各地各级水质保护的积极性、加快总干渠沿线污染源的整治、保证总干渠输水安全起到了积极引领作用。

强化应急预案管理。根据省政府新修订的《河南省突发环境事件应急预案》，协调中线局河南分局、渠首分局修订总干渠应急预案，及时修订了《河南省南水北调受水区供水配套工程应急预案》。为在实战中检验应急预案，提高应急处置能力，11月11日，省南水北调办联合南水北调中线局河南分局开展了突发水污染事件应急演练，对有效应对水污染突发事件、确保南水北调中线工程水质安全，积累了宝贵经验。

3.加强执法检查，营造南水北调良好水事环境。

近年来，我省连续开展了南水北调中线

工程环境执法专项检查工作。丹江口水库及上游共关闭或停产整治工业和矿山企业200余家；封堵入河市政生活排污口433个，规范整治企业排污口27个；关闭、取缔或搬迁禁养区、限养区养殖户600余家；关闭或停产整治违法违规旅游、餐饮排污单位65家。拆除非法拦汉筑坝29座；拆除、停建库周及汇水区违法建筑32家；停产采砂场56个；库区内51729万个养殖网箱已全部拆除，有效改善了丹江口水库水质。

在总干渠沿线，全省先后两次共出动3500多人次，排查排污单位684家，计划分三年整治完成，2017年已经取缔或整改排污单位175家。特别是在水污染防治攻坚战中，联合省林业厅、省环保厅和南水北调中线建管局等有关单位，对总干渠两侧水污染风险点进行摸底排查、综合整治，彻底消除总干渠两侧污染风险点78处，大大降低了南水北调中线工程干渠两侧保护区内环境污染风险。

三、运行管理规范

工程能否平稳运行，直接影响着工程效益的发挥。南水北调中线工程通水后，我省及时将工作重心从建设管理向运行管理转变，在运行管理机构尚未批复的情况下，不等不靠，强化主业意识，积极探索配套工程省级统一调度、统一管理与市、县分级负责相结合的"两级三层"管理体制，初步建立了一支专业、可靠的运行管理队伍，加强水量调度、安全巡查、维修养护管理。开展配套工程运行管理规范年活动，制定印发了《河南省南水北调配套工程运行管理规范年活动实施方案》，明确了完善制度、健全队伍、加强培训、创新管理、规范巡检、强化飞检、落实整改、严肃追责等8个方面的任务和要求，省南水北调办各部门、各省辖市（直管县）南水北调办按照方案要求积极开展运行管理规范年活动。2017年7月至9月组织开展了配套工程运行管理"互学互督"活动，查找问题，整改提高，总结交流工程管理经验和好做法，规范运行管理行为，保障工程安全平稳运行。

完善制度体系。加强顶层设计和制度创新，省政府颁布了《河南省南水北调配套工程供用水和设施保护管理办法》（以下简称《办法》），省南水北调办出台了《关于加强南水北调配套工程供用水管理的意见》等26项规章制度，为我省南水北调工程运行管理提供了法规和制度保证。各省辖市、省直管县（市）南水北调办也建立健全运行管理规章制度。认真总结工程运行管理的实际经验和教训，不断充实和完善制度体系，使规章制度和规程规范真正管用，真正能落到实处，促进工程运行管理走上规范化、制度化轨道。

规范水量调度。各省辖市、直管县（市）南水北调办制定月水量调度方案，省南水北调办汇总形成全省月水量调度计划，建立完善与干线工程管理单位、受水区用水单位联络协调机制、应急保障机制，积极协调，密切配合，实行配套工程运行管理月例会制度和水量调度日报告制度，对各地月供水量、供水流量实行动态监管，及时调整水量调度，确保运行平稳、安全。

强化运行监管。省南水北调办制定了《河南省南水北调受水区供水配套工程运行监管实施办法（试行）》《河南省南水北调配套工程运行管理监督检查工作方案》和《河南省南水北调受水区供水配套工程运行管理稽察办法（试行）》，形成了省办领导带队飞检、巡查队伍日常巡查和专家稽察三位一体的配套工程运行管理监督检查新格局。截至2017年11月，省办领导率队对7个省辖市进行了飞检，巡查队伍对11个省辖市、省直管县（市）进行了巡查，同时组织稽察专家开展了稽察，对发现的问题，通过印发通报、约谈、复查等方式督促问题整改，消除了隐患，进一步规范了运行管理工作。

建立应急机制。为防控断水风险，省南

水北调办、各省辖市、直管县（市）南水北调办和工程管理单位分别制订了突发事件应急预案，建立健全了三级应急预案体系。建立了备用水源应急切换机制，明确了各地可切换的备用水源、启动程序、工作流程、切换时间、供水流量等，开展了郑州市断水应急模拟演练和许昌市断水应急实战演练，提高了应对处置突发断水事件的实战水平和能力。积极推进配套工程市场化运维模式，通过公开招标，选择了一支实力强、有经验的专业队伍，承担全省南水北调配套工程的维修养护和应急抢修工作。

四、依法管理保护

把依法管好南水北调工程作为全面推进依法治国的重要组成部分，及时开展南水北调行政执法工作，全力维护工程设施安全和供水安全。

加强法规宣贯。2016年11月，省政府颁布了《办法》，为我省南水北调工程运行管理提供了法规保证。省南水北调办加大《南水北调供用水管理条例》和《办法》宣传力度，在河南日报刊登了《办法》全文，开展了形式多样的宣传活动，为《办法》的落地实施创造了良好的舆论环境。

建立执法队伍。按照省水利厅委托，及时成立了河南省南水北调水政监察支队，积极推进全省南水北调执法体系建设；开展执法培训，努力建设一支高素质的南水北调执法队伍。

严格行政执法。认真贯彻执行《办法》等法律法规，依法执法，严格执法程序；建立完善执法制度，用制度规范执法行为，认真调查处理影响工程安全和供水安全的行为，消除安全隐患，维护工程运行安全。

完善设施保护。按照《办法》，加强设施保护工作。开展干线工程保护范围划定工作，维护总干渠工程设施安全，保证南水北调中线工程安全运行。

开展课题研究。成立了河南省法学会南水北调政策法律研究会，积极发挥专家库、智囊团作用，紧密结合南水北调工作实际，深入开展政策法律课题研究，探索新思路，谋划新对策，为我省南水北调工作创新发展提供理论和政策支持。

五、加强队伍建设

南水北调这支队伍经受了10多年建设期艰苦卓绝的考验，是一支能打善战的队伍。通水以来，通过多种途径强化队伍建设，提高干部职工的整体素质和能力水平。

深入开展"两学一做"学习教育。深入学习贯彻党的十九大精神，用习近平新时代中国特色社会主义思想武装头脑、指导实践、推动工作。积极推进"两学一做"学习教育常态化、制度化，认真落实"三会一课"等党的生活制度，加强基层党组织建设，坚持"四讲四有"标准，争做合格党员，发挥党支部的战斗堡垒作用和党员的模范带头作用。

加大干部培训力度。有计划地组织党员干部到井冈山干部学院、确山县竹沟革命纪念馆、红旗渠等红色教育基地、延安和遵义干部学院、南水北调党性教育基地进行党性锻炼，组织各支部到定点扶贫村开展对贫困户的一对一帮扶活动，联合高校、邀请专家开展专业技能和执法业务等各种培训，切实提高党员干部队伍的政治理论素养和工作技能。

弘扬南水北调精神。在南水北调艰苦卓绝的建设过程中，孕育形成了南水北调精神。坚持大力弘扬南水北调精神，开展南水北调文化研究，引导和激励全体干部职工增强担当精神、责任意识，切实转变工作作风，求实求效。

认真落实精准扶贫。选调精干的领导干部担任定点扶贫村驻村第一书记，扎根基层，融入村民日常生活，与基层党支部一道共担脱贫致富攻坚任务，凝神聚力，精准施策，坚决打赢定点扶贫村的脱贫致富攻坚战。

打造清正廉洁队伍。把党的政治建设放在首位，全面推进政治建设、思想建设、组织建设、作风建设、纪律建设，在政治立场、政治方向、政治原则、政治道路上，坚决同以习近平同志为核心的党中央保持高度一致，全面贯彻执行党的理论和路线方针政策，坚持党要管党、从严治党，认真落实"两个责任"。运用好监督执纪"四种形态"，抓早抓小，加强警示教育，筑牢拒腐防变的思想防线，使广大干部知敬畏、存戒惧、守底线，真正做到讲规矩、守纪律、保廉洁，干成事、不出事。

回眸往昔，辉煌成就鼓舞人心。展望未来，美好前景催人奋进。新时代开启新征程，全省南水北调系统将以习近平新时代中国特色社会主义思想为行动指南，上下同心、只争朝夕，奋力推进各项工作，创造南水北调新的辉煌，为中原更加出彩做出新的贡献。

（河南日报　2017年12月11日）

壹 要事纪实

重 要 讲 话

河南省南水北调办公室主任刘正才在河南省南水北调工作会议上的讲话

2017 年 1 月 17 日

同志们:

2017 年元旦刚过,春节即将来临,我们今天召开 2017 年度全省南水北调工作会议。会议主题是,贯彻党的十八届六中全会和省第十次党代会精神,贯彻落实省委十届二次全会精神和省委经济工作会议精神。传达贯彻国务院南水北调办 2017 年度南水北调工作会议精神,总结 2016 年我省南水北调工作取得的成绩,研究分析当前面临的新形势、新挑战,全面安排部署 2017 年我省南水北调各项工作。刚才,继成同志传达了 2017 年度南水北调工作会议精神,国营同志宣读了对 2016 年度先进单位的表彰决定,对南水北调工作先进单位、管理处所及自动化系统建设先进单位进行了表彰,先进单位代表作了典型发言,省办与各省辖市、直管县市南水北调办签订了供水合同,各省辖市、直管县市南水北调办、省办机关各处室、各项目建管处递交了 2017 年度目标责任书。根据会议安排,我讲三点意见。

一、充分肯定成绩,增强做好后续工作的信心和决心

2016 年是我省南水北调由建设管理转入运行管理的第二年。全省南水北调系统认真贯彻落实党的十八大和三中、四中、五中、六中全会和省第十次党代会精神,深入贯彻落实中央和省委领导同志关于南水北调工作的重要指示批示精神,以深入开展"两学一做"学习教育为抓手,锐意进取,克难攻坚,较好地完成了各项目标任务,工程持续平稳运行,综合效益充分发挥。截至 2016 年底,南水北调中线工程已累计向北方供水 61.21 亿立方米,其中我省供水达 22.67 亿立方米,占中线工程供水总量的 37%。2015—2016 供水调度年完成省内供水 13.45 亿立方米,为年度计划调水量的 102.6%。实现了南阳、漯河、平顶山、许昌、郑州、焦作、新乡、鹤壁、濮阳、安阳、周口 11 个省辖市及邓州市、滑县 2 个省直管县市等规划受水区通水全覆盖,1800 万城镇居民用上了优质的丹江水。在南水北调供水范围内,通过控采地下水,涵养地下水源,城市地下水位得到不同程度回升,其中郑州市回升 2.02 米,许昌市回升 2.6 米;通过向沿线河、湖生态补水,补水量达 1.06 亿立方米,解决了沿线河流生态问题,助力许昌、郑州、安阳、濮阳、南阳等地城市水系建设和鹤壁市"海绵城市"建设;受水区使用南水后,置换出的其他地表水源反哺农业,改善了农业灌溉条件,为我省粮食生产实现"十三连增"做出了积极贡献。

(一)强化运行管理,工程效益持续发挥。工程能否平稳运行,直接影响着工程效益的发挥,因此,做好工程的运行管理是我们的首要任务。过去的一年,我们采取强有力措施,硬起手腕抓管理,狠抓运行不放松。一是组建运管机构,加强组织领导。在运行管理机构尚未批复的情况下,及时成立了河南省南水北调配套工程运行管理领导小组,组建了运行管理办公室,明确了配套工程通水初期运行管理模式、管理职责划分、运行维护形式及运行管理费使用管理原则;组织调研学习,吸收先进经验,开展运行管理人员岗前培训,初步形成了一支可靠的运行管理队伍;加强了供用水管理、安全巡查、维修养护,落实了配套工程水量调度计划,提高了运行管理水平。二是完善运管制度,扩大法规宣传。省政府颁布了《河南省南水北调配套工程供用水和设施保护管理办法》，省办制定并印发了《关于加强南水北调配套工程供用水管理的意见》等23项规章制度，印发了《河南省南水北调工程运行管理制度汇编》，为我省南水北调工程运行管理提供了法规和制度保证。在此基础上，我们策划组织了声势浩大的《办法》宣传活动，召开了新闻通气会，在省主流媒体发布《办法》颁布实施的消息，在《河南日报》全文刊登《办法》，并连续刊发解读文章；统一印发《办法》单行本和彩页，拟定宣传标语，制作巡回播放《办法》的录音；各省辖市（直管县市）按照省办的统一部署，积极出动宣传车巡回宣传，张贴宣传彩页，悬挂宣传标语，开展了形式多样的宣传活动，为《办法》的落地实施创造了良好的舆论环境。三是加强沟通协调，规范水量调度。在各省辖市月水量调度方案的基础上，制订我省月水量调度计划，报南水北调中线建管局严格执行；建立完善与干线工程管理单位、受水区用水单位联络协调机制、应急保障机制，积极协调，密切配合，实行配套工程运行管理月例会制度和水量调度日报告制度，确保供水调度规范平稳。积极与中线建管局加强沟通，做好供水计量确认，为水费征收奠定基础。四是强化应急处置，防控断水风险。省办和11个省辖市、2个省直管县分别制订了突发事件应急预案，初步形成了省市县三级应急反应体系；建立了备用水源应急切换机制，明确了各地可切换的备用水源、启动程序、工作流程、切换时间、供水流量等，在郑州、许昌分别开展了断水应急模拟和实战演练。五是督促加快水厂建设，努力扩大供水范围。深入落实2015年9月27日谢伏瞻书记批示和2016年10月1日陈润儿省长调研南水北调工程时指示精神，强化协调联动，会同省住建厅、水利厅开展了3次联合督导，积极协调加快水厂建设进度。截至目前，已建成水厂55座，通水水厂52座。其中自2015年10月以来共新增通水水厂22座，受水能力大幅提升。2016年开工新增供水配套工程3个，开展新增

供水目标前期工作9个。其中，清丰供水配套工程主体完工；博爱供水配套工程已完成70%的管道铺设；鄢陵供水配套工程批复后，省南水北调办从工程结余资金中调剂8000万元，解决了部分资金缺口，现已开工建设；向内乡、南阳市官庄工业园区供水配套工程正在编制初步设计报告，向汝州、登封、南乐、新郑龙湖镇和开封、商丘、驻马店等地供水工程，拟通过水权交易调剂供水指标，正在开展工程规划设计前期工作。六是实施生态补水，改善生态环境。2016年累计向郑州西流湖、许昌颍河、平顶山渭河、鹤壁淇河、濮阳龙湖、南阳白河、漯河市千亩湖等7个沿线河、湖进行生态补水1.06亿立方米，为解决沿线河湖生态问题，改善区域生态环境，提供了水资源支撑，注入了新的活力。七是狠抓防汛责任制落实，夺取了抗洪抢险全面胜利。及早制定防汛预案，明确防汛责任制，加强督查，会同省防办组成联合检查组，对左岸防洪影响处理工程建设进度进行督导，并抽查干线和配套工程防汛值守情况，切实督促加强防汛值班，做到24小时不间断值守，及时处置突发汛情。受"厄尔尼诺"天气影响，7月9日我省南水北调工程新乡段遭受超强暴雨袭击，7月19日新乡段、安阳段遭受超强暴雨袭击，暴雨频率超百年一遇，甚至超过历史记录的极值，严重危及南水北调总干渠工程安全。省办领导第一时间赶赴现场，靠前指挥，及时协调省防办紧急支援抢险人员、物资和机械设备。经过地方防汛部门、驻豫部队、南水北调工程管理单位的共同奋战，抗洪抢险取得全面胜利，保证了南水北调工程运行安全。

（二）坚持多措并举，供水水质稳定达标。水质决定着南水北调工程的成败，我省不仅是水源地，也是总干渠线路最长的省份，确保输水水质安全责任十分重大，任务异常艰巨。一年来，我们牢牢扭住水质保护不放松，多措并举，综合施策，确保了输水水质稳定保持在II类标准。在常规检测24项指标中，有

21项指标为I类。一是划定水源保护范围，着力依法保护水质。在丹江口水库库区，我省划定了1596平方公里的饮用水水源保护区，并由省政府予以公布；在我省731公里长的总干渠两侧，我们划定了3054平方公里的保护区。在各类保护区均明确了具体保护措施和产业禁入范围。二是抓好规划的编制和实施。认真组织实施《丹江口库区及上游水污染防治和水土保持"十二五"规划》，我省规划项目已全部完成建设任务并投入运行，在水源地水质保护中发挥了重要作用。在国家六部委联合对水源地三省（河南、湖北、陕西）"十二五"规划实施情况考核中，我省综合得分连续四年位居第一。积极配合国家《丹江口库区及上游水污染防治和水土保持"十三五"规划》的编制工作，目前国家发改委、国调办正在对规划文本进行修改完善；组织编制了《河南省南水北调"十三五"专项规划》，并纳入我省"十三五"规划纲要，目前已经省发改委审查印发。规划主要内容包括新建调蓄工程、扩大供水目标、建设生态廊道，以及水源区水污染防治等4大类28个项目，规划投资约596亿元。这些规划为我省南水北调后续工作提供了政策依据。三是严格环评审核，加强点源面源治理。在水源保护区，严把项目审批程序，对库区水质及生态环境有影响的新、改、扩建项目执行严格环境影响评价制度，关闭水源地污染企业1000多家，先后否决、终止汇水区域内大型建设项目59个，其中2016年共受理新建扩建项目16个，2个因存在污染风险被一票否决。一年来，水源区各地大力发展生态农业，积极引导群众科学施肥施药，提倡生物防治，推行无公害生产，从源头上减少了对丹江口水库水质的污染风险。严把总干渠两侧水源保护区项目准入关，先后对1000多个项目进行环境审核，有600个存在污染风险的项目被拒之门外。通水两年来，我省输水水质稳定达标，也与全省持续开展的水质保护行动密不可分。四是加大执法检查，排除污染风险。积极会同

环保、住建、水利等有关部门开展联合督导和执法检查，彻底消除总干渠两侧污染风险点40处，查处纠正各类环境违法行为376起。五是发展绿色经济，争取生态补偿。水源区各地积极转变经济增长方式，大力调整产业结构，发展绿色、低碳、循环经济，初步形成了一批茶叶、金银花、猕猴桃、食用菌、中药材等生态产业带，走出了一条绿色发展之路。2008～2016年，我省累计争取中央财政对水源区6县市生态转移支付资金58.72亿元，其中2016年争取生态转移支付资金10.28亿元，为水源地污染治理和生态建设提供了有力支撑。六是加快生态带建设，筑牢生态屏障。按照"土地流转、大户承包、政府补贴、合作共赢"的模式，加快推进总干渠两侧生态带建设，累计完成生态带绿化面积约23.23万亩，占生态带建设任务86%以上，超额完成国家规划任务；完成丹江口库区环库生态隔离带建设5.17万亩，基本形成闭合圈层，为水源水质安全筑起了牢固的生态安全屏障。11月16日，中央环保督察组反馈时，对我省南水北调水质保护工作给予高度评价和赞扬。

（三）严格变更索赔，工程投资基本可控。投资控制是工程管理的一项重要内容，工程实际投资不能超出概算投资额是一项基本要求。我们严格把关，确保干线和配套工程投资基本可控。一是严格变更索赔处理。严格按照合同约定和有关法律法规处理合同变更索赔，积极协调推进南水北调中线建管局对变更索赔项目的批复进度。截至2016年底，共批复干线和配套工程合同变更项目7567项，占总数的87%，批复资金67亿元。同时，严格变更索赔审查，要求施工单位限期提交变更索赔申请支撑资料，逾期不再受理并予以销号。共销号151项，涉及金额4亿元。二是积极开展工程量稽察，认真处理合同争议，控制投资风险。建立变更索赔核查工作机制，对超概算风险大的设计单元工程投资进行了核查、分析。委托中介机构对争议较大的合同变更进行了复核，

对委托段 13 个土建标段已结算工程量进行了稽察，对发现的 207 个问题进行了整改。目前，预结算变更索赔项目正在抓紧审批，预结算变更索赔项目由巡视时的 311 项减少至 271 项，预结算资金由 18.3 亿元减少至 15.46 亿元，数量减少了 40 项，资金减少了 2.84 亿元。三是定期组织内部审计。积极配合审计署、省审计厅及国务院南水北调办审计，坚持按季度开展内部审计，以审计整改工作为契机，建立长效机制，堵塞管理漏洞，规范资金使用。严格预算管理，提高预算执行的约束力，有效控制建管费和"三公经费"支出，确保每一笔钱都花在刀刃上，保证了南水北调工程资金安全、干部安全。

（四）坚持依法行政，法制建设初具雏形。南水北调工程全面转入运行管理后，依法行政、依法管理和加强法制建设已成当务之急。一是加强督促检查，依法征收水费。我省南水北调配套工程水价核定后，省南水北调办按照"先易后难、重点突破、积极引导、带动全局"的思路，加快推进水费收缴工作，制订了《河南省南水北调工程水费收缴及使用管理暂行办法》，已报省政府待批；全年开展水费收缴专项督导 7 次，向有关省辖市（直管县市）下发水费催缴函 26 件；对水费交纳不力的省辖市，已提请省政府进行重点督查。截至目前，累计完成水费征收 7.8 亿元，为工程良性运行提供了保障。二是积极谋划布局，启动行政执法。积极与省水利厅协调沟通，办理行政执法委托。目前，省水利厅已与省南水北调办签署行政执法委托书，明确将河南省南水北调配套工程水行政执法职权委托省南水北调办实施。按照专职为主、兼职为辅的原则，建立南水北调水政监察支队，已初步确定组成人员，待省水利厅批复后即可开展工作。积极开展执法培训。在安阳举办了全省南水北调执法工作培训班，与会 80 多人接受了系统培训，并现场观摩学习安阳市水政执法经验。调查处理了濮阳华源水务公司违规施工导致配套工程

输水管道受影响等数起案件，依法维护了工程安全运行。三是积极开展南水北调政策法律研究。积极与河南省法学会沟通协调，筹备成立了河南省法学会南水北调政策法律研究会，确定研究会组成人员，制订了研究计划，正积极开展研究工作。

（五）加强京豫对口协作，助力中原更加出彩。南水北调中线工程把北京与河南紧紧联系在一起，我省紧紧抓住国家对口协作的政策机遇，积极开展与北京市的对口协作。按照"六个一批"，即"产业转移一批、企业嫁接一批、平台搭建一批、产品进京一批、人员培训一批、帮扶结对一批"的工作思路，配合省发改委编制了对口协作规划，涉及工业、农业、生态、环保、科技、教育、医疗、人才交流等八大领域，扎实开展水源地市县与北京市对口协作，北京 6 区与我省水源区 6 县（市）建立了"一对一"结对协作。2011 年以来，豫京两地合作项目已实际投入河南 4319 亿元，占"十二五"时期河南引进省外资金的 14.3%。2016 年 8 月，省委、省政府主要领导亲自率团赴京，深入推进战略合作，签订了《河南省人民政府北京市人民政府战略合作协议》。按照协议，京豫携手把保水质作为第一任务，发挥产业互补优势，坚持省市统筹、区县结对，全面落实协作任务，产业合作逐步深入，民生工程再上台阶，交流合作继续扩大。在此次会议上，我办也与北京市南水北调办签署了南水北调系统合作协议，双方商定以落实合作项目为重点，承接产业转移、突出水保环保、强化民生民计、实现互利双赢。随着京豫对口协作的深入推进，一大批项目将落户中原大地，必将为中原崛起、河南振兴提供强大助力。

（六）狠抓党的建设，队伍建设日新月异。南水北调这支队伍经受了十年建设期艰苦卓绝的考验，是一支能打善战的过硬队伍。去年以来，我们注重抓好党的建设，扎实开展"两学一做"学习教育，建立健全"4+2"党建制度体系，认真落实巡视整改，强化干部队伍

建设，提高干部职工的整体素质和能力水平。一是严明纪律规矩。切实加强对干部的教育管理和监督，严格执行请示报告和个人事项报告制度。加强机关作风建设和纪律建设，注重运用监督执纪"四种形态"，认真落实中央八项规定精神和省委省政府若干意见精神，坚持"两学一做"学习教育常态长效，不断加强干部队伍建设。二是严肃党内政治生活。省南水北调办领导班子认真参加省水利厅党组中心组的集体学习，制定了省南水北调办领导班子中心组学习制度，带头学党章、讲心得、谈体会，进一步坚定信念，统一思想。及时传达学习贯彻党的十八届六中全会精神和省第十次党代会精神，学习《关于新形势下党内政治生活的若干准则》、《中国共产党党内监督条例》。结合"两学一做"学习教育，有计划地到联系点讲党课，积极参加民主生活会，认真开展批评和自我批评，以普通党员身份参加所在支部的组织生活，引领各支部认真落实"三会一课"制度。切实加强党的组织建设，如期完成省南水北调办公室机关党委换届，成立了机关纪律检查委员会。三是开展党性教育活动。有计划地组织党员干部到井冈山干部学院、确山县竹沟革命纪念馆、红旗渠等红色教育基地、南水北调党性教育基地进行党性锻炼，组织各支部分批到定点扶贫村开展对贫困户的一对一帮扶活动，进一步丰富党建工作内容和载体。对照"四讲四有"，查摆理想信念、遵规守纪、道德品行、践行宗旨等方面的问题，边学边改、即知即改，争做合格党员，干部队伍建设呈现良好态势。

二、正视新挑战，增强做好各项工作的紧迫感和责任感

虽然去年我省南水北调工作取得了可喜成绩，也得到了国调办和省委省政府领导同志的充分肯定，但在新的一年里，我省南水北调工作仍面临诸多挑战和考验，面临许多困难和不利因素，需要我们创新思路，创新方式方法，汇集大家智慧，合力攻坚，破解难题。我们面临的挑战主要有以下四个方面：

（一）管理体制亟待理顺。虽然我办积极向省委、省政府主要领导反映，主要领导也都作出批示，但由于种种原因，我省南水北调配套工程运行管理体制、机制尚未批复，管理体制尚未理顺，运行管理人员缺乏，基层一些干部职工思想不稳，对未来充满忧虑，一定程度上影响了工作积极性。这也是我们2017年需要重点突破的一件大事。

（二）南水北调工程安全形势不容乐观。一是防汛形势仍很严峻。干线工程左岸防洪影响处理工程尚未完工，一些重点部位的防汛风险尚未消除；配套工程防汛责任还需进一步细化落实，防汛预案还需进一步演练，应对突发汛情的能力还需进一步提升。二是工程运行安全面临诸多挑战。配套工程巡查、管护仍需进一步加强，因断水、水污染等突发事件造成的断水风险时时存在，应急预案和演练还需要进一步完善和落实。三是对穿越配套工程的各类建设项目监管亟待加强。一些单位和个人未经允许擅自在配套工程管道上或附近施工，有的已经对配套工程的安全运行造成影响，依法保护配套工程的氛围尚未形成，执法检查亟待到位。四是投资控制压力巨大，社会稳定风险不容忽视。一些施工单位期望值较高，部分变更索赔项目处理难度较大；临近春节，个别标段拖欠农民工工资问题较为突出，成为新的不安定因素，急需逐一排查化解，消除信访隐患。

（三）扩大工程效益仍有不少制约因素。一是干线工程缺乏调蓄工程，存在断水风险。南水北调中线工程水源存在丰枯年份水量不均的问题，总干渠线路长且单线输水，受水水厂与配套工程直通联接，无调蓄能力。一旦南水北调来水偏枯或出现应急断水事件，城市供水则无法保证。虽然在国调办牵头下，我们启动了干线调蓄工程前期工作，但由于种种原因，未有明显进展。二是配套调蓄工程亟待加快建设。虽然我省许昌、濮阳、新乡等地开工建设了调蓄工程，但从全省来看，配套调蓄工程建设进展不平稳，不少市县尚未规划，急需加快建设进度，确保城市供水安全。三是新增供水项目前期工作进展较慢。经省政府同意，省水利厅和省发改委联合印发了《河南省水利发展"十三五"规划》，确定了30个新增供水目标，目前由于水量指标、投资渠道事项等尚未明确，部分项目前期工作进展较慢，或尚未启动，急需加快推进。

（四）水质保护面临的形势依然严峻。总干渠沿线仍有65处水污染风险点威胁总干渠输水水质；总干渠两侧生态带尚未完全建成，生态效益短期内还不能实现良好预期，丹江口库区水体总氮浓度偏高，成为安全供水的一大隐患，库区及上游各项治理措施仍需常抓不懈，持续推进。

三、精心谋划，合力推进2017年南水北调各项工作

进入2017年，我省南水北调工程将全面转入运行管理，南水北调工作如何在确保供水安全的基础上，服务于"中原崛起、河南振兴、让中原更加出彩"的大战略、大格局，需要进一步精心谋划和推动落实。2017年，我们要重点抓好以下六个方面的工作：

（一）抓管理，确保工程效益持续发挥。作为南水北调管理部门，做好南水北调工程运行管理，确保工程效益持续发挥是我们第一位的大事，必须以抓铁留印的作风抓好落实。一是继续做好水量调度管理工作。及时下达年度调水计划，加强供水调度管理；开展配套工程流量计率定研究，配合中线局开展供水线路流量比对工作；加强与中线局河南分局的沟通协调，认真做好供水计量确认工作，消除分歧，达成共识。二是加强对配套工程运行管理的监管。加强对配套工程泵站代运行项目（含招标工作）管理，定期采取抽查方式对各地配套工程运行情况进行监管；及早建成、启用自动化调度与运行管理决策支持系统，提高用水配置、调度管理处理能力，确保工程高效运行、可靠监控、科学调度和妥善管理；完成配

套工程维修养护项目的招标工作，完善维修养护管理工作流程，督办维护项目的实施；完成全省配套工程基础信息系统及巡检系统应用项目招标工作，积极推进推广应用。三是严格变更索赔，做好投资控制。严把变更审批关，确保实现投资控制目标。在从严掌控，确保审批质量的前提下，加快变更索赔项目处理工作，及时扣回预结算资金，消除投资控制风险。对已经批复的变更索赔项目，加快资金结算，为施工单位春节前兑付农民工工资提供支持，保持社会大局稳定。四是做好水费征收工作。严格按照管理办法，加大督查力度，依法征收水费，提高水费征收率。五是积极推进验收工作。加快总干渠桥梁竣工、铁路交叉、供电线路、消防、档案验收，加强配套工程验收管理，召开配套工程验收推进会，强力推动配套工程分部、单位工程及合同完工验收，完成配套工程征迁验收工作。

（二）建机制，推进南水北调工作纳入规范化轨道。机制，原指机器的构造和工作原理，具体到一个单位的工作机制，是指单位内部组织和运行变化的规律。一个好的机制可以使一个单位顺畅高效运行。作为全省南水北调工程管理部门，2017年我们面临着新的工作格局、新的挑战和新的考验，肩负的责任重大，使命光荣，任务艰巨，这就需要把机制建设放在突出位置，全盘考虑，深入思考，科学设计，创建一套符合我省南水北调工作实际的体制机制。一是要争取尽快批复我省南水北调配套工程运行管理体制。积极与省编委沟通协调，争取尽快批复，加快推进实行省级统一调度、统一管理与市、县分级负责相结合的"两级三层"管理体制，规范配套工程运行管理工作，消除干部职工后顾之忧。二是进一步完善工程运行管理的规章制度和规程规范。在原有规章制度和规程规范的基础上，认真总结工程运行管理两年来的实际经验和教训，进一步充实和完善，需要增加的增加，需要修改的修改，要使规章制度和规程规范真正管用，真正

能落到实处，真正能促进我们的运行管理工作走上规范化、制度化轨道。在现有的制度和规范基础上，出台《河南省南水北调受水区供水配套工程管理规程》、《河南省南水北调受水区供水配套工程机电物资管理办法》、《河南省南水北调工程水费收缴及使用管理暂行办法》、《河南省南水北调工程运行管理物资采购管理办法》、《河南省南水北调工程运行管理资产管理办法》，制订《河南省南水北调配套工程运行管理稽察办法》，在运行管理制度创新上求突破。三是充实运行管理人员，加强人员培训。在继续委托有关单位协助做好运行管理的基础上，要充实我们自己的运行管理专业技术人员，加强人员培训，使之能尽快熟悉业务，胜任工作，提高实战操作水平。四是进一步完善内部审计规章制度。有计划地组织内部审查审计活动，做到工程建设资金和财政资金使用支出全覆盖；坚持大额资金票前把关和1万元以上票前审核把关、1万元以下票后定期审查审核，确保每一笔支出合法合规；对干线和配套工程建设资金坚持每一季度内部审计一次，履行好监督监管职责；配合审计部门对建设项目进行专项审计工作，查漏补缺。

（三）重执法，建立覆盖全省的南水北调立体执法体系。《南水北调工程供用水管理条例》、《河南省南水北调配套工程供用水和设施保护管理办法》为我省南水北调工程的运行管理提供了强有力的法制保障，我们要善于运用这两个法律武器，为南水北调运行管理撑起法律保护伞。一要强化组织领导。要充分认识《条例》和《办法》颁布实施的重要意义，切实把宣传贯彻《条例》和《办法》作为一项重要任务摆上议事日程，一把手要亲自过问，并明确一名分管负责同志主抓执法工作，具体抓，抓具体，扎实推进。二要加强宣传贯彻。按照省办印发的《办法》宣传工作方案，各地要认真抓好落实，确保《条例》和《办法》在全省南水北调工程沿线和受水区得到普遍宣传，达到家喻户晓，人人皆知，为我们依法管

理工程营造良好的舆论氛围和法制环境。三要明确执法权限。《办法》规定，南水北调配套工程管理单位可以接受水行政主管部门的委托开展配套工程管理的有关水行政执法工作。各省辖市、直管县市南水北调办要加强与水利（务）局的沟通协调，尽快办理执法委托手续，明确执法范围、执法权限等事项。四要建立执法队伍。队伍是做好执法工作的基础。要充分利用现有人力资源，选择优秀骨干人才作为专兼职执法人员，并加强执法培训，建立一支业务精、作风硬、敢于负责、勇于担当的执法队伍，力争上半年完成省市南水北调执法队伍组建工作。有关县（市区）可参照省市的做法，成立县级执法队伍，构建省市县三级执法体系。在执法队伍组建之前，要加强与水利（务）局的协调，充分发挥水政监察队伍的作用，将配套工程管理纳入水政监察队伍执法范围。五要严格执法程序。要落实执法责任，做到有法必依，执法必严，违法必究。要完善执法程序，规范执法行为，做到依法执法，严肃处理和打击毁坏工程设施的行为。要在委托的权限范围内实施行政执法；查处违法案件应当做到事实清楚、证据确凿、定性准确、适用法律正确、程序合法、处理适当；拟作出行政处罚决定的，应当事先报委托机关法制机构对其合法性、适当性进行审核；要使用委托机关统一制作的规范法律文书，并办理执法案件审批手续，严格遵守执法程序；执法人员上岗必须持有效的行政执法证件。各省辖市、直管县（市）南水北调办要加强对南水北调配套工程的巡查，及时发现和制止影响工程安全和供水安全的行为。一般违法行为，由市县南水北调执法队伍进行执法或与水政监察队伍联合执法；重大违法行为或涉及跨界的违法行为，要及时报省南水北调办或省水利厅。六要加强政策法律研究。要充分发挥南水北调政策法律研究会的作用，紧密结合实际，制定研究计划，确定重点研究课题，组织专家学者开展政策法律研究，利用好专家的智库作用，研究出一批

高质量成果，转化为推进南水北调事业发展的动力。

（四）保安全，确保南水北调工程良好社会形象。安全无小事，责任大于天。从大的方面讲，安全涉及人民群众生命财产安全。我们历经十余年艰苦奋战，建成了举世瞩目的千秋伟业工程，如果要是因为安全出了问题，损害了南水北调工程社会形象，我们就是历史的罪人。所以，我们要把安全当作头等大事来抓，当作比天还大的事来抓。具体到我们南水北调系统，保安全，就是要保住六个方面的安全。一抓工程巡查管护和科学调度，保工程安全。干线工程的运行安全由中线局负责，配套工程的安全运行我们责无旁贷。各省辖市（直管县市）南水北调办都要抽调人员建立巡查队伍，完善巡查制度，坚持定期巡查，发现破坏配套工程的行为立即制止，从根本上维护配套工程的安全运行。要加强调度管理，严格按供水计划进行调度，科学调度，确保供水设施安全。二抓防溺水宣传教育，保人民群众生命安全。要在工程沿线村庄和学校继续加强针对中小学生的防溺水宣传教育，增强中小学生的安全防范意识，确保不发生溺亡事故。三抓防汛措施落实，保工程度汛安全。统筹协调省防办、沿线地方政府、南水北调工程建管、运管单位，提前做好南水北调工程防汛工作，把干线和配套工程防汛纳入全省防汛大格局通盘考虑，统一安排部署。明确南水北调工程防汛责任，督促干线和配套工程运行管理单位编制度汛方案和应急预案，组织排查配套工程防汛风险点，明确防汛责任。做好防汛值班，配套工程运管单位要做到24小时值守，并组织人员加强对泵站、输水管线的巡查。省办将不定期对各地防汛值守情况进行抽查，对脱岗、离岗单位和人员通报批评，造成严重后果的要严肃处理。继续协调加快干线左岸防洪影响处理工程建设进度，会同省水利厅加强工程建设督导，及时协调处理有关问题，统筹协调推进防洪影响处理工程建设，力争早日建成发挥防汛效益，确保南水北调工程度汛安全。四抓在建工程安全监管，保生产安全。安全生产涉及人命关天，是比天还大的事。1月12日晚，郑州农业路高架桥施工发生坍塌，发生人员伤亡事故，引起大家的高度警觉。这就说明，许多安全事故就发生在我们身边，我们的安全生产意识丝毫也不能松懈。虽然我们的在建工程不多，但一定要把安全生产放在第一位，把对劳动者的生命关爱放在第一位。要在平时加强安全生产教育，尤其是岗前教育，反复提醒，杜绝任何侥幸和马虎心态。要切实加强安全生产监督检查，堵塞安全漏洞，消除安全隐患，确保我省南水北调系统不出现安全生产事故。五抓应急预案落实和演练，保供水安全。大家不要以为断水、水污染不可能出现，总干渠在我省有731公里，沿线交叉几百座桥梁，我们要提醒自己，风险时时存在，警钟必须常鸣。去年，郑州市、许昌市进行了断水应急演练，效果很好。今年，其他市县也要落实好应急预案，开展好应急演练，熟悉操作流程，随时做好准备，一旦发生断水、水污染等突发情况，能及时从容应对，把断水和水污染风险造成的损失降到最低限度，确保受水区城市供水安全。六抓水污染防治攻坚，保水质安全。水质决定着工程的成败，也是社会各界关注的焦点。尽管经过大家的努力，中线工程从通水到现在输水水质稳定达标，但我们仍不可掉以轻心，影响水质的风险因素尚未彻底消除。要认真做好《丹江口库区及上游水污染防治和水土保持"十三五"规划》实施方案的制定，督导规划项目实施，争取更多保水质、促发展、惠民生的项目在水源区落地生效。要严格执行《南水北调中线一期工程总干渠（河南段）两侧水源保护区划定方案》规定要求，严把总干渠两侧水源保护区新建项目环境影响审核关。要积极配合林业部门加快总干渠两侧生态带建设，做好后期管护工作。要进一步排查核实总干渠沿线水污染风险点，协调配合环保部门开展南水北调总干渠沿线水污染风险点整治工作，确保污染风险得到有效控制。省委省政府决定今年全面打响水污染防治攻坚战，我们要高度重视，加强监管，要抓好《河南省水污染防治攻坚战（1+2+9）总体方案》的贯彻落实，加强南水北调中线一期工程总干渠突发水污染事件预防，配合有关单位打好水污染防治攻坚战，为全省水环境改善做出南水北调人应有的贡献。继续深化京豫对口协作，加强双方对接，提升协作水平，加快项目落地，为水源区水质保护提供强大产业支撑。

（五）抓创新，力求各项工作取得突破性进展。展望2017年，我们面临的工作具有很强的挑战性，按照常规的思路和办法，难以取得突破。因此，我们要按照中央和省委要求，进一步增强改革创新意识，思想上创新，思路上创新，方式方法上创新，用创新破解一个个难题。一是要制度创新。在原有47项制度的基础上，根据2017年工作需要，进一步创新制度和机制，形成鼓励创新的机制氛围，形成有利于推动工作的体制氛围，形成激励干事创业的团队氛围。积极探索水权交易制度，用市场机制调配、优化水资源配置，提高工程供水效益。二是要技术创新。依托大中专学校和科研、设计单位，紧密结合南水北调工程运行管理的实际需要，加快研究一批新课题、新技术、新装备，提升我省南水北调配套工程运行管理的技术支撑能力。三是要思路创新。面对工作难题和新的挑战，要坚持问题导向，要敢于创新思路，打破常规方式方法，从有利于推动工作出发，大胆思考，积极谋划，勇于创新，在干线和配套工程调蓄工程、新增供水项目的前期工作、生态补水、管理处所及自动化系统建设调试等方面取得突破性进展。

（六）带队伍，形成推进南水北调工作的强大合力。加强南水北调干部队伍建设，充分发挥每一位同志的聪明才智，形成推进全省南水北调工作的整体合力，对于我们完成今年各项工作任务至关重要。我们要从五个方面着手抓好队伍建设。一是继续加强党建工作，加强廉政教育，增强干部队伍的纯洁性。持续开展"两学一做"学习教育，利用多种形式对党员干部进行培训，提高党性修养，增强党性观念，打造一支对党忠诚、无私奉献的干部队伍。加强干部队伍廉洁从政教育，利用身边反面典型开展现身说法教育，增强党员领导干部拒腐防变的能力，确保干部队伍安全。二是加强干部队伍的监管教育，克服懒政怠政思想。严明组织纪律、工作纪律，对违犯纪律者及时谈话提醒，情节严重的给予必要的处分。在全系统倡导雷厉风行的工作作风，做到今日事，今日毕，坚决杜绝工作拖泥带水，推诿扯皮，久拖不决。对省办交办的事项，机关各处室、各项目建管处、各市县南水北调办都要千方百计按时完成；市县南水北调办确实协调不动、完成有困难的，要积极主动向同级政府主要领导同志汇报，争取理解和支持，推动工作顺利开展。三是广纳善言诤言，创新用人机制。敞开大门，虚心听取干部职工对工作推进的意见和建议、对班子成员的意见和批评，作为我们改进决策的重要依据，提高决策的科学性和针对性；拓展选人用人视野，在传统用人机制基础上，尝试公开、公平、竞争、择优的选人用人办法，努力营造干事创业的良好环境和氛围，让能者上，平者让，庸者下。我们今年可对一些难度较大的工作领域，或者干部职工提出的创新领域，引入竞争机制，让有专长、能干事、干成事的干部脱颖而出，组织上给岗位，给待遇，给支持，搭建施展才华的舞台，提供必要的用武之地，为干部队伍建设注入新的生机和活力。四是以文明单位建设为载体，鼓励创先争优，打造一支生龙活虎的干部职工队伍。省南水北调办机关要在保持"省级文明单位"荣誉的基础上，启动"省级文明单位标兵"创建工作，让每一位干部职工参与进来。鼓励创先争优，对工作先进的，予以表彰和奖励；对工作后进的，提出批评。省辖市（直管县市）南水北调办也要积极开展文明单位建设工作，并以此为抓手，带动各项工作再上一个新台阶。五是开展南水北调文化研究和文艺创作，用南水北调精神塑造南水北调团队。在10余年南水北调工程建设历程中，我们这支队伍经受住了种种复杂条件的考验，最终胜利完成了党和人民赋予的历史使命，建成了千秋伟业的南水北调工程，在此，我对大家的拼搏和奉献表达崇高的敬意和衷心的感谢！在我省工程建设过程中，涌现出了陈建国、符运友、徐开富、陈学才等一大批先进模范人物；在移民搬迁安置、干线征迁安置、水质保护等不同工作领域，也涌现出许许多多的先进人物，一些同志甚至为此付出了生命的代价，他们用青春和热血诠释了对党的事业、对国家工程的忠诚。"负责、务实、求精、创新"的南水北调精神，以及"甘于牺牲、乐于奉献、勇于担当、敢于拼搏、善于创新、勤于协作"等具有河南特色的精神特质，都是值得我们永远继承和持续发扬的。因此，我们说，南水北调不仅是一项伟大的物质工程，也是一座伟大的精神宝库，需要我们去挖掘、提炼、研究、提升和宣传推广。今年，我们要把南水北调文化研究和文艺创作提上日程，弘扬南水北调精神，传承南水北调文化，用南水北调精神塑造一支能打善战、战之能胜的忠诚、干净、担当的干部队伍，从而推动各项工作上台阶、上水平，树立我省南水北调行业的良好形象。

同志们，新年的钟声已经敲响，新的征程已经出发。让我们紧密团结在以习近平同志为核心的党中央周围，在省委、省政府的坚强领导下，精诚团结，克难攻坚，坚持稳中求好，推动创新发展，奋力推进南水北调各项工作，力争发挥工程更大效益，创造南水北调新的辉煌，为中原更加出彩做出新的贡献，以优异的成绩向党的十九大献礼，让我们撸起袖子加油干吧！

最后，预祝大家春节愉快，合家欢乐！

谢谢大家！

河南省南水北调办公室主任刘正才在全省南水北调系统党风廉政建设会议上的讲话

2017年1月17日

同志们：

2016年是我省南水北调工作开展制度创新，规范运行管理，提升供水效益，逐步发展壮大的一年。一年来，省南水北调办公室认真组织开展"两学一做"学习教育，积极配合省委专项巡视，创新建立运行管理体系，规范完善"4+2"党建及配套制度，有序完成年度各项工作任务，圆满实现了我省南水北调工程经济、生态和社会效益逐步扩大的工作目标。截至目前，有31个分水口门向12个地区52座水厂供水，累计供水22.7亿立方米，1800多万城镇居民直接受益。

一、2016年我省南水北调党风廉政建设工作回顾

（一）提高思想认识，扎实开展"两学一做"学习教育。省南水北调办公室领导班子多次带着问题组织中心组学习，深入学习党的十八大和十八届三中、四中、五中、六中全会精神，深入学习习近平总书记系列重要讲话精神，深刻领会和把握新时期党的治国理政新思维、新理念。坚持从严从实要求，推进党内学习教育向广大党员延伸，向经常性教育延伸。以"学"为基础，带头原原本本学党章党规，统一思想，进一步增强党要管党、全面从严治党的政治责任感和使命感，进一步坚定党风廉政建设和反腐败工作的信心和决心。对照"四讲四有"标准，主动查找各级党组织和全体党员干部在贯彻落实全面从严治党要求和履行主体责任上的差距。以"做"为关键，具体针对查摆出来的问题迅速行动、认真整改，坚持"学""做"并举，知行合一，坚决把思想和行动统一到中央和省委的部署要求上来，做合格

党员。

（二）坚持立行立改，着力抓紧抓实巡视整改工作。2016年2月28日至4月26日，省委第八巡视组对省南水北调办公室开展了专项巡视。11月28日至11月30日，省委第八督查组对省南水北调办公室开展了巡视整改重点督查。省南水北调办公室始终把省委巡视作为重大政治责任工作来抓，对于省委第八巡视组专项巡视反馈指出的问题，省水利厅党组、省南水北调办公室照单全收，明确责任，强化措施，全力推进整改落实，取得了良好成效，得到了省委巡视组的充分肯定。一是强化组织领导。成立了专项巡视整改工作领导小组，先后组织召开11次党组会和9次主任办公会，研究省委第八巡视组专项巡视省南水北调办公室反馈问题的整改工作，切实做到领导有力、组织健全、人员到位、工作扎实，并以上率下，层层传导压力，充分发挥基层党支部的战斗堡垒作用和党员干部的先锋模范作用。二是落实整改措施。认真研究省委第八巡视组专项巡视反馈问题，深入分析问题产生的根源，研究讨论具体的整改措施，并主动认领、逐条分解责任、明确完成时限，研究制定了专项巡视反馈问题整改落实方案并印发执行。三是突出重点问题。聚焦全面从严治党、落实"两个责任"、作风建设、选人用人、工程建设领域及影响群众切身利益等方面的突出问题，能够立即整改的即刻进行整改，短期内不能立即解决的，按照整改落实方案和计划有序推进，需要长期坚持整改的，按照整改落实方案进一步细化整改措施，建章立制，形成长效机制。四是统筹推进工作。切实把省委第八巡视组专项巡视反馈问题的整改工作作为一项重要政治任务，与南水北调中心工作同谋划、同部署、同检查，推动南水北调工作两手抓，两手硬。既把专项巡视整改工作做细、做实、做到位，又通过落实巡视整改工作，从制度层面、监管层面、执行层面举一反三、查漏补缺，形成以专项巡视整改为契机，南水北调中心工作与专项

巡视整改落实共同推进的良好态势。五是公示结果接受监督。为全面接受社会各界和党员干部的广泛监督，按照《中国共产党巡视工作条例》有关规定和省委巡视组要求，以厅党组文件印发整改工作情况报告和主要负责同志组织落实整改情况报告，在厅各有关单位、省南水北调办公室机关各处室、各项目建管处党支部内部通报，并在省南水北调办公室网站公示整改工作情况报告，自觉接受社会监督。

（三）积极履职尽责，着力贯彻落实全面从严治党"两个责任"。省南水北调办公室始终把贯彻落实"两个责任"扛在肩上，聚焦中心任务，突出主业主责。一是加强警示教育。以落实中央八项规定、河南省委省政府20条意见为抓手，常抓实抓党的建设和党风廉政建设，强化忧患意识，坚决反对和抵制"四风"。定期组织开展警示教育，经常提醒、经常警示，使广大党员干部时刻绷紧廉洁自律这根弦，严守政治纪律和政治规矩，教育引导干部职工自重、自省、自警、自励，从反面典型案例中吸取教训，始终保持清醒头脑，筑牢拒腐防变的思想防线。注重细节，抓早抓小，教育和引导党员干部清醒认识党风廉政建设和反腐败工作抓早抓小的必要性，注重监督执纪"四种形态"的运用，坚持从小处着眼，从细节入手，对苗头性、倾向性问题，及时预警、及时纠正，杜绝问题升级和蔓延。二是明确责任目标。依据《关于落实党风廉政建设党委主体责任和纪委监督责任的意见（试行）》（豫发〔2014〕20号）文件精神，结合省南水北调办公室工作实际，编制完成了《河南省南水北调办公室2016年党风廉政建设责任目标》，并报送至省责任制办公室。按照党风廉政建设责任制的规定和省委省政府党风廉政建设责任领导小组办公室《关于制定2016年度党风廉政建设责任制目标的通知》的要求，结合省南水北调办公室2016年度中心工作任务，制定了目标明确、任务分解、措施具体、权责清晰的省南水北调办公室《2016年党风廉政建设责任

目标书》，并由省南水北调办公室领导班子与机关各处室、各项目建管处逐一书面签订，认真贯彻落实执行。三是畅通信访渠道。进一步建立健全信访工作机制，设立信访监察工作专栏，大力宣传党风廉政建设的各项法律法规，公开办事政策和程序。设立举报信箱和举报电话，畅通信访举报通道，认真对待群众来信来访，澄清事实，依法办理。全年共处理3起信访事项，全部得到了群众满意答复。四是严格执纪问责。以全面完成省南水北调办公室全面从严治党主体责任清单及监督责任清单为目标，以签订的年度党风廉政建设任务为抓手，进一步加强投资控制和资金监管，确保"工程安全、质量安全、资金安全、干部安全"。牢固树立法制意识，把遵守各项规章制度作为干部职工立言立行立德的"生命线"、为人处事交友的硬约束。坚持"纪挺法前"的原则，强化监督检查，严肃执纪问责，积极营造不敢腐、不能腐、不想腐的浓厚氛围，强力推进"两个责任"落实。先后7次组织开展对机关各处室、各项目建管处人员在岗情况、工作纪律情况、廉洁自律情况、服务意识情况、工作作风情况随机抽查和暗访，严明纪律规矩。为切实增强政治意识、大局意识、核心意识，看齐意识，依据《中国共产党巡视工作条例》、《中国共产党问责条例》、《全面从严治党监督检查问责机制暂行办法》及《事业单位工作人员处分暂行规定》，严肃进行责任追究。对事实清楚、问题严重、构成问责要件的，经省水利厅党组及省南水北调办公室集体研究决定，全年共进行责任追究14人次。

（四）加强内部审计，着力完善过程控制制度体系。坚持贯彻依法审计、督促履职尽责方针，强化自身建设、强化内部控制、完善长效监督制约机制，实现决策权、执行权、监督权相互制约又相互协调的权力结构。坚持按季度进行内部审计，及时发现问题解决问题，进一步完善内部审计规章制度，建立长效监督制约机制，不断提高依法行政意识，为我省南水

北调事业健康发展保驾护航。积极配合审计署、国务院南水北调办及省审计厅审计，严把资金关口，充分发挥南水北调工程建设资金的使用效率。全年累计完成王小平主任离任审计1次，完成省南水北调办公室（建管局）内部财务审计3次，完成省配套工程2007至2016年工程建设资金使用管理专项审计任务。

（五）认真建章立制，着力完善"4+2"党建制度。制度建设是一项管根本、管全局、管稳定和管长期的任务。为进一步摆正党的建设与业务工作关系，明确党建工作的重要地位，坚决纠正重业务轻党建问题，认真履行从严治党主体责任，省南水北调办公室紧密结合专项巡视反馈问题的薄弱环节及我省南水北调工程运行管理以来面临的新机遇、新挑战，针对重点人、重点事、重点问题等廉政风险点，认真开展查漏补缺活动，深入分析问题产生的根源，集中研究制定了基础性、长期性的"4+2"党建制度体系。2016年2月印发了《关于完善反腐倡廉制度的实施细则》等15项党建制度为主要内容的制度汇编，2016年11月印发了《中共河南省水利厅党组全面从严治党主体责任清单》等24项党建制度为主要内容的制度汇编，构建了相互衔接、可操作性强、较为系统的党建制度体系，为省南水北调办公室适应新时期党建工作新要求，进一步强化机关党建工作和党风廉政建设提供了强有力的制度保证。

（六）严肃党内政治生活，着力打造干事创业干部队伍。省南水北调办公室领导班子积极参加省水利厅党组中心组的集体学习，认真组织省南水北调办公室领导班子中心组的集体活动，带头学党章、讲心得、谈体会，进一步坚定了理想信念，统一了广大干部职工的思想认识。及时传达学习贯彻党的十八届六中全会精神和省第十次党代会精神，学习《关于新形势下党内政治生活的若干准则》和《中国共产党党内监督条例》，严守政治规矩和政治纪律。认真组织开展"两学一做"学习教育，有

计划地到联系点讲党课，以普通党员身份参加所在支部的组织生活，认真开展批评和自我批评，引领各支部积极落实"三会一课"制度。有计划地组织党员干部到井冈山干部学院、确山县竹沟革命纪念馆、红旗渠等红色教育基地进行党性锻炼，组织各支部成员分批到省南水北调办公室定点扶贫村开展对贫困户的一对一帮扶活动，进一步丰富党建工作的内容和载体。如期完成省南水北调办公室机关党委换届工作，成立了机关纪律检查委员会，切实加强党的组织建设。对照"四讲四有"，查摆理想信念、遵守纪律、道德修养、践行宗旨等方面的问题，边学边改、即知即改，争做合格党员，努力打造了一支优秀的干部队伍。

二、不忘初心，清醒认识当前所面临的复杂形势

党的十八大以来，以习近平总书记为核心的党中央高举中国特色社会主义伟大旗帜，围绕实现"两个一百年"奋斗目标、实现中华民族伟大复兴的中国梦，统筹推进"五位一体"总体布局和协调推进"四个全面"战略布局，坚持以创新、协调、绿色、开放、共享的五大发展理念为战略引领，以"中央八项规定"为切入点，以作风建设为突破口，以党章党纪为基准线，以"两个责任"为传动轴，从严抓思想建设、从严管党治党、从严执纪问责、从严整饬吏治、从严抓作风建设、从严抓反腐倡廉，极大地促进了党风政风转变，开创了党的建设新局面，深得党心民心。

在中央和省委的正确领导下，在厅党组带领下，省南水北调办公室始终坚持深入学习习近平总书记系列重要讲话精神，坚持深入学习贯彻党的十八大、十八届三中、四中、五中、六中全会精神，深入贯彻落实省委全面从严治党深化年总体部署，全面加强党的建设，坚持从严管党治党，充分发挥党组领导核心作用，形成了领导班子抓、支部书记抓、一级抓一级、层层抓落实的良好的党建工作格局。认真组织开展"两学一做"学习教育，开展党风党

纪专题教育，开展红色教育锤炼，开展精准扶贫党性实践，进一步巩固和发展了党的群众路线教育实践活动和"三严三实"专题教育成果，坚定了理想信念，强化了理论武装。积极配合省委第八巡视组专项巡视及省委第八督察组巡视整改督查，主动查找问题、分析问题、解决问题，认真进行纠偏纠错、正风肃纪、建章立制。坚持20字好干部标准，圆满完成机关党委换届选举和第一届机纪委建立选举工作，建立健全了党建工作体系。严格执行中央八项规定精神和省委、省政府20条意见精神，坚决反对和抵制"四风"，持续保持惩治腐败高压态势。总的看，省南水北调办公室各级党组织在落实全面从严治党主体责任上的责任意识在加强，担当精神在激发，压力传导在加大，工作成效在提升，全系统全面从严治党的政治生态持续向好，为我省南水北调事业持续健康发展提供了坚强的政治保证。

当前，我省南水北调正处于事业转型发展期，尽管在过去的一年取得了一些显著成绩，为工程长期安全稳定运行和我省水资源优化配置奠定了坚实基础，但我们更应该清醒地认识到，与中央和省委的要求上，与我省南水北调事业发展的需求上，仍然面临诸多挑战，存在着一些亟待解决的不足、困难和问题。一是管理体制尚未理顺。在我省南水北调工作重心向运行管理转型中，体制机制尚未明确，泵站运行、水量调度、水质监测、维护养护等方面存在的矛盾日益突出，运行管理面临诸多新挑战。二是运行安全尚存风险。受制于配套工程与受水水厂直接联通实际情况，中间没有调蓄能力设施配套，一旦发生断水事件，城市供水面临无法保证风险。三是全面从严治党方面仍存不足。党建工作"软化"、"虚化"、"弱化"问题不同程度存在，个别支部在抓党建工作时花时间、投精力、下功夫不够。个别支部在开展党建工作时，实招少，方法简单，压力传导不够。少数支部仍然存在以文件落实文件，从严治党的担当精神不足。我们一定要深刻认识

到这些问题的存在对南水北调事业的影响和危害，要进一步强化责任意识，担当精神，以对党、对人民、对历史高度负责的态度，牢记嘱托、不辱使命，不忘初心、奋力前行，把全面从严治党持续推向深入。

三、2017年我省南水北调党风廉政建设工作重点

深入学习贯彻落实党的十八届六中全会精神和省委第十次党代会精神，坚持全面从严治党，深入贯彻落实中央纪委七次全会、省纪委七次全会党风廉政建设工作会议精神，坚持从严治党要从严肃党内政治生活严起，聚焦中心任务，创新工作方式，转变工作作风，履职尽责，切实把中央和省委会议精神落到实处。2017年工作总要求是：深入学习习近平总书记系列重要讲话精神和党的十八大及十八届三中、四中、五中、六中全会精神，牢记宗旨，不忘初心，坚决贯彻落实全面从严治党要求，坚持依规依法治党、坚持纪挺法前、强化党内监督、严肃执纪问责，持之以恒贯彻落实中央八项规定精神，为我省南水北调事业持续健康良性发展营造良好的政治生态。

（一）持续加强思想引导教育工作。全面从严治党永远在路上。一要把思想政治建设始终摆在首位。思想政治建设的核心是理想信念。回顾我党95年发展的历史长河中，有"砍头不要紧，只要主义真"之视死如归精神的夏明翰，有"敌人只能砍下我们的头颅，绝不能动摇我们的信仰"之大义凛然精神的方志敏等，据不完全统计，从1921年到1949年，我们党领导的革命中，有名可查的烈士就达370万人。他们用生命和鲜血为我们树立了革命理想高于天的典范，也正是由无数个坚持了革命理想高于天的共产党人团结带领全国各族人民取得了举世瞩目的伟大成就。习近平总书记反复强调，"理想信念坚定，骨头就硬，没有理想信念，或理想信念不坚定，精神上就会'缺钙'，就得了'软骨病'"，"就可能导致政治上变质、经济上贪婪、道德上堕落、生活上

腐化"。我们要继承和发扬党的优良传统，坚定理想信念不动摇，坚守共产党人的精神追求，把握共产党人安身立命之本，胜利和顺境时不骄傲不急躁，困难和逆境时不消沉不动摇。要坚持全心全意为人民服务的根本宗旨，吃苦在前、享受在后，勤奋工作、廉洁奉公，坚持为理想而奋不顾身去拼搏、去奋斗、去献出自己的全部精力乃至生命。要始终牢记人民是历史的创造者，我们党来自人民、植根人民，各级干部无论职位高低都是人民公仆、必须全心全意为人民服务。二要把政治理论武装常抓不懈。党的十八大以来，以习近平总书记为核心的党中央顺应历史发展潮流，统筹国内国际两个大局，审时度势、高屋建瓴，创造性地提出了系列治国理政新体系。我们要深入学习贯彻习近平总书记系列重要讲话精神，深入学习党的十八大、十八届三中、四中、五中、六中全会精神，用马克思主义中国化的最新理论成果武装党员干部头脑，入脑入心、内化于心、外化于行，自觉做共产主义远大理想和中国特色社会主义共同理想的坚定信仰者、忠实实践者，保持在理想追求上的政治定力，积极发挥党员的先锋模范带头作用。我们要以高度的政治责任感和使命感常抓政治理论武装宣传教育，引领广大党员干部职工牢固树立"政治意识、大局意识、核心意识、看齐意识"，进一步坚定"道路自信、理论自信、制度自信、文化自信"。我们要做党的新政治理论体系的忠诚执行者，坚决贯彻执行中央及省委决策部署，始终自觉在思想上、政治上、行动上同以习近平同志为核心的党中央保持高度一致。三要坚持党性修养千锤百炼。党的十八大以来，按照中央和省委部署，我们先后组织开展了党的群众路线教育实践活动、"三严三实"专题教育和"两学一做"学习教育，分批次组织党员干部到大别山干部学院、红旗渠干部学院、焦裕禄干部学院、井冈山干部学院进行红色传统实践，广大党员干部的思想得到了"洗礼"，党性进一步增强。我们要坚持党性锤炼

不放松，有计划地组织安排党员干部继续到国内干部学院接受红色传统教育，强化党性修养。坚持党性修养实践不松懈，继续以支部为单位，组织引导党员干部到我办定点扶贫村开展精准扶贫工作，不忘初心。坚持党性锤炼不松劲，在持之以恒开展日常学习中提升党性，在圆满完成年度各项工作中锤炼党性，在抵御各种不正之风、贯彻落实全面从严治党中检验党性。

（二）层层压实管党治党主体责任。全面从严治党，核心在领导班子，关键在党组织书记，重点在班子成员。要把全面从严治党的主体责任扛在肩上，抓在手上，落实到行动上，各级领导干部就要"严"字当头，以身作则，从严自律，主动作为，以上率下，让从严治党延伸到每一个支部，落实到每一名党员。一要定期开展警示教育。坚持领导带头，当好全面从严治党的"主角"，为广大党员干部做出政治、思想和行动的表率。常抓实抓党的建设和党风廉政建设，强化忧患意识，坚决反对和抵制"四风"，进一步教育和引导党员干部清醒认识党风廉政建设和反腐败工作抓早抓小的必要性，坚持从小处着眼，从细节入手，对苗头性、倾向性问题，及时预警、及时纠正，防止问题升级和蔓延。定期组织开展警示教育，经常提醒、经常警示，使广大党员干部时刻绷紧廉洁自律这根弦，严守政治纪律和政治规矩，教育引导干部职工自重、自省、自警、自励，从反面典型案例中吸取教训，始终保持清醒头脑，筑牢拒腐防变的思想防线。二要认真贯彻落实"一岗双责"。各支部书记是本部门本单位全面从严治党第一责任人，既要领好班子、带好队伍，又要加强对班子成员的教育、监督和管理，层层传导压力，督促班子成员切实肩负起全面从严治党职责。班子成员既要抓好自身的业务工作，又要抓好分管部门的党风廉政建设，坚决落实领导班子关于全面从严治党的决策部署，定期研究、检查、报告分管范围内的党风廉政建设情况，切实做到既提高部门工作水平，又保持队伍清正廉洁。三要严格目标任务考核。今天，省南水北调办公室要与机关各处室、各项目建管处签订2017年度全面从严治党目标责任书。各单位（部门）领导班子要牢固树立抓好党建是本职、不抓党建是失职、抓不好党建是渎职的责任意识，把全面从严治党作为应尽职责、分内之事，坚持党建工作和中心工作一起谋划、一起部署、一起考核，严格对党员的日常监督管理，强化对权力运行的监督制约。领导班子成员要主动认领全面从严治党责任清单内容，模范遵守党的各项纪律规矩，严格廉洁自律，为全体党员和干部职工作出表率。纪检监察部门要建立健全考核机制，加强全面从严治党过程的监督检查，并把年度全面从严治党目标责任考核结果作为干部选拔任用的一项重要指标。

（三）注重运用监督执纪"四种形态"。第一种形态，就是经常开展批评和自我批评、约谈函询，让"红红脸、出出汗"成为常态。第二种形态，就是党纪轻处分、组织调整成为违纪处理的大多数。第三种形态，就是党纪重处分、重大职务调整的成为少数。第四种形态，就是严重违纪涉嫌违法立案审查的成为极少数。要把握好这"四种形态"，强化责任，勇于担当，惩处极少数、教育大多数，真正达到治"病树"、拔"烂树"、护"森林"目的。一是要强化党内监督。领导干部要带头严格执行民主集中制原则，凡重大决策、重大计划和大额资金使用支出，都坚持集体研究决定。要带头参加党支部组织生活，经常开展批评和自我批评，让"红红脸、出出汗"成为常态。要带头严肃党内组织生活，引领每名党员干部心中有党、心中爱党、心中为党，抱定当初入党宣誓时的"初心"，将党中央的决策部署和刚性要求内化于心、外化于行。要强化党内监督，及时开展约谈函询活动，抓早抓小，动辄则咎，防止小错演变成大错，小患酿造成大祸。二是要严格遵守"六大纪律"。牢固树立遵守"六大纪律"意识，把遵守各项规章制度作为干部职工立言立行立德的"生命线",为人处事交友的硬约束。严格遵守政治纪律,坚决做到与中央保持一致决不能含糊;严格遵守组织纪律,清醒认识不请示报告不是小事;严格遵守廉洁纪律,坚决对歪风邪气亮起红灯;严格遵守群众纪律,对罔顾民意的政绩工程说"不";严格遵守工作纪律,不担当就要被问责;严格遵守生活纪律,刚性约束八小时以外行为。三是要从严执纪问责。充分发挥党建工作和纪检工作两个平台的作用,坚持"纪挺法前"原则,强化监督检查,严肃执纪问责,积极营造不敢腐、不能腐、不想腐的浓厚氛围。持续保持反腐惩恶高压态势,坚持无禁区、全覆盖、零容忍,对严重腐败分子,除通过纪律处分予以惩戒外,坚决追究法律责任,依法严厉打击,及时清除党内毒瘤,保持党的肌体健康。坚持"一案双查",发生严重违纪违法情况的,既要追究当事人的责任,又要追究有关领导失职的责任,强力推进"两个责任"落实。

(四)稳步建立健全党建制度体系。习近平总书记在2016年12月24日全国党内法规工作会议前就加强党内法规制度建设作出重要指示强调,坚持依法治国与制度治党、依规治党统筹推进、一体建设。我们要坚持思想建党和制度管党相结合,稳步推进党建制度建设,做好全面从严治党的制度保证。一是修订完善已有的党建制度。2015年以来,省南水北调办公室紧密结合工作实际和党建工作重点,先后建立了《河南省南水北调办公室关于完善反腐倡廉制度的实施细则》、《河南省南水北调办公室关于贯彻执行民主集中制实施办法》及《河南省南水北调办公室关于贯彻执行全面从严治党监督检查问责机制的意见》等24项党建制度和配套制度。要在严格执行这些制度的同时,及时结合中央、省委对党建工作的新理论、新要求、新部署,对已有制度进行修订与完善;要随着我省南水北调事业发展,对不能适应发展需要、与工作现实有冲突的已有制度及时调整,以确保所建制度能用、管用、好用。二是进一步健全制度体系。要结合我省南水北调工作由建设管理向运行管理转型的具体实际,针对重点人、重点事、重点问题等廉政风险点,进一步认真开展查漏补缺,建立长效机制。要从解决问题上下功夫,对需要建立的制度,明确责任部门、责任人、具体措施、完成时限,督促落实,着力构建全覆盖的风险预警、纠错整改、内外监督、考核评价和责任追究廉政风险防控体系,用制度管权、管事、管人。三是刚性执行各项规章制度。"天下之事不难于立法,而难于法制必行。"制度的生命力在于执行。要把学习贯彻执行各种规章制度成为党员干部日常学习的重要内容,不仅熟悉掌握各项制度的内容,还要理解制度是规范、是约束;要牢固树立严格遵守制度的意识,把遵守各项规章制度作为个人立言立行立德的"生命线",作为个人工作生活的行为准则,作为个人为人处事交友的硬约束。

(五)抓好纪检监察干部队伍建设。管党治党、从严治党,关键在党,关键在人。"打铁还需自身硬",我们要高度重视纪检监察干部队伍建设,切实培养锻炼出一支忠诚干净担当的全面从严治党的纪检监察队伍。一要注重家风建设。习近平总书记在2016年12月12日会见第一届全国文明家庭代表时指出,领导干部的家风,不仅关系自己的家庭,而且关系党风政风。家风好,就能家道兴盛、和顺美满;家风差,难免殃及子孙、贻害社会,正所谓"积善之家,必有余庆;积不善之家,必有余殃"。领导干部要带头注重家风建设,继承和弘扬中华优秀传统文化,继承和弘扬革命前辈的红色家风,向焦裕禄、谷文昌、杨善洲等同志学习,做家风建设的表率,把修身、齐家落到实处。要保持高尚道德情操和健康生活情趣,严格要求亲属子女,过好亲情关,教育他们树立遵纪守法、艰苦朴素、自食其力的良好观念,明白见利忘义、贪赃枉法都是不道德的事情,要为全社会做表率。纪检监察干部更要注重家风建设，家风正，身影正，打铁还需自身硬。二要自觉接受监督。没有制约的权力是危险的。党的十八届六中全会通过的《中国共产党党内监督条例》，集中体现了"信任不能代替监督"的理念，把"重音"放在自上而下的监督上。党章赋予纪检监察干部的职责，凝练为监督执纪问责，既是信任、培养，更是考验。纪检监察干部作为监督别人的人，打铁还需自身硬，正人必先正己。要自觉接受监督，严字当头，严格遵守政治纪律和政治规矩，做遵守纪律的标杆。要忠于职守，坚持原则，铁面执纪，坚决维护党章党规党纪的严肃性，努力用行动诠释对党的忠诚。要把监督执纪的权力关进制度笼子，有权必有责、有责要担当，用权受监督、失责必追究。对执纪违纪、失职失责的严肃查处，对不愿为、不敢为、不善为的要调整岗位，严重的就要问责。三要逐步提升能力。随着全面从严治党实践不断深化，党中央陆续修订出台了《中国共产党廉洁自律准则》《中国共产党纪律处分条例》《中国共产党问责条例》《中国共产党党内监督条例》和《关于新形势下党内政治生活的若干准则》，纪

检监察人员要深入研读、融会贯通，运用好这些新形势下管党治党、从严治党的利器。要积极参加业务培训，系统掌握开展纪检监察工作的方式方法，逐步提高工作能力。要注重理论与实践结合，在日常纪检监察工作中总结经验，汲取教训，稳步提升工作效率。

同志们，2017年是全面落实省第十次党代会精神的第一年。新的一年里，我们要在省委、省政府的坚强领导下，深入学习贯彻党的十八届六中全会精神，紧密团结在以习近平同志为核心的党中央周围，牢固树立政治意识、大局意识、核心意识、看齐意识，坚定推进全面从严治党，坚持思想建党和制度治党紧密结合，净化党内政治生态。深入学习贯彻十八届中央纪委七次全会精神、省第十次党代会精神，贯彻落实省纪委十届二次全会精神，以更加振奋的精神状态，更加务实的工作作风，更加科学的工作方法，恪尽职守，团结拼搏，开拓创新，努力开创我省南水北调运行管理工作新局面，为决胜全面小康，让河南更加出彩做出新的更大贡献。

重 要 事 件

河南省南水北调工作会议
在郑州召开

2017年1月17日，2017年河南省南水北调工作会议在郑州召开。省南水北调办主任刘正才出席会议并讲话。省南水北调办副主任贺国营宣读2016年全省南水北调工作先进单位表彰决定，副主任李颖主持会议，副主任杨继成传达2017年全国南水北调工作会议精神，副巡视员李国胜出席会议。沿线各省辖市、省直管县市南水北调办主要负责人、省南水北调办机关全体职工、各项目建管处副处级以上干部

共130余人参加会议。

大会对6个荣获2016年全省南水北调工作先进单位的集体、3个荣获2016年河南省配套工程管理处所建设和自动化系统建设先进单位的集体进行表彰并颁发奖牌，获奖单位作交流发言。刘正才代表省南水北调办接受沿线各省辖市、直管县市南水北调办递交2017年工作目标责任书，并签订2017年供水协议，省南水北调办机关各处室、各项目建管处递交目标责任书。

刘正才在讲话中肯定2016年河南省南水北调工作取得的成绩，分析南水北调工作当前面临的新挑战、新问题，要求全省南水北调系

统珍惜来之不易的大好局面，增强紧迫感和责任感，精诚团结，群策群力，继续保持奋发有为、拼搏进取的精神状态，保持抓铁有痕、雷厉风行的工作作风，保持务实高效的工作态度，合力推进2017年的各项工作。

刘正才强调，2017年河南省南水北调工程将全面转入运行管理，南水北调工作要在确保供水安全的基础上，服务于"中原崛起、河南振兴、让中原更加出彩"的大战略、大格局，要重点抓好以下六个方面的工作：一是抓管理，确保工程效益持续发挥。要及时下达年度调水计划，提高用水配置、调度管理处理能力，加强对配套工程运行管理的监管，确保工程高效运行、可靠监控、科学调度；要严格变更索赔，确保实现投资控制目标；要严格按照管理办法，加大督查力度，依法征收水费；要加快干渠桥梁竣工、铁路交叉、供电线路、消防和档案验收，加强配套工程验收管理，完成配套工程征迁验收工作。二是建机制，推进南水北调工作规范化建设。要积极与省编办沟通协调，争取尽快批复河南省南水北调配套工程运行管理体制；要力求制度创新，进一步完善工程运行管理的规章制度和规程规范，充实运行管理专业技术人员，加强人员培训；要进一步完善内部审计规章制度，确保资金安全。三是重执法，建立覆盖全省的南水北调立体执法体系。要充分认识《南水北调工程供用水管理条例》《河南省南水北调配套工程供用水和设施保护管理办法》重要意义，加大宣传力度，持续宣传贯彻，做到沿线群众家喻户晓；各南水北调配套工程管理单位要尽快明确执法范围、执法权限，组织执法队伍，严格落实执法程序，做到有法必依，执法必严，违法必究；要充分发挥南水北调政策法律研究会的作用，加强政策法律研究，助力河南省南水北调事业的新发展。四是保安全，打造南水北调工程良好社会形象。安全无小事，责任大于天。一抓工程巡查管护和科学调度，保工程安全；二抓防汛措施落实，保工程度汛安全；三抓在建工程安全监管，保生产安全；四抓应急预案落实和演练，保供水安全；五抓水污染防治攻坚，保水质安全，确保一渠清水永续北送。五是勇创新，力求各项工作取得突破性进展。2017年，河南省南水北调工作面临着新的挑战和任务，要进一步增强改革创新意识，要勇于在思想上创新，思路上创新，制度上创新以及方式方法上创新，积极探索，用创新破解难题。六是强队伍，形成推进南水北调工作的强大合力。要继续加强党建工作，持续开展"两学一做"学习教育，加强廉政教育，增强干部队伍拒腐防变的意识和能力；要弘扬"负责、务实、求精、创新"的南水北调精神，传承南水北调文化，用南水北调精神塑造一支能打善战、战之能胜的干部队伍，推动各项工作上台阶、上水平，树立南水北调行业的良好形象。

2017年，全省南水北调系统要紧跟以习近平同志为核心的党中央令旗走，在国务院南水北调办的精心指导下，在省委、省政府的坚强领导下，精诚团结，克难攻坚，坚持稳中求好，推动创新发展，奋力推进南水北调各项工作，力争发挥工程更大效益，创造南水北调新的辉煌，为中原更加出彩做出新的贡献。

河南省南水北调办公室召开2017年度党风廉政建设工作会议

2017年1月17日，全省南水北调系统党风廉政建设工作会议在郑州召开，省水利厅党组副书记、省南水北调办主任刘正才做题为"不忘初心，坚决推动全面从严治党向纵深发展"的重要讲话，水利厅党组成员、省纪委驻厅纪检组组长郭永平就全省南水北调系统全面从严治党工作提出三点要求。

刘正才在讲话中回顾2016年全省南水北调党风廉政建设工作。刘正才指出，要不忘初心，清醒认识当前所面临的复杂形势。与中央和省委的要求以及全省南水北调事业发展的需求相比，全面从严治党方面仍存不足。党建工作"软化""虚化""弱化"问题不同程度存在，个别支部在抓党建工作时花时间、投精力、下功夫不够，实招少，方法简单，压力传导不够。少数支部仍然存在以文件落实文件，从严治党的担当精神不足。

刘正才强调，2017年全省南水北调党风廉政建设工作重点，是学习贯彻落实党的十八届六中全会精神和省第十次党代会精神，贯彻落实十八届中央纪委七次全会、省纪委十届二次全会精神，牢记宗旨，不忘初心，坚决贯彻落实全面从严治党要求，坚持依法依规治党、坚持纪挺法前、强化党内监督、严肃执纪问责，持之以恒贯彻落实中央八项规定精神，为河南省南水北调事业持续健康发展营造良好政治生态。一要持续加强思想引导教育工作，把思想政治建设始终摆在首位，把政治理论武装常抓不懈，坚持党性锻炼千锤百炼；二要层层压实管党治党主体责任，定期开展警示教育，贯彻落实一岗双责，严格目标任务考核；三要注重运用监督执纪"四种形态"，强化党内监督，严格遵守六大纪律，从严执纪问责；四要稳步建立健全党建制度体系，修订完善已有的党建制度，结合南水北调工作由建设管理向运行管理转型的实际，针对重点人重点事重点问题等廉政风险点，进一步健全制度体系，刚性执行各项规章制度；五要加强纪检监察干部队伍建设，注重家风建设，自觉接受监督，逐步提升能力。

郭永平就全省南水北调系统全面从严治党工作提出三点要求：一是认清形势，站位全局，深刻认识全面从严治党的重大意义。二是统一思想，身体力行，推动全面从严治党不断向纵深发展。全面从严治党必须打牢责任担当基础，抓住严肃党内政治生活根本，坚持标本兼治现实策略，突出领导干部"关键少数"，强化党内监督有力武器。三是牢记使命，不忘初心，打造合格的纪检监察干部队伍。要坚守

对党忠诚"生命线"，坚守遵纪守法"红线"，坚守明大德、守公德、严私德"底线"，坚守敢担当勇负责"责任线"，坚守自觉接受监督"保障线"。

省南水北调办副主任贺国营传达十八届中央纪委七次全会、十届省纪委二次全会会议精神，省南水北调办机关各处室、各项目建管处向刘正才递交2017年度党风廉政建设目标责任书。

会议由省南水北调办副主任李颖主持，省南水北调办副主任杨继成、副巡视员李国胜出席会议，沿线各省辖市、省直管县市南水北调办主要负责同志，省南水北调办机关全体干部职工，各项目建管处副处级以上干部参加会议。

南水北调工作会议召开

2017年1月12～13日，2017年南水北调工作会议在北京召开，表彰南水北调东中线一期工程建成通水先进集体与先进个人，总结东中线一期工程全面通水运行以来各项工作，客观分析新阶段南水北调工作面临的形势和任务，进一步统一思想明确任务，推动南水北调事业稳中求好创新发展。国务院南水北调办主任鄂竟平做工作报告。国家公务员局副局长张义全出席会议并宣布表彰决定。中纪委派驻纪检组组长田野，国务院南水北调办副主任张野、蒋旭光出席会议。

张义全宣读经党中央、国务院批准，由人力资源社会保障部和国务院南水北调办联合印发的表彰决定，对在南水北调东中线一期工程建成通水工作中作出突出贡献的80个先进集体、60名先进工作者、20名劳动模范进行表彰并颁发奖牌证书。

鄂竟平指出，这次表彰既是对南水北调工程建设成果和全体建设者辛勤奉献的充分肯定和高度褒奖，也是对做好下一步南水北调工作

的鼓舞和鞭策。受到表彰的先进集体和先进个人，涵盖南水北调工程勘测设计、施工、建设管理、征地移民、治污环保等各个方面，是南水北调工程全体参与者的优秀代表。大家在各自工作岗位上用智慧和汗水甚至生命，为东中线一期工程如期建成通水作出突出贡献，集中展示"负责、务实、求精、创新"的南水北调精神。

鄂竟平指出，2016年是"十三五"规划的开局之年。一是合力推进，实现"三个稳"。守住工程平稳运行、水质持续达标、移民总体稳定这三个"稳"的底线。二是全力推动，"好"的态势初步形成。三是主动出击，"发展"难中有进。四是积极探索，"创新"迈出新步伐。五是从严从实，党建工作迈上新台阶。进一步落实中央全面从严治党要求，扎实推进"两学一做"学习教育。

鄂竟平指出，在实现中国梦的伟大征途中，南水北调人也肩负着沉甸甸的责任和使命，必须深刻理解和准确把握。一是中央的方针政策为南水北调工程未来发展明确方向；二是南水北调工程重要基础性作用无可替代；三是南水北调工程战略性作用越发凸显。与此同时，也要清醒客观认识面临的困难和问题：一是管理体制还未理顺；二是中线工程规范化管理还不到位；三是水费收缴不顺利；四是水质保障任务艰巨；五是移民发展后劲不足；六是干部队伍存在廉政风险。

鄂竟平强调，2017年南水北调工作思路依然是"稳中求好 创新发展"。一是以"稳"为主基调，确保实现安全有序。二是以"好"为近期目标，尽力实现全面进步。三是以"发展"为长远目标，争取实现重点突破。四是以"创新"为动力，加快实现又稳又好发展。五是树立"四个意识"，全面从严加强党的建设。

工程沿线各省（直辖市）南水北调办事机构、移民机构、环保机构和项目法人负责人进行交流发言，并分组进行讨论就有关工作提出建议。

中组部、国家公务员局等有关负责人出席会议。国务院南水北调办总工程师李新军，机关全体公务员、各直属单位领导成员参加会议。

南阳市召开2017年度南水北调保水质护运行暨移民工作会议

2017年2月16日晚，南阳市召开2017年度南水北调保水质护运行暨移民工作会议。市委副书记王智慧、市人大副主任程建华、市政府副市长和学民、市政协副主席柳克珍、市委副秘书长张岩、市政府副秘书长王书延出席会议。各相关县区委分管副书记、政府（管委会）分管南水北调及移民工作的副县区长（副主任）、保水质护运行办主任、南水北调办主任和移民局局长，市直对口帮扶南水北调移民村、市保水质护运行工作领导小组成员单位、南水北调中线工程相关建管单位及北控南阳水务集团的负责人、相关乡镇村负责人参加会议。市委副书记王智慧主持会议，市政府副市长和学民安排部署2017年度工作。

王智慧指出，各级各部门要认清形势，担当奋进。南阳作为南水北调中线工程渠首所在地、核心水源区和移民搬迁安置区，集政治责任、安全责任、维稳责任、发展责任"四重责任于一身"。责任特殊重大，水质安全牵动各级领导"神经"，牵动沿线群众"心弦"，牵动社会各界"目光"；工程运行安全事关调水效益发挥，事关沿线群众生命财产安全；维稳安民关系社会和谐稳定，关系经济社会发展大局。虽然前段工作取得一定成效，但要清醒认识工作任务依然很重。在全省南阳水域面积最大、干渠和配套工程线路最长、工程设施最多、防范任务最重。2017年全国两会和党的十九大召开，各级各部门务必保持清醒头脑，要从讲政治、讲大局、抓发展、促和谐的高度，认识加强南水北调工作的极端重要性，进一步增强政治敏锐性和责任感，担当奋进开展各项工作。

国务院南水北调办公室主任鄂竟平到南阳检查南阳段工程防汛工作

2017年3月29～30日，国务院南水北调办主任鄂竟平一行到南阳检查南水北调工程防汛工作。国家防汛抗旱督查专员王磊、国务院南水北调办建管司司长李鹏程、监督司副司长皮军、建设监管中心主任王松春、中线建管局局长于合群参加调研。省政府副秘书长胡向阳、省南水北调办副主任贺国营、杨继成、省防汛抗旱督查专员张小民、市委书记张文深、市长霍好胜、市委副书记王智慧、常务副市长原永胜、市南水北调办主任靳铁拴、副主任皮志敏、渠首分局副局长尹延飞陪同检查。

鄂竟平一行到陶岔渠首枢纽工程、淅川膨胀土深挖方渠段工程、王家西沟左岸排水渡槽工程，了解近期雨情水情及度汛各项措施落实等情况，对具体问题进行研究和现场部署。

鄂竟平指出，要进一步提高对南水北调防汛工作的认识，继续绷紧防大汛、抗大洪、抢大险这根弦，压紧压实责任链条，扎实开展防汛抢险各项工作。要摸清工程防洪隐患底数，针对存在的问题，强化硬件提升软件，加强抢险演练和物资储备，努力提高险情应急处置能力。要继续加强对深挖方、高填方、河渠交叉建筑物、左排建筑物等薄弱环节、险工险段的巡查防守和应急处置，坚决把险情化解在萌芽状态。南水北调工程管理单位和地方各级防汛部门要密切联系和沟通，加强配合，进一步细化各项措施，形成工作合力，确保南水北调干线工程安全度汛，确保沿线群众生命财产安全。

河南省南水北调2017年宣传工作会议在郑州召开

2017年3月29日，河南省南水北调宣传工作会议在郑州召开。会议传达国务院南水北调办2017年宣传工作实施方案，表彰2016年度全省南水北调宣传工作先进单位和先进个人，安排部署2017年全省南水北调宣传工作。

省南水北调办副主任贺国营出席会议并讲话，省南水北调办综合处处长王家永主持会议。各省辖市、省直管县市南水北调办负责人、综合科科长，省南水北调办机关各处室、各项目建管处负责人，各单位年鉴工作联系人等70余人参加会议。

贺国营在讲话中充分肯定河南省南水北调宣传工作取得的成效。2016年宣传工作围绕中心工作开展各类宣传活动，营造良好的社会氛围，宣传亮点多效果好。贺国营指出，随着河南省南水北调工程效益的持续发挥和转型发展的不断深入，要进一步认清形势，增强南水北调宣传工作的责任感和使命感。

贺国营要求，2017年要坚持稳中求好，推进创新发展，把宣传工作放到全省南水北调工作大局中去谋划。一是围绕中心，服务大局，弘扬主旋律。要加强对意识形态的宣传，围绕以习近平总书记为核心的党中央，结合河南省南水北调各项工作实际，服务群众，弘扬正能量；二是突出重点，树立典型，百花齐争艳。要对重点工作重点谋划重点宣传。要注重宣传身边的先进人物先进事迹，讲好南水北调故事，弘扬南水北调精神；三是加强沟通，唱好调水歌，既要做好内宣，也要做好外宣。要加强沟通联系上下联动形成合力。既要发挥主流媒体的重要导向作用，也要利用"两微一端"新兴媒体的优势提升影响力。同时，要加强舆情监测，建立完善突发事件新闻发布应急工作体系。宣传工作者要牢记使命开拓进取，为开创河南省南水北调宣传工作新局面做出新的贡献。

河南省南水北调2017年防汛工作会议在郑州召开

2017年5月18日，河南省南水北调2017年防汛工作会议在郑州召开，省南水北调办主任刘正才出席会议并讲话，研究分析当前防汛形势，全面安排部署2017年河南省南水北调防汛工作。省水利厅副厅长杨大勇、中线建管局总经济师戴占强、省南水北调办副主任杨继成、省防办主任申季维出席会议并发言。各省辖市南水北调办主任，河南分局、渠首分局、陶岔渠首建管局负责人以及干渠管理处处长参加会议。

刘正才指出，受厄尔尼诺事件影响，2016年我国气候异常复杂，南方汛期来得早，河南省南水北调工程遭遇"7·9"和"7·19"两次超百年一遇特大暴雨，新乡段、安阳段工程受到严重威胁。在党中央、国务院和省委、省政府的高度重视下，经过驻豫部队、地方政府与南水北调工程建设、运管单位共同奋战，突发险情得到有效控制，是南水北调工程抢险的成功经验。但是也暴露出应急抢险经验不足，应急预案的针对性可操作性不够强，应急措施准备尚不够充分，河渠交叉建筑物防汛问题、干渠左岸排水安全度汛问题突出等，需要在2017年的防汛工作中提高认识、明确责任、落实措施，切实加以改进。

刘正才强调，2017年是党的十九大召开之年，是"十三五"规划实施的关键之年，做好防汛工作至关重要。各级地方政府、各级南水北调办、各南水北调工程管理单位要贯彻落实2017年全省防汛抗旱工作会议精神，进一步落实各项防汛责任制，细化完善2017年南水北调防汛工作方案。从三个方面推进落实：一是谁来干，二是干什么，三是怎么干。要突出重点，抓好防汛风险点的排查、检查和整改；要强化应急演练，完善应急预案，适时开展抢险突击队抗洪救灾模拟演练，不断提升应急保障能力；要做到思想到位、机构到位、物料到位、措施到位、值守到位，确保工程防洪安全。

国务院南水北调办公室副主任张野检查中线河南段防汛工作

2017年5月18~19日，国务院南水北调办副主任张野一行检查南水北调中线工程河南段防洪影响工程进展情况并召开座谈会。国务院南水北调办设计司司长石春先、建管司司长李鹏程、监督司司长王松春、建管司副司长袁文传、中线建管局总经济师戴占强等参加检查。省南水北调办主任刘正才出席座谈会，副主任杨继成、省防办、河南分局及相关县市党政领导陪同检查。

张野一行先后到新乡段五里屯沟、杨庄沟防洪影响处理工程现场、峪河暗渠倒虹吸永久防护工程现场，以及郑州市娄庄沟、站马屯沟、杏园沟防洪影响处理现场，查看现场环境、施工进度，了解各个工程面临的困难和问题，要求加大协调力度，加快施工进度。

平顶山市市长周斌检查南水北调干渠沿线环境整治工作

2017年5月23日，平顶山市市长周斌带领市政府办公室、督查室相关人员及市南水北调办、环保局、畜牧局等单位负责人，到鲁山县、宝丰县、郏县调研检查南水北调干渠平顶山段沿线环境综合整治工作。副市长冯晓仙、邓志辉一同调研。

根据南水北调沿线环境整治要求，鲁山县辛集乡马庄村养猪场、宝丰县杨庄镇李庄亚林石子场和杨庄石料场、郏县安良镇绿源科技有限公司、华博液化气有限公司和安良镇南街面粉厂等企业均须取缔或搬迁拆除，当地政府正在组织拆除。周斌一行先后来到这些企业，现场察看拆除情况。

平顶山段南水北调干渠两侧一、二级水源保护区内排污单位省定综合整治任务共60个，其中宝丰县11个、郏县49个。经与运管单位联合排查，新增郏县1个、鲁山县3个，总计64个。一级保护区内29个关停17个，正在整改1个，二级保护区内35个关停2个，其他取缔关停和搬迁工作正在协调推进。

河南省南水北调中线干线工程保护范围划定工作会议在郑州召开

2017年6月9日，河南省南水北调中线工程保护范围划定工作在郑州召开。省南水北调办主任刘正才主持会议，省政府副秘书长胡向阳出席会议并讲话。中线建管局介绍南水北调中线工程保护范围划定方案，省南水北调办副主任杨继成传达国务院有关部门工作安排和要求，中线建管局总经济师戴占强、省水利厅副厅长戴艳萍、省交通运输厅副厅长徐强、省住房和城乡建设厅副巡视员张冰发言，沿线各省辖市、省直管县市政府副秘书长和南水北调办、水利局、住建委、交通局主要负责人参加会议。

刘正才指出，工程保护范围划定工作涉及范围广，部门多，时间紧，任务重，各参会单位要尽快逐段商定工程管理范围和保护范围边界，按时对保护范围予以公告。加强沟通和协调，解决划定工作中遇到的困难和问题，确保按照时限要求完成工程保护范围划定工作。要进一步宣传贯彻国务院《南水北调工程供用水管理条例》，维护干渠工程设施安全，保证南水北调中线工程安全运行，充分发挥南水北调工程效益，确保一渠清水北上，造福京津冀及河南沿线人民群众。

河南省南水北调办公室召开"两学一做"学习教育常态化制度化部署推进会

2017年6月15日，河南省南水北调办公室召开"两学一做"学习教育常态化制度化部署推进会。省水利厅党组副书记、省南水北调办主任刘正才，党组成员、省南水北调办副主任贺国营出席会议，副处级以上干部和全体党员共71人参加会议。

贺国营传达学习习近平总书记对推进"两学一做"学习教育常态化制度化的重要指示；机关党委副书记王家永传达省纪委《关于三起落实全面从严治党监督责任不力被问责典型案例的通报》；刘正才对"两学一做"学习教育开展情况进行总结，就推进"两学一做"学习教育常态化制度化工作进行安排部署。

刘正才要求，一、要领会关键意义，把握正确方向，确保学习教育融入日常抓在经常。推进"两学一做"学习教育常态化制度化，是党中央作出的重大部署，是全面从严治党的基础性工程。要把学习党章党规、学习习近平总书记系列重要讲话作为一项长期任务坚持下去，坚持用党章党规规范党组织和党员行为，用习近平总书记系列重要讲话精神武装头脑、指导实践、推动工作。二、要聚焦关键环节坚持以上率下，确保学习教育常态化制度化向纵深发展。推进"两学一做"学习教育常态化制度化，要从基础工作抓起、从基本制度严起、把管党治党落实到每个支部每名党员；要抓住领导干部这个"关键少数"，坚持领导干部以身作则率先垂范，做到"五个带头"以自身的模范行动为党员干部树起标杆，形成上行下效整体联动局面，为河南省南水北调事业发展集聚强大的正能量。三、要强化关键制度，发挥主体作用，确保学习教育常态化制度化取得实效。推进"两学一做"学习教育常态化制度化，关键在于加强组织领导，依托"三会一课"等党内政治生活制度，充分发挥党支部主体作用等，强化责任落实、强化分类指导、强化典型引领、强化统筹兼顾，推动党员干部投身南水北调事业，要把广大党员干部在学习教育中激发出来的工作热情，转化为忠诚干净担当的具体实践，转化为推动河南省南水北调事业快速发展的强大动力。

机关党委专职副书记刘亚琪主持会议并就贯彻落实会议精神提出三点要求：一要统一思想。二要推进落实。三要强化责任。

南水北调中线工程在河南开展防汛抢险应急演练

2017年6月16日，国务院南水北调办公室组织河南省水利厅、河南省南水北调办、平顶山市政府、中线建管局和武警平顶山支队在平顶山市宝丰县联合举办南水北调中线工程防汛抢险应急演练。

国务院南水北调办副主任张野担任防汛抢险应急演练总指挥部总指挥。省水利厅厅长李柳身、省南水北调办主任刘正才、平顶山市市长周斌、中线建管局局长于合群分别担任副总指挥。国务院南水北调办有关司局负责人，省防办主要负责人，沿线各省辖市，直管县市水利局、南水北调办、防办主要负责人，河南分局、渠首分局主要负责人，省南水北调建管局各项目建管处主要负责人以及干线管理处主要负责人观摩应急演练。

上午9时整，总指挥张野一声令下，南水北调中线工程防汛抢险应急演练正式在北汝河倒虹吸工程拉开序幕。演练模拟宝丰县北汝河上游普降暴雨，造成北汝河水位猛涨，与南水北调中线工程建筑物交汇处的水位超过警戒水位，北汝河倒虹吸裹头出现险情，部分堤段相继发生坍岸险情，威胁南水北调工程建筑物安全和周边群众的生命财产安全。

险情发生后防汛抢险工作随即启动。现场先期抢险队伍迅速到达现场组织设置警戒线，布置岗哨，拆除抢险区域隔离网。防汛抢险人员立即调运制作铅丝笼、柳石枕等抢险物资、机械设备加固南水北调工程倒虹吸裹头，武警官兵防汛抢险队协调配合对北汝河滑塌的河堤进行抢险。同时，地方政府紧急组织周边村民撤离，村干部用高音喇叭通知群众，并逐户排查群众撤离情况，最终周边群众全部安全撤离至安全区域。演练结束后进行点评。

河南省南水北调行政执法工作座谈会暨水政监察支队揭牌仪式在郑州举行

2017年6月16日，河南省南水北调办公室召开全省南水北调行政执法工作座谈会，举行河南省南水北调水政监察支队揭牌仪式。省南水北调办副主任贺国营在座谈会和揭牌仪式上讲话；省水利厅副巡视员刘长涛出席揭牌仪式并讲话。

各省辖市直管县市南水北调办负责人在座谈会上发言；揭牌仪式上宣读《河南省水利厅关于成立河南省南水北调水政监察支队的批复》《关于成立河南省南水北调水政监察支队的通知》。省南水北调办总会计师，省水利厅水政处、省水政监察总队、省南水北调办机关各处室、各项目建管处、各省辖市直管县市南水北调办负责人参加揭牌仪式。

贺国营指出，南水北调行政执法是全面推进依法治国、建设法治政府的重要组成部分，是贯彻执行《南水北调工程供用水管理条例》和《河南省南水北调配套工程供用水和设施保护管理办法》的重要举措，是确保配套工程设施安全和供水安全的迫切需要。《办法》对南水北调配套工程管理单位的行政执法职责和任务、禁止行为和法律责任做出明确规定。省南水北调水政监察支队要以《条例》和《办法》等法律法规为准绳，以违法事实为依据，按照省水利厅的委托执法权限，在省水政监察总队的指导下，组织开展行政执法工作。各省辖市、直管县市南水北调办要与运行管理工作同安排、同部署、同落实、同检查，与水行政主管部门沟通协调，办理执法委托手续，明确执法范围、执法权限；要利用现有人力资源，选择优秀人才作为专兼职执法人员，构建省市县三级执法体系；要建立完善规章制度，严格执法程序，落实执法责任，及时制止、严肃处理和打击毁坏工程设施、影响工程安全的行为。

刘长涛强调，要学习相关法律法规和规章，全面掌握执法内容和程序，提高违法认定、现场处置和案件办理能力，增强执法人员的业务能力和政治素养。在查处违法案件时，要坚持做到事实清楚、证据确凿、定性准确、程序合法、处理适当，严格遵守执法程序。要严格执行廉洁自律各项规定。

河南省南水北调办公室主任刘正才到定点帮扶村调研脱贫攻坚工作

2017年6月18日，河南省南水北调办公室主任刘正才到定点帮扶村驻马店市确山县竹沟镇肖庄村调研脱贫攻坚工作，检查贫困户档卡建立情况，看望慰问困难党员，调研肖庄村产业扶贫、乡村旅游项目和基础设施建设。

刘正才一行到肖庄村委了解村党支部工作开展情况，查看党员群众活动室、党建活动室、图书阅览室，并为肖庄村送去600册图书和5000元困难党员慰问金。在村扶贫开发办公室，刘正才检查贫困户档卡，对照询问贫困户家庭成员、生产生活、家庭纯收入、子女就业状况，并要求扶贫工作队准确掌握贫困户家庭状况，精准制定脱贫措施，及时解决存在问题，确保按期脱贫。在84岁的困难老党员宋国须家，刘正才详细了解老党员家庭收入、住房改善、子女就学情况，叮嘱驻村工作队要帮助老党员解决子女就业就学问题，并代表省南水北调办将慰问金送到老人手上。随后，刘正

才检查肖庄村小学教职工宿舍、电教室和回龙湾挡水坝等扶贫项目，徒步查勘木栈道、上石门水库、步行街、休闲长廊等在建乡村旅游项目，沿环村道路查看风力发电、烟叶种植、艾草种植等扶贫产业发展情况。

在随后召开的座谈会上，刘正才听取省南水北调办驻村工作队、镇党委工作汇报和党员代表、村民代表的意见建议。他指出，脱贫攻坚是现阶段中央和省委的第一位工作，定点帮扶是全面建成小康社会，实现第一个百年目标的重要抓手。省南水北调办帮扶肖庄村以来，发挥应有作用，取得良好成效。但是，距离2017年底实现肖庄村全面脱贫的目标还剩半年时间，任务还很艰巨，一些贫困户收入虽然明显增加，但还不能算持续稳定，一定要坚持不懈把帮扶工作做细做实。

刘正才强调，一要精准识别，抓好档卡完善。要精准识别需要帮扶的贫困人员，经得起各级检查，坚决不能搞数字脱贫、虚假脱贫，要经得起省级扶贫验收和各级审计。二要精准脱贫，增强发展后劲。依托产业扶贫项目，协调帮助贫困户就近就业，壮大"种、养、加"产业，实施乡村旅游项目，发展村办集体经济，实施造血式帮扶，让贫困户得到更多实惠，避免脱贫后再返贫的情况发生。三要重视党建，注重宣传引导。充分发挥党组织、党员作用，做好政策宣传教育。每一个村民都是扶贫政策的受益者，要引导教育非贫困户正确认识帮扶工作。同时，要积极听取村民、党员建议，发现并及时解决问题，全力以赴抓好后续工作，把党的扶贫政策、资金用好，把好事办好，让人民群众满意。

国务院南水北调办公室主任鄂竟平调研南水北调中线新郑观音寺调蓄工程项目

2017年6月23日，国务院南水北调办主任

鄂竟平带领有关司局主要负责人到郑州市调研南水北调中线新郑观音寺调蓄工程项目。省政府副秘书长胡向阳、省南水北调办主任刘正才、副主任杨继成、郑州市副市长李希安、市水务局局长张胜利、市南水北调办主任李峰、书记刘玉钊等陪同调研。

鄂竟平一行到新郑市实地调研南水北调观音寺调蓄工程规划设计情况，听取有关部门的工作进展情况汇报。指出，南水北调作为新中国成立以来规模最宏大、体系最复杂、时间跨度最长、工程质量和水质保证要求最高的水利工程，全面通水两年半以来，已经累计向北方输水超过 100 亿 m³，沿线受益人口近 1 亿人，发挥出巨大的供水、生态和社会效益。

鄂竟平强调，南水北调中线新郑市观音寺调蓄工程作为南水北调中线干渠沿线建设的备用水源，有利于在干渠缺水或突发事件时，为郑州至北京干渠沿线城市用水安全提供保障，提高供水的可靠性，要求有关部门和单位切实加快前期工作进度，争取早日开工建设。

河南省召开南水北调精神研讨会

2017 年 7 月 8 日，河南省人大常委会副主任刘满仓在省南水北调办主持召开南水北调精神研讨会，对省社科院课题组提交的南水北调精神研究成果进行讨论交流，征求意见和建议。省政协秘书长王树山，中共焦作市委书记王小平，省社科院党委书记魏一明，省南水北调办主任刘正才、副主任杨继成，南阳市委常委、组织部长杨韫，省社科院原副院长、研究员刘道兴及课题组有关专家学者参加会议。

刘满仓指出，南水北调是当今世界最具挑战性的战略工程。在中线工程沿线各省市中，河南工程占地最多，移民征迁任务最重，施工线路最长、难度最大，水质保护任务艰巨，真正是南水北调中线工程建设的主战场。在十余年建设历程中，广大移民征迁群众舍小家、顾大局，服从国家工程需要，付出巨大的牺牲；广大移民征迁干部对党忠诚，为民负责，深入细致地开展移民征迁群众的思想工作，并力所能及地协调解决群众的具体问题，促进移民征迁任务按时完成；工程沿线各级政府和各有关部门和单位，通力协作，紧密配合，全力服务工程建设；20 余万建设大军顽强拼搏，克难攻坚，历经十余年艰苦奋战，东中线顺利建成通水，并发挥巨大的经济、生态和社会效益。可以说，在南水北调工程建设中所凝聚产生的精神是十分宝贵的，值得深入总结和研究，并使之上升为新时期河南精神，与焦裕禄精神、红旗渠精神、愚公移山精神交相辉映。

刘满仓要求，在研究南水北调精神过程中，要始终把握时代特点、中国特色、河南印记、历史眼光、制度自信和大局意识。要充分展现国家决策历程，展示工程建设中始终遵循的"以民为本"理念；体现实干、苦干、顽强拼搏、勇往直前的精神；体现技术创新、科学攻关的精神；体现敢于担当、勇于负责的精神；体现清正廉洁、严格监督的精神。在研究提炼南水北调精神过程中，要多讲故事，讲好故事，讲好河南在南水北调工程建设中的故事，突出体现河南在南水北调中线工程建设中的示范、引领和带动作用。

王树山充分肯定南水北调精神研究的重大意义，对课题组提交的初步成果给予赞赏，分别举例印证"大国统筹、人民至上、创新求精、奉献担当"的丰富内涵，认为这一初步成果比较全面、准确、科学地概括南水北调精神，可以作为正式成果进行宣传推介。

中共焦作市委书记王小平结合正在进行的南水北调焦作城区段总干渠两侧绿化带征迁工作阐明研究、宣传南水北调精神的重要意义，建议在研究南水北调精神过程中，体现国家决策、论证的历程和时代背景；体现工程推进中最具代表性的移民搬迁安置和工程建设；体现广大移民征迁群众舍小家、为国家的无私奉献精神；体现工程建设者锐意创新、顽强拼搏精神；体现河南各级干部对党忠诚、敢于担当、勇争一流的进取精神。在此基础上，统筹考虑，深入研究，总结提炼出具有鲜明时代特征的南水北调精神，并抓紧启动宣传推广，使之上升为新时期河南精神。

与会人员结合工作经历，提出总结研究南水北调精神的意见和建议。课题组表示将对南水北调精神研究成果进一步修改和完善。

南水北调焦作城区段绿化带
征迁任务全面完成

2017年7月9日，南水北调焦作城区段绿化带征迁任务全面完成，共征迁群众4008户1.8万人，拆除房屋176万㎡。2017年3月，全市各级各部门按照市委市政府的统一部署，落实"说了算，定了干，再大困难也不变"的工作要求，弘扬"忠诚担当、顽强拼搏、团结协作、无私奉献"的南水北调焦作精神，全力推进绿化带征迁工作。焦作市提出"建、办、搬、拆"四字方针，统筹推进征迁安置工作。完善征迁程序，实行"八步走""五公开""五不拆""五到位"，保障和谐征迁；坚持问题导向，突出基层需要，把周工作例会开到征迁村，开成现场会，一线解决问题。加快推进安置房建设，选择问题较多的小区作为试点，利用小切口，实现大突破；协调落实安置用地1091亩，筹措下拨土地出让周转金3亿元，5批次集中办理13类1200项安置房建设手续，66.9万㎡安置房恢复建设并交付使用。

河南省南水北调办公室主任刘正才
暗访鹤壁安阳濮阳
配套工程运行管理工作

2017年7月25日，河南省南水北调办公室主任刘正才暗访鹤壁市、安阳市、濮阳市配套工程运行管理工作。检查采用飞检方式，直接到现场检查，事后进行通报。综合处、建设管理处主要负责人及飞检大队随同检查。

刘正才一行先后检查鹤壁市34号口门铁西泵站、安阳市38号口门小营现地管理站、濮阳市西水坡支线王助现地管理站。刘正才每到一处，重点检查值班值守、工程巡查、安全生产、技能培训及值班人员工作生活情况；查阅交接班、工程巡视检查、技术培训记录；现场检查操作规程、运管制度执行情况，调阅闸阀系统及泵站运行参数，检查设备设施日常维护情况；查阅设备操作及巡查、日常维修养护、问题处理记录等，当场指出存在的问题。

刘正才强调，有关单位要针对飞检发现的问题分析原因，采取措施尽快整改，确保问题整改到位；要扎实推进配套工程运行管理规范年活动，进一步完善制度，强化措施，压实责任，不断提升运行管理规范化水平；要加强对现场运行管理工作的监督检查，加强人员值班值守，切实做好工程巡查，及时准确记录运管情况，发现问题及时处置，确保工程安全运行。

飞检期间，刘正才现场检查黄河北仓储中心和维护中心建设进展情况，要求有关单位进一步加强协调，强化工作措施，确保尽快开工建设，早日建成发挥效益。

国务院南水北调办公室副主任蒋旭光
调研南水北调焦作城区段
生态带征迁工作

2017年7月26日，国务院南水北调办公室副主任蒋旭光带领国务院南水北调办综合司、征地移民司、监督司等负责人到焦作市调研南水北调干线焦作城区段生态带征迁工作。省南水北调办主任刘正才，焦作市委书记王小平、市长徐衣显，省南水北调办副巡视员李国胜、省政府移民办常务副主任李定斌陪同调研。

在南水北调干线焦作城区段瓮涧河倒虹吸进水口，蒋旭光一行实地察看征迁现场。焦作市仅用四个月时间全面完成南水北调生态带征迁总任务4008户，做到签订协议100%，房屋搬空100%，房屋拆除100%，无一强拆事件、无一安全事故，实现以人为本，和谐征迁。

蒋旭光指出，面对城区段生态带征迁这一"老大难"问题，焦作市委、市政府组织带领焦作广大征迁干部圆满完成生态带征迁这一艰巨任务，可喜可贺。

蒋旭光要求全力推进生态带建设的后续工作，要坚持高标准规划，高标准建设，打造成亮丽的名片。在南水北调生态带规划设计中，要注重彰显焦作的历史文化和特色，打造一批地标式建筑和城市建设新亮点，同时要兼具保护水质、亲水护水、防洪排涝、生态美化、休闲旅游等功能，进一步改善焦作城市生态环境，提升城市品位，盘活城市资源，造福焦作人民。

河南省南水北调配套工程自动化系统建设促进会在鄢陵召开

2017年9月13日，河南省南水北调办公室在鄢陵召开河南省南水北调配套工程自动化系统建设促进会，省南水北调办副主任杨继成出席会议并讲话。省南水北调办总工程师，投资计划处、环境与移民处、建设管理处、监督处负责人，各省辖市、直管县市南水北调办分管自动化建设领导及征迁等部门负责人，自动化代建部、设计、监理、施工单位相关人员参加会议。会议通报前一阶段自动化系统建设进展情况及存在问题，听取各参建单位工作情况汇报，对存在的问题进行分析研究，提出初步处理意见。

杨继成指出，河南省南水北调配套工程自动化系统建设进度逐步加快，但总体进度滞后，影响建设进度的问题仍不少。主要存在征

迁协调不力、管理处所进展滞后、永久供电不到位以及参建单位资源投入不足、现场组织管理薄弱、设计方案有待优化等问题，这些问题若不及时加以解决，将直接影响自动化系统按期完成发挥作用。

杨继成强调，一是要高度重视自动化系统建设。自动化系统是河南省南水北调配套工程的重要组成部分，它涉及通信、计算机网络等多个专业，建好自动化系统不仅是按期完成工程建设任务的需要，更是确保配套工程安全运行需要。各单位要充分认识自动化系统建设的复杂性、重要性，强化措施，扎实工作；二是要履职尽责、积极推进。各参建单位要切实履行合同责任，加大资源投入，加强现场管理，做好沟通协调工作，在保证工程质量前提下，进一步加快进度。各市县南水北调办要把自动化系统建设任务作为分内工作，主动协调，及时提交施工占地，营造良好的建设环境。省南水北调办投资计划处、环境移民处、建设管理处、监督处要按照责任分工，加强政策指导，加大监管力度，切实做好统筹协调和服务；三是以问题为导向，及时解决存在问题，确保按期完成任务。要转变工作作风，深入基层、现场办公，提高工作效率，及时解决问题；要加强监管力量，完善工作机制，加大督办力度，严格责任追究。

河南省南水北调办公室主任刘正才调研南阳市配套工程运行管理工作

2017年9月15日，河南省南水北调办公室主任刘正才调研南阳市南水北调配套工程运行管理工作，南阳市南水北调办有关负责人随同调研。

刘正才先后到南阳市唐河县管理所、孟庄现地管理站及水厂管理站，社旗县管理所、水厂现地管理站和方城县十里庙泵站，检查配套工程运行管理规范化建设等各项工作推进落实

情况，对南阳市配套工程运行管理工作取得的成绩予以肯定，并就运行管理工作存在的有关问题进行现场研究部署，提出明确要求。

刘正才指出，一定要清醒认识面临的形势和存在的一些问题，配套工程建设后续工作仍有遗留，提升运行管理水平仍是硬仗，各级各部门务必克服盲目乐观心理，时刻保持清醒警醒，再鼓干劲，传导压力，砥砺前行。

刘正才要求，要打好运行管理攻坚战，确保工程有序安全供水。一要强化运行管理规范。省南水北调办将以深入开展"配套工程运行管理规范年"活动为载体，进一步强化配套工程运行管理飞检工作，按计划组织开展飞检、巡查、专家稽查，对配套工程运行管理、剩余尾工及新增项目施工质量进行检查，及时发现并通报存在的问题，督促整改，确保运行管理持续规范、工程质量稳定可靠。二要强化水费征收。市县两级有关部门要采取有力措施，积极向本级政府做好政策法规解读和汇报，借势借力，提高水费征收率，按时足额交纳水费。三要强化管理处所建设。省南水北调办将坚持一月一督导一通报，采取"一对一"方式，逐个在有关省辖市、省直管县市召开现场会，大力推进配套工程管理处所建设工作。市南水北调办要紧盯关键节点，加快管理处所建设后期遗留工作扫尾步伐，各县区政府要加大配合力度，确保按期完成建设任务。四要进一步完善运管队伍建设。加快推进工程管理人员和巡线人员队伍建设，进一步完善、充实建管队伍，加强人员培训，实现运行管理的规范化、常态化、制度化；加大《河南省南水北调配套工程供用水和设施保护管理办法》宣传力度，严格按照《办法》规定，划定工程设施保护范围，按照统一标准制作标示标牌，确保沿线群众家喻户晓、人人皆知、主动参与、严格执行；加强工程运行设施的安全巡检和维护，排查整改安全隐患，加强应急演练，妥善应对处理各种意外事故，确保工程安全有序运行。

南水北调丹江口大坝蓄水首次突破162米开始蓄水试验

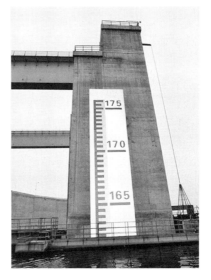

9月23日12时，南水北调丹江口水库坝前水位162.01m，入库流量1640m³/s，出库流量772m³/s，这是丹江口大坝加高后水库蓄水首次突破162m。从22日起南水北调中线工程将开始蓄水试验，预计10月上旬水库水位将达到164m。为此，丹江口大坝实施全封闭管理。

（来源：人民日报 2017年9月23日）

南水北调中线工程
口述史课题组调研穿黄工程

2017年9月24日，南水北调中线工程口述史项目课题组一行20人到南水北调中线穿黄工程实地调研。省南水北调办副巡视员李国胜，中线建管局河南分局党委副书记、纪委书记王江涛陪同调研。

课题组一行考察南水北调穿黄隧洞进口段工程，听取穿黄工程管理处的介绍，并在穿黄管理处进行座谈。河南分局党委副书记、时任穿黄项目部总工王江涛、穿黄管理处处长韦国虎、中国水利水电第四工程局穿黄项目部原项目经理丁兆森等，回忆他们亲历穿黄工程从设计、施工到建成的历程，分享穿黄工程通水与安全运行的喜悦。

课题组组长朱金瑞教授认为，南水北调中线工程作为跨世纪战略基础设施工程和"北方生命线"工程，自工程建成通水以来，向北方供水累计超过110亿m³，惠及北方一亿人口，是中国改革开放40年伟大实践的重大成果。穿黄工程作为南水北调的控制性工程，参建各方精心组织，科学管理，周密安排，克难攻坚，克服诸多不利因素，保质保量完成了建设任务。

课题组表示，一是要把南水北调口述史项目放在世纪工程的背景下深入体会和深刻研究，融入以人为本的理念。二是在"尊重工程历史、尊重个人风格"的前提下开展访谈工作，重点研究工程在推进可持续发展、改善生态环境、提高生活水平等方面作出的巨大贡献。三是要寻找鲜活事例、深挖精神内涵、传递正能量、弘扬正风气。四是要将人物图片和人物小传融入其中，图文并茂，塑造人物形象、丰富人物内涵，提升人物感染力。

汉江上游持续降雨
丹江口水库开闸泄洪

近日汉江流域持续降雨造成陕西安康、湖北十堰等地汛情明显，来水持续增加，导致南水北调中线水源地丹江口水库水位迅速增长。28日丹江口水库大坝开启深孔闸进行泄洪，这是丹江口大坝2017年9月2日首次开闸泄洪后，丹江口水库第二次泄洪。

长江水文网实时监测数据显示，28日8时，丹江口水库入库流量17200m³/s，出库流量5920m³/s，水库水位达到164.10m。（来源：新华社 2017年9月28日 记者 李伟 袁志国）

南水北调中线水源地
丹江口水库21日起停止泄洪

21日上午10时，南水北调中线水源地丹江口水库大坝关闭所有闸口泄洪全面停止。受超强秋汛影响，丹江口水库水位持续上涨并不断突破历史最高水位。9月底起，丹江口水库大坝开始2017年第二次泄洪。中国长江水文网实时监测数据显示，21日12时丹江口水库水位达166.45m。这一次泄洪共持续24天，为丹江口水库历史上持续时间最长的一次泄洪。

（来源：新华社 2017年10月21日 记者 李伟 袁志国）

丹江口水库秋汛泄洪95.7亿m³

受汉江上游持续强降雨影响，丹江口水库

水位不断上涨，2017年9月23日，丹江口水库水位突破原坝顶海拔162m高程，加高后新坝体开始挡水。9月27日丹江口水利枢纽开闸泄洪，至10月22日，连续洪涝26天，共泄洪95.7亿m^3，南水北调中线年计划调水量95亿m^3，从2014年12月12日开始向京津冀豫四省市调水，至2017年10月3日，调水突破100亿m^3。

据气象水文部门预测，10月底至11月汉水流域无明显持续或集中强降雨过程。10月23日14时，丹江口水库入库流量减少至2890m^3/s，丹江口市从10月22日18:00终止全市防汛Ⅲ级应急响应。（来源：人民网　2017年10月24日　陈华平）

河南省南水北调中线工程突发水污染事件应急演练在郑州举行

2017年11月11日，河南省南水北调办公室联合河南分局开展突发水污染事件应急演练。这是南水北调中线工程通水以来首次干线工程管理单位与配套工程管理单位开展的联防联控演练；是首次举行针对投毒水污染事件开展的应急演练。

演练模拟一人将有毒物质在南水北调中线工程荥阳段投入渠道水体，危及水质安全以及饮水区域民众生命安全。水质污染事件发生后，河南分局及所属荥阳管理处分别启动应急预案，并立即报告省南水北调办，省南水北调办成立应急指挥部，联合地方政府开展应急救援及处置工作。演练分为事故发现报告与现场救援、应急会商与决策、应急调度、水源切换、应急监测、恢复供水等多个应急演练场景。省南水北调办副巡视员李国胜对应急演练进行点评，指出这次应急演练筹划周密、场景逼真、程序规范、干线配套联动，为河南省南水北调工程应对突发污染事件积累经验。

南水北调助力河南生态调水

2017年秋季以来丹江口上游降水丰沛，南水北调中线工程水源地丹江口水库具备向受水区生态补水的条件。河南省向南水北调管理方申请生态调水，向南阳、平顶山、许昌、郑州、焦作、鹤壁、安阳等地进行生态补水。

2017年9月以来，丹江口水库及上游地区来水量充足，水位一度攀升至167m高程，蓄水量超过260亿m^3，相比2016年同期多蓄水107亿m^3。河南省南水北调办建设管理处处长单松波介绍，河南省水利厅、省南水北调办抓住这一有利时机，向中线建管局申请对河南省进行生态补水，以缓解河道、水库缺水现状，实现南北互济。利用丹江口秋汛丰富的水量使洪水资源化，通过13个退水闸，从9月29日开始生态补水。2017年南水北调中线工程向南阳、平顶山等市13条河湖、水库、湿地生态补水，全省生态补水总量达到2.95亿m^3。（来源：河南新闻广播　2017年11月21日　记者　朱圣宇）

安阳市南水北调办公室举办党的十九大精神宣讲报告会

2017年12月5日，安阳市南水北调办公室举办党的十九大精神宣讲报告会，邀请安阳市十九大代表孟瑾同志作党的十九大精神宣讲报告，全体干部职工聆听宣讲报告。

孟瑾同志以《投身伟大时代、扛起使命担当，以工匠精神谱写新时代辉煌篇章》为题，从亲历十九大盛况，围绕党的十九大主题、主要成果及习近平新时代中国特色社会主义思想、社会主要矛盾变化等，对十九大精神进行深入浅出的解读。

河南省南水北调办公室召开南水北调中线一期工程通水三周年新闻通气会

2017年12月6日，河南省南水北调办公室召开南水北调中线一期工程通水三周年新闻通气会。省南水北调办副主任杨继成通报南水北调中线工程通水三年来河南省南水北调工作情况和主要成效，中线建管局总会计师、河南分局局长陈新忠介绍南水北调中线干线工程运行情况，省南水北调办副巡视员李国胜主持会议。省水利厅水政水资源处、省南水北调办各处室主要负责人及干部职工代表60余人参加会议。

新华社河南分社、中国日报河南记者站、中央人民广播电台河南站、河南日报、河南广播电视台新闻中心、河南广播电视台新闻广播、河南工人日报、东方今报、大河网等媒体记者参加通气会，与会领导回答有关媒体记者的提问。

南水北调中线干线工程全长1432km，设计年调水总量95亿m³。河南段全长731km，占全线一半之多，途经河南省9市37区县。自2014年12月12日通水以来，累计入渠水量112.87亿m³，全线连续安全平稳运行1083天，干渠出境水质稳定达标。

河南省南水北调配套工程全长1000km，通水三年来，工程运行管理逐步规范，供水配套管网不断完善，供水范围不断扩大，供水效益不断提升。截至2017年12月5日，全省累计有33个口门及14个退水闸开闸分水，向引丹灌区、59座水厂、3座水库及14条沿线河流供水补水，累计供水40.25亿m³，占中线工程供水总量的38%。供水目标有11个省辖市和2个省直管县市，实现规划供水范围全覆盖，受益人口达到1800万人。农业有效灌溉面积115.4万亩。2017年河南省利用丹江口水库来水充沛的机遇，自9月29日起，通过干渠的13个退水闸，向下游河道及水库进行生态补水，范围涵盖工程沿线7个省辖市，累计补水2.96亿m³，其中向白龟山水库补水2.05亿m³。受水区超采的地下水和被挤占的生态用水得以置换，生态环境大为改善，工程沿线14座城市地下水位明显回升。

2017年12月12日，是南水北调中线工程通水三周年纪念日。三年来，全省南水北调系统干部职工，围绕南水北调工作目标，锐意开拓进取，合力攻坚克难，各项工作取得突出成就。一是运行管理逐步规范，供水效益持续发挥；二是治污环保力度不减，输水水质稳定达标；三是执法管理持续加强，工程运行氛围良好；四是移民迁安和谐稳定，后期帮扶初显成效；五是对口协作持续拓展，产业转型初见成效。这次新闻通气会，既是对三年来工作的总结回顾，更是对南水北调今后工作的鞭策和激励。全省南水北调系统将坚定不移地学习贯彻党的十九大精神，落实八次建委会精神，坚定不移围绕保水质、护运行、抓管理、促协作等核心工作任务，奋力把南水北调工作推向一个新的发展阶段，使南水北调工程发挥出更好更大效益，造福沿线人民，促进中原崛起河南振兴。

河南省南水北调办公室召开干部大会宣布领导班子调整事宜

2018年1月5日，河南省南水北调办公室召开干部大会，宣布省南水北调办领导班子调整事宜。省委组织部省直干部二处副处长秦舒广宣读省委决定：刘正才同志任省水利厅党组书记，不再担任省南水北调办主任职务；王国栋同志任省水利厅党组副书记、省南水北调办主任。

刘正才在讲话中表示，这次省南水北调办领导班子调整，是省委从大局出发，根据全省水利和南水北调工作需要，结合实际，通盘考虑，慎重研究作出的重要决定，完全赞同拥护省委决定，愉快服从组织安排。他深情回顾15年来参与南水北调工程建设、运行管理的历程，认为难以忘怀，对大家的支持和帮助表示感谢，并将在今后的工作中全力支持南水北调各项工作。

刘正才要求，南水北调系统干部职工要切实把思想统一到省委决定上来，自觉服从、坚决落实省委要求，倍加珍惜目前良好的发展局面，倍加珍惜团结和谐的政治环境，讲政治，讲党性，凝心聚力，干事创业，推动各项工作再上新台阶，不辜负省委、省政府的信任和重托，不辜负广大干部群众的殷切期望。一要提高政治站位。牢固树立"四个意识"，坚定"四个自信"，始终在政治立场、政治方向、政治原则、政治道路上同以习近平同志为核心的党中央保持高度一致。坚决贯彻落实省委、省政府决策部署，坚决服从组织安排和决定，做到政令畅通，令行禁止。二要精诚团结协作。领导干部要培养海纳百川的气度，做到大事讲原则，小事讲风格，互相尊重，平等对待。要严格执行民主集中制，报告请示制度和集体领导与个人分工负责制，发扬民主，勇于开展批评与自我批评，以高度的政治责任感做好每一项工作。三要扎实推进工作。深入学习贯彻党的十九大和国务院南水北调工程建委会第八次全体会议精神，与时俱进，务实重干，按照省委十届四次全会对南水北调工作提出的新要求，科学谋划好2018年工作思路，明确任务，突出重点，扎实推进各项工作。四要坚持改进作风。要善于把作风建设融入党的思想建设、组织建设、反腐倡廉建设、制度建设之中，使作风建设与党建同步推进，同步深化。

要进一步强化担当意识、效率意识和紧迫意识，弘扬南水北调精神，牢记使命，不忘初心，以更加坚定的信心、饱满的热情、务实的作风和扎实的举措，推动南水北调事业发展。

王国栋在讲话中表示，坚决拥护省委决定，服从组织安排，化责任为担当，化压力为动力，依靠班子集体力量，依靠大家团结奋进，依靠全系统干部职工齐心协力，奋力开创南水北调发展新局面，不辜负省委信任和重托，不辜负大家厚爱和期待。一要坚持"四个意识"。继续深入学习贯彻党的十九大和省委十届四次、五次全会精神，自觉在思想上、政治上、行动上同以习近平同志为核心的党中央保持高度一致，坚持用习近平新时代中国特色社会主义思想统一思想、指导实践、推进工作，切实把中央和省委、省政府各项决策部署落到实处。二要坚持高质量发展。在省委、省政府的坚强领导下，在厅党组具体指导下，和班子成员一道，和全体干部职工一起，积极担当有为，规范提升工程运行管理，确保持续发挥供水效益。三要坚持全面从严治党。增进班子团结，扛稳、抓牢、做实"两个责任"，弘扬南水北调精神，全面提升党的建设水平，做到公道正派、率先垂范，充分调动各方面的积极性和创造性，营造和谐共振、干事创业的良好氛围。四要坚持廉洁从政。遵规守法，依法行政，严守底线，敬畏红线。以身作则，强化廉政风险防控，夯实廉政责任，自觉接受大家监督。严格遵守中央八项规定实施细则精神和省委贯彻落实中央八项规定实施细则精神的办法，切实改进作风。

省南水北调办机关和各项目建管处副处级以上干部参加会议。

贰 规章制度·重要文件

规　章　制　度

河南省南水北调取用水结余指标处置管理办法（试行）

2017年1月9日

豫政办〔2017〕13号

第一章　总　则

第一条　为有效处置南水北调中线工程运行期内我省部分地方取用水结余指标（以下称结余指标），充分发挥中线工程跨区域、跨流域优化调配水资源的重要作用，保障受水区经济社会协调发展，根据《中华人民共和国水法》、《取水许可和水资源费征收管理条例》（国务院令第460号）、《南水北调工程供用水管理条例》（国务院令第647号）、《河南省南水北调配套工程供用水和设施保护管理办法》（省政府令第176号）等法律、法规，结合我省水资源供需实际，制定本办法。

第二条　本办法所称的结余指标，是指南水北调中线工程受水区有关市县（区）行政区域（包括灌区）在工程运行期内，未按省政府批准的水量分配指标使用的水量。

第三条　结余指标处置坚持以总量控制、动态管理为原则，通过优化配置和市场机制盘活存量，实现水资源的高效利用。

第四条　结余指标认定和处置的主体为县级以上水行政主管部门。

省水行政主管部门负责对全省南水北调受水区结余指标进行认定和处置。省辖市、省直管县（市）水行政主管部门负责对本行政区域内结余指标进行认定和处置。

第五条　省辖市、省直管县（市）处置结余指标，可在本行政区域内临时或长期调整，也可通过水权交易平台进行跨行政区域水权交易。

第六条　受水区省辖市、省直管县（市）对本行政区域内结余指标没有处置的，由省水行政主管部门采取统一收储转让的方式统筹处置。

省水行政主管部门统筹处置结余指标，原则上不调整原行政区域已分配的水量指标。

第二章　结余指标的认定与处置

第七条　在南水北调中线工程运行期内，当年未使用并在下一个水量调度年内仍不具备使用条件的区域分配水量指标，应认定为结余指标。

第八条　省水行政主管部门依照省政府批准的南水北调水量分配指标、实际用水情况及年度用水计划对结余指标进行认定，并提出处置意见。省辖市、省直管县（市）水行政主管部门应及时向省水行政主管部门上报本行政区域内结余指标信息及处置建议。

第九条　省辖市、省直管县（市）的结余指标经省水行政主管部门会同省南水北调工程管理部门审核后，可优先在本行政区域内进行处置。结余指标没有处置的，由省水行政主管部门委托相关单位进行收储转让，在全省统筹配置。

统筹配置结余指标，应优先考虑城市生活用水紧缺、水源单一、现有工程具备供水条件的区域。

原则上，现有工程具备供水条件的，可按短期或中长期确定结余指标的配置期限。需要新建引调水工程、受水水厂的，结余指标配置的总体期限不低于10年。

第十条　申请利用结余指标新增配置南水北调水源的，应符合下列条件：（一）区域用水需求符合经济社会发展规划，建设项目符合区域、产业相关规划及准入条件；（二）结余指标的期限、水量满足新增用水需求，并具备引用南水北调水源的工程建设条件与投资保障；（三）根据区域水资源配置规划和水资源规划论证情况，在充分挖掘本地水资源配置潜力的情况下，确需配置外调水解决水资源严重短缺问题；（四）国家和省其他相关要求。

第十一条 收储转让结余指标，按以下规定执行：（一）委托收储转让单位转让结余指标的，应按水权交易相关规定，协调转让方、受让方签订水权交易协议（或合同）。（二）被认定为结余指标未进行处置的，由收储转让单位统一收储转让，并与受让方签订水权交易协议，明确转让的水量、期限、交易价格等。

结余指标收储转让价格，应参照国家和省发展改革部门明确的南水北调综合水价（包括基本水价和计量水价）确定，其中，基本水费应按有关规定上缴省南水北调工程管理部门，按比例分摊到形成结余指标的区域。转让结余指标获得的增值部分，由收储转让单位按照国家和省相关规定管理使用。

第十二条 省辖市、省直管县（市）内区域之间结余指标处置情况，应报省水行政主管部门和省南水北调工程管理部门备案。属于长期调整的，应变更相应区域南水北调用水指标和用水总量控制指标。通过水权交易获得的结余指标和临时调整的结余指标，仍占用原指标所有区域用水总量控制指标。

第三章 附 则

第十三条 各省辖市、省直管县（市）不得干预结余指标的统筹处置。

第十四条 本办法由省水行政主管部门和省南水北调工程管理部门负责解释。

第十五条 本办法自印发之日起施行。

河南省南水北调工程水费收缴及使用管理办法（试行）

2017年6月1日
豫调办〔2017〕54号

第一章 总 则

第一条 为确保南水北调工程水费按时足额收缴到位，规范资金管理，促进南水北调工程安全高效运行。依据《南水北调工程供用水管理条例》（国务院第647号令），河南省人民政府《关于批转河南省南水北调中线一期工程水量分配方案的通知》（豫政〔2014〕76号），结合我省实际，制订本办法。

第二条 河南省南水北调中线工程建设领导小组办公室（以下简称"省南水北调办"）依照"收支两条线"的原则，对我省南水北调工程水费的收缴与使用实行统一管理，并在银行开设南水北调工程"水费收缴专用账户"。

第三条 省南水北调办及受水区省辖市、直管县（市）南水北调办事机构执行本办法。

第二章 水量、水价和水费

第四条 省政府明确由省南水北调办与受水区省辖市、直管县（市）南水北调办事机构签订供水协议。在供水协议中明确年度供水量、供水水质、交水断面、水费缴纳时间和方式、违约责任等。

第五条 水量（单位：m³）
水量包括分配水量和计量水量。

分配水量是指国家分配我省水量扣除刁河引丹灌区分配水量和总干渠输水损失后，我省受水区各口门分配水量指标。各省辖市、直管县市水量指标按照河南省人民政府《关于批转河南省南水北调中线一期工程水量分配方案的通知》（豫政〔2014〕76号）文件执行。

计量水量是指配套工程末端流量计或干线工程分水口门流量计记录水量。为确保该水量的准确、真实，省南水北调办及受水区省辖市、直管县（市）南水北调办事机构应按照供水协议约定的时间和要求，共同记录流量计的读数，并确认计量水量。

第六条 水价（单位：元/m³）

省发展改革委、省南水北调办、省财政厅、省水利厅《关于我省南水北调工程供水价格的通知》（豫发改价管〔2015〕438号）明确：我省南水北调工程暂实行"运行还贷"水价，以后分步到位。水价构成因素包括国家核定的干线工程口门水价、我省配套工程成本、应纳税金及附加。水价分为南阳、黄河南、黄河北三个区段。同一区段内供水执行同一水价。具体价格见下表：

我省南水北调工程供水价格和两部制水价表

区段划分	供水价格　　　　（元/m³）		
	综合水价	基本水价	计量水价
南阳段 （南阳市、邓州市）	0.47	0.23	0.24
黄河南段 （平顶山、周口、漯河、许昌、郑州市）	0.74	0.36	0.38
黄河北段 （焦作、新乡、鹤壁、濮阳、安阳市和滑县）	0.86	0.42	0.44

第七条 水费（单位：元）

水费包括基本水费和计量水费。

基本水费＝基本水价×分配水量

计量水费＝计量水价×计量水量

第三章 水费收缴

第八条 各受水区省辖市、直管县（市）南水北调办事机构应严格执行供水价格，认真履行供水协议约定义务，按时足额将水费上缴至省南水北调办开设的"水费收缴专用账户"，不得截留、坐支、挪用。

第九条 省南水北调中线工程建设领导小组有关成员单位，应按照职责分工加强协调、配合，营造良好的供水环境，确保我省供水目标实现和工程运行安全。

第十条 受水区各级政府要把南水北调工程的安全、高效运行当作促进本地区社会经济发展、生态环境建设的大事来抓。在水费收缴方面要采取有力措施，尤其是要为基本水费的收缴解决资金来源，提供有效的政策和财政支持，为水费按时足额上缴创造条件。

第四章 水费使用与管理

第十一条 省南水北调办和各受水区省辖市、直管县（市）南水北调办事机构执行《南水北调配套工程运行管理费使用管理与会计核算暂行办法》及有关规章制度。

第十二条 省南水北调办和各受水区省辖市、直管县（市）南水北调办事机构对水费的收缴与使用实行预算管理。

一、省南水北调办依据预算编制的有关规定编制本级预算；审核各受水区省辖市、直管县（市）南水北调办事机构的预算，汇总编制部门收支预算报省南水北调办预算管理委员会审议；部门收支预算审议通过后下达受水区省辖市、直管县（市）南水北调办事机构执行，并对受水区省辖市、直管县（市）南水北调办事机构预算执行情况进行监督检查。

二、各受水区省辖市、直管县（市）南水北调办事机构应按照省南水北调办的要求编制本级预算，并上报省南水北调办审核；认真执行省南水北调办批复下达的预算，并接受其监督检查。

第十三条 预算编制

预算由收入预算和支出预算组成。

收入预算根据分配水量和当年的计划用水量及水价进行编制。

支出预算根据水费的支出范围、项目和各项标准等进行编制。

水费的支出范围主要是偿还银行贷款本息、补偿工程运行维护成本费用、税金及附加等。

水费支出的主要项目有：

（一）偿还贷款本息。水费收入上缴南水北调干线工程水费后，依据省水利投资公司与省农发行还款计划，定期将配套工程贷款本金及贷款利息划转省水利投资公司账户，偿还银行贷款本息。

（二）税金及附加。按国家和我省现行税收政策及时足额缴纳相关税金。

（三）工程运行维护费用。工程运行维护费用主要包括：

1.工程运行人员薪酬

2.直接材料

3.燃料动力费

4.维修养护费

5.其他直接支出

6.管理费用

7.财务费用

第十四条 省南水北调办和各受水区省辖市、直管县（市）南水北调办事机构应严格预算管理，预算一经批复，原则上不得调整，确需调整的，需经省南水北调办预算管理委员会审查批准。

第五章 责任与监督

第十五条 省南水北调办和各受水区省辖市、直管县（市）南水北调办事机构要确保工程稳定运行，加强水质监测，确保供水质量与工程安全。

第十六条 省南水北调办和各受水区省辖市、直管县（市）南水北调办事机构应严格执行本办法的各项规定和供水协议的约定，按时足额收缴水费，做好资金的管理与使用。

第十七条 各级纪检监察、审计部门要加强对本办法的执行和资金的管理使用情况进行监督检查。对玩忽职守、失职渎职、恶意拖欠水费的，应按照《南水北调工程供用水管理条例》和协议约定的条款进行处罚。

第六章 附 则

第十八条 本办法自印发之日起执行。

第十九条 本办法由省南水北调办负责解释。

2017 年 5 月 22 日

河南省南水北调中线工程建设领导小组办公室配套工程运行管理资产管理办法

2017 年 12 月 14 日

豫调办财〔2017〕50 号

第一章 总 则

第一条 为加强河南省南水北调配套工程运行管理的资产管理，明确管理、使用部门和人员的职责，建立正常的保管、维修和保养制度，保证各项资产的安全完整，提高资产使用效率，根据国家有关规定，结合我省运行管理实际情况，制定本办法。

第二条 我省配套工程运行管理各项资产按实物形态分为：流动资产、固定资产、无形资产和递延资产。

第三条 资产管理的主要任务是：建立健全各项管理制度，合理配置并节约有效使用各项资产，保证各项资产的安全完整，提高资产使用效率。

第二章 流动资产的管理

第四条 建立健全现金和银行存款控制制度，严格按照《现金管理暂行条例》规定的范围使用现金，每日终了现金账面余额与库存现金核对相符；每月终了银行存款账面余额与银行对账单核对相符。

第五条 各项债权及其他应收、暂付款项要定期核对、及时清理。

第六条 加强工具、器具等低值易耗品的购、领、存环节的管理，在购置时采用一次摊销法计入运行管理成本。

第三章 固定资产的管理

第七条 为配套工程运行管理购置或调入的，单位价值在2000元以上；使用年限1年以上；能独立发挥作用，用于工程运行管理方面的资产作为固定资产管理。

第八条 工程运行管理的固定资产主要包括：水工建筑物、设备、仪器、交通工具、办公机具、房屋及其他建筑物等。

第九条 固定资产按取得时的实际成本作为入账价值，取得时的实际成本包括购买价、运输和保险等相关费用，以及为使固定资产达到预定可使用状态而发生的必要支出。

第十条 购置或调入的固定资产，由资产管理部门（综合科或办公室）验收入库、建卡登记。各部门使用固定资产必须办理领用手续，填写领用表格，对暂不使用的固定资产，要及时退交资产管理部门统一管理，办理退库手续，并对资产的完好程度如实记录。

第十一条 单位资产管理部门负责固定资产实物的管理，根据工作需要对固定资产实行统一调配，原则上谁使用谁保管，各使用部门对领用固定资产的安全、完好程度及管理负责。固定资产的正常维护、维修、保养由资产管理部门统一安排。

第十二条 各单位财务部门负责固定资产价值形态的管理，建立固定资产分类明细账，准确、及时地记录固定资产增减变动情况，并根据账簿、卡片等记录定期编制固定资产折旧表，按规定计提折旧。

第十三条 工程运行管理各项资产在工程运行初期（运行还贷水价执行期间）暂不计提折旧。我省水价调整后采用平均年限法计提折旧，折旧额的计算公式如下：

年折旧率＝［（1－预计净残值率）／折旧年限］×100%

月折旧率＝年折旧率÷12

月折旧额＝固定资产原值×月折旧率

净残值率按照固定资产原值的3%～5%确定。

折旧费计入管理费用，折旧方法和折旧年限一经确定，不得随意变更。

第十四条 资产管理部门应会同财务部门定期或不定期地对固定资产进行清查盘点，保证账、卡、物相符。原则上于每年年末进行一次全面清查。对盘盈、盘亏固定资产认真分析原因，提出具体处理意见。需报废的固定资产应按报批程序报请有关部门批准，对批准报废核销的固定资产，应及时进行清理并收回残值。

第四章 无形资产和递延资产的管理

第十五条 无形资产是指工程运行管理期间取得的土地（水域）使用权、专利权、商标权、著作权、非专利技术、商誉等。

第十六条 无形资产一般按取得时的实际成本计价。土地使用权价值包括支付的土地出让金、税金、管理费等为取得土地使用权而支付的全部费用。自行开发专利权的价值为开发的全部成本，购入专利权价值为购入支付的价款。

第十七条 无形资产的价值从开始使用之

日起，在有效使用期限内平均摊入管理费用。无形资产有效使用期限按下列原则确定：

法律和合同或者单位申请书中规定有法定有效期限和受益年限的，按照法定有效期限与合同或者单位申请书规定的受益年限孰短的原则确定。

法律没有规定有效期限，单位合同或者单位申请书中规定有受益年限的，按照合同或者单位申请书规定的受益年限确定。

法律和合同或者单位申请书均未规定法定有效期限或者受益年限的，按照不少于10年的期限确定。

第十八条 递延资产是指工程建设期末，建设单位为生产管理发生的生产职工培训费、备品备件购置费等形成递延资产。

第十九条 递延资产的价值按照配套工程可研报告批复的工程运营期限15年内平均摊入管理费用。

第五章 附 则

第二十条 本办法自印发之日起实施。

第二十一条 本办法由河南省南水北调中线工程建设领导小组办公室负责解释。

附：工程运行管理固定资产分类折旧年限表

一、通用设备部分
设备分类与折旧年限
1. 机械设备　　　10～14年
2. 动力设备　　　11～18年
3. 传导设备　　　15～28年
4. 运输设备　　　6～12年
5. 自动化控制及仪器仪表
（1）自动化、半自动化控制设备　　8～12年
（2）电子计算机　　4～10年
（3）通用测试仪器设备　　7～12年
6. 生产用炉窑　　7～13年
7. 工具及其他生产用具　　9～14年

8. 非生产用设备及器具
（1）设备、工具　　18～22年
（2）电视机、复印机、文字处理机　5～8年

二、水、电专用设备部分
设备分类与折旧年限
9. 机电排灌设备　　8～12年
10. 水轮机组　　5～25年
11. 喷灌设备　　6～10年
12. 启闭机组　　10～20年
13. 水传导设施
（1）铸铁管道　　20～30年
（2）混凝土管道　　15～25年
14. 水电专用设备
（1）输电线路　　30～35年
（2）配电线路　　15～20年
（3）变电配电设备　　18～22年
（4）机电设备　　12～20年

三、其他专用设备部分
设备分类与折旧年限
15. 冶金工业专用设备　　9～15年
16. 机械工业专用设备　　8～12年
17. 化工、医药专用设备　　7～14年
18. 电子仪表、电讯专用设备　　5～10年
19. 建材工业专用设备　　6～12年
20. 纺织、轻工专用设备　　8～14年
21. 矿山、煤炭及森工专用设备　　7～15年
22. 建筑施工专用设备　　8～14年
23. 公用事业专用设备　　13～25年
24. 商业、粮油专用设备　　8～16年

四、房屋、建筑物部分
设备分类与折旧年限
25. 房屋
（1）生产用房　　30～40年
（2）受腐蚀生产用房　　20～25年
（3）受强腐蚀生产用房　　10～15年
（4）非生产用房　　35～45年
（5）简易房　　5～10年

26.建筑物

（1）钢筋混凝土闸、坝　　45～55年

（2）土坝　　30～45年

（3）干渠、支渠　　15～25年

（4）隧道、涵洞　　35～45年

（5）机井　　10～20年

（6）港口码头基础设施　　25～30年

（7）其他建筑物　　15～25年

五、经济林部分

设备分类与折旧年限

27.经济林木　　5～15年

河南省南水北调配套工程日常维修养护技术标准（试行）

2017年3月14日

豫调办建〔2017〕12号

河南省南水北调配套工程日常维修养护项目是指为保持工程设计功能、满足工程完整和安全运行，需进行经常、持续性维修养护的项目（含年度岁修项目）。岁修是指每年（或周期性）进行的、对工程养护所不能解决的工程损坏的修复。日常维修养护工作实行计划管理，严格按计划组织实施。

1 泵站设备的维护与检修

1.1 一般规定

1.泵站设备的运行、维护应符合国家和地方有关环境保护的规定。

2.电机、水泵、闸门、管道等泵站设备设施检查、维护时，必须采取有效的安全措施，确保人身与设备的安全。

3.泵站机电设备及管配件外表宜每两年一次除锈及作防腐处理。

1.2 水泵机组

1.2.1 主水泵日常维修养护的主要内容

每月应对主水泵进行一次停泵、开泵日常维修养护，包括以下内容：

1.水泵运行前的检查，应符合下列规定：

（1）盘车检查时，水泵叶轮及电机转子不得有碰擦和轻重不均匀现象；

（2）弹性联轴器的轴向间隙和同轴度，应符合产品的技术要求；

（3）水泵机组轴承润滑应良好，轴承允许最高温度不应超过制造厂的规定值，如制造厂无规定，属塑料轴承（轴瓦）为65℃；最高温度不应超过下列值：滚动轴承为95℃，滑动轴承为70℃；

（4）主泵机组填料函泄水应符合要求；填料函处滴水正常，无偏磨过热现象，温度不大于50℃；

（5）水泵机组应在规定的电压、电流、流量、扬程范围内运行；

（6）水泵机组在运行中应转向正确，运行平稳，无异常振动与噪声，连接法兰处无漏水；

（7）气、水系统等辅助设备应完好；

（8）水泵机座、泵体管道连接螺栓应紧固；

（9）进、出水管路应畅通，进水水位应高于水泵最低运行水位；

（10）检查相应的进水闸门，应开启；

（11）启闭闸门的操作系统工作应正常。

2.水泵机组停止运行后的检查，应符合下列规定：

（1）检查与观察机组停机后惰走的时间，应正常合适；

（2）机组的轴封机构处渗漏水应符合要求；

（3）管路上的止回阀、拍门闭合应紧密，不应有倒流水现象；

（4）柔性止回阀的闭合应正常，不得有回缩现象；

（5）出水口闸门应关闭可靠。

1.2.2 其他水泵日常维修养护的主要内容

除以下条款另有规定外，每月应对其他水泵进行一次日常维修养护，包括以下内容：

1. 每月试泵一次，每次运行时间不少于30min；

2. 卧式泵机组可用工具盘动泵轴，以改变泵轴相对搁置的位置；

3. 做好水泵机组的日常清洁工作，外壳应无尘垢（潜水泵机组除外）；

4. 紧固机组与管路连接螺栓；

5. 做好机组轴承、机械密封的润滑工作，适时加注或更换润滑油脂，润滑油脂的牌号应符合规定；

6. 检查与调换填料密封的填料，并清除填料函内的污垢及调整轴封机构；

7. 检查与养护机组油、气、水系统等辅助设备，确保其工作正常与可靠；

8. 潜水泵机组的定期维修养护，应符合下列规定：

（1）修补、调整或更换间隙超过规定的转轮室或叶轮；

（2）更换破损与穿孔的轮壳和盖板；

（3）修补汽蚀麻窝深度大于2mm的叶片和流道，并做平衡试验；

（4）更换壁厚小于原厚三分之二的叶轮；

（5）密封件：

1）全部调换"O"型橡胶密封圈；

2）检查、维护机械密封装置。如机械密封装置的接触面磨损过大、有裂纹、有破碎，以及有弹簧变形、开裂，失去弹性等的情况，则必须调换。

（6）潜水电动机：

1）每三年至少一次检查油腔内的油质。如不符合要求则必须调换；

2）每三年至少一次加注轴承润滑油脂；

3）每年至少一次，吊起机组目测检查防水电缆，其外层绝缘材料应无损伤与破裂；

4）配套电控箱：按低压电气要求检查与维护电气元器件，并检测潜水泵专用保护装置，应符合制造厂的技术要求。

1.2.3 主电动机日常维修养护的主要内容

每月应对主电动机启动前进行一次停、开

日常维修养护，包括以下内容：

1. 主电动机启动前的日常维修养护：

（1）开启式电动机内部应无杂物；

（2）轴承润滑应良好，润滑及冷却水系统应正常；

（3）电动机引出线与电缆连接应紧固，无松动；

（4）电动机除湿保温装置电源应断开；

（5）电动机外壳接地应牢靠。

2. 主电动机运行中的日常维修养护：

（1）电动机工作时，电压与电流应在规定的范围内；

（2）电动机在运行中，内部不得有碰擦现象与异常的响声；

（3）电动机轴承润滑良好，无漏油现象，轴承温度应正常；

（4）电动机定子绕组的温升不应超过规定的允许值；

（5）电动机的散热装置及冷却系统应完好。

1.2.4 其他电动机的日常维修养护，应符合下列规定：

除以下条款另有规定外，每月应对其他电动机进行一次日常维修养护，包括以下内容：

1. 做好电动机外壳、电缆接线盒等处的清洁工作，并保持清洁；

2. 雨季或潮湿天气，应对电动机进行除湿、保温；

3. 适时加注润滑油脂及排除废油脂，保持轴承良好的润滑。滑动轴承应保持正常的油位，油路应畅通，注意适时添加润滑油；

4. 冷却水管路应保持畅通无堵；

5. 电动机的运行电压应在额定电压的95%～110%范围内；

6. 水泵电动机累计运行达到6000～8000h应维修一次；不经常运行的水泵电动机，每三年应维修一次。

1.3 闸门与启闭设备

除以下条款另有规定外，每月应对闸门与

启闭设备进行一次日常维修养护，包括以下内容：

1.3.1 铸铁闸门的日常维修养护，应符合下列规定：

1.检查与观测闸门门体，不得有裂纹、损裂等现象；

2.闸门吊点处不得有裂纹或其他缺陷；

3.检查闸门的渗漏，应在规定的范围内；

4.检查闸门在启闭过程中的工作情况，应无异常的振动与卡阻；

5.每两年一次检查与维护门框、门板及导向支承；

6.每两年一次检查与维护闸门连接杆、楔紧块、推力螺母及密封面；

7.不经常启闭的闸门应每月启闭一次，检查运行工况、丝杆磨损、密封及腐蚀情况。

1.3.2 螺杆启闭设备的日常维修养护，应符合下列规定：

1.做好启闭设备的清扫养护工作；

2.检查启闭设备运行工况应正常；

3.检查传动机构，油箱应润滑良好，无渗漏油现象；

4.不经常运行的启闭设备，连同闸门应每月启闭一次，检查运行工况以及丝杆磨损、锈蚀、填料密封、润滑油渗漏等现象；

5.每年一次检查与维护：

1）螺杆、螺母应无裂纹或较大磨损，一般不超过螺纹厚度的20%，否则应调换；

2）螺杆及压杆的弯曲不超过产品的技术规定，否则应进行校直；

3）螺杆与吊耳连接，应牢固可靠。

1.3.3 启闭设备电动装置的日常维修养护，应符合下列规定：

1.做好启闭设备电动装置外壳及机构的清扫工作，并保持清洁；

2.检查启闭设备电动装置的运行工况，应运行平稳、无异声，无渗漏油、无缺油及限位正确可靠；

3.检查动力电缆、控制电缆的接线，应无松动，接线可靠；

4.检查电控箱及电气元器件应完好，工作正常；

5.拉动操作手轮检查手动、电动操作切换装置。应手感啮合良好；

6.经常检查自控系统中启闭设备电动装置的运行工况，必须与实际工况一致；

7.每年一次加注或调换减速箱润滑油；

8.每年一次检查、清扫与维修电动装置内的各种电气元件与其触点，并调换不符合要求的电气元件；

9.每年一次检查、调整行程与过力矩保护装置。行程指示必须准确，过力矩保护机构必须动作灵敏，保护可靠。

1.4 清污设备

除以下条款另有规定外，每月应对清污设备进行一次日常维修养护，包括以下内容：

1.4.1 格栅的日常维修养护，应符合下列规定：

1.检查传动机构、钢丝绳、链条、链板、轴承工作状况，应润滑良好，动作灵活，钢丝绳在卷筒上固定牢固、绕圈符合设计要求，链条链板松紧正常；清除格栅片上的垃圾及污物，对活动机构、钢丝绳、轴承等适时加注润滑油脂；

2.冲洗格栅平台，保持环境清洁；

3.检查格栅片，如有松动、变形与腐蚀，则应整修；

4.每年一次对碳钢格栅进行防腐涂漆处理；

5.每三个月对碳钢格栅腐蚀情况、机械强度进行检查；

6.每三个月检查减速箱、液压箱的工作状况，应运行平稳、无异常响声、无渗漏油现象；

7.检查齿耙运行状况。齿耙与格栅片的啮合应良好，不应有较大的摩擦，塑料或尼龙齿耙应无较多的折断，刮板运行良好并能有效刮除垃圾；

8.检查各种紧固件，应无松动。

1.4.2 格栅清污机的定期维修，应符合下列规定：

1.每年至少一次定期维修：

1）检查钢丝绳、链条链板、刮板等部件，并调整齿耙运行偏差，使达到最佳运行状态。如有严重磨损应及时更换；

2）检查与调整链条链板的松紧，调换折断的塑料或尼龙齿耙；

3）检查液压箱的油缸和密封件，更换失效的液压油与密封件；

4）检查与调换各类磨损的轴承，并加注润滑油脂。

2.每三年一次解体减速箱，进行保养与维修：

1）检查齿轮磨损及啮合情况，调整啮合的间隙；

2）齿轮如磨损严重，则必须更换；

3）调换齿轮润滑油。

3.每三年一次解体驱动电动机进行保养与维修。

1.4.3 皮带输送机的日常维修养护，应符合下列规定：

1.检查驱动、从动转鼓轴承和滚辊的润滑情况，应及时加注润滑油；

2.检查皮带接口的牢固与松紧程度以及皮带跑偏情况，皮带如有松紧不适及跑偏，则应及时调整与纠偏；

3.每半年一次修整磨损的皮带接口；

4.每两年一次清洗、检查转鼓内的滚动轴承，如有磨损与损坏必须更换并调换润滑油脂；

5.每三年一次更换磨损或腐蚀的皮带滚辊和轴承；

6.每年一次对滚辊及钢架结构件进行防腐涂漆处理；

7.每三年一次对驱动电动机进行解体保养与维修。

1.4.4 螺旋输送机与螺旋压榨机的日常维修养

护，应符合下列规定：

1.清扫外壳以及螺旋槽内垃圾，保持槽内畅通及设备与环境清洁卫生；

2.检查与清除内部的黏结垃圾；

3.检查减速箱的运行工况，应运行平稳，润滑良好无渗漏油现象；

4.检查螺旋叶片支承轴承的温度及润滑情况，应润滑良好，温度正常；

5.每年一次检查螺旋叶片磨损状况，如磨损严重必须修补或更换摩擦圈；

6.每年一次检查螺旋叶片转轴的挠度，如超过规定必须校正并调整螺旋叶片的工作间隙，使符合要求；

7.每年一次对碳钢螺旋槽及机架进行防腐涂漆处理；

8.每三年一次对减速箱进行解体养护与维修；

9.每三年一次对驱动电动机进行解体养护与维修；

10.维修后应检查与调整过力矩保护装置，必须达到制造厂的技术要求。

1.5 阀门与拍门

除以下条款另有规定外，每月应对阀门与拍门设备进行一次日常维修养护，包括以下内容：

1.5.1 阀门的日常维修养护，应符合下列规定：

1.做好阀门的清洁保养工作，保持阀门清洁；

2.阀门的全开、全闭、转向等标牌显示应清晰完整；

3.清除明杆阀门螺杆上的污垢并涂润滑脂，保持阀门启闭灵活；

4.检查电动阀门的电动装置与闸杆传动部件的配合状况应良好。电动阀门启闭时应平稳、无卡涩及突跳等现象；

5.检查与调整阀门填料密封压盖的松紧程度，要求松紧合适，不渗漏；

6.不经常启闭的阀门每月至少启闭一次；

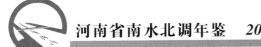

7.操作与检查手动、电动操作切换装置，应正常；

8.每年一次解体检查与维修阀杆、螺母和阀板等部件；

9.每年一次检查与更换阀门杆的填料密封；

10.每三年一次检查、整修或更换阀门的密封件；

11.每三年一次检查阀板的密闭性并调整阀板闭合的超行程，使密闭性达到产品技术要求；

12.每年一次检查、整修电控制箱内电气与自控元器件。

1.5.2　蝶阀的日常维修养护，应符合下列规定：

1.蝶阀在启闭时应平稳无突跳现象，在运行中要注意阀板有无被垃圾缠绕。如有缠绕，应及时排除；

2.蝶阀的其他日常维修养护可参照前面有关阀门养护的相关内容；

3.每年一次检查与整修手动操作杆与密封件；

4.每年一次检查与调整行程、过力矩保护及联锁装置；

5.每年一次检查、整修电控箱内电气与自控元器件；

6.每年一次加注或更换齿轮箱润滑油；

7.每三年一次检查、整修或调换蝶板密封圈；

8.做好电动装置外壳及机构的清扫工作，并保持清洁；

9.检查电动装置的运行工况，应运行平稳、无异声、无渗漏油、无缺油及限位正确可靠；

10.检查动力电缆、控制电缆的接线，应无松动，接线可靠；

11.检查电控箱及电气元器件应完好，工作正常；

12.拉动操作手轮检查手动、电动操作切

换装置。应手感啮合良好；

13.经常检查自控系统中电动装置的运行工况，必须与实际工况一致；

14.每年一次加注或调换减速箱润滑油；

15.每年一次检查、清扫与维修电动装置内的各种电气元件与其触点，并调换不符合要求的电气元件；

16.每年一次检查、调整行程与过力矩保护装置。行程指示必须准确，过力矩保护机构必须动作灵敏，保护可靠。

1.5.3　液压阀门的日常维修养护，应符合下列规定：

1.做好液压阀各个部件的清洁工作；

2.检查液压阀的缸体、活塞杆等部件，应无损伤或裂纹，连接螺栓应紧固无松动；

3.检查液压缸的密封垫片、油管接头、阀体、管路、油箱等应无渗漏；

4.主油泵运行应平稳，无异声，输出油量及压力应达到要求；

5.每半年检查及清除阀体内的垃圾及污物；

6.每半年一次更换主油泵过滤器的滤油芯；

7.每半年一次检查或更换控制油路与油缸的油封；

8.每年一次检查与调整油缸内活塞行程，应符合制造厂技术要求；

9.每年一次检查与整修电控柜的电气元器件；

10.每年一次检查、整修液压站；

11.每年一次清洗油箱，过滤、化验液压油，油质和油量必须符合规定的技术要求；

12.每三年一次检查活塞杆垂直度、液压元件的磨损等，进行恢复性整修液压系统，确保液压系统工作正常可靠。

1.5.4　柔性止回阀的日常维修养护，应符合下列规定：

1.检查橡胶阀体口，闭合应正常无回缩；

2.检查并及时清除阀体口上的垃圾，确保

阀体口闭合正常，防止倒流水现象；

3.检查压力井透气管，不应堵塞，避免柔性止回阀在停泵时产生过高的反压；

4.每年一次检查或更换钢制抱箍及连接螺栓；

5.每三年一次检查柔性止回阀的钢制反向衬托，对其进行防腐处理或更换；

6.每三年一次解体、清洗及维修管道式柔性止回阀。

1.5.5 拍门的日常维修养护，应符合下列规定：

1.经常检查门板密封状况，不应有漏水现象；

2.经常注意拍门的运行情况，如有垃圾杂物卡阻应及时清除，不得产生倒流现象；

3.浮箱式拍门的浮箱内不应有漏水现象；

4.每年一次检查或更换转动销；

5.每年一次检查门框、门板，不得有裂纹、损坏，门框不应有松动；

6.每三年一次检查或更换门板的密封圈；

7.每三年一次对钢制拍门作防腐涂漆处理。

1.6 辅助设备与设施

除以下条款另有规定外，每月应对辅助设备与设施进行一次日常维修养护，包括以下内容：

1.6.1 电动葫芦的日常维修养护，应符合下列规定：

1.检查钢丝绳索具，应完好。每三个月对钢丝绳、索具涂抹防锈油；

2.检查升、降及行走机构，运行应灵活、稳定、制动可靠；

3.检查升、降及行走机构的限位，位置应准确、可靠；

4.检查电控箱及手控按钮箱，应正常可靠；

5.检查接地线，应连接牢靠。如有锈蚀，应涂油漆；

6.每年清扫一次电动葫芦，外部应保持清

洁；

7.每年一次检查电动葫芦减速箱，加注润滑油。每三至五年一次清洗减速箱并换油；

8.每两年一次检查电动葫芦的卷扬机构、制动器、电控箱，更换磨损及损坏的机械与电气部件；

9.每两年一次检查电动葫芦的轮箍与工字钢轨道侧面的磨损程度和工字钢轨道的挠度，如超过规定值应校正；

10.每年一次测定接地电阻，必须符合要求。

1.6.2 桥式起重机的日常维修养护，应符合下列规定：

1.检查吊钩和滑轮组，钢丝绳排列应整齐；

2.每三个月对滑轮组与钢丝绳涂抹防锈油脂；

3.检查减速箱、驱动机构、行走机构等的机械部件，适时加注润滑油脂，保持润滑良好；

4.检查桥式起重机的大小车及升降机构，应运行平稳、良好，制动可靠；

5.检查电源吊线、滑触线，应接触良好、可靠；

6.检查与修整电控箱、手操按钮内的电气元件，应保持完好；

7.检查地接线，应连接牢靠，无锈蚀。

1.6.3 通风机的日常维修养护，应符合下列规定：

1.做好通风管道清洁工作，保持管路畅通；

2.检查通风管道应密封良好，无漏气现象；

3.钢制通风管道应无锈蚀，否则应作防腐涂漆处理；

4.检查通风机运行状况，应正常无异声；

5.每年一次检查与清扫进、出风管内的积尘；

6.每三年一次解体风机，检查与调换轴承

等易损件并调换润滑油脂；

7.做好电动机外壳、电缆接线盒等处的清洁工作，并保持清洁；

8.雨季或潮湿天气，应对电动机进行除湿、保温；

9.适时加注润滑油脂及排除废油脂，保持轴承良好的润滑。滑动轴承应保持正常的油位，油路应畅通，注意适时添加润滑油；

10.冷却水管路应保持畅通无堵；

11.电动机的运行电压应在额定电压的95%～110%范围内。

1.6.4 叠梁插板闸门的维护，应符合下列规定：

1.插板槽内应无垃圾杂物；

2.插板密封性应良好，不应有较大的渗漏水；

3.叠梁插板和起吊架应妥善保存，避免变形与锈蚀；

4.每年一次对插板和起吊架进行防腐涂漆处理。

1.6.5 泵站的安全色与安全标志应符合下列规定：

1.泵站的安全色应符合现行国家标准《安全色》（GB2893—2001）的规定；

2.泵站的安全标志应符合现行国家标准《安全标志》（GB2894—1996）的规定。

1.7 电气设备

除以下条款另有规定外，每月应对电气设备进行一次日常维修养护，包括以下内容：

1.7.1 变配电间的防雷和接地装置日常维修养护，应符合下列规定：

1.每年一次在雷雨季节前对避雷器与接地装置检查一次，均必须符合设计要求；

2.检查接地装置各连接点的接触情况与接地线的损伤、折断和锈蚀等情况；

3.每五年一次对含有酸、碱、盐等化学成分的土壤地带检查地面下 500 mm 以上部位接地体、接地线腐蚀程度；

4.氧化锌避雷器在运行中，在雷雨后应检查与记录避雷器的动作情况。

1.7.2 电力电缆

1.电力电缆不应过负荷运行，电缆导体长期允许工作温度不应超过制造厂的规定值；

2.敷设在电缆沟、隧道、电缆井及沿桥梁架设的电缆，至少每季度检查一次；

3.敷设在竖井内与电缆桥架上的电缆，每六个月检查一次；

4.电缆线路及电缆线段检查每三个月一次；

5.直埋敷设电缆检查每三个月一次：

1）电缆敷设附近地面应无打桩、挖掘、种植树木或伤及电缆的其他情况；

2）电缆标桩应完好无缺；

3）电缆沿线不应堆放重物、腐蚀性物品及搭建临时性建筑；

4）室外露出地面电缆和保护钢管不应锈蚀、位移或脱落；

5）引入室内的电缆穿管应封堵严密；

6）对挖掘外露的电缆应加强检查。

6.沟道敷设电缆检查每三个月一次：

1）沟道盖板应完整无缺；

2）沟道内电缆支架应牢固，无严重锈蚀；

3）沟道内应无渗漏水与积水，电缆指示牌应完整、无脱落。

7.电缆终端头与中间接头检查每三个月一次：

1）电缆终端头与中间接头检查；

2）终端头和中间接头，不得有龟裂与渗漏油现象；

3）接地线应牢固，无断股、脱落现象；

4）潮湿天气应加强巡视终端头绝缘套管，不应有放电闪烁现象；

5）引线联接处应无过热、熔化现象。

8.电缆桥架检查每三个月一次：

1）每年一次检查电缆桥架间的连接线与接地线应连接牢靠；

2）每年一次检查钢板电缆桥架的锈蚀程度，如有锈蚀则应及时作防腐处理。

1.7.3 油浸式变压器日常维修养护，应符合下列规定：

1.每三个月清扫一次变压器间及变压器，保持变压器间通风良好及变压器外壳各部件清洁；

2.检查油浸式变压器无渗漏油现象，储油柜油位应保持与温度相对应。如油位过低应及时添加合格的变压器油；

3.冷却器风扇运转应正常，各冷却器温度应相近；

4.变压器内部声响应正常，不得有较严重的异声；

5.吸湿器应完好，吸湿剂受潮后应及时作烘燥处理或调换，油杯中应保持一定的油位；

6.安全气道及防爆玻璃膜应完好无损；

7.气体继电器内应无气体；

8.检查并拧紧套管引出线的接头；

9.放出有柜中的污泥，检查油位计；

10.变压器油保护装置及放油阀门的检修；

11.冷却器、储油柜、安全气道及保护膜的检修；

12.套管密封、顶部连接帽密封垫的检查，瓷绝缘的检查、清扫；

13.有载开关的检修；

14.油箱附件的检查涂漆；

15.各种保护装置、测量装置的检修。

1.7.4 干式变压器的日常维修养护，应符合下列规定：

1.每三个月至少一次对变压器间及变压器外罩清扫，保持通风良好；

2.在潮湿天气检查干式变压器绕组表面不得有凝露水滴产生，否则要采取措施排除潮气；

3.检查引出线连接螺栓应牢固，无松动；

4.检查干式变压器绕组不得有裂纹与闪烙痕迹；

5.检查干式变压器的温控装置，其工作应

正常；

6.每三年一次温控器装置送厂进行检测与标定，以保证精确度与可靠性；

7.干式变压器如在规定的范围内超载运行，应巡视检查相应的散热风扇的起动与运行必须正常；

8.每三年一次对散热风扇进行维修保养。

1.7.5 高压母排的日常维修养护，应符合下列规定：

1.做好支持绝缘子、套管、保护网罩及母排等的日常清洁工作，应清洁无积尘；

2.检查母排螺栓应紧固无松动，铝质母排检查接头处不应有严重的氧化层，否则应清除，母排温度不得超过60℃；

3.每年一次对高压母排进行检查与维修；

4.高压母排的维修与要求：

1）检查与紧固所有的连接螺栓；

2）检查与清除铜、铝连接处的电化腐蚀；

3）检查与清除铝母排连接处的氧化层；

4）检查支持绝缘子、套管，应清洁、无裂纹及无闪烙痕迹，否则必须更换；

5）检查母排表面应光洁平整，无裂纹、变形和扭曲等现象，否则应拆下进行校正。

1.7.6 高压熔断器、隔离开关及负荷开关的日常维修养护，应符合下列规定：

1.做好日常清洁保养工作，清扫瓷件表面灰尘，擦清刀片、触头和触指上的油污；

2.清扫操作机构和转动部分，并添加适量的润滑油；

3.检查所有的连接螺栓应紧固无松动；

4.每年一次检查与维修；

5.检查与维修的项目与要求：

1）检查熔断器支架的夹力应正常，接触部位无氧化过热现象；

2）检查绝缘子表面应无破损、裂纹和闪烙痕迹，绝缘子的铁瓷结合处应牢固，否则必须更换；

3）检查隔离开关、负荷开关触头间的接触应紧密，无过热、氧化变色及熔化等现象，否则应修整；

4）负荷开关灭弧装置应完整，无烧伤现象；

5）检查隔离开关、负荷开关合闸时，三相同期性良好，分闸时张开角度应符合产品要求。操作机构应无卡涩、呆滞现象。

1.7.7 高压油断路器、真空断路器的日常维修养护，应符合下列规定：

1.做好日常清洁保养工作，绝缘子、套管外表保持清洁，无积尘；

2.检查套管、绝缘拉杆和拉杆绝缘子，应完好无损、无裂纹及无零件脱落现象；

3.检查与母排连接处，应紧固无松动，无过热、变色及熔化现象；

4.检查所有的紧固件，应紧固无松动；

5.做好断路器机械部分与操作机构的润滑工作，在操作过程中无卡涩、呆滞现象，电磁操作机构的分、合闸线圈无过热现象，弹簧操作机构动作应灵活、准确；

6.做好断路器脱扣机构的清洁保养与润滑工作，脱扣机构动作应灵活、可靠；

7.检查油断路器的油位指示、油色应正常，无渗漏油现象；

8.检查真空断路器的真空灭弧室，应无漏气现象。真空断路器的真空灭弧室漏气或损坏后严禁投入；

9.油断路器发生短路跳闸后，应作解体检查并更换绝缘油；

10.每年一次定期维修，包括：

1）真空断路器检查灭弧室的真空度，如真空度不合格，则必须更换，并调整触头行程，必须达到产品技术要求；

2）维护与调整油断路器、真空断路器的操作机构及脱扣装置，应动作灵活、准确及分合闸可靠；

3）弹簧操动机构、储能电机、行程开关接点动作准确，无卡滞变形。

1.7.8 六氟化硫断路器、接触器及负荷开关的日常维修养护，应符合下列规定：

1.做好日常清洗保养工作，绝缘壳体外表应清洁、无积尘；

2.做好机械活动部分的润滑工作；

3.检查紧固件，应紧固无松动；

4.保持工作现场通风良好，通风装置应保持运行良好，工作现场六氟化硫气体浓度应低于1000 ppm；

5.每年一次对六氟化硫断路器、接触器及负荷开关的操作机构进行维修保养；

6.每年一次测量六氟化硫气体的含水量和漏气率，应符合产品要求。

1.7.9 互感器的日常维修养护，应符合下列规定：

1.做好互感器的日常清洁保养工作，保持互感器套管清洁无积尘；

2.检查互感器，其电压、电流指示应正常；

3.检查互感器二次侧及铁芯、接地必须可靠；

4.检查互感器一、二次接线应紧固无松动，无过热现象；

5.检查电压互感器的熔断器架与熔断器接触应良好，无氧化过热现象。二次侧不得短路，不允许超过其最大容量运行；

6.检查电流互感器二次侧不得开路，不允许过负荷运行；

7.每年一次对互感器定期维修，维修项目与要求如下：

1）紧固所有连接螺栓，应紧固无松动；

2）检查互感器与母排连接处不应有氧化、过热现象，否则应清除氧化层，并涂抹凡士林或导电胶；

3）检查与清扫电压互感器熔断器架，如支架夹紧压力不够，则应修理或调换。

1.7.10 高压变频器

1.认真监视并记录变频器人机界面上的各显示参数，发现异常应即时反映；

2.检查冷却系统运行情况；

3.变频器柜门上的过滤网通常每月应清扫

一次；如工作环境灰尘较多，清扫间隔还应根据实际情况缩短；

4.检查变频器输入输出电流的情况；

5.检查变频室的环境温度，环境温度应在−5～40℃之间；

6.半年左右对主控箱内部做一次清灰处理，检查板卡是否松动，主控箱风扇是否灵活转动，半年对变频器进行一次全面清灰；

7.如果变频器长期停机，半年应通高压电一次，持续最少一个小时；

8.检查导体绝缘是否腐蚀过热的痕迹、变色或破损；

9.检查冷却风扇是否正常运转；

10.每年两次对变频器柜控制部分、信号部分等做全面检查。

1.7.11 高压开关柜

高压开关柜每年维修养护以下内容：

1.检查二次接线端子接线紧固无松动；

2.检查试验位置与操作位置机械部分与信号部分是否正常；

3.进行设备清洁，应无积尘、油污；

4.高压开关柜应密封良好，接地牢固可靠；隔板固定可靠，开启灵活，应密封良好；

5.手车式柜"五防"联锁齐全，位置正确；

6.隔离触头应接触良好，无过热、变色、熔接现象；

7.联锁装置位置正确，二次连接插件应接触良好；辅助开关的接触位置正确；

8.成套柜内照明应齐全；

9.继电器外壳无破损，线圈无过热，接点接触良好；

10.仪表外壳无破损，密封良好，仪表引线无松动、脱落，指示正常；

11.二次系统的控制开关、熔断器等应在正确的工作位置并接触良好；

12.操作电源工作正常，母线电压值应在规定范围内；

13.检查温湿度控制器电源；

14.操动机构合闸接触器和分、合闸电磁铁的最低动作电压，操动机构分、合闸电磁铁或合闸接触器端子上的最低动作电压应在操作电压额定值的30%～65%之间；在使用电磁机构时，合闸电磁铁线圈通流时的端电压为操作电压额定值的80%（关合电流峰值等于及大于50kA时为85%）时应可靠动作。

1.7.12 电抗器

1.电抗器的接头应接触良好不发热；

2.在电抗器的周围应无杂物；

3.电抗器的支持绝缘子应清洁并安装牢固；

4.垂直布置的电抗器应无倾斜。

1.7.13 低压配电装置的日常维修养护，应符合下列规定：

1.清扫与检查低压配电装置；

2.检查低压配电装置的连接螺栓，应紧固无松动；

3.做好闸刀开关、自动空气断路器与交流接触器传动机构的润滑工作，应动作灵活，无卡涩现象，三相同步性良好；

4.检查熔断器、闸刀开关、自动空气断路器与交流接触器，接触部分与触头应接触紧密，无烧毛及过热现象；

5.及时修整烧毛的触头，清除灭弧罩内铜粒子；

6.检查线圈的绝缘和温升，应符合产品要求；

7.检查与维护计量表计，清除灰尘与接线端子的氧化尘；

8.每年至少一次对低压配电装置进行定期维修，维修项目与要求见下表。

1.7.14 电动机启动装置

1.自耦减压启动装置的日常维修养护，应符合下列规定：

（1）做好日常清洁保养工作；

（2）检查各接线应紧固牢靠，减压启动的抽头位置应合适；

（3）自耦变压器的绝缘应良好，响声应正

低压配电装置的定期维修项目与要求一览表

部件名称	维修项目	要求	备注
插入式熔断器	瓷盒或瓷盖断裂	更换	
	插口处触头氧化	除去氧化层	
	插口处弹力不足产生过热或头氧化	调整或更换	
热继电器	整定热继电器	与电动机额定电流匹配	
	修正刀座弹性不足	调整刀片、使分、和闸动作同步	
	修正刀片触头	磨光被烧毛的痕迹	
自动空气断路器	触头表面被电弧灼伤	修整或更换触头	
	灭弧表罩表面烧焦、破裂、珊片严重烧熔	清除烧焦部分，并将微粒吹干	
	铁芯表面高低不平响声大	锉平铁心接触面	
交流接触器、时间继电器	分合时有卡阻现象	检查与调整机械活动部分	
		调整触头开距、压力、行程	
		应符合厂家要求	

常；

（4）交流接触器机构动作应灵活，触点应完好，接触器的联锁应可靠；

（5）各继电器工作应可靠，时间继电器整定应准确，并锁定牢固；

（6）检查并紧固进出引线与内部连接螺栓；

（7）每年一次定期维修养护参照《低压配电装置的定期维修项目与要求一览表》；

（8）检查与整修机械联锁机构，保持联锁可靠；

（9）检查自耦变压器的绝缘电阻，如有受潮或绝缘降低，可进行浸漆处理；

（10）紧固自耦变压器铁芯螺栓；

（11）检查与整修各种继电器触点，保持接触良好及可靠。

2.频敏变阻器的日常维修养护，应符合下列规定：

（1）做好日常清洁保养工作；

（2）检查各接线应紧固牢靠，连接抽头应正确；

（3）检查绕组绝缘应良好；

（4）检查铁芯响声应正常；

（5）每年一次定期检查与维修：

1）紧固所有连接螺栓；

2）检查绕组绝缘，如绝缘降低或老化应作加强绝缘处理；

3）检查铁芯，如响声较大应紧固铁芯螺栓；

4）检查与调整铁轭间隙，使符合启动要求。

3.软起动装置的日常维修养护，应符合下列规定：

（1）做好日常清洁保养工作；

（2）检查外控接口等连接线，应牢固无松动；

（3）旁路交流接触器、自动空气断路器的日常维修养护参照《低压配电装置的定期维修项目与要求一览表》；

（4）检查软起动器的工作温度应正常，散热风扇运行应良好；

（5）检查起动电流倍数的设定应准确；

（6）软起动装置的定期维修每年一次，应符合下列规定：

1）紧固所有连接螺栓；

2）清扫软起动装置内外部，保持清洁无积灰尘与通风散热良好；

3）检查各设定值，应符合要求，然后重新调试；

4）自动空气断路器与旁路交流接触器的定期维修参照《低压配电装置的定期维修项目与要求一览表》。

1.7.15 无功功率补偿装置

1.电力电容器的日常维修养护，应符合下列规定：

（1）做好日常清洁保养工作，套管及外壳保持清洁无污垢；

（2）检查套管应无裂纹、破损，无闪烁痕迹，外壳无生锈、变形、胀肚与渗漏油现象；

（3）检查外壳接地应良好；

（4）检查运行电压、电流不得超过规定的范围，否则必须退出运行；

（5）检查环境温度不应超过40℃，电容器外壳温度不应超过55℃；

（6）电容器组三相间的容量应平衡，其误差不应超过一相总容量的5%；

（7）检查电容器放电装置，其工作应正常；

（8）每年一次对电力电容器进行检查与维修：

1）电力电容器外壳生锈，应除锈后涂漆；

2）检查电力电容器渗漏油；

3）检查套管，如有裂纹、破损及有闪烁痕迹；

4）检查外壳，如有变形、胀肚及温度是否超过规定。

2.无功功率就地补偿装置的日常维修养护，应符合下列规定：

（1）做好日常清洁保养工作，保持内外清洁与通风散热畅通；

（2）检查连接螺栓应紧固无松动；

（3）参照《低压配电装置的定期维修项目与要求一览表》检查与维护交流接触器；

（4）检查放电指示灯或电压互感器应正常、可靠；

（5）检查电抗器温升应正常；

（6）检查电流表、功率因数表，应指示准确；

（7）无功功率就地补偿装置的每年定期维修，应符合下列规定：

1）高压熔断器检查瓷盒或瓷盖断裂、插口处触头氧化、插口处弹力不足产生过热或头氧化情况；

2）检查放电指示灯。高压放电电压互感

器的连接线与接地应紧固可靠；

3）检查电流表、功率因数表，应准确。

3.无功功率自动补偿装置日常维修养护，应符合下列规定：

（1）做好日常清洁保养工作，保持内外部清洁与通风散热通畅；

（2）交流接触器的日常维修养护参照《低压配电装置的定期维修项目与要求一览表》；

（3）检查放电指示灯；

（4）检查电流表、功率因数表，应完好并指示准确；

（5）检查自动补偿控制仪，应工作正常，能有效地自动补偿无功功率；

（6）每年一次无功功率自动补偿装置定期维修，应符合下列规定：

1）交流接触器的维修参照《低压配电装置的定期维修项目与要求一览表》；

2）检查无功功率自动补偿控制仪；

3）检查电流表、功率因数表应准确。

1.7.16　直流电源装置的维护，应符合下列规定：

1.整流电源装置

（1）做好日常清洁保养工作，整流装置应清洁无尘垢；

（2）交直流回路的绝缘电阻应符合要求；

（3）元器件应接触良好，无损坏和过热等现象；

（4）工作电源与备用电源的自动切换装置应可靠。

2.直流系统

（1）做好蓄电池室及蓄电池的日常清洁保养工作，保持室内通风、照明良好，室内温度不低于10℃；

（2）蓄电池应以浮充电方式运行，并经常处于满充状态；

（3）检查直流绝缘监视装置，正负两极对地电压应为零；

（4）充电装置工作状态、电压、电流以及蓄电池温度均应正常。

3.蓄电池

（1）检查蓄电池运行温度宜在 10~30℃，最高不得超过 45℃。如允许降低容量，则最低温度可低于 10℃，但不得低于 0℃；

（2）检查蓄电池控制的母线电压应保持在 220VDC（110VDC），变动不应超过 ±2%；

（3）检查蓄电池外壳应完整，无破裂、漏液，极板无硫化、弯曲与短路；

（4）每六个月检查一次，蓄电池与导线连接处应无腐蚀，联接应牢固无松动；

（5）每年一次容量校对性充放电；

（6）测量每个蓄电池的电压，如过低或为零，应查明原因进行恢复性处理或更换。

1.7.17　继电器保护装置与二次线路

1.继电器保护装置的日常维修养护，应符合下列规定：

（1）清扫继电器外壳及内部的灰尘；

（2）检查继电器外壳应完整无损，外壳与底座结合应严密。外部接线螺丝无松动，继电器整定值指示位置准确、清晰；

（3）检查电磁式、感应式继电器动作应灵活，转轴的纵、横向窜动范围应适当。所有接点、支持螺丝、螺母应无松动，接点无烧毛，各焊点牢靠，弹簧无变形；

（4）微机综合继电保护装置，应显示正常、清晰，插口接触可靠；

（5）各种信号指示、光字牌、音响信号运行正常。

（6）继电保护装置的每年定期维护，应符合下列规定：

1）检验开关量输入输出回路；

2）检测保护功能、通信口与上位机数据交换；

3）对各种继电器进行整定。

2.二次线路的检查与维护，应符合下列规定：

（1）清扫柜内积灰，检查各种元件的标志不应有脱落；

（2）二次线路接线应完好，绝缘无老化，

测量绝缘电阻应符合要求；

（3）检查各指示灯应完好；

（4）检查断路器及隔离开关的辅助触点，应无烧毛及氧化；

（5）检查互感器二次侧接地应牢靠，二次交直流控制回路应完好；

（6）清除二次线路端子与接头的表面氧化层，并紧固牢靠，不得有松动。

1.7.18　UPS 电源

1.检查 UPS 电源的输入电压、输出电压、输出电流、频率等数据；

2.检查 UPS 配电柜内设备运行情况；

3.检查是否有其他用电设备接入供电系统；

4.检查 UPS 蓄电池液位是否满足要求；

5.每年对蓄电池进行一次充放电维护。

1.7.19　柴油发电机

1.清扫柴油发电机，检查发电机机脚紧固性，防止橡胶件和塑料件与燃油和润滑油接触，不要有机洗涤剂清洗，只能用干布擦净；

2.备用状态时，每月启动空运转 1 小时以上；

3.空气进气管检查进气侧泄漏或损坏；

4.发电机传动检查三角皮带的张紧和损坏情况；

5.风扇传动检查三角皮带的张紧和损坏情况；

6.配气机构检查气门间隙；

7.检查燃油双联滤器；

8.机油旧油取样分析，必要时更换机油并更换机油滤清器；

9.发动机冷却液取样分析必要时更换；参考标准（可乳化的防腐油 6000 运行小时或 1 年 6 个月；防冻（防腐）剂 9000 运行小时或 3~5 年）；

10.检查发动机冷却水泵排泄孔；

11.检查增压器转动灵活性；

12.必要时更换空气滤清器；

13.检查蓄电池，检查充电情况及电池组情况；

14.检查发动机电缆及监控系统，检查监控单元功能。

1.8 仪表

仪表包括液位计、流量计和压力表。除以下条款另有规定外，每月应对仪表进行一次日常维修养护，包括以下内容：

1.8.1 检测仪表的日常维修养护，应符合下列规定：

1.仪表安装应牢固，现场保护箱应完好、无腐蚀；

2.仪表接地应牢固可靠；

3.仪表供电与过电压保护必须可靠；

4.仪表传感器表面应保持清洁，发现污物应及时清洗；

5.仪表显示应正常，否则应及时检查、分析原因，并做好记录；

6.清洗仪表传感器，清洗后应进行零点和量程检查；自动清洗的传感器，其自动清洗装置每月检查一次。

2 建（构）筑物日常维修养护技术标准

建（构）筑物日常维修养护项目是指为保持管理处所、现地管理房、泵站建筑物、交通桥、工作桥、道路和井室等建（构）筑物工程设计功能、满足工程完整和安全运行，需进行经常、持续性维修养护的项目。除以下条款另有规定外，每季度应对建（构）筑物进行一次日常维修养护，包括以下内容：

1.水面污染、漂浮物与水质情况；

2.土堤、墙后填土有否雨淋沟、沉陷、裂缝、渗漏、滑坡和害兽为害等；

3.砌石结构有无勾缝脱落、裂缝、渗水、松动、隆起、底部淘空、垫层散失等现象；

4.砌石、混凝土墩、墙有无沉陷、倾斜、滑动；

5.排水设施有无堵塞、损坏、失效；

6.混凝土结构有无人为、机械损坏、剥蚀、露筋、风化、碳化等；

7.混凝土结构、钢筋混凝土管道是否有裂缝、渗水；

8.伸缩缝与止水是否损坏、渗漏；

9.工程水下部位有无淤积、冲刷、剥蚀损坏等；

10.屋面、地下室有否渗漏、墙面裂缝，内外墙涂料、贴面有无剥落，房屋设施有无损坏；

11.金属管道、管壁内外部分及钢支承构件有无锈蚀；

12.每年一次对外露的金属结构应油漆；

13.每年一次对室外栏杆、扶梯、平台、爬梯等设施油漆，室内设施油漆周期为每二年一次；

14.每年一次清除大型轴流泵和混流泵的进出水流道过流壁面附着水生物和沉积物；

15.水尺高程每两年应"水准测量"校核一次，若高程与读数之间误差大于 10 mm，水尺必须重新安装。

3 管道及其附属设施日常维修养护技术标准

3.1 管道

管道日常维修养护项目具体内容如下：

1.应每年对管线钢制外露部分进行油漆；

2.应每两年做全线的停水检修，测定管内淤泥的沉积情况、沉降缝（伸缩缝）变化情况、水生物（贝类）繁殖情况；

3.在冬季来临之前，应检查与完善明敷管或浅埋管道的防冻保护措施；

4.河床受冲刷的地区，每年应检查一次水下穿越管处河岸护坡、河底防冲刷底板的情况。

3.2 管道阀门

管道阀门包括蝶阀、闸阀、半球阀、调流调压阀、泄压阀、过滤器和空气阀。除以下条款另有规定外，每月应对管道阀门进行一次日常维修养护，包括以下内容：

3.2.1 蝶阀（或电动蝶阀）的日常维修养护

1.检查阀体和连接部位是否渗漏，并进行简单处理；

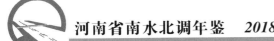

2.将平时常开或常闭的阀门转动1~2圈或做1次升降试验;

3.清扫与检查配电装置;

4.每年一次,阀杆和螺栓涂抹润滑脂;

5.每年一次,检修阀门阀杆与密封件;

6.每年一次,检查、整修电控箱内电气与自控元器件;

7.每年一次,加注或更换齿轮箱润滑油;

8.每年一次,检查、调整行程与过力矩保护装置。行程指示必须准确,过力矩保护机构必须动作灵敏,保护可靠;

9.每年一次,启闭阀门;

10.每年一次,阀体除锈喷漆。

3.2.2 闸阀的日常维修养护

1.检查阀体和连接部位是否渗漏,并进行简单处理;

2.将平时常开或常闭的阀门转动1~2圈或做1次升降试验;

3.阀杆和螺栓涂抹润滑脂;

4.每年一次,检查与更换阀门杆的填料密封;

5.每三年一次,检查、整修或更换阀门的密封件;

6.每三年一次,检查阀板的密闭性并调整阀板闭合的超行程,使密闭性达到产品技术要求;

7.每年一次,启闭阀门;

8.每年一次,阀体除锈喷漆。

3.2.3 偏心半球阀（或电动偏心半球阀）的日常维修养护

1.检查阀体和连接部位是否渗漏,并进行简单处理;

2.将平时常开或常闭的阀门转动1~2圈或做1次升降试验;

3.清扫与检查配电装置;

4.每年一次,阀杆和螺栓涂抹润滑脂;

5.每年一次,检查电控制箱内电气与自控元器件;

6.每年一次,加注或更换齿轮箱润滑油;

7.每年一次,检查、调整行程与过力矩保护装置。行程指示必须准确,过力矩保护机构必须动作灵敏,保护可靠;

8.每年一次,启闭阀门;

9.每年一次,阀体除锈喷漆。

3.2.4 调流调压阀（或调节阀）的日常维修养护

1.检查阀体和连接部位是否渗漏,并进行简单处理;

2.启闭三次;

3.清扫与检查配电装置;

4.每年一次,阀杆和螺栓涂抹润滑脂;

5.每年一次,检查电控制箱内电气与自控元器件;

6.每年一次,加注或更换齿轮箱润滑油;

7.每年一次,检查、调整行程与过力矩保护装置。行程指示必须准确,过力矩保护机构必须动作灵敏,保护可靠;

8.每年一次,阀体除锈喷漆。

3.2.5 泄压阀的日常维修养护

1.检查阀体和连接部位是否渗漏,并进行简单处理;

2.每年一次,螺栓涂抹润滑脂;

3.每年一次,阀体除锈喷漆。

3.2.6 空气阀的日常维修养护

1.检查阀体和连接部位是否渗漏,并进行简单处理;

2.清除排气口处的污垢、杂草等;

3.每年一次,阀体除锈喷漆;

4.每年一次,清除阀体内的污垢;

5.每年一次,检查排气阀的排气性能;

6.每年一次,螺栓涂抹润滑脂。

3.2.7 过滤器的日常维修养护

1.检查阀体和连接部位是否渗漏,并进行简单处理;

2.每年一次,螺栓涂抹润滑脂;

3.每年一次,检查并及时更换滤芯上的不锈钢钢丝网;

4.每年一次,阀体除锈喷漆;

5.每年一次，清除过滤芯内的杂质。

3.2.8 伸缩器的日常维修养护

1.检查阀体和连接部位是否渗漏，并进行简单处理；

2.擦除密封圈处的污垢；

3.每年一次，螺栓涂抹润滑脂；

4.每年一次，伸缩器除锈喷漆。

4 管理处所、现地管理房设备的日常维修养护

管理处所、现地管理房设备的维护与检修参照泵站设备及管道阀门维护与检修标准执行。

河南省南水北调受水区供水配套工程运行管理稽察办法（试行）

2017年7月28日

豫调办监〔2017〕18号

第一章 总 则

第一条 依据《河南省南水北调配套工程供用水和设施保护管理办法》（河南省人民政府令第176号）和《关于印发〈河南省南水北调受水区供水配套工程运行监管实施办法（试行）〉的通知》（豫调办〔2016〕69号）及有关规定，为客观、公正、高效地开展河南省南水北调受水区供水配套工程（以下简称"配套工程"）运行管理稽察工作，制定本办法。

第二条 本办法适用于配套工程输水管线、泵站、沿线构筑物（含设备）、自动化调度系统及配电设施等运行管理的稽察工作。

第三条 配套工程运行管理稽察的基本任务是依据国家有关法律、法规、规程规范、技术标准和河南省南水北调办有关工程运行管理的规章制度，对配套工程输水管线、泵站、沿线构筑物（含设备）、自动化调度系统及配电设施等运行管理工作进行稽察。

第四条 有关省辖市、省直管县（市）南水北调办事机构应对配套工程运行管理稽察工作给予协助和支持。被稽察单位应配合省南水北调办组织的稽察工作。

第二章 机构、人员及职责

第五条 省南水北调办负责配套工程运行管理的稽察工作。其主要职责是：

（一）制定与配套工程运行管理稽察工作有关的规章制度；

（二）制定配套工程运行管理年度稽察计划；

（三）组织并开展配套工程运行管理的稽察工作；

（四）组织对配套工程运行管理中发现的违规问题的专项调查；

（五）负责对稽察组的稽察报告进行审核；

（六）负责督促稽察整改意见的落实；

（七）负责稽察人员的管理。

第六条 配套工程运行管理稽察工作实行稽察组组长负责制，稽察组由组长、若干稽察专家和工作人员组成。稽察组组长的主要职责是：

（一）全面负责配套工程运行管理的稽察工作；

（二）以书面形式及时向省南水北调办提交稽察报告，并对稽察报告负责；

（三）提出整改意见和建议；

（四）完成省南水北调办交办的与稽察工作有关的其他任务。

第七条 稽察组组长由省南水北调办在稽察通知书中予以确认。稽察组组长应具备下列条件：

（一）熟悉国家有关法律、法规、政策、规章和行业技术标准，以及配套工程运行管理的有关规定；

（二）具有较强的组织管理、综合分析和判断能力；

（三）坚持原则，清正廉洁，忠于职守，自觉维护国家利益；

（四）具有高级专业技术职称（或处级及以上行政职务）。

第八条 稽察人员执行稽察任务时遵循回避原则，稽察人员不得在被稽察单位及其相关单位兼职。

第三章　稽察工作范围

第九条 稽察人员依照本办法的规定，按照国家有关法律、法规、规章和技术标准，以及南水北调工程的有关规定等，对配套工程运行管理工作进行稽察。

第十条 稽察范围包括：被稽察单位及人员制度制定落实及管理情况；运行管理人员履职尽责情况；委托的配套工程运行管理机构合同履约情况；工程运行管理违规行为；工程养护缺陷和工程实体质量问题。

第十一条 工程运行管理违规行为稽察，主要是检查配套工程运行管理人员在工作中违反工程运行管理规程规范、规章制度的行为。

工程养护缺陷稽察主要是检查因维修养护缺失或运行管理不当造成工程设施、设备损坏，导致工程平稳运行存在隐患的问题。

工程实体质量问题稽察主要是检查在运行管理中发现的渗（漏）水、爆管、沉降变形、设备无法正常工作等处理情况。

第十二条 稽察对象为：参与配套工程运行管理工作的相关机构和人员。

第四章　稽察程序和方式

第十三条 省南水北调办负责编制年度运行管理稽察计划，在开展稽察前一周内下达稽察通知书。特殊情况下，也可以采取不告知的方式进行。

第十四条 稽察组根据稽察通知书和被稽察单位的有关情况，制定稽察实施方案或稽察工作提纲，报省南水北调办核准后，稽察组长率稽察组赴现场进行稽察。

第十五条 稽察结束，稽察组组长应就稽察情况与被稽察单位交换意见，通报稽察情况。

第十六条 稽察组组长应当在规定时间内向省南水北调办提出事实清楚、客观公正的稽察报告。

第十七条 稽察人员开展稽察工作，可以采取下列方法和手段：

（一）听取被稽察单位就有关运行管理情况的汇报，并可以提出询问；

（二）查阅有关文件、制度、记录、报表及其他资料，并可以要求有关单位和人员做出必要的说明，可以合法获取有关的文件、资料并进行查验、取证、询问；

（三）查看配套工程，检查工程养护缺陷和实体质量问题，必要时可以要求复检或指定第三方重新进行质量检测；

（四）对发现的问题可以延伸调查、取证和核实。

第十八条 稽察组组长在稽察工作中发现紧急情况，应立即向省南水北调办报告。

第五章　稽察报告编制

第十九条 稽察报告应包括以下内容：

（一）工程运行概况；

（二）工程运行管理情况；

（三）存在的主要问题；

（四）整改意见及建议；

（五）省南水北调办要求报告或稽察组组长认为有必要报告的其他内容。

专项稽察报告的内容根据专项稽察工作的具体任务和要求，由稽察组确定。

第二十条 稽察报告由稽察组组长签署报省南水北调办，由省南水北调办审核后依照程序下达整改意见通知书或稽察意见书。

第二十一条 针对工程运行管理存在的问

题，被稽察单位必须按照整改意见通知书的要求进行整改，并在规定的时间内将整改情况向省南水北调办报告。

第二十二条 对严重违反国家法律法规、配套工程运行管理有关技术标准和规定的行为，省南水北调办将根据情节轻重提出以下单项或多项处理建议：

（一）通报批评；

（二）建议有关部门追究主要责任人员的责任。

第二十三条 各有关省辖市（直管县市）南水北调办事机构负责对配套工程运行管理稽察整改意见的落实进行跟踪督促，省南水北调办将根据整改意见落实情况，适时组织稽察组进行复查。

第二十四条 稽察结束后，省南水北调办按照档案管理的要求建立稽察档案。

第六章 稽察人员、被稽察单位的权利和义务

第二十五条 稽察人员与被稽察单位是监督与被监督的关系。稽察人员不参与、不干预被稽察单位正常运行管理工作。

第二十六条 稽察人员依法执行公务受法律保护，任何组织和个人不得拒绝、阻碍稽察人员依法执行公务，不得打击报复稽察人员。

第二十七条 稽察人员可以采取本办法第十七条规定的方法和手段开展稽察工作。

第二十八条 稽察人员开展稽察工作，应履行以下义务：

（一）依法行使职责，坚持原则，秉公办事，自觉维护国家利益；

（二）深入现场，客观公正、实事求是地反映工程运行管理的情况和问题，认真完成稽察任务；

（三）自觉遵守廉洁自律的有关规定；

（四）保守国家机密和被稽察单位的商业秘密。

第二十九条 稽察人员有下列行为之一

的，解除聘任；视情节轻重，建议有关部门给予党纪、政纪处分；构成犯罪的，移交司法机关依法追究法律责任：

（一）对被稽察单位的重大问题隐匿不报，严重失职的；

（二）与被稽察单位串通，编造虚假稽察报告的；

（三）干预被稽察单位管理活动，致使被稽察单位的正常工作受到损害的；

（四）接受与被稽察单位有关的馈赠，参加有可能影响公正履行职责的宴请、娱乐、旅游等违纪活动，或者通过稽察工作为本人、亲友及他人谋取私利的。

第三十条 被稽察单位应按照省南水北调办的要求及时提供或报送有关文件、资料。

第三十一条 被稽察单位应积极协助稽察人员的工作，如实提供稽察工作所需要的文件、资料、数据、台账和报表，不得拒绝、隐匿和弄虚作假。

第三十二条 对稽察提出的问题，被稽察单位可以向稽察人员进行申辩；对整改或处理意见有异议的，可以向省南水北调办提出申诉。申诉期间，仍执行原整改或处理意见。

第三十三条 被稽察单位及有关单位发现稽察人员有本办法第二十九条所列行为时，有权向省南水北调办报告。

第三十四条 被稽察单位和人员有下列行为之一的，由省南水北调办建议有关方面对其单位主要负责人员和直接责任人员，给予党纪、政纪处分；构成犯罪的，移交司法机关依法追究法律责任：

（一）拒绝、阻碍稽察人员依法执行稽察任务或打击报复稽察人员的；

（二）拒绝或者无故拖延向稽察人员提供有关情况和资料，毁灭、隐匿、伪造有关证据和资料或者提供虚假情况和虚假证词的；

（三）可能影响稽察人员公正履行职责的其他行为。

第七章 附 则

第三十五条 本办法由河南省南水北调中线工程建设领导小组办公室负责解释。

第三十六条 本办法自颁布之日起施行。

河南省南水北调水政监察与行政执法制度（试行）

2017年10月30日

豫调办监〔2017〕33号

目 录

河南省南水北调水行政执法办案制度

第一条 根据《中华人民共和国水法》、《中华人民共和国行政处罚法》、《南水北调工程供用水管理条例》、《河南省南水北调配套工程供用水和设施保护管理办法》等法律法规规定，为提高办案质量和效率，规范南水北调行政执法行为，树立良好的南水北调行政执法形象，结合我省南水北调实际，制定本制度。

第二条 河南省南水北调水政监察支队及有关市（县）南水北调水政监察大队（以下简称全省各级南水北调水政监察机构）在我省区域从事南水北调行政执法办案活动，适用本制度。

第三条 省南水北调水政监察支队接受省水政监察总队的领导，负责对有关市（县）南水北调水政监察大队的执法办案情况进行业务指导和监督检查。

第四条 全省各级南水北调水政监察机构是我省南水北调行政执法的执行机构。

全省各级南水北调水政监察机构的水政监察队员是实施南水北调行政执法的具体执行人员。

第五条 南水北调水行政执法应当以事实为依据，以法律为准绳，做到事实清楚、证据确凿、程序合法、处罚适当。

第六条 南水北调水政监察队员在执行公务时，应当忠于职守，秉公执法，清正廉洁。

第七条 南水北调水行政执法办案时，水政监察人员不得少于两人，并应当向当事人或者有关人员出示南水北调行政执法证件。

第八条 南水北调水行政执法办案过程中，实行回避制度。

第九条 全省各级南水北调水政监察机构执法办案时，应使用省统一印发的行政执法文书。

第十条 全省各级南水北调水政监察机构接案并登记后，应及时调查，掌握基本案情。

对属于职权管辖范围内的水事违法案件应当立案调查。

对非职权管辖范围内的水事违法案件，移交有管辖权的部门处理。

第十一条 全省各级南水北调水政监察机构在职责范围内，对符合按一般程序处理的南水北调违法案件，按《中华人民共和国行政处罚法》及《河南省南水北调配套工程供用水和设施保护管理办法》的有关规定予以查处。

第十二条 发生在全省行政区域内的大案要案和疑难案件应报省南水北调水政监察支队，必要时省南水北调水政监察支队直接查处或督办。

第十三条 南水北调行政处罚罚没实行罚缴分离，票据应使用省财政部门统一印制的罚没收入票据。所有罚没收入均应缴入罚没指定专用账户。

第十四条 承办人在南水北调违法案件执行完毕后，要及时填报《水事违法案件结案审批表》，并附结案报告。

河南省南水北调水事案件查处操作规程

案件查处是指县级以上南水北调水政监察机构依据《中华人民共和国行政处罚法》和《河南省南水北调配套工程供用水和设施保护管理办法》的规定，对水事违法案件作出的处理或处罚。案件的查处适用简易程序或一般程序。

一、简易程序

1.适用范围

对违法事实确凿并有法定依据，对公民、法人或者其他组织处以警告的，可以当场作出行政处罚决定。

2.当场处罚应遵循的程序

（1）向当事人出示行政执法证件；（2）口头告知当事人违法事实、处罚理由和依据，并告知当事人依法享有陈述和申辩的权利；（3）听取当事人的陈述和申辩。对当事人提出的事实、理由和证据进行复核（当事人放弃陈述或者申辩权利的除外）；（4）填写预定格式、编有号码的水行政处罚决定书；（5）将水行政处罚决定书当场交当事人；（6）在5日内将水行政处罚决定报所属南水北调行政处罚机关备案。

二、一般程序

除可以当场作出的行政处罚外，发现有公民、法人或其他组织有其他应当给予行政处罚行为的，应当由不少于两名执法人员对其作出处罚决定。

1.受理

接到巡查发现、群众举报、上级督办、部门移交、媒体曝光、下级报送的水事违法线索，应当依法查处。受理工作应由专人负责，定期统计，受理举报的工作人员应当填写《举报（投诉）案件登记表》。

2.立案

水事违法案件的立案条件为：（1）具有违反有关南水北调法律法规事实的；（2）依照法律、法规规章应当给予行政处罚的；（3）属于南水北调水行政处罚机构管辖的；（4）违法行为未超过追究时效的。立案要填写《水事违法案件立案审批表》，内容包括：案由、案件来源、当事人、案件简要情况、承办人意见、承办机构审核意见、领导审批意见。

3.调查取证

调查是南水北调水政监察机构运用法律、

法规和规章规定的各种专门方法和有关措施，发现和收集证据，揭露和查明水事违法事实，查实水事违法行为人，并防止其逃避管理和处罚的活动。专门方法是指围绕案件事实而进行的各项调查工作，包括询问当事人、询问证人、勘验检查、鉴定以及提取其他证据等。有关措施是指为确保专门调查工作的顺利进行，所采取的行政强制措施，如查封、扣押、抽样取证、先行登记保存等措施。证据是指用来证明案件真实情况的一切事实。它包括书证，物证，证人证言，当事人陈述，勘验笔录、现场笔录，鉴定结论，视听资料、电子数据等。

询问笔录应包括以下要素：（1）何人，主要查清违法主体是谁（自然人、法人或者其他组织）及其基本情况。（2）何时，即违法行为发生的时间、持续进行的时间以及查处的时间。（3）何地，指违法行为发生的地点、位置。（4）何事，指构成何种违法行为。（5）何情节，指违法行为涉及的物品、违法所得和销售情况，违法的过程、手段等。（6）何故，指违法的原因、动机、目的。（7）何果，即造成了怎样的危害后果。

勘验笔录应包括以下要素：（1）案由；（2）勘验时间；（3）勘验地点；（4）勘验对象；（5）应邀参加人或见证人；（6）勘验人、记录人；（7）勘验情况记录。

4.告知

告知是指行政处罚机关在作出行政处罚决定之前，应当告知当事人作出行政处罚决定的事实、理由及依据，并告知当事人依法享有的权利。

告知的内容包括：（1）告知当事人其违法事实、对其给予行政处罚的理由和所依据的法律法规。（2）告知当事人其依法享有的陈述、申辩、申请复议、提起诉讼、请求行政赔偿等权利。

5.听证

听证是指行政机关在作出行政处罚决定前，由非本案调查人员主持，听取调查人员提

出当事人违法的事实、证据和行政处罚建议与法律依据，并听取当事人的陈述、举证、质证和申辩及意见，核实材料后作出行政决定的一种程序。

南水北调行政处罚机关作出对公民处以超过5000元、对法人或者其他组织处以超过50000元罚款等行政处罚之前，应当告知当事人有要求举行听证的权利；当事人要求听证的，南水北调行政处罚机关应当组织听证。

听证程序依照《中华人民共和国行政处罚法》的规定执行。

6.预先法律审核

水行政主管部门及其委托的组织按照一般程序实施的行政处罚案件，在作出处罚决定前，由本机关的法制机构对其合法性、适当性进行审核，并出具《水行政处罚案件法律审核意见书》。

7.处罚

案件调查终结，执法人员将调查结果和处理意见送交行政机关负责人进行审查，行政机关负责人或者负责人集体对调查结果进行充分、认真审查后，根据不同情况，分别作出决定，制作行政处罚决定书，报主管领导批准，及时送达当事人。

行政处罚决定书的主要内容包括：（1）当事人的姓名或者名称、地址；（2）违法的事实和证据；（3）行政处罚的种类和依据；（4）行政处罚的履行方式和期限；（5）不服行政处罚决定申请行政复议或者提起行政诉讼的途径和期限；（6）作出行政处罚决定的行政机关的名称和作出决定的日期。

行政处罚决定书是水行政主管部门作出行政处罚决定的书面形式，必须做到执法主体合法、事实表述清楚、法律依据正确、处罚内容适当、权利义务明确。行政处罚决定书必须盖有作出行政处罚决定的行政机关的印章。

8.送达

送达是指水行政主管部门依照法定的程序和方式将行政处罚决定书和其他有关法律文书

送交当事人的行为。它是行政处罚法律文书得以生效的必经程序，也是行政处罚决定发生法律效力的基本前提。

行政处罚法律文书送达的方式，包括直接送达、留置送达、委托送达、转交送达、邮寄送达、公告送达六种。

9.催告

行政机关作出强制执行决定前，应当事先催告当事人履行义务。催告应当以书面形式作出，并载明履行义务的期限、履行义务的方式；涉及金钱给付的，应当有明确的金额给付方式；当事人应当享有的陈述权和申辩权。

10.执行

行政处罚的执行，是指违法当事人对水行政主管部门依法作出的具体行政行为所设定的义务逾期不履行时，由作出该具体行政行为的水行政主管部门依法强制执行或申请人民法院强制执行，以迫使其履行义务。行政处罚的执行按照水利部《水行政处罚实施办法》之规定实施。

11.结案

承办人员在案件执行完毕后，应及时填写《水行政处罚案件结案报告》，经主管领导批准结案后，由承办人员将案件有关材料编目装订、立卷归档。

河南省南水北调水行政执法督察制度

第一条 为加强南水北调水行政执法工作，完善南水北调行政执法监督机制，保障和监督南水北调水行政执法人员依法行使职权、履行职责，保护行政相对人合法权益，防止和纠正不依法执法、不文明执法、不履行法定职责等行为，制定本制度。

第二条 本制度适用于对全省南水北调水行政执法机构及其执法人员从事南水北调水行政执法活动的行政督察。

各级南水北调水行政执法机构及其执法人员应当自觉接受督察机构及其督察人员对其依

法履行职责、行使职权和遵守执法纪律情况的督察。

第三条 河南省水政监察总队是南水北调水行政执法督察工作的职能部门，负责指导、协调全省南水北调水行政执法机构的督察工作。

第四条 各级南水北调水行政执法机构应配置南水北调水行政执法督察人员。督察人员受相应水行政执法机构的委托，承担本辖区南水北调水行政执法事务的督察工作，对南水北调水行政执法队伍和人员履行职责，行使职权、遵守法纪的情况依照本制度的规定进行督察。

第五条 督察人员必须参加省水政监察总队统一组织的督察人员岗位培训，经考试考核合格方可上岗。

督察人员开展工作必须坚持原则、忠于职守、秉公办事、遵守纪律、清正廉洁，依法履行职责、行使职权。

督察人员实行定期轮岗交流制度，督察岗位任职时间一般不超过3年。

第六条 督察方式

（一）专项督察。对重大案件或疑难案件进行专项督察。

（二）日常巡查。对执法人员和下一级执法督察人员依法履行职责、行使职权和遵守执法纪律情况进行督察。

第七条 督察范围

督察机构及其督察人员对南水北调水行政执法人员的下列执法行为进行督察：

（一）依法履行职责，行使职权的情况；

（二）重大水行政执法案件和投诉的处理情况；

（三）行政执法过错责任追究的落实情况；

（四）执法工作中其他需要督察的情况。

第八条 执行督察时，须出示督察证件。

第九条 督察人员可以通过录音、摄影和摄像等手段收集督察证据。

第十条 督察人员应当填写督察工作日

志，发现问题，及时提出处理建议。

第十一条 督察人员在督察中，发现南水北调水行政执法人员有下列行为时，应予以纠正。同时应填写《水行政执法督察建议书》，通知当事人所在单位。

（一）衣着不整，举止失当，有损南水北调水行政执法队伍形象的；

（二）在工作日饮酒，或出入洗浴、按摩、会所、舞厅、KTV包房等娱乐场所的；

（三）发现水事违法行为不纠正，或不依法实施行政处罚（处理），造成不良社会影响的；

（四）超越法定职责和职权，违法乱纪，造成不良社会影响的；

（五）执法野蛮、粗暴，造成不良社会影响的；

（六）徇私枉法、包庇纵容水事违法行为的；

（七）拒不执行有关办案回避制度的。

第十二条 当事人所在单位收到《水行政执法督察通知书》后，必须及时派员调查，查明问题，进行处理，组织整改，并将处理、整改情况反馈相关督察机构。

对有第十一条规定之行为，情节严重、性质恶劣、社会影响较大的执法人员，应取消其行政执法资格。

第十三条 责任追究

（一）有下列行为之一的，追究相关单位或个人的纪律责任：

1.阻挠督察机构及其督察人员按规定进行督察的；

2.隐瞒事实真相，伪造或毁灭证据的；

3.包庇违法违纪人员的；

4.打击报复督察人员或投诉人的；

5.其他严重妨碍督察工作的。

（二）督察机构及其督察人员有下列情形之一的，应当追究其责任，涉及违法犯罪的，移送司法部门处理。

1.督察工作不作为，导致执法工作中的违

规违纪行为未能及时纠正，造成不良社会影响的；

2.利用督察工作之便"吃拿卡要"，徇私舞弊，牟取私利的；

3.对举报的违法违纪行为，不调查、不报告、不处理的。

第十四条 申诉

（一）对督察机构认定的违纪事实有异议的，可在接到督察通知书、督察建议书之日起3个工作日内提出复核申请，督察机构应在5个工作日内作出复核决定。

（二）对督察机构复核决定不服的，可在收到复核决定书之日起5个工作日内向相关的执法机构提出申诉；接受申诉的执法机关应当在15个工作日内予以答复。

复核申请、申诉期间，督察决定不停止执行。但经过接受申诉的执法机关复核，认为原督察决定确属不当或错误的，作出督察决定的机构应当立即变更或撤销，并在适当范围内消除影响。

（三）对群众的投诉，经督察机构核查，证实反映的问题不实，已造成一定后果的，督察机构应当予以澄清，消除不良影响。

河南省南水北调重大水事违法案件挂牌督办制度

第一条 为加大对南水北调重大水事违法案件的查处力度，有效遏制南水北调水事违法行为，维护良好的南水北调水事秩序，根据有关法律法规，制定本制度。

第二条 南水北调重大水事违法案件挂牌督办，是指对严重违反水法律法规的水事违法案件，由上级南水北调主管部门提出明确要求，督促下级南水北调部门依法履行职责，限期完成案件查处任务的一种行政手段。

第三条 本制度适用于省南水北调办实施的挂牌督办。各市（县）南水北调部门实施挂牌督办，可参照执行。

第四条 省南水北调办对全省发生的南水北调重大水事违法案件进行挂牌督办，省南水北调水政监察支队负责挂牌督办具体工作。对案件有管辖权的市（县）南水北调部门为承办单位。

第五条 下列南水北调水事违法案件可作为省南水北调办挂牌督办案件：

（一）群众反映强烈、影响社会稳定的案件；

（二）严重违反水法律法规，案情复杂、性质恶劣、情节严重的案件；

（三）各地在执法工作中遇到较大干扰和阻力，工作难以开展的案件；

（四）经新闻媒体曝光并造成恶劣影响的案件；

（五）省级及省级以上党委、政府、人大、政协、国调办批转省南水北调办督办的案件；

（六）省南水北调办领导批示、批转的案件；

（七）其他需要挂牌督办的南水北调水事违法案件。

第六条 省南水北调水政监察支队从举报电话、举报信件、领导批办、媒体报道、执法检查中发现、有关市（县）南水北调部门上报等多种渠道获取案源或案件线索，经过筛选并调查核实后，对需要挂牌督办的案件提出拟挂牌督办的建议，报分管主任批准，列为省南水北调办挂牌督办案件；特别重大案件报主任批准。

第七条 省南水北调办对挂牌督办案件下达挂牌督办通知书，通知案件属地南水北调部门办理，必要时报请省南水北调办领导同意抄送当地人民政府。对特急督办案件，经请示分管主任同意后，可先由省南水北调水政监察支队负责人电话通知督办，督办通知书在5日内补发。

第八条 挂牌督办通知书应当载明承办单位、案件名称、违法主体、主要违法事实、督办要求、办结时限和联系人等内容。

第九条 对省南水北调办挂牌督办的案件，承办单位要实行领导负责制和案件主办人责任制。收到省南水北调办督办通知后，立即组织精干力量，采取有力措施，依法调查处理。部分疑难复杂案件和特殊案件，可向省南水北调办申请派出督导组协调、指导办案。

第十条 省南水北调办对挂牌督办案件进行全过程跟踪监督。省南水北调水政监察支队对督办案件指定专人负责，加强指导、督促和检查。督办通知书发出5日后，经办人员要向承办单位查询，落实办理人员和有关情况；在案件办理过程中，经常进行催办，了解案件办理进展情况。对重大案件，省南水北调水政监察支队可派督导组现场督办或参与调查取证。

第十一条 挂牌督办案件的办理期限由挂牌督办机关根据违法案件具体情况确定，承办单位要在督办通知书规定的时间内办理完毕。

挂牌督办的案件，不能在规定时限内办结的，承办单位应当提前15日向省南水北调办提出书面报告，经分管主任批准后可以适当延长办理时限，最多延长20日。

第十二条 在案件办理过程中，承办单位应及时向省南水北调办反馈案件办理进展情况，直至案件办理完毕为止。结案后10日内形成挂牌督办案件结案报告，并附相关材料报省南水北调办。

第十三条 省南水北调办在收到挂牌督办案件结案报告后，及时对案件办理情况进行审查，必要时可到现场进行核查。

第十四条 承办单位因各种原因，确实无力查处的，要向省南水北调办写出书面报告，详细报告已采取的措施、存在的困难和问题，需要省南水北调办协助的提出具体协助内容。

对特别重大案件和承办单位无力查办的案件，经分管主任批准，省南水北调水政监察支队可以直接进行查处，罚没收入或收取的行政事业性收费上交省级财政国库。

第十五条 承办单位存在下列情形的，由省南水北调办责令改正，拒不改正的，对承办单位进行通报批评，并依照有关规定追究有关领导和执法人员的行政责任。

（一）承办单位无故拖延、敷衍塞责或拒不办理的；

（二）不按挂牌督办要求办理的；

（三）未在督办期限内完成督办任务，且未书面申请延长办理期限的；

（四）不按照本制度要求报送案件进展情况和结案报告，或者报送情况弄虚作假的。

河南省南水北调重大水事案件行政处罚决定集体讨论制度

为正确贯彻实施《中华人民共和国水法》、《南水北调工程供用水管理条例》及《河南省南水北调配套工程供用水和设施保护管理办法》等水法律法规，确保全省南水北调配套工程范围内重大水事案件的合法、合规、及时查处，保障行政相对人的合法利益，维护正常的水事程序，有效地行使行政执法职能，根据《中华人民共和国行政处罚法》的规定，结合我省南水北调配套工程实际，制定本制度。

一、集体讨论决定制度的原则：

1.对各级水行政主管部门高度负责的原则。

2.对人民、对社会高度负责的原则。

3.以事实为依据，以法律、法规为准绳的原则。

二、需要集体讨论决定的范围：

1.对公民处以超过2000元、对法人或其他组织处以超过2万元罚款的案件。

2.对当事人的违法建筑需要做出限期拆除或立即拆除的案件。

3.情节复杂、重大的疑难案件和社会影响较大的案件。

4.执法人员之间有争议的案件。

5.责令停产停业的案件。

6.暂扣或吊销许可证的案件。

认为需要提交集体讨论决定的其他案件。

三、集体讨论决定由各级水行政主管部门法制机构负责人主持，水政监察机构负责人和案件具体承办人参加。集体讨论要制作书面记录，并存入案卷。

四、凡经集体讨论决定的案件，任何人不得随意改变决定，执法人员必须坚决执行。

河南省南水北调水政监察巡查制度

第一条 为及早预防、及时发现和制止南水北调配套工程水事违法行为和水事纠纷，结合我省南水北调配套工程实际，制定本制度。

第二条 本制度所称巡查，是指南水北调水政监察人员对南水北调配套工程有关设施开展的定期和不定期的检查活动。

第三条 水政监察巡查分为日常巡查、重点巡查和专项巡查。

日常巡查、重点巡查和专项巡查的具体范围由各级南水北调水政监察机构根据本地南水北调配套工程等的分布情况及重要程度分别确定。

第四条 水政监察巡查实行属地负责。

各市（县）南水北调水政监察大队负责本地南水北调配套工程的巡查。

第五条 南水北调水政监察巡查的主要内容：

（一）在配套工程保护范围内实施影响工程运行、危害工程安全和供水安全的爆破、打井、采矿、取土、采石、采砂、钻探、建房、建坟、挖塘、挖沟等行为；

（二）未征求南水北调配套工程管理单位意见，在南水北调配套工程管理和保护范围内建设桥梁、公路、铁路、管道、缆线、取水、排水等工程设施；

（三）擅自开启、关闭闸（阀）门或者私开口门，拦截抢占水资源；

（四）擅自移动、切割、打孔、砸撬、拆卸输水管涵；

（五）侵占、损毁或者擅自使用、操作专用输电线路、专用通信线路等设施；

（六）移动、覆盖、涂改、损毁标志物；

（七）侵占、损毁交通、通信、水文水质监测等其他设施；

（八）其他水事违法行为。

第六条　各市（县）南水北调水政监察大队日常巡查每周不得少于1次，重点范围的巡查每周不得少于2次。

省南水北调水政监察支队的抽查每半年不得少于1次；专项巡查不定期进行。

第七条　各级南水北调水政监察机构应制定年度巡查工作计划，确定不同阶段巡查工作方案，建立水政监察巡查登记制度。

各巡查单位在执行巡查任务前，应首先由水政监察队伍负责人确定巡查人员、路线、内容、方式等，执行巡查任务的人员每组不得少于2人，巡查时应携带执法证件、调查取证工具、通信工具和必要的法律文书等。巡查结束后，巡查人员应及时如实填写《巡查登记簿》，签名后交负责人签署意见备查。

第八条　巡查人员对在巡查过程中发现的问题，应分别不同情况予以处理：

（一）对有可能发生水事纠纷和水事违法行为的，应有针对性地开展南水北调水法规宣传教育；

（二）对正在发生的水事违法行为，应书面责令其立即停止水事违法行为；

（三）对正在发生和已经发生的水事违法行为，如违法事实清楚，情节轻微，依法可按简易程序处理的，应按简易程序当场作出处理决定；对不适合用简易程序处理的，应及时取证，开展必要的调查，按一般程序处理；对情况紧急，案情重大的，应立即报告。

第九条　对违反本制度，不按要求组织巡查，或在巡查过程中不负责任，漏查漏报或隐瞒不报，或不按规定处理，或徇私舞弊、滥用职权等造成不良后果和影响的，按南水北调水政监察责任制有关规定追究相应责任。

河南省南水北调水政监察与执法责任追究制度

第一条　为规范我省南水北调配套工程水政监察责任追究，保障和监督南水北调水政监察队伍有效实施水政监察工作，保护公民、法人和其他组织的合法权益，根据《水政监察工作章程》有关规定，制定本制度。

第二条　南水北调水政监察人员在行使执法职权中，由于故意或过失，违反国家法律、法规、规章，作出或导致作出错误的处理决定，给公民、法人或其他组织造成损失的，依照本制度的规定追究其行政责任。

第三条　责任追究应当坚持实事求是、有错必纠、责罚相当、教育与惩戒相结合和法律面前人人平等的原则。

第四条　有下列情形之一的，由水行政主管部门追究水政监察机构和有关责任人的责任：

（一）滥用行政职权、玩忽职守、徇私舞弊的；

（二）所办案件认定事实不清，主要证据不足的，违法实施处罚的；

（三）适用法律、法规、规章错误的；

（四）违反法定程序和法定期限的；

（五）处理结果显失公正的；

（六）依法应当作为而不作为，造成重大损失的；

（七）依法应当受理而不受理或依法不应受理而受理的；

（八）故意出具错误证明的；

（九）因实施具体行政行为不当，侵犯公民、法人和其他组织的合法权益造成损失的；

（十）坐支截留、贪污挪用规费资金的；

（十一）其他依法应追究执法责任的行为。

第五条　南水北调水政监察人员在南水北调水行政执法活动中有下列情形之一的，水政监察机构应当追究其责任：

（一）对当事人殴打、体罚、变相体罚、

侮辱人格以及唆使他人殴打、体罚、变相体罚、侮辱人格的；

（二）将罚款、没收的违法所得或财物据为己有、截留、私分或使用、故意损毁扣押的财物，给当事人造成损失，或收受索取财物的；

（三）刁难当事人或对抵制、检举、投诉其违法行为者打击报复的；

（四）擅自脱岗、失职、玩忽职守的；

（五）向案件当事人及其亲友或有关人员通风报信、泄露秘密或故意制造虚假证据、记录、勘验文书，故意或过失延误办案时间的；

（六）拒绝、阻挠行政执法监督检查人员执行公务的；

（七）擅自改变规费征收范围，提高或降低规费征收标准，越权减免规费或协议收费的；

（八）其他应当追究的行为。

第六条　在行政执法活动中，南水北调水政监察人员故意或过失执法造成严重后果的，按下列规定区分责任并确定责任人：

（一）承办人执法违法的，由承办人承担责任；

（二）由于审核人、审批人、听证主持人更改或授意更改事实、证据及承办人的意见造成执法违法的，分别由审核人、审批人、听证主持人承担责任；

（三）审核人、审批人未纠正承办人的执法违法行为，造成批准错误的，由审核人、审批人承担相应责任；

（四）南水北调水政监察机构负责人指使或授意承办人执法违法的，由该负责人承担主要责任，承办人承担次要责任，但承办人提出异议、该负责人仍坚持的，承办人不承担责任；

（五）对应当提请集体研究决定的重大案件不提请研究，并造成执法违法的，由承办人承担责任；

（六）集体研究决定造成执法违法的，由

主要负责人承担责任。

第七条　有下列情形之一的，应当从重追究水政监察人员的责任：

（一）水政监察人员主观故意违法，造成严重后果的；

（二）屡次发生错案和执法过错的；

（三）发生错案和执法过错后拒不改正，伪造、涂改、隐瞒、销毁证据或指使他人作伪证的；

（四）弄虚作假，隐瞒事实真相造成错案发生的。

第八条　对执法违法责任提起追究的依据是：

（一）经查证属实的公民、法人或其他组织对水政监察机构或其水政监察人员执法违法行为的投诉和举报；

（二）上级机关、本级人民政府对执法违法行为作出的决定或处理意见；

（三）上级机关或本级人民政府在日常行政执法监督检查中发现违法执法行为后形成的书面意见；

（四）人民法院对执法违法行为作出的终审判决或裁定。

第九条　水政监察机构和有关责任人执法违法行为，需经水行政机关的法制机构认定并提出处理建议，报本机关行政首长作出决定。

第十条　对执法违法的水政监察机构及水政监察人员的追究，应当根据违法行为的具体情况，按下列方式予以处理，可以单处或并处：

（一）责令检查；

（二）通报批评；

（三）责令赔偿损失；

（四）取消被评选先进资格；

（五）暂停行政执法活动，离岗学习；

（六）暂扣行政执法证件；

（七）吊销行政执法证件，调离执法岗位；

（八）行政处分；

（九）法律、法规、规章规定的其他处理

方式。

南水北调水政监察人员徇私舞弊、收受贿赂以及其他执法违法行为有犯罪嫌疑的，移送司法部门依法处理。

第十一条 南水北调水政监察人员在执法活动中因故意或重大过失给当事人造成损失的，依照《中华人民共和国国家赔偿法》的有关规定承担法律责任。

第十二条 对执法违法的水政监察机构或责任人作出的处理决定，需由处理机关将处理决定书面通知被处理的水政监察机构或责任人。

被处理的水政监察机构或责任人对处理决定不服的，可以向作出处理决定的机关或其上级行政机关提出申诉。申诉期间，不停止处理决定的执行。受理机关应在 30 日内按有关规定审查并作出书面答复，确有错误的，应予改正。

第十三条 处理机关应当在处理决定作出后 15 日内，将处理结果送上一级水行政机关备案。

河南省南水北调水政
监察人员学习培训制度

第一条 为了加强南水北调水政监察队伍建设，不断提高水政监察人员的业务素质和执法水平，结合我省南水北调实际，制定本制度。

第二条 各级南水北调水政监察人员都必须参加和接受南水北调水政监察业务知识和技能的培训，每年不少于 40 小时。

第三条 省南水北调水政监察支队负责指导全省南水北调水政监察人员业务培训工作，重点开展对各市（县）南水北调水政监察工作领导、大队长和水政监察业务骨干等培训。

市（县）南水北调水政监察机构负责本地南水北调水政监察人员的培训工作。

第四条 南水北调水政监察人员的培训内容包括：

1.法学基础知识、水法规、《南水北调工程供用水管理条例》、《河南省南水北调配套工程供用水和设施保护管理办法》等；

2.与水法规及《南水北调工程供用水管理条例》、《河南省南水北调配套工程供用水和设施保护管理办法》等有关法律、法规；

3.水政、水资源管理等基本知识；

4.水行政执法、行政复议与行政诉讼的基本知识；

5.执法文书的制作、应用及归档；

6.执法统计工作；

7.执法宣传工作；

8.水政监察人员应当具备的其他有关知识。

第五条 南水北调水政监察人员的学习培训以举办培训班为主，集中培训与自学相结合，同时各地可采取讲座、研讨、考察、以案释法等各种形式开展学习培训。

第六条 南水北调水政监察人员上岗前，必须进行岗前培训，经考试考核合格，持证上岗。

第七条 各级南水北调水政监察机构都要编制年度培训计划，年终要有培训工作总结。培训计划和培训工作总结应报上一级南水北调水政监察机构。

第八条 鼓励南水北调水政监察人员采用各种形式学习。

第九条 南水北调水政监察人员的培训、学习成绩，作为年度考核的重要内容和评先的条件之一。

第十条 各级南水北调工程管理单位应当保证水政监察人员培训专项经费的落实。

河南省南水北调水政
监察人员岗位职责

一、南水北调水政监察人员是各级南水北调水政监察机构行使行政执法权的代表，按照法律法规定，在辖区内开展南水北调配套工程水政监察工作。

二、全面了解南水北调水政监察工作的任务和职责，积极参加南水北调水政监察业务培训，熟练掌握南水北调法律法规和有关法律法规，不断提高自身业务素质和执法水平。

三、在南水北调水行政执法活动中敢于执法、善于执法、严格执法，坚持以事实为根据、以法律为准绳的原则，及时、准确、公正、客观地处理南水北调水事违法案件。

四、遵守工作纪律，服从组织安排，保守工作秘密。

五、严格按照执法程序办案，现场调查和询问笔录应详细、真实，不得伪造、篡改证据及相关材料。

六、工作认真负责，按照执法办案规定及时处理案件。

七、清正廉洁，不以权谋私，不参加影响公正办案的宴请和收受财物，案件当事人与本人有利害关系时，应主动向领导说明并提出回避。

八、执行公务时应当着装整洁、佩戴标志，主动出示证件，注意仪表，文明执法。

九、努力完成领导交办的其他工作。

河南省南水北调水政
监察人员考核和奖惩制度

第一条　为了加强南水北调水政监察队伍建设，提高南水北调水政监察人员素质和执法水平，充分发挥南水北调水政监察的作用，结合我省南水北调配套工程实际，制定本制度。

第二条　本制度适用于我省各级南水北调水政监察机构的水政监察人员。

第三条　各级南水北调水政监察机构依照管理权限，对南水北调水政监察人员的德、能、勤、绩、廉、学六个方面进行全面考核，重点考核工作成绩。

第四条　南水北调水政监察人员的考核分为平时考核与年度考核，平时考核作为年度考核的基础。

第五条　南水北调水政监察人员的年度考核结果分为优秀、称职、不称职三个等次，并作为奖惩、任免、续聘的主要依据。

第六条　年终考核为不称职的和不适宜继续从事南水北调水政监察工作的，应由聘任单位及时取消水政监察人员的资格，收回执法证件和标志。

第七条　对具备下列条件之一的南水北调水政监察人员应当给予表彰和奖励：

1.在年度考核中被评为优秀的；

2.忠于职守，积极工作，在宣传、贯彻南水北调法律法规和查处水事违法案件工作中成绩显著的；

3.在南水北调配套工程供用水和设施保护管理中成绩显著的；

4.在南水北调水政监察活动中，为单位和部门争得荣誉的；

5.爱护水政监察执法装备，节约国家资产成绩突出的；

6.有其他功绩应当给予表彰和奖励的。

第八条　凡有下列行为之一的，应当给予行政处分：

1.不履行职责，玩忽职守，贻误工作的；

2.不执行南水北调水政监察机构的决定和命令的；

3.滥用职权，徇私舞弊或越权执法，造成严重后果的；

4.违反法定程序，给当事人造成较大后果的；

5.工作散漫，仪表不整，酒后执法的；

6.将水政监察证件和其他执法证件转交他人使用的；

7.旷工或无正当理由逾期不归一年内累计超过15日的；

8.其他违反纪律的行为应当给予处分的。

河南省南水北调水政监察装备配置和使用管理规定

第一条 为保证南水北调配套工程水政监察工作的顺利进行，并保证水政监察装备处于良好的状态，结合我省南水北调配套工程实际，制定本规定。

第二条 南水北调配套工程水政监察装备是南水北调水政监察机构为南水北调配套工程行政执法需要而配备的专用装备，各级南水北调水政监察机构应当根据执法需要配置装备。

第三条 南水北调水政监察应当配置的装备包括：

1.交通工具：执法车辆等。

2.调查取证工具：摄像机、执法记录仪、照相机、勘察专用箱及幻灯与录放设备等。

3.通信器材：传真机、电话机、移动电话和对讲机等。

4.执法用品：水政监察证件、标志等。

5.办公设备：计算机、打印机、复印机等。

第四条 执法交通工具应标明"南水北调水政执法"字样。

第五条 水政监察装备应当专门用于水政监察执法，不得挪作他用。

第六条 水政监察装备应建立登记、使用、管理制度，并由水政监察机构指定专人使用和管理。

第七条 建立水政监察装备保养制度，按照不同装备的技术要求和使用情况，进行定期或不定期的保养，交通工具的维修应列入计划。

第八条 对水政监察装备使用管理成绩突出的单位和个人应给予奖励；对违反规定使用或保管不善致使装备损坏、丢失的责任人，除给予通报批评外，还应责令其作经济赔偿。

河南省南水北调水行政执法文书档案管理制度

第一条 为加强南水北调配套工程水行政执法文书档案的科学管理，充分发挥执法文书档案在南水北调水行政管理工作中的作用，结合我省南水北调配套工程实际，制定本制度。

第二条 执法文书档案管理工作是南水北调配套工程水行政执法工作的组成部分，是提高执法工作效率和工作质量的必要条件，是广大南水北调配套工程水政监察人员执法成果的结晶和执法行为的真实记录。

第三条 南水北调配套工程水行政执法文书档案是指在南水北调配套工程水政监察活动中形成的各种文书资料和与南水北调配套工程水政监察关系密切的有关执法文书资料（包括文字材料、图表、音像资料等）。

第四条 各级南水北调水政监察机构在执法工作中形成的全部文书档案均由本部门南水北调水政监察机构集中统一管理。

第五条 各南水北调水政监察机构应配备专职或兼职档案管理人员，负责执法文书档案的日常管理工作。

第六条 档案管理人员要刻苦钻研业务，接受上级档案管理业务培训，努力提高政治思想、专业知识和档案管理水平，以保证工作任务的顺利完成。

第七条 执法文书档案材料。

1.水事案件类：水事违法案件立案审批表、询问笔录、勘验笔录（现场勘验图）、现场检查笔录、证人证言、与本案有关的其他证据资料、责令停止水事违法行为通知书、水行政处罚听证告知书、水行政处罚事先告知书、水行政处罚案件法律审核意见书、水行政处罚决定书、送达回证、强制执行申请书、催告书、结案报告等。

2.行政复议类：行政复议申请书，行政复议受理、不予受理、限期补正通知书，行政复议申请人、被申请人提供的有关资料、证据、答辩状、申请人撤回复议申请书、行政复议裁定书、决定书、送达回证等。

3.行政诉讼类：起诉状、答辩状、代理词、与案件有关的材料证据、委托代理书、判决书等。

4.统计报表类：各种水行政执法统计报表、水政监察其他各类统计报表。

5.法规文件类：南水北调法规、规章，水法律、法规、规章，与水管理有关的规范性文件，与水政监察有关的决议、决定、指示、批复、通知等。

6.其他类：人民来信、来访记录及处理意见，水政监察活动中拍摄、收集的具有保存价值的照片、音像资料等。

第八条 执法文书档案的收集与归档

1.在每次执法活动完毕后，具体承办人员应及时将执法活动中形成的具有保存价值的文书资料交给档案管理人员归档。

2.归档的文书材料、资料等应当齐全、完整，具有保存价值。

3.档案管理人员在接收文书档案时，必须逐件查点清楚，对已接收的材料应根据类别、保存期限分别在档案目录册上登记，登记要准确、字体要工整。

第九条 执法文书档案的整理与保管

1.执法文书档案每半年整理一次，按照类别和时间顺序装订成册，填写案卷目录，以便检索和管理。

2.根据档案的数量和类别，配置相应的保管设备。

3.档案管理人员应经常检查档案，防止虫蛀、受潮、霉变、失火、失窃。

4.档案管理人员工作调动前应办好档案移交手续。

第十条 执法文书档案作用的发挥

1.档案管理人员应熟悉所藏档案的情况，主动了解本单位各项工作对档案的需要，积极做好提供服务工作。

2.为便于查找，档案管理人员应当编制档案总目录，并可根据实际情况配备必要的检索工具和参考资料。在进行档案著录工作时应结合本单位业务管理工作的现代化进程，逐步实现执法文书档案标准化、规范化和现代化。

3.因水政监察工作需要，可以查阅和调借归档的执法文书档案。上级、同级、下级部门及其他部门需调借档案，应经同级水政监察机构领导批准后方可办理借出手续，并按规定交还调借的档案，不得转借其他单位或其他人员使用。

4.档案管理人员应及时、准确地掌握执法文书档案资料的利用效果，不断改进工作。

河南省南水北调水行政执法统计工作制度

第一条 南水北调水行政执法统计工作是南水北调法制建设的一项重要基础工作，也是南水北调统计工作的重要组成部分。为适应南水北调水政监察规范化建设的需要，使南水北调水行政执法统计工作达到准确、及时、全面的要求，结合我省南水北调实际，制定本制度。

第二条 水行政执法统计的范围

南水北调水行政执法统计的范围包括：水政监察队伍基本情况统计、水事违法案件统计、水事纠纷案件统计、水事违法案件典型案例统计。

第三条 各级南水北调水政监察机构应由一名负责人分管执法统计工作，并确定一名熟悉法律、业务水平较高、工作认真的水政监察人员担任水行政执法统计人员。

第四条 统计报表的种类包括：《年度水事违法案件统计表》、《年度水事纠纷案件统计表》、《水政监察队伍基本情况统计表》、《水事违法案件典型案例统计表》等。

第五条 南水北调水行政执法统计表应准确、及时、全面，每年上报一次，各市（县）

报省的时间为当年12月10日前。

第六条 按照南水北调水政监察规范化建设的要求，建立省、市（县）水行政执法统计网络，配置电脑及其他统计工具，逐步实现统计工作现代化。

第七条 南水北调水行政执法统计员应相对稳定，无特殊情况不准随意调换。各级南水北调水政监察机构要支持水行政执法统计人员的工作。

第八条 建立南水北调水行政执法统计工作奖惩制度，对工作负责，业务熟练，对统计报表达到"准确、及时、全面"要求的统计人员给予奖励，并把统计工作列为各级南水北调水政监察机构工作实绩的考核内容。

第九条 建立南水北调水行政执法统计人员业务培训制度，凡新任统计员必须接受基础知识的培训。各级南水北调水政监察机构应定期召开统计工作会议，总结交流执法统计工作经验，不断提高统计工作水平。

河南省南水北调水政
监察人员年审制度

第一条 为进一步规范南水北调水政监察人员的执法行为，强化监督管理，树立良好的社会形象，结合我省南水北调实际，制定本制度。

第二条 水政监察人员的年审，是指对水政监察人员在本年度的工作情况、学习培训、文明执法、廉洁自律等情况进行的综合评定。

第三条 水政监察人员的年审必须客观、公正，其结果可作为奖惩、任免、续聘的主要依据。

第四条 水政监察人员的年审实行各市（县）南水北调水政监察机构提出意见，省南水北调水政监察机构审核备案的方法。

第五条 水政监察人员因执法过错受到错案责任追究的，取消本年度评先评优资格；连续两年因执法过错受到追究的，吊销执法证

件，取消执法资格。

第六条 水政监察人员每年应参加不少于40学时的专业知识培训，凡未参加年度学习培训或培训考核不合格的水政监察人员不予年审，暂收回其行政执法证件，暂停执法资格。

第七条 各市（县）南水北调水政监察机构充实、调整水政监察人员，必须经省南水北调水政监察机构审查备案。未经审查备案的不予办理执法证件，不得从事执法工作。

第八条 水政监察人员因退休、调离、解聘等原因不再从事执法工作的，应报省南水北调水政监察机构备案，并收回执法证件。

第九条 各市（县）水政监察机构主要负责人的任免，必须经省南水北调水政监察机构审核同意。未经审核同意的不予年审。

第十条 水政监察人员的年审工作安排在当年的12月份，年终考核不称职的不予年审。

河南省南水北调水行政
执法文书制作规范

第一章　总　则

第一条 为规范我省南水北调水行政执法行为，提高水行政执法文书制作水平，保障公民、法人和其他组织的合法权益，根据《中华人民共和国行政处罚法》、水利部《水行政处罚实施办法》和有关水法律、法规等规定，结合我省南水北调工作实际，制定本规范。

第二条 本规范规定的文书适用于监督检查、行政处罚等南水北调水行政执法文书的制作。

第三条 各级南水北调水政监察机构水行政执法文书要做到格式统一、内容完整、表述清楚、用语规范。

第二章　文书制作要求

第四条 南水北调水行政处罚机关制作文书时，应当按照规定的格式印制后填写。文书

填写应当使用黑色水笔，也可以按照规定的格式打印。

第五条　文书设定的栏目，应当逐项填写，签名和日期不得遗漏和随意修改。无需填写的，应当用斜线划去。文书中除编号和数量、技术数据、日期等必须使用阿拉伯数字的外，应当使用汉字。

第六条　文书中"案由"填写为"违法行为定性＋案"，例如：保护区内违章建房案。其中在立案和调查取证阶段文书中"案由"应当填写为："涉嫌违法行为定性＋案"，例如："涉嫌未经审批穿越施工案"。

第七条　下列法律文书应当编注案号：当场处罚决定书、水行政处罚审批表、水行政罚听证告知书、水行政处罚事先告知书、水行政处罚决定书、水事违法案件结案审批表。当场处罚决定书"案号"为"行政区划简称＋处罚机关简称＋简＋执法类别＋年份＋序号"。如许昌市禹州市南水北调办制作的文书，"案号"可编写为禹调简罚〔2017〕第1号。水行政处罚审批表、行政处罚事先告知书、水行政处罚决定书"案号"统一为"本级行政区划简称＋处罚机关简称＋执法类别＋年份＋序号"，如禹调罚〔2017〕第1号。

第八条　文书中当事人情况应当按如下要求填写：（一）根据案件情况确定"个人"或者"单位"。（二）当事人为个人的，应填写姓名、性别、年龄、民族、住址、联系电话等内容，其中姓名应填写身份证或户口簿上的姓名，住址应填写常住地址或居住地址，"年龄"应以公历周岁为准。（三）当事人为法人或者其他组织的，应填写单位全称、地址、联系电话、法定代表人（负责人）姓名、性别、民族、职务等事项，并应与工商登记注册或机构法人代码信息一致。

第九条　文书中"案件来源"分为：巡查发现、群众举报、上级督办、部门移交、媒体曝光五类。

第十条　笔录文书分为：询问笔录、现场检查（勘验）笔录、听证笔录等文书。

第十一条　询问笔录应当记录被询问人提供的与案件有关的全部情况，包括案件发生的时间、地点、情形、事实经过、因果关系及后果等。询问时应当有两名以上执法人员在场，并做到一个被询问人一份笔录，一问一答。询问人提出的问题，如被询问人不回答或者拒绝回答的，应当写明被询问人的态度，如"不回答"或者"沉默"等，并用括号标记。记录有遗漏或者有差错的，可以补充和修改，并由当事人在改动处签章或捺指印确认。询问笔录应当场交当事人阅读或者向当事人宣读，并由当事人逐页签字或盖章确认。当事人拒绝签字盖章或拒不到场的，执法人员应当在笔录中注明，并可以邀请在场的其他人员签字。

第十二条　现场检查（勘验）笔录是指南水北调水政监察人员对与涉嫌违法行为有关的占压情况、毁损情况、作案工具等进行检查或者勘验的文字图形记载和描述。需要绘制勘验图的，可另附纸。对现场绘制的勘验图、拍摄的照片和摄像、录音等资料应当在笔录中注明。

第十三条　听证笔录是指记录听证过程和内容的文书。"听证主持人"、"听证员"、"书记员"栏填写上述人员的姓名、工作单位及职务。"听证笔录"应当写明案件调查人员提出的违法事实、证据和处罚意见，当事人陈述、申辩的理由以及是否提供新的证据，证人证言、质证过程等内容。案件调查人员、当事人或其委托代理人应当在笔录上逐页签名并在尾页注明日期；证人应当在记录其证言之页签名。

第十四条　执法文书首页不够记录时，可以附纸记录，但应当注明页码，由相关人员签名并注明日期。

第十五条　文书中执法机构、处罚机关的审核或审批意见应表述明确，没有歧义。

第十六条　文书中注明加盖处罚机关印章的地方必须加盖印章，加盖印章应当清晰、端正，要"骑年盖月"。

第十七条　当场处罚决定书是指南水北调水政监察机构适用简易程序，现场作出处罚决定的文书。"违法事实"栏应当写明违法行为发生的时间、地点、违法行为的情节、性质、手段及危害后果等情况。"处罚依据及内容"栏应当写明作出处罚所依据的法律、法规的全称并具体到条、款、项、目；处罚内容应当具体、明确、清楚。

第十八条　水事违法案件立案审批表是指南水北调水政监察机构在办理一般程序案件中，用以履行报批立案手续的文书。"承办人"应有主办人和协办人，同时要写明涉嫌违反哪部法的第几条第几款，建议立案查处。"承办机构审核"为水政监察机构主要负责人的审核意见，并写明具体意见。

第十九条　查封（扣押）通知书是指南水北调水政监察机构在案件调查过程中，依照有关法律法规对有关涉嫌违法的物品采取强制措施，实施查封（扣押）的文书。查封（扣押）通知书应当写明当事人姓名或名称、查封（扣押）事由及法律依据、查封（扣押）物品基本情况、执法人员姓名、执法证件编号，并加盖处罚机关印章。查封（扣押）时，应当在相关物品、场所加贴封条，封条应当标明查封（扣押）日期，并加盖处罚机关印章。

第二十条　解除查封（扣押）通知书是指经南水北调水政监察机构调查核实，依法对查封（扣押）物品解除强制措施并告知当事人的文书。处罚机关在做出解除查封（扣押）决定时，视情况制作解除查封（扣押）的物品清单。解除查封（扣押）的物品要与查封（扣押）时的物品核对无误。对查封（扣押）物品部分解除时，清单应当写清解除查封（扣押）物品的具体情况。

第二十一条　责令改正通知书是指南水北调水政监察机构依据有关法律、法规的规定，责令违法行为人立即或在一定期限内纠正违法行为的文书。责令改正通知书应当写明具体的

法律依据和责令改正违法行为的时限。

第二十二条　行政处罚事先告知书是指南水北调水政监察机构在作出行政处罚决定前，告知当事人拟作出的行政处罚决定的事实、理由、依据以及当事人依法享有的权利的文书。处罚机关应当根据案件是否符合听证条件，决定适用一般案件文书或听证案件文书。行政处罚事先告知书应当写明当事人的违法事实、违反的法律条款、拟作出行政处罚的种类、幅度及法律依据，并告知当事人享有的陈述和申辩的权利、要求举行听证的权利及法定期限，并注明联系人、联系电话和行政处罚机关地址等。对违法事实的描述应当完整、明确、客观，不得使用结论性语言。

第二十三条　行政处罚听证会通知书是指南水北调水政监察机构决定举行听证会并向当事人告知听证会事项的文书。行政处罚听证会通知书中应当告知当事人举行听证会的时间、地点、方式（公开或不公开）、主持人的姓名、工作单位及职务以及可以申请回避和委托代理人等事项。

第二十四条　行政处罚听证会报告书是指听证会结束后，听证主持人向南水北调水政监察机构负责人报告听证会情况并提出案件处理意见的文书。"听证基本情况摘要"栏应当填写听证会的时间、地点、案由、听证参加人的基本情况、听证认定的事实、证据。"听证结论及处理意见"应当由听证人员根据听证情况，对拟作出的行政处罚决定的事实、理由、依据做出评判并提出倾向性处理意见。听证主持人向南水北调水政监察机构负责人提交报告书时，应当附听证笔录。

第二十五条　水行政处罚案件法律审核意见书是指南水北调水政监察机构按照一般程序实施的水行政处罚案件，在作出处罚决定前，由水行政主管部门法制机构对其合法性、适当性进行审核，并提出书面处理意见。

第二十六条　行政处罚决定书是指南水北调水政监察机构依法适用一般程序，对当事人

作出行政处罚决定时使用的文书。对违法事实的描述应当全面、客观，阐明违法行为的基本事实，即何时、何地、何人、采取何种方式或手段、产生何种行为后果等；列举证据应当注意证据的证明力，对证据的作用和证据之间的关系进行说明。应当对当事人陈述申辩意见的采纳情况及理由予以说明；对经过听证程序的，文书中应当载明。作出处罚决定所依据的法律、法规、规章应当写明全称，列明适用的条、款、项、目。有从轻或者减轻情节，依法予以从轻或者减轻处罚的，应当写明。

第二十七条　送达回证是指南水北调水政监察机构将执法文书送达当事人的回执证明文书。需要交付当事人的外部文书，应当使用送达回证，由当事人签收，当事人不在也可由其同住的成年家属代收。送达可以采用直接送达、邮寄送达、留置送达等方式。送达回执，应写明受送达人、送达机关、送达文件名称及文号、送达地点等内容。在当事人拒绝签字而采用留置送达方式时，应在备注栏说明有关情况，并邀请见证人签字并注明日期。"送达单位"指南水北调水政监察机构；"送达人"指南水北调水政监察机构的执法人员；"受送达人"指案件当事人；"收件人"不是当事人时，应当在备注栏中注明其身份和与当事人的关系。

第二十八条　催告书是南水北调水政监察机构作出强制执行决定前事先催告当事人履行义务的一种文书。催告应当以书面形式作出，并载明履行义务的期限，履行义务的方式；涉及金钱给付的，应当有明确的金额给付方式；当事人应当享有的陈述权和申辩权。

第二十九条　行政处罚强制执行申请书是南水北调水政监察机构向人民法院提请行政强制执行时填写的文书。"申请执行内容"应当写明申请执行的事项，包括罚款数额、强制执行内容等。"附件"应当分项列明作为执行依据的《行政处罚决定书》、《送达回执》等，以及法院认为需要提供的其他相关材料。

第三十条　行政处罚结案报告是指案件终结后，水政监察人员报请南水北调水政监察机构负责人批准结案的文书。结案报告应当对案件的办理情况进行总结，对给予行政处罚的，写明处罚决定的内容及执行情况；不予行政处罚的应当写明理由；予以撤销案件的，写明撤销的理由。

第三章　文书归档及管理

第三十一条　一般程序案件应当按照一案一卷进行组卷；材料过多的，可一案多卷。

第三十二条　卷内文书材料应当齐全完整，无重份或多余材料。

第三十三条　案卷应当制作封面、卷内目录和备考表。封面题名应当由当事人和违法行为定性两部分组成，如关于×××无取水许可证取水案。卷内目录应当包括序号、题名、页号和备注等内容，按卷内文书材料排列顺序逐件填写。备考表应当填写卷中需要说明的情况，并由立卷人、检查人签名。

第三十四条　案件文书材料按照下列顺序整理归档：（一）案卷封面；（二）卷内目录；（三）行政处罚决定书；（四）立案审批表；（五）询问笔录、现场检查（勘验）笔录、抽样取证凭证、证据登记保存清单、登记物品处理通知书、查封（扣押）通知书、解除查封（扣押）通知书、鉴定意见等；（六）案件处理意见书、行政处罚事先告知书等；（七）行政处罚听证会通知书、听证笔录、行政处罚听证告知书等听证文书；（八）《水行政处罚案件法律审核意见书》；（九）《催告书》；（十）执行的票据等材料；（十一）罚没物品处理记录等；（十二）送达回证等其他有关材料；（十三）行政处罚结案报告。

第三十五条　不能随文书装订立卷的录音、录像等证据材料应当放入证据袋中，并注明录制内容、数量、时间、地点、制作人等，随卷归档。

第三十六条 当事人申请行政复议和提起行政诉讼或者行政机关申请人民法院强制执行的案卷一并归档。

第三十七条 卷内文件材料应当用阿拉伯数字从"1"开始依次用页码器编写页号；页号编写在有字迹页面正面的右上角；大张材料折叠后应当在有字迹页面的右上角编写页号；A4横印材料应当字头朝装订线摆放好再编写页号。

第三十八条 案卷装订前要做好文书材料的检查。文书材料上的订书钉等金属物应当去掉。对破损的文书材料应当进行修补或复制。小页纸应当用A4纸托底粘贴。纸张大于卷面的材料，应当按卷宗大小先对折再向外折叠。对字迹难以辨认的材料，应当附上抄件。

第三十九条 案卷应当整齐美观固定，不松散、不压字迹、不掉页、便于翻阅。

第四十条 办案人员完成立卷后，应当及时向档案室移交，进行归档。

第四十一条 案卷归档，不得私自增加或者抽取案卷材料，不得修改案卷内容。

第四十二条 本规范由河南省南水北调水政监察支队负责解释。

河南省南水北调水行政处罚裁量标准适用规则

第一条 为全面推进依法行政，规范我省南水北调水行政处罚裁量权的行使，促进南水北调水行政处罚行为公平、公正，保障公民、法人和其他组织的合法权益，根据《河南省人民政府关于规范行政处罚裁量权的若干意见》的有关规定，制定本规则。

第二条 各级南水北调水政监察机构实施行政处罚，应当坚持处罚法定、公正公开、处罚与教育相结合、保障当事人权利等项原则，合理行使南水北调水行政处罚裁量权。

第三条 各级南水北调水政监察机构实施《河南省南水北调水行政处罚裁量标准适用规则》，应当贯彻执行相关法律、法规、规章的规定，并遵循下列要求：

（一）在法律、法规、规章规定的范围内适用行政处罚裁量标准，不得超越。

（二）必须符合法律、法规、规章的立法目的和宗旨；排除不相关因素的干扰；所采取的措施和手段应当必要、适当；可以采取两种以上方式实现行政管理目的的，应当避免采取损害当事人权益的方式。

（三）当事人有下列情形之一的，依法不予行政处罚：不满14周岁的人有违法行为的；精神病人在不能辨认或者不能控制自己行为时有违法行为的；违法行为轻微并及时纠正、没有造成危害后果的；违法行为在两年内未被发现的；其他依法不予行政处罚的。

（四）已满14周岁不满18周岁的人有违法行为的；主动消除或者减轻违法行为危害后果的；受他人胁迫有违法行为的；配合行政机关查处违法行为有立功表现的。可以依法适用从轻或者减轻的处罚标准。

（五）违法行为情节恶劣、危害后果较重的；不听劝阻、继续实施违法行为的；在共同实施违法行为中起主要作用的；多次实施违法行为、屡教不改的；采取的行为足以妨碍执法人员查处违法案件的；隐匿、销毁违法证据的。可以依法适用从重的处罚标准。

（六）违法行为给公共安全、人身健康和生命财产安全、生态环境保护造成严重危害的；扰乱社会管理秩序、市场经济秩序造成严重危害后果的；胁迫、诱骗他人实施违法行为情节严重的；打击报复报案人、控告人、举报人、证人、鉴定人有危害后果的；在发生自然灾害、突发公共事件情况下实施违法行为的。可以在法定量罚幅度内适用最高限的处罚标准。当事人涉嫌犯罪的，应当移送司法机关。

（七）各级南水北调水政监察机构对于违法情节、性质、事实、社会危害程度基本相同的违法行为，应当给予基本相同的行政处罚。

第四条 法律、法规、规章规定可以单处

也可以并处的，违法行为事实、性质、情节和社会危害程度较轻的适用单处，违法行为事实、性质、情节和社会危害程度较重的适用并处。

第五条 适用法律、法规、规章，应当遵循下列原则：

（一）上位法优于下位法；

（二）同一机关制定的法律、行政法规、地方性法规、规章，特别规定与一般规定不一致的，适用特别规定；

（三）同一机关制定的法律、行政法规、地方性法规、规章，新的规定与旧的规定不一致的，适用新的规定；

（四）法律、法规、规章规定的其他原则。

第六条 省南水北调水政监察机构对本机构、市（县）南水北调水政监察机构执行本规则及水行政处罚裁量标准、案件主办人制度、预先法律审核制度、裁量说明告知制度、案例指导制度的情况，定期进行检查，了解存在问题，纠正违法和不当行为。

河南省南水北调水行政
处罚预先法律审核制度

第一条 为规范我省南水北调水政监察机构的水行政处罚行为，促进水行政处罚合法、公平、公正，根据《中华人民共和国行政处罚法》、《河南省行政机关执法条例实施办法》和《河南省人民政府关于规范行政处罚裁量权的若干意见》的有关规定，制定本制度。

第二条 本制度所称南水北调水行政处罚案件预先法律审核，是指各级南水北调水政监察机构按照一般程序实施的水行政处罚案件在作出处罚决定前，由委托机关法制机构对其合法性、适当性进行审核，提出书面处理意见的内部监督制约制度。未经法律审核或者审核未通过不得作出处罚决定。

第三条 南水北调水政监察机构按照一般程序办理的南水北调水行政处罚案件，应当在调查终结之日，将案件材料和相关情况向委托机关法制机构提交。

依照简易程序实施的南水北调水行政处罚，可不经委托机关法制机构审核，应当由案件主办人负责审核，但在送达处罚决定书后，应抄送委托机关法制机构备案。

第四条 委托机关法制机构在收到南水北调水行政处罚案件和相关材料后，应当在7个工作日内审查完毕。因特殊情况需要延长期限的，应当经委托机关分管领导批准后延长，但延长期限不得超过3日。

第五条 委托机关法制机构对水行政处罚案件进行审核，主要包括以下内容：

（一）当事人的基本情况是否查清；

（二）违法行为是否超过追责时效；

（三）本机关对该案是否具有管辖权；

（四）事实是否清楚，证据是否确凿、充分，材料是否齐全；

（五）定性是否准确，适用法律、法规、规章是否正确；

（六）行政处罚是否适当；

（七）程序是否合法；

（八）其他依法应当审核的事项。

第六条 委托机关法制机构审核南水北调水行政处罚案件，以书面审核为主。必要时可以向当事人了解情况、听取陈述申辩，还可以会同办案机构深入调查取证。

第七条 委托机关法制机构对案件进行审核后，根据不同情况，提出相应的书面意见或建议：

（一）对事实清楚、证据确凿充分、定性准确、处罚适当、程序合法的，提出同意的意见；

（二）对违法行为不能成立的，提出不予行政处罚的建议，或者建议办案机构撤销案件；

（三）对事实不清、证据不足的，建议补充调查，并将案卷材料退回；

（四）对定性不准、适用法律不当的，提

出修正意见；

（五）对程序违法的，提出纠正意见；

（六）对超出本机关管辖范围的，提出移送意见；

（七）对违法行为轻微，依法可以不予行政处罚的，提出不予处罚意见；

（八）对重大、复杂案件，责令停产停业、吊销许可证的案件，较大数额罚款的案件，建议本机关负责人集体研究决定；

（九）对违法行为涉嫌犯罪的，提出移送司法机关的建议。

第八条 委托机关法制机构审核完毕，应当制作《水行政处罚案件法律审核意见书》一式二份，一份留存归档，一份连同案卷材料退回办案机构。

第九条 南水北调水政监察机构收到委托机关法制机构的《水行政处罚案件法律审核意见书》后，应当及时研究，对合法、合理的意见应当采纳。

第十条 南水北调水政监察机构对委托机关法制机构的审核意见或建议有异议的，可以提请委托机关法制机构复核；委托机关法制机构对疑难、争议问题，应当向政府法制机构或者有关监督机关咨询。

第十一条 水行政处罚案件经法律审核、委托机关领导批准后，由南水北调水政监察机构制作、送达《水行政处罚事先告知书》。

第十二条 水行政处罚案件需要举行听证的，按照《行政处罚法》的有关规定执行。

第十三条 各级南水北调水政监察机构的办案人员、审核人员、负责人的错案责任依照下列规定划分：

（一）执法人员当场作出的具体行政行为构成错案的，追究主办人员和执法人员的责任。

（二）经审核、批准作出的具体行政行为，由于案件承办人员的过错导致审核人员、批准人员失误发生错案的，追究承办人员的责任；由于审核人员的过错导致批准人员失误发生错案的，追究审核人员的责任；由于批准人员的过错发生错案的，追究批准人员的责任；承办人员、审核人员、批准人员均有过错发生的错案，同时追究承办人员、审核人员、批准人员的责任。

（三）经集体讨论作出具体行政行为发生错案的，作出决定的机关负责人员负主要责任，主张错误意见的其他人员负次要责任，主张正确意见的人员不负责任。

（四）因非法干预导致错案发生的，追究干预者的责任。

第十四条 受委托的各级南水北调水政监察机构或者其人员不按本制度报送案件进行审核，审批人员未经法律审核程序予以审批，致使案件处理错误的，由办案人员和审批人员共同承担执法过错责任。

河南省南水北调水行政处罚案件主办人制度

第一条 为提高我省南水北调行政执法水平，明确行政执法责任，促进行政处罚公平、公正，根据《中华人民共和国行政处罚法》、《河南省人民政府关于规范行政处罚裁量权的若干意见》的有关规定，制定本制度。

第二条 全省各级南水北调水政监察机构查处水事违法案件，适用本制度。

第三条 南水北调水行政处罚案件主办人制度，是指按照一般程序和简易程序办理南水北调水行政处罚案件，由南水北调水政监察机构在两名以上执法人员中确定一名执法人员担任主办人员，由其对案件质量承担主要责任，但是委托机关和相关人员并不免除相应法律责任的制度。

第四条 南水北调水行政处罚案件主办人员、协办人员由南水北调水政监察机构按本制度实行个案指定。

第五条 案件主办人员应当符合下列条件：

（一）具备良好的政治素质和职业道德，

爱岗敬业、忠于职守、勇于负责;

（二）依法取得行政执法资格;

（三）熟悉有关法律、法规、规章，具有较丰富的办案经验及相关业务知识;

（四）具有一定的组织、指挥、协调能力;

（五）身体健康。

第六条 有下列情形之一的，不得担任案件主办人员:

（一）尚在受记过、记大过、降级、撤职处分期间的;

（二）政治、业务素质不适合担任的;

（三）不符合本制度第五条规定的其他情形的。

第七条 各级南水北调水政监察机构查处案件时，案件主办人员可以履行下列职责:

（一）担任案件调查组组长;

（二）组织拟定案件调查方案和方法;

（三）根据调查工作进展临时采取合法、有效的调查取证措施;

（四）依照本机关的法定权限并根据法定程序，带领协办人员依法进行检查，收集相关证据;

（五）案件查证终结，负责组织撰写案件调查终结报告，提出具体处罚建议;

（六）符合法律、法规、规章规定的其他职责。

第八条 各级南水北调水政监察机构查处案件时，案件主办人员应当履行下列义务:

（一）负责办理立案报批手续;

（二）负责办理依法采取强制措施、证据登记保存报批手续;

（三）草拟水行政处罚决定书，连同案件材料按规定送委托机关法制机构审核;

（四）对委托机关领导、法制机构提出的意见及时组织实施;

（五）负责依法向当事人办理告知事项;

（六）听取并如实记录当事人的陈述、申辩;

（七）符合听证条件的案件，负责依法向当事人送达听证告知书;

（八）当事人要求听证的，参加听证，经委托机关或者听证主持人允许，向当事人提出违法的事实、证据、依据、情节以及社会危害程度，并进行质证、辩论;

（九）负责组织向当事人依法送达水行政处罚决定书;

（十）督促、教育当事人履行南水北调水行政处罚决定;

（十一）对当事人拒不履行水行政处罚决定的，负责在法定期限内办理申请人民法院强制执行事项;

（十二）负责所办案件执法文书的立卷;

（十三）所在（委托）机关交办相关事项。

第九条 案件主办人员对案件质量负主要责任，有下列行为之一，情节较轻的，取消其案件主办人员资格;情节严重的，除依法追究行政责任及赔偿责任外，调离行政执法岗位;涉嫌犯罪的移送司法机关:

（一）违反法定的行政处罚权限或者程序的;

（二）以伪造、逼供等非法手段获取证据或者隐瞒、销毁证据的;

（三）滥用职权、徇私枉法、玩忽职守、野蛮执法、打击报复或者故意放纵违法当事人的;

（四）利用职务上的便利，索取或者非法收受他人财物及服务的;

（五）违反罚缴分离规定，或者将收缴罚款据为己有的;

（六）违法实施检查或执行措施，给当事人造成人身、财产损害的;

（七）违反保密性规定，擅自泄露案情的;

（八）在规定办案期限内，因办案不力未能完成调查任务的;

（九）行政执法业务考试不及格的;

（十）有其他不适宜继续担任主办人员情形的。

第十条 下列情形，案件主办人员不承担

责任：

（一）所在（委托）机关未采纳合法、合理的行政处罚建议，导致案件被依法撤销的；

（二）认为上级的决定或者命令有错误，向上级提出改正或者撤销该决定或者命令的意见，上级不改变该决定或者命令，或者要求立即执行的；

（三）其他非因主办人员过错或者依法不承担责任的。

第十一条 案件主办人员同时具备下列情形的，可由本单位予以表彰或者奖励：

（一）圆满完成领导交办的年度工作任务的；

（二）在法定期限内的案件办结率达100%的；

（三）案件质量较优，年度内主办案件无事实不清、证据不足或者程序违法的；

（四）及时总结办案经验，创新执法方式，其经验或建议被上级机关推广的；

（五）案件调查组内部团结协作，严格遵守办案纪律的。

河南省南水北调水政监察支队日常工作制度

为进一步转变工作作风，提高工作效率，保证工作质量，以依法行政、服务群众、履行职责、维护良好的南水北调水事秩序为目标，结合我省南水北调工作实际，制定本制度。

工作制度

第一条 南水北调水政监察支队支队长负责支队的全面工作；常务副支队长协助支队长做好支队全面工作；领导班子成员实行分工负责制，对分管的工作要认真负责，不争功诿过。

第二条 副支队长按照分工，负责处理分管的工作，并及时向支队长汇报分管工作情况。受支队长委托，可代表支队长进行对外公务活动。

第三条 完成各项工作要做到，执行前有安排布置、执行中有检查督促、执行后有总结汇报，并作为年度考核和评优的依据。

第四条 在工作时间内不得办理与工作无关的事情，不准在办公室下棋、打牌、炒股、上网聊天等。

第五条 严格遵守工作纪律，按时上下班，不迟到、不早退，考勤情况作为年终评先评优的依据。

第六条 严格因公外出审批制度。支队主要负责人因公外出，或者在省内出差，报分管办领导审批，报综合处备案。副支队长以下人员因公外出，由支队主要负责人审批，支队工作人员因公外出须履行审批手续，并交考勤人员备案存查。

第七条 严格请销假制度。正常休假（婚假、产假、探亲假）按国家有关规定执行，公休假由个人填报休假计划，由支队领导结合工作实际统筹安排。

第八条 支队召开会议，要认真贯彻民主集中制原则，重大问题必须召开领导班子会议，集体讨论决定，做到集体领导、民主集中、个别酝酿、会议决定。

第九条 支队领导班子会议根据需要召开，一般由支队长主持，班子成员参加，必要时支队成员可列席会议；支队工作例会一般每月召开一次，特殊情况也可随时召开，会议由支队长主持，班子成员和支队成员参加。

学习制度

第十条 把加强理论学习、提高政治素养作为重要工作任务。坚持学习中国特色社会主义理论体系、习近平总书记系列重要讲话精神、"五位一体"总体部署和"四个全面"战略布局，坚定共产主义信仰和社会主义信念，始终在思想上政治上行动上同以习近平同志为核心的党中央保持高度一致。认真落实省南水北调办年度学习计划安排及专题教育内容，并抓好支队学习计划落实。

第十一条 加强业务学习，全面系统地学习《中华人民共和国水法》、《南水北调工程供用水管理条例》、《河南省南水北调配套工程供用水和设施保护管理办法》和《行政许可法》、《行政处罚法》、《行政诉讼法》、《行政复议法》等法律法规，不断提高业务水平。

第十二条　坚持以自学为主，不断增强学习的自觉性、针对性，支队领导班子成员要在学习上做好表率。

第十三条　抓好集中学习。集中学习以支队为单位组织，保证每周半天学习时间，原则上集中安排在每周五下午，若因特殊情况未能组织学习要及时补上。集中学习要认真组织、做好笔记，确保学习"时间、人员、内容、效果"四落实。

第十四条　坚持理论联系实际的学风，做到学以致用。以解决南水北调水政监察工作的实际需求为落脚点，着眼于新的实践和发展，运用所学理论，研究解决岗位工作中遇到的新情况、新问题。

第十五条　建立学习考评机制。支队领导要加强对全体队员学习的监督检查，采取平时检查与年度考评相结合的方法，考评结果作为年度评先奖优的重要依据。

管理制度

第十六条　支队财务报销严格执行省南水北调办有关财务审批制度，票据报销做到一事一报。

第十七条　公务接待工作经支队长批准，报办综合处统一办理，要厉行节约，认真落实公务接待的有关规定。

第十八条　支队配发、购置的固定资产和装备（照相机、摄像机、录音笔、电脑、传真机等）统一登记造册，并做好管理工作。保管使用人对支队的固定资产和装备要妥善保管，人为损坏或丢失，要照价赔偿。工作岗位变更，对本人使用的固定资产和装备，要办理移交手续。

第十九条　办公用品等统一购置发放，个人不得随意购买。

第二十条　支队水政监察档案（文字材料、图表、音像资料等）由支队指定专人负责管理，做到档案管理规范。

第二十一条　做好档案的保密和安全工作，凡因故意或过失造成案卷丢失、损坏、泄密的，追究当事人的责任。

第二十二条　借调档案须经支队长批准，方可办理借调手续，在规定期限内归还，不得转借和擅自复印。

第二十三条　收到公文，由专人分类、登记、加签，及时呈报支队领导批示，待领导批示后，需主管副支队长或各支队成员传阅的及时传阅，不得压文，处理完毕后由专人存档。

第二十四条　支队文函，按照职责分工草拟会签后，由支队长签发，专人填写发文登记。文件底稿一份、文件正文三份交专人存档。

第二十五条　档案管理工作人员岗位变更，要做好交接。

第二十六条　为了加强车辆管理，确保车况良好、合理使用，支队车辆由省南水北调办综合处统一管理和调度，不得公车私用。

第二十七条　支队印章由专人保管，各支队成员业务签章要经支队领导签批后办理，印章不得擅自使用或借用。

廉政建设制度

第二十八条　坚持《中国共产党廉洁自律准则》的高标准和《中国共产党纪律处分条例》、《中国共产党问责条例》《中国共产党监督条例》的硬约束，认真贯彻落实中央八项规定、省委省政府20条意见精神和省南水北调办10条实施细则，切实履行"一岗双责"。

第二十九条　树立艰苦奋斗、勤俭节约的良好风气，诚心为人民群众谋利益，为南水北调事业做贡献，吃苦在前、享受在后。

第三十条　杜绝行贿受贿，不得以任何理由挪用占用公款，不准赌博，工作期间不得喝酒，不得出入歌厅、会所、洗浴等娱乐场所。

第三十一条 严格执法、秉公办案，严禁在执法过程中"吃、拿、卡、要"，不得利用工作上的便利为他人、亲友及身边的人员谋取不正当利益。

第三十二条 在职期间不准经商，不准搞第二职业和从事有偿中介等活动。

河南省南水北调水政
监察执法人员文明执法用语规范

为规范我省南水北调行政执法行为，倡导文明执法，维护全省南水北调水政监察队伍形象，更好地促进依法行政，结合我省南水北调工作实际，制定本规范。

一、总体要求

在执法工作过程中，南水北调水政监察人员应牢记为民执法、依法执法、文明执法的理念，应使用文明用语化解矛盾、提高效率、推动工作，做到心态平和、语言文明、戒骄戒躁，保持平常心。对外协调"姿态低、态度诚、心态平"，接待下级和群众来访"笑脸迎、认真听、积极办"。

二、执法用语

1.亮明身份：你好！我们是xx省（市、县）南水北调水政监察支（大）队的执法人员。

2.出示证件：这是我们的执法证件，请您过目！

3.找被检查单位负责人：您好，我们是xx单位的，请问负责人是哪一位，在哪儿？

4.找被检查单位负责人了解情况：您好，我们想了解一下xx方面的情况，请您介绍一下，谢谢！

5.要求检查现场：请您带我们去现场检查一下，谢谢！

6.当查看被检查人有关手续后：对不起，耽误您的时间了，再见！

7.告知违法事项：你的xx行为违反了《xxx》中第xx条第xx款（项）关于xxx的规定，对你作出xx的处罚。

8.告知权利：你依法享有陈述、申辩和要求进行听证的权利。如需陈述和申辩，可现在对我们说明；如需进行听证，请在3个工作日内向我单位或上级xxx机关提出申请。

9.调查取证：为查清此次案情，我们需要对现场进行拍摄取证，并就xx事项向你进行询问，请予以配合且如实回答，你听清楚了吗？……

以上是调查询问笔录，请仔细核对一下，如果不识字我可以给你念一遍，如果和你说的一致，请在下列空白处签："以上笔录我已看过，和我所说一致。"并签上你的名字和时间。

10.请见证人作证：同志，请您见证我们依法进行的执法程序，谢谢！

11.请见证人在制作的文书上签字：请您核实，如果我们的取证无误，请签字，谢谢！

12.对方说的话没有听清时：对不起，我没有听清楚，请您再说一遍。

13.暂扣物品：为查清xx案情，xx是本案的证据，我们将依法对该物品进行登记保存，请予以配合，谢谢！……

这是《先行登记保存通知书》，请仔细核对，如无误请在这里签字，自你签字时候起7天内（不含节假日）到xxxx单位接受处理，具体地址是：xxxxxxxxx。如果超过期限，我们将对被扣物品依法处理。

14.进行处罚：这是对xx时候你在xx处的xx违法违章行为的《行政处罚决定书》，请你仔细核对。如无异议，请在决定书上签字，稍后请到xx银行缴纳罚款到政府指定的罚款专户账号：xxxxxxxxxx。

15.处罚争议：如果你对此次处罚有异议，可在接到《处罚决定书》当日起的60日内向省（市、县）水行政主管部门申请行政复议，或在3个月内向省（市、县）人民法院提起行政诉讼。

16.整改落实：你好！我们是xxxxx单位的执法人员，我单位在xx日给你下达的《整改通知书》上所列你的xx违法违规行为，在规定期限内没有改正，我们现将对你采取xx的措施。

17.警诫当事人改正错误：希望您以后增强守法意识，依法经营，不要再出现类似行为，谢谢！

18.属自己差错时：很对不起，刚才由于……原因造成错误，我马上为您改正，请您原谅。

19.当事人要求减免处罚时：很对不起，我们这是按……规定处理的，我们无权对您的违法行为减免处罚，请您谅解。

20.当遇到当事人请吃饭或送礼时：对不起，我们有河南省南水北调水政监察人员"十不准"规定的纪律，请您支持。

21.要求被检查人（单位）接受询问调查：请您带齐资料按时来xx（单位）接受询问调查，如有疑问，请拨打电话（预先告知）谢谢！

22.遇到不明真相的群众阻挠正常执法时：请大家冷静一下，我们是xx省（市、县）南水北调水政监察支（大）队的执法人员，我们现在正在依法执行公务，请大家配合我们的工作，如果你们对我们的执法有异议或其他问题，请直接向我们上级机关反映，我们上级机关是xx单位，谢谢！

三、接待用语

（一）电话接待

1.接打电话开头：您好，我是xx省（市、县）南水北调水政监察支（大）队。

2.接听值班投诉电话：您好，这里是xx省（市、县）南水北调水政监察支（大）队，请问有什么事吗？

3.记录值班投诉电话：请稍等，我记录一下，请讲。

4.应答值班投诉电话：您反映的问题我们已记录，请放心，我们会尽快处理好这件事，感谢您对我们南水北调水政监察工作的支持。

5.听不清（听不懂）对方说话：对不起，我听不清楚，请您再重复一遍好吗？

6.不能立即回答对方：对不起，这件事要请示（研究）一下，我们会尽快给您答复的。

7.对方要找的人不在：对不起，他不在，请稍后再打来（需要我转告吗?）。

8.对方打错电话：对不起，您打错了，我们是xx电话，再见。

9.通话完毕：再见（谢谢），麻烦了。

10.催办急事：这个事情很急，麻烦您抓紧时间给予办理，谢谢！

11.群众要求急办的事：好的，我一定会尽快（催促）处理。

12.群众对本人工作提出意见时：谢谢，我一定会注意改进。

13.当群众表示感谢时：没关系，这是我们应该做的。

14.当对方发脾气：请您先别急，有什么事慢慢说。

15.当群众提建议时：您提的建议很好，感谢您对我们工作的支持。

（二）来访接待

1.有人来访：（应先起立）您好，请问您有什么事，找哪位？

2.了解来意后：请坐（敬茶），请您谈谈详细情况（请问有资料吗？）

3.有特殊情况必须离开时：对不起，我离开一会儿，请您稍待片刻，我马上就回来。

4.当群众（当事人）办完事离开时：再见，请走好。

5.当群众（当事人）来访遇到开会时：对不起，我们正在开会，请您等一会或下次再来，好吗？

6.对方找错门了：对不起，我们这里没有这个人，需要我帮助吗？

7.对方要找的人不在：他有事外出，您有什么事需要我转告吗？

8.经办人不在：经办的同志不在，请留下联系电话号码或请您改日再来。

9.自己正在办理另一件事：对不起，我手

头上正有个急事要办，请您坐下稍等一会。

10.对方要办的事不属本部门管辖：对不起，您要办的事由xx部门负责，请您直接到那里联系，还有什么需要帮助的吗？

11.了解情况完毕：请留下姓名、联系电话，我们会尽快将处理结果通知您的。

四、执法忌语

1.称呼年纪大的人：老头儿、老太婆。

2.称呼妇女：长舌妇、泼妇。

3.称呼从农村来的人：乡下人、农村人。

4.称呼小孩：兔崽子、小孬子。

5.纠正违规人员时：喂，怎么还在这，还不快走？

6.纠正违规时对方一时没有反应：喂，你听到没有，聋了吗？

7.对方整改动作慢时：你想怎样，是不是东西不想要了？

8.对方违规拒不改正发生争吵或暂扣物品对方阻拦时：别不服气，今天就收拾你。

9.当对方因对执法依据不了解要求解释时：哪来那么多废话，就要扣你东西。

10.纠正违规行为，对方讨价还价时：我说不行就不行，别啰唆。

11.群众说自己执法态度不好时：我就这个态度，怎么样？你有本事就告我去，随你到哪告去。

12.警诫违规人时：下次再来，我可就对你不客气了。

13.向对方说服教育时：我们也不想管，领导要求的，没办法。

14.当对方没经同意进入办公室：你搞什么？没看到我正在忙吗？等我喊你再进来。

15.当事人没有带有关证件时：你没带东西，你跑来干什么？

16.当违规户对处罚的额度难以接受时：嫌多，你早干吗去了？

17.接听值班投诉电话：找哪个，有什么事快讲。

18.对方投诉举报说话过快：讲那么快，

你是不是不想让我记呀？

19.当对方电话咨询时：不知道，这不是我们管的，你找其他人去。

20.当对方打错电话时：神经病。

21.当群众要求举报的问题尽快处理时：你急什么急，你以为就为你一个人服务的？

22.当群众为举报某事再三打来电话时：怎么又是你？你烦不烦？我不是已经……

23.向对方耐心解释而又听不懂时：我都已经给你解释了，你弱智啊？怎么还听不懂？

24.当群众有意见时：我就这个样，你想怎样？

五、规范态度

1.工作耐心：在执法过程中，一定会碰到管理相对人故意拖延，或者情绪激动。这时候执法人员切忌焦躁，务必保持耐心，语言缓和、语气温和、语调平和。

2.调节矛盾：对于执法过程中发生言语冲突时，尽量避免使用误导性语言，或将矛盾转嫁，尽量在现场缓解矛盾，避免群众误解。

3.文明接待：在接待社会各界来电来访时，谨记耐心细致，言语斟酌。对于把握不准的政策、指示、精神，不能自以为是或曲解，对相对人回复可用："这件事我必须请示一下，请你耐心等我回复"等；解释相关法律法规、文件精神时，最好将相关条文熟记，避免引起误解；在接待后，对于需要回复的，应及早予以回复。

河南省南水北调水政 监察人员"十不准"规定

一、不准在执法过程中语言过激、情绪急躁、侮辱、殴打行政管理相对人。

二、不准着装不整、举止不雅、形象不佳从事执法活动。

三、不准利用行政执法权力泄私愤，吃拿卡要，参加有碍执法公正的宴请及其他娱乐活动。

四、不准酒后执法、酒后驾驶机动车辆。

五、不准参与黄、赌、毒活动。

六、不准在执行公务期间从事与本职工作无关的其他活动。

七、不准未取得执法资格的人员实施行政执法。

八、不准不按法定程序实施行政执法。

九、不准占用、挪用、损毁和私分执法过程中登记保存的物品和当事人的其他物品。

十、不准散发、传播有损形象和影响社会稳定的言论。

南阳市南水北调配套工程运行管理巡检进地影响处理办法

2017年9月7日
宛调水办字〔2017〕86号

第一章　总　则

第一条　为做好我市南水北调受水区供水配套工程巡视检查工作，维护沿线群众的合法权益，保障工程运行安全，根据《河南省南水北调受水区供水配套工程巡视检查管理办法（试行）》、《关于对河南省南水北调配套工程受水区运行管理巡检进地影响等有关问题的通知》以及国家、河南省有关规定，结合我市南水北调配套工程运行管理实际，制定本办法。

第二条　本办法所称运行管理巡检进地，是指巡视检查人员对配套工程输水管线、沿线构筑物等进行巡视检查活动时，因无法就近使用田间道路作业，需进行征迁安置的用地。

第三条　本办法适用于南阳市南水北调配套工程巡检进地影响处理工作。

第二章　组织管理

第四条　县级南水北调征迁安置主管部门负责本行政区域内运行管理巡检进地影响处理

工作的组织实施。

第五条　市南水北调办对县级南水北调征迁安置主管部门调查认定和实施工作进行监督管理。

第六条　县级南水北调征迁安置主管部门应当将本行政区域内的进地影响处理信息纳入配套工程运行管理档案内，并及时抄报市南水北调办备案。

第三章　调查认定

第七条　巡检用地线路每年复核确认1次，由县级南水北调征迁安置主管部门会同工程运行管理单位，结合工程巡查实际，确定每年巡检用地线路。

第八条　阀井、涵洞等构筑物无巡检道路的，按照就近接入田间道路的原则，规划配套工程输水管线巡检路线，确定运行管理巡检的用地影响范围即巡检线路长度。

第九条　巡检线路进地不再考虑修建路面、界桩等工程设施，影响用地的宽度暂按1.2m计列。

第十条　县级南水北调征迁安置主管部门根据确定的巡检用地线路核算巡检用地影响面积，相关方签字确认后，统一报市南水北调办认定。

第四章　具体实施

第十一条　市南水北调征迁安置主管部门根据确定的巡检用地影响面积，按照最新的价格水平补偿单价核算补偿费用并下达各县区征迁安置主管部门。

第十二条　县级征迁安置工作主管部门负责巡检用地影响补偿费用的组织兑付，并与有关集体经济组织签订用地协议。

第十三条　县级南水北调征迁安置主管部门应对工程运行管理巡检进地工作等进行广泛宣传，积极做好协调服务工作，加强安全管理；对被征地的调查、补偿、资金兑付等情况及时公示，接受群众监督。

第五章　附　则

第十四条　本办法由市南水北调办负责解释。

第十五条　本办法自发布之日起施行。

南阳市南水北调配套工程运行档案管理办法（试行）

2017年10月28日

宛调水办字〔2017〕117号

为加强配套工程运行档案资料的管理，规范管理程序，根据《河南省南水北调配套工程档案管理规定》和相关法律法规，结合我市配套工程运行管理的实际情况，制定本办法。

一、档案资料的管理

南阳市南水北调配套工程运行管理档案实行分类收集，统一管理，综合科负责档案资料的日常管理工作。

二、档案资料的归档分类

配套工程运行管理档案主要有公文、工程技术资料、经济合同、工程财务、行政管理及图片、声像资料实物等类别。档案资料应按国家有关规定进行统一分类、立卷、归档和存放。

三、档案资料的归档范围

（一）有关配套工程运行管理的来往公文。

（二）有关技术问题的审查、咨询意见。

（三）会议文件、记录、纪要、简报等。

（四）运行管理期间形成的工程技术材料：

1.招标文件、投标文件、合同及协议；

2.设计报告及图纸、施工组织设计；

3.工程维护及抢修涉及的施工方案、施工技术措施、施工计划、报表等文件；

4.建筑材料和中间产品的合格证、试验报告，混凝土、砂浆等配合比的试验报告；

5.施工测量记录、地质勘探资料，基础处理、隐蔽工程施工记录等材料；

6.工程管理质量、安全、事故及处理情况报告；

7.施工总结、技术总结、工程竣工图及竣工验收报告及质量评定等；

8.工程机械设备、仪器及引进的技术设备图纸等。

（五）工程价款结算等资料。

（六）声像资料归档范围：声像档案主要是运行管理过程中所形成的照片、录音、录像、光盘、硬盘等材料，声像资料应标注事由、时间、地点、人物、背景、作者等。

（七）运行管理过程中形成的其他资料：

1.运行管理期间管线巡查、人员值班、交接班情况，以及日常维护、专项维修养护及应急抢修工作产生的资料。

2.辖区内所有水情、水质、工程运行状态、水量信息等资料。

3.水费的确认和统计及收缴过程中形成的资料。

4.对可能危及工程安全和影响运行的重大问题而形成的《重大事项报告单》。

5.处理各种违法违规事件所产生的资料。

6.各种奖牌、奖杯等实物。

四、档案资料的收集整理

（一）档案资料由各科室（建管中心）按职责分别收集整理其职责范围内的文件、资料，工作完成后交综合科统一归档，归档材料份数不少于3份。

（二）文件材料的归档应在以下时间内完成：

1.文件资料应有经办科室或者经办人在次年3月底以前移交综合科归档；

2.南水北调科研或者工程建设档案，应在成果鉴定或者工程验收后两个月内移交综合科归档，周期过长的可以按形成阶段分期归档；

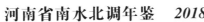

3.重要的工作会议、专业性技术会议和学术会议的有关材料，应由会议组织科室在会议结束后一个月内整理、立卷，并移交综合科归档；

4.带有密级的南水北调文件材料，应由经办科室随时形成随时移交综合科归档；

5.外出开会或者其他公务活动后，形成的需归档资料，应在公务结束后，及时交综合科归档；

6.综合科负责档案资料的登记、检查、整理、归档。

五、档案资料的保管

机关各科室（建管中心）按职责对其职责范围内的文件、资料进行保管，设置专人负责档案管理，并设立档案资料存放专柜，建立档案资料台账。综合科负责统一汇总后的档案资料的保管工作。档案资料存放在专用档案室的档案柜内，档案室环境及安全应当符合档案管理有关规定，确保档案的安全。管理人员应定期检查，发现问题及时汇报，无关人员不得进入档案室。

六、档案资料的借阅

（一）档案资料应严格借阅手续，确保档案的安全与保密。

（二）市办内部人员需要借阅档案资料时，须经科室负责人批准，并办理借阅登记手续，填写"借阅档案登记表"。

（三）外单位借阅档案必须持介绍信，注明借阅者的身份、利用档案目的，并经分管领导批准方可在档案室内现场查阅。

（四）内部借阅的档案资料应按规定的日期归还，一般借阅期限不超过一个月，否则需办理续借手续。

（五）档案资料未经批准不得进行翻录、复印。

（六）档案资料只限于借阅人使用，不得代他人借出或私自转借他人。

（七）档案管理人员应按规定对档案进行详细检查，核对无误的方可办理借出和归还手续。对借出资料进行定期检查催还，归还资料不符合要求的应及时向领导汇报，并予以追查、处理。

（八）工作人员调离本单位时，必须在其归还所借阅的档案资料后方可办理调离手续。

（九）档案资料借阅人应爱护档案，不得有拆卷、折叠、涂改、勾画、剪裁等各种损坏行为。

七、档案资料的统计

档案管理人员应建立档案收进和销毁记录，随时掌握档案数量。

八、档案资料的利用

配套工程运行管理的档案资料主要供南水北调配套工程建设和管理工作使用，不对外开放。

九、档案资料的销毁

（一）根据国家有关档案保管期限的规定，制定档案保管期限表，定期对档案进行鉴定，由分管领导组织，确定档案的存毁。

（二）对确定销毁的档案，编制销毁清册，经分管领导批准后，由两人以上工作人员到指定地点销毁，并在销毁清册上签字。

十、档案资料的移交

档案资料的移交按省南水北调建管局和市档案行政主管部门的有关规定执行。

十一、其他

档案管理人员因工作失职，或借阅人员因违反借阅规定，造成档案损毁、丢失、泄密的，由市南水北调办视情况给予行政处理，构成犯罪的依法追究法律责任。

十二、附则

（一）本办法自印发之日起实施。

（二）各有关县区南水北调办可参照本办法，并结合实际制订本县区配套工程运行档案管理实施细则。

南阳市南水北调配套工程
供水调度暂行规定（试行）

2017年11月1日
宛调水办字〔2017〕122号

第一章　总　则

第一条　为加强南阳市南水北调配套工程（以下简称配套工程）供水调度管理，保障工程安全、高效运行，依据《南水北调工程供用水管理条例》、《河南省南水北调配套工程供水调度暂行规定》等法律法规，结合工程实际，制定本办法。

第二条　本办法适用于南阳市区域配套工程所有输水工程的供水调度管理，包括供水调度职责划分、供水计划管理、水量计量管理、调度管理及信息共享管理等。

第三条　配套工程供水调度管理应遵循权责明晰、全程协调、同步操作、信息共享、安全高效的原则。

第四条　南阳市南水北调办公室建管中心负责南阳市中心城区范围配套工程供水调度管理工作；县南水北调办公室负责本区域内的配套工程供水调度管理工作。

第二章　供水调度职责

第五条　南阳市南水北调办公室供水调度职责：

（一）配合本级水行政主管部门编报年度供水计划，及时向省南水北调办公室报送辖区内配套工程月水量调度方案并组织实施，保障配套工程安全平稳运行；

（二）负责对河南省南水北调办公室调度中心的供水调度运行指令进行联动响应，实现南阳市范围配套工程、城市水厂（生态用水河道）与干线工程分水调度运行同步操作；

（三）负责配套工程现场水量计量管理工作，参与对辖区内干线工程分水口门、配套工程线路水量计量设备率定工作，及时报送供水水量数据；

（四）协调建立应急保障机制，制定辖区内配套工程水量调度应急预案，负责配套工程突发事件预警和应急联动分水调度管理；

（五）负责辖区内配套工程水量调度现场信息收集、整理、报送，保持供水调度通讯畅通，实现与省调度中心、受水区用水单位的信息共享；

（六）完成上级交办的其他供水调度工作。

第六条　南阳市南水北调办公室建管中心、县南水北调办公室供水调度职责：

（一）县南水北调办公室配合本级水行政主管部门、用水单位及时向市南水北调办公室编报年度供水计划、月水量调度方案，并组织实施，保障配套工程安全平稳运行；

（二）负责本区域配套工程对上级的供水调度运行指令进行联动响应；

（三）南阳市南水北调办公室建管中心负责南阳市中心城区配套工程现场水量计量管理工作，县南水北调办公室负责本区配套工程现场水量计量管理工作。建管中心、县南水北调办公室参与对辖区内干线工程分水口门、配套工程线路水量计量设备率定工作，及时报送供水水量数据；

（四）协调建立应急保障机制，制定辖区内配套工程水量调度应急预案，负责配套工程突发事件预警和应急联动分水调度管理；

（五）负责辖区内配套工程水量调度现场信息收集、整理、报送，保持供水调度通讯畅通，实现与上级部门、受水区用水单位的信息共享；

（六）完成上级交办的其他供水调度工作。

第三章　供水计划管理

第七条　县南水北调办公室根据本区用水

单位用水计划制定本区年用水计划、生态用水计划、月用水计划，制定本区配套工程的月水量调度方案，及时报市南水北调办公室。市南水北调办公室汇总后报省南水北调办公室。

第八条　市南水北调办公室负责南阳市中心城区用水单位签订供水合同；县南水北调办公室负责与本区用水单位签订供水合同，并按照合同约定的水量、时间、方式供水。

第九条　当受水区发生水量转让时，水量转让程序按照《河南省南水北调水量转让管理暂行办法》执行。县南水北调办公室负责与本级水行政管理部门协调本区域内水量转让指标、转让时间、方式等事宜，签订并履行转让合同。未经南水北调办公室许可，水量不得擅自进行转让。

第四章　水量计量管理

第十条　南阳市南水北调办公室建管中心负责南阳市中心城区配套工程水量计量管理，县南水北调办公室负责本区配套工程水量计量管理。

水量计量观测主要使用配套工程安装的水量计量设施设备，以配套工程管道末端水量计量设施处作为交水断面，进行水量计量，特殊条件下，也可采用受水水厂与配套工程管理单位双方商定的其他位置与方法进行水量计量。

配套工程水量计量设施设备由辖区南水北调办公室负责日常管理和定期维护，流量计仪表箱由本区南水北调办公室和受水区水厂双方代表共同现场加封或开启。观测的流量、水量数据应实时上传至省调度中心、市县南水北调办公室与受水水厂存储，并且定期现场抄表和打印，保证原始数据记录安全。

第十一条　各县南水北调办公室按要求，积极参与协调本区各分水口门、管道的水量计量设施设备率定工作。于每年10月30日前，对本区管道的水量计量设施设备进行率定。

第十二条　县南水北调办公室应会同受水水厂，对配套工程供水工程日供水量计量数据进行汇总统计，并于每月5日前编制上一月度的水量计量月报表，作为本区用水单位缴付水费的依据。

第五章　调度管理

第十三条　正常供水、生态补水的调度管理

市、县南水北调办公室按照各自的管理范围负责本区的用水调度管理工作，根据供水计划、上级批准的调度方案和上级下达的指令，确保供水安全运行。水量调度方案，无特殊情况不予调整。

第十四条　应急调度管理

市南水北调办公室与干线工程管理单位、市政府、市水行政管理部门；各县南水北调办公室与本区地方人民政府及其主管部门、受水区用水单位等共同建立供水调度应急联动机制，制定本区配套工程水量调度应急预案。

（一）市、县南水北调办公室应加强本区供水调度突发事件的监测预报和信息沟通，加强隐患排查和日常突发事件的预防工作，做好抢险救灾的物资、设备、机械等储备，定期对承担供水调度突发事件应急处置任务的现地员工和相关抢险救灾队伍进行培训和演练。

市、县南水北调办公室应根据供水调度突发事件监测信息和预测分析结果，对可能发生并达到预警程度的供水调度突发事件按规定上报，同时按配套工程的水量调度应急预案进行先期处置。

（二）配套工程供水调度突发事件应急处置措施包括：

1.保障供水调度自动化网络与电话通讯畅通，发生突发事件时应在30分钟内报告省调度中心、地方政府和相关用水户；

2.实行应急救援联动，集中应急处置力量，就近使用抢险救灾物资、设备和机械，组织进行突发事故救援。

（三）市、县南水北调办公室应明确专人负责供水调度突发事件的预防、预警和事故处置记录。突发事件处理完毕后，应将突发事件处理过程、结果和事故分析的详细原始记录进行整理、归档。

第六章　信息共享管理

第十五条　市、县南水北调办公室之间、县南水北调办公室与本区用水单位之间、市南水北调办公室与省南水北调办公室及干线管理单位之间应明确供水调度管理信息共享范围，建立重大供水调度管理信息报告制度，实现供水调度管理信息共享。

市、县南水北调办公室与用水单位之间、与上级单位及干线工程管理单位的重大供水调度管理信息均应采用书面函告方式，需紧急告知对方的重大供水调度管理信息，可先采用电话告知，随后应以书面方式函告。

第十六条　各级供水调度管理单位、受水区用水单位之间应健全供水调度信息共享安全管理制度，保障供水调度信息存储、交换和调用安全。

市、县南水北调办公室应妥善保管供水调度管理的各项原始数据记录和重要资料，由电子介质存储的应当及时备份，并进行纸质立卷归档。

第七章　附　则

第十七条　本办法由南阳市南水北调中线工程领导小组办公室负责解释。

第十八条　本办法自印发之日起施行。

南阳市南水北调配套工程维修养护管理办法（试行）

2017年11月1日
宛调水办字〔2017〕123号

第一章　总　则

第一条　为规范南阳市南水北调配套工程（以下简称配套工程）维修养护管理工作，建立职能清晰、权责明确的工程管理维修养护体制，确保工程安全运行，根据《南水北调工程供用水管理条例》、《南水北调试运行期工程管理维护办法》、《河南省南水北调受水区供水配套工程维修养护管理办法（试行）》等国家、河南省有关规定，制定本办法。

第二条　南阳市配套工程维修养护管理按照"管养分离"和"属地管理"的原则进行。

维修养护的实施应按照规范化、专业化的要求，本着"经常养护、随时维修、养重于修、修重于抢"的原则进行，明确工作方案，按计划组织实施。

第三条　南阳市南水北调办公室受河南省南水北调办公室委托，负责南阳市辖区内配套工程（包括输水线路及泵站工程等）维修养护管理工作。

县南水北调办公室负责本辖区配套工程维修养护管理。南阳市南水北调办公室建管中心负责南阳市中心城区配套工程维修养护管理。相关区南水北调办公室负责本辖区配套工程维修养护管理实施中的环境维护工作。

第四条　河南省南水北调办公室招标选定的维修养护项目承担单位（中州水务控股有限公司（联合体）河南省南水北调配套工程维修养护南阳基站）负责南阳市范围内配套工程维修养护的实施工作。

第二章　维修养护管理职责

第五条　南阳市南水北调办公室建管中心和各县南水北调办公室负责监督、督促辖区内的维修养护项目承担单位按照维修养护计划开展各项工作，并编制辖区内维修养护工作月报，包括本月维修养护工作计划和上月维修养护工作完成情况等，维修养护工作月报应及时上报市南水北调办公室。

各级维修养护管理单位（市、县南水北调办公室）应建立完善技术、经济、财务、合同、档案管理等方面管理制度，完善组织机构，具有管理维修养护所需的有关专业技术人员和管理人员，人员结构合理。

第六条　市、县南水北调办公室、维修养护项目承担单位在维修养护项目实施过程中应建立健全安全生产责任制，明确安全生产管理组织机构，编制相应的安全生产管理规定，落实人员，责任到人，采取有效措施，保证生产安全和人员安全。对涉及工程安全等紧急情况的，应在及时处理的同时将有关情况直接报送市、省南水北调办公室。

第七条　市南水北调办公室建管中心及各县南水北调办公室负责本区配套工程维修养护管理资料的整编归档工作，按照国家有关规定做好维修养护项目的档案管理工作。

维修养护项目承担单位应按照合同约定，做好维修养护资料的整编归档工作，在维修养护项目完成后按有关要求移交相关资料。

第三章　维修养护分类

第八条　配套工程维修养护中的日常维修养护、年度岁修和大修及更新改造等，应按照河南省南水北调办公室受水区供水配套工程维修养护管理办法（试行）要求进行。

第九条　维修养护项目分为日常维修养护项目、专项维修养护项目、应急抢险项目。

第四章　维修养护计划

第十条　维修养护项目承担单位应编制日常年度维修养护计划、专项维修养护计划、维修养护应急抢险项目应急预案。

第十一条　维修养护计划编制原则：

（一）维修养护计划编制应结合南阳市配套工程管理模式，结合维修养护项目特点，以有利于项目实施为原则，按照属地管理的地域或专业合理的划分实施单元。

（二）年度养护计划编制，应在工程普查、工程隐患监测、工程测量、观测资料整理分析的基础上，结合经常性检查、定期检查、特殊检查，并根据发展规划，确定维修养护项目和工程（工作）量。

（三）专项维修养护项目计划编制应遵循"实事求是、统筹兼顾、突出重点、确保安全"的原则。

第十二条　维修养护计划内容

维修养护计划的主要内容应包含（但不限于）：上年度计划执行情况的简要说明、本年度计划维修项目名称、项目位置、进度安排、实施方案、工程（工作）量、项目预算（包括各类预算表、编制说明和相关附件）、问题和建议等。

第十三条　维修养护计划的编、报程序及要求

维修养护项目承担单位在编制维修养护计划前应充分征求配套工程属地管理单位南水北调办公室的意见，经管理单位同意后进行编制，于每年10月底报省南水北调办公室审批，审批意见作为维修养护工作的依据。

第五章　维修养护的实施、管理

第十四条　对于日常维修养护项目采用固定总价合同方式。对于专项维修养护项目实行项目管理。对于应急抢险项目参照相应的应急

预案执行。

第十五条 日常维修养护实施、管理：

（一）维修养护项目承担单位应根据河南省南水北调办公室批复的年度维修养护工作计划及时编制南阳市各县（区）配套工程日常维修养护方案。严格按照方案实施维修养护。

（二）日常维修养护项目实施完成，按有关规定验收合格，经配套工程属地管理单位南水北调办公室审查后，报南阳市南水北调办计划建设科审核，上报河南省南水北调办公室审批。

第十六条 专项维修养护实施、管理：

（一）维修养护项目承担单位应选择具有相应资质的设计单位进行设计，并选择具有一定资质的监理单位实施项目监理。

（二）维修养护项目承担单位根据专项设计方案制定专项维修养护方案，编制预算，严格按照方案实施。

（三）专项维修养护项目实施完成，按有关规定验收合格，经配套工程属地管理单位南水北调办公室审查后，报南阳市南水北调办计划建设科审核，上报河南省南水北调办公室审批。

第十七条 应急抢险项目的实施、管理：

（一）应急抢险项目原则上由维修养护项目承担单位组织实施。维修养护项目承担单位应根据南阳市配套工程特点，预先编制维修养护应急抢险项目应急预案。

（二）应急抢险项目实施完成，按有关规定验收合格，经配套工程属地管理单位南水北调办公室审查后，报南阳市南水北调办计划建设科审核，上报河南省南水北调办公室审批。

第六章 监督、考核及奖惩

第十八条 南阳市南水北调办公室负责全市配套工程维修养护项目实施的监督检查工作，建管中心及相关县南水北调办公室负责本辖区内配套工程维修养护工作的监督检查工作。

市、县南水北调办公室应结合实际，制定工程维修养护工作考核管理制度，认真进行效果评估和考核，在维修养护管理工作中及时发现的问题责令维修养护项目承担单位及时整改，对于较严重的问题应上报河南省南水北调办公室。

第十九条 各级运行管理机构、维修养护项目承担单位以及有关人员因人为失误给维修养护工作造成损失时，按照国家有关法律、行政法规和规章，依法给予处罚；构成犯罪的，依法追究刑事责任。

第二十条 本办法自印发之日起执行，在实施的过程中，如存在什么问题，请及时反馈给南阳市南水北调办公室计划建设科。

许昌市南水北调办公室信息发布协调制度

2017年8月2日

许调办政务〔2017〕2号

第一条 为建立健全政务信息发布、协调机制，保证办公室发布的政府信息及时、准确、一致，依据《中华人民共和国政府信息公开条例》及其他有关法律、法规的规定，制定本制度。

第二条 办公室发布政务信息应当遵循及时、准确、一致、便民的原则，提高办事效率，提供优质服务。

第三条 建立健全新闻发布会制度，指定新闻发言人。对本部门发生的重大公共事件、预警信息以及其他需要公众及时知晓的政府信息，应当根据职责，通过新闻发布会或在政务公开网站及时发布政务信息。

第四条 充分发挥报刊、广播、电视、政府网站等媒体作用，及时、主动公开政务信息。

第五条 已经明确的内容，由责任科室负责制作并保存的信息，经办公室审查后进行公开。

第六条 法律、法规和本市有关规定对政务信息发布主题有明确具体规定的，从其规定。单位发布政务信息依照国家、省、市有关规定需要批准的，未经批准不得发布。

第七条 政务信息涉及两个以上机关的，公开该政务信息前，应当与所涉及的其他机关进行沟通、确认，保证公开的政务信息准确一致。

第八条 政务信息涉及两个以上机关，不同行政机关之间对是否公开的政务信息存在不同意见的，报请共同上一级行政机关或者政务信息公开主管部门依照法律、法规和本市有关规定决定。

第九条 对违反本制度公开信息，造成严重后果和不良社会影响的，依据《中华人民共和国政府信息公开条例》予以处理。

2017年8月2日

许昌市南水北调办公室电子政务管理工作制度

2017年9月12日

许调办政务〔2017〕6号

第一章　总　则

第一条 为加强和规范电子政务建设，促进信息共享，提高行政效能，深化政务公开，规范行政行为，强化行政监督，提升公共服务水平，促进职能转变和管理创新，制定本制度。

第二条 本制度所称电子政务，是指运用计算机、网络和通信等现代信息技术手段，将管理和服务通过网络技术进行集成，向政府内部和社会公众提供规范、透明、高效、便捷的行政管理和公共服务的活动。

第三条 电子政务建设与管理的主要任务包括：

（一）办公系统应用；

（二）政务信息公开；

（三）政务服务网建设；

（四）大数据平台建设；

（五）基础设施建设与安全保障。

第四条 电子政务建设以市南水北调办公系统、南水北调（微博、微信）等为依托，实行统一规划设计、统一基础支撑、统一数据归集、统一应用发布、统一安全管理。

第二章　机制体制建设

第五条 市南水北调信息化领导小组下设电子政务（教育数据管理）办公室（以下简称电子政务办），由分管领导主持，综合科总牵头，质量安全科、财务科、移民安置科、计划建设科等科室分工协作。

电子政务办具体负责推进、指导、协调、监督市本级电子政务建设与管理工作。

第六条 各职能科室明确专门人员，落实电子政务相关职责。

第七条 电子政务办按以下工作机制运作：

电子政务办每季度召开一次工作例会，进行工作进展情况总结与通报；每年定期完成上一年度工作总结与当年工作计划的编制，在向主要领导做好工作汇报的基础上，召开电子政务工作会议，专题部署年度电子政务工作。

电子政务办将接收的上级工作任务按照组成科室职责进行分派交办，协调督促承办部门在规定的期限内予以办理，办理结果按时报电子政务办和分管领导审核通过后上报，其中重大事项须经主要领导审核通过。

电子政务办视工作需要，随时召集各科室举行协调会，推动工作落实。承办部门遇有需多个科室配合的工作，可向电子政务办及分管领导提出申请，以电子政务办的名义及时召开协调会予以落实。

第三章　基础设施建设

第八条　电子政务的基础设施包括由市统一建设的网络基础设施、政务云平台、政务数据交换平台和政务资源目录平台等系列服务平台。

第四章　网上政务建设

第九条　网上政务体系以许昌水务网和官方微博微信等为载体构建。

第十条　综合科牵头完善市南水北调办公室政府信息公开目录体系和内容建设，做好政务咨询投诉举报平台的衔接、受理、分办、反馈，做好便民服务栏目的维护。质量安全科牵头做好行政权力等服务事项建设与维护工作，完善行政权力和公共服务事项目录库，落实清单动态调整机制，优化办事服务流程。

做好与市委、市政府各类电子公文的有机衔接。

第五章　网络安全保障

第十一条　综合科具体组织实施网络与信息安全保障体系建设，定期开展相关安全监督检查，推动信息安全防护与电子政务建设的同步研究、规划和落实。组织开展互联网应用与安全宣传教育，指导、督促职能科室做好互联网应用与安全工作。

第十二条　建立健全信息系统等级保护管理制度，实行同步建设、动态调整、谁运行谁负责，确保信息系统的安全运行。

按自主定级、定级备案、等级测评等规程实施定级保护与安全建设，定期对信息系统安全状况、安全保护制度及措施的落实情况进行自查，发现问题及时整改。

市南水北调本级业务系统安全保护等级一般定位为二级，涉及报名录取等业务系统为三级。

第十三条　建立系统统一的网络安全监测预警和信息通报制度，按照规定做好风险警示与预警信息报送工作。完善网络安全风险评估和应急工作机制，制定网络安全事件应急预案，并定期组织演练。

第六章　附　则

第十四条　本制度自印发之日起施行，由电子政务办负责监督实施。

许昌市南水北调办公室政务公开工作制度

2017年12月2日
许调办政务〔2017〕9号

为确保办公室信息公开工作的有序开展，按照市政府政务信息公开工作的要求，结合办公室工作实际，特制定本制度。

第一条　为进一步提高机关的工作效率和服务质量，完善依法行政、勤政廉政的监督制约机制，密切单位与人民群众的联系，推进社会主义民主法制建设，根据有关法律、法规和政策，制定本规定。

第二条　政务公开制度是指管理政务和社会事务的组织，将本组织的职责、管理规定和权力运行过程及结果予以公开，以保证公民、法人和其他社会组织参与民主管理和监督的制度。

第三条　本规定适用于本机关所涉及的有关事项及其办事依据、标准、程序、时限、结果、监督投诉渠道等政务。但涉及国家机密的除外。

第四条　本规定实施情况由办公室和纪检

部门负责监督。

第五条 政务公开必须遵循下列原则：

（一）法律、法规、规章和规范性文件相一致的原则；

（二）公开、公正、公平的原则；

（三）注重实际，讲求实效的原则；

（四）便民、利民、为民的原则；

（五）符合保密规定的原则。

第六条 下列政务应当公开：

（一）工作职责、管理权限和领导分工；

（二）重要事项的决策程序、决策结果和运行情况；

（三）年度重点工作、具体目标、操作措施及完成情况；

（四）与公民、法人及其他组织密切相关的事项：

1.干部竞聘上岗、公务员招考录用、招生、军队转业干部和复员退伍军人安置、大中专毕业生就业分配、人事任免、专业技术职务评聘等；

2.各类违法、违纪问题的处理；

3.各类工程项目的审批、招投标和预决算审核等情况；

4.单位人员出国（境）情况；

5.其他与公民、法人及其组织利益密切相关的事项。

（五）单位财务管理制度及各项收支情况；

（六）单位领导干部个人的廉洁自律情况，包括其配偶、子女就业情况；

（七）其他应当公开的重要事项。

第七条 凡需社会周知的事项和有关规定，应当公告或通过新闻媒体、政府网站向社会公开。单位应当设立综合、固定的政务公开栏。财务收支和涉及内部管理的事项，应当在本单位对内公开栏上公开。

第八条 凡已向社会公开承诺办事时限的，应当严格执行。尚未确定办事时限的，应当尽快研究确定，及时向社会公开。

财务公开应当每季度公开一次，于下季度首月的15日前公布。专项支出应当及时公布。涉及群众反映强烈的热点问题、事项，应当及时公开。重大事项可实行预公开。

第九条 政务公开工作机构，应当根据统一部署，依照本规定对单位推行政务公开情况进行监督检查。

监督检查可以采取下列方式：

（一）调研性检查；

（二）随机抽查、暗访；

（三）召开座谈会、汇报会和个别了解；

（四）调阅政务公开资料；

（五）问卷调查；

（六）组织全面检查；

（七）督查。

第十条 政务公开工作的考核结果作为年度工作目标考核内容和干部政绩考核范畴。

第十一条 政务公开办公室应当加强政务公开工作的调查研究和信息反馈。及时总结经验教训，使政务公开工作制度化、规范化、经常化、程序化。

第十二条 对在政务公开工作监督检查中发现的违法或者不当的行政行为按以下规定处理：

（一）公开的内容、形式不符合要求的，由政务公开工作机构通报批评，责令限期改正；

（二）在政务公开工作中有令不行，有禁不止的科室和个人，视其情节轻重分别给予通报批评、责令限期改正，情节严重的，由纪检、监察部门对责任人给予党纪政纪处分。

第十三条 对在政务公开工作中做出显著成绩的科室和个人给予表彰、奖励。

第十四条 本规定由办公室公开工作领导小组负责解释。

第十五条 本规定自发布之日起施行。

新乡市南水北调配套工程运行管理制度

2017年9月21日

新调办〔2017〕122号

现地管理站工作职责

1.执行上级关于运行管理工作的各项决策和部署，落实现地管理所交办的各类事项；

2.协调并上报影响通水和运行工作的有关问题；

3.负责管辖范围内现场运行管理的具体工作；

4.严格执行工程机电设备日常管理制度，负责机电设备的操作管理和定期维护工作；

5.负责协调解决机电设备运行过程中发生的故障、事故，并及时上报；

6.负责隐患排查和日常突发事件的预防工作，发现供水设施损坏或接到相关报告时，应及时上报，并立即配合检查、抢修，防止事态扩大；

7.负责记录水量变化、调度指令、日常维护和巡线检查等各类信息；

8.完成其他工作。

人员岗位职责

站长：1.负责执行上级运行管理工作的各类事项；2.上报影响通水和运行工作的有关问题；3.负责安排站内值班，对站内工作人员进行考勤；4.定期召开站内例会，组织站内人员进行学习、培训；5.负责观测数据和水量数据的记录和存储；6.负责机电设备、阀门阀件的日常操作，并对接维修养护队伍开展日常维护工作；7.负责管理工具、办公用品的保管、发放和登记；8.负责上报运行管理发现的各类问题；9.完成其他工作。

电工：1.负责输水线路电气设备的操作管理、日常维护工作；2.负责解决电气设备运行过程中发生的故障、事故，及时查明原因、排除处理，并做好详细记录；3.协助操作工做好阀门等设备管理维护和巡线检查等工作；4.完成其他工作。

运管员：1.负责管辖范围内阀门等设备的操作管理和定期维护工作，配合解决阀门等设备发生的故障、事故，及时查明原因、排除处理，并做好详细记录；2.负责贯彻执行关于运行调度工作的各类事项，并做好运行管理日志、操作记录等登记工作；3.负责记录水量变化、调度指令等各类信息，并及时上报影响通水和运行工作的有关问题；4.参与水量计量确认工作；5.完成其他工作。

巡线员：1.负责对管辖范围内的输水线路巡查；2.负责对输水沿线构筑物（含阀井、倒虹吸等）、构筑物内设备进行巡视检查，并做好巡视检查记录；3.发现设备异常运行情况及时向站长汇报，并详细记录在巡线记录及阀井巡查记录上；4.完成其他工作。

管护员：1.负责现地管理站的管护值守，做好现地管理站的安全保卫、防火和防盗工作；2.搞好管理站的环境卫生；3.完成其他工作。

值班制度

1.各现地管理站实行值班制度，各现地管理站站长负责制定值班表，每月30日前将下月值班表上报运管办，运管人员要严格执行值班表，如有特殊情况经站长同意后方可调整。

2.管理站值班人员交接班时间为上午8：30。

3.首端、末端现地管理站24小时不得离人，主线与支线交叉处现地管理房除每日7：00~8：00，12：00~13：00，18：00~19：00外出吃饭，其余时间不得离人。运管人员必须坚守工作岗位，不迟到、不早退、不旷工，严禁私自替班换岗，未经允许私自换岗的罚款50元/次。

4.运管人员在上班期间，一律穿着工装，

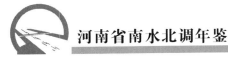

违者罚款50元/次；严禁无关人员擅自进入管理站内，如有违反，罚款50元/次；无正当理由拒不执行调度指令的，给予罚款100元/次。

5.运管人员不准酒后上岗，禁止打架斗殴，否则给予罚款100～300元，情节严重的给予待岗直至解除合同的处分；无正当理由拒不执行调度指令的，给予罚款100元。

6.值班人员要搞好管理站环境卫生，做好安全保卫、防火和防盗工作。检查发现站内卫生状况不达标的，给予值班人员罚款50元/次，三次以上（含三次）者予以停职检查直至辞退。站内如发生人为破坏、重大事故等突发事件，值班人员应立即报警，并做好拍照、摄像等取证工作，配合站长及时上报市办介入处理。

7.交接班人员按要求做好交接班工作，交班人员必须在交接班完毕后，方可离开工作岗位，并形成交接班记录，交接班内容应包括：

（1）线路、阀门运行状况；

（2）设备运行有无缺陷；

（3）设备操作情况；

（4）尚未执行和未完成的任务；

（5）检修工作进行情况；

（6）各种记录、技术资料、运行工具和钥匙；

（7）发生的故障及处理情况。

8.交接班时交班人员应详细介绍站内运行情况，现地管理站站长应负责检查交接班情况，由于交接不清而造成设备事故的应追究交接班人员的责任。

9.在交接班过程中如发现设备有故障时，交接班人员应相互协作，及时上报。在处理事故或进行重要操作时不得进行交接班，待完成后再进行交接。

操作制度

1.现地管理站工作人员必须经过专业培训后方可上岗，设备操作具体包括控制阀启闭、调节阀启闭及调节、电源开关等。

2.工作人员在接到操作指令后方可进行操作，并将接到的操作指令的指令人、时间、内容做记录。

3.电气等特种设备必须由专业人员进行操作，阀门设备操作需由两人共同执行，严禁一人进行操作。

4.操作前应核对设备名称、编号和位置，操作中严格执行操作制度严禁违章作业。

5.操作中发生疑问时，不应擅自更改操作，应立即向站长报告，确认无误后再进行操作。

巡查制度

1.巡线员每天对管辖范围内的输水线路巡查1次，每周对输水沿线阀井及内部设备进行巡视检查不少于1次，并做好巡视检查记录，特殊巡查时间应根据具体情况或上级指令执行。

2.巡查内容包括：

（1）沿线各阀件的工作情况；

（2）检查易松动、易损部件；

（3）各构筑物等有无变形、损坏；

（4）管线上是否有圈、压、埋、占；

（5）沿线是否有跑、冒、外溢现象；

（6）裸露管道外壁锈蚀情况；

（7）标志牌是否损坏、缺失；

（8）其他危及输水管道的行为。

3.在巡视检查中发现设备异常运行情况应及时向站长汇报，并详细记录在巡线记录及阀井巡查记录上，对重大缺陷或严重情况应及时向运管办汇报。因巡视检查工作不到位，未及时发现并上报辖区内穿越邻接、违章建筑等问题并发生重大影响的，给予罚款100元/次，三次以上（含三次）者予以停职检查直至辞退。

考勤制度

1.运管人员实行调休制度，如遇特殊情况，所有站内工作人员必须全部在岗。现地管理站站长负责对站内工作人员进行考勤，并于每月5日前向运管办上报上一月的考勤表。

2.市办对站内人员的出勤情况进行监督检查，市办领导每季度对各现地管理站全面检查一次；运管办每月对各现地管理站全面检查一次，并不定期对各现地管理站人员在岗履职情况进行抽查。

3.上班时间开始后15分钟至30分钟内到班者，按迟到论处；超过30分钟以上者、按照旷工半天处理。提前30分钟以内下班者，按早退论处；超过30分钟，按照旷工半天处理。

4.1个月内迟到、早退累计3次者，扣发50元；累计3次以上，5次以下者，扣发100元，累计5次以上者扣发当月工资。

5.对旷工半天人员，扣发50元；每月累计旷工1天者，扣发100元，并给予一次警告处分；每月旷工2天者，扣发当月基本工资，给予一次纪律处分；每月累计旷工3天者，直接辞退。无故缺岗1次者罚款50元，无故缺岗2次，扣发当月工资，无故缺岗3次者，直接辞退。

6.参加单位或上级部门组织的会议、培训、学习、考试或其他团队活动，如有事请假的，必须提前向组织者或带队者请假，在规定时间内未到或早退的，按照本制度第三条、第四条、第五条规定处理；未经批准擅自不参加的，视为旷工，按照本制度第五条规定处理。

7.员工按照规定享有婚假、产假时，必须凭有关证明资料报分管领导、主任批准；未经批准者按旷工处理，假期结束后及时进行销假。

8.严格执行请、销假制度。员工因私事请假1天以内（含一天）由站长批准；3天以内的由运管办批准；3天以上的报分管领导批准。请假员工事毕向批准人销假。未经批准而擅自离开工作岗位的按旷工处理。

例会制度

1.为检查、掌握运行期间的管理工作情况，集思广益，提高工作效率，市办实行月例会制度，现地管理站实行周例会制度。

2.月例会由市办运管办负责召开，主要传达省办运管例会精神，听取各站工作汇报，研究解决存在问题，安排部署下一步工作。

3.周例会由各站站长负责召开，重点任务是结合站内实际，贯彻落实市办运管例会精神。周例会在管理站召开，由站长主持、各管理站全体工作人员参加，与会人员必须准时参加，因故不能参加的需提前请假。

4.例会形成会议记录，并由运管员负责记录和保管。

5.月例会及周例会都需专题研究安全运管问题。

应急管理制度

一、运行事故处理

1.运行事故指运行时间内发生的人身、设备、建筑物等的事故；

2.运行事故处理的基本原则：

（1）迅速采取有效措施，防止事故扩大，减少人员伤亡和财产损失；

（2）立即向站长报告，必要时也可直接向运行领导小组报告；

3.在事故处理时，现地管理站工作人员必须留在自己的工作岗位上，保证设备的安全运行，只有在接到操作的命令或者在对设备或人身安全有直接危险时，方可停止设备运行或离开工作岗位；

4.现地管理站工作人员应把事故情况和处理经过详细记录在运行日志上；

5.管道运行过程中，输水管道末端的调节阀装置失灵，应及时关闭上游最近的检修阀门停水检修，并及时上报站长；

6.测量仪表显示失准，应及时调试并上报站长；

7.管道运行过程中出现爆管时，应及时关闭爆管点两侧最近的检修阀，并及时上报站长。

二、不正常运行处理

1.输水工程和设备发生不正常运行时，值

班人员应立即查明原因，排除故障，应及时向站长报告，重要事件并应及时向运行领导小组汇报；

2.不正常运行不能恢复正常，应立即向操作组汇报，在故障排除前，应加强对该工程或设备的监视，确保工程和设备继续安全运行，如故障对安全运行有重大影响可停止故障设备的运行；

3.值班人员应将不正常运行故障情况和处理经过详细记录在运行日志上；

4.运行现场发生火灾，运行值班人员应沉着冷静，立即赶到着火现场，查明起火原因；

5.电气原因起火，应首先切断相关设备的电源停止设备运行，用磷酸铵盐干粉灭火器灭火；

6.火情严重时，在切断相关设备电源后，应立即拨打119向消防部门报警；

7.发生人身伤害，应做好现场救护工作。情况严重时，应立即拨打120向急救中心求助。

培训制度
（含应急管理培训制度）

为促进运行管理培训工作有序开展，提高运行管理人员的政治素质、业务素质和工作能力，促运行管理培训工作科学化、规范化和制度化，根据实际工作需要，特制订如下运行管理培训制度（含应急管理培训）：

一、培训工作应当遵循下列原则：

1.坚持理论联系实际、学以致用的原则；2.坚持分级负责，分类管理的原则；3.坚持集中培训与在岗自学相结合的原则；4.坚持以人为本、按需施教的原则；5.坚持教学相长、保证质量的原则；6.坚持与时俱进、改革创新的原则。

二、运管办负责培训工作的组织、管理和考核工作。培训的主要对象是：运管办全体人员与各现地管理站运行管理人员，以及应急管理所涉全部人员。

三、运管培训计划的主要内容

围绕省、市配套工程运行管理工作的指示精神，重点学习相关规章制度、分析我市运行管理工作形势任务、了解兄弟单位运行管理经验、掌握运用运行管理各类设施设备及阀门阀件的规范操作等。通过培训，强化运管人员对运行管理工作的宏观认识和依法依规实施管理意识，提升运行管理人员的业务水平和实际应对能力。

四、应急管理培训计划的主要内容

以《新乡市南水北调配套工程运行管理突发事件应急预案》为学习蓝本，深刻理解和把握突发事件应急处理知识，增强应对突发事件的意识，通过培训提高培训对象有效防范和处置突发事件的能力，做到事前预防、事中抢险、前后评估。

五、各级各部门（所、站）除组织或参加上级集中脱产培训外，还应采取多种形式开展培训：

1.以岗代培。通过运管工作实践和接受指导，提高应急管理的规划组织能力和管理水平。

2.以学代培。大力倡导和鼓励运管人员自行组织学习和培训工作，通过自学不断更新观念、强化内在素质，提高工作能力。

3.以察代培。有计划有目的地分期分批组织有关人员外出学习、考察，开阔眼界，通过学习、比较，提出本地区、本部门和本单位今后发展的意见、建议、思路和方法。

4.以演代培。组织有关单位、部门进行应急处置突发事件的演练，检验和锻炼应急管理机构和有关人员的应急反应能力、组织协调能力、联动配合能力以及处置应对能力等。

5.以会代培。有计划有层次地组织工作人员参加市内外各级、各类学术研讨会、专题报告会、经验交流会等，通过交流实践经验、探索方法、交流成果来激发积极性和创造精神。

六、将教育培训工作纳入运行管理建设的重要内容进行部署和规划，在运行管理预算中列支开展运管培训和应急管理培训的所需经费，保证培训工作经费的及时足额到位。

七、加强培训管理，建立和完善培训工作档案，如实记载培训工作和受培训人员情况。教育培训档案内容包括：教育培训工作的相关制度、培训工作计划、总结、培训考勤登记、考卷、考试成绩单、各期培训人员花名册。

配电室管理制度

1.配电室全部机电设备，由电工负责管理，日常巡查由值班人员负责，无关人员禁止进入配电室；

2.室内要保持良好的照明和通风，温度控制在35℃以下；

3.建立运行记录，每班至少巡查一次，每季组织维修养护队伍检修一次，查出问题及时处理，不能解决的问题由各站及时上报；

4.每班巡查内容：室内是否有异味，记录电压、电流、温度、电表数；检查屏上指示灯、电器运行声音，发现异常及时修理与报告；

5.供电线路操作开关部位应设明显标志，检修停电拉闸必须挂标志牌，非有关人员决不能动；

6.室内禁止乱拉乱接线路，供电线路严禁超载供电；

7.严禁违章操作，检修时必须遵守操作规程，使用绝缘工具、鞋、手套等；

8.配电房每周清扫一次、保持室内清洁，灭火器材应保持完好。

重 要 文 件

河南省南水北调办公室关于印发《河南省南水北调办公室关于打赢水污染防治攻坚战的实施意见》的通知

豫调办〔2017〕13号

机关各处室，南水北调中线干线工程建设管理局河南分局、渠首分局，各省辖市、省直管县（市）南水北调办公室：

根据《河南省人民政府关于打赢水污染防治攻坚战的意见》（豫政〔2017〕2号）、《河南省人民政府办公厅关于印发河南省流域水污染防治联防联控制度等2项制度的通知》（豫政办〔2017〕6号）和《河南省人民政府办公厅关于印发河南省水污染防治攻坚战9个实施方案的通知》（豫政办〔2017〕5号）的要求，为切实做好我省南水北调水污染防治攻坚战的各项工作，省南水北调办制定了《河南省南水北调办公室关于打赢水污染防治攻坚战的实施意见》，现印发你们，请认真贯彻执行。

2017年1月24日

河南省南水北调办公室
关于打赢水污染防治攻坚战的实施意见

为贯彻落实《河南省人民政府关于打赢水污染防治攻坚战的意见》（豫政〔2017〕2号）、《河南省人民政府办公厅关于印发河南省流域水污染防治联防联控制度等2项制度的通知》（豫政办〔2017〕6号）和《河南省人民政府办公厅关于印发河南省水污染防治攻坚战9个实施方案的通知》（豫政办〔2017〕5号）要求，结合全省南水北调工作实际，特制定本实施意见。

一、指导思想

认真贯彻落实十八大和十八届三中、四中、五中、六中全会精神及省委省政府决策部署，坚持创新、协调、绿色、开放、共享的发展理念，严格执行《中华人民共和国环境保护法》和《中华人民共和国水污染防治法》，全面落实《水污染防治行动计划》、《河南省碧水工程行动计划（水污染防治工作方案）》，以确保南水北调水质达标、保障供水安全为攻坚重点，系统推进水污染防治、水资源管理和水生态保护，为全面建设小康社会提供良好的水生态环境。

二、基本原则

坚持党政同责，落实各方责任。各级南水北调部门要加强对水环境保护工作的领导，研究水环境保护重大政策，完善考评机制；要依法对本地水环境质量负责，统筹实施攻坚战各项任务。各相关部门严格履行监督管理职责，认真落实管行业必须管环保、管业务必须管环保、管生产经营必须管环保的要求。配合相关部门督促排污单位落实治污主体责任，严格执行环保法律、法规和政策，加强污染治理设施建设和运行管理，确保各项水污染物全面稳定达标排放。

坚持目标导向，注重标本兼治。按照省政府统一部署要求，以提前1年完成我省"十三五"水环境质量目标为着力点，完善治理规划，区分轻重缓急，通过工业污染防治、畜禽养殖整治、农业面源治理、生态补水等措施，重点保护南水北调丹江口水库（河南辖区）及总干渠水质，有序推进南水北调水污染防治工作。

坚持改革创新，完善体制机制。转变治理理念和治理方式，成立统一领导、部门协作的领导小组，建立上下游政府之间联合治污的流域水污染联防联控机制，完善权责明晰、奖优罚劣的水污染防治攻坚战考核奖惩制度，形成跨行政区域、跨政府部门、跨行业的水环境质量改善合力。

坚持依法治污，实施严格监管。严格落实各项环保法律、法规，对乱排乱放和不正常运行治污设施等违法行为依法移送执法部门严惩，有效遏制丹江口库区和总干渠两侧水源保护区范围内违法排污行为，强化环保、公安、监察、司法等多部门协作，健全行政执法与刑事司法衔接配合机制，完善案件移送、受理、立案、通报等规定。

坚持公众参与，强化社会监督。推进信息公开，加强舆论引导，完善南水北调水环境信息公开制度，宣传解读南水北调水污染防治政策措施，保障公众知情权、参与权和监督权，凝聚政府引导、企业行动、公众参与、社会共治的强大合力。

三、工作目标

按照省政府关于通过水污染防治攻坚战、提前1年实现国家确定的我省"十三五"水环境质量目标的总体部署，丹江口水库水质持续稳定达到《地表水环境质量标准》（GB3838—2002）Ⅱ类目标要求，库区总氮浓度不劣于现状水平；我省直接汇入丹江口水库的各主要支流水质不低于Ⅲ类（现状优于Ⅲ类水质的入库河流，以现状水质类别为目标，不得降类）；输水总干渠水质出省境稳定达标。

四、重点任务

（一）省南水北调办公室牵头负责事项

1.建设保护区标识、标志和隔离防护工程

2017年底前，要依据《饮用水水源保护区标志技术要求》（HJ/T433—2008）和保护区的具体情况，在保护区边界设立界标，标识保护区范围；在穿越保护区的道路出入点及沿线，设立饮用水水源保护区道路警示牌，警示车辆、船只或行人谨慎驾驶或谨慎行为；在一级保护区周边人类活动频繁的区域设置隔离防护设施；在存在交通穿越的地段，建设防撞护栏、事故导流槽和应急池等应急设施；根据实际需要，设立饮用水水源保护区宣传牌，警示过往行人、车辆及其他活动，远离饮用水源，防止污染（各省辖市、省直管县市南水北调办负责，投资计划处、经济财务处、环境与移民处、建设管理处、有关设计单位配合）。

2.防范环境风险

要加强南水北调中线工程总干渠（河南段）突发水污染事件预防，强化水质实时动态检测，2017年底前，在一级保护区沿线、各地分水口及交通穿越的区域安装视频监控，制定科学合理的突发水污染事件应急预案，建立完善日常巡查、工程监管、污染联防、应急处置等制度，确保输水干渠水质安全（南水北调中线干线工程建设管理局河南分局、渠首分局负责，环境与移民处、建设管理处、相关市南水北调办配合）。

3.加强预案管理

根据《河南省突发水污染事件应急应对工作实施方案》工作任务的要求，要依据省政府新修订的《河南省突发环境事件应急预案》，及时修订南水北调中线总干渠及配套工程专项应急预案，并于2017年6月底前完成应急预案的评估、发布、报备等工作，提高应急应对能力（环境与移民处、南水北调中线干线工程建设管理局河南分局、渠首分局负责，各省辖市、省直管县市南水北调办配合）。

（二）省南水北调办公室参与配合事项

1.严厉查处各类环境违法行为。配合环保部门在丹江口库区及总干渠两侧保护区将环境监管纳入常态化和网格化管理，开展对入河排污口整治和入库河道内污染物的污染治理，严厉查处各类环境违法行为，对偷排偷放或未达标排放的污染源要依照新法、新规、新标严厉惩处，涉嫌环境污染犯罪的，坚决将有关责任人移送司法机关依法追究其刑事责任；对环境违法行为突出的区域、流域实行挂牌督办、区域限批，始终保持对环境违法行为严厉打击的高压态势（监督处负责，监察审计室、环境与移民处、各市南水北调办配合）。

2.严把环境影响审核关，杜绝水源保护区新上和改扩建污染项目。配合环保部门的环评工作，按照《南水北调中线一期工程总干渠（河南段）两侧水源保护区划定方案》的要求，严格把关，抓好南水北调水源保护区新上项目环境影响审核工作（环境与移民处负责、各市南水北调办配合）。

五、保障措施

（一）加强领导，落实责任

各级南水北调部门要充分认识打赢水污染防治攻坚战工作的重要性，切实担负起水污染治理主体责任，将水污染防治列入重要议事日程，建立高效有力的领导机构。省南水北调水污染防治攻坚战领导小组各成员单位要按照本实施意见的要求，制定本部门的分解落实方案，细化措施，明确责任领导、具体负责人员和任务完成时限。

（二）加强督导，定期通报

丹江口库区及总干渠两侧保护区各省辖市、直管县（市）南水北调办要切实履行"党政同责"、"一岗双责"，失职追责，加强督导，全力推进丹江口水库及入库河流、总干渠和受水区环境保护工作。省南水北调水污染防治攻坚战领导小组将依据本实施意见确定的各项目标任务进展情况，定期进行调度通报，及时掌握工作进度，查找存在的问题，明确整改要求，加强督办考核。在此基础上，协调配合环保部门进一步加大水环境监管执法力度，坚持零容忍、全覆盖，严厉打击环境违法行为，保障丹江口水库和南水北调中线一期工程总干渠（河南辖区）环境保护工作任务的顺利完成。

（三）加强考核，扎实推进

按照《河南省水污染防治攻坚战考核奖惩制度》及考核细则要求，将水污染防治攻坚战目标任务纳入年度工作计划和目标管理范围，确定年度重点工作。从组织领导、工作部署、完善机制、制定方案、分解任务、落实责任、监督管理、督导检查和目标完成情况等方面，建立南水北调系统水污染防治攻坚战台账，按期进行考核。建立约谈机制，根据现场督导情况和任务目标完成情况，对工作进度滞后、风险防范差、保护区建设问题多、河流断面水质未改善甚至恶化的，将对其主要责任领导和责任人进行约谈，严格追责，对约谈情况备案，纳入年度考核。

（四）加强信息报送，提升工作效率

各级南水北调部门要按照水污染防治攻坚战信息报送的要求，明确1名信息报送员，及时上报工作进展和完成情况。重要工作情况即时报告，工作信息随时上报。工作进展情况于

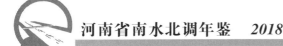

每周五12：00时、工作总结于每月27日前报送至省南水北调水污染防治攻坚战领导小组办公室。对报告不及时、敷衍应付的责任单位，进行通报批评，对攻坚战造成影响的，追究有关领导和人员责任。

（五）强化宣传，形成氛围

推进信息公开，加强舆论引导，要通过各种媒体向社会宣传南水北调中线工程（河南辖区）环境保护的重要意义、目标任务和主要措施，各地南水北调部门要在当地媒体上向社会做出公开承诺，号召广大群众参与，切实发挥公众和媒体的监督作用，形成良好的舆论氛围和强大的工作合力。

省南水北调水污染防治攻坚战领导小组各成员单位要高度重视水污染防治工作，统一思想，提高认识，加大工作力度，切实抓好本实施意见的贯彻落实。要结合实际，建立健全工作机制，制定具体实施方案，加强考核评估，确保水污染防治攻坚战各项任务落到实处。

《关于报送工程运行管理举报事项整改情况的通知》（综监督函〔2017〕7号）群众举报整改落实情况的报告

豫调办〔2017〕23号

国务院南水北调办公室：

2017年2月8日，接到你办信函《关于报送工程运行管理举报事项整改情况的通知》（综监督函〔2017〕7号）需要整改问题共计两件，其中一件：平顶山郏县渣元乡冀庄跨渠桥南边路段路面塌陷问题，我们办结后已于2017年1月17日报送你办，见（关于国调办转办群众来信《关于对举报事项进行调查核实的通知》豫调办监〔2017〕16号）。另外一件群众举报已办结，

现将该问题整改处理情况上报你办。

举报人反映：南阳市新店乡朱元寺村11组村民，因下雨雨水排不出去，把位于南水北调干渠新庄桥北的左岸涵洞西侧我家1亩多花生地淹了。豫调办监〔2016〕22号（10月17日）原来处理情况：2016年7月中旬，因新庄西北桥南侧（干渠右岸）雨水排泄不出导致举报人1.6亩花生地受淹，损失约4800元。灾情过后，南阳市有关部门已对排水设施进行了临时疏浚处理，并与受灾群众达成一致补偿意见，计划2016年10月底补偿资金发放到位，同时，将南水北调干渠防洪影响处理项目申报全省水利系统"十三五"规划补充项目。整改情况：根据《南水北调工程管理举报受理办法（试行）》（国调办监督〔2016〕92号）要求，我们对该问题重新进行了协调督办，经确认：举报人1.6亩受淹花生地损失4800元补偿金于2016年11月20日发放到位，南水北调干渠防洪影响项目，当地水利局已经上报河南省水利厅。

2017年2月13日

关于印发《河南省南水北调办公室2017年工作要点》的通知

豫调办〔2017〕36号

各省辖市、直管县（市）南水北调办、机关各处室、各项目建管处：

现将《河南省南水北调办公室2017年工作要点》印发给你们，请各单位认真学习，深入贯彻落实。

2017年3月28日

河南省南水北调办公室2017年工作要点

为贯彻落实党的十八大、十八届六中全会和省第十次党代会精神，全面推动我省南水北调各项工作取得新成效、实现新突破，着力强

化运行管理、扩大供水效益、深化水质保护、锤炼干部队伍，圆满完成2017年我省南水北调各项工作目标，结合我省南水北调工作实际，制定2017年我省南水北调工作要点如下：

一、做好工程运行管理工作

1.加强配套工程运行管理。做好水量调度管理工作，加强运行管理工作的规范化、制度化建设，定期采取多种方式对各地配套工程运行管理加强监管；督促检查指导工程维护项目的实施；积极推进全省配套工程基础信息系统及巡检系统应用。

2.推进工程验收工作。加强与相关单位沟通协调，积极推进总干渠桥梁竣工验收、铁路交叉、供电线路、消防等验收事宜；加强配套工程验收管理，强力推动配套工程分部、单位工程及合同完工验收工作；完成配套工程征迁验收工作。

3.加快剩余及新增项目建设进度。督促加快总干渠沧河倒虹吸防洪影响处理工程、配套管理处（所）以及清丰、博爱供水支线等剩余工程建设进度；组织巡查大队、飞检大队对干线和配套工程剩余尾工及新增项目施工质量情况进行检查，及时发现、通报存在的问题，并督促整改，确保在建项目工程质量和安全。

4.高度重视防汛工作，确保工程安全运行。认真贯彻落实南水北调工程各项防汛责任制，加强防汛值班，督促干线运管单位完善应急抢险预案，及时报告和处置险情，确保南水北调工程安全度汛；组织编制配套工程管理范围和保护范围划定建议方案，报相关部门批准后正式划定配套工程管理范围和保护范围，严格执法，确保配套工程设施安全。

5.强力推进配套工程自动化调度系统建设。加强管控力度，制定详细计划，明确时间节点，进一步加快自动化系统建设进度，2017年基本完成工程建设任务；督促各省辖市南水北调办基本完成管理处所和外部供电建设，为自动化调度系统运行提供条件。

二、做好投资管理和资金监管工作

6.加快变更索赔项目处理工作进度。以合同为基础，以国家、省有关法律法规为依据，在从严掌控，确保审批质量的前提下，加快变更索赔项目处理工作；督促各项目建管处和各省辖市南水北调配套工程建管局按照变更索赔台账和工作计划，加快推进变更索赔项目的处理工作，消除投资控制风险。

7.加快新增供水目标前期工作。《河南省南水北调"十三五"专项规划》中，新增供水目标共有两大类30个，数量多、任务重、协调难度大，下一步，积极与省发展改革委、水利厅等部门沟通，协助地方政府及早完成相关手续办理，确保新增供水项目早日开工建设。

8.加大水费征缴力度。按照"先易后难、重点突破、积极引导、带动全局"的思路，开展水费征缴工作，严格按照条例和办法，依法征收水费，加大督查力度，提高水费征收率。

9.加强内部审计工作。坚持按季度进行内部审计，及时发现问题解决问题，不断提高省南水北调办公室（建管局）内部监督、依法监管的意识和水平。积极配合国家、政府等有关审计部门对建设项目进行的专项审计工作，充分发挥审计的宏观性、建设性、积极性、预防性和科学性作用。

三、持续深化水质保护工作

10.积极推进规划编制落实。配合省发改委积极推进《丹江口库区及上游水污染防治和水土保持"十三五"规划》编制工作，做好规划实施方案的制定，督导规划项目实施。

11.做好总干渠沿线水质保护工作。积极协调省环保厅，并督促要求各省辖市南水北调办积极协调配合当地环保部门进一步核实整治总干渠沿线水污染风险点；按照相关政策、法规和规范并兼顾我省发展需要，对我省南水北调中线一期工程总干渠两侧水源保护区范围进行调整完善，切实加强总干渠两侧水源保护区水污染防治工作。

12.积极做好京豫对口协作。积极协调配合省发改委以及省直有关部门，认真落实两省（市）政府战略合作协议，在生态环保、人力资源、商贸、农业、科技创新等领域，加强与北京市相关单位对接协商，推动京豫战略合作深入开展。

四、建立健全各项工作制度，创新管理机制

13.建立完善配套工程运行管理体制。积极推进实行省级统一调度、统一管理与市、县分级负责相结合的"两级三层"管理体制，规范配套工程运行管理工作。

14.建立完善风险防控机制。完善污染防控应急预案，加强污染防控，严防发生污染事件；督促各地建立完善水源切换应急预案，适时组织开展应急演练；争取解决南水北调中线左岸防洪影响处理工程后续问题，落实各项防汛措施，确保工程度汛安全。

15.建立完善运行管理制度框架体系。坚持用制度规范运行管理，在现有的制度和规范基础上，出台《河南省南水北调受水区供水配套工程管理规程》、《河南省南水北调受水区供水配套工程机电物资管理办法》、《河南省南水北调工程水费收缴及使用管理暂行办法》、《运行管理物资采购管理办法》、《运行管理资产管理办法》；制订配套工程运行管理稽察办法，组建行政执法队伍，建立完善执法制度。

五、做好南水北调宣传培训工作

16.加大宣传教育力度。大力宣传《河南省南水北调配套工程供用水和设施保护管理办法》，组织开展运行管理、供水效益、生态带建设、水质保护等系列宣传，扩大南水北调工程的社会影响力，建立爱护工程实施、珍惜水资源、自觉节约用水的良好社会氛围。

17.认真开展各项培训。组织岗前培训，确保操作人员持证上岗，运行管理人员培训上岗，提高操作技能；组织对《河南省南水北调配套工程供用水和设施保护管理办法》的宣贯培训；重点开展水政执法、水量调度、安全生产等培训。

六、加强党建工作

18.认真开展精准扶贫。把定点扶贫工作作为一项重要的政治任务，常抓不懈。围绕群众的关切和需求，雪中送炭。积极推进项目扶贫，坚持输血、造血双管齐下，主动作为，真抓实干，力争对口扶贫村早日脱贫。

19.推进"两学一做"学习教育常态化、制度化。深入学习贯彻党的十八届六中全会和省第十次党代会精神，紧密团结在以习近平同志为核心的党中央周围，牢固树立政治意识、大局意识、核心意识、看齐意识，坚定推进全面从严治党，坚持思想建党和制度治党紧密结合，净化党内政治生态，抓好党性教育，认真落实"三会一课"制度，把"两学一做"学习教育推向深入。

20.抓好党风廉政建设。严格落实《中国共产党廉洁自律准则》和《中国共产党纪律处分条例》，认真落实"两个责任"和"一岗双责"，开展廉政警示教育，筑牢思想防线，抓好班子，带好队伍，为做好各项工作提供组织保证。

七、其他业务工作

21.扎实开展综合治理和平安建设活动。加强对综合治理和平安建设工作的集中宣传；加强矛盾纠纷排查化解，做好信访稳定工作；以理想宗旨教育、理想信念教育为目标，以社会主义核心价值观教育为重点，加强干部职工的社会公德、职业道德、家庭美德和个人品德教育；加强对各处室综治和平安建设工作进行督查，发现问题及时纠正，确保全办综治和平安建设工作顺利开展。

22.做好政务公开相关工作。高度重视政务公开工作，明确公开内容，及时在网站上更新政务公开信息；切实增强舆情意识，做好政务舆情监测和回应工作。

23.持续做好节能减排工作。要继续加强组织领导，进一步规范管理体系、完善规章制度、强化宣传培训、严格监督考核，继续实施节能改造，争取节约型公共机构示范单位创建，实现节能降耗工作目标。

24.认真做好保密各项工作。组织涉密人员定期开展保密知识学习，提高政治觉悟和业务素养；建立完善我办保密工作制度，加强保密管理，确保不发生失泄密情况。

25.认真做好信访稳定工作。全面贯彻落实全国和省信访工作会议精神和我办依照法律途径分类处理信访事项的要求，引导群众依法按渠道表达诉求；坚持领导干部接访制度；建立健全信访排查台账、信访接访台账，畅通信访途径，及时处理各类信访案件；按照积案化解要求，对交办的积案，落实包抓化解责任，确保工作成效。

关于河南省南水北调工程第二十四次运行管理例会暨配套工程维修养护项目进场对接会工作安排和议定事项落实情况的通报

豫调办〔2017〕61号

中线建管局河南分局、渠首分局，各省辖市、省直管县（市）南水北调办，机关各处室、各项目建管处：

河南省南水北调工程运行管理第二十四次例会暨配套工程维修养护项目进场对接会于2017年5月12日在郑州召开，会议确定了10项工作安排和议定事项。按照省南水北调办运管例会制度要求，省办监督处对确定的工作安排和议定事项落实情况进行了督办。截至2017年6月5日，第二十四次运管例会确定的10项工作安排和议定事项，已落实4项，正在落实6项。

现将第二十四次运管例会暨配套工程维修养护项目进场对接会工作安排和议定事项具体落实情况通报如下：

一、周口市西区水厂联接工程。周口市政府高度重视城区供水民生问题，已将周口市西区水厂联接工程作为一项重要工作写入市政府工作报告。为积极支持周口市政府工作，省局投资计划处负责，尽快批复《河南省南水北调受水区周口供水配套工程西区水厂支线向二水厂供水设计变更报告》，建筑工程费用由省南水北调建管局负责，征迁费用由周口市政府负责，周口市南水北调办负责组织实施。

落实情况：周口市南水北调办正在积极落实西区水厂连接工程项目前期工作，设计变更图纸将于近期完成，设计变更方案待省局审批后开始组织招标工作。省局投资计划处对周口市办上报的设计变更报告已起草批复文件，6月7日下午设计单位经与周口市办沟通，又提出要进一步优化设计方案，并计划于6月13日之前完成设计方案优化，届时省局投计处复核投资后批复文件运转。

二、焦作市府城水厂供水线路设计变更。省局投资计划处负责，焦作市配套工程建管局配合，组织设计单位开展府城水厂线路设计变更工作，按程序报批。

落实情况：省局投资计划处已组织设计、地勘单位初选了府城水厂供水线路，待焦作市有关部门对线路最终确认后，设计单位开始进行勘察设计，计划于6月底完成设计工作。焦作市办对初选供水线路正在报焦作市政府进行线路确认工作。

三、新增供水工程通水。清丰县、博爱县、鄢陵县等新增供水项目通水，要严格按照程序完成管道静水压试验等通水准备工作，经通水验收后，由各有关省辖市南水北调办报省南水北调办批准同意后才能向受水水厂正式供水，以确保供水安全。

落实情况：濮阳市清丰县配套工程新增供水项目通水已按程序报批，省办以"豫调办水调〔2017〕33号"调度函批准同意，并于5月15日下午开始试供水。濮阳市建管局严格按照程序完成了管道静水压试验工作，目前通水运行平稳；为确保供水安全，正在进行通水验收工作，待省办批准同意后正式向受水水厂供水。许昌市已完成鄢陵供水工程11km，占管道安装工程量的50%，通水前将严格按照有关规定完成相关工作。焦作市博爱线路管道静水压试验工作已完成6km，剩余7.88km计划在6月底前完成。

四、桥梁竣工验收工作。中线局河南分局、渠首分局负责，加强与有关部门沟通协调，做好两个桥梁验收试点工作，及时总结，形成结合实际可操作的工作模式，以便下一步在全线推广实施。针对桥梁验收试点工作中发现的问题，原则上由项目法人负责整改。

落实情况：中线干线工程两座跨渠桥梁验收试点工作均由河南分局负责。河南分局已同省交通运输厅沟通联系，省公路管理局印发了《普通干线公路跨南水北调渠桥梁竣工资料初验纪要》，要求河南分局补办施工行政许可，接受行政处罚，并将环保、土地等手续作为竣工验收包含资料。河南分局正就该事项与省公路管理局沟通，建议取消环保、土地手续作为竣工验收必要条件。

五、工程消防专项验收。省办建设管理处加强指导，各项目建管处、有关省辖市南水北调办加强与地方消防部门协调，加快推进工程消防备案和验收工作。

落实情况：6月5日，省南水北调办会同中线建管局在郑州召开干线工程消防验收工作座谈会，听取了各项目建管处关于消防验收备案工作汇报，研究解决消防验收工作有关问题，并提出了下步工作要求；要求加强法规研究，加大沟通协调力度，完善资料，确保验收工作进度。目前，安阳段消防设计备案工作已完成，消防验收资料已报安阳市消防部门，施工单位正在补充完善资料，做好验收准备；南阳段13座闸站、5座分水口门符合消防要求，南阳市消防支队已复函确认；郑州段建管处已召开专题会议布置，安排有关监理、施工单位配合完善备案资料。

2017年1月6日省南水北调建管局下发了《关于做好南水北调配套工程消防专项报备工作的通知》（豫调建建〔2017〕3号），要求各省辖市、省直管县（市）配套工程建管局遵循消防属地管理的原则，主动与属地公安机关消防机构联系，及时做好所辖工程范围内的消防设计报备工作；同时，明确了"配套工程消防验收备案中的一些具体问题及建议"，共三大类16项。当前各省辖市、省直管县（市）建管局正在与当地消防部门协调，积极推进配套工程消防备案和验收工作。

六、水政执法工作。2016年11月21日，省水利厅与省南水北调办签署行政执法委托书，明确将河南省南水北调配套工程水行政执法职权委托省南水北调办实施。2017年5月3日，省水利厅发文同意省南水北调办成立河南省南水北调水政监察支队，具体承担我省南水北调工程管理和保护范围内的水行政执法工作。各省辖市、省直管县（市）南水北调办要参照此模式加强与各地水利局沟通协调，尽快完善水政执法手续，组建执法队伍，加强执法培训，开展执法工作。

落实情况：河南省南水北调水政监察支队已经成立，将于6月16日正式挂牌。安阳市于2016年8月在全省率先成立了南水北调水政监察大队，隶属于市水政监察支队，正在有序开展水行政执法工作；许昌、新乡两市已完成授权委托工作；南阳、平顶山、漯河、周口、郑州、焦作、濮阳等7市正在与市水利局沟通协调，签订授权委托书，推进行政执法工作。

七、切实抓好工程维修养护工作，确保工程安全运行。一要统一思想认识。省南水北调办经研究确定通过公开招标，选择实力强、有经验的专业队伍，承担全省配套工程维修养护任务。各省辖市、省直管县（市）南水北调办及有关单位要按照省南水北调办统一要求，不断总结完善，落实好配套工程维修养护各项工作。二要加强组织领导。各省辖市、省直管县（市）南水北调办要树立主责意识和主业意识，高度重视，做好辖区内配套工程维修养护工作，加强对维修养护工作的组织领导，安排分管领导、专门部门和专门人员抓好落实；维修养护单位要健全组织领导体系，发挥联合体优势，整合资源，做好工程维修养护；各级南水北调办事机构与维修养护单位要加强沟通，按照合同要求和技术标准，按照日常维修养护、专项维修养护和应急抢险不同要求，建立和完善维修养护工作机制。三要严格技术标准。省南水北调办已印发《河南省南水北调配套工程日常维修养护技术标准（试行）》（豫调办建〔2017〕12号），对维修养护内容、周期和标准进行了明确。各有关单位要按照标准要求，严格落实，确保工程始终处于良好状态，平稳运行。四要强化监督管理。维修养护单位要加强内部管理，健全相关制度，建立维修养护工作台账；各级南水北调办事机构要加强监督管理工作，督促维修养护单位按照技术标准和合同约定做好维修养护工作，同时要研究制定考核办法和激励机制，促进维修养护工作落到实处。五要不断总结提高。各有关单位要结合工作实际，不断研究、不断完善、不断提高相关的工作标准、工作机制，通过技术创新、设备创新，为提升运行管理水平创造条件。

落实情况：省办建设管理处已组织维修养护中标单位根据运管例会要求，依据合同谈判会议协商事项，完善合同内容及签订程序，目前合同会签已内部运转；进一步做好与各市、县南水北调办对接工作，健全组织领导体系，建立和完善维修养护工作机制；严格按照技术标准和合同约定，做好工程维修养护。

各省辖市、省直管县（市）南水北调办及有关单位严格按照《河南省南水北调配套工程日常维修养护技术标准（试行）》，明确了维修养护内容、周期和标准，积极与中州水务公司、巡线管理基站联系，发现问题及时报告，邀请有关专家检查维修，促进运行管理工作规范化，保证配套工程安全运行。鹤壁市办按照省办统一要求，总结完善配套工程维修养护各

项工作，组织编制本市配套工程第三季度维修养护工作方案。并切实加强组织领导，明确分管领导、专责部门和专职人员，抓好维修养护工作；积极与维修养护单位沟通，要求其在本市设立站点，实行24小时值班制度；要求维修养护单位按照合同要求和技术标准，建立和完善日常维修养护、专项维修养护和应急抢险工作机制。运管人员对维修养护工作进行全程监督，每一个阀井阀件、机电设备的养护工作符合标准后签字确认，并建立维修养护工作台账；对未达标的阀井阀件、机电设备，要求维修养护单位重新维护。

八、时刻绷紧防汛这根弦，确保工程安全度汛。一是思想上要高度重视。要把防汛工作作为全系统当前的首要任务，突出问题导向，突出重点工作，河南段南水北调工程的防汛重点是总干渠的防汛，总干渠的防汛重点是可能影响工程安全运行、出了问题要中断供水的风险点。中线局河南分局、渠首分局要认真研判防汛风险点的等级标准，不断总结防汛经验，提高基层工作人员业务素养，抓好工作落实。二是责任上要逐级夯实。南水北调工程防汛工作实行的是以地方行政首长负责制为核心的防汛安全责任体系，防汛工作由各级地方政府负责，各级防汛主管部门负责具体防汛工作，各级南水北调办事机构负责协调、监管和督促。南水北调干线工程防汛工作由中线建管局具体负责，配套工程防汛工作由各级南水北调办事机构具体负责。各级南水北调办事机构负责编制、落实配套工程防汛方案和预案，根据具体防汛任务和防汛预案要求，适当储备必要的防汛物资；防汛抢险工作由维修养护单位中州水务控股有限公司（联合体）负责实施。紧急时刻要服从地方政府和防汛主管部门的统一调度，联合行动，集中力量，保证工程防汛安全。三是工作上要狠抓落实。一是对左岸防洪影响临时、应急处理工程，要明确责任，加快进度，按照计划在汛前落实到位；二是对不具备条件或不能采取工程措施的防汛安全隐患，

河南省南水北调年鉴 *2018*

要结合实际，完善防汛预案，落实应急措施；三是要进一步加强应急保障能力建设；四是对影响工程安全的外部问题，要加大执法力度，确保汛前解决；五是要完善工作机制，加强汛情、雨情、水情等信息沟通，落实应急抢险队伍，保障值班值守，确保遇到突发事件第一时间有效地应对。

落实情况：5月18日，省办组织召开了河南省南水北调2017年防汛工作会议，传达了2017年全省防汛抗旱工作会议精神，安排部署了2017年全省南水北调防汛工作。6月2日，省南水北调办及时向各省辖市、省直管县（市）南水北调办、省局各项目建管处转发了省防办《转发国家防办关于全力做好近期强降雨防范工作的通知》（豫防办电〔2017〕60号），6月3日通过省南水北调办值班室向有关省辖市、省直管县（市）南水北调办和中线建管局有关现地管理站再次进行了情况通报。省南水北调办会同省防办、中线建管局拟于近期组织开展北汝河渠道倒虹吸工程防汛应急演练，通过防汛演练，发现问题，总结经验，提高抢险队伍的实战能力。

河南分局：一、高度重视防汛工作，将其作为当前的首要工作和核心工作。汛前组织了三次风险项目排查，两次研究调整风险等级标准，三次参加防汛抢险知识、防洪信息管理系统使用培训，增强职工防汛意识和业务能力。二、夯实干线工程防汛责任，建立健全防汛组织机构，完善防汛工作"六项制度"，编制度汛方案和应急预案，储备防汛物资、组建三支应急抢险队伍，认真落实防汛值班，努力确保工程安全度汛。三、落实防汛措施，加快水毁项目修复，对峪河防护工程等增加资源投入，加快建设进度；对汛前未完工的左岸防洪影响工程，影响度汛安全的，实施应急措施；加强应急队伍练兵，开展应急拉练4次，组织防汛演练2次；加强影响工程安全的外部问题排查和报告，针对郑州航空港区保护区弃土，配合郑州市水政监察支队开展水政执法；加强汛期

值班值守，接入省防汛抗旱指挥信息系统、接入安防监控系统、启用防洪信息管理系统、开通防汛短信平台，做好汛情信息的上传下达。

渠首分局：一、根据中线建管局制定的防汛风险项目划分标准，认真组织各管理处开展了防汛风险项目排查，确定了2017年防汛风险项目。二、成立了防汛指挥部（安全度汛领导小组），实行领导带班和分片督导责任制。各管理处成立了安全度汛工作小组，进一步明确了防汛体系机构组成及职责分工，做到责任到人。2017年防汛"两案"已经地方防办批复并报省防办备案。三、对左岸防洪影响处理工程尚未完成的项目，制定了临时处置措施；通过公开招标选定应急抢险保障队伍，已签订合同并进场；自5月15日开始24小时防汛值班；与南阳市防办实现汛情、雨情、水情信息共享。

各省辖市、省直管县（市）南水北调办传达贯彻了省防汛会议、省南水北调办防汛会议精神，并召开了市防汛工作会议，成立了组织机构，制订了防汛工作方案和预案，完善工作机制，落实24小时值班制度，确保汛情、雨情、水情和防汛指令的信息畅通；组建了防汛抢险队伍，储备了防汛物资；排查并建立防汛安全隐患台账，检查汛期施工措施方案，对存在的问题及时下发整改通知，要求相关单位按时整改到位；加强应急保障能力建设，督促维修养护单位组织物资、机械、技术、人力资源等保障措施到位，具备现场应急抢险能力，适时开展应急演练，保证工程安全度汛。

九、依法征收水费，保障工程正常运行。国家和省政府价格主管部门分别核定了南水北调工程供水价格，暂按"运行还贷"水价征收水费。水费征收是依法征收，各省辖市、省直管县（市）南水北调办要讲政治、顾大局，作为义不容辞的责任，做好征收水费工作，以省政府对水费征收督查为契机，积极向政府主要领导汇报，进一步加强协调，强力督促，保证水费及早、足额征收到位，保障工程正常运

行。

落实情况：省办经济与财务处对有关省辖市、省直管县（市）采用水费征收催缴书和电话通知等不同形式催缴水费，本月完成征收水费5904.5万元。

滑县完成水费征缴任务100%；濮阳市完成2014～2015年度水费征缴任务100%，完成2015～2016年度水费征缴任务74%；南阳市完成2014～2015年度水费征缴任务99%，完成2015～2016年度水费征缴任务50%；鹤壁市市本级及淇滨区、开发区、示范区、淇县等县区基本水费纳入财政预算，浚县正在与财政部门协调力争纳入财政预算；其他单位正在积极协调、推进水费收缴工作。

十、加强廉政风险防控，确保干部队伍安全。一要加强学习。结合目前"两学一做"学习教育制度化、常态化，认真学习习近平总书记系列重要讲话精神，全面理解习近平总书记治国理政思想、要求、部署，打牢政治基础，树立政治意识、大局意识、核心意识、看齐意识，严守政治纪律和政治规矩，思想上时刻保持清醒，立场上时刻保持坚定，作风上时刻保持务实，坚定理想信念，树立拒腐防变自觉性。二要履职尽责。要履行好全面从严治党和党风廉政建设的主体责任和监督责任，各个单位及部门负责同志，尤其是一把手，要看好自己的门，管好自己的人，切实履职尽责。三要强化监督。加强党内监督，落实执纪"四种形态"，各级南水北调办事机构和省办机关各部门主要负责同志和班子成员要强化监督意识，主动接受纪检监察部门、群众和社会的监督，让工作在阳光下运行，让权利在制度下规范，保证干部队伍安全。

落实情况：各单位深入开展"两学一做"学习教育，推进"两学一做"学习教育制度化、常态化，坚持自学与集体学习相结合，系统学习党的十八大及十八届三中、四中、五中、六中全会精神，深入学习习近平总书记系列重要讲话精神，增强政治意识、大局意识、核心意识、看齐意识，严守政治纪律和政治规矩；认真履行全面从严治党和党风廉政建设的主体责任，领导班子成员认真落实"一岗双责"要求，采取警示教育、经常性谈心谈话等多种形式，加强党建工作和党风廉政建设；强化监督意识，主动接受纪检监察部门、群众和社会的监督，让工作在阳光下运行，让权力在制度下规范，保证干部队伍安全。

省纪委派驻省水利厅纪检组在省办召开了"述职能、明责任、防风险"座谈调研会，各支部汇报了落实全面从严治党和党风廉政建设工作；积极参加"决胜全面小康、让中原更加出彩"微型党课比赛活动和在中国延安干部学院开展理想信念专题教育培训。

2017年6月8日

关于加强我省南水北调工程防汛巡查的紧急通知

豫调办〔2017〕76号

中线局河南分局、渠首分局，各省辖市、省直管县（市）南水北调办：

我省已进入"七下八上"防汛关键期，暴雨频发重发，南水北调工程纵贯山区和平原过渡地带，洪水具有峰高时短、破坏性强的特点，防汛形势十分严峻，必须进一步加强防汛巡查，切实落实度汛措施，及时处置防汛隐患，确保南水北调工程度汛安全，确保人民群众生命安全。

一是进一步排查南水北调河渠交叉建筑物和深挖方、高填方、不良地质渠段防汛薄弱环节，切实落实防汛物资、设备、人员，保障抢险道路畅通。二是进一步排查左岸排水工程排水通道，清除前期洪水造成的淤积，保障排水通道畅通，尤其是保障排水渡槽下游沟道畅通。三是进一步排查截流沟、导洪沟等排水通道，及时清理沟道淤积和杂物堵塞，加固低洼渠段防护堤，保障局部汇流面积洪水不入渠。

四是进一步排查配套工程管理站、泵站、阀井等设施设备防汛措施，尤其是加强低洼地带工程的防汛物资、设备、人员保障，保证汛期供水安全。

特此通知。

2017年7月18日

河南省南水北调办公室关于我省南水北调中线工程生态走廊建设情况的报告

豫调办〔2017〕110号

省委：

收悉《中共河南省委办公厅 河南省人民政府办公厅关于印发〈省委十届四次全会主要任务分工方案〉的通知》（豫办〔2017〕56号），我办高度重视，认真贯彻落实文件要求，积极配合省发展改革委、省财政厅、省环保厅、省水利厅、省林业厅加快推进我省南水北调中线生态走廊建设。现将有关工作进展情况报告如下：

一、基本情况

南水北调中线工程在我省境内长731公里，沿线涉及南阳、平顶山、许昌、郑州、焦作、新乡、鹤壁、安阳等八个省辖市、35个县（市、区）。按照国家发改委批复的《南水北调中线一期工程干线生态带建设规划》要求，生态带建设宽度为20～60米。为推进我省现代林业发展，提升林业生态省建设水平，省政府印发了《河南林业生态省建设提升工程规划（2013—2017年）》，规划在南水北调中线工程总干渠两侧各建设100米宽的生态带，建设生态带面积约21.6万亩。

二、工作进展情况

（一）总干渠及水源区生态带建设取得实质性进展。沿渠及水源区有关省辖市、直管县（市）党委和人民政府高度重视，严格按照上级部署要求，科学论证，因地制宜，精心编制建设规划，完善生态补偿机制，采取有力措施，生态带建设工作取得了显著成效。南阳市、许昌市、新乡市、安阳市及邓州市现已全部完成生态带建设任务，其他各市预计在明年如期完成。截至目前，我省已累计完成南水北调中线工程生态带面积19.28万亩，占省规划生态带建设任务的89.3%；完成丹江口水库环库生态隔离带5.17万亩，基本形成闭合圈层，为南水北调中线工程水生态保护、形成我省"三屏四廊"生态网络、构筑绿色生态屏障打下坚实基础。

（二）焦作市城区段生态带建设工作取得突破性进展。南水北调中线工程焦作城区段生态带建设，因征迁搁置长达8年之久，群众反映强烈，社会普遍关注。今年3月以来，焦作市委、市政府在充分调研的基础上，本着对发展、对人民、对历史、对生态高度负责的态度，果断决策，深入动员，集中攻坚，取得突破性进展。现已完成征迁4008户1.8万人，拆迁房屋176万平方米，破解了多年难以解决的遗留问题，解除了制约我省南水北调中线工程生态带建设的瓶颈，为加速完成我省南水北调中线工程生态带建设任务赢得了时间。同时，该市确立了"以绿为基，以水为魂，以文为脉，以南水北调精神为主题的开放式带状生态公园"的建设定位，重点建设"一馆、一园、一廊、一楼"，打造南水北调中线工程最美风景线。

（三）积极探索建立市场化、多元化生态补偿机制。着眼长效，我办配合省发展改革委、省财政厅、省林业厅，积极探索建立南水北调中线工程总干渠及水源区市场化、多元化生态补偿机制。截至目前，省财政厅已向各有关市（县）转移支付南水北调中线工程库区生态补偿资金703571万元、总干渠生态补偿资金32000万元，为我省南水北调中线工程生态带建设提供了有力保障。着眼京豫共构绿色生态屏障、共建水生态文明、共保一泓清水永续北上，积极探索生态补偿市场化、多元化形式，建立京豫对口协作机制，开展区县"一对一"结对协作，实施京豫战略合作。截至目前，北京市21个乡镇与我省水源区21个乡镇，北京市行政村、国有企业等23个单位与水源区23个贫困村结对帮扶，实施305个对口协作项目，支持我省对口协作资金10亿元，充分发挥了生态补偿机制市场化、多元化潜力，有力促进了南水北调中线工程水源区经济建设和生态文明建设，京豫共享南水北调中线工程水生态文明建设成果。

三、下步工作打算

（一）深入贯彻党的十九大精神，坚决落实省委、省政府决策部署。在下步工作中，我们将以习近平新时代中国特色社会主义思想为指导，深入贯彻党的十九大精神，坚决贯彻省委、省政府决策部署，立足新时代，开启新征程，锐意进取、埋头苦干，实施绿色发展，全力推进我省南水北调中线工程生态走廊建设，构筑绿色生态屏障，为我省早日形成"三屏四廊"生态网络和助力美丽河南谱写新的篇章。

（二）突出工作重点，全力推进我省南水北调中线工程生态文明建设。紧紧扭住我省南水北调中线工程生态带建设这个重点，在深化巩固已有成果基础上，力争在2018年全线完成生态带建设任务，带动和推进我省南水北调中线工程生态文明建设。为确保南水北调中线工程长期稳定供水、维护国家水安全大局，着力综合治理，切实保障水质稳定达标，进一步增强水源涵养能力，提高风险防控能力，保障供水稳定运行。全面深化京豫战略合作，协调推进水源区经济社会发展与水源保护，确保"一泓清水永续北送"。

（三）深入一线加强检查督导，盯住末端跟踪问责问效。我办将积极会同省发展改革委、省环保厅、省林业厅成立联合检查督导组，建立联合检查督导机制，对没有完成生态带建设任务的市（县、区）定期实施检查督导。针对末端进度和质量，定期分析形势，查找薄弱环节，找准问题，建立台账，及时公开通报，压实各级责任。针对生态带规划建设目标，定期组织目标考核，建立健全责任追究制度，盯住末端跟踪问责问效，确保如期完成生态带规划建设任务，确保省委、省政府决策部署落到实处。

2017年12月29日

关于对2017年度责任目标任务进行责任分解的通知

豫调办综〔2017〕22号

机关各处室、各项目建管处：

根据省政府有关要求，我办制定并报送了省南水北调办2017年度责任目标，并已由省委考核工作委员会办公室印发。为进一步抓好目标任务的贯彻落实，现将2017年度责任目标任务进行责任分解，请结合实际，认真抓好贯彻落实。

一类目标

1.强力推进配套工程自动化调度系统建设。加大管控力度，制定详细计划，明确时间节点，进一步加快自动化系统建设进度，2017年基本完成工程建设任务；督促各省辖市南水北调办基本完成管理处所和外部供电工程建设，为自动化调度系统投入运行提供条件。

由投资计划处、建设管理处负责落实。

2.推进工程验收工作。加强与相关单位沟通协调，积极推进总干渠桥梁竣工验收、铁路交叉、供电线路、消防等验收事宜；加强配套工程验收管理，强力推动配套工程分部、单位工程及合同完工验收工作；完成配套工程征迁验收工作。

由建设管理处、环境移民处负责落实。

3.加快剩余及新增项目建设进度。督促加快总干渠沧河倒虹吸防洪影响处理工程、配套管理处（所）以及清丰、博爱供水支线等剩余工程建设进度；组织巡查大队、飞检大队对配套工程剩余尾工及新增项目施工质量情况进行检查，及时发现、通报存在的问题，并督促整改，确保在建项目工程质量和安全。

由建设管理处、质量监督站负责落实。

4.加快变更索赔项目处理工作进度。以合同为基础，以国家、省有关法律法规为依据，在从严掌控、确保审批质量的前提下，加快变更索赔项目处理工作；督促各项目建管处和各省辖市建管局按照变更索赔台账和工作计划，加快推进变更索赔项目的处理工作，消除投资控制风险。

由投资计划处负责落实。

5.加大水费征缴力度。按照"先易后难、重点突破、积极引导、带动全局"的思路，开展水费征缴工作，严格按照《南水北调供用水条例》和《河南省南水北调配套工程设施保护和管理办法》，依法征收水费，加大督查力度，提高水费征收率。

由经济财务处负责落实。

二类目标

1.加强配套工程运行管理。做好水量调度管理工作，加强运行管理工作的规范化、制度化建设，定期采取多种方式对各地配套工程运行管理加强监管；督促检查指导工程维护项目的实施；积极推进全省配套工程基础信息系统及巡检系统应用。

由建设管理处负责落实。

2.做好总干渠沿线水质保护工作。积极协调省环保厅，并督促要求各省辖市南水北调办积极协调配合当地环保部门进一步核实整治总干渠沿线水污染风险点；按照相关政策、法规和规范并兼顾我省发展需要，对我省南水北调中线一期工程总干渠两侧水源保护区范围进行调整完善，切实加强总干渠两侧水源保护区水污染防治工作。

由环境移民处负责落实。

3.积极推进规划编制落实。配合省发改委积极推进《丹江口库区及上游水污染防治和水土保持"十三五"规划》编制工作，做好规划实施方案的制定，督导规划项目实施。

由环境移民处负责落实。

4.持续做好《河南省南水北调配套工程供用水和设施保护管理办法》宣传贯彻和监督执法工作。大力宣传《河南省南水北调配套工程供用水和设施保护管理办法》，组织开展运行管理、供水效益、生态带建设、水质保护等系列宣传，扩大南水北调工程的社会影响力，建立爱护工程设施、珍惜水资源、自觉节约用水的良好社会氛围。依法依规做好南水北调工程保护范围规定事项的行政执法和监督检查工作。

由监督处、综合处负责落实。

5.建立健全各项工作制度，创新管理机制。积极推进实行省级统一调度、统一管理与市、县分级负责相结合的"两级三层"管理体制，规范配套工程运行管理工作。建立完善风险防控机制。建立完善运行管理制度框架体系，制订配套工程运行管理稽察办法，组建行政执法队伍，建立完善执法制度。

由审计监察室、监督处负责落实。

6.持续加强党建工作。严格落实《中国共产党廉洁自律准则》和《中国共产党纪律处分条例》，认真落实"两个责任"和"一岗双责"，开展廉政警示教育，筑牢思想防线，抓好班子，带好队伍，为做好各项工作提供组织保证。深入学习贯彻党的十八届六中全会和省第十次党代会精神，紧密团结在以习近平同志为核心的党中央周围，牢固树立政治意识、大局意识、核心意识、看齐意识，坚定推进全面从严治党，坚持思想建党和制度治党紧密结合，净化党内政治生态，抓好党性教育，认真落实"三会一课"制度，推进"两学一做"学习教育常态化制度化，把"两学一做"学习教育推向深入。

由机关党委、审计监察室负责落实。

2017年7月3日

关于水费收缴专项督查调研的函

豫调办函〔2017〕6号

省政府督查室：

为落实河南省人民政府办公厅《督查通知》（查字〔2016〕104号）指示精神，进一步推进我省南水北调水费收缴工作，我办于2017年3月9日至10日，对水费缴纳工作滞后的新乡市、焦作市、平顶山市、漯河市、周口市进行了专题调研（调研报告见附件1），根据《督查通知》的时间要求，拟于近期对上述五个省辖市进行水费收缴专项督查调研，并制定了《水费收缴专项督查调研工作方案》（见附件2），请你室根据工作安排督查调研时间表。

专此函达。

附件：1.关于水费收缴专题调研的报告
　　　2.水费收缴专项督查调研工作方案
　　　　　　　　　　　　　2017年3月30日

附件1

关于水费收缴专题调研的报告

根据《南水北调工程供用水管理条例》（国务院令〔2014〕647号）及《河南省南水北调配套工程供用水和设施保护管理办法》（省政府令〔2016〕176号）精神，结合我省各省辖市、直管县（市）水费缴纳情况，为掌握省政府督查通知（查字〔2016〕104号）下发后有关省辖市水费收缴的进展情况，我办于2017年3月9日至10日，对水费缴纳滞后的新乡市、焦作市、平顶山市、漯河市、周口市进行了专题调研。现将调研情况报告如下：

省政府督查通知下发后，平顶山市、漯河市、新乡市水费征缴工作取得了较大进展，焦作市、周口市水费征缴工作进展不大。

一、平顶山市

平顶山市配套工程综合水价0.74元/m³，其中基本水价0.36元/m³，计量水价0.38元/m³。2014~2015年度应交水费9574.1382万元，2015~2016年度应交水费9618.6552万元。由于水厂建设滞后、政府财政困难等原因，没通水县区上缴水费不积极，目前实际缴纳1634.2600万元，共欠缴水费17558.5334万元。

省政府督查通知下发后，平顶山市南水北调办高度重视，一是多次向市委、市政府汇报，拿出水费收缴具体方案，反复征求市财政局意见，并由市政府法制办审核。2017年1月22日，《平顶山市南水北调供水水费收缴办法》（平政办〔2017〕12号）于市政府第60次常务会议审议通过并印发，办法要求基本水费按照年分配水量分别纳入市、县（区）年度财政预算，由市、县（区）按50%的比例分摊；计量水费的收取按照"谁用水、谁付费"的原则，水价调整前，受水水厂承担实际的计量水费，水价调整后，受水水厂按实际用水量承担相应的基本水费和计量水费，市、县（区）财政仍承担没有使用的分配水量的基本水费；二是由市政府领导召开各相关县（区、管委会）会议，强调要按时足额缴纳水费；三是加快水厂建设进度，增加南水北调供水量。

平顶山市计划6月30日前缴纳2014~2015年度所欠水费，12月31前缴清2015~2016年度所欠水费。

二、漯河市

漯河市配套工程综合水价0.74元/m³，其中基本水价0.36元/m³，计量水价0.38元/m³。2014~2015年度应交水费3607.2537万元，2015~2016年度应交水费5548.4770万元。目前已上缴省办1447.7431万元，共欠缴7707.9876万元。

省政府督查通知下发后，漯河市南水北调办积极响应，从多种渠道确保水费征缴任务的完成，一是多次向市政府相关领导专题汇报国家和省有关要求、其他省辖市和直管县（市）

水费缴纳情况，以及南水北调供水对漯河市经济发展的重要作用等，争取市政府的支持。2017年1月5日，市政府第113次常务会议研究通过了漯河市南水北调水费征缴意见。2月7日，市政府办公室印发《关于做好南水北调水费征缴意见的通知》，确定漯河市南水北调水费征缴原则是"按照规划分配水量，谁用水、谁受益、谁承担"，水价调整前市区基本水费和计量水费由市财政和各区各承担50%，水价调整后用水单位按照综合水价缴纳南水北调水费，实际用水量少于规划分配水量的，市区差额部分的基本水费由市财政和各区各承担50%，受水县结合各自实际情况，参照市区征缴意见制定具体征缴方案，和市区水费征缴保持同步。二是市南水北调办专人负责，督促协调各县区上缴南水北调水费；三是逐步建立水费征缴督查机制。

漯河市力争4月底前完成2014~2015年度水费征缴任务，年底前完成2015~2016年度水费征缴任务。

三、新乡市

新乡市配套工程综合水价0.86元/m³，其中基本水价0.42元/m³，计量水价0.44元/m³。2014~2015年度应交水费15355.6556万元，2015~2016年度应交水费20477.5824万元。由于大部分水厂建设滞后、居民水价未调整等原因，造成新乡市南水北调用水量只有规划用水量的20%，两个年度实际缴纳600万元，共欠缴水费35233.2380万元。

省政府督查通知下发后，新乡市南水北调办采取多种措施推进水费征缴工作，一是听取各相关单位意见，多次报请市政府相关领导研究水费收缴工作，与市财政局共同起草《新乡市南水北调2014~2015年度水费征缴方案》，并于2016年11月25日市政府第27次常务会议中讨论通过。2016年12月13日，新乡市人民政府办公室出具正式文件《关于印发〈新乡市南水北调2014-2016年度水费征缴方案〉的通知》，明确在入户水价调整之前，基本水费按照年分配水量由市、县（区）财政按比例负担，计量水费差价纳入市、县（区）财政管理；二是每月向各相关县（市、区）发催缴函，要求各相关单位尽快缴纳欠缴水费；三是努力消纳水量，把所辖的原阳县、延津县、封丘县、平原新区纳入供水范围，水资源配置方案批复后，尽快开工建设。

2017年新乡市人大会后，市财政局即可将水费拨付至新乡市南水北调办账户。计划3月底前足额上缴2014~2015年度欠缴水费。

四、焦作市

焦作市配套工程综合水价0.86元/m³，其中基本水价0.42元/m³，计量水价0.44元/m³。2014~2015年度应交水费10146.3279万元，2015~2016年度应交水费11722.5120万元。目前已征缴水费1695.2967万元，共欠缴20173.5432万元。

焦作市的水费征缴工作进展缓慢，收到省政府的督查通知后，市南水北调办向市政府有关领导汇报了有关情况，但是到目前为止，并没有明确在工程运行初期实际用水量达不到规划水量的情况下，缴纳水费的资金来源渠道，市政府也没有出台相关书面文件解决水费欠缴问题。

五、周口市

周口市配套工程综合水价0.74元/m³，其中基本水价0.36元/m³，计量水价0.38元/m³。2014~2015年度应交水费3281.3278万元，2015~2016年度应交水费3710.5200万元。目前两个年度的水费均没有上缴。

周口市的水费征缴工作比较落后，收到督查通知后，周口市南水北调办领导班子多次找周口市委、市政府领导汇报水费交纳工作，行文请示交纳基本水费和计量水费，建议将基本水费纳入周口市年度预算，并与财政局沟通、协调周口市南水北调工程水费交纳问题。但是，由于周口市财政资金紧张、财力有限，欠交水费仍在筹措之中；计量水费正在积极向用水单位收取。

2017年3月20日

附件2

水费收缴专项督查调研工作方案

为落实河南省人民政府办公厅《督查通知》（查字〔2016〕104号）指示精神，进一步推进水费收缴工作，根据省政府工作安排，拟于　　月　　日至　　日对新乡市、焦作市、平顶山市、漯河市、周口市开展水费收缴专项督查调研，具体方案如下：

一、督查调研前的相关准备工作：

1.省南水北调办经财处准备各省辖市、直管县（市）特别是此次督查调研的五个省辖市水费收缴任务（基本水费、计量水费），已交水费情况（基本水费、计量水费）。

2.省南水北调办建设处准备五个省辖市实际用水量及水量确认情况。

3.省南水北调办监督处准备五个省辖市水厂建设情况。

4.省南水北调办近期对新乡、焦作、平顶山、漯河、周口五市水费收缴调研情况。

二、督查组人员构成：由省政府督查室相关领导带队，省南水北调办经财处、建设处、监督处抽调相关人员配合开展工作，对水费收缴工作进展缓慢的新乡市、焦作市、平顶山市、漯河市、周口市等五个省辖市进行督查调研。

督查组组长：张发成、李颖

成员：省政府督查室人员、卢新广、张兆刚、高文君、柴能、建设处、监督处

三、督查时间安排：

2017年　　月　　日~　　月　　日上午，新乡市

2017年　　月　　日~　　月　　日下午，焦作市

2017年　　月　　日~　　月　　日上午，平顶山市

2017年　　月　　日~　　月　　日下午，漯河市

2017年　　月　　日~　　月　　日上午，周口市

四、督查调研范围：新乡市、焦作市、平顶山市、漯河市、周口市

五、督查调研内容：省政府《督查通知》下发后，五个省辖市水费收缴工作进展情况。包括供用水合同执行情况，基本水费资金来源落实情况，水费收缴已采取的措施，水费收缴工作存在的问题，下一步拟采取的措施等；水价政策执行或调整情况；水厂建设情况。

六、督查调研工作步骤：

1.解读国家和省有关文件精神、强调南水北调供水对我省社会经济发展的推动作用，以及迟交、缓交水费的不良影响，全省各地水费征缴情况、传导工作压力，激发工作动力。

2.听取五个省辖市关于收费收缴情况、实际用水量及计量确认情况、水厂建设情况、基本水费资金来源落实情况、水费收缴存在的问题和拟采取的措施等情况介绍。

3.介绍水费收缴较好的省辖市的经验与做法。

4.探索研究水费收缴工作存在问题与推进水费收缴工作的有效措施。

5.对下步水费收缴工作提出要求。

6.形成督查调研工作报告。

2017年3月22日

关于加强其他工程穿越邻接河南省南水北调受水区供水配套工程建设监管工作的通知

豫调办投〔2017〕7号

各省辖市、省直管县（市）南水北调办：

为进一步加强对其他工程穿越邻接配套工程的建设监管工作，确保配套工程安全运行。根据《河南省南水北调配套工程供用水和设施保护管理办法》（河南省人民政府令第176号）和我办以《关于印发<河南省南水北调受水区供水配套工程保护管理办法（试行）>的通知》（豫调办〔2015〕65号）文件印发的《河南省南水北调受水区供水配套工程保护管理办法（试行）》的有关规定，现将有关要求通知如下：

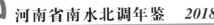

一、其他工程若确需穿越或邻接配套工程，由其业主单位（或主管单位）按照《其他工程穿越邻接河南省南水北调受水区供水配套工程设计技术要求（试行）》和《其他工程穿越邻接河南省南水北调受水区供水配套工程安全评价导则（试行）》的要求组织编制相应的设计报告和安全影响评价报告，并按照《河南省南水北调受水区供水配套工程保护管理办法（试行）》履行审批手续。

二、穿越或邻接工程开工前，其业主单位（或主管单位）应按规定履行施工图、施工方案和开工申请报告审批手续，并与省辖市或直管县（市）南水北调办签订建设监管协议，接受安全管理、质量管理、进度管理和应急管理的监管，未经许可不得开工建设。

三、穿越或邻接工程业主单位（或主管单位）应为工程监管提供必要的工作条件，并承担工程监管产生的费用。监管单位应根据穿越或邻接工程的施工方案和施工进度计划制定监管工作计划，拟定投入的人力、物力等资源，并以此测算产生的费用，在建设监管合同中予以明确（最终费用可按实际监管时间计算确定）。管理人员费用可按施工期监管单位所在地政府有关部门发布的相应职级工资标准计算，工人费用和投入的材料费用可按施工期河南省或工程所在地造价主管部门发布的人工工资标准和材料价格信息计算；投入的车辆费用可按施工期工程所在地或监管单位所在地市场租赁价格计算。

四、穿越或邻接工程开工前，其业主单位（或主管单位）应向监管单位缴纳安全保证金，经批准后方可进场施工。安全保证金根据穿越或邻接工程对配套工程的影响程度和影响时间的不同按30万～50万元标准收取，具体金额由监管单位和穿越或邻接工程业主单位（或主管单位）协商后在建设监管协议中明确。穿越或邻接工程通过验收、有关质量安全问题处理完成并正常运行后予以退还。安全保证金的扣除事项由监管单位根据配套工

程设施保护和安全运行的要求与穿越或邻接工程业主单位（或主管单位）协商后在建设监管协议中明确。

五、建设穿越或邻接工程期间，不得影响配套工程安全，不得影响配套工程正常供水运行、维护和检修等工作，其业主单位（或主管单位）应当设置警示标志，并采取有效措施，防范工程建设或者交通事故、管道泄漏等带来的安全风险。未采取有效措施，危害配套工程安全和供水安全的，应立即采取补救措施，并启动应急预案；在补救措施落实前，暂停工程设施建设；由此导致配套工程的损失和处理工程费用全部由穿越或邻接工程业主单位（或主管单位）承担，并负一切法律责任。

六、对涉及配套工程管理范围和保护范围的分部、合同、竣工验收，穿越或邻接工程业主单位（或主管单位）应邀请监管单位参加。对验收中发现的涉及配套工程安全及运行维护问题，穿越或邻接工程业主单位（或主管单位）应立即处理，并承担相关费用。穿越或邻接工程验收后，其业主单位（或主管单位）应及时向监管单位提交一套完整的验收资料（包括但不限于参建单位验收工作报告、竣工图、验收鉴定书等）备案。

2017年3月28日

关于做好南水北调中线工程水源区及输水沿线农村环境综合整治工作的通知

豫调办移〔2017〕13号

中线局河南分局、渠首分局，各省辖市南水北调办，焦作市城区办，邓州市南水北调办，卢氏县、栾川县南水北调办：

为确保南水北调中线工程水质安全，《全国农村环境综合整治"十三五"规划》将南水北调中线工程水源区及输水沿线列为重点整治

范围，计划对河南省南水北调中线工程水源区及输水沿线 32 个县（市、区）3102 个建制村进行治理。

请各单位高度重视此项工作，认真做好以下各项工作：

一、总干渠两侧水污染风险排查

中线局河南分局、渠首分局应会同各省辖市、直管市南水北调办及相关部门，共同排查总干渠两侧水污染风险源。排查以村为单位，内容包括村庄规模、与总干渠位置关系、污染源类别等，同时根据轻重缓急制定年度计划。

二、丹江口库区及水源区排查

南阳市南水北调办、邓州市南水北调办、卢氏县南水北调办、栾川县南水北调办应会同相关部门，做好丹江口库区及水源区排查工作。排查以村为单位，内容包括村庄规模、库区及水源区位置关系、污染源类别等，同时根据轻重缓急制定年度计划。

三、资料报送

中线局河南分局、渠首分局按所辖渠段汇总报送；各省辖市南水北调办，邓州市南水北调办，卢氏县、栾川县南水北调办按行政区划汇总报送。2017 年 7 月 31 日前，以正式文件报送我办，同时将电子版发至 tzxb@hnsl.gov.cn。

四、建立季报、年报制度

各单位要明确专人负责此项工作，同时明确 1 名信息联络人，具体负责综合整治工作信息报送，每季度汇总报送一次工作开展情况，年度实施情况于 12 月 1 日前报送我办。

联系人：

联系方式：0371-65551581

2017 年 7 月 17 日

关于京豫战略合作协议落实情况的工作报告

豫调办移〔2017〕22 号

省发展和改革委员会：

2016 年 8 月河南省政府与北京市政府签订《全面深化京豫战略合作协议》以来，我办高度重视此项工作，积极主动开展豫京双向交流对接，认真抓好战略合作协议事项的落实。现将有关工作情况报告如下：

一、所做主要工作

（一）开展水源保护区水质保护人才培训

为贯彻国发〔2013〕42 号和发改〔2013〕544 号等有关文件精神，依据《北京市南水北调对口协作规划》和《北京市南水北调对口协作工作实施方案》等有关文件要求，2016 年 10 月，我办组织丹江口水源区及总干渠沿线地市南水北调系统业务骨干 30 名，赴京参加了京豫南水北调对口协作培训班。通过对"工程调水运行管理、供水安全、水质保护"等相关知识的学习及现场观摩，既增长了知识和见识，又加深了友谊和了解，为京豫双方下一步的友好合作奠定了坚实的基础。

（二）积极协调配合并参与双向交流对接

我办十分重视豫京战略合作工作，积极主动地开展了豫京双向交流对接的协调配合工作。一是多次与北京市支援合作办、北京市南水北调办就对口协作事宜进行洽谈对接，积极争取北京市给予河南省更多的倾斜和支持；二是多次陪同北京市支援合作办、北京市调水办等相关部门到水源区开展对口协作调研，研究京豫两地部门间开展对口协作的具体工作方案，协调对口协作工作涉及的重点领域和合作项目，并提出了一系列相关建议。

二、主要成效

经过京豫双方共同努力，"十二五"期

间，京豫对口协作项目建设稳步推进，干部人才交流有序进行，区县合作不断深化，水源地地区经济社会发展明显提速，水质保护工作取得可喜成效。经国家六部委联合对水源地三省（河南、湖北、陕西）"十二五"规划实施情况考核，我省综合得分连续四年位居第一。2016年全年至2017年8月，陶岔、张营、西峡水文站、许营、史家湾、东台子、杨河、淇河大桥、上河、高湾和三道河等12个水质监测断面达标率均为100%。丹江口库体水质稳定达到Ⅱ类水质（不计总氮），满足调水水质要求。

三、下一步工作重点

（一）继续抓好现有合作协议的深化落实

一是加强南水北调中线生态经济带方面合作。我办将以南水北调中线工程为纽带，全面深化河南省和北京市战略合作，重点加强南水北调中线生态带建设、生态保护和水污染联防联治等方面的合作，统筹规划和科学布局南水北调中线工程沿线产业和城镇，共同维护好南水北调中线工程绿色发展的大好局面，共同履行好"一渠清水永续北送"的政治责任。

二是继续开展水质保护和中线工程运行管理方面的技术交流。继续贯彻国发〔2013〕42号和发改〔2013〕544号等有关文件精神，依据《北京市南水北调对口协作规划》和《北京市南水北调对口协作工作实施方案》等有关文件要求，按年度选派丹江口水源区及总干渠沿线地市南水北调系统业务骨干，赴北京市开展培训，学习北京市南水北调水质保护和运行管理先进经验。

三是加强基础设施建设促进环境保护。在全面落实已签订合作协议内容的基础上，针对我省南水北调中线工程沿线和水源区水污染风险特点，重点加强农村环境保护基础设施建设，着力强化农村环境综合治理，建立农村环境连片综合整治示范区，支持北京市企业投资南水北调中线工程沿线和水源地环保基础设施，积极协调污水垃圾处理设施运行管理的有关工作，通过实施饮用水源地保护、生活污水和垃圾处理及畜禽养殖粪便收集等工程，有效解决农村区域性突出环境问题，消除南水北调水污染风险，确保"一渠清水永续北送"。

（二）进一步加强水源地对口协作协调服务工作力度

全面贯彻落实《丹江口库区及上游地区对口协作工作方案》，积极配合省发改委，协调相关部门与北京市支援合作办对接，研究提出加强水源地水质保护与深化对口协作的重点任务，推进对口协作项目进展，推动结对区县在产业转移、生态旅游、人才交流等领域交流合作。

（三）积极做好扩大豫京合作领域的协调服务工作

作为河南省丹江口库区及上游地区对口协作协调小组成员单位，我办将积极协调配合省有关部门，在人力资源、商贸、农业、科技创新等领域，加强与北京市相关单位对接协商，推动豫京战略合作深入开展。

2017年9月8日

关于加快推进南水北调总干渠两侧水源保护区环境综合整治的函

豫调办移函〔2017〕5号

南阳、平顶山、许昌、郑州、焦作、新乡、鹤壁、安阳市政府，邓州市政府：

为贯彻落实5月20日全省环境污染防治攻坚工作电视电话会议精神及陈润儿省长和许甘露书记的重要讲话要求，根据《关于印发全省环境污染防治攻坚工作电视电话会重点工作任务分解方案的通知》（豫环攻坚办〔2017〕142号）工作安排，2017年11月底前，沿线各省辖市、省直管县（市）政府应完成南水北调中线一期工程总干渠（河南辖区）两侧183家排污单位综合整治任务。

要求沿线各省辖市、省直管县（市）政府

6月底前制定并印发本辖区排污单位"一厂（户）一策"综合整治实施方案，下达综合整治计划任务，进一步明确取缔、关闭、搬迁时间，同时将综合整治实施方案和实施进展情况上报省污染防治攻坚战领导小组办公室。

特此函。

2017年6月6日

关于印发《河南省南水北调配套工程运行管理规范年活动实施方案》的通知

豫调办建〔2017〕11号

各省辖市、省直管县（市）南水北调办，省办机关各处室：

为贯彻落实2017年度河南省南水北调工作会议精神，根据省南水北调办主任办公会安排，省南水北调办制定了《河南省南水北调配套工程运行管理规范年活动实施方案》（见附件），现印发给你们，请结合实际，认真贯彻执行。

2017年3月14日

河南省南水北调配套工程运行
管理规范年活动实施方案

为贯彻落实2017年度河南省南水北调工作会议精神，根据省南水北调办主任办公会安排，结合我省南水北调配套工程运行管理实际，特制订本方案。

一、总体目标

认真贯彻落实党的十八大及历次全会精神和省委省政府决策部署，按照2017年度河南省南水北调工作会议要求，抓管理，建机制，全面推进我省南水北调配套工程运行管理工作规范化，确保工程安全运行及效益持续发挥，更好服务于"中原崛起、河南振兴、让中原更加出彩"的大战略、大格局。

二、时间安排和方法步骤

第一阶段：动员部署阶段（3月1日至3月15日）

1.统一认识，抓好方案制定。省南水北调办制定并下发《河南省南水北调配套工程运行管理规范年活动方案》（以下简称《方案》），各省辖市、省直管县（市）南水北调办要制定具体实施方案，有计划、有步骤、有重点地开展配套工程运行管理规范年活动，将《方案》落实到每一个运行管理机构、每一位运行管理人员。

2.组织动员，抓好思想发动。省南水北调办机关各处室、各省辖市、省直管县（市）南水北调办要召开专题会议对本辖区落实《方案》工作进行动员部署和宣传发动。

第二阶段：具体实施阶段（3月16日至12月20日）

1.完善制度。认真总结工程运行管理两年来的经验教训，进一步充实和完善规章制度和规程规范，做到运行管理每项工作有规可依、有章可循，做到规章制度和规程规范切合实际、具有可操作性，为运行管理工作规范化、制度化提供制度保障。一是省南水北调办要在原有规章制度和规程规范的基础上，出台《河南省南水北调受水区供水配套工程管理规程》（责任单位：省办建设管理处）、《河南省南水北调受水区供水配套工程机电物资管理办法》（责任单位：省办建设管理处）、《河南省南水北调工程水费收缴及使用管理暂行办法》（责任单位：省办经济与财务处）、《河南省南水北调工程运行管理物资采购管理办法》（责任单位：省办投资计划处）、《河南省南水北调工程运行管理资产管理办法》（责任单位：省办经济与财务处），制订《河南省南水北调配套工程运行管理稽察办法》（责任单位：省办监督处）。二是各省辖市、省直管县（市）南水北调办要进一步完善现有规章制度，制定运行管理各项工作的作业指导书，明确工作流程和操作要点，汇总形成操作手册（责任单位：各省辖市、省直管县（市）南水北调办，督办单位：省办建设管理处、监督处、质量监督站）。

2.健全队伍。一是省南水北调办与省编委积极沟通协调，争取尽快批复我省南水北调配套工程运行管理体制，加快推进实行省级统一调度、统一管理与市、县分级负责相结合的"两级三层"管理体制，充实运行管理专业技术人员，规范配套工程运行管理工作的体制机制（责任处室：省办审计监察室）。二是各省辖市、省直管县市南水北调办要积极协调，按照省南水北调办统一安排部署，抓紧充实所属运行管理人员，尤其是运行管理一线生产人员，提高运管人员业务素质，建立一支精干、专业、高效的运行管理队伍（责任单位：各省辖市、省直管县（市）南水北调办，督办单位：省办审计监察室、建设管理处）。三是加强工程维修养护，省南水北调办按照"管养分离"的原则，通过公开招标，选择实力强、有经验的专业队伍，承担全省配套工程维修养护任务；各省辖市、省直管县（市）南水北调办要加强对维修养护工作的监管，制定计划，督促落实（责任单位：省办建设管理处，各省辖市、省直管县（市）南水北调办）。

3.加强培训。一是省南水北调办组织全省南水北调配套工程运行管理专题培训，重点培训南水北调工程运行管理、维护与设施保护相关知识，进一步宣贯《河南省南水北调配套工程供用水和设施保护管理办法》等法规、配套工程系列运行管理制度和管理规程，观摩运行管理规范操作范例，进一步提高广大干部职工的专业运行管理技能（责任单位：省办审计监察室、建设管理处、环境与移民处、监督处）。二是各省辖市、省直管县（市）南水北调办要结合工作实际，依据配套工程运行管理规章制度和作业指导书，有针对性地开展培训，切实提高工程运行管理人员和调度操作人员素质，推进运行管理人员队伍建设，保障配套工程的安全平稳运行（责任单位：各省辖市、省直管县（市）南水北调办，督办单位：

省办审计监察室、建设管理处、监督处）。

4.创新管理。一是制度创新。省南水北调办在原有47项制度的基础上，根据2017年工作需要，进一步创新制度和机制，形成鼓励创新的机制氛围，形成有利于推动工作的体制氛围，形成激励干事创业的团队氛围（责任单位：各省辖市、省直管县（市）南水北调办，省办机关各处室）。二是技术创新。省南水北调办依托大中专学校和科研、设计单位，紧密结合南水北调工程运行管理的实际需要，加快研究一批新课题、新技术、新装备，提升我省南水北调配套工程运行管理的技术支撑能力。加快推进全省配套工程基础信息系统及巡检智能管理系统应用项目试点和招标工作，积极推进推广应用（责任单位：省办建设管理处、投资计划处）。三是思路创新。面对工作难题和新的挑战，要坚持问题导向，要敢于创新思路，打破常规方式方法，从有利于推动工作出发，大胆思考，积极谋划，勇于创新，在干线和配套工程调蓄工程、新增供水项目建设管理、生态补水、管理处所及自动化系统建设调试等方面取得突破性进展（责任单位：各省辖市、省直管县（市）南水北调办，省办机关各处室）。

5.规范巡检。一是制定方案。为进一步规范配套工程运行管理监督检查活动，提高监督检查频次，及时发现整改运行管理问题，确保工程安全运行，省南水北调办制定《河南省南水北调配套工程运行管理监督检查工作方案》，明确监督检查的依据、方式、程序、内容、频次、问题整改及工作要求（责任单位：省办建设管理处、监督处）。二是严格检查。各监督检查单位要认真学习贯彻监督检查工作方案，根据《河南省南水北调受水区供水配套工程运行监管实施办法（试行）》（豫调办〔2016〕69号）及相关运行管理制度规程，突出重点、抓住关键、严格监督检查，重点关注严重问题，发现问题及时上报，切实发挥监督检查促进工程管理的作用（责任单位：省办建设管理处、监督处，配合单位：各省辖市、省直管县（市）南水北调办）。三是全面覆盖。在原有监督检查的基础上，加大频次、提高覆盖面，通过快速发现整改问题，及时消除隐患，不断提高工程运行管理水平。考虑巡查、飞检、稽察等，对每个省辖市、省直管县（市）每年监督检查频次一般不少于5次（责任单位：省办建设管理处、监督处，配合单位：各省辖市、省直管县（市）南水北调办）。

6.强化飞检。一是领导带头。省南水北调办领导率队开展飞检，加大监督检查力度，并以上率下，督促省辖市、省直管县（市）南水北调办领导带队开展本辖区内运行管理的监督检查工作。飞检采用"突袭式"检查，不发通知、不打招呼随时开展飞检，有关单位及人员应积极配合。对飞检发现的严重问题，及时落实整改、严肃责任追究。二是明确重点。将运行管理工作开展落后的省辖市、省直管县（市）及运管单位、近期出现重大运行管理问题或问题频发多发的项目作为飞检重点，督促问题整改，提升管理水平（配合单位：省办建设管理处）。三是加大频次。省南水北调办领导原则上每2个月率队飞检1次，省办建设管理处、飞检大队或聘请专家配合飞检工作。提前制定飞检计划、选定项目，报办领导同意后实施（配合单位：各省辖市、省直管县（市）南水北调办，省办机关各处室）。

7.落实整改。一是及时通报问题。对监督检查发现的问题要如实记录、准确定性、及时汇总整理，提出整改要求。发现危及工程结构安全、可能引发严重后果的问题或恶性运行管理违规行为，监督检查人员要第一时间督促整改、第一时间上报（责任单位：省办建设管理处、监督处）。二是落实问题整改。有关省辖市、省直管县（市）南水北调办及运行管理单位要高度重视问题整改工作，制定详细整改措施，加强督促检查，尽快完成整改，并建立问题整改台账，详细记录问题整改情况，完善整

改资料，及时向省南水北调办上报整改报告（责任单位：各省辖市、省直管县（市）南水北调办，督办单位：省办综合处、建设管理处、监督处）。三是加强整改复查。要跟踪问题整改情况，在监督检查后一定期限内，对监督检查发现问题的整改情况进行复查，通过查看现场、查阅资料对每个问题的整改情况进行检查，确保整改到位，复查结束后形成复查报告（督办单位：省办建设管理处、监督处）。

8.严肃追责。一是严格责任追究。对监督检查和规范年活动中检查发现的问题及时组织会商，对问题性质及影响程度进行研判分析。对影响工程安全运行的严重问题和运行管理违规行为，省南水北调办按有关规定严格进行责任追究（责任单位：省办建设管理处、监督处）。二是加大处罚力度。对弄虚作假、刁难监督检查人员、问题拒不整改、问题多发频发及规范年活动开展敷衍应付、隐瞒问题不报等行为加大处罚力度，严格追究相关单位和人员的责任（责任单位：省办建设管理处、监督处）。

第三阶段：总结检查阶段（12月21日至12月31日）

各级南水北调办要及时向省南水北调办反馈《方案》落实情况，及时上报阶段性工作信息和工作小结（各阶段报送信息不少于1条）。年底前认真进行总结并于11月底前将总结报告报省南水北调办，省南水北调办组织对各单位运行管理规范年活动开展情况进行考评和奖罚（责任单位：各省辖市、省直管县（市）南水北调办，省办机关各处室）。

三、工作要求

（一）高度重视。《河南省南水北调配套工程供用水和设施保护管理办法》的发布实施，为规范我省南水北调配套工程供用水管理提供了法律依据。各有关单位要提高认识，高度重视，结合本单位和部门实际，制定切实有效的活动方案，确保配套工程运行管理规范年活动取得实效。

（二）落实责任。切实抓好活动方案落实，做到思想认识、组织领导、工作措施"三到位"，确保时间、人员、内容、效果"四落实"。各单位、各部门要指定专人负责，定期报告工作进展情况。

（三）务求实效。各单位、各部门要紧密联系实际，重心下沉，狠抓落实，把配套工程运行管理规范年活动落实到每条供水线路、落实到每一位工程运行管理人员，形成上下呼应、相互联动的管理格局。要防止图形式、走过场，把规范年作为一项重要任务，常抓不懈，务求实效。

关于印发《河南省南水北调配套工程运行管理监督检查工作方案》的通知

豫调办建〔2017〕14号

各省辖市、省直管县（市）南水北调办，机关各处室，有关单位：

为加强我省南水北调配套工程运行监管，进一步规范监督检查活动，明确监督检查程序及要求，及时发现和整改运行管理问题，确保工程安全运行，省南水北调办组织制定了《河南省南水北调配套工程运行管理监督检查工作方案》（见附件），现予印发，请认真贯彻执行。

特此通知。

附件：《河南省南水北调配套工程运行管理监督检查工作方案》

2017年3月17日

河南省南水北调配套工程运行管理监督检查工作方案

为加强我省南水北调配套工程运行监管，进一步规范监督检查活动，提高监督检查频次，及时发现整改问题，确保工程安全运行，制订本方案。

一、监督检查依据

我省南水北调配套工程运行管理监督检查的依据是《河南省南水北调受水区供水配套工程运行监管实施办法（试行）》（豫调办〔2016〕69号，以下简称《实施办法》）及相关运行管理制度、规程等。

二、监督检查形式

1.《实施办法》规定由巡查大队、飞检大队、稽察组承担运行管理日常监督检查工作，以形成三位一体的运行管理监督检查格局。其中，省南水北调办领导带队开展飞检工作；由巡查队伍（巡查大队）开展日常巡查工作；聘请专家组成稽察组，开展日常稽察和专项稽察工作。根据检查队伍类型，监督检查结束后分别形成巡查报告、飞检报告、稽察报告。

2.为加大监督检查力度，省南水北调办领导带队开展飞检工作，以上率下，促进省辖市（省直管县）南水北调办领导带队开展本辖区内运行管理的监督检查工作。

3.由于配套工程战线长，点多面广，监督检查不追求面面俱到，所以监督检查主要采用抽查制，即每次选定泵站等重点项目、2~3条输水线路开展监督检查，并检查运行管理内业资料。对运行管理工作开展落后的省辖市（省直管县）及运管单位、近期出现较多运行管理问题的项目作为监督检查重点，并加密监督检查频次。

4.飞检应体现随机性、突然性，采用"突袭式"检查，不发通知，不打招呼，不分时间有权随时进入工程现场检查运行管理情况，有权调阅运行管理内业资料，有关单位及人员应积极配合，不得阻拦或拒绝。

三、监督检查内容

1.根据《实施办法》及相关运行管理制度、规程，监督检查主要内容为：泵站、现地管理房、阀井等沿线构筑物（含设备）、输水管线、自动化系统及供电设施等运行管理情况，并对运行管理内业资料进行检查。运行管理问题包括工程运行管理违规行为、工程养护缺陷和工程实体质量问题等，并按问题严重程度分为一般、较重、严重问题。

2.监督检查过程中，应重点关注《实施办法》中列出的严重问题项目，及时发现严重运行管理违规行为和危及工程安全的严重实体质量问题。

3.监督检查包括问题整改的复查工作。应跟踪问题整改情况，在监督检查后一定期限内，对监督检查发现问题的整改情况进行复查，通过查看现场、查阅资料对每个问题的整改情况进行检查，判定是否整改完成，复查结束后形成复查报告。复查工作原则上由原监督检查单位承担。

四、监督检查频次

1.在原有监督检查的基础上，应加大力度、提高频次、增加覆盖面，通过快速发现及督促整改问题，及时消除隐患，不断提高运行管理水平。

2.每次监督检查一个省辖市或省直管县的工程运行管理情况。监督检查单位应加强沟通，合理制定检查计划，均衡安排检查工作，避免过多交叉重复检查。

3.省南水北调办领导原则上每2个月率队飞检1次，省南水北调办各处室、飞检大队或聘请专家配合飞检工作，每年飞检次数约15次。建设管理处会同有关处室制定飞检计划、选定检查项目，报办领导同意后实施。

4.通过招标选择2支巡查队伍（巡查大队）承担日常巡查工作。每支巡查队伍原则上每月巡查2次，2支巡查队伍全年巡查约48次。建设管理处应会同巡查大队制定巡查计划，加强日常管理，不断提高巡查工作成效。

5.监督处聘请专家组成稽察组，开展日常稽察和泵站、金结机电等专项稽察工作，借助专家智慧及经验，及时发现解决运行管理中存在的问题，每年稽察次数不少于6次。

6.考虑巡查、飞检、稽察的全方位监督检查，每年对每个省辖市（省直管县）监督检查不少于5次。

五、监督检查成果

1.对发现的问题，监督检查工作人员要如实记录、留存照片并汇总整理，对照《实施办法》确定问题性质、编制上报检查报告；省南水北调办印发检查报告，对有关省辖市（省直管县）南水北调办及运行管理单位提出整改要求。

2.监督检查结束时，一般要召开会议，就检查发现的问题与被检查单位交换意见，对有关单位提出问题整改要求及建议，以便尽快进行整改。

3.省辖市（省直管县）南水北调办及运行管理单位应高度重视问题整改工作，制定整改措施，加强督促检查，尽快完成整改，并建立问题整改台账，详细记录问题整改情况，完善整改资料，及时向省南水北调办上报整改报告。

4.巡查大队、飞检大队每月底编制当月检查发现问题汇总表，每半年编写检查工作总结报省南水北调办，以便分析研究问题原因，补充完善相关管理规章制度，进一步规范运行管理工作。

5.监督检查记录、报告等要签字盖章完备，及时整理归档，装订成册，妥善保存。

6.各省辖市（省直管县）南水北调办要加强运行监管，参照省南水北调办各层级监督检查情况，组织各级运行管理单位开展自查自纠，建立问题台账（工程运行管理自查自纠问题汇总表），制订整改措施，及时进行整改，并完善运行管理制度及操作细则，不断提高运行管理水平。

六、监督检查工作要求

1.省南水北调办有关处室、监督检查单位要明确岗位职责，明确工作要求，并加强日常管理，确保顺利完成监督检查工作任务。

2.制定监督检查工作计划，合理安排检查部位，突出重点项目，优化检查路线，合理兼顾现场检查和资料检查，以提高监督检查工作成效。

3.监督检查人员应熟知《实施办法》，掌握有关运行管理制度及规程，并不断总结经验，注重创新工作方式方法，不断提高监督检查工作水平。

4.监督检查人员应认真负责，大胆工作，排除干扰，认真履行监督检查职责，对运行管理行为及工程实体质量严格检查，及时发现并记录问题。发现影响工程安全运行的严重违规行为或严重工程实体质量问题，监督检查人员有权提出责任追究建议。

5.监督检查发现危及工程结构安全、可能引发严重后果的问题或严重影响工程安全的运行管理违规行为，监督检查人员应立即督促整改，并在第一时间上报省南水北调办。

七、严格责任追究

1.省南水北调办对监督检查发现的问题组织会商，依据问题的性质及影响程度对责任单位和责任人实施责任追究。

2.对监督检查发现影响工程安全运行的严重问题和恶性运行管理违规行为，省南水北调办按有关规定严格进行责任追究，对弄虚作假、隐瞒问题、刁难检查人员或问题拒不整改、问题频发多发的加重进行责任追究，直至在全省南水北调系统通报或媒体上公开曝光；对监督检查发现的其他问题，责成有关省辖市（省直管县）南水北调办对有关责任单位和责任人实施责任追究，追究结果报省南水北调办备案。

关于开展南水北调配套工程运行管理巡查工作的通知

豫调办建〔2017〕41号

河南科光工程建设监理有限公司：

根据河南省南水北调受水区供水配套工程运行管理巡查队伍合同条款第七条的规定，现通知你公司从即日起开始巡查工作。

本次招标确定了两家巡查队伍，为便于开展工作，你公司组建的巡查队伍名称为"河南省南水北调工程第一巡查大队"。

特此通知。

2017年7月4日

关于开展河南省南水北调配套工程运行管理"互学互督"活动的通知

豫调办建〔2017〕54号

各省辖市、直管县（市）南水北调办公室：

为进一步加强我省南水北调工程运行管理工作，落实《河南省南水北调配套工程运行管理规范年活动实施方案》，确保工程供水安全。经研究决定，在我省南水北调配套工程范围内开展"互学互督"活动（活动方案见附件）。请各省辖市、直管县（市）南水北调办公室认真组织实施，确保"互学互督"活动取得实效。

附件：河南省南水北调配套工程运行管理"互学互督"活动实施方案

2017年7月31日

附件

河南省南水北调配套工程
运行管理"互学互督"活动实施方案

为进一步加强我省南水北调工程运行管理工作，落实《河南省南水北调配套工程运行管理规范年活动实施方案》，确保工程供水安全。省南水北调办公室决定，在我省南水北调配套工程范围内，开展工程运行管理"互学互督"活动。具体方案如下：

一、目标任务

开展南水北调配套工程运行管理"互学互督"活动的主要目的是对照省南水北调办印发的《河南省南水北调配套工程运行管理规范年活动实施方案》要求，查找配套工程运行管理方面存在的突出问题，互相检查，互相督促，提高运行管理整体水平，同步推进全省配套工程运行管理规范化工作。

二、检查内容

运行管理各项工作的作业指导书及操作手册是否完备；运行管理人员数量及专业配置是否满足工作需要；维修养护工作的计划、监管、督促落实是否到位；培训是否结合工作实际、是否有针对性；落实巡检、飞检并整改是否到位等。

三、方法步骤

本次活动由各省辖市、直管县（市）南水北调办公室具体组织实施，相互交叉进行。省办综合处、投资计划处、经济与财务处、环境与移民处、建设管理处、监督处按照《河南省南水北调配套工程运行管理规范年活动实施方案》分工负责督导。

（一）任务分工

第一组　南阳市检查鹤壁市

第二组　漯河市检查安阳市

第三组　周口市检查濮阳市

第四组　平顶山市检查新乡市

第五组　许昌市检查焦作市

第六组　郑州市检查南阳市

第七组　焦作市检查平顶山市

第八组　新乡市检查许昌市

第九组　鹤壁市检查郑州市

第十组　濮阳市检查漯河市

第十一组　安阳市检查邓州市

第十二组　邓州市检查滑县

第十三组　滑县检查周口市

（二）时间安排

2017年8月10日前，各省辖市、直管县（市）南水北调办公室上报活动方案；

2017年8月11日~9月10日，各省辖市、直管县（市）南水北调办公室结对开展互学互督检查活动；

2017年9月11日~9月20日，各省辖市、直管县（市）南水北调办公室互相督促整改，完成互学互督活动总结报告，并向省南水北调办公室正式提交。

（三）活动步骤

"互学互督活动"主要工作步骤包括：听取介绍，查阅资料，了解情况；查看现场，检查配套工程运行管理存在的问题；座谈讨论，反馈交流检查情况；分析研究，提出解决问题的方法和思路。

（四）活动成果

各互学互督组在全面检查的基础上，对被查单位的运行管理工作进行综合评价。总结好的做法，共同学习提高；查找缺点和不足，提出整改建议；研究影响和制约配套工程运行管理的突出问题，提出解决办法。检查结束后，向省南水北调办公室正式提交总结报告。

四、工作要求

（一）加强领导。各省辖市、直管县（市）南水北调办要高度重视此次"互学互督"活动，认真做好各项准备工作，各单位负责同志带队，选派得力人员组成互学互督组，明确任务，落实责任，确保活动扎实开展。

（二）精心组织。各互学互督组要细化工作方案，明确检查重点，深入工程现场，细致检查，认真记录，不走过场，全面准确地掌握真实情况。被查单位要提前做好准备，对照过程中发现的问题，与互学互督组共同研究解决办法。

（三）认真总结。各互学互督组要对检查情况进行认真总结，分析存在的问题，提出整改意见和建议；总结好的做法，结合本单位情况，研究提高自身运行管理水平的措施。总结报告要客观公正、全面准确地反映实际情况。

（四）狠抓落实。对存在的问题，被查单位要高度重视，制定措施，明确责任，限期整改，并提出改进工作的意见。省南水北调办公室有关处室要深入一线、服务基层，按照职责分工，帮助解决制约和影响配套工程运行管理的问题，强力推进全省配套工程运行管理规范化工作。

河南省南水北调办公室
关于第四次防汛值守抽查情况的通报

豫调办建〔2017〕57号

各省辖（直管县）市南水北调办，中线局河南分局、渠首分局、省局各项目建管处：

根据省气象部门预报，8月1日至2日我省大部分地区有降雨，局部大暴雨。按照省南水北调办领导要求，省办印发了《关于做好河南省南水北调工程强降雨天气防汛工作的紧急通知》（简称《紧急通知》）；8月1日晚上，省办组织对我省南水北调系统防汛值守和《紧急通知》要求落实情况进行了第四次抽查，抽查情况通报如下：

一、抽查范围

（一）中线局河南分局、渠首分局及三级管理处（2个分局）

中线局河南分局、渠首分局带班、值班情况。

（二）省辖（直管县）市南水北调办（13个市或县）

安阳、鹤壁、新乡、焦作、濮阳、周口、漯河、郑州、许昌、平顶山、南阳、邓州、滑县南水北调办带班、值班情况。

（三）省南水北调建管局项目建管处（5个）

安阳段建设管理处、新乡段建设管理处、郑州段建设管理处、平顶山段建设管理处、南阳段建设管理处带班、值班情况。

二、抽查结果

从抽查情况看，各单位防汛带班、值班情况良好，未发现离岗、脱岗现象；各单位及时传达《紧急通知》，加强防汛值守，做好抢险准备。

三、注意事项

（一）省南水北调办、省防办汛期将不定期对南水北调系统防汛值守情况进行抽查，请

各单位防汛带班领导和值守人员严格遵守防汛值班制度，坚持24小时值守，保证信息畅通。（省南水北调办防汛值班电话0371-86563618，传真0371-69156605；省防办值班电话0371-65952315，0371-65571045）

（二）各单位防汛值班电话、防汛带班领导及联系方式若有变动及时报省办建设处。

（联系人：杜明 联系电话：0371-69156992）

2017年8月3日

关于对邓州市二水厂支线末端
管道漏水问题进行责任追究的通知

豫调办建〔2017〕69号

各有关单位：

2017年8月15日，邓州市配套工程二水厂支线末端管道发生漏水，造成供水中断。为查明原因，8月18日至20日，省南水北调办聘请专家组成调查组对漏水问题进行了调查，初步分析认为，管道漏水主要是玻璃钢夹砂管管材自身存在质量缺陷，随着时间推移，管材缺陷处耐压能力进一步降低，最终导致渗水。

为确保工程建设质量，进一步规范运行管理，根据《河南省南水北调工程质量问题责任追究管理办法（试行）》（豫调办〔2013〕81号），经研究决定：

一、对玻璃钢夹砂管管材生产厂家山东呈祥电工电气有限公司进行通报批评。

二、责成南阳市南水北调中线工程建设管理局按有关规定对上述单位进行经济处罚。

各有关单位要汲取教训，引以为戒，进一步强化质量意识，采取切实有效措施，加强质量监管，发现问题及时整改，确保在建项目建设质量；要切实加强工程运行监管，认真做好工程巡查，对重点部位加强巡查，进一步规范运行管理行为，确保工程安全运行。

特此通知。

2017年9月18日

关于我省南水北调受水区供水配套工程管理处所建设进展情况的通报

豫调办建〔2017〕98号

各省辖市、直管县（市）南水北调办（建管局）：

我省南水北调受水区供水配套工程开工以来，在各级政府、沿线群众的大力支持以及各参建单位的共同努力下，已于2014年12月15日正式通水，并于2016年12月14日实现供水目标全覆盖，工作重心由建设管理向运行管理转变。随着"运行管理规范年"活动的扎实开展，制度建设逐步完善，运管队伍基本健全，管理水平不断提升，供水效益逐年凸显。

当前，我省南水北调配套工程输水线路已基本建成，但全省各市、县配套管理处所的建设进展极不平衡。个别市、县的管理处所建设，与本辖区输水线路工程建设相比滞后很多，与先进市、县的管理处所建设相比差距很大，已成为本地区配套工程规范运行管理的重要制约因素之一。

我省配套工程由各省直辖市（直管县）负责建设的管理处所共59座，截至10月底，已建成17座，正在建设21座，还处于前期工作的21座。其中：南阳市（含邓州市）管理处所共8座，已建成；平顶山市共7座，4座正在建设，3座已具备开工条件；漯河市共4座，

均处于前期工作阶段；周口市共3座，1座建成，2座在建；许昌市共6座，5座建成，新增鄢陵县管理所在建；郑州市共7座，3座在建，4座还处于前期阶段；焦作市共6座，3座在建，3座还处于前期阶段；新乡市共5座，1座建成，4座还处于前期阶段；鹤壁市共6座，6座在建；濮阳市共2座，1座建成，新增清丰县管理所基本具备开工条件；安阳市（含滑县）共5座，1座建成，2座在建，2座还处于前期阶段。在全省11个省辖市中，南阳市和许昌市的管理处所建设处于领先地位，漯河市和新乡市的管理处所建设进度严重滞后，特别是漯河市，4座管理处所无一开工建设。

针对以上情况，希望配套工程管理处所建设进展顺利的市、县南水北调办（建管局）保持既有的工作热情和干劲，把收尾工作抓实、抓细、抓好，健全运行管理体系，确保按期投入使用，充分发挥供水效益；要求管理处所建设滞后的市、县，贯彻落实2017年全省南水北调工作会议精神和省南水北调办管理处所建设督导工作要求，进一步增强压力感和紧迫感，认真学习先进市、县的管理经验，继续弘扬南水北调精神，以"踏石留印、抓铁留痕"的劲头，科学研判，克难攻坚，只争朝夕，迎头赶上，早日全面建成管理处所，为新时代南水北调事业做出新的贡献。

附件：全省南水北调配套工程管理处所建设进展情况统计表（略）

2017年11月22日

附件

全省南水北调配套工程管理处所建设
进度情况统计表

（截至 2017 年 10 月 31 日）

序号	建管局	管理处所建设（座）					管理处所进展情况说明
		总数	已建成	正在建设	未开工建设		
					数量	比例	
1	南 阳	8	8	0	0	0	南阳管理处、南阳市区管理所、新野县管理所、镇平县管理所、社旗县管理所、唐河县管理所、方城县管理所、邓州管理所，全部建成
2	平顶山	7	0	4	3	42.9%	叶县管理所、鲁山管理所、宝丰管理所、郏县管理所正在建设；平顶山管理处、石龙区管理所、新城区管理所3处合建，已发中标通知，准备开工
3	漯 河	4	0	0	4	100%	漯河市管理处（市区管理所）合建、舞阳管理所、临颍管理所，均处于前期阶段
4	周 口	3	1	2	0	0	商水县管理所已建成；周口市管理处、市区管理所与东区水厂现地管理房合建主体完工，正在内部装饰
5	许 昌	6	5	1	0	0	许昌市管理处、市区管理所、襄城县管理所、禹州市管理处、长葛市管理所，全部建成；鄢陵县管理所，正在建设
6	郑 州	7	0	3	4	57.1%	新郑管理所、郑州市管理处（市区管理所），正在建设；港区管理所、中牟管理所、荥阳管理所、上街管理所，处于前期阶段
7	焦 作	6	0	3	3	50.0%	温县管理所、修武管理所、博爱管理所，前期阶段；焦作管理处（市区管理所）合建、武陟管理所正在建设
8	新 乡	5	1	0	4	80.0%	辉县管理所已建成；新乡市管理处（市区管理所）合建、卫辉市管理所、获嘉县管理所处于前期阶段
9	鹤 壁	6	0	6	0	0	黄河北维护中心及鹤壁市管理处、市区管理所合建、黄河北物资仓储中心、淇县管理所、浚县管理所，正在施工
10	濮 阳	2	1	0	1	50.0%	濮阳管理处，已建成；清丰县管理所，施工合同已签订
11	安 阳	5	1	2	2	40.0%	滑县管理所已建成；内黄县管理所、汤阴县管理所正在建设；安阳管理处（所），处于前期阶段
	合计	59	17	21	21	35.6%	

关于月水量调度计划执行有关问题的函

豫调办建函〔2017〕13号

南水北调中线干线工程建设管理局：

根据《水利部关于印发南水北调中线一期工程2016~2017年度水量调度计划的通知》（水资源函〔2016〕410号）要求，我办每月按时编报月用水计划，月底及时向受水区各市、县下达下月水量调度计划，计划执行过程严格

管理，但由于本年度批复的水量调度计划与我省分配水量、城市居民生活用水及引丹灌区农业用水需求不相匹配，且分月水量调度计划不合理，造成年度水量调度计划无法有效执行，尤其是月水量调度计划下达严重滞后，如2017年3月24日，我办以"豫调办建函〔2017〕7号"文报送我省2017年4月计划用水1.15亿m³，4月19日才接到贵局电话通知水利部同意我省4月份用水计划量为1.12亿m³，客观上错失了农业灌溉时点，主观上进一步加大了调度难度，计划已难以完成；挫伤了各地用水积极性，影响工

程效益发挥，对水费征缴工作也有不利影响。

鉴于此种情况，建议贵局加大协调力度，每月及时下达我省月水量调度计划，为我省水量调度工作正常开展创造条件，满足城市居民生活和引丹灌区农业灌溉用水需要。

特此致函。

2017 年 4 月 20 日

关于印发《河南省南水北调办公室关于推进"两学一做"学习教育常态化制度化的实施方案》的通知

豫调办党〔2017〕9 号

机关各支部、各项目建管处支部：

现将《河南省南水北调办公室关于推进"两学一做"学习教育常态化制度化的实施方案》印发给你们，请结合实际，认真抓好落实。

2017 年 6 月 6 日

河南省南水北调办公室关于推进
"两学一做"学习教育
常态化制度化的实施方案

为贯彻落实党的十八届六中全会精神，持续推动全面从严治党突出"关键少数"并向基层延伸，根据中央办公厅印发的《关于推进"两学一做"学习教育常态化制度化的意见》（中办发〔2017〕23 号）精神，按照《中共河南省委办公厅关于推进"两学一做"学习教育常态化制度化的实施意见》（豫办〔2017〕19号）和中共河南省水利厅党组《关于推进"两学一做"学习教育常态化制度化的实施方案》（豫水组〔2017〕26 号）要求，现就推进我办"两学一做"学习教育常态化制度化提出如下实施方案。

一、总体要求和基本原则

推进"两学一做"学习教育常态化制度化，要坚持全覆盖、常态化、重创新、求实

效，在突出思想教育、落实基本制度、解决主要问题上下功夫，既突出"关键少数"，认真抓好党员领导干部学习教育，又面向全体党员，在融入日常、抓在经常，持续推动全面从严治党向基层延伸上创新思路、强化举措。工作中，要坚持以下基本原则：

——注重以上率下。以党员领导干部带头学习、严格落实组织生活制度、加强思想作风建设的实际行动，为广大党员作出示范。

——激发支部活力。以落实"三会一课"等基本制度为抓手，充分调动党支部积极性主动性创造性，激发党支部教育管理党员的内生动力。

——突出问题导向。坚持学做结合，突出针对性，认真查找分析、着力解决自身存在的突出问题，推动各支部和党员依靠自身力量修正错误、改进提高。

——坚持常抓不懈。持续推进"两学一做"学习教育，防止和克服紧一阵松一阵、表面化形式化、学习教育与思想工作实际"两张皮"等不良倾向。

——强化典型引领。积极选树先进典型，大力宣传践行"两学一做"优秀共产党员先进事迹，树立身边典型，弘扬南水北调精神，引导党员、干部见贤思齐。

二、基本内容和目标任务

各支部要认真贯彻执行中央和省委关于"两学一做"学习教育系列文件的规定要求，在夯实"学"的基础、抓住"做"的关键上持续用力，不断增强各支部和党员"四个意识"，不断增强党内政治生活的政治性、时代性、原则性、战斗性，不断增强党自我净化、自我完善、自我革新、自我提高能力，确保党的组织充分履行职能、发挥核心作用，确保党员领导干部忠诚干净担当、发挥表率作用，确保广大党员党性坚强、发挥先锋模范作用，为我省南水北调事业持续健康发展提供坚强组织保证。

（一）深化党章党规学习，在落实全面从

严治党要求上形成新自觉。以党章为统领，将党内政治生活准则、廉洁自律准则和党内监督条例、问责条例、纪律处分条例等列入学习内容，联系全面从严治党实践，联系党员干部思想实际，深刻领会以习近平同志为核心的党中央全面从严治党的部署，不断深化对党内基础性法规制度新体系的认识，认真践行遵守新制度体系的高线和底线、自律和他律、软要求和硬约束，真正使党章党规内化于心、外化于行，自觉把讲政治贯穿于日常工作生活全过程、贯穿于党性锻炼的全过程，弘扬共产党人价值观，补精神之钙、铸党性之魂、稳思想之舵，以政治上的清醒确保在全面从严治党新征程中不掉队、不落伍、不糊涂、不犯错。

（二）学深悟透系列讲话，在推动各项事业发展上体现新担当。坚持读原著、学原文、悟原理，领会掌握基本精神、基本内容、基本要求，做到学而信、学而思、学而行，不断增进对习近平总书记系列重要讲话精神和治国理政新理念新思想新战略的真理认同和实践认同，筑牢维护习近平总书记核心地位、维护党中央权威的思想根基。党员领导干部尤其要把学习系列讲话同学习贯彻习近平总书记调研指导河南工作时的重要讲话精神结合起来，以扎扎实实做好我省南水北调各项工作的优异答卷体现新作为新担当。党的十九大召开后，要原原本本地学习党的十九大报告，把思想和行动统一到党的十九大精神上来。

（三）坚持"学""做"结合，在树牢合格标准，解决突出问题上取得新成效。各支部要教育引导广大党员按照"四讲四有"标准，做到政治合格、品德合格、执行纪律合格、发挥作用合格。通过多种方式，组织党员深入学习"四个合格"的具体要求，让党员知晓合格标准、明确行为底线，真正让"四个合格"入脑入心、化为实际行动。要把查找解决问题作为"两学一做"学习教育的规定要求，引导每名党员、干部发扬自我革命精神，对照党章党规、对照系列讲话、对照先进典型，按照合格党员标准，紧密联系思想工作实际，经常进行"党性体检"，有什么问题解决什么问题，什么问题突出重点解决什么问题，以解决突出问题的新变化新气象不断彰显学习教育新成效。

三、推进方式和主要举措

推进"两学一做"学习教育常态化制度化，要在突出"关键少数"并向基层延伸上持续用力，以尊崇党章、遵守党规为基本要求，以"两学一做"为基本内容，以"三会一课"为基本制度，以党支部为基本单位，以解决问题、发挥作用为基本目标，长期坚持、形成常态。

（一）坚持领导干部率先垂范。各支部要按年度做出学习安排，以理论学习、民主生活会等制度为主要抓手，组织党员干部深入系统开展集体学习。理论学习要研究确定主题，加强研讨式、互动式、调研式学习。党员领导干部要把"两学一做"作为锤炼党性的基本功、必修课，制定学习计划，细化学习措施，深刻查摆问题。要提高政治站位，加强政治能力训练，加强政治历练，自觉把讲政治贯穿于日常工作生活和党性锻炼全过程，带头做合格党员、合格领导干部，严格执行双重组织生活制度。各支部书记每年至少讲一次党课。认真践行"三严三实"要求，履职尽责、担当作为，重实干、务实功、办实事、求实效。严格执行中央八项规定精神和省委、省政府若干意见，持续深入纠正"四风"，严格要求自己和身边工作人员，注重家庭、家教、家风，保持清正廉洁的政治本色。

（二）坚持不懈加强党支部建设。树立党的一切工作到支部的鲜明导向，注重把思想政治工作落到支部，把从严教育管理党员落到支部，把群众工作落到支部，真正使党支部成为教育党员的学校、团结群众的核心、攻坚克难的堡垒。加强党支部书记队伍建设，加强对党支部书记的培训，不断增强思想政治素质和业务工作能力，提高开展"两学一做"学习教育能力水平。强化督导和工作保障。建立党支部工作经常性督查指导机制，指导党支部健全和落实各项工作制度。严格落实党支部任期和换届选举制度，整顿软弱涣散党支部。健全基层民主科学决策机制，充分发挥党组织在各项工作中的核心作用；强化党支部服务功能，经常听取群众意见，及时帮助解决生产生活中遇到的实际困难和问题；加强活动阵地建设，落实党建工作经费，为党支部开展工作创造必要条件、提供有力保障。

（三）认真落实"三会一课"等基本制度。各支部要坚持把"三会一课"作为开展"两学一做"学习教育的基本途径。以"党支部主题党日"为依托，认真组织党员开展"三会一课"。明确主题。针对党员思想工作实际，突出政治学习和教育，突出党性锻炼，以"两学一做"为主要内容，围绕议政议事、推进工作、学习教育、为民服务等，确定"三会一课"的主题和具体方式，坚决防止表面化、形式化、娱乐化、庸俗化。创新形式。坚持形式服务内容、服务主题，做到既形式多样又氛围庄重。充分利用红色教育基地开展开放式组织生活，积极探索运用"互联网+"开展学习教育，继续深化拓展"微型党课"活动。各支部要定期组织党员上党课，鼓励普通党员联系实际讲党课，注重运用身边事例、现身说法，强化互动交流、答疑解惑，增强党课的吸引力和感染力。加强管理。各支部要按年度对"三会一课"作出安排，党支部要制定具体计划并报办机关党委备案。要运用《党支部工作手册》规范如实记载"三会一课"开展情况。办机关党委要对党支部执行"三会一课"情况进行指导检查，对不经常、不认真、不严肃的，要及时批评指正。

（四）建立完善及时发现解决问题机制。把党的组织生活作为查找和解决问题的重要途径，注重听取群众的意见和反映，抓早抓小、防微杜渐。

——认真落实民主生活会制度。坚持习近平总书记指导兰考县委常委班子民主生活会标准，会前要广泛听取群众意见和反映，深入谈心交心；会上要严肃认真开展批评与自我批评，坚持"团结-批评-团结"，严于自我解剖，热忱帮助同志。通过民主生活会，各支部要查找分析是否落实全面从严治党主体责任，列出问题清单，制定整改方案，认真加以整改。

——认真落实组织生活会和民主评议党员制度。要结合实际，每年度研究制定开展组织生活会和民主评议党员的工作方案。党支部要查找分析组织生活是否经常、认真、严肃，党员教育管理监督是否严格、规范，团结教育服务群众是否有力、到位，着力解决政治功能不强、组织软弱涣散、从严治党缺位等问题。党员要结合组织生活会和民主评议，查找分析理想信念是否坚定、对党是否忠诚老实、大是大非面前是否旗帜鲜明、是否做到在思想上政治上行动上同以习近平同志为核心的党中央保持高度一致，着力解决党的意识不强、组织观念不强、发挥作用不够等问题。

——认真坚持谈心谈话制度。党支部领导班子成员之间、班子成员和党员之间、党员和党员之间要开展经常性的谈心谈话，坦诚相见，交流思想，交换意见，及时发现问题。党支部书记与班子成员每半年至少开展一次谈心谈话，班子成员之间可结合民主生活会、日常工作沟通开展谈心谈话。党支部书记要经常与党员谈心谈话，发现问题及时提醒。

（五）搭建党员发挥作用平台。各支部要引导党员自觉践行"四讲四有"标准，争做"四个合格"党员，在改革发展各项事业中发挥先锋模范作用。大力选树践行"两学一做"的先进典型。进一步弘扬焦裕禄精神、红旗渠精神、愚公移山精神和"负责、务实、求精、创新"南水北调精神，充分发挥先进典型的引领和激励作用。组织引导党员立足岗位作贡献。各支部要针对工作岗位实际，提出党员发挥作用的具体要求，教育引导党员在任何岗位、任何地方、任何时候、任何情况下都铭记党员身份，积极为党工作，在贯彻中央和省委决策部署、推进各项事业发展中奋发有为。根据形势和任务需要，及时表扬奖励优秀共产党员、优秀党务工作者、先进党组织。深化党员志愿服务。组织党员志愿者利用党员活动日、节假日、业余时间，开展扶危济困、扶孤助残、社区事务、生态环保、公共卫生、科普宣传、公共文化等形式多样的志愿服务活动。

四、组织领导和保障措施

各支部要把推进"两学一做"学习教育常态化制度化作为全面从严治党的战略性、基础性工程，高度重视，精心组织，以钉钉子精神抓好落实，确保抓常抓细抓长。

（一）强化责任落实。各支部要切实履行主体责任，每年对"两学一做"学习教育进行专门研究部署，及时分析情况、改进工作，不断完善推进常态化制度化的办法措施。党支部书记要亲自抓谋划、抓推动、抓落实，班子成员要落实"一岗双责"。要通过"两学一做"学习教育引领支部党建全面过硬、全面提高，不断加强薄弱环节、提升支部党建整体水平。

（二）强化督导考核。把组织开展"两学一做"学习教育情况纳入各支部党建工作考核的重要内容，每年结合总结、述职进行检查和评估，作为评判各支部和支部书记履行管党治党责任情况的重要依据。要采取明察暗访、随机调研、现场观摩等方式，加强督促指导，及时发现解决问题。对重视程度不高、组织推动不力、搞形式走过场、工作落实不到位、成效不明显的，严肃批评、追责问责。

（三）强化舆论宣传。各支部要统筹谋划好"两学一做"的宣传工作，按照"具体化、接地气、有实效"的要求，广泛运用展板、标语、视频、图册等各种形式，线上线下联动，通过河南省南水北调网、《河南水利与南水北调》杂志"两学一做"学习教育专栏，及时宣传交流好做法好经验，特别是要大力宣传践行"两学一做"的先进典型，形成正确舆论导向，为推进"两学一做"学习教育常态化制度化营造良好的氛围。

（四）强化两手抓两促进。推动学习教育与中心工作深度融合，紧紧围绕我省南水北调工作的中心任务，把开展学习教育与贯彻落实中央、省委的战略决策部署结合起来，与年度南水北调改革发展目标结合起来，与转作风抓落实、完成好重点任务结合起来，按照省委要求，充实完善"五查五促"的内容，重点做好我省南水北调运行管理、各支部精准扶贫、联系群众服务群众等方面的工作。引导党员干部进一步提振干事创业的精气神，贯彻好稳中求进工作总基调，落实好稳增长、促改革、调结构、惠民生、防风险各项任务，切实把学习教育成果转化为推动我省南水北调事业改革发展的成效。

各支部要根据实施方案要求，结合实际制定本支部实施意见，认真抓好落实，典型经验和意见建议及时报告办"两学一做"学习教育领导小组办公室。

关于焦作2段工程档案项目法人验收存在问题整改情况的报告

豫调建综〔2017〕10号

南水北调中线建管局：

2016年10月28~31日，南水北调中线建管局对焦作2段设计单元工程档案进行了项目法人验收，并提出了存在问题。我局认真组织各参建单位针对所提存在问题，逐条进行了整改，现已基本整改完成，特此报告。

附件：焦作2段工程档案项目法人验收存在问题整改情况

2017年6月13日

附件

焦作2段工程档案项目法人验收存在
问题整改情况

一、总体情况

项目法人验收提出的问题共88条（其

中：建管18条、监理单位4条、施工单位66条），已全部整改完成。

个别问题具体说明如下：

施工单位2-1标所提问题：后期应补充工程实体移交资料、充水试验巡视记录、关键工序考核资料、完工决算资料。

整改情况：工程实体移交资料已由建管单位归档，见建管单位案卷ZG5.4-G-563；充水试验巡视记录由运管单位保存，现联系查找中；关键工序考核资料，由于施工单位多次搬家丢失了一部分，现原施工人员已调离无法补充资料，已在编制说明中注明；完工决算资料因完工决算尚未进行，无法归档。

二、建管档案整改情况

分项	提出问题	整改情况
	一、部分档案缺少签章手续，存在复印件归档情况	
完整性	1.开工报告的批复文件为复印件	原件在省局、中线局存放
	2.施工图未加盖监理章	已整改完毕。见案卷：ZG5.4-G-84~504
	二、部分档案尚未归档	
	1.初步设计的请示及批复.	已归档,见案卷：ZG5.4-G-1。
	2.初步设计报告第六册第一、二分册	已归档,见案卷：ZG5.4-G-12~13。
	3.各施工标的工程施工补充协议	已整改完毕。见案卷：ZG5.4-G-36、ZG5.4-G-42、ZG5.4-G-48、ZG5.4-G-54、ZG5.4-G-59
	4.开工报告	已整改完毕。见案卷：ZG5.4-G-83
	5.第二批招投标情况报告	已归档完毕。ZG5.4-G-71
	6.焦作建管处成立及明确职责文件	已归档。见案卷：ZG5.4-G-82
	7.工程建设计划、实施计划	已归档。见案卷：ZG5.4-G-524~525
	8.索赔与反索赔文件	已归档。见案卷：ZG5.4-G-561~569
	9.工程移交文件	已归档。见案卷：ZG5.4-G-563
	10.大事记缺少2010年5月之后的纪录	已续写完毕。见案卷：ZG5.4-G-565
	11.照片档案需完善	已完善。见案卷：ZG5.4-G-566
	12.Y类档案只归有一卷通水验收文件且不完整	已完善。见案卷：ZG5.4-Y-1~3
准确性	三、部分案卷题名拟写不规范	
	1.个别案件题名不够简练，有的案卷将卷内文件题名作为案卷题名	已整改。见案卷：ZG5.4-G-3~11。
	2.施工图类案卷题名中应重新拟写，将"施工图"加入案卷题名中	已整改。见案卷：ZG5.4-G-84~423。
	3.部分案卷题名拟为"关于焦作2段工程XXXX问题的报告、通知、及函"没用责任主体	已重新拟写。见案卷：ZG5.4-G-535。
系统性	重大设计变更文件未做系统性整理	已整改。见案卷：ZG5.4-G-553~559。

三、施工、监理单位

序号	施工标段	施工单位 存在问题	整改情况
		施工单位	
1	2-1标	照片下方的文字填写格式需按规定格式填写，参见号待档案号确定后填写	已整改
2	2-1标	原材料进场报验材料中：①合格证圆珠笔填写（或光敏纸）的需复印；②水泥检验报告原件统一放一卷里，复印件放一卷里，备考表注明	已整改
3	2-1标	合同验收文件，补齐后盖章归档。（需提供会议签到表，补充授权人员名单后盖章）	已整改
4	2-1标	分部工程验收：分部工程验收报告及批复，补齐监理章	已整改
5	2-1标	竣工图：竣工图修改明细统计表，填写修改依据的归档号，加盖图纸的归档号	已整改
6	2-1标	建议试验室组建资料内容集中归纳整理	已整改
7	2-1标	安全措施、施工技术方案重新拟写题名（按施工安全、防汛度汛及重大事件应急预案等几大类进行组卷）	已整改
8	2-1标	6卷项目划分资料在案卷题名中应标明调整的内容及增加的项目，应有质监站的审批确认书	已整改
9	2-1标	设计通知组卷建议是否再细化。（按照引起变更和普通技术要求的设计变更分类）	已整改
10	2-1标	补完桥梁验收及竣工资料。（竣工验收没有进行，缺竣工验收资料）	已整改
11	2-1标	后期补充资料：工程实体移交资料（建管处归档）、充水试验巡视记录、关键工序考核资料、完工决算资料。（另加一项在24分类合同验收后面）。（充水巡视记录、关键工序考核几个标段需统一；完工决算没有进行）	待完成后归档
12	2-1标	卷内目录日期以文件最后签署日期为准	已整改
13	2-1标	没有连续相同类型的案卷题名不需要写时间段，例如：区别分开施工日志那种写时间段，除了原材和施工日志，其他不需要时间段	已整改
14	2-1标	单元评定卷内目录细化。（例：文件1：1-5层、文件2:6-10层）	已整改
15	2-1标	设备报验中的仪器校定书为复印件，需标注原件在单位档案的位置案卷号	已整改
16	2-1标	方案中报告是复印件的需在备考表中表明原件位置。（涉及工程变更内的复印件多为附件，需要统一意见是否标注，变更中的变更指示加盖红章或补充原件；液压千斤顶需更换成原件）	已整改
17	2-1标	进度计划采用"年—季—月"的原则组卷。（例：09年-09年1季-09年1月，理解为按照时间发生顺序组卷，需确定）	已整改
18	2-1标	施工大事记盖章，群里有固定封皮格式。（群里没找到格式）	已整改
19	2-1标	案卷题名要体现出"重要隐蔽"和"关键部位"的内容	已整改
20	2-1标	分类表几个标段统一，暂由省办确定后下发	已整改
21	2-1标	隐蔽工程增加照片档案	已整改
22	2-2标	项目划分无质监站确认	已整改
23	2-2标	原稿上铅笔笔迹在复印前擦除	已整改
24	2-3标	"其他进度计划"案卷题名不合理，进行细化	已整改
25	2-3标	外观质量评定文件重新排序	已整改
26	2-3标	土工膜、永久排水等重要隐蔽单元工程质量评定文件要在案卷题名和卷内题名里面添加"重要隐蔽"字样	已整改
27	2-3标	施工大事记不按年份组卷，直接录入一条目录，封皮盖章	已整改
28	2-3标	桥梁单位工程验收文件补充完整，添加交工验收证书，目录顺序重新排列	已整改
29	2-3标	原材钢筋卷内题名有重复	已整改
30	2-3标	原材水泥报告单、合格证贴在一张纸上需标明此页有2张；有圆珠笔填写和不清晰的，需要复印放在原件前面	已整改

续表

31	2-3标	竣工图修改明细表中，在备注一栏填写图纸和修改依据所在档号；成册的竣工图也要逐条录入目录，并写上修改依据；没有重绘图纸，就不需要"重绘图纸0张"这句；竣工图编制说明里的"编制要求及方法"按本标段实际情况描述；竣工图需要加盖档号章	已整改
32	2-3标	照片卷内题名加上"焦作2段工程施工3标"，领导名字在文字说明里逐一写清楚，尽量找带了安全帽的照片，填写照片参见号	已整改
33	2-3标	部工程验收文件和单位工程验收文件里的评定表未盖章	已整改
34	2-3标	设计通知有复印件，未盖章情况	已整改
35	2-3标	项目划分不提倡按时间组卷，添加质监站调整确认书最终版	已整改
36	2-3标	合同完成验收文件、档案预验收未组卷	已整改
37	2-3标	所有质检资料未盖章	已整改
38	2-4标	单元质量评定文件编号卷内目录不统一	已整改
39	2-4标	缺陷文件处理混凝土结构施工质量I类以下结果验收表监理单位一栏签字不全	已整改
40	2-4标	缺陷处理文件II类缺陷处理四方参验单位没有盖章	已整改
41	2-4标	施工技术方案申报表、处理方案等在备考表中注明原件所在案卷号	已整改
42	2-4标	外观质量评定部分卷内目录应和文件材料一一对应，检测按部位一一填写，以示区别	已整改
43	2-4标	竣工图修改明细表填写修改依据所在案卷号	已整改
44	2-4标	合同验收文件补齐缺项	已整改
45	2-4标	单位工程验收遗留问题处理意见报审表附件目录填写不全	已整改
46	2-4标	单位工程验收运管报告封皮需盖章	已整改
47	2-4标	施工技术方案申报表因纸张破损需复印	已整改
48	2-4标	原材料进场报验部分见证取样单需补章	已整改
49	2-4标	钢筋原材料产品质量证明书因纸质和圆珠笔填写需复印	已整改
50	2-4标	抗冻抗渗试验报告写清楚报告类型和责任者，土样击实试验加上申报及批复	已整改
51	2-4标	变更申请及变更指示卷内提名细化	已整改
52	2-4标	工程测量文件：公路桥、渡槽、倒虹吸、退水闸、分水口门施工测量方案补章	已整改
53	2-4标	桥梁部分：砂石骨料原材料进场是复印件，备考说明；竣工图修改明细统计表有误	已整改
54	2-4标	竣工图加盖档案编号章	已整改
55	2-5标	个别人员进场报验资料附件不全，需核查	已整改
56	2-5标	设备进场报验资料卷内目录需细化	已整改
57	2-5标	完善实验室组建资料	已整改
58	2-5标	项目划分资料内容补充完善，目录标注详细，补充确认书资料	已整改
59	2-5标	细化施工进度资料，完善卷内内容，做到精准清晰	已整改
60	2-5标	设计通知资料案卷细化	已整改
61	2-5标	测量、放样资料目录进一步细化，不要按照年份组卷	已整改
62	2-5标	竣工图编制监理审核意见，并加盖公章	已整改
63	2-5标	安全措施、技术方案、题名再进一步核查细化	已整改
64	2-5标	竣工图修改按照规范要求制作；（1.标注具体的修改依据；2.有修改人和修改日期；3.竣工图章填写完整）	已整改
65	2-5标	个别案卷顺序需要进行调整	已整改
66	2-5标	需要补充完善的资料：充水实验资料、关键工序考核资料、合同验收和完工结算资料、档案编制说明资料	已整改
监理单位			
1	焦作2段监理	"焦作2段监理1标"应为"焦作2段监理标"	已整改
2	焦作2段监理	监理专题会议纪要的重要议题及内容在卷内题名中应有所体现	已整改

续表

| 3 | 焦作2段监理 | 监理日志细化卷内目录 | 已整改 |
| 4 | 焦作2段监理 | 缺少设备开箱验收文件 | 已整改 |

南阳市南水北调办公室关于印发南阳市南水北调配套工程试运行期间安全应急预案的通知

宛调水办字〔2017〕119号

各有关县区南水北调办，各参建（运）单位，中州水务控股有限公司南阳基站，机关各科室、建管中心：

为切实做好南阳市南水北调配套工程试运行期间安全事故的预防和应急管理工作，南阳市南水北调中线工程领导小组办公室研究制定了《南阳市南水北调配套工程试运行期间安全应急预案》。现印发给你们，请遵照执行。

附件：南阳市南水北调配套工程试运行期间安全应急预案

南阳市南水北调办公室
2017年10月31日

附件

南阳市南水北调配套工程试运行期间安全应急预案

为有效预防、及时控制南阳市南水北调配套工程试运行期安全事故的危害，最大限度减少人员伤害和经济损失，保证工程试运行安全，依据《中华人民共和国安全生产法》、《中华人民共和国防洪法》、《南水北调供用水条例》、《河南省南水北调配套工程供用水及设施保护管理办法》、《河南省南水北调受水区供水配套工程突发事件应急调度预案（试行）》及省市有关规定，结合南阳市配套工程试运行实际情况，制定本预案。

一、工作原则

（一）以人为本、安全第一。把保障人民群众的生命安全和健康作为首要任务，最大限度地预防和减少突发事故造成的人员伤亡和危害。

（二）预防为主、平战结合。贯彻落实"安全第一，预防为主，以人为本，科学管理"的方针，坚持事故应急与预防工作结合。做好应对突发事故的思想准备、组织准备、物资准备等各项准备工作。对各类可能引发突发事故的因素要及时进行分析、预警，做到早发现、早报告、早处置。加强宣传、培训教育及应急预案的演练等工作，提高试运行相关人员自救、互救和应对各类突发安全事故的综合素质。

（三）统一领导、分级负责。南阳市南水北调配套工程试运行安全事故的应急救援，遵循统一领导、分级负责的原则。南阳市南水北调中线工程领导小组办公室（以下简称市南水北调办）、各有关县区南水北调办及现场运行管理单位、维修养护单位按照其职责和权限，积极参与有关事故灾难的应急管理和处置工作。

（四）属地为主管理原则。市南水北调办、各有关县区南水北调办及现场运行管理单位、维修养护单位必须服从各级人民政府组建的现场应急指挥机构的指挥，积极配合工作。

二、适用范围

（一）本预案适用于南阳市南水北调配套工程试运行过程中发生下列事故应对工作：

1.较大（Ⅲ级）事故和一般（Ⅳ级）事故。

2.省南水北调办或市人民政府交由市南水北调办处置的安全事故。

（二）安全事故主要包括：运行期间发生的防汛、爆管、渗漏、触电、火灾、阀井缺氧、水污染或其他原因造成的安全事故。

三、组织体系与职责

（一）组织体系

市南水北调配套工程试运行安全事故应急指挥组织机构由市南水北调办、各有关县区南水北调办及现场运行管理单位、维修养护单位和救援机构组成。

（二）机构职责

1.市南水北调办职责

市南水北调办对南阳市配套工程试运行期的安全生产统一领导管理。

（1）制定南阳市配套工程试运行安全应急预案，明确各有关县区南水北调办及现场运行管理单位、维修养护单位的职责，落实应急救援的具体措施；

（2）事故发生后，迅速采取有效措施组织抢救，防止事故扩大和蔓延，减少人员伤亡和财产损失，同时按规定立即报告省南水北调办和南阳市人民政府；

（3）接受现场应急指挥机构的领导和指挥；

（4）组织配合医疗救护和抢险救援的设备、物资、器材和人力投入应急救援，并做好与南阳市有关应急救援机构的联系；

（5）配合事故调查、分析和善后处理；

（6）组织应急管理和救援的宣传、培训和演练；

（7）完成事故救援和处理的其他工作。

市南水北调办成立试运行安全事故应急处理领导小组，积极参与、配合南阳市配套工程试运行安全事故应急处理工作，领导小组组成：

组　　　长：靳铁拴　市南水北调办主任

常务副组长：赵杰三　市南水北调办副处级干部

副　组　长：曹祥华　南阳市南水北调办副主任

皮志敏　南阳市南水北调办副主任

齐声波　南阳市南水北调办副主任

郑复兴　南阳市南水北调办副主任

张士立　南阳市南水北调办纪检组长

杨青春　南阳市南水北调办副调研员

成　　　员：市南水北调办各科室负责人、各有关县区南水北调办主任及现场运行管理单

位、维修养护单位现场负责人。

领导小组下设办公室，作为领导小组的办事机构，办公室设在建管中心，陈德栋兼任办公室主任。办公室主要职责：

（1）传达领导小组的各项指令，检查督促领导小组决定的贯彻落实情况；

（2）参与事故应急预案的日常事务工作，汇总报告事故情况；

（3）承办领导小组召开的会议和重要活动；

（4）指导本工程突发事件应急体系、应急信息平台建设；

（5）协调突发事件的预防预警、应急演练、应急处置、调查评估、应急保障和宣传培训等工作；

（6）承办领导小组交办的其他事项。

2.各县区南水北调办职责

各县区南水北调办对南阳市配套工程的试运行安全生产按职责承担主要责任。

（1）负责辖区内突发事件应急管理，对现场运行管理单位、维修养护单位制定的突发事件应急预案、专项应急预案、现场处置方案进行审核并报市南水北调办核备；负责制定本单位事故应急预案，配备必需的应急救援器材、设备；结合所管理工程的特点，组织应急管理和救援相关知识的宣传、培训和演练；

（2）及时上报突发事件情况；

（3）对可能发生或已经发生的突发事件进行先期处置；

（4）协调辖区内突发事件的预防预警、应急演练、应急处置、调查评估、应急保障等工作；

（5）执行上级指令，配合做好应急救援和处理的其他相关工作。

3.现场运行管理单位、维修养护单位职责

现场运行管理、维修养护单位对南阳市配套工程的试运行安全生产按职责承担直接责任。

（1）负责管理范围内突发事件应急管理，

制定管理范围内突发事件应急预案、专项应急预案、现场处置方案，经县区南水北调办审核后，负责建立本单位事故应急救援组织，配备必需的应急救援器材、设备；结合所管理工程的特点，制定相应的事故应急救援预案；组织应急管理和救援相关知识的宣传、培训和演练；

（2）负责组织管理范围内隐患排查、整改和报告；

（3）突发事件发生后，负责组织做好管理范围内突发事件先期处置，及时报告并组织应急救援，提出并实施控制事态发展的措施；

（4）建立与属地政府职能部门的联络机制，执行上级应急处理指挥部指令，协助属地政府职能部门依法处置；

（5）配合做好应急救援和事故处理的其他相关工作；

（6）妥善处理事故善后事宜。

四、应急响应

（一）响应分级

根据发生的安全事故等级，按Ⅰ级（特别重大安全事故）、Ⅱ级（重大安全事故）、Ⅲ级（较大安全事故）、Ⅳ级（一般安全事故）四级响应，分级启动预案。

（二）事故报告

发生事故后，事故现场有关人员应当立即报告本单位负责人和县区、市南水北调办，市南水北调办在接到报告后按国家有关规定及时报告省南水北调办和南阳市人民政府或安全生产监督管理部门。

报告内容为：事故发生的单位、时间、地点、事故类别、伤亡人数、影响范围、事故初步原因以及所采取的应急措施等。

（三）响应程序

Ⅲ级、Ⅳ级事故发生后，立即启动本应急预案。各有关单位负责人迅速到位，及时组织实施相应事故应急救援，服从现场应急指挥机构的统一领导和指挥，协调组织事故应急救援抢险。

重特大安全事故发生后，市南水北调办按照国调办、省南水北调办及《南阳市南水北调配套工程重特大安全事故应急预案》要求全力参与事故应急救援抢险，并按规定上报有关救援工作进展情况。

（四）应急处置

现场应急处置的原则为减少人员伤亡、控制险情发展，具体要求如下：

1.在应急信息处理过程中，工程安全事故所属运行管理单位应动态监控事故的发展变化，若出现事故升级的预兆，应及时向上级单位报告。

2.做好现场保护工作，因抢救人员防止事故扩大等原因需移动现场物件时，应做出明显的标志，拍照、录像，记录及绘制事故现场图，认真保存现场的重要物证和痕迹。

3.不间断监视险情变化。事态发展可能对周边环境和居民造成影响时，应协调地方政府对受影响的居民进行疏散。

4.根据工程安全事故严重程度和现场配置的人员、物质情况，在确保人员安全的情况下采取应急处置措施，控制险情的发展。

（五）指挥和协调

1.安全事故发生后，现场应急指挥机构负责现场应急救援的指挥。市南水北调办、各有关县区南水北调办及现场运行管理、维修养护单位在现场应急指挥机构统一指挥下，密切配合、共同实施抢险救援和紧急处置行动。现场应急指挥机构组建前，事发单位和先期到达的应急救援队伍必须迅速、有效地实施救援。

2.现场指挥、协调、决策应以科学、事实为基础，充分发扬民主，果断决策，全面、科学、合理地考虑运行管理实际情况、事故性质及影响、事故发展及趋势、资源状况及需求、现场及外围环境条件、应急人员安全等情况，充分利用专家对事故的调查、监测、信息分析、技术咨询、救援方案、损失评估等方面的意见，消减事故影响及损失，避免事故的蔓延和扩大。

3.在事故现场参与救援的所有单位和个人应服从领导、听从指挥，并及时向现场应急指挥机构汇报有关重要信息。

（六）应急人员的安全防护

1.安全事故应急救援应高度重视应急人员的安全防护，应急人员进入危险区域前，应采取防护措施以保证自身安全。

2.市南水北调办、各有关县区南水北调办及现场运行管理单位、维修养护单位根据工程特点、环境条件、事故类型及特征，事先准备必要的应急人员安全防护装备，以备救援时使用。

3.事故现场应急指挥机构根据情况决定应急救援人员的进入和撤出，根据需要具体协调、调集相应的安全防护装备。

（七）当地群众的安全防护

1.安全事故发生后，现场应急指挥机构负责组织群众的安全防护工作，决定应急状态下群众疏散、转移和安置的方式、范围、路线、程序。

2.根据事故状态，现场应急指挥机构应划定危险区域范围，商请当地人民政府和上级领导机构及时发布通告，防止人、畜进入危险区域，并在事故现场危险区域设置明显警示标志。

3.市南水北调办与当地人民政府建立应急互动机制，确定保护群众安全需要采取的防护措施。

（八）配合做好安全事故的调查分析、监测与后果评估

1.安全事故现场救援处置工作结束后，市南水北调办、各有关县区南水北调办、现场运行管理单位、维修养护单位及其他有关单位配合事故调查组对事故进行全面的检查、监测、分析和评估。

2.市南水北调办、各有关县区南水北调办、现场运行管理单位、维修养护单位及其他有关单位配合事故调查组做好有关调查工作。

五、后期处置

（一）善后处置

安全事故现场救援处置工作结束后，市南水北调办、各有关县区南水北调办、现场运行管理单位、维修养护单位及其他有关单位配合省南水北调办或市人民政府对事故进行全面调查、检测、分析和评估。

（二）处置原则

安全事故调查与处理应实事求是，尊重科学，严格按有关法律、行政法规执行。安全事故如系责任事故，事故发生单位必须按照"事故原因未查明不放过，事故责任者未处理不放过，整改措施未落实不放过，有关人员未受到教育不放过"（即"四不放过"）的原则处理。

（三）经验总结

应急指挥机构及市南水北调办、各有关县区南水北调办、现场运行管理单位、维修养护单位及其他有关单位通过事故调查评估，总结经验教训，完善试运行安全事故预防措施和应急预案。

（四）改进建议

市南水北调办、各有关县区南水北调办、现场运行管理单位、维修养护单位及其他有关单位，应各个方面和各环节进行定性定量的总结、分析、评估，总结经验，找出问题，吸取教训，采取有效整改措施，以进一步做好安全工作。

（五）保险理赔

市南水北调办、各有关县区南水北调办、现场运行管理单位、维修养护单位及其他有关单位依法办理相关人员意外伤害保险。安全事故应急救援结束后，市南水北调办及相关责任单位，及时协助办理保险理赔和落实工伤待遇工作。

六、保障措施

（一）通信保障措施

参与事故应急活动或与事故应急管理和救援有关的部门及人员通信方式，由各有关单位提供，市南水北调办汇总编印分送各有关单

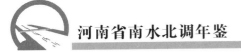

位，报有关部门备案。有关单位及人员通信方式发生变化的，应及时通知市南水北调办以便及时更新。

（二）应急救援与装备保障

1.现场救援与（工程）抢险及物资装备保障

市南水北调办、各有关县区南水北调办、现场运行管理单位、维修养护单位及其他有关单位，根据所承担任务的性质，备足应急物资。

2.应急队伍保障

各有关县区南水北调办、现场运行管理单位、维修养护单位应成立专职或兼职应急队伍，并设专人负责，按不同的事故类型定期对应急队伍进行培训、演练，并将队伍基本情况，上报市南水北调办备案；特殊事故的专业应急救援队伍依靠南阳市人民政府予以保障。

3.交通运输保障

各有关县区南水北调办、现场运行管理单位、维修养护单位在运行管理、维修养护期间，精心组织，统筹安排，确保现场交通畅通，并根据所承担任务的性质备足救援运输车辆，造册上报市南水北调办备案。

4.医疗卫生保障

主要依靠南阳市医疗卫生机构作医疗卫生保障，市南水北调办与南阳市区医疗机构、各有关县区南水北调办与所在县区卫生防疫站、医院经常保持联系，并将各医院基本情况统计造册，并分发至各有关单位。

5.治安保障

市南水北调办与南阳市公安局、各有关县区南水北调办与所在县区公安局（分局）保持联系，各现场运行管理单位、维修养护单位与其所在地的公安派出所保持联系，充分依靠当地公安机关维持现场秩序；按照有关法律、法规的规定，在公安机关指导下，加强内部治安保卫机构和制度的建设。

6.经费保障

各现场运行管理单位、维修养护单位做好

事故应急救援资金准备。事故应急管理和救援完毕后，有关费用根据事故调查、分析结果，按国家有关规定进行处理。

（三）监督检查

市南水北调办对各现场运行管理单位、维修养护单位制定的应急预案监督检查。对检查发现的问题，责令及时整改。

七、奖励与责任

（一）对南阳市配套工程试运行安全事故应急管理和救援工作做出突出贡献的单位、集体或个人，由市南水北调办进行表彰和奖励。

（二）对运行管理中玩忽职守，造成重大安全事故和在安全事故发生后隐瞒不报、谎报、故意延迟不报的，依据国家有关法律法规和有关规定，追究当事人和有关单位负责人责任；构成犯罪的，依照法律追究其责任。

（三）市南水北调办及各有关县区南水北调办、现场运行管理单位、维修养护单位按照本预案要求，承担各自职责和责任。在南阳市配套工程试运行安全事故应急管理和救援中，由于玩忽职守、渎职、违法、违规等行为造成严重后果的，依照国家有关法律及行政法规，追究当事人责任。

漯河市南水北调供水配套工程巡视检查方案

漯调办〔2017〕31号

各科室：

为规范我市南水北调配套工程供水管道沿线巡视检查工作，及时发现和处理管道周围存在的不安全因素和事故隐患，确保工程运行安全和供水安全，根据《河南省南水北调受水区供水配套工程巡视检查管理办法（试行）的通知》（豫调办建〔2016〕2号）文件精神，特制定本方案。

一、巡视检查任务

按照规定的巡视线路、项目进行巡视检

查，及时发现工程及其设备设施缺陷、损坏等运行安全隐患，报告巡视检查事项及处理情况，保证工程安全有序运行。

二、巡视检查人员职责

（一）市南水北调办：贯彻执行工程巡视检查管理有关法规、制度，负责组建或落实工程巡视检查队伍，负责工程巡视检查人员的培训和考核管理，组织实施现场巡视检查工作；负责向省南水北调办报送、向有关单位通报检查发现的问题，组织处理有关问题并跟踪报送整改情况；完成省南水北调办交办的其他工作。

（二）值班长：按照要求组织日常巡视检查工作，根据具体情况或上级指令等组织专项或特殊巡视检查。加强日常检查监督，确保巡查工作到位。根据季节特点和现场设备设施的实际情况开展事故预想，研究制定相关运行措施，做好预防和处理对策。

（三）值班员：按照巡视路线、巡视项目按时进行巡视检查，及时了解和掌握设备运行情况，发现异常及缺陷及时汇报和处理。认真记录设备各种运行参数，做好运行观测数据存档工作。

三、巡视检查类别

（一）巡视检查分为日常巡视检查、专项巡视检查和特别巡视检查。

1.日常巡视检查是指为了掌握工程运行及沿线情况，及时发现工程缺陷和威胁工程安全运行隐患而进行的例行巡视检查。

2.专项巡视检查是指在每年的汛前汛后或供水前后等，对沿线构筑物、自动化设备及运行管理设施等进行的专业检查。

3.特别巡视检查是指气候剧烈变化、自然灾害、外力影响、异常运行等特殊情况时，为及时发现工程异常或工程损坏情况而进行的巡视检查。

（二）结合现地管理房运行特点，巡视检查分为以下三种：

1.日常巡视检查：即值班人员每日值班期间，对运行设备设施及建筑物进行的定时巡视检查。

2.全站巡视检查：由当值值班长组织，对现地管理房生产区内所有设备设施及建筑物进行巡视检查。

3.特殊巡视检查：根据天气变化、负荷变化、新设备投产等特殊情况而进行的巡视检查。

四、巡视检查内容

（一）配套工程实体，包括输水管道、阀井、标志桩、穿越河（渠）道、公路、城区道路、铁路交叉工程遭到自然或人为破坏等情况。

（二）外部事项对工程影响行为，包括各类其他工程穿跨或邻接配套工程，以及影响工程运行、危害工程安全和供水安全的违规、违法行为。

（三）检查管理房值守人员的工作状况和安全生产情况。

五、巡视检查频次

（一）配套工程输水管线巡查原则上每周不少于二次，供水初期或汛期适当加密频次；重点部位（阀井、穿越交叉部位等）每天至少一次，供水初期或汛期适当加密频次，必要时24小时监控。

（二）现地管理房日常巡视检查每日3次，分别为9：00、15：00、22：00，巡视人员应按规定路线对运行设备进行巡视检查。全站巡视检查每周一上午9：00与日常巡视检查合并进行。特殊巡视检查时间根据具体情况或上级指令执行。

六、巡检人员及路线

按照相关法规和操作规范，全市南水北调配套工程管线巡视检查共分三段，组织成立三组巡检人员队伍，每组三人，配备必要的工具和仪器设备，具体负责日常巡视检查工作。

（一）舞阳段，配备四人巡检小组，负责漯河境内1、2、3施工标段日常巡查工作。

（二）市区段，配备四人巡检小组，负责

漯河境内4、5、6、7施工标段日常巡查工作。

（三）临颍段，配备四人巡检小组，负责临颍县境内10、11施工标段和市区8、9标段日常巡查工作。

七、巡视检查要求

（一）巡视检查工作至少要两人同时进行，巡视中禁止对阀门或设备进行操作。

（二）巡视检查应认真、仔细、到位，保证巡视检查质量，要做到"五到"，即走到、闻到、看到、听到、摸到。记录数据要准确，不得估测，有疑问及时向值班负责人或上级汇报。对机电设备的巡视，巡视人员应熟悉设备的检查项目，内容和标准，集中思想，巡视期间结合看、听、嗅、摸、测等方式进行，掌握设备设施运行情况，具体要求为：

1.看：设备的油面、油色、导电的各连接部分、瓷件及机械部分，有无异常及损坏；

2.听：设备运行声音是否正常；

3.嗅：设备有无焦臭等异常气味；

4.摸：运行设备的外壳（接地部分）温度有无异常；

5.测：导电部分接触面发热情况。

（三）巡视检查人员应严格遵守操作规范，确保人员、财产安全。巡视检查中发生事故，应立即中断巡视检查，听从值班负责人统一指挥，参与事故处理。

（四）严重威胁工程安全和运行安全的问题，立即处理并及时报省南水北调办，必要时，启动应急预案；外部事项对工程的影响，须及时制止并向有关部门反映，协调处理。

八、巡视检查资料整理

（一）巡视检查人员应如实记录、及时整理相关资料。发现异常情况，应进行拍照或录像，必要时绘出草图，同时将检查结果进行比较，分析原因。按照要求，填写在《南水北调受水区供水配套工程巡视检查记录》表上。巡视检查记录资料应按月装订成册，统一归档保管。

（二）市南水北调办每月对工程巡视检查

发现的问题进行汇总分析。同时建立工程巡视检查工作台账，对所辖工程技术数据、重要程度、发现缺陷以及处理情况等进行全面管理，各类巡视检查成果按年度整理归档。

2017年2月20日

许昌市南水北调办公室
政务微博微信发布管理暂行办法

许调办政务〔2017〕5号

一、政务微博、微信禁止发布的内容

1.违反宪法基本原则，危害国家安全，泄露国家秘密，颠覆国家政权，破坏国家统一的。

2.煽动民族仇恨、民族歧视，宣扬邪教和封建迷信，破坏国家民族政策和宗教政策的。

3.散布谣言、侮辱或者诽谤他人、侵害他人合法权益，破坏社会稳定的。

4.传播淫秽、色情、暴力或者教唆犯罪的。

5.煽动非法集会、结社、游行、示威等聚众扰乱安全生产秩序和社会秩序的。

6.未经确认的信息和未经审定的行政管理事项（公开征求意见的除外）。

7.法律法规禁止发布的其他内容。

二、政务微博、微信回复制度

1.一般性的评论和政策咨询由相关科室在第一时间负责回复或解答，需要一段时间办理后才能回复的，要当日给出研究办理的回复，并在办结时回复处理结果。

2.一般性的建设性意见和建议由相关科室负责审定和回复。

3.有关举报、信访事项，由纪检及办公室商相关科室依相关规定处理。

4.较大以上舆情，由办公室根据舆情应对措施，组织进行及时有序回复。

5.对网民的评论和私信，要认真分析，对关注度高、反映强烈的问题，要积极在实际工作

中加以解决，并在微博、微信中发布处理结果。

6.发现网民发表的恶意言论，可以不予理睬，性质恶劣的可报告有关部门予以删除。回复评论时，要真诚平等，不发表与政务身份不符的言论。

2017年8月26日

郑州市南水北调办关于南水北调干渠工程保护范围划定工作的情况报告

郑调办〔2017〕32号

市政府：

依据国务院《南水北调工程供用水管理条例》规定，水利部组织编制并于2016年12月批复了《南水北调中线干线工程管理范围和保护范围划定方案》。按照水利部和国调办工作要求，2017年6月9日，省政府在省南水北调办召开了全省南水北调中线工程保护范围划定工作动员部署会议。现将有关情况报告如下：

一、南水北调中线工程郑州段基本情况

南水北调中线工程是国家的重大战略性项目，该工程从丹江口水库调水，经南阳淅川陶岔渠首，沿等高线一路北上，在郑州西荥阳孤柏嘴处穿过黄河自流到终点北京。工程全长1432公里，河南段731公里，在郑州市境内全长约129公里，涉及新郑、航空港、经开、管城、二七、中原、高新、荥阳等8个县（市、区）。

南水北调中线工程自2014年12月12日通水以来，至今已平稳运行两年半，累计调水76.6亿立方米，惠及北京、天津、河北、河南4省市约5300万人，成为北京、天津、郑州、石家庄等沿线城市的主要水源。截至目前，我市累计供水7.9亿立方米，极大地缓解我市水资源短缺的局面，为我市的可持续发展提供水源保障。

二、省南水北调工程保护范围划定工作动员部署会议情况

省政府胡向阳副秘书长出席了本次会议并

部署工作，省水利厅、省交通运输厅、省住房和城乡建设厅单位领导参加了会议。南水北调中线总干渠沿线各地市政府领导及各地市南水北调办公室、水利局、交通局、建设局等单位也参加了会议。我市由市政府副秘书长冯卫平带领市南水北调办参加了会议。

会议由省南水北调办公室主任刘正才主持，共有三项议程，一是由南水北调中线建管局总工就河南境内南水北调工程保护范围划定工作做具体的安排；二是省南水北调办公室副主任杨继成传达国务院和水利部、国务院南水北调办公室会议精神；三是胡向阳副秘书长做了重要讲话。讲话的主要精神：

（一）思想上高度重视，增强工作主动性，严格以法按条例办事，不讲代价、不讲条件。

（二）明确各级职责，要讲政治，增强执行规定的自觉性。各省辖市政府是直接责任方，南水北调办公室是具体牵头单位，交通部门、水利部门、城乡建设部门、各级政府要各司其职，认真负责。

（三）强化措施，增强完成任务的时效性，7月底公告完成，争取在十九大前全部落实完成。省每月一通报排名，各市建立工作机制。

三、郑州市南水北调工程保护范围划定工作计划

河南省南水北调工程保护范围划定工作要求于6月中旬开始，在7月底前完成以市政府名义向社会公示工程保护范围的公示工作，十九大召开前全部完成保护范围的划定及重要部位保护范围警示标志的设置工作。

（一）保护范围划定原则

1.明渠段保护范围，对高填方渠段按管理范围边线外延200米控制（新郑境内部分渠段），对半挖半填（航空港区境内）、全挖方渠段根据现场实际情况划定为100～150米范围。郑州段明渠段没有少于100米的。

2.暗渠、隧洞、地下管道等输水工程保护范围为设施上方地面从其边线向外延伸至50

米。

3.穿越河流的倒虹吸、渡槽、暗渠等建筑物保护范围从管理范围边线或建筑物边线向河流上游延伸 500～1000 米，下游延伸 1000～3000 米。

（二）工程保护范围内禁止事项

《南水北调工程供用水管理条例》规定，严禁在工程保护范围内实施影响工程运行、危害工程安全和供水安全的爆破、打井、采矿、取土、采石、采砂、钻探、建房、建坟、挖塘、挖沟等行为。

按照省政府办公厅（豫政办〔2010〕76号）文件对南水北调中线工程总干渠水源保护区的划定方案，郑州段一级水源保护区为干渠两侧各200米，而且规定在一级水源保护区内禁止建设与总干渠水工程无关的项目。目前郑州市城区段各区按照市政府统一安排在200米范围内建设生态文化公园，其他段各县（市）建设生态防护林，建成后在干渠两侧形成200米的生态绿色廊道。按照工程保护范围的划定原则，郑州境内工程管理范围都在一级水源保护区范围以内，且禁止实施的行为都在水源保护区禁止范围内。

（三）各有关单位、部门职责

南水北调中线干线新郑管理处、航空港区管理处、郑州管理处、荥阳管理处、穿黄管理处等干渠运管部门负责工程管理范围界桩、界碑和保护范围安全警示等标志、标识的制作、安装和设置工作。

郑州市人民政府负责对工程管理范围和保护范围划定工作予以公示、公告和划定实施工作的督查。

各县（市、区）人民政府具体负责与本辖区南水北调中线干线运管单位协商认定管理范围和保护范围的边界，协调解决本辖区内管理范围和保护范围标志、标识设置过程中遇到的困难和问题，特别是村庄、集镇等位置设置标志、标识时的环境维护工作。

市交运委、市建委、市城管局、市公路局，各县（市、区）政府负责其管理各类型与总干渠交叉道路在南水北调工程管理范围和保护范围警示标识设置的协调工作。

市水务局负责大、小河流与总干渠交叉处工程管理范围和保护范围警示标识设置的协调工作。

各县（市、区）南水北调办公室负责做好本辖区内总干渠工程管理范围和保护范围警示标志设置的联络协调及督导工作。

市政府督查室牵头，市南水北调办为该工作具体联络人，组织市直水利、交通、建委、城管等单位组成督查组，及时了解各县（市、区）工作进度，督促其及早完成总干渠保护范围划定、实施工作。

四、我市南水北调工程保护范围划定工作存在的问题

一是与干渠交叉建筑物多，管理单位多，协调难度大。

二是城区段距离长，各项建筑物多（郑州城区段70.2公里）。

五、建议

1.组织召开成员单位参加的工作部署会议，明确责任和任务。

2.鉴于7月底前要完成工程保护范围的公示、公告工作，请市政府协调新闻单位予以配合，做好保护范围的公示、公告工作。

2017年7月4日

关于印发焦作市南水北调水费收缴办法（试行）的通知

焦政办〔2017〕99号

各县（市）区人民政府，市城乡一体化示范区管委会，市人民政府各部门，各有关单位：

《焦作市南水北调水费收缴办法（试行）》已经市政府研究同意，现印发给你们，请认真贯彻落实。

2017年8月3日

焦作市南水北调水费收缴办法（试行）

根据《南水北调工程供用水管理条例》（国务院令〔2014〕647号）、《河南省南水北调配套工程供用水和设施保护管理办法》（省政府令〔2016〕176号）以及《河南省发展改革委河南省南水北调中线工程建设领导小组办公室河南省财政厅河南省水利厅关于我省南水北调工程供水价格的通知》（豫发改价管〔2015〕438号）等法律法规及文件精神，为切实做好我市南水北调水费收缴工作，特制定本办法。

一、南水北调水量

水量包括分配水量和计量水量。

分配水量。根据《焦作市人民政府关于批转焦作市南水北调中线一期工程水量分配方案的通知》（焦政文〔2014〕98号）文件规定，焦作市南水北调年分配用水指标2.69亿m³。其中市区2.178亿m³（府城水厂0.96亿m³，苏商水厂1.218亿m³）；温县0.1亿m³；武陟县0.12亿m³；修武县0.152亿m³；博爱县0.14亿m³。

计量水量。指配套工程末端流量计记录水量。市区计量水量由市南水北调中线办与受水水厂共同确认；各受水县（市）政府明确指定的南水北调供水协议签订单位负责与市南水北调中线办共同确认本辖区计量水量。

二、水费收缴标准

根据《河南省发展改革委河南省南水北调中线工程建设领导小组办公室河南省财政厅河南省水利厅关于我省南水北调工程供水价格的通知》（豫发改价管〔2015〕438号）文件规定，我省南水北调工程水价暂定三年，执行日期为2014年12月12日，水价实行基本水价和计量水价两部制，基本水费=分配水量指标×基本水价，计量水费=实际供水量×计量水价。焦作市综合水价为0.86元/m³，其中基本水价为0.42元/m³，计量水价为0.44元/m³。

三、水费收缴原则

1.按照省政府要求及我市与省南水北调办公室签订的供水协议规定，计量水费按受水区实际用水量缴纳，基本水费按受水区分配水量指标减去实际用水量缴纳，无论受水区是否用水都要缴纳。

2.受水水厂建成前，市区的基本水费由市财政负担，受水县（市）基本水费由各受水县（市）财政负担，并列入各级财政年度预算。受水水厂建成并运行后，供水部分的水费（基本水价+计量水价）由用户承担，分配水量与实际供水差额部分的基本水费仍由各级财政负担。

四、水费收缴时间

根据我市与省南水北调办公室签订的供水协议，水费收缴正常年度为每年11月1日至次年10月31日。基本水费分两次收缴，分别在每年的1月31日和4月30日前各收缴50%；计量水费采取每半年结算一次的方式，在每年4月30日和10月31日前按照实际供水量收缴。

五、水费收缴办法

1.市南水北调中线办分别将市区、受水县（市）分配水量和计量水量确认单提交给市财政局、受水县（市）作为基本水费缴纳依据。

2.市区分配水量与计量水量差额部分的基本水费由市级财政承担。市财政局对缴纳的基本水费实行专账管理，并按有关规定缴纳税费。

3.市区实际供水的水费（基本水费+计量水费）由市南水北调中线办负责收缴。市南水北调中线办对收缴的水费实行专账管理，并按有关规定缴纳税费。

4.各受水县（市）的基本水费、计量水费由县（市）政府负责收取后上缴市南水北调中线办。

六、年度基本水费缴纳任务

年度基本水费缴纳任务按分配水量指标×基本水价计算。市区为9147.6万元，修武县为638.4万元，武陟县为504万元，博爱县为588万元，温县为420万元。若遇基本水价调整，则按调整后基本水费缴纳。

七、水费收缴有关要求

1.各级财政部门要将南水北调基本水费纳入年度预算管理。

2.将南水北调水费缴纳工作纳入政府目标管理和行政效能问责范围。对在规定时间节点内拒不缴纳或拖欠缴纳南水北调水费的，将采取约谈、加收滞纳金、停止供水等措施，确保南水北调水费及时足额缴纳。

八、本办法由市南水北调中线办负责解释

焦作市南水北调城区办 关于印发《"四城联创"活动 实施方案》的通知

焦南城办发〔2017〕20号

各科室：

根据中共焦作市委市直机关工作委员会《关于进一步推动市直机关落实四城联创有关工作的通知》（焦直文〔2017〕43号），结合我办工作实际，制订《"四城联创"活动实施方案》，现印发给你们，请认真抓好贯彻落实。

焦作市南水北调城区段建设办公室

2017年5月16日

"四城联创"活动实施方案

按照市委、市政府四城联创的工作要求，结合我办实际，特制定本方案。

一、指导思想

团结动员城区办全体干部职工，以"一赛一节"活动为主线，以创建全国文明城市提名城市为引领，以四城联创为载体，以城区三年改造提升行动为契机，坚持重在提升文明程度，重在改善城市环境，重在做强旅游名片，重在加快南水北调城区段绿化带征迁安置建设工作，为"四个焦作"建设，助推焦作早日跻身全省"第一方阵"，让焦作在中原崛起中更加出彩做出积极贡献。

二、创建目标

全面加快南水北城区段调绿化带征迁安置建设工作，6月底前完成征迁任务目标，确保绿化带工程按时间节点如期开工建设。努力将焦作市南水北调城区段绿化带打造成以水为线，以绿为衣，以文为魂的5A级旅游景区。

深入开展学雷锋志愿服务活动。发挥党员示范带动作用，广泛开展各类志愿服务活动，全面提升南水北调城区办文明服务水平。

三、工作措施

（一）加强领导，强化机构。要高度重视四城联创活动，成立四城联创工作领导小组，吴玉岭为组长，范杰、史升平、黄红亮、常恒光、冯小亮为副组长，各科室负责人为成员。领导小组下设办公室，办公室设在综合科，李新梅同志兼任办公室主任。各科室要结合实际，明确保障措施，推动活动规范有序进行。要自觉担当起时代赋予的历史使命，形成一级带着一级干、一级抓给一级看、撸起袖子加油干，层层抓落实的工作格局。

（二）细化任务，落实责任。各科室要紧紧围绕四城联创确定的工作任务，进一步理清工作思路，抓住工作重点，分解细化任务，结合各自实际，认真制定本部门专项工作方案，并逐项明确到个人，建立台账，层层压紧，推动落实。

（三）搞好宣传，营造氛围。充分利用多种媒体和宣传墙等多种形式搞好宣传，以鲜明浓厚的舆论导向助推四城联创活动深入开展。

（四）严格督查，奖惩兑现。根据全市的安排部署，焦作市南水北调城区办四城联创领导小组办公室将采取专项督查和随机抽查相结合的方式，对各科室四城联创工作推进落实情况进行督导考评，对不作为、慢作为的部门、单位和个人发现一个、通报一个。各科室要不等不靠、主动作为，推动活动落地见效。

关于印发《安阳市南水北调配套工程汛期安全检查方案》的通知

安调办〔2017〕77号

各相关县南水北调办、机关各科（处）：

为加强我市南水北调配套工程汛期安全检查工作，确保工程度汛安全，供水安全，市南水北调办制定了《安阳市南水北调配套工程汛期安全检查方案》，现印发给你们，请认真贯彻执行。

附件：安阳市南水北调配套工程汛期安全检查方案

2017年10月25日

安阳市南水北调配套工程汛期安全检查方案

为进一步加强我市南水北调配套工程汛期安全管理工作，确保工程度汛安全，现制定配套工程汛期检查专项方案如下：

一、工程基本情况

安阳市南水北调配套工程分别从总干渠35号、37号、38号和39号4个分水口门引水，为地埋输水管道，埋深2~8米，管线总长约93公里，线路涉及内黄、汤阴、文峰区、殷都区、龙安区、北关区、开发区和安阳新区8个县（区），21个乡（镇、办事处），99个行政村，共有现地管理站11座，各类阀井323座，穿越河道（沟、渠）部位11处。

目前，除38号输水管线末端由于水厂位置确定、设计变更原因未完工外，其他工程已完工，并有三条线路已通水运行，分别为：一是濮阳设计单元35号三里屯分水口门濮阳输水主线（安阳境内），该线路由位于鹤壁市的35号三里屯口门分水，流经我市的内黄县，向濮阳西水坡引黄调节池通水，已于2015年5月8日通水运行；二是安阳设计单元37号董庄分水口门汤阴一水厂支线，该线路由37号董庄口门分水，向汤阴一水厂供水，已于2015年12月25日正式向水厂通水；37号线末端内黄第四水厂一期工程已经建设完成，已于2017年8月28日正式向水厂通水。三是安阳设计单元38号小营分水口门市区第八水厂供水支线，该线路于2016年9月9日正式向水厂通水。

二、总体要求

切实贯彻国家、省市关于汛期安全的一系列安排部署，牢固树立"以人为本、生命至上"的理念，坚持"安全第一、常备不懈、以防为主、全力抢险"的防汛工作方针，切实增强对汛期安全极端重要性的认识。加强对汛期安全生产工作的组织领导，全面落实汛期安全生产主体责任，强化各项汛期安全措施，做到责任、措施、资金、时限和预案"五落实"。加大整改力度，着力补齐短板、堵塞漏洞、消除隐患；着力抓重点、抓关键、抓薄弱环节，发现隐患及时整改，做到排查"零盲区"、隐患"零容忍"，确保抓汛期安全生产工作的思想不松，力度不减，措施不软，确保我市南水北调配套工程安全生产形势持续稳定。

三、主要目标

通过在全市配套工程管理范围内开展汛期安全生产大检查工作，全面排查汛期安全隐患和防洪、防灾薄弱环节，进一步落实整改责任和措施，及时排除各类地质灾害，坚决堵塞安全漏洞，进一步提高安全生产保障，有效防范汛期强降雨带来的因自然灾害引发的次生、衍生事故。

四、组织领导

为加强汛期安全检查工作的组织和领导，成立汛期安全检查工作领导小组，其组成人员如下：

组　长：马荣洲

副组长：郭松昌　牛保明　马明福

成　员：王卫东　李存宾　张秀娟　孟志军　郭淑蔓　任　辉　史拥军　李拥军　常增海　李海强　张彦杰

领导小组下设办公室，办公室设在市办建

设管理科，负责汛期安全检查日常工作。

办公室主任：郭松昌（兼）

办公室副主任：李存宾　李拥军

五、检查范围

南水北调配套工程输水管线沿线所有阀井、管理区及穿越河（沟渠）道、公路、铁路交叉工程。

六、重点检查内容和部位

1.工程安全度汛组织建立情况。

2.各现场运管单位、现地管理站度汛方案、应急预案的制定情况，预案是否有针对性、可操作性。

3.防汛物资的储备情况。

4.防汛应急抢险人员的配备情况，是否建立与应急抢险队伍的联络机制。

5.是否建立灾害性天气预警和预防机制。

6.是否按照要求加大了汛期工程巡查频次以及防汛安全隐患台账的建立、整改措施的落实情况。

7.防汛纪律的执行和防汛值班情况。

8.重点检查配套工程穿越河（沟渠）道交叉工程、低于地面易进水的阀井以及调流调压阀室。

各相关县南水北调办、现场运管单位，在汛期来临之前，要结合工程实际，制定切实可行的汛期安全检查实施方案，细化责任分工，加大巡查、检查频次，建立存在问题和隐患台账，加大问题整改和隐患消除力度，确保南水北调配套工程汛期安全，供水安全。

关于印发《安阳市南水北调配套工程巡视检查工作方案（试行）》的通知

安调办〔2017〕78号

各相关县南水北调办、机关各科（处）：

为加强我市南水北调配套工程通水运行的巡视检查工作，保障工程安全运行，市南水北

调办制定了《安阳市南水北调配套工程巡视检查工作方案（试行）》，现印发给你们，请认真贯彻执行。

附件：安阳市南水北调配套工程巡视检查工作方案（试行）

2017年10月25日

安阳市南水北调配套工程巡视检查工作方案（试行）

为进一步强化安阳市南水北调配套工程运行过程中的巡视检查工作，保障工程安全运行，依据《关于加强南水北调配套工程供用水管理的意见》（豫调办建〔2015〕6号）、《关于印发〈河南省南水北调受水区供水配套工程保护管理办法（试行）〉的通知》（豫调办〔2015〕65号）、《关于印发〈河南省南水北调受水区供水配套工程巡视检查管理办法（试行）〉的通知》（豫调办建〔2016〕2号）、省南水北调建管局印发的各口门线路《试通水调度运行方案（试行）》等规定和规程规范及设计要求，结合安阳配套工程实际，制定本工作方案。

一、机构与职责

（一）机构：市南水北调办在省南水北调办的统一领导下，并受省南水北调办委托，全面负责安阳配套工程巡视检查工作；各相关县南水北调办和市区运管机构（以下统称现场运管单位）在市南水北调办的领导下，具体负责辖区内配套工程的巡视检查工作。

（二）职责：

1.市南水北调办职责：

（1）统一部署和领导全市配套工程巡视检查工作；

（2）对现场运管单位巡视检查开展情况进行督导、检查；

（3）组织、督促、配合处理巡视检查发现的影响工程安全和供水运行的重大问题；

（4）负责工程巡视检查工作的考核管理。

2.现场运管单位职责：

（1）贯彻执行工程巡视检查管理有关法规、制度，组建落实巡视检查队伍；

（2）组织实施现场巡视检查工作，对巡视检查人员进行培训和考核；

（3）负责报送、通报检查发现的问题，组织处理有关问题并跟踪报送整改情况；

（4）完成市南水北调办交办的其他工作。

3.巡视检查人员职责：

（1）认真学习巡视检查有关规章制度，熟悉掌握配套工程运行管理知识；

（2）按照巡视路线、巡视项目按时进行巡视检查，根据具体情况或上级指令等组织专项或特殊巡视检查；

（3）及时了解和掌握设备运行情况，发现异常及时汇报和处理，建立问题台账，跟踪问题整改；

（4）认真、如实记录巡视检查发现的问题，做好巡视检查资料的存档工作。

二、巡视检查范围与内容

（一）配套工程巡视检查对象主要为输水线路和管理区域，以及输水线路沿线构筑物、构筑物内的设施设备，各管理区域构筑物及各类工程设施设备。

（二）巡视检查的范围为国家有关法律、法规及省市确定的工程管理和保护范围。

1.汤阴县巡视检查范围：输水管线长36.96公里，现地管理站5座，各类阀井138座，穿越河道3处（穿越汤河3次）。

2.内黄县巡视检查范围：输水管线长35.34公里（其中：35号线14.87公里，37号线20.47公里），现地管理站1座，各类阀井80座（其中：35号线17座，37号线63座），穿越河道4处（穿越卫河1次、穿越老塔坡沟1次、穿越杏园沟2次）。

3.市区巡视检查范围：输水管线长20.58公里（其中：38号线19.45公里，39号线1.13公里），现地管理站6座（其中：38号线4座，39号线2座），各类阀井91座（其中：38号线

81座，39号线9座），穿越河道4处（穿越胡官屯沟1次、穿越洪河1次、穿越瓦亭沟1次、穿越茶店坡沟1次）。

（三）巡视检查内容：包括配套工程所有工程实体和外部事项对工程运行的影响等。

1.工程实体包括输水管道，进水池、调流调压室、阀井等构筑物，穿越河（渠）道、公路、城区道路、铁路等交叉工程，阀门阀件、金结机电、电气设备，自动化系统工程及运行管理设施设备等。

2.外部事项对工程影响行为，包括各类其他工程穿越或邻接配套工程，以及影响工程运行、危害工程安全、供水安全的违法、违规行为。

三、巡视检查线路和重点

（一）巡视检查线路由各现场运管单位按照不多跑路、不漏项目的原则，根据所辖工程线路长度，对管线进行适当的巡视单元划分，制定巡查线路图（表）并上墙，明确巡查工作负责人，按巡查责任区逐一明确重点巡查部位、重点巡查项目，巡查责任人和相对应责任区人员，并根据工程基本情况、巡查发现的问题、安全监测数据等及时梳理更新重点巡查监控项目和巡查线路图（表），保证对工程及其设备设施检查到位。

（二）巡视检查的重点为管理处（所）、现地管理站、进水池、阀井、阀门阀件、金结机电、电气及自动化设备等工程实体有无变形、损坏，管线及穿越河（渠）道、公路、城区道路、铁路等穿越工程有无沉陷、冒水，管线上是否有圈、压、埋、占，违规穿越或邻接施工及出现过问题、存在缺陷或薄弱环节等部位。

四、巡视检查方式和要求

（一）输水线路巡视检查分为日常巡视检查、专项巡视检查和特别巡视检查。

1.日常巡视检查是指为了掌握工程运行及沿线情况，及时发现工程缺陷和威胁工程安全运行情况而进行的例行巡视检查。日常巡视检

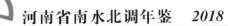

查由各现场运管单位组织实施。

2.专项巡视检查是指在每年的汛前汛后或供水前后等，对管理站、沿线构筑物、构筑物内机电、金结、自动化设备及运行管理设施等进行的专业检查。专项巡视检查由市南水北调办或省南水北调办组织实施。

3.特别巡视检查是指气候剧烈变化、自然灾害、外力影响、异常运行等特殊情况时，为及时发现工程异常或工程损坏情况而进行的巡视检查。特别巡视检查根据需要及时进行。特别巡视检查由省南水北调办组织实施。

（二）现地管理站巡视检查分为日常巡视检查、全站巡视检查和特殊巡视检查。

1.日常巡视检查：即值班人员每日值班期间，对运行设备设施及建筑物进行的定时巡视检查。

2.全站巡视检查：由当值值班长组织，对管理站生产区内所有设备设施及建筑物进行的巡视检查。

3.特殊巡视检查：根据天气变化、负荷变化、新设备投产等特殊情况而进行的巡视检查。

（三）巡视检查频次

1.配套工程输水管线原则上每周不少于两次，遇供水初期或汛期、重大节日、重要活动等适当加密频次；重点部位（如阀井、穿越交叉部位等）每天至少一次，遇供水初期或汛期适当加密频次，必要时24小时监控。

2.现地管理站日常巡视检查每日3次，分别为9：00、15：00、22：00，巡视人员应按规定路线对运行设备进行巡视检查。全站巡视检查每周一上午9：00与日常巡视检查合并进行。特殊巡视检查时间根据具体情况或上级指令执行。

3.根据上级指示和下列情况，应增加特别或特殊巡视检查：

（1）设备过负荷、存在缺陷和可疑现象时。

（2）新投入运行、长期停用或检修后投入

运行的设备。

（3）设备试验调试时。

（4）运行方式发生较大变化时。

（5）水位接近限值时。

（6）遇有雷雨风雪雾雹等异常天气，设备存在薄弱环节时。

（7）火灾自动报警系统报警时。

（8）发生事故，采取相应措施后。

（四）巡视检查人员应统一佩戴标识，认真履行岗位职责，严格遵守工作制度，必须按照规定的巡视线路全方位进行巡视检查，逐步规范巡视检查管理行为。

（五）巡视检查应认真、仔细、到位，保证巡视检查质量，要做到"五到"，即走到、闻到、看到、听到、摸到。记录数据要准确，不得估测，有疑问及时向值班负责人或上级汇报。对机电设备的巡视，巡视人员应熟悉设备的检查项目，内容和标准，集中思想，巡视期间结合看、听、嗅、摸、测等方式进行，掌握设备设施运行情况。

（六）巡视检查完毕后随手关闭盘柜门、通道门、阀井井盖，认真做好记录，钥匙归放在指定位置，及时向值班负责人汇报巡视检查情况。

（七）巡视检查中发生事故，应立即中断巡视检查，统一听从值班负责人指挥，参与事故处理。

（八）巡视检查人员应及时发现并制止工程管理和保护范围内影响工程运行、危害工程安全、供水安全的违规、违法行为，同时在第一时间向上级报告。

（九）巡视检查中发现的问题应进行分类管理：

1.严重威胁工程安全和运行安全的问题或"重大缺陷"、"较大缺陷"，立即应急处置并及时报市南水北调办，市南水北调办及时报省南水北调办，必要时根据权限启动应急预案。

2.对于"一般缺陷"、"轻微缺陷"或其他问题，由各现场运管单位按照有关规定处理。

3.外部事项对工程的影响，须及时制止并向有关部门反映，协调处理。

（十）市南水北调办将采取电话、即时传真、现场检查等不同形式对工程巡视检查工作开展情况进行检查。

五、巡视检查的安全保障

（一）巡视检查工作至少要两人同时进行，巡视中禁止对阀门或设备进行操作。

（二）巡视检查较深的阀井时，要先行打开井盖，充分通风通气后才可进入井内进行检查。

（三）在输水线路巡视检查中应遵守交通规则，保证交通安全。

（四）在巡视检查中上下阀井或较高建筑物、构筑物时，应佩戴安全绳或安全带，以防坠落事故，雨后湿滑巡查时尤为注意。

（五）巡视检查人员应配备必要的工具和仪器设备，严格按照有关规程执行，采取有效的防范措施，确保人员安全。

1.触摸设备外壳时，应首先检查设备外壳接地线是否接触良好，然后方可以手背触试。

2.雷雨天气在户外巡视高压设备时，应穿绝缘靴，并不得靠近避雷器和避雷针。

3.巡视检查高压设备时，应遵守《电力安全工作规程》中有关规定，巡视检查中，发现设备缺陷异常时，应按本规程中有关规定进行处理。

4.高压设备发生接地时，工作人员与故障点的距离：室内不得小于4米，室外不得小于8米，进入上述范围和接触设备时，应按规定进行。

六、信息整理和报告

（一）工程巡视检查记录准确、及时。每次巡视检查应现场如实填写巡视检查记录，按月进行整理、归档。纸质版和电子版同步保存，对于"重大缺陷"和"较大缺陷"缺陷问题应进行拍照或录像，必要时绘出草图，照片

等影像资料有序整理，有效保存。

（二）实行巡视检查、保护管理月报制度。各巡查责任区于每月1日前将上月巡视检查、保护管理工作情况登记造册，建立台账，并形成月报连同电子版报现场运管单位（县区南水北调办），现场运管单位分析、核实、汇总后每月3日前上报市南水北调办，市南水北调办汇总后每月5日前报省南水北调办。

（三）专项巡视检查报告在检查完成后及时报省南水北调办。

（四）各县（市）南水北调办应严格按照要求高效做好信息报送工作。

七、监督检查及考核

各现场运管单位应加强配套工程的日常巡视检查、管理保护工作的领导，采取有效措施，保障配套工程安全和正常运行。市南水北调办公室不定期对巡视检查、保护管理工作进行监督和检查，并结合配套工程实际，制定工作考核制度，进行评估与考核。

卢氏县打赢南水北调水源区水污染防治攻坚战的实施意见

卢发改〔2017〕91号

为贯彻落实《河南省人民政府关于打赢水污染防治攻坚战的意见》（豫政〔2017〕2号）、《河南省人民政府办公厅关于印发河南省流域水污染联防联制度等2项制度的通知》（豫政办〔2017〕6号）、《河南省人民政府关于印发河南省水污染防治攻坚战9个实施方案的通知》（豫政办〔2017〕5号）和《河南省南水北调中线工程建设领导小组办公室文件》（豫调办〔2017〕13号）要求，结合全县南水北调工作实际，特制定本实施意见。

一、指导思想

认真落实十八大和十八届三中、四中、五中、六中全会精神和省政府决策部署，按照省

南水北调办要求，坚持创新、协调、绿色、开放、共享的发展理念，严格执行《中华人民共和国环境保护法》和《中华人民共和国水环境污染法》，全面落实《水污染防治行动计划》、《河南省碧水工程行动计划（水污染防治工作方案）》，以确保南水北调水质达标、保障供水安全为攻坚重点，系统推进水污染防治、水资源管理和水生态保护，为全面建设小康社会提供良好的水生态环境。

二、基本原则

坚持党政同责，落实各方责任。水源区各乡镇和县直各相关部门要加强对水环境工作的领导，研究水环境保护重大政策，完善考评机制；要依法对本地水环境质量负责，统筹实施攻坚战各项任务。各相关部门严格履行监督管理职责，认真落实管行业必须管环保、管业务必须管环保、管生产经营必须管环保的要求。配合相关部门督促排污单位落实治污主体责任，严格执行环保法律、法规和政策，加强污染治理设施建设和运行管理，确保各项水污染物全面稳定达标排放。

坚持目标导向，注重标本兼治。按照省政府统一部署和卢氏县政府安排，以提前1年完成我省"十三五"水环境质量目标为着力点，完善治理规划，区分轻重缓急，通过工业污染防治、畜禽养殖整治、农业面源治理等措施，重点保护南水北调水源区水质，有序推进南水北调水污染防治工作。

坚持改革创新，完善体制机制。转变治理理念和治理方式，成立水污染防治攻坚领导小组，完善权责明晰、奖优罚劣的水污染防治攻坚战考核奖惩制度，形成跨行政区域、跨政府部门、跨行业的水环境质量改善合力。

坚持依法治污，实施严格监管。严格落实各项环保法律、法规，对乱排乱放和不正常运行治污设施等违法行为依法移送执法部门严惩，有效遏制南水北调水源区内违法排污行为，强化环保、公安、监察、司法等多部门协作，健全行政执法与刑事司法衔接配

合机制，完善案件移送、受理、立案、通报等规定。

坚持公众参与，强化社会监督。推进信息公开，加强舆论引导，完善南水北调水环境信息公开制度，宣传解读南水北调水污染防治政策措施，保障公众知情权、参与权和监督权，凝聚政府引导、企业行动、公众参与、社会共治的强大合力。

三、工作目标

坚持源头控制，山水林田共治，分类分级分段，多部门联动系统治理，使老灌河和淇河两个控制单元水环境质量持续改善，水质优良比例达到100%，确保老灌河三道河出境断面水质优于国家Ⅲ类水质标准（氨氮≤0.5mg/L，总磷≤0.1mg/L），淇河上河出境水质断面水质达到国家Ⅱ类水质标准。

四、重点任务

（一）防范环境风险

建立老灌河、淇河环境风险评估、污染预警、应急处置等保障体制、体系，切实提高环境风险防范能力。制定科学合理的突发水污染事件应急预案，建立完善日常巡查、工程监管、污染联防、应急处置等制度，确保老灌河、淇河水质安全。2017年6月底前，建立健全老灌河、淇河水污染风险防控制度，防范水环境风险。2017年年底前，编制风险源名录和风险防控方案，定期开展水源地安全保障区周边环境安全隐患排查及环境风险评估；制定危险化学品运输管理制度和风险防范措施，编制水源地安全保障区突发环境事件专项应急预案。

责任单位：环保局

配合单位：五里川镇、朱阳关镇、瓦窑沟乡、狮子坪乡、汤河乡、双槐树乡、各相关部门、相关企业

（二）开展河流清洁行动

以辖区境内老灌河和淇河两条河流为中心，分区域分阶段开展河流清洁行动，并对重要支流予以延伸。

一是探源截污。加快河道截污工程建设；督促区域内铁路施工项目废水治理；加快推进流域内污水管网建设，提高生活污水与垃圾的集中处理率。

二是环境整治。结合2014～2016年三年来开展的乡村清洁工程，围绕农户门前"四包"责任制活动载体、"六清三化四规范"整治内容和工作标准，进一步巩固整治成果，全面做好区域农村以及老灌河和淇河河岸与河道的保洁工作，重点解决因脏乱差、垃圾入河导致的水污染问题，进一步实施河岸美化绿化工作。实现河面无漂浮物、河岸无垃圾。

三是清淤疏浚。对老灌河、淇河及其支流进行河道清淤、垃圾清理和改造工作。按照《卢氏县河道采砂2016—2020规划》精神规范河道采砂行为，2018年年底前对老灌河流域、淇河、五里川河河道的河道采砂场、作业设施、设备依法予以取缔和拆除，恢复河道原貌，杜绝滥采乱挖现象，减少水体污染。

责任单位：水利局、国土局、环保局

配合单位：各相关乡镇、各相关部门、各相关企业

（三）开展河流环境综合整治

加强对老灌河、淇河区域内涉水污染企业和畜禽养殖场（户）的集中整治，搬迁关闭污染严重的规模化以下小型畜禽养殖场（户）。加强工业污染防治，淘汰落后产能。

一是把好产业政策和立项审批关，在以老灌河、淇河区域内不得新建和审批不符合国家产业政策的高耗能、高污染、低产出建设项目和企业。

二是加大对区域内卢氏中科矿业双河金矿选厂、中国黄金集团中原矿业有限公司寺合院锑选厂等工业企业污染防治设施的运行监管，督促其正常运行，达标排放，确保水环境安全。

责任单位：发改委、环保局

配合单位：农牧局、各相关乡镇、各相关企业

（四）加大对畜禽养殖场（户）的整治力度

一是2017年4月底前按照《关于印发卢氏县畜禽养殖禁养区限养区调整方案》（卢政办〔2016〕186号）的通知精神，摸清老灌河、淇河两侧400米，国、省、高速公路两侧100米和其他的禁养区、限养区内的规模化以下零、散、乱等小型畜禽养殖场（户），并对详细地址、规模、存栏数量逐一造册登记。

二是2017年8月底前督促、指导各乡镇按照禁养区、限养区要求科学划定本乡镇养殖小区上报工作。

三是分期分批对以上区域内历史遗留零、散、乱小型畜禽养殖场（户）实施全面搬迁，2019年底前全面搬迁。同时做好农村畜禽粪便、农作物秸秆、农膜回收等资源化利用工作，确保淇河上河断面稳定达到Ⅱ类水质标准，老灌河三道河断面水质稳定达到Ⅲ类水质标准（氨氮≤0.5mg/L、总磷≤0.1mg/L）。

责任单位：农牧局、发改委、国资源局、财政局、供电公司

配合单位：各相关乡镇

（五）加快水污染防治设施运行步伐

加大资金投入力度，逐步完善污水管网等配套设施，加大基础设施建设力度。督促五里川中心医院综合污水治理工程建成使用；确保水源地安全保障区内已建成的6个乡镇污水处理厂在2017年3月底制定方案，7月底建设管网，12月底投入运行；已建成的1个垃圾填埋场和3个垃圾中转站投入正常运行；分年度实施水源区内86个村庄的生活垃圾收运体系建设。

责任单位：住建局

配合单位：卫计委、五里川镇、朱阳关镇、瓦窑沟乡、狮子坪乡、汤河乡、双槐树乡

（六）加强农业面源污染防治

按照"一控两减三基本"（控制农业用水总量和农业水环境污染，化肥、农药减量使用，畜禽粪污、农膜、农作物秸秆基本得到资源化，综合循环再利用和无害化处置）的基本

原则，加强对区域内农业面源的污染防治，推进有机肥使用，降低化肥使用量，减少农业水环境污染。

责任单位：农牧局

配合单位：各乡镇

（七）严厉查处各类环境违法行为

加强对南水北调中线工程卢氏水源地安全保障区老灌河和淇河的环境监管，按照职责分工，依法取缔或关闭"八小"企业，加快淘汰落后产能，严格环境准入，加强化工、农副食品加工、有色金属采选冶炼等重点水污染物排放行业的清洁生产改造。开展入河排污口整治和河道内污染物治理。严厉查处各类环境违法行为，对偷排偷放或未达标排放的污染源要依法依规严厉惩处，涉嫌环境污染犯罪的，坚决追究有关责任人的刑事责任，始终保持对环境违法行为严厉打击的高压态势。

责任单位：环保局

（八）建设保护区标识、标志和隔离防护工程

2017年10月底前，要依据《饮用水源保护区标志技术要求》（HJ／T433—2008）和保护区的具体情况吧，在保护区边界设立界桩，标识保护区范围；在穿越保护区的道路出入点及沿线，设立饮用水水源保护区道路警示牌，警示车辆、船只或行人谨慎驾驶或谨慎行为；在一级保护区周边人类活动频繁的区域设置隔离防护设施，在存在交通穿越的地段，建设防撞护栏、事故导流槽和应急池等应急设施；根据实际需要，设立饮用水水源保护区宣传牌，警示过往行人、车辆及其他活动，远离饮用水源，防止污染。

责任单位：五里川镇、朱阳关镇、瓦窑沟乡、狮子坪乡、汤河乡、双槐树乡

五、保障措施

（一）成立领导小组

为了贯彻落实省委、省政府、市委、市政府关于打赢水污染防治攻坚战的部署，加强水污染防治有关工作的组织领导，县政府专门成立南水北调水污染防治攻坚领导小组，组长由县长张晓燕担任，副组长由常务副县长孙会方，副县长王玺光、张光明、陈伟，县政府党组成员蔡小卢，县政府党组成员、公安局长宋福栓担任，成员由政府办、发改委、环保局、水利局、住建局、农牧局、财政局、国土资源局、交通运输局、商务局、工商质监局、安监局、工信委、纪委、民政局、文广新局、教体局、卫计委、林业局、产业集聚区管委会、气象局、供电公司、公安局负责人组成，领导小组下设办公室，办公室设在发改委，常晓灵同志任办公室主任，宋志超同志任办公室副主任。办公室主要负责南水北调水源区水污染防治攻坚战组织、协调、推进情况的综合反馈，定期向领导小组和省南水北调办报告工作，做好协调调度、督促落实、信息公开通报交流、宣传报道等有关工作。

（二）广泛宣传发动

县直有关部门要根据各自职责分工，向社会宣传南水北调中线工程卢氏水源地安全保障区环境保护工作的重要意义、目标任务和主要措施，并通过媒体进行公开，号召广大群众参与，切实发挥公众和媒体的监督作用，形成良好的舆论氛围和强大的工作合力。

（三）加强执法监督

认真落实《中华人民共和国环境保护法》《中华人民共和国水污染防治法》《国务院水污染防治行动计划》和省、市政府有关规定，进一步加大环境监管执法力度，坚持零容忍、全覆盖，严厉打击环境违法行为，保障南水北调中线工程卢氏水源地安全保障区水污染防治工作任务顺利完成。

（四）定期调度通报

各乡镇人民政府要将有关任务进展情况定期报县环境污染防治攻坚战领导小组办公室。县环境污染防治攻坚战领导小组办公室依据本方案确定的目标任务，定期调度通报，及时掌握工作进度，查找存在的问题，明确整改要求，加强督办考核，确保完成任务。

（五）加强奖惩问责

县直各部门、各乡镇要严格落实执法责任，对监督缺位、执法不力、徇私枉法等行为，县纪检、检察部门按照《党政领导干部生态环境损害责任追究办法(试行)》《卢氏县水污染防治攻坚战考核奖惩制度(试行)》，对各部门、各乡镇政府实施督导、通报、约谈、考核、问责，并依法依规追究主管领导和相关人员的责任；各乡镇人民政府可参照制定相应的奖惩问责机制，逐项明确责任单位和责任人，制定详细时间表，实施奖惩问责。

卢氏县发展和改革委员会

2017 年 3 月 16 日

卢氏县南水北调水源地农村环境综合整治实施方案

卢氏县南水北调办公室

一、水源区基本情况

卢氏县水源地安全保障区位于国家南水北调中线工程丹江口水库上游，全县国土总面积 4004km²，其中：卢氏水源地安全保障区面积为 1238.2km²，涉及 6 个乡镇，85 个行政村，总人口 8.34 万人，占全县总面积的 31%。卢氏水源地安全保障区内主要河流有老灌河、淇河，境内山大沟深，分布大小支流 34 条，年注入丹江口水库水量为 3.33 亿 m³。其中，老灌河发源于洛阳市栾川县冷水镇小庙岭，入卢氏县境向西南与五里川河汇合，后经朱阳关镇五道河出县境，过西峡县至淅川县汇入丹江口水库，境内主要支流有五里川河、小沟河、涧北沟河、衙玉沟河等，县境内流长 57.5km，流域面积 709km²；淇河源于狮子坪乡花园寺村大阴壕，从瓦窑沟乡高河村碾子湾出境，经西峡到淅川汇入丹江，境内主要支流有黄柏沟河，观沟河、瓦窑沟河、明朗河、颜子河、毛河等，县境内流长 60.1km，流域面积 529.2km²。

二、水源地环境质量现状和问题

卢氏县南水北调水地源内 6 个乡镇 85 个行政村，生态环境质量相对较好，空气环境质量优良，水环境质量按照目标断面要求，境内老灌河出境水质需达到《地表水环境质量》Ⅲ类水质标准，淇河出境水质需达到《地表水环境质量》Ⅱ类水质标准。目前经过多方治理，虽然两个断面的考核因子均能达到目标要求，但是因为目前各乡镇生活垃圾收集转运设施配套不到位、处理不及时的原因导致两个断面的总氮、总磷因子超标，其主要原因是由于人口居住分散，生活垃圾随意堆放，不能及时有效处理，致使水环境质量趋于下降状态。再加之国务院新批复实施的《河南省南水北调中线工程丹江口库区及上游"十三五"水污染防治及水土保持规划》中将朱阳关老灌河断面考核目标提高为《地表水环境质量标准》Ⅱ类水质考核标准，其考核的主要因子化学需氧量和氨氮就不能满足Ⅱ类水质标准要求，这就更加剧了生活源治理难度，提高了农村环境治理标准，这是我们卢氏县当前急需解决的环境污染问题。

三、治理内容及目标

结合卢氏南水北调水源地实际，目前水源地内 6 个乡镇的主要集镇建成区生活污水处理设施已全面建成投入运行，但沿线村庄居民大多数使用旱厕，居住比较分散，其产生的生活污水很难收集处理，相对来说对环境造成的影响较小，最突出的环境问题主要表现在老灌河和淇河沿河村庄的生活垃圾污染方面。为了确保老灌河和淇河两个出境断面水质达到考核目标要求，确定以老灌河和淇河沿河 34 个行政村的生活垃圾污染为重点治理内容。

根据卢氏县水源地实际情况，涉及的 6 个乡（镇）34 个行政村需配套购置垃圾收集转运处理设施和运行维护保洁队伍。2017 年至 2019 年三年，一是需配套 406 个垃圾收集箱，每个单价 0.5 万元，共 203 万元；二是配备 33 辆垃圾清运车，每辆单价 5 万元，共 165 万元；三是为确保各项设施正常运转，成立保洁队伍，

34个行政村按总人口5‰比例需配备199名保洁员，每人每月按最低标准300元，每年需71.6万元，三年需资金214.8万元。三项共需582.8万元。

四、保障措施

（一）资金保障。项目实施后，其后期运行费用分两个渠道筹集，一是由县财政从每年度财政预算中列支经费用于运行费用补贴；二是县政府将统筹全县涉农资金，向农村环境整治予以倾斜支持；三是由各乡镇人民政府自筹部分资金用于补贴；四是以行政村为单元，按照村民自制的有关规定，采取"一事一议"办法进行筹集。确保项目正常运行，发挥效益。

（二）项目建设及运行维护。6个乡镇垃圾收集转运设施由项目所在地乡镇人民政府作为项目主体，具体负责实施建设。运行维护以各乡镇政府为责任主体，延伸至各行政村，形成"乡、村、组"三级联动机制，项目运行管理纳入年度政府环保目标进行考核，运行成效与保洁员工资挂钩。

附：卢氏县南水北调中线工程丹江口库区及上游农村环境综合整治资金预算表

2017年7月28日

重 要 文 件 篇 目 辑 览

2017年2月14日

关于召开河南省南水北调水污染防治攻坚战暨环境移民工作会的通知 豫调办〔2017〕20号 2017年2月15日

关于对河南省水利志南水北调篇终审稿审核的通知 豫调办〔2017〕21号 2017年2月14日

关于做好河南省南水北调水污染防治攻坚战工作信息报送的通知 豫调办〔2017〕22号 2017年2月17日

《关于报送工程运行管理举报事项整改情况的通知》（综监督函〔2017〕7号）群众举报整改落实情况的报告 豫调办〔2017〕23号 2017年2月13日

关于2016年第四季度创先争优流动红旗考评结果的通报 豫调办〔2017〕24号 2017年2月23日

河南省南水北调办公室关于"关于征求《河南省气候资源保护与利用条例（草案）修改意见的通知》"的回复 豫调办〔2017〕26号 2017年2月27日

河南省南水北调办公室关于呈送2017年度目标考核评价内容的报告 豫调办〔2017〕27号 2017年3月1日

关于国调办转办群众来信《关于对举报事项进行调查核实的通知》（综监督函〔2016〕372号）处理情况的报告 豫调办〔2017〕28号 2017年3月7日

河南省南水北调办公室关于转发《中共中央办公厅 国务院办公厅关于印发〈领导干部报告个人有关事项规定〉和〈领导干部个人有关事项报告查核结果处理办法〉的通知》的通知 豫调办〔2017〕29号 2017年3月1日

关于河南省南水北调工程第二十一次运行管理例会工作安排和议定事项落实情况的通报 豫调办〔2017〕30号 2017年3月8日

河南省南水北调办公室关于安阳市豫北金铅有限责任公司排污许可证办理等有关问题的请示 豫调办〔2017〕31号 2017年3月9日

关于印发《河南省南水北调办公室领导班子中心组2017年分专题集体学习的安排意见》的通知 豫调办〔2017〕32号 2017年3月13日

关于国调办转办群众来信《关于对2017006号举报事项进行调查核实的通知》（综监督函〔2017〕37号）处理情况的报告 豫调办〔2017〕33号 2017年3月15日

关于政府违法违规举债担保问题自查自纠工作的报告 豫调办〔2017〕34号 2017年3月27日

关于国调办转办群众来信《关于对举报事项进行调查核实的通知》（综监督函〔2016〕372号）处理情况的报告 豫调办〔2017〕35号 2017年3月27日

关于印发《河南省南水北调办公室2017年工作要点》的通知 豫调办〔2017〕36号 2017年3月28日

关于我省南水北调工程水费收缴及使用情况的报告 豫调办〔2017〕37号 2017年3月31日

关于贯彻落实省委《关于进一步加强和改进保密工作的实施意见》的专题报告 豫调办〔2017〕38号 2017年4月1日

关于省人大代表《关于在淄河严陵河退水闸增加计量装置及工程内容的建议》的答复 豫调办〔2017〕39号 2017年4月5日

关于河南省南水北调工程第二十二次运行管理例会工作安排和议定事项落实情况的通报 豫调办〔2017〕40号 2017年4月12日

河南省法学会南水北调政策法律研究会关于开展论文征集活动的通知 豫调办〔2017〕41号 2017年5月5日

关于邀请有关专家出席南水北调生态安全法治论坛的请示 豫调办〔2017〕42号 2017年4月26日

对河南省第十二届人民代表大会第七次会议615号建议的答复 豫调办〔2017〕43号

2017 年 5 月 9 日

对河南省第十二届人民代表大会第七次会议 111 号建议的答复　豫调办〔2017〕44 号 2017 年 5 月 9 日

关于举办南水北调生态安全法治论坛的通知　豫调办〔2017〕45 号　2017 年 5 月 10 日

关于贯彻落实省委保密办文件精神强化保密工作的情况报告　豫调办〔2017〕47 号　2017 年 5 月 11 日

河南省南水北调中线工程建设领导小组办公室 河南省水利厅关于河南省南水北调中线工程管理范围和保护范围划定实施方案的请示 豫调办〔2017〕48 号　2017 年 5 月 11 日

关于河南省南水北调工程第二十三次运行管理例会工作安排和议定事项落实情况的通报 豫调办〔2017〕49 号　2017 年 5 月 11 日

河南省南水北调办公室关于调整河南省南水北调中线工程建设领导小组成员单位的请示 豫调办〔2017〕50 号　2017 年 5 月 13 日

关于报送《河南省人民政府关于全国政协十二届五次会议提案第 0143 号会办意见（代拟稿）》的报告　豫调办〔2017〕51 号　2017 年 5 月 26 日

关于印发《河南省南水北调工程水费收缴及使用管理办法（试行）》的通知　豫调办〔2017〕54 号　2017 年 6 月 1 日

河南省南水北调办公室关于组织在线学习答题情况的报告　豫调办〔2017〕55 号　2017 年 6 月 2 日

关于 2017 年第一季度创先争优流动红旗考评结果的通报　豫调办〔2017〕56 号　2017 年 6 月 1 日

关于第十二届全国人民代表大会第五次会议第 3235 号提案办理情况的报告　豫调办〔2017〕57 号　2017 年 6 月 5 日

关于省十一届政协五次会议第 1150512 号提案的答复　豫调办〔2017〕60 号　2017 年 6 月 7 日

关于河南省南水北调工程第二十四次运行管理

例会暨配套工程维修养护项目进场对接会工作安排和议定事项落实情况的通报　豫调办〔2017〕61 号　2017 年 6 月 8 日

关于召开我省南水北调配套工程内部审计整改工作会议的通知　豫调办〔2017〕62 号 2017 年 6 月 8 日

关于召开河南省南水北调行政执法工作座谈会暨河南省南水北调水政监察支队揭牌仪式的通知　豫调办〔2017〕63 号　2017 年 6 月 12 日

对省第十二届人民代表大会第七会议第 250 号建议的答复　豫调办〔2017〕64 号　2017 年 6 月 9 日

河南省南水北调办公室关于报送对国务院南水北调工程建设委员会第八次全体会议材料有关意见的报告　豫调办〔2017〕66 号　2017 年 6 月 14 日

河南省南水北调中线工程建设领导小组办公室关于办理资产清查核实有关事项的报告　豫调办〔2017〕68 号　2017 年 6 月 30 日

河南省南水北调办公室关于 2017 年上半年我省南水北调重点工作进展情况的报告　豫调办〔2017〕70 号　2017 年 7 月 5 日

关于南水北调党性教育基地红旗渠展厅有关事项的回复　豫调办〔2017〕71 号　2017 年 7 月 5 日

关于河南省南水北调工程第二十五次运行管理例会工作安排和议定事项落实情况的通报 豫调办〔2017〕72 号　2017 年 7 月 13 日

关于组织干部职工积极关注南水北调新媒体平台的通知　豫调办〔2017〕74 号　2017 年 7 月 17 日

关于国调办转办群众来信调查核实情况的报告　豫调办〔2017〕75 号　2017 年 7 月 17 日

关于加强我省南水北调工程防汛巡查的紧急通知　豫调办〔2017〕76 号　2017 年 7 月 18 日

关于国调办转办群众来信编号 2017026（综监督函〔2017〕171 号）调查核实情况的报告　豫调办〔2017〕77 号

函》的复函　豫调办函〔2017〕5号　2017年3月27日

关于水费收缴专项督查调研的函　豫调办函〔2017〕6号　2017年3月20日

关于征求省南水北调中线工程建设领导小组成员单位名单意见的函　豫调办函〔2017〕7号　2017年4月19日

关于加快办理南水北调配套工程管理处所用地手续的函　豫调办函〔2017〕8号　2017年7月17日

河南省南水北调办公室关于报送政府购买服务指导性目录的函　豫调办函〔2017〕9号　2017年9月20日

关于征求《南水北调总干渠（河南段）饮用水水源保护区调整方案》意见的函　豫调办函〔2017〕11号　2017年11月23日

河南省南水北调办公室关于调整2017年度基本支出预算的函　豫调办函〔2017〕12号　2017年11月27日

河南省南水北调办公室关于申请解决确山县竹沟镇肖庄村困难群众过冬棉被的函　豫调办函〔2017〕13号　2017年12月22日

约谈通知　豫调办明电〔2017〕1号　2017年11月27日

关于做好当前信访稳定工作的通知　豫调办综〔2017〕1号　2017年1月9日

关于进一步做好我省南水北调宣传工作的通知　豫调办综〔2017〕2号　2017年2月8日

关于做好河南省南水北调年鉴2017卷组稿工作的通知　豫调办综〔2017〕3号　2017年2月10日

关于组织干部职工开展综合治理和平安建设工作相关知识学习的通知　豫调办综〔2017〕4号　2017年3月2日

关于尽快报送责任清单和问题清单的通知　豫调办综〔2017〕5号　2017年3月2日

关于成立河南省南水北调办公室综合治理和平安建设工作领导小组的通知　豫调办综〔2017〕6号　2017年3月2日

河南省南水北调办公室关于表彰2016年度全省南水北调宣传工作先进单位和先进个人的通知　豫调办综〔2017〕7号　2017年3月27日

关于印发《2017年河南省南水北调宣传工作方案》的通知　豫调办综〔2017〕8号　2017年3月28日

河南省南水北调办公室关于做好2017年"清明节"值班和安全工作的通知　豫调办综〔2017〕9号　2017年3月30日

关于印发2017年机关各处室责任清单和问题清单的通知　豫调办综〔2017〕10号　2017年4月12日

关于加强新浪微博管理的通知　豫调办综〔2017〕11号　2017年4月18日

关于转发国务院南水北调办《关于印发2017年南水北调宣传工作实施方案的通知》等文件的通知　豫调办综〔2017〕12号　2017年4月18日

河南省南水北调办公室关于转报焦作城区段绿化带征迁安置有关问题的报告　豫调办综〔2017〕13号　2017年4月26日

关于报送河南省南水北调办公室2017年督查工作计划的报告　豫调办综〔2017〕14号　2017年4月26日

关于转发中共河南省委办公厅河南省人民政府办公厅《关于印发〈河南省信访工作责任制实施细则〉的通知》的通知　豫调办综〔2017〕15号　2017年4月28日

关于开展《河南南水北调大事记》编纂和组稿工作的通知　豫调办综〔2017〕16号　2017年4月28日

关于做好2017年汛期值班工作的通知　豫调办综〔2017〕17号　2017年5月27日

关于组织开展2017年度机关保密自查自评工作的通知　豫调办综〔2017〕18号　2017年6月16日

关于端正会风问题的通报　豫调办综〔2017〕20号　2017年6月20日

关于河南省南水北调受水区供水配套工程2017年3月用水计划的函　豫调办综函〔2017〕4号　2017年2月21日

关于配合南水北调中线一期工程总干渠河南境内电源接引工程和沿渠35kV输电工程档案验收移交相关问题的函　豫调办综函〔2017〕6号　2017年9月20日

关于协助做好口述史课题组调研的函　豫调办综函〔2017〕7号　2017年9月21日

南水北调通水三周年媒体采访邀请函　豫调办综函〔2017〕8号　2017年11月27日

关于禹州长葛段第一施工标段渠道坡面防护及排水工程变更争议的批复　豫调办投〔2017〕2号　2017年1月11日

关于河南省南水北调受水区供水配套工程焦作市调度中心、武陟管理所分标方案的批复　豫调办投〔2017〕3号　2017年2月15日

关于河南省南水北调受水区供水配套工程清丰管理所分标方案的批复　豫调办投〔2017〕4号　2017年3月8日

关于河南省南水北调受水区安阳供水配套工程管理处、所分标方案的批复　豫调办投〔2017〕5号　2017年3月14日

关于《关于郑州1段河西台渡槽尾水渠末端剩余8节箱涵施工新增临时用地差补资金的请示》的回复　豫调办投〔2017〕6号　2017年3月20日

关于加强其他工程穿越邻接河南省南水北调受水区供水配套工程建设监管工作的通知　豫调办投〔2017〕7号　2017年3月28日

关于郑州市白沙水厂申请南水北调用水指标的回复　豫调办投〔2017〕8号　2017年4月12日

关于河南省南水北调受水区供水配套工程鄢陵管理所分标方案的批复　豫调办投〔2017〕9号　2017年4月11日

关于河南省南水北调受水区供水配套工程管理机构建设鹤壁市项目分标方案的批复　豫调办投〔2017〕10号　2017年4月17日

关于新乡市友谊路雨水管道与配套工程输水管线穿越工程手续办理问题的回复　豫调办投〔2017〕11号　2017年4月19日

关于焦作市武陟县迎宾大道改造工程与南水北调配套工程26号武陟输水线路交叉方案的回复　豫调办投〔2017〕12号　2017年5月9日

关于新郑观音寺调蓄工程项目有关问题的回复　豫调办投〔2017〕13号　2017年5月26日

关于郑州市高新区南水北调供水工程取水方案的回复　豫调办投〔2017〕14号　2017年7月13日

关于河南省南水北调受水区供水配套工程周口市西区水厂支线向二水厂供水项目分标方案的批复　豫调办投〔2017〕15号　2017年7月18日

关于河南省南水北调受水区供水配套工程郑州市泵站外接电源工程分标方案的批复　豫调办投〔2017〕16号　2017年7月20日

关于转发《关于南水北调工程项目招标投标活动全部进入公共资源交易平台交易的通知》的通知　豫调办投〔2017〕17号　2017年7月24日

关于印发南水北调登封供水工程方案协调会《会议纪要》的通知　豫调办投〔2017〕18号　2017年7月24日

关于河南省南水北调受水区供水配套工程郑州市新郑管理所工程分标方案的批复　豫调办投〔2017〕19号　2017年7月24日

关于河南省南水北调受水区供水配套工程漯河市管理处、管理所分标方案的批复　豫调办投〔2017〕20号　2017年8月10日

关于河南省南水北调受水区焦作供水配套工程27号输水线路调整有关问题的回复　豫调办投〔2017〕21号　2017年8月28日

关于南水北调配套工程增加向淮阳县城供水有关事宜的回复　豫调办投〔2017〕22号　2017年9月3日

45号 2017年12月18日

关于许昌供水配套工程增设改造部分运行管理设备的回复 豫调办投〔2017〕46号 2017年12月18日

关于对南阳南水北调配套工程完善管理设施设计报告的批复 豫调办投〔2017〕47号 2017年12月21日

关于解决南水北调中线工程潮河段解放北路道路积水有关问题的函 豫调办投函〔2017〕1号 2017年1月11日

关于2017年第一批河南省重点项目（A类）初选名单意见的函 豫调办投函〔2017〕2号 2017年1月16日

关于南水北调入汴工程利用十八里河退水闸取水实施方案的复函 豫调办投函〔2017〕3号 2017年4月5日

关于向内乡县调剂南水北调中线一期工程分配水量的函 豫调办投函〔2017〕4号 2017年7月10日

关于报送《南水北调开封供水配套工程利用十八里河退水闸分水专题设计及安全评价报告》的函 豫调办投函〔2017〕5号 2017年7月10日

关于解决南水北调总干渠卧龙区段部分垃圾清理处置费的函 豫调办投函〔2017〕6号 2017年7月28日

关于向内乡县调剂南水北调中线一期工程分配水量相关事宜补充说明的函 豫调办投函〔2017〕7号 2017年8月30日

河南省南水北调办公室关于"五查五促"集中督查活动重大问题清单和突出风险隐患清单办理情况的函 豫调办投函〔2017〕8号 2017年9月28日

关于南水北调配套工程周口市西区水厂向二水厂供水工程管材采购招标相关事宜的复函 豫调办投函〔2017〕9号 2017年10月16日

关于鹤壁市配套工程泵站代运行项目招标事宜的复函 豫调办投函〔2017〕10号 2017年10月11日

关于开展《充分发挥南水北调工程供水效益促进我省经济转型发展》专题调研的函 豫调办投函〔2017〕11号 2017年11月13日

关于开展《充分发挥南水北调工程供水效益促进我省经济转型发展》专题调研的函 豫调办投函〔2017〕12号 2017年11月20日

关于《关于向内乡县调剂南水北调中线一期工程分配水量相关事宜的函》的复函 豫调办投函〔2017〕13号 2017年11月20日

关于平顶山市配套工程阀件采购招标中标价超出分标概算问题的复函 豫调办投函〔2017〕14号 2017年12月18日

关于报送《河南省促进中部地区崛起"十三五"规划实施方案》贯彻落实情况的函 豫调办投函〔2017〕15号 2017年12月26日

关于拨付许昌市南水北调配套工程2016年度运行管理费的批复 豫调办财〔2017〕1号 2017年1月9日

关于举办工程财务决算和会计基础工作及财务软件培训会的通知 豫调办财〔2017〕4号 2017年3月8日

关于开展省南水北调配套工程清产核资工作的通知 豫调办财〔2017〕8号 2017年4月19日

关于限期处理运管账务的通知 豫调办财〔2017〕23号 2017年6月5日

关于催缴南水北调工程水费的函 豫调办财〔2017〕24号 2017年6月6日

关于拨付漯河市南水北调配套工程2017年度运行管理费的批复 豫调办财〔2017〕25号 2017年6月8日

关于调整河南省南水北调工程竣（完）工财务决算编审工作领导小组的通知 豫调办财〔2017〕31号 2017年7月28日

关于对河南省水权收储转让中心有限公司《关于转让南水北调结余水指标相关问题的请示》的回复意见 豫调办财〔2017〕33号 2017年7月31日

关于规范我省配套工程运行财务管理的通知

1 日

关于修订南水北调中线工程突发水污染事件应急预案的通知　豫调办移〔2017〕18 号　2017 年 8 月 16 日

关于禹州田庄 110kv 变电站 2# 主变扩建项目的专项审查意见　豫调办移〔2017〕19 号　2017 年 8 月 16 日

关于《关于有市民向领导反映近期南水北调水有异味的问题》舆情处理情况的报告　豫调办移〔2017〕21 号　2017 年 8 月 28 日

关于京豫战略合作协议落实情况的工作报告　豫调办移〔2017〕22 号　2017 年 9 月 8 日

关于对《土壤污染防治行动计划实施情况评估考核规定（试行）（征求意见稿）》的修改意见　豫调办移〔2017〕23 号　2017 年 9 月 8 日

关于开展京豫南水北调对口协作项目赴北京市学习培训的通知　豫调办移〔2017〕25 号　2017 年 9 月 13 日

关于对许昌市配套工程运行管理飞检情况的通报　豫调办移〔2017〕26 号　2017 年 9 月 13 日

关于网民反映禹州市朱阁镇南水北调总干渠沿线堆放垃圾问题的调查报告　豫调办移〔2017〕27 号　2017 年 9 月 19 日

关于新乡市河南中太石化有限公司环保"清改"工作的意见　豫调办移〔2017〕28 号　2017 年 9 月 20 日

关于安阳市红星再生资源有限公司建设项目的专项审查意见　豫调办移〔2017〕29 号　2017 年 9 月 25 日

关于安阳市安达半挂车厢制造有限公司建设项目的专项审查意见　豫调办移〔2017〕30 号　2017 年 9 月 25 日

关于安阳市河南鑫镁硅业有限公司建设项目的专项审查意见　豫调办移〔2017〕31 号　2017 年 9 月 25 日

关于鹤壁市河南柳江农牧机械有限公司建设项目的专项审查意见　豫调办移〔2017〕32

号　2017 年 9 月 25 日

关于报送南水北调工程"三先三后"原则落实情况的报告　豫调办移〔2017〕33 号　2017 年 10 月 19 日

关于报送配套工程施工竣工图的通知　豫调办移〔2017〕34 号　2017 年 10 月 30 日

关于焦作市城市整治黑臭水体李河截污管道工程的专项审查意见　豫调办移〔2017〕35 号　2017 年 10 月 30 日

关于举行 2017 年河南省南水北调工程突发水污染事件应急演练的通知　豫调办移〔2017〕36 号　2017 年 11 月 6 日

关于开展南水北调中线工程总干渠（河南段）水源保护区内农村污染源检查的通知　豫调办移〔2017〕37 号　2017 年 11 月 20 日

关于安阳市方圆研磨材料有限责任公司年产 2000 吨高档抛光粉技改项目专项审查意见　豫调办移〔2017〕38 号　2017 年 11 月 23 日

关于安阳市江涛冶金耐材有限公司锅炉技改项目专项审查意见　豫调办移〔2017〕39 号　2017 年 11 月 23 日

关于安阳市诚信彩钢板有限责任公司项目专项审查意见　豫调办移〔2017〕40 号　2017 年 11 月 23 日

关于对《南阳市南水北调办公室〈关于南阳中兴石化有限公司南阳市中州西路加气站项目选址请示〉》的批复　豫调办移〔2017〕41 号　2017 年 11 月 23 日

关于对《南阳市南水北调办公室〈关于对南阳市隐山蓝晶石开发有限公司改扩建生产项目专项审核的请示〉》的批复　豫调办移〔2017〕42 号　2017 年 11 月 23 日

关于开展配套工程征迁安置投资使用情况梳理工作的通知　豫调办移〔2017〕43 号　2017 年 12 月 14 日

关于召开配套工程征迁安置验收工作推进会的通知　豫调办移〔2017〕44 号　2017 年 12 月 13 日

关于下达南水北调配套工程征迁安置实施管理

18号 2017年12月20日

关于召开河南省南水北调工程运行管理第二十次例会的通知 豫调办建〔2017〕1号 2017年1月4日

关于核销南水北调峪河暗渠工程抢险物资的申请 豫调办建〔2017〕2号 2017年1月6日

关于印发2017年度河南省南水北调受水区供水配套工程管理设施建设节点目标任务的通知 豫调办建〔2017〕3号 2017年1月16日

关于做好2017年春节期间南水北调配套工程运行管理工作的通知 豫调办建〔2017〕4号 2017年1月17日

关于转发《关于印发国家防汛抗旱总指挥部全体会议文件的通知》的通知 豫调办建〔2017〕5号 2017年2月7日

关于召开河南省南水北调工程运行管理第二十一次例会的通知 豫调办建〔2017〕6号 2017年2月9日

关于印发《滑县支线浚县段部分管道外露问题调查报告》的通知 豫调办建〔2017〕7号 2017年2月21日

关于召开河南省南水北调工程运行管理第二十二次例会的通知 豫调办建〔2017〕8号 2017年3月2日

关于报送2017年度河南省南水北调工程防汛行政责任人名单的报告 豫调办建〔2017〕9号 2017年3月2日

关于漯河市南水北调配套工程现地管理房安全监控设施的批复 豫调办建〔2017〕10号 2017年3月6日

关于印发《河南省南水北调配套工程运行管理规范年活动实施方案》的通知 豫调办建〔2017〕11号 2017年3月14日

关于印发《河南省南水北调配套工程日常维修养护技术标准（试行）》的通知 豫调办建〔2017〕12号 2017年3月14日

关于印发安阳市配套工程运行管理飞检报告的通知 豫调办建〔2017〕13号 2017年3月17日

关于印发《河南省南水北调配套工程运行管理监督检查工作方案》的通知 豫调办建〔2017〕14号 2017年3月17日

关于印发濮阳市配套工程运行管理飞检报告的通知 豫调办建〔2017〕15号 2017年3月17日

关于印发漯河市配套工程运行管理飞检报告的通知 豫调办建〔2017〕16号 2017年3月17日

关于配套工程2017年第一季度维修养护计划有关事宜的通知 豫调办建〔2017〕17号 2017年3月17日

关于提供2017年度河南省南水北调工程沿线防汛行政负责人及联系人名单的通知 豫调办建〔2017〕18号 2017年3月20日

关于转发河南省建设工程项目扬尘污染防治"三员"现场管理办法的通知 豫调办建〔2017〕19号 2017年3月29日

关于召开河南省南水北调工程运行管理第二十三次例会的通知 豫调办建〔2017〕20号 2017年4月5日

关于印发《鹤壁市南水北调配套工程34号口门、36号口门泵站进水池清淤方案审查意见》的通知 豫调办建〔2017〕21号 2017年4月10日

关于进一步加快郑州市配套工程尾工和管理处所建设进度的通知 豫调办建〔2017〕23号 2017年4月10日

关于进一步加快新乡市配套工程尾工和管理处所建设进度的通知 豫调办建〔2017〕23号 2017年4月10日

关于进一步加快漯河市配套工程尾工和管理处所建设进度的通知 豫调办建〔2017〕24号 2017年4月10日

关于进一步加快安阳市配套工程尾工和管理处所建设进度的通知 豫调办建〔2017〕25号 2017年4月10日

关于郑州市南水北调配套工程20#、21#、

关于调整河南省南水北调中线工程防汛指挥部成员的通知　豫调办建〔2017〕51号　2017年7月24日

关于印发郑州市配套工程运行管理飞检报告的通知　豫调办建〔2017〕52号　2017年7月20日

关于对安阳市配套工程运行管理飞检问题的通报　豫调办建〔2017〕53号　2017年7月31日

关于开展河南省南水北调配套工程运行管理"互学互督"活动的通知　豫调办建〔2017〕54号　2017年7月31日

关于转发《领导同志批示》的通知　豫调办建〔2017〕55号　2017年8月1日

河南省南水北调办公室关于第三次防汛值守抽查情况的通报　豫调办建〔2017〕56号　2017年8月2日

关于召开河南省南水北调工程运行管理第二十七次例会的预通知　豫调办建〔2017〕58号　2017年8月3日

关于印发平顶山市配套工程运行管理巡查报告的通知　豫调办建〔2017〕59号　2017年8月4日

关于印发新乡市配套工程运行管理巡查报告的通知　豫调办建〔2017〕60号　2017年8月10日

关于鹤壁安阳濮阳南水北调配套工程飞检情况的通报　豫调办建〔2017〕61号　2017年8月14日

关于印发《濮阳市配套工程西水坡支线管道漏水问题调查报告》的通知　豫调办建〔2017〕62号　2017年8月16日

关于印发南阳市配套工程运行管理巡查报告的通知　豫调办建〔2017〕63号　2017年8月18日

关于鹤壁市南水北调配套工程泵站代运行项目分标方案的批复　豫调办建〔2017〕64号　2017年8月18日

关于转发国家防办《关于印发汪洋副总理在国家防汛抗旱总指挥部专题会议上重要讲话的通知》的通知　豫调办建〔2017〕65号　2017年8月18日

关于印发滑县配套工程运行管理巡查报告的通知　豫调办建〔2017〕66号　2017年8月28日

关于印发安阳市配套工程运行管理巡查报告的通知　豫调办建〔2017〕67号　2017年8月28日

关于召开河南省南水北调工程运行管理第二十八次例会的通知　豫调办建〔2017〕68号　2017年9月7日

关于对邓州市二水厂支线末端管道漏水问题进行责任追究的通知　豫调办建〔2017〕69号　2017年9月18日

关于印发《邓州市配套工程二水厂支线末端管道漏水问题调查报告》的通知　豫调办建〔2017〕70号　2017年9月18日

关于规范南阳市南水北调配套工程运行管理有关事宜的批复　豫调办建〔2017〕71号　2017年9月19日

关于调整南水北调配套工程濮阳干线（滑县段）巡线人员的批复　豫调办建〔2017〕72号　2017年9月18日

关于印发濮阳市配套工程运行管理巡查报告的通知　豫调办建〔2017〕73号　2017年9月22日

关于印发焦作市配套工程运行管理巡查报告的通知　豫调办建〔2017〕74号　2017年9月22日

关于转发《关于做好淅川一标有关信访事项办理的通知》的通知　豫调办建〔2017〕75号　2017年9月22日

河南省南水北调中线工程建设领导小组办公室约谈通知书　豫调办建〔2017〕76号　2017年9月22日

关于进一步加强工程安全巡查、防范破坏工程设施的紧急通知　豫调办建〔2017〕77号　2017年9月26日

号 2017年11月30日

关于召开河南省南水北调工程运行管理第三十一次例会的通知 豫调办建〔2017〕104号 2017年12月6日

关于印发南阳市配套工程运行管理问题整改情况复查报告的通知 豫调办建〔2017〕105号 2017年12月12日

关于印发郑州市配套工程运行管理飞检问题整改情况复查报告的通知 豫调办建〔2017〕106号 2017年12月18日

关于印发濮阳市配套工程运行管理问题整改情况复查报告的通知 豫调办建〔2017〕107号 2017年12月18日

关于转发《关于做好农民工工资支付有关工作的通知》的通知 豫调办建〔2017〕108号 2017年12月25日

关于做好元旦、春节期间我省南水北调配套工程维修养护工作的通知 豫调办建〔2017〕109号 2017年12月28日

关于切实加强元旦、春节期间我省南水北调配套工程运行监管工作的通知 豫调办建〔2017〕110号 2017年12月28日

关于印发焦作市配套工程运行管理问题整改情况复查报告的通知 豫调办建〔2017〕111号 2017年12月26日

关于转发《关于做好2018年元旦、春节期间安全管理工作的通知》的通知 豫调办建〔2017〕112号 2017年12月29日

关于2015-2016年度河南省南水北调工程供水计量水量的函 豫调办建函〔2017〕1号 2017年1月4日

关于河南省南水北调受水区供水配套工程2017年2月用水计划的函 豫调办建函〔2017〕2号 2017年1月22日

关于协调解决南水北调总干渠跨渠桥梁存在问题的函 豫调办建函〔2017〕3号 2017年2月15日

关于河南省南水北调受水区供水配套工程2017年3月用水计划的函 豫调办建函〔2017〕4

号 2017年2月21日

关于商请追究南水北调配套工程滑县支线部分管道外露问题有关单位责任的函 豫调办建函〔2017〕5号 2017年2月23日

关于转发《关于加快水毁工程修复做好防汛准备工作的通知》的函 豫调办建函〔2017〕6号 2017年3月6日

关于河南省南水北调受水区供水配套工程2017年4月用水计划的函 豫调办建函〔2017〕7号 2017年3月24日

关于清丰县南水北调配套工程建设管理局购置运行管理交通工具请示的复函 豫调办建函〔2017〕8号 2017年3月24日

关于漯河市南水北调配套工程建设管理局购置配套工程运行管理交通工具的复函 豫调办建函〔2017〕9号 2017年3月28日

关于反馈《关于对2017年生态文明体制改革实施方案征求意见的通知》意见的函 豫调办建函〔2017〕10号 2017年3月29日

关于河南省南水北调受水区鹤壁供水配套工程36号分水口门第三水厂泵站机组启动验收及第三水厂供水工程通水验收请示的复函 豫调办建函〔2017〕11号 2017年3月23日

关于安阳市南水北调办公室购置配套工程运行管理交通工具的复函 豫调办建函〔2017〕12号 2017年4月17日

关于月水量调度计划执行有关问题的函 豫调办建函〔2017〕13号 2017年4月20日

关于河南省南水北调受水区供水配套工程2017年5月用水计划的函 豫调办建函〔2017〕14号 2017年4月20日

关于潮河段五标教场王弃渣场整理及复垦问题的函 豫调办建函〔2017〕15号 2017年4月27日

关于商请联合印发《关于切实做好南水北调中线工程沿线中小学生防溺水工作的通知》的函 豫调办建函〔2017〕16号 2017年5月8日

关于郑州市郑汴水务有限公司白沙水厂申请南

长源防腐有限公司合同纠纷有关工作的函 豫调办建函〔2017〕45号 2017年11月29日

关于鹤壁市配套工程泵站代运行问题的复函 豫调办建函〔2017〕46号 2017年12月4日

关于委托编制《河南省南水北调受水区供水配套工程基础信息管理系统及巡检智能管理系统建设方案》的函 豫调办建函〔2017〕47号 2017年12月4日

关于南水北调总干渠辉县段杨庄沟渡槽应急度汛工程后续施工相关问题请示的函 豫调办建函〔2017〕48号 2017年12月7日

关于《关于开展南水北调工程通水效益基础数据填报表征求意见及试填报的函》的复函 豫调办建函〔2017〕49号 2017年12月15日

关于2016-2017年度河南省南水北调工程供水计量水量的函 豫调办建函〔2017〕50号 2017年12月18日

关于河南省南水北调受水区供水配套工程2018年1月用水计划的函 豫调办建函〔2017〕51号 2017年12月20日

关于我省配套工程管理处所12月份建设进展情况的通报 豫调办监〔2017〕1号 2017年1月6日

《关于报送工程运行管理举报事项整改情况的通知》（综监督函〔2016〕252号）四项群众举报整改落实情况的报告 豫调办监〔2017〕2号 2017年1月6日

关于焦作市博爱县南水北调供水配套工程建设稽察整改的通知 豫调办监〔2017〕3号 2017年1月6日

关于安阳市南水北调办公室购置水政监察执法装备的批复 豫调办监〔2017〕4号 2017年2月4日

关于我省配套工程管理处所2017年1月份建设进展情况的通报 豫调办监〔2017〕5号 2017年2月14日

关于我省配套工程管理处所2017年2月份建设进展情况的通报 豫调办监〔2017〕6号 2017年3月7日

关于我省配套工程管理处所2017年3月份建设进展情况的通报 豫调办监〔2017〕7号 2017年4月12日

关于我省配套工程管理处所2017年4月份建设进展情况的通报 豫调办监〔2017〕8号 2017年5月11日

关于国调办转办群众来信（综监督函〔2017〕45号、56号、74号）调查核实处理情况的报告 豫调办监〔2017〕9号 2017年5月24日

关于成立河南省南水北调水政监察支队的通知 豫调办监〔2017〕10号 2017年6月1日

关于我省配套工程管理处所2017年5月份建设进展情况的通报 豫调办监〔2017〕11号 2017年6月8日

关于对许昌市配套工程运行管理情况进行稽察调研的通知 豫调办监〔2017〕12号 2017年6月19日

关于国调办转办群众来信编号2017020（综监督函〔2017〕121号）调查核实情况的报告 豫调办监〔2017〕13号 2017年6月26日

关于国调办转办群众来信2017017（综监督函〔2017〕121号）调查核实情况的报告 豫调办监〔2017〕14号 2017年6月26日

关于国调办转办群众来信（环保便函〔2017〕7号）调查核实情况的报告 豫调办监〔2017〕15号 2017年6月26日

关于我省配套工程管理处所2017年6月份建设进展情况的通报 豫调办监〔2017〕16号 2017年7月13日

关于转发《关于切实加强主汛期南水北调工程运行监管工作的通知》通知 豫调办监〔2017〕17号 2017年7月24日

关于印发《河南省南水北调受水区供水配套工程运行管理稽察办法（试行）》的通知 豫

调办监〔2017〕18号 2017年7月28日

关于国调办转办群众来信调查核实情况的报告 豫调办监〔2017〕19号 2017年8月3日

关于尽快解决配套工程23号口门常庄水库线因垃圾占压影响工程验收及运行问题的通知 豫调办监〔2017〕20号 2017年8月9日

关于我省配套工程管理处所2017年7月份建设进展情况的通报 豫调办监〔2017〕21号 2017年8月9日

关于国调办转办群众来信（综监督函〔2017〕28号、30号）调查核实处理情况的报告 豫调办监〔2017〕22号 2017年8月14日

关于国调办转办群众来信《关于对2017029/2017035号举报事项进行调查核实的通知》（综监督函〔2017〕218号）处理情况的报告 豫调办监〔2017〕23号 2017年8月31日

关于周口、漯河南水北调配套工程飞检情况的通报 豫调办监〔2017〕24号 2017年8月31日

关于对鹤壁市南水北调配套工程运行管理情况进行稽察的通知 豫调办监〔2017〕25号 2017年9月6日

关于抓紧组建南水北调水政监察队伍的通知 豫调办监〔2017〕26号 2017年9月7日

关于我省配套工程管理处所2017年8月份建设进展情况的通报 豫调办监〔2017〕27号 2017年9月8日

关于国调办转办群众来信（综监督函〔2017〕260号）调查核实处理情况的报告 豫调办监〔2017〕28号 2017年9月20日

关于转发《国务院南水北调办和国家发改委关于印发南水北调配套工程建设督导工作方案的通知》的通知 豫调办监〔2017〕29号 2017年9月22日

关于鹤壁市南水北调配套工程运行管理情况稽察整改的通知 豫调办监〔2017〕30号

2017年9月27日

关于我省配套工程管理处所建设2017年9月份进展情况的通报 豫调办监〔2017〕31号 2017年10月10日

关于国调办转办群众来信（综征移函〔2017〕263号）调查核实处理情况的报告 豫调办监〔2017〕32号 2017年10月19日

关于印发河南省南水北调水政监察与行政执法制度（试行）的通知 豫调办监〔2017〕33号 2017年10月30日

关于国调办转办群众来信（建管转信〔2017〕11号）调查核实情况的报告 豫调办监〔2017〕34号 2017年11月7日

关于我省配套工程管理处所建设2017年10月份进展情况的通报 豫调办监〔2017〕35号 2017年11月9日

河南省南水北调办公室关于《关于征求2018年立法监督工作意见建议的通知》的回复 豫调办监〔2017〕36号 2017年11月13日

关于国调办转办群众来信（综监督函〔2017〕286号）调查核实处理情况的报告 豫调办监〔2017〕37号 2017年11月15日

关于国调办转办群众来信（综监督函〔2017〕296号）调查核实处理情况的报告 豫调办监〔2017〕38号 2017年11月20日

关于国调办转办群众来信（综监督函〔2017〕350号）调查核实处理情况的报告 豫调办监〔2017〕39号 2017年12月6日

关于对鹤壁市南水北调配套工程运行管理稽察整改情况进行监督检查的通知 豫调办监〔2017〕40号 2017年12月6日

关于我省配套工程管理处所建设2017年11月份进展情况的通报 豫调办监〔2017〕41号 2017年12月7日

关于国调办转办有关舆情信息（环保便函〔2017〕45号）调查核实情况的报告 豫调办监〔2017〕42号 2017年12月29日

关于国调办转办有关舆情信息（环保便函〔2017〕52号）调查核实情况的报告 豫调

办监〔2017〕43号 2017年12月29日

关于诚邀省南水北调受水区供水配套工程运行监管稽察专家的函 豫调办监函〔2017〕1号 2017年5月22日

关于《鹤壁市南水北调办公室关于调查处理南水北调中线工程淇县高村镇刘河村违建信号塔基站和维修养护房的报告》的回复 豫调办监函〔2017〕2号 2017年7月24日

关于商请调查处理南水北调许昌配套工程非正常停水事故的函 豫调办监函〔2017〕6号 2017年10月26日

关于报送鲁山县梁庄东桥等三座跨渠桥梁治超措施落实情况的函 豫调办监函〔2017〕7号 2017年11月9日

关于转发国务院南水北调办和国家发改委对南水北调配套工程建设进行督导的函 豫调办监函〔2017〕9号 2017年12月15日

关于转发《中共河南省委关于深入贯彻党的十八届六中全会精神推进全面从严治党向纵深发展的决定》的通知 豫调办党〔2017〕1号 2017年1月16日

关于印发《河南省南水北调办公室机关党委2017年工作要点》的通知 豫调办党〔2017〕3号 2017年1月24日

关于组织学习中共中央印发《县以上党和国家机关党员领导干部民主生活会若干规定》的通知 豫调办党〔2017〕4号 2017年2月6日

关于转发《中共河南省水利厅党组关于转发省纪委（豫纪通〔2016〕28号）通报的通知》的通知 豫调办党〔2017〕5号 2017年2月15日

河南省南水北调办公室关于推进"两学一做"学习教育常态化制度化的意见 豫调办党〔2017〕6号 2017年3月21日

关于开展"决胜全面小康 让中原更加出彩"微型党课比赛活动的通知 豫调办党〔2017〕7号 2016年4月28日

关于认真学习贯彻习近平总书记重要指示精神广泛开展向廖俊波同志学习的通知 豫调办党〔2017〕8号 2017年5月31日

关于印发《河南省南水北调办公室关于推进"两学一做"学习教育常态化制度化的实施方案》的通知 豫调办党〔2017〕9号 2017年6月6日

关于认真贯彻落实省水利厅机关党委《关于严格"三会一课"等党的组织生活制度的意见》的通知 豫调办党〔2017〕10号 2017年6月15日

关于讲好"两学一做"学习教育专题党课的通知 豫调办党〔2017〕12号 2017年6月21日

关于环境与移民处党支部委员会改选的批复 豫调办党〔2017〕13号 2017年7月5日

关于转发《中共河南省委组织部关于追授赵超文同志"优秀第一书记"称号的决定》的通知 豫调办党〔2017〕14号 2017年7月13日

河南省南水北调办公室坚持标本兼治推进以案促改工作实施方案 豫调办党〔2017〕16号 2017年7月27日

河南省南水北调办公室关于落实《全省开展落实中央八项规定精神制度建设"回头看"工作方案》的通知 豫调办党〔2017〕17号 2017年8月14日

关于同意成立中共河南省南水北调中线工程建设领导小组办公室退休干部支部委员会的批复 豫调办党〔2017〕18号 2017年9月18日

关于印发《河南省南水北调办公室意识形态工作职责》的通知 豫调办党〔2017〕22号 2017年11月7日

关于印发《河南省南水北调办公室学习宣传贯彻党的十九大精神实施方案》的通知 豫调办党〔2017〕25号 2017年11月27日

关于参加第五届省直"十大道德模范"评选表彰活动的通知 豫调办文明〔2017〕1号 2017年1月6日

综〔2017〕11号 2017年7月7日

关于申请白河倒虹吸设计单元工程档案项目法人验收的报告 豫调建综〔2017〕12号 2017年7月13日

关于膨胀土（南阳）试验段设计单元工程档案法人验收存在问题整改完成情况的报告 豫调建综〔2017〕13号 2017年7月13日

关于申请南阳市段设计单元工程档案项目法人验收的报告 豫调建综〔2017〕14号 2017年7月13日

关于方城段设计单元工程档案法人验收存在问题整改完成的报告 豫调建综〔2017〕15号 2017年7月13日

关于申请石门河倒虹吸设计单元工程档案项目法人验收的报告 豫调建综〔2017〕16号 2017年7月24日

关于申请膨胀岩（潞王坟）试验段设计单元工程档案项目法人验收的报告 豫调建综〔2017〕17号 2017年7月24日

关于新郑南段设计单元工程档案检查评定意见整改情况的报告 豫调建综〔2017〕18号 2017年8月17日

关于申请潮河段设计单元工程档案项目法人验收的报告 豫调建综〔2017〕19号 2017年9月21日

关于报送河南省南水北调配套工程档案管理情况暨工作进度统计表的通知 豫调建综〔2017〕20号 2017年10月16日

关于禹州和长葛段设计单元工程档案检查评定整改完成情况的报告 豫调建综〔2017〕21号 2017年10月24日

关于申请新乡和卫辉段设计单元工程档案项目法人验收的报告 豫调建综〔2017〕22号 2017年10月26日

关于对方城段、膨胀土试验段和禹长段设计单元工程档案检查评定落实整改情况的检查通知 豫调建综〔2017〕23号 2017年10月30日

关于转发《关于南水北调中线一期工程方城段

设计单元工程档案检查评定意见的函》、《关于南水北调中线一期工程膨胀土试验段工程（南阳段）设计单元工程档案检查评定意见的函》的通知 豫调建综〔2017〕24号 2017年10月30日

关于申请辉县段设计单元工程档案项目法人验收的报告 豫调建综〔2017〕25号 2017年11月7日

关于对南水北调安阳段设计单元工程档案移交工作会请示的批复 豫调建综〔2017〕26号 2017年11月20日

关于白河倒虹吸段设计单元工程档案法人验收存在问题整改完成情况的报告 豫调建综〔2017〕27号 2017年12月26日

关于参加南水北调总干渠新郑南段工程档案项目法人验收会的函 豫调建综函〔2017〕1号 2017年3月2日

关于移交南水北调中线总干渠与铁路交叉工程建设管理档案的函 豫调建综函〔2017〕2号 2017年6月1日

关于商请省电力公司移交南水北调中线干线电源接引工程和沿渠35kV输电工程档案的函 豫调建综函〔2017〕3号 2017年6月1日

关于安阳段设计单元工程档案移交的函 豫调建综函〔2017〕4号 2017年7月27日

关于印发《河南省南水北调受水区郑州供水配套工程20号、21号、22号、24号分水口门泵站外部电源设计变更报告审查意见》的通知 豫调建投〔2017〕1号 2017年1月6日

关于禹州长葛段第八施工标段2011年11月～2012年5月份外购砂石骨料增运距工程索赔的批复 豫调建投〔2017〕2号 2017年1月6日

关于十二里河综合治理工程穿越南阳配套工程4号口门输水管道专题设计及安全影响评价报告的回复 豫调建投〔2017〕3号 2017年1月6日

关于南水北调中线一期工程总干渠禹州长葛段

更的批复　豫调建投〔2017〕29号　2017年1月16日

关于宝丰郏县段第七施工标段沉管成孔土挤密桩变更为柱锤冲扩桩法土挤密桩工程变更的批复　豫调建投〔2017〕30号　2017年1月16日

关于印发河南省南水北调受水区郑州供水配套工程19号口门施工1标段入老观寨等六项合同变更审查意见的通知　豫调建投〔2017〕31号　2017年1月16日

关于印发河南省南水北调受水区周口供水配套工程施工五标土方工程量减少等六项合同变更审查意见的通知　豫调建投〔2017〕32号　2017年1月16日

关于《安阳段第八施工标段渠道外坡局部土体裂缝处理及贴坡加固工程变更的请示》的回复　豫调建投〔2017〕33号　2017年1月16日

关于南水北调中线一期工程总干渠黄河北—姜河北（委托建管项目）辉县段第五施工标段土石方平衡变更的批复　豫调建投〔2017〕34号　2017年1月17日

关于对郑州1段2标膨胀土（岩）渠坡处理合同变更抗滑桩成孔开挖单价批复异议解决意见的通知　豫调建投〔2017〕35号　2017年1月18日

关于河南省南水北调受水区新乡供水配套工程施工八标合同变更的批复　豫调建投〔2017〕36号　2017年1月18日

关于方城段第四施工标段土方平衡工程变更的批复　豫调建投〔2017〕37号　2017年1月18日

关于河南省南水北调受水区周口供水配套工程施工七标土方工程量减少合同变更的批复　豫调建投〔2017〕38号　2017年1月18日

关于宝丰郏县段第六施工标段土石方平衡工程变更的批复　豫调建投〔2017〕39号　2017年1月19日

关于禹州长葛段交通桥第一施工标段冀村南等

13座桥梁引道增设波形梁护栏变更的批复　豫调建投〔2017〕40号　2017年1月23日

关于新乡段潞王坟试验段渠道4%水泥改性土换填工程变更的批复　豫调建投〔2017〕41号　2017年1月24日

关于新乡段辉县第七施工标段渠道4%水泥改性土换填工程变更的批复　豫调建投〔2017〕42号　2017年1月24日

关于新乡卫辉段第二施工标段渠道4%水泥改性土换填工程变更的批复　豫调建投〔2017〕43号　2017年1月24日

关于新乡卫辉段第一施工标段渠道4%水泥改性土换填工程变更的批复　豫调建投〔2017〕44号　2017年1月24日

关于河南省南水北调受水区周口供水配套工程施工五标土方工程量减少合同变更的批复　豫调建投〔2017〕45号　2017年1月24日

关于河南省南水北调受水区鹤壁供水配套工程35号供水管线施工05标招标文件中石灰岩、砂岩、泥灰岩漏项引起费用增加合同变更的批复　豫调建投〔2017〕46号　2017年1月24日

关于河南省南水北调受水区许昌供水配套工程16、17号口门供水线路工程PCCP管道、钢管采购标第二标段合同变更的批复　豫调建投〔2017〕47号　2017年1月24日

关于河南省南水北调受水区周口供水配套工程施工十标工程量减少合同变更的批复　豫调建投〔2017〕48号　2017年1月24日

关于河南省南水北调受水区新乡市南水北调配套工程阀门采购一标合同变更的批复　豫调建投〔2017〕49号　2017年1月24日

关于方城段第六施工标段水泥改性土填筑工程变更的批复　豫调建投〔2017〕50号　2017年1月25日

关于南阳市段五标渠道水泥改性土填筑工程合同变更的批复　豫调建投〔2017〕51号　2017年1月25日

关于方城段九标渠道水泥改性土填筑工程变更

维护中心工程项目选址意见书的请示　豫调
建投〔2017〕77号　2017年3月22日

关于河南省南水北调配套工程黄河北维护中
心、鹤壁管理处、市区管理所合建项目设计
变更的批复　豫调建投〔2017〕78号　2017
年3月28日

关于河南省南水北调配套工程黄河北维护中心
与鹤壁管理处、市区管理所合建项目施工图
设计及预算的批复　豫调建投〔2017〕79
号　2017年3月28日

关于安阳供水配套工程滑县、汤阴县现地管理
房外观设计调整有关问题的回复　豫调建投
〔2017〕80号　2017年3月28日

关于对濮阳供水配套工程35号口门清丰输水
线路增设南乐分水口设计变更报告的批复
豫调建投〔2017〕81号　2017年3月28日

关于转发《关于印发〈建设期投资收口2017
年工作要点〉的通知》的通知　豫调建投
〔2017〕82号　2017年3月29日

关于申报台账外新增变更索赔项目的批复　豫
调建投〔2017〕83号　2017年3月29日

关于转发《关于潮河段解放北路排水方案设计
有关意见的函》的通知　豫调建投〔2017〕
84号　2017年4月5日

关于河南省南水北调受水区周口供水配套工程
周口管理处（含市区管理所）桩基检测费用
问题的回复　豫调建投〔2017〕85号　2017
年4月5日

关于郑万高铁跨越南阳供水配套工程7号口门
输水管道专题设计报告的回复　豫调建投
〔2017〕86号　2017年4月5日

关于印发《河南省南水北调配套工程自动化建
设目标考核奖罚办法》的通知　豫调建投
〔2017〕87号　2017年4月5日

关于方城段第五施工标段渠道衬砌排水设施项
目工程变更的批复　豫调建投〔2017〕88
号　2017年4月10日

关于方城段第九标段草墩河渡槽防渗注浆及楼
梯间地基加固工程变更的批复　豫调建投

〔2017〕89号　2017年4月12日

关于南水北调中线干线工程安阳段花尖脑砂石
料场水土保持及进场道路两项目资金调剂使
用问题的回复　豫调建投〔2017〕90号
2017年4月12日

关于河南省南水北调受水区平顶山供水配套工
程11号分水口门施工一标节制闸合同变更
的批复　豫调建投〔2017〕91号　2017年4
月12日

关于南阳市段第五施工标段116+527～117+
230全填方渠段基础处理合同变更的批复
豫调建投〔2017〕92号　2017年4月12日

关于郑州段变更索赔项目台账报告的回复　豫
调建投〔2017〕93号　2017年4月17日

关于周口隆达电厂扩建工程备用水源供水管道
穿越配套工程10号口门线路（122+719.4）
专题设计报告的回复　豫调建投〔2017〕94
号　2017年4月19日

关于方城段七标渠道衬砌新增排水板工程变更
的批复　豫调建投〔2017〕95号　2017年4
月20日

关于周口市周口大道与滨河路、颍河路立交工
程穿越配套工程10号口门供水管线（140+
276～140+606）、（141+129～141+289）专题
设计报告的回复　豫调建投〔2017〕96号
2017年5月8日

关于印发河南省南水北调受水区漯河供水配套
工程施工9标及管道采购1标两项合同变更
审查意见的通知　豫调建投〔2017〕97号
2017年5月15日

关于对焦作供水配套工程26号分水口门博爱
供水工程输水线路穿越广兴路顶管工程设计
变更报告的批复　豫调建投〔2017〕98号
2017年5月15日

关于配套工程浚县管理所、淇县管理所施工图
预算新增扬尘污染防治费的回复　豫调建投
〔2017〕99号　2017年5月26日

关于安阳配套工程滑县四水厂支线向卫南调蓄
补水工程连接、邻接配套工程专题设计报告

批复　豫调建投〔2017〕123号　2017年6月29日

关于南水北调辉县段第六施工标段杨庄沟排水渡槽临时应急排水工程变更的批复　豫调建投〔2017〕124号　2017年6月29日

关于南阳供水配套工程5号分水口门总干渠南侧弃土处理有关问题的回复　豫调建投〔2017〕125号　2017年7月4日

关于河南省南水北调配套工程黄河南维护中心仓储中心设计变更的批复　豫调建投〔2017〕126号　2017年7月5日

关于河南省南水北调配套工程黄河南维护中心仓储中心施工图设计及预算的批复　豫调建投〔2017〕127号　2017年7月5日

关于方城段第七标段六座桥梁引道填筑8%石灰土工程变更的批复　豫调建投〔2017〕128号　2017年7月5日

关于方城段七标渠道水泥改性土填筑工程变更的批复　豫调建投〔2017〕129号　2017年7月5日

关于焦作供水配套工程生产调度中心项目城市基础设施配套费的回复　豫调建投〔2017〕130号　2017年7月10日

关于河南省南水北调受水区平顶山供水配套工程11号分水口门施工一标节制闸合同变更有关问题的回复　豫调建投〔2017〕131号　2017年7月10日

关于焦作供水配套工程增加管理站厨房建设的回复　豫调建投〔2017〕132号　2017年7月12日

关于河南省南水北调受水区新乡供水配套工程32号供水管线施工12标合同变更的批复　豫调建投〔2017〕133号　2017年7月24日

关于焦作配套工程管理站绿化等费用的回复　豫调建投〔2017〕134号　2017年7月28日

关于潮河段解放北路排水工程实施有关问题的回复　豫调建投〔2017〕135号　2017年7月28日

关于郑万高铁跨越许昌供水配套工程15号、

17号口门输水管道专题设计报告的回复　豫调建投〔2017〕136号　2017年7月31日

关于G107线郑州境东移改建（二期）工程跨（穿）越南水北调配套工程中牟水厂输水管线专题设计报告的回复　豫调建投〔2017〕139号　2017年07月27日

关于鹤壁市淇滨区刘庄中心社区（大白线—盖族沟）中水管线穿越河南省南水北调受水区鹤壁供水配套工程36号金山供水管线（JS1+062.18）专题设计报告的回复　豫调建投〔2017〕138号　2017年7月26日

关于安阳配套工程农民工工资保证金有关问题的回复　豫调建投〔2017〕139号　2017年8月1日

关于南水北调中线一期工程总干渠焦作2段第三施工标段渣场变更的批复　豫调建投〔2017〕140号　2017年7月31日

关于方城段八标大韩庄土料场内道路恢复费用索赔的批复　豫调建投〔2017〕141号　2017年8月2日

关于新乡段潞王坟试验段渠道桩号SY0+927～SY1+340段塌滑体处理工程变更的批复　豫调建投〔2017〕142号　2017年7月31日

关于邓州市S240线孙韩营至刁河店段公路跨越河南省南水北调受水区南阳供水配套工程2号口门主管线（桩号18+189.150）专题设计报告的回复　豫调建投〔2017〕143号　2017年8月3日

关于S243文渠至林扒段公路改建工程跨越河南省南水北调受水区南阳供水配套工程2号口门主管线（桩号8+725）专题设计报告的回复　豫调建投〔2017〕144号　2017年8月3日

关于拨付南阳市南水北调中线工程建设管理局生产准备费的批复　豫调建投〔2017〕145号　2017年8月4日

关于对许昌供水配套工程17号口门鄢陵输水线路增设建安区分水口设计变更报告的批复　豫调建投〔2017〕146号　2017年8月

变更的批复　豫调建投〔2017〕169号　2017年9月22日

关于南水北调中线一期工程总干渠郑州1段第二施工标段中原路公路桥摩擦摆减隔震球型支座工程变更的批复　豫调建投〔2017〕170号　2017年9月30日

关于郑州1段第二施工标段抗滑桩施工尺寸调整增加费用索赔的批复　豫调建投〔2017〕170号　2017年9月30日

关于安阳供水配套工程39号口门供水管线增设第四水厂分水口有关问题的回复　豫调建投〔2017〕171号　2017年9月28日

关于河南省南水北调受水区周口供水配套工程周口市管理处（含市区管理所）窗户变更问题的回复　豫调建投〔2017〕173号　2017年10月16日

关于河南省南水北调受水区安阳供水配套工程滑县、汤阴和内黄管理所变更问题的回复　豫调建投〔2017〕174号　2017年10月16日

关于河南省南水北调受水区安阳供水配套工程安阳市管理处、安阳市区管理所、汤阴县管理所和内黄县管理所施工图设计费的批复　豫调建投〔2017〕175号　2017年10月16日

关于报送河南省南水北调受水区焦作配套工程27号分水口门供水工程跨越邻接南水北调专题设计及安全影响评价报告的请示　豫调建投〔2017〕176号　2017年10月24日

关于河南省南水北调受水区鹤壁供水配套工程管理机构项目建设资金的批复　豫调建投〔2017〕177号　2017年10月16日

关于河南省南水北调配套工程郑州管理处与郑州市区管理所合并建设的回复　豫调建投〔2017〕178号　2017年10月24日

关于转发《关于焦作供水配套工程26号分水口门博爱供水工程定向钻穿越南水北调中线温博段工程设计报告、施工方案和配套工程泵站设计及评价报告的复函》的通知　豫调建投〔2017〕179号　2017年10月26日

关于郑州1段二标河西台沟排水渡槽剩余8节

箱涵施工有关问题的回复　豫调建投〔2017〕180号　2017年10月26日

关于南水北调中线一期工程总干渠黄河北—姜河北（委托建管项目）辉县段第七施工标段新增南陈马取土场腐殖土剥离、回填工程变更的批复　豫调建投〔2017〕181号　2017年10月31日

关于南水北调中线一期工程总干渠黄河北—姜河北（委托建管项目）焦作2段第一施工标段解放大道公路桥工程变更的批复　豫调建投〔2017〕182号　2017年10月31日

关于南水北调中线工程方城段等三个设计单元工程量稽察整改意见及相关要求的通知　豫调建投〔2017〕183号　2017年11月3日

关于南水北调中线工程南阳市段设计单元工程量稽察整改意见及相关要求的通知　豫调建投〔2017〕184号　2017年11月6日

关于河南省南水北调受水区南阳供水配套工程施工11标6号口门末端管线合同变更有关问题的回复　豫调建投〔2017〕185号　2017年11月6日

关于印发河南省南水北调受水区漯河供水配套工程管道采购3标、6标两项合同变更审查意见的通知　豫调建投〔2017〕186号　2017年11月9日

关于开展阀井上部结构设计变更论证工作的通知　豫调建投〔2017〕187号　2017年11月6日

关于南水北调中线工程焦作2段等四个设计单元工程量稽察整改意见及相关要求的通知　豫调建投〔2017〕188号　2017年11月9日

关于自动化第十一标应用支撑平台、调度中心数据存储与管理系统合同变更的批复　豫调建投〔2017〕189号　2017年11月13日

关于印发《鹤壁市四水厂岔口流量计损坏问题调查报告》的通知豫调建投〔2017〕190号　2017年11月13日

关于举办2017年度河南省南水北调配套工程自动化系统运行维护培训班的通知　豫调建

C20+807.704～C20+939.999段设计方案工作的函　豫调建投函〔2017〕6号　2017年3月24日

关于《申请增加拆迁费用及工程移交后续费用的报告》的复函　豫调建投函〔2017〕8号　2017年5月26日

关于委托编制河西台沟排水渡槽剩余8节箱涵施工组织设计及工程概算的函　豫调建投函〔2017〕9号　2017年6月21日

关于审定《南水北调中线工程旱生河出口洼地应急排水、石门河出口洼地应急回填工程专题设计》方案及总投资的函　豫调建投函〔2017〕10号　2017年7月28日

关于委托开展总干渠水面线复核工作的函　豫调建投函〔2017〕11号　2017年7月28日

关于南水北调总干渠禹长二标刘楼北弃渣场有关问题的函　豫调建投函〔2017〕12号　2017年8月2日

关于南水北调铁路交叉工程政策性调整有关费用的复函　豫调建投函〔2017〕13号　2017年8月24日

关于复核周口二水厂设计变更管材采购标概算的函　豫调建投函〔2017〕14号　2017年8月28日

关于确定新郑市管理所建设监理单位的复函　豫调建投函〔2017〕15号　2017年9月15日

关于河南省南水北调受水区鹤壁供水配套工程部分通信管道工程分部取消的函　豫调建投函〔2017〕16号　2017年9月28日

关于论证河南省南水北调配套工程16号分水口门任坡泵站双回路供电必要性的函　豫调建投函〔2017〕17号　2017年10月24日

关于解决漯河配套工程临颍一、二水厂管理房排水泵与备用发电机不匹配问题的函　豫调建投函〔2017〕18号　2017年11月6日

关于确定周口市西区水厂向二水厂供水工程管材及电气采购供应商的复函　豫调建投函〔2017〕19号　2017年11月6日

关于开展南水北调中线干线河南段防洪影响处理工程前期设计工作的函　豫调建投函〔2017〕20号　2017年11月8日

关于河南省建管局调度中心3-5楼装修项目合同变更的复函　豫调建投函〔2017〕21号　2017年11月9日

关于报送南水北调中线干线工程勘测设计项目及工作经费的函　豫调建投函〔2017〕22号　2017年11月15日

关于协调解决安阳段中州路公路桥右岸征迁投资的函　豫调建投函〔2017〕23号　2017年11月20日

关于对《平顶山市南水北调配套工程建设管理局关于请求预拨平顶山市南水北调配套工程工程款的请示》的批复　豫调建财〔2017〕1号　2017年3月6日

关于对《平顶山市南水北调配套工程建设管理局关于拨付平顶山市管理处所建设资金的请示》的批复　豫调建财〔2017〕2号　2017年3月6日

关于成立南水北调工程资金审计联络组的通知　豫调建财〔2017〕3号　2017年4月7日

河南省南水北调中线工程建设管理局关于2017年建管费支出预算的批复　豫调建财〔2017〕4号　2017年4月27日

关于对《鹤壁市南水北调中线工程建设管理局关于申请拨付河南省南水北调受水区供水配套工程黄河北维护中心、物资仓储中心建设单位管理费的请示》的批复　豫调建财〔2017〕10号　2017年6月21日

关于南水北调干线工程完工财务决算编制的通知　豫调建财〔2017〕11号　2017年7月17日

关于落实国务院南水北调办公室《关于河南省南水北调工程建设管理局2016年度南水北调工程建设资金审计整改意见以及相关要求的通知》的通知　豫调建财〔2017〕12号　2017年8月2日

关于2016年度南水北调工程建设资金审计整改意见以及相关要求落实情况的报告　豫调

建财〔2017〕13号 2017年9月18日

河南省南水北调中线工程建设管理局关于报送2018年南水北调工程完工财务决算编报计划的报告 豫调建财〔2017〕14号 2017年10月9日

关于编制完工财务决算有关事项的通知 豫调建财〔2017〕15号 2017年10月9日

关于《许昌市南水北调工程建设管理局关于开展许昌市南水北调配套工程完工结算审核工作的请示》的批复 豫调建财〔2017〕17号 2017年10月18日

河南省南水北调中线工程建设管理局关于确定安阳段等5个设计单元完工财务决算基准日的请示 豫调建财〔2017〕19号 2017年11月24日

关于膨胀岩（潞王坟）试验段设计单元工程编制完工财务决算的通知 豫调建财〔2017〕20号 2017年12月13日

关于对《郑州市南水北调配套工程建设管理局关于拨付郑州市南水北调配套工程建设资金的请示》的批复 豫调建财〔2017〕21号 2017年12月13日

关于转拨配套工程建设资金的函 豫调建财函〔2017〕1号 2017年6月13日

关于南水北调中线工程完工财务决算编制及审核有关问题的函 豫调建财函〔2017〕2号 2017年7月31日

关于做好2017年春节期间配套工程征迁安置信访稳定工作的通知 豫调建移〔2017〕1号 2017年1月11日

关于拨付南水北调配套工程黄河南维护中心和仓储中心土地征迁补偿资金的通知 豫调建移〔2017〕2号 2017年2月16日

关于报送《河南省南水北调受水区许昌供水配套工程17号分水口门鄢陵供水工程建设征地拆迁安置实施规划报告》（报批稿）》的请示 豫调建移〔2017〕3号 2017年3月2日

关于申请办理河南省南水北调配套工程黄河南

仓储、维护中心工程用地预审初审的报告 豫调建移〔2017〕4号 2017年4月1日

关于许昌市南水北调配套工程自动化安装工程征迁工作有关问题的回复 豫调建移〔2017〕5号 2017年5月2日

关于黄河北维护中心房屋拆迁后遗留建筑垃圾清运费有关问题的回复 豫调建移〔2017〕6号 2017年5月24日

关于郑州市南水北调办申请使用配套工程征迁安置预备费的回复 豫调建移〔2017〕7号 2017年10月30日

关于抓紧领取履约保函的通知 豫调建建〔2017〕1号 2017年1月4日

关于做好施工标段农民工工资兑付问题的紧急通知 豫调建建〔2017〕2号 2017年1月6日

关于做好南水北调配套工程消防专项报备工作的通知 豫调建建〔2017〕3号 2017年1月16日

关于郑州市南水北调配套工程20#口门线路泵站机组漏水问题处理的批复 豫调建建〔2017〕4号 2017年1月25日

关于建立河南省南水北调配套工程验收工作月报制度的通知 豫调建建〔2017〕5号 2017年2月7日

关于对冬季施工检查发现问题进行整改的通知 豫调建建〔2017〕6号 2017年2月7日

关于印发《南水北调中线一期工程总干渠沙河南—黄河南（委托建管项目）宝丰郏县段安全监测工程合同项目完成验收鉴定书》的通知 豫调建建〔2017〕7号 2017年3月8日

关于印发《南水北调中线一期工程总干渠沙河南—黄河南（委托建管项目）禹州长葛段安全监测工程合同项目完成验收鉴定书》的通知 豫调建建〔2017〕8号 2017年3月8日

关于建立河南省南水北调配套工程剩余工程建设月报制度的通知 豫调建建〔2017〕9号 2017年3月17日

关于做好我省南水北调配套工程防汛工作的通

知　豫调建建〔2017〕10号　2017年4月5日

关于印发《南水北调中线一期工程总干渠安阳段安全监测设备采购及安测合同项目完成验收鉴定书》的通知　豫调建建〔2017〕11号　2017年4月10日

关于印发《南水北调中线一期工程总干渠黄河北—羑河北（委托建管项目）安全监测第二施工标段合同项目完成验收鉴定书》的通知　豫调建建〔2017〕12号　2017年4月12日

关于印发《南水北调中线一期工程总干渠黄河北—羑河北（委托建管项目）安全监测第一施工标段合同项目完成验收鉴定书》的通知　豫调建建〔2017〕13号　2017年4月17日

关于印发《南水北调中线一期工程总干渠沙河南—黄河南（委托建管项目）潮河段、郑州2段安全监测工程合同项目完成验收鉴定书》的通知　豫调建建〔2017〕14号　2017年4月17日

关于印发《南水北调中线一期工程总干渠沙河南—黄河南（委托建管项目）新郑南段、郑州1段安全监测工程合同项目完成验收鉴定书》的通知　豫调建建〔2017〕15号　2017年4月17日

关于对管城区站马屯弃渣场水保方案进行补充设计的通知　豫调建建〔2017〕16号　2017年5月15日

关于提交宝丰至郏县段新增安良取土场水土保持工程相关资料的通知　豫调建建〔2017〕17号　2017年5月15日

关于新乡卫辉段第三施工标段申请返还部分质保金请示的批复　豫调建建〔2017〕18号　2017年5月27日

关于印发《漯河市配套工程10号分水口门输水线路舞阳段排空管漏水问题调查报告》的通知　豫调建建〔2017〕19号　2017年6月8日

关于对漯河市配套工程10号分水口门输水线路舞阳段排空管漏水问题进行责任追究的通知　豫调建建〔2017〕20号　2017年6月9日

关于明确总干渠应河渠道倒虹吸等建筑物消防设计备案行政处罚罚金出处的请示　豫调建建〔2017〕21号　2017年6月28日

河南省南水北调建管局关于农民工工资拖欠问题自查情况的报告　豫调建建〔2017〕22号　2017年6月30日

关于尽快协调处理南水北调郑州段沂水河北等9个弃渣场水土保持项目的通知　豫调建建〔2017〕23号　2017年8月10日

河南省南水北调中线工程建设管理局约谈通知书　豫调建建〔2017〕25号　2017年9月18日

关于转发《关于做好南水北调中线弃土弃渣场有关安全及维稳工作的通知》的通知　豫调建建〔2017〕26号　2017年10月12日

关于转发《关于宝丰至郏县段新增安良取土场边坡耕地损失补偿计算结果的函》的通知　豫调建建〔2017〕27号　2017年11月30日

关于报送十里河倒虹吸防洪安全处理情况的函　豫调建建函〔2017〕1号　2017年1月6日

关于南阳市南水北调建管局购置配套工程运行管理交通工具的复函　豫调建建函〔2017〕2号　2017年3月14日

关于河南省南水北调受水区新乡供水配套工程通信管道工程项目划分调整的函　豫调建建函〔2017〕3号　2017年3月17日

关于召开委托建设管理项目验收工作专题会的函　豫调建建函〔2017〕4号　2017年3月29日

关于河南省南水北调受水区安阳供水配套工程通信管道工程项目划分调整的函　豫调建建函〔2017〕5号　2017年4月11日

关于切实做好金灯寺水库除险加固工程委托建设管理合同验收有关工作的函　豫调建建函

党组关于表彰2016年度党建工作先进个人的决定　宛调水办发〔2017〕5号　2017年2月23日

平顶山市移民安置局平顶山市财政局关于规范大中型水库移民后期扶持产业发展项目申报和实施管理的意见（试行）　平移〔2017〕9号　2017年2月20日

平顶山市移民安置局平顶山市财政局关于进一步规范水库移民后期扶持资金使用及项目实施管理的意见（试行）　平移〔2017〕10号　2017年2月20日

漯河市人民政府办公室关于做好南水北调水费征缴工作的通知　漯政办〔2017〕9号　2017年2月7日

关于成立漯河市南水北调水污染防治攻坚战领导小组的通知　漯调办〔2017〕13号　2017年2月16日

漯河市南水北调供水配套工程巡视检查方案　漯调办〔2017〕31号　2017年2月20日

关于做好2017年我市南水北调配套工程防汛工作的通知　漯调办〔2017〕39号　2017年6月1日

关于河南省南水北调配套工程运行管理"互学互督"活动的总结报告　漯调办〔2017〕70号　2017年10月10日

关于成立漯河市南水北调水政监察大队的通知　漯调办〔2017〕73号　2017年10月11日

关于确定漯河市区三水厂通水方案的请示　漯调办〔2017〕80号　2017年11月22日

关于报备漯河市南水北调配套工程度汛方案和防汛应急预案的报告　漯调建〔2017〕20号　2017年5月8日

关于漯河市管理处和漯河市管理所合并建设的请示　漯调建〔2017〕23号　2017年5月31日

关于对河南省南水北调配套工程漯河市管理处、市区管理所建设分标方案的请示　漯调建〔2017〕45号　2017年8月1日

关于对河南省南水北调配套工程漯河市管理处、市区管理所施工图设计及施工图预算的批复　漯调建〔2017〕46号　2017年8月1日

许昌市南水北调办公室关于印发《"一准则一条例一规则"集中学习教育活动实施方案》的通知　许调办〔2017〕30号　2017年3月1日

许昌市南水北调办公室关于印发《许昌市南水北调配套工程运行管理规范年活动实施方案》的通知　许调办〔2017〕36号　2017年3月14日

许昌市南水北调办公室关于印发《许昌市南水北调办公室工作人员平时考核实施方案（试行）》的通知　许调办〔2017〕51号　2017年4月19日

许昌市南水北调办公室关于印发在推进"两学一做"学习教育常态化制度化中切实转变干部工作作风的实施方案　许调办〔2017〕67号　2017年5月19日

许昌市南水北调办公室关于印发推进"两学一做"学习教育常态化制度化实施方案的通知　许调办〔2017〕69号　2017年5月19日

许昌市南水北调办公室关于印发《许昌市南水北调配套工程突发事件应急调度预案（试行）》的通知　许调办〔2017〕102号　2017年8月1日

许昌市南水北调办公室关于南水北调配套工程运行管理"互学互督"活动方案的报告　许调办〔2017〕109号　2017年8月7日

许昌市南水北调办公室关于印发《"严肃财经纪律、堵塞'四风'漏洞"专项检查工作方案》的通知　许调办〔2017〕115号　2017年7月16日

许昌市南水北调办公室关于印发《配套工程运行财务管理暂行办法（试行）》的通知　许调办〔2017〕128号　2017年9月1日

许昌市南水北调办公室关于印发《许昌市南水北调办公室信访突发事件应急预案》的通

规章制度·重要文件

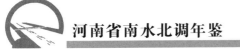
焦作市南水北调城区段建设办公室关于印发绿
化带征迁市直单位驻村工作制度的通知　焦
城指办文〔2017〕1号　2017年1月12日

焦作市南水北调城区段建设办公室　焦作市档
案局关于印发南水北调中线工程焦作城区段
专题档案建设方案的通知　焦城指办文
〔2017〕3号　2017年3月2日

焦作市南水北调城区段建设办公室关于做好绿
化带征迁安置建设资料收集整理归档工作的
通知　焦城指办文〔2017〕8号　2017年6
月13日

焦作市南水北调城区段建设办公室关于印发
《南水北调焦作城区段绿化带用地范围内树
木保护工作方案》的通知　焦城指办文
〔2017〕4号　2017年3月6日

焦作市南水北调城区办关于印发《推进"两学
一做"学习教育常态化制度化实施方案》的
通知　焦南城办发〔2017〕32号　2017年7
月6日

新乡市南水北调中线工程领导小组关于成立新
乡市"三县一区"南水北调配套工程建设指
挥部的通知　新调〔2017〕1号　2017年3
月21日

新乡市南水北调办公室关于加强南水北调配套
工程执法管理的报告　新调办〔2017〕3
号　2017年1月4日

新乡市南水北调办公室关于印发《新乡市南水
北调配套工程运行管理规范年活动实施方
案》的通知　新调办〔2017〕4号　2017年
3月27日

关于南水北调配套工程征迁安置有关问题的通
知　新调办〔2017〕17号　2017年2月6日

新乡市南水北调办公室关于成立南水北调水政
监察大队的请示　新调办〔2017〕19号
2017年2月9日

新乡市南水北调办公室关于上报2017年第一
季度配套工程维修养护计划的报告　新调办
〔2017〕24号　2017年2月24日

新乡市南水北调办公室关于进一步加强配套工

程水量调度工作的通知　新调办〔2017〕25
号　2017年2月15日

新乡市南水北调办公室关于印发2016年工作
总结和2017年工作要点的通知　新调办
〔2017〕27号　2017年2月16日

新乡市南水北调办公室关于明确南水北调总干
渠调蓄工程PPP项目实施主体的请示　新调
办〔2017〕29号　2017年3月1日

关于加快南水北调配套工程征迁安置补偿投资
拨付与核销问题的通知　新调办〔2017〕31
号　2017年3月13日

关于成立新乡市南水北调办公室合同管理工作
领导小组的通知　新调办〔2017〕36号
2017年3月23日

新乡市南水北调办公室关于开展"敢担当　转
作风　争一流"实践活动的实施方案　新调
办〔2017〕40号　2017年3月23日

关于印发《新乡市南水南水北调配套工程运行
管理补充规定》的通知　新调办〔2017〕47
号　2017年4月12日

关于报备《新乡市南水北调总干渠2017年度
汛方案及应急预案》的请示　新调办
〔2017〕50号　2017年4月21日

关于进一步做好南水北调中线工程总干渠安全
保卫工作的通知　新调办〔2017〕55号
2017年4月27日

新乡市南水北调办公室关于南水北调总干渠辉
县段石门河倒虹吸左岸应急度汛处理方案的
请示　新调办〔2017〕68号　2017年6月
5日

新乡市南水北调办公室关于南水北调总干渠新
乡段防汛风险点有关情况的报告　新调办
〔2017〕69号　2017年6月6日

新乡市南水北调办公室"党员干部结对帮扶
日"活动实施方案　新调办〔2017〕70号
2017年6月7日

新乡市南水北调办公室关于进一步明确领导分
工的通知　新调办〔2017〕72号　2017年6
月13日

以案促改工作方案》的通知　新调办党〔2017〕20号　2017年7月20日

关于加强南水北调信息工作及新闻宣传工作的通知　鹤调办〔2017〕31号　2017年4月24日

关于进一步加强鹤壁市南水北调系统信访稳定工作的通知　鹤调办〔2017〕91号　2017年9月19日

关于印发《鹤壁市南水北调中线工程通水三周年宣传工作方案》的通知　鹤调办〔2017〕117号　2017年12月5日

关于成立鹤壁市南水北调水政监察大队的通知　鹤调办〔2017〕133号　2017年12月29日

关于印发《2017年度创建文明单位实施方案》的通知　安调办〔2017〕7号　2017年1月23日

关于印发《安阳市南水北调办公室考勤管理制度》的通知　安调办〔2017〕12号　2017年2月10日

关于印发《安阳市南水北调办公室关于打赢水污染防治攻坚战的实施意见》的通知　安调办〔2017〕20号　2017年3月10日

关于印发《安阳市南水北调办公室安全生产领导小组工作规则》的通知　安调办〔2017〕38号　2017年3月16日

关于印发《南水北调配套工程运行管理规范年

活动实施方案》的通知　安调办〔2017〕39号　2017年4月7日

安阳市南水北调办公室驻村定点帮扶整改方案　安调办〔2017〕40号　2017年5月11日

关于印发安阳市南水北调区划调整工作移交会议纪要的通知　安调办〔2017〕43号　2017年6月20日

关于南水北调配套工程38号供水管线末端变更段征地拆迁工作的报告　安调办〔2017〕56号　2017年8月17日

关于南水北调总干渠汤河退水闸放水的请示　安调办〔2017〕65号　2017年9月18日

关于印发《安阳市南水北调配套工程汛期安全检查方案》的通知　安调办〔2017〕77号　2017年10月25日

关于印发《安阳市南水北调配套工程巡视检查工作方案（试行）》的通知　安调办〔2017〕78号　2017年10月25日

关于印发《安阳市南水北调配套工程通水运行安全生产管理办法（试行）》的通知　安调办〔2017〕80号　2017年10月25日

关于印发《安阳市南水北调配套工程运行管理工作考核管理办法（试行）》的通知　安调办〔2017〕81号　2017年10月25日

卢氏县打赢南水北调水源区水污染防治攻坚战的实施意见　卢发改〔2017〕91号　2017年3月16日

综　述

【概述】

2017年是南水北调中线工程通水三周年，干线和配套工程经受住长时间、高水位运行的考验，持续发挥供水和生态效益，为河南省经济社会发展提供有力水资源支撑，树立南水北调工程品牌形象。省南水北调办团结带领全省南水北调系统干部职工，学习贯彻党的十九大精神和省委、省政府各项决策部署，锐意进取，攻坚克难，经受住各种复杂情况的考验，向党和人民交出一份优异的答卷，各项工作迈出新步伐，取得新成效。

【配套工程建设】

加快配套尾工建设　对配套尾工项目进行全面排查梳理，建立问题台账，明确专人跟踪建设进度，组织现场检查并专题研究，破解各种制约因素，加快工程进度。2017年，除平顶山、漯河、郑州、安阳市的个别穿越工程尚未完成外，其余尾工基本完成。

推进自动化调度系统建设　通信线路方案设计及组网方案全部确定，累计完成线路敷设717.38km，占设计总长度的95.5%，濮阳市、南阳市（镇平县）、许昌市（长葛市）与省南水北调建管局实现联网通信，另有8个管理所具备联网条件；流量计整套安装完成130套，占合同总套数的77.84%；省南水北调建管局调度中心设备安装完成，许昌市、濮阳市、南阳市管理处设备安装完成，占总数的27.24%；许昌市4个、南阳市7个管理所完成设备安装，占总数的25%；濮阳市3个、许昌市13个、南阳市32个管理房的设备安装完成，占总数的34%。

推进配套工程管理处所建设　管理处、所建成18座，在建20座，前期工作阶段（未开工）23座。

【工程验收和移交】

干线工程消防验收　南阳、平顶山、安阳建管处以及郑州建管处的新郑南段和潮河段、新乡建管处的新乡卫辉段凤泉区和焦作2段市区范围内消防设计备案工作完成；安阳段、禹州长葛段、宝丰郏县段郏县范围内、新乡卫辉段凤泉区范围内消防验收备案工作完成。

跨渠桥梁竣工验收　河南省委托段70座跨渠桥梁全部完成竣工验收，占总数的15%；省国道跨渠桥梁完成缺陷排查确认和移交协议签订；219座县道及以下跨渠桥梁完成缺陷排查确认，占总数的53%。

工程档案验收　河南省委托建管的16个设计单元通过项目法人验收，5个设计单元通过工程档案检查评定；安阳段和新郑南段2个设计单元通过国务院南水北调办专项验收；安阳段工程档案移交中线建管局。

外委项目验收移交　铁路交叉工程、35kV永久供电线路等外委项目档案整理、完工决算、行业验收正在进行。

配套工程验收　分部工程、单位工程、合同项目完工验收分别完成86%、50%、41.9%。

【水厂建设】

2017年，联合住建、水利部门加大督导检查力度，协调地方政府和有关单位，加快推进水厂建设。新建成水厂14座，在建13座。累计建成水厂67座，受水能力达到740.6万t/d。2016-2017供水年度完成供水17.11亿m³，占计划供水量的117%，累计供水41.3亿m³。规划受水区11个省辖市和2个省直管县市全部通水，受益人口达到1800万人。

【新增供水项目】

清丰县新增供水工程建成通水，博爱县、鄢陵县供水工程主体完工，南乐县、新密市供水工程开工建设；开封市、驻马店市以及汝州市、内乡县、淮阳县、登封市、郑州市经开区、郑州市高新区、新郑市龙湖镇等供水工程的前期工作正加快推进。

【地下水压采和弃水期补水】

会同省水利厅制定受水区2015—2020年地下水压采五年规划，2017年度完成压采量2.96亿m³，占五年规划任务的88.5%。开展生态补水，累计向沿线河湖补水5.78亿m³，14座城市地下水位明显回升，其中许昌市回升2.6m，郑州市回升2.02m。2017年秋季，在丹江口水库秋汛泄洪弃水期间，协调国务院南水北调办和中线建管局，向7个省辖市河道及白龟山水库补水2.96亿m³。这次生态补水得到省长陈润儿充分肯定，他在省南水北调办专题报告上批示："这件事抓得好，并可从中总结一些经验和启示运用到今后的调水管理中去，发挥南水北调工程的综合效益，造福中原和沿线人民。"

【运行管理规范年活动】

制定印发2017年规范年活动实施方案，明确完善制度、健全队伍、加强培训、创新管理、规范巡检、强化飞检、落实整改、严肃追责等8个方面的任务和要求，机关各处室、各省辖市、省直管县市南水北调办有计划有步骤地推进方案落实。坚持问题导向，开展"互学互督"，查问题，抓整改，补短板，推进运行管理规范化。

【运行管理】

省政府颁布实施《河南省南水北调配套工程供用水和设施保护管理办法》，省南水北调办出台《关于加强南水北调配套工程供用水管理的意见》等27项规章制度，各省辖市、省直管县市南水北调办也建立运行管理规章制度，为工程运行管理提供法规和制度保证。逐步充实运行管理专业技术人员，举办运行维护培训班，提高运行管理水平。2017年，制定配套工程运行监管、监督检查和稽察三项监管制度，形成省南水北调办领导带队飞检、巡查队伍日常巡查和专家稽察三位一体的监督检查新格局。领导带队对7个省辖市进行飞检，巡查组对11个省辖市、省直管县市进行巡查，同时组织稽察专家开展稽察，通过印发通报、约

谈、复查等方式督促对发现问题的整改，消除安全隐患，保证工程运行安全。

【水费收缴】

2017年，印发水费收缴管理暂行办法，全年开展5次对受水区省辖市水费收缴工作督导。2017年收缴水费8.8亿元，通水以来累计完成16.6亿元，其中上缴中线建管局12亿元。

【水污染防治攻坚战】

贯彻落实《河南省水污染防治攻坚战（1+2+9）总体方案》。干渠沿线排查排污单位668家，计划分三年完成整治，2017年计划取缔或整治183家，全部完成。联合省环保厅、中线建管局河南分局、渠首分局对干渠水源保护区内农村污染源进行排查，完成整治114个，协调省环保厅将剩余122个纳入《全国农村环境综合整治"十三五"规划》。配合环保部门，对干渠保护区内新改扩建项目严格审核把关。2017年对27个项目进行环境影响前置审查，其中有1个存在污染风险被否决。

【水源地水质保护】

配合省发展改革委开展《丹江口库区及上游水污染防治和水土保持"十三五"规划》实施方案编制工作，初稿完成并征求相关部门意见。协调督促南阳市、淅川县开展库区高水位时段清漂工作。淅川县配置清漂船18艘，成立2000余人清漂队，累计清除水面漂浮物2000t。加强库区水质保护督导检查。对规划项目建设及运行情况，对已建污水垃圾处理厂运行情况进行重点督导。

【应急管理】

2017年，根据《河南省突发环境事件应急预案》，协调中线建管局河南分局、渠首分局修订完善《总干渠突发环境事件应急预案》，并及时修订配套工程应急预案。联合河南分局开展突发水污染事件应急演练，提高突发水污染事件的应急处置能力。

【生态林带建设】

加强水源地生态保护，累计建成环丹江口水库生态林带18.33万亩，库区森林覆盖率达

到 53%；推进南水北调中线干渠生态带建设，累计建成 19.14 万亩，占规划任务的 88.6%。焦作市举全市之力完成中心城区段绿化带征迁任务，高标准高品位的绿化带建设正在进行。

【生态补偿】

2008~2017 年财政部下达河南省丹江口库区及上游地区生态转移支付资金 70.36 亿元，2017 年财政部安排河南省干渠生态补偿资金 3.2 亿元。补偿资金有效提升河南省库区及干渠沿线绿色发展能力，增强保护水质的内生动力。

【对口协作】

北京市 6 区与河南省水源区 6 县市建立"一对一"结对协作关系。从 2014 年起，京豫对口协作项目建设稳步推进，干部人才交流持续进行，区县合作不断深化。北京市每年安排对口协作资金 2.5 亿元，围绕"保水质、强民生、促转型"，支持水源地经济社会发展和民生改善。2017 年，河南省丹江口库区和干渠河南段水质监测断面达标率 100%，水质稳定达到或优于地表水 II 类标准。

【执法监察】

按照省水利厅委托，成立河南省南水北调水政监察支队，安阳、平顶山、焦作、新乡、濮阳、周口、许昌、漯河、南阳、邓州等市成立南水北调水政监察大队，鹤壁市、郑州市正在筹备。2017 年贯彻执行南水北调工程有关法律法规，加强与省水政监察总队沟通联系，开展联合执法检查。会同有关市县处理郑济高铁跨越配套工程输水管线、滑县 35 号线末端管道外漏、周口市隆达发电公司从沙河取水管道违规穿越配套工程等问题，依法保护配套工程设施安全。

【配套工程招标监督】

遵循公开、公平、公正原则，对配套工程中 19 批次 41 个项目招投标进行全方位全过程跟踪监督，保证招投标工作程序合法操作规范。

【开展课题研究】

成立河南省法学会南水北调政策法律研究会，发挥专家库智囊团作用，结合南水北调工作实际，开展政策法律课题研究。2017 年河南省南水北调办公室委托河南财经政法大学、华北水利水电大学、河南省社会科学院、黄河水利出版社等 4 个单位实施"南水北调中线工程建设历程口述史""河南省南水北调配套工程运行管理保护法律制度实施问题研究""南水北调中线工程沿线生态补偿制度建构""改革开放 40 年记忆""河南南水北调大事记"5 个课题项目。

【投资风险控制】

成立工程投资控制管理领导小组，制定管控措施，坚持依法合规，严格变更定性，严审支撑材料，严格审批流程，积极审慎处理变更索赔项目；对变更争议较大、支撑材料不全、变更程序不完善的，从严从紧审批；建立变更索赔核查工作机制，聘请专业机构对干线工程 88 个标段结算工程量进行现场核查，督促相关单位对发现问题及时整改；委托中介机构对争议较大的合同变更进行复核，对投资进行全面摸底，认真处理合同争议，严控投资风险。

【防范和化解资金风险】

加强审计监督，配合国务院南水北调办委托对省南水北调建管局建设资金审计，按要求全部整改到位，并通过国务院南水北调办内审整改复查；省南水北调办每季度对干线建设资金和行财资金开展一次内部审计，发现问题及时整改；委托第三方会计事务所进驻 11 个省辖市和 2 个直管县市开展配套工程内部审计，对审计报告中提出的问题，印发整改清单，提出整改要求，2017 年基本整改到位。加强对河南省南水北调运行物资采购和资产的管理监督。拟定有关管理办法，规范采购与资产使用部门的职责，建立正常的保管维修保养制度，提高资金和资产的使用效率。加强对财务人员培训，提高会计信息质量和会计工作水平。

【建立完善应急机制】

进一步完善突发事件应急预案，建立备用水源应急切换机制，强化三级应急预案体系，提高应对突发断水事件的应急能力。在国务院南水北调办统一组织下，省南水北调办会同省水利厅、平顶山市政府、中线建管局和武警平顶山支队，联合举办防汛抢险应急演练，进一步提升联合抢险能力。推进配套工程市场化运维模式，通过公开招标选择实力强有经验的专业队伍，承担配套工程维修养护和应急抢修工作。

【信访处理】

贯彻落实《信访条例》，将信访工作纳入2017年度重点工作目标，成立信访工作领导小组，健全信访工作机制，制定信访突发事件应急预案。完成国务院南水北调办批转的37件信访举报事项办理，累计接待信访群众18批次，均按照有关规定和程序进行登记备案和办理销号。

【"两学一做"学习教育】

学习贯彻党的十九大精神，用习近平新时代中国特色社会主义思想指导实践推动工作。推进"两学一做"学习教育常态化、制度化，落实"三会一课"等党的生活制度，加强基层党组织建设。在干部职工中开展坚持"四讲四有"标准、争做合格党员活动，发挥党支部的战斗堡垒作用和党员模范带头作用，建设政治过硬、纪律严明、作风务实的南水北调干部职工队伍。

【干部培训】

组织党员干部到井冈山、延安和遵义干部学院、确山县竹沟革命纪念馆、红旗渠等红色教育基地，以及南水北调精神教育基地进行党性教育，组织各支部到定点扶贫村肖庄村与贫困户一对一帮扶，联合高校、邀请专家开展专业技能和执法业务培训，提高党员干部的政治理论素养和工作技能。

【文明单位创建】

开展创先争优活动，精神文明建设成效显著，省南水北调办机关高分通过省级文明单位复查。成立南水北调文化建设领导小组，组织开展南水北调文化研究，弘扬和宣传南水北调精神，引导和激励干部职工创新求精，奉献担当。开展通水三周年宣传活动，组织主流媒体记者沿线采风，发表系列报道，全面展示工程通水三年来取得的成就。支持省社科院、南水北调干部学院开展南水北调精神研究。

【精准扶贫】

根据省委统一部署，省南水北调办定点帮扶确山县竹沟镇肖庄村。省南水北调办选调人员担任驻村第一书记。先后筹集、申请投资3140万元，村学校、道路、饮水等基础设施基本建成，旅游开发、扶贫产业、集体经济发展势头良好。2017年，协调省水利勘测公司出资，发动干部职工捐款，解决肖庄村贫困户张长江女儿脊柱侧弯治疗问题，患者康复出院，让绝望的家庭看到希望，感受到社会大家庭的温暖。

【党建工作】

2017年，省南水北调办把党建工作放在首位，全面推进政治建设、思想建设、组织建设、作风建设、纪律建设。党员干部在政治立场、政治方向、政治原则、政治道路上，坚决同以习近平同志为核心的党中央保持高度一致，全面贯彻执行党的理论和路线方针政策。落实中央八项规定精神，运用监督执纪"四种形态"，组织领导干部观看廉政教育片，用身边反面典型加强警示教育，筑牢拒腐防变的思想防线。

（高 攀）

投 资 计 划 管 理

【概述】

　　2017年，河南省南水北调办公室贯彻落实全省南水北调工作会议精神，按照稳中求好、创新发展的工作总基调，推进自动化调度系统建设，加强投资控制，严格变更索赔审批，开展干线调蓄工程前期工作，加强其他工程穿越配套工程审批，协助地方政府加快新增供水目标前期工作。

【《河南省南水北调"十三五"专项规划》进展】

　　干线调蓄工程前期工作　国务院南水北调办公室投计司组织召开郑州市新郑观音寺调蓄工程立项工作协调会，研究建立观音寺调蓄工程立项工作机制。新乡洪州湖调蓄工程，明确由国电投河南分公司牵头，中线建管局配合，各级南水北调办协调，推进项目前期工作。

　　新增供水目标前期工作　2017年1月5日、7月13日、12月22日，省南水北调办组织召开登封供水工程建设协调会，推进前期工作开展。7月25日，中线建管局在北京召开南水北调开封供水工程利用十八里河退水闸分水专题设计及安全影响评价报告审查会；组织河南省水利勘测设计研究有限公司进行河南省境内现有水库与干渠连通工程的课题研究，年11月中线建管局召开会议，设计单位就课题研究情况进行汇报，包括鸭河口水库、孤石滩水库、燕山水库、昭平台水库、白龟山水库、盘石头水库具备与干渠连通的可能性。

【中线工程变更处理】

　　截至2017年底，累计处理干线工程变更索赔7082项，占总数量的99.35%，批复资金89亿元。严格变更索赔审查，对169项缺乏基础资料支撑的变更索赔予以销号处理。针对施工降排水、土石方平衡等情况复杂、定性定价难度大的变更索赔项目，与中线建管局沟通协商，明确处理原则和思路方法。

【自动化与运行管理决策支持系统建设】

　　规划通信线路总长803.76km（其中设计线路总长751.52km，包含配套线路总长度600.38km、干渠线路总长151.14km；新增项目线路总长52.24km）。2017年完成设计线路施工717.38km，同比完成率95.5%；完成2017年新增项目线路施工25.4km，同比完成率53%。流量计总计167套，整套安装完成130套，部分安装完成25套，未安装12套。2017年全部完成具备安装条件的省调度中心及濮阳、许昌、南阳三市的设备安装。

【配套工程设计变更】

　　2017年，共审查批复配套工程设计变更5项，与相关市配套工程建管局联合审查17个管理处所的施工图及预算。截至2017年底，配套工程变更索赔台账2056项，预计增加投资11.88亿元。已批复1596项，占总数的77.63%，增加投资4.27亿元；尚有460项待批复，预计增加投资7.61亿元，其中100万元以上变更167项（含监理延期服务费53项），预计增加投资6.93亿元，100万元以下变更293项，预计增加投资6741万元。全年共审查批复21项其他工程穿越配套工程专题设计。2017年批复南阳供水配套工程管理设施完善项目设计方案。

【配套工程投资控制】

　　河南省南水北调配套工程概算总投资155.929亿元，截至2017年9月底，配套工程累计结算资金1186317万元，剩余资金314553万元，预计仍需支出248571万元，概算投资预计结余52190万元。其中工程部分结余17262万元，征迁部分结余80369万元，建设期融资利息结余-45441万元。加上中央预算内资金支持新乡的8162万元和支持南阳的4300万元，配套工程投资预计结余64652万元。

（王海峰）

资金使用管理

【干线工程资金到位与使用情况】

截至2017年底，累计到位工程建设资金3193032.45万元，其中2017年度拨款50000.00万元。

截至2017年底，累计基本建设支出3157933.53万元。其中：建筑安装工程投资2817517.64万元，设备投资52267.15万元，待摊投资288148.75万元。2017年度基本建设支出37279.12万元。其中：建筑安装工程投资27108.17万元，设备投资655.24万元，待摊投资9515.71万元。

【配套工程资金到位与使用情况】

截至2017年底，配套工程累计到位资金1440982.37万元。其中：中央财政补贴资金140000.00万元，省、市级财政拨付资金565817.00万元，南水北调基金491365.37万元，农发行贷款243800.00万元。2017年度到位资金140800.00万元。其中：市级财政拨付资金74300.00万元，南水北调基金66500.00万元。

截至2017年底，配套工程累计完成投资1183306.00万元。其中：工程建设投资890857.07万元，征迁投资292448.93万元。2017年度配套工程完成投资50221.72万元，其中工程建设投资34460.90万元，征迁投资15760.582万元。

【水费收缴】

按照"先易后难、重点突破、积极引导、带动全局"的思路开展水费收缴工作，2017年开展水费收缴专项督导5次，并向有关省辖市、省直管县市南水北调办及市政府分管副市长（副县长）寄发水费催缴函；协调国务院南水北调办和中线建管局对水费缴纳滞后的周口、漯河、平顶山、新乡、焦作等省辖市进行重点督查。规范南水北调工程水费收缴及使用的财务管理与会计核算，购置金蝶EAS集团财务软件，建立水费收缴及使用管理电算化会计核算账套。

截至2017年底，共收缴水费16.18亿元，其中2014-2015供水年度收缴8.25亿元；2015-2016供水年度收缴6.85亿元；2016-2017供水年度收缴1.08亿元。2017年上缴中线建管局12亿元，其中2014-2015供水年度5.9871亿元的上缴任务完成；2015-2016供水年度上缴任务7.5175亿元上缴2.0129亿元；2016-2017供水年度上缴4亿元。

【建管费及运行管理费支出预算核定下达】

2017年，按照量入为出、适度从紧，突出重点、保障优先的原则，提高资金使用效率，编制完成省南水北调办本级2017年度运行管理费支出预算，审核各省辖市、直管县市2017年度运行管理费支出预算；编制完成省南水北调建管局机关2017年度建管费支出预算，审核各项目建管处2017年度建管费支出预算。经省南水北调办预算管理委员会审议修改后，分别下达年度运行管理费和建管费支出预算。10月对各省辖市、直管县市2017年度的运行管理费的预算执行情况和会计核算进行督导检查。

【审计与整改】

2017年初国务院南水北调办委托中审会计师事务所对省南水北调建管局2016年度南水北调干线建设资金管理与使用情况进行专项审计，9月15日按要求全部整改到位，形成审计整改报告上报，并在10月23～24日国务院南水北调办经财司组织的内审整改复查中全部通过。

开展全省11个省辖市及省本级配套工程财务收支内部审计工作。8月对全省内审整改工作进行专项督导，对审计中定性不准的问题进行再一次规范。10月中旬组织开展全省配套工程内审整改督查。按要求各省辖市10月底上报配套工程内审整改报告。省本级2011年9

月～2016年6月工程建设资金审计整改工作全部完成。

【配套工程重置贷款期限】

2017年，配套工程贷款24.38亿由6年延长到19年的延期还贷的谈判完成，制定出19年还贷计划，并向省农发行提供延期返还贷款的计划以及配套工程占用永久用地和临时用地复耕相关资料，推动尽快签订规模性贷款24.38亿元的贷款期限重置为19年的合同，降低还贷压力。

【业务培训】

2017年3月在南阳市举办基建项目竣工决算及会计基础工作培训班；5月在郑州召开水费收缴软件操作及水费账套会计核算科目设置座谈会，现场解答水费收缴及运管费账目处理一系列问题；9月25～29日在郑州召开各省辖市及建账的县区分管主任及会计人员参加的河南省南水北调系统水费收缴及运行管理会计核算培训会，取得良好效果。

（王　冲）

河南省南水北调建管局运行管理

【概述】

在国家和河南省南水北调工程运行管理体制机制尚未明确的情况下，省南水北调办按照河南省委、省政府统一部署，工作重点由建设管理向运行管理转变，成立河南省南水北调配套工程运行管理领导小组，组建运行管理办公室，安排专人负责运行管理工作。2017年，河南省南水北调配套工程运行平稳安全，全省共有35个口门及14个退水闸开闸分水。

【规章制度建设】

在《河南省南水北调配套工程供用水和设施保护管理办法》（河南省人民政府令第176号）出台后，省南水北调办2017年制订印发《河南省南水北调配套工程日常维修养护技术标准（试行）》《河南省南水北调配套工程运行管理物资采购管理办法》《河南省南水北调中线工程建设领导小组办公室配套工程运行管理资产管理办法》《河南省南水北调工程水费收缴及使用管理办法（试行）》《河南省南水北调受水区供水配套工程运行管理稽察办法（试行）》等制度，工程运行管理逐步走向制度化。

【机构人员管理】

在继续委托有关单位协助开展泵站运行管理的基础上，逐步充实运行管理专业技术人员

和现场生产人员。2017年10月和12月，省南水北调办委托河南水利与环境职业学院举办两期运行管理培训班，全省共有160名运行管理人员参加培训；按照"管养分离"的原则，公开招标选定维修养护单位，承担全省配套工程维修养护任务。

【运行管理规范年活动】

2017年3月，省南水北调办制订印发《河南省南水北调配套工程运行管理规范年活动实施方案》（豫调办建〔2017〕11号），明确完善制度、健全队伍、加强培训、创新管理、规范巡检、强化飞检、落实整改、严肃追责等8个方面的任务和要求，开展运行管理规范年活动，并在2017年7～9月组织开展配套工程运行管理"互学互督"活动，查找问题，整改提高，总结交流工程管理经验，规范运行管理行为。省南水北调办每月组织召开一次全省南水北调工程运行管理例会，通报上月例会纪要事项及工作安排落实等情况，研究解决工程运行管理中存在的问题，形成会议纪要，督办落实。截至2017年底累计召开31次运行管理例会。

【水量调度】

河南省南水北调配套工程设2级3层调度管理机构：省级管理机构、市级管理机构和现地管理机构。省级管理机构负责全省配套工程

的水量调度工作；省级管理机构统一领导各市级管理机构负责辖区内的供水调度管理工作；市级管理机构统一领导各现地管理机构执行上级调度指令，实施所管理的配套工程供水调度操作。

省南水北调办配合省水利厅提出全省年度用水计划建议，依据下达的年度水量调度计划，每月按时编制月用水计划，函告中线建管局作为每月水量调度依据；督促各省辖市省直管县市南水北调办规范制定月水量调度方案，每月底及时向受水区各市县下达下月水量调度计划。月供水量较计划变化超出10%或供水流量变化超出20%的，应通过调度函申请调整，2017年共发出调度函157份。2017年国庆节期间，根据生态补水调度需要进行调度值班。

【水量计量】

2017年12月，省南水北调办以《关于2016-2017年度河南省南水北调工程供水计量水量的函》函告中线建管局，建议按照配套工程水量计量数据作为2016-2017年度计量暂结水量，作为计量水费核算依据。

【供水效益】

2016年10月31日，水利部印发《南水北调中线一期工程2016-2017年度水量调度计划》，明确河南省2016-2017年度供水计划量14.62亿m³。截至2017年10月31日，全省累计有32个分水口门及14个退水闸开闸分水，向引丹灌区、57个水厂供水、3个调蓄水库充库及9市生态补水，供水目标有南阳、漯河、周口、平顶山、许昌、郑州、焦作、新乡、鹤壁、濮阳、安阳11个省辖市及邓州、滑县2个省直管县市，累计供水37.94亿m³，占中线工程供水总量的38%。2016-2017年度全省供水17.11亿m³，完成年度计划的117%。

2017年汉江流域发生秋汛，丹江口水库持续高水位运行，为缓解丹江口水库度汛压力，实现洪水资源化，发挥南水北调中线工程供水效益，9月29日~11月13日，通过干渠白河、澎河、沙河、颍河、沂水河、双泊河、十八里河、贾峪河、索河、闫河、淇河、汤河、安阳河等13个退水闸，向南阳、平顶山、许昌、郑州、焦作、鹤壁、安阳等7个省辖市下游河道及水库进行生态补水，累计补水2.96亿m³（其中向白龟山水库补水2.05亿m³）。

（庄春意）

南水北调中线建管局运行管理

渠首分局

【工程概况】

渠首分局辖区工程起点桩号0+000，终点桩号185+545，全长185.545km，其中渠道长176.718km，建筑物长8.827km。沿线共布置各类建筑物332座，其中河渠交叉建筑物28座、左岸排水建筑物72座、渠渠交叉建筑物19座、控制建筑物26座、路渠交叉建筑物187座（公路桥117座、生产桥66座、铁路交叉4座）。

渠首分局所辖范围共7个设计单元工程，其中淅川段、湍河渡槽设计单元工程为中线建管局直管项目，镇平段设计单元工程为代建项目，南阳市段、膨胀土试验段（南阳段）、白河倒虹吸、方城段设计单元工程为委托项目。

【管理概述】

渠首分局内设8个处（中心），综合管理处、计划经营处、财务资产处、党建工作处（纪检监察处）、分调中心、工程管理处（防汛与应急办）、信息机电处、水质监测中心（水质实验室）。按职能分别负责综合、生产经营、财务、调度、工程、机电金结、自动化信息、水质等方面管理工作。

渠首分局所辖5个现地管理处，分别是陶

岔管理处、邓州管理处、镇平管理处、南阳管理处、方城管理处。各管理处负责辖区内运行管理工作，保证工程安全、运行安全、水质安全和人身安全，负责或参与辖区内直管和代建项目尾工建设、征迁退地、工程验收以及运行管理工作。

2017年，渠首分局各级运行管理单位规章制度健全，人员配备合理，职责清晰明确，信息反馈及时，调度令行禁止，水质全面监控，工巡重点突出，安保措施得力，设备运转正常，合同管理规范，财务管理合规，后勤服务高效，园区设施基本完善，实现工程运行安全、水质稳定达标。

【运行调度】

渠首分局辖区沿线布置引水闸1座、节制闸9座、分水闸10座、退水闸7座，渡槽事故检修闸2座，中心开关站2座。渠首设计流量350m³/s，加大流量420m³/s，草墩河节制闸设计流量330m³/s，加大流量400m³/s。

截至2017年12月31日，渠首自正式通水以来累计入渠水量116.91亿m³。2017年最大入渠流量357.7m³/s，完成设计流量通水试验工作，200m³/s以上大流量平稳运行109天。渠首分局管辖范围内累计开启7个分水口、2个退水闸，累计分水5.76亿m³。调度及时准确。2017年执行调度指令2029条（其中远程指令1939条，现地指令90条），全部指令都及时得到执行和反馈。通过与地方协调，各分水口门水量计量差异率逐步减小。干渠节制闸流量计率定工作正式开始，2017年度共完成率定测次134次。在陶岔水质监测站下游增设流量计，作为陶岔渠首入渠流量复核断面，有效保证输水调度准确。渠首分局分调大厅2017年投入正式使用。

【工程安全】

2017年渠首分局完成对辖区内Ⅰ级防汛风险项目8+740~8+860渠段左岸边坡、8+216~8+377右岸边坡渠坡变形处置，2次处置共历时7天。完成疑似滑坡渠段、膨胀土渠段监测

设施增设工作，以及淅川2标应急加固安全监测施工项目。完成中线工程膨胀土渠段北斗義和自动化变形监测系统应用试点工作。与南水北调中线工程保安服务有限公司签订渠首分局辖区安全保卫项目委托协议。与地方公安等部门协调，与地方公安机关建立季度会商制度。联合地方南水北调办、教育局、电视台等部门，以"南水北调公民大讲堂"和"渠道开放日"活动开展安全教育。

【防汛应急】

2017年与各级防汛部门提前对接防汛事务建立联动机制。引进"豫汛通"手机APP，随时掌握水情雨情信息。汛前组织完成王家西沟排水渡槽出口处理、齐庄南沟倒虹吸防洪处理和鸭东一分干渡槽进口处理等防汛项目。按期完成渡槽结构缝渗水处理、工程保护范围警示标志安装和防汛物资仓库建设任务。完成镇平段白蚁防治试点工作。按照"建重于防，防重于抢"理念，筹划推进淄河渡槽河道永久防护、淅川段膨胀土深挖方边坡治理、桥梁引道水毁等项目实施。组织开展各类应急演练32次，进一步规范应急处置程序，完善机制，提高应急处置能力。

【信息机电运行管理】

强化维护队伍管理，制订《信息机电运行维护队伍考核实施细则》，维护单位开展巡查、维护及日常值班工作。开展《南水北调中线干线工程巡查实时监管系统》（APP）建设工作，在南水北调工程运行管理工作会和南水北调工程运行管理规范化监管工作会汇报并现场演示，2017年底在全线推广试用。开展检修门自动抓梁技术、闸门开度数据跳变、高低压室除湿及接地、移动拖车发电机、现地站自动化室温控、通信电源系统蓄电池组等改造项目，实施陶岔渠首闸流量水情信息接入、陶岔渠首下游加装流量计及办公楼Wi-Fi系统建设专项项目实施。组织完成安防系统传输扩容变更项目实施，并开展验收工作。完成渠首段光缆1标、视频监控1标合同验收，完成电子围

栏标、综合平台标单位验收工作。南水北调中线工作终端配备到位，并根据工作实际情况，不断扩大使用范围，有效提高设备及系统使用效率。

【水质保护】

2017年水质监测能力得到不断提升。渠首分局实验室具备独立开展《地表水环境质量标准》常规24项、藻类计数、叶绿素a等项目的监测能力，通过中线建管局实验室监测能力评审。各水质自动监测站监测设备运行稳定，监测数据整体稳定性较高。与南阳市有关部门组成联合督查组，全面排查干渠沿线水质污染源（风险源），成功处理污染源31处。开展渠首段着生藻类的生长规律研究，和渠道内水生生物调查分析以及渠道内鱼群生长状态调查工作，进一步掌握干渠内水生环境动态。

（张 进）

河南分局

【概述】

2017年，河南分局坚持"稳中求好、创新发展"工作总思路，秉承"整体谋划，统筹推进；统一标准，规范管理；系统查改，稳步提升；主动作为，创新发展"的管理理念，以安全生产为中心，以问题查改为导向，以防汛应急为重点，以规范化建设和创新驱动为抓手，以提升职工素质、强化合同管理、落实全面从严治党为保障，完成中线建管局下达的各项工作任务。

【统筹谋划重点布局】

年度预算与采购 提前安排梳理工程量清单、标段划分和维护项目整合等工作，2017年一季度基本完成日常运行维护项目招标采购，采购数量同比下降60%。

防汛应急 3月完成分局层面三支应急保障队伍采购，4月完成566处工程重点部位和风险点排查建账工作，重点布防16处防汛一级风险点；汛前完成867处水毁项目修复；建立应急预警机制，汛期发布重要雨情预警5

次，组织应急抢险队、日常维护布防48点次，派驻大型设备近100台次；累计开展各类应急演练60余次，成功处置"9·1"金灯寺应急抢险工作。

运行管理 河南分局领导成员到管理处调研座谈、组织召开年度工作务虚会，收集问题、梳理建议、总结经验，制定分局各专业年度计划任务书，明确工作目标、标准、节点和责任人，统筹同步推进各项工作；细化"标准化渠段、标准化闸站、标准化中控室"等创建指标，统筹同步提升水平；采取"专业督导、机关下派、管理处交流"措施，统筹同步推进各处工作。2017年评审通过46km标准化渠道，完成59项标准化闸站规范化项目建设，实现标准化中控室各应用系统值守工作职责的统一。各管理处在全年工作中基本实现"一个不落下"的目标。

【协调地方政府共建平台】

共建防汛应急工作平台 联系河南省防办和省水利厅，汛前接入河南省防汛抗旱信息系统平台，通过"豫汛通"APP防汛预警信息共享，为应急布防提供技术支持；通过I级防汛风险点视频监控信息共享，为汛期应急抢险联防联动提供有力支撑；通过应急会商室建设，整合信息资源，提高应急抢险决策效率。

共建省南水北调办协调工作平台 每月参加省南水北调办召开的运行管理例会，不断完善与地方政府的对接和协商机制，强化工程管理单位和地方政府的协调力度，集中解决影响运行管理的重大问题。开展保护区联合执法，依法维护中线工程合法权益，有效消除47处农村污染源。

共建基层执行工作平台 各管理处建立联席会议、联学联做机制，强化与市县乡村沟通联络，现场走访交流学习了解沿线地貌特点和周边水库情况，建立警务室加强与地方公安安全保卫、反恐信息联络机制，进一步加快与地方融合步伐。2017年，河南分局实现19个管理处警务室全覆盖、干渠周边水库及重要河流信息全覆盖，沿线各乡村防汛应急联络全覆盖。金灯寺抢险期间，河南省南水北调办、地方各级政府鼎力支持，为应急处置创造良好的外部环境。

【管理重细节执行重落实】

严格落实上级决策部署 对中线建管局安排的任务，河南分局结合实际提出具体的要求和措施，加强技术措施、资金安排、采购方式同步落实。在中线建管局提出4批23项问题整改措施的基础上，河南分局细化制定3批71项规范化建设项目，具体指导管理处的组织实施，确保上级部署贯彻到位。2017年在中线建管局检查中，河南分局4个管理处实现4批23项问题"零发现"。

严格制定专业实施方案 创建标准化渠道，在全面梳理中线建管局出台的各项工程维护标准基础上制定10项共74个考核指标，引导管理处本着先易后难、逐步推进的原则，在土建绿化日常维护项目中逐项整治。标准化闸站的创建坚持试点推广、循序渐进的原则，创建指标从2016年的24项细化提升到2017年的59项。

严格执行考核激励机制 依据中线建管局相关规定，完善河南分局考核办法，细化考核指标，采取年季考核和阶段重点工作督办、日常检查相结合的办法，开展管理处考核和机关处室评价工作，通过考核排名，营造争先创优奋发有为的内部竞争氛围。

【坚持问题导向落实整改责任】

落实问题发现的责任 针对问题"屡查屡犯、屡查屡有"和过多依靠维护单位发现问题的现象，印发《河南分局运行管理问题检查与处置实施办法（暂行）》《河南分局现地管理处问题检查与处置有关岗位工作手册（范本）》，坚持问题导向，逐项明确自有人员发现问题的岗位责任、处理程序和技能要求。

提高问题整改效率 针对部分问题整改进展缓慢现象，对各级检查已发现问题开展精准整改；河南分局牵头梳理问题清单，针对多

发、共性和典型问题，按照问题轻重缓急和整改时机，分批研究制定问题整改方案，统一提出明确的整改标准、措施和时间节点，过程中加强检查督导。河南分局三批71项问题整改项目，实现中线建管局分期分批整改项目全覆盖。基本做到共性问题整改标准统一步伐一致。

开展问题集中查改活动 8月22日~9月30日开展"运行管理问题集中查改专项活动"。自有人员全面排查发现问题总计7300余项，2017年度上级检查问题1700余项，问题整改率97%。基本实现减少问题存量、遏制问题增量的目标。

【创新管理提高效率】

建立创新管理工作机制 制订《南水北调中线河南分局创新项目管理实施办法（试行）》，鼓励职工结合专业特点、业务需求，跨专业、跨部门开展管理创新、技术创新工作。2017年河南分局共成立创新小组72个，创新项目立项66项，完成并取得创新成果22项。

加强创新引导 开展自动抓梁改造、闸站安防试点、"以鱼净水"、藻类自动化机械拦捞装置研制等项目，成立河南分局渠道衬砌水下修复科研项目工作组，统筹推进辉县韭山桥、杨庄沟渡槽、荥阳钢围堰、郑州王庄污水廊道等4个现场生产性试验点取得较好效果。

开展"五小"创新活动 鼓励管理处开展"五小"创新活动。管理处自主探索在无人值守闸站安装火警感温感烟报警器、强排泵站安装无线水位计、液压启闭机安装油箱温度远程监控报警等，开发消防、电缆设备信息系统，在分水口安装悬浮物拦捞设备等创新工作，提高运行管理工作效率。

【以党建为保障凝聚人心增强活力】

学习党的十九大精神 落实国务院南水北调办、中线建管局工作部署和河南分局党委学习安排，分阶段开展学习宣传贯彻。采取集体学习、讲授党课、专题讨论、座谈交流、个人自学与邀请党校讲师开辅导讲座、组织党员到

干部教育基地学习的形式，领会习近平新时代中国特色社会主义思想，探索新时代对南水北调中线工程运行管理提出的新要求，落实党的十九大精神对业务工作的引领和指导。

党支部建设 组织开展"红旗基层党支部"创建工作。细化基层党建工作七个方面89项指标，解决基层党建知识不足、认识不够、办法不多的问题。对"三会一课、三重一大、谈心谈话、评议党员"等党的组织生活提出具体要求，进一步推动基层党建工作。在业务方面推出"一岗一区1+1"、在学习宣传方面推出"互联网+党建"、在创新方面推出"创新小组"等支部工作法，充分发挥党员示范带头和党支部战斗堡垒作用。2017年河南分局全年申报党员责任区57个，党员示范岗105个，结对互助200余对，促进党建与业务深度融合。

党风廉政建设 严格落实党风廉政主体责任。建立党委书记负总责、纪委书记负专责、领导成员落实一岗双责的廉政主体责任体系。党委书记与各管理处签订《党风廉政建设主体责任书》，层层传递责任、传导压力。每周一党委扩大会把党风廉政与业务工作同部署、同落实、同检查、同考核，基层党建制度体系和工作机制基本形成。制订《河南分局党风廉政建设督导巡察暂行办法》，结合管理处职能特点确定14项督察内容，党委牵头、纪委负责，采取日常巡察、定期巡察、专项巡察三种形式，坚持预防为主、防惩并重、抓早抓小、抓在经常的原则开展巡察工作。

（徐振国）

分调度中心

【概述】

2017年，河南分局输水调度工作围绕"稳中求好、创新发展"的总体思路，按照"统一调度、集中控制、分级管理"的原则实施。由总调中心统一调度和集中控制，总调中心、分调中心和现地管理处中控室按照职责分工开展运行调度工作。以"六个狠抓、六个确保"为出发点，狠抓输水调度规范化，确保调度管理再上水平；狠抓对外沟通协调，确保供水计划管理再上水平；狠抓应用系统建设，确保调度自动化再上水平；狠抓技术支撑和调度组织，确保调度实施再上水平；狠抓调度队伍建设，确保人员能力再上水平；狠抓应急能力建设，确保应急调度再上水平。组织开展保供水"百日安全"专项行动，取得良好成效。2017年河南分局辖区累计下达调度指令20000余门次，新增分水9处，其中分水口2处，退水闸7处。

【规范化建设】

修订完善管理制度 2017年组织梳理《南水北调中线干线输水调度管理工作标准（修订）》《南水北调中线干线输水调度工作补充要求》执行情况，按照输水调度工作实际情况，对不适合的条款提出修改建议；修订印发应急调度预案；推动完善输水调度规程编制，完成初稿修订；规范全线设备设施检修维护需调度配合事宜的报告与批准流程。

完善调度系统功能 推动闸站监控系统、闸控预警系统、模拟屏系统自动化调度系统功能完善，共提出各类业务需求建议200余项。闸站监控系统远程控制成功率不断提高，闸控预警系统在历次应急调度中发挥巨大作用。

加强分水计量工作管理 配合完成4个标段流量计率定试点试验工作，组织开展辖区内流量计率定工作。

启用备调中心 8月组织开展备调中心应急启用演练，备调中心处于24小时热备状态。

洪水资源化 利用丹江口水库弃水向沿线地方生态补水。期间，开展大流量输水能力检验，陶岔入渠流量达到设计流量350m³/s，沙河节制闸以上部分渠段接近设计流量，实现输水流量的历史性突破。

冰期汛期调度工作 组织开展冰期汛期及特殊时期的各项调度工作。实施冰期汛期的前期准备工作，编制分调中心冰期汛期管理特别规定，编制冰期汛期调度实施方案，组织应急预案的培训学习，及时有效应对各类突发事

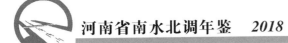

件。金灯寺左排下游渗水事件应急调度期间，及时响应科学应对，未启用1次退水闸，也未造成任何次生灾害。加强冰期汛期人员管理，严格实行调换班申请制度。重大节假日期间加派值班人员。

【工程效益】

中线工程正式通水运行截至2018年1月1日全线累计入渠水量117亿m³，累计分水109.9亿m³，河南分局辖区累计分水26.06亿m³（按水量确认单统计），占全线供水总量的23.7%。2017年1月1日~2018年1月1日期间，河南分局辖区累计分水12.88亿m³。

2017年丹江口水库秋汛水量丰富，从9月29日开始，南水北调中线工程向河南省沿线7个城市和河湖水库补水，使洪水资源化。截至12月31日，河南分局辖区累计补水2.96亿m³，取得良好的生态效益。

（徐振国）

建 设 管 理

【概述】

2017年是南水北调中线工程通水三周年，河南省南水北调工程建设管理工作的主要内容有工程验收、配套新增及剩余尾工建设、安全管理、运行监管、工程管理范围及保护范围划定、信访稳定等。

【工程验收】

河南省南水北调建管局2017年度工程验收任务主要有：中线干线工程的消防验收备案、跨渠桥梁竣工验收和外委项目合同验收；配套工程的分部工程、单位工程和合同项目完工验收等。

中线干线工程消防验收备案 按照国务院南水北调办公室中线干线工程消防专项验收计划，对各设计单元工程在消防设计备案和消防验收备案过程中遇到的困难和问题研究对策，协调五个项目建管处推进消防备案工作取得突破性进展，满足消防专项验收要求。截至2017年12月底，南水北调中线干线委托河南省建设管理的16个设计单元工程中，安阳段、潞王坟膨胀岩试验段、禹州长葛段、方城段、南阳膨胀土试验段5个设计单元工程以及新乡卫辉段凤泉区范围内、宝丰郏县段郏县范围内消防设计备案和竣工验收备案工作全部完成；南阳市段、白河倒虹吸段、新郑南段、潮河段4个设计单元工程以及郑州2段的金水河倒虹吸工程、焦作2段市区范围的消防设计备案工作完成；其他消防备案工作正在协调推进中。

跨干渠桥梁竣工验收 通过协调，河南省交通运输厅公路管理局于2017年6月22日召开南水北调跨国、省干道桥梁竣工验收专题会，安排部署跨渠桥梁竣工验收移交工作。6月26日，省南水北调办会同省交通运输厅、中线建管局召开桥梁移交验收推进会，形成《南水北调跨渠公路桥梁移交验收协调工作推进会会议纪要》，明确责任分工、工作步骤和阶段性目标。根据6月26日会议要求，省南水北调建管局组织收集相关基础资料，建立"跨渠桥梁移交验收月报"制度，同时与中线建管局河南分局建立"日常联络机制"，协调五个项目建管处和委托桥梁建设单位，加快推进剩余跨渠桥梁缺陷排查确认与移交。南水北调中线干线委托河南省建设管理项目需移交桥梁共461座，截至2017年12月底，累计完成缺陷排查确认281座，占总数的61.0%；全面完成竣工验收70座，占15.2%；基本完成竣工验收但需完善手续的99座，占21.5%。

干线工程外委项目验收 外委项目主要包括委托行业部门组织实施的南水北调中线干线铁路交叉工程和35kV永久供电线路。省南水北调建管局与郑州铁路局工管所、洛阳指挥部、省电力公司等单位多次对接、洽谈，协商研究铁路、电力线路等外委项目委托建管合同验收程序等事宜。2017年4月上旬，组织召开外委项目验收工作专题会，形成《委托建设管理项目验收工作专题会纪要》。

配套工程验收 自2017年2月起，省南水北调建管局建立配套工程验收月报制度，督导配套工程验收工作。截至2017年12月底，河南省南水北调供水配套工程共完成单元工程质量评定110244个，占总数的97.3%；完成分部工程验收1207个，占总数的86.0%；完成单位工程验收88个，占总数的56.1%；完成合同项目完工验收70个，占总数的47.3%。

【配套工程收尾】

配套尾工和新增项目建设 2017年2月，对配套剩余工程进行全面排查梳理，对存在问题登记造册，建立"剩余尾工台账"，制定节点计划，明确工作目标，组织现场检查并召开专题会议，研究并协调解决制约工程建设的征迁、环境、变更等各类问题。截至2017年底，新增清丰支线通水，博爱、鄢陵支线管道铺设全部完成。剩余尾工主要有周口10号口门西区水厂支线向二水厂供水线路、新乡32号口门凤泉支线末端变更段、安阳38号口门线路末端变更段，因城市受水水厂位置调整开工较晚，未能全部完工；焦作27号分水口门府城输水线路因水厂位置调整，正在进行设计变更工作，与水厂位置变化相关的输水管线尚未施工；郑州尖岗水库入库和出库、穿越南四环隧洞项目位于尖岗水库向21号分水口门受水水厂备用供水线路上，因受大气污染治理"封土行动"影响，尚未完工，不影响21号分水口门受水水厂供水；11-1号口门鲁山线路穿越鲁平大道及标尾工程因地质原因进行穿越工程设计变更，后又受大气污染防治"封土行动"影响，暂未实施；漯河市10号分水口门穿越沙河工程因受城市规划和沙河通航工程结合要求制约穿越方案尚未确定，暂未实施。

配套工程管理处所建设 2017年1月重新调整并印发《河南省南水北调受水区供水配套工程部分管理设施建设节点目标任务》（豫调办建〔2017〕3号）。省南水北调办对管理处所建设进度进行督促检查，向进度滞后较多的漯河、郑州、新乡、安阳等市南水北调办下发《关于进一步加快配套工程尾工和管理处所建设进度的通知》，印发《我省南水北调受水区供水配套工程管理处所建设进展情况通报》。截至2017年12月底，全省配套工程61座管理处所，建成18座、在建20座、处于前期阶段（未开工）23座。

【安全管理】

防汛度汛 2017年3月，省南水北调办与省防汛抗旱指挥部办公室组成联合检查组，对南水北调工程防汛准备工作进行全面检查，对防洪影响处理工程建设进度进行督导，排查防汛风险点235个，制定度汛方案和应急预案，组建防汛队伍，配齐防汛设备物资，采取工程措施，消除防汛风险；5月，组织召开全省南水北调2017年防汛工作会议，组建南水北调抗洪抢险突击队，落实汛期雨情通报机制，加强值班值守检查；6月中旬，国务院南水北调办、省水利厅、省南水北调办、平顶山市人民政府、中线建管局和武警平顶山支队参加，在平顶山宝丰县北汝河倒虹吸工程现场举办防汛抢险应急演练。主汛期末，汉江流域出现大的秋汛，省南水北调办迅速部署，延长汛期值班，加强巡查调度，确保工程运行安全。

应急管理 进一步完善应急预案体系，加强应急队伍建设和应急物资设备储备，完善应急工作机制，组织演练。与中线建管局建立联动协调机制，对干线工程出现的问题及时处置，2017年9月成功处理新乡金灯寺渠道漏水事件，10月成功处置淅川段总干渠深挖方段边坡失稳问题。对配套工程明确工程应急抢险队伍和工作机制，加强工程巡查，及时处理许昌、邓州、中牟供水管道漏水问题，印发《关于进一步加强工程安全巡查、防范破坏工程设施的紧急通知》，组织汲取教训，杜绝类似事故发生。

运行监管 制订《河南省南水北调配套工程运行管理监督检查工作方案》，形成省南水北调办领导带队飞检、巡查队伍日常巡查和专家稽察三位一体的配套工程运行管理监督检查格局。2017年全年省南水北调办领导带队对7个省辖市进行飞检，及时消除隐患。组织专业队伍进行运行管理监督巡查，制定配套工程《运行监管实施办法》和《运行管理监督检查工作方案》，公开招标选择两支巡查队伍，承担日常巡查工作。截至2017年12月底，巡查队伍共对11个省辖市、直管县（市）进行运管巡查，基本实现运行监管全覆盖。对2017年飞检、巡查发现问题的整改情况进行现场复查，对整改遗留问题提出明确要求。

【工程管理范围及保护范围划定】

2017年，省南水北调办以《关于商请建立南水北调中线工程保护范围划定工作协调机制的函》（豫调办〔2017〕11号）请受水区南阳、平顶山、许昌、郑州、焦作、新乡、鹤壁、安阳共8个省辖市政府和邓州市政府明确分管领导、责任部门负责人和具体划定工作联系人，协调推进保护范围划定工作，与中线建管局协商印制省辖市直管县市南水北调中线干线工程管理范围和保护范围图册。6月9日，省南水北调办组织召开河南省南水北调中线工程保护范围划定工作会议。会议对全省南水北调中线工程保护范围划定工作进行安排部署，进一步明确各部门职责、目标任务、工作分工和工作要求，推进总干渠保护范围划定工作进程。根据会议安排，省南水北调办组织干渠沿线各省辖市于7月底前发布《干线工程保护范围划定公告》；依据《南水北调工程供用水管理条例》，协调项目法人和设计单位结合当地实际，调整宝丰县境内的保护范围，满足地方经济发展要求，并组织协调沿线省辖市配合运管单位埋设保护范围界桩、界牌和安全警示标志。12月14日，南水北调中线干线工程河南境内界桩、界牌及警示标识的安装工作全部完成。

根据《河南省南水北调配套工程供用水和设施保护管理办法》，以郑州市配套工程为试点，组织设计单位基本完成郑州市配套工程《管理范围及保护范围划定》和《地面标志牌实施方案》的编制工作。

【农民工工资兑付监管】

省南水北调办加大对各施工单位农民工工资支付工作监管力度。2017年春节前，组织对各施工标段农民工工资兑付情况排查梳理，建立重点标段风险问题台账。召开协调会、专题会商进行沟通协调，确定还款计划；及时向风险施工标段总部去函，协商总部给予资金支持，同时组织建管单位依法依规并依合同约定适时退还质量保证金，采取多种方式筹措资金；明确专人负责来访接访工作，对风险标段重点监控。9月，省南水北调办再次对承建单位拖欠农民工工资情况进行排查，对外欠债数额较大的郑州1段2标段承建单位中国葛洲坝集团第三工程有限公司、南阳市段5标和新乡卫辉段2标段承建单位中国水利水电第四工程局有限公司进行约谈，督促履行合同主体责任和社会维稳责任，及时支付农民工工资，维护农民工合法权益。

【信访工作】

按照"属地管理，分级负责"的原则，加大相关信访事项办理力度，针对尉氏县访民高某信访事件，分别致函南阳市南水北调办和开封市政府，并安排专人监控各级信访部门处理过程，关注重点人重点事，防止极端信访事件发生。

【以案促改】

按照省纪委统一部署，在省水利厅党组和省南水北调办的统一领导下，开展坚持标本兼治推进以案促改工作，用身边发生的典型案例教育身边的党员干部。结合建设管理工作实际，全面排查业务流程操作、制度机制执行和受外部环境影响等方面存在或可能存在的问题，共总结梳理出潜在廉政风险点3项，分别是运行管理社会服务采购（招标）、工程验收、质量监管。召开专题民主生活会，反思十八大以来查处的典型案例，尤其是发生在身边的案件，剖析案件发生的深层次原因，查找监督管理漏洞。收集基层和管理服务对象的意见和建议，逐条制订防控措施，完善相关制度，做到严格按制度办事。2017年7月在中共河南省纪委驻省水利厅纪检组召开的省水利厅以案促改工作会议上，省南水北调办建管处进行典型发言，交流坚持标本兼治推进以案促改工作先进经验。

（刘晓英）

【质量监督】

2017年，按照国务院南水北调办和河南省南水北调办的工作部署，质监站对重点工程项目、工程运行管理情况适时进行监督检查，完成全年工作任务。

尾工质量监管 对干线工程新乡段等部分尾工项目，加强质量监管，督促现场参建单位进行过程及工序质量控制，组织现场质量巡查，发现问题及时督促整改，确保尾工建设质量。

重点项目巡查 配合监管中心现场工作组的检查活动，对重点项目不定期开展巡查。2017年9月上旬新乡卫辉段发生地下暗洞漏水险情，质量监督站多次到现场了解情况，配合省南水北调办、监管中心开展相关工作。

合同验收及资料核备 对安全监测标合同验收鉴定书进行核备，对干线工程部分外委的盘石头水库、石河等补偿项目，开展质量巡查和验收配合工作，对验收及核备过程中发现资料不完整的及时要求相关单位补充完善。

桥梁竣工验收 2017年，各项目建管处推进跨渠桥梁竣工验收工作，根据宝丰郏县段、焦作2段、安阳段、郑州段部分跨渠桥梁竣工验收进展情况，质量监督站对项目建管处选定的检测单位资质进行审查，参与检测方案审查，并根据检测报告，及时编写提交质量监督报告和质量鉴定报告。

开展档案资料整理 根据档案管理有关文件，制定质量监督资料的整理归档目录，并集中人员逐步对项目站档案资料进行整理。2017年初步完成焦作项目站、安阳项目站的档案整理工作。

配套工程质量飞检 组织人员对配套工程新开工的博爱、清丰、鄢陵支线项目开展质量飞检，提交飞检报告，通过问题整改，确保在建项目工程质量。根据省南水北调办领导安排，及时抽调质量监督人员，配合专家对配套工程建设中的问题进行调查，及时提交调查报告，并参与处理方案论证工作。

运行管理飞检 在开展配套工程运行管理规范年活动中，省南水北调办领导带队进行多次飞检。根据《河南省南水北调受水区配套工程运行监管实施办法（试行）》，质量监督站配合有关处室制定飞检计划，开展飞检配合工作，编报飞检报告，并适时进行复查，督促问题整改。

（雷应国）

生 态 环 境

【概述】

2017年，河南省南水北调水质保护工作综合施策多措并举，水质保护工作成效显著，河南省丹江口水库库区和总干渠河南段水质监测断面达标率均为100%，满足调水水质要求。

【南水北调水污染防治攻坚战】

2017年初组织召开南水北调水污染防治攻坚战动员会，8月10日召开工作推进会，对攻坚战进展情况进行检查，以目标为导向，全力推进，确保水污染防治攻坚战各项任务落到实处。

【饮用水水源保护区调整】

8月15日，省南水北调办通过省公共资源交易平台对保护区调整工作进行招标，确定中标单位，9月26日召开专家咨询会，对初步成果征求意见。11月19日召开评审会，对设计成果进行评审。之后，发函省环保厅、国土资源厅、水利厅等相关厅及总干渠沿线省直辖市、直管县市政府对《南水北调中线工程（河南段）总干渠两侧水源保护区调整方案》征求意见。

【水污染事件应急管理】

2017年，省南水北调办组织有关单位重新修订《河南省南水北调受水区供水配套工程水污染事件应急预案（试行）》，并报环保厅备案。11月11日，省南水北调办联合中线建管局河南分局开展突发水污染事件应急演练。

【水污染风险点整治】

省南水北调办印发《关于做好南水北调中线工程水源区及输水沿线农村环境综合整治工作的通知》《关于商请将南水北调中线工程总干渠水污染风险点涉及村庄纳入农村环境综合整治的函》。与中线建管局河南分局、渠首分局逐项研究风险源，对风险源建立台账目录，印发《关于开展南水北调中线工程总干渠（河南段）水源保护区内农村污染源检查的通知》，协调省环保厅将水污染风险源纳入《全国农村环境综合整治"十三五"规划》，为从根本上消除南水北调总干渠河南段水污染风险奠定基础。2017年对总干渠保护区内27个新改扩建项目进行环境影响审查，其中1个存在污染风险被否决。

【丹江口水库水源地水质保护】

推进《丹江口库区及上游水污染防治和水土保持"十三五"规划实施方案》编制工作。配合省发展改革委召开《规划》实施方案编制工作会议，12月29日，河南省出台《河南省丹江口库区及上游水污染防治和水土保持"十三五"规划实施方案》。

【干渠沿线生态带建设】

2017年，省南水北调办协调省林业厅、有关省辖市、直管县政府加快干渠生态带建设，督促各市县高度重视、超前谋划、强化责任、落实措施，生态带建设工作取得显著成效。上半年，干渠焦作市城区段生态带征迁难题得到有效破解，至此，河南省总干渠两侧生态带建设征迁工作全部完成。省南水北调办与省林业厅组成联合督导检查组，10月下旬对黄河北沿线各市生态带建设情况开展全面督导检查。

2017年，河南省累计完成干渠两侧生态带建设19.14万亩，占河南省规划任务的88.6%，超额完成国家任务。

【库区高水位水质保护】

2017年秋汛，丹江口水库水位最高达166.97m，库区漂浮物大量出现，南阳市、淅川县及时开展清漂工作。淅川县组织成立2000余人库区清漂队伍，配置清漂船18艘，累计清除水面漂浮物2000t。

【京豫对口协作】

2017年，河南省南水北调办公室与北京市南水北调办公室就对口协作事宜进行洽谈对接，督促对口协作项目的实施，加快项目建设进度，发挥投资效益。配合相关部门到水源区开展对口协作调研，研究京豫对口协作的具体工作方案，对生态环保类项目进行重点关注，发挥对口协作项目资金在水质保护方面的引导作用。

10月，组织总干渠沿线各省辖市、直管县及水源区六县南水北调办水质环保方面的管理人员29人，到北京参加河南省南水北调水污染防治培训班。

（李首伦　马玉凤）

【南阳市生态环境保护】

2017年，组建专业管护队伍。坚持造管并重，县乡村成立三级护林小组，分包路段、地块，明确管护责任，定期巡查看护，做到树有人造、林有人管、责有人担。开展专项整治活动。严格总干渠两侧保护区内新上项目专项审核，2017年共审核项目6个，其中否决1个。

（王　磊）

【邓州市生态环境保护】

2017年，邓州市南水北调办开展南水北调环境整治专项行动，会同环保、畜牧、邓州管理处和沿线4个乡镇组成工作组对总干渠两侧拉网式检查，共排查出涉污企业（项目）11家，建立整改工作台账，逐乡镇、逐项目提出整改措施和整改时间节点，明确责任单位和责任人，截至11月底，11家潜在污染企业全部整治到位。配合工商局、畜牧局对15家养殖企业的新建扩建进行检查，取缔其中4家养殖企业的改、扩建申请。

（石帅帅）

【栾川县生态环境保护】

栾川是洛阳市唯一的南水北调中线工程水源区，水源区位于丹江口库区上游栾川县淯河流域，包括三川、冷水、叫河3个乡镇，流域面积320.3km²，区域辖33个行政村，370个居民组，总人口10.8万人，耕地3.2万亩，森林覆盖率达82.4%。

2017年，编制上报栾川县丹江口库区及上游水污染防治和水土保持"十三五"规划，有13个项目纳入国家丹江口库区及上游水污染和水土保持"十三五"规划。

2017年栾川县南水北调办申请到南水北调生态转移支付资金6314万元，对口协作项目资金3202.45万元，昌平区对口帮扶资金279.35万元。

4月6日，北京途友旅游集团与栾川县人民政府旅游产业项目框架协议签约仪式暨"奇境栾川·自然不同"2017旅游产品发布会在北京举办。5月18日，北京大学第三医院薄世宁等六位危重医学科、神经外科、中医科、心脑血管科、超声科、感染科专家到栾川开展医疗扶贫工作。6月13日，北京市昌平区副区长苏贵光一行莅栾开展对口协作暨对口帮扶工作。6月17日，北京信息科技大学来栾考察，开展对口协作交流工作。6月29日，全省南水北调对口协作现场会及座谈会在栾川召开，北京市委组织、北京市支援合作办、北京市发改委、省发改委、南阳市政府、洛阳市政府、三门峡市政府、水源地6县（市）相关领导及负责人约40人参加，一行领导先后实地调研栾川县

农业产业化龙头企业建设（奥达特食用菌技术开发有限公司）、水源区教育基础设施建设、水源区生态移民社区及配套设施建设、水源区农业种植结构调整、陶湾镇西沟村昌平小镇建设项目、农村安全饮水、大红村扶贫示范点、"栾川印象"农特产品品牌建设等8个京豫对口协作项目，并在伊水湾大酒店召开座谈会。7月17日，北京农学院文法学院、北京公益服务发展促进会、人民邮电出版社、北京昌平温心社工师事务所、北京昌平区前锋小学及爱心人士们共同向水源区三乡镇捐赠140箱电子教具、图书、文具等学习用品，价值20余万元。11月15~17日，北京市支援合作办莅栾开展对口协作暨对口帮扶工作，先后调研三川镇大红村扶贫项目、三川镇生态旅游抱龙湾项目、陶湾镇昌平小镇项目、栾川印象项目、伊源玉加工项目、深山生物科技项目、佰圣旅游纪念品项目（县旅游产业集聚区）。12月12~17日，参加2017年北京市支援合作地区特色产品展销会，栾川县组织"栾川印象"、君山红果酒、深山生物科技、老君山实业等7家企业40余种产品参加北京市支援合作地区特色产品展销会。其中，川宇农业开发有限公司与北京新发地百舸湾农副产品物流有限公司签订5000万元协议，主要是"栾川印象"系列产品，包括高山杂粮、食用菌、特色林果等，可直接带动12家种植合作社和1000余户农户发展农特产品，将有效推动400余户贫困户增收脱贫。

2017年对接下达对口协作项目8个，协作资金3202.45万元，其中，精准扶贫类项目4个，协作资金2762.45万元；交流合作类项目3个，协作资金250万元。2017年栾川县居民生活饮水工程、水源地北京电视台形象宣传、对口支援地区特色产品展销全部实施完成，其他项目正在实施。

（周天贵　范毅君）

【卢氏县污水收集支管网工程进展】

南水北调中线工程丹江口库区水污染防治

涉及卢氏县六乡镇六个污水处理厂，总建设规模7000t/d，工艺采用AO工艺。项目于2014年5月开工建设，2014年10全面竣工，由于当时省要求时间紧、任务重，与之相配套的污水收集支管网未完善，导致后来污水处理厂运行困难。通过现场多次查看，并委托设计单位现场规划，拿出可行的六乡镇污水收集支管网初步方案。在卢氏县五里川镇、汤河乡、双槐树乡、瓦窑沟乡、狮子坪乡、朱阳关镇六个乡镇铺设污水收集支管网39.974km，可研批复总投资3894.49万元。

卢氏县六乡镇污水收集支管网工程从2016年10开始，按照项目建设的基本程序，规划地形测量、项目建议书、环评、可行性研究报告、能评、初步设计、施工图审查、工程量情况编制、财政评审报告。工程的招标工作截至2017年12月全部完成，并通过有关部门的审批审查，工程具备开工条件，各个乡镇污水收集支管网工程陆续开工建设。项目责任人、施工方、监理方各参建人员责任分工明确。项目建成后污水收集能力将提高30%左右。

（胡代楼　崔杨馨）

移　民　与　征　迁

【概述】

2017年，丹江口库区移民安置通过省级验收，实施移民村社会治理和"强村富民"战略，扶持发展移民乡村旅游，全省208个移民村村村有集体收入，最高达200万元，移民人均可支配收入达11528元。河南省移民征迁工作得到国家有关部门的充分肯定，国务院南水北调办主任鄂竟平、副主任蒋旭光先后4次对河南南水北调移民工作作出批示肯定，河南省南水北调丹江口库区移民安置指挥部办公室被中华全国总工会评为"工人先锋号"。

【移民安置总体验收与整改】

2017年，河南省移民安置指挥部印发《关于对河南省南水北调丹江口库区移民安置省级初验技术验收发现问题进行整改的通知》，对移民安置技术验收中发现的问题督促整改，并对有关市县开展复核检查。8月15日，召开河南省南水北调丹江口库区移民安置总体验收初验委员会会议，丹江口库区移民安置通过省级初验。9月22日，在郑州召开全省南水北调丹江口库区移民安置总体验收问题整改推进会。

【"强村富民"战略实施】

坚持"扶持资金项目化、项目资产集体化、集体收益全民化"，加快第三批生产发展奖补、重点村奖补项目建设，壮大集体经济。8月22日，在平顶山市召开河南省南水北调丹江口库区移民"强村富民"暨社会治理创新观摩会，观摩郏县马湾村、宝丰县全岭村移民产业发展和乡村旅游收到良好效果。截至2017年底，丹江口库区移民23个旅游试点村中，19个村项目获批，下达扶持资金4640万元，涉及生态、餐饮、垂钓、采摘观光、移民创业园等。南阳、平顶山、郑州进展较快，其中淅川县上集镇以农游为特色的张营村、以蒙古风情为特色的贾沟村、以孔雀产业为特色的竹园村，连片建设旅游区，形成规模优势；以休闲观光采摘餐饮为特色的郏县马湾和新郑新蛮子营，以垂钓餐饮为主的中牟县金源社区、荥阳市李山村旅游产业初具规模。截至2017年底，全省累计投入资金25.4亿元，208个移民村共建成和在建生产发展项目971个，2017年移民人均可支配收入达到11528元。

【移民村社会治理创新】

2017年，河南省移民村社会治理创新工作在探索中前进，在总结中提升，在移民稳定发展中发挥重要作用。中国社科院将河南省移民村社会治理创新作为课题进行研究，并形成研究报告《河南省南水北调丹江口库区移民村社会治理创新研究》，建议创新模式广泛推广。

【丹江口水库库周地质灾害防治】

自2017年9月6日起，河南省淅川县先后遭受40天连续强降雨和丹江口水库高水位蓄水试验的双重影响，库周先后发生多处地质灾害，涉及11个库区乡镇41个村移民965户453人。河南省移民办第一时间启动应急预案，先后4次到现场督促指导，下发3个通知，实行日报告制度，并紧急下拨200万元的专项资金，妥善安置受灾移民，未发生人员伤亡和重大财产损失。

【九重镇产业发展试点】

淅川县九重镇南水北调移民村产业发展试点2017年共规划5个项目，涉及淅川县九重镇7个南水北调移民村。经淅川县财政投资评审，投资总计4020万元，其中中央投资3020万元，省财政配套1000万元。截至2017年底项目完成总工程量的70%。

【移民后续帮扶】

《南水北调中线工程河南省丹江口水库移民遗留问题处理及后续帮扶规划》于2016年11月经省政府上报国务院后，在2017年全国"两会"上，河南省邓州籍全国人大代表唐祖宣提出相关议案，6月23日，省政府带领省发展改革委、省南水北调办、省移民办负责人，向国家发展改革委做专题汇报；在11月6日召开的南水北调工程建设委员会第八次会议上，河南省省长陈润儿就此专门提出建议。

【干线征迁】

河南段南水北调中线工程干渠南起淅川县陶岔渠首，北至安阳县漳河，总长731km，征迁安置涉及南阳等8个省辖市所辖44个县市区和1个省直管邓州市。初设批复干渠建设用地39.72万亩，其中永久用地16.52万亩，临时用地23.20万亩；需搬迁居民5.5万人，批复征迁安置总投资233.96亿元。

临时用地返还及新增用地移交 2017年返还临时用地1295亩，还有690.8亩未返还。截至2017年底，河南省累计返还临时用地20.43万亩，其中98%复垦退还耕种，2017年移交新增用地72.25亩。

征迁安置验收 河南省移民办组织修订《河南省南水北调中线干线工程征迁安置验收实施细则》，在鹤壁市举办河南省南水北调中线工程完工阶段征迁安置验收培训会，对全省南水北调征迁系统260余名干部进行培训。通过公开招标，委托中介单位协助市县开展验收工作，各中介单位于11月15日进场开展技术验收，全面启动河南南水北调中线干线工程征迁安置验收工作。

陶岔渠首征迁安置通过省级验收 陶岔渠首工程征地501亩（含渠首闸和董营副坝），其中永久用地148亩，临时用地353亩，搬迁359人，占压企事业单位12家，迁建专项24处，征迁投资2.3亿元，项目法人为淮委陶岔渠首建管局和中线水源公司。2017年6月30日陶岔渠首征迁安置通过省级验收。

资金计划调整 编制完成《南水北调中线一期工程总干渠河南省征迁安置投资调整报告》，并经河南省移民工作领导小组批复执行。调整结果：河南省南水北调中线工程征迁投资共计240.73亿元，其中河南省使用229.68亿元，中线建管局使用11.05亿元。

【审计与整改】

河南省征迁工作有关部门配合国务院南水北调办对河南的审计工作，并将所有审计问题在审计期间全部整改到位，通过国务院南水北调办的复核确认。举办全省征地移民财务管理工作培训班，就南水北调移民资金管理工作、完工财务决算编制等进行培训，对南水北调完工财务决算编制提出工作要求并进行问题答疑。

【信访稳定】

2017年，河南省移民办在执行"七项机制、一个办法"基础上，制订《省移民办机关信访工作规程》，编制《河南省征地移民信访稳控加固台账》，信访工作逐步实现制度化规范化管理。在十九大期间，多次召开会议研究

部署并举办培训班，印发《特定利益群体稳控化解专项治理工作实施方案》《河南省移民办办机关信访稳控再加固工作方案》《关于做好依法分类处理信访诉求工作的通知》等文件，实行全省征地移民系统信访突发事件信息"零报告"制度，保障十九大期间和谐稳定。

2017年到省到京上访共39起99人次。其中，到省26起66人次，到京上（网）访13起，无重大信访事项发生。截至2017年底，到省访全部按时办结，到京访办结10起，转办3起。

（王秋彬　王跃宇）

文 物 保 护

【概述】

自2005年以来，河南省南水北调中线工程文物保护项目的田野考古发掘取得丰硕成果。但是，由于受到南水北调工程施工范围和施工进度的影响，一些文化遗存丰富、学术价值很高的文物保护项目未能深入开展考古发掘工作。为进一步了解这些项目的学术价值，经报请国家文物局审批同意，2017年河南省组织文博单位对铁岭墓地、王营墓地、小店遗址等文物点继续开展田野考古发掘工作。

【干渠田野考古发掘】

铁岭墓地　位于郑州市新郑市新村镇铁岭村。2017年度发掘春秋晚期至战国晚期墓葬89座，墓葬多数为土坑竖穴墓，仅发掘1座空心砖墓。墓葬为南北向分布，极个别为东西向分布。墓葬结构大致分为无棺椁、一棺、一棺一椁三类。出土陶器、玉器、骨器、青铜器各种质地遗物60余件。

王营墓地　位于邓州市张村镇堰子王营村。2017年度发掘东周时期至汉代墓葬130余座，均为竖穴土坑墓，出土铁器、铜器、陶器等文物600余件，其中一件有铭青铜戈尤其珍贵。这批墓葬的发掘为研究区域历史文化、宗教信仰、埋葬习俗等提供实物资料。

小李店遗址　位于平顶山市宝丰县杨庄镇小李庄村。2017年度发掘各类遗迹472个，其中灰坑有412个，沟5条，房基5个，墓葬7个，井43个。遗迹时代以仰韶时期为主，商代

次之。经初步整理，小李店遗址规模较大，出土器物丰富，可修复器物近百件，标本近千件。

五里岗战国墓地　位于安阳市汤阴县韩庄镇董庄村西五里岗东坡。2017年度发现战国时期至宋代墓葬75座，以战国墓葬为多。战国葬均为土坑竖穴，多为单椁单棺葬，墓底部有二层台。另发现大型灰沟1条。出土陶器、铜器、玉器等各类器物130件（套）。

【丹江口库区文物抢救性清理】

为配合河南省南水北调中线工程丹江口库区消落区文物保护项目，对淅川县简营南遗址、李营遗址门伙遗址进行抢救性清理。

简营南遗址　位于河南省南阳市淅川县上集镇简营村西南。2017年6月郑州大学考古系对该遗址进行抢救性清理。2017年9月中旬，由于库区蓄水增加，水位上涨，该遗址发掘区被淹没，暂停发掘。从发掘情况来看，该遗址至少包含有汉代、宋元、明清三个时期文化遗存，延续时间较长。其中以汉代遗存最为丰富，出土有铜钱、板瓦、筒瓦、陶罐、陶瓮、陶盆、陶鼎等遗物；还发现有宋元时期瓷碗、瓷罐等。

李营遗址　位于淅川县上集镇李营老村西350m，属于水库消落区。河南省文物考古研究院对该遗址进行抢救性清理。共清理灰坑42个、墓葬14个、灶8个等遗迹。遗物器型有陶鬲、豆、罐等。

门伙遗址　位于河南省淅川县滔河乡门伙村西侧高台地上。2017年度清理了灰坑、墓

葬、房址、陶窑等遗迹141个。经过发掘可知，门伙遗址以屈家岭文化和二里头文化遗存为主体，也发现有商代、两周和唐宋时期遗存。其中较为重要地遗存有屈家岭文化的房址、窑址、墓葬；商代晚期带族徽图案的陶铃；西周时期的卜骨等，为研究豫西南地区考古学文化的演进提供了新材料。

【供水配套工程文物保护】

鲁堡遗址 位于新乡市凤泉区鲁堡社区。河南省文物考古研究院对西鲁堡村北的农田内进行了调查与勘探，勘探面积约18万 m^2。结果表明，遗址面积在100万 m^2 以上，文化内涵丰富，以新石器时代堆积为主体遗存。

吉庄龙山文化遗址 位于安阳市安丰乡吉庄村。2017年发掘龙山至商晚期灰坑366处、窖穴46处，房基1处，窑2处，战国至唐宋时期墓葬15座。共收集出土遗物500余袋，主要有陶器残件和骨石器。根据吉庄遗址出土的折腹罐、单耳杯、陶鬶等器物特征推断此处为龙山文化后冈类型。

获嘉县南水北调配套工程管理所的考古发掘 发掘区位于获嘉县县城西部、健康路西段南侧。2017年11月，获嘉县商周文物勘探服务中心进行了文物钻探，发现了古墓葬7座。之后，新乡市文物考古研究所开始进行考古发掘，共发掘古代墓葬11座，是一处古代的家族墓葬区，墓葬方向主要为南北向，整齐排列，规划有序。随葬品多为陶器，典型器物有陶案、仓、耳杯、井、灶、瓮及陶楼等，为中原地区东汉中期墓葬的典型陶器组合。

【地面文物保护与利用】

淅川县安排丹江口库区文物稽查队进驻搬迁复建后的石桥民俗村内办公，加强对复建后古建筑的日常看护，完成复建工程一期的建设内容。二期工程的贾家大院、王家大院等三处古建筑搬迁复建后院内的绿化、道路硬化及白亭商业街复建等工程基本完成。此外，淅川县在民俗村内架设电线，打深水井，征集民俗文物，为尽快展示民俗文物与移民文化奠定基础。

焦作市文物考古研究所继续对南水北调河道内焦作市地面明清时期临街房、东西厢房、客位房、东西配楼、主楼房等7处古民居进行搬迁复建工作。截至2017年底，4处古建筑搬迁复建至北朱村为古民居院落；另外的3处古建筑搬迁复建至灵泉陂村西北后，又增建1座"山门"成为"集贤书院"。2017年"集贤书院"对外开放。

【丹江口库区消落区文物巡护】

2017年5～10月，淅川县出现持续降雨天气，导致丹江口库区水位急剧上涨，使库区消落区的文物安全面临极大危险。为避免库区消落区的文物遭到破坏，淅川县文化广电新闻出版局加大人员及经费投入力度，利用丹江口库区的稽查船、无人机等巡护工具，开展日常巡护和不定期巡护对库区消落区所有文物点进行安全巡护。2017年共出动巡护船只、车辆40余次，无人机30余次，参加巡护人员100余人次，完成保护丹江口库区内古墓葬、古遗址的文物安全的任务。

【文物保护项目资料移交与报告出版】

2017年完成淅川泉眼沟墓地文物保护项目的考古发掘资料移交工作。2017年出版考古发掘报告《阳翟故城遗址》1本，出版研究专著《叶县文集出土陶瓷器》1本。

【文物保护成果展】

2017年10月，在安阳博物馆举办的《流过往事——河南省南水北调出土文物成果展》展览时间到期。为继续展示河南省南水北调文物保护的成果，省文物局联合郑州市文物局在郑州博物馆继续举办《长渠缀珍——南水北调中线工程河南段文物保护成果展》，展览布展面积4000 m^2，展出文物3800余件，展览时长3年。

（王双双）

...

行 政 监 督

【概述】

　　2017年在水利厅党组坚强领导下，以"稳中求好、创新发展"为引领，开展"两学一做"学习教育，落实全面从严治党要求，践行"三严三实"，完成重大事项的督导督查、举报事项调查核实处理、工程建设与运行管理稽察、招标监督、行政执法、政策法律研究工作任务。

【重大事项督导督查】

　　督导配套工程管理处所建设　坚持一月一督导一通报，2017年共完成12次督导。4月下旬对焦作、鹤壁、安阳、新乡、漯河市配套工程管理处所建设进度进行重点督导。截至11月底，配套工程管理处所建成18个（2017年新增2个），其中投入使用8个；在建20个（新增开工14个），完成招标4个。

　　督办运管例会安排事项和议定事项落实　根据运管例会会议纪要，对运行管理例会工作安排和议定事项落实情况，建立台账，分解任务，明确责任单位，逐项督办，逐月通报。共完成12次运行管理例会工作安排和议定事项落实情况督办，督办事项99项，议定事项全部落实。

　　开展运行管理规范年活动督导　按照《关于对全省南水北调配套工程运行管理规范年活动开展情况进行督导的通知》要求，监督处牵头的第三督导小组于5月23～26日，督导邓州市、南阳市、漯河市、周口市南水北调配套工程运行管理规范年活动开展情况，听取汇报、查看现场、查阅资料，并形成督导报告。

　　协调督导受水水厂建设　加强与省住建厅沟通协调，下发关于加快河南省南水北调配套工程供水水厂建设进度的通知，摸清底数，督导进度。2017年11月，与省水利厅、住建厅联合对南水北调受水区地下水压采和水厂建设进行检查督导。2017年，河南省南水北调供水水厂共91座（原规划受水水厂共83座。新增3座：博爱水厂、清丰水厂、鄢陵水厂。实际增加供水5座：濮阳一水厂、安阳八水厂、漯河八水厂、濮阳市第二水厂、濮阳县水厂），建成水厂67座（2017年新增14座），其中通水59座；在建14座，未建6座，缓建4座。

【举报事项调查核实】

　　严格执行国务院南水北调办和省南水北调办制定的举报受理和办理管理办法，对每一件举报事项及时组成调查组到现场进行调查核实，协调当地相关部门分析问题，查找根源。在调查处理过程中，坚持原则，把握政策，不变通，不放过，不手软，不留情，调查结果根据举报来源逐一进行回复，维护群众切身利益和正当诉求。2017年共受理群众举报40件，其中，国务院南水北调办转办29件，省南水北调办直接受理11件；涉及工程安全运行12件，环境影响21件，经济补偿纠纷7件。举报事项全部完成调查核实。举报鲁山县境内超载车辆通过3座南水北调干渠跨渠桥梁问题比较典型。3座跨渠桥梁设计限重分别为20、30、55t，超载运输砂石车辆多为120t。由于利益驱使违法运输砂石车主拆除破坏限高杆16次，并且威胁到交通执法人员人身安全。省南水北调办副主任贺国营进行现场调研，监督处两次到现场进行调查核实督导协调。5月9日，鲁山县政府召开11个部门单位参加的综合协调会议，明确公安部门对违法分子进行立案侦破，国土、水利、林业等部门取缔违法制砂企业，交警、交通部门联手治理超载行为，鲁山管理处增设钢筋混凝土防撞墩，确保南水北调干渠跨渠桥梁安全。

【配套工程行政执法】

　　省南水北调办于2017年6月成立河南省南水北调水政监察支队。召开行政执法座谈会，对执法机构建设和行政执法工作进行安排部署。督促各地南水北调办事机构建立执法队，印发《关于抓紧组建南水北调水政监察队伍的通知》，要求各省辖市（省直管县市）南水北调办尽快组建水政监察队，并上报组建进展情况。各省辖市南水北调办与当地水利局签订委托执法协议，向市法制办报送申领执法证的相关手续，其中安阳市、平顶山市、焦作市、新乡市、濮阳市、周口市、漯河市、南阳市、邓州市南水北调水政监察大队成立。各市县南水北调办协调当地市县水政监察部门，将配套工程设施管理纳入水政监察执法范围，制止和处理危害工程安全行为。加强行政执法制度建设，印发河南省南水北调水政监察与行政执法21项制度（试行）。配合省水利厅开展为期一个月的汛前执法检查。加强学习交流，6月26～29日，对深圳东深供水公司、重庆市水利局等单位执法组织机构建设和行政执法工作考察学习。

河南省南水北调水政监察支队成立后，会同有关处室和市县南水北调办协调处理郑济高铁跨越配套工程输水管线、滑县35号线末端管道外漏、周口市隆达发电有限公司从沙河取水管道违规穿越南水北调配套工程等问题，依法维护配套工程设施安全。

【工程稽察】

开展配套工程稽察和运行管理稽察工作。加强河南省南水北调配套工程运行管理监督工作，建立健全运行管理稽察体系，修改完善《河南省南水北调受水区供水配套工程运行管理稽察实施办法（试行）》，建立由水利水电、供排水及相关行业26人专家组对配套工程运行管理稽察组。按照2017年度稽察工作计划，稽察组对濮阳市清丰县南水北调配套工程稽察整改情况进行监督检查，对稽察中发现的14个问题进行逐个对照检查，落实稽察整改工作；对许昌市配套工程运行管理工作进行稽察调研，根据调研成果，修改完善运行管理稽察办法。对鹤壁市南水北调配套工程运行管理情况进行稽察，印发《关于鹤壁市南水北调配套工程运行管理情况稽察整改的通知》，对发现的各类运行管理问题，要求鹤壁市南水北调建管局落实整改，并举一反三，强化责任，加强管理，避免同类问题再次发生。12月11～15日对鹤壁市南水北调配套工程运行管理稽察整改情况进行监督检查。

【招标监督】

2017年，按照《中华人民共和国招标投标法》规定，遵循公开公平公正原则，对河南省南水北调配套工程中的19批次41个项目招投标工作，从评标专家抽取、开标评标、合同谈判，进行全方位、全过程跟踪监督，保证招投标工作程序合法、操作规范，完成招投标活动行政监督工作任务。

【南水北调政策法律研究】

成立党支部，加强政治思想引领 按照省法学会党组要求，经省法学会行业党委同意，召开中共河南省法学会南水北调政策法律研究会第一次党员代表大会，选举产生支部委员会。

举办法治论坛，探索新思路新对策 探索交流南水北调生态安全与法治建设的对策与途径，5月19日举办南水北调生态安全法治论坛，论坛以"南水北调生态安全与法治思维"为主题，邀请有关专家发表主旨演讲。

开展课题研究，服务工作大局 发挥南水北调政策法律研究会的优势和作用，为河南省南水北调事业创新发展提供理论和政策法律支持，根据河南省南水北调工作建设管理向运行管理转型的需要，组织开展4个研究课题，服务南水北调工作实践和创新发展。2017年4个课题研究完成结项。

搭建研究平台，畅通信息交流渠道 加强会员之间的交流，委托开发研究会微信平台，向全体会员提供项目成果查询和学术交流平台。2017年平台基本建成投入试用。

（郭　强　王留伟）

机 关 管 理

【概述】

河南省南水北调办公室（省南水北调建管局）围绕2017年各项目标任务，强思想政治建设，持续提升机关服务保障能力，坚持团结协作高效务实的工作理念，加强领导决策部署的贯彻落实，推动机关工作有序开展。

【党建和学习教育】

2017年，机关管理推进"两学一做"学习教育常态化制度化，持续提升党员干部的政治意识、大局意识、核心意识、看齐意识，不断增强党支部的战斗堡垒作用。每周五开展政治理论学习和业务学习，各级重要文件应学必学，省南水北调办决策部署得到及时贯彻，内部管理工作有效推进。坚持学原文、读原著、悟原理，学习习近平总书记系列重要讲话精神，全面学习领会党的十九大精神和习近平新时代中国特色社会主义思想，学懂弄通做实，在思想上行动上始终同党中央和省委保持高度一致。加强组织建设和制度建设，落实"三会一课"制度，贯彻落实一岗双责、责任清单制度，层层传导压力到人，层层传导责任到人。持续转变工作作风，加强精神文明建设，开展争先创优活动。建立机关处室卫生日常检查制度，定期检查通报，坚持高标准严要求，大幅度改善办公环境，进一步提升干部职工的紧迫感和责任感。聚力扶贫攻坚工作，精准帮扶到户到人，实现帮扶对象脱贫显著成效。组织开展党性教育和各类主题活动。组织开展党支部现场实践活动。综合处到安阳市烈士陵园接受党性教育，参观学习安阳博物馆南水北调文物展；机关微型党课比赛综合处1名同志获得二等奖；在省南水北调办"承五四精神，展青春风采"体育健身活动中，集体项目和个人项目获多项第一。

【文秘服务】

提升文字服务质量，领会领导意图，注重调查研究，坚持多角度，高站位提供文字服务。坚持务实简洁的文风会风，规范完成各类文字信息上报。2017年完成各类会议讲话、工作汇报、信息简报、通报等文字和多媒体材料150余份。

【公文运转】

规范公文运转，出台《机要室管理制度》，完善公文运转登记、公章使用、文件借阅制度流程，加强文印室保密管理，严格执行登记备案制度。2017年完成收文处理各类文件2799件，发文953件。进一步提高文件运转质量效率，推进OA协同办公系统项目实施，2017年进入运行测试阶段。

【机要保密】

加强机要保密管理，增强保密意识，落实责任措施，2017年研究制订《河南省南水北调办保密制度》，实行保密文件单独运转。开展保密知识学习，组织涉密人员到省国家保密局实训基地开展保密培训，加强教育监督，确保无泄密事件发生。

【督查督办】

2017年加大督查督办力度。按照省南水北调办"紧盯一套问题责任清单台账抓落实"重点工作要求，坚持问题导向，对机关各处室、各项目建管处目标责任事项、自查存在问题事项拉清单建台账，落实处室、落实人员、落实时间，定期督查通报，推进各项工作落实。完善重要会议议定事项、各级领导批示事项、内部签报事项、人大议案和政协提案事项台账管理，每月进行一次督查催办。对领导交办、各处室请示的时间紧任务重的事项，急事急办、快事快办、特事特办，对于涉及需要几个处室协调的事情，在主任办公会、建管例会上安排推进，有的放矢，有章可循，提高工作效率。

【信访稳定】

2017年党的十九大召开，省南水北调办贯彻落实《信访条例》，协调各相关部门开展信访稳定工作，解决信访群众的合法诉求。成立以省南水北调办主任刘正才为组长，其他副主任为副组长，各处室负责人为成员的信访工作领导小组，建立健全信访工作机制。设立信访接访室，负责信访事项的接收传达和办理，领导小组负责按照相关规定，进行信访事件的审查和处理工作。落实信访工作目标责任制和领导责任制，信访工作纳入2017年度重点工作目标，出台《河南省南水北调办公室信访突发事件应急预案》。协调各有关单位加强对信访稳定工作的组织领导，开展矛盾纠纷排查化解，对拖欠工程款、拖欠农民工工资、尾工建设、征地拆迁等可能存在的突出问题，应排尽排。9月召开全省南水北调系统信访稳定工作会议，再次安排部署信访稳定工作，确保大局和谐稳定。2017年，完成国务院南水北调办批转的37件信访举报事项办理，接待信访群众18批次，均按照有关规定和程序进行登记备案和办理销号。

（杨宏哲）

【机关后勤管理】

树立服务机关服务群众的观念和作风开展后勤保障工作，贯彻落实中央八项规定精神和省委省政府转变作风二十条实施意见，进行各类重要会议的筹备服务保障工作。2017年完成重要会务接待、调研任务20余批次。服务热情周到，同时严格执行各项规定。加强值班管理，明确岗位职责，确保人员到位，信息畅通。主汛期和党的十九大期间，根据工作需要和省委省政府要求，严格执行24小时值班制度，落实领导带班值班处长值班员值班的三级值班制度，每天按时向省委省政府值班室上报当日值班情况，值班期间未发生重大事件。严格车辆管理制度，进行安全行车教育不放松，科学调度，严格派车制度，保证重点工作需

求。车班组织政治学习和业务学习，热情服务、文明行车、安全驾驶、爱车守纪。截至2017年安全行车28万km。推进节能减排工作，参加省事管局举办的各类活动，撰写《除了躲霾，我们还能做什么》杂文评选；参加志愿者活动，向市民宣传节能环保理念；参加省事管局举办的能源资源配备培训班；对机关办公大楼能源计量工作进行加装改造，倡导生活垃圾分类处置。继续开展平安建设工作，开展2017年平安河南建设宣传月活动，制作平安建设宣传长廊，开设网站"平安建设宣传月活动"专栏，扩大网络宣传；举办"网络安全专题知识讲座"，普及网络安全知识，开展反邪教反诈骗反恐袭反盗抢宣传教育，增强干部职工安全防范意识。

【机关财务管理】

严格执行《中华人民共和国会计法》《行政事业单位会计制度》等财经法规，落实财务管理制度，严格财务预算、发挥资金效益、确保资金安全；严格落实中央八项规定精神，认真落实"三公经费"支出标准，执行公务卡制度，减少现金支出；规范单位办公用品等采购流程，坚持走政府采购渠道，与省财政厅联合印发《河南省南水北调办公室政府购买服务指导性目录的通告》；配合内部审计，配合省审计厅推进联网审计工作，严格审核每一笔业务的原始凭证，编制记账款凭证，按照国家有关规定办理现金收付和银行结算业务；完成2016年度财务决算上报及公开、2017年财务预算公开及2018年财务预算上报工作。以高度的责任感，高效准确有序完成单位职工工资发放、差旅报销、养老保险、医疗保险、工伤保险、生育保险、住房公积金等与干部职工密切相关的日常财务工作。

（王　振）

档 案 管 理

【概述】

2017年，河南省南水北调工程档案管理按照"围绕中心、突出重点"的要求，加强档案指导检查和验收工作。完成国务院南水北调办、中线建管局组织的档案验收23次；完成配套工程档案预验收2次；完成配套工程征迁安置档案专项检查2次；移交安阳段档案至项目法人。协助国务院南水北调办档案专项验收、档案检查评定、中线建管局档案项目法人验收；组织河南省配套工程建设档案专项验收、预验收；组织河南省配套工程征迁安置档案验收等。

【中线工程档案验收】

根据国务院南水北调办及中线建管局工程档案验收计划，河南省南水北调建管局安排2017年验收工作。先后13次指导检查各参建单位整理进度和整编质量；协调各有关单位参与验收、编制验收报告与备查资料；在验收过程中进行现场答疑；在验收后逐项落实验收问题整改并组织复查。全年完成中线工程各阶段验收共23次；按计划全部完成河南省委托项目16个设计单元工程的档案项目法人验收；完成国务院南水北调办工程档案专项验收前新郑南段、禹州长葛段、方城段、南阳试验段4个设计单元工程的检查评定。安阳段、新郑南段工程通过国务院南水北调办档案专项验收。

【配套工程档案验收】

印发《关于对河南省南水北调配套工程档案预验收计划征求意见的通知》《关于报送河南省南水北调配套工程档案管理情况暨工作进度统计表的通知》，对3个地市配套工程档案整编情况进行检查督导，现场解决各参建单位在工程档案收集和整理中所出现的问题。11月，组织机关有关处室及特邀专家对焦作供水配套工程档案进行预验收，验收档案2227卷；对许昌供水配套工程档案进行预验收，验收档案2959卷。

（宁俊杰）

【配套工程征迁安置档案验收】

制订《配套工程征迁档案验收工作方案》，对漯河、许昌、焦作征迁档案情况进行调研，11月对焦作、许昌配套征迁档案进行专项检查，提出存在问题及整改建议。

【电力铁路部门档案验收与接收】

制订《关于商请省电力公司移交南水北调中线干线电源接引工程和沿渠35kV输电工程档案的函》《关于移交南水北调中线总干渠与铁路交叉工程建设管理档案的函》《关于配合南水北调中线一期工程总干渠河南境内电源接引工程和沿渠35kV输电工程档案验收移交相关问题的函》等文件，3次协调国网河南电力公司、郑州铁路工管所参与验收与移交档案。8～9月，接收河南省电力公司移交档案182件，接收郑州工管所移交档案257件，电力、铁路档案齐全完整。

【机关档案归档】

2017年，整理完成2016年机关档案3579件，杂志、报纸841份；库房接收安阳段工程档案7973卷；接收禹州长葛段工程档案12200卷入机关档案库房，满足档案安全保管要求。2017年提供档案资料日常借阅283人/次，数量980件；一次性提供安阳工程档案7973卷用于竣工审计与结算。

【档案库房规范化建设】

2017年，对管理库房进行科学化、规范化建设，重新规划各档案库房用途，细分库房存放档案类别。将大库分为机关档案库房、工程档案库房、会计档案库房、配套工程资料、干线工程资料、干线工程档案等6个库；将资料库堆积多年的资料进行鉴定归档。对档案整编室进行功能分区，建立规范化档案整编室；完善档案整理方案、档案员职责、整编室工作流程制度。加强对南水北调中线工程和配套工程管理单位和参建单位的工程档案管理的指导和检查，对平顶山、许昌档案库房安全保管情况进行抽查，提出优化建议，消除安全隐患。

（张　涛）

宣 传 信 息

省南水北调办

【组织领导再加强】

2017年初河南省南水北调办公室召开全省南水北调系统宣传工作会议对全年宣传工作进行安排部署，各省辖市、省直管县市南水北调办，机关各处室、各项目建管处均明确1名宣传通讯员，完善宣传工作考核评价体系，定期通报各地宣传工作情况，增强全省南水北调系统宣传合力。

【日常宣传有重点】

2017年对重要工作和重要时间节点，分主题组织宣传成效显著。通水效益：在世界水日开展节水爱水护水宣传报道，在河南日报整版刊发《"砥砺奋进的五年"：新水脉托举新梦想》，全面回顾党的十八大以来河南省南水北调工程发挥的效益和贡献。工程运行管理和水质保护：组织省内主流媒体对工程防汛抢险应急演练、突发水污染事件应急演练开展集中报道；配合中央媒体和组织省内媒体对焦作城区段生态带征迁工作进行集中采访，在《河南日报》刊发河南段生态带建设专版《千里绿带贯中原　守护丹水送京津》。

【集中宣传有亮点】

2017年是南水北调通水运行三周年，河南省南水北调办公室及早研究制定宣传策划方案，有序推进方案实施。在12月12日前后，召开通水三周年新闻通气会，印发《河南省南水北调配套工程管理办法漫画册》《河南省南水北调科普手册》和专属宣传品；举办摄影与征文比赛，发布公益宣传信息，开展南水北调文化展览；在《河南日报》连续刊发"通水三

年看变化""同饮一江水　共筑中国梦"和生态补水专题报道、署名文章等通水三周年系列专版，从供水效益、水质保护以及弘扬南水北调精神等方面多角度呈现南水北调通水三年来的成效。全省南水北调系统上下联动，各地组织系列宣传活动，掀起通水三周年宣传热潮。

【宣传平台更完善】

2017年进一步加强网络新媒体的运用，完成网站与微信公众号、官方微博接口运行调试工作，实现网站信息与微信微博的同步推送。对省南水北调办官方网站进行优化调整，树立河南省南水北调信息宣传窗口良好形象。

【文化建设有成效】

2017年，公开出版《河南省南水北调年鉴2016》，向《中国南水北调工程建设年鉴》《长江年鉴》《河南年鉴》《河南水利年鉴》供稿，向省政协提交"南水北调文史资料"，完成《水利志·南水北调篇》，推进"河南南水北调大事记"和"南水北调中线工程口述史"项目进展，印制画册《南水北调　惠泽中原》，出版《南水北调通水两周年宣传作品集》。河南省南水北调精神研究取得初步成效。

（薛雅琳）

省辖市省直管县市南水北调办

【南阳市南水北调办宣传信息】

2017年，配合央视、北京等各大新闻媒体拍摄采访工作。按照通水三周年宣传方案与南阳日报、南阳电视台、南阳电台沟通合作，刊发日报专版、新闻频道播放公益字幕、微信转发电台专访。配合中央电视台《话说南水北调》专题片拍摄团队到南阳调研，完成专题片

拍摄选点、资料扩充等前期拍摄筹备工作。在市级以上报纸发表10余篇文章，3次宣传专版，市级以上网络发布30余条专题信息，上报市委市政府信息50余条，上报河南省南水北调网站地市信息24条。全年共编发报送简报及信息70余条。

（朱　震）

【平顶山市南水北调办宣传信息】

2017年，宣传工作重点是南水北调工程通水3周年和供水效益。加强与媒体记者沟通联系，及时通报阶段性工作、重大事件、新闻线索等，为记者采访报道提供便利条件。组织通水三周年集中宣传活动，联合平顶山主流媒体对南水北调工程专访，在《平顶山日报》《平顶山晚报》连续5天刊登系列宣传文章，包括南水北调工程建设篇、供水效益篇、生态补水篇、移民发展篇、综合宣传篇。12月12日，市南水北调办在新城区市民广场组织开展南水北调工程通水三周年集中宣传活动，副市长冯晓仙出席活动，并在留言板上题词，回答市民提问。活动现场，市南水北调办制做摆放20块宣传展板，印制多种宣传手册、发放宣传品、向市民宣讲南水北调中线工程的重要意义及取得的瞩目成就，现场解答群众关切问题。收集整理南水北调工程开工建设以来的照片，精选编辑后制作画册向政府有关部门发放。

（张伟伟）

【漯河市南水北调办宣传信息】

2017年，漯河市南水北调办在宣传信息的高度广度深度上下功夫，为南水北调配套工程建设、征迁工作和运行管理顺利开展提供舆论保障，营造良好社会环境。编发简报25期，向省南水北调网站发布信息30条。组织通水三周年征文和摄影作品征集上报，11月29日在《漯河晚报》整版刊发南水北调答记者问，全面宣传南水北调通水三周年以来取得的成效，回应社会各界对南水北调的关切。

（周　璇）

【周口市南水北调办宣传信息】

2017年，周口市南水北调办以服务工程建设为中心，开展全方位多层次大规模的宣传工作。周口市南水北调受益人群集中在周口城区及商水县城周边，通过对各媒体的受众分析，与周口广播电台、周口电视台、周口网、周口日报等媒体结合进行南水北调的集中宣传。组织记者对周口市近期开展的活动进行报道，重点新闻稿件推荐在广播电台和电视台的《周口新闻联播》中播出，并在周口综合广播微信公众号、周口手机台、周口网等媒体刊发。在周口日报、晚报中进行宣传报道，开辟专栏、制作专题，及时准确发布南水北调配套工程信息及新闻稿件。

（孙玉萍）

【许昌市南水北调办宣传信息】

2017年许昌市南水北调办贯彻落实全省南水北调宣传工作会议精神，开展运行管理和水质保护宣传，发现和宣传运行管理中的典型人物和事迹，加强水费征收工作宣传力度，开展干渠生态带建设采访，联合开展防溺水宣传，加强行政执法宣传、集中开展通水三周年宣传。完善信息宣传工作制度，提高宣传稿件质量，提高宣传通信员的政治素质、业务素质和理论水平。

2017年，许昌市南水北调办围绕许昌市委市政府中心工作及社会公众关切的南水北调供水、水质保护、丹江口库区移民安置等工作，实施南水北调信息公开透明的基本制度。宣传贯彻《河南省南水北调配套工程供用水和设施保护管理办法》，贯彻落实《国务院办公厅关于印发2017年政务公开工作要点的通知》《许昌市人民政府办公室关于明确2017年政务公开工作要点责任分工的通知》规定和要求，健全工作机制，推进重点领域信息公开，信息公开工作取得新的成效。

推进重点领域信息公开，按照许昌市政府有关要求，以综合科为责任科室，指定专人负责，及时公开配套工程通水、用水安全、运行管理相关信息。全面公开权责清单，按照许昌市政府《关于精简和调整行政审批事项的决定》《许昌市政府权力清单和责任清单运行与监督管理暂行办法》要求，制定权利清单目录。政府信息公开工作定期督导检查并对检查发现问题及时整改。

2017年许昌市南水北调办主动公开政府信息34条。其中印发文件15件，完善政务公开制度等规范性文件9件。其他方式公开政府信息10条。通过政府网站公开5条，通过新闻发布会报刊广播电视等传统媒体公开10条。举办新闻发布会1次，在许昌日报全文刊登《河南省南水北调配套工程供用水和设施保护管理办法》。南水北调通水3周年，在许昌电视台、许昌日报、许昌广播电台开辟专栏，进行宣传报道。许昌市南水北调办网站1人（兼职），政府信息公开专项经费1万元，参加和举办政府信息培训班2次接受培训人员6人次。

（程晓亚）

【郑州市南水北调办宣传信息】

2017年是南水北调中线一期工程平稳运行第三年，郑州市南水北调办围绕"把水用好、把水质保护好、把工程管理好、把形象树立好"总体要求，加大宣传力度，利用广播电视电台等新闻媒体手段，对供水发挥效益、水质保护、两岸生态建设、安全防护工作及供水设施保护进行宣传，让社会更加了解关心保护南水北调工程。

开展通水三周年宣传，12月11～15日，郑州电视台每晚7：35在郑州一套《郑州新闻》播出南水北调中线工程通水三周年新闻报道，制作专题宣传片《人水和谐 清水永续》在12月12日黄金时间播放。11月15～12月15日，每天早上8：30郑州电台新闻广播FM98.6《百姓热线》栏目播出南水北调知识有奖问答。12月12～15日，郑州日报连载新闻宣传郑州市南水北调各项工作。

宣传《河南省南水北调配套工程供水和设施保护管理办法》，同时在7个泵站悬挂宣传条幅，印发2万册小黄本、2万个环保袋发放郑州市配套工程涉及的13个县区、36个乡镇办事处，133个村社区，统一发放2500套供水管理办法布告，并在村社区显要位置张贴。

12月1～30日，出动流动宣传车从新郑段起至穿黄工程段和沿线县市区进行宣传。车前采用高清红底白字"南水北调宣传车"，车身两侧各悬挂横幅一条"热烈祝贺南水北调工程通水三周年"，车顶配置八角喇叭。每两天沿渠道沿线一个来回宣传，每个村庄停留广播10～20分钟。2017年全年在郑州市南水北调网站共发表图文43篇。

（刘素娟 罗志恒）

【焦作市南水北调办宣传信息】

2017年焦作市南水北调办宣传工作围绕"美丽焦作、人水和谐"主题，整合资源丰富宣传载体，增强宣传工作的针对性和实效性，主动宣传、立体宣传、深度宣传，形成全社会支持南水北调工作的良好舆论环境。

焦作市南水北调办成立通水三周年宣传工作领导小组，制定宣传工作方案，主要领导为宣传活动出题目理思路，分管领导进行宣传活动策划，召集各县区专题安排宣传活动，明确工作职责、主要任务和时间节点，全市统一行动同一步调。

焦作市通水三周年宣传以"人水和谐、工程效益展示"为主题，以南水北调生态补水和通水三周年当日两个时间节点为切入点，以省市新闻媒体和自媒体为主、其他宣传方式为辅，进行全方位立体宣传。10月16日，焦作日报刊发"甘甜丹江水、惠及焦作人"专版报道。焦作市实现首次生态供水，生态补水180万m³，对龙源湖实施南水北调水大置换，对大沙河进行生态补水。焦作日报以"向全市人民报喜：我市首次实现南水北调生态供水，为了早日喝上丹江水我市南水北调配套工程激战正酣，力保一渠清水送京津"三个板块，对焦作市南水北调工作进行全面宣传。12月12日，焦作日报以"丹江之水润山阳"为题，整版宣传南水北调通水效益，勾勒美好未来。河南电视台、焦作电视台也相继进行报道，焦作日报、焦作南水北调办官方微博、微信公众号也进行全方位报道，取得良好效果。

各县区开展丰富多彩宣传活动，12月19日，温县城区用上期盼已久的南水北调水，温县南水北调办联合温博管理处、穿黄管理处，举行通水三周年宣传活动，回顾从南水北调中线工程开工到完工，再从南水北调中线全线通水到温县用上优质丹江水整个历程，在场的人无不感动兴奋。作为焦作市第一个用上南水北调水的县区，修武县通过媒体，全方位立体展示南水北调工程给修武带来的效益，让爱护保护南水北调成为更多修武人的选择。修武县南水北调办用专项经费5万余元，12月8~14日，开展为期一周的走村镇活动。在沿线村镇悬挂横幅、张贴标语，出动宣传车巡回宣讲，发放宣传纸杯、纸抽等宣传纪念品，宣传南水北调水质保护和供水配套工程供水设施保护。中站区、山阳区、城乡一体化示范区、马村区、博爱县开展丰富多彩宣传活动，让广大群众对南水北调有更深和更新的认识，取得良好社会效果。

继续开展《河南南水北调配套工程供用水和设施保护管理办法》专项宣传工作。制作办法宣传展板，配备大功率音响设备，11~12月出动宣传车，在南水北调干渠和供水配套工程沿线开展巡回宣传活动，进一步扩大宣传范围，使沿线群众了解拥护《办法》。

协助开展南水北调开放日活动。根据省南水北调办安排，及时与中线建管局河南分局焦作管理处联系，制定活动方案，活动按计划完成效果良好。

（樊国亮）

【焦作市南水北调城区办宣传信息】

2017年，开展干渠运行安全宣传警示教育，在焦作日报、焦作晚报刊发"南水北调安全提醒"，在焦作电视台以拉滚字幕形式告知市民注意安全。在沿线学校村庄发放宣传单张

贴通告、讲解南水北调工程知识及防溺水知识，安排村内喇叭进行宣传。协调干渠运管单位组织巡回宣传车，在跨渠桥梁悬挂宣传条幅。组织市区两级南水北调机构工作人员，用手机微信在朋友圈中宣传干渠安全运行及防溺水知识。发挥市级新闻媒体作用，设立"好新闻奖"，每周对焦作日报、焦作广播电视台刊发的新闻稿件进行评选，对优秀作品的记者进行奖励。2017年，市级媒体共播发南水北调城区段稿件500多篇。节日期间组织焦作广播电视台、焦作日报社25名记者，分13个小组，对端午节期间绿化带征迁工作进行全方位立体式宣传报道。3天假期共采编播发新闻稿件30余篇、新闻照片50余幅，通过焦作电视台、焦作日报社全媒体及官方微博、微信推送相关报道。征迁工作结束后，7月20日，焦作日报编发南水北调绿化带集中征迁圆满结束纪念特刊《焦作考卷》，推出10个彩版进行全方位报道。新华社、人民日报、经济日报、中国日报等13家媒体到焦作采访城区段绿化带征迁工作，"南水北调焦作精神"成为一张亮丽名片。与市档案局、市地方史志办公室、焦作日报社、市文联和市摄影家协会联合，举办南水北调城区段绿化带征迁安置主题摄影比赛，从数千幅作品中评选100幅优秀作品，在城市人口密集区进行10天展出。

（李新梅）

【新乡市南水北调办宣传信息】

按照省南水北调办2017年宣传工作计划及通水三周年宣传方案，新乡市南水北调办与新乡日报社等主流媒体结合，借助微信公众号等新兴媒体开展宣传工作。

落实意识形态责任制 坚持正确舆论导向，牢固树立"四个意识"，不断提高政治站位，把握导向，规范舆论宣传。在办公机关建立固定的宣传栏，先后对"两学一做"学习教育、"敢转争"实践活动、党的十九大、基层党建、社会主义核心价值观、廉政法治文化建设、党风廉政建设、安全防汛、水污染防治等

内容进行专题宣传，加强意识形态领域管理和引导。

信息报送 向省南水北调办网站、市委信息室、市政府信息科报送南水北调工作信息。

媒体报道 联系新乡电视台、日报社派资深摄影记者和文字记者到工程沿线采访，对工程建设、管理中涌现出的先进典型、感人事迹进行深度报道。新乡日报在2017年12月6～8日以《让市民饮用水口感更好水质更高》《新乡市建成南水北调中线干渠绿色廊道》《完善长效运行管理机制确保通水及水质安全》为题进行系列报道，集中反映工程的经济社会效益和运行管理、水质保护、生态带建设等工作。12月12日以《热烈祝贺南水北调中线总干渠正式通水3周年》为题，在新乡日报整版刊出。与新乡日报社联合推出《丹水润牧野，南水北调3年了》，在微信公众号"新乡日报"发布。

工作汇报 2017年12月21日，新乡市市长王登喜听取市南水北调办工作汇报，市南水北调办主任邵长征汇报南水北调工程通水以来取得的经济社会效益、存在问题和下步工作谋划，主动取得对南水北调工作支持。王登喜表示新乡市要加快推进"四县一区"南水北调配套工程建设，扩大南水北调供水目标，最大限度发挥工程效益；加快水费征缴力度，必要时候可以采取强制措施。

政策法规宣传 开展水法和南水北调配套法规宣传。2017年3月22日第25届"世界水日"，新乡市南水北调办组织工作人员到街道为市民宣讲《中华人民共和国水法》《南水北调工程供用水管理条例》《河南省南水北调配套工程供用水和设施保护管理办法》，发放《新乡市南水北调配套工程宣传明白纸》1000余份，市南水北调办与有关县市区南水北调办结合，于12月4～12日用宣传车、横幅、标语等在沿线开展南水北调法律法规宣传。

编印画册 编印《南水北调 润泽牧野》画册，向市领导、市直有关单位、有关县市区

集中发放。宣传南水北调工程重大意义，宣传南水北调工程建设者伟大精神，树立"人人用水、人人护水"理念。

（吴 燕）

【濮阳市南水北调办宣传信息】
濮阳市南水北调办围绕服务南水北调中心工作，全面完成各项宣传信息工作。制订《2017年濮阳市南水北调宣传工作方案》，全年报送工作信息26条次，在省南水北调办网站发布15条。利用微信、微博、客户端开展中国水周世界水日宣传活动，协助省社科院调研，开展生态补水效益宣传、通水三周年宣传、通水三周年征文摄影展等活动。

南水北调中线工程通水三周年宣传工作围绕省南水北调办既定宣传目标，以"人水和谐、清水永续"为主题加大宣传力度，开展专题报道、上街宣传、参与省南水北调办征文比赛，全面展示南水北调工程通水三年来建设成果和治污成效，向社会宣传工程建设重大意义。

利用微信、微博、客户端扩展宣传平台，制作宣传版面8块，出动宣传车16台次，设置宣传点2处，散发宣传材料200余份，其中包括《办法》单行本、《科普手册》、漫画手册。设立宣传咨询台现场答疑解惑，悬挂庆祝南水北调中线工程通水三周年标语。向市民散发南水北调宣传手册300份，发放环保手提袋400个，雨伞100把。协调濮阳日报社于2017年11月23日以"谁在守护我们的水脉"为题目报道濮阳市南水北调工作，展现南水北调巡线员的工作场景。

12月12日的濮阳日报专版刊登题为"南水北调助力濮阳绿色健康发展"的文章，全面介绍南水北调工程建成以来给濮阳市带来的可喜变化。

明确一名副主任主管宣传工作，综合科科长为主要负责人，各科室参与，综合科明确两人负责宣传工作。各科室有兼任信息员。每月调度一次工作进展情况，明确工作重点，每季

度进行一次点评。邀请专业新闻人员为信息员交流讲解写作技巧，参加省市举办的培训班。2017年印发工作简报36期，编报工作信息46篇。其中上报省南水北调办15篇，濮阳市水利局25篇。在《濮阳日报》发稿件4篇，图片新闻2篇，在濮阳市电视台发表4篇，濮阳市广播电视台发表6篇。

（王道明）

【鹤壁市南水北调办宣传信息】

2017年，鹤壁市南水北调办贯彻落实省南水北调办宣传工作安排部署，围绕南水北调中心工作，创新思路加大宣传力度，提升宣传工作水平。及时组织对重要部署、重要节点、重大活动、先进经验、典型事迹进行宣传报道和信息交流，为南水北调工程建设管理及运行管理工作服务，为领导决策提供信息支持。

通水三周年宣传 成立领导小组制定工作方案。协调省市新闻媒体，在大河报、省南水北调网和鹤壁报纸、电视台、广播电台体刊发南水北调宣传报道；在配套工程现地管理站、泵站外墙悬挂宣传横幅标语，带领宣传车在配套工程沿线附近村庄播放南水北调法规录音、宣传讲解南水北调知识、发放宣传单。利用新媒体广电鹤壁微信公众平台进行南水北调宣传，在鹤壁电视台用游走字幕和整屏字幕持续宣传南水北调法规及供水重大意义；在市新区道路边悬挂宣传横幅、发放宣传资料，组织党员志愿者走进所在淇滨区桂鹤社区，与社区共同开展南水北调政策宣讲；在大河报、鹤壁日报刊发专版并配发宣传图片，在鹤壁电视台阳光政务栏目制作专题节目，在鹤壁人民广播电台、电视台《政风行风热线》直播栏目宣传报道南水北调工作。开通鹤壁市南水北调办官方微信公众平台，将省南水北调办、市南水北调办分别印制的南水北调宣传品发给现地管理站和浚县、淇县、淇滨区、开发区、示范区南水北调办，并及时分发到有关部门单位、南水北调工程沿线村庄。宣传活动全面展示工程效益，增强群众爱水节水护水意识，弘扬南水北

调精神，巩固南水北调行业好形象。

公民大讲堂活动 继续开展南水北调公民大讲堂活动。2017年5月23日，南水北调公民大讲堂走进鹤壁市活动在鹤壁市青少年校外活动中心四楼报告厅举行。中线建管局及河南分局、干线黄河北各管理处、市南水北调办、市教育局、淇滨中学师生代表，特邀大河报、鹤壁日报、淇河晨报、鹤壁电视台等媒体记者，共320余人参加。大讲堂活动宣讲南水北调工程知识，播放视频、现场提问、一起做模型试验，教育大家爱渠护水、珍惜资源、珍爱生命。南水北调相关负责人分别向学生代表赠送《南水北调工程知识百问百答》，授予南水北调志愿者袖标、南水北调志愿者旗帜。

日常宣传 组织新闻媒体采访报道，在省南水北调网上刊发35篇新闻，在大河报发2篇，在鹤壁日报发20篇，在鹤壁电视台播发10篇，在鹤壁电台播报10篇。协助省南水北调办、省新闻媒体、省水利厅、中线建管局、河南分局对鹤壁市南水北调生态补水情况进行调研和采访。组织党员志愿者进社区开展南水北调政策宣讲活动，发放南水北调通水运行及安全保卫宣传彩页2000余份、南水北调政策法规宣传彩页1500余份、南水北调科普知识彩页1000余份。为"世界水日""中国水周"提供宣传资料图片。编发南水北调工作简报31期，向省市有关部门单位编报提供工作信息50余条；完成河南省委办公厅信息调研室关于鹤壁段干渠两侧有关工作情况约稿并被采用。在鹤壁电视台制作播发游走字幕及整屏字幕持续1个月。

反恐怖主义法宣传 对鹤壁市配套工程管理泵站以及现场设施管理人员进行反恐怖主义工作宣传教育，组织收看鹤壁市反恐办制作的《公民预防恐怖活动行为指引》手册及配套动画宣传片；在配套工程现地管理站、泵站外墙悬挂宣传横幅标语，向南水北调工程周边群众介绍《反恐怖主义法》及反恐怖知识；利用鹤壁市南水北调办官方微信公众平台宣传反恐怖

常识。

文史工作 完成《河南省南水北调年鉴2017》鹤壁市篇目内容及图片报送；编报《鹤壁市成就展》（南水北调工作）篇目内容及图片；按省政府移民办要求，编报《河南省移民志》中部分章节（鹤壁部分）相关资料；按省南水北调办要求，编报《南水北调故事集》（鹤壁部分）。组织编报河南省南水北调征文与摄影大赛作品，其中征集征文作品15篇、摄影作品97幅。回复有关部门督查件办理15次。组织参加道德讲堂活动，宣讲南水北调工程建设管理先进事迹先进人物，及时对档案资料收集分类整理和归档工作，完善南水北调工作档案资料，规范档案使用管理。

（姚林海 王淑芬 王志国）

【安阳市南水北调办宣传信息】

2017年，安阳市南水北调宣传工作以服务南水北调中心工作，为工程运行创造良好环境，讲好南水北调故事，树立南水北调形象，确保工程安全、运行安全、水质安全为目的，宣传南水北调工程显著效益，宣传干渠和配套工程运行平稳，宣传南水北调水质保护、水污染防治等工作，起到良好的效果。2017年编发简报25期，向省市有关部门提供信息22条，完成省南水北调办口述史课题组调研、市史志办等部门所需资料的上报工作。完成《河南省南水北调年鉴2016》（安阳部分）的组稿工作。完成中国南水北调丛书移民卷编写工作。联合市委宣传部、安阳市境内干线各管理处、相关县区部门，邀请安阳电台、安阳电视台、安阳日报、安阳晚报开展通水三周年宣传。"世界水日，中国水周"纪念日，在市政府广场、七仙女广场开展南水北调供用水管理条例和办法宣传。加强信息化管理工作，联合移动公司在办公室机关内部建立OA系统实现信息共享。

成立南水北调通水三周年宣传工作领导小组，制定宣传工作实施方案，建立工作台账，明确责任人责任科室。11月下旬～12月下旬，在通水三周年活动期间，投入宣传经费6万余元，印制手提袋5000个，宣传手册5000份，宣传页4000份，"办法"和"条例"3000本，制作宣传版面条幅20块。市南水北调办领导带队到广场向群众发放宣传资料，现场讲解南水北调法律法规。内黄县、汤阴县南水北调办主要领导协调新闻媒体进行现场采访，及时提供真实准确的稿件和素材。

加强与市委宣传部和安阳日报社、安阳电视台沟通，召开新闻通气会，组织报纸、电视台、电台等媒体组成报道团，围绕确定的宣传工作重点，到内黄县、汤阴县城及沿线村庄进行采访报道。在安阳日报、安阳晚报、安阳电视台、安阳广播电台刊发新闻报道15篇。安阳电视台《推进水生态文明建设、打造人水和谐秀美安阳》报道被列入安阳电视台2017年度大事记，《我市首次利用南水北调水进行生态补水》报道入选市委宣传部2017年度系列十大新闻评选。加入省南水北调办宣传工作微信群，及时上传宣传动态信息。

通水三周年宣传成果通过网络、微博、微信、OA系统、客户端等多点齐发。市南水北调办全体人员通过手机客户端转发，扩大宣传范围。组织出动多辆宣传车，由领导带队到南水北调干渠沿线乡镇、社区、村庄、企业、学校现场进行宣传，发放宣传资料3000份，得到群众的普遍认可。

（任 辉 李志伟）

【邓州市南水北调办宣传信息】

2017年，邓州市南水北调办开展"通水三周年"宣传工作，接待中国作协联合采风团、省政府新闻办公室组织的"精彩河南"采风团。指导和协调邓州市直窗口单位和沿线乡镇迎通水宣传。全年编发南水北调工作简报22期。在中国南水北调报、邓州网、邓州市人民政府网站发宣传信息14条。

（石帅帅）

南水北调

肆 中线工程运行管理

陶岔渠首建管局

【概述】

2017年，陶岔渠首枢纽工程建设收尾工作主要有工程验收、防汛和水电站机组检修。因工程运行管理单位暂未明确，淮河水利委员会治淮工程建设管理局现场建管机构陶岔渠首建管局继续临时负责工程运行管理维护工作，工作重点为保工程运行安全保供水。

【工程验收】

河南省政府移民办于6月30日组织对工程移民征迁专项进行省级验收。陶岔渠首建管局于12月24日组织召开工程水土保持设施验收。

【水电站启动试运行】

2017年3月6日，国务院南水北调办《关于进一步做好陶岔渠首水电站并网发电手续办理和机组启动验收准备工作的通知》（综建管函〔2017〕53号）明确暂由建设单位办理水电站并网发电手续。建设单位按照国务院南水北调办的要求编制《南水北调中线一期陶岔渠首枢纽工程水电站机组启动试运行工作方案》《南水北调中线一期陶岔渠首枢纽工程水电站机组启动验收工作方案》，并就水电站并网手续有关事宜与中线建管局、国网河南省电力公司进行沟通，因水电站建设立项依据不充分，国网河南省电力公司未予受理。

2017年9月14日，国务院南水北调办《关于抓紧做好陶岔渠首枢纽电站并网发电手续和机组启动试运行验收有关工作的函》（综建管函〔2017〕273号），随函转发《国家发展改革委办公厅关于抓紧做好南水北调中线一期工程有关工作的函》（发改办农经〔2017〕1445号），国家发展改革委函中明确陶岔渠首电站协调处置意见。建设单位与国网河南省电力公司经多次沟通于11月28日双方签订《并网协议》。

【发电机组检修】

陶岔渠首枢纽电站发电机组2013年安装后搁置四年，启动试运行前须对机组进行全面检测检修。7月27日，工程管理体制未明确，建设单位开展电站设备检查检测为电站机组试运行进行准备。8月24日，国家发展改革委"发改办农经〔2017〕1445号"文明确"鉴于国务院已明确中线工程现阶段暂时维持现行建管体制，南水北调办、水利部应对照陶岔渠首枢纽工程的建设管理委托协议，要求建设期建设单位抓紧启动电站调试，协商办理电站并网发电手续，使电站尽早启动运行，发挥效益"。9月15日，建设单位组织召开由工程设计、监理、施工安装、各设备厂家代表参加的电站机组启动试运行工作协调会，确定重新调整电站设备检查检测计划，加快工作进度，先对2号水轮发电机组及其附属设备进行检查检测。10月下旬，决定对2号水轮发电机组的检查检测按A级检修标准对两台机组进行全面拆解检查检修，12月31日2号水轮发电机组转子、定子、桨叶、灯泡头等主要部件经检测检修并回装到位。

【工程度汛】

陶岔渠首枢纽工程为南水北调中线干渠渠首，也是丹江口水库的副坝，工程防汛责任重大。根据工程实际，陶岔渠首建管局汛前开展检查，确定防汛重点部位，对水毁工程进行修复，对相关设施进行完善，制定防汛度汛方案，并开展防汛演练。汛期严格防汛值班，加强沟通联系，及时掌握雨情汛情，加强巡查检查，加强应急处置准备。9～10月，汉江流域出现超强秋汛，水库水位迅速上涨并不断刷新高水位记录，9月30日长江防总启动Ⅲ级应急响应，水库水位达到建库以来的最高值167m。建设单位督促运行维护管理单位加强工程巡查与检查，加密大坝监测频次，开展抢险处置准备，防汛值班延迟至11月8日停止。工程各项监测数据正常，未发现异常状况，安全度汛。

【安全生产】

2017年，陶岔渠首建管局以"突出重点、加强管理、落实责任"为主题，开展制度建设和措施落实，建立长效机制。①签订安全生产责任状，层层落实责任；②制订《陶岔渠首枢纽工程主体工程安全保卫制度》，开展工程区域内安全巡查。工程区各出入口设置值班岗，24小时值班值守。对工程区域内重点设备设施安全开展巡视；③运行维护管理单位与当地公安机关开展"警企共建"警企联动；④完善工程管理区围栏的建设，设置宣传牌和警示牌并加强巡视。统一制作宣传牌和警示牌；⑤加强重要日期重大节假日期间的安全预防，开展安全检查；⑥加强安全生产教育，提高安全生产意识。2017年未发生安全生产事故。

【工程管理】

2017年，完成水土保持工程和上游围挡工程验收档案整理归档，完成陶岔渠首枢纽工程完工结算复核工作，签订补充协议3份，合同履行情况良好，未发生合同纠纷；编报工程独立费用价差报告。

【运行维护】

2017年，陶岔渠首枢纽工程管理体制没有明确，淮委陶岔建管局仍临时承担工程运行管理职责，工程运行维护委托主体工程施工单位中国水利水电第十一工程局有限公司负责。淮委陶岔建管局与运行维护单位签订委托合同，对现场运行维护管理职责进行明确并进行考核。

运行维护管理单位编制《南水北调中线一期陶岔渠首枢纽工程运行维护管理方案》《南水北调中线一期陶岔渠首枢纽工程运行维护管理规章制度汇编》《南水北调中线一期陶岔渠首枢纽工程运行维护管理资料规范化模板》《南水北调中线一期陶岔渠首枢纽工程运行维护管理标识标牌样式》，按照运行维护管理方案开展日常运行管理维护和规范化建设工作。在工程管理区设置宣传、提醒、指示、警示标牌，图画安全警示标识标线，统一制作设备标牌。

【蓄水试验】

按照长江水利委员会统一部署，2017年9月13日起陶岔渠首建管局成立丹江口水库蓄水试验工作机构，组织开展蓄水试验各项相关工作，12月11日蓄水试验工作结束。经过164m、167m两个水位阶段的蓄水试验巡查检查，陶岔渠首枢纽工程未发现滑坡、坡面变形、塌方、明显渗漏水等异常现象。安全监测数据表明：坝体水平与垂直位移、缝面开度、应力应变及温度等均无明显变化，坝基帷幕前测压管水位随库水位变化，帷幕后测压管水位蓄水试验前后无明显变化，坝基廊道量水堰实测渗漏量均在正常范围内，工程处于安全稳定运行状态。

【供水与效益】

2017年通过陶岔渠首枢纽工程向中线干渠供水52.676亿m³。10月15日12时陶岔渠首入中线干渠引水流量首次达到设计流量350 m³/s。自2014年7月3日向干渠充水至2017年12月31日陶岔渠首枢纽向中线干渠累计引水118.16亿m³，有效缓解京津冀豫四省市沿线城市用水紧缺问题，受水区城市用水水质明显改善。

（赵 彬）

陶岔管理处

【工程概况】

陶岔管理处位于陶岔渠首枢纽工程下游900m处，设立于陶岔渠首水质自动监测站，负责管理处日常运行工作及陶岔渠首水质自动监测站运行维护管理。陶岔渠首水质自动监测站建成于2015年12月，建筑面积825m²，试运行后，于2017年1月进入运行稳定阶段。陶岔渠首水质自动监测站是丹江水进入干渠后流经的第一个水质自动监测站，是掌握进入干渠丹江水质的控制性站点。共有监测参数89项，属于《地表水环境质量标准》（GB3838—2002）规定的标准项目共83项（水质基本项目指标20项、补充项目指标4项、特定项目59项），其他参考项目6项。根据《南水北调中线干线工程建设管理局机构设置、各部门（单位）主要职责及人员编制规定》设置陶岔管理处，管理处设置4个科室，综合科、合同财务科、工程科和调度科。编制30人，2017年到位6人。

【安全生产】

2017年，陶岔管理处对安全生产进行分工责任落实到人，成立安全生产领导小组并明确职责，健全质量安全管理体系制度，严格按照各项制度开展质量安全管理工作。陶岔渠首水质监测站取水平台严格执行安全监督，禁止非工作人员进入，上下平台需穿救生衣，平台工作两人一组，相互监督，平台设置救生设备，保障人身安全。浮桥上设置防护钢链，立柱上涂警示带，浮桥下游设置救生绳并系上救生圈，安全设施满足规范要求。与维护施工队签订安全生产目标责任书，明确双方安全管理人员职责，管理处定期对施工工程和设备维护项目进行安全检查，并下发考核通报，安全管理落实到位；同时管理处按照要求组织开展安全生产教育培训和宣传，填写安全生产培训记录和台

账。建立生产生活区消防安全管理实施细则，定时检查各部位消防设备，及时传达和学习贯彻消防知识及相关规定，2017年辖区内无违规行为。

【运行调度及维护】

陶岔管理处配合渠首分调中心开展渠首段新增流量计现场安装管理工作，按照分调中心要求，于2017年10月15日至10月20日，准时准确上报水量信息。进行业务知识培训。管理处派相关金结机电人员分别参加液压和电气培训。根据各级检查发现问题建立问题缺陷台账，按照时限要求和实际整改情况定期更新上报。

【水质监测站管理】

陶岔渠首水质自动监测站2017年有水质专业人员4人，其中在编2人，外聘人员2人，借调至中线建管局1人。陶岔渠首水质自动监测站除日常运行及维护管理，还进行陶岔断面浮游生物采集观察和陶岔断面水样采集，协助渠首分局和其他相关单位进行水样及藻类采集。2017年1~12月，陶岔渠首水质自动站共采集监测数据1502组，其中Ⅰ类水711组、Ⅱ类水724组、其他类别67组，数据采集率97.62%、数据有效率98.97%，均满足监测要求。2017年陶岔渠首水质自动监测站协助国务院南水北调办政研中心、北京大学、清华大学、河南大学、河南师范大学、长江委水科院等科研院所学校完成水样及水生生物样本采集，并通过工作实践积累大量的工作经验。2017年，水质自动监测站监测设备运行状况较稳定，监测数据整体稳定性较高，辖区内水质稳定在地表水集中式生活饮用水Ⅱ类水以上，满足干渠输水要求。

【水质监测站规范化建设】

在体系建设方面，2017年陶岔渠首水质自动监测站根据中线建管局及渠首分局制度

建设要求，对站内规章制度进行统一编制更新，按照上级管理单位要求初步建成管理制度体系。为整体提升陶岔渠首水质自动站形象，依据中线建管局水质中心及渠首分局水质中心关于自动站规范化建设标准要求，结合制度规定及各次检查提出问题，逐步完善监测设备台账、药品试剂台账、设备及药品使用台账、对在用检测设备及玻璃器皿委托渠首分局水质中心进行检测率定，对站内环境卫生、药品试剂摆放、废液收集、资料整理等均作更加细化的要求，同时为满足规范化建设要求，新增加实验药品柜、药品摆放架，对站内试剂进行分类整理和标示管理。

【水质监测站运行维护】

根据中线建管局安排，水质自动监测站运维单位自2017年9月1日起进场交接，渠首分局中心于9月4日组织召开水质自动监测站运维单位进场协调会，就水质自动监测站交接中提出的问题进行协调解决。除陶岔水质自动监测站6台设备（锌/镉、砷/硫化物、总镍/总锑、总银/甲醛、苯胺类、铅）存在原型号停产无法更换备件，正在协调设备厂家技术人员解决，其他项目完成交接工作。根据历次检查情况，对水质监测系统及水质管理系统软硬件设备设施进行问题查改，对工控机组态软件进行升级，完善水质管理系统模块功能；对运维管理工作进一步细化，标定相关计量设备，完善药品试剂使用记录、人员持证上岗。

（王　曦）

邓州管理处

【工程概况】

邓州管理处所辖工程位于河南省南阳市淅川县和邓州市境内，起点位于淅川县陶岔渠首，桩号0+300，终点位于邓州市和镇平县交界处，桩号52+100。总长51.8km，其中，深挖方渠段累计长23.758km，挖深在10～47m之间，高填方渠段累计长17.165km，填高在6～17m之间，低填方渠段（填高＜6m）累计长8.647km。膨胀土渠段长49.075km(中膨胀土渠段25.662km，强膨胀土渠段0.315km，其余为弱膨胀土渠段)。

渠道为梯形断面，设计底宽10.5～23m，堤顶宽5m。设计流量350～340m³/s，加大流量420～410m³/s，设计水深7.5～8m，加大水深8.19～8.78m，渠底比降1/25000。共布置各类建筑物89座，包括河渠交叉建筑物8座，左岸排水建筑物16座，渠渠交叉建筑物3座，跨渠桥梁52座（公路桥32座，生产桥20座），下穿通道1座，分水口门3座，节制闸3座，退水闸3座。

根据《南水北调中线干线工程建设管理局机构设置、各部门（单位）主要职责及人员编制规定》，设置邓州管理处，管理处设置综合科、合同财务科、工程科和调度科4个科室，编制39人。

【工程维护】

2017年，邓州管理处土建工程日常维修养护单位共3家，于4月16日开工进场。维护内容是闸站及管理用房、输水渡槽及左排建筑物、运行维护道路、衬砌面板、渠道边坡及防护体、排水沟、截流沟、路缘石、防浪墙、安全防护网、钢大门等合同项目的日常维护，以及水面和场区垃圾清理。渠道和建筑物土建工程维修养护整体形象良好，符合渠道、输水建筑物、排水建筑物等土建工程相关维修养护标准；渠道、防护林带、闸站办公区等管理场所绿化养护总体形象良好，符合绿化工程维修养护标准。完成王家西南桥右岸、格子河进出口、湍河进口左岸等四处应急道路修建；新增格子河左岸备料点，新增反滤料600m³、块石1400m³；完成湍河渡槽槽墩防护；完成王家西沟排水渡槽出口扩大改造；完成8+740～8+860左岸和8+216～8+377右岸两处应急处置。

【安全生产】

2017年根据人员变动对安全生产领导小组进行调整，明确安全生产领导小组组长对安全工作负总责，同时明确分管领导、兼职安全员、各专业责任人的职责。

2017年邓州管理处按上级安全生产工作要求，开展安全生产标准化建设，编制安全生产年计划1份、季计划4份、月计划12份；开展安全生产检查54次，检查发现问题273项，检查问题均督促整改，并按要求填写安全检查记录表和建立安全生产问题台账；与27家运维单位签订安全生产管理协议书；组织安全生产教育培训43次，参加622人次；召开安全生产会议63次，其中安全生产专题会12次，安全周例会51次；实现安全生产事故为零、无较重人员伤残和财产损失的安全生产目标。

2017年，邓州管理处邀请南水北调办联合安保单位和警务室在渠道沿线村庄、学校持续组织开展安全宣传活动，普及南水北调中线工程安全知识、南水北调供用水条例和相关法律法规常识。

【工程巡查】

2017年邓州管理处有工程巡查人员30名，巡查管理人员3名，辖区划分为14个责任区。辖区内设置34km巡查小道，69处巡查台阶；辖区设置76个巡检点，其中高填方坡脚设置40个，渡槽进出口裹头坡脚位置设置6个，其余全部设置在深挖方渠段，巡检系统全覆盖各个巡查责任区，辖区渠道每天巡查1遍。

邓州管理处对巡查人员组织相关培训和考试共11次，并将考试成绩作为考核依据。制订《邓州管理处工程巡查人员管理办法》，每月25日对巡查人员工作情况进行通报，规范巡查行为，严格巡查纪律。2017年，工程巡查发现较重问题7项，严重问题3项，一般问题146项，全部按程序及时报送。对有明确时限的各类问题（国务院南水北调办飞检、中线建管局监督一队检查），管理处第一时间整改，并报送整改报告，凡具备整改条件的所有问题全部整改。对自查发现的问题，影响通水的或者其他安全类问题，第一时间解决，其他问题以计划单的形式下发维护施工单位予以处理。

【安全监测】

2017年邓州管理处安全监测各项工作正常开展，按要求完成内观数据采集68期，数据初步分析编制月报12期；现场外观测量检查48次，外观单位考核12次。4月完成淅川段疑似滑坡渠段160个监测设施施工埋设，6月完成膨胀土深挖方渠段438个监测设施施工埋设，6月完成淅川段深挖方北斗自动化变形监测系统应用试点项目实施，完成土建工程、通信系统、供电系统、软件调试工作，数据采集及系统平台显示正常。受连续强降雨影响，通过监测仪器及时发现渠道左岸桩号8+740～8+860边坡和右岸桩号8+217～8+377边坡变形，并为变形体应急处理提供重要技术参数，成功消除安全隐患。

【水质保护】

2017年，按要求进行水质日常巡查、日常监控、渠道漂浮物垃圾打捞及浮桥维护、十九大加固等日常工作。按规定开展污染源专项巡查和跟踪处理，与地方南水北调办、环保等政府部门沟通协调控制污染源。修订《南水北调中线干线邓州管理处水污染事件应急预案》并在邓州环保局、淅川环保局取得备案号。邀请地方南水北调办、环保局、消防大队开展水质应急演练，并取得较好成效。对水质应急物资仓进行清理盘点和盘存。对运维人员和工程巡查人员进行水质相关的专项培训。

【应急防汛】

邓州管理处完成2017年防洪度汛应急预

案和度汛方案的编制，4月邓州市和淅川县防办批复，管理处就防汛预案组织专门培训。3月14日成立2017年邓州管理处安全度汛工作小组(洪涝灾害现场应急处置小组)，明确人员组成，细化人员职责分工，并就分工情况进行宣传贯彻。要求全员牢记职责，"防洪抢险、人人有责"。成立邓州管理处应急抢险预备队，队员由管理处员工25名、警务人员4名及保安公司邓州分队保安人员24名组成，平时各自例行自己工作岗位职责，险情发生时作为第一救援力量投入救援。

按照中线局2017年防汛风险项目划分标准，邓州管理处辖区内重点防汛风险项目共有24处。I级风险项目2处，为4+200～12+500全挖方渠道左右岸；II级风险项目5处，有王家西南排水渡槽、湍河渡槽、张楼南沟排水渡槽、麦子河排水渡槽、仙河排水渡槽；III级风险项目17处，有甘庄西沟排水涵洞和15+125～50+087之间的6处全填方渠道左右岸、鹿寨桥上下游和彭家分水口上下游的2段深挖方左右岸。2017年完成桩号8+740～8+860段左岸渠道变形体的应急加固、桩号8+216～8+377段右岸渠道疑似变形体的应急挖除等2次应急处置。

管理处对巡查规定：白天由巡查人员和管理处人员对工程进行巡查，小雨中雨雨中巡查，大到暴雨雨后2小时之内立即组织对全线进行巡查。夜间24点前由安保巡逻队巡查2遍，零点后由应急保障队（或土建绿化维护队）巡查2遍。

【运行调度】

2017年，管理处配备调度值班10人，其中值班长5人，值班员5名。严格值班制度，严格执行进出中控室管理规定。2017年共收到调度指令696条，其中远程指令652条，现地指令44条。中控室值班员接收到分调中心传达的调度指令后，准确记录并及时反馈，各类调度指令记录规范、全年调度指令执行准确无误。2017年组织调度人员业务培训学

习42次，累计469人次；考试18次，累计232人次。完成2017年中控室功能整合试点建设工作，全年调度运行情况良好。

【金结机电设备维护】

2017年，坚持以问题为导向，以4批21项问题整改为重点，以电缆沟整治、金结机电系统性问题处置、项目建设为契机，开展问题整改及各类设备设施的巡查维护。梳理安全平稳运行负面清单，及时消除各类实体缺陷，对风险部位持续重点关注，通过更换元器件必要措施及时消除隐患。2017年共完成通信机房除湿改造项目、高低压室除湿和接地改造项目、退水闸电动葫芦自动抓梁改造项目、门库自动抽水项目、静磁栅条形码开度尺项目、移动拖车式发电机改造等重大项目。SVG无功补偿项目、电力系统监控调试项目、增设闸前后水尺项目、流量计比对和校核项目、人手孔排水等项目基本完成。

【信息自动化系统运行】

邓州管理处自动化调度系统包括闸站监控子系统和视频监控子系统各6套，布置在中控室和淅川段5座（肖楼、刁河、望城岗北、彭家、严陵河）现地站内；安全监测自动化系统、语音调度系统、门禁系统、视频会议系统、安防系统、消防联网系统、工程防洪系统各1套，均布置在中控室；综合网管系统、电源集中监控系统、光缆监测系统各1套，均布置在管理处网管室。

2017年淅川段自动化调度系统运行情况良好，系统比较稳定，自动化调度系统远程成功率98%。语音调度系统、闸站监控系统、视频监控系统在三级管理处运行调度工作中发挥重大作用，节省人力资源成本提高调度运行工作效率。中控室及闸站调度值班人员利用语音调度系统能够快速完成调度指令的上传下达；利用闸站监控系统可以在值班室监视各现地站闸门的运行工况和渠道水位、流量、流速；利用视频监控系统可以在监控室

监视各现地站闸前、闸后、自动化室、启闭机室和高低压配电室等重要区域有无外来人员进入并且可根据需要调取相关监控录像；工程安全监测人员可利用安全监测自动化系统方便快捷地监视和采集工程建筑物的沉降、渗压等工程建筑物安全信息，为工程安全监视提供决策信息。在汛期防汛值班人员通过工程防洪系统实施监视沿渠左排及重要建筑物的水位、雨量等汛情信息。

【工程效益】

自通水运行以来，工程安全平稳运行1115天，累计入渠水量110亿 m^3，其中，向河南供水 37.82 亿 m^3，向河北供水 11.68 亿 m^3，向天津供水 22.84 亿 m^3，向北京供水 28.44 亿 m^3。2017 年度肖楼分水口向南阳引丹灌区分水 4.59 亿 m^3，累计分水 13.42 亿 m^3；望城岗分水口向邓州、新野水厂分水 0.23 亿 m^3，累计分水 0.47 亿方。

【环境保护与水土保持】

2017 年开展水质日常巡查、日常监控、渠道漂浮物垃圾打捞及浮桥维护等日常工作。开展污染源专项巡查和跟踪处理，与地方南水北调办、环保等政府部门沟通协调，污染源得到较有效的控制。修订《南水北调中线干线邓州管理处水污染事件应急预案》，并在邓州环保局取得备案号。邀请地方南水北调办、环保局、消防大队开展水质应急演练，取得较好成效。十九大期间对重点桥梁安排专人 24 小时值守，对危化品桥梁增加集淤池，在钢大门前增加挡水坎，对沿线藻类旺盛的区域进行藻类清理，对水质应急物资仓进行清理盘点和盘存。全年岸坡保洁面积 375.8 万 m^2，绿化带保洁面积 115.4 万 m^2，路面保洁 103.6km，渠道水面清理打捞长度 51.8km。

（邓州管理处）

镇 平 管 理 处

【工程概况】

镇平管理处所辖工程位于河南省南阳市镇平县境内，起点在邓州市与镇平县交界处严陵河左岸马庄乡北许村桩号 52+100；终点在潦河右岸的镇平县与南阳市卧龙区交界处，设计桩号 87+925，全长 35.825km，占河南段的 4.9%。渠道总体呈西东向，穿越南阳盆地北部边缘区，起点设计水位 144.375m，终点设计水位 142.540m，总水头 1.835m，其中建筑物分配水头 0.43m，渠道分配水头 1.405m。全渠段设计流量 340m^3/s，加大流量 410m^3/s。镇平段共布置各类建筑物 63 座，其中河渠交叉建筑物 5 座、左岸排水建筑物 18 座、渠渠交叉建筑物 1 座、分水口门 1 座、跨渠桥梁筑 38 座。管理用房 1 座，共计 64 座建筑物。金结机电设备主要包括弧形钢闸门 8扇，平板钢闸门 6 扇，叠梁钢闸门 4 扇，液压

启闭机 9 台，电动葫芦 5 台，台车式启闭机 2台等。高压电气设备 4 面，低压配电柜 6 面，电容补偿柜 4 面，直流电源系统 3 面，柴油发电机 2 台，35kV 供电线路总长 35.5km（含2.91km 电缆线路）。

根据中线建管局《南水北调中线干线工程建设管理局机构设置、各部门（单位）主要职责及人员编制方案》的要求，镇平管理处设置综合科、合同财务科、工程科和调度科 4 个科室。编制 30 人，2017 年到位 37 人，借调中线建管局 3 人、渠首分局 3 人，实际在岗 31 人。

【工程维护】

2017 年完成渠道内外边坡、三角区及绿化带维护 127.35 万 m^2，闸站及办公区绿化维护面积 2.16 万 m^2。完成左排倒虹吸清淤 1座，截流沟清淤 73.6km，排水沟清淤 72.3

km。沥青路面修补 9902m²，混凝土路面新建 2140m²，泥结石路面翻修 17044m²。完成辖区 21 座左排倒虹吸、2 座输水倒虹吸、1 座分水口门、1 座渠渠交叉渡槽、38 座跨渠桥梁、2 座闸站园区及管理处园区的日常维护工作。完成辖区 152 座钢大门及 14.75 万 m² 防护网日常维护，增设巡视踏步 20 处。安装刺丝滚笼 1.9 万 m。完成镇平段 2017 年汛期水毁截流沟修复 1600m，完成水毁排水沟及围网修复。

【安全生产】

2017 年，镇平管理处开展以"八大体系""四大清单"为核心的安全生产标准化建设，落实岗位安全生产管理责任；对自有职工、外聘人员、新进场人员及维护单位进行安全教育培训共 20 余次，加强安全生产检查与问题整改，进一步提升全员安全意识。组织开展"渠道开放日"活动，安全宣传进校园、进村庄、到集市、上电视，安全宣传氛围更加浓厚，实现全年无安全事故。2017 年安全生产检查 12 次，召开安全生产专题会议 12 次，印发会议纪要 12 份；每季度组织开展 1 次全员安全生产教育培训，共开展安全培训 4 次。在重要节日、寒暑假散发安全宣传页、海报、挂条幅、进校园宣传，共计 7 次。与维护和施工（穿越）单位签订安全生产管理协议 3 份，明确双方安全管理人员职责；对维护和施工（穿越）单位安全培训及技术交底 8 次。对所有进场作业人员车辆设备实行严格登记制度，车辆均配备车辆通行证，人员均配备人员通行证。

根据辖区特点加强反恐维稳工作，管理处申请评选南阳市反恐办关于反恐怖袭击重点目标示范单位，录制反恐宣传片《一渠清水写忠诚——反恐工作纪实》。协调镇平段警务室、保安分队开展治安巡逻，联系市县公安部门，打击沿线各类破坏工程设施和危害水质安全的违法行为。

【运行调度】

2017 年度共收到调度指令 233 条，操作闸门 706 门次，其中远程指令 231 条，操作闸门 701 门次；现地指令 2 条，操作闸门 5 门次。全部按照指令内容要求完成指令复核、反馈及闸门操作，全年调度指令执行无差错。根据镇平管理处淇河节制闸调度运行观测记录，共计上报各项水情数据 5935 条，其中发现超过闸前水位超过设计水位 0.05m 以上共计 274 次，低于谭寨分水口最低保证水位以上 0.05m 共计 308 次；发现闸控系统报警均按要求进行相关接警、警情分析、恢复正常、消警；发现调度数据采集和监控相关设备设施无法正常使用共计 1 次；发现的问题均及时上报分调、总调中心，联系相关专业负责人进行处理，完善应急检修调度申请单手续，并在日志中记录；严格按照上级要求开展规范化建设工作并提出合理建议，规范化建设成果显著。

【金结机电设备维护】

金结机电设备包括弧形钢闸门 8 扇，平板钢闸门 5 扇，叠梁钢闸门 4 扇，液压启闭机 9 台，电动葫芦 5 台，台车式启闭机 2 台。高压电气设备 4 面，低压配电柜 6 面，电容补偿柜 4 面，直流电源系统 3 面，柴油发电机 2 台，35kV 供电线路总长 35.5km（含 2.91km 电缆线路）。

2017 年，金结机电完成 4 批 23 项问题排查整改；完成高低压室接地改造并加装除湿机；完成移动柴油发电机拖车改造；完成辖区内两座闸站进口自动防鸟网的安装工作；完成辖区内闸站液压启闭机控制柜线缆整理工作；编制设备运行手册；全年共发现问题 168 项，其中国务院南水北调办飞检检查问题 35 项，中线建管局检查问题 22 项，管理处自检问题 111 项，2017 年全部完成整改工作。

【信息自动化系统规范化建设】

镇平管理处自动化调度系统包括闸站监控子系统和视频监控子系统各 4 套，布置在中控室和镇平段 3 座现地站（西赵河工作闸、谭寨分水口、淇河节制闸）；语音调度系统、门禁系统、安防系统、消防联网系统、工程防洪系统各1套，布置在中控室；综合网管系统、动环监控系统、光缆监测系统、电话录音系统、程控监测系统、内网监测系统、外网监测系统、专网监测系统各1套，布置在管理处网管中心；视频会议系统1套，布置在镇平管理处二楼会议室。2017年各系统均投入使用。

2017年，完成信息自动化规范化建设工作，信息自动化日常外委维护人员（过渡期）的管理工作，信息自动化正式外委维护单位进场后的管理工作，管理处辖区范围内被上级检查及自查发现问题的整改工作，信息自动化自管维护项目的管理工作，组织开展管理处内部的专业培训工作，按照要求参加上级部门组织的信息自动化相关业务培训和技术讨论。

【工程效益】

谭寨分水口安全平稳运行无间断，截至2017年12月31日，全年向镇平县城供水946.29万 m³，全部用于城镇居民用水，受益人口16万。

【水质保护】

2017年，镇平管理处与镇平县南水北调办沟通协调，与沿线村镇对接，对在工程沿线周边非法占压工程用地、违法向截流沟排污的处理上，得到地方政府有力支持，协调解决彭营弃土场污染源、毛庄桥至何寨桥间污染源问题。编制对水污染事件应急预案并在地方环保部门备案，组织水质应急演练1次，储备水污染应急物资，完成西赵河倒虹吸闸站出口下游水质综合工作平台项目建设。加强日常水质监测取样，编制修订镇平管理处闸站定点打捞工作管理办法，对闸站漂浮物垃圾打捞工作进行逐日检查；对辖区内可能存在水质污染风险的污染源和风险源进行排查，建立污染源和风险源台账，及时跟踪动态更新。

【维护项目验收】

2017年镇平段共计采购工程维护类项目5个，签订补充协议3个。按照南水北调工程验收管理有关规定，组织工程维护项目实施，和日常维修养护项目验收。加强2017年项目过程验收，检查工程实体质量，查阅工程档案资料，对遗留问题处理严格把关，确保工程验收质量。

（镇平管理处）

南阳管理处

【工程概况】

南阳管理处所辖工程位于南阳市境内，涉及卧龙、宛城、高新、城乡一体化示范区等4行政区7个乡镇（街道办）23行政村，全长36.826km，总体走向由西南向东北绕城而过。工程起点位于潦河西岸南阳市卧龙区和镇平县分界处，桩号87+925，终点位于小清河支流东岸宛城区和方城县的分界处，桩号124+751。南阳段工程88%的渠段为膨胀土渠段，深挖方和高填方渠段各占三分之一，渠道最大挖深26.8m，最大填高14.0m。工程设计输水流量330～340m³/s，设计水位142.54～139.44m。辖区内共有各类建筑物71座，其中，输水建筑物8座，穿跨渠建筑物61座，退水闸2座。辖区共有各类闸门48扇，启闭设备45套，降压站11座，自动化室11座，35kV永久供电线路全长38.74km。

【工程巡查排查整改】

修订完善《南阳管理处工程巡查工作手册》，明确工程巡查责任区划分及责任人、巡查路线、巡查重点及关键部位；制订《南阳管理处工程巡查人员岗位职责》，进一步明确巡查工作岗位职责和工作要求。制订《南阳管理处工程巡查人员考核办法》，按月对巡查人员日常工作进行考核赋分，并将考核结果通知相关单位。编制完成《南阳管理处汛期工程巡查实施细则》，明确汛期巡查频次、巡查方式、巡查项目。为工巡人员统一配备服装和巡查设备，结合现场实际进一步完善细化优化工巡路线及巡查时间，工程巡查工作进一步规范化标准化。

分别组织在寒暑假对全线安全防护网进行2次专项排查；在汛期前组织对左排建筑物进出口进行1次专项排查；汛前及汛后对高填方段深挖方段进行2次专项排查；3月、9月组织对沿线高填方渠段鼠洞蚁穴进行3次专项排查；汛期强降雨后对全线进行全面排查。对渠道沥青路面裂缝、穿跨越干渠电线电缆、渠道沿线防洪堤缺口进行专项排查。

全年上报土建及绿化问题整改情况周报48期，问题整改月报和问题台账12期。读取和打印巡更棒数据120本，审查巡查人员填写记录表120本。全年工程巡查发现问题347个，除7个水面以下问题、白蚁问题暂时不具备整改条件其余全部完成整改。中线建管局发现问题17个，整改16个，1个暂不具备整改条件。国务院南水北调办发现问题21个，除6个围网外挖水塘、水池，污水排入截流沟等问题不具备整改条件外，其余全部整改到位。

南阳管理处作为土建工程巡查维护监管系统APP试点，2017年9月底完成渠道、桥梁、左排建筑物等设施的基础信息和人员信息录入，10月开始试用，在人员管理、巡查路线、考勤等方面取得良好效果。

【安全监测】

成立安全监测工作组，建立安全监测管理责任制，完善各项规章制度。2017年共配置监测人员7人，统一配备反光背心和工具包，车辆2台，专用办公室1间，资源配置满足监测工作需要。制定数据采集操作流程，监测数据及时进行整理整编，定期进行初步分析，编写并上报月报。建立异常问题台账，制定异常情况处置程序，对异常问题进行更新并不断完善。加强对外观监测单位管理，及时掌握工程运行情况，每月收集观测月报并审核，并对观测量进行复核确认。

【应急防汛】

2017年成立工程突发事件现场应急处置小组及安全度汛工作小组，明确小组成员工作分工。编制《突发事件应急处置方案》《南阳管理处2017年度汛方案》《南阳管理处2017年防汛应急预案》，对工程突发事件危险源和各类隐患及时进行排查，建立台账并及时更新。加强防汛应急业务培训。组织防汛应急培训、水质污染应急处置演练、溺水安全演练、消防演练培训共8次。成功处置程沟左排涵洞进口水位超警戒水位以及白河倒虹吸退水闸末端水毁应急处置工作。

【安全生产】

2017年安全生产零事故，渠道沿线安全秩序良好，实现年初既定安全目标。全年组织召开安全生产会议12次；开展安全类培训教育31次；日常和专项安全检查60次，排查安全隐患99条，整改率97%；各类安全宣传活动17次，其中电视栏目头条播报1次，累计5分钟，投放宣传广告3次累计17天，开展"南水北调公民大讲堂"活动5次，开展"渠道开放日"活动3次，日常安全宣传6次，更换沿线安全宣传栏20个，发放各类宣传材料30000余份；开展"防溺亡"应急演练1次；打击违法行为4起，破案2起；制止影响渠道安全平稳运行行为16起；在这个过程中，与属地公安部门建立良好联络机制，沟通汇报工作2次；向属地政府相关部门发函3份商请解决相关事宜；制定并下发安全类制度文件7份；对各运维单位下达安全类通报文件4份，口头通报2次。完成安装工程保护范围警示桩36根；在渠道沿线桥梁、围网安装安全警示标识标牌808块；全线防护围网安装刺丝滚笼7万m。推进运行管理安全标准化建设工作，成立标准化建设工作小组，召开相关培训会议，逐步完善并印发《南阳管理处运行安全管理体系和管理清单》。

党的十九大召开前后，开展涉恐隐患排查治理5次，落实安保各项加固措施；分批次组织闸站和桥梁值守人员开展安全交底和值守要求交底8次；组织警务室和保安公司每晚开展夜巡和夜查。开展信访摸排工作，确保十九大召开期间南阳段渠道工程安全平稳运行。

2017年，保安公司南阳分队获"南水北调中线干线工程优秀保安分队"荣誉称号；南阳管理处获中线建管局"安全生产先进集体"荣誉称号。

【运行调度】

2017年中控室配备调度值班10人，其中值班长5人，值班员5名。严格值班制度，严

格执行进出中控室管理规定。加强调度人员业务培训，组织学习培训48次，616人次，考试10次，105人次。金结机电专业参加渠首分局组织的技能培训5次共40人次，管理处组织技术培训12次，96人次。严格执行节制闸管理办法，执行闸站准入制度，每座节制闸站共4人值守。

【工程效益】

按照中线建管局总调中心调度指令，2017年7月5日12时27分至2017年10月6日22时23分，向白河生态补水3238.762万m³。

南水北调中线工程建成通水以来，累计向南阳城区供水2659.76万m³，实现辖区内工程安全、运行安全和供水安全。

（孙天敏）

方 城 管 理 处

【工程概况】

方城管理处所辖工程位于河南省方城县境内，涉及方城县和宛城区两个县区，起点位于小清河支流东岸宛城区和方城县的分界处，桩号124+751，终点位于三里河北岸方城县和叶县交界处，桩号185+545。包括建筑物长度在内全长60.794km，其中输水建筑物7座，累计长度2.458km，渠道长58.336km。渠段线路总体走向由西南向东北，上接南阳市段始于南阳盆地的东北部边缘地区的小清河支流，沿伏牛山脉南麓山前岗丘地带及山前倾斜平原，总体北东向顺许南公路西北侧在马岗过许南公路，顺许南公路东南侧过汉淮分水岭的方城垭口，止于方城与叶县交界三里河，下连叶县渠段，穿越伏牛山东部山前古坡洪积裙及淮河水系冲积平原后缘地带。

方城段工程76%的渠段为膨胀土渠段，累计长45.978km，其中强膨胀岩渠段2.584km，中膨胀土岩渠段19.774km，弱膨胀土岩渠段

23.62km。方城段全挖方渠段19.096km，最大挖深18.6m，全填方渠段2.736km，最大填高15m；设计输水流量330m³/s，加大流量400m³/s，设计水位139.435～135.728m。渠道沿线共布置各类建筑物107座，其中河渠交叉建筑物8座，左岸排水建筑物22座，渠渠交叉建筑物11座，跨渠桥梁58座，分水口门3座，节制闸3座，退水闸2座。辖区共有各类闸门56扇，启闭设备52套，降压站11座，自动化室11座，35kV永久供电线路全长60.8km。渠道采用梯形断面，纵坡为1/25000。方城段工程征地涉及南阳市方城县和社旗县境内10个乡镇66个村，建设征地总面积23881.25亩，其中永久征地11252亩，临时用地12629.25亩。

方城管理处是方城段工程运行管理单位，设有综合、调度、工程、合同财务4个科室，共有正式员工42名，负责南水北调方城段运行管理工作。截至2017年12月31日，累计向下游输水98.9亿m³，工程运行平稳。

【土建与绿化工程维护】

2017年方城管理处土建与绿化工程维护批复经费833.83万元，完成投资807.49万元。完成项目采购13个，其中日常项目12个，专项项目1个。月度考核11次、合同项目验收8个，完成2016年工程维护项目的验收和档案归档工作。配合渠首分局开展齐庄南沟、渠道警示柱、保护区界桩、防汛仓库建设、渡槽检修项目的现场监管工作。完成中线建管局4批23项专项问题中土建与绿化部分的整改工作，配合完成国务院南水北调办、中线建管局组织的运行管理审计工作，配合渠首分局完成刺丝安装扶贫项目。

【应急防汛】

汛前完成防汛风险点的排查和隐患整改、防汛"两案"的编制与备案、规范化值班室建设、防汛值班工作、防汛应急和工程事故安全应急演练。根据渠首分局的要求，支援邓州管理处开展工程安全应急处置工作。开展汛期应急巡查加密工作，划分5个加密巡查小组，确保雨后巡查工作落到实处，大雨或暴雨前重点防汛部位人员设备提前驻防。完成十九大期间应急加固措施。开展郑万高铁现场监管工作，完成现场防溺亡、反恐怖袭击、穿跨越暨水污染应急处置演练。

【安全生产】

2017年健全安全管理体系，推进运行安全管理标准化建设。与各维护单位签订安全生产协议11份，修订各项安全管理制度4项。组织各项安全教育培训34期797人次；开展安全交底71次871人次。落实《安全生产检查制度》，2017年开展各项安全检查44次，发现各类安全问题64项，整改率100%。加强维护单位管理，落实人员车辆准入登记制度。召开安全管理会议43次。

加强安全保卫管理，保安人员24人分三组每天3次进行渠道沿线巡逻检查；方城段警务室共9人，每周至少沿渠道左右岸巡逻2次，完善安防视频监控系统，24小时专人值班。2017年在渠道沿线村庄、学校日常安全宣传基础上，联合市县南水北调办、乡镇政府进校安全宣传12次，在方城县电视台播放安全宣传知识60天，开展渠道开放日安全宣传活动2次，开展防溺亡应急演练1次，开展防恐怖袭击应急演练1次，开展消防安全演练1次。

【安全监测】

2017年方城管理处按照南水北调工程"稳中求好、创新发展"的总体要求开展安全监测工作，完成膨胀土渠段新增安全监测设施工作，完成汛期加密观测工作，完成十九大期间安全监测加密观测工作，启用安全监测自动化采集系统。

2017年安全监测专业共采集振弦式仪器数据72380个、测压管水位数据1768个、沉降管数据3204个、测斜管数据2024个，完成所有数据资料整编，编写安全监测内观工作月报12期。对外观单位外业作业检查21次，内业作业检查12次。完成33个测站的维护工作，更换无线通信模块21个、太阳能蓄电池3块、太阳能电池板1块；完成监测设施标牌安装、1594个外观水准测点刷漆维护、162个外观水准基点保护池的加高及防水维护、26个观测墩标识维护、124支测管刷漆维护。完成41台(套)安全监测二次仪器仪表定期清洁、检查、通风防霉、通电驱潮、充电试运行等日常保养2次，对其中10台（套）安全监测二次仪器仪表检定1次。开展以技能培训和安全教育为主的安全监测专业内部业务培训14次103人次。

【水质保护】

2017年，开展南水北调公民大讲堂活动，在方城县沿线学校开展水质保护宣传。对静水区域渠底淤积的淤积物进行抽排。每月在清河退水闸、大营分水口、十里庙分水口、贾河退水闸开展静水区域扰动。配合渠首分局、清华大学、河南师范大学等单位开展水质取样监测工作。利用草墩河渡槽检修开展渡槽内生物物种分析工作。根据《南水北调中线干线工程水质保护日常监控规程》要求通过视觉、味觉、触觉等感官方法对水体状况进行评价，形成观测报告，每月汇总监测数据，装订成册并存档备查。全年共计进行藻类观测787次，装订12册。为加强地下水水质监测工作，在八里窑桥左岸下游处打机井一眼。

完成方城管理处水质综合工作平台的采购安装工作，增加渠道水质保护的手段，提高渠道水污染应急处置能力。7月20日作为水污染应急处置演练第二处置点，配合渠首分局和南阳管理处开展水污染应急联动处置演练。11月17日组织管理处员工、应急保障单位、安保单位、郑万高铁施工单位在郑万高铁施工现场开展穿跨越暨突发水污染事件应急演练，渠首分局工程管理处派人现场指导。根据渠首分局安排，接收渠首分局采购的100kg吸油毡、100m围油栏、1000m尼龙绳、2台污泥泵、1000m吸油锁、10套防护服、3套防化服及其他水质应急劳保用品。更新水污染应急物资台账，定期对应急物资进行盘点检查。

根据中线建管局和渠首分局要求，方城管理处组织员工、维护单位、安保单位、警务室开展十九大召开维稳加固工作，对存在危化品风险的跨渠桥梁增加加固措施，安排值守人员24小时现场值守，在跨渠桥梁桥头配备应急物资配备应急沙池、铁锹、编织袋、物资存放箱，并在省道桥处设置集污池。

【金结机电设备维护】

方城段工程共有钢闸门56扇（弧形闸门22扇、平板闸门34扇）；启闭设备52台（液压启闭机25台、固定卷扬启闭机2台、电动葫芦16台、移动式台车式启闭机9台）。2017年，金结机电设备整体运行情况良好。在金结机电维护工作中，编制金结机电设备操作手册，按照管理制度及文件要求进行设备巡查和记录，建立故障记录台账，发现故障及时记录并跟踪处理及时消缺，填写维护记录表，同时加强对运行维护单位工作的检查监督和考核，保证运行维护工作有序开展。

【信息自动化系统维护】

2017年方城段涉及自动化调度系统相关的设备设施房间沿线设置有管理处电力电池室、通信机房、网管中心及现地站的自动化室、监控室。自动化调度系统中包括方城段现地闸站，有3座节制闸、2座退水闸、3座分水口、3座控制闸，1座检修闸，共布置人手孔199个，摄像头117个。自动化调度系统包括3部分内容：系统运行实体环境、通信系统、计算机网络系统等基础设施；服务器等应用支持平台；闸站监控、视频监控、自动化安全监测、水质监测、视频会议、工程防洪、安防等14个应用系统。自动化设备有综合配线柜、视频监控机柜、PCM传输机柜、网络综合机柜、安全监测机柜、PLC控制柜、UPS电源控制柜、通信电源机柜、安防机柜。

在自动化系统维护工作中，进驻自动化运行维护人员13人，其中，闸控系统维护4人，安全监测自动化系统维护2人，通信系统维护7人。2017年，各系统的集中监视、定期巡检、维护和故障处理工作正常开展，自动化调度系统设备整体运行情况良好。

【运行调度】

方城段辖区共3座节制闸、3座分水闸、3座控制闸、1座检修闸和2座退水闸。调度值班人员严格遵守上级单位制定的各项输水调度相关制度，加强调度工作基本知识学习及操作技能训练，利用自动化调度系统开展输水调度业务。按时收集上报水情信息、运行日报及有关材料，各项记录台账及时归档。2017年中控室共执行远程指令1674条（门次），现地指令53条。

【工程效益】

方城段工程自正式通水以来，累积运行1116天，向下游输水98.9亿 m³。方城段工程共有半坡店、大营、十里庙3座分水口门，设计分水流量分别为4.0m³/s、1.0m³/s、1.5m³/s，半坡店分水口于2015年1月9日15:10开始向社旗县水厂供水，2015年12月30日9:14向唐河水厂进行分水，截至2017年12月31日累计分水4856.08万m³，利用清河退水闸为地方生态补水457.44万m³。

（方城管理处）

叶 县 管 理 处

【工程概况】

叶县段工程起自于方城县与叶县交界处（桩号K185+545），止于平顶山市叶县常村乡新安营村东北、叶县与鲁山县交界处（桩号K215+811），线路全长30.266km。流量规模分为两段，桩号185+545-195+473设计流量330m³/s，加大流量400m³/s；桩号195+473-215+811设计流量320m³/s，加大流量380m³/s。渠道纵坡为1/25000。叶县段沿线布置各类建筑物61座。其中：大型河渠交叉建筑物2座，左岸排水建筑物17座，渠渠交叉建筑物8座，退水闸1座，分水口门1座，桥梁32座。

【安全生产】

2017年，叶县管理处成立安全生产工作小组，明确安全生产负责人和兼职安全员，编制年季月安全生产工作计划，修订安全生产管理实施细则，开展安全生产工作总结。加强日常维护项目管理，与运维人员等进行安全交底并签订安全生产协议书。定期组织安全生产检查、开展安全宣传培训、召开安全会议。全年零伤亡。

【工程维护】

2017年土建日常维修养护各个项目均按照年度计划及细化的月度计划开展。截流沟排水沟及时进行清理，雨淋沟及时修复；渠道附属设施维护；渠坡草体、防护林带及场区绿化部位维护。实施叶县管理处平顶山市应急调水设施占压段增设绕行道路专项，主要施工内容包括新建一条沥青混凝土绕行路及附属设施改造恢复两部分，全部实施完成。

【应急防汛】

2017年，按要求编制防洪度汛应急预案和度汛方案，并审批备案；根据中线建管局范本编制处置方案，编制各类突发事件应急处置方案9份，Ⅱ级风险项目度汛方案3份。5月17日，在府君庙河倒虹吸进行防汛应急演练。7月6日，对杨蛮庄公路桥左岸下游10m处洪水入侵事件进行应急响应和处置。汛期建立防汛值班制度，24小时应急值班，及时收集和上报汛情险情信息，高效迅捷处置各类突发事件，减少或避免突发事件造成的损害。

【工程巡查】

在高填方、深挖方、膨胀土、高地下水位渠段及重点输水建筑物关键项目（部位）设置智能巡检点，沿线共布置智能巡检点83处，在高填方外坡脚及下穿建筑物进出口位置设置巡查通道。分管负责人、巡查负责人及巡查管理人员按照要求每周进行现场检查，巡查管理人员每两周带队巡查一遍，考核评比按月对工巡人员进行考核，依据考核结果进行奖罚。按照要求制作填写巡查记录表、日志及台账，对发现的问题复核签字；对发现的问题保存影像资料。

【输水调度】

2017年，输水调度值班人员严格按照调度值班要求进行值班，遵守调度值班制度，严守调度值班纪律，完成全年输水调度工作，未出现违规事件。组织全体调度值班人员学习调度制度和文件22次，考核12次；中控室接收调度指令222条，操作闸门387门

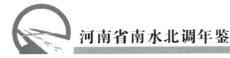

次；辛庄分水口漯河地区、周口地区分水5804.9万m³，累计分水11123.91万m³。

【信息机电维护】

严格按照河南分局下发"关于印发《河南分局2017年第三批问题整改及规范化建设项目实施方案》的通知"中的方案要求，对叶县段闸站及管理处园区需要进行整改的项目进行整改。2017年全部整改完毕，整改率为100%。

叶县管理处降压站35kV供配电设备由管理处专人管理，设备维护工作由专业维护单位进行维护，高压室进出通道处于常闭状态，入室有语音提示报警装置，高低压配电设备周围铺设高压绝缘胶垫，设备安全闭锁完好。叶县管理处机电金结及35kV供配电设备完整，缺损零部件及时发现并通知维护单位进行更换，设备仪器仪表显示故障，在现场巡视时及时发现并处理。按照中线建管局的有关要求，2017年自动化调度系统运维采取过渡期维护模式，河南分局组织有关单位开展维护工作。叶县管理辖区内自动化调度系统运行平稳。

（赵　发）

鲁 山 管 理 处

【工程概况】

鲁山段起止桩号K215+815.5—K258+730.0，工程全长42.913km，其中输水渠道长32.793km，建筑物长10.12km。沿线布置各类建筑物94座。输水渠道包括高填方段7037.9m，半挖半填段17851.6m，全挖方段7903.4m。设计流量320m³/s。辖区沙河渡槽工程为南水北调中线干线控制性工程之一，安全监测测点数量多，内观测点占河南分局总量的20%。

【安全生产】

2017年，鲁山管理处坚持"安全第一、预防为主、综合治理"的方针，贯彻国务院南水北调办、中线建管局、河南分局有关安全安保生产工作的部署和指示，建立健全安全生产管理体系和规章制度，成立安全生产工作小组，明确安全生产负责人和兼职安全员。编制年季月安全生产工作计划，开展安全生产培训并与维护单位并签订安全生产责任协议书，定期组织安全生产检查、开展安全宣传培训，召开安全会议。

联合县政府在超载严重桥梁增设限宽墩，取缔非法砂场，有效遏制桥梁超载对干渠运行安全威胁。对桥梁及沙河渡槽等重要建筑物开展安全保卫工作，到鲁山辖区6个乡镇23所中小学校进行安全宣传。组织沙河渡槽媒体开放日通水三周年庆祝活动。组织新老安保单位平稳交接。2017年实现"零溺亡、零事故"。

【问题查改】

坚持"隐患就是事故"理念，以问题为导向，以安全规范为落脚点，对问题精准整改。开展问题集中查改、四批23项专项整改等活动，解决沙河渡槽结构缝渗水处理、澧河液压油缸支臂维修、线缆沟整治及消防等问题，除纳入2018年工程维护计划问题外，其余问题全部整改完成，2017年整改率97.7%。

【输水调度】

2017年度，澧河、沙河节制闸共接收调度指令468条，远程指令失败9次，远程指令成功率98.1%（其中有两次失败原因是现场检修停电），实际成功率为98.5%。完成年度调水量43.2亿m³，累计调水量115亿m³，向白龟湖生态补水2.05亿m³，生态效益、经济效益、社会效益显著。

严格贯彻执行输水调度管理制度，全年调度值班未发生违规行为和失误。在防洪度汛、金灯寺抢险、渡槽停水检修、白龟湖生态补水及十九大加固期间，加强管理，科学应对，克服大流量、高水位、高流速、恶劣天气等不利因素，实现精准调度安全供水目标。

开展输水调度"百日安全"活动和调度会商系统使用，组织学习培训200余次，撰写学习笔记200余次，规范交接班和调度值班行为，提倡值班长与值班员互问互答的方式，进一步提升输水调度规范化和信息化管理水平。

【工程维护】

遵循"经常养护、科学维修、养重于修、修重于抢"的原则，大胆尝试建立段长、站长负责制，创新思维、责任到人开展各项维护工作。2017年，制订《土建日常维护养护项目考核管理办法》，下发各类维护管理类文件20余份，实施土建维护项目8个及专项维护项目3个，有效实施渡槽结构缝渗水处理、截流沟、排水沟清淤修复、除草、防汛道路、防汛仓库、澎河渡槽裹头沉降处理土建维护项目，创建标准化渠段6段。

沙河渡槽2017年接待各种参观、考察、学习200余批次，广受赞誉，成为展示南水北调工程面貌的重要窗口。

【自动化系统巡检维护】

2017年开展自动化系统巡检维护，全年巡视巡检497次，查改问题全部消缺。完成6处自动化机房和128个人手井环境及线缆综合整治，调试完成消防系统联网及机房温控改造。

推进全线安防视频监控系统、左排防洪系统和雨量采集系统上线运行及验收，在防汛、工巡、安保和十九大加固等方面效果显著。

【机电金结设备巡检维护】

按照每周一次频次共完成鲁山段非节制闸闸站金结机电设备巡视53次，节制闸闸门静态巡视856次，设备动态巡视6次（退水闸动态巡视4次），设备操作共计364次。按照即查即改的问题查改原则，2017年发现问题108项，消缺107项，需上报河南分局组织技术改造的1项，故障消缺率99.07%。35kV供电专业按照每周一次频次共完成鲁山段巡视312次，2017年发现问题67项，全部整改完成。

全面完成闸站线缆整治、电动葫芦增加荷重仪、设备设施接地等金结机电规范化建设项目。组织实施湋河控制闸弧门支臂及油缸缺陷处理，对41基35kV杆塔接地进行改造，完善消防设备设施功能，消除运行隐患，提升设备设施安全运行保障水平。

完成闸站消防设备设施维护服务项目采购工作。自6月起，共完成31次日常巡视、7次测试检查，发现问题25项，全部整改完成。完成中线建管局对消防专业提出的问题整改工作。

在河南分局率先开展站长制并坚持实施，自2016年9月开始采用站长制与专业相结合的方式管理闸站设备及维护人员，制定闸站值守考核办法，加强考核。2017年在监督队4批23项专项检查过程中未发现问题，受到中线建管局通报表扬。

【安全监测】

2017年，采集并分析5664支内观仪器366330点次，核对15097条自动化系统基础数据信息。开展沙河渡槽安全监测电缆整治、独立安全监测测站整治、安全监测测站接地电阻整改项目。汛期膨胀土渠段及十九大加固期间，对所有监测仪器加密观测。监管2143个外观测点的测量、分析及设施保护。

【水质保护】

2017年，及时开展水质保护巡查、漂浮物打捞、水体监测、藻类捕捞、污染源防治、沙河渡槽淡水壳菜和底泥分析研究等工作。对3座有危化品通过的风险桥梁更换镀锌钢管等排水设施，并对桥面排水设施封堵设置应急储沙池和防化服等抢险物资。全年打捞700余kg漂浮物，水质保护培训2次，配合水质取样 8 次，送水样 48 次，协调取缔污染源 1 处，安装 109 处水源保护区标识。与县环境污染攻坚办签订目标责任书，与县公安局、环保局建立水质应急联络机制，修编水污染应急预案并向地方部门备案。2017 年未发生水污染事件。

【穿跨越邻接工程管理】

2017 年，建立健全穿跨越邻接工程管理体系，与高铁、电力、通信及天然气管道穿跨越项目单位建立联络机制。召开专题会议 7 次，组织问题联合排查，对破坏南水北调设施的行为累计处罚 2 万元。重点加强郑万高铁进入干渠上部施工监管，布置拦油索，储备吸油毡等应急物资，安排专人监管；开展郑万高铁穿跨越应急救援演练。

【应急防汛】

2017 年，编写防汛、水质等 5 类突发事件应急预案及 5 类应急处置方案，与地方政府相关机构建立联动机制。组建通信、供电、防汛抢险等应急抢险队。配置防汛块石 1.3 万 m³ 等应急物资，布设挖掘机等应急抢险设备 6 台套。组织防汛抢险队伍应急拉练和演练各 2 次，辖区 9 处Ⅲ级防汛风险点实现平安度汛。

【工程收尾】

2017 年完成验收 6 次，其中法人验收 1 次、检查评定 2 次、专项验收 3 次。高标准完成国务院南水北调办下达的 2017 年档案验收计划及督办项目。经过多方协调解决鲁山南 1 段 2 号弃渣场阻工问题，完成用地返还任务。完成 3 座国道及省道桥梁问题确认及复核，试点桥梁郝村西公路桥竣工验收前准备工作；继续开展 37 座生产桥问题联合排查及确认工作。

【党建工作】

2017 年，鲁山管理处推进"两学一做"学习活动制度化、常态化，落实"三会一课"、"三重一大"、谈心谈话制度，加强廉政风险防控，持续开展"联学联做"活动，全面普及七五普法和南水北调相关法律法规，接受群众监督。党员教育管理工作，党课月和党日活动丰富，一账一册一法完备。推进党建信息化系统建设，构筑互联网+党建，形成以园区广播、微信和 QQ、支部工作 APP、公共电子屏为核心的党建宣传学习网络。开展"红旗基层党支部"创建，创立五个党员示范岗和五个党员责任区，13 个"1+1"互助帮学，到红色教育基地锤炼党员信仰。通过看直播、学原文、听讲座、办讲座、互联网+学习、联学联做等多种形式开展十九大学习宣传贯彻活动。

（李　志）

宝 丰 管 理 处

【工程概况】

宝丰管理处所辖工程位于宝丰郏县境内，全长 21.953km，其中高填方段 4.274km，深挖方段 0.663km，膨胀岩土渠段 10.924km。输水设计流量 320m³/s，辖区建筑物共 65 座，其中主要建筑物有 2 座节制闸、3 座控制闸、1 座退水闸、2 座分水口、1 座检修闸、8 座渗漏泵站、1 座中心开关站，降压站 11 座。

【安全生产】

编制 2017 年度安全生产工作计划，按计划开展安全生产检查、安全宣传教育、安全生产会议和安全生产工作总结等管理工作。完成安保工作移交，严格日常管理与季度考核，不断提高安保服务质量。严格警务室管理，完善与地方政府、公安机关联络机制，严肃处理违规、违法行为。

【工程巡查】

2017 年，宝丰段在规范工程巡查要求的基础上，完善工巡行为、继续优化工巡路线，配备工器具、每月不定时组织工巡人员集中学习上级要求和规定，提高工巡人员发现和辨识问题的能力。进行月度考核并实行奖惩，有效提高工程巡查人员的工作效率。

【输水调度】

制定"迎十九大召开，保工程平稳运行"调度工作加固细化措施，严格值班纪律、加强人员管理、提升履职及业务能力、加强业务管理、全面查找风险,提高应急处置能力，扎实开展输水调度保供水"百日安全"专项活动。开展输水调度规范化建设工作，规范视频监控作业流程，熟练使用闸站监控系统、视频监视系统，熟练掌握输水调度报警作业流程，落实各项制度，防范化解安全风险，提高突发事件处置能力和日常工作规范化管理水平，提高调度岗位安全意识，强化应急反应能力。

【信息自动化管理】

2017年，指定专职业务负责人，加强业务培训，提高岗位履职及业务能力。对自动化制度规程手册进行汇编，对闸站机柜标示标识系统进行规范，增设现地站机房设备供电示意图、自动化调度系统布置图。梳理现地站线缆清册，对外委维护单位工作进行规范管理和考核，严格落实缺陷问题整改，加强自动化调度系统应急管理。

【安全监测】

继续开展规范化建设，完成安全监测站环境整治项目、安全监测线缆整治、安全监测测量墩整治、安全监测工作便道、安全监测水准基点保护工作。落实上级有关安全监测内外观加大频次采集要求，确保汛期和十九大期间安全监测工作平稳进行。

【水质保护】

2017年，开展浮游生物网捕集观测工作，全年完成浮游生物取样730次，编制浮游生物取样报告365份，完成污染源专项巡查11次，修订水污染事件应急预案并备案,完成重点危化品运输桥梁桥面排水改造和桥下集污池建设以及储备应急沙土工作，与宝丰县南水北调办联合排查1次，发现问题2项。

【应急防汛】

加强预案动态管理，管理处《度汛两案》经市县防办、南水北调办评审通过，报河南分局及地方备案。编制《北汝河倒虹吸出口专项防洪度汛应急预案》并报市防办、郏县防办备案，制订《汛期雨中、雨后巡查工作实施细则》，管理处、工巡、警务室、安保、土建维护队全员参与。2017年参与或组织北汝河夜间防汛应急演练、北汝河倒虹吸工程防汛应急抢险演练、消防演练和水质桌面推演等应急演练4次，确保人员素质满足应急抢险需要。

（麻会欣）

郏 县 管 理 处

【工程概况】

南水北调中线一期工程干渠郏县段工程自北汝河倒虹吸出口渐变段开始至兰河涵洞式渡槽出口渐变段止（起止桩号为K280+708.2～K301+005.6）。渠线总长20.297km。干渠与沿线河流、灌渠、公路的交叉工程全部采用立交布置，沿线布置各类建筑物39座，其中河渠交叉输水建筑物3座、左排建筑物10座、桥梁24座、分水口1个、退水闸1座。

【安全生产】

2017年，开展安全生产大检查和各类专项安全检查52次，215人次参与，检查发现问题74项，全部整改完成。开展"防淹溺""安全生产月""南水北调大讲堂"等多种安全宣传；在沿线18所中小学校张贴安全告知书50份、发放安全宣传彩页5000份、致中小学生及家长们的一封信 5000 份、悬挂安全宣传条幅 18 条、发放文具 2500 套。

【工程巡查】

2017 年，组织工巡人员日常培训 12 次、专项培训 9 次。带队巡查 219 次，现场抽查 78 次，通过安防视频监控系统检查 13 次。采取工巡管理人员带队检查指导、定期现场抽查、微信工作群、安防视频监控系统、巡查实时监管系统等方式监督指导。日常巡查发现问题及时记录上报，定期复核整改情况，2017 年度共发现问题 273 项，全部整改完成；工巡按时填写记录及时归档存放。

【应急防汛】

郏县管理处与地方防汛部门联防联动、信息共享，联合郏县移民局、郏县水利局对渠道工程沿线上下游 20km 的防汛风险部位、上游水库工况、水质风险隐患、安全隐患进行摸排。2017 年开展各项应急培训 9 次，参加培训 174 人，目标是熟练掌握应急处置流程及措施，明确各自职责，提高全员应急能力。开展应急演练 4 次，有防汛应急演练、水污染应急演练、闸站消防应急演练、工程突发事件应急演练，167 人参加。

【安全保卫】

组织警务室开展日常工作的同时，拓展警务室的工作职能，开展多项创新工作。开展警民共建、发放警民联系卡，建立精神病患者重点人口档案，对精神病患者确定监护人。2017 年组织安保单位、警务室人员在沿线 33 个村庄发放安全宣传彩页 20000 份、警民联系卡 8000 张，走访 1271 户 4136 人，进行安全教育宣传并登记造册，在沿线村庄及重要跨渠桥梁悬挂安全宣传条幅 52 条。

【安全监测】

2017 年，全年观测数据共采集 63 次，累计观测 82026 点次，归档原始观测记录 63 册，内外观观测月报 12 册；收集咨询单位安全监测月报 12 册。制订《郏县管理处汛期安全监测加密方案》，汛期监测重点部位加密频

次，汛期按照文件要求进行加密观测 9 次并及时录入数据库进行分析。

定期对设备设施及外委单位工作情况进行检查，共形成检查记录表 48 份；每月底定期组织安全监测月度例会，对现场发现的问题进行有效沟通并及时解决，共召开例会 12 次。受 9 月持续降雨影响，深挖方膨胀土渠段局部数据异常，组织运维单位增加临时测点 68 个，应急观测 21 次，上报安全监测简报 21 份。

【水质保护】

协调地方有关部门对渠道沿线风险源、污染源进行排查，对发现的水质安全隐患及时协调相关部门进行处理；组织人员对围网内污染源、风险源进行处置，消除水质安全隐患。联合地方相关部门全面排查 2 次，发现并处置围网外污染源 1 处，拆除保护区内养殖场 3 处。完成浮游生物捕集观测工作 365 次。郏县段水质良好，未发生水污染事件。

【运行调度】

2017 年，郏县段输水调度保持平稳运行，未发生影响运行调度的安全事故。郏县管理处全年共上报水情信息 6550 次，未出现漏报错报现象。全年执行远程调度指令共接收 331 条，成功执行 325 条，成功率 98.19%；全年收到报警信息 135 条，其中调度类报警 1 级报警 5 条，2 级报警 13 条，设备类报警 1 级报警 19 条，2 级报警 0 条，3 级报警 30 条，4 级报警 68 条，全部处置和消警。查看闸站视频监控系统 4380 次，监控设施设备 43 台套。中控室值班人员熟练掌握《输水调度管理工作标准》《输水调度业务手册》《输水调度应急工作手册》，应急调度能力进一步提高。

【金结机电设备维护】

郏县管理处设置金结机电岗位、供电系统岗位、自动化消防岗位，专人专岗，实行闸站站长制。各专员平时按照相关规定规程对设备设施的日常巡检和定期巡检、问题整改过程跟踪、开展设备维护工作。闸站站长每周开展闸站设备设施问题排查，及时发现设备

设施问题组织整改。严格执行"两票制",规范填写记录。信息机电专员按时组织进行节制闸、退水闸、检修闸的动态巡视。管理处每月按时组织各专业人员进行全面大排查,发现问题及时录入台账,采用跟踪监督、视频监督,督促运维单位规范开展维护工作。

【工程效益】

郏县段赵庄分水口自 2015 年 7 月 13 日试通水以来,向郏县分水 2080.25 万 m³,受益人口 15 万人。

(卢晓东)

禹州管理处

【工程概况】

禹州段辖区总长 42.24km,工程始于(桩号 K300＋648.7)郏县段兰河渡槽出口 100m 处,设计流量 315～305m³/s,设计水深 7m,渠底比降 1/24000～1/26000。工程沿途与 25 条大小河流、46 条不同等级道路交叉。布置各类建筑物 80 座,其中河渠交叉建筑物 4 座,渠渠交叉建筑物 2 座,左岸排水建筑物 21 座,退水闸 1 座,事故闸 1 座,分水闸 3 座,抽排泵站 2 座,路渠交公路桥梁 45 座,铁路桥梁 1 座。南水北调中线干线禹州段工程担负着向干渠禹州以北输水及向许昌市区、许昌县、襄城县、禹州市区、神垕镇及漯河临颍县分水的任务。

【安全生产】

2017 年,禹州管理处作为规范化建设试点单位和安全生产标准化试点单位,继续开展工程运行安全管理标准化建设。建立工程安全管理八大体系,重新梳理四大工程运行安全管理清单。通过标准化建设,有效提高管理处安全管理水平,初步形成企业安全文化。

全年召开安全生产会议 37 次,其中安全生产专题会 11 次;开展各类安全检查 59 次,检查发现问题 174 个,检查记录齐全;对运行人员教育培训 31 场共 504 人次,其中季度安全教育 8 次,培训人员覆盖全员。特种作业持证上岗,高低压、金结机电等专业特种作业证均在管理处备案。

【工程巡查】

2017 年依据《南水北调中线干线工程运行期工程巡查管理办法》确定巡查人员、路线和巡查区域,细分责任区巡查项目及其重点部位、明确相对固定的巡查路线。加强巡查人员教育培训,通过安防系统、巡检系统及现场抽查加强工巡人员管理和考核。每天实行"零"报告制度,由工程巡查人员在工作 QQ 群报告巡查情况。8～9 月,完成"工程巡查实时监管系统"基础信息录入,包括"部门信息""维护队伍""设施信息""路线规划""人员信息"等。

【工程维护】

编制《南水北调中线干线禹州管理处工程维修养护方案》,指导管理处工程维修养护实施;制订《禹州管理处 2017 年工程维修养护计划》《禹州管理处 2017 年绿化养护实施计划》《禹州管理处 2017 年维修养护验收管理体系》《禹州管理处 2017 年专项工程维护计划》《禹州管理处 2017 年专项维修养护管理体系》,为工程维护及绿化项目实施提供指导和遵循。土建运维按计划完成,绿化合作造林项目完成全线的绿化带植树工作。根据《河南分局标准化渠道建设实施方案》74 项评分标准,完成华庄北公路桥至观耙园公路桥长和冀村南公路桥至灰河南公路桥、郭村西至杨村西南总计 5.44km 的标准化渠段建设。

【安全监测】

禹州段安全监测项目分变形监测、渗流监测、应力应变监测三类,埋设监测仪器 14 种共计 2567 支。2017 年发现并上报安全监测异常问题6个，解除异常问题4个；组织专家分析采空区测斜管水平位移异常数据与现场查看3次，增设水平位移观测点18个并实施观测。

【自动化系统改进与维护】

2017年完成核查《安全监测数据整编与系统分析报告》《自动化系统仪器基本信息》，配合中国水利水电科学研究院完成禹州管理处《自动化系统实用化检验报告》，发现并解决自动化问题181个，提交自动化系统功能改进建议22条，收集并复核《仪器考证表》内观仪器1363支的电子版资料，完成《自动化系统渗压计警戒值录入信息》的编制与系统录入。完成自动化运维单位中国水利科学研究院与中水东北勘测设计研究有限责任公司的交接；完成规范化整治测站2个，整治内观仪器线缆498支，整治接地电阻不合格的测站5个。长江空间信息技术工程有限公司（武汉）完成安全监测基准网布设及成果提交；巡查外观测点2408点次，修复安装测点保护盒42个，安装测点标示标牌69个；汛期及十九大期间加密观测1909点次。完成二次仪表检定12台次，维修9台次。

【输水调度】

按照"以规范化管理保安全运行"的工作目标，不断完善调度生产场所设备设施，规范调度人员行为，加强人员培训，强化值班管理，确保运行安全。在中控室设置学习角，每班人员至少进行半小时以上的学习，形成学习记录200篇。全年共组织调度人员开展输水调度业务知识培训学习22次。全年共组织调度人员月度考核12次，下发考核通报12份。创新优化中控室视频监控，对相关设施实现更有效监控。将1号屏设置为节制闸闸前闸后水尺画面轮巡。2号屏为节制闸闸门开度尺画面轮巡。3号屏为节制闸控制柜及启闭机。4号屏为事故闸、控制闸、分水闸、退水闸控制柜及启闭机画面轮巡。5号屏为各闸站高低压配电室、柴油发电机室和通信机房画面轮巡。

开展保供水"百日安全""迎十九大召开，保工程平稳"调度专项活动。2017年，颍河节制闸全年过水量40.45亿m³，接收远程指令操作闸门773门次，成功764门次，远程成功率98.8%；3个分水口全年分水量1.05亿m³，其中宴窑分水口分水638.62万m³，任坡分水口分水2704.88万m³，孟坡分水口分水7200.56万m³。

【信息机电设备运行】

管理处以问题为导向加强问题查改，规范设备管理工作。中线建管局、河南分局统一安排，开展"4批23项""3批71项"问题集中整改及规范化建设活动。通过集中查改，集中消除设备安全隐患，完善设备功能，规范人员行为，提高管理水平，保障运行安全。2017年，禹州段信息机电设备运行基本平稳。

【档案管理】

2017年成立档案工作领导小组，明确档案人员分工、档案管理归口部门，制订《禹州管理处档案管理制度（试行）》。配有符合要求的档案管理库房及相关设施设备，配备干粉灭火器，开展定期检查；档案柜架标识清楚、排列整齐，定期对档案保管库房进行检查，落实库房防火、防盗、防水、防潮、防虫等措施。

【财务资产管理】

财务资产管理严格遵守各项规章制度，经济业务真实、资料完备、发票来源合法、核算规范、会计科目使用正确，并建立预付款往来台账。2017年6月就财务报销规定通过PPT形式对全体职工进行宣传培训，并制作发票开具小卡片，明晰财务报销知识，快速正确进行费用报销。及时编制并按月上报资金使用计划，在规定范围内合理使用资金，加强内控制度，保障资金使用安全合理。物资管理更加规范，按期盘点资产物资，及时上报盘点表并录入物资系统，保证账实相符、账账相符。7月组织各科室资产物资管理员对中线建管局、河南分局物资管理新规定进行讨论学习。

【合同管理】

计划合同管理制度健全，组织机构设立合理，人员分工明确、职责清晰，计划编制切实可行，统计工作及时准确，合同管理行为规范。2017年，组织实施签订合同项目7项，建立合同签订台账、合同结算台账、采购招标台账、零星用工结算台账，各类台账分类详细、条理清晰、更新及时。采购管理严格按章办事，规章制度落地执行，采购程序合法合规，采购程序文件齐全、过程资料记录清晰、采购成果文件整理归档规范。合同签订程序规范、合同计量真实准确规范、合同支付资料齐全规范、办理准确及时、合同履约管理规范、计划开展执行情况良好。

【人力资源管理】

禹州管理处领导成员分工明确，坚持重大问题集体讨论决策，涉及采购、合同、资产、费用问题，组织相关科室召开专题会议审定后决策。成立各种领导小组，召开处长办公会。2017年共召开处长办公会9次，成立工作小组9个。规范和加强管理处培训工作，制订《禹州管理处2017年员工培训计划》，按照计划组织开展培训，进行《禹州管理处2017年培训计划及完成情况汇总表》登记和汇总。2017年禹州管理处共组织培训38次。

【专项管理】

成立专项工作小组 2017年禹州管理处成立以管理处负责人为第一责任人的运行管理规范化建设、安全管理标准化、安全生产、工程维护、防汛与应急、水质保护、运行调度小组，指导安排各项工作目标任务的整体部署。组织处长办公会、运行管理规范化、安全管理标准化等专题会议。

专业牵头、分岗负责、全员参与 为确保各项工作有部署、有安排、有落实，禹州管理处在管理上实施"专业牵头、分区负责、分岗负责、全员参与"工作机制，每一项工作设一个专业负责人，其余人员予以配合，使每一项工作不相互推诿扯皮又全员参与，在完成目标任务同时，培养职工的"一人多岗"工作能力。

实行段长站长负责制落实责任 根据渠段和闸站情况，明确9名段长、7名站长，改进发现问题的手段。将每个闸站每个房间的每个设备每个零件等需要检查的地方编辑成册。对照手册进行检查，不遗漏一个死角。对监督队及飞检发现的问题组织学习讨论，举一反三，开展自查，提高职工发现问题和解决问题的能力。

【技术创新】

蛙人清淤检修 禹州管理处针对分水口涵洞淤积问题，首次提出"蛙人不停水清淤检修"的维修方式。在不中断供水情况下，对分水口涵洞实施清淤检修。"蛙人不停水清淤检修"在河南分局全线推广。

分水口拦淤设施 对分水口闸后涵洞容易淤积问题，探索长效解决机制，采取拦排结合方式设计分水口拦淤设施。在分水口检修闸门上游侧安装可升降钢制闸门拦截渠道水体沉积物，并在钢制闸门上方安装钢丝滤网拦截水体漂浮物，配备排污泵定期对闸门前沉积物进行抽排，减少水体沉积物在闸后涵洞的淤积。经过一段时间运行，通过水下电视观测，闸后涵洞淤泥明显减少，拦淤设施效果显著。

【十九大期间加固措施】

根据中线建管局和河南分局"迎接十九大召开、保工程平稳运行"实施方案，按照中线建管局"四防、五保障、四要求"和河南分局10大项44小项具体安排，禹州管理处成立安全稳定小组，编制加固措施实施细则，明确责任领导、责任科室和责任人。增加人员71人、车辆等设备6台、增加刺丝滚笼3000m，增加巡视巡查频次，采取视频监控和自动化手段，确保十九大期间运行安全。

【新闻宣传】

禹州管理处成立宣传工作领导小组，编制《南水北调中线干线禹州管理处新闻宣传工作管理制度》《禹州管理处2017年宣传工作计划》，号召全处职工参与宣传工作。2017年在中线建管局网站发表新闻稿件22篇、南水北调报2篇、南水北调App2篇、微信公众号15篇，共计41篇。其中1篇《禹州管理处先行先试，为自动化调度系统提供保障》在中国南水北调报A2版头条发表，并获得2017年度《中国南水北调》报好新闻"二等奖"。

【党工青妇工作】

制订《禹州管理处党支部2017年学习计划》，明确年度学习主要内容、学习计划安排。采取自学与集中学习相结合、理论学习与现场操作相结合方式实施，建立"一账一册一法"工作台账。落实"三会一课"党内生活制度，定期召开党员大会、支部委员会、党小组会，按时上党课。2017年共召开支部委员会12次，支部党员大会3次，组织生活会1次，党小组会15次，专题党课7次。

开展"红旗基层党支部"创建工作，成立以管理处负责人为组长的"红旗基层党支部"活动创建工作小组，具体负责创建活动的组织实施工作。同时建立活动创建89项考核指标跟踪管理表格，推动党建工作与业务工作深度融合。

制订《禹州管理处党支部第一阶段学习宣传贯彻党的十九大精神工作方案》，每周组织不少于3次十九大集中学习，第一阶段共组织开展十九大集中学习19次。同时开展十九大心得体会评比活动和100道题目测试活动，有效提高党员干部职工学习十九大精神的主动性和积极性。建立"一岗一区1+1"工作制度，明确党员示范岗、党员责任区，发挥"一个党员一面旗帜、一个党员一盏明灯、一个岗位一份奉献"的示范带头作用，提高党建工作的针对性和实效性。开展党员群众"1+1"结对互助活动，引导党员在本职工作中增强党性意识、规矩意识和担当意识。

（牛东方　郭亚娟　张国帅）

长 葛 管 理 处

【工程概况】

长葛管理处所辖中线干线工程起止桩号K342+936.97~K354+397.39，全长11.46km。沿线布置各类建筑物33座，其中渠道倒虹吸工程2座、左排倒虹吸工程4座、跨渠桥梁14座、陉山铁路桥1座、抽排泵站5座、降压站6座和分水闸1座。

【安全生产】

2017年，长葛管理处围绕"安全管理标准化"工作目标，通过安全管理标准化试点工作，构建八个体系，梳理四个清单，结合"规范化建设活动"，修订细则、明确规程，推进运行安全管理标准化建设。

长葛管理处开展以"关爱生命、预防溺水"为主题的"安全生产月"活动。开展系列宣传教育活动，以中小学生和附近群众为重点宣传对象，发放宣传页、设置展板、举办知识讲座讲解南水北调工程特性。普及《安全生产法》《南水北调工程供用水管理条例》安全知识，提高全员安全生产意识和技能。2017年开展安全检查53次，其中月度安全检查11次，周安全检查42次，检查发现问题47个，全部完成整改；召开安全生产会议48次，其中月度安全生产会议11次，周安全生产会议36次，落实"迎十九大召开，保工程平稳运行"加固措施专题会1次。

发挥警务室和安保单位在维护秩序和保障安全方面的协调配合作用，开展"防溺亡专项活动"4次,"南水北调大讲堂"活动1次,"电影下乡"活动20余次,发放张贴传单2000余份。排查登记沿线村庄14个,登记重点监控人员5名(精神病或有家庭矛盾者),协调处理外围问题(企图跳河、外围纠纷)14起,发现并阻止外部人员翻越围网9次,救起溺水人员1起。十九大期间加密巡逻,强化值守,完成十九大期间安全保卫工作。

【输水调度】

长葛管理处贯彻落实调度管理工作手册(修订),配置5名自有人员+5名外聘人员开展输水调度工作。每月提前排中控室和闸站调度值班表,值班期间按规定开展指令的执行与反馈、数据的采集与上报、调度数据的监控。开展总调中心组织的"全线输水调度保供水百日安全专项行动"、河南分局组织的"迎十九大召开,保工程安稳供水"活动。2017年收到调度指令244条,操作闸门735门次,操作闸门成功710门次,成功率97%;小洪河节制闸过闸流量90.96亿m^3,通过洼李分水口向长葛分水4451万m^3。全年水量确认准确无争议,辖区内未发生擅自操作闸门或不按指令操作行为,未发生输水调度事故,完成安全输水目标。

【水质保护】

落实各项水质保护制度和方案,加强职员业务培训,加强对水质风险源的排查和防控,分工负责、相互配合,完成水质日常巡查及管理、日常监控、漂浮物管理、污染源管理和应急管理工作任务,实现2017年水质安全工作目标。

【土建绿化】

继续开展土建绿化维护工作,土建维护项目开展60余项,严格按照相关标准执行,总体形象良好。完成防护林造林长度15.5km,完成造林进度70%,种植乔木30100株、灌木6060株,预计2017年底完成95%的造林任务。草体修剪实行状态控制,整体绿化养护情况良好,推进标准化渠道建设工作,11月通过石良河倒虹吸出口—水磨河东公路桥右岸标准化渠道验收,长度2145m。

【应急防汛】

按照中线建管局和河南分局防汛指挥部的安排部署,落实各项防汛措施和安全度汛方案;加强关键事项和薄弱环节的管控处理,及时清理左排倒虹吸、截流沟和排水沟淤堵;联合日常维护队及安保单位开展应急抢险演练,提高安全度汛防汛体系应急处置能力;与地方政府沟通协调解决交叉河道影响行洪问题;实现连续强降雨长葛管理处辖区内工程无险情发生,工程运行正常平稳。

【安全监测】

安全监测工作严格按照上级要求进行数据采集,规范记录,数据全面真实可靠,对采集的数据计算物理量,绘制过程线图,对监测成果进行初步分析并及时上报。加强二次仪表的日常保养、按时年检,以及外观观测设施的养护工作。完成安全监测基准网布工作,以及汛期膨胀土段及十九大期间安全监测加密观测任务。配合完成安全监测自动化系统实用化检验,推进自动化系统应用的进展。加强对外观监测单位及自动化维护单位的管理,较好地完成各项监测工作任务。组织安全监测管理人员参加上级举办的专业培训。

【问题查改】

以问题导向,及时消除设备隐患。制订《长葛管理处全员参与运行管理问题集中查改工作实施方案》。对各级检查机构下发的问题报告进行集体研读,各专业人员带着问题对金结机电设备设施进行巡视,举一反三,提升自身发现问题的能力。对于发现的问题,及时填写问题台账并跟踪处理。2017年金结、机电、自动化设备设施共发现问题289项,全部处理完毕。

全面推进规范化建设。围绕中线建管局4批23项问题整改项目、河南分局3批74项问题整改项目、"迎十九大召开,保工程平稳运行"加固措施等阶段性建设目标，统筹谋划，研究每个项目，领会文件精神，制定细化方案，组织实施，2017年各项任务全部完成。通过一次次提升，初步实现工程要有新面貌，管理要上新台阶的工作目标。

【技术创新】

无线烟感报警器　创新小组引进无线烟感，将烟感探头安装在设备设施房间屋顶最高点，利用烟感探测器进行检测，通过无线SIM卡进行远程无线传输。当遇到火灾时，设备就会自动拨打管理人员手机，使管理人员及时发现无人值守闸站、泵站火灾情况。

节制闸无线水位计　为确保输水调度安全，及时发现水位异常情况，早日实现现场无人值守，创新小组在节制闸闸前和闸后各安装一套无线水位计，它利用压阻式探头采集水位数据，通过无线SIM卡传输到远方服务器端。当遇到渠道水位超过预设的警戒值后，无线水位计就会自动拨打管理人员手机报警。无线水位计通过一套独立于现有自动化闸控系统的方式对闸前和闸后水位进行监测和报警，实现对渠道水位双自动化预警，为安全调度提供更有效保障。

无线温感报警器　液压启闭机是南水北调中线闸门控制的核心设备，运行过程中油温异常如果不能及时发现，可能会造成毁灭性的危害。为使管理人员能及时发现启闭机油温异常情况，创新小组在液压启闭机油箱上安装温感探测器和配套使用的GSM电话智能报警主机。通过模拟测试，当探测器达到报警温度时，报警主机能及时给管理人员拨打电话报警，以便及时消除火灾隐患。

强磁式风动驱鸟器　由于通水渠道两岸鸟类种群逐渐增大，反复在高压铁塔及线路上筑巢，危及供电设施及通水运行安全的问题，长葛管理处创新小组借鉴电力单位经验，根据鸟类怕光恐色的特性，在35kV架空杆塔上安装声光驱鸟器，有效遏制鸟类筑巢对输电线路的危害。

洼李分水口自动拦污装置　长葛管理处创新小组为解决藻类、杂草、植物秸秆等漂浮物进入分水管道问题，在第一代"分水口拦污设施"基础上，提高分水口自动拦污装置的工作性能，增强拦污效果。5月向河南分局上报"关于对洼李分水口自动拦污装置进行升级改造的请示"。河南分局多次到现场研究升级改造方案，并组织专家对设施的必要性、可行性及运行安全性进行论证。9月28日，洼李分水口第二代拦污装置成功安装并试运行。

（鲁霄菡）

新 郑 管 理 处

【工程概况】

南水北调中线干线总干渠新郑段起止桩号K354+681—391+533，承担向郑州市及其以北地区供水任务。工程总长36.851km，其中建筑物长2.209km，明渠长34.642km。沿线布置各类建筑物77座，其中闸站16座（渠道输水倒虹吸4座、输水渡槽2座、退水闸2座、排水泵站7座、分水口门1座，其中有2座节制闸参与调度）、左岸排水建筑物17座、渠渠交叉建筑物1座、各类桥梁43座。另有中心

开关站1座。

【管理概述】

2017年，新郑管理处按照中线建管局的工作部署和河南分局的相关要求，以"稳中求好　创新发展"为总目标，以安全生产为主线、以问题查改和规范化建设为抓手、以试点创新驱动为引领，推进4批规范化建设项目，全面落实迎十九大各项加固措施，完成年度工作任务。2017年主动承接电缆沟整治、绿化合作造林、广告塔建设、职工值班

用房建设等试点项目。

【运行调度】

2017年，新郑管理处密切监控渠道水体运行状况，共完成调度指令复核655条，涉及闸门操作1926门次；通过李垌分水口向新郑市分水3935.23万 m³；通过沂水河退水闸向新郑市生态补水2次，补水量154.63万 m³；通过双泪河退水闸生态补水8次，补水量2454.78万 m³。截至2017年底，累计向新郑市供水12203.82万 m³（其中，李垌分水口分水8024.98万 m³；沂水河退水闸生态补水345.91万 m³；双泪河退水闸生态补水3832.93万 m³。）

【问题查改】

减少问题存量、遏制问题增量，完善问题查改工作方式，落实问题查改工作制度，建立自有人员查改问题长效机制。每周组织召开问题查改促进会，针对存在问题归纳分析，研究制定问题整改方案，落实问题责任人和整改时限，严格问题整改验收程序。

【规范化建设】

按照中线建管局4批23项和河南分局3批71项规范化建设项目目标任务，推进运行管理问题整改和规范化建设工作。实施自动防鸟网安装、移动电源车改造、闸站消防设备设施增设、闸控自动化系统的升级等一批闸站功能完善项目，进一步保障设备运行安全。

【试点创新项目】

绿化合作试点项目 新郑段合作造林试点项目长度18.03km，目前左岸防护林造林长度已完成16.2km，右岸防护林造林长度已完成14.5km，共栽植苗木50136棵，占总造林任务的85%。

标准化渠道建设 开展标准化渠道建设，完成双泪河渡槽进口至新商铁路倒虹吸出口右岸（长度2.876km）标准化渠道创建工作。

电缆沟整治试点项目 开展新商铁路倒虹吸电缆沟集中整治试点，试点成果在河南分局推广。

食品级润滑脂现场试验 水利工程食品级润滑脂在双泪河退水闸开展现场试验。

【工程管理】

2017年，开展经常性安全生产检查，坚持问题登记和整改销号。加强维护项目施工管理，进行安全技术交底并签订安全生产协议，明确安全生产责任。严格入渠作业管理，及时办理车辆人员证件，督促入渠作业车辆配备救生设施。落实安全防护措施，重要部位隔离网顶部加装刺丝滚笼。强化安全保卫措施，安保单位每天巡逻3次，警务室人员每周巡逻2次，特殊时期加大巡视检查力度，发挥警务室的震慑作用。两会期间及重要节假日特殊时期重点部位落实加固措施，安排专人值守。加大安全宣传力度，以6月安全生产月活动为契机，开展"三深入两联合一播一宣讲"安全生产教育及防溺亡专题宣传。

【水质保护】

2017年，在辖区内7座危化品跨渠桥梁设置14座水质应急沙土储备池；通过加装集污池，封堵排水孔等方式，对7座重点桥梁进行改造；加大对渠道内污染源协调力度，有效解决神州路公路桥左岸污水进入截流沟问题和外部养鸭场问题。

【应急防汛】

2017年，建立风险排查台账，完善防汛应急预案及度汛方案并组织培训和专项应急演练5次，全员风险意识和管理处应急前期处置能力得到全面提高。与地方防指建立联动机制，及时了解管辖渠段周边雨情水情，开展防范工作。汛期严格按照上级要求，严格落实防汛值班、物资储备排查、风险点监控，确保工程安全度汛。

【后穿越项目管理】

2017年，对已完工穿越项目进行月度专项巡查，配合工程日常巡查方式加强监管；对在建后穿越项目加强检查频次，现场发现问题及时督促整改。2017年共完成后穿越项目方案审查1个，新签订梅河综合治理项目监管协议1份，完成后穿越工程验收1个。

【党群工作】

以提升业务能力为切入点，加强和创新党建工作，提高党务工作水平，实现党建工作与中心工作的深度融合，使基层党组织在职工群众中充分发挥政治核心作用和业务促进作用。学习贯彻落实党的十九大精神，每名职工提交心得体会，将十九大精神与工作实际相结合。持续开展党员督导，提高全员工作积极性和工作实效。

（崔金良　王珍凡）

航空港区管理处

【工程概况】

航空港区管理处是南水北调中线干线工程三级管理处，所辖干渠长27.028km，渠道大部分为挖方，部分为半挖半填，渠道设计流量305m³/s，加大流量365m³/s，共布置各类建筑物60座，其中跨渠桥梁43座（包括4座铁路桥），河渠交叉建筑物3座，左岸排水建筑物9座，泵站4座，分水闸1座。

【运行调度】

2017年，航空港区管理处中控室共反馈调度指令326条、形成运行日志730班次、交接班记录730班次、水情上报6563次。系统各模块报送格式完整、内容准确、记录及时、流程正确。小河刘分水口运行正常，全年共分水6192.1万m³，累计分水14526.25万m³。

【问题查改】

落实中线建管局《南水北调中线干线工程运行安全问题查找工作规定》和河南分局《现地管理处问题检查与处置有关岗位工作手册（范本）》，编制《运行航空港区管理处安全问题查改工作实施细则》《航空港区管理处问题检查与处置岗位工作手册》，按照要求划分责任范围、明确岗位职责、细化工作内容，量化工作标准，落实责任人，全面开展自有人员查改问题制度。围绕4批23项问题开展工作，结合所辖站点实际情况，编制问题整改及规范化建设项目实施方案，并督促运维单位实施。2017年涉及港区管理处的问题全部整改完成。

【督办事项】

2017年，国务院南水北调办督办事项按节点要求完工。涉及港区管理处的督办事项有工程保护范围界桩、工程维护及抢险设施物资设备仓库建设项目。港区管理处各类工程保护范围标志共116处，其中大型河道混凝土标志4处、左排和村镇混凝土标志40处、单面悬臂式交通标志4处、双面悬臂式交通标志4处、单柱式交通标志64处，2017年全部完成。工程维护及抢险设施物资设备仓库建设项目主体工程完成。

【学习大讨论活动】

加强管理处员工思想管理，开展"请善待你所在的单位"学习大讨论活动。研读原文、集体讨论、撰写学习心得，推动思想政治工作持续开展，进一步增强职工"主人翁"意识和爱岗敬业精神。根据河南分局党委要求，制定航空港区管理处支部第一阶段和第二阶段学习计划。

【十九大期间加固措施】

十九大期间按要求采取加固措施，确保工程安全。港区管理处依据中线建管局和河南分局的加固方案编制印发《航空港区管理处十九大期间加固措施实施方案》，按照方案对重点值守部位派人员驻守。十九大加固期间，确定11个重要部位，按要求派驻人员从9月22～11月20日期间24小时值守并对值守人员进行岗前业务培训和安全教育。自有职工按要求每天开展巡查并填写记录，安保和警务室增加巡逻频次，并填写巡逻记录表。

（王敬鹏）

郑 州 管 理 处

【工程概况】

郑州管理处辖区段起点位于郑州市航空港区和管城区交界处安庄，终点位于郑州市中原区董岗附近（干渠桩号K418+561.5－K450+304.56），渠段长31.743km，途径郑州市管城区、二七区和中原区3个主城区。渠段起始断面设计流量295m³/s，加大流量355m³/s；终止断面设计流量265m³/s，加大流量320m³/s。渠道挖方段、填方段、半挖半填段分别占渠段总长的89%、3%和8%，最大挖深33.8m，最大填高13.6m。渠道沿线布置各类建筑物79座，其中渠道倒虹吸5座（节制闸3个），河道倒虹吸2座，分水闸3座，退水闸2座，左岸排水建筑物9座，桥梁50座，强排泵站6座，35kV中心开关站1座，水质自动监测站1座。

【运行调度】

2017年共接到调度报警218条，设备报警268条。执行调度指令441条，涉及3105门次，远程执行成功419条，远程成功率95.01%。累计向郑州市供水7.8亿m³。按照中线建管局及河南分局要求，对问题进行整改完善，完成电缆沟整治、电气柜防护、消防系统整治等事项，进一步提高设备运行安全。严格按照中线建管局4批23项、河南分局3批71项问题整改标准进行整改。

【安全生产】

2017年，构筑多重立体防线，发挥中控室值班、闸站值守、工程巡查、安全保卫和日常维护人员的作用，立足完善工程措施消除危及工程安全和水质安全的防汛风险。完成水泉沟防洪处理工程，彻底解决水泉沟度汛风险问题，在渠道防护围栏及大门上方增加环形刀片刺丝，对违规进入渠道增加防范安全屏障。通过规范化建设，安全监测组织体系更加完善，监测数据的采集整理、初步分析更加有效，对异常数据的判别及处置更加准确。

【水质保护】

在防范危化品通过桥梁进入渠道的风险中，采取"堵、排、截"的方式，可以封堵桥面排水孔的桥梁将排水孔封堵，不能封堵桥面排水孔的桥梁更换新型耐久型排水管，同时在桥梁伸缩缝下方修建截污池，将自伸缩缝流入的污水截存，统一抽排处理。

【工程维护】

2017年，完善工程措施消除危及工程安全和水质安全的风险，完成剩余桥下截污池和边坡硬化项目，推进左岸防洪影响处理工程的建设，协调地方部门开展污水进截流沟等存量污染源治理，杜绝污染源增量，减少外部环境对工程的影响。加强后穿越工程管理，杜绝后穿越工程施工期间造成影响工程安全与运行安全的事件。加强巡视，及时发现并协调处理城中村拆迁及市政绿化建设对工程的影响。完善消防设施，达到任何地方有火情均能及时发现的目标。

【防汛度汛】

严格落实责任制，提高执行能力 提高各部门防汛组织能力和执行能力，完善各项预案，加强与地方防汛部门的联动，提高应急队伍抢险反应能力，保证防汛工作有条不紊万无一失。

加强督导检查，落实隐患整改 按照度汛工作方案，定期开展防汛检查，加强工程巡查，加强雨期巡查。配合国务院南水北调办、中线建管局和各级地方有关部门开展防汛检查，逐项落实隐患整改。

加强对防汛重点部位管控 加强对防汛重点部位管控，协调督促尽快实施防汛应急工程，加大巡视检查的频次，增强应急预警意识，确保各种突发情况得到及时妥善处置。

严格防汛值班　严格执行防汛值班制度，加强应急影响流程及应急处置程序培训学习，规范填写雨情汛情记录报告。

【合同管理】

加强合同管理和预算管理，严格控制财务各项费用。开展合同管理办法和合同范本的学习，树立全员合同意识，对运维单位建立以合同管理为核心的管理机制。

【运行维护】

对运维单位严格管理，加大考核力度，促进维护质量提升。检查确认硬件设施设备，检查运维单位办公条件，维修设备，备品备件准备情况。对维护人员进行考察，对技术不过关、不遵守规章制度的人员坚决更换。检查日常行为，通过视频监控和现场检查方式，检查是否有违规操作、表格记录弄虚作假等情况。对问题处理情况进行复核，运维单位完成问题处理后实施报审制度，对不满足要求的情况重新处理。

【党建与员工培训】

完善自有人员管理制度，落实责任，促进问题整改。加强党支部建设，开展学习十九大报告和习近平总书记系列讲话，开展"党员一岗一区1+1"及红旗党支部建设活动。加强人员培训学习，鼓励员工在岗位职责范围内业务熟练后，学习其他方面专业知识。

【建立问题查改长效机制】

2017年，建立责任段问题查改长效机制，提高问题查改频率，明确责任，按照自有人员全员参与的要求，划分6个责任段，每段设问题排查3人小组，人员由工程科、调度科、综合/财务科组成，责任小组负责人牵头，对责任段内的渠道和闸站进行不间断排查，由业务科室根据各自职能负责问题整改，责任小组负责跟踪督促整改情况，形成问题"查、改、认"全流程闭合。

【试制倒虹吸进口拦藻机】

2017年试制倒虹吸进口拦藻机。在第一阶段试制完成后，在十八里河倒虹吸试运行，并开展大量针对性的实验及监测工作。从试运行情况来看，自动化藻类拦捞装置实现对干渠水体中藻类和漂浮物的自动拦捞、自动冲洗功能，达到第一阶段的实验目标。下一阶段计划从提高拦藻效率、增加拦藻深度、实现藻水自动分离等方面，进一步提升自动化藻类拦捞装置的功能和效率。

【渠道衬砌修复生产性试验】

因突降大雨造成王庄沟排污廊道处衬砌板破坏，2017年郑州管理处开展渠道衬砌修复生产性试验，试验成功后可对不停水修复水下渠道衬砌板破坏具有指导性意义。

（何大川　赵鑫海）

荥 阳 管 理 处

【工程概况】

荥阳段工程位于河南省荥阳市境内，起点在郑州市须水镇董岗村西北(桩号K450+304.49)，终点在荥阳市王村乡王村变电站南(穿黄工程进口A点,桩号K474+277.55)。南水北调中线干线工程为Ⅰ等工程，荥阳段工程干渠渠道及各类交叉建筑物和控制工程等主要建筑物按1级建筑物设计，附属建筑物、河道防护工程及河穿渠建筑物的上下游连接段等次要构筑物按3级建筑物设计。

荥阳段工程干渠线路总长23.973km，明渠长23.257km，建筑物长0.716km；明渠段分为全挖方段和半挖半填段，渠道最大挖深23m，最大填高13m；沿线岩性以壤土、黄土状壤土、粉质壤土为主，均为土质渠段，其中2.4km渠段边坡夹有部分膨胀土（含0.7km砂岩），1.225km高填方段（含索河涵洞式渡槽400m）。荥阳段工程以明渠为主，自流输水，沿途与河流、渠道、公路、铁路交叉时采用立交方式穿越。荥阳段工程干渠沿线共有各类建筑物76座，其中包含2座河渠交叉输水建筑物（含1座节制闸）、5座左岸排水渡槽、1座渠渠交叉、2座分水口门、1座退水闸、26眼集水井泵站、9座降压站、1座铁路桥、15座公路桥、11座生产桥、3座后穿越桥梁。

【安全生产】

2017年安全管理落实到位，实施警企联合加固安全防线。荥阳管理处围绕河南分局贯彻落实国务院南水北调"稳中求好、创新发展"工作总体要求，全面落实安全生产监管职责和企业安全生产主体责任。以安全生产为中心，加大力度排查，加强现场监管和隐患治理，开展宣传培训教育，对安全事故超前防范。完成荥阳警务室建设，完善警企联防体系；完成安保移交，制定管理处安保接管工作计划。协调荥阳市南水北调办及地方有关政府部门取缔邢家门养猪场、白寨养鸡场、前袁垌村养猪场3处养殖污染源，增强水质安全保障。东陈庄生活污水处理设施即将完工投入使用。

【防汛应急】

成立2017年安全度汛工作小组，层层落实责任；汛前全面排查，梳理确定防汛风险项目9个；编制"两案"及专项方案，提高应对能力；与地方政府建立安全度汛联动机制；开展防汛风险项目专项巡查；加强应急人员及应急驻守管理；组织各类应急培训6次，培训人员近160人次；多部门联合开展"前蒋寨沟左排渡槽超警戒水位联合防汛应急演练""关帝庙南跨渠大桥人为投毒水污染突发事件联合演练"两次大型演练；汛期参与防汛值班278班次，人员849人次，防汛值班记录278次，上报河南分局防汛值班室防汛日报278次。

【工程巡查】

2017年，严管工程巡查，管理处每月组织工程巡查人员工作开展情况专项检查4次，全年44次，填写记录表264份；每月组织工程巡查人员进行日常检查4次，全年45次，填写记录表270份；巡查管理员每月对巡查数据分析4次，全年45次，填写记录表66份。

【自动化设备运行维护】

加强自动化设备管理，严格对运维单位的日常管理考核；及时登记台账并下达故障处理任务书，责令运维单位限期整改。2017年对各运维单位共进行安全交底和安全培训5次，组织运维单位和闸站值守人员参加河南分局组织的各类设备培训，操作特殊设备持证上岗，依章依规进行设备巡视和操作。

【档案验收】

2017年，继续开展档案整理工作，通过工程档案专项验收。6月28日~7月1日，南水北调工程设计管理中心主持进行荥阳段工程档案专项验收前检查评定工作。9月25~28日，国务院南水北调办工程档案专项验收组通过对南水北调中线一期工程干渠荥阳段设计单元工程档案专项验收。

【创新项目】

技术革新抓梁改造 为提高检修闸门运行的可靠性，保证自动抓梁顺利实现抓、脱钩，使检修闸门在紧急情况下能够顺利启闭，2017年中线建管局、河南分局选取荥阳段枯河倒虹吸检修闸门作为试点进行自动抓梁改造工作，抓梁改造在索河自动抓梁改造基础上进行技术升级和功能优化。改造后的自动化抓梁系统，在经多次检修门门库内及入水试验检验后，穿脱销成功率均达100%。

维护创新水下围堰 为尽早修复冻损破坏的水面交接部位衬砌面板，保障工程安全，荥阳管理处历时4个月研制成功可创造局部干地施工条件的第一代水下沉箱（水下1m范围）。经河南分局批复后，开展试验性修复工作，为在通水条件下进行水下缺陷处理积累经验。2017年，正在研发的第二代水下钢围堰，研发成功后将实现水下3m范围内的干地施工作业，为最终在通水条件下实现对渠道进行维护检修准备条件。

生态创新以鱼净水 在干渠外部位模拟中线干渠同期输水状况，设置不同的试验组别分放养滤食性鱼类，通过对水质理化指标、浮游生物指标、鱼类生理生态学指标等多方面指标的检测分析，确定滤食性鱼类对水质的影响效果。2017年初步形成南水北调中线干线工程以鱼净水技术体系，为下一步全面开展生态防控藻类工作，维护干渠水生态系统健康提供技术保障。

【党建工作】

2017年，荥阳管理处党支部以基层红旗党支部创建为契机，开展"两学一做"活动，学习贯彻习近平总书记系列重要讲话，开展"十九大精神"专题学习。按照河南分局党委要求的频次开展学习教育活动。开展党的群众路线教育实践活动，围绕问题精准整改。以学习型、服务型、创新型机关党组织建设为目标，进行党支部思想、组织、作风、反腐倡廉和制度建设，进一步提高党员干部的政治素质、理论素质和综合业务素质，发挥党支部核心堡垒和党员模范带头作用，完成管理处各项工作和学习任务，为提升规范化建设工作提供思想和组织保证。

（荥阳管理处）

穿 黄 管 理 处

【工程概况】

穿黄工程是南水北调中线干渠穿越黄河的关键性工程，工程位于黄河南岸的荥阳市和北岸的温县境内，总长19.305km。工程等别为Ⅰ等，主要建筑物级别为1级。穿黄工程段设计流量265m³/s，加大流量320m³/s。起点设计水位118m，终点设计水位108m。

穿黄工程输水渠线主要由南岸连接明渠、进口建筑物、穿黄隧洞、出口建筑物、北岸河滩明渠、北岸连接明渠、新蟒河渠道倒虹吸组成，其中渠道长13.950km，建筑物长5.355km。另有退水洞工程、孤柏嘴控导工程和北岸防护堤工程。各类建筑物共23座，其中河渠交叉建筑物3座、渠渠交叉建筑物2座、左排建筑物1座、退水闸1座、节制闸2座、跨渠桥梁14座。

【运行管理】

穿黄辖区内唯一的一座节制闸穿黄隧洞出口节制闸2017年操作闸门792门次，全年共输水33.7亿m³。辖区内穿黄退水闸，2017年未发生退水任务。

信息机电维护工作由中线建管局签订技术保障服务协议或运行维护合同，组建运维服务队负责辖区内金结机电、35kV供电系统、自动化设备运行维护及检修工作。穿黄管理处每个专业配置1名专业管理人员，同时根据南北两岸的特点进行片区管理，制定合同及运行维护计划，负责现场设备运行管理工作。按照中线建管局和河南分局的规范化建设要求，2017年在穿黄隧洞出口闸站、穿黄隧洞进口闸站、穿黄退水闸站、新蟒河进出口闸站的各闸站及各管理园区开展电缆沟、机柜、人手孔等各部位线缆整治，线缆标牌整理，机柜整理，运维管理行为规范化等整治活动，闸站形象面貌及管理规范化水平得到较大提升。

2017年利用过流量较小的有利时机，穿黄管理处完成2号隧洞开度尺更换等重大问题整改事项、穿黄隧洞出口节制闸新增一路35kV永久线路（新黄线）的供电，穿黄北岸竖井综合整治、穿黄南岸水毁项目专项实施及防护围栏基础混凝土项目，有力保障运行安全。2017年全年穿黄段各类设备设施运行良好。

【安全管理】

体系建设 2017年穿黄管理处在安全管理标准化试点工作中构建运行安全管理体系、工程防洪度汛安全管理体系、工程安防管理体系、工程突发事件应急管理体系、责任监督检查体系、运行安全目标管理体系、运行安全问题治理体系、运行安全文化管理体系八个体系；梳理安全岗位清单、设备设施运行缺陷清单、工程运行和水量调度安全问题清单、突发事件应急管理行为清单四个清单。修订制度、制定标准、明确规程，全面推进运行安全管理标准化建设工作。

教育和培训 加强对自有与外协人员的安全教育，与运维及入场施工单位签订安全生产协议，并进行安全交底，告知场内的安全管理相关要求及风险点。截至11月底管理处与运维单位共签订安全生产协议13份，进行安全交底18次，并对其施工作业过程进行检查监督。按时对自有人员、外聘人员及新入场人员进行安全教育培训，全年共组织各类安全教育培训23次，安全教育培训均有记录。

例会制度 建立安全生产会议制度，每周召开一次周例会，每月召开一次安全生产专题会，周例会相关单位汇报工作开展情况及工作安排计划，形成会议记录，对计划的实施明确责任人；安全专题会传达贯彻上级有关安全工作的文件、会议精神和指示，总结分析安全生产形势，研究制定安全措施，安排和部署下一步工作。

安全大检查 每周进行三次日常安全检查，每月组织一次月度安全生产大检查，并将月度检查结果发文通报，督促相关责任部门进行整改，同时建立安全事故台账。对影响工程及通水安全的问题信息，及时上报并采取适当措施。2017年共组织日常检查154次，月度安全检查11次，发现安全生产问题81个，全部整改完毕。

开展"安全月活动" 2017年6月是全国第十六个"安全生产月"，管理处成立安全活动月领导小组，围绕中线建管局"珍爱生命、预防溺水"的活动主题，开展安全科普知识讲座，到学校开展"预防溺水、关爱生命"签名活动，开展宣传进村活动，取得良好效果。

安全保卫 原两支安保队与南水北调中线工程保安服务有限公司分别于2017年8月和10月完成接管，安保人员按照合同要求进行巡逻、值守，对巡查发现的问题及时处理。安保人员值守巡逻工作满足要求，对发现的问题处理及时，现场工作人员配备有安全防护用品。安保巡逻值守记录齐全，按月装订成册。原安保5标、6标安排专人每天定时对渠道内垃圾进行打捞，水体整体干净。通水以来，未发生失窃、入渠溺亡事件。安全巡查中发现的问题主要是围网破坏，2017年南北岸发现围网破坏30处，均及时进行修复。2017年原安保标务实负责得到地方村民高度评价，曾经警务室人员在一次工作期间帮当地村民找到走失女儿，村民送来锦旗表示感谢。

【工程巡查及问题整改】

2017年，开展工程巡查工作结合规范化建设要求，成立工程巡查组织机构，明确巡查分管负责人、巡查负责人、巡查管理人员及工程巡查人员；划定9个巡查责任区段，配备巡查人员18人。穿黄管理处组织工巡人员对巡查办法及责任追究办法进行培训学习，并修订工程巡查工作手册。每位工巡人员配备统一装备和望远镜，不定期考试。

对工巡的巡查线路进行优化，巡查重点项目及重点部位进行详细标注，划分责任区、规定巡查频次。不定期对巡查线路及巡查人员进行检查。对工巡记录表进行优化，标明巡查项目、项目类型、桩号范围和主要巡查内容，启用统一的巡查记录表及工作日志。

在北岸高填方部位，延长巡检台阶及步道；南岸深挖方各级马道新增设钢梯2处（共

5处);在重点部位补充智能巡检仪29个,实现巡查区域全覆盖,同时创新设置智能巡检打卡桩。

问题整改工作分专业建立定期检查制度,由主要负责人带队检查,按要求确定问题台账信息管理人员,规范填写方式、明确整改时限、按问题来源分别建立问题台账并及时更新定期报送。2017年共发现问题209个,其中一般问题209个,较重问题0个,严重问题0个,处理一般问题209个。

【土建绿化维修养护】

2017年土建和绿化工程日常维修养护的主要内容有渠道工程、输水建筑物土建维修养护项目5类64项;分南岸维护标与北岸维护标实施,合同从2017年4月至2018年3月底。南岸维护标中标单位河南坤鑫水电建设有限公司,成立"南水北调中线干线穿黄管理处(南岸)2017年土建日常维修养护项目"项目部,现场管理人员与施工人员每天平均16人;北岸维护标中标单位黄河养护集团有限公司,成立"南水北调中线干线穿黄管理处(北岸)2017年土建日常维修养护项目"项目部,现场管理人员与施工人员每天平均18人。

绿化养护项目主要是防护林养护、闸站园区绿化工程养护、渠坡草体补植。河南分局统一招标为绿化养护3标,由黄河苑园林有限公司实施,服务期计划为2017年5月1日至2018年3月31日共计8个月;成立"南水北调中线干线建管局河南分局2017年绿化养护3标项目经理部",现场管理人员与施工人员每天平均18人。

【安全监测】

穿黄工程安全监测工作按照中线建管局统一安排仍由中国电建集团西北勘测设计研究院有限公司承担,现场共配备人员18人,配备人员及仪器均满足观测强度要求。穿黄管理处对安全监测实施细则进行进一步完善,更具有针对性和可操作性;现场监测人员按照规定频次对内外观数据进行采集,记录并整理计算、绘制图标、定期编制监测月报;对异常数据及时记录、复核并上报;监测设施设备电缆编号均清晰整齐,二次仪表按时定期检定,2017年所有设备运行良好。安全监测单位在黄河南北岸均设有专用办公场所。

实行月例会制度,组织工巡、安保、安全监测人员召开联合会商会议,对每月的巡查和监测情况进行总结分析,对下月重点工作进行布置。穿黄管理处对西北院外观作业检查60次,组织2次安全监测业务和综合培训,参加河南分局组织培训学习1次,提升现场监测人员业务素质。中线建管局和河南分局2017年度4批23项强推的规范化建设中关于安全监测专业的规范化项目均已按时完成,对管理处4座独立安全监测站房进行专项整治,实用性进一步增强,形象面貌焕然一新。

穿黄管理处严格按照河南分局规定的频次采集数据及自动化录入工作,并按要求进行人工数据与自动化比对工作。1~11月共完成内观采集229119点/次,完成外观采集6844点/次。

在中共十九大召开前后,按照中线建管局和河南分局统一部署,穿黄工程内观安全监测频次由1次/周加密至2次/周,外观观测频次由1次/月加密至2次/月。为保证加密频次按要求完成,西北院紧急从后方调集1部车辆和2组观测人员在经过集中培训后迅速投入现场工作中,如期完成加固措施任务。

2017年,管理处开始对穿黄隧洞渗漏量监测方式进行自动化改造,采用量水堰和自动化传输设备相结合的方式对渗漏量进行自动化采集和传输,便捷、实时监测渗漏量变化,通过科技创新提高监测效率。

(李国勇 纪晓晓)

【水质保护】

日常巡查及管理 根据《南水北调中线干

线工程建设管理局污染源管理办法》第12条和14条规定，工程巡查将穿越建筑物、桥梁、进入干渠截流沟内污水和保护区内污染源纳入巡查范围。2017年按要求进行巡查，发现问题及时上报和登记并跟踪整改情况。

日常监控 根据《南水北调中线干线工程建设管理局水环境日常监测监控规程》的相关规定，工程巡查人员在日常巡查时应对渠道水体感官特性进行巡查，记录水体颜色、气味、浑浊度等整体状况，若发现渠道水体颜色、气味、浊度和鱼类异常时，1小时内上报河南分局水质监测中心。

浮游生物网捕集观测 按照中线建管局相关操作流程要求，安排专人负责每日10时、15时在K478+833处开展浮游生物网捕集观测工作，观测记录水体中藻类颜色、高度及状态变化，每日16：00前上报《水中浮游生物取样报告》于河南分局水质监测中心，并将报告记录存档，1～11月《水中浮游生物取样报告》已打印装订存档。2017年未发现水质异常。

漂浮物管理 在ⅡAⅡB安全栅闸口处设置垃圾打捞装置拦污栅，垃圾打捞人员安全高效清理水面漂浮物；在退水洞前静水区设置不锈钢管拦挡漂浮物，使漂浮物顺水漂浮至ⅡAⅡB垃圾打捞装置，然后人工清理，有效保障水质安全。

漂浮物清理浮桥 为解决穿黄隧洞出口汇水区垃圾打捞难度大问题，在汇水区增加漂浮物清理设施浮桥，提高水面垃圾清理安全性，也提高南水北调中线干线穿黄工程形象。

日常维护项目管理 管理日常维护项目的责任人对安保单位（9月开始由日常项目维护单位负责）进行监督检查，编制《垃圾清理制度（修订稿）》，保证垃圾打捞工作有效开展；安保单位按要求填写《垃圾清理记录表》。穿黄管理处日常维护项目负责人和水质专员及其相应人员，每月对日常垃圾打捞情况进行不定期检查，并将检查结果作为月考核依据。

污染源管理 按照"谁产生垃圾，谁负责清理的原则"，隔离网内产生的固体废物生活垃圾由责任人及时清理，日常项目维护1标、2标单位的垃圾由项目部负责进行及时处置。根据《南水北调中线干线工程建设管理局污染源管理办法》的规定，穿黄管理处多次致函地方环境保护局、南水北调办，以及请求地方畜牧局和当地村镇，沟通解决隔离网外污染源问题。经过河南分局多方协调取得良好的解决效果。2017年水质应急工作开展有效合理，未发生水污染事件。

【应急抢险】

穿黄管理处成立应急抢险组织机构并明确管理职责，与地方有关部门建立联络机制，按要求完善应急预案及处置方案并报送有关部门备案；结合穿黄雨情水情修改防洪度汛应急预案，并组织学习；划出风险项目及重点隐患部位，规范填写巡查记录；完善防汛值班和应急值班；对应急抢险队及抢险物资定期检查，建立台账管理；2017年补充部分应急物资，并按规定维护保养；修筑防汛应急道路，保障抢险物资运输道路畅通；管理处组织开展防汛应急演练、消防演练、应急调度演练、机电金结自动化故障应急演练、水质应急演练。

2017年穿黄管理处发生后穿越天然气管道泄漏突发应急事件，管理处巡查人员及时发现，管理处按流程及时上报并进行先期处置，避免严重后果，得到中线建管局和河南分局通报表扬。

【工程档案管理】

穿黄管理处档案管理工作围绕强化档案职能，加快档案工作规范化管理，贯彻落实中线建管局相关制度办法，明确档案管理职责分工，由工程科负责建设期档案验收工作，由综合科负责运行期档案及档案库房管理等工作，促进档案管理工作规范化建设。2017年完成穿黄管理处专题档案项目法人验收和国务院南水北调办专项验收，加快穿黄工程建设期档案整编工作，完善人员和车辆配置。

【运行调度】

穿黄工程辖区内共有节制闸1座是穿黄隧洞出口节制闸。穿黄管理处运行调度工作地点为中控室和穿黄隧洞出口节制闸站。根据《南水北调中线干线输水调度管理工作标准（修订）》要求，中控室按照五班两倒方式排班，早班8：00～17：00，晚班17：00～次日8：00。每班调度值班人员2名，其中值班长1名，调度值班员1名。调度值班人员共10名。

穿黄隧洞出口实行24小时现地值守。每班2人，每班24小时，分时段以1人为主，另1人为辅，发生事件时2人共同处理。主要工作内容为进行闸站巡视检查、竖井渗漏水泵启停、竖井渗漏量观测、应急闸门操作、应急供电等。

穿黄工程是南水北调中线的咽喉，调度运行管理工作风险大责任重。2017年穿黄管理处按照考核要求和规范化建设要求，开展运行调度管理工作。截至2017年底，穿黄节制闸共收到调度指令1907次，其中，2017年收到调度指令792次。通水至今，节制闸单孔闸门开度最大1.82m，过闸流量最大164.57m³/s，累计输水量77.7亿m³。

【自动化系统管理】

2017年，穿黄管理处按照机电金结及自动化运行管理相关规定，对各现地站点闸门及其启闭设备、电力系统、自动化系统每周进行设备巡查，填写巡视记录，管理处自有人员每日通过动力环境监控系统进行环境监控。按照河南分局下发的环境动力要求，根据不同的时段进行环境温湿度控制的设定。穿黄管理处机电金结及自动化运行维护由机电金结维护单位、供电系统维护单位、液压系统维护单位及各自动化维护单位等执行，管理处对运维过程及运维质量进行监督考核。管理处采用现场及视频监控相结合的运维跟踪模式，对运维单位现场运维项目内容及运维质量进行监督检查，通过运维项目确认、月度运维考核打分的模式对运维单位进行管理。

【设备及系统缺陷处理】

2017年国务院南水北调办、中线建管局、河南分局及管理处自查各类信息机电类问题共247项，除1项需要中线建管局统一制定方案集中整改的问题外，全部整改完毕。2017年利用过流量较小的有利时机，穿黄管理处完成了包括穿黄隧洞出口节制闸1号弧门支铰更换、2号隧洞开度尺更换等重大问题整改事项。2～8月，穿黄节制闸闸控远程控制出现失败率较高的情况，穿黄管理处、河南分局组织运维单位及专业设备厂家进行多次问题排查，各相关专业进行接口故障诊断，最终穿黄节制闸闸门远控成功率达到100%。

【新闻宣传】

穿黄管理处成立宣传工作小组，宣传工作由专人负责，编制印发《南水北调中线干线穿黄管理处新闻宣传工作管理制度》。2017年在中线建管局网站发表新闻稿件30余篇，其中南水北调报发表5篇，宣传方向为工程动态、运行管理、党建和精神文明、建设者风采等。2017年穿黄管理处创建"大穿黄的情怀"微信公众号，及时更新推送工程动态、精神文明建设、最新活动等信息。

【党工青妇工作】

穿黄管理处坚持"以处为家、以家聚人、以人为本"的理念，建立"职工之家"；开展"两学一做"学习教育活动，发挥思想政治工作的激励动员作用；开展文体活动，组织举办职工喜闻乐见、丰富多彩的活动，加强精神文明建设和企业文化建设。

（胡靖宇　舒仁轩　翟会见）

温博管理处

【工程概况】

温博管理处管辖起点位于焦作市温县北张羌村西干渠穿黄工程出口S点，终点为焦作新区鹿村大沙河倒虹吸出口下游700m处，包含温博段和沁河倒虹吸工程两个设计单元。管理范围总长28.5km，其中明渠长26.024km，建筑物长2.476km。设计流量265m³/s，加大流量320m³/s。起点设计水位108.0m，终点设计水位105.916m，设计水头2.084m，渠道纵比降均为1/29000。共有建筑物47座，其中河渠交叉建筑物7座（含节制闸1座），左岸排水建筑物4座，渠渠交叉建筑物2座，跨渠桥梁29座，分水口2处，排水泵站3座。

【安全生产】

2017年，组织召开安全生产例会53次，各类安全生产检查72次，及时发现整改各类安全隐患175项，整改完成175处，安全隐患整改率100%。共签订安全生产协议书16份，对施工单位现场开展安全技术交底16次。管理处开展员工安全生产培训考试，2017年，组织安全教育培训9次，人员安全生产培训11学时/人。南水北调温博段警务室制度按规定上墙，各项记录填写规范，按照规定进行巡逻，全年共接警出警93次，控制教育钓鱼等非法人员102人次，发现和制止水源保护区内违法施工28起。

十九大加固措施期间，利用安保、工巡及警务室人员互帮互查，并拍照留证，每天执行"零"报告制度，对重点部位的安全实施掌握。十九大召开期间，管理处领导带队，每天夜间对重点值守部位进行巡查。

【工程巡查】

2017年，加强问题整改和责任追究管理，建立问题定期检查制度，按专业分类建立台账，限时整改完毕，及时落实专项排查工作。2017年温博段共发现问题806项，其中中线建管局监督一队发现问题40项，国务院南水北调办飞检发现问题69项(其中特定飞检问题3项)，河南分局和管理处自查问题697项。整改率100%。组织相关人员学习贯彻巡查管理办法，修订完善工程巡查手册，明确工程巡查管理机构并统一配备设备设施，开展工巡人员培训考试和考核，优化工程巡查线路，明确巡查频次，定期对巡查情况进行抽查监控，规范巡查记录和信息报送。2017年完成设计单元完工验收和跨渠桥梁竣工验收，土建维修养护和绿化养护项目验收。

【土建绿化及工程维护】

2017年温博段土建绿化及工程维护项目分为年度维修养护项目、专项工程维护项目。年度日常维护项目涉及输水明渠养护维护、边坡防护维护、截流沟和构造沟维护、沥青混凝土路面维护、输水建筑物维护、左排维护；专项项目涉及截流沟硬化。2017年日常维护项目基本完成，剩余的日常维护项目为按月进行计量的固定总价合同。

专项项目截流沟硬化在实施过程中，国家环保部及河南省市县开展秋冬季大气污染防治攻坚战及蓝天工程行动等环境污染整治行动，导致截流沟土方开挖无法实施，截流沟硬化工作进展缓慢，2017年截流沟开挖整形完成2500m，完成预制六棱块41000块，完成六棱块铺装600m。专项项目两座省道桥梁伸缩缝改造及排水改造项目完成施工。

截流沟、排水沟清淤按照维修养护标准进行，排水沟内无杂物、垃圾等淤堵，排水畅通。截流沟内保持通畅，按要求淤积不超过10cm。边坡雨淋沟按照维修养护标准进行处理，对边坡雨淋沟最深大于20cm的冲沟进行修复，其余雨淋沟采用人工平整夯实。

温博管理处涉及的专项项目有3km土质截流沟硬化、桥梁伸缩缝改造及排水改造项目。2017年3km土质截流沟硬化正在按照要求进行施工，两座省道桥梁伸缩缝改造及排水改造项目完成施工，施工进度与施工质量满足要求。维护单位按照要求制定维修养护月度计划；制定的养护计划符合要求并及时实施；管理处对土建日常项目维护单位进行月度考核。

（庞荣荣　赵良辉　王显利）

【安全监测】

2017年温博管理处有安全监测自有人员1人（持岗位证书）、内观主测1人。其余为黄河勘测规划设计有限公司人员，外观6人（分2组）。内观数据每周测量1期，每期测量内观仪器1485支，十九大加固措施期间调整为每周测量2期。外观数据每月采集一次（其他建筑物垂直位移观测每2月采集一次），每月实际观测外观测点奇数月为696个、偶数月为790个。

2017年温博管理处完成1～10月10期安全监测数据的分析，编制安全监测月报并报河南分局。外观作业规范有序，定期进行检查，资料齐全、存放有序。安全监测设备保护完好，未发生损坏现象。坚持开展业务培训和操作能力培养。

【水质保护】

2017年管理处组织安保、运维单位人员进行水质保护相关培训交底10次，培训人员175人/次。水质管理组织机构健全，职责分工明确，设置水质专员。管理处以"水质保护、人人有责"为宗旨，全体员工参与，责任明确、工作有序，温博段工程水质持续稳定达标，2017年未发生水质污染事件。每季度按照要求开展污染源全面排查工作，发现新增污染源及时与地方政府部门协调并致函。2017年经过管理处协调清理污染源2处。

【应急抢险】

温博管理处在辖区内29座跨渠桥梁、5座输水建筑物、2座分水闸等部位共配置拦漂索34根、救生圈57个、救生衣57件、救生绳57根。每公里范围内至少有一套救生器材可以使用。温博管理处编写2017年应急管理培训计划，并按计划开展应急培训及考试6次。根据要求及河南分局评审意见对《温博管理处2017年防洪度汛预案》《水污染事件应急预案》《温博管理处工程突发事件现场处置方案》进行修订，防洪度汛应急预案在地方防指备案，水质应急预案在地方环保部门备案通过。

按照中线建管局统一模板结合管理处实际修订《温博管理处防洪度汛方案》，温博管理处在度汛前期通过与地方防汛抗旱指挥部多次沟通并致函，加入地方防汛体系，实现资源共享、信息互通，提高防汛期间温博管理处所辖区段的应急处置能力。编写大沙河渠道倒虹吸防汛应急演练方案，6月23日组织开展大沙河渠道倒虹吸防汛应急演练，演练后形成防汛应急演练总结报告，并上报河南分局。

【运行调度设施设备巡视】

温博管理处辖区长28.5km，沿线设有节制闸1座（济河节制闸），控制闸4座（沁河倒虹吸、蒋沟河倒虹吸、幸福河倒虹吸、大沙河倒虹吸），分水口2座（北冷分水口、北石涧分水口），排水泵站3座（1号泵站、2号泵站、3号泵站），其中液压启闭机弧形闸门19台套，电动葫芦18台套，检修叠梁门10扇，液压平板门2台套，卷扬式启闭机2台套；35kV专线主要沿渠道右岸布置，有混凝土电杆和铁塔两种形式，共计156基杆塔（铁塔124基，混凝土电杆32基），其中线路长27.8km，地埋电缆长1.3km；其中高压环网柜6台套，断路器站1座，箱式变压器1台套，柴油发电机8台套。2017年针对设备种类多和线性分布的工作实际，严格按照设备巡视标准及频次要求进行设备巡视工作，记录巡视内容和故障发生情况，并跟踪故障处理情况。

【工程效益】

2017年11月8日起，温博管理处通过马庄分水口正式向温县供水。2017年，马庄分水口向温县供水20.06万 m³，4万人受益；北石涧分水口向武陟供水751.48万 m³，8万人受益，为地方居民饮水和农业生态灌溉提供有力保障。

（段路路　邹海峰　曹庆磊）

焦作管理处

【工程概况】

焦作段工程是整个中线工程唯一穿越主城区的工程，外围环境极其复杂，涉及沿线4区1县，30个行政村，各类穿越项目穿越跨越临接南水北调工程。南水北调中线干渠焦作段包括焦作1段和焦作2段两个设计单元。起止桩号 K522+737—K560+438，渠线总长38.46km，其中建筑物长3.68km，明渠长34.78km。渠段始末端设计流量分别为265 m³/s 和260m³/s，加大流量分别为320m³/s 和310m³/s，设计水头2.955m，设计水深7m。渠道工程为全挖方、半挖半填、全填方3种形式。干渠与沿途河流、灌渠、铁路、公路的交叉工程全部采用立交布置。沿线布置各类建筑物69座，其中节制闸2座、退水闸3座、分水口3座、河渠交叉建筑物8座（白马门河倒虹吸、普济河倒虹吸、闫河倒虹吸、瓮涧河倒虹吸、李河倒虹吸、山门河暗渠、聘城寨倒虹吸、纸坊河倒虹吸），左岸排水建筑物3座，桥梁48座（公路桥27座、生产桥10座、铁路桥11座），排污廊道2座。自2014年12月12日正式通水以来，工程运行安全平稳。

【运行调度】

2017年收到728条调度指令，1899门次，全部实现执行和反馈。全年通过闫河节制闸断面供水764071万 m³。2017年通过闫河退水闸首次向焦作市城区补水180万 m³。9月，焦作管理处按照中线建管局和河南分局的部署，开展"迎十九大召开，保工程平稳运行"加固措施实施工作，上人员、上设备、强化管理，落实"10方面44项"工作，具体分解为55个小项，确定责任人与完成时限，

实施"275"两加大、七加密、五加强，调度工作经受考验。从规范环境面貌、加强人员管理、规范输水调度工作行为、开展保供水"百日安全"专项行动规范行为、加强学习对照标准、查找问题开展"输水调度知识竞赛"活动7个方面加强中控室建设，实现提升形象，提高效率，规范管理。作为样板中控室被国务院南水北调办在南水北调系统推广。

【土建维修维护及标准化渠道建设】

2017年焦作管理处工程维护项目是混凝土维修、砌石维修、渠道一级马道边坡及渠道外坡维修、运行道路维修、闸站建筑维修、渠道其他设施维修。土建项目共分6个大项、53个小项。完成混凝土坡肩修复2600m²，新增巡视台阶307m，沥青路面修复1400m²，路缘石更换3600m，警示柱刷漆9300个，增设滚笼刺丝12000m，增设防护刺丝13000m，栏杆除锈刷漆2000m²，新增钢大门8扇，修复排水沟641m，增设渠道水尺300m²，散水修复40m²，增设园区道路730m²，除草、保洁、清淤、标牌维护、钢大门修复工作。落实河南分局2017年部署推进的3批71个项目，焦作管理处从工程实体、设备状态、设施维护、管理行为等方面推动规范化建设。从电缆沟运行环境整治、到系统时间的同步，推进精细化管理和整体管理水平提升。将实体分为管理处园区、渠道工程、闸站站点共44个基本单元，运行管理分为17个专业，分类分段渐次推进规范化建设。截至2017年，完成单侧22.07km的标准化渠段创建，占渠道单边总长76.92km的28.69%。

【问题整改】

2017年，各级检查登记问题572个，整改565项，因水下条件所限暂未整改6项，整体完成率98.98%，实际整改率100%。9月，焦作管理处按照河南分局工作安排，开展为期一个月的问题集中查改活动。集中排查共发现各类问题522项。所有发现的问题均在规定的整改时限内完成整改。集中解决一批重点难点问题，石渠段一级马道以上边坡局部岩石裂隙渗水"老大难"问题，人手孔积水问题，翁涧河中心开关站室内电缆沟积水问题，纸坊河电缆沟积水问题，聩城寨、白马门倒虹吸进口园区积水问题，解决聩城寨退水闸围网破坏问题，小官庄公路桥上游围网内村民耕种问题，高羊茅草体病虫害问题。

【后穿跨越邻接工程施工监管】

2017年焦作段范围内后穿越项目有东海大道跨渠公路桥、武云高速跨渠公路桥、焦作市火车站南广场邻接南水北调工程项目、黑臭水体管道跨越、李河河道截污管道工程。焦作管理处严格执行后穿越管理制度，实行"一事一策"，在穿越临接工程中坚守"发现、报告、制止"职责，未审批项目依规制止，经审批项目加强监管，定期组织后穿越检查，及时向上级报告信息，通报发现问题，掌握现场施工动态，参与后穿越项目验收，督导后穿越施工单位，有效避免由于后穿越的施工影响渠道工程安全、输水安全和水质安全。

【安全生产】

2017年6月21日，焦作管理处警务室正式揭牌成立，共有3名干警，4名协警，警务用车1量。按照《警务室工作制度》要求，焦作管理处警务室进行24小时值班，并利用安防视频系统，对沿线渠道进行视频巡视，监控危化品桥梁及超载桥梁，对安防系统报警及时复核和出警。每周对焦作段工程巡查2遍，十九大期间增加巡逻频次，每天夜间对节制闸进行巡视。2017年，警务室制止非法施工2起，处置非法钓鱼人员60余人次，解决围网内非法占地3处。

10月31日，中线建管局保安公司正式接管焦作段安全保卫工作，焦作段共有安保人员20名，分为3个巡逻小组，巡逻车3辆，分别驻扎在普济河倒虹吸出口和聩城寨退水闸，共划分3个巡逻区，每天对各巡逻区巡查3遍。每月组织召开安保例会，对安全保卫行为进行抽查，对巡查记录进行检查，安保人员巡逻过程中多次发现围网隐患和火灾风险，对围网外非法施工进行教育和制止。7月20日、26日成功解救两名外来入渠人员，2017年焦作段未发生溺亡事故和失窃事件。

【水质保护】

2017年4月，焦作管理处邀请焦作市四区一县环保局及专家组织召开水污染应急预案评审会，6月组织开展水污染事件应急演练，同月焦作管理处警务室成立，开始通过警务室和地方公安分局协调处理污染源问题。在日常巡查过程中加强对污染源的巡查，按照要求建立污染源台账，一旦发现可能发生的排污隐患立即制止和报告。

2017年原有污染源44处，消除27处，剩余17处正在协调处理。焦作管理处按照中线建管局《水质保护日常监控规程》，制订《焦作管理处藻类监测操作流程》，每日在闫河节制闸闸后50m，水质取样点台阶处进行水样采集，监控水体颜色、浊度、气味等。2017年，完成浮游生物捕集观测工作660余次，存档浮游生物捕捞日志11册。

【档案管理】

2017年，建立档案管理工作规章制度，共完成运行档案归档868卷。工程建设期档案共整理案卷组6635卷，其中G类档案1156卷，J类档案1428卷，S类档案4014卷，A类档案217卷，C类档案5卷，D类档案54卷，Y类档案81卷；含竣工图246（7791张），照片15册（763张）；光盘中包含数码照片、重要隐蔽工程施工录像、重要报告的电子文件材料、档案案卷和卷内目录著录表等，均刻录在光盘中。

（李华茂　刘　洋）

【安全监测】

焦作段工程安全监测范围包括26个渠道监测断面、8座河渠交叉建筑物、3座分水口门、2座退水闸。监测项包括渗流观测、沉降观测、位移观测、伸缩缝开合度观测、应力和应变观测、土压力观测、边坡变形观测。2017年全部建成膨胀土段安全监测设施。增设安全监测水平位移114个。每月对内外观资料进行系统分析，并提交上月的安全监测整编数据库和分析报告。2017年度完成安全监测月报12份，外观月报12份。监测过程中所产生的相关资料定期归档。

【防汛应急】

2017年共接到中线建管局预警5次。先后采购块石600m³，反滤料800m³，彩条布1000m²，救生圈50个，污泥排水泵1台，翻斗车2台，清洗机2台，缝包机2台，切割机1台等9类物资及设备。9月1日，卫辉市金灯寺段发生险情，管理处按照上级要求，第一时间向卫辉管理处调运应急电源车、土工膜、土工布等设备和物资，两次调拨均在接到指令后3小时内完成出库、装车、运输等作业，有效保障现场抢险需要，同时派出自有人员5人次、车辆3台支援。

【绿化养护】

2017年渠坡草体补植完成府城生产桥至府城东公路桥、白马门倒虹吸出口至丰收路公路桥、闫河渠道倒虹吸出口至焦东路公路桥下游500m左右岸及桥梁下三角区、聣城寨倒虹吸出口至冯营工人新村公路桥左右岸、白庄分水口渠道右岸、纸坊河倒虹吸进出口、安阳城东南生产桥防洪堤、小官庄渡槽防洪堤等部位，共计8万m²。

2017年实施"合作造林、合作管护"新思路，3月管理处在山门河暗渠出口、后夏庄左排渡槽、位村左排渡槽、小官庄左排渡槽开展合作造林试点工作，共栽植石楠642棵，

白蜡450棵，女贞752棵，合计1844棵。11月完成黄山栾苗木补植200棵，为合作开发利用闲置土地进行探索。

【计划经营及合同管理】

2017年度组织或参与采购合同项目共9个，全部采购项目过程依法合规，会签程序完备，资料保存完整，无违规事项及程序瑕疵符合制度要求，监督执行到位。在国务院南水北调办、中线建管局及河南分局开展的通水以来运行及管理性资金使用各项审计工作中，均未发现较重问题，并对合同管理工作给予肯定。

【金结机电规范化整治】

第一批规范化建设项目中金结机电专业类共计5大项全部按期完成。白马门倒虹吸出口控制闸电缆沟整治试点工作，历时25日，于3月10日完成试点室内外电缆沟、自动化通信机房及人手孔井线缆整治工作。2017年18个现地闸站电缆沟及线缆整治类项目全部完成。7个现地闸站共增设84处液压油管盖板透明钢化玻璃观察窗，全部完成。10个现地闸站须增设集油托盘。10个现地闸站共22台套固卷启闭机卷筒下增设84个集油托盘全部完成。19个现地闸站增设19个渗油检测工具盒全部完成。第二批规范化建设项目中金结机电专业类共计5大项全部完成。第三批规范化建设项目中金结机电专业类共计24大项全部完成。

【信息自动化规范化整治】

2017年完成第一批规范化项目现地站电缆沟线缆综合整治，自动化机房线缆整治，人手孔环境及线缆综合整治，水位计、流量计接线盒，自动化调度时间同步。完成第二批规范化项目机房专用空调防水保温整改项目，设备设施接地电阻检测整改项目。第三批规范化项目，上线柜接地共接地314根。流量计配套水位计工况检查，机房温控改造项目。

【供电系统规范化整治】

2017年完成各类机柜门接地规范化项

目，动力柜防护项目，配电柜绝缘垫配置项目，铺设范围为柜体正面及柜后、宽度原则为800mm、电力安全工器具柜配置及摆放项目，高低压室及变压器室入室报警器安装项目，临时接地卡项目，规范供配电设备操作流程项目，办公楼园区供电电缆整改项目，加强运行维护管理措施项目。完成供配电系统停电故障处理，全年供配电系统共发生非计划性停电4次，计划性停电9次（更换高压PT保险、供配电设备春检、电力监控系统调试）。

【消防安防】

2017年2月24日中线建管局召开推进第一批规范化管理活动工作会以来，以第一批规范化24项，第二批规范化17项、第三批规范化5项为突破点（其中第一批规范化消防问题3项，第二批规范化消防问题4项为突破点），开展消防、安防、机电物资规范化建设工作。

【党建工作】

2017年，党建工作聚焦“十九大”召开和十九大精神学习，开展支部宣传思想、组织、制度、作风、廉政“五大”建设，围绕红旗基层党支部建设的7大类89个小项开展工作，基本完成红旗基层党支部的各项基础性创建任务。根据焦作段工程线长点多、建筑物多、外围环境复杂，有8.8km城区段的特点，以推进维护工作一体化为目标，落实责任制为手段，提炼出“1522”支部工作法：“1”为党员，组建以党员为基础的党群互助1+1结对，“5”是将焦作38.46km渠段和建筑物分为5个责任段，“22”是焦作段22个站点的站点负责制和22个小渠段的段长护渠责任制。把党建工作和业务工作结合起来，以党建抓思想带作风，以党员带群众，树立良好工作风气，激发员工创新活力。

【人力资源管理】

2017年，共参加上级单位及管理处内部组织的各类培训56次，其中综合类培训10次，合同财务类培训4次，工程类培训20次，信息机电及调度类培训22次。职工轮流讲课，发挥每个员工的专业特长，实现资源效益最大化。管理处通过知识技能培训和实操培训，全体员工的工作技能和业务能力有很大提升，取得第1、3、4季度考核优秀管理处及2017年度优秀管理处优秀成绩。

（李效宾　刘亦非）

辉县管理处

【工程概况】

南水北调中线干线辉县段位于河南辉县市境内，起点位于河南省辉县市纸坊河渠倒虹工程出口，终点位于新乡市孟坟河渠倒虹工程出口，渠段总长48.951km，其中明渠长43.631km，建筑物长5.320km。建筑物主要类型有节制闸、控制闸、分水闸、退水闸、左岸排水建筑物及跨渠桥梁等，其中参与运行调度的节制闸3座，控制闸9座，为中线建管局最多。

【运行管理】

辉县管理处负责辉县段工程的日常运行管理工作，保证工程安全、运行安全、水质安全和人员安全。2017年管理处坚持“稳中求好，创新发展”的工作思路，按照规范化建设要求，以标准化试点为平台，开展安全生产、标准化渠道建设、应急抢险工作。开展百日安全活动，统一调度场所布置，规范自动化调度系统的使用，实现办公记录无纸化、业务流程化，经历大流量输水的考验，明确应急处置流程，增强应急调度能力，达成与地方配套的水量确认机制、供水异常处理机制，形成学习培训长效机制、日常检查监督机制、与其他专业沟通协商机制、自查整改机制。各类设备设施运转正常，工程全年安全平稳运行，水质稳定达标。

【安全生产】

2017年成立以处长为组长、副处长为分管副组长、全体员工及外协单位负责人为成员的安全生产工作小组，明确有关人员职责。制定印发安全生产管理实施细则，完善安全生产责任制、安全生产会议制度、安全生产检查实施细则、安全生产考核实施细则、隐患排查与治理制度、安全教育培训制度、应急管理制度。组织日常安全生产检查、月度安全生产综合检查。整改各类安全隐患。召开安全生产例会，安全生产专题会，开展安全教育培训，实现全年零伤亡。

【土建绿化与工程维护】

管理处土建绿化与工程维护管理工作坚持以问题为导向，持续开展"举一反三"自查发现的问题等为基础，以消除问题、确保工程安全运行为目的，开展土建绿化与工程维护工作。2017年，土建绿化完成闸站节点绿化养护工作，植草面积6.5万 m²。工程维护管理分为总价项目和单价项目，总价项目主要是除草、截流沟及排水沟清淤、坡面雨淋沟整治，单价项目以问题整改和功能完善为主，采用任务单形式通知到工程维护单位，完成警示柱刷漆、路缘石缺陷处理、沥青路面修复、闸站园区缺陷处理、警示牌更新及修复、增设闸站屋顶标识、闸站和渠道保洁等项目。

【应急防汛】

2017年，管理处成立突发事件现场处置小组，编制《南水北调中线干线辉县管理处2017年度汛方案》《辉县管理处防洪度汛应急预案》《水污染事件应急预案》，并在地方相关部门备案；汛期建立防汛值班制度，进行汛期24h应急值班，收集传达和上报水情、汛情、工情、险情信息，对各类突发事件进行处置或先期处置；不定期对应急保障人员驻汛情况进行抽查；摸排块石、钢筋、复合土工膜、水泵、编织袋、钢管、投光灯等；按

照河南分局物资管理办法，对管理处物资进行盘点维护；按计划开展防洪度汛和水污染应急演练。

【金结机电设备维护】

辉县段工程有闸站建筑物17座，液压启闭机设备45台套，液压启闭机现地操作柜90台，电动葫芦设备34台，闸门98扇，固定卷扬式启闭机8台套。金结设备由外委运维单位维护，其中金结设备由水利部黄河机械厂运维，液压启闭机由邵阳维克液压股份有限公司运维。2017年，金结机电各类设备设施共巡视14556台次，其中静态巡视14074台次、动态巡视482台次，金结机电设备设施运行稳定、设备工况良好，无影响通水和调度的事件发生。

【永久供电系统维护】

辉县段工程有35kV降压站15座，箱式变电站1座，高低压电气设备134套，柴油发电机13套。永久供配电设备设施采取外委运维单位维护，由郑州众信电力有限公司运维。2017年，永久供配电各类设备设施巡视共6429台次，停电总次数46次，其中计划内正常停电39次，非正常停电7次。永久供配电设备设施运行稳定、设备工况良好，无影响通水和调度的事件发生。

【信息自动化安防设备维护】

辉县段工程有视频监控摄像头189套，安防摄像头110套，闸控系统水位计31个，流量计5个，通信站点16处，包含通信传输设备、程控交换设备、计算机网络设备、实体环境控制等。信息自动化、安防设备设施采取外委运维单位维护，其中通信传输、机房实体环境、视频系统由武汉贝斯特通信股份有限公司运维，网络传输由联通系统集成有限公司运维，闸控系统由中水三立有限公司运维，安防系统由中信国安有限公司过渡期运维。2017年，辉县段辖区内自动化调度系统运行平稳。

（和　凯）

卫 辉 管 理 处

【工程概况】

南水北调中线干线卫辉管理处所辖工程起点位于河南省新乡市凤泉区孟坟河渠倒虹吸工程出口（桩号Ⅳ115+900），终点位于鹤壁市淇县沧河渠倒虹吸出口导流堤末端（桩号Ⅳ144+600）。所辖段总长28.78km，其中明渠长26.992km，建筑物长1.788km，渠段起点设计水位98.935m，终点设计水位97.061m，总设计水头差1.874m，渠段设计流量250~260m³/s，加大流量300~310m³/s。渠段内共有各类建筑物51座，其中河渠交叉建筑物4座，左岸排水建筑物9座，渠渠交叉建筑物2座、公路桥21座、生产桥11座、节制闸1座、退水闸1座、分水口门2座。

【运行管理】

2017年，按照"坚持稳中求好、推动创新发展，不断开创中线工程运行管理新局面"的总思路，以安全规范运行为核心，以问题查改为导向，以规范化建设为重点，完成金灯寺应急抢险、规范化建设、问题整改、十九大加固、十九大学习工作。2017年，老道井分水口向新乡市区分水8133.11万m³，温寺门分水口向卫辉市分水2403.46万m³。2017年香泉河节制闸过闸流量322614.369万m³。

【工程维护】

梳理维修养护项目和内容和工作量，开展土建、绿化、信息机电维修养护工作。2017年汛前率先完成2016年水毁项目修复；完成渠道、输水建筑物、左岸排水建筑物及土建附属设施的土建项目维修养护；完成输水建筑物、左岸排水建筑物的清淤、水面垃圾打捞、渠道环境保洁日常维修养护项目；开展绿化试点一期苗木种植。加强信息机电维护，加强日常维护组织管理；完成中线建管局四批河南分局三批规范化建设任务；设备巡视维护到位，问题消缺及时；修复管理

处电力电池室的交流电源主供电缆故障；完成山庄河中心站电力监控后台调试和无功补偿设备安装调试；组织开展闸站专项消防问题整改。

【安全生产】

以"上人员、上设备、上技术"为核心，实施河南分局"迎十九大召开，保工程平稳运行"十大加固措施。加强工程巡查、安全监测、调度值班、闸站值守管理，问题发现处理及时。以中小学生为重点，开展暑期防淹溺专项活动；警务室建设全面完成，开始发挥巡视震慑作用；实现保安公司与原安保单位工作移交、无缝对接。建立雨中雨后巡查制度，在日常巡查的基础上，以现地管理处自有人员为主，实施雨中雨后巡查；明确工程巡查人员奖惩办法，提高巡查人员积极性与工作态度；采取措施将工程巡查与日常维护结合，提高问题整改效率；开展桥梁超载排查。配合上级各项检查工作，及时上传下达，协调检查发现问题及时整改与验收，2017年上级检查发现问题全部整改完成。

【运行调度】

加强中控室值班管理，通过规范化交接班，调度人员"懂规矩、守规范"成为自觉行为；按时开展水量计量签证工作；配合完成温寺门分水口流量率定的现场工作；规范中控室电视墙投放视频监控画面管理；开展输水调度"百日安全"活动，实行每日四问、每班进行调度知识学习、每月至少集中学习一次、列队交接班等；加强调度值班人员素质培养、业务能力提升和工作行为规范，提高调度管理水平。

【防汛应急抢险】

总结2016年防汛抢险工作经验，汛前完成防汛专项、度汛临时应急工程建设和2016年水毁项目维修；全面排查防汛风险，调整

防汛风险项目，修改完善防汛两案；调整补充应急抢险物资，所有风险部位全部备齐防汛抢险物资；开展山庄河下游致富路涵洞淤堵、深挖方强膨胀渠段暴雨情况下边坡出现裂缝且伴随滑坡迹象应急演练；及时处置9月1日卫辉管理处金灯寺左排下游围网外出水险情。

【水质保护】

2017年，加强保护区污染源管理，及时更新台账；完成重点危化品桥梁排查，并储备应急沙土；加强水质取样报送及水污染应急物资管理；完成山庄河渗油检测系统安装调试并投入使用，全年无水污染事件发生。

【党建工作】

2017年，卫辉管理处党支部开展创建红旗党支部和十九大学习活动。组织制定学习方案进行系统学习。发挥党小组和工会的作用，对学习十九大精神全员覆盖。领导干部带头，先学一步、学深一点，发挥表率作用。把学习贯彻十九大精神与运行管理工作结合，与推进"两学一做"学习教育常态化制度化结合，把十九大精神转化为推动南水北调工作发展的动力，保质保量完成年度运行管理工作任务。

（宁守猛　彭田田　芈培志）

鹤壁管理处

【工程概况】

南水北调中线鹤壁段工程全长30.833km，从南向北依次穿越鹤壁市淇县、淇滨区、安阳市汤阴县。沿线共有建筑物63座，其中河渠交叉建筑物4座，左岸排水建筑物14座，渠渠交叉建筑物4座，控制建筑物5座（节制闸1座，退水闸1座，分水口3座）跨渠公路桥21座，生产桥14座，铁路桥1座。承担向干渠下游输水及向鹤壁市、淇县、浚县、濮阳市、滑县供水任务。

渠段起点设计水位97.061m，终点设计水位95.362m，起始断面设计流量250m³/s，加大流量300m³/s，终止断面设计流量245m³/s，加大流量280m³/s。淇河退水闸设计流量122.5m³/s，三里屯分水闸设计流量13m³/s，袁庄分水闸设计流量2m³/s，刘庄分水闸设计流量3m³/s。

【安全生产】

2017年进一步落实安全生产责任制，完善安全生产管理制度，修订安全生产管理实施细则。开展安全检查45次，发现120项安全问题，全部完成整改并更新台账。与运维和施工（穿越）单位签订安全生产协议，并开展进场安全交底。成立安全管理标准化领导小组，按时完成重要部位和风险点排查上报工作；召开安全教育培训7次，培训人员300人次。开展以"关爱生命、预防溺水"为主题的"安全生产月"活动，进行安全法规宣传讲解；开展防汛抢险专题培训；开展防溺水专题宣传活动，举办大讲堂，邀请学生代表参观南水北调。走访村庄20个、发放宣传页2万余份，挂横幅40条，到校园举办安全讲座3次，授课学生1000余人。

【安全保卫】

2017年安全保卫组织机构健全，管理制度完善。按照规定的巡查路线频次和巡查内容进行安保巡逻；遵守工程管理范围出入管理规定，加强现场文明施工管理。开展"迎十九大召开、保工程平稳运行"工作。联合淇滨区公安分局开展警企联合构建安全防范网络工作，开展警务及安保人员业务技能培训。加强与地方部门联系建立防恐联动机制。

【工程巡查】

2017年按照工程巡查管理办法和工作手册要求开展巡查工作，记录研判处理问题，及时报送相关信息，定期不定期组织巡查人员培训学习和考试。按照《河南分局运行管理问题检查与处置实施办法（暂行）》对工程巡查和问题处置情况进行监督检查。落实十九大期间加固措施，对所有渠段加密巡查，对原掏砂洞处理渠段安排自有人员参与巡查，对红线外一定范围开展巡查。设置智能巡检点，增设巡视步道，及时收集数据并分析。对相关部位设置巡视步道，明确分管负责人、巡查负责人及管理人，填写巡查人员评分表。每月对巡查人员及工作进行考核评分，依据检查考核结果进行奖惩。按照中线建管局《关于转发加强防汛风险项目雨中、雨后巡查工作的通知》要求明确加密巡查责任清单，开展汛期巡查。加强穿（跨）越邻接工程施工现场巡查，提供技术和程序资料，审查穿（跨）越邻接工程设计方案。

【工程效益】

2017年，按照总调中心的统一安排完成高水位大流量调度工作，开展"百日安全"输水调度活动，实现全年安全平稳供水目标，工程综合效益进一步发挥。2016-2017供水年完成供水任务。鹤壁段通过刘庄、三里屯、袁庄三个分水口向沿线6县区供水13145.72万 m³（配套计量10661.37万 m³），通过淇河退水闸向淇河补充生态用水325.18万 m³。

【土建工程维护】

2017年，管理处组织施工单位推进各项施工作业。截至11月底，渠道工程土建日常维修养护项目完成80%以上，其中坡面排水沟损坏修复153.6m²，占合同工程量90.4%；土方回填297.43m³，占合同工程量60.4%；混凝土浇筑基本完成；警示柱刷漆16262根，占合同量的100%；左排清淤25800m³，占合同量的100%；除草、清淤、保洁、坡面雨淋等沟状态控制项目按照合同约定条款正常开展。

日常维护管理实行分段管理，管理处设置段长，对渠段内维护进行统管，维护单位也设置段长，召开周生产例会。加强对鹤壁管理处土建维护单位施工监管，严格工程量计量，按合同要求对维护单位月度考核。

【金结机电运行维护】

2017年设备设施维护进一步完善。闸站土建日常维护项目基本完成，闸站面貌进一步改善；闸站园区路灯改造完成；淇河退水闸工作门改造完毕，设计遗留问题得到彻底解决；闸站消防设备设置更加合理，增设部分消防设备设施，消防故障处理及时。建立运维工作月例会制度。加强应急处置能力，开展液压启闭机操作闸门无动作应急处置演练和园区消防演练。供电故障排查处理措施更加高效。鹤壁段沿线各闸站布置各类设备675台（套）。鹤壁管理处建立自有人员、运维人员、工巡人员和安保人员参与的供电故障排查机制。成功实现十一、中秋双节期间连续供电故障快速处置。应对极端天气挑战，闸站防汛措施取得实效。调度科全员参与防汛值班和桥头值守。2017年汛期，鹤壁段经历多次极端降雨过程，中控室24小时值班，中控室值班长在防汛值班岗位始终在岗。

【工作创新】

编制鹤壁管理处运行调度技术手册；建立各类设备设施信息台账；提出自主运维工作方案；完成分水口流量计率定试点工作和管涵水下清淤工作，与运维单位一起设计安装袁庄分水口挡泥设备；上报河南分局成立2支创新工作小组，上报创新项目3项，2017年完成创新项目1项。"装配式井盖开启工具"项目获河南分局2017年度创新项目成果评审三等奖。

加强理论与业务工作深度融合，2017年参加各专业培训54人次，取得各项培训资格证书14本，调度科在编人员9人全部具备初级以上职称，其中中级职称3人，初级职称6人。开展各专业间交叉学习，一人多岗，一专多能。调度科18人均参与设备巡查工作，都是金结设备操作能手，取得中控室值班长或值班员资格人员13人。

【安全监测】

2017年鹤壁管理处执行相关技术标准和规定，监测操作规范、监测成果可靠、资料整编及时。内观观测数据每月采集4次，测斜管数据每月2次，按照要求对膨胀土渠段监测仪器进行加密。数据导入自动化系统。按规定频次完成观测，整理后经再次比对、复核无误后及时整理至自动化模板，导入自动化系统，经查询导入相关信息无误。分析及月报编写上报。强化外观观测工作管理，每月至少对外观观测人员的内外业工作进行一次检查，检查过程中填写安全监测外观观测检查记录表，并在月底召开安全监测月度会商会，对发现的问题协商解决。

【水质保护】

2017年按照规范化要求开展水质日常巡查及管理、水环境日常监控、漂浮物管理、污染源管理、水质应急管理等工作。水质巡查、污染源巡查纳入工程巡查范围，巡查频次与工程巡查保持一致。建立污染源信息台账，规范信息保存和管理，每月25日报送《污染源信息台账》给河南分局水质保护中心。水质巡查发现重要污染源及时发函地方环保部门和南水北调办协调解决。2017年给地方相关部门发函6次，辖区内原有污染源17处，一二季度协调处理7处，剩余10处正在协调处理，三季度增加2处，垃圾场1处，养殖场1处，正在协调处理。2017年制定水污染应急预案及藻类防控方案并实施；组织学习河南分局水污染应急处置物资使用手册。按期完成河南分局2017年第一批问题整改及规范化建设项目水质保护类启闭机室内吸油物资存储箱配置项目。修订《鹤壁管理处水污染事件应急预案（修订稿）》并颁布实施。杨庄北公路桥等4座桥梁两端储备应急沙土。

【规范化建设】

管理处以中线建管局4批23项、分局3批71项问题、各类上级检查发现问题为重点，以自有人员为责任主体，全面排查运行管理工作存在的问题。按照河南分局问题整改及规范化建设要求，管理处对园区线缆综合治理项目、消防系统并入消防联网系统、七氟丙烷气体灭火充装已运维管理、消防设施日常管理等项目进行全面排查，发现问题40余项全部处理完成。截至11月25日，鹤壁段工程共检查发现问题533项，整改471项，临时处理41项，未整改21项（水下部分暂不具备整改条件），问题整改率96.06%。运行管理过程中存在问题反复出现、处理周期长、处理标准不统一等问题，依然影响运行管理水平的提高。

（丁志广 陈 丹）

【防汛度汛】

成立安全度汛工作小组，明确责任分工；编制报备两案，及时进行修订完善；严格执行24小时领导带班和工作人员值班制度，及时了解现场最新情况，填报"防汛值班记录""防汛值班交接班记录"，及时上报"防汛日报"，并通过防洪系统上报各类信息；与鹤壁市及其有关县区防汛部门分别建立协调联系机制，及时互通信息；通过网络（中央气象网）、豫汛通手机APP等时时关注鹤壁段降雨情况，监控风险，动态管理。汛前开展全面的防汛隐患排查，所有排查出的问题逐一登记，建立台账，及时处理。设立防汛风险公示牌，明确各层级联系人。汛中组织维护单位对Ⅱ级防汛风险项目盖族沟左排渡槽出口临时便道进行挖除，疏通排水出路，消除防汛风险。加强对风险项目、重点渠段、主要建筑物日常巡查和驻守，收到雨情预警后及时组织人员设备进驻风险项目。组织和参加演练提高应急管理水平。

管理处在淇河倒虹吸管身段上方河道进行科目为"阻水围堰挖除"的防洪度汛应急演练；参加上级单位和地方组织的防汛应急演练。参加北汝河防汛应急演练和鹤壁市防汛应急迁安观摩会。2017年组织管理处、工巡、安保等开展5次防汛应急学习培训，内容包括防汛值班制度、度汛方案、应急预案、工程突发事件应急处置预案、汛期雨天巡查方案、洪水警示教育片等；参加河南分局培训1次，参加中线建管局视频培训2次，培训内容有应急抢险知识和白蚁防治。

【应急抢险】

编制应急预案，及时继续修订完善。编制鹤壁管理处工程突发事件现场应急处置方案、水污染事件应急预案、桥梁突发事件应急预案、冰期输水工作方案，为工程各类应急突发事件处置工作准备方案。开展应急值班。2017年10月1日～11月20日，根据河南分局要求，开展应急值班工作，应急值班期间各值班人员在岗值班，按时填写值班记录，值班期间未发现突发事件。

2017年7月11日，河南分局组织在鹤壁管理处开展应急抢险设备培训，对发电机、照明灯塔车、橡皮艇使用能力进行培训。日常按要求定期对设备维护，适时进行启停。配合中线建管局、河南分局及地方政府组织的各类防汛检查，对发现的问题及时组织整改。加强物资管理，对新采购项目，加快物资采购、应急道路修筑、新增备料的进度。基本完成各项采购和建设任务，对物资及时进行清单排查，保证保存完好有效。

【计划合同管理】

完成2017年日常维修养护计划编制并适时进行计划调整，全年各类计划统计报表编制上报30余次。主要有鹤壁管理处2015-2016年度运行维护队伍情况统计表、三级管理处非招标项目采购台账、鹤壁管理处2017年土建维修养护项目部分材料单价及拟签订合同编号统计表、河南分局2017第一批问题整改及规范化建设项目投资明细表、鹤壁管理处定额修编收集情况、鹤壁管理处合同信息统计表等。

2017年管理处结算情况持续向好，先后解决盖族沟项目结算、退水闸消缺项目结算、全面整治项目变更结算等老大难问题，

结算进度逐步走向正常化。对技术力量薄弱的施工队采取电话、网络、现场办公等多种方式进行技术指导，帮助施工队规范及时编制结算资料。

对供应商管理机制进一步探索，在原有合格供应商名录和供应商推荐机制的基础上，率先启动供应商签约前考察机制，通过签约前对供应商的住所、人员机构配置、施工业绩等诸多方面的现场实地考察，从多方面对供应商的施工能力进行评估，掌握供应商更多信息增强合同实施过程中对供应商的管理。与供应商后方总部建立联系通过"四库一平台"的信用威慑，让供应商处于始终受控的状态。

【财务管理】

2017年，完成管理处成本费用日常管控，按河南分局要求完成各项报表编制；完成管理处财产物资价值管理工作，开展财产物资清查盘点登记处置工作。参与财产物资的购置和更新改造工作；负责管理处物资的购领存业务工作，保证账实相符、账账相符；定期与河南分局财务处对账，收支平衡；按照河南分局财务报销制度执行，保证报销业务的时效性合法性。参加中线建管局及河南分局组织的业务培训，提高专业知识技能；对审计提出的问题及时整改到位；进行简单财务数据分析，为领导管理和决策提供合理化建议。零星用工及日常零星采购项目严格按照河南分局下发的文件执行。

【综合管理】

鹤壁管理处建立健全各项规章制度；统筹安排各种会议活动；组织处内人员参加上级组织的各类培训；及时高效完成各类文字材料的撰写。2017年收文907份，发文383份，印制文件383份。加强车辆安全行驶教育，全年未发生一起责任事故。

【党建工作】

2017年党建工作按照河南分局要求，组织学习十九大报告，开展诵读原文、讲党

课、专题辅导、组织参观"砥砺奋进的五年"大型成就展、观看权威解读影像资料、学习心得体会座谈交流、答题竞赛活动。

（王红雷　李金辉）

汤 阴 管 理 处

【工程概况】

南水北调干渠汤阴段工程位于河南省汤阴县境内，起点桩号 K669+017.58，终点桩号 K690+333.99，全长 21.316km。汤阴段渠道长 19.996km（含高填方渠段 2.749km 和深挖方段 4.67km），采用全断面现浇混凝土衬砌形式，在混凝土衬砌板下铺设二布一膜复合土工膜加强防渗。渠道设计流量 245m³/s，加大流量 280m³/s，起止点设计水位分别为 95.362m 和 94.045m，渠道设计水深 7m，边坡系数 1:2～1:3.25，底宽 10.5～18.5m，渠道渠底纵比降分别为 1/23000、1/28000。汤阴段渠道横断面为梯形断面。按不同地形条件，分全挖、全填、半挖半填三种构筑方式，长度分别为 5.867km、1.926km 和 12.203km，渠道最大挖深 19m，最大填高 11.5m。挖深大于 15m 深挖方段长度 4.67km，填高大于 6m 的高填方段 2.749km。汤阴段各类输水建筑物长 1.32km。各类交叉建筑物共 39 座，其中河渠交叉 4 座，左岸排水 8 座，渠渠交叉 4 座，铁路交叉 1 座，公路交叉 19 座，节制闸 1 座，退水闸 1 座，分水口门 1 座。

【运行管理】

2017 年，汤阴管理处按照"稳中求好，创新发展"的总体要求，坚持以问题为导向、以安全生产为中心，创新发展，完成汛期和冰期输水、运行问题集中查改、桥梁排查、迎十九大加固措施及党的十九大精神学习任务。全年输水水量 32.97 亿 m³，分水口门分水 1017.13 万 m³；共接收执行输水调度指令 346 门次，调度令行禁止，信息反馈顺畅，实现安全平稳供水目标。

【安全生产】

2017 年，汤阴管理处不断规范安全生产工作，完成"八大安全管理体系"和"四大安全管理清单"的建设工作，建立完善工程运行安全管理体系。共组织月度安全生产检查 11 次，日常安全生产检查 35 次，发现问题 125 个，全部整改完毕。开展防溺水专题和《南水北调工程供用水管理条例》普及宣传教育活动，覆盖沿线 12 座学校，15 座村镇，发放传单 5000 份。加强安保和警务室管理工作，与地方政府机构联合开展"走进南水北调，共话暑期安全"专项安全教育活动，实现"内保安全、外树形象"的工作目标。

【规范化建设和问题查改】

2017 年继续对土建绿化、工程巡查、安全监测、水质保护、金结机电、35kV 电力系统、自动化系统等关键岗位开展规范化建设工作。建立 APP 工程巡查系统、规范人员行为、完善规章制度，规范化建设强推项目全面落实。在问题查改工作中，主动开展自查自纠，发现问题 393 项，整改 392 项、未整改 1 项（水面以下，暂不具备整改条件）。各专业岗位人员管理行为更加规范。

【应急防汛】

2017 年对汤阴段工程防洪度汛和可能发生的各类突发事件进行分析预判，增设大型河渠交叉建筑物特征水位布设、完成防护堤缺口填筑及防汛应急预案补充修订工作。规范物资和设备管理，新增反滤料、块石采购到位，完成场内防汛应急道路铺设、修筑。加强对日常维护单位管理，定期检查备防应急人员及机械。

【工程维护】

2017 年，严格执行上级各项规章制度，及时编制上报维修养护计划，编制维修养护实施方案，全面开展全渠段内维修养护工作，对工程巡查及上级部门检查发现的各类问题进行整改。完成桥梁及闸站标识标牌安装、重点风险桥梁储备沙池建设、防汛道路修建、9月问题集中排查整改、渠道桥梁超载情况排查、加固措施涉及的人员密集桥梁滚轮刺丝安装等工作。边坡植草经多次试验种植成功，2017年土建维护工作每月及时验收签证，保证预算及时执行。对工程维修养护汤阴管理处坚持"经常养护、科学维护、养重于修、修重于抢"的工作原则，首先引入竞争机制，有序开展采购工作，询价6项、直接采购2项，确保土建和绿化工程日常维修养

护规范有序开展。信息机电维护缺陷消除率达到100%，35kV供电系统和机电金结新的维护单位完成交接。

【水质保护】

2017年，完成日常浮游生物取样观测700余次；完成汤河退水闸前静水区域水体清洁9次，累计向安阳市汤阴县生态补水1670m³，明显改善当地水环境；污染源管理取得明显成效，辖区内两处家禽畜养殖厂均拆除；全年保质保量完成水体漂浮物清洁工作，打捞1000kg漂浮物；开展水质应急桌面推演，明确岗位职责。

（杨国军　何　琦）

安 阳 管 理 处

【工程概况】

南水北调中线干渠安阳段自姜河渠道倒虹吸出口始至穿漳工程止（安阳段累计起止桩号为690+334~730+596）。途经驸马营、南田村、丁家村、二十里铺、经魏家营向西北过许张村跨洪河、王潘流、张北河暗渠、郭里东，通过南流寺向东北方向折向北流寺到达安阳河，通过安阳河倒虹吸，过南士旺、北士旺、赵庄、杜小屯和洪河屯后向北至施家河后继续北上，至穿漳工程到达终点。

渠线总长40.262km，其中建筑物长0.963km，渠道长39.299km。采用明渠输水，与沿途河流、灌渠、公路的交叉工程采用平交、立交布置。渠段始末端设计流量分别为245m³/s和235m³/s，起止点设计水位分别为94.045m和92.192m，渠道渠底纵比降采用单一的1/28000。

渠道横断面全部为梯形断面。按不同地形条件，分全挖、全填、半挖半填三种构筑方式，长度分别为12.484km、1.496km和25.319km，分别占渠段总长的31.77%、3.81%和64.42%。渠道最大挖深27m，最大填高

12.9m。挖深大于20m深挖方段长度1.3km，填高大于6m的高填方段3.131km。设计水深均为7m，边坡系数土渠段1:2~1:3、底宽12~18.5m。渠道采用全断面现浇混凝土衬砌形式。在混凝土衬砌板下铺设二布一膜复合土工膜加强防渗。渠道在有冻胀渠段采用保温板或置换砂砾料两种防冻胀措施。

沿线布置各类建筑物77座，其中节制闸1座、退水闸1座、分水口2座、河渠交叉倒虹吸2座、暗渠1座、左岸排水建筑物16座、渠渠交叉建筑物9座、桥梁44座（交通桥26座、生产桥18座）。

【运行管理】

2017年，安阳管理处按照"继续稳中求好，推动创新发展"的工作思路，坚持以问题为导向、以安全为根基、以创新为手段，补齐短板、巩固安全、完善机制、创新发展；完成中线建管局4批23项和河南分局3批71项问题整改及规范化建设项目，整改自查问题200项，加固措施上人力上设备上技术，保障十九大胜利召开；推动各项工作再上新台阶，完成年度输水任务。2017年输水水量

29.25 亿 m³，分水口门分水 2425.05 万 m³；共接收执行输水调度指令 339 次，水质持续达到 Ⅱ类或优于Ⅱ类标准。

【安全生产】

2017 年，建立健全安全管理体系及各项管理制度，规范开展安全生产管理工作，完善安全检查台账、安全教育台账、安全会议台账、安全事故台账，并作为安全生产工作的目录，对照开展工作。管理处通过事前培训、过程监督、事后检查方式，落实工程准入和人员身份识别制度，加强对入渠人员和车辆的管理。2017 年 9 月 1 日警务室正式开展工作。为十九大营造安全稳定的社会环境，严格按照加固措施要求，加强重点桥梁及闸站值守，确保工程平稳运行。

【工程巡查】

开展问题集中查改专项活动 落实自有人员问题查改主体责任，营造主动发现问题整改问题的良好局面。以中线局 4 批 23 项问题、各类上级检查问题和河南分局 3 批 71 项问题为重点，反复查相互查，共发现问题 200 个并全部整改完毕。

细化问题查改管理办法 在河南分局"问题查改管理办法"基础上，根据辖区内工程实际制订《南水北调中线干线安阳管理处问题查改管理办法（试行）》，责任到人，促进行为规范，加强现场人员的监督管理，现场人员的组织纪律性和业务熟练度及责任感得到明显提高。

开展工程巡查实时监管系统试用工作 开展工程巡查实时监管系统试用工作，现场人员熟练掌握系统操作，为系统正式运行进行准备。

【土建绿化及工程维护】

开展标准化渠道建设 辖区内有 4 段标准化渠道（单侧累计 6.45km）通过标准化渠道验收。辖区内渠坡草体高度全年维持同一水平，既保证渠道的美观形象，又方便工程巡查的实施。

工程维修养护项目验收机构健全程序规范 成立以处领导为验收组长，主任工程师为副组长，各科室负责人及专业负责人为成员的"安阳管理处工程维修养护项目验收工作组"，进一步完善工程维修养护验收管理体系及办法。日常项目验收和专项项目验收均都按照既定要求和程序实施。

验收资料满足归档要求 各项维护工程的验收申请、验收鉴定表、零星用工验收签证单、验收报告等相关验收资料由专职人员负责，保证验收资料真实完整并及时整理归档。

工程保护范围标识安装完成 2017 年，与地方部门沟通协调，提前完成工程保护范围标识安装。其中安阳穿漳段辖区内共安装工程保护范围标识 128 处。

【安全监测】

继续贯彻落实规范化活动的要求，进一步规范安全监测仪器的操作，减少人为因素造成的数据误差，提高数据的准确性，确保数据能够真实反映工程运行状况，为工程评价提供可靠依据。进一步规范数据记录填写，严格执行数据杠改法，并加盖更改人名章，详细记录更改原因及人员信息，使原始数据具有更强的可追溯性。

【水质保护】

2017 年，对辖区复杂运行环境导致污染源多发的现状，管理处主动与沿线的村民、村委会、企业进行沟通，讲解水质保护的重要性，减少或杜绝污染行为。对于小型污染源管理处主动采取措施进行处置；对于"老大难"的问题，管理处发函市县区环保部门和南水北调办协调处理。开展水污染应急演练，提高应急处置能力。10 月组织全体员工在文明大道桥开展水污染应急演练，使员工进一步熟悉职责、流程和物资设备的使用。强化后跨越施工水质保护管理。进行开工前水质安全教育、过程中日常巡视，确保后跨越施工期间水质安全。2017 年辖区内共有在建后穿越项目 3 项，全年未发生影响水质安全的情况。

【应急防汛】

2017年按照早谋划早安排要求，汛前全面排查辖区内防汛风险，制定应急预案，按时完成工程度汛方案和应急预案的审批备案工作。加强雨中雨后巡视检查。根据安阳段工程特点，组织开展多项应急培训及岗嘴沟左排倒虹吸防汛应急演练，提高员工应急知识储备及反应能力，对薄弱环节改进完善，提升应对突发事件的应急处置能力。2017年防汛物资仓库主体完工。

【运行调度】

开展调度百日活动　按照上级要求设置"输水调度保供水百日安全专项活动"时间展示牌、规范应急调度处置流程、加强进出管理等措施，进一步提升人员履职能力。

规范调度值班行为　当值人员严格落实规章制度，按时采集、填写、上报各类工作报表，围绕实施调度、全程监控、应急调度三个核心功能开展工作。严格执行调度指令与反馈流程，熟练操作闸控、视频监控、调度会商系统，实时对设备设施的运行工况和水位运行状态进行监控，掌握运行调度实施情况。

加强调度值班人员管理　中控室配备10名专职调度值班人员，其中5名值班长为自有员工，5名值班员为外聘人员，人员固定，达到大专学历以上文凭，十九大加固措施期间严禁人员变动。输水调度值班人员岗前培训、持证上岗，取得值班长上岗证8人次，值班员上岗证5人次，履职能力大幅提升。

规范中控室进出管理　管理处制定并印发《中控室进出管理办法》，明确中控室的进出流程，营造"严肃、安静、整洁、有序"的输水调度工作氛围。

健全应急管理体制　管理处定期不定期开展工程突发事件应急调度培训，明确职责，熟悉流程，提升应急处置能力。

【金结机电管理】

加强制度建设　组织员工集中学习金结机电相关制度规程，进一步规范管理行为。落实动静态巡视工作，及时发现问题并处理。

加强设备运行维护管理　管理处依据维护人员管理办法，对机电金结运维单位进行考核，对维护过程全程监督确保运维效果。

加强员工培训　组织相关人员参加机电金结安全操作、设备巡视规范化培训，理论学习与实际操作相结合，提高员工的理论知识水平与操作技能，2017年参加上级组织的各类培训17次，内部培训12次。

开展问题整改及规范化建设　管理处以中线建管局4批23项，河南分局3批71项规范化整治为重点全力开展问题整改工作。规范电缆牌13000个，电缆固定分层550m，柜门接地800套，人手井整治156个。提升环境面貌，满足设备维护运行需要，降低设备误操作风险。

开展应急体系建设　对机电设备易发的故障编制应急处置预案，并集中学习培训，了解应急流程及职责，提升设备故障应急处置能力，提升关专业人员调度应急能力。

十九大加固措施期间加强安全管理　十九大加固措施期间，闸站值守人员每天4次巡查金结机电设备，金结机电专员每周2次巡查金结机电设备，中控室每2小时利用视频监控巡查液压设备，对设备故障早发现早处理，确保设备运行安全。

【自动化运行维护】

信息自动化制度文件学习培训　组织相关人员对信息自动化相关的5项制度、6项规程、10项手册进行学习培训，加深对制度的理解，规范相关人员行为。

编制实施细则　印发《安阳穿漳管理处信息自动化运维单位考核实施细则》，规范运维人员行为，加强考核管理。

规范自动化室进出管理　根据上级要求制作自动化室机房进出登记表，人员进入设备间必须经中控室值班人员同意并履行签字手续，保证设备和人员安全。

加强十九大加固措施期间安全管理　十九

大加固措施期间，管理处利用安防视频系统每天2次巡查光缆，实时加强网络监控，要求维护部门全员在岗并加强备品备件管理，确保运行安全。

【35kV供电系统运行管理】

对《柴油发电机组运行巡视岗位工作手册（试行）》《低压配电设备运行巡视岗位工作手册（试行）》进行学习培训。按照上级文件要求对35kV运行维护人员实施严格管理，记录、台账齐全完整。管理处持有电工进网作业许可证8人，机电金结上岗证14人，特种设备操作证2人，人员持证上岗率100%，并全部是一专多能，一人多证，保证人员在应急条件下的紧急调配，满足设备正常运行维护的需要。十九大加固措施期间，闸站值守人员每天4次巡查低压和发电机设备，供电专员每周巡查2次供电设备，要求维护部门全员在岗并加强备品备件管理，发电机保持热备状态。

【合同管理】

2017年签订合同9份，配合河南分局完成土建日常维护项目、绿化合作造林、防汛连接路项目的采购。合同履约合法合规，履约过程规范合理，无合同超期未处理现象。合同台账详细准确，档案资料整理规范。建立并更新各类合同、结算、物资、信息、变更索赔等台账。及时更新物资管理数据库系统，物资管理逐步规范。档案整编及时，文件清晰齐全，存档资料报备及时完整规范。

【财务管理】

2017年，财务人员参与管理处计划（预算）编制、定额制定、经济合同管理工作，对项目立项、费用支出、价款结算方面履行审签职责。编制固定资产和物资材料年度购置预算，建立固定资产和物资材料明细台账、账、卡、物相符，手续齐全。财务报表报告编制及时，数据真实准确完整。会计档案管理规范，结算资料整理归档及时。

【文秘管理】

公文行文准确规范，文种、内容准确无误，及时组织学习使用中线建管局统一的新OA系统，公文管理人员熟练操作使用，公文流转高效，办结效率提高。2017年共发文51件，收文607件。收到上级要求后及时通知到对口科室和具体负责人，按时准确报送材料。印章由专人保管，用印人必须填写用印申请单，印章管理人员必须审阅核用印材料和用印申请单是否一致，经处领导审核后方可盖章。

【人力资源管理】

2017年安阳管理处制订《安阳穿漳管理处领导班子议事制度》，分工明确，会议记录齐全。合理配置岗位人员，加强人员培训，不断提升履职能力。机构设置合理，科室职能清晰，人员配备到位，分工明确，关键岗位持证上岗，各项工作责任到人。2017年共参加上级学习培训84人次，组织内部培训学习331人次，关键岗位持证上岗率100%。严格执行考勤制度，保证员工考勤信息真实，考勤材料实事求是，严格执行请销假制度，建立员工调休台账。及时准确填写人员信息月报，按时上报人力资源处。健全内部考核制度，营造创先争优、积极向上工作氛围。制订《安阳穿漳管理处员工考核管理办法》，成立考核领导小组，制定的考核办法和指标符合实际，考核公平公正。通过员工考核管理促进管理处员工综合素质和管理水平的双提高，形成有效的绩效管理。

【资产管理】

2017年每季度开展固定资产盘查。由专人负责，按时进行清查盘点、建账登记，管理处负责人和盘点人在盘查表上签字确认后，报河南分局备案。所有的资产分配到个人使用，个人对使用资产有保管的责任，固定资产状态发生变更的，及时更新固定资产台账。2017年固定资产账实相符，未发生丢失和人为损毁情况。

【宣传工作】

2017年宣传工作力度继续增强。按照国务院南水北调办和中线建管局要求开展宣传报道、媒体接待工作。安阳管理处每篇报道都经过宣传负责人审核后上报河南分局，未发生负面报道、不实新闻等较大宣传报道失误。选派专人参加宣传培训，及时报道管理处有价值有影响力的信息。2017年刊登于中线建管局网站69篇，南水北调报2篇，其他新媒体16篇。

【档案管理】

2017年健全档案管理规章制度，明确档案管理归口科室及分管理领导，配备兼职档案管理人员，完善档案管理硬件设施设备，严格落实库房防火、防盗、防光、防水、防潮、防虫、防尘、防高温措施，定期对档案保管状况进行检查，未发现影响档案保管相关问题。

【后勤管理】

行政接待 严格执行行政接待规章制度。按照上级部门下发的各类管理办法和制度，凡事都按制度规定办理，会议、接待未发生违规和超标情况。

车辆管理 车辆管理控制严格。依据河南分局车辆管理制度，编制内部管理细则，用车前填写用车审批单和用车登记表，定期开展安全行车教育，确保车辆安全高效运行。

食堂管理 加强对物业公司日常考核管理，激励物业公司提供优质服务。食堂管理安全卫生，员工满意度高。定期组织食堂工作人员体检，制作食品留样柜，做到食品安全事故原因可追溯。每月发出"食堂调查表"调查就餐满意度，依据调查表及时调整食堂菜谱。

【党建工作】

换届选举 安阳管理处党支部于2017年2月9日组织进行换届选举，新一届党支部贯彻落实上级党组织要求，结合规范化建设，制定年度党建工作计划，安排部署落实工作，明确完成标准、责任人和完成时间。日常工作党建与业务"同部署、同落实、同检查、同考核"，实现"两促进，两不误"。开展"红旗基层党支部"创建活动，成立创建活动领导小组，制定实施方案，从党的思想建设、组织建设、制度执行、作风建设、廉政建设和创新发展七个方面，明确责任分工，推进基层党建工作。

按时召开组织生活会 落实全面从严治党向基层党组织延伸，成立三个党小组。按时召开"三会一课"，发挥"三会一课"对党员严格管理和强化教育的作用。坚持"三重一大"民主决策，明确"三重一大"具体事项，制定实施细则，部署运行管理工作计划时民主决策，增强决策的科学性，提高决策水平，促进廉政建设。"谈心谈话"答疑解惑。谈话内容联系工作实际，通过沟通思想解决问题，凝聚力量推动工作。

创新支部工作 发挥党员"一岗一区1+1"示范引领。2017年安阳管理处党支部共设立5个党员示范岗、2个党员责任区、11对互助帮扶组。利用"互联网+"新形式，组织党员登录支部工作APP、微信公众号、两微一端平台进行学习，线上线下学习，增加学习渠道，增强学习灵活性，拓展学习深度与广度，达到较好的教育效果。

加强党内监督 党支部落实党风廉政建设主体责任，进一步明确党风廉政建设目标任务。加强党建和纪检业务培训，提高纪检人员工作能力。组织党员干部观看廉政教育警示片和参观廉政教育基地。加强内部采购监督工作，实现管理处内部采购监督全覆盖，各种经费均控制在批准预算以内。

开展十九大专题学习 学习十九大精神结合"两学一做"学习教育制度化常态化，学习宣传贯彻习近平新时代中国特色社会主义思想，制定专题学习计划，实现学习贯彻全覆盖。参加河南分局党委视频讲座、支部书记带头讲党课、党员轮流讲党课；组织支部扩大会议、党小组会学原文；邀请党校专家讲解十九大精神；与其他党支部联学联做；

组织全体党员坚持每天自学党支部工作APP；提交学习心得和答卷。学习过程记录完整，资料归档规范。

（亢海滨　王　闯）

穿 漳 管 理 处

【工程概况】

南水北调中线穿漳工程位于干渠河南省安阳市安丰乡施家河村东漳河倒虹吸进口上游93m，桩号K730+595.92，止于河北省邯郸市讲武城镇漳河倒虹吸出口下游223m，桩号K731+677.73，途径安阳市和邯郸市两市，安阳县和磁县两县，安丰乡和讲武城镇两乡。东距京广线漳河铁路桥及107国道2.5km，南距安阳市17km，北距邯郸市36km，上游11.4km处建有岳城水库。渠道为梯形断面，设计底宽17～24.5m，堤顶宽5m。设计流量235m³/s，加大流量265m³/s，设计水深6.68m，加大水深7.06m，渠底比降1/25000。共布置渠道倒虹吸1座，节制闸1座，检修闸1座，退水排冰闸1座、降压站2座、水质检测房1座、安全监测室1个。

【运行管理】

2017年，穿漳管理处按照"继续稳中求好，推动创新发展"的工作思路，坚持以问题为导向、以安全为根基、以创新为手段，补齐短板、巩固安全、完善机制、创新发展；完成中线建管局4批23项和河南分局3批71项问题整改及规范化建设项目，整改自查问题47项。落实加固措施，完成年度输水任务，实现安全平稳供水目标。2017年输水水量30.13亿m³，共接收执行输水调度指令304次，水质持续达到Ⅱ类或优于Ⅱ类标准。

【工程维护】

2017年工程维护制定详细的维护工作计划，召开维护工作周例会，加大现场监督指导力度，加强维护人员教育培训，了解维护作业各工序质量要求及岗位作业安全风险，工程维护管理行为进一步规范。进村入校发放传单、桥头悬挂宣传标语、借助地方电视广播平台开展安全生产宣传教育，收到良好效果。

【远程监控精准视频巡视】

2017年，实施精细化远程监控，确保运行安全。用视频监控系统监督检查闸站准入规定、闸站值守执行情况。编写《精准视频巡视指南》，对精细化辖区进行远程监控巡视，对节制闸闸前闸后水面、液压设备管路、闸室机柜指示灯状态重点查看，有效提升中控室监控水平。辖区渠道绕市区而过，沿线保护区内人口稠密企业多，日常巡查难度大。在人工巡视的同时用安防摄像头24小时全程视频监控，高效完成保护区污染源的巡查工作。

【整改及规范化建设项目合同签订】

穿漳管理处率先完成《南水北调中线干线穿漳管理处2017年第一批问题整改及规范化建设项目合同》签订，及时高效完成河南分局下达的任务。变更项目审核及时，维护资金到位、合同履约无缝衔接。

【红旗基层党支部创建活动】

2017年，在穿漳管理处党支部的带领下，党员同志全员参与红旗基层党支部创建活动，党员示范岗主动"亮身份、亮承诺、亮标准"。党员责任区集体团结互助，内业资料整理规范、归档资料标签明确、目录清晰、层次分明。

（周彦军　周　芳）

南水北调

伍 配套工程运行管理

南 阳 市 配 套 工 程 运 行 管 理

【运管机构】

2017 年，南阳市南水北调配套工程实现向新野、镇平、邓州、社旗、唐河水厂和南阳市中心城区南阳四水厂、麒麟水厂供水，供水运行里程 147km。根据省南水北调办批复，南阳市南水北调办负责全市南水北调配套工程运行管理工作，委托方城、社旗、唐河、新野、镇平县南水北调办负责辖区内配套工程运行管理工作。南阳市中心城区配套工程运行管理由市南水北调办下设的建管中心负责。泵站运行由市南水北调办招标确定运行管理单位。负责运行管理的单位入住管理处所办公。依据省南水北调办批复南阳配套工程运行管理人员职数公开招聘，确定招录水利水电工程、电子通信工程、机电工程等相关专业技术人员 85 人，并于 12 月 18～24 日在南阳宾馆进行为期一周的岗前培训，提升新聘人员的综合素质和管理水平。

（贾德岭　赵　锐）

【规章制度建设】

制定试运行管理规章制度，按照分类指导原则，围绕综合管理、财务管理、线路运行和泵站运行等分类别提出 14 项需要制定的制度。2017 年印发《关于明确南阳市南水北调配套工程试运行管理职责的通知》《南阳市南水北调配套工程试运行期间安全应急预案的通知》。按照职责要求重新拟定现地管理站、泵站运行两大类 38 项规章制度，并以正式文件印发《南阳市南水北调配套工程试运行管理现地管理站工作制度、泵站运行管理制度（试行）》，进一步明确现地管理岗位职责、巡检管理范围运行操作、巡查、阀件设备养护以及泵站运行管理、交接班等有关管理检查、巡视制度。

（贾德岭　赵　锐）

【自动化建设】

2017 年，按照省南水北调建管局要求，落实南水北调配套工程自动化建设会议精神，1 月召开全市自动化建设动员会，开展自动化线路现场勘查、路由确认，施工单位进场施工，进行室内改造，开始自动化设备正式安装。全年召开 2 次推进会，19 次协调会，2 次邀请省南水北调办现场办公，解决阻工事件 17 次，其中较大阻工事件 4 次，为施工单位创造良好施工环境。截至 6 月 30 日，镇平现地管理房、泵站、管理所到南阳管理处和省南水北调建管局自动化实现网络连通。下半年以"百日会战"活动为契机，拉出任务清单倒排工期，一天一碰头推进各项工作。12 月底，南阳 167km 线路建设全部完成，1 处 6 所 4 座泵站 25 座现地管理房设备安装到位，社旗、方城与省南水北调建管局联网。

【供水效益】

南阳市南水北调供水配套工程初步设计报告于 2012 年 8 月获省发展改革委批复，11 月开工建设，2014 年 6 月主体完工。南阳市共规划向 13 座水厂供水，年分配南水北调水 3.994 亿 m³，截至 2017 年建成 9 座，在建 1 座，未建 3 座。2017 年有 5 个口门开闸分水，累计向新野二水厂、镇平五里岗水厂及规划水厂、中心城区四水厂、社旗水厂、唐河老水厂等 6 个水厂供水 9666 万 m³。截至 2017 年 12 月 31 日，南阳市共承接南水北调水 1.39 亿 m³，其中新野用水 1560 万 m³，镇平用水 2030 万 m³，社旗用水 1047 万 m³，唐河用水 3462 万 m³，中心城区用水 1567 万 m³，中心城区生态补水 3814 万 m³，方城清河生态补水 457 万 m³。受益人口 172 万，置换地下水 4271 万 m³。受水县区供水水量逐步提升，居民用水水质明显改善，地下水水位下降趋势得到进一步遏制，社会经济生态效益初步显现。

【用水总量控制】

2017年10月，南阳市南水北调办会同市水利局组织各县区上报下一年度用水计划建议细化到月，汇总后上报省水利厅和省南水北调办，汇总后上报水利部。水利部经过审查和征求各部委意见，下达年度用水计划至省政府。经请示市政府同意，市水利局、市办、市住建委联合行文下达至各县政府执行。

按照省南水北调办要求及下达的年度用水计划，市南水北调办于每月17日前组织各县区编制下一月度用水计划建议，汇总编制《南阳市南水北调配套工程月水量调度方案》上报省南水北调办，核准后通过《河南省南水北调受水区供水配套工程调度专用函》下达月计划，市南水北调办开始执行。

【工程防汛及应急抢险】

2017年3月，国务院南水北调办主任鄂竟平和省防办到南阳市防汛检查，6月国务院南水北调办副主任张野到南阳市防汛检查。南阳市南水北调防汛工作从3月进入警戒状态，召开防汛专题会议，4月通知相关县区进一步摸底梳理，5月初制定、上报和下发开展南水北调工程防汛工作的相关文件。汛期防汛值班，值班人员24小时值守。与市水利局协调，联合市防办对南水北调干渠和配套工程防汛工作进行督查，排查出74处防汛隐患。11月中旬至12月中旬，按照省市防办和省南水北调办安排，配合有关单位开展干渠防洪影响处理二期工程前期现场查勘工作，排查摸清干渠南阳段交叉河（沟）道现状及存在问题，为下步消除防汛隐患提供详实可靠的第一手资料。

（王文清）

平顶山市配套工程运行管理

【概述】

平顶山市南水北调供水配套工程输水管线总长79km，在平顶山市境内共设6座分水口门、7条供水线路，其中11号、11-1号、12号、13号和14号分别向平顶山市区（含新城区）、叶县、鲁山县、宝丰县、郏县和石龙区等6个目标城区供水，年供水总量2.5亿m³；10号口门向漯河市和周口市供水。截至2017年12月，配套工程10号、13号、14号输水线路安全运行2年。

【运行管理规范年活动】

2017年，省南水北调办开展配套工程运行管理规范年活动，平顶山市南水北调办在活动中组建运管队伍，健全运管制度，加强日常巡查维护，工程运行管理逐步专业化规范化。理顺管理体制，明确县域输水线路由县南水北调办（移民局）负责，各县组织招聘县属运管人员，报市南水北调建管局审核

后培训上岗。根据工程运行特点和市县实际，开展队伍建设和技术培训，制定泵站和管理站所运管制度，编制断水应急预案，定期不定期对现场人员进行检查，确保严格按规程规范操作。在用水年年初，及时与市水利局沟通，研究上报年度用水计划，与省南水北调办签订供用水协议，确定年供用水量。每月初与干渠管理处、县水厂联合进行水量确认，计量基数准确无疑义。日常加强与省南水北调办及各管理处的联系，协调运行调度命令落实。创新举措实现临时性管理向专业性管理转变，委托中州水务公司平顶山基站对79km供水线路全线阀井、泵站进行摸底排查，开展线路巡查，及时进行维修养护，2012年通水以来平顶山市未发生停水事故。

【水费征缴】

2017年，平顶山市受水区未全部接供南水北调水，水费收缴工作一度滞后。为破解

这一难题，推进水费收缴工作，平顶山市出台《南水北调供水水费收缴办法》。2月16日组织召开水费收缴专题会议，将水费纳入市县财政预算，对拖欠水费补交办法、时限提出要求，并将水费上缴情况列入政府督查。6月22日，平顶山市水利局与市财政局联合组织召开各有关县区财政局、南水北调办（移民局）参加的水费收缴工作推进会，做出明确安排和具体要求。11月全市征收水费7610.41万元上缴省南水北调办。

【生态补水】

2017年，进一步发挥南水北调工程供水社会效益和生态效益，协调省南水北调办、中线建管局，利用南水北调干渠退水，通过澎河、沙河向白龟山水库实施生态补水。累计退水2.05亿 m³，水库水位由99.68m回升至103.28m，库区水面面积增加到65.21km²，较生态补水前增大72%。同时白龟山水库向下游沙河放水进一步扩大生态效益。

(张伟伟)

漯河市配套工程运行管理

【概述】

漯河市配套工程从南水北调干渠10号、17号分水口向漯河市区、舞阳县和临颍县8个水厂供水，年均分配水量1.06亿 m³。其中市区5670万 m³，日供水15.5万 m³；临颍县3930万 m³，日供水10.8万 m³；舞阳县1000万 m³，日供水2.7万 m³。采用全管道方式输水，管线总长120km。10号线由平顶山市叶县南水北调干渠10号分水口向东经漯河市舞阳县、源汇区、召陵区进入周口市，总长101km。17号线由许昌市孟坡南水北调干渠17号分水口向南经许昌市进入漯河市临颍县，管线长17km。漯河市南水北调配套工程共建设1个管理处3个管理所12座现地管理房。2017年已建成运行10座，在建2座。

2017年，漯河市南水北调办加强工程运行管理，对2015年底招聘的人员采取劳务派遣方式，建立专业运行管理队伍。已通水的10个现地管理房共配备38名值守人员和8名巡线人员，设置线路维护、设备安全、值守保障岗位。

【规章制度建设】

截至2017年，漯河市南水北调办编制供水调度、水量计量、巡查维护、岗位职责、现地操作、应急管理、信息报送等系列运行管理制度，汇编成《漯河市南水北调配套工程运行管理手册》。制订《漯河市南水北调供水配套工程巡视检查方案》《值班日志表》《交接班记录表》《建（构）筑物巡视检查记录表》《输水管线、阀井或设备设施巡视检查记录表》等管理制度装订成册。在现地管理房悬挂《供水调度协调制度及职责》《供水运行巡查制度及职责》《维修应急制度及职责》等规章制度，在运行管理中严格执行并不断完善。

【现地管理】

2017年，已建成运行10座现地管理房运行管理实行24小时不间断管理，人员全天候值守。值守人员按照制度对自动化设备、电力、电气设备运行进行巡查，填写巡查记录；按调度指令操作自动化设备，进行水量适时调整；及时巡视检查并记录输水设备运行情况，对巡查发现的隐患和问题，及时解决或逐级汇报，并详细记录事故情况和处理经过；交接班时填写设备运行情况、设备故障情况、巡视检查发现等情况，双方共同检查核准后，办理交接班手续；制定培训方案，定期开展运行管理人员培训，提高业务水平和技能。

【用水总量控制】

漯河市南水北调供水配套工程共有10、

17号两条供水线路，两个分水口门（辛庄分水口、孟坡分水口）。舞阳县水厂和临颍县一水厂分别于2015年2月3日和10月14日通水，漯河市二、四水厂分别于2015年11月9日和12月28日通水，五水厂、八水厂分别于2016年11月7日和12月12日通水。

2017年，10号分水口门舞阳县供水线路平均日用水量2.0万m³，漯河市二水厂供水线路平均日用水量4.0万m³，漯河市四水厂供水线路平均日用水量3.0万m³，市区五水厂平均日用水量1万m³，市区八水厂平均日用水量1万m³。17号分水口门临颍县一水厂供水线路平均日用水量3.0万m³，临颍县二水厂供水线路平均日用水量0.4万m³。截至2017年12月31日，漯河市累计接水12760.96万m³，南水北调供水基本实现全覆盖，工程供水运行平稳。

【供水效益】

2017年，漯河市南水北调办首要任务是扩大南水北调供水效益和覆盖范围，全力推进南水北调受水水厂通水工作。截至2017年12月31日，漯河市南水北调8个受水水厂通水7个，通水率87.5%。2016-2017年度用水达效率46%（市区用水达效率64%，舞阳68%，临颍28%）。漯河市南水北调配套工程累计调水12760.96万m³，其中2017年供水5308万m³，完成年度用水计划的97.51%。供水目标在市区、临颍县和舞阳县，由原计划辅助水源成为漯河市主要供水水源。

南水北调工程保障沿线的供水安全，改善沿线城市居民生活品质，舞阳县、临颍县水厂和市区二、五、八水厂全部置换为南水北调水，市区四水厂大部分置换为南水北调水，城市供水水质和安全保障能力得到大幅度提升。南水北调工程优化沿线城市的生态环境，临颍县利用南水北调水建设千亩湖湿地公园。各受水区水源置换后，地下水开采量明显减少，地下水位得到不同程度回升，南水北调工程逐步发挥社会效益和生态效益。

【水费征缴】

2017年，漯河市南水北调办推进水费征缴工作并取得重要进展。在前期专题调研的基础上，形成水费征缴调研报告和初步征缴方案，两次向市政府专题汇报，并征求漯河市发改、财政和城建投公司等单位意见。1月21日，漯河市政府第113次常务会议研究通过漯河市南水北调水费征缴方案。2月7日，漯河市政府办公室印发《关于做好南水北调水费征缴工作的通知》。理顺市本级水费征缴渠道，协调市财政局将2015—2016年度至水价调整前的市本级基本水费和计量水费纳入财政预算管理。向各县区政府发函，按照市政府要求催缴南水北调水费。截至12月31日，漯河市完成2014-2015年度南水北调水费征缴任务；2015-2016供水年度水费征收2491.56万元，完成年度征缴任务的44.7%。

【线路巡查防护】

2017年按照《漯河市南水北调供水配套工程巡视检查方案》规定的巡视线路、项目进行巡视检查，配套工程输水管线巡查每周不少于2次，供水初期或汛期加密频次；重点部位（阀井、穿越交叉部位）每天至少1次，供水初期或汛期加密频次，必要时24小时监控。现地管理房日常巡视检查每日3次，特殊巡视检查时间根据具体情况或上级指令执行。

【工程防汛及应急抢险】

漯河市南水北调建管局成立防汛领导小组，明确责任分工负责，实行地方行政首长负责制。编制《漯河市2017年南水北调配套工程运行管理度汛方案》《漯河市南水北调配套工程防汛应急预案》，落实防汛值班制度，坚持汛期24小时值班。按照省南水北调办规定，与漯河市水利工程处组建防汛抢险突击队，保证抢险人员抢险机械及时到位。与漯河市防汛物资储备站签订防汛物资使用协议，遇有紧急情况，快速调拨物资到达现场进行抢险作业。

（孙军民　周璇）

周口市配套工程运行管理

【概述】

2017年，开展配套工程自动化建设，成立领导小组，制定工作方案，实行工作例会和现场办公制度，加强各成员单位沟通与协调，监督建设单位组织实施。制定出台《周口市南水北调配套工程运行管理制度》《周口市南水北调现地管理站工作制度》，其中包括现地管理房值班、操作、考勤、巡线、例会工作制度，统一印发值班记录、线路巡查记录、操作记录、运管日志记录本。制定周口市南水北调配套工程运行管理规范年活动实施方案。建立巡查信息化工作台，组建微信群，信息共享，建立线路巡查台账，明确责任、专人督办、及时解决。

【员工培训】

2017年周口市南水北调办引进新员工并进行业务技能培训。培训分4个环节：9月26~29日进行组织纪律、工程管理、运行管理、廉政教育、行政执法、财务制度系统培训；10月10~13日学习周口市配套工程及巡查的内容方法和注意事项，从上游徒步至下游末端实地查看线路及各个阀井，掌握巡查内容；10月17~18日请专家及设备供应商讲解电气化操作要点、注意事项及应急处置；10月24~29日，到阀件厂学习。

【供水效益】

周口市南水北调配套工程2016-2017年度需水量1629.5万m^3，其中商水县需水量489.5万m^3。从2016年11月~2017年10月底，周口市实际用水量1294.94万m^3。2017-2018年度周口市用水计划已编制上报，总需水量4454.5万m^3，其中商水县需水量639.5万m^3。

截至2017年12月31日，周口市共承接南水北调水1462.84万m^3，受益人口21万人，工程效益初步显现。

【工程防汛及应急抢险】

周口市南水北调办制定2017年安全度汛方案，成立度汛工作领导小组，组建防汛应急抢险队伍，完善防汛应急措施，编制应急预案，组织应急抢险演练，储备防汛应急设备和抢险救援物资，建立预报与预警机制，制定汛期领导带班和值班制度。

（孙玉萍　朱子奇）

许昌市配套工程运行管理

【概述】

许昌市南水北调配套工程15号分水口门向襄城县第三水厂供水，线路长25.83km，采用DN800球墨铸铁管道输水，设计流量0.5m^3/s。穿越河流3处，等级公路顶管3处，铁路1处，各类阀井59座，现地管理房2座。

16号分水口门分别向禹州市规划水厂和神垕镇水厂供水，经任坡泵站前池向禹州市供水线路长1.69km（不包括泵站内线路），采用DN1200PCCP管道输水，设计流量1.5m^3/s。

共有建筑物11座，其中穿237省道1座，阀井9座，现地管理房1座。经任坡提水泵站穿越南水北调干渠向禹州市神垕镇供水，泵站布置3台机组，每台0.25m^3/s，二备一用，设计流量0.5m^3/s，设计最大扬程151.8m，提水设计净扬程111.839m，总装机容量1890kW。向神垕镇供水线路长16.40km（不包括泵站内线路），采用DN800涂塑复合钢管和球墨铸铁管道输水，沿途共布置建筑物65座，其中各类阀井54座。

17号口门向许昌市、县及临颍县输水，采用DN2400、DN2000、DN1200PCCP（临颍支线为DN1600）等管道输水，设计流量8m³/s，输水干线长47.27km，支线长19.68km（包括许昌市境临颍支线5.19km）。输水管道穿越颍汝干渠、石梁河、清潩河等河、沟，穿河建筑物分别采用倒虹吸管混凝土包封和直穿的方式。输水管道穿越公路顶管18处，穿越铁路箱涵（管）8处。各类阀井116座（不包括许昌境内临颍支线13座），现地管理房6座。

18号分水口门向长葛市供水，采用DN1400、1200PCCP管道输水，管线长14.0km，穿越清潩河、京广铁路和新107国道，共布置各类阀井30座，现地管理房2座。

【运管机构】

2017年，许昌市南水北调配套工程设两级调度运行管理，许昌市南水北调办和禹州市、长葛市、襄城县、建安区、鄢陵县南水北调办（移民办）。许昌市南水北调办（建管局）负责全市配套工程的供水调度运行管理工作。禹州市、长葛市、襄城县、建安区、鄢陵县南水北调办（移民办）负责分水口门供水工程的供水运行调度管理工作，其中15号分水口门供水工程由襄城县南水北调办负责管理，16号分水口门供水工程由禹州市南水北调办负责管理，17号分水口门供水工程由许昌县南水北调办负责管理，18号分水口门供水工程由长葛市南水北调办负责管理。按照统一调度、分级负责、专人管理的原则实施运行管理。

【运行调度】

许昌市南水北调办根据《水利部关于印发南水北调中线一期工程2017-2018年度水量调度计划的通知》（水资源函〔2017〕193号）《关于印发南水北调中线一期工程2017-2018年度水量调度计划的函》（豫水政资〔2017〕198号），委托县市区南水北调办实施调度，由配套工程现地管理站与用水单位现场对接进行水量日常调度。颍河退水由

许昌市南水北调办委托禹州市南水北调办与河南分局禹州管理处现场对接，通过"许昌市南水北调受水区供水配套工程调度专用函"上报许昌市南水北调办，经省南水北调办批示，由禹州市南水北调办负责现场调度。

【现地管理】

2017年，加强对许昌各县市区南水北调办及现地管理站的监督，许昌市南水北调办分别建立运行管理QQ群、巡视巡查QQ群、消防安全QQ群互联网平台，运行管理人员定时发送现地值守、巡视巡查、安全隐患排查等数据照片，市南水北调办专人定时查看，对运行调度、水量水情、管道压力、设备运行、巡视检查及现地值守等情况实行动态监控，对监测数据进行统计分析，及时研判配套工程运行状态。

【自动化建设】

许昌市配套工程自动化建设累计完成光缆敷设50km（含17号线路鄢陵支线21.6km），2017年自动化设备基本到位，进行安装并初步调试。其中15、16号线路通信光缆架设全部完成；17号线路除鄢陵支线正在施工外其余完成，鄢陵支线剩余3.4km；18号线路通信光缆架设全部完成，设备完成调试与省南水北调办完成联通。

【供水效益】

许昌市南水北调配套工程于2011年4月开工建设，2013年12月主体工程完工，2014年12月12日，许昌市区、长葛市、禹州市及神垕镇、襄城县先后用上丹江水，实现许昌市受水目标全覆盖。截至2017年12月31日，累计供水33626.51万m³，受益人口165万人。7次向颍河应急补水7059.35万m³，生态效益和社会效益日益显现。

【水费征缴】

按照《关于河南省南水北调工程供水价格的通知》（豫发改价管〔2015〕438号）和省南水北调办要求，许昌市2014-2015年度水费征缴完毕，2015-2016年度水费缴纳5000万

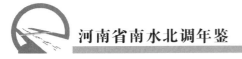

元，2016-2017年度基本水费缴纳3600万元，计量水费缴纳1000万元，剩余部分正在落实。

【运行管理规范年活动】

2017年许昌市南水北调办在配套工程运行管理规范年活动中建立健全运行管理长效机制，探索科学化规范化标准化运行管理模式。进一步完善制度建设，印发《许昌市南水北调配套工程运行管理规范年活动实施方案》《许昌市南水北调配套工程突发事件应急调度预案（试行）》《许昌市南水北调配套工程设备操作手册（试行）》。制订《许昌市省南水北调配套工程运行管理监督检查工作实施方案》，明确监督检查的依据、方式、程序、内容、频次、问题整改及工作要求。每季度对县市区进行一次督导，下发督导通报，限期整改并跟进复查，落实整改情况，严肃责任追究。组织举办运行管理培训班，在各现地管理站分别组织消防培训及现场演练、设备操作演练，进行理论学习和实际操作全方位培训，推进标准化精细化管理。在"互学互督"活动中借鉴其他市南水北调办先进经验，以近期出现重大运行管理问题或问题频发多发的项目为重点，督促问题整改提升管理水平。

【线路巡查防护】

根据《河南省南水北调配套工程供用水和设施保护管理办法》划定线路保护范围，向许昌市法制办申请办理行政执法证，与许昌市水务局签订委托协议。2017年与许昌市水务局和市法制办联合进行法制培训。根据省南水北调办《其他工程穿越邻接河南省南水北调受水区供水配套工程设计技术要求（试运行）》《其他工程穿越邻接河南省南水北调配套工程安全评价到则（试运行）》《加强其他工程穿越邻接河南省南水北调受水区供水配套工程建设监管工作的通知》（豫调办投〔2017〕7号），郑万高铁跨越许昌市15、17、18号供水线路施工单位上报《安全影响评价报告》《专题设计报告》，通过省南水北调办审批后，许昌市南水北调办与施工单位签订监管协议。截至2017年底，18号线供水线路跨越段完成，15、17号线供水线路正在管线防护工程施工。

【工程防汛及应急抢险】

2017年，许昌市南水北调办成立防汛工作领导小组，制订《许昌市南水北调配套工程2017年度汛方案和防洪抢险应急预案（试行）的通知》《许昌市南水北调配套工程运行管理防汛物资管理办法（试行）的通知》。确定工程防汛责任人名单，各县市区签署防汛工作责任书，落实工作责任制。各县市区制订《工程度汛方案》《防汛应急预案》。加强汛期监督检查和防汛安全管理巡查督导工作，提高值守人员制度化标准化管理水平。加强防汛演练，制定防汛演练方案，提升防汛应急处置能力。5月15日开始24小时防汛值班。

（程晓亚）

郑 州 市 配 套 工 程 运 行 管 理

【概述】

配套工程郑州市境内干渠共设置7座分水口门，分别为19~24号和24-1号口门，向新郑市、中牟县、郑州航空港区、郑州市区、荥阳市和上街区供水，年分配总水量5.4亿m³，建设7座提水泵站、4座调蓄工程、10座新建和改造配套水厂，工程用地8000亩，总投资19亿元。配套工程于2012年11月23日开工建设，2014年12月底与中线工程同步达效。2017年，郑州市配套工程安全高效运行，截至11月底共输水4.5亿m³，其中，生活用水3.8亿m³，生态补水7000万m³，累计用水量

10.5亿 m³，日供水量110万 m³，受益人口680万人，南水北调水成为郑州市区和沿线县市区的主要供水水源。

【运行管理模式】

郑州市配套工程通过近三年运行管理实践探索，已经形成属地管理和专业委托相结合的运行管理模式。对县市区所属辖区内输水线路委托给县市区南水北调办管理，对专业性较强的泵站维护，委托有资质的运维单位，运行管理逐步实现由临时性向专业性转变。开展维修养护工作，按照《河南省南水北调受水区供水配套工程维修养护管理办法》，管线安全巡查分别由委托的运行管理单位和施工单位负责，每周两次巡线。成立郑州南水北调配套工程试运行领导小组，在各县市区完成运行机构的组建工作，共招聘各类人员70余人。城区泵站人员招标文件编制完成，即将进入招标程序。加强分水口门分水调度管理，郑州市南水北调办与干线新郑管理处、航空港区管理处、郑州管理处、荥阳管理处联合成立分水调度工作组和紧密型联动工作机制，明确职责分工，协调郑州各分水口门的分水调度工作。

2017年，组织人员对配套工程防汛措施、物资准备等情况进行逐一排查，下发《关于进一步做好南水北调配套工程汛期安全运行工作的通知》，明确防汛重点，对防汛任务较重的地段开展重点监护和巡查。制订《南水北调工程断水专项应急预案》，纳入郑州市应急管理，开展预案演练，建立应急处置体系。

【运行水厂】

2017年，郑州市南水北调配套工程7座泵站有6座正常运行，向郑州市区刘湾水厂、柿园水厂、白庙水厂以及新郑市一水厂、二水厂，港区一水厂、二水厂，中牟县水厂，荥阳水厂，上街水厂共10个水厂供水，水泵、管道及电器设备运行正常，供水经济效益和社会效益日益显现。

【泵站运行管理制度】

2017年推进泵站运行管理科学化、制度化、程序化，制订《机泵运行工岗位作业标准》《机泵工安全操作规程》《变配电运行工岗位作业标准》等行业操作制度。并把这些制度制作标牌悬挂泵站主操控室，操作人员按章操作并进行各项记录。明确各泵站运行管理职责，加强配套工程运行管理和设施保护，下发文件将配套工程运行管理和设施巡查工作按照属地管理的原则委托所在地县区南水北调机构管理。各县区南水北调办明确一名领导专职负责配套工程运行管理。

【运行管理规范年活动】

2017年，制订《郑州市南水北调配套工程运行管理规范年活动实施方案》，完善制度、健全队伍、创新管理、规范巡检、落实整改、严肃追责，规范运行管理行为。各县市区分别制定规范年活动实施方案，分解任务，细化落实，推进配套工程运行管理制度化规范化。

【管理处所建设】

郑州市供水配套工程按初设计列，共有1个管理处，6个管理所。郑州管理处，市区管理所（与管理处合并建设）、新郑管理所、航空港管理所、中牟管理所、荥阳管理所和上街管理所。

2017年，郑州管理处和市区管理所合并建设正在施工，新郑管理所9月上旬开工建设完成二层主体部分，航空港管理所、中牟管理所、荥阳管理所、上街管理所建设正在开标。

【水量计量确认及水费征缴】

郑州市南水北调配套工程自运行以来，截至2017年10月底干渠口门供水累计计量10.45亿 m³（含退水闸退水量），郑州市配套工程用水累计计量9.80亿 m³，误差水量6500万 m³，占干渠供水总量的6.2%。

郑州市南水北调办采取对欠费大户重点催收、用水大户按月征收措施加强水费收缴。截至 2017 年，郑州市累计上缴水费 56430 万元，其中 2014—2015 年度 24121 万元，2015—2016 年度 32309 万元，2014—2015 年度、

2015—2016 年度水费征缴上缴比例达到 100%。2016—2017 年度水费收缴工作正在进行。

（刘素娟　罗志恒）

焦作市配套工程运行管理

【概述】

南水北调中线工程在焦作市共设置 5 个分水口门，年分配用水量 2.69 亿 m³，设计供水线路 6 条，总长 57.91km，分别向温县、武陟县、焦作市区、修武县和博爱县供水。工程 2012 年 11 月开工建设，2015 年 1 月修武输水线路通水运行，12 月底武陟线路实现通水。2017 年 11 月 8 日温县水厂进行试通水，12 月 19 日温县南水北调水厂正式向城区供水，12 月 31 日博爱输水线路向博爱配套水厂试通水。城区苏蔺水厂线路具备供水条件，城区府城水厂线路进行前期工作。

2017 年开展南水北调配套工程运行管理规范年活动和"互学互督"活动，制定完善运管安全例会、运管安全巡查、供水水量计量等管理制度 18 项汇编成册。

【运管机构】

建立 2+1+7 运管组织模式。焦作市运行管理机构成立 2 个工作组，试运行管理领导小组和试运行协调领导小组。试运行协调领导小组由市和县区两级南水北调办人员组成，负责输水线路管护、抢险的协调工作。试运行管理领导小组负责工程运行管理工作，下设供水运行管理部，负责焦作市供水配套工程日常运行管理工作。组建市区苏蔺线路、修武线路、武陟线路、温县线路、博爱线路首末 7 个现地管理站，负责现地调度、巡查、操作等运管工作。

【运行调度】

根据省南水北调办的调度方案，编报年度水量调度计划，及时向省南水北调办报送辖区内配套工程月水量调度方案并组织实施；执行供水调度运行指令，对省南水北调办的供水调度运行指令进行联动响应，实现配套工程、城市水厂、调蓄水库、灌区、生态用水河湖与干线工程分水调度运行同步操作。按时对调度计划执行情况进行反馈；开展联合水量计量工作，整理水量信息，进行水量分析，编报运行管理月报；协调建立应急保障机制，制定辖区内配套工程水量调度应急预案，负责配套工程突发事件预警和应急联动供水调度管理。

【处所站三级管理】

焦作市供水配套工程试运行管理领导小组负责工程运行管理工作，下设供水运行管理部，内设调度室、工程室、安全室、综合室，负责日常运行管理。组建市区苏蔺线路、修武线路、武陟线路、温县线路、博爱线路首末 7 个现地管理站，负责现地调度、巡查、操作等运管工作。武陟、温县、修武、博爱 4 条线路末端管理站委托县南水北调办代管。截至 2017 年底，共组建现地管理站 7 个，每个站配备调度、操作、电工、巡线员各一名负责现地管理工作。

【自动化建设】

配套工程自动化建设内容包括硅芯管的铺设、通信电缆的穿设以及液位计、压力表安装等。焦作市南水北调配套工程硅芯管的铺设与管道铺设一并完成；各分水口门的液位计、压力表安装及通信电缆的铺设由省南水北调建管局统一组织实施。2017 年，焦作市南水北调建管局协助自动化建设单位完成 25 号温县分水口门、26 号武陟与博爱分水口门、28 号修武与苏蔺分口门的液位计、压力

表安装任务；完成26号分水口门博爱输水线路的硅芯管穿缆工作。

【生态补水】

2017年10月，国务院南水北调办、省南水北调办，为迎接党的十九大召开，决定利用丹江口水库水量充盈时机，扩大沿线生态供水。接到生态供水通知后，焦作市委市政府组织进行生态补水，最大限度惠及当地群众。市南水北调办、市园林局等职能部门上级申请供水指标，疏浚河道完善工程。10月13日，南水北调水通过干渠闫河退水闸注入群英河，焦作市首次实现南水北调生态供水。生态补水水流经过群英河、黑河进入龙源湖，之后再经由黑河进入新河，最终注入大沙河，对龙源湖实施南水北调水大置换。生态补水流量1m³/s，持续补水20多天，焦作市生态补水180万m³，改善焦作市的生态环境效果明显，改善龙源湖、新河、大沙河水质，提高龙源湖水面景观度，为市民创造更好的休闲环境。

【供水效益】

焦作市南水北调配套工程26号分水口门武陟输水线路、28号分水口门修武输水线路、25号分水口门温县输水线路正常输水。2017年11月8日，温县南水北调水厂进行试通水，12月19日正式向城区供水。12月31日，博爱输水线路向博爱配套水厂试通水。2017年向受水区供水1287万m³，累计供水2670万m³。其中，向修武县供水523万m³，累计供水1330万m³；向武陟县供水745万m³，累计供水1300万m³；向温县供水40万m³。受水区总受益人口39万人。有效地提高饮用水质标准，减少地下水开采水量，供水社会效益显著。

【运行管理规范年活动】

根据豫调办建〔2017〕11号文《河南省南水北调配套工程运行管理规范年活动实施方案》要求，焦作市南水北调办制订《焦作市南水北调配套工程运行管理规范年活动行

动方案》《焦作市南水北调配套工程2017年度运行管理培训方案》，成立组织明确目标任务，建立工作台账，规定时间节点，落实责任个人。活动中新制定运行管理安全巡查等管理制度10项，完善运行管理日志等5类表格；编制电器操作手册。制定和完善焦作配套工程断水专项应急预案等7项预案。公开招聘操作人员4名，集中培训或组织到其他市现场考察学习，提高工作人员素质。

（董保军 范又方）

【线路巡查防护】

2017年，焦作市南水北调建管局探索出"双巡一联防"保护机制。一是现地管理站人员每周对线路徒步巡查一次，重点查阀门井、查建筑物是否正常运行完好无损。二是在建成通水的输水管道沿线村庄招聘村民兼职护线员，制订《线路保护方案》，对护线员进行区域划分，明确工作职责和工作制度，要求每天对所辖地段徒步巡看一次，重点是查看管线保护区上方是否有违法开挖、施工、堆积，标志牌及阀井是否受到非法侵害，巡看情况每天向市南水北调建管局报告一次。三是与当地公安部门建立联席会议制度，及时依法处理破坏线路安全的违法事件，形成联防保护机制。

【员工培训】

焦作市南水北调建管局根据豫调办建〔2017〕11号文《河南省南水北调配套工程运行管理规范年活动实施方案》要求，制定2017年焦作市配套工程运行维护培训方案。培训方式有分期培训、专项培训、集中培训与分散培训，培训形式采用授课、现场指导、问题研讨交流。培训内容包括重力流输水线路管理规程、各类阀门操作、应急操作方案及措施、输水线路保护法规、安全应急相关知识等内容。全年培训技术人员130人次。

【维修养护】

按照《河南省南水北调配套工程日常维修养护技术标准（试行）》的通知（豫调办

建〔2017〕12号）和全省第24次运行管理例会会议纪要的要求，焦作市南水北调建管局与中州水务控股有限公司（联合体）河南省南水北调配套工程维修养护鹤壁基站对接，于4月开始进行配套工程日常维修养护工作。

2017年，完成25号分水口门温县输水线路、26号分水口门武陟输水线路、28号分水口门修武县输水线路及线路首端末端现地管理站的运行维护工作。输水线路维修养护内容包括沿线阀井的排水清理、阀件的调试、螺栓的加油保养、管件的防腐处理等工作，其中阀井排水清理工程分别于汛前讯后进行两次；现地管理站的维修养护内容包括电气电路的检查维护、仪器仪表的检验调试、调流阀室的检查维护、航吊的运行调试等内容。

【应急预案】

2017年，焦作市南水北调建管局和中州水务控股有限公司维修养护鹤壁基站、各受水县区南水北调办联合制订《河南省南水北调受水区焦作供水配套工程水量调度应急预案》《河南省南水北调受水区焦作供水配套工程应急抢险预案》，成立焦作供水配套工程应急处理指挥部，明确职责，建立24小时联络机制，组建专业工程抢险队，承担工程应急抢险任务。6月，由市南水北调办组织，干线温博管理处、各市南水北调办、所有焦作南水北调配套工程现地管理人员参加的断水应急演练，进一步完善应急方案。

【工程防汛及应急抢险】

焦作市南水北调建管局成立防汛指挥小组和应急抢修指挥小组，明确防汛和应急抢险工作职责。编制《焦作市南水北调供水配套工程2017年防汛工作方案》《焦作市南水北调供水配套工程应急抢险预案》，配备防汛抢险器材、设备和物资，并对防汛物资设备进行检查登记，焦作市南水北调供水配套工程2017年度汛安全。

（樊国亮　许　佳）

新乡市配套工程运行管理

【概述】

新乡市南水北调配套工程共有30～33号4条供水管线，向新乡市区（含凤泉区）、获嘉县、辉县市、新乡县和卫辉市的9座受水水厂供水，线路总长75.56km，规划年均供水量3.916亿m³，全线共设1处4所及14处现地管理房。2017年下半年如期启动第二批运管人员招聘工作并于年底前完成招聘及培训各项工作。新乡市配套工程运管工作全部由市南水北调办统一管理，下设运管办具体负责对8个现地管理站的检查督导工作。2017年8月32号线七里营支线通水，截至2017年底，新乡市供水目标覆盖5座水厂及一个调蓄工程。2016-2017供水年度实现供水量9106.2万m³，占计划供水量9413万m³的96.75%。

【水量计量】

按照《河南省南水北调受水区配套工程调度专用函》（豫调水办〔2017〕1号）文件要求，建立日水量报告制度，每日上午9时编报水量报告上报至微信平台，对各受水水厂用水量按天进行控制。主动对接协商解决争议。新乡市南水北调办组织河南分局辉县管理处、卫辉管理处和5家受水水厂以及现地管理站共同召开会议研究协商解决2016-2017年度用水量争议。利用信息共享积累比对数据。对配套工程各流量计每日水量统计整理，与干线管理处联系获取同期水量数据信息。每日汇总每周比对，为全市水量调度及计量规范化工作提供数据基础。

【规章制度建设】

2017年，新乡市南水北调办健全完善制

度建设，运行管理每项工作有规可依有章可循。印发《新乡市南水北调配套工程运行管理工作安全管理制度》《新乡市南水北调配套工程运行管理规章制度》，涵盖值班、考勤、例会、操作、巡查、水量调度等工作，配套印发各类记录本。调整完善现有规章制度，对现地管理站全面入驻、穿越邻接、运管突发事件应对，明确工作要求和操作要点，理顺工作流程，健全措施预案。

【水费征缴】

根据《关于印发〈新乡市南水北调2014—2016年度水费征缴方案〉的通知》（新政办〔2016〕133号）文件，新乡市2014—2015年度计量水费、基本水费及2015—2016年度基本水费共计31008.69万元。新乡市南水北调办向有关县市区发送催缴函，截至2017年底，征缴水费15730.3万元，完成水费征缴任务的47.53%。其中：市本级财政完成100%、卫辉市完成100%、首创水务公司完成100%、经开区完成100%、获嘉县完成45.6%、辉县市完成23.52%，其他县市区正在筹措。

【运行管理规范年活动】

2017年，新乡市南水北调办开展运行管理规范年活动，理清思路，完成规定动作，研究制定实施方案，推进互督互学，落实巡查整改；同时，以运管规范化标准化为目标，建立制度保障、人才保障、调配保障、安全保障、专业保障和动力保障"六保障"机制，全面规范，持续创新，不断优化自选动作，全市配套工程平稳有序运行。

【线路巡查防护】

线路巡查整改健全工作坚持问题导向进行规范管理建设。按照省南水北调办运行管理监督管理办法要求，逐项对照，开展自查自纠；对巡检飞检和监督检查发现的问题制定整改措施，及时完成整改并上报整改报告。搭建上报问题平台，明确问题处置流程。建立运管QQ群、微信群，与电信公司

结合组建自动化远程监控平台，对现地运管人员日常考勤、线路巡查、在岗情况实施远程监控。进一步明确各科室职责，规范问题处理流程，出台问题处置方案，建立问题台账。建立月例会考核制度，每月召开一次市南水北调办运管例会，通报工作情况，研究存在问题及解决方案，编发运管简报；每月组织日常考核，考核结果与个人及现地管理站争先创优挂钩。2017年，各现地管理站处理解决100余起其工程安全隐患。

【员工培训】

新乡市南水北调办开展多种形式的运管人员学习培训，2017年11月安排全体运管人员参加为期3天的业务培训，新老运管人员系统学习运管业务知识和操作技能。由各现地管理站站长组织，每周安排半日集中学习运行管理相关业务知识，运管办每季对各现地管理站组织业务学习情况进行抽查，每半年组织一次业务知识考核，年终组织一次业务技能比赛。

【维修养护】

2017年与养护单位对接，对维护过程中存在问题提出合理化专业意见建议。维护阀井2026座/次，抽水206座/次，维护管理房58座/次，维护电器522次，完成新乡新区水厂、孟营水厂、高村水厂、七里营、卫辉末端、获嘉水厂6处现地管理房调流调压室内液压泵的液压油进行清理更换等专项维修养护，完成32号线VQL-130阀井冒水应急抢险。

【配套工程管理执法】

按照《河南省南水北调配套工程供用水和设施保护管理办法》，受新乡市水利局委托，新乡市南水北调办于2017年9月正式成立新乡市南水北调水政监察大队。执法大队与配套运管办配合现场协调处理10余起违建、未批穿越邻接情况。

（吴　燕）

濮阳市配套工程运行管理

【概述】

2016-2017调水年度濮阳市共引丹江水6066.59万m^3，其中生态补水2340.1万m^3，供水范围覆盖濮阳城区、中原油田和清丰县城区，近80万居民用上丹江水。清丰县南水北调供水配套工程建成通水，截至2017年12月31日，累计供水155.29万m^3；南乐县南水北调配套工程建设正在推进；濮阳县南水北调供水配套水厂建设土建工程完工，设备安装基本完成；南水北调西水坡支线延长段工程11月1日建成通水，截至12月31日，供水344.5万m^3。完成剩余4个单位工程验收和5个施工标的合同项目完成验收工作，工程验收工作按计划完成。

2017年濮阳市南水北调办围绕"规范运行管理，保障安全供水"工作主线，推动运行管理标准化制度化建设，提升运行管理效能，提高供水保障能力，全面完成后续工程建设任务，按计划完成工程验收工作目标。

【现地管理】

2017年，由劳务公司派遣26名工作人员，具体负责现地管理站调度值守及输水管线安全巡查工作。现场管理人员统一经岗前业务培训、现场操作演练，考核合格后上岗工作。工作期间参加省南水北调办举办的两期集中培训，还制定系统的培训计划，对运管人员进行业务培训。

【规章制度建设】

按照省调水办运行管理制度设计，制定完善运行管理制度，印制《濮阳市南水北调配套工程运行管理操作手册》。市政府根据《濮阳市南水北调配套工程断水应急预案》印发《濮阳市市城区公共供水水源调度预案》（濮政办〔2017〕36号），市调水办根据《河南省南水北调受水区供水配套工程运行监管实施办法》，制定并印发《关于明确和落实安全生产责任制的通知》《濮阳市南水北调配套工程安全生产管理实施细则》《濮阳市南水北调配套工程运行调度方案》《应急调度预案》《濮阳市南水北调配套工程巡查工作方案》《濮阳市南水北调2017年防汛工作方案》《濮阳市南水北调配套工程防汛抢险应急预案》《汛前安全检查工作方案》《突发事件应急处理预案》《工程维修养护方案》。

【水厂建设】

濮阳市南水北调受水厂工5座。2017年扩建水厂1座（濮阳市华源水务有限公司），水厂一期二步工程开工建设，工程建成后日供水能力由原来的8万m^3提高到16万m^3；改建水厂1座（濮阳市第二水厂），供水规模为8万t/d；新投用水厂1座（清丰县南水北调中州水厂），供水规模为5万t/d。在建水厂2座（濮阳县水厂和南乐县水厂），供水能力分别为2.5万t/d和5万t/d。

【维修养护】

2017年7月，省南水北调办与中州水务控股有限公司（联合体）签订配套工程维修养护合同，配套工程日常维护技术标准，中州水务控股有限公司（联合体）制定2017年度服务方案，并制定季度维修养护方案、月度维修养护方案，按照要求进行维修养护工作。全年共提交濮阳市南水北调办2份季度维修方案、6份月度维修养护方案。

濮阳市南水北调办按照市南水北调办下发的《日常维修养护标准》要求进行监督管理，对每项工作现场进行确认，作为维修养护项目费用申请单的附件上报省南水北调办。全年上报6份维修养护项目费用申请。

2017年濮阳市南水北调办向中州水务控股有限公司（联合体）发送6次工作联系单，其中3次按照合同属于专项维修养护工作，1次属于应急抢险养护项目。中州水务控股有限公司（联合体）提交施工方案，组织审批后进行实施。绿城路管理站调流调压阀室做散水处理、雨水管道铺设、西水坡管理站水管连接项目验收合格。

【供水效益】

2017年5月5日，清丰县配套工程建成向清丰县中州水厂供水，日供水1.5万m^3；10月16日，濮阳市配套工程西水坡支线延长段正式向市第二水厂供水，日供水6万m^3。2017年供水6066.59万m^3，其中向水库生态补水2340.1万m^3。截至2017年底，向濮阳市累计供水9942万m^3，南水北调供水范围覆盖濮阳市城区、中原油田和清丰县城区，受益人口80万人。

【水量计量】

2017年，每月1日对配套工程末端35号分水口门流量计的累计水量进行确认。配套工程末端水量计量与自来水公司共同签字确认，35号分水口门水量计量实行濮阳市南水北调办、鹤壁管理处共同确认。根据年度水量调度计划制定月水量调度方案，每月制定月水量调度方案并上报省南水北调办。

【水费征缴】

濮阳市南水北调办依据每月和用水单位确认的水量，向用水单位发函催缴南水北调配套工程水费。把省南水北调办每次向濮阳市下发的水费催缴函附签呈报市政府分管领导阅示。2017年，濮阳市南水北调办共发水费催缴函15份，约谈用水单位主要领导7人次，以正式文件向市政府专题报告4次。2017年，全年共完成水费收缴5200.59万元，累计上缴水费16342.02万元。

【成立水政大队】

2017年4月18日，濮阳市南水北调办向市水利局申请批准成立水政监察大队并办理行政执法委托。10月16日市水利局下发《关于调整政监大队设置的通知》批准成立，市水利局和市南水北调办签订委托执法协议，10月23日市南水北调办成立水政大队。水政大队成立后，开始在配套工程沿线区域宣传贯彻《中华人民共和国水法》《南水北调工程供用水管理条例》《河南省南水北调配套工程供用水和设施保护管理办法》等水法律法规规章，开展监督检查。

【运行管理规范年活动】

2017年制订《濮阳市南水北调配套工程运行管理规范年活动实施方案》，充实运行管理领导小组及办公室，选配3人组建现场管理组。市调水办每周进行一次检查，每月进行一次绩效考评，每半年进行一次工作总结。编制岗位职责、人事管理、供水调度、水量计量、巡查维护、现地操作、应急管理、信息报送等运行管理制度，汇编成《濮阳市南水北调配套工程运行管理作业指导书》，初步实现质量技术、现场管理、安全环保、设备管理、行为规范的标准化。派人到干线鹤壁管理处、中原油田供水管理处学习考察。

【互学互督活动】

按照《关于开展河南省南水北调配套工程运行管理"互学互督"活动的通知》（豫调办建〔2017〕54号）文件要求，濮阳市南水北调办召开动员会，印发《濮阳市南水北调配套工程运行管理"互学互督"活动实施方案》，成立"互学互督"领导小组，8月28～30日组织有关人员到漯河开展互学互督活动，8月30～31日，周口市南水北调办一行10人对濮阳市配套工程运行管理情况进行督导检查，现场查看濮阳市第三水厂、濮阳市管理处、绿城路管理站和西水坡管理站。

（王道明）

鹤壁市配套工程运行管理

【概述】

2017年，鹤壁市南水北调办开展南水北调配套工程34号、35号、36号分水口门线路供水及设备的日常运行及维护检查工作，加强线路巡查防护，进行2017—2018年度水量调度计划编制申报，协调有关部门单位进行水量确认，落实调度供水及水量计划；开展配套工程防汛及应急抢险工作；加强工程保护和穿越邻接工程管理；配合进行配套工程巡检智能管理系统在鹤壁市试点及投入使用；加强配套工程运行管理各项规章制度建设，持续推进运行管理规范化；举办岗前培训。2017年鹤壁市配套工程自动化建设工作除金山水厂未建外，通信线路穿缆完成。截至12月底，鹤壁市配套工程规划6座水厂投入使用5座，累计向鹤壁市水厂供水8432万 m³，向淇河生态补水1500万 m³。

【泵站代运行管理模式】

泵站代运行管理向社会公开招标，大盛微电科技股份公司中标鹤壁市34号口门铁西水厂泵站和36号口门第三水厂泵站代运行管理工作，签订《河南省南水北调受水区鹤壁市供水配套工程泵站运行维护管理项目》合同。2017年11月合同到期，通过公开招标确定广东省电信工程有限公司（现更名为中通服建设有限公司）为新的泵站代运行管理单位，并向社会聘请有资质的管理专业人员。

【运行调度】

2017年，鹤壁市南水北调办共接到省南水北调办调度专用函8次，分别为豫调办水调〔2017〕1、3、18、36、42、71、73、74号，并做出运行调度工作安排。鹤壁市南水北调办印发调度专用函共11次，分别为鹤调办水调〔2017〕1至11号。

值班人员接到调度指令时，根据指令填写阀门操作票记录流量、阀门开启度、操作

时间等内容。接到电话指令时还需填写电话指令记录表，记录下令人姓名、电话、命令内容、下令时间等内容，执行命令完毕后，及时向下令人反馈。当濮阳市、滑县、鹤壁市各水厂用水量发生变化时，根据省南水北调办调度专用函或其他书面通知要求，各相关现地管理房及泵站加大管线巡视频率和流量计观察频率，流量计加密观察时间为调度开始后12小时，必要时延长时间并据实填写《现地管理房运行记录表》。

【规章制度建设】

2017年，对鹤壁市编制的水量调度、维修保养、现地操作、巡视检查、交接班、卫生管理、安全生产、运行调度、值班、考核方案（试行）等13项运行管理有关规章制度进行梳理，进行废止、修订、补充、完善和规范。重新制订《鹤壁市南水北调配套工程先进集体评选制度（试行）》，先进集体评选制度评选标准更加全面，奖励办法更加公平合理。

【现地管理】

2017年，鹤壁市管辖范围内共设置9个现地管理机构启用5个，划分为5个巡视运行单元，35-3现地管理房有工作人员9名，其他4个现地管理房各8名，分别配备巡线车辆和巡视装备。各运行单元由专人负责24小时轮班值守，每周召开运行管理例会。34-1、36-2现地管理房由泵站代运行管理单位负责巡视检查工作，35-2-2现地管理房由35-1现地管理房工作人员巡视检查。36号线金山水厂支线因金山水厂未建，所以金山支线管理房尚未建设。巡视管理单元及泵站巡视范围的划定，实现对配套工程输水管线、设施设备等巡视检查全覆盖。

【供水效益】

鹤壁市配套工程规划6座水厂投入使用5

座，通过34号、35号、36号三条输水线路累计向鹤壁市水厂供水8432万 m^3，通过淇河退水闸向淇河生态补水1500万 m^3。2017年10月27日16:00～11月13日21:06，南水北调干渠通过淇河退水闸向淇河进行生态补水，流量3m^3/s，共446.148万 m^3。为鹤壁市建设生态文明、活力特色、幸福和谐的品质"三城"做出贡献。

【水费征缴】

截至2017年底，鹤壁市累计上缴水费11346.43万元，占应缴水费比例50%，其中基本水费8777.72万元，占应缴基本水费比例44.17%，计量水费2568.71万元，占应缴计量水费比例68.12%。2014～2016年度计量水费与基本水费基本上缴完成。

【运行管理规范年活动】

2017年，根据《河南省南水北调配套工程运行管理规范年活动实施方案》，制订《鹤壁市南水北调配套工程运行管理规范年活动实施方案》，活动分三个阶段。动员部署阶段（3月1～15日），实施阶段（3月16～30日），总结检查阶段（12月1～20日），全面推进配套工程运行管理工作规范化建设。建立例会制度，每月召开一次运管例会，建立工作台账，制定现地管理房职守、巡线工作台账，开展问题整改。根据省南水北调办印发的《河南省南水北调配套工程运行管理"互学互督"活动实施方案》要求，成立"互学互督"活动小组，与南阳市、郑州市互相学习、互相检查、互相督导。

【线路巡查防护】

2017年，对鹤壁市5个现地管理站线路巡查防护范围进行重新划定。责任区域划分为34-2现地管理站负责34号城北水厂支线（不含泵站内）范围内的全部阀井及输水管线；35-1现地管理站负责35号主管线进水池、VB01至VB17阀井（不包括VB08、VB09阀井及VB08至VB10间输水线路）、36号线金山支线VBJS04a至VBJS24间全部阀井及输水管线；35-2现地管理站负责35号主管线VB08、VB09阀井和VB08至VB10间的输水管线，VB18至VB28间的全部阀井和VB18至VB29阀井间的输水管线，35号第四水厂支线范围内的全部阀井及输水管线；35-3现地管理站负责35号主管线VB29至VB47间的全部阀井和VB29至VB48阀井之间的输水管线，VB52、VB53阀井及VB52至VB54阀井间的输水管线；35-3-3现地管理站负责35号主管线VB48至VB59阀井（不包括VB52、VB53阀井及VB52至VB54阀井间的输水管线）、浚县支线（11个阀井）及滑县支线（8个阀井）范围内的全部阀井及输水管线。36号口门第三水厂泵站负责第三水厂泵站、金山泵站、36号线路第三水厂支线范围内的全部阀井及输水管线。36号线金山水厂支线巡查频次为1周2次，其他线路均为1天1次。

按照相关制度开展配套工程巡视检查工作，累计填写各项巡视检查记录表300余本，2017年线路巡视过程中发现在管线保护范围内有1起打井行为和3起施工行为被及时制止并上报。

【员工培训】

2017年，鹤壁市印发学习资料组织岗前职业培训。组织编制《鹤壁市南水北调配套工程运行管理人员素质提升100题》，对新招聘的运行管理人员进行为期一周的岗前培训；各现地管理站、泵站每周定期对运行管理、维护与设施保护相关知识进行学习，市南水北调建管局对学习情况进行不定期抽查；鹤壁市作为配套工程巡检智能系统试点，4月19～23日开展配套工程巡检智能系统软件应用培训，6月22日，国务院南水北调办主任鄂竟平与鹤壁市配套工程35-2现地管理站通过智能巡检系统进行现场连线，鹤壁市运管人员向鄂竟平汇报巡线工作情况和阀井情况；5月31日～6月1日邀请相关专家组织各现地管理机构、泵站进行消防知识培训和演练；7月13日，市南水北调建管局组织

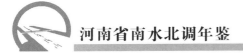

大盛微电科技股份有限公司专业人员对各现地管理站工作人员对汛期防汛工作进行发电机和抽水泵的操作培训；参加省南水北调办组织举办的学习培训。12月25日，组织运行管理人员进行2017年度运行管理知识测试。

【维修养护】

按照省南水北调办下发的日常维修养护技术标准，组织中州水务控股有限公司（联合体）鹤壁基站按时完成阀井维修、养护、抽水、打扫等维护工作，运行管理人员对维修养护工作进行全程监督，逐一落实。2017年，鹤壁市配套工程34号分水口门铁西水厂泵站经过2年多的运行，大量泥沙杂物随水流入34号分水口门进水池内，进水池内及进水箱涵淤积严重。根据省南水北调办《关于加强我省南水北调配套工程维修养护工作的通知》要求，按照泵站进水池清淤方案和省南水北调办审查意见，组织中州水务控股有限公司维修养护中心鹤壁基站对34号泵站进水池进行清淤。清淤结束后，泵站进水池涵洞进水断面明显扩大。

【工程防汛及应急抢险】

2017年，贯彻落实省市防汛工作安排部署，把南水北调工程沿线防汛列入工作责任目标，统一指挥统一领导南水北调鹤壁段防汛工作。编制完善南水北调中线工程鹤壁段及配套工程防汛度汛方案和应急抢险预案，建立健全防汛应急响应分级和信息指令传达报送制度；对工程防汛薄弱环节和风险点逐一检查，及时消除隐患，检查各项防汛物资的准备和到场，进行排水演练，对发电机进行试运行，落实到位挖掘机、装载机等机械设备随时待命；对工作人员进行防汛知识培训和发电机、排水泵的使用培训；建立联络机制，遇重大汛情险情及时与责任单位对接；汛期加大对配套工程管道沿线、现地管理房、泵站等巡视检查，遭遇强降雨时，派驻专人对泵站工作昼夜进行现场指挥。

【配套工程管理执法】

鹤壁市机构编制委员会办公室2017年12月12日下发《鹤壁市机构编制委员会办公室关于成立市南水北调水政监察大队的批复》，同意成立鹤壁市南水北调水政监察大队，与鹤壁市南水北调办工程建设监督科实行"一个机构、两块牌子"的管理体制。市南水北调水政监察大队职责是负责宣传贯彻《中华人民共和国水法》《南水北调工程供用水管理条例》《河南省南水北调配套工程供用水和设施保护管理办法》等水法律法规规章；负责监督检查南水北调配套工程水法律法规规章的实施情况，维护正常的水事秩序；负责受理对配套工程水事违法行为的检举、控告，依法制止水事违法行为；负责查处配套工程管理和保护范围内违反水法律法规规章的行为，实施行政处罚；协助公安、司法部门查处水事治安和刑事案件。12月15日，鹤壁市水利局与鹤壁市南水北调办签订行政执法委托书。

（姚林海　石洁羽）

安 阳 市 配 套 工 程 运 行 管 理

【概述】

安阳南水北调配套工程4条供水线路（35、37、38、39号），布设输水管线93km，年均分配水量28320万m³，其中安阳市区22080万m³、汤阴县1800万m³、内黄县3000万m³、安钢水厂1440万m³。

2017年安阳市配套工程3条线路进入运行管理程序。濮阳设计单元35号三里屯分水口门濮阳输水主线（安阳境内），管线长14.78km，线路由位于鹤壁市的35号三里屯口门分水，流经安阳市的内黄县，向濮阳市西水坡引黄调节池通水，2015年5月8日通水运行；安阳设计单元37号董庄分水口门汤阴一水厂支线，线路由37号董庄口门分水向汤阴一水厂供水，2015年12月25日正式向水厂通水，2016年1月21日水厂内部设备调试完成后向城区居民供水；37号线末端内黄第四水厂一期工程建设完成，2017年7月28日正式向水厂通水，8月11日水厂内部设备调试完成后向城区居民供水。安阳设计单元38号小营分水口门市区第八水厂供水支线，线路于2016年9月9日正式向水厂通水，2016年9月23日水厂内部设备调试完成后向城区居民供水。

【运行管理体制机制】

2017年，细化完善"安阳市南水北调配套工程运行管理方案"，市南水北调领导小组下设运管办（与市南水北调办建管科合署办公），另设综合调度部、运行督导部、市区运管处、汤阴县运管处、内黄县运管处，负责水量调度、运行监督检查和市区、汤阴县区域、内黄县区域内的运行管理工作。采取劳务派遣形式，分别由汤阴县、内黄县南水北调办及市南水北调办招聘运行管理人员70余人，培训后全部到岗到位。建立运行管理QQ群、微信群。运用OA办公系统，解决管线巡查人员考勤签到难题。采取阀井"身份包"及现地管理站日常巡视"到位贴"等措施，加强运管人员责任心。制定"配套工程运行管理考核办法"和"运行管理人员工资计发办法"，由市南水北调办组成考核组对现场运管处、现地管理站、管线巡查组实行月检查考核、季度进行评比的奖惩措施，直接与各个运管人员的绩效工资挂钩。开展"运行管理规范年活动"和"配套工程运行管理互学互督活动"，在人员培训、规章制度完善及办公、生活设施设备的配备等方面得到很大提升。

【运行调度】

2017年，安阳市南水北调办按照省南水北调办的统一要求，及时编制年度供水计划，并按照上级水行政主管部门的批复执行；每月17日前，编制报送月供水计划和调度方案，并组织实施，全年共编报月调度方案、运行管理月报各12期，运管旬报36期；每月1日，协调干渠管理处和受水水厂，现场进行供水水量计量确认，并将水量确认单按时报省南水北调办运管办，全年共签认水量计量确认单41份。在供水运行过程中，全年共向省南水北调办报送"调度专用函"16份（次）；向现场下达"操作任务单"13份（次）。

【规章制度建设】

2017年，编制印发《管道试通水期间巡查管理制度》《值班管理制度》《交接班管理制度》《带班管理制度》《安阳市南水北调配套工程运行突发事件应急预案》；把运行管理人员的职责、运行管理相关制度、设施设备操作规程以及省南水北调办下发的相关运行管理文件汇编成册，印发至各运管巡查单位人手一册。

【现地管理】

2017年，安阳市南水北调办成立市区、汤阴和内黄县运管处。市区运管处承担38、39号输水线路的运行管理工作；汤阴县运管处承担37号输水线路汤阴县境内的运行管理工作；内黄县运管处承担35号和37号输水线路内黄县境内的运行管理工作。对有调流调压阀室的现地管理站按6人/站设置，其他现地管理站按3人/站设置，由市南水北调办组成考核工作组，按照《安阳市南水北调配套工程运行管理工作考核管理办法（试行）》每月进行检查考核，每季度进行评比奖罚。

【自动化建设】

2017年，配合省南水北调办组织召开自动化建设协调会，加快推进自动化建设进度。3月27日，召集施工1、2标和自动化建设单位、汤阴县，研究自动化建设方案。加快流量计和压力表、压力变送器的安装。向省南水北调办和代建单位发函，多次协调开封仪表、唐山汇中等流量计、压力表、压力变送器安装单位，加快37号线汤阴一水厂分叉处、38号线进水池处、八水厂处等具备条件的流量计安装进度，加快全线压力表和压力变送器的安装。

【生态补水】

2017年9月18日，以安调办〔2017〕65号文"关于南水北调总干渠汤河退水闸放水的请示"上报省南水北调办，申请从南水北调干渠汤河退水闸调水1188万 m^3，向汤阴县汤河供水，以满足汤阴县城区和周边的用水需求。9月26日，省南水北调办批复同意于9月30日上午10:00时开始通过干渠汤河退水闸向安阳市汤阴县汤河调水，分水流量1 m^3/s，并于10月10日上午10:00时起将分水流量调整为0.35 m^3/s。10月25日，安阳市以"调度专用函"（安调办水调〔2017〕13号）上报省南水北调办，申请安阳河退水闸退水流量不超过15 m^3/s，退水总量3000万 m^3；汤河退水闸退水流量不超过30 m^3/s，退水总量5000万 m^3。10月25日，省南水北调办以"调度专用函"（豫调办水调〔2017〕89号）批复，同意安阳河和汤河退水闸于10月27日11:00时起开闸退水，退水流量均为10 m^3/s。截至2017年12月底，共补水3191.74万 m^3（其中汤河1716.32万 m^3、安阳河1475.42万 m^3）。生态补水改善安阳河、汤河和永通河的水质，补给地下水源，同时为群众提供一个"近水、亲水、乐水"以及"休闲、娱乐、健身"的好去处。

【供水效益】

2017年，安阳市接用南水北调水6392.05万 m^3，其中生活用水3200.31万 m^3，生态补水3191.74万 m^3。安阳市市区接水2361.27万 m^3、汤阴县接水652.78万 m^3、内黄县接水186.26万 m^3，安阳市受益人口150万人，饮用水水质明显改善，获得良好的生态效益和社会效益。2017年全市已建成投入接水的3座配套水厂，市区第八水厂由初期的5万 t/d增加到10万 t/d；汤阴一水厂由初期的1万 t/d增加

到2万 t/d；内黄四水厂于2017年8月底开始通水试运行，日供水能力由8000t增加到3万 t。在建水厂3座，由37号线输水的汤阴县二水厂设计供水量3.0万 t/d，由38号线输水的市区第六水厂和安钢冷轧水厂设计供水量分别为30万 t/d、4.0万 t/d。

【水量控制与水费征缴】

根据安阳实际需要，市南水北调办按时编报年度供水计划，每月收集汇总编报月供水计划和调度方案，进行用水总量的控制。2016-2017年度，批复安阳市用水总量5157万 m^3，实际完成3464.69万 m^3（含生态补水534.82万 m^3），占全年计划的67%。根据安阳市用水情况修订完善供水协议，并与汤阴县、内黄县和市自来水公司签订2016-2017年度供水协议。2017年征收南水北调水费5576万元。

【运行管理规范年活动】

2017年，省南水北调办在全省开展运行管理规范年活动。安阳市南水北调办召开职工会议，提出工作重心由建设管理为主向建设管理与运行管理并重为主过渡的要求，调整职能，分解职责，细化分工，建章立制，并由市南水北调办建管科负责起草"安阳市南水北调配套工程运行管理规范年活动实施方案"，4月7日正式发文，对"运行管理规范年活动"安排部署。目标是2017年完成人员招聘、培训，规章制度修订完善，管理、办公设施配备等工作。

【线路巡查防护】

2017年，按照省南水北调办下发的"配套工程巡视检查管理办法"，细化制定安阳市"配套工程巡视检查方案""巡视检查路线图表"。巡查人员对输水管线每周进行2次巡查，特殊情况加密巡查频次，发现问题及时报告。明确阀井、现地管理房、调流调压室的管护标准及管线巡查记录、巡视检查发现问题报告单，规范运管巡查工作程序。通过广播电视网络宣传，出动宣传车到沿线宣

传，普及南水北调保护知识。加大管线巡查力度，2017年依法查处各类违法事件12起。

【员工培训】

2017年，安阳市南水北调办派人参加省南水北调办举办的运维培训班。邀请阀门及电气厂家技术人员到安阳现场讲解配套工程设施设备的工作原理、操作要求、注意事项。利用现地管理站设备调试的时机，组织人员现场观摩学习。在配套工程运行管理月例会学习传达贯彻省南水北调办制定的一系列运行管理的规程标准办法意见。把全部有关运管工作制度、人员职责、操作规程汇编成册，各运管巡查人员人手一册。现地管理和巡查人员轮流担任领学人进行自学。市南水北调办组织开展集中封闭培训学习，邀请省南水北调办、设计、阀件、电气单位技术人员进行授课，并到配套工程和干渠工程现场参观，由厂家和干渠运管人员进行讲解等。

【维修养护】

2017年，依据省南水北调办印发的《河南省南水北调配套工程日常维修养护技术标准（试行）》，3月29日在市南水北调办召开维修养护和运管单位对接会。运管人员在巡查中填写巡查记录，巡查中发现的问题及时上报现场运管处，现场运管处建立问题台账，每月末报市南水北调办运管办，汇总后发给维修养护单位，作为编制下月维修养护计划依据。加强现场运管人员对"南水北调配套工程日常维修养护技术标准"的学习。对于维修养护单位的工作质量，由现场人员进行跟踪监督，并在维护工作确认单上签字，而后由现场运管处审核签认，最后市南水北调办运管办根据抽查情况进行签字确认。

【应急预案】

2017年，编制完善"配套工程突发事件应急调度预案""配套工程运行安全生产管理办法""配套工程汛期检查方案""配套工程运行管理区火灾应急预案"等系列方案预案，完善配套工程运行过程中可能出现突发状况应对的措施。在2017年汛前，根据安阳配套工程运行实际，修订完善配套工程"防汛方案""防汛应急预案"，报市防办进行审批，同时报省南水北调办备案。

【工程防汛及应急抢险】

开展2017年汛前检查，排查防汛安全隐患，制定整改措施，削除安全隐患。总结2016年"7·19"洪灾经验教训，重新完善修订《2017年安阳市南水北调配套工程度汛方案》《应急预案》。6月26日，召开安阳市南水北调在建工程防汛工作现场会，安阳市南水北调工程防汛分指挥部全体成员单位负责人察看沿线防汛风险点。健全组织网络。对在建工程防汛分指挥部成员名单进行调整；协调各相关成员单位，对干渠工程32个风险部位从运管单位、市南水北调办、县区、乡镇、村五级责任领导和责任人进行重新确认，建立五级联防机制。同时收集与干渠有关的水库、河流、排洪沟道等基础资料，对"安阳市南水北调干渠2017年防汛布防示意图"进行修订，工程防汛基本情况更加明晰。汛前及时消除汤阴县盖族沟阻水、龙安区北田沟阻塞沟道隐患。坚持24小时防汛值班制度，汛期所有工作人员在岗在位；及时沟通汛情，确保雨情汛情工情和灾情等信息传递畅通；保证南水北调管理部门发现的隐患和险情与各有关县区及时沟通。推动"7·19"水毁工程施工进度，完成干渠沿线"7·19"水毁工程项目的预算评审及招标工作，并分别与相关县区签订现场建管委托协议，与中标的施工单位、监理单位进行施工和监理协议的谈判和签订，并督促快进场施工，加快施工进度，保证南水北调工程度汛安全。

（任　辉　李志伟）

邓 州 市 配 套 工 程 运 行 管 理

【概述】

2017年招聘8名现地管理人员共34人，全员开展3天业务培训，开展运行管理工作。制定值班制度、巡查制度、操作制度、考勤制度、例会制度、应急管理制度、配电室管理制度等相关制度。

【运行管理规范年活动】

根据省南水北调办"规范年"活动要求，开展"日巡查、周检查、月例会"活动，各管理站人员每日将值班和巡查情况发在运行管理微信群，发现问题随时上报。市南水北调办运管科每周进行一次检查，内容包括巡查情况、值守情况、值班记录、站内外卫生等，检查情况及时通报，发现问题及时整改。每月召开一次运管例会。8月初开展互学互督活动，依据省南水北调办工作要求和部署安排，开始对运行管理工作进行自查自纠，接受安阳市南水北调办的督查，同时到滑县南水北调办开展督查学习。

【突发事故处理】

2017年8月输水管道出现3次漏水事故，巡查人员及时发现，第一时间报告省、南阳市运管办和维修单位、管材厂家，各单位最短时间赶到现场抢修，3天时间即恢复通水，最大限度减轻因停水造成的不利影响。

【水费征缴】

协调相关单位按时缴纳水费。2015年度基本水费和计量水费全部上缴省南水北调办；2016年度基本水费上交省南水北调办。截至2017年11月，邓州市累计用水2690.7万 m³。2017年度基本水费征缴上交2116万元，计量水费正在协调征缴。水费征缴工作位于全省11个直辖市、2个直管县市前列。

【水政执法】

邓州市南水北调办与市水利部门协调签订行政执法委托书，并与省市法制部门实时对接，上报相关资料。2017年有6人获得省政府法制处颁发的河南省行政执法证件。10月23日成立邓州市南水北调水政监察大队并开展执法工作。

（石帅帅）

陆 水质保护

南 阳 市 水 质 保 护

【概述】

按照市委市政府《关于建立南水北调中线工程保水质护运行长效机制的意见》和市委办市政府办关于印发《南阳市南水北调中线工程保水质护运行长效机制实施方案》的通知精神，结合全市南水北调工作会议安排，经排查摸底梳理汇总，制定2017年保水质护运行工作任务清单并下发各县区。

2017年按照《丹江口库区及上游水污染防治和水土保持"十三五"规划》组织实施。规划范围涉及河南、湖北、陕西3省的14市、46县市区以及四川省万源市、重庆市城口县、甘肃省两当县部分乡镇，面积9.52万 km^2。规划基准年为2015年，规划期至2020年。

【水保与环保】

2017年坚持造管并重，县乡村成立三级护林小组，分包路段、地块，明确管护责任，定期巡查看护。树有人造、林有人管、责有人担。市政府组织森林公安、林业稽查等执法部门开展林业严打专项整治。坚持人工防治与机械防治相结合，对新造幼林进行病虫害防治，开展飞机防治杨树食叶害虫工作。

【落实保水质护运行八项长效机制】

实施"三个一"工程 组织保水质护运行宣讲团，开展巡回宣讲活动，依托新闻媒体，借助时政新闻、新闻发布会宣传南水北调工程重大意义、保水质护运行工作措施和先进典型。2017年发送"一封信""一张卡""一本书"70余万份，累计发送150余万份。利用保水质护运行信息平台，每日定时发布水质保护及工作动态有关信息248条，累计发布信息583条，实现水源区及工程沿线宣传教育全覆盖。

组建"五员"巡查队 全面落实日常巡查制度，全市保水质护运行"五员"巡查队8286人，按照职责分工，对保护区逐级开展常态化巡查。县区每月开展一次拉网式自查，市级每月开展一次拉网式督查，对发现的问题建立台账，列出清单，限期整改。2017年8月，在市委党校，分三期每期200人对各有关县区保水质护运行人员进行专题培训。邀请市委党校教授、渠首分局专业人员现场授课，对南水北调中线工程相关的法律法规、生态环境建设、当前社会经济形势、中线工程水质监测措施及运行管理模式等进行培训。11月中上旬又先后在西峡、淅川、内乡和方城县组织召开全市南水北调水质保护、生态建设暨丹江口库区及上游水污染防治和水土保持"十三五"规划实施方案培训会，邀请南阳师范学院、市发展改革委、渠首分局有关专家现场授课。全年对"五员"队伍共计培训1600人次，累计培训4600人次。

落实工程严防严管制度 2017年进一步完善工程防护网、电子监控网设施，南水北调工程防护网南阳段全部完成。加大日常巡防力度，排查整治干渠防汛隐患，严防无关人员进入干渠红线范围，加大超限超载、运输危化车辆的治理力度，全年没有发生因意外事故引发损坏工程设施污染水质事件。

落实环境综治联防制度 加强库区清漂，成立5支共2000余人的水上清漂和岸上护水队，定岗定员定责，对库周区域进行全天候保洁。组织开展库区水上环境综合整治活动，强化水源区生活垃圾污水处理设施建设运行。2017年，29个垃圾处理厂（含中转站）全部试运营，26个污水处理厂有15个试运行。加大生态建设力度，全方位构建生态屏障。截至2017年，完成造林5.17万亩，封山育林4.8万亩，森林抚育7.5万亩，营造围村围镇防护林0.3万亩，开展石漠化试点治理3300亩。干渠沿线县区按照两侧各100m宽度的标准，从2013年，经过连续三年实施，在全线率先建成连南贯北的生态防护廊道。

落实应急处置制度 制订完善《南水北调中线总干渠（南阳段）突发事件环境应急预案》，明确各级各部门的分工与职责。组建市县乡三级应急队伍，定期开展应急救援演练，实行24小时应急值班和事故逐级报告制度，随时掌握工作动态，早发现、早预警、早处置、早控制，最大限度降低事故发生率。召开保水质护运行西峡现场工作会，组织各县区南水北调办负责人现场观摩学习先进经验和先进管理水平，印发日常巡查指导文件及档案管理办法，提高突发事件的应急处置能力。借助"5+1"联席会商平台，加强与陕西省、湖北省以及长江委等单位交流合作，应急处置机制不断完善。

落实科学监测评价制度 以渠首环境监测应急中心为依托，在环库区及河流入库口处建成12个水质自动监测站和3个水质监测浮标站，实现对库区及上游丹江河、老灌河、淇河入库河流水质的16项监测因子全天候实时监测监控，并具备与国家及受水区沿线省、市环境自动监测监控系统联网功能。为国家调水决策及豫鄂陕三省相关部门水污染联防联控、应急响应等提供科学技术支撑。

落实部门联席会商制度 加强沟通协作，9个常务理事单位每月定期召开一次联席会商会议，做到形势月研判，问题月会商、问题月督办。2017年组织召开12次联席（扩大）会议，组织开展7次督查，督办解决问题30余个。

落实责任追究制度 实施清单管理，坚持问题导向，对涉及保水质护运行所有工作任务，实行清单管理制和任务销号制，日常工作开展情况一月一督查、一会商、一评比、一通报。对工作不力导致出现危害水质与工程运行现象的，视情况给予通报批评。2017年全市保水质护运行197项具体任务按时间节点基本完成。

【水污染防治攻坚战】

2017年按照省政府水污染防治攻坚战1+2+9工作方案及南阳市政府水污染防治攻坚战1+2+8方案要求，制定实施意见分解任务，健全领导机构，加大信息宣传力度，成立督察组，推进水污染防治、水资源管理和水生态保护工作。2017年，干渠沿线40个水污染风险点整治完成22个，剩余7个较重风险点、11个一般风险点上报省南水北调办列入"十三五"重点实施项目；干渠与河道、省道国道交叉部位的警示标志设施安装基本完成；全年处理电话举报及舆情事件24起。从源头上杜绝水污染风险发生，督促分包的西峡、淅川县建立四级河长体系，并配备河道警长、巡查保洁员，建立全流域、跨区域水质保护机制，维护水生态安全。全面完成丹江口库区及干渠沿线禁养区规模养殖场关闭搬迁任务，基本实现南阳市南水北调水质稳定达标、供水安全的重点攻坚目标。

【干线生态带建设】

2017年，完善提升干渠生态廊道绿化水平，干渠两侧按照100m宽的标准，对干渠缺株断带的地方进行补植补造。加强林带管护，开展浇水施肥和林木病虫害防治工作。

【保护区内新建扩建项目】

干渠两侧保护区内新上项目专项审核严格把关，将项目审核工作作为企业环评的前置条件，严禁新上污染企业，2017年共审核项目6个，其中否决1个污染项目入驻干渠保护区。

（王 磊）

平 顶 山 市 水 质 保 护

【概述】

2017年按照省南水北调水污染防治工作部署和平顶山市攻坚战安排要求，平顶山市南水北调办严格目标时限、分类落实，督导沿线4县对干渠两侧排污、畜禽养殖和工业企业进行全面排查、搬迁、关停。省定年底前关停的一级水源保护区内的22家养殖、工业企业于6月底前提前完成。严格控制水源保护区内新建企业审批，报省调水办审批1项，市审批项目4项、否决3项。按照省政府关于中线工程保护范围划定工作安排，平顶山市召开专题会议进行部署，明确职责、工作重点和时间要求，发布保护范围通告。2017年，除省南水北调办协调的高速公路段外，其他标识牌全部完成。

（张伟伟）

周 口 市 水 质 保 护

【水污染防治攻坚战】

2017年，成立周口市南水北调配套工程水污染防治攻坚战领导小组，分解职责任务，落实具体责任，工作有目标，问题可追责。制定水质监管巡查抽检化验系列规章制度和应急处理预案，出现问题能第一时间处理。加大巡查力度，组织专职巡查队。坚持每天沿线巡查，市南水北调办领导带队不定时抽查。定期抽检化验，确保水质各项指标符合供水标准要求，杜绝水污染事件发生。

【成立水政监察大队】

10月11日周口市南水北调水政监察大队正式成立，开展执法活动。及时调配执法人员，学习贯彻《水法》《全面推进依法行政实施纲要》《南水北调工程供用水管理条例》等法律法规，提高执法队伍的能力素质，规范水行政执法行为，实行运行管理周例会制度。

【违法穿越事件处理】

2017年共发现3起违法穿越事件。一是周口市沙颍河城区段治理指挥部根据城市规划，在颍河路下穿周口大道立交后需穿越南水北调输水管道；二是隆达电厂施工单位（中铁十八局）在明知穿越工程需要完善报批的情况下，未经批准、未进行风险评估、未采取保护措施、未办理施工手续，利用元旦放假期间，夜间擅自违法施工，强行将管道穿越南水北调输水管线；三是周口市沙南污水处理厂中水回用工程输水管道，东起沙南污水处理厂，向西敷设至周口隆达发电有限公司，在周口南水北调配套工程商水支线工程桩号0+306.293处交叉穿越。周口市南水北调办及时开展联合行动，与周口市水政监察支队第一时间到现场执法，在省南水北调办监督指导下，依法按程序办理穿越批复手续，接受市南水北调办监管，消除安全隐患。

（孙玉萍　朱子奇）

许 昌 市 水 质 保 护

【防汛度汛】

按照中线建管局和省南水北调办意见，干渠红线内防汛工作中线建管局和省南水北调建管局负责，红线外防汛工作由所在地政府负责。许昌市南水北调办开展防洪影响排查工作，对新发现防洪隐患及时与市水务局沟通协调消除隐患。落实各项措施，完善度汛方案和应急预案，开展演练，组织防汛抢险队伍，备足备齐防汛物料，加大督促检查力度，确保工程安全。

【成立水政监察大队】

加强与水行政主管部门的沟通协调，建立执法队伍，建立完善规章制度，严格执法程序，落实执法责任。5月举办许昌市南水北调水政监察队伍执法业务培训班。

【工程保护范围划定】

发布许昌市南水北调水源保护区划定工作公告，向群众宣传南水北调水源保护政策。组织禹州市和长葛市南水北调办配合运行管理处设置标识牌，2017年10月全面完成许昌市南水北调水源保护区划定工作。

【沿线垃圾场和污水点核查处理】

2017年，按照河南省南水北调办公室关于南水北调中线工程水污染防治攻坚战的工作部署和安排，许昌市南水北调办组织禹州市和长葛市对干渠沿线村庄垃圾场和污水排放点进行集中排查治理。排查中发现禹州市朱阁镇大墙王村在干渠沿线倾倒垃圾问题和长葛市坡胡镇白庄村在一级保护区修建垃圾堆放点。发现后及时责成禹州市和长葛市南水北调办督促解决，并对问题解决情况进行全程跟踪，直至垃圾被清运处理，垃圾堆放点完全关闭清理。同时，许昌市南水北调办要求禹州市和长葛市南水北调征迁机构协调干渠沿线乡镇政府，安排部署"清理工程沿线垃圾"活动，对废弃道路、废弃场院、路边、沟渠及背街小巷进行拉网式排查，清尽垃圾，确保不留死角。

【保护区新建项目位置确认】

严格执行国家有关干渠两侧水源保护区的政策法规，开展干渠两侧一、二级保护区内新建、扩建项目位置确认。2017年禹州市供电公司提出新建"禹州田庄110千伏变电站2号主变扩建线路"项目申请，许昌市南水北调办在请示后对其出具位置确认函。

（盛弘宇）

郑州市水质保护

【概述】

2017年，按照上级有关要求，开展水源保护区范围内企业位置确认工作，对干渠保护区内新建扩建的267个项目进行位置确认。协调解决航空港区水源保护区调整，航空港区段水源保护区全长36km，其中有8465m一级保护区调整为50m，二级保护区调整为250m，剩余段一级保护区为100m，二级保护区为1100m，共为航空港区调整出可利用土地19.06万亩，支持航空港区的建设。

（刘素娟 罗志恒）

焦作市水质保护

【概述】

南水北调中线工程干渠在焦作境内全长76.4km，途经焦作市温县、博爱县、城乡一体化示范区、中站区、解放区、山阳区、马村区、修武县8个县区。根据《南水北调中线工程总干渠（焦作段）两侧水源保护划定方案》，干渠一级保护区宽度范围50～200m，二级保护区宽度范围1000～3000m。焦作市一级保护区面积 16.54km²，二级保护区面积 255.52km²。保护区内共涉及 177 个村（社区）、12 万户、43 万人；涉及企业 138 家（属污染类企业 56 家）。

【保护区项目审核】

对在干渠两侧水源保护区内新建和扩建项目严格把关。2017 年完成干渠绿化带建设项目、西环路建设项目、中原路建设项目、黑臭水体治理、城区苏蔺水厂管网建设项目等民生项目的审批协调服务工作。全年共办理水源保护区内项目专项审核 34 项。

【风险点处置】

对干渠水源保护区范围内违规问题，会同市直有关部门、有关县区分析成因，提出治理措施和建议。2017 年共处理污染风险点 10 处。

【工程保护范围划定】

2017 年，完成中线干线工程保护范围划定。在征求水利、交通、住建、规划、国土等部门意见后，发布《焦作市人民政府关于划定南水北调中线干线工程保护范围的公告》。协调园林、城管、公路等部门，协助中线工程管理单位完成工程保护范围警示标识牌设置。

【防汛度汛】

2017 年，焦作市南水北调办开展防汛检查，及时消除防汛隐患。南水北调干渠县区段共排查防汛隐患 13 处，其中一级风险点 1 处，二级风险点 2 处，三级风险点 10 处。及时补充防汛物资，确保防汛需要。与工程管理单位对接，督促制定防汛预案。会同温博管理处进行防汛演练。督促有关县区，严密防控风险点。2017 年干渠和沿线村镇安全度汛。

【水行政执法】

2017 年 8 月，焦作市南水北调水政监察大队分别在马村区、武陟县境内，对在供水配套工程保护区范围内的违法施工行为实施行政执法，及时制止违法行为。

（樊国亮）

焦作市城区办水质保护

【生态文化旅游产业带建设】

2017 年，焦作市实施南水北调城区段绿化带项目。项目位于焦作城区段干渠两侧，西起丰收路，东至中原路东，全长 10km，单侧宽 100m。项目征迁投资 22 亿元、建设投资 27 亿元。征迁工作自 2017 年 3 月 6 日实施，7 月 9 日全面完成征迁任务，共征迁 4008 户 1.8 万人、13 家企事业单位，拆迁房屋 176 万 m²。同时，确定绿化带工程设计方案，设计定位为"以绿为基，以水为魂，以文为脉，以南水北调精神为主题的开放式带状生态公园"，重点打造"一馆一园一廊一楼"。"一馆"即南水北调纪念馆，"一园"即南水北调主题文化园，"一廊"即水袖艺术长廊，"一楼"即南水北调第一楼。

【干渠两侧弃土弃渣扬尘污染防治】

2017 年，制订《关于进一步加强南水北调焦作城区段总干渠两侧弃土弃渣抑尘督导工作方案》，会同干渠运管单位对城区段干渠两侧弃土弃渣覆盖情况进行检查，并组织进行双层覆盖，保障干渠水质安全。

【防汛度汛】

2017 年会同干渠运管单位制定南水北调城区段干渠防汛工作方案和预案，建立应急抢险专业队伍，进行防汛物资、机械设备、防汛演练准备工作，应对各类险情发生；组织排查防汛隐患，列出问题清单组织整改；全面疏通干渠左岸导流沟，保证排水畅通；建立汛期联防工作机制，实行干渠内外防汛联防，确保南水北调城区段渠堤及周边群众度汛安全。

（李新梅）

新 乡 市 水 质 保 护

【概述】

根据《南水北调中线一期工程总干渠河南省段两侧水源保护区划定设计总报告》，新乡市一级水源保护区面积17.38km²，二级水源保护区面积271.38km²，总占地平均宽度150m。

2017年，新乡市南水北调办审核干渠两侧保护区范围内新建、改建、扩建项目，审核县级立项建设项目6个。按照《河南省南水北调办公室关于打赢水污染防治攻坚战的实施意见》《新乡市打赢水污染防治攻坚战总体方案》要求，禁养区内养殖场总计13家全部关闭。各县市区对二级保护区内排污单位进行排查整治，建立台账。6月20日，新乡市南水北调办与辉县管理处联合在辉县东二环跨渠公路桥处举行油类污染应急演练。

（吴 燕）

鹤 壁 市 水 质 保 护

【概述】

南水北调中线工程在鹤壁市境内全长29.22km，涉及淇县、淇滨区、开发区3个县区9个乡镇办事处。划定南水北调干渠鹤壁段两侧一级保护区宽度50～200m、二级保护区宽度1000～3000m，水源保护区总面积88.36km²，其中一级保护区面积4.52km²，二级保护区面积83.84km²。

【水源保护宣传】

2017年，组织党员志愿者进社区开展南水北调水源保护管理政策宣讲活动。联系鹤壁市主流媒体宣传报道。制作图片、宣传展板，参加2017年"世界水日""中国水周"宣传活动。

【保护区项目审核】

2017年，鹤壁段干渠两侧水源保护区内新建、扩建项目专项审核工作，根据项目单位提交的书面报告和有关批件开展现场查勘及核实工作，严把保护区内建设项目政策关、程序关、审核关，定期到水源保护区沿线督察和实地查勘，全面加强水源保护区管理。2017年鹤壁市完成保护区内专项审核项目2个，分别是鹤壁仕佳公司完成年产800万片半导体激光器200万片半导体探测器项目、河南柳江农牧机械有限公司年产100套畜禽粪便处理设备项目选址的批复工作。

【污染风险点整治】

2017年，鹤壁市南水北调办开展干渠两侧水污染风险点整治工作。对南水北调干渠鹤壁段的6处污染风险点进行现场调查和督导，整治工作落实到位。建立完善日常巡查、工程监管、污染联防、应急处置制度。

【水污染防治攻坚战】

2017年，贯彻落实《河南省水污染防治攻坚战1+2+9总体方案》《鹤壁市水污染防治攻坚战8个实施方案的通知》精神，成立鹤壁市南水北调水污染防治攻坚战领导小组，编制完成《南水北调中线工程总干渠（鹤壁辖区）环境保护实施方案》。开展南水北调干渠两侧禁养区内养殖户关闭和搬迁整治工作，关闭和搬迁畜牧养殖场34家。根据调整后的保护区划定方案，协调推进干渠两侧水源保护区标识标志标牌设置。加强干渠突发水污染事件预防，完善突发水污染事件应急预案，健全水污染联防、应急处置制度。

（姚林海 刘贯坤）

安 阳 市 水 质 保 护

【概述】

安阳市南水北调干渠全长66km，穿越境内1县（汤阴县）、4区（开发区、文峰区、龙安区、殷都区）和高新技术产业开发区。干渠两侧划定水源保护区面积277.64km²，其中一级保护区面积19.93km²，二级保护区面积257.71km²。一级保护区内54个村庄，二级保护区内111个村庄。

【水保与环保】

安阳市2017年南水北调干渠两侧水源保护区排污单位综合整治任务146家（含省定任务66家），其中汤阴县88家（含省定任务57家）、龙安区20家（含省定任务11家）、殷都区38家。截至6月底，146家排污单位的综合整治任务全部完成。在省环境攻坚办组织的水污染防治攻坚战半年考核中，省考核组对安阳市南水北调干渠两侧畜禽养殖场综合整治工作进行检查和考核，省环境攻坚考核组给予充分肯定，并受到市环境攻坚办通报表扬。

【干渠保护区范围划定】

2017年5月，安阳市南水北调办委托河南省豫北水利设计院编制完成《南水北调中线一期总干渠（安阳辖区）标识标志设置方案》，共需要设置宣传牌55套、道路交通警示牌150套、保护区界标牌450块、航道交通警示牌16套，概算投资199.53万元，方案上报省南水北调办。

6月26日，安阳市政府主持召开干线工程（安阳境内）保护范围划定工作专题会议，对工作进行安排部署，要求以工程沿线县区政府为责任主体分段公告。市南水北调办加强与沿线县区、市住建局、市交通局、市公路局、市水利局及中线建管局的沟通联系，建立联络机制，并进行督促检查。7月1日召开工程保护范围划定工作推进会，实时跟踪，督促进度。8月下旬，沿线各县区保护范围公

告工作全部完成。12月，市财政下达水环境生态补偿金199.53万元，专项用于南水北调干渠水源保护区标识标志设置工作。

【保护区项目审查】

严格按照省政府颁布的《南水北调中线一期工程总干渠（河南省）两侧水源保护区划定方案》和省南水北调办印发的《南水北调中线一期工程总干渠（河南省）两侧水源保护区内建设项目专项审核工作管理办法》，对于由县区级立项的建设项目，由市南水北调办审核；对于由省辖市、省、国家级和军队立项的建设项目以及虽由县区级立项但污染程度界定较为困难的建设项目，由市南水北调办上报省南水北调办审核。2017年，省市审核批复项目18项。

【地下水压采】

根据市区地下水水位统一调查，2017年12月市区长观点水位平均埋深为10.16m（上年同期11.98m），较上年同期上升1.82m。

【防汛度汛】

2017年组织召开由相关部门参加的全市南水北调防汛工作会议，各相关单位签订防汛责任书。完成对南水北调工程沿线"7·19"水毁工程项目的预算评审及招标工作，并分别与相关县区签订现场建管委托协议，与中标的施工单位、监理单位进行施工协议和监理协议的谈判和签订。2017年水毁工程修复工作现场施工全部完成，施工1、2、3标结算审计完成，正在向市财政局申请支付；施工4、5标正在协调财政局投资评审中心进行评审。根据市防办安排，开展2017年汛前检查，排查防汛安全隐患，制定整改措施，消除安全隐患，并编报"汛前检查报告"报市防指办。总结2016年"7·19"洪灾经验教训，重新修订完善编制《2017年安阳市南水北调干渠工程防汛预案》《2017年安阳市南水

北调配套工程度汛方案》和《应急预案》。重新调整安阳市南水北调在建工程防汛分指挥部成员名单；协调各成员单位，对干渠工程32个风险部位从运管单位、市南水北调办、县区、乡镇、村五级责任领导和责任人进行重新确认，建立五级联防机制。与干渠沿线相关县区防办和工程管理单位沟通联系，收集干渠沿线水库、河流、排洪沟道等基础资料，对"安阳市南水北调干渠2017年防汛布防示意图"进行修订，使工程防汛基本情况更加明晰，为防汛决策提供基础依据。根据省南水北调防汛会议和安阳市防汛会议安排部署，筹备召开安阳市南水北调工程防汛会议；落实汛期24小时值班带班制度，确保信息上传下达畅通。

（任　辉　李志伟）

邓 州 市 水 质 保 护

【水污染防治攻坚战】

2017年开展环境污染专项整治，邓州市南水北调办会同环保、畜牧、邓州管理处和沿线4个乡镇组成工作组对干渠两侧拉网式检查，共排查出涉污企业（项目）11家。建立整改工作台账，逐乡镇、逐项目提出整改措施和整改时间节点，明确责任单位和责任人，加强工作推进。11月底，11家潜在污染企业全部整治到位。落实养殖企业准入审核，严格按照《关于划定南水北调中线一期工程总干渠两侧水源保护区工作的通知》文件要求，划分干渠两侧一级保护禁养区、二级保护限养区面积共12868亩。会同工商局、畜牧局对15家养殖企业的新建扩建进行检查，取缔其中4家养殖企业的改扩建申请。协调林业部门加强沿渠生态林带建设指导，补植完善、提高标准，干渠两侧各100m由内向外依次修建生态林带，道路和生态经济林带共4229亩。2017年邓州市南水北调办获邓州市委市政府"环境污染防治攻坚工作先进单位"荣誉称号。

【支援合作项目推进】

2017年，邓州市委书记吴刚、市长罗岩涛先后带队到北京与西城区及部分国家部委对接，汇报工作洽谈项目。邓州市各相关部门及时跟进，到北京互动交流、寻求支持。京邓高层对接活动常态化推进对口协作工作快速发展。

2017年下达对口协作项目8个，协作资金5034万元。其中援助类项目4个，协作资金2967万元；合作类项目3个，协作资金67万元，比2016年增加909万元，同比增长42.7%。与北京农林科学院合作的杂交小麦产业化基地建设项目落户邓州，已流转土地7000余亩。9月23日，由北京市西城区支持2000万元建设资金援建的邓州市北京路学校开工奠基，学校占地面积96.16亩，建成后可增加学位5000个，对缓解城区大班额问题起到重要作用。

【名优特产品进京推介】

邓州市组织商务局、协作办、农业局、南水源公司等多次到北京市西城区考察对接，设立邓州市名优特产品展销窗口，循环展销邓州市名优特农产品。2017年通过对口协作平台，向北京市场销售邓州黄酒、中医药材、谷类产品、鑫隆酱业、有机蔬菜、鑫地粉条等特色产品品种30余个，销售额4700万元。

【干部挂职交流】

对口协作干部挂职交流实现常态化。2017年，邓州市创新方法积极探索，经过高层对接和专业机构及时跟进，在西城区支持下，启动实施"百名人才培养计划"，每年分两个批次，从后备干部和专业技术人员中选

拔优秀人才100名到西城区挂职锻炼，2017年第一批50名干部（教师、医生）到北京挂职培训。

（石帅帅）

栾 川 县 水 质 保 护

【概述】

栾川是洛阳市唯一的南水北调中线工程水源区，水源区位于丹江口库区上游栾川县淯河流域，包括三川、冷水、叫河3个乡镇，流域面积320.3km²，区域辖33个行政村，370个居民组，总人口10.8万人，耕地3.2万亩，森林覆盖率达82.4%。

【"十三五"规划编制】

2017年，编制上报栾川县丹江口库区及上游水污染防治和水土保持"十三五"规划，有13个项目纳入国家丹江口库区及上游水污染和水土保持"十三五"规划。

【申请资金成效】

2017年栾川县南水北调办申请到南水北调相关资金9795.8万元。其中生态转移支付资金6314万元，对口协作项目资金3202.45万元，昌平区对口帮扶资金279.35万元。

【协作对接】

4月6日，北京途友旅游集团与栾川县人民政府旅游产业项目框架协议签约仪式暨"奇境栾川·自然不同"2017旅游产品发布会在北京举办。5月18日，北京大学第三医院危重医学科、神经外科、中医科、心脑血管科、超声科、感染科薄世宁等六位专家到栾川开展医疗扶贫工作。6月13日，北京市昌平区副区长苏贵光一行到栾川县开展对口协作暨对口帮扶工作。6月17日，北京信息科技大学到栾川县考察，开展对口协作交流工作。6月29日，全省南水北调对口协作现场会及座谈会在栾川召开，北京市委组织、北京市支援合作办、北京市发展改革委、省发展改革委、南阳市政府、洛阳市政府、三门峡市政府、水源地6县（市）相关领导及负责

人40人参加，参会人员实地调研栾川县农业产业化龙头企业奥达特食用菌技术开发有限公司、水源区教育基础设施、水源区生态移民社区及配套设施、水源区农业种植结构调整、陶湾镇西沟村昌平小镇建设项目、农村安全饮水、大红村扶贫示范点、"栾川印象"农特产品品牌建设等8个京豫对口协作项目，并在伊水湾大酒店召开座谈会。7月17日，北京农学院文法学院、北京公益服务发展促进会、人民邮电出版社、北京昌平温心社工师事务所、北京昌平区前锋小学及爱心人士共同向水源区三乡镇捐赠140箱电子教具、图书、文具等学习用品，价值20余万元。11月15~17日，北京市支援合作办到栾川县开展对口协作暨对口帮扶工作，调研三川镇大红村扶贫项目、三川镇生态旅游抱龙湾项目、陶湾镇昌平小镇项目、栾川印象项目、伊源玉加工项目、深山生物科技项目、佰圣旅游纪念品项目（县旅游产业集聚区）。12月12~17日，参加2017年北京市支援合作地区特色产品展销会，栾川县组织"栾川印象"、君山红果酒、深山生物科技、老君山实业等7家企业40余种产品参加北京市支援合作地区特色产品展销会。其中，川宇农业开发有限公司与北京新发地百舸湾农副产品物流有限公司签订5000万元协议，主要是"栾川印象"系列产品，有高山杂粮、食用菌、特色林果等，可直接带动12家种植合作社和1000余户农户发展农特产品，推动400余户贫困户增收脱贫。

【协作项目进展】

2017年下达对口协作项目8个，协作资金3202.45万元。其中，精准扶贫类项目4

个，协作资金2762.45万元；交流合作类项目3个，协作资金250万元。2017年栾川县居民生活饮水工程、水源地北京电视台形象宣传、对口支援地区特色产品展销全部实施完成。

（周天贵　范毅君）

卢氏县水质保护

【概述】

卢氏县位于河南省西部，豫陕两省结合部，是国家级扶贫开发重点县、革命老区县和军事禁区县。全县国土面积4004km²，人口37万。其中水源区面积1238.2km²，在河南省6个水源区中，面积仅次于西峡县和淅川县。卢氏县水源区涉及7个乡镇、85个行政村，总人口9万余人。水源区地处丹江口水库上游100km处，属老灌河中游和淇河源头，水土流失面积643.4km²，占水源区面积的52%。老灌河在卢氏县水源区流长57.5km，有19条支流汇入，河床平均宽度130m，落差734m，年径流总量1.58亿m³；淇河在卢氏县水源区流长60.1km，有15条支流汇入，落差561m，年径流总量1.33亿m³。两条河流年径流量共2.91亿m³，直接汇流进入丹江口水库。流域内水量充沛，是丹江口水库主要水源。

【水污染防治攻坚战】

2017年，卢氏县成立领导小组，印发《卢氏县打赢南水北调水源区水污染防治攻坚战实施意见》，系统推进水污染防治、水资源管理和生态保护。围绕防范环境风险、开展河流清洁行动、开展河流环境综合整治、加大畜禽养殖场（户）整治力度、加快水污染防治实施、加强农业面源污染防治、严厉查处各类环境违法行为、建设保护区标识标志和隔离防护工程。

【对口协作项目实施进展】

2017年，卢氏县水源区6乡镇污水收集支管网工程项目完成工程量的40%；2017年总投资3100万元的对口协作生态保护3个项目完成工程量的30%。以涵养水源，控制水土流失，促进水源区生态环境的良性循环为目标，筛选水源生态环保类项目3个，总投资6500万元。

2017年，卢氏县申请到资金8245万元，用于水源区京豫对口协作建设、6乡镇污水收集支管网工程建设和典型流域农业面源污染综合治理试点建设。完善卢氏县"十三五"对口协作项目库，新增项目50个，项目库中共计84个项目，总投资91143万元。结对合作组织各乡镇、农家乐管理、村干部等各类人员100人次到北京培训；制定县领导和有关单位到北京市怀柔区开展对接交流方案，组织13家企业参加北京市特色农产品展销及推介。

【6乡镇污水收集支管网工程项目】

南水北调中线工程丹江口库区水污染防治涉及卢氏县6乡镇6个污水处理厂，总建设规模7000吨/日，采用AO工艺。项目于2014年5月开工建设，2014年10全面竣工，由于当时省要求时间紧任务重，与之相配套的污水收集支管网未完善，导致后来污水处理厂运行困难。通过现场多次查看，委托设计单位现场规划，制定初步方案。在卢氏县五里川镇、汤河乡、双槐树乡、瓦窑沟乡、狮子坪乡、朱阳关镇6个乡镇铺设污水收集支管网39.974km，可研批复总投资3894.49万元。

卢氏县6乡镇污水收集支管网工程从2016年10月开始，按照项目建设的基本程序，规划地形测量、项目建议书、环评、可行性研究报告、能评、初步设计、施工图审查、工程量编制、财政评审报告。工程招标工作于2017年12月全部完成，并通过有关部门的审批审查，工程具备开工条件，各个乡镇污水收集支管网工程陆续开工建设。项目责任人、施工方、监理方各参建人员责任分工明确。项目建成后污水收集能力提高30%，为已建成的污水处理厂正常运行提供保障。

卢氏县南水北调中线工程丹江口水库及上游农村环境综合整治资金预算表

序号	河流名称	乡镇名称	行政村名称	人口数	居民组数	2017年 垃圾箱(个)	单价(0.5万元/个)	资金(万元)	垃圾车(台)	单价(5万元/台)	资金(万元)	2018年 垃圾箱(个)	单价(0.5万元/个)	资金(万元)	垃圾车(台)	单价(5万元/台)	资金(万元)	2019年 垃圾箱(个)	单价(0.5万元/个)	资金(万元)	垃圾车(台)	单价(5万元/台)	资金(万元)	保洁员	工资补助资金(元/年)
1	老灌河	朱阳关镇	朱阳关村	2176	13							13		6.5										11	39600
			岭东村	1147	9	9		4.5	1			9		4.5	1									5	18000
			杜店村	1480	9	5		2.5	1						1		5							7	25200
			王店村	543	3	12		6	1						1		5							3	10800
			河南村	1112	6	5		2.5	1						1		5	6		3	1		5	5	18000
			槐树村	686	3													4		2	1		5	3	10800
			莫家营村	817	6													8		4	1		5	4	14400
2		五里川镇	五里川村	1812	11							13		6.5	1									9	32400
			温口村	1650	10							11		5.5	1						1		5	8	28800
			马耳岩村	1928	16							17		8.5	1						1		5	10	36000
			南坡村	807	7													8		4	1		5	4	14000
			河南村	1526	9													10		5	1			7	25200
			古塞岔村	1538	11													11		5.5	1			7	25200
			毛坪村	1616	14													14		7	1			8	28800
3		双槐树乡	双槐树村	1634	10							14		7	1						1		5	8	28800
			东川村	1297	11	18		9	1			15		7.5	1						1		5	6	21600
			西川村	1210	11										1		5							6	21600
			寺合院村	914	10							13		6.5	1						1		5	4	14400

续表

序号	乡镇	行政村	人口												保洁员	金额/元
4	汤河乡	汤河村	1375	13			15	7.5	1			5			6	21600
		新坪村	1211	12			14	7	1			5			6	21600
		河口村	649	5		5				6	3	1			3	10800
		梧鸣沟村	586	6		5				7	3.5	1			3	10800
5	狮子坪乡	狮子坪村	1635	11		5				12	6	1	5		8	28800
		黄柏沟村	1030	10			6	3	1				5		5	18000
		下庄科村	1114	10			10	5	1				5		5	18000
		颜子河村	1388	10						10	5	1	5		7	25200
		柳树湾村	825	5		5	6	3	1				5		4	14400
	淇河	下河村	795	12			14	7	1			12.5			4	14400
6	瓦窑沟乡	瓦窑沟乡	2259	19	25									11	39600
		胡家坪村	896	12		5	14	7				8	5		4	14400
		里娄坪村	1108	9	16	5			1			5	5		5	18000
		高河村	829	8	10							5			4	14400
		上河村	587	8	10	5						5	5		3	10800
		龙泉坪村	1205	11	16				1			8	5		6	21600
合计			41385	330	126	92	13	65	184	45		48	55	96	199	716000

备注：三年配置垃圾箱共406个，需资金203万元；垃圾板车共33台，需资金165万元；保洁员按各行政村总人口5%比例配备共需199名，每人每月300元，每年需资金71.6万元，三年共需资金214.8万元。三项总共需资金582.8万元。

南水北调

柒 河南省委托段建设管理

南阳建管处委托段建设管理

【概述】

南水北调中线一期工程干渠南阳段工程（委托建管项目），线路长97.62km，起点位于南阳市卧龙区潦河西岸与镇平县分界处，终点位于方城县三里河北岸与叶县分界处。分为四个设计单元，南阳市段、膨胀土试验段、白河倒虹吸工程及方城段。沿线共布置各类大小建筑物181座，其中，河渠交叉建筑物13座，左岸排水建筑物41座，渠渠交叉建筑物15座，铁路交叉建筑物4座，各类跨渠桥梁94座，分水口门6座，节制闸4座，退水闸4座。

南阳段工程共划分为18个土建施工标和6个监理标，4个安全监测标。南阳段主要工程量：土石方开挖5070.8万m³，土石方填筑2786.37万m³，混凝土190.68万m³，钢筋12.06万t，金结安装7089.2t，复合土工膜约669.24万m²。工程静态总投资95.07亿元，其中工程部分投资66.03亿元，征地移民环境部分静态总投资28.83亿元，试验研究经费0.21亿元。

南阳建管处设置工程科、质安科和综合科三个科室。2017年南阳建管处管理人员11人，负责工程价款结算的初审、变更索赔处理、预支付扣回及配合上级部门的审计和稽查工作。负责工程建设的档案资料管理、整理工作，督促检查监理、安全监测、施工单位的档案资料验收准备工作，负责工程的质量安全管理和防汛工作，消防设施验收备案等工作。

（郑国印）

【投资控制】

南阳段工程线路长、开工晚、技术条件复杂，建设期间重大设计变更较多，大大增加投资控制的工作量和难度。2017年，南阳建管处贯彻省南水北调建管局有关投资控制和变更索赔处理工作的各项工作要求，建立

投资控制和变更索赔处理工作台账，严格执行有关政策、标准，以合同为基础，组织召开变更索赔、预支付扣回专题会，商讨问题的解决办法，投资控制和变更索赔处理工作取得明显成效。2017年，完成方城段设计单元投资控制分析报告的编制，并提交黄河设计公司进行复核。白河倒虹吸工程和南阳试验段工程设计单元投资控制分析报告的编制工作正在准备，已完成有关基础数据的统计。

【变更索赔处理】

南阳段变更索赔项目共1343项。2017年南阳建管处对尚未处理的变更索赔项目逐标段逐项进行梳理，建立台账，责任到人，每周更新台账，督促处理进度。对重大变更项目，提请省南水北调建管局专题研究，统一政策和标准，严格把关。2017年南阳段待处理台账内的变更索赔项目有20项（其中变更15项，索赔5项），占总数的1.5%。配合长江委设计公司完成一般变更价差编制与审核的相关工作。2017年，南阳1、3、7标，白河倒虹吸与方城3、4、5标等7个标段总价差报告完成编报审核并上报。

【预支付扣回】

南阳建管处累计扣回预支付资金5.46亿元，2017年南阳段尚有0.51亿元预支付资金未扣回，涉及6个标段、15项预支付项目，按照省南水北调建管局要求约谈总部负责人尽快办理。

【稽察审计与整改】

2017年，省南水北调建管局委托河南兴华工程管理公司于4月6日~6月20日对方城1、2、3、5、6、7、8标，南阳7标，白河倒虹吸，试验段等10个标段进行结算工程量稽察；省南水北调建管局委托河南精诚工程造价咨询有限公司于7月3~30日对南阳市段1、2、4、5、7标等5个标段进行结算工程量

稽察，基本达到稽查全覆盖。

国务院南水北调办内部审计单位中审国际会计师事务所有限公司，于2017年4月30日～5月30日，对南阳段18个施工单位2016年度工程建设资金的使用和管理情况进行审计，并重点对个别标段2016年度变更索赔处理情况进行审计。通过审计，南阳段的变更索赔处理情况基本符合相关要求，稽察提出的问题整改到位。

【工程档案验收】

2017年5月14～19日，项目法人组织对方城段设计单元工程、南阳试验段设计单元工程进行工程档案项目法人验收并通过；7月23～29日，南阳市段设计单元工程、白河倒虹吸设计单元工程通过工程档案项目法人验收。对档案项目法人验收提出的整改意见正在整改。

9月17～22日，方城段、试验段通过国务院南水北调办组织的工程档案专项验收前的检查评定并给以肯定。11月底方城段和试验段档案评定验收提出的问题整改完成，具备档案专项验收条件，档案专项验收申请已上报；南阳市段、白河倒虹吸设计单元工程档案项目法人验收提出的问题整改完成，具备档案专项验收前检查评定条件。

【消防设施验收备案】

6月中旬，南阳建管处对南阳市段、方城段设计单元工程的闸站进行网上消防设计备案，通过并获得消防设计备案凭证。方城段消防设施按消防部门要求完成检测，资料收集齐备，获竣工验收消防备案凭证。南阳市段消防设施竣工验收正在准备。

【桥梁竣工验收和移交】

南阳段工程长97.62km，跨渠桥梁共94座。接养单位有南阳市政管理局、市县公路局、市县交通局、县乡农村公路所等多个部门，协调工作重，移交难度大。2017年，南阳建管处按照省南水北调建管局和交通部门"6·26"会议纪要精神，会同渠首分局和地方交通部门，对南阳段及方城段桥梁病害进行排查确认，完成"三方"确认的94座，其中7座国、省道，渠首分局已和交通管理部门签署移交协议，另外87座桥渠首分局正与接收部门协商中。

（郑国印　胡　滨）

平顶山建管处委托段建设管理

【概述】

平顶山段渠线全长94.469km，包括宝丰郏县段和禹州长葛段两个设计单元，沿线共布置各类建筑物183座，其中，河渠交叉13座，渠渠交叉10座，左岸排水41座，节制闸4座，退水闸2座，事故闸1座，分水口门7座，公路桥67座，生产桥34座，铁路交叉工程4座。平顶山段共分19个施工标，2个安全监测标，8个设备采购标，3个监理标，合同总金额40.35亿元。

2017年，河南省开展南水北调工程运行管理规范年活动，平顶山建管处加强党风建设，围绕《平顶山段2017年度工作目标责任书》，加大协调力度，调动各方积极因素，圆满完成专项验收、变更处理、土地移交、清理预支付等中心任务，确保生产安全和工程运行安全。

（高　翔）

【工程验收】

平顶山段水保工程质量划分：宝丰郏县段1个单位工程、6个分部工程，禹州长葛段1个单位工程、6个分部工程。

2017年，宝丰郏县段水保工程评定单位工程1个，分部工程4个，合格率100%。截至

2017年底，宝丰郏县段水保工程评定分部工程6个，合格6个，合格率100%；禹州长葛段水保工程评定分部工程4个，合格3个，优良1个，合格率100%。

【工程档案验收】

宝丰郏县段工程档案项目法人验收于2017年1月11~13日完成，验收发现问题均已组织整改；禹州长葛段工程档案于2017年7月3~7日通过国务院南水北调办设管中心组织的"工程档案专项验收检查评定"，检查评定问题均已整改完成。

【消防设施验收备案】

2017年，宝丰郏县段消防设计备案完成；郏县消防验收备案完成，并出具验收凭证；宝丰消防验收备案资料已提交，待出具验收凭证事宜。禹州长葛段消防设计及验收网上备案完成。

【桥梁竣工验收】

宝丰郏县段5座及禹州长葛段4座省道跨渠桥梁与地方公路局、运管处签订《遗留问题调查确认表》；宝丰郏县段县道及以下跨渠桥梁缺陷排查全部完成，现场已与桥梁管养单位商讨桥梁质量缺陷维修处理协议签订相关事宜。

【投资控制】

平顶山建管处负责的两个设计单元工程累计批复投资控制指标632447万元，其中，宝丰郏县段296691万元，禹州长葛段335756万元。截至2017年底，平顶山段工程累计办理结算635324万元，其中，宝丰郏县段累计办理结算金额291643万元（不含变更索赔预支付）；禹州长葛段累计办理结算金额343681万元（不含变更索赔预支付）。

平顶山段2017年办理工程价款共26952万元，其中，宝丰郏县段2017年办理工程价款22104万元，禹州长葛段2017年办理工程价款4848万元。

【变更索赔处理】

平顶山建管处2017年度累计处理变更索赔17项，其中，变更11项，索赔6项；变更索赔累计处理金额13693.96万元，其中，变更13132.65万元，索赔561.31万元。宝丰郏县段2017年共处理变更索赔11项，其中，变更8项，索赔3项；处理金额12153.33万元，其中，变更11917.20万元，索赔236.13万元。禹州长葛段2017年共处理变更索赔6项，其中，变更3项，索赔3项；处理金额1540.63万元，其中，变更1215.45万元，索赔325.18万元。

【预支付扣回】

2017年，平顶山建管处共清理预支付33项，清理金额21799.15万元；截至2017年底，平顶山建管处累计清理预支付34项24611.23万元，占总额的92.8%。

【尾工项目与新增项目建设】

平顶山段2017年剩余的主要尾工及新增项目有宝丰郏县段安良取土场水保；禹州长葛段冀村东水保工程，刘楼东弃渣场水保项目等。截至2017年底，除禹州长葛段冀村东弃渣场水保工程因地方持续长期阻工，剩余浆砌石及草皮护坡无法实施外，其余尾工项目全部完成。

【稽察审计与整改】

国务院南水北调办2016年度财务专项审计中，建管处配合及时落实审计意见，均已按要求整改到位；省南水北调建管局组织的工程量稽察，宝丰郏县段工程量稽察报告及相关整改要求已印发，建管处正在组织监理部整改落实；禹州长葛段工程量稽察工作基本结束，现场已组织监理、施工标段与第三方机构沟通确认中。

（周延卫）

郑 州 建 管 处 委 托 段 建 设 管 理

【概述】

南水北调工程郑州段委托建设管理4个设计单元，分别为新郑南段、潮河段、郑州2段和郑州1段，总长93.764km，沿线共布置各类建筑物231座，其中，各类桥梁132座（公路桥93座，生产桥36座，铁路桥3座）。批复概算总投资107.98亿元，静态总投资105.96亿元。主要工程量：土石方开挖7913万m³，土石方填筑1799万m³，混凝土及钢筋混凝土182万m³，钢筋制安98613t。郑州段工程共划分为16个渠道施工标、7个桥梁施工标、6个监理标、2个安全监测标、4个金结机电标，合同总额48.17亿元。2017年，郑州建管处围绕工程变更索赔处理、工程尾工建设、各专项验收及仓储维护中心前期手续办理等中心工作，加强党建和业务学习，完成2017年各项工作任务。

【尾工项目及新增项目建设】

郑州段有尾工和新增项目各1项。尾工项目为郑州1段河西台沟渡槽尾水渠末端剩余8节箱涵工程，经协调，工程征迁及设计概算报告完成，省南水北调建管局已安排重新进行招标。新增项目为潮河段解放北路积水处理项目，工程设计报告及批复等前期工作完成，建设管理工作委托新郑市南水北调办公室进行。

【投资控制】

郑州段投资基本处于可控状态。2017年，配合省南水北调建管局委托的第三方对工程量进行复核。新郑南段、潮河段工程量复核工作完成，施工单位对复核结果进行确认并进行整改。郑州1段的工程量复核工作基本完成，郑州2段的复核工作正在进行。受南水北调工程设计管理中心委托，黄河勘测设计有限公司对潮河段工程开展投资使用情况核查分析工作。2017年5月3～5日，设管中心组织，中线建管局及现场各参建单位领导和代表参加，召开潮河段工程投资使用情况核查分析启动工作会议，开展潮河段建安工程投资控制情况分析报告的调研和编写工作。2017年9月底，经复核分析，编制完成《南水北调中线干线工程潮河段设计单元工程建安投资控制情况分析报告》。郑州建管组织监理及施工单位对各设计单元土方平衡有关资料进行收集，同时对各施工标段一般工程变更进行梳理，及时提供设计单位进行分析处理。郑州建管组织监理及施工单位对按合同规定退还的质保金及时退回；对拖欠农民工工资的施工单位组织协调会进行处理。按照中线建管局有关文件计算，截至2014年6月底，潮河段限额为价差12724万元，郑州2段限额外价差5296万元。根据中线建管局有关文件要求，取得限额外价差需提供设计单元专题分析报告，建管处组织监理及施工单位，由监理单位委托第三方进行分析梳理，提供专题分析报告。

【变更索赔处理】

2017年，加快推进变更索赔处理，解决资金供应。组织各相关单位集中办公，加快变更索赔处理效率和进度；采取变更索赔周例会制度，定期对变更索赔问题进行梳理、筛选、研判、定性，对台账项目逐个提出处理方案或销号；对争议较大的项目采取专题会研究解决，邀请专家进行咨询。截至2017年11月底，郑州段签订各类合同金额（含补充协议）49.64亿元，累计变更处理金额19.83亿元，变更后总金额69.47亿元；工程施工合同累计变更索赔处理完成率98.58%。

【建设档案项目法人验收】

按照最新统计，郑州段涉及工程档案验收的有36个直接管理的标段（16个渠道标、7个桥梁标、2个安全监测标、4个金结机电标、7个监理标）和67个非直接管理纳入同期验收的标段（水保监测标1个、水保监理标1个、环保监测标1个、环保监理标1个、高速公路桥两座施工及监理标4个、35kV供电线路施工及监理标5个、铁路桥3座施工及监理标6个、郑州市建委负责建设的桥梁7座施工及监理14标、郑州市公路局负责建设的桥梁两座施工及监理标4个、航空港区管委会负责建设桥梁8座施工及监理标16个、管理用房3处施工及监理标6个和绿化施工5个监理3个标），工程档案整理工作任务和相关协调任务十分繁重。

截至2017年12月底，郑州段完成四个设计单元工程档案的法人验收和新郑南段检查评定以及专项验收工作，完成新郑南段档案复印装订工作，具备移交条件；其他三个设计单元法人验收问题整改工作完成，具备检查评定条件。

【跨渠桥梁竣工验收】

郑州建管处负责建设的桥梁86座（1座机场高速机耕通道涵洞列入机场高速桥验收范围），分属于12个移交接管单位，跨高速公路、地方交通主管和城市管理三个系统。郑州建管处成立桥梁验收移交工作领导小组，加强与地方桥梁管理部门的沟通、协调，根据工作进展情况及时对桥梁组织竣工验收。

截至2017年底，由省南水北调建管局组织，完成39座市政桥梁的竣工验收工作，完成2座县道的竣工验收工作。郑州建管处负责建设的86座桥梁按照要求完成向中线建管局移交，尚未完成对养护管理单位的产权移交。

按照隶属关系高速公路和地方交通主管部门接管的45座桥梁执行"交通部2004第3号"文件要求，由于竣工决算和审计工作没有完成，因此无法开展竣工验收工作。按照省交通厅协调会议纪要精神，运管、建管、和接养单位正在开展桥梁缺陷排查和桥梁移交协议的签订。正在继续和有关桥梁主管部门和接管单位进行沟通，剩余的45座（中原

高速公路有限公司1座、郑州市交运委5座、新郑市交通局24座、管城区交通局11座、经开区交通局1座和中原区交通局3座）桥梁工程的竣工验收工作，达成共识后及时组织验收。

【消防备案与验收】

郑州段四个设计单元，共有30座建筑物需要进行消防备案，其中河渠交叉建筑物10座（新郑南段沂水河倒虹吸、双泊河支渡槽、新商铁路倒虹吸，潮河段梅河倒虹吸、丈八沟倒虹吸，郑州2段潮河倒虹吸、魏河倒虹吸、十八里河倒虹吸、金水河倒虹吸和郑州1段须水河倒虹吸）；分水口门降压站5座（潮河段李桐、小河刘、郑州2段刘湾、密洞和郑州1段中原西路分水口门）；抽排泵站降压站15座（潮河段16～26号泵站，郑州2段27号、29号、31号、32号泵站）等共30座闸站。

截至2017年底，郑州段消防工程涉及的5个县区中，设计备案完成3个（新郑南段、潮河段及郑州2段的金水河倒虹吸工程），其他2个县区设计备案和5个县区的竣工验收备案材料正在上报验收。

【水保验收】

郑州建管处组织参建单位集中学习中线建管局"关于印发《南水北调中线干线工程水土保持设施验收管理办法（试行）》的通知（中线局水质〔2015〕53号）"，召开水保项目验收专题座谈会，对郑州段水保工程项目进行梳理，与水保项目监理单位进行沟通。截至2017年底，郑州段水保工程普查工作基本完成，对存在问题的渣场协调运管、地方政府及相关单位正在处理。

【仓储及维护中心建设】

南水北调黄河南仓储维护中心建设用地前期工作程序繁杂、涉及部门多、协调任务重，郑州建管处明确专人负责，协调各方准备各种资料文件报批审批，2017年5月19日，省建设厅颁发黄河南仓储维护中心选址意见书；10月25日，省政府以《关于郑州市

所辖县（市、区）土地利用总体规划（2010-2020年）有关指标调整的批复》批复黄河南仓储维护中心土地规划调整工作。12月15日，新郑市国土局以新国土资文〔2017〕282号文件对该项目土地预审提出初

审意见，12月27日郑州市国土资源局对该项目用地预审出具意见。林地可研、用地组卷等前期工作正在推进，用地报批材料正在准备。

（岳玉民）

新乡建管处委托段建设管理

【概述】

新乡建管处委托管理段工程自李河渠道倒虹吸出口起，到沧河渠道倒虹吸出口止，全长103.24km，划分为焦作2段、辉县段、石门河段、潞王坟试验段、新乡和卫辉段5个设计单元。总干渠渠道设计流量250～260m³/s，加大流量300～310m³/s。

2017年新乡建管处主要在政治学习、尾工建设、变更索赔、临时用地返、工程档案验收等方面开展工作，建立任务台账，确定工作目标、完成时间、相关责任人，监理单位督促施工单位落实到位，确保完成2017年建设任务。

【工程验收】

新乡建管处委托管理段工程共19个土建合同项目，全部完成合同项目验收。2017年完成新增沧河渠道倒虹吸防洪安全施工项目分部工程验收。

【档案验收】

邀请专家对各参建单位的工程档案管理工作进行检查、督导，并组织内部培训和交流活动。与档案公司签订委托合同，各参建单位配备专职档案管理人员，在场地、器材、人力等方面提供条件。2017年完成辉县段、石门河段、潞王坟试验段、新乡和卫辉段4个设计单元的项目法人档案验收工作，截至2017年底新乡段5个设计单元的项目法人档案验收全部完成。

【消防设施验收备案】

2017年，新乡建管处多次与当地消防部

门沟通协调，凤泉区的消防设计备案和竣工验收完成；焦作市区段完成消防设计备案，竣工验收资料完成，正在向消防部门进行竣工验收的申报。修武县、卫辉段、辉县段三个区段的消防设计备案准备工作完成。

【桥梁竣工验收和移交】

截至2017年底，辉县段、石门河段、试验段和新乡卫辉段4个设计单元共78座跨渠桥梁全部完成移交工作（不包括省道在内的72座跨渠桥梁已完成竣工验收）。焦作2段跨渠桥梁26座，移交24座，剩余2座市政桥梁尚未移交。

【投资控制】

新乡建管处委托管理段工程总投资969723.14万元，静态投资（不包含征地移民投资）729000.98万元，其中建筑工程457093.22万元，机电设备及安装8137.14万元，金属结构设备及安装10520.29万元，临时工程23082.23万元，独立费用88756.03万元，基本预备费33362.61万元，主材价差43018.84万元，水土保持4715万元，环境保护1993万元，其他部分投资8273万元，建设期贷款利息50049.54万元。

新乡建管处委托管理段工程施工合同金额511244.83万元。截至2017年12月底，共完成工程结算662890万元，其中2017年完成工程结算1146.24万元。

【变更索赔处理】

2017年新乡段建管处对剩余变更以及意向明确的索赔项目进行扫尾处理。新乡段累

339

计完成变更索赔 1539 项，其中 2017 年完成工程变更索赔批复 56 项，增加投资 1146.24 万元。

【预支付扣回】

新乡段预支付资金共 40794.31 万元，截至 2017 年底扣回 30720.49 万元，剩余 10073.82 万元（其中石门河 3000 万元、辉县 5 标 1500 万元、辉县 7 标 3433.18 万元、新卫 2 标 1280.64 万元、新卫 3 标 860 万元）。

【尾工项目与新增项目建设】

2017 年，完成剩余沧河倒虹吸防护工程 1.5 万 m³ 格宾石笼护坦，新乡段工程尾工和新增项目建设按计划全部完成。

【临时用地返还】

按照中线建管局临时用地计划返还台账，新乡段实际使用临时用地 278 块，面积 19919.22 亩（含潞王坟试验段 841.57 亩）。2017 年返还临时用地 4 块（张雷北公路桥临时用地 1 块、新增沧河加固工程 3 块临时用地），截至 2017 年 11 月底，签证返还临时用地 276 块，计 19853.3 亩，未返还临时用地 2 块 65.92 亩。

【工程监理】

新乡建管处委托管理段工程共有 3 家监理单位，分别是黄河勘测规划设计有限公司（焦作 2 段监理）、河南立信工程咨询监理有限公司（辉县前段监理）、科光工程建设监理有限公司（辉县后段、石门河倒虹吸、试验段、新乡卫辉段）。2017 年，监理单位派驻现场管理人员，分别在尾工建设、变更索赔、临时用地返还、工程档案验收以及配合审计稽查等方面发挥监理作用。

【工程量复核】

2017 年，完成焦作 2 段设计单元工程量复核工作，剩余 4 个设计单元的工程量复核工作正在进行中。

【质保金农民工工资清理】

新乡段质保金共 23518.33 万元，截至 2017 年底退还质保金金额 13364.58 万元，剩余质保金金额 10153.75 万元。2017 年在新乡建管处监督协调下共支付外欠农民工工资 100 万元。

【稽查审计与整改】

国务院南水北调办委托华北水利水电大学组织施工管理、工程造价等方面专家对新乡建管处焦作 2 段工程投资使用情况进行核查，南水北调工程设计管理中心依据"设管技函〔2017〕103 号"文印发《关于提交南水北调中线干线焦作 2 段工程投资使用情况核查分析情况的函》。其中，涉及焦作 2 段工程投资使用情况核查整改意见有三大项 65 小项，新乡建管处对核查中问题的整改工作及时安排部署，明确责任单位，提出整改意见，限定整改时限，逐条逐项整改。其中涉及金额增减相抵 36 项共需核减 144.15 万元，将在后续的工程结算或者质保金退还中扣回；未按照合同约定的变更定价原则定价、计量或计价支撑性文件不完善、部分费用支付不合理等 20 项，按照核查意见各相关单位正在整改中；未按照合同变更处理原则定价 9 项，相关单位按照核查意见正在整改中。

【防汛度汛】

2017 年，新乡段组织各监理、施工单位会同运管单位对全线进行排查，开展实时防汛度汛值班工作，配合中线建管局对突发汛情险情迅速处理，沟通协调当地及有关防汛抢险单位，共同开展防汛度汛工作。省南水北调办第一时间现场组织协调抢险物资，配合中线建管局防洪抢险，确保通水安全和工程安全。

（蔡舒平）

安 阳 建 管 处 委 托 段 建 设 管 理

【概述】

2017年，安阳建管处完成档案专项验收、消防专项验收和工程变更、索赔处理工作，完成水保工程分部、单位工程验收工作，完成安阳段地方遗留问题处理工作，配合上级部门完成年度资金审计、工程量核查及问题整改，实现年度工作目标。

【投资控制】

2017年，安阳建管处加大工作力度，采取建立台账、制定报审计划、集中办公方式，完成安阳段工程剩余变更、索赔项目处理工作。2017年共处理变更11项，涉及金额379.2万元，其中批复10项，批复金额270.2万元，上报待批复1项，涉及金额109万元；全年处理索赔75项，涉及金额13675万元，其中批复5项，批复金额19万元，销号70项，涉及金额13656万元。截至2017年底，累计批复变更853项，批复金额79853万元，批复索赔42项，批复金额478万元。

按照省南水北调办工作部署，2017年完成土方平衡综合报告相关基础资料提交工作，一般变更价差工程量申报工作，已结算价差分析报告工作，完工工程量报告整理编制工作和投资控制分析报告编制等工作。2017年，安阳段工程签订《南水北调安阳段建管处科技档案整理项目补充协议书》，合同金额68735.7元。

【档案验收】

2017年4月9～12日，国务院南水北调办在安阳市组织召开"南水北调中线一期工程总干渠安阳段设计单元工程档案专项验收会议"。验收组通过听取汇报、现场质询、检查实体、抽查案卷等方式，从完整性、准确性、系统性、安全性四个方面对安阳段工程档案进行检查。经综合评议，通过档案专项验收，对安阳段工程档案整编工作给予充分肯定。

【工程验收】

2017年，安阳建管处组织配合有关单位完成跨渠桥梁问题排查确认工作，完成跨渠桥梁问题整修费用预算编制，已汇总至中线建管局河南分局；跨渠桥梁竣工验收工作正在协调推进。

2017年6月30日完成安阳段消防专项验收备案；7月7日安阳市消防部门组织有关单位对安阳段消防工程进行验收，质量合格；7月14日在河南消防网公示。

【稽查审计和整改】

2017年，安阳建管处组织有关单位配合完成国务院南水北调办年度资金审计和省南水北调建管局工程量核查工作。在整改过程中，安阳建管处组织相关单位，对专家单位提出的问题，逐一分析，制订整改方案，派专人跟踪、督促，并及时完成整改工作。

【安全生产】

2017年开展安全生产大检查及"安全生产专项行动""安全生产隐患排查治理专项行动"等。做好防汛值班、值守工作，确保沿线人民生命财产安全和南水北调工程安全。2017年全年实现"零"事故的目标，安全生产处于受控状态。

【遗留问题处理】

2017年，安阳建管处妥善解决殷都区杜小屯49亩弃土场增设排水沟群众诉求问题、龙安区桑家窑坝体水毁部分维修纠纷及丁家村灌溉渠复建赔偿问题；完成安阳2标五六渠遗留问题及工程移交工作；协调各方办理殷都区84亩和安阳县44.5亩临时用地16倍返补偿结算拨款工作；配合省南水北调办和有关单位对安阳县上营取土场2016年"7·19""8·5"水灾信访案件的调查。

（李沛炜　骆　州）

南水北调

捌 配套工程建设

南 阳 市 配 套 工 程 建 设

【资金筹措与使用管理】

截至 2017 年 12 月底，省南水北调办拨付工程建设资金累计 1091475777.34 元，其中管理费 9174900 元，奖金 4370000 元。截至 2017 年 12 月底，南阳市南水北调建管局累计拨付各参建单位共计 1052228317.27 元，其中拨付管材制造单位 489059437.34 元，拨付施工单位 481348197.33 元，拨付监理单位 10472120 元，拨付阀件单位 71348562.60 元。截至 2017 年 12 月底省南水北调办拨付征迁资金 495039500 元，其中其他费 12540600 元，征迁资金 482498900 元，南阳市南水北调建管局下拨 486316213.40 元给相关县市区。

（张少波）

【建设与管理】

2017 年配套工程扫遗留任务基本完成。对配套工程扫遗留过程中存在的问题，及时协调设计单位、县区南水北调办等有关单位，现场查看研究，明确解决方案，督查考核加快遗留问题处理进度。对管理设施完善和阀井加高工程实施，下发配套工程运行管理"百日会战"任务清单，成立"百日会战"指挥部，实行领导包县制度。监理单位增派人员驻场监管，各施工单位项目经理、技术负责人按要求驻场，保证质量安全加快施工进度。督查组到施工现场日检查周汇报，确定增加房屋位置、明确绿化方案，现场协调解决问题。2017 年底，6 号进口管理房建设任务完成，准备进行电气设备安装，南阳管理处连接道路混凝土路基完成，变更后的社旗管理所连接路完成放线。南阳市南水北调配套工程 1 处 6 所建设任务完成，基本具备入住条件。

（贾德岭 赵 锐）

【工程验收】

南阳供水配套工程划分为 1 个设计单元，25 个合同项目，25 个单位工程。其中配套工程管线部分划分为 18 个合同项目，18 个单位工程，253 个分部工程，13713 个单元工程。截至 2017 年底共完成分部工程验收 239 个，占管线分部工程总数的 94%，完成单位工程验收 16 个，占管线单位工程总数的 89%，完成合同项目完成验收 2 个，占管线合同项目总数的 11%。管理处所工程 7 个合同项目，7 个单位工程，63 个分部工程，截至 2017 年底，完成分部工程验收 60 个，占管理处所分部工程总数的 91%。累计完成单位工程验收 2 个，占管理处所单位工程总数的 29%。完成通水验收 132.22km，占总任务的 73%。

【临时用地复垦退还】

2017 年，上半年共返还退还临时用地 26 亩。南阳市干渠临时用地全部完成返还退还任务，位居全省第一。

征迁遗留问题处理 2017 年，按机制处理征迁问题 8 个，完成宛城区、社旗县、新野县阀井调整补偿处理，新野县电力迁建处理任务。

征迁安置验收 2017 年，组织完成陶岔渠首枢纽工程县级自验和市级初验工作，按照省政府移民办安排对干渠征迁安置验收实施细则进行修订完善。

（张 帆）

平顶山市配套工程建设

【建设与管理】

2017年，平顶山市市县管理处所建设取得新进展。平顶山市南水北调配套工程运行管理处所共设1处4所，其中，市级管理处完成招标，施工单位进场，施工围挡等临时工程按6个"百分百"要求完成；对管理所建设限定时间、约谈奖惩、观摩推进，叶县、鲁山、宝丰、郏县等4个管理所年底前全部具备入住条件。

【工程验收】

2017年推进配套工程验收。配套工程施工验收根据市南水北调办安排，严格变更项目审查审批，协调加快批复进度；推进工程验收，全年共完成116个分部工程验收，占总量117个的99.1%；合同项目完成验收9个，占总数10个的90%。

（张伟伟）

漯河市配套工程建设

【概述】

漯河市供水配套工程分水口门为10号和17号口门，年均分配水量1.06亿 m³，供水方式均为有压重力流，其中10号口门位于叶县保安镇辛庄西北干渠右岸，中心桩号195+473.000处，供漯河市、舞阳县、周口市、商水县用水，设计流量9m³/s，主干输水管道设计流量8.5m³/s，支线设计流量0.5～1.8m³/s。17号口门位于禹州市郭连乡孟坡村，干渠桩号98+817.137处，供许昌市和临颍县用水，口门设计流量8.0m³/s，临颍支线输水管道设计流量2.0m³/s。

漯河南水北调配套工程输水主管道（口门至漯河五水厂分水口）为Ⅰ等工程，主要建筑物为Ⅰ级，次要建筑物为3级；漯河市市区第二、三、四、五水厂输水支线为Ⅱ等工程，主要建筑物为2级，次要建筑物为3级。向舞阳县、临颍县输水支线为Ⅲ等工程，主要建筑物为3级，次要建筑物为4级。管线穿越京广铁路、高速公路工程为1级建筑物。

漯河市境内配套工程建设管线总长120km，分10号线和17号线两条线路。10号线境内管道长100km，其中输水干管长76km，舞阳水厂支线长6.64km，市区四座水厂支线长18.37km。17号线漯河市境内干支线路长17km。漯河南水北调配套工程总投资212229万元。静态总投资207248万元，建设期贷款利息4945万元。

【合同管理】

2017年，漯河市南水北调办对照变更工作台账，加快变更处理工作。组织相关参建单位召开合同变更专题会议，对符合要求的按程序组织初审，具备条件的上报省南水北调办组织评审。2017年共向省南水北调办上报审查计划两批次，组织审查变更19项，审查通过19项，4项100万元以上变更上报省南水北调办审批，100万以下变更批复13项。截至2017年底，全部完成审批的变更项目共计110项，占全部变更台账的77%。

【资金筹措与使用管理】

省南水北调审计组于2016年12月19日～2017年1月20日进驻漯河市，对漯河市（包括县区）工程建设和征迁资金进行全面审计。漯河市南水北调办成立审计整改领导组织，明确责任分工，建立审计整改工作台账，细化分解任务，责任落实到人，一月一例会专题研究审计整改问题。加强对县区审计问题整改督导，联合征迁总监对各县区审计整改情况进行4次督导检查。协调征迁设计和监理单位解决征迁遗留问题，共出台会议纪要42份，解决征迁遗留问题近百个。2017年10月31日，漯河市审计整改任务全部完成，并向省南水北调办上报整改报告。

2017年，漯河市南水北调建管局将工程付款资料报省南水北调建管局审核后直接支付给施工单位，部分工程建设资金及监理费由省南水北调建管局按预算和计划拨付漯河市南水北调建管局，由漯河市南水北调建管局拨付参建单位；建设单位管理费及征地拆迁资金由漯河市南水北调建管局向省南水北调建管局提出申请，经批复后拨付漯河市使用。征迁资金实行计划管理，省、市、县区三级根据实施规划和工作进度，下达资金计划，财务部门依据计划拨付资金。

【建设与管理】

形象进度 2017年，施工1、2、3、4、5、6、7、8、10、11标基本完工，施工9标剩余市区段沙河穿越工程。

建设投资 漯河供水配套工程截至2017年12月31日累计完成投资9.8亿元，占合同总额的98.3%。

主要工程量 截至2017年，累计完成土石方开挖704.6万m³，占总量的99.7%；土方回填629万m³，占总量的99.7%；混凝土浇筑4.81万m³，占总量的99.2%；管道铺设119.10km，占总量的99.6%。

【工程及征迁验收】

工程验收 2017年完成施工7标共1个单位工程验收；施工1、2、3、4、5、7、10、11标共8个合同项目完工验收；完成施工7标7个分部，共计7个分部工程验收工作；完成施工10、11标的工程移交工作。

征迁验收 按照省南水北调办征迁验收工作计划，组织有关人员到鹤壁参加省政府移民办举办的中线干渠征迁安置培训会；3次组织征迁监理、征迁科、财务科相关人员对各县区的征迁验收进展情况进行督导检查，下发检查情况通知20余份；现场指导县区进行验收档案整理及验收表格填写2次。

加快征迁遗留问题处理 实行联席会制度和信访工作机制，对征迁的错漏项问题采用设计、监理、市南水北调办、县南水北调办、权属人等各方共同核查确认或出会议纪要等方式解决问题。

（孙军民 周 璇）

周口市配套工程建设

【工程建设】

周口市南水北调配套工程输水管线总长56.116km，其中周口供水配套工程西区水厂支线向二水厂供水工程为设计变更工程，全长3.62km。截至2017年底，除西区水厂支线向二水厂供水工程外工程建设完工，东区水厂和商水水厂通水。

周口供水配套工程西区水厂支线向二水厂供水工程为设计变更工程，全长3620.15m，管材采用DN1200的球墨铸铁管，

设计阀井13座，镇墩3座，顶管四处总长938.541m，放坡开挖长度1322m，垂直开挖长度1359.49m。2017年8月7日开标，确定施工、监理、阀件单位；11月6日，经省南水北调办同意后直接委托管材及电气供货单位。

周口市南水北调配套工程共有施工安装标12个，其中管理处所施工标1个，合同总额18982.08万元。截至2017年底，累计完成22266.39万元，占合同总额的117.3%；共有管材、阀件、金结、机电等设备采购标10个，

合同总额30887.51万元。截至2017年底，累计完成29177.44万元，占合同总额的94.46%；工程建设监理标5个，合同总额701.21万元。截至2017年底，累计完成617.12105万元，占合同总额的88.01%。

截至2017年12月，工程变更申报共计111个，其中变更金额在100万元以上20个，变更金额在100万元以下91个，变更索赔预计增加金额共7021.9051万元。已经批复变更79个，其中100万元以上的7个，100万元以下72个，共增加金额2452.7687万元；未批复34个，其中金额在100万元以上的13个，100万元以下21个，预计增加金额4569.1364万元。

2017年完成支付34批次金额3425.86万元，累计完成45083.02万元（含合同变更新增款）。占总合同额（49347.3万元）的91.36%。

周口市共有现地管理房5座，其中建成3座，分别是西区水厂支线进口管理房、西区水厂支线出口管理房、商水支线出口管理房、东区水厂出口管理房。其中东区水厂出口管理房与周口管理处所合并建设，正在建设中。周口市共有管理处所2座，其中商水县管理所为购买现房已投入使用，周口市管理处所主体建成，正在进行内部装饰施工。

【征迁验收】

截至2017年，周口市临时用地应复垦4379.73亩全面完成。征迁安置遗留问题是永久用地手续未办理。2017年，所辖一县三区及市属全部建立验收组织，编制验收大纲，草拟实施管理报告，征迁档案同时收集整理完备，市属专业项目迁建全部验收结束。

【资金使用管理】

截至2017年底，省南水北调建管局累计拨入资金696785545.91元，其中基建资金478641545.91元，征迁资金218144000.00元。

周口市南水北调配套工程建管局完成基本建设投资652191961.82元，其中建筑安装工程投资434897707.91元，设备投资30917661.12元，待摊投资支出186201502.79元，其他投资175090.00元。货币资金余额67390863.71元，预付及应收款项合计7169766.81元，固定资产合计107053.07元，应付款合计31149655.09元。

【资金审计】

省南水北调建管局委托希格玛会计师事务所，于2016年12月19日～2017年1月10日派出审计组，对周口市南水北调配套工程建管局2012年9月～2016年6月工程建设及征迁资金的管理和使用情况进行审计。审计涉及周口市南水北调建管局和商水县、川汇区、东新区、经济技术开发区4个县区的征迁管理机构。2017年5月5日河南国审会计事务所有限公司出具《周口市南水北调配套工程建设及征迁资金专项审计报告》。

周口市南水北调配套工程审计整改工作，以省南水北调办《关于周口市南水北调配套工程建设及征迁资金审计整改意见的通知》所提出的工程建设、征迁资金使用管理、财务管理及其他问题进行逐条分析，查找原因，研究整改措施，责成各县区责任到人逐条整改，以规范文件形式上报审计问题整改报告。

2017年12月8日，省南水北调建管局下发《关于开展河南省南水北调配套工程内部审计整改复核工作的通知》，2017年12月14日，省南水北调办财务处会同河南精诚联合会计师事务所对周口市审计整改情况进行复查。周口市南水北调办及时对提出的3个问题进行整改落实，并将整改结果上报省南水北调办。

（孙玉萍 朱子奇）

许昌市配套工程建设

【概述】

许昌市南水北调配套工程通水后，工作重心由建设管理向运行管理转变，在过渡期，依靠现有机构和管理模式，加强供用水管理、安全巡查、维修养护。2017年开展运行管理规范年活动。扩大供水范围和用水量，充分发挥南水北调工程效益。向上级部门申请，在17号分水口门供水线路增设鄢陵供水工程、建安区豆制品产业园分水口、建安区五女店镇分水口、开发区医药产业园分水口，在18号分水口门供水线路增设长葛市西部水厂分水口、增福湖分水口。截至2017年底，累计供水3.08亿m³，受益人口165万人。先后向颍河应急补水6200万m³。水费征缴在核定水价水量后，基本水费纳入财政预算，已上缴水费1.7亿元。向鄢陵县供水工程建设基本完成管道铺设。

【招标投标】

根据省南水北调办的统一部署，许昌市南水北调办按照招标设计先后对许昌市配套工程组织11次公开招标。截至2017年底，许昌市南水北调办11次招标共完成建安施工标23个，中标金额2.54亿元；管道设备采购标13个，中标金额4.02亿元；监理监造标9个，中标金额1205万元。总计招标完成45个标段，中标金额6.68亿元。

【资金筹措与使用管理】

根据《关于下达河南省南水北调受水区许昌供水配套工程17号分水口门鄢陵供水工程投资计划的通知》，省南水北调办下达许昌供水配套工程17号分水口门鄢陵供水工程投资24696万元，其中省南水北调配套工程建设结余资金8000万元，许昌市自筹16696万元。2017年许昌市收到省南水北调办下达鄢陵供水工程资金5000万元，收到鄢陵县政府筹集资金7956万元。

鄢陵供水工程资金由鄢陵县政府筹集到位后拨付给许昌市南水北调办，按照工程施工进度支付给施工单位，征迁资金拨付到许昌市各县市，由县市南水北调主管部门具体负责实施补偿。

截至2017年，15、16、17、18号分水口门输水线路分部工程、单位工程、合同完工验收完毕。鄢陵供水工程初步具备供水条件。

【管理处所建设】

襄城县管理所（15号口门）：初设批复占地5亩，建筑面积1260m²，投资278.61万元。实际占地5亩，建筑层数三层，建筑高度12.85m，建筑结构形式为砖混结构，实施建筑面积1321m²，投资227.36万元。2013年3～4月完成招投标，2014年1月17日开工建设，2015年1月5日完成单位工程验收。禹州市管理所（16号口门）：初设批复占地5亩，建筑面积1320m²，投资297.71万元。实际占地5亩，实施建筑面积1387.12m²，投资225.81万元。2013年3～4月完成招投标，8月20日开工建设，2015年1月5日完成单位工程验收。许昌市区管理处所（17号口门）：初设批复占地15亩，建筑面积5206m²（其中市级管理处3846m²，市区管理所1360m²），投资1626万元。实际占地15亩，许昌市级管理处建筑层数三层，局部四层，建筑高度18.9m，建筑面积3828.74m²；许昌市区管理所建筑层数二层，建筑高度9m，建筑面积1347.79m²，投资896.51万元。2013年11～12月完成招投标，2014年2月21日开工建设，2015年3月10日完成单位工程验收。长葛市管理所（18号口门）：初设批复占地5亩，建筑面积1220m²，投资236万元。实际占地5亩，实施建筑面积1321.02m²，投资234.75万元。2013年3～4月完成招投标，11月14日开工建设，2015年1月5日完成单位工程验收。

鄢陵县管理所初设批复占地6.1亩，建筑面积1330m²，投资380万元。实际占地6.1亩，实施建筑面积1310m²，投资265万元。2017年4~6月完成招投标，7月15日开工建设，2017年底主体工程完工，正在进行内外装修。

【工程验收】

许昌市南水北调配套工程验收分为施工合同验收和政府主管部门组织的验收两类。其中施工合同验收包括：分部工程验收、单位工程验收、合同项目完成验收、合同中约定的其他验收；政府主管部门组织的验收包括：单项工程通水验收、设计单元工程完工验收、国家及行业规定的有关专项验收、配套工程竣工验收。

施工合同验收由项目建管单位依据省南水北调建管局与其签订的委托管理合同和有关规定负责组织实施。政府主管部门组织的验收由省南水北调办或国家及行业规定的有关专项验收主持单位负责实施。

许昌配套工程截至2017年12月31日完成合同项目验收15个，单位工程验收15个，分部工程验收182个，通水验收1个，泵站机组试运行验收1个。其中15号口门完成合同项目完成验收2个，质量合格，单位工程验收2个，质量合格，完成分部工程验收32个，质量合格；16号口门完成合同项目完成验收3个，质量合格，单位工程验收3个，质量合格，完成分部工程验收37个，质量合格。完成任坡泵站机组试运行验收；17号口门完成合同项目完成验收7个，质量合格，单位工程验收7个，质量合格，完成分部工程验收91个，质量合格。18号口门完成合同项目完成验收3个，质量合格，单位工程验收3个，质量合格，完成分部工程验收22个，质量合格。

【审计与整改】

2016年12月19日~2017年1月13日，省南水北调建管局委托希格玛会计师事务所对许昌市南水北调配套工程建设管理局2012年9月~2016年6月工程建设及征迁资金的管理和使用情况进行审计。按照提出的审计整改意见及相关要求，许昌市南水北调办整改后分别以规范文件出具审计整改报告。

（程晓亚）

郑州市配套工程建设

【概述】

截至2017年，配套工程共完成建安投资8亿，占合同总量8.7亿元的92%。按照配套工程计量和资金拨付要求，2017年共完成工程计量和资金拨付50余次，拨付工程资金、运行管理费用、电费等资金5300多万元。协助完成配套工程资金审核、运行管理费用拨付等工作。

【配套工程尾工建设】

配套工程建设基本完工，剩余工程主要集中在21号线尖岗水库至刘湾水厂线隧洞工程、22号线泵站、尖岗水库出入库工程等。2017年尖岗水库出入库工程基本完工，21号线隧洞因为设计变更正在推进。全年共完成配套工程变更审查大于100万元项目5项，100万元以下项目40项，涉及金额7000多万元。完成配套工程管理1处6所的选址、图纸设计方案等工作，2017年正在施工。完成配套工程4处泵站外接电源招标工作并进入实施阶段。

（刘素娟　罗志恒）

焦作市配套工程建设

【概述】

2017年，完成供水配套工程博爱线路建设工作，开展府城水厂输水线路变更和供水配套工程一期验收相关工作。

【设计变更】

焦作市南水北调配套工程25号分水口门温县输水线路、26号分水口门武陟输水线路、28号分水口门修武输水线路及苏蔺输水线路工程共涉及变更项目65项，变更工程于2016年底通过单位工程验收，所有变更项目全部通过监理审查、专家组评审，其中61项变更项目于2017年完成批复工作。

2017年，26号分水口门博爱输水线路工程参建单位提出变更项目18项，所变更项目工程施工任务基本完成，变更报告的审批工作正在进行。主要设计变更为北石涧泵站设计变更及广兴路顶管工程变更。按照设计单位编制的"北石涧泵站设计变更报告"，北石涧泵站工程设计变更主要为泵站位置的调整及泵站基础增加混凝土灌注桩、水泥搅拌桩等工程内容；广兴路顶管工程施工场区内，有5条市政管网交叉博爱输水管线，工程设计变更内容主要为顶管高程降低、增加钢筋混凝土包封混凝土、顶管工作井与接收井等工程内容。

27号府城分水口输水线路因拟建水厂位置占用军事用地问题，工程一直处于停工。2017年5月26日，焦作市住房与城乡建设管理局《关于焦作市南水北调府城水厂位置调整的函》，明确府城水厂最终选址位于焦作市人民路南水北调桥西1000m路北、规划长安路东侧（南水北调干渠左侧）。2017年8月28日，省南水北调办《关于河南省南水北调受水区焦作供水配套工程27号输水线路调整有关问题的回复》，要求市南水北调办协调设计单位开展改址后的府城水厂输水线路变更设

计工作。河南省水利勘测设计研究有限公司基本完成线路变更设计工作，其中邻接跨越南水北调干渠工程设计通过省南水北调建管局组织的技术审查和国务院南水北调办核准备案。27号府城分水口输水线路具备再次实施条件。

【规划变更】

2017年，焦作市配套工程规划变更项目是27号分水口门府城输水线路变更。原规划府城输水线路采用重力流输水方式，输水线路由27号分水口门向东南经中站区地界、转向东进入省军分区副业基地范围内，再折向北进入拟建水厂，设计线路长1.84km，输水线路主要建筑物包括分水口门进水池、首端现地管理站、管线阀门井、镇墩、人手孔、末端调流阀室等。概算总投资4722.76万元，其中征迁投资580.51万元、工程投资4142.25万元。由于规划府城水厂位置调整，输水线路设计变更，设计变更后的府城水厂输水线路由位于南水北调干渠右岸的27号分水口门向位于干渠左岸的拟建府城水厂供水，利用已建管线进入拟建泵站。具体路由：加压泵站→焦武路→白马门河→南水北调白马门河倒虹吸→新庄村→丰收路→人民路→府城水厂，线路总长3.34km，输水线路新增加压泵站、减少末端调流阀室。预算设计变更工程总投资7354.37万元，其中工程投资5802.86万元、征迁投资1551.51万元。

【变更项目审查审批】

2017年5月26日，焦作市住房与城乡建设管理局《关于焦作市南水北调府城水厂位置调整的函》，明确府城水厂最终选址调整。7月31日，焦作市南水北调办以"焦调办〔2017〕98号"文请示南水北调受水区焦作市配套工程27号输水线路调整规划；8月28日，省南水北调办《关于河南省南水北调受

水区焦作供水配套工程27号输水线路调整有关问题的回复》，同意27号输水线路调整。

10月16日，焦作市南水北调建管局《关于对南水北调配套工程27号口门供水工程跨越邻接南水北调中线干线工程专题设计及安全影响评价报告进行批复的请示》，申请对27号口门供水工程设计变更线路跨越邻接南水北调干线工程进行专项审查；11月15日，中线建管局印发"河南省南水北调受水区焦作配套工程27号分水口门供水工程跨越邻接南水北调中线干线焦作1段工程专题设计及安全影响评价报告审查会纪要"。

【合同管理】

焦作配套工程签订各类合同共40余份。其中工程施工、监理、设备制造单位均通过公开招标方式确定合同单位，穿越铁路、外供电力线路工程按上级要求均与权属单位签订委托建设合同，水保、环保监测、安全评估、工程检测等技术服务采用委托方式与符合资格条件的单位签订委托合同。确定的参建单位均符合国家招标投标法律法规的规定。合同订立后，省市建管单位设置专门科室，负责对合同执行情况进行跟踪检查，合同履行全过程处于受控状。合同履行过程中，加强原始资料的收集整理工作，建立完整的合同档案。

2017年合同管理内容主要为施工、采购、监理合同，先期开工建设的25号温县输水线路、26号武陟输水线路、28号修武与苏蔺输水线路工程参建单位，完成合同项目完成验收工作。2017年开展合同结算、工程交接、资料归档等工作。26号博爱输水线路线路工程合同处于正在履行阶段。

【现地管理房建设】

焦作供水配套工程有4条输水线路9个现地管理房的建设任务，2016年底完成的7个现地管理房投入运行。2017年底，完成26号分水口门博爱输水线路首端泵站与末端现地管理站建设工作，其中泵站建设面积995m²、现地管理站建筑面积94m²。

【管理处所建设】

2017年3月，焦作市完成调度中心、武陟管理所招投标工作，确定招标公司和抽调专家，在省南水北调办监督处监督下，在新郑完成评标工作，确定中标单位。4月拟定施工合同，5月正式签订合同，武陟管理所5月12日开工建设。6月完成市生产调度中心"一书四证"，在焦作市城乡一体化示范区质量监督部门完成质量安全备案，取得施工许可证，市调度中心7月20日开工，工程施工完成质量安全控制，按规范要求施工，落实焦作市"六个百分之百"和"两个禁止"的要求，加强现场环境扬尘治理，分部分项工程验收合格，武陟管理所12月完工并通过初步验收，调度中心实现主体结构封顶。修武、温县、博爱管理所完成图纸设计和预算，12月12日完成图纸审查工作。

【灵泉湖调蓄工程】

2017年，焦作市水利局在焦作市水系工程规划中，初步规划南水北调焦作灵泉湖调蓄工程。灵泉湖调蓄工程位于南水北调中线工程（干渠桩号524+205）右岸200m处的大沙河南北两岸，距离焦作市西南3km处。工程区南邻104省道，北接晋新高速，东至城市快速路焦武路，占地面积7250亩，平均水深17m，总库容8060万m³。灵泉湖调蓄工程利用河南省南水北调受水区27号府城分水口门输水管线供水。灵泉湖调蓄工程投资42.60亿元。其中，输水管线0.4亿元，灵泉湖工程投资30.50亿元，泵站及引输水管线0.65亿元，幸福河改道0.25亿元，占地投资10.8亿元。

【水厂建设】

2017年，焦作市南水北调配套水厂建设5个水厂建设。

武陟南水北调水厂　26号分水口门武陟输水线路于2015年底通水，2017年配套建设水厂厂区办公、检测、绿化全部到位，水厂供水管网全部改造完成，满足水厂设计供水功能。

温县南水北调水厂 25号分水口门温县输水线路向温县城区供水，温县南水北调水厂位于县城东部，于2016年开工建设，2017年12月底完成通水运行工作。

博爱南水北调水厂 26号分水口门博爱输水线路向博爱县城供水，博爱南水北调水厂于2016年底开工建设，截至2017年底，水厂建设基本完成，具备通水运行条件。

苏蔺南水北调水厂 28号分水口门苏蔺输水线路向焦作市区供水，焦作市南水北调苏蔺水厂于2016年底开工建设，2017年水厂建设基本完成。

府城南水北调水厂 27号分水口门府城输水线路向焦作市区供水，焦作市南水北调府城水厂于2017年8月完成征地工作，水厂建设正在进行。府城水厂南水北调输水线路变更设计工作经省南水北调办批复，输水线路变更项目招标工作正在进行。

【工程验收】

焦作供水配套工程工程划分为2个设计单元工程，27个合同项目，11个单位工程，92个分部工程。截至2017年底共完成87个分部工程验收、8个单位工程及其合同项目完成验收。

2017年，开展南水北调焦作配套工程档案预验收，组织工程监理、施工、采购、设计等单位编录、收集工程档案资料，严格工程竣工图的绘制与审核，确保竣工图反映工程完成实际。开展工程档案的自验自查工作，8月通过省南水北调主管部门组织的档案预验收工作。组织开展分部工程验收，南水北调配套工程博爱输水线路共划分为11个分部工程，12月底全部通过由河南省水利质量监督站列席的分部工程验收。

【审计与整改】

2017年3～7月，省南水北调办组织审计部门对焦作市南水北调配套工程建设开展内容审计工作。7月，审计部门提出焦作市南水北调配套工程审计意见，对工程建设过程的招标、投标、合同签订、工程进度款结算、现场管理机构人员、工程变更、工程计量、质量管理等提出审计报告。按照审计意见，焦作市南水北调办成立整改工作小组，建立整改台账，落实整改责任，开展整改工作。10月向省南水北调办提交审计问题整改报告，完成审计整改工作。

（董保军）

新乡市配套工程建设

【概述】

2017年，新乡市南水北调受水区供水配套工程加快推进管理处所等尾工建设，加快推进合同变更处理及各类验收工作，完成调蓄池建设。同时以扩大南水北调用水量、实现南水北调水新乡全域覆盖为目标，启动"四县一区"配套工程前期工作并取得阶段性成果。

按照年初政府工作报告的要求，市县成立组织制定台账开展相关工作。截至2017年底，南线项目（原阳县、平原示范区）管线布置方案确定，项目建议书于12月8日经市发展改革委批复，项目可行性研究报告编制完成正在组织评审；东线（延津县、封丘县、长垣县）工程委托勘察设计单位进行前期管线布置方案论证工作。项目投资模式和实施主体于12月6日第83次政府常务会研究确定。与市水利局、发展改革委、大东区、有关县市区多次召开论证研讨会，确定南水北调供配水规划，并经市政府同意。工程前期工作取得阶段性成果。

【合同管理】

新乡市南水北调办成立合同管理工作领

导小组并制定合同管理办法，重新梳理新乡市配套工程合同变更台账。就合同变更处理有关问题多次向省南水北调办和市政府进行专题汇报，2017年10月、12月分别组织参建单位封闭集中处理合同变更和工程量审核，加大合同变更处理力度，确保各方利益。截至2017年底对配套工程166项合同变更全部进行初审，组织专家审查待修改批复合同变更120项，已批复合同变更45项，已批复变更共增加投资7388.81万元，审减投资约1144.03万元。

【管理处所建设】

2017年，辉县管理所建成，卫辉管理所、获嘉管理所进行施工图设计，待省南水北调办批复后启动招标程序；市区管理处、所征地正在进行。

【调蓄工程】

新乡市南水北调办强化服务，配合新乡县政府优化环境，加强协调配合，为项目实施创造良好环境。截至2017年底，调蓄池、沉砂池、桥梁主体工程完工。输水管线和泵房正在施工，完成管线开挖12km，管道埋设11.5km。

【水厂建设】

加快推动辉县市、新乡县、凤泉区受水水厂承接南水北调水。新乡县配套调蓄工程在全省率先建成，受水水厂于2017年9月28日正式通水，辉县市水厂具备接水能力，凤泉区水厂正在建设。

【征迁安置验收】

按照《河南省南水北调受水区供水配套工程建设征迁安置验收实施细则》规定的验收内容、程序及方法，2017年10月20日，辉县市完成县级自验试点工作，并形成《河南省南水北调受水区供水配套工程新乡单元工程辉县市征迁安置县级自验意见书》，辉县市县级自验评定等级为合格。对调蓄工程输水管线工程征迁资金缺口问题，协调新乡县调蓄办公室、卫滨区调蓄办公室、河南省水利设计公司对输水管线工程征迁安置工作重新进行实物调查，编制并审查《新乡市南水北调调蓄池工程输水管线工程（一期）征迁安置实施规划报告》。

【工程验收】

新乡市配套工程共有21个单位工程，129个分部工程，截至2017年底，分部工程验收合格102个，单位工程验收完成2个，剩余分部工程17个通信管道已并入自动化验收单元。

【审计与整改】

新乡市南水北调办推进配套工程资金审计工作，加强审计整改，召开专题会议、到县区现场办公、开展督促检查，逐条落实整改意见，2017年12月底基本整改到位。

（吴　燕）

濮阳市配套工程建设

【概述】

濮阳市南水北水调供水配套工程从南水北调中线干渠35号口门分水，全部实行地埋PCCP管道输水，输水主管线总长80.2km，设计流量6m³/s，年分配水量1.19亿m³，濮阳市境内配套工程输水管线长43km。2017年5月1日，清丰县南水北调供水配套工程开始向清丰县水厂供水；西水坡支线延长段工程9月底如期完工，11月1日正式向市第二水厂供水；投资5.2亿元的南乐县南水北调配套工程及水厂建设正在推进；濮阳县南水北调配套工程及水厂建设接近尾声。

【工程建设】

濮阳市南水北调西水坡支线延长段建设 省南水北调建管局《关于对濮阳供水配套工程35号口门供水管线西水坡支线延长段变

更设计报告的批复》（豫调建投〔2016〕154号文），对西水坡支线线路进行延长。在原濮阳南蓄水池支线末端（调节阀后）设置分水支管，延伸输水线路，与现有濮阳市第二水厂和濮阳县水厂管道对接。延长段采用PCCP管道，管径DN1600，线路长1.43km，共有各类建筑物26座，其中阀井13座，镇墩10座，调节水塔1座，管理房2座。工程于2017年4月开工建设，9月底完成工程建设任务，11月1日开始向濮阳市第二水厂供水。

清丰县南水北调配套工程建设 濮阳市南水北调清丰支线起点位于濮阳市绿城路，途径濮阳市示范区、开发区、清丰县，3个县区5个乡镇至清丰县南水北调中州水厂，全部实行地埋DN1600PCCP管道输水，设计流量1.33m³/s，输水线路长18.5km。工程于2016年4月开工，2017年5月1日完工通水。

清丰县南水北调管理所建设 南水北调清丰县管理所选址在清丰中州水厂东南角，占地7.13亩，包括业务楼、调流阀室、流量阀井。管理所主要功能满足本辖区配套工程运行监控、工程安全管理、工程巡视、设备维护维修、各种信息采集、存储，及时将各种信息整理转发上一级管理机构。截至2017年底，管理所施工图设计、施工图审查、预算审批、工程招投标、土地证办理完成，施工许可证正在办理。

南乐县南水北调配套工程建设 南乐县政府采取PPP模式建设的南水北调集中供水项目。从南水北调清丰县输水管线上开口取水，输水管线长30km，通过提水泵站向南乐县第三水厂供水。工程于2017年5月5日开工建设。

濮阳县南水北调供水配套工程建设 工程通过南水北调西水坡延长段末端分水口向濮阳县水厂供水，设计日供水能力2.5万t。水厂及输水管道由濮阳县政府采取ppp模式建设，投资方为华电水务控股有限公司。2017年水厂土建工程完工，设备安装接近尾声，

水厂至西水坡延长段末端2km的输水管线正在安装施工。

【合同验收】
2017年12月5～6日，濮阳市南水北调配套工程建管局组织进行单位工程暨合同项目完成验收会议。验收工作组同意施工1、2、4、5标通过单位工程验收。同意施工1、2、3、4、5标合同项目完成验收。濮阳市南水北调配套工程共5个合同项目工程，划分为5个单位工程，37个分部工程，2017年全部完成合同验收。

【合同变更】
濮阳市南水北调办制定工程变更索赔项目实施方案，制定工作计划和工作台账，实施节点制和销号制，学习变更索赔管理办法。2013年12月开始集中处理合同变更索赔项目，每月召开合同变更工作专题会议，形成会议纪要，每季度组织专家集中评审项目，规定变更文本的目录和内容，规范组卷的样本和格式。截至2017年12月31日，共完成批复变更13个。

【环境保护】
濮阳市南水北调办按照省市关于大气污染防治工作的相关要求，加大对西水坡支线延长段工程和清丰县供水配套工程施工现场的管理。成立环境污染防治攻坚领导小组，明确一名副主任具体负责大气污染防治工作，每天派专人到施工现场检查防尘措施落实情况，对不按要求落实防尘措施的一律停工整改，确保施工现场防尘措施达到"六个百分之百"要求。

濮阳市南水北调办开展水污染防护工作，协调推进水源保护区标识标志牌建设。加强南水北调干渠突发水污染事件的预防，制定完善突发水污染事件应急预案，建立健全水污染联防应急处置力度。提高巡线频次，加大巡线区配套工程保护和水源保护宣传。

【征迁安置验收】
成立征迁安置验收工作领导组和办公

室，办公室设农村与企事业单位组、专业项目组、计划与资金管理组、档案整理组的专项小组。对征迁安置验收工作完成时间节点提出具体要求，相关县区按照要求成立县级自验委员会。2017年，召开征迁验收工作促进会，濮阳县具备验收条件，开发区正在推进。按照省南水北调办要求12月启动征迁资金梳理工作。

（王道明）

鹤壁市配套工程建设

【概述】

鹤壁市南水北调配套工程涉及浚县、淇县、淇滨区、开发区4个县（区）、12个乡（镇、办事处）、43个行政村，输水管线全长60.64km，共分34号、35号、36号三座分水口门，向6个供水目标供水。南水北调中线工程干渠通过鹤壁段34号袁庄口门、35号新乡屯口门、36号刘庄口门向鹤壁市淇县、浚县、鹤壁新区、淇滨区供水。同时35号分水口门向滑县、濮阳市受水区供水。鹤壁市分配水量多年平均1.64亿 m^3，其中市区6940万 m^3，淇滨区1500万 m^3，淇县4600万 m^3，浚县3360万 m^3。工程建设用地4725.41亩，其中永久用地93.75亩，临时用地4631.66亩。影响居民20户，涉及农副业、工商企业30家，工业企业7家，单位4家，拆迁房屋12385.03 m^2，影响各类专业项目597条（处）。工程概算总投资11.80亿元。鹤壁市南水北调建管局受省南水北调建管局委托，承担委托项目在初步设计批复后建设实施阶段全过程的建设管理。

截至2017年12月31日，鹤壁市配套工程规划6座水厂投入使用5座，34、35、36号三条输水线路累计向鹤壁市水厂供水8432万 m^3，向淇河生态补水1500万 m^3。工作成效得到省南水北调办和市委市政府的充分肯定。

【招标投标】

配套工程泵站代运行管理招投标 根据《河南省南水北调配套工程招标投标管理规定（修订）》《河南省南水北调受水区供水配套工程泵站代运行管理办法（试行）》有关规定，鹤壁市南水北调办2017年8月开始新一批配套工程泵站代运行项目招标工作。编制《鹤壁市南水北调配套工程泵站代运行项目分标方案》《鹤壁市南水北调配套工程泵站代运行项目招标文件》上报省南水北调办审查。10月11日批复。根据省南水北调办批复要求，鹤壁市南水北调办委托河南省河川工程监理有限公司对鹤壁市南水北调配套工程泵站代运行项目进行招标代理工作。10月26日发布招标公告，10月26～30日进行标书发售，11月20日完成开标和评标。招标结果确定广东省电信工程有限公司为中标人，11月27日向中标人发出中标通知书，12月19日，鹤壁市南水北调办与广东省电信工程有限公司进行合同谈判并签订《鹤壁市南水北调配套工程泵站代运行项目服务合同》，完成鹤壁市南水北调配套工程泵站代运行项目招标工作。组织完成相关单位对泵站代运行管理工作的交接工作，广东省电信工程有限公司工作人员进驻配套工程34号口门铁西水厂泵站和36号口门第三水厂泵站开展代运行管理工作。

配套工程管理机构项目招投标 鹤壁供水配套工程管理机构建设包括黄河北维护中心合建项目（包括黄河北维护中心、鹤壁管理处、鹤壁市区管理所）、黄河北物资仓储中心、浚县管理处、淇县管理处四个项目。按照招投标有关规定配套工程管理机构项目需进行招标。根据河南省南水北调建管局《关于河南省南水北调受水区供水配套工程管理机构建设鹤壁市项目分标方案的批复》，鹤壁市项目划分为4个施工标、2个监理标。

5月3日，省南水北调建管局、鹤壁市南水北调建管局召开招标文件审查会。11日，在《中国采购与招标网》《河南省公共资源交易中心网》《河南省南水北调网》《河南招标采购综合网》同步发布招标公告。5月11~17日，进行标书发售，5月31日，在河南省公共资源交易中心进行开标评标。评标委员会推荐的第一中标候选人分别为：施工1标河南水建集团有限公司，施工2标河南省瑞华建筑工程有限公司，施工3标河南宏盛建筑有限公司，施工4标河南宏岳建设有限公司，监理1标河南省光大建设管理有限公司，监理2标河南省育兴建设工程管理有限公司。6月2~4日进行3天公示。6月12日，向中标人发出中标通知书，6月30日与中标人进行合同谈判，7月12日、7月14日签订施工和监理合同。鹤壁供水配套工程管理机构项目建设招投标工作完成。

【设计与合同变更】

工程设计及合同变更审批，按照承包单位申报、监理单位审查、项目建管单位审批的程序，集体研究，严格控制。制定合同变更索赔半月工作上报例会制度，加快合同变更索赔处理进度。2017年召开6次合同变更索赔工作例会，对合同变更索赔存在的问题及时处理，对处理进度进行5次例会通报。2月21日、6月13日、12月21日分别召开三次合同变更联合审查会，共出具合同变更专家审查意见63个。

鹤壁市南水北调配套工程共有设计变更5个，合同变更253个，截至2017年12月31日，完成设计变更批复5个、合同变更批复233个，其中2017年合同变更批复162个，完成2017年合同变更批复工作任务。未批复合同变更20个，其中100万元以上16个（批复权限为省南水北调建管局），100万元以下4个。

【资金筹措与使用管理】

截至2017年12月底，省南水北调建管局累计拨入建设资金6.28亿元，累计支付在建工程款6.30亿元。其中：建筑安装工程款5.36亿元，设备投资5583.45万元，待摊投资3786.49万元，工程建设账面资金余额2456.30万元，余额主要是省南水北调建管局预下拨的建设工程款。截至2017年12月底，累计收到省南水北调建管局拨入征迁资金2.85亿元，累计拨出移民征迁资金2.24亿元，其中征地移民资金支出3508.97万元，征地移民账面资金余额2646.20万元，余额是税费和部分边角地征迁资金。鹤壁市南水北调办建立健全资金管理使用制度和监督体系，严格审批程序，专户存储、专款专用，配备专职会计，会计人员持证上岗，合理编制资金使用计划，健全资金拨付、日常财务收支、往来款项事项审批制度，提高资金使用效率，加强资金监督和审计工作，按照省南水北调建管局统一安排对配套工程建设及征迁资金使用管理进行内部审计，对发现的问题及时梳理，逐一整改落实，提高资金管理水平。

【合同管理】

2017年，完成河南省南水北调配套工程2016-2017年度供水协议；房屋建筑和市政基础设施工程施工图设计文件审查咨询合同（维护中心）；房屋建筑和市政基础设施工程施工图设计文件审查咨询合同（仓储中心）；鹤壁市供水配套工程黄河北维护中心、鹤壁市管理处、鹤壁市区管理所合建项目防雷装置检测技术服务协议；鹤壁供水配套工程管理机构项目建设招标代理委托合同；鹤壁供水配套工程管理机构建设施工1、2、3、4标建设工程施工合同，监理1、2标监理合同；工程防洪影响处理工程35号输水管线项目建设监管协议书；鹤壁市淇滨区刘庄中心社区（大白线~盖族沟）中水管线穿越配套工程36号金山供水管线（JS1+062.18）项目建设监管协议书；配套工程泵站运行维护管理项目补充合同；鹤壁市供水配套工程泵站代运行项目服务合同等15个合同（协议）签订工作。

【管理处所和维护仓储中心建设】

鹤壁市南水北调建管局承担鹤壁供水配套工程管理机构项目建设任务。截至2017年12月31日，鹤壁市管理处、鹤壁市区管理所、淇县管理所、浚县管理所、黄河北维护中心、黄河北物资仓储中心所有标段进场施工，施工现场环境污染防治工作按相关规定要求监管全部到位。

鹤壁市管理处、鹤壁市区管理所、黄河北维护中心合建项目（施工1标）：现场建筑物拆除、水电接入现场、围挡和临建搭设完成、主要施工道路硬化、门卫房主体完成。浚县管理所（施工2标）：围挡搭建完成、喷淋设施安装完成、主要施工道路硬化、主体基槽垫层浇筑完成。黄河北物资仓储中心（施工3标）：围挡搭建完成、喷淋设施安装完成、临建搭设完成、主要施工道路硬化、基础浇筑混凝土完成、一层顶板混凝土浇筑完成。淇县管理所（施工4标）：围挡搭建完成、喷淋设施安装完成、临建搭设完成、主要施工道路硬化、主体基础梁与圈梁工作完成。

（姚林海　刘贯坤）

【调蓄工程】

南水北调干渠刘寨调蓄工程 刘寨调蓄工程是南水北调中线供水调蓄工程之一。工程规划选址位于鹤壁市京港澳高速东侧，淇河北岸，干渠右岸，距干渠7.5km。工程主要包括引提水工程及调蓄工程两部分。根据工程初步规划，调蓄水库设计水位75.00m，设计库底高程60.00m，总库容5080万m³，连通工程在南水北调干渠桩号Ⅳ162+200处设分水口分水，采用管道自流输水入调蓄工程，在干渠需要调水时加压提水入干渠，初拟管道直径1.4m，输水线路长8.5km，新建提水泵站1座，泵站最大扬程33m。工程位于鹤壁市城乡一体化示范区，永久占地5320亩。

南水北调干渠盘石头水库连通工程 根据《河南省南水北调"十三五"规划》《河南省水利发展"十三五"规划》，为保证南水北调供水安全，南水北调中线工程计划在沿线修建7座水库的连通工程，盘石头为其中之一。盘石头水库位于南水北调干渠左岸，坝址距干渠30km。

南水北调干渠向盘石头水库充库方案：在干渠左岸设提排泵站，输水管线沿淇河河道方向向西铺设至盘石头水库库区，经水库旁侧的入库建筑物入库，输水距离25km。提水泵站提水流量19m³/s，扬程160m。分三级提水，每站装机4台，单机容量3550kW，每站装机14200kW，总装机42600kW。盘石头水库向干渠充渠方案：由水库输水洞向水库下游放水，通过淇河河道，经泵站提水后进入干渠。充渠线路总长35km，设计流量20m³/s。泵站取水起点为距淇河倒虹吸轴线上游2.5km处的淇河岸边，线路终点为淇河渠倒虹下游渠道处，线路长2km。在距淇河渠倒虹上游1km处淇河河道内设橡胶坝。提水泵站提水流量20m³/s，扬程3m，输水距离2km，提水泵站单机容量2520kW。

刘寨调蓄工程2016年3月完成规划方案编制和规划阶段地质勘察工作。刘寨调蓄工程列入《河南省水资源综合利用规划》，2016年9月30日，省政府对《河南省水资源综合利用规划》批复。经省政府同意，2016年12月6日，省水利厅和省发展改革委联合印发《河南省水利发展"十三五"规划》，刘寨等6座南水北调调蓄工程、盘石头等7座水库连通工程列入《河南省水利发展"十三五"规划》重点项目。

【征迁遗留问题处理】

鹤壁市南水北调配套工程临时用地复垦返还全部完成，遗留问题主要涉及工程建成后涉农问题，安排专人负责，建立台账，逐步销号，2017年基本处理完毕。

【征迁安置验收】

按照省南水北调办安排部署，制定征迁

验收方案，推进征迁安置验收工作。组织召开征迁验收工作推进会议，听取各县区征迁安置验收进展情况和存在的问题，各县区开展资金核销、手续办理、档案整理等相关工作。建立台账督办制度，每周五统计完成进展情况和累计完成情况。对配套工程征迁安置验收资金梳理工作进行安排部署。各县区进一步梳理征迁资金使用情况，安排专人负责，一周一通报，每月上报遗留问题并建立台账，逐步销号。配合国土部门对鹤壁市境内配套工程永久用地进行勘测定界，2017年，现场勘测工作完成，国土部门进行完善勘测定界的成果报告。

【工程验收】

按照《河南省南水北调配套工程验收工作导则》《关于做好河南省南水北调配套工程验收工作的通知》要求，鹤壁市成立配套工程验收领导小组推进配套工程验收工作。监理单位根据所管标段实际情况制定验收方案，督促指导各施工单位准备工程资料，上报验收计划，审核、督导、落实验收计划。

截至2017年12月31日，鹤壁市配套工程单元工程累计完成5922个，占单元工程验收总数的99.4%；分部工程验收123个，占分部工程总数的95.1%；单位工程验收14个，占单位工程总数的42.9%；合同项目完成验收12个，占合同项目总数的41.7%；泵站机组启动验收共3个，占总数的66.6%；泵站机组试运行验收3个，占总数的66.6%；单项工程通水验收8个，占总数的87.5%。

鹤壁供水配套工程机组启动验收、通水验收完成2017年度目标任务。4月20日，完成鹤壁供水配套工程36号分水口门第三水厂泵站机组启动及第三水厂供水工程通水验收。7月7日，完成鹤壁供水配套工程34分水口门铁西水厂泵站机组启动及供水工程通水验收、35号分水口门浚县支线供水工程通水验收。

【审计与整改】

受省南水北调建管局委托，河南省精诚联合会计师事务所对鹤壁市南水北调中线工程建设管理局2012年11月1～2016年6月30日配套工程建设和征迁安置专项资金的使用及管理情况进行审计。根据审计提出的问题，鹤壁市南水北调建管局开始对内部审计提出问题整改落实。研读内部审计报告，对发现的问题逐项再梳理再查找，查清问题发生的原因，建立整改落实台账和问题整改销号制度。截至2017年10月30日，将审计问题整改完毕，并将鹤壁市审计整改情况上报省南水北调建管局。

（石洁羽　郭雪婷）

安 阳 市 配 套 工 程 建 设

【概述】

南水北调中线工程在安阳市共设置3个分水口门，4条输水管道，输水管线总长120km，线路途经滑县、内黄、汤阴、文峰区、北关区、殷都区、龙安区、高新区和安阳新区9个县区，27个乡镇办事处，123个行政村。分别向安阳市区、汤阴县、内黄县、滑县和濮阳市供水。

安阳市南水北调配套工程分为安阳和濮阳2个设计单元，共涉及35、37、38和39号4条供水线路，总长120km，批复总概算162080.45万元，其中工程投资概算102929.63万元、水保工程投资概算622.19万元、环保工程投资概算258.01万元、建设期融资利息概算2180.97万元、征迁资金概算56089.65万元。共划分为17个单位工程，157个分部工程。

【工程建设】

2017年，滑县新增三通工程、小营现地

管理房及穿越高铁下游工程连接工程全部完工。加快推进配套工程自动化建设进度、流量计安装、外部供电建设进度。配套工程内黄水厂、38号线进水池和39号线进水池、末端4处现地管理房完成外部供电。截至12月底，安阳市配套120km管线建设任务，除38号管线六水厂末端外，其他管线贯通具备通水条件。2017年协调设计、监理、施工及相关县区和部门，先后完成三个县区管理所的招投标和施工建设任务。加快安阳市管理处、所办公设施的工程建设进度，多次与市规划局沟通研究项目具体选址。组织市规划设计院编制完成安阳市管理处、所办公设施选址论证报告，并经规委会审查通过后，委托市规划设计院编制完成用地性质调整报告和控制性规划报告，并获市政府批复，正在办理控制性规划手续，待市政府批准后办理用地手续，开工建设。截至12月底，滑县管理所、内黄管理所全部完工，汤阴县管理所主体框架完工。

【资金使用管理】

截至2017年12月底，安阳市配套工程共完成建安投资69174.80万元，设备投资4605.54万元，待摊投资8916.84万元。安阳市南水北调建管局下达征迁投资42012.28万元。配套工程共完成投资124709.46万元，其中工程完成投资82697.18万元，征迁完成投资42012.28万元。

【设计变更】

完成38号供水管线末端的设计变更工作 根据施工单位提出的现地管理房调整要求，协调设计单位开展变更。在线路末端出现大棚问题、水务公司提出接水点变化后，协调勘测单位对地面现状附属物进行补测，按时完成线路调整设计。

开展管理所设计变更工作 对配套工程内黄管理所占地面积进行调整，专门向省南水北调办请示，批复后向内黄南水北调办转发。对滑县、内黄、汤阴管理所围墙、大门

等设计漏项问题向省南水北调办汇报，并以正式文件上报，研究解决办法。

完成39号口门供水管线增设第四水厂分水口设计 根据市政府要求，安阳市拟将市第七水厂30万m³/r南水北调水量指标调配10万m³/r至市第四水厂。9月6日请示，省南水北调建管局回复同意在39号口门供水管线上增设向第四水厂供水分水口。

【建设项目审查审批】

市光明路工程穿越及邻接配套工程38号口门线路段工程，以《专题设计报告》《安全影响评价报告》报省南水北调建管局，10月25日审查。汤阴县夏都大道（新纵三路至文王路）穿越37号配套工程管线、新横三路（光华路至金华路）道路新建工程穿越37号配套工程管线项目，经初审将《专题设计报告》《安全影响评价报告》上报省南水北调建管局审查。

完成汤阴、内黄管理所施工图设计和审查工作。会同省南水北调建管局对内黄、汤阴管理所施工图设计及预算进行审查，并将施工图报住建部门审查，设计勘测单位对地质勘测报告和施工图纸进行补充完善，领取施工图合格证，对施工图预算进行批复，指导汤阴县完成"一书两证"的办理。

【合同管理】

安阳市南水北调配套工程合同变更共301项，变更数量位居全省前列。2017年组织召开专家审查会18次，完成合同变更审查175项，占全部合同变更的58%；完成合同变更审批156项，占全部合同变更的52%。累计完成合同变更审查290项，占全部合同变更的96%，完成合同变更审批271项，占全部合同变更的90%。累计审核工程款1200万元。2017年，组织开展滑县、内黄和汤阴管理所监理和施工的招标，报省南水北调办进行公示。

【管理处所建设】

根据省发改委批复的《河南省南水北调

受水区安阳供水配套工程初步设计报告》，安阳市设立南水北调配套工程管理处，在市区、汤阴县、内黄县、滑县设立4个管理所。

安阳市管理处安阳市管理所 安阳市管理处、安阳市管理所合建，规划占地15亩，建筑面积5460m²，最初规划选址文峰大道南侧，光明路东侧，已经规委会研究同意，后因规划调整此处新建安阳迎宾公园，安阳市管理用房重新进行选址。经市南水北调办协调，市政府同意，项目重新选址市区东关街与生态廊道路交叉口西南角，占地15亩，建筑面积5425.24m²。2017年10月20日，市规划局出具选址意见，10月26日，市政府对项目用地性质调整进行批复，11月28日，市政府对控规进行批复，12月20日，市规划局办理建设用地规划许可证。

滑县管理所 项目位于滑县漓江路南侧、县第三水厂西侧，占地5亩，设计建筑面积1218m²，合同投资180.9万元已建成。

汤阴管理所 项目位于汤阴县县城人和大道与城七路交叉口南，占地5.07亩，设计建筑面积1218m²，合同投资187.09万元，2017年主体工程建成。

内黄管理所 项目位于内黄县县城朝阳路与帝喾路交叉口东北100m，占地3.47亩，设计建筑面积1214.8m²，合同投资182.6万元已建成。

现地管理房建设 截至2017年12月底，安阳市现地管理房除38号线末端外一处，其余全部完工具备使用条件。

【水厂建设】

南水北调配套工程在安阳向7座水厂供水，年分配水量3.34亿m³，其中市区22080万m³，安钢水厂1440万m³，内黄3000万m³，汤阴1800万m³，滑县5080万m³。

2017年，37号线汤阴一水厂、内黄县第四水厂和从38号分水口门引水的市区新增第八水厂通水运行。汤阴一水厂向汤阴县城区供水，为改扩建水厂，是将原供水能力1.2万t/d的地下水厂改扩建为接用南水北调水的地表水厂，设计供水规模为2万t/d，2017年实际日供水量2万余t，受益人口达10万人；内黄县第四水厂为新建水厂，设计供水规模为8.3万t/d，供水能力4万t/d的一期工程于2017年8月建成通水，向内黄县城区及周边部分村庄供水，2017年实际日供水量3万t，受益人口达12万人；市区新增第八水厂向安阳市产业集聚区（马投涧）、安汤新城、高新区及安阳东区用水，并可辐射至老城区，设计供水规模近期为10万t/d，远期为20万t/d，2017年实际日供水量9万～10万t，受益人口达100万人。

2017年在建水厂3座，37号线输水的汤阴县二水厂设计日供水量为3.0万t/d，38号线输水的市区第六水厂和安钢冷轧水厂设计日供水量分别为30万t/d、4.0万t/d。39号线输水的市区第七水厂（设计供水量30万t/d）为规划水厂，位置尚未确定。安阳南水北调配套工程通水运行以来整体运行平稳。

【征迁遗留问题处理】

2017年征迁遗留问题主要是配套工程六水厂末端征地拆迁。安阳市第六水厂位于安阳市城乡一体化示范区，根据《城乡一体化示范区总体发展规划（2013—2030）》相关部门对南水北调配套工程初步设计阶段的第六水厂位置进行调整，第六水厂的供水管线接入点相应调整。安阳市南水北调建管局于2015年4月2日以安调建〔2015〕25号文件请求对线路进行相应调整，并完善变更设计报告。2016年9月29日，省南水北调建管局以豫调建投〔2016〕125号文件对38号线末端变更进行批复。2017年11月6日，安阳市第六水厂筹建处因安阳市一体化示范区对安阳市第六水厂规划审批的要求，再次发函请求对南水北调原水管线与六水厂进水总井管线接口处位置进行调整。安阳市南水北调建管局于12月4日向黄河勘测规划设计有限公司发函请求对接位置线路调整，12月8日收到线路调整施工图通知。38号线末端变更设计后线路长420m，工程建设用地45亩，其中永久用地2亩、临时用地43亩。2017年底征迁工作开始进行。

【工程与征迁安置验收】

安阳市南水北调配套工程包括2个设计单元，16个合同项目，划分为17个单位工程，157个分部工程。2017年1月19日、4月25～27日、8月2～4日、12月25～26日分四批完成施工3标6个、9标3个、13标1个共10个分部工程验收；施工3标、11标、设计变更共3个单位工程验收；施工1、2、3、4、5、6、7、8、11、12、13标，濮阳施工7、8、9标共14个合同项目验收。截至2017年底，共完成153个分部工程验收，占总数的97.5%；15个单位工程验收，占总数的88.2%；14个合同项目完成验收，占总数的87.5%。

南水北调干渠征迁安置验收涉及汤阴县、龙安区、殷都区、文峰区、高新区五个县区，配套工程征迁安置验收涉及滑县、内黄县、汤阴县、文峰区、高新区、龙安区、殷都区、北关区、示范区九个县区。根据省政府移民办的工作安排，成立安阳市南水北调工程市级征迁安置验收工作委员会。基础表格填报和资料准备工作基本完成，具备县级自验条件后，及时提交验收申请和工作大纲，报市南水北调办批复后，按《征迁安置项目验收实施细则》组织实施。

【审计与整改】

2017年4月17～20日，国务院南水北调办委托河南诚和会计师事务所对安阳市2016年度干渠征迁资金使用情况进行审计。根据审计组反馈意见，组织县区对照整改建议开展问题整改，整改材料按要求于5月5日前上报审计组。10月26日，通过国务院南水北调办组织的审计复核。春节前，省南水北调办委托河南精诚会计师事务所对安阳市南水北调配套工程开工以来建设和征迁资金使用情况进行审计。市南水北调办组织相关县区对问题进行审计整改，整改材料按要求于5月初上报审计组。8月8日，省南水北调办审计整改专家督导组要求10月31日前整改到位，安阳市按要求时限完成整改。6月21日，市水利局布置对市直水利系统内部审计工作。6月26～27日，市水利局委托河南同心会计师事务所对安阳市南水北调办2015年度、2016年度财务收支和预算执行情况进行审计。根据市审计局要求，按时完成银行账户清理审计资料上报和2016年度财政账套数据移交工作。

【外部供电建设】

管理处、所（市管理处、管理所合为一处）、现地管理房外部供电共18处，2017年完成10处，剩余8处，除安阳市管理处、37号线路首端、38号线路末端3处不具备条件外，其他5处正在加快推进。汤阴、内黄、滑县三个配套工程管理所、小营现地管理房4处报装完成并进行现场勘察，优创公司正在编制设计和预算；安钢冷轧厂现地房外部供电问题，市南水北调办与安钢沟通，同意从厂区内接电解决现地房供电。督促协调优创公司完成配套工程37号线内黄水厂处、38号线进水池处和39号线进水池、末端4处现地管理房的通电工作。组织专家对5处外部供电预算进行审查，优创公司根据专家提出的意见进行修改完善。

（任　辉　李志伟）

南水北调

玖 移民征迁

丹江口库区移民后扶

【南阳市移民后扶】

移民经济发展 2017年南阳市移民工作开展"移民创新发展年"活动,加快实施"强村富民战略",提高资金使用精准度,坚持实行"扶持资金项目化、项目资产集体化、集体收益全民化"。2017年下达投资8500多万元,批复项目133个。支持移民企业利用资本市场做大做强,新增7家移民企业在中原股权交易中心挂牌,累计达到8家,新培育5家。据统计,2017年全市共建成特色种养加基地263个,实施种植业、养殖业、加工业及服务业项目600多个,发展种养加大户近2000户。2017年,南水北调移民年可支配收入人均超过10000元,与当地群众收入差距逐渐缩小。

移民项目建设 2017年,新批复项目计划541个,完成投资2.08亿元。全年共实施后期扶持项目840个、总投资1.88亿元,完成南水北调移民生产发展项目16个、投资2000万元。淅川县九重镇国务院南水北调移民产业试点工作,总投资4000多万元的6个产业发展项目基本建成。开展项目资金专项清理整顿活动,共清理后扶项目1172个,清理资金6.9亿元。制定完善移民项目资金分配办法、直补资金发放办法,规范项目建设、管理和验收行为,移民项目的支撑作用得到强化。

移民脱贫攻坚 编制完成全市大中型水库贫困移民三年脱贫方案,规划总投资1.02亿元。精准识别贫困移民7224户12433人,2017年助力脱贫4123人。拨付移民直补资金1.92亿元,惠及移民30.39万人。依托市移民技术培训中心举办各类移民培训班6期706人,各县区全年培训移民超过10000人。把避险解困作为解决困难移民安居的重要途径,跟进实施4个批次总投资5.7亿元的试点项目,规划搬迁贫困移民1427人,其中部分移民已经搬迁入住,使贫困移民一次性脱离生存困境。开展定点扶贫工作,对淅川县大石桥乡郭家渠村贫困群众实施搬迁安置和精准扶持,倾斜移民后扶结余资金300多万元,建设香菇扶贫产业基地,带动78户329人脱贫退出。

(柳玉太)

【平顶山市移民后扶】

2017年,水利移民后期扶持直补资金及时足额发放。移民后扶直补资金由国家逐级下达,每人每年600元。2017年度全市纳入后扶直补的移民人数178065人,发放直补资金10683.9万元。水库移民后期扶持成效持续提升。2017年平顶山市共下达移民后期项目资金6701万元,市级配套50万元,根据各县市区移民人数及时进行分配下拨,并与市财政局联合审批后扶项目88项,共计投资2456万元。2017年平顶山市有贫困移民7244人。根据上级指导方案制订《平顶山市贫困移民脱贫攻坚工作实施方案》。实施金融"移民贷"试点,把后扶资金投入邮储银行,由银行放大5倍为移民提供贷款,解决移民融资"担保难、贷款难"问题,探索出帮扶移民融资发展的新模式,推广到鲁山、叶县、舞钢、宝丰、郏县5个试点县25个移民村,共计投入"移民贷"担保资金1020万元。探索移民村资金互助社机制。以叶县贫困移民村常村镇罗圈湾村为试点,在扶贫部门互助金基础上追加移民后扶资金20万元,为村内群众提供小额贷,收益用于村公益事业或纳入本金滚存发展,2017年,资金流转使用次数达30余次,回收率100%,促进养殖种植业转型发展,移民收入显著增加。推广到叶县18个移民村,共注入互助后扶资金489万元。发展移民村乡村旅游。联合旅游、扶贫等部门制订《平顶山市移民乡村旅游产业发展实施细则》,纳入省定的5个乡村旅游移民试点村初见成效，实现移民村集体有收益，村民在家门口就业增收的目标。6月1日，省政府移民办主任吕国范参加在舞钢市岗李村举行的全省移民乡村旅游试点村颁牌仪式。10月18日，郏县马湾南水北调移民村河南绿丰润盛农业发展公司在中原股权交易中心挂牌交易，宝丰县马川村源泉生态农业公司正在挂牌展示。批复叶县移民脱贫攻坚项目资金22万元，用于建档立卡贫困移民户适龄子女教育再救助和享受国家政策求助后仍有较大困难的医疗再补助；批复鲁山县100万元、宝丰县30万元、叶县15万元后扶资金，采取凭证凭票全额补贴的形式，对贫困移民进行汽车驾驶、维修、家政服务、电焊等技能培训，提高贫困移民劳动技能和就业能力。8月22日河南省强村富民现场会在平顶山市召开。发挥后扶项目及资金效用加快项目实施进度，与市财政局联合制订《关于进一步规范水库移民后期扶持资金使用及项目实施管理的意见（试行）》《关于规范大中型水库移民后期扶持产业发展项目申报和实施管理的意见（试行）》，推进放、管、服，下放基础设施项目审批权，加强项目实施指导和监管，严格程序，移民后扶项目申报审批和实施管理更加规范高效。

2017年，丹江口库区移民安置省级验收通过。按照省政府移民办总体要求和时间节点，全面完成市本级和舞钢、宝丰、鲁山、郏县县级自验的核实整改。市移民局档案室管理标准化规范化。规范整理文档资料，完成财务决算。11月10～13日，省验收组对平顶山市本级和4个安置县、6个移民点的移民房屋、基础及公益设施、资金档案管理、后期帮扶等进行初验，市、县、村全部通过省级验收。

南水北调移民发展通过市县近5年的帮扶，2017年移民生产稳定、安居乐业，人均收入、生活水平普遍达到或超过周边群众。2017年利用国家光伏发电扶持优惠政策，在

郏县马湾新村建成全省首个移民村光伏发电站项目，两处分别投资56.88万元、300万元，总装机容量44.16kW、280kW，均投入运行，年总收益45万元，其中村集体获益30万元，移民群众获益10万元。计划利用屋顶、大棚、生态走廊等实现光伏发电全覆盖，使村集体收入突破100万元。

（张伟伟）

【漯河市移民后扶】

2017年漯河市移民办围绕移民稳定与发展的目标，落实移民各项后扶政策，根据各村传统和实际情况，引导和指导移民种养加产业并举、项目建设与招商引资并重、村委集体经济与个人多种经营结合，形成6个村各具特色的生产发展态势，取得初步成效。2017年漯河市6个南水北调移民村基本形成"一村一品"。临颍县严湾村的香菇种植、周湾的小辣椒种植、罗山的葡萄种植、闫楼的养殖业，召陵区余营村的蔬菜大棚种植、郾城区申明铺的莲藕种植等产业快速发展，初步实现"能发展、快致富"的目标。

（安玉德）

【许昌市移民后扶】

许昌市共接收安置南水北调丹江口库区淅川县滔河乡、上集镇移民4209户16455人，分别安置在长葛市、襄城县和建安区12个乡（镇）的13个移民安置点。

对后扶工作进行科学规划，打造特色项目，提供资金保障。截至2017年，许昌市共下拨各县市区生产发展奖补资金、"强村富民"示范村奖补经费、移民村"强村富民"竞赛奖励资金、创新社会管理补助经费、重点村奖补资金和乡村旅游奖补资金共计4429万元，建成一批生产发展项目，初步产生效益，达到"一村一品"。2017年推进乡村旅游试点工作，4月省政府移民办将建安区椹涧乡朱山村确定为移民乡村旅游示范村。朱山村旅游发展项目建设正在推进。

（杨志华）

【郑州市移民后扶】

2017年集中实施推动移民村（包括南水北调移民村）"强村富民"及乡村旅游工作。实施移民村第三批奖补项目、强村富民项目、征地超支项目，增加集体和群众收入，扩大就业。加大对2014~2016年未完工移民产业发展项目的督导，批复2016年移民产业发展项目18个投资3688.6万元；初步筛选2017年移民产业发展项目18个总投资3320.75万元。完成移民村乡村旅游总体规划评审、批复及备案，推进旅游试点村1140万元扶持项目的审核、论证及建设实施，新郑市新蛮子营、翠谷移民创业园、中牟县金源社区、荥阳市李山等移民村乡村旅游初见成效。

全力推进移民后扶项目立项审批、方案评审、建设实施及验收移交。2017年，郑州市共下达2016年度第二批结余资金、库区基金及2017年度结余资金、小水库基金共计2184万元，项目通过第三方造价预算审核，共批复移民后扶项目50个。9月市移民局组织成立验收委员会对2015年度77个移民扶持项目进行市级验收，各县按验收组要求进行问题整改。

实施移民人口核定及直补资金发放、信息化建设等工作。2017年，全市共发放移民直补资金4200万元，完成全市8.3万人的移民信息及2008年以来移民后扶项目建设实施情况的录入工作。郑州市建立3个、新申报6个移民信息系统基站，对重点移民村村级管理及项目实施信息进行实时监控。

2017年年10月，国务院南水北调办宣传中心对郑州市移民村进行通水三周年采访。新郑市新蛮子营村葡萄采摘、郭店镇河南翠谷农业移民创业园休闲度假、荥阳市李山村丹江鱼宴、中牟县金源社区餐饮垂钓等移民品牌逐步形成。推介移民产品上"移民汇"平台，2017年省政府移民办推出"移民汇"网上销售平台，郑州市首批推介产品已经上报。

（刘素娟　罗志恒）

丹江口库区移民村管理

【南阳市移民村管理】

2017年继续开展移民民主法治村建设，发挥"三会两组织"作用，完善运行制度，基层党的组织保障和管理能力进一步加强。推进移民美丽乡村建设，提升移民幸福指数，2017年新增创建命名21个村，全市累计建成73个移民美丽乡村。跟进实施移民文明工程，2017年新创建命名市级文明移民村30个、文明移民户300户，累计达到87个村1100户。重点培育13个省市乡村旅游试点村，初步形成唐河县桐寨铺镇梁庄东村，卧龙区蒲山镇和顺园村等为主导的移民农游一体示范区。坚持开门接访、依法办访，2017年共接待移民来访59起145人次、电话访53件、电子邮件和微信访1635件、移民舆情专报5件。与2016年相比，移民来访次数下降39.8%，人数下降51.7%，达到南水北调移民搬迁以来最低值。对"十九大"期间维稳工作实行"零报告""日报告"，围绕"五不发生"开展工作，2017年省政府移民办交办的13个案件全部办结。

（柳玉太）

【漯河市移民村管理】

2017年，漯河市配齐配强移民村两委班子选准"一把手"，从强化干部教育培训、健全规章制度、严格办事程序、加强督导检查入手，解决6个村"有人办事，有钱办事，照章办事"的基础问题。全市6个移民村选举产生"民主议事会""民主监事会""民事协调委员会"，组建专业合作社和物业管理组织，制定"十三五"发展规划。移民村事务决策、执行与监督"三权归位",社会组织广泛参与移民村治理。

(安玉德)

【许昌市移民村管理】

2017年许昌市有南水北调13个移民村,在村"两委"的领导下,建立健全民主议事会、民主监事会、民事调解委员会等"三会"组织,规范管理,实施民主决策,民主管理,民主监督,不断提高移民管理水平、发展水平。

增强移民村村务、财务公开的透明度,涉及村民切身利益的事项和村民关心的事情,定期向村民公布,让村民了解实情,确保村民的知情权、参与权、表达权、监督权。服务公司良好运行,实现事有人办,绿化卫生有人管,垃圾有人清运。达到"生产发展、生活宽裕、乡风文明、村容整洁、管理民主"的新农村标准。2017年1月10~12日,许昌市南水北调办联合许昌市书法家协会、许昌市老年书画研究会、许昌博林书画

院和许昌市诗词学会的艺术家,先后到襄城县姜庄乡白亭西移民村、许昌县蒋李集镇金营移民村和长葛市石固镇丹阳移民村,开展丹江口库区移民春节送温暖活动。三天时间,书法家现场为移民群众书写600余幅春联。

(杨志华)

【郑州市移民村管理】

2017年,郑州市南水北调办(移民局)推进南水北调移民安置市县自验及省初验问题整改。移民人口认定、补偿补助发放、耕地占用税缴纳、财产户安置、移民村设施维护等各项遗留问题逐步解决,移民账面资金清理使用及核销率提升,移民安置档案资料进一步查漏补缺补充完善,移民安置有关实施数据和表格填报及时更新。4~5月,开展移民矛盾问题排查化解活动,建立移民信访台账,逐项化解落实;党的十九大召开期间全市未出现较大信访案件,移民社会和谐稳定。

(刘素娟 罗志恒)

干 线 征 迁

【郑州市干线征迁】

2017年,开展干线征迁扫尾和安保工作,临时用地复垦返还工作完成。截至2017年,郑州段临时用地共411块总计32139.7亩全部返还。完成引黄入常输水管道专项复建工程的建设及市本级专项迁建工程的资金审核工作;同时开展河西台渡槽尾工施工建设的征迁工作。对干渠沿线征迁中出现的矛盾纠纷进行排查,解决管城区大湖村村民信访案件和航空港区教场王弃渣场诉讼案件;督促指导各县市区按省政府移民办要求对征迁项目的清理及资金余额的核销。对郑州段临时用地水保工程实施情况进行逐块排查并建立台账;督促协调干渠沿线县市区南水北调

办对干渠两侧水污染防治工作制定方案,并逐步开展工作。对干渠沿线交叉河(沟)道情况进行前期调查勘察;签署干渠沿线村道、机耕道跨渠桥梁维护费补助协议;协调郑州市公安局治安支队及中线建管局河南分局,建立隶属于治安支队的南水北调安保警务室。

(刘素娟 罗志恒)

【焦作市干线征迁】

南水北调干渠在焦作全长76.41km,焦作市南水北调办负责温县、博爱、市城乡一体化示范区、中站区、山阳区(部分)、马村区、修武县等7个县市区征迁安置工作,共67.13km。征迁工作全部完成,共向工程提交

建设用地 3.15 万亩，其中永久用地 1.58 万亩，临时用地 1.57 万亩；共拆除各类房屋 74 万 m²；建城市安置小区 3 个、农村居民点 10 个，总建筑面积 65 万 m²，安置搬迁群众 4368 户 1.76 万人；迁建企事业单位 62 家；迁复建水、电、气、通讯等专业项目 708 条（处）。2017 年开始征迁验收前期准备工作。

2017 年全面完成干渠征迁资金计划调整，资金结算全面开展。经过梳理，对实施规划中已实施的项目及资金，进行确认；对设计变更及新增项目，进行补充增加；对征迁群众反映的问题，逐一将项目及资金列入调整计划。8 月焦作市全面完成干渠资金调整。9 月 30 日，省政府移民办正式批复（豫移安〔2017〕70 号），焦作市征迁资金结算工作全面展开。按计划推进南水北调干渠征迁验收工作。组织各有关县区学习《征迁安置验收实施细则》和各项征迁政策。全面开展资金清理，加快资金结算，彻底排查问题，建立台账，及时处理存在问题，推进验收工作。完成穿黄段县级自验工作，组织各县区到温县参观学习，加快验收工作。

（樊国亮）

【焦作市城区办干线征迁】

绿化带集中征迁　焦作市南水北调城区段绿化带项目于 2017 年 3 月实施集中征迁。7 月 9 日全面完成绿化带征迁任务，共征迁 4008 户 1.8 万人，拆除房屋 176 万 m²。2017 年，协调解决安置用地缺口先后落实安置用地 1091 亩。协调解决安置小区手续办理问题，实行集中交办、限时办结，先后 5 批次办理 13 类 1200 项安置房建设审批手续，66.9 万 m² 绿化带安置房全部交房达到入住条件。

绿化带建设设计方案　2017 年完成绿化带设计工作，确定"以绿为基、以水为魂、以文为脉、以南水北调精神为主题的开放式带状生态公园"的设计方案，面向社会广泛征求公众意见。加快办理项目建设前期手续，启动绿化带工程建设，可研批复、用地预审

意见、选址意见书、用地规划许可证办结，绿化带 PPP 项目开标。

集中征迁组织机制　2017 年组建高规格领导机构，成立由市委书记任政委、市长任指挥长的焦作城区段建设指挥部。组建驻村工作队，从市直机关选调 30 名优秀县级干部、100 余名后备干部，组成 13 个工作队进村入户开展工作。创新工作方法，提出"建、办、搬、拆"四字方针，为征迁工作理出思路。解决遗留问题，选择问题较多的小区作为试点，利用小切口，实现大突破。工作方法坚持重心前移，把周工作例会开到征迁村，开成现场会，坚持问题导向，突出基层需要，直面问题倒逼落实。建立督导奖惩机制，将绿化带征迁工作纳入全市"五位一体"督查体系，加强督导严格问责。结合实际设置综合进度奖、周进度奖、贡献奖、特别贡献奖鼓励先进，示范带动。

集中征迁指导思想　坚持以人为本、和谐征迁的指导思想，坚持程序"八步走"。入户动员、错漏登复核公示、临时过渡落实到户、签订协议、搬迁验收、银行存折放款、统一组织拆除清理、定期回访。坚持工作"五公开"，补偿款公开、人口与拆迁面积公开、安置房分配公开、特困对象照顾公开、提前搬迁奖励公开。坚持征迁"五不拆"，政策不完善不拆、宣传不到位不拆、安置不妥当不拆、当事人思想不通不拆、矛盾隐患不排除不拆。坚持惠民"五到位"，惠民政策落实到位、困难群众救助到位、志愿服务帮扶到位、后期保障跟进到位、群众利益维护到位。

集中征迁政策体系　建立配套完善、惠民利民的政策体系，全面落实 14 个方面 46 项关系征迁群众切身利益的政策。一是为征迁群众提供近万个就业岗位信息，组织专场就业招聘会。二是为征迁群众提供更便捷的公积金提取服务，对征迁户、配偶及子女推出"安家贷"业务。三是建立征迁户子女入学绿色通道，保障征迁户子女搬迁期间就近入

学；对困难户子女考上公办全日制大专以上院校的残疾人家庭予以资助；对征迁群众子女参加中招考试每人加5分。四是成立南水北调法律服务律师团，为征迁群众免费提供法律咨询和法律服务。针对租房价格上涨、搬家运费提高等情况，及时将过渡费标准由每人每月140元调整到每人每月280元，满足群众的需要，解决群众的后顾之忧。

安置房建设质量控制 明确涉迁区委区政府是安置房建设的责任主体，实行县级干部"包按时开工、包进度控制、包资金控制、包质量控制、包安全控制、包按时入住"的"六包"制度。建立施工单位和监理单位负直接责任、业主单位和各安置小区的分包干部负管理责任、市住建局负监管责任的质量管理体系。建立工作台账，明确责任单位，全程跟进督导推进工作落实。

资金使用管理 截至2017年底，累计收到干渠补偿资金6.58亿元，拨付各类资金6.42亿元，资金拨付率98%。资金管理严格履行资金审批程序，根据规划报告和上级下达的资金文件，经专人审核和领导联签审批后及时拨付，确保资金安全高效运行。

（李新梅）

【新乡市干线征迁】

资金使用和管理 根据批复的实施规划报告，新乡市征迁安置补偿资金共计12.541亿元，其中辉县市5.346亿元，卫辉市1.817亿元，凤泉区0.324亿元，市本级5.054亿元。实施征迁投资共17.63亿元，其中辉县市12.156亿元、卫辉市4.215亿元、凤泉区0.847亿元、市本级0.412亿元。

临时用地返还复垦退还 新乡市移交建设用地共19095.034亩，台账内临时用地共计19077.644亩，其中已退还18920.404亩，已返还未退还4块91.62亩（卫辉市），尚未返还2块65.92亩（卫辉市）。台账外临时用地4块17.39亩，已退还3块6.81亩，截至2017年底尚未退还1块10.58亩（沧河倒虹吸安全防护工程新增工程临时用地10.58亩）。

新增建设用地及资金补偿 新乡段沧河新增临时用地91.62亩，共需补偿资金38.35万元（其中营地及进场道路、堆土场共81.04亩需补偿4个季度（2016年6月～2018年6月），工程临时用地10.58亩需补偿3个季度（2016年10月～2018年6月），补偿标准按照2155元/亩·年计算，从中线建管局预拨的新增用地补偿资金中列支。卫辉大司马营地及进场道路65.92亩临时用地，卫辉市南水北调办已垫资兑付3季（2016年5月～2017年10月）超期补偿资金13.184万元，已报省南水北调办协调处理。

干渠金灯寺应急抢险处理 2017年9月1～9日，干渠金灯寺应急抢险处理期间，完成各方面的协调配合工作，协调凤泉区、卫辉市南水北调办、有关村镇、省水利设计公司开展抢险淹地损失实物调查及群众阻工问题协调，督促设计公司出具应急抢险处理方案，协调中线建管局河南分局拨付应急抢险淹地损失195.18万元，维护群众利益不受损失。

干渠防汛 2017年汛期前，新乡市南水北调办提前部署，编制完成干渠和配套工程防汛方案；建立以运行维护单位为主力的防汛抢险队伍；督促干线辉县管理处和卫辉管理处及配套工程各管理站备足防汛物资；6月9日与卫辉管理处联合多部门在干渠山庄河倒虹吸段开展防汛应急演。

干渠征迁安置验收 督促各县市区南水北调办加快征迁安置验收工作进度，处理征迁安置遗留问题。2017年11月1～3日，组织有关人员参加省政府移民办在鹤壁举办的南水北调干线征迁验收工作培训班。按照省移民办要求，辉县、卫辉、凤泉基本完成验收表格的填写，开始收集各类资料；同时开展市本级专项验收前期工作。

（吴 燕）

【鹤壁市干线征迁】

南水北调中线工程鹤壁段长29.22km，涉及鹤壁市的淇县、淇滨区、开发区3个县（区），9个乡（镇、办事处），36个行政村。设计规划工程建设用地14159亩，其中永久用地6032亩，临时用地8127亩，布置各类交叉建筑物55座。设计规划工程建设搬迁涉及5个行政村、249户840人，拆迁房屋面积5.5万m²；拆迁涉及企事业单位、副业25家，国防光缆25km，低压线路125条（处），影响各类专项管线173条（处）。鹤壁段设计规划征迁安置总投资5亿多元。截至2017年底，累计完成征迁安置投资7.22亿元（含市本级拨支数），为规划额的144%。

2017年，按照省政府移民办统一部署和计划安排推进征迁安置验收工作，开展征迁安置投资计划调整和资金结算，配合开展征迁安置资金审计及调查整改，开展资金核算和完工财务决算编制，开展干线防洪影响处理工程建设有关征迁工作，加快处理征迁安置遗留问题，维护群众合法权益。

征迁复建及临时用地返回 截至2017年12月31日，干渠鹤壁段移交永久用地6153亩，移交返还临时用地7034.62亩，移交用地为用地进度计划的100%；国防光缆、低压线路全部完成迁复建，国防光缆迁复建25km、低压线路迁复建161条（处）；电力、通信、广电等专项迁复建工作全面完成，迁建各类专项管线224条（处）；修建完成连接道路175条（处）；企事业单位3家、副业22家全部拆迁完成；涉及的269户搬迁居民房屋拆迁任务全部完成，涉及的2个集中居民安置点、3个分散居民安置点全部建成，搬迁群众全部入住；征迁安置累计完成投资7.22亿元（含市本级拨支数），超额完成了计划投资。干渠鹤壁段两侧隔离网建设全面完成；完成鹤壁段干渠共计33座跨渠桥梁交工验收和管养移交任务。各项征迁安置任务提前出色完成，为中线工程顺利建设与运行管理创造良好条件，实现了干渠征迁、工程建设及运行管理顺利推进与社会大局和谐稳定的双赢。

资金使用和管理 截至2017年12月31日，累计收到南水北调中线工程鹤壁段征地拆迁资金75655.78万元，支付征地拆迁资金72225.27万元。鹤壁市南水北调办及所属县区南水北调办按照省政府移民办的要求，在国家商业银行开立资金专户，独立核算征地移民资金，专户存储、专款专用，配备专职会计。对征地移民资金的拨付、日常财务收支、往来款项等重要经济事项建立审批制度，制定内部财务管理及资金管理制度，对南水北调工程征地移民资金进行会计核算，逐级建立征地移民资金会计核算体系。2017年3月30~4月28日，国务院南水北调办派出审计组对2016年度中线干线征地移民资金的使用和管理情况进行审计，对审计组提出的4个问题立整立改，并全部整改到位。鹤壁市于2017年10月24日对2016年度南水北调征地移民资金审计整改情况进行复核，并于10月27日通过国务院南水北调办审计组对鹤壁市审计整改落实情况的复核。

（刘贯坤　李　艳）

【安阳市干线征迁】
南水北调干渠征迁安置验收工作涉及汤阴县、龙安区、殷都区、文峰区、高新区五个县区，配套工程征迁资金计划梳理工作涉及滑县、内黄县、汤阴县、文峰区、高新区、龙安区、殷都区、北关区、示范区（安阳县）九个县区。根据省政府移民办和省南水北调办的工作安排，干渠征迁安置验收工作要求于2018年3月底前完成县级自验，2018年5月底前完成市级初验。配套工程征迁资金计划梳理工作要求于2018年6月底前完成。

安阳市南水北调办建立日督导和周通报制度，根据各县区制定的工作计划，每天对各县区征迁安置验收工作完成情况进行督导，对工作进度滞后的县区进行重点督办，每周对各县区进度计划完成情况进行通报，定期召开会议对工作中存在的问题进行研究，提出处理意见，推动工作落实。

完成南水北调干渠征迁资金计划调整工作 在开展市本级干渠征迁资金计划调整工作的同时，督促县区征迁机构按要求完成干渠征迁资金计划调整表填报工作。2017年，《征迁安置投资调整报告》已经省政府移民工作领导小组批复同意，南水北调干渠征迁资金计划调整工作全面完成。

专项复建 2017年上半年，完成盖族沟排水渡槽出口跨沟生产桥的建设任务，拆除临时便道，解决群众出行问题。

用地返还复垦 定期召开征迁设计、征迁监理、建设管理和县区征迁机构等相关部门参加的协调会议，加快临时用地返还复垦工作进度，尽早退还群众耕种，对临时用地返还复垦退还工作中有问题的地块，逐块研究制定处理方案，明确责任单位责任人和完成时限，加大监督检查力度。

干渠临时用地恢复期补助费使用 2017年研究制定干渠临时用地恢复期补助费的使用办法，省政府移民办下达的4451万元临时用地恢复期补助费，由县区包干使用，原则上不再跨县区调整。督促县区征迁机构制定实施方案，建立问题台账，明确责任单位责任人和完成时限，推动恢复期补助费规范使用和临时用地遗留问题的及时妥善解决。

（任　辉　李志伟）

【邓州市干线征迁】

临时用地返回复垦新问题处理 邓州市临时用地1.4万余亩，截至2017年上半年，全部办理复垦返还手续，但是秋涝发生后又出现新问题。邓州市南水北调办加强协调主动担当采取针对性措施，及时处理干渠沿线征迁遗留问题。以资金补偿方式解决十林镇张坡村王光福粮食购销点的经营损失问题，采用工程措施解决张村镇程营村转运料场的土地板结问题。协调渠首分局，就秋涝造成取土场局部沉降问题商讨处理意见。会同渠首分局、邓州管理处到梁庄、扁担张取土场现场查看并提出解决方案上报省移民办批复，2017年底与渠首分局初步拟定整改处理意见并开始处理。

干渠征迁投资核定 按照省政府移民办要求，开展干渠征迁投资核定工作。干渠征迁投资53470.32万元，完成52426.18万元，核销率98%。加强基础管理工作，到报账单位进行现场指导20余次，纠正问题50余个，2017年基础工作核对更加真实准确完善。加强内部审计，配合省政府移民办开展内部审计，对下属7个报账单位，涉及42村的账目进行审计把关。

征迁安置验收 按照省政府移民办和省南水北调办对征迁安置验收的总体要求，邓州市成立由政府领导任主任的验收委员会，2017年4月10日～6月14日，历时64天，验收委员会各专业小组通过实地查看、质询、讨论、完善、整理、归档验收档案42卷133件，完成陶岔渠首枢纽及董营副坝工程征迁安置的县级自验和省级验收工作。干渠和湍河渡槽工程征迁安置验收工作启动，与河川监理公司商讨制定验收工作计划，明确验收任务完成的时间节点，计划于2018年1月底完成县级自验和市级初验。供水配套工程征迁安置验收工作完成验收基础表格的填写，基础资料收集整理和归档正在进行。

（石帅帅）

南水北调

拾 政府信息

政 府 信 息 选 录

国土资源部党组成员赵凤桐一行调研丹江口库区地质灾害防治工作

2017 年 12 月 27 日

来源：省国土资源厅

12 月 5 日，国土资源部党组成员赵凤桐、国务院南水北调办副主任蒋旭光一行，到南阳市淅川县调研丹江口库区地质灾害防治工作。省政府副秘书长吴浩、省国土资源厅副厅长杨士海、省南水北调办副主任贺国营、省移民办主任吕国范等参加调研。

调研中，赵凤桐一行先后来到仓房镇磨沟村毕家营组山体滑坡现场、大石桥乡西岭村山体滑坡现场、老城镇穆山村移民安置点山体滑坡现场，实地查看了解山体滑坡发生的原因、造成的损失，详细询问当地政府对受灾群众的安置情况，以及对地质灾害点的治理方案。

在认真听取有关情况介绍后，赵凤桐强调，群众利益无小事，要坚持以人民为中心的发展思想，时刻将人民的利益放在心上。库区移民为南水北调作出了牺牲，要让他们在新的家园生活得更幸福、更舒心。对受地质灾害威胁的群众要做好安置工作，尽快对灾害点进行治理，消除地灾隐患，让库区移民有一个安定的生产生活环境。

丹江口库区在南阳市境内的面积 6362 平方公里，目前南阳辖区内查明地质灾害隐患点 265 处。近年来，在国土资源部和省国土资源厅的指导下，市县乡三级政府积极开展地质灾害防治工作，建立完善了群测群防体系，认真落实"三查""应急值班""监测预警""灾情险情速报"和"应急处置"等各项防治制度，积极申请和筹措资金，对地灾点

进行应急治理和搬迁避让，尽可能减少地质灾害造成的损失。截至目前，未发生人员伤亡和重大经济损失，地质灾害防治工作取得了积极成效。

河南省人民政府门户网站责任编辑：刘成

南阳市创建国家森林城市让家园充满绿意

2017 年 12 月 26 日

来源：南阳市政府

近年来，南阳市加快生态文明建设，构建生态宜居环境。如今，走在城区感受到环境越来越好，满城绿色让人眼前一亮。自去年启动国家森林城市创建以来，我市共完成造林 114.22 万亩，森林覆盖率提高 0.6 个百分点；新发展特色经济林 19.1 万亩，发展花卉苗木 9.2 万亩。

今年以来，我市以创建国家森林城市为目标，着力推进大造林大绿化。紧紧围绕生态环境改善、森林提质，实施重要生态系统保护和修复工程，构建"三区三带"(桐柏山地生态区、伏牛山地生态区、平原生态涵养区和南水北调中线生态走廊、沿白河生态涵养带和沿淮生态保育带)生态建设格局，提升生态系统质量和稳定性。

在全市范围内大力推进森林县城、森林特色小镇、森林村庄、森林人家创建活动；开展绿色家庭、绿色学校、绿色社区等行动，计划 2018 年完成造林 47.64 万亩，达到国家森林城市建设标准。以森林资源保护为重点，坚守 1630 万亩林地"绿线"，坚守 400 万亩湿地水域"蓝线"，严格保护森林、湿地资源，筑牢生态安全屏障。

今冬明春，全市营造林 111.62 万亩，其中造林 47.64 万亩，森林抚育改造 59.98 万亩，新发展花卉苗木 4 万亩。今后五年，全市规划造林 230 万亩，森林面积达到 1600 万亩，森林覆盖率超过 42%。至 2035 年，全市森林覆盖率超过 45%，森林质量全面提升，生态环境显著改善。

重点抓好中心城区造林绿化，加强城市公园、街头绿地、绿荫景观街道、园林单位、林荫停车场、绿道建设；实施拆墙透绿、屋顶绿化和垂直绿化，不断扩大城市绿化面积，增加城市绿量。

采用植苗造林、飞播造林、封山育林等方式，搞好宜林荒山荒地绿化。今冬明春，完成山区造林 30.88 万亩。突出抓好丹江口库区绿化、鸭河口水库周边绿化和淮河源头绿化，确保城市重要水源地周边区域森林覆盖率超过 70%、水岸林木绿化率超过 80%。

河南省人民政府门户网站责任编辑：王靖

焦作：加快南水北调安置房建设步伐

2017 年 12 月 26 日

来源：焦作市政府

12 月 20 日上午，副市长闫小杏深入解放区和山阳区多个安置房项目现场，实地调研南水北调安置小区建设推进情况和环保工作落实情况。

调研中，闫小杏一行先后到解放区东于村安置小区、西于村安置小区及山阳区集中安置小区和恩村一街安置小区的施工现场，详细了解各项目建设进度，听取相关部门的情况汇报和意见建议，并就存在的问题和困难现场讨论，研究解决方案和办法。

闫小杏指出，安置房建设是焦作市的一项重点工程，是关系群众切身利益的民心工程，要协调处理好大气污染防治与安置房建设工期之间的关系，将清洁施工、环保施工、绿色施工贯穿工程建设的全过程；要克服困难、科学运作、严把质量关，在保证工程质量和安全的前提下，采取扎实有效措施，进一步加快项目建设进度，确保工程如期完工，建成群众满意的精品工程；要简化办事程序，加大协调和服务力度，切实解决安置房建设过程中遇到的突出问题，努力为安置房建设创造良好的施工环境和条件。

河南省人民政府门户网站责任编辑：刘高雅

省检查组到周口市检查南水北调受水区地下水压采工作

2017 年 12 月 20 日

来源：周口市政府

12 月 13 日下午，省政府南水北调受水区地下水压采专项检查组来到周口，检查南水北调受水区地下水压采工作。

在当日下午的座谈会上，省检查组听取了周口市地下水压采工作汇报，详细了解了周口市地下水压采方案制订及落实情况、配套工程和配套水厂建设情况、公共供水管网覆盖范围内封停自备井情况以及南水北调用水计划落实情况，对周口市在地下水压采工作中取得的阶段性成效予以肯定。

就如何做好地下水压采工作，检查组强调，各级各有关部门要高度重视地下水压采工作，有效治理地下水超采现象；要密切配合，认真排查摸底，敢于碰硬，有序封停公共供水管网覆盖范围内自备井；要加快南水北调配套工程和配套水厂建设，加大老旧管网改造力度，进一步提升供水能力；要认真开展节水型城市创建活动，加快推进城市节约用水工作；要加强二次供水管理，尽快研究制定二次供水管理办法，确保居民饮用水卫生安全。

河南省人民政府门户网站责任编辑：刘成

周口用水进入"丹江时代"

2017年12月20日

来源：周口市政府

2016年12月14日，周口市南水北调及东区水厂的正式通水，标志着周口市进入了一个全新的饮水时代。

2016年12月14日，周口市南水北调及东区水厂正式通水。截至目前，中心城区沙颖河以北、贾鲁河以东区域和沙颖河以南、交通大道以北、八一大道以东区域的居民已经使用了一年的丹江水。另外，周口市供水配套工程西区水厂支线向二水厂供水工程正在紧张施工中。

在工程施工现场，看到6座沉井的制作及下沉工作已经基本完成。在另一处施工现场，整齐地摆放着等待埋设的管材，两辆挖掘机正在开挖土方。"此次配套工程沿线设有工作井4座，接收井3座。目前6座井已经基本完成，另外1座工作井正在施工中。"相关负责人说，目前的管道铺设工作正在同步进行中，他们加班加点，争取在春节前完成工程建设，实现中心城区南水北调供水全覆盖，让中心城区用水进入"丹江时代"。

据了解，周口市南水北调西区水厂支线供水工程为设计变更工程，由支线向二水厂供水变更。该工程管道铺设从永丰路经太昊路、莲花路、黄河路、交通大道到达银龙水务有限公司二水厂，全长3620.15米，设计日供水能力10万立方米，管材采用DN1200的球墨铸铁管，设计阀井13座，镇墩3座，顶管四处总长938.541米，放坡开挖长度1322米，垂直开挖长度1359.49米，总投资3000多万元。工程建成运行后，不仅能改善城市水

源结构，为广大市民提供安全的生活用水，也将为周口市生态环境提升、经济社会可持续发展提供强有力的水资源保障。

河南省人民政府门户网站责任编辑：刘成

安阳惠民十件实事之一
第六水厂建设纪实

2017年12月19日

来源：安阳市政府

"市第六水厂的开工建设，对于合理使用南水北调水源、构建'地表水为主、地下水应急'的城市双水源供水格局、改善城区供水结构、保证供水质量、增强供水能力、保障城市公共供水安全具有重要意义。"安阳水务集团公司党委书记、董事长刘国同日前表示，将强力推进项目进展，确保我市第六水厂建设工程如期完工。

实现水资源科学调度

如何在确保我市地下水有效压采的情况下，实现水资源的科学调度、合理利用，保障全市人民吃水、用水安全，始终是市委、市政府关注的民生大事。根据城市总体发展规划需要，市政府编制了《安阳市城市供水专项规划（2012—2020）》，明确了"优先使用境外地表水、其次使用境内地表水、最后使用境内地下水"的城市供用水原则和"以地表水(南水北调水和岳城水库水)为主体、以地下水为备用补充"的供用水规划格局。

按照这一城市生活用水供水思路，我市于去年9月23日建成了南水北调配套项目——市第八水厂。作为我市第一座南水北调配套水厂，丹江水从南水北调中线工程38号口门倾泻而出，经过市第八水厂净化处理后，沿着我市四通八达的地下管网流进千家万户，城区大部分居民吃上了清澈甘甜的丹江水。为更好地实现《安阳市城市供水专项规划

（2012—2020年）》提到的城市供用水规划格局，市政府决定建设第六水厂和第四水厂二期项目工程。

建设中的第六水厂采用双水源模式。所谓双水源，顾名思义，该水厂水源不再是单一的地下水或者地表水，而是有两部分，一部分来自于南水北调工程，一部分则来自于岳城水库。

在2017年我市《政府工作报告》中，开工建设第六水厂被列为事关人民群众切身利益的"十件实事"之一。8月14日，市第六水厂开工奠基，市委书记李公乐宣布："安阳市第六水厂开工。"市委副书记、市长王新伟在奠基仪式上掷地有声地说："人民对美好生活的向往，就是我们的奋斗目标。市第六水厂建设项目是市委、市政府确定的重大民生项目，是《政府工作报告》向全市人民作出的郑重承诺。"

工程建设如火如荼

12月13日，记者来到位于京港澳高速公路与人民大道交叉口东南侧的市第六水厂项目工程现场。

"我们水厂规划总用地168亩，总建设规模30万吨/日，分两期进行建设。目前我们看到的北边这一片是第一期，建设规模为10万吨/日，主要建设内容为净水厂一座，新建叠合清水池、送水泵房及其他配套设施和配水管网等。"安阳水务集团公司副总经理魏胜说。

记者在现场看到，各主体建筑的地基处理已经完成，包括清水池在内的部分构筑物钢筋绑扎、模板支设相继完成，等待进行混凝土浇筑。"这是清水池，这是加氯加药间，这是送水泵房……"魏胜一边指着现场一边介绍，建设中的安阳市第六水厂水处理工艺、自动化水平与市第八水厂基本相同，都是原水经过长途输送，进入水厂后经网格絮凝池、平流沉淀池、V型滤池等多种水池过滤沉淀，在过滤沉淀过程中进行加药净化和

两次加氯消毒，最终进入清水池的水按照饮用水标准进行106项指标化验，合格后进入送水泵房加压，最后通过供水管网流入居民家。

施工现场，记者见到所有裸露的土地都覆盖上了黑网。"目前我们暂时停工，主要是响应我市大气污染防治工作要求。"魏胜表示，项目自开工建设以来，水务集团公司就认真落实大气扬尘治理的各项规定，完善各种制度，防尘设施全部到位，比如施工现场按照要求安装喷淋设备，并定时喷洒防止扬尘，还在工程车辆出口处安装有清洗设备，对出工地车辆的轮胎及车身进行清洗，防止车辆携带泥土污染城市道路。而在安全方面，他们首先从现场人员抓起，一人一卡，禁止非项目人员进入，所有入场作业工人都要经过培训，持证上岗，并且配备安全帽、防护绳等。工地现场设置了临边防护，配备专业消防器材，建设有专门作业间防止工地现场出现明火，并设置专门安全人员定时巡查，保障现场用火、用电安全。

据了解，市第六水厂一期工程计划于2018年9月实现通水目标，目前一期工程的土方开挖工作大部分已经完成，地基处理完成整个工程量的80%，主体已完工10%。自分水口至厂区的南水北调源水管网铺设工作也只剩下最后的500多米就将引入厂区。工期紧张、任务繁重，但水务集团协调设计单位、施工单位、监理单位等参建部门在确保质量第一、安全第一的前提下，严格落实我市大气污染治理各项规定不放松，严把时间节点，采取"挂图作战"的方式，奋力推进项目建设。

构建双水源格局

采访中，记者能够感受到安阳水务集团公司对这座水厂建设投注了大量心血。"我们这个水厂位于安阳城区东部，紧邻京港澳高速公路，可以说是安阳的一个形象窗口，所以我们也致力于把市第六水厂打造成一个花园式的厂区。"安阳水务集团公司党委书记、

董事长刘国同表示，这是我市第一座双水源水厂，为的就是实现城市可持续发展，也是为了保障市民用水安全，万一某一水源出现紧急情况，可以启动备用水源。

据介绍，目前我市有四个地下水厂、两个地表水厂，其中第八水厂为我市城区与南水北调中线工程配套的第一座水厂，第六水厂是我市城区与南水北调中线工程配套的第二座水厂，第四水厂二期建设也正在同步进行。明年，第六水厂、第四水厂二期如期建成通水后，第八水厂、第六水厂、第四水厂三座大型地表水厂就此形成一个"品"字形布局，且互为犄角、优质互补，届时我市将实现以南水北调丹江水为主的地表水全覆盖的供水新格局。

南水北调中线工程在我市境内有第37号、第38号、第39号共3个分水口门，为我市带来了充足的优质地表水源，其中市区段有第38号和第39号两个分水口门，每年分配给我市水量为2.352亿立方米，约合64万立方米/日。第六水厂就引水自南水北调中线工程38号小营分水口门。第六水厂平时使用南水北调工程的水，但在无法使用该水源情况下，可以在总进水井处打开阀门让岳城水库的水进入水厂。

"第六水厂项目建成后，不仅可满足我市城市东部社会及经济快速发展的供水需求，而且将极大地改善市城乡一体化示范区、北关区、文峰区的生活生产供水状况，还能从长远上、根本上解决我市东部城区供水存在的一系列问题，保证该地区社会和经济的可持续发展。"刘国同表示，合理使用南水北调水源，构建"地表水为主、地下水应急"的城市双水源供水格局，对于改善城区供水结构，提高供水质量和供水能力，保障城市公共供水安全，加快推进我市城市化进程，构建和谐安阳、宜居安阳具有重大意义和至关重要的作用。

河南省人民政府门户网站责任编辑：李瑞

平顶山市出台2018年林业生态建设实施方案

2017年12月15日

来源：平顶山市政府

日前，平顶山市政府出台2018年林业生态建设实施方案，全市计划安排了11项林业重点工程，共安排林业生态建设总规模36.97万亩。其中，新造林23.27万亩，森林抚育12.7万亩，发展花卉苗木1万亩。

方案指出，2018年，平顶山市要全面贯彻党的十九大精神，以生态文明建设为统领，以绿水青山就是金山银山理念为指导，以推动人与自然和谐发展为目标，大力开展国土绿化行动，构建生态廊道和生物多样性保护网络，提升生态系统质量和稳定性，进一步提升林业生态建设水平，为建设生态鹰城、森林鹰城、美丽鹰城作出积极贡献。

国家储备林建设工程：在平顶山市生态廊道、北山森林公园、植物园、湿地公园等立地条件相对较好的地块建设国家储备林基地，建设总规模28.9万亩。其中，新造林16.2万亩，抚育12.7万亩。

廊道绿化建设工程：建设任务10.13万亩。要对各县(市、区)高速公路及高铁、国道、省道沿线和淮河主要支流沙河、汝河、澧河、洪河等生态廊道进行高标准绿化；叶县、鲁山县、宝丰县、郏县要按照相关要求完成南水北调中线工程生态廊道建设造林绿化任务；国道、省道、高速公路等道路沿线和淮河一级支流沙河、汝河、澧河、洪河沿线生态廊道两侧栽植宽度各达到100米以上；郑万高铁沿线有关县要提前做好规划设计，适时开展造林绿化；县乡道路沿线及灰河、泥河等淮河流域二级支流沿线两侧要求栽植宽度各达到30米以上。生态廊道栽植树种必须坚持适地适树的原则，努力建成集生态防护和景观休闲功能于一体的绿色廊道。

山区造林建设工程：建设任务 6.26 万亩。重点安排在全市范围内的宜林荒山、荒地进行规划造林。对生态脆弱地区结合生态移民，实施困难地造林和封山育林等措施。

平原沙荒造林建设工程：建设任务 2.36 万亩，大力开展低质低效林改造，调结构、调树种，大力发展珍贵用材林、工业原料林、优质林果等，提高林地的生产力，加大木材储量，增加农民收入。

农田防护林建设工程：建设任务 3.2 万亩。重点安排在区域内的平原乡镇，以提高林业对平原农业的防灾减灾能力，助推国家农业可持续发展试验示范区建设。按照"不大于 300 亩一个网格，一路一沟三行树或一路二沟四行树"标准，结合高标准粮田建设、农业综合开发、土地整理等项目，实施田水林路综合整治，修补断网，消除空档，打造农田生态屏障。

城郊及村镇绿化建设工程：建设任务 1600 亩。结合美丽乡村建设，搞好新型社区及村镇绿化，重点在新型社区、乡村道路、村镇周围、村内道路两侧及农村居民房前屋后进行绿化美化。

木本油料林建设工程：建设任务 9400 亩。主要安排在浅山丘陵地区，重点发展核桃、花椒等木本油料林建设。

特色经济林建设工程：建设任务 2200 亩。主要安排在沙河、汝河沿岸，重点发展以梨、桃、石榴等经济林为主的特色林果业。作为改善生态环境、促进贫困地区脱贫致富的重要手段，通过制定相关鼓励扶持政策，逐步实现生态环境保护与兴林富民脱贫的共赢目标。

森林抚育建设工程：建设任务 12.7 万亩。涉及鲁山县、国有鲁山林场和叶县林场。按照林业可持续发展的经营理念，开展森林抚育经营活动，加强中幼林抚育，提高林地生产力，维护森林生物多样性。

沙岛绿化工程：安排在城乡一体化示范区。在不破坏原有植被的情况下，对原有林分进行适当修枝抚育，伐除枯死木，见缝插绿，适距栽植白蜡、枫杨、沙地柏、柽柳等。

花卉苗木建设工程：建设任务 1 万亩。大力发展林木种苗和花卉苗木产业，逐步培育一批有地方特色、有区域优势、有技术支撑的花卉产业基地。

河南省人民政府门户网站责任编辑：王喆

三门峡市争取南水北调对口协作项目资金2600万元

2017 年 12 月 15 日

来源：三门峡市政府

今年以来，三门峡市发改委积极主动与北京市支援办、省发改委等部门对接，多次带领项目单位到北京市支援办、省发改委汇报工作，最终争取到对口协作项目资金 2600 万元，协作项目资金争取再创新高，比 2016 年多争取 735 万元。

通过多年的外引内联，多措并举，市发改委共计为卢氏争取到南水北调对口协作项目资金 8840 万元，援建项目达 32 个。截至目前，已完成绿化面积 2.8 万平方米，建设污水处理设施 7 处、人工湿地 2500 平方米、垃圾池 58 个、中小桥 15 座，空间整治 7 万平方米；修建铺设道路 89.7 公里、护岸河堤 2.8 万米，铺设污水管网 4.5 万米，安装太阳能路灯 362 盏；发展猕猴桃、连翘、红提、金沙梨、核桃等产业园 1.02 万亩。据统计，项目实施以来，改善了 2.5 万余人的生产生活环境，不仅带动 3000 余名贫困人口脱贫致富，还增进了京豫两地人民群众的感情，经济效益和社会效益实现双丰收。

河南省人民政府门户网站责任编辑：刘成

南来之水润古城

2017年12月13日

来源：安阳市政府

南来之水润古城。南水北调中线总干渠安阳段(以下简称南水北调安阳段)通水3年来，累计向我市引供水6499万立方米，受益人口超过百万。

受益人口超过百万

受原生水文地质和黄河故道易溶盐长期积聚的影响，内黄县境内形成大面积的氟水区、苦水区，加之卫河沿线污染区和近年来超支开采造成内黄县地下水资源匮乏。

"俺村属于内黄县盐碱18村之一，吃的水又苦又涩，洗个衣服都能把衣服染黄，浇地向来就有一水清、二水浑、三水见阎王的说法。今年，俺村都吃上了南水北调的水，水又清又甜，烧开了也没有水垢，老百姓都很高兴。"内黄县长庆路办事处南张村王献英笑眯眯地说。

"2017年7月底，内黄县第四水厂一期工程建成通水，甘甜的丹江水进入千家万户，供水人口从2万余人迅速扩展为10余万人，日供水量从7000立方米猛增至2万立方米，极大地缓解了我县水资源短缺的现状，改善了人民群众的生活质量。老百姓高兴地说，吃上这样的放心水、安全水，身体一定比原来健康。"内黄县第四水厂副经理卜卫攀舒心地笑了。

南水北调安阳段是省管项目首开工段，全长66公里，穿越汤阴县、殷都区、龙安区、文峰区、高新区五县区和14个乡镇、85个行政村，2014年12月12日建成，从南水北调中线总干渠3个分水口门向我市供水，铺设输水管线总长约120公里，设计配套水厂7座，建成投用3座，覆盖安阳市区、内黄县城、汤阴县城，累计引供水6499万立方米，

受益人口超过百万，进一步优化了我市用水结构，为我市经济社会发展提供坚实的水资源支撑。

生态调水3063万立方米

暖阳下，清澈的汤河波光潋滟，成群的野鸭拍打着翅膀在芦苇荡里嬉戏，河水滋养着两岸的植被，秀丽的自然风光使人们流连忘返……

"生态补水为汤河下游、永通河注入生机和活力，提升了汤河湿地公园生态景观品质，提升了城市品位和群众生活质量。"汤阴县南水北调办公室工作人员说。

我市是典型的资源型缺水城市，利用建好的南水北调中线总干渠，引用丹江水对我市进行生态补水，加大我市河流水生态的修复力度，改善我市水资源短缺的严峻局面，势在必行。

"南水北调工程对沿线各地市的作用主要有两个方面：一是改善城市居民饮水质量，二是改善城市水资源环境和地下水资源状况。今年9月，汉江发生明显秋汛，丹江口大坝加高后首次167米高水位运行，我市抓住机遇，向省南水北调办争取生态补水指标。10月25日，省南水北调办批复同意安阳河、汤河退水闸开闸退水，流量均为每秒10立方米。"市南水北调办公室工作人员介绍。

10月27日至11月13日，我市首次从南水北调中线工程总干渠引用丹江水对我市安阳河、汤河进行生态补水，历时18天，累计引用南水北调生态水3063万立方米，其中，汤河引水1588万立方米，安阳河引水1475万立方米。

"生态补水让安阳河、汤河水清起来、活起来，水环境质量明显改善，有效补给了沿河两岸地下水源，社会效益显著。"市南水北调办公室工作人员说。

地下水平均升幅3.39米

根据《河南省南水北调受水区地下水压采实施方案(城区2015年～2020年)》文件要

求，我市落实最严格水资源管理制度，严格地下水开发利用总量控制，制定地下水井封闭计划，加大节水型社会建设力度，推广先进的农业节水技术，严格限制高耗水行业规模，通过持续优化用水结构，不断提高用水效益，切实减少地下水开采量。2016年初至2017年10月底，全市共封闭自备井163眼，压采地下水8000余万立方米，其中，南水北调水源置换地下水3400余万立方米，岳城水库水源置换地下水3000余万立方米，封闭自备井压采地下水1600余万立方米，受水区浅层地下水2016年相比2015年平均升幅3.39米，跨入全省前列。我市用水结构实现根本改变，中东部农业耕种区地下水位下降区面积不断缩小，市区地下水位连续10多年持续回升，从2003年平均埋深23.55米回升至2016年的10.63米，基本实现采补平衡。

目前，我市正在实施引岳入安二期工程，计划总投资5.4亿元，主要包括引、蓄水两大工程。引水工程从岳城水库新建管线36公里，年规划引水量7300万立方米。项目建成后，第五水厂可实现双管供水，第六水厂可实现岳城水库、南水北调双水源供水，将有力保障我市水源置换，促进地下水压采工作。

河南省人民政府门户网站责任编辑：李瑞

市长霍好胜同李庆瑞一行就进一步加强生态文明和环境保护领域的合作达成共识

2017年12月12日

来源：南阳市政府

12月10日，市委副书记、市长霍好胜会见中国生态文明研究与促进会执行副会长李庆瑞，双方就进一步加强生态文明和环境保护领域的合作达成共识。

霍好胜在座谈中说，近年来，南阳市高度重视生态文明建设，牢固树立绿水青山就是金山银山的理念，把美丽南阳建设贯穿于城乡规划、产业发展、生产生活方式等各方面，致力于形成人与自然和谐发展的现代化建设新格局。希望中国生态文明研究与促进会与南阳进一步加强交流合作，同南阳市环保局、南阳市生态文明促进会紧密联系配合，支持成立县级生态文明促进会，将党政机关、社会团体和广大群众的力量凝聚起来，把环境保护这件好事做实，将南阳的生态文明建设推向更高层级。通过组织协调，促进建立和完善丹江流域城市的联系协调机制，形成共谋、共建、共享的全流域生态建设新局面。

李庆瑞充分肯定了近年来南阳市生态文明建设所取得的成就。他说，南阳市把生态文明建设和环境保护作为一项重大政治任务和头等民生工程，创优环保法规政策引导，推动产业绿色转型升级，深入开展大气和水污染防治攻坚战，环保社会组织不断发展，政府、企业、公众共同参与的绿色行动体系初步形成。南水北调中线工程沿线人民能喝上干净放心的丹江水，离不开南阳人民的突出贡献。希望南阳继续发扬奉献精神，为保水质护运行再立新功。中国生态文明研究与促进会将一如既往高度关注并支持、配合、服务南阳的生态文明建设和丹江口库区的环境保护工作，发挥桥梁纽带作用，推动南阳市和十堰市等丹江流域城市围绕水质保护主题，进一步建立健全合作创新机制，携手保护好这一库清澈的生命之水。

副市长张明体参加座谈。

会前，李庆瑞还到南水北调中线渠首进行了实地调研。

河南省人民政府门户网站责任编辑：王靖

新乡市建成南水北调中线
干渠绿色廊道

2017年12月8日

来源：新乡市政府

11月6日14时10分，阳光明媚，虽已初冬时节，站在辉县市孟庄镇跨渠公路桥上，只见一渠清水缓缓北去，两岸渠道宛如绵延不绝的巨龙在倾情呵护。风起树舞，碧水清波，勾勒出一幅幽静而富有生机的山水画。内侧一人多高的红叶石楠树梢处叶子已泛红，霜蓝色的蓝冰柏挺拔优美；外侧布满了北栾、金叶水杉、巨紫荆等各色树种，色彩斑斓。

这是新乡市南水北调中线干渠生态廊道建设成果的一个场景。这样的美景在新乡境内绵延77.7公里，宛如一道绿丝带，铺设在新乡市西北方，历经辉县、凤泉、卫辉3县(市)、区，绿化面积达19037亩，成为新乡市一条绿色走廊、生态走廊。这也是新乡市委、市政府契合党的十九大报告中"要为人民提供更多的优质生态产品"精神的写照。

据悉，南水北调中线干渠生态廊道建设是一项具有战略意义的国土绿化工程，也是长期的民生工程，不仅对改善沿线生态环境、调整产业结构有利，更关系到沿线居民的用水安全。如何创新管护机制、保障资金来源，使其生态效益得到持久有效发挥，新乡市一直在探索。林水相映，渠清如许，四季繁花，万木葱茏，一条绿色走廊、生态走廊、休闲走廊、致富长廊已缓缓入画。为保清水北送，着力打造绿色长廊，实现南水北调沿岸地区的生态效益和经济效益双赢，新乡市出台了《新乡市南水北调中线干渠绿化建设总体规划》，2015年冬季开始进行绿化施工，坚持生态优先、因地制宜、适地适树、绿化与文化景观相结合、可持续发展原则，

2016年3月底完成全部77.7公里干渠两侧绿化建设任务，将干渠建成了一条绿色走廊、生态走廊，构筑出一道绿色生态屏障。

据辉县市林业局副局长张文清介绍，按照省、市有关生态建设要求，南水北调中线干渠属一级生态廊道，单侧栽植宽度100米以上树木的，近护栏网侧栽植50米(含8米生产、景观通道)宽的常绿生态林，外侧可栽植经济林或花卉苗木；单侧适宜绿化宽度在50米以上、不足80米的，近护栏网侧常绿生态树宽度不低于30米；适宜绿化宽度不足50米的，全部栽植常绿树种。栽种中因地制宜，以乔木为主，采取乔灌草藤相结合的方式，提高绿化美化品味。常绿生态林树种以大叶女贞、红叶石楠、雪松、侧柏、枇杷等为主。经济林苗木要求达到一级苗标准。辉县市高度重视，迅速成立机构，落实补偿资金，推进土地流转，组织整地造林，截至去年3月底，干渠绿化建设工作辉县市全部高标准完成，累计完成投资1.2亿元。

河南省人民政府门户网站责任编辑：王靖

安阳市地下水资源涵养能力增强

2017年11月30日

来源：安阳市政府

11月24日，记者从有关部门获悉，近年，我市加强水系资源调配项目建设，全市城市生活用水初步形成了以地表水为主、地下水补充应急的供水总体布局，地下水资源涵养能力得到增强。

我市立足水资源实际，按照全面统筹境域内外、科学调配城乡资源的指导思想，制定形成了"充分利用境外水、有效拦蓄过境水、合理配置境内水、切实保护地下水"的总体工作思路。市政府先后出台了《安阳市城市水系发展规划》《安阳市水系总体规划

(2016～2030)》《安阳市水生态文明城市试点建设实施方案》等规划和文件，积极构建"一核二区、两横六纵、六水、多点多层次"的现代水系网络，全力打造六水联调保供给、七脉清流润安阳、库河相连通八方、城市相依映苍穹的生态水系布局。

据统计，近年，我市先后投资5.95亿元，扎实推进了"引彰入姜、引红入洹、引岳入安"等城市水系工程，每年可为全市增加2.35亿立方米的境外供水量，接近我市常年水资源总量8.43亿立方米的28%，为全市新型城镇化、农业现代化、工业转型升级以及居民生活用水提供了强有力的支撑。

今年年底，我市东湖闸、西湖闸将达到蓄水条件，最大可蓄水610万立方米，水面面积达2330亩。此外，为增强供水能力，确保百姓饮水质量，我市先后建成了安阳市第八水厂、汤阴县第二水厂、内黄县第四水厂等一批南水北调配套工程，日增供水能力达17万吨。目前，安阳市第六水厂、安阳市第四水厂二期工程项目正在加快建设。

河南省人民政府门户网站责任编辑：李瑞

解放区南水北调绿化带集中安置小区开工奠基

2017年11月21日

来源：焦作市政府

11月17日，解放区南水北调绿化带集中安置小区开工奠基仪式举行，市委副书记姜继鼎宣布项目开工，市人大常委会副主任葛探宇、副市长魏超杰、市政协副主席孔祥群出席开工仪式。

据悉，南水北调绿化带共需建安置房约92万平方米。解放区按照高标准设计、高档次规划、高质量建设的原则，健全完善小区建设责任体系，在落实安全生产和环保措施

的前提下，全面推进小区建设进度，争取让征迁群众早日入住新房。目前，已建成61万平方米，在建3个安置小区18万平方米，分别是东于村养殖场地块安置小区10万平方米、解放集中小区C区西于村和谐嘉苑小区4万平方米、西于村自建小区4万平方米，正在进行外墙粉刷、门窗安装和基础设施建设等扫尾工作；未建13万平方米安置房正在办理前期手续。其中，西于村6万平方米，东王褚村1万平方米，新店村6万平方米。

11月17日开工奠基的集中安置小区，拟投资11亿元，总占地面积113.69亩，规划建设19栋楼，总建筑面积35.3万平方米，住宅约2500套(1200套安置房)，将用于绿化带和城中村改造征迁群众安置，对于提升辖区城市品位、改善群众生活环境、加快城市化进程具有十分重要的意义。

河南省人民政府门户网站责任编辑：刘高雅

南水北调累计向郑州供水9.7亿立方米

2017年11月21日

来源：郑州市政府

11月16日，部分郑州市人大代表视察了南水北调中线工程郑州段运行情况。记者从此次视察活动中获悉，南水北调中线工程通水至今，郑州已累计供水9.7亿立方米，占河南省中线工程供水总量的40%。

当天上午，代表们首先来到荥阳市参观了南水北调中线穿黄工程，了解工程运行情况。随后代表们又来到中原西路郑州市南水北调配套工程23号分水口门泵站，了解配套工程运行情况。

南水北调中线工程郑州段全长129公里，2014年12月正式通水。南水北调郑州境内配套工程管线长100公里，与主体工程同步建成达效，共开设7处分水口门，年分配水量5.4

亿立方米。截至今年11月15日，郑州市累计供水9.7亿立方米，占河南省中线工程供水总量的40%，受益人口680万人。受水区超采的地下水和被挤占的生态用水得以置换，使得生态环境大为改善。全省受水区中深层地下水平均上升幅度1.88米，其中郑州市上升3.03米。

代表们对南水北调中线工程及郑州配套工程在改善郑州市饮用水水质、缓解用水紧张状况、促进生态环境改善等方面发挥的作用予以充分肯定，希望有关方面继续管理维护好工程，造福广大受水地区群众。

河南省人民政府门户网站责任编辑：刘高雅

南水北调中线工程3年调水106.85亿立方米

2017年11月18日

来源：南阳市政府

目前，记者从南阳市南水北调办获悉，南水北调中线工程第3个调水年度任务圆满完成，自11月1日起进入2017至2018调水年度。3个调水年度累计入渠水量106.85亿立方米，丹江口水质一直稳定在Ⅱ类以上标准。

2014年12月12日，南水北调中线一期工程陶岔渠首正式开闸放水。按照《南水北调工程供用水管理条例》规定，水量调度年度为每年11月1日至次年10月31日。3年来，南水北调中线工程累计入渠水量106.85亿立方米，惠及北京、天津、石家庄、郑州等沿线19座大中城市、5310多万居民。2017至2018调水年度计划入渠水量为57.84亿立方米，向各省市供水51.17亿立方米，向我省供水17.73亿立方米。目前，南水北调中线工程水源丹江口水库水位达167米，为历史最高水位，水量充足，为年度调水奠定了良好基础。

作为南水北调中线工程的渠首所在地和核心水源区，南阳境内总干渠全长185.5公里，约占河南段长度的四分之一、中线全长的七分之一，共设分水口门8个，向中心城区及邓州、新野、镇平、唐河、社旗、方城6座县城和邓州赵集镇移民安置区的17座水厂供水。南水北调中线工程分配我市水量10.914亿立方米，其中分配引丹灌区农业用水6亿立方米、城镇工业和生活用水4.914亿立方米。

南水北调中线一期工程通水3年来，沿线受水省市供水水量有效提升，居民用水水质明显改善，地下水水位下降趋势得到遏制，部分城市地下水水位开始回升，社会、经济、生态、减灾效益同步显现。

丹江口水库水源区涉及我市淅川、西峡、内乡、邓州4县市，总面积6362平方公里，占河南水源区的82.5%。为了一渠清水永续北送，我市一直把生态环境保护当作重中之重，近年来，先后关停企业800多家，静态损失约百亿元；政府投入资金近5亿元，帮助企业转产、职工转业、渔民上岸；在汇水区4县市建成63个污水垃圾处理设施；划定干渠两侧一级保护区和二级保护区，严格水源保护区新上项目审批，确保干渠沿线水质安全。

河南省人民政府门户网站责任编辑：王靖

三门峡市开展交流合作推进旅游事业发展

2017年11月25日

来源：三门峡市政府

11月21日，三门峡副市长庆志英带领市旅游发展委员会相关负责人赴北京，拜会北京市旅游发展委员会主任宋宇。

近年，北京市旅发委对三门峡市旅游业给予了大力支持和帮助，连续4年邀请三门峡市参加北京国际旅游博览会。在该委连续举办的南水北调沿线市(县)生态旅游和乡村旅游发展培训班、智慧旅游与旅游信息化培训班上，三门峡市旅游从业人员受益匪浅。

庆志英表示，本次拜会是为进一步深化北京市旅发委和三门峡市政府之间的务实合作。会谈中，三门峡市还提出涵盖希望北京市旅发委继续支持三门峡市旅游产业发展、指导三门峡市推动旅游景区和乡村旅游转型升级及帮助三门峡市开展旅游招商等内容的旅游战略合作协议。

河南省人民政府门户网站责任编辑：刘成

焦作市召开南水北调配套水厂建设工作推进会

2017年11月11日

来源：焦作市政府

11月9日，南水北调配套水厂建设工作推进会在市会议中心召开，市委常委、焦作军分区政委刘新旺，市人大常委会副主任魏丰收，副市长魏超杰出席会议。

在会上，市住建局相关负责人就苏蔺水厂和府城水厂目前进展情况作了情况汇报，项目施工方提出目前需要协调解决的问题。

刘新旺指出，南水北调配套水厂工程是焦作市重点民生工程，被列为焦作市十大基础设施重点建设项目之一，项目所在城区政府要进一步提高重视程度，抓住重要环节和关键步骤，细化任务，落实责任，严格按照时间节点，加快推进工程建设；市直各相关部门要增强服务意识，加快各项手续的办理进度，与施工方做好对接工作，加强配合协调，为工程顺利推进创造良好条件；施工单位要加快前期手续申报工作，要作好提前谋划，在施工过程中要严格落实环保要求，保证施工现场裸露黄土全覆盖、喷淋等设备正常运行，要倒排工期，力争项目早日竣工，让南水北调水早日造福焦作人民。

会前，与会人员还集中到府城水厂项目工地进行了现场观摩。

河南省人民政府门户网站责任编辑：刘高雅

省南水北调办公室采访团调研鹤壁市南水北调生态补水情况

2017年11月5日

来源：鹤壁市政府

10月31日，省南水北调办公室会同省水利厅、南水北调中线干线工程建管局河南分局及有关新闻媒体对我市利用南水北调水进行生态补水的情况进行调研和采访。截至10月1日，我市规划的6座水厂已投入使用5座，南水北调中线工程通过鹤壁市南水北调配套工程34号、35号、36号三座分水口门三条输水线路累计向我市供水8380万立方米。截至10月31日，南水北调中线工程通过南水北调淇河退水闸向淇河生态补水1152.49万立方米。

市南水北调办公室综合科科长姚林海介绍，我市属水资源短缺地区，水资源贫乏，人均占有量少，用水量大。受益于南水北调中线工程，我市每年可利用1.64亿立方米丹江水。省南水北调办公室采访团首先来到南水北调中线工程淇河退水闸处采访，只见清澈的丹江水通过退水闸欢快地流向淇河，不时掀起朵朵浪花。采访团成员通过现场采访，深入了解我市南水北调工作整体情况、水资源情况，并对分水口和退水闸等设施进出口段、能够体现生态补水效益发挥的设施进行了航拍。

自2014年12月南水北调中线工程正式通水后，我市新区、淇县县城、浚县县城先后用上丹江水。南水北调中线干线鹤壁管理处负责人李合生介绍，目前南水北调中线工程总干渠已多次通过南水北调淇河退水闸向淇河生态补水，为改善淇河生态环境发挥了积极作用。水波荡漾的淇河风景如画，采访团的成员纷纷拿出相机、航拍器等进行拍照。淇河拦河坝管理处管理调试中心负责人王保军告诉采访团记者，南水北调中线工程向淇河生态补水有效改善了淇河的环境以及周边小气候，如今淇河的水更清了，景也更美了。

南水北调中线工程向淇河生态补水有效缓解了我市水资源短缺的问题，淇河沿线空气质量得到改善，沿河的植被状况有所修复，对地下水的回补和淇河生态的恢复都有极大的好处。生态补水助推了以南水北调淇河河渠倒虹吸工程下游淇河水面为轴，淇河西岸的生态景观和淇河东岸的现代城市景观相互辉映环境的形成，使淇河两岸真正融现代性、生态性、文化性为一体，提升了城市品位和人民生活质量。

"我们从南到北对南水北调工程进行了采访和调研，深切感受到南水北调工程对生态起到的巨大作用，通过生态补水还让当地河流变清变美，提升了当地居民的幸福感。"采访团媒体代表彭爱华表示。

河南省人民政府门户网站责任编辑：李瑞

南水北调水　流进安阳河

2017 年 11 月 5 日

来源：安阳市政府

"现在感觉这里的水质明显好了。前段时间水深大约有两米，现在有三米多，放水量很大，水质也有所改善。" 10 月 31 日，在南水北调中线总干渠汤河渡槽附近，76 岁的郑承星和伙伴们看着汤河沿岸的风景，感叹这些年汤河水质发生的变化。

当日，记者在现场看到，南水北调中线总干渠汤河退水闸门开启，一股股清流奔腾翻滚，最终注入汤河。据了解，9 月以来，汉江发生明显秋汛，丹江口水库大坝加高后首次 167 米高水位运行，南水北调中线总干渠供水充足。我市抓住时机，积极向上级争取生态补水指标。10 月 27 日 11 时许，我市首次实现利用南水北调水对安阳河、汤河进行生态补水。截至 10 月底，我市共引用南水北调生态补水 829.01 万立方米，其中安阳河引水 345.6 万立方米，汤河引水 483.41 万立方米。此次生态补水，受水区域主要为安阳河退水闸下游两岸殷都区、北关区、市城乡一体化示范区(安阳县)和内黄县以及汤阴县城区及周边乡镇、村。

据介绍，南水北调中线总干渠工程在我市境内全长约 66 公里，穿越汤阴县、龙安区、文峰区、高新区、殷都区 5 个县(区)、14 个乡(镇)、85 个行政村。沿线分别布设 37 号董庄分水口门、38 号小营分水口门和 39 号南流寺分水口门以及汤河退水闸、安阳河退水闸和漳河退水闸三个退水闸。我市南水北调配套工程分别从总干渠 37 号、38 号和 39 号三个分水口门引水，管线总长约 92 公里，线路涉及内黄县、汤阴县、文峰区、殷都区、龙安区、北关区、高新区和市城乡一体化示范区(安阳县)8 个县(区)、21 个乡(镇、办事处)、99 个行政村。

目前，全市已建成投入接水的配套水厂有 3 座，分别是 38 号输水线路的市区第八水厂和 37 号输水线路的汤阴一水厂、内黄四水厂。市区第八水厂为新增水厂，设计供水规模为 10 万吨/日，于 2016 年 9 月下旬通水运行，由供水初期的 5 万吨/日，已逐步达到 9 万吨/日左右；汤阴一水厂为改扩建水厂，设计供水规模为 2 万吨/日，于 2015 年 12 月下旬通水运行，由供水初期的 1 万吨/日，已逐步达到 2 万吨/日左右；内黄四水厂为新建水厂，设计供水规模为 8.3 万吨/日，一期工程(4万吨/日)刚刚建成，于 2017 年 8 月底开始通水试运行，日供水能力 1.2 万吨，随着县城区管网配套建设的逐步完善，供水规模将逐步加大。截至 2017 年 10 月底，我市累计引水总量为 4252.69 万立方米，其中城市生活供水 3423.68 万立方米，生态补水 829.01 万立方米。

南水北调中线工程主要向我省受水区城镇供水，同时提供大量生态补水。通过这次生态补水，有效补充了我市地下水资源，改善了安阳河和汤河水质，促进了水循环，改善了河水生态环境，使河水变得更清，进一步完善了安阳河河岸公园和汤河湿地公园的功能，为我市市民创造了一个"近水、亲水、乐水"以及"休闲、娱乐、健身"的好去处。

河南省人民政府门户网站责任编辑：李瑞

副市长景劲松宣布2017渠首淅川·中国丹江湖公开水域游泳挑战赛开赛

2017 年 10 月 17 日

来源：南阳市政府

10 月 15 日，以"美丽丹江湖生态新淅川"为口号的 2017 渠首淅川·中国丹江湖公开水域游泳挑战赛在淅川丹江大观苑举办。省体育局副巡视员张跃敏等出席开幕式，市委常委、常务副市长景劲松宣布开赛。

本次比赛由省游泳运动管理中心、市体育局和淅川县政府共同主办，共吸引了全国 14 个省市 53 支代表队 1227 名游泳爱好者和美国、以色列等国际友人前来参赛。比赛设置了 2 公里竞赛和 10 公里挑战赛，共分 7 个组别，新增设的 10 公里挑战赛是最大亮点，并吸引了 100 多名游泳爱好者参与。开幕式上，文艺表演全方位展现了淅川作为楚国始都所拥有的灿烂楚文化和作为南水北调中线源头所在地而特有的水文化。

河南省人民政府门户网站责任编辑：王靖

焦作市首次实现南水北调生态供水

2017 年 10 月 17 日

来源：焦作市政府

10 月 13 日 16 时 16 分，随着一声指令，南水北调总干渠闫河退水闸门门徐徐开启，一股清流喷涌而出，奔腾翻滚着注入群英河，一路欢歌流进龙源湖。此次放水流量为 1 立方米每秒，将持续 18 天，累计放水 150 万立方米。

焦作市首次实现南水北调生态供水，是市委市政府高度重视、市南水北调办公室等有关部门努力争取的结果，是焦作市实施生态立市战略的重要成果。本次供水全省有 3 家，焦作市是黄河以北第一家。

进入 10 月份以来，丹江口水库入库流量 1.5 万立方米每秒，下泄流量 0.7 万立方米每秒，水量颇丰。

国务院南水北调办公室、河南省南水北调办公室为迎接党的十九大胜利召开，充分发挥南水北调工程效益，决定利用有利时机，扩大沿线生态供水，最大程度惠及沿线群众。

民生是最大的政治。市委、市政府主要领导得知消息后，高度重视，亲自过问，并指示要克服困难，抢抓机遇，确保成功进行生态补水。市南水北调办公室、市园林局等职能部门按照领导指示，迅速行动，一边向上级争取供水指标，一边双节期间不休息，疏浚河道，完善工程，为按时、安全供水提供有力保障。

市南水北调办公室主任段承欣说："本次开闸放水，水流经过群英河、黑河进入龙源湖，之后再经由黑河进入新河，最终注入大沙河，对龙源湖实施南水北调清水大置换。此次南水北调生态供水，对提升龙源湖水质、补充地下水、改善市区东南部水生态环境将产生积极作用。"

焦作人用上丹江水了。不少路经人民路群英河桥头的市民闻讯后纷纷驻足观看，他们望着奔流而下的丹江水赞不绝口。

10月13日16时16分，随着一声指令，南水北调总干渠闫河退水闸门门徐徐开启，一股清流喷涌而出，焦作市首次实现了南水北调生态供水。

河南省人民政府门户网站责任编辑：刘高雅

焦作市南水北调配套水厂工程府城水厂开工

2017年10月10日

来源：焦作市政府

9月30日上午，市南水北调配套水厂工程府城水厂开工仪式举行。市委常委、焦作军分区政委刘新旺宣布项目开工，市人大常委会副主任魏丰收主持开工仪式，副市长魏超杰致辞。

府城水厂位于市人民路南水北调桥西1000米以北，设计规模为26万立方米/日，占地145亩，分两期建设。一期建设规模为13万立方米/日，投资估算2.99亿元。该水厂建成后，不仅能满足城市用水发展需求，提高城市公共供水普及率，而且对城区供水水质的提高和用水环境的改善具有重要意义。

魏超杰在致辞中说，南水北调配套水厂工程是一项重要的民生工程和政治工程，项目所在城区政府要细化任务，倒排工期，夯实责任，加快推进，为府城水厂建设创造良好的外部条件；市直相关部门要与设计、施工、监理等单位密切配合，加强协作，确保府城水厂建设顺利进行；施工单位要严格按照"六个百分百"环保施工要求，做到安全施工、文明施工、环保施工，力争项目早日竣工，让南水北调水早日造福焦作人民。

仪式上，解放区政府、中站区政府、市

住建局、市水务有限责任公司负责人分别作了表态发言。

河南省人民政府门户网站责任编辑：刘高雅

安阳市加紧筹建市第四水厂二期工程

2017年9月28日

来源：安阳市政府

"根据市政府第八十五次常务会议精神，我们正在积极筹建市第四水厂二期工程。这项工程不但是安阳水务集团公司今年的重中之重工作，而且也是我市一项重要民生工程。为此，我公司专门成立了市第四水厂二期工程筹建办公室，抽调精兵强将，为工程顺利进行创造一条绿色通道。"9月21日，安阳水务集团公司党委书记、董事长刘国同接受记者采访时说。

为何要筹建市第四水厂二期工程？记者了解到，安阳是南水北调中线工程的供水城市之一，南水北调工程在安阳设有38号小营、39号西部南流寺两个分水口门，每年向我市市区供水2.352亿立方米。去年9月23日，作为南水北调工程配套项目，我市第一座南水北调配套水厂——市第八水厂建成通水，丹江水从南水北调中线工程38号闸口倾泻而出，经过水厂净化处理后，沿着四通八达的地下供水管网流进千家万户，城区大部分市民吃上了清澈、甘甜的自来水。然而，不少家住铁路以西的市民发现，自家烧开的水还是有水垢。原来，由于铁路以西地势较高，与市第八水厂距离较远，因而当水压较低时，丹江水在城区的供给就会不足。铁西片区的供水过去一直来源于市第四水厂，在丹江水不能保证供给的情况下，就会启用硬度相对较高的地下水源。

为彻底解决这一问题，市政府决定建设市第四水厂二期工程，从南水北调工程39号口门将丹江水引入市第四水厂处理，并确定于明年下半年实现通水。届时，铁西片区居民饮用清澈甘甜地表水的问题将得到彻底解决，我市也将实现地表水全覆盖供应。

记者来到位于市梅东路以西、清风街以北的市第四水厂，看到了一期工程的清水池、加氯间、送水泵房、配电间以及综合楼等建筑物。其中，清水池有效容积为1万立方米，送水泵房土建规模按照每天20万立方米建设。厂区西侧和北侧均有预留用地，可以布置完整的10万立方米/天规模水处理以及废水污泥处理设施。据了解，该水厂占地61亩，建设之初已经预留了引地表水的二期工程用地31亩。

在市第四水厂二期工程工地，记者看到工作人员正在进行最后的清理工作。"这边要建深度处理炭滤池、臭氧发生间等，那边要建叠合池……"市第四水厂二期工程筹建办公室主任顾雪生介绍，我市是一个典型的资源型缺水城市，市政府确立了"优先使用境外地表水、其次使用境内地表水、最后使用境内地下水"的用水原则，充分使用南水北调工程的优质水源作为城市供水水源，尽量保护境内地下水资源。市第八水厂通水后，我市中深层地下水位回升3.6米，全市饮用水水质、水压双提升。市第四水厂二期工程设计规模为每日供水10万立方米，建成通水后，不但可以让更多市民喝上丹江水，而且还可使我市日常城市公共供水水源结构发生根本变化，形成以地表水源为主、地下水源作为补压和应急的新格局，将更好地保障城市公共供水安全，提升城市服务功能。

记者了解到，筹建中的市第四水厂二期工程水处理工艺和自动化水平与市第八水厂一样。丹江水经过长途输送，进入水厂后要经过加药净化和两次加氯消毒，再进入网格絮凝池、平流沉淀池、V型滤池等多种水池过滤沉淀，最终进入清水池的水还要对照饮用水标准进行化验，化验合格后才能进入加

压泵房，通过供水管网流入居民家。

"有了优质的原水，再加上水厂先进的工艺设备，明年下半年市第四水厂二期工程通水后，将为市区实现地表水供应全覆盖扫除最后一道障碍。届时，广大市民将喝上更高质量的地表水。责任重于泰山，时间紧、任务重，我们一定竭尽全力、克难攻坚、'挂图作战'，圆满完成市第四水厂二期工程建设任务。"刘国同的话掷地有声。

河南省人民政府门户网站责任编辑：李瑞

焦作市召开城乡规划委员会2017年第三次会议

2017年9月26日

来源：焦作市政府

9月23日上午，市委副书记、市长、市城乡规划委员会主任徐衣显主持召开市城乡规划委员会2017年第三次会议，研究南水北调工程焦作城区段沿线区域控制性详细规划与城市设计、焦作市水生态体系规划、焦作市中心城区中小学校布局规划和焦作市专业市场规划。市委常委、常务副市长杨青玖，副市长魏超杰出席会议。部分专家和群众代表列席会议。

会议审议并票决通过了《南水北调工程焦作城区段沿线区域控制性详细规划与城市设计》，要求贯彻落实新发展理念，统筹考虑该区域建筑限高、外立面风格确定、棚户区(城中村)改造等重点内容，进一步修订完善规划，指导沿线改造提升，努力将该区域打造成为风景秀丽的旅游观光带、人水和谐的生态景观带、内涵丰富的文化产业带、滨水娱乐的休闲商业带，加快城市转型升级步伐。会议审议并票决通过了《焦作市水生态体系规划》，要求坚持"以水润城、以文化城"，做好水的文章，彰显焦作文化内涵，统筹污

水治理、水系建设、再生水利用、城市防洪等工作，打造节约高效的水利用体系、特色明显的水景观体系、人水和谐的水生态体系。会议审议并票决通过了《焦作市中心城区中小学校布局规划》，要求坚持以人为本、服务群众，加强与城市专项规划衔接，统筹新老城区学校建设，优化中心城区教育资源，切实以完善的基础设施促进教育均衡发展、协调发展。会议审议并票决通过了《焦作市专业市场规划》，要求进一步完善细化规划，制订配套政策措施和工作方案，加快推进老旧市场取缔、搬迁、提升工作，积极运用大数据、云计算、物联网等信息技术，努力打造一批地方特色突出、建设模式先进、竞争优势明显、辐射带动周边的专业市场。

就做好城市"双修"工作，徐衣显强调，各级各部门要以焦作市被列为全国第三批城市"双修"试点城市为契机，把开展城市"双修"作为恢复城市自然生态、改善人居环境的有效途径，作为城市改造提升的重大机遇，加快编制城市"双修"总规，全面推进老城区开发改造、街道外立面整治、绿地与水系建设、慢行系统建设、工业遗产保护等重点工作，切实提高城市品位，增强城市发展动力，推动城市提质建设、转型发展。

就做好重要专项规划编制工作，徐衣显强调，各级各部门要认真对照国家标准规范，与中心城市改造提升和"四城联创"结合起来，按照"适度超前、功能完善、配套协调、高效可靠"的原则，高起点、高质量地作好专项规划编制，尽快补齐基础设施和公共服务短板，加快构建完善以总规为基础、控规为主体、专项规划为保障的科学规划体系，塑造城市特色，提升城市内涵，科学引导城乡建设。同时，对由国内一流规划团队编制的专项规划，市规划部门要安排专人、全程参与，学习借鉴先进理念，创新人才培养模式，加强规划队伍建设，全面提升

焦作市规划工作水平。

河南省人民政府门户网站责任编辑：刘高雅

国家生态园林城市考核验收组莅许考核

2017年9月19日

来源：许昌市政府

9月13日至15日，国家生态园林城市考核验收组莅许考核，考核验收组组长、海南省海口市市政市容管委会原副主任江长桥带队。市领导武国定、王忠梅、王堃、刘保新、石迎军、徐相锋、王志宏、赵庚辰、赵淑红先后出席汇报会、座谈交流会或陪同实地考察。省住建厅副巡视员张冰主持相关会议。

在9月14日上午召开的汇报会上，市委书记武国定介绍了许昌市情、经济社会发展特别是生态文明建设情况。他说，许昌在抓好经济社会发展的同时，牢固树立"绿水青山就是金山银山"的理念，始终高度重视生态文明建设，加快推动产业转型升级，关停小散乱污企业，对装备制造业实施"设备换芯、生产换线、机器换人"；积极推进水生态文明建设，抓住南水北调工程建成通水的机遇，引来长江水，调来黄河水，置换汝河水，打造了"五湖四海畔三川、两环一水润莲城"的水系格局，使许昌由全国严重缺水城市变成了"清水绕城"，成为全省首个、全国第二个通过国家水生态文明城市建设试点验收的城市；大力实施"绿满许昌"行动计划，让森林走进城市、让城市拥抱森林，实现了"开窗见绿、推门进园"。

市委常委、常务副市长石迎军汇报了许昌市创建国家生态园林城市工作情况。多年来，许昌市将生态园林城市创建作为改善环境、推动转型的重要抓手，狠抓增绿提质、生态修复、节能减排，注重点线面结合、多植被搭配、节约型建设、特色化打造，形成

了"绿满全城、清水绕城、古风新韵、精致秀美、个性鲜明、宜居宜业"的现代化城市格局。目前，许昌市节约型绿地建设率达92.77%，城市建成区绿地率达36.46%、绿化覆盖率达40.62%、人均公园绿地面积12.34平方米。

在许期间，考核验收组一行前往中央公园、鹿鸣湖、饮马河湿地公园、北海公园、清潩河、东湖、护城河、三达人工湿地、科技广场等处，实地察看城市绿化、公园管理、湿地保护、城市道路、文体惠民设施、节约型园林建设、夜景亮化等工作，还到部分社区察看供热计量、园林式居住区建设等情况，到相关企业察看污水处理、建筑垃圾资源化利用等情况，并查阅了相关档案资料。

"有一种自信，叫娓娓道来；有一种智慧，叫标本兼治；有一种精神，叫不屈不挠；有一种情怀，叫不断攀高。"考核验收中，许昌市广大干群敢拼会赢的精气神、创建工作有力有效的思路举措得到了考核验收组的充分肯定。在9月15日召开的许昌市创建国家生态园林城市座谈交流会上，专家们一致表示，通过对许昌生态园林建设的数量规模、质量水平的实地考察，他们深切感受到，许昌市委、市政府高度重视生态园林城市创建，把创建工作作为改善生态环境、提升城市品质的重要抓手，坚持生态优先、组织严密有效，注重专项规划、结构构建有成，强化投入攻坚、跨越发展有量，完善法规制度、多元管控有力，始终如一、持续创建，科学规划、扎实推进，惠民利民、共建共享，形成了"五湖四海畔三川、两环一水润莲城"的清晰架构，不仅园林绿地规模大、结构优，还注重提升品质内涵、彰显地域风貌，使生态建设、水系建设与民生工程有机融合，在中原缺水城市打造了"莲城风韵"、水乡风貌，展现了内陆林水相融共生的城市风采，特色明显，经验良多。专家们建议，许昌生态园林建设已经到了新阶段，下

一步要积极探索从数量规模向质量效益转变、从建设为主导向维护管养转变的创建路子，努力建设更高水准、更高层次的生态园林城市，为北方城市乃至全国生态文明建设创造更多有益经验。

武国定向各位专家对许昌生态园林建设提出的宝贵意见表示衷心感谢。他表示，下一步，要认真梳理、迅速研究，抓紧传达学习会议精神，制定部署下一阶段深化创园工作举措。要查漏补缺、认真整改，对当前能够解决的，迅速行动，立行立改；对一时难以解决的，制定规划，限期整改，坚定不移、坚持不懈，久久为功、抓好落实。要拉高标杆、持续求进，进一步把生态优先理念贯彻到城市规划、建设和管理的各个方面，着力打造有竞争力的经济、可持续发展的环境和高品质的生活，使许昌真正成为崇德向善之城、文化厚重之城、和谐宜居之城，成为中原大地上的一颗璀璨明珠。

河南省人民政府门户网站责任编辑：李瑞

2017年河南省南水北调沿线市县旅游管理人员培训班在京结束

2017年9月13日

来源：省旅游局

9月7日，河南省旅游局联合北京市旅游发展委员会举办的"2017年河南省南水北调沿线市县旅游管理人员培训班"圆满结束，经过7天的集中学习，我省南水北调沿线各市县旅游管理部门155人顺利结业。

此次培训活动是针对南水北调沿线市县举办的专题培训，是北京、河南两地以南水北调为纽带，推进南水北调对口协作，加强交流合作的重要项目，也是深化人才培养和智力支持的重要内容。培训内容丰富实用，课程安排紧凑有序，通过专家授课、交流分

享、体验教学等方式，为旅游管理部门搭建了专业学习和互动交流的平台，取得了明显成效。

结业仪式上，南水北调渠首南阳市旅游局常洪涛同志作为学员代表畅谈了学习心得、表态了努力方向。

张凤有巡视员最后作了总结讲话，从课程内容充实、过程组织有序、收获成果丰富三个方面，向主办方北京市旅游发展委员会和具体承办方北京蓝海易通咨询有限公司表示感谢，向各位学员能够真正学到先进理念、指导本地旅游健康快速发展表示祝贺。张凤有指出，要继续加强学习、不断提高自身综合素质，努力成为胜任本职工作的行家里手、旅游产业转型发展的主力军；要学以致用、努力开创发展新局面，把学习培训的成果转化为工作的能力，运用到创新发展思路、改进工作方法、解决难点问题上来，为河南旅游产业转型升级发展、决胜全面小康让中原更加出彩作出新的更大贡献。

河南省人民政府门户网站责任编辑：刘高雅

关于《南水北调焦作城区段绿化带建设工程》设计方案意见征集

2017 年 8 月 28 日

来源：焦作市政府

南水北调焦作城区段绿化带建设工程大幕开启

期待您的参与 期盼您的精彩

建设南水北调城区段绿化带工程，打造"以绿为基、以水为魂、以文为脉、以南水北调精神为主题的开放式带状生态公园"，是市委、市政府从建设生态文明和美丽焦作的战略高度作出的一项重大决策，是重要的国家工程、政治工程、民生工程。对改善城市生态环境、提升城市品位、盘活城市资源，实

现经济社会发展具有重大而深远的意义。

南水北调焦作城区段绿化带设计方案经中国美术学院风景建筑设计研究总院多轮修改，已经得到进一步优化。为切实完善设计方案，保障公众的知情权、参与权，真正把绿化带打造成为高标一流、符合实际、特色明显、公众满意的生态工程、景观工程、民生工程，按照"政府组织、专家领衔、部门合作、公众参与、科学决策、依法办事"的要求，现就南水北调焦作城区段绿化带设计征求社会公众意见方案向社会公布。

征求意见时间为 2017 年 8 月 22 日至 8 月 31 日。

信函请寄：焦作市南水北调城区段建设办公室、焦作市南水北调建设发展有限公司

电子邮箱：jznsbdgs@126.com

电话：（0391）8395113

征求意见基本内容包括项目概况、主题定位、设计重点及市民关心的问题。对所有征求到的意见和建议进行梳理汇总，并交设计单位筛选后进一步完善设计方案。对提出建设性意见和建议的人大代表、政协委员、专家学者、市民群众等，颁发纪念品，并邀请他们参加专题座谈会，与设计单位进一步沟通交流。

期盼您的参与，同心书写焦作城建史上最美的一页。

征求意见建议内容

●项目概况

南水北调绿化带工程位于南水北调焦作城区段总干渠两侧，西起丰收路，东至中原路东，长约 10 公里，单侧宽 100 米左右（局部有拓宽），总占地面积 2916 亩。绿化面积 144.5 万平方米，硬质景观 29.5 万平方米，水景面积 10.75 万平方米，绿化率达 80%（含绿化和水景面积）；配套建筑占地面积 9.7 万平方米，建筑面积 20.53 万平方米，建筑占地比

例为4.98%。

● 主题定位

以绿为基、以水为魂、以文为脉、以南水北调精神为主题的开放式带状生态公园。

● 设计导向

水之六境：见水、品水、颂水、乐水、亲水、悟水。因地制宜进行局部架空、就势造景、弃土造山，点状设置净水直饮点和具有焦作民居特色的菊吧、茶吧、水吧等休闲业态，规划建设南水北调纪念馆、南水北调第一楼等标志性建筑，采用艺术雕塑、实景展示、文化景墙、互动体验等方式，达到见水、品水、颂水、乐水、亲水、悟水之目的。

● 设计重点

重点打造"一馆一园一廊一楼"。

"一馆"即南水北调纪念馆，位于人民路与总干渠交叉处东北角，总占地面积约290亩，通过文献、音频、影像、雕塑、艺术作品等形式以及声光电等高科技手段，生动展示世界水利工程的发展历程，展示南水北调工程决策、征地移民、项目建设全过程及沿线人民舍小家、为国家的奉献精神。

"一园"即南水北调主题文化园，贯穿整个城区段，采用艺术雕塑、文化景墙、实景展示、互动体验等方式，打造南水北调中线工程1432公里的微缩景观，重点展示南水北调中线渠首、穿黄隧道、湍河渡槽、倒虹吸等工程节点，使其成为游客了解南水北调中线工程整体面貌的窗口。

"一廊"即水袖艺术长廊，位于闫河退水闸至焦东路之间，上跨群英河、塔南路，设置500米长，3～5米宽，具有水袖形态、体现中国戏剧风格的艺术长廊，沿廊布置焦作历史文化浮雕，结合夜景灯光，形成特色文化景观。

"一楼"即南水北调第一楼，位于总干渠与中原路交叉处东北角，与汉代文化遗址山阳古城遥相呼应，具有望山、观水、地标、展陈等功能。占地面积约400亩，楼高109.32米，取意来自两个方面：一是南水北调中线工程总长度为1432公里，计14.32米；二是南水北调中线一期工程平均调水量为95亿立方米，计95米，合计109.32米。在第一楼广场利用声光电技术打造一场多媒体空间秀。

水之六境

"见水、品水、颂水、乐水、亲水、悟水"。

为了体现人与水的亲和关系，体现人水一体，水城一体的和谐理念，提出了"水之六境"的设计导向。

水之六境的核心点是见水，在设计中采取弃土成山、就势造景、主题建筑、景观桥梁、上堤观水等技术处理手段，使市民在总干渠沿线间隔300米至500米来满足见水的需求。

经过绿化美化亮化，结合亭台楼阁等景观构筑物，打造春有花、夏有荫、秋有色、冬有景、富有南太行植物景观特色的登高见水观景节点，形成锦绣怀川、槐荫山阳、诗画太行、枫林晚秋、踏雪寻梅的壮美景观。

通过就势造景、观水栈道、水袖长廊、观水广场、南水北调纪念馆、南水北调第一楼等建筑满足群众见水需求。

水之六境之品水

直饮丹江水，情系南水源。

绿化带内设置游客净水直饮点50余处，使游客在景区内随时可以品尝到甜净的丹江水。

水之六境之颂水

千里丹水泽后世，十里天河颂古今。

通过在城区段总干渠10公里沿线采用艺术雕塑、实景展示、文化景墙、互动体验等方式，打造南水北调中线工程1432公里的微缩景观，使其成为国内外游客了解南水北调中线工程整体面貌的唯一展示窗口。

水之六境之乐水

与水互动，在互动中感受水之乐趣。利用海绵城市原理，直接与自然界水互动；利用水装置艺术、水主题灯光秀，将装置体验和游客好奇心结合；以学习为乐，通过水利文化的艺术表达，学习水文化知识也是乐趣之一。

水之六境之亲水

为满足人亲水的天性，通过亲水栈道、间歇性浅水沙滩、旱喷广场、镜面水景等多种方式亲水。

水之六境之悟水

悟水一方面是水引发思考，一方面是依托水景观，领悟水文化、水哲学的精髓，感悟人生。在景区适当的区域点状设置具有焦作民居特色的菊吧、茶吧、水吧等休闲业态，供游客和市民品菊、品茶、品人生。

水之六境之见水

● 南水北调纪念馆

纪念馆的设计灵感来自成语"水到渠成",为了南水北调工程沿线人民舍小家、为大家、为国家的牺牲精神,打造一个集展示、教育、记录、体验为一体的综合性纪念馆。

● 南水北调第一楼

民丰修渠,盛世筑楼,在城之东、山之南、水之北,南水北调出城处,山阳古城东南方向,筑南水北调第一楼,高 109.32 米,与山阳古城遥相呼应,具有望山、观水、地标和展陈等功能。

南水北调城区段绿化带见水景观示意图

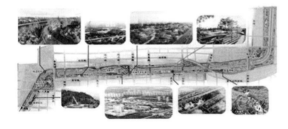

发表单位:焦作市南水北调建设发展有限公司　发布日期:2017-08-22　截止日期:2017-08-31

河南省人民政府门户网站

周口市南水北调西区水厂支线供水工程开工

2017 年 8 月 21 日

来源:周口市政府

8月18日上午,周口市南水北调西区水厂支线供水工程开工。副市长洪利民出席开工仪式并下达开工令。

周口市南水北调西区水厂支线供水工程为设计变更工程,由支线向二水厂供水变更,全长3620.15米,设计日供水能力10万立方米,管材采用DN1200的球墨铸铁管,设计阀井13座,镇墩3座,顶管四处总长938.541米,总投资3000多万元,设计工期8个月。工程建成投入运行后,不仅可以有效改善城市水源结构,为广大市民提供安全生活用水,也将为周口生态环境提升、经济社会可持续发展提供强有力的水资源保障。

河南省人民政府门户网站责任编辑:刘成

安阳市第六水厂开工奠基

2017 年 8 月 17 日

来源:安阳市政府

15日,我市举行了市第六水厂开工奠基仪式。市领导李公乐、王新伟、朱明、葛爱美、盖兆举、陈志伟、李苏庆、唐献泰、侯津琪出席奠基仪式。

市委书记李公乐宣布:安阳市第六水厂开工奠基。

市委副书记、市长王新伟在奠基仪式上致辞。他指出,建设市第六水厂是市委、市政府确定的重大民生项目,是《政府工作报告》向全市人民作出的郑重承诺。市第六水厂开工建设,对于合理使用南水北调水源,

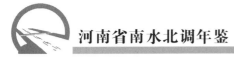

河南省南水北调年鉴 **2018**

构建"地表水为主、地下水应急"的城市双源供水格局，改善城区供水结构，提高供水质量和供水能力，保证城市公共供水安全具有重要意义。

王新伟要求，各级各部门要密切配合，通力协作，提高办事效率，优化审批流程，全面支持和服务市第六水厂建设，促进项目早建成、早见效。希望参与市第六水厂建设、施工、监理、设计的单位，高效组织队伍，优化施工程序，落实环保措施，把好质量关口，把市第六水厂建成经得起历史和人民检验的标志性工程。希望安阳水务集团公司按照既定目标，"挂图作战"，从严履责，攻坚克难，确保项目建设优质、安全、快速推进，早日建成通水，造福全市人民。

据了解，市第六水厂属我市城区与南水北调中线工程配套的第二座水厂。选址位于京港澳高速公路与人民大道交叉口东南侧，总建设规模30万吨/日，规划总用地168亩；近期建设规模10万吨/日，总投资3.3亿元。项目建成后，将极大改善市城乡一体化示范区、北关区、文峰区的生活和生产供水状况，从根本上解决东部城区供水的一系列问题。

河南省人民政府门户网站责任编辑：李瑞

国家林业局专家组莅淅考察生态监测站建设

2017年8月3日

来源：省林业厅

日前，国家林业局生态定位观测网络中心办公室主任杨振寅，中国林科院湿地所党总支书记、副所长梅秀英，院省科技合作办公室主任张艺华等一行莅临淅川县考察河南丹江森林生态监测站建设。

杨振寅一行先后深入河南丹江森林生态

定位监测站、大石桥石漠化监测点、九重镇渠首造林绿化示范区，实地考察了南水北调中线渠首水源地林业生态示范区各项科研合作项目落地实施情况，重点考察了生态监测站建设进展情况并召开座谈会。

河南丹江森林生态定位监测站建设采用"一站三点"式，主站点为公益林监测点，设在淅川县毛党乡龙山景区，两个辅助观测点分别为石漠化和退耕还林观测点，分别设在大石桥乡的杨营村和荆扒岭村，共建设了野外观测样地12块、坡面径流场4个、测流堰1座、综合观测塔1座和常规气象观测场1座。

座谈会上，淅川县林业局负责人就淅川生态监测站日常运作、数据采集、站点维护、分析研究等有关工作情况向专家组作了汇报。通过实地考察和听取汇报，专家组对河南丹江森林生态监测站的建站、运行情况都给予了高度肯定，并就生态监测站的下一步工作提出了两点要求。一是加强对生态监测站的管理和维护，确保监测数据的系统性、完整性和科学性；二是加强人才队伍建设，提高监测能力，为今后研究的开展提供详实的基础数据支撑，确保早日纳入国家站管理。

河南省人民政府门户网站责任编辑：王靖

副市长刘庆芳参加中国旅游研究院博士团走进淅川县活动

2017年7月25日

来源：南阳市政府

7月21日至23日，中国旅游研究院博士团应邀走进淅川县，"把脉问诊"县域旅游。中国旅游研究院院长戴斌，省旅游局副局长李延庆，副市长刘庆芳参加。

博士团先后到南水北调中线工程渠首、丹江大观苑、坐禅谷、香严寺等地，实地调研淅川县旅游资源及旅游发展现状。随后,中国旅游研究院与淅川县政府签署了《乡村旅游扶贫与模式推广规划》合作协议,戴斌被聘为南阳市旅游产业发展高级顾问。戴斌表示,中国旅游研究院、国家旅游局数据中心将进一步联合众多的分院、基地、观测站和战略合作单位,共同宣传淅川、推广淅川、投资淅川、投智淅川,努力把淅川建设成为我国县域旅游扶贫的模范样本。

河南省人民政府门户网站责任编辑:王靖

副市长郑茂杰到南水北调干部学院项目工地现场办公

2017年7月13日

来源:南阳市政府

7月11日下午,市委常委、组织部长杨韫,副市长郑茂杰到南水北调干部学院项目工地现场办公。

南水北调干部学院位于淅川县南水北调中线工程渠首,占地面积105亩,是省委、省政府批准的红色教育基地,工程项目于2016年6月开工建设,EPC总承包方为中建西北设计院。在听取各方建设单位汇报后,杨韫指出,在南水北调中线工程移民迁安中,南阳各级党组织和广大党员干部忠诚担当、无私奉献,涌现出了一大批先进典型和可歌可泣的感人事迹,是对全省党员干部进行党性教育的生动教材。各级各有关部门要提高认识,统筹协作,全力推进基地建设;施工单位要强化责任意识和合同意识,建立工作台账,明确时间节点,加快进度,强化管理,确保把项目建成南水北调渠首形象工程。

河南省人民政府门户网站责任编辑:王靖

京豫高校合作签约仪式举行

2017年6月8日

来源:省教育厅

京豫合作再掀新篇。6月3日,北京市教育委员会和河南省教育厅联合在郑州举行京豫高校合作签约仪式。省委高校工委书记、省教育厅厅长朱清孟,北京市教委副主任黄侃出席签约仪式并讲话,省教育厅副厅长尹洪斌主持签约仪式。

朱清孟代表河南省委高校工委、河南省教育厅,向北京教育同仁的到来表示欢迎和感谢。他指出,虽然北京与河南相隔千里,两地经济、教育发展水平差距较大,但河南人民和首都人民始终心相印、心相连,特别是随着我国南水北调中线工程的实施,河南与北京之间建立了一条新的纽带,为京豫合作创造了良好条件。2016年8月,京豫双方针对河南高等教育发展问题专门签订了《京豫高等教育合作协议》,决定在学术交流、人才培养、协同创新、学科建设等方面展开合作,明确了河南省10所高校与北京市10所市属高校以"一对一"模式进行全方位合作交流。这一举措充分体现了北京市委、市政府,北京市教委对河南人民的深切关怀和深厚情谊,也为河南高等教育改革创新提供了新思路、新机遇,希望河南有关高校主动加强对接,认真学习借鉴结对高校先进的教育理念和管理经验,相信随着京豫高等教育合作的深入开展,必将进一步提升河南高等教育发展水平,为河南经济社会发展提供更加有力的人才支撑和智力支持!

黄侃在讲话中指出,北京市教委高度重视京豫教育合作,明确按照市委市政府总体部署,主动对接工作,做好项目统筹。就推进两地高校合作共建,他提出三点意见:一要高度重视,保质保量完成任务。北京高校要高度重视此项工作，切实增强政治意识、大局意识、核心意识、看齐意识，以高度的政治自觉和行动自觉，将两地教育合作作为政治任务来对待，明确方向、理清思路、保质保量完成。二要强化协同，促进合作工作常态化。双方合作高校要抓住重点，努力把工作做实做细。要切实加强对此项工作的领导，建立工作机制，明确专人负责。要积极主动开展工作，加强沟通协商，每年确定若干具体任务，研究制定有针对性的实施方案，并认真组织实施。要努力促进对口协作常态化，加强项目管理，定期通报工作进展情况。确保京豫两地高等教育协同发展取得新成效。三要精心设计，确保项目可持续发展。当前两地教育合作进入了新的发展阶段，要充分发挥双方高校自身的学科优势、人才优势和学术影响力，增加两地合作高校的学术交流，共享学术资源，在青年骨干教师、研究生、导师队伍建设、优秀中青年教师及中层管理干部培养方面加强合作，联合培养研究生，在培养方案、课程建设、质量监控、评价体系等人才培养工作上互通互助，在重大科研项目、课题等研究方面加强协作，联合攻关，推进学科共建工作。

仪式上，北京工业大学校长柳贡慧和河南科技大学校长孔留安分别代表京豫高校发言。北京工业大学与河南科技大学、首都师范大学与河南师范大学、首都医科大学与新乡医学院、首都经济贸易大学与河南财经政法大学、北京工商大学与郑州航空工业管理学院、北京信息科技大学与南阳理工学院、北方工业大学与郑州工程技术学院、北京联合大学与信阳职业技术学院、北京工业职业技术学院与洛阳职业技术学院、北京卫生职业学院与三门峡职业技术学院分别签约。

京豫两地此前已在基础教育领域开展合作并取得丰硕成果。2013年12月，北京市教委与河南省教育厅签订教育合作协议，决定在基础教育领域对河南省南水北调水源地区进行对口援助。3年多来，通过骨干教师培训、名师巡回讲学、干部挂职锻炼、"手拉手"结对帮扶等合作项目，北京市共为我省南水北调水源地区培训教师440人，为水源地学校开放授权60个北京数字学校优质资源共享点，并接收76名教师到北京市学校跟岗研修。

河南省人民政府门户网站责任编辑：李瑞

南阳市召开南水北调精神研讨会

2017年5月15日

来源：南阳市政府

5月12日，南阳市召开南水北调精神研讨会，对省社会科学院南水北调课题组提交的《南水北调精神光耀千秋》文稿进行讨论。省社会科学院原副院长、研究员、南水北调精神课题组负责人刘道兴等省市专家和南阳市部分移民干部参加研讨会。

南水北调中线工程建设中，南阳市广大移民舍小家顾大家，工程建设者创新拼搏，移民干部忠诚担当，孕育产生了伟大的南水北调精神。为更好的弘扬传承南水北调精神，受南阳市委委托，省社会科学院南水北调精神课题组利用一年时间，深入库区移民、工程建设一线，实地调研座谈，体验移民生活，收集整理了大量的资料，提交了《南水北调精神光耀千秋》文稿，对南水北调精神内涵进行集中诠释和解读。座谈会上，与会人员就文稿具体内容提出意见，并就南水北调精神的概括、提升、弘扬发表了看法。

河南省人民政府门户网站责任编辑：宋扬超

南阳京宛农业战略合作框架协议签订霍好胜出席仪式

2017年4月11日

来源：南阳市政府

4月7日，京宛农业战略合作框架协约仪式举行。市委副书记、市长霍好胜，北京市农业局副局长郑渝出席会议并讲话。

霍好胜说，这次京宛农业战略合作框架协议的签订，标志着京宛合作进入一个新阶段，将有力提升南阳市农业生产水平，推动南阳市农业转型升级，促进南阳市农业可持续发展。各级各部门要统一思想，深化认识，不折不扣落实好协议内容，推动南阳市农业发展迈上新台阶。要借势借力，精准合作，坚持质量兴市、科技兴农、生态立市、转型升级四大战略，借力北京农业的产业、技术、人才等优势，持续拓展、巩固、深化合作成果，推动南阳市农业转型跨越发展。要强化保障，务求实效，进一步健全机制，优化服务，跟踪问效，确保签约项目落到实处。

郑渝表示，同饮一渠水，京宛一家亲。北京市农业局将以此次战略合作为契机，建立双向交流机制，强化科研合作和服务协作，共享优质资源，在南阳休闲观光农业和生态农业等方面提供资金和智力支持。同时，积极介绍引进北京涉农企业在南阳投资兴业，为加快实现南阳农业大市向农业强市迈进作出贡献。

会上，郑渝与市委常委、副市长范双喜签署了《京宛农业战略合作框架协议》。北京市农业技术推广站与市农业局、新野县政府、西峡县政府，北京市畜牧总站与市畜牧局分别签订了合作协议。

会前，郑渝一行还到南水北调中线工程渠首、新野县的蔬菜产业园、惠万家供港蔬菜基地等地进行了调研。

河南省人民政府门户网站责任编辑：王靖

焦作市首个水生态与水经济院士工作站落户修武

2017年4月11日

来源：焦作市政府

4月6日上午，修武县人民政府与中国工程院院士王浩、北京万方程科技有限公司合作建立的水生态与水经济院士工作站签约仪式在京举行，这是焦作市首个水生态与水经济院士工作站。该工作站将运用全国领先的新理念、新技术，把修武打造成全市、全省乃至全国水生态文明建设基地，实现水清、岸绿、景美、人乐、民富的和谐统一。市委常委、修武县委书记郭鹏，焦作市副市长乔学达，北京万方程科技有限公司董事长沈承秀及修武县领导宋振宇、辛丽华、贾顺利、吴利年、王玉鹏等出席签约仪式，修武县委常委、副县长申琳与王浩、沈承秀共同签约。

近年来，修武县依托南水北调中线工程穿境而过的优势，围绕城市水系建设大力改善水生态、保护水环境、打造水景观，先后谋划实施了云台古镇、世贸天阶小镇等28个总投资超过300亿元的文化旅游项目，全力打造"一站式、全体验，年游客量超过2000万人次"的山水相融、人水和谐的中国超级旅游目的地。郭鹏在讲话时指出，搞好生态文明建设，离不开水；打造名副其实的绿色修武、山水修武，离不开水资源专家的支持与帮助。王浩作为中国知名水文水资源专家、水利部流域水循环模拟与调控国家重点实验室主任，带领团队在全国水科学研究、水生态保护和水环境治理等方面作出了举足轻重的贡献。

王浩表示，他将和团队把世界一流的高

新技术、经济可行适用的技术引进到修武，围绕焦作市东湖生态工程、海河源头综合治理及元宝山水经济特色小镇的规划实施等课题，加大科研力度，并将研究成果应用到课题研究中去，为焦作转型发展、绿色发展提供可复制、可推广的科研成果和经验模式。同时，为修武水生态建设提供智力支持，共同为县域经济社会转型提升、融合发展作出积极的贡献。

河南省人民政府门户网站责任编辑：李瑞

南阳市着力打造特色农产品生产基地

2017 年 4 月 5 日

来源：南阳市政府

南阳市将大力发展农产品特色产业，发展有机产品基地 15 万亩以上，在北京建设 100 个专卖店、100 个专柜、100 个摊位，从而打响有机品牌，推进农货进京。

南阳市瞄准优化供给、提质增效、农民增收，突出发展"特色、精致、高效、品牌"农业，着力优化产业产品结构，提升农产品品质，推进一、二、三产业融合。以南水北调中线工程源头汇水区以及干渠沿线、白河流域等区域为重点，大力发展特色蔬菜、优质水果、优势畜禽、水产、食用菌、茶叶等农产品特色产业，打造具有南阳特色的有机农产品生产基地。

持续落实认证奖励政策，组织新型经营主体开展"三品一标"认证，重点开展绿色产品、有机产品认证，力争今年新认证绿色产品、有机产品 30 个以上，发展有机产品基地 15 万亩以上。

进一步搞好京宛合作，实施"三百工程"（在北京建设 100 个专卖店、100 个专柜、100 个摊位），推进农产品进京。以信息化应用为抓手，推动物联网发展应用，发展农村

电子商务。实施精准营销，发展会员制、直销配送和电子商务，使绿色农产品、有机农产品直接进超市、进社区、进学校。搞好宣传推介，进一步叫响"水源地"和"中线渠首"有机农产品品牌。

河南省人民政府门户网站责任编辑：宋扬超

国务院南水北调办调研组莅汴调研重点水利项目建设

2017 年 3 月 18 日

来源：开封市政府

3 月 8 日，国务院南水北调办投资计划司司长石春先、南水北调中线工程建设管理局局长于合群带领调研组，在省南水北调办副主任杨继成等陪同下，来我市调研重点水利项目建设。市领导侯红、牛春堡参加调研。

调研组来到开封西湖，查看了工程建设情况，给予充分肯定和高度评价。同时，调研组就南水北调入汴工程建设提出中肯的建议，希望能够进一步完善方案，增强方案的科学性和建设的可行性，确保开封用水安全。

市长侯红向调研组介绍了开封的经济社会发展情况，并对国务院南水北调办和省南水北调办长期以来对开封的关心支持表示感谢。侯红表示，南水北调入汴工程已列入开封市 2017 年十大重点工程和政府工作报告，人民群众充满期待、人大代表实施监督、四大班子高度重视，市政府将全力推进此项工作，力争让群众早日喝上优质水。要依托南水北调工程，进一步优化水资源配置方案，科学调度水资源，为全市经济社会发展和生态文明建设提供强有力的水资源保障。

河南省人民政府门户网站责任编辑：刘高雅

漯河市实行最严格水资源管理制度成效显著

2017 年 2 月 24 日

来源：漯河市政府

2 月 21 日，从漯河市 2016 年实行最严格水资源管理制度汇报会上获悉，漯河市按照实行最严格水资源管理制度的总体要求，始终坚持把依法管水作为强化水资源管理的根本准则，进一步加快节水型社会建设、水生态文明建设步伐，水资源管理取得显著成效，得到了省政府考核组的充分肯定。

最严格水资源管理制度框架体系基本形成。漯河市成立实行最严格水资源管理制度工作领导小组，建立了政府统一领导、部门协作配合、全社会广泛参与的工作机制。2016 年，漯河市出台了《漯河市水资源管理办法》，把节水设施"三同时"制度作为所有新建、改建、扩建项目立项建设的前置条件。同时，还下发了《加强澧河饮用水源保护区管理、切实保障饮用水安全的通知》，出台了《饮用水源保护区管理规定》，对没有规范的管理事项进行界定，对没有落实或落实不到位的规章制度制订具体落实办法。

夯实基础，强化总量控制。2016 年，漯河市先后编制完成了《生态水系建设规划》、《漯河市用水总量控制指标分配方案》、《漯河市中深层地下水、地热水和矿泉水调查评价》等总体和专项规划，进一步明确了各县区在各时间点的控制目标。同时，还为 8 个南水北调水厂进行了水资源论证，实现了水资源论证全覆盖。在严格实施取水许可和有偿使用制度上，对全市取用水户进行了详细调查，逐户建立管理档案。

多措并举，提高用水效率。在加强用水计划管理上，对全市 342 户规模以上用水户核定并制订了用水计划，将年度用水总量分解

到月进行季度考核。在加快节水型社会建设上，2016 年，漯河市共完成 15 个节水型单位和节水型企业创建工作，其中 5 个被命名为省级节水型企业(单位)。在节水灌溉工程建设上，2016 年，我市新增节水灌溉面积 11 万亩，全市节水灌溉面积达到 43.55 万亩，农田灌溉用水量由过去占全市用水总量的 80% 以上下降到现在的 70% 左右，大幅度提高了我市农业灌溉用水效率。

水资源保护工作成效显著。截至 2016 年，漯河市主要河流建成了市、县两级自动监测平台，通过闸坝的联合运用，消除污染隐患，实际水功能区水质达标率为 100%。同时，始终坚持把水生态文明建设作为重点工作之一，中小河流治理重点、综合整治和水系连通试点临颖县王岗 1 项目区、王岗窝城 2 项目区、巨陵项目区和城关项目区等已经建成，城市河流清洁行动工程正在建设中。

河南省人民政府门户网站责任编辑：王靖

2017 年南阳全市南水北调工作要点解读

2017 年 2 月 23 日

来源：南阳市政府

2017 年，是贯彻落实省、市党代会精神的开局之年，是南水北调工程全面转入运行管理之年。今年南阳市南水北调工作的总体要求是：认真贯彻落实市委经济工作会议、全省南水北调工作会和征地移民工作会议精神，以开展"管理提升年"活动为载体，着力实现"六个新提升"，圆满完成年度各项目标任务，努力开创南水北调工作新局面。

实现水质保护工作新提升

1.严格落实八项长效机制。加强"五员"队伍建设，完成年度 3000 人培训任务，提高工作水平。坚持日常巡查督办和联席会商制

度，按照职责分工加强日常巡查，做到问题月梳理、工作月会商、任务月督查，确保工作顺利推进。对照2017年各县区保水质护运行任务清单的197项任务，进一步细化分解，明确措施，落实责任，严格按时间节点抓好落实。

2.持续深入开展库区及干渠沿线环境综合整治活动。对影响水质安全的所有风险点和隐患，进一步排查梳理，加大工作力度，限期整改到位。尤其是库区水面保洁、垃圾污水处理设施运行和农村环境综合治理工作，要采取得力措施，抓紧抓实抓好。对丹江口水库库面和所有入库河流的水面漂浮物，各有关县要组织清漂队伍，一天一清理、一保洁，确保整个库面清洁有序。水源区乡镇两厂(场)运行，无论困难多大，水源区三县要想尽千方百计，无条件保证正常运行。实施项目倾斜，加大资金投入，加快推进水源区及干渠沿线一级保护区内农村人居环境和美丽乡村建设，实现污水垃圾统一收集、转运、处理。

3.按照批复的《丹江口库区及上游水污染防治和水土保持"十三五"规划》，细化分解任务，明确完成节点，加大督查落实力度，强力推进建设，确保项目按时建成达效，及时发挥生态效益。

4.加快水源保护区隔离防护工程库周生态隔离带建设。按照省政府水污染防治攻坚战实施方案要求，年底前水源地和干渠沿线县区全面做好保护区标识和隔离防护工程建设，协同做好总干渠突发水污染事件预防及水质实时动态检测等防范环境风险工作，防止水污染事件发生。淅川县和库周涉及的乡镇要加大资金筹措力度，按生态隔离带距库区300~800米的要求，科学规划，分步实施，力争3~5年完成建设任务。

5.统筹做好"五水"共治工作。淅川、西峡两县要严格落实"河长"制，按照职责分工，按时完成治理任务。

6.加大环境执法力度，严格干渠两侧水源保护区内新上项目审核，坚决打击危害水质安全的各种违法行为，确保水质安全。

实现工程服务保障新提升

7.做好总干渠安全运行保障工作。加大红线外辖区内的安保巡防力度，严禁无关人员进入总干渠保护范围，防止破坏工程设施、污染水质以及擅自从总干渠取水等行为。严格落实红线外防汛工作主体责任，全面排查整改各种安全隐患，加快左岸防洪影响工程建设，协同运管单位做好日常防范和应急处置工作，保障工程度汛安全、沿线群众生命财产安全。对具备条件的跨渠桥梁，按照职责分工开展竣工验收。加大资金争取筹措力度，对境内155座跨渠桥梁安装电子监控设备，实现互联互通。严格落实属地管理制，加强跨渠桥梁的日常看守和安全管理，加大对上桥行驶超限超载、运输危化车辆的治理力度，严防在桥上抛撒垃圾、倾倒危险品污染水体、翻越护栏溺水死亡等事件发生，严防向干渠内投毒等恶性事件发生。

8.深入做好征迁安置工作。妥善处理总干渠和配套工程征迁遗留问题；按时完成配套工程新增内乡线路征迁工作，做好配套工程自动化建设用地移交工作，争创最优施工环境，满足工程建设需要。

9.按照上级统一要求，做好总干渠和配套工程征迁安置验收工作，及时做好征迁安置资料收集整理、专项验收等工作。开展征迁安置验收培训，6月底前完成陶岔渠首征迁安置县级自验，下半年全面开展其他单元自验工作。

10.按照上级统一部署，按时完成总干渠迁建用地、新增用地和配套工程用地报件相关手续办理工作。

11.深入做好矛盾纠纷排查化解工作。对沿线不稳定因素全面进行排查，建立台账，明确措施，限期化解，切实把矛盾解决在萌芽、化解在基层。密切关注掌握新闻媒体、网络的各种舆情动态，在搞好正面舆论宣传的同时，及时抓好新闻舆论事件的防范应对，确保始终牢牢把握舆情的主动权。在全国两会、党的十九大召开、双节等特殊时期和敏感时段，严格落实属地管理责任制、24小时值班报告制、领导带班制和"零报告"制度，加强对不稳定区域、重点信访人员的管控，及时处置各种突发事件，坚决避免发生群体性或赴省进京越级上访事件，确保社会大局和谐稳定。

实现配套工程建设管理新提升

12.积极做好工程合同变更工作。对已发生尚未处理完毕的合同变更，加强各方沟通协调，完善相关手续，按时完成任务。

13.全力扫清工程建设遗留。对目前存在的设计和尾工处理问题，卡紧节点，倒排工期，加快进度，5月底前全面完成施工11标进口管理房和新野管理所建设任务。

14.完善提高管理处所和现地管理房相关附属设施。做好1处6所和所有现地管理房美化绿化、自动化建设、外部供电、对外连接路建设等工作，南阳管理处和镇平、社旗、唐河、南阳、方城管理所3月底前具备搬迁入驻条件，新野管理所5月底前具备搬迁入驻条件。

15.加快新增供水项目建设步伐。对新增的内乡、官庄供水线路，成立专门机构，明确专人负责，专职专班推进，抓紧做好设计、报批、招投标等前期工作，力争内乡供水线路8月份动工建设，官庄供水线路年底前动工建设。

16.加强配套工程验收管理，按照上级统一安排，完成剩余单位工程验收、合同完工验收等工作。

17.强化配套工程运行管理。按照省级统一调度、统一管理与市、县分级负责相结合的"两级三层"管理体制，组建市、县两级管理机构，成立建管队伍，建立健全制度，加强人员培训，实现运行管理的规范化、常态化、制度化。加大《河南省南水北调配套工程供用水和设施保护管理办法》宣传力度，严格按照《办法》规定，划定工程设施保护范围，按照统一标准制作标示标牌，确保沿线群众家喻户晓、人人皆知、主动参与。加强工程运行设施的安全巡检和维护，排查整改安全隐患，加强应急演练，妥善应对处理各种意外事故。各县区成立配套工程管理执法大队，严格禁止工程管理和保护范围内影响工程运行、危害工程安全、供水安全的违规、违法行为，严厉打击偷盗、损毁、哄抢等破坏工程设施及危害工程安全的行为，确保工程安全有序运行。

18.加强供用水管理。加快推进各受水县区水厂建设，力争3月底前新野三水厂实现接水，6月底前中心城区龙升水厂和方城新裕水厂实现接水。落实最严格的水资源管理制度，统筹配置南水北调工程供水和当地水资源，加大南水北调受水区地下水压采力度，逐步关闭自备井，压采地下水，充分发挥南水北调效益。积极探索水权交易机制，对暂时用不完的水量通过水权交易平台及时消纳。

实现项目争取新提升

19.紧紧抓住国家《丹江口库区及上游水污染防治和水土保持"十三五"规划》修订的有利时机，围绕水质保护、产业结构调整、基础设施建设等各个领域，找准政策与项目的结合点，进一步做实做细项目前期工作，加大申报争取、跟踪落实力度，力争把更多的项目纳入"十三五"规划的笼子。

20.加大生态补偿转移支付资金争取力度，确保规范合理使用，力争水源区三县在原有基础上逐年稳步增长。

21.纵深推进对口协作，加大与北京等受水地区的交流合作，在水质保护、生态农业、社会事业等领域进行深度谋划，争取更多的项目资金落户南阳，实现水质保护与经济社会发展双赢。

实现资金管理新提升

22.以征迁安置验收、工程验收、完工财

务决算、迎接审计稽查为重点，进一步提高资金管理水平。加大征迁资金兑付核销力度，做好资金清理扫尾工作，账面余额控制达到省定要求；依照《配套工程初步设计》概算，按时完成工程建设资金的价款结算和决算工作；上半年对征迁资金、配套工程建设资金和其他资金组织开展财务管理内审，及时发现整改问题，全面做好迎接各级审计、检查、验收、完工决算的一切准备工作，确保顺利通过审计。

23.进一步规范水费征缴工作，严格按照市政府要求，将基本水费纳入各受水县区本级财政预算，加大计量水费征缴力度，逐步形成自觉按时依规缴纳水费的良性机制，确保及时征缴到位。

实现党建工作新提升

24.以创建学习型党组织和学习型系统为载体，在深化学习教育、加强思想作风建设上下功夫、求突破。把抓好"两学一做"学习教育作为当前及今后一个时期的政治任务，围绕深入学习习近平总书记系列重要讲话、党章党规党纪、党的十八届六中全会、省市党代会精神，灵活学习方式，搭建学习平台，不断深化学习教育，加强党员干部思想作风建设。坚持把纪律和规矩挺在前，增强"四个意识"，强化"四个自信"，坚定政治立场，严守六大纪律，思想上、行动上坚决同党中央保持高度一致，坚决贯彻落实中央和省、市一系列决策部署，做到有令必行、有禁必止。坚持把干事创业作为人生追求，领导干部以上率下，拉高标杆，精益求精，引领广大党员干部干在实处、走在前列。

25.以开展各项文明创建为引领，在合力争先创优展示形象上下功夫、求突破。以争创文明系统为总目标，按照立足当前基础、全力提高层次抓创建的要求，围绕创精神文明单位、平安建设、卫生先进单位等，结合创建新模式、新要求，制定总体方案，明确创建计划，把党建工作和业务工作融入各项

创建活动中，全力争先创优，展示南水北调人良好的精神风貌和形象。

26.以落实"两个责任"为重点，在强化党风廉政建设上下功夫、求突破。严格履行党风廉政建设主体责任，建立完善党组书记负总责、亲自抓，班子成员"一岗双责"、具体抓的责任体系，落实党组书记廉政恳谈和约谈等常态化监督制度，抓好班子、带好队伍，从严治政、廉洁从政。严格履行党风廉政建设监督责任，配齐配强纪检干部，支持纪检组开展执纪监督工作，践行执纪监督"四种形态"，强化对党员干部的教育提醒，出台"纪挺法前"相关工作举措，依规依纪开展执纪审查，严格落实对违规违纪案件"一案双查"和通报曝光制度，严肃查处侵害群众利益的不正之风和腐败问题。南水北调系统广大党员干部要严格落实中央八项规定和省、市一系列有关规定精神，廉洁从政，清廉为政，营造风清气正的干事氛围，确保资金安全、干部安全、队伍安全。

河南省人民政府门户网站责任编辑：王靖

安阳市南水北调生态廊道项目建设目前基本完成

2017年1月4日

来源：安阳市政府

南水北调生态廊道项目建设即南水北调沿线两侧的生态绿化防护林建设。项目建设涉及安阳市多个县区，从今年年初开始，按照省委省政府的总体规划以及市委、市政府的要求，市、县林业部门紧密部署，目前，安阳市南水北调生态廊道基本完成。

南水北调生态廊道项目建设在安阳市境内从南到北是66公里，主要涉及安阳县、殷都区、文峰区、高新区、龙安区和汤阴县。根据总体安排，每侧建设100米的防护林带，

在今年春季进行了动员发动规划设计，土地流转，工作全面铺开。到目前为止，绿化任务已完成95%以上，绿化面积1.4万亩。安阳市西部厚重的生态屏障赫然设立，对"一渠清水向北送"以及安阳市本地区的生态保护起到至关重要的作用。

生态防护林的建设体现了生态、经济、保护多重效益，干渠两侧各营建100米宽的生态带，其中生态带内侧40米种植大叶女贞、雪松等常绿树种和柳树、白蜡等高大乔木，营建固定性生态防护林带；外侧60米种植经济林或花卉苗木，在干渠重要节点打造不少于100亩的生态游园，营建生产性防护林带，实现生态效益、水质安全和经济效益的有机结合。

南水北调生态廊道建设项目涉及安阳县包括安丰乡和洪河屯乡内的16个村，共计全长10.2公里。今年春季开始南水北调绿化以后，洪河屯乡和安丰乡各找了一个大户，把土地基本全部流转，剩余部分土地近段时间，也在积极采取相关措施完成。

今年秋冬，市政府布置南水北调补种补栽以来，安阳县委、县政府对这项工作十分重视，截至目前，把原来未流转的土地全部流转到位。值得一提的是，安阳县洪河屯乡在防护林补植补栽过程中，采取了绿化与经济相结合的方式，受到了百姓的好评。

冬阳下，一条绿色长廊串起若干个花木繁盛、林水相映的游园，宛若一个镶嵌着绿色明珠的飘带从殷商大地掠过，给安阳经济发展带来新的活力和风采。

河南省人民政府门户网站责任编辑：李瑞

政 府 信 息 篇 目 辑 览

森林城市工作2017-07-25 05：20 来源：南阳市政府

王新伟督导检查全市防汛工作 确保安全度汛2017-07-25 05：48 来源：安阳市政府

焦作市召开南水北调城区段建设指挥部第二十八次工作例会2017-07-03 23：41 来源：焦作市政府

安阳市召开全市畜禽养殖环境整治工作推进会议2017-06-25 22：37 来源：安阳市政府

河南省水权收储转让中心有限公司揭牌仪式隆重举行2017-06-26 12：44 来源：省国资委

南阳市加快林业生态建设步伐2017-06-21 21：09 来源：南阳市政府

国务院南水北调办副主任张野莅宛检查防汛工作2017-06-20 05：32 来源：南阳市政府

焦作市召开南水北调城区段绿化带征迁安置工作例会2017-05-28 06：10 来源：焦作市政府

焦作市召开南水北调城区段绿化带征迁安置工作例会2017-05-17 07：06 来源：焦作市政府

焦作市召开南水北调城区段绿化带征迁安置工作例会2017-05-11 06：02 来源：焦作市政府

南阳市副市长刘庆芳参加省书画家南水北调源头写生创作活动2017-05-09 05：28 来源：南阳市政府

南水北调中线工程城区段建设指挥部召开阶段性攻坚表彰会暨第二十一次工作例会2017-05-04 06：21 来源：焦作市政府

汉江流域城市政协联系协作会第七次会议在南阳市召开2017-05-03 04：07 来源：南阳市政府

2017年"南水北调" 河南省水利系统乒乓球比赛开幕2017-05-03 05：44 来源：三门峡市政府

焦作市召开南水北调城区段绿化带征迁安置工作座谈会2017-04-29 06：30 来源：焦作市政府

焦作召开南水北调城区段绿化带征迁安置工作现场会2017-04-26 06：34 来源：焦作市政府

焦作市南水北调城区段绿化带征迁安置工作现场会召开2017-04-18 21：44 来源：焦作市政府

河南省社科院魏一明到平顶山市考察2017-04-15 00：28 来源：平顶山市政府

焦作市召开南水北调城区段绿化带征迁安置工作现场会2017-04-06 21：43 来源：焦作市政府

鄂竟平莅宛调研南水北调防汛工作2017-04-02 04：10 来源：南阳市政府

焦作召开南水北调城区段绿化带征迁安置工作现场会2017-03-31 05：35 来源：焦作市政府

国务院南水北调办副主任陈刚莅临郑州调研水质保护、工程安全运行工作2017-03-28 05：36 来源：郑州市政府

国务院南水北调办副主任陈刚带领调研组莅焦调研水质保护工作 2017-03-25 05：38 来源：焦作市政府

国务院南水北调办调研组莅宛调研南阳市南水北调中线一期工程水源和干线水质保护工作2017-03-24 04：11 来源：南阳市政府

北京市在豫鄂两省挂职干部对口协作工作座谈会在南阳市召开2017-03-09 01：24 来源：南阳市政府

焦作完善社保政策 解除南水北调征迁群众后顾之忧2017-03-01 23：31 来源：焦作市政府

焦作市拿出一亿元贷款扶持征迁群众创业2017-03-01 23：31 来源：焦作市政府

2017年度河南省南水北调中线工程建设领

导小组办公室部门预算公开说明 2017-02-23 08：13 来源：省南水北调领导小组办公室

2017年度河南省南水北调中线工程建设领导小组办公室部门预算公开说明 2017-02-23 08：13 来源：省南水北调领导小组办公室

焦作市南水北调城区段绿化带征迁工作现场会召开 2017-02-22 06：58 来源：焦作市政府

全省南水北调工程运管第21次例会在周口市召开 2017-02-20 23：31 来源：周口市政府

南阳保水质护运行 撸起袖子干出精品干出亮点 2017-02-18 01：35 来源：南阳市政府

南阳市大造林大绿化观摩点评会议召开 2017-02-17 06：02 来源：南阳市政府

南阳：拓展绿色空间 厚植生态优势 2017-02-17 00：50 来源：南阳市政府

国务院南水北调办调研组莅新调研 2017-02-17 12：35 来源：新乡市政府

南水北调苏蔺府城水厂项目建设推进会召开 2017-02-11 07：21 来源：焦作市政府

焦作市南水北调城区段绿化带集中征迁动员大会暨指挥部第二次会议召开 2017-02-11 07：21 来源：焦作市政府

南阳全市生态环境明显改善 蓝天碧水人心畅 2017-02-09 05：57 来源：南阳市政府

张文深参加淅川代表团审议时强调 弘扬移民精神 突出两个支撑 2017-02-08 05：05 来源：南阳市政府

南阳市移民局获"南水北调东中线一期工程建成通水先进集体"称号 2017-01-21 05：04 来源：南阳市政府

梁义调研南阳市南水北调对口协作项目建设进展及产业发展工作 2017-01-10 05：15 来源：南阳市政府

河南省人民政府办公厅关于印发河南省南水北调取用水结余指标处置管理办法(试行)的通知 2017年1月9日来源：豫政办〔2017〕13号

南水北调

拾壹 传媒信息

传 媒 信 息 选 录

南水北调通水三年新变化（六）

被"激活"的古镇

水，能兴城，亦能废城。在走访中，记者发现我省几座历史悠久古镇的兴衰无不与水息息相关。南水来了，都为古镇带来哪些变化？记者寻着南水的足迹对古镇进行了探访。

赊店镇：发展底气更足

建造时间长达130多年的社旗山陕会馆位于社旗县赊店镇，有着"中国第一会馆"的名号，也见证着赊店这座因水而兴的古镇的兴衰。

社旗县历史悠久，赊店镇为县城所在地，处于南北过渡地带，境内有潘河、赵河、汉水支流唐河等河流，船只可从长江溯流而上。这里曾经航运兴隆，南船北马，商号林立，人口多达10万，成为四方货物集散地。后来，社旗县境内的唐河、潘河等水量日渐减少，水位下降，航运废弛，繁盛的场面渐渐褪去。

11月28日，记者在赊店镇城墙边见到正带着外甥在潘河边玩耍的徐爱发。潘河里细细的水流蜿蜒在城墙根下静静流淌。

"1950年左右潘河里能行船。"家住县城南太平街的居民徐爱发告诉记者。今年60多岁的徐爱发是土生土长的社旗人，在他小时候，潘河的水尽管没有昔日"白日千帆过，夜间万盏灯"的壮观场面，但至少水面还很宽。而现在的潘河经常断流。

记者从社旗县水利局了解到，社旗县水资源总量1.63亿立方米，人均水资源量仅为230立方米，约为全国平均水平的十分之一。2012年、2013年、2014年连续三年干旱，属于严重缺水地区，生产生活完全依靠开采地下水。

由于地表河流水量逐年减少，地下水资源得不到有效补充，地下水抽取越来越艰难，县城发展受到制约，赊店古镇先天的旅游资源也不能得以开发。

社旗县南水北调办主任苏向坡介绍，2015年社旗县实现了试通水，2016年1月，社旗县第一座自来水厂——南水北调配套水厂一期工程正式以每日2万立方米的供水能力，向2万多户居民家通水，近6万人喝上丹江水。目前，二期水厂土建部分已完工，三期正在积极筹备中，未来的日供水能力将达到8万立方米，为县城的发展奠定更坚实的水资源支撑。

"据我们监测，县城地下水水位已回升4米多。"县水利局水政股股长曹枫说，丹江水不仅让社旗县城供水更有保障，生态效益也日渐显现。南水北调通水以来，1300万立方米丹江水滋润着古镇的角角落落。

社旗县除了拥有历史悠久的山陕会馆，还有远近闻名的美酒。苏向坡告诉记者，水厂二期、三期都建成后，未来工业园区及酒厂都将用上南水北调的水。丹江水来了，县域经济发展底气更足，古镇旅游开发也就更有保证。

神垕：瓷都解渴

与因水而兴、从水陆要冲到日渐缺水的赊店古镇相比，"钧瓷之都"神垕镇"渴"了千百年。

"神垕是600多年的建制镇，钧瓷始于唐，兴于宋，历史悠久。"11月29日，神垕镇人大主席靳峰伟介绍。

神垕镇，三面环山，地处深山区，位于禹州市区西南20公里，全镇总面积49.1平方公里，辖10个居委会、10个行政村。在20个村（居委会）中，只有两个村地下水比较充裕，其余都是严重缺水的地区。

千百年来，生活在这片土地上的人们都是靠着天上的雨水和水车拉水进行生产生活，水窖和水车成为家家户户的"标配"。

上世纪80年代，为了解决用水难题，镇里建设了水厂，在水资源较丰富的翟村打井，通过"东水西调"解决镇区水厂水源问题。到2011年，井水枯竭。后来水厂又使用纸坊水库的水，但也只维持了一年。

缺水，成为古镇发展的一块心病。2015年1月，丹江水终于流进神垕镇。南水北调的水让神垕这座千年瓷都"解了渴"，过去雨窖收集的雨水被用于绿化。2015年以来，神垕镇投资500万元，绿化荒山600亩，几十年未见的山泉如今也汩汩涌出。

神垕镇近年来也先后获得了"中国钧瓷之都"、"中国历史文化名镇"、首批"中国特色小镇"、"全国文明镇"、"全国重点镇"、"全国特色景观旅游名镇"等称号，成为魅力独特的一座中原古镇。

道口：运河明珠焕发生机

"滑县大运河，亦名卫河，乃中国隋唐大运河之璀璨明珠，千百年流淌不息，膏润无穷。"11月30日，在滑县道口镇临河步道旁，记者看到《重修滑县大运河城墙码头碑记》详细记载着道口古镇的辉煌过往。

流经滑县境内的卫河水运上达新乡百泉，下抵天津，"日见千帆过，百船泊道口。"商贾云集，贸易繁盛，"日进斗金"让处于卫河岸边的道口古镇发展成为豫北重镇，获得了"小天津"的美誉。

然而随着交通运输方式及卫河水位下降，卫河于上世纪70年代断航，运河河道日趋狭窄，河岸杂草丛生，沿岸商号、店铺大多人去楼空，历史遗迹和自然风光废弛退化，河道内污水横流，成为"天然垃圾场"，道口千年古镇落寞为现代都市的"棚户区"。原生态古河道、残损的码头、斑驳的古墙、历史街区古建筑，见证了这座古镇昔日航运

的繁盛。

运河航运的衰败也正是道口这座曾因水而兴、又因水而废千年古镇水资源兴衰的一个缩影。

随着运河断航，道口经济的航向也发生了偏转，有着130多万人口的滑县成为豫北产量大县，黄河水和地下水成为生产生活的重要水源，但水资源紧缺的局面依旧没有得到改善。

滑县南水北调办主任李耀忠介绍说，滑县被列入南水北调中线工程一期受水区，从长远看对古镇发展再现生机具有前瞻性的意义。2016年12月31日，滑县正式通水。滑县道口镇、城关镇、产业集聚区20万居民，从此饮上甘甜的丹江水。

11月30日下午，冬日阳光照耀着波光荡漾的古运河，水面宽广，水量丰沛，几只水鸟在追逐嬉戏。正在逐步改造升级的道口古镇、古色古香的老街规模初具，古运河在南水的滋润下，重新焕发出勃勃生机。

（来源：河南工人日报 2017年12月21日 记者 彭爱华）

南水北调通水三年新变化（五）

水，带动了旅游

南水北调中线一期工程通水以来，不仅在很大程度上缓解了我省水资源紧缺的难题，解决了干渠沿线城市供水，受水区地下水也逐步回升，生态环境得到了很大的改善，助推企业产品质量提高，而且还盘活了多地过去受制于水的旅游业。南水的到来，为当地旅游经济插上了"腾飞"的翅膀。

盘活古镇旅游业

禹州市神垕镇拥有得天独厚的旅游资源，但过去旅游业受制于水，难以大发展。南水北调的水引入神垕镇后彻底解决了后顾之忧，神垕镇开始大胆放开手脚着手发展旅游，今年投资5.1亿元，建设了公园、老街等

旅游项目。

11月28日，在神垕镇老街，记者看到古香古色且带着生活气息的院落座座相连，独具特色的钧瓷文化融入其间，让人流连忘返，古镇悠久的历史底蕴正不断吸引着外地车辆不断驶入。

"过去十一黄金周一般只有五六万人，今年国庆节期间游客达到37.5万人。"11月29日，神垕镇人大主席靳峰伟信心满满地介绍说，围绕古镇未来几年旅游开发，神垕镇定下了"三年创3A，五年创5A"的目标，根据今年的状况，未来神垕的发展前景非常广阔。

"世界名片"焕发生机

大运河滑县段作为中国大运河的重要组成部分，丰富的历史遗存见证了昔日航运的繁荣。2014年6月，中国大运河荣登《世界遗产名录》。滑县，这块有着厚重文化积淀的土地也从此有了世界名片。

如何运用好这张世界名片，让更多的人来感受道口这座千年古镇的魅力，滑县县委县政府把道口古街改造提升这一事项提上重要日程，着力打造集大运河、道口古镇、非物质文化遗产保护、旅游、观光、娱乐、休闲、饮食等文化产业为一体的运河文化传承创新示范区，形成完整的旅游业态和具有浓郁历史氛围的文化生态，实现文化与民生的融合。

万事俱备，只欠东风。水，成为一道现实难题。2016年12月31日，跋山涉水的丹江水每天以3万立方米左右的速度为干渴的滑县注入一股新鲜"血液"。

经过逐步改造升级，流淌着鲜活历史的大运河和因运河而生的千年古镇已经引起了世人关注的目光，专家、媒体、国内外游客纷至沓来，游客逐年增多，现已接待300余万人次，千年古镇在南水滋润下，重新焕发出勃勃生机。

北方水城的美丽嬗变

在荷香中入梦，在水声中醒来，正成为

许多许昌人生活的真实写照。这个因水而困、因水而忧的北方城市，如今因水而兴、因水而美。水之清、水之畅、水之美已经成为许昌一张最靓丽的名片。

从一个严重缺水的城市变成令人赞叹的"北方水城"，在美丽嬗变的背后，有一个重要功臣——南水北调中线工程。

南水北调通水后，让许昌市捉襟见肘的水资源状况大为改观。2015年9月1日起，许昌市水系连通工程开始试蓄水，颍汝总干渠上的闸门缓缓升起，河水喷涌而出，流入许昌市区7条河流、2条水渠和8个湖泊。"河畅、湖清、水净、岸绿、景美"的生态画卷日益显现。

城区水系连通后，为许昌经济社会发展增添了新动能、新活力。

今年5月，许昌市刚刚通过国家水生态文明试点城市建设验收。前不久，许昌市又被评为国家生态园林城市，成为河南省首个国家生态园林城市。

2016年春节长假，护城河吸引游客近40万人次，北海公园仅在大年初一就有超过5万人次的客流，许昌出现了"满城尽是看水人"的盛况。2016年许昌市旅游综合收入74亿元，比上一年增长24%。

未来，一渠清水还将为这座北方水城不断注入生机活力。

龙湖成为濮北新区崛起的亮点

在濮阳市城乡一体化示范区，占地8200多亩的引黄灌溉调节水库又称龙湖，设计库容1800万立方米，如今，龙湖已成为濮北新区快速崛起的亮点。

据濮阳市引黄灌溉调节水库建设管理办公室主任常华介绍，由于工农业用水持续增加，地下水过度开采，濮阳北部形成了地下水漏斗区，2014年龙湖建成蓄水后，地下水位提升了四五米，周边环境也得到了明显改善。

濮阳市还承担着引黄入冀补淀任务，引

黄入冀补淀是国务院确定的172项节水供水重大水利工程之一，也是雄安新区生态水源保障项目，被濮阳群众称为"小南水北调工程"。2015年年底，引黄入冀补淀工程河南段开始施工，引黄渠道需要断流，龙湖失去了水源，经上级同意，濮阳市调丹江水对龙湖补充水源，近两年来累计对龙湖应急补水3600多万立方米。"丹江水补充进来后，龙湖水质得到进一步改善，野鸭更多，现在连白天鹅也来龙湖了。"常华说。

濮阳市正在对龙湖的岸线进行综合提升改造，目前已经栽种树木10多万株，建成湖滨广场8个、花园16个，绿色生态廊道长29公里，多姿多彩的龙湖风景吸引人们前来休闲、旅游。今年十一长假期间，就吸引游客45万人次。

（来源：河南工人日报 2017年12月20日 记者 彭爱华）

南水北调中线工程首次向公众开放

12月15日，南水北调中线工程通水三周年公众开放日活动在焦作市区段举行，这是南水北调中线工程通水以来首次向公众开放。人大代表、政协委员、群众代表、工程参建者代表、老干部代表及专家学者等近400人受邀参加。

活动期间，大家走进南水北调中线工程闫河节制闸，参观南水北调中线工程焦作段总干渠、闫河节制闸闸室，并听取了焦作段绿化带建设情况。

"南水北调中线工程通水运行三年来，累计入渠水量114.77亿立方米。"南水北调中线建管局总会计师、河南直管建管局局长陈新忠说，南水北调中线工程的社会、经济、生态、减灾效益日益显现，工程已经成为沿线城市的生命线。

陈新忠说，举行公众开放日活动，让社会各界代表走进南水北调中线工程，感受南

水北调中线工程规范化管理成果，体会"超级工程"的"第一现场"，了解中线工程建成通水后发挥的显著效益和为百姓带来的巨大福祉，让社会更多的人了解南水北调这个国家重大战略工程，可以让社会各界朋友共同支持、爱护南水北调工程，珍惜水资源，为工程平稳运行、规范化管理提供良好的社会氛围。

（来源：河南工人日报 2017年12月19日 记者 彭爱华）

南水北调通水三年新变化（四）

企业发展的"助推器"

水，是产业发展的重要命脉，也是企业发展的重要生产要素。水质的好坏也直接影响着企业产品质量的提升。

解决了禹州瓷器产品掉釉问题

禹州市神垕镇是声名远播的"钧瓷之都"，因历史上制瓷业发展从未断过档，也被专家称为"唯一活着的古镇"。

曾经饱受水质困扰的制瓷企业如今也尝到了丹江水的"甜头"。

惠祥瓷业是镇上较大的一家食用瓷器厂。总经理史宇声告诉记者，过去镇上自来水一天放一次没有保障，生产用水主要靠高价购买的"外水"救急，一天要拉三四十立方米。

由于水源不固定，今天在这里拉水，明天在那里拉水，水的品质得不到保证，杂质多，产品容易掉釉，瓷器的光洁度受到很大影响，产品残次率高到25%。

"用上丹江水后，掉釉的问题得到解决，产品质量提高了近十个百分点，瓷器品质进一步提升。除此之外，现在用水的成本每吨也降了近五分之二。"史宇声说。水源的问题解决后，目前每天近7万件瓷器销往欧美等海外市场。

如今，以制瓷为主的产业园区都用上了

南水北调的水，各家企业也正以蓄势待发的姿态朝着更广阔的市场奔发。

助力滑县经济名片

作为滑县的一张经济名片，道口烧鸡声名远扬。

如今，依靠烧鸡起家的画宝刚比烧鸡更有名。

画宝刚自13岁起跟随父亲烧鸡、卖烧鸡，40多年来只专注道口烧鸡生产。

"以前都是搭个台子就行了，但销量越来越大，已经跟不上形势了。"画宝刚说，扩大规模不是想干就能干的。道口是个粮食生产大县，生产生活主要依靠地下水，但地下水井越打越深，有时还没有水，由于受水源、水质限制，道口烧鸡生产规模也受到影响，建厂房、扩大规模的目标迟迟难以落地。

2016年12月31日，滑县正式通水，甘甜清冽的丹江水流进千家万户，滋润着大家的心田。

"丹江水水质好，做出来的烧鸡品质也更好了。"画宝刚说，有了南水北调优质水源做保障，扩建厂房的信心更加坚定，今年占地面积100亩的新厂区顺利推进，同时在原来做烧鸡的工艺基础上进行了升级改良。画宝刚多年的蓝图终于变为现实：今年年底就要试生产了，每天将有3万只烧鸡从新厂出厂，届时天南海北的人都能品尝到带着丹江水味的道口烧鸡。

浊度降低满足高精尖企业需求

郑州航空港经济综合试验区作为我国首个、目前唯一的航空经济先行区，作为我省对外开放重要门户、中原经济区核心增长极，快速发展的步伐令世界瞩目。

郑州航空港区处于黄泛区，地表以沙质土壤为主，无法形成地表水资源，地下水储量也极为贫瘠。随着航空港区的发展、大量企业的入驻，对水资源的需求与日俱增，水资源供应带来了严峻考验。

2011年富士康入驻郑州航空港区，为了解决企业用水问题，只得从30公里以外位于郑东新区的东周水厂紧急调水，由于两地相对高度差60多米，只能两级加压进行输送，这样的调水局面直到2014年12月南水北调中线工程正式通水。

南水北调中线工程的通水，不仅为航空港区的发展破解了用水难题，而且优质丰富的水资源还成了郑州航空港区招商发展的金字招牌，除UPS、IAI中兴、天宇、菜鸟骨干网等一大批国内外知名企业外，中部国际设计中心、国外领使馆、国际会展中心等一大批具备国际影响力的总部（研发基地）等项目也纷纷入驻航空港区。因水资源供给增加而能够扩大生产规模的产业及新兴产业得以迅速成长起来，吸引大量劳动力和科技人才向郑州航空港区转移。

目前，港区两座水厂一天供丹江水15万立方米，惠及人口约60万，自南水北调中线一期工程通水以来，已累计为航空港区供水1.2亿立方米。

由于航空港区入驻的企业大多是高精尖企业，对水的浊度要求比较高。航空港区第二水厂厂长孟爱珍介绍，丹江水自身比较清澈，再经过处理出厂水浊度达到0.059个百分点，远远低于国家标准的1个百分点，完全能满足企业的要求。

河南机场集团作为郑州航空港经济综合试验区发展的引擎企业，每天客运吞吐量达10万多人次。"随着客流量的不断增加，用水激增，河南机场集团为了保障机场不断水，2016年专门建立泵站，从航空港二水厂引水存储，夏季仅一天就要用水5000立方米左右。"河南机场集团后勤管理中心主任平文敏告诉记者，由于水质有保证，每天飞往全球各地的航班上供旅客饮用的也都是丹江水。

（来源：河南工人日报 2017年12月19日 记者 彭爱华）

南水北调通水三年新变化（三）

"长高"的地下水

水是生态之基，城市发展离不开水，为了缓解用水紧张，我省多个城市采用自备井取水用于城市生产生活。但水作为一种资源，随着气候的变化和水污染加剧，水流的自净功能得不到有效的恢复和增强，压采的地下水得不到有效补给，深层地下水井就越打越深，少则三四十米，多则四五百米，过度地开采使得水生态环境受到严重破坏，地下水层变得越来越"矮"。然而，南水北调中线工程运行三年来，工程沿线14座城市的地下水位又神奇地明显回升了。

南水置换生态用水

11月30日，冬日的阳光和煦温暖，许昌市北海公园水面波光粼粼，湖边的垂柳、水里的芦苇丛在轻轻摇摆，银杏、海棠等100多种花木交相辉映，如诗如画，沿着湖边漫步仿佛置身于"江南水乡"。然而对于许昌市民来说，这样近在咫尺的美景在两年多前也只能在图画中看到。

历史上的许昌，依水而建，因水而兴，夏季护城河里莲花盛开，有着"莲城"的美誉。上世纪七八十年代，由于大规模开发地下水，引起地下水位下降，工农业生产受到严重制约。

南水北调为许昌破解水资源困局提供了有利时机。2014年12月，清凌凌的丹江水源源不断注入许昌干涸的大地。原本作为城市供水水源的北汝河河水被置换出来，成为生态用水，每年可向市区水系供水8000万立方米，同时充分利用再生水，实施了水系连通工程、水生态文明建设。

目前，许昌已形成了以82公里环城河道、5个城市湖泊、4片滨水林海为主体的"五湖四海畔三川、两环一水润莲城"的水系新格局，呈现出"河畅、湖清、水净、岸绿、景美"的生态画卷。

同时，作为南水北调受水区，许昌还对城市规划区供水管网覆盖范围内的590多眼自备井全部实施关停，年压采地下水1360万立方米，地下水水位平均回升2米多。

河湖相连补充地下水

跟许昌相比，历史上的郑州水资源较为丰沛，全市共有大小河流124条，流域面积较大的河流就有29条，贾鲁河、金水河、索须河等十几条河流在市区纵横交错。

近几年，地表径流逐渐减少，郑州市境内河流逐渐断流。伴随着城市框架扩大和人口的增多，水资源短缺日益显现。地下水、黄河水成为全市发展的重要水源。

过度的地下水开采使得郑州地下形成了漏斗区，生态环境日趋恶化。南水北调这一千秋伟业的宏伟工程解决了郑州水生态环境困局。南水北调总干渠在我省境内全长731公里，其中在郑州境内长达129公里，渠道水面达1.5万亩，相当于百亩水面的湖泊150个，宽阔的水面使得沿线植被得以修复，大大改善了干渠沿线县区居民的生态环境，原本用于城市供水的黄河水也被置换出来，助力郑州水生态建设。眼下，从郑东新区到郑州西郊，水面越来越多，龙湖、象湖、龙子湖、如意湖、西流湖碧波荡漾。

南水的到来，为郑州市提供了坚实的用水基础，也为郑州市大力推进地下水压采工作提供了强有力的保障。截至2016年年底，郑州市已经累计压采封停自备井831眼，压采地下水4361万立方米。目前中深层地下水水位已回升3米多。

关停自备井

"2016年12月31日，滑县正式通水。如今，县城40平方公里内，已经铺设170公里长的供水管网，98%的居民用上丹江水。"滑县自来水公司总经理窦俊龙说。

"原来滑县第一、第二水厂用于城市供水的自备井已停止压采，普通用户自备水井封停工作进展也相对顺利了许多。"滑县水务局水政科科长张洁伟说，全县自备井198眼，目前自备井关闭工作正逐步推进。根据监测，滑县地下水位以往每年下降30厘米到50厘米，近一年来，地下水位停止下降，而且回升了13厘米。

记者了解到，随着南水北调配套工程的逐步完善，像许昌、郑州、滑县一样，凡是南水北调工程受水区的市县都正紧锣密鼓地开展自备井封停工作，地下水的压采量正逐步减小。

（来源：河南工人日报 2017年12月15日 记者 彭爱华）

南水北调通水三年新变化（二）

"被提高"的幸福指数

一方水土养育一方人。我省作为全国唯一一个地跨长江、淮河、黄河、海河四大流域省份，由于独特的地理位置和气候特征，人均水资源量少，深层地下水和黄河水成为全省广大居民重要生活用水，用水紧张、口感不好、水硬度大、水垢多、品质差、用前需要澄一澄，是一代人甚至几代人的记忆。

南水北调中线工程通水三年，我省境内干渠沿线1800万人全都喝上了甘甜清冽的丹江水。丹江水的到来，在很大程度上改变了人们的生产生活方式，也直接影响着人们幸福指数的提高。

净水机下岗

11月28日，在社旗县赊店镇泰山社区幸福小区，居民周萌用烧好的自来水直接给一岁的二宝沏奶粉。而在三四年前，这样放心地用水还在期盼中。"以前喝地下水，每次烧水都可多水垢，烧出来的水像面疙瘩一样，水壶得天天刷。"为了家人健康，周萌家安装了净水机用来洗菜、做饭，饮用则购买桶装水，由于家里四五口人，一桶桶装水四五天就没了。

让周萌感到意外的是用上丹江水比预料的要早。2016年1月，周萌发现家里的自来水有了新变化，口感变好了，水垢也少了。一打听，才知道是县城已用上了南水北调水。

甘甜、清冽的丹江水逐渐改变了周萌家购买桶装水的习惯，曾经宝贝一样的净水器也"下岗"了。

"原来在县城一年能卖七八百台净水机，去年上半年开始，销量逐渐下降，后来基本都没生意了。"在社旗县城做了七八年净水机生意的商户曹振奇，现在已改变生意方向，开始转产改做灯具水晶行业。

迎来厕所革命

家住神垕镇杨岭村一组、今年60多岁的村民张根转跟周萌的记忆不同，由于地处深山区，祖祖辈辈靠"天"吃水，用于收集雨水的水窖、自备的拉水水车几乎成了全镇山区居民家中的"标配"，吃水像吃油一样，日常洗衣服、洗澡都得节约、节约、再节约。

"家家户户去外面拉水吃，每家都有水窖，下雨天收集的雨水都存在水窖里用来洗衣、洗澡、做饭、喂牲口，水窖里会生虫，口感肯定不行，水垢也很多。夏天想洗个清爽的澡都可难，厕所都是旱厕。"张根转说。

用上丹江水后，张根转家的生活发生了很大的变化：拧开水龙头用的都是哗哗清亮的丹江水，夏天想什么时候洗澡就什么时候洗澡，卫生状况大大改善，不用再接雨水，去年家里的水窖也被填上了。

原来镇上都是旱厕，通了丹江水后，镇上居民终于迎来一场厕所革命——用上了水冲式厕所。

"吃水就像吃油，小时候被老人教育最多的就是不能浪费水。"在神垕镇镇上开饭店的翟占同跟张根转有着相同的经历，他告诉记者，过去自来水一般是一天放一次，水源短缺让饭店卫生也得不到保证，现在打开水龙头就有水，饭菜品质也得到提升。

小米煮得更黏香

去年4月，南水北调清丰县供水配套工程开工建设。管网铺设与水厂配套同步施工同步投入使用，在全省实为首个。清丰县南水北调办主任、中州水务公司副总经理张俊峰介绍，清丰县是严重缺水地区，水井越挖越深。地下水水中铁锰含量尤其高，每升水溶解性总固体达到1000毫克左右，多项指标处于安全饮用水的临界状态。由于清丰县群众饮水问题突出，去年年初，我省同意把清丰县纳入南水北调工程供水范围。

"今年5月，清丰县顺利用上了丹江水，告别了原来的苦咸水。"张俊峰说，水厂设计能力日供水5万立方米，县城12万群众吃上了丹江水。

丹江水让清丰人感受到了甘甜。"用了丹江水，就觉得这水真软，我家原来的水壶水垢太多就扔掉了，新买了水壶。"清丰县盛世佳园社区的刘凌云说，现在连熬小米粥，都觉得比以前熬得更黏更香了。

越来越多的居民强烈盼望早日喝上丹江水。以前使用自备井饮用地下水的清丰县供电小区，正在对自来水供水管网进行改造，179户小区居民将陆续喝上丹江水。

（来源：河南工人日报 2017年12月14日 记者 彭爱华）

南水北调通水三年新变化（一）

"多源互补"保障城市供水

编者按：2017年12月12日，是南水北调中线工程正式通水3周年的日子。3年来，我省逐步规范工程运行管理，实现累计供水40.5亿立方米，占中线工程供水总量的38%。供水目标涵盖南阳、漯河、平顶山、许昌、郑州、焦作、新乡、鹤壁、濮阳、安阳、周口11个省辖市及邓州市、滑县两个省直管县（市），实现了规划供水范围全覆盖，受益人口达到1800万人。

南水北调中线通水，给河南的社会、经济、民生等诸多方面注入了难以估量的活力。近日，记者跟随省南水北调办公室有关人员，沿着蜿蜒北上的中线工程实地采访，感受丹江水带来的新变化。

水是生命之源。河流、湖泊、水库一度都为人们的生活提供水源支撑，水源也就习以为常地被称为居民生产生活的"水缸"。随着经济社会的快速发展以及人口的增长，对水的需求量越来越大，加之地表水量减少，湖泊、库区也因缺水而日益萎缩，寻找合适的水源成了当务之急。黄河水、地下水成为我省多个城市发展的重要供水水源。丹江水的到来，使得我省干渠沿线城市供水实现了由单一水源到多水源互补，供水格局发生了很大变化，为安全供水提供了有力保证。

水塔退居"二线"

拥有73万人口的社旗县，全县水资源总量为1.63亿立方米，人均水资源量230立方米，约为全国平均水平的十分之一，属于严重缺水地区。

"原来没有自来水厂，自备水井抽取地下水，覆盖县城区域周边全靠水塔供水，水塔是县城标志性建筑。"社旗县自来水厂厂长闪卫东告诉记者，县城境内的9座小型水库，蓄水能力有限，县城过去完全靠地下水供水，全县有10口水井，分区域集中供水。夏季高峰期，断水缺水的现象时有发生。

"2015年社旗县已实现了试通水。2016年1月，实现了正式通水。以前靠井群供水的社旗县城终于有了第一座水厂——南水北调配套水厂。"社旗县南水北调办主任苏向坡介绍说，南水北调工程向社旗的计划供水量为每年2840万立方米，现在水厂一期工程投入运行后，冬季每天向县城居民供水1.5万立方米，年供水量达到630万立方米。惠及城区

2.1万户居民，人口约7万，供水覆盖范围达36平方公里。

现如今，社旗县城区昔日标志性建筑——水塔，在丹江水到来后已退居二线仅作为备用水源保持其供水能力，目前已停止运行，不再开采地下水。

双水源守护郑州发展

今年夏天，对于郑州普通市民来说，不管是居住在多层还是高层，家里自来水管的流量比往年充足了很多。能创下单日用水量达到138万立方米的历史新高，对于郑州这座历来"缺水"的城市来说，南水北调中线工程功不可没。

郑州作为河南的省会城市，随着自然变迁、社会经济的发展，郑州缺水情况日益严重。目前，郑州市人均水资源量只有178立方米，是全国平均水平的十分之一，是全省平均水平的二分之一，属于严重缺水城市。

南水北调中线工程通水前，郑州市城市主要供水水源是地下水和黄河侧渗水，加上受郑州地势影响，郑州南部、东南部长期没有水厂，一到夏天南部区域居民家里就会出现水压低、停水现象，城市供水常常捉襟见肘。

2014年12月，南水北调中段工程通水后，位于郑州市城区东南的刘湾水厂和位于城西的罗垌水厂先后投用，丹江水跨越数百公里，从遥远的长江流域来到淮河流域，流向郑州市的千家万户。

郑州市每年可分配丹江水5.4亿立方米。随着自来水厂、管网建设的加速推进，郑州市的日供水能力逐步提升，同时实现航空港区、主城区、荥阳市区管网的互联互通，区域供水互为支撑，解决了郑州市东南片区长期水压低问题，供水综合保障能力显著提高。目前，丹江水已在郑州市区实现全覆盖，全市供水总量累计达9.8亿立方米，受水人口达到680万，郑州供水全年使用南水北调水源占取水总量90%以上，丹江水已成为郑州的主力水源。

丹江水的到来，为郑州城市的发展提供了较高的水资源保障，而为郑州发展立下汗马功劳的黄河水如今部分被置换出来用做生态补水，继续发挥供水效益。

调蓄池保障城市紧急供水

有着"中华龙乡"之称的濮阳境内虽然有97条河流，但人均水资源量不足全省的一半，是严重缺水地区。

12月1日，站在挖掘出"中华第一龙"的西水坡调蓄池岸边，濮阳市自来水公司总经理任广勇指着宽广清澈的水面告诉记者，"西水坡是濮阳市的城市供水调节池，占地1080亩，能蓄水200万立方米，水域面积达720亩。这个城市供水调蓄池原来主要是为了调蓄黄河水。2015年5月，水资源匮乏的濮阳大地迎来了千里之外的丹江水，丹江水、黄河水在这里汇流。"

去年7月份，两条引丹江水源管线中其中的一根在常规检修时临时关闭，濮阳市自来水公司快速启用西水坡调蓄池里的水进行补充，有效确保了城区居民供水。

任广勇说，双水源的好处就在于，一个水源临时出了状况，另一个水源能及时启用，如果两个水源都出问题，在紧急状态下，西水坡调蓄池可供应城市用水20天。

如今，70多万濮阳群众喝上了甘甜的"丹江水"，濮阳城市供水也同步实现了由单一水源到多水源互补。

（来源：河南工人日报　2017年12月13日　记者　彭爱华）

让洪水变资源　为河湖添生机

南水北调成功为我省实施生态补水

党的十九大高度重视生态文明建设，提出了一系列新理念新目标。南水北调中线工程通水三年来，不仅显现出巨大的经济社会效益，生态效益也十分显著。我省近期通过

陶岔渠首增大流量　余培松摄

生态补水后白龟山水库烟波浩渺　余培松摄

南水北调中线工程实施生态补水，成为生态文明建设的一次生动实践。

丹江口水库水位今年秋季创下历史最高纪录，不断增加的水量也给下游带来防洪压力。我省抓住有利时机，在国务院南水北调办的大力支持下，通过南水北调中线工程为省内多地实施生态补水。

9月29日至11月13日，累计近3亿立方米丹江水润泽中原，成功实现了洪水资源化利用，有效改善了水生态环境。

◎水位攀升　开闸泄洪

"在水库边生活了60多年，从来没见过今年这么大的水面。"淅川县香花镇居民赵正有对记者说。香花镇紧邻丹江口水库，10月底的丹江口水库碧水连天，一望无际。

丹江口水库大坝1974年建成一期工程，坝顶高程（海拔高度）162米。为确保一库清

水自流到京津，2005年开始实施丹江口水库大坝加高工程，2013年大坝加高至176.6米。

2012年以来，丹江口水库连续遭遇多个枯水年。今年秋季，受上游流域连续降雨影响，丹江口水库水位持续上涨。9月23日，水库水位首次超过162米的原坝顶高度，加高后的新坝体开始挡水。此后水位一路攀升，超出163.5米的汛限水位，9月28日开始开闸泄洪。

截至11月13日，丹江口水库水位为166.39米，蓄水量约254亿立方米。去年同期水位为154.8米，蓄水量159.2亿立方米。

一边是开闸泄洪，白白流向大海，一边是水资源短缺，水生态环境恶化，水资源空间分布不均的难题再次凸显。

为实现洪水资源化利用，充分发挥南水北调中线工程社会效益和生态效益，9月下旬我省即着手进行相关工作。省水利厅经过周密细致的研究，提出了生态补水的需求方案。省南水北调办积极落实生态补水的线路、流量等具体问题。各级防汛部门做好河道的排查值守等工作，确保补水期间群众安全。

在国务院南水北调办公室等的大力支持下，我省的生态补水工作进展顺利。9月29日，南水北调中线工程开始向我省实施生态补水。当日，南水北调总干渠澎河退水闸（位于平顶山市）开启闸门，丹江水从干渠中喷涌而出，进入澎河，流向下游的白龟山水库。

南水北调中线工程累计共有13个退水闸参与此次对我省的生态补水，涉及南阳、平顶山、许昌、郑州、焦作、鹤壁、安阳七个省辖市。截至11月13日，此次生态补水画上圆满句号，累计向我省补水约2.96亿立方米。

◎洪水变宝　润泽中原

白龟山水库是平顶山市的大水缸，2013

年以来流域内一直处于干旱期。尤其2014年夏季我省遭遇大旱，白龟山水库无水可供，平顶山市区百万人口面临断水危机。

10月底，记者再次来到白龟山水库，饱"饮"丹江水的白龟山水库烟波浩渺，水天一色。蓄水量较9月底增加约两亿立方米，其中近七成水源为丹江水，水面增加近30平方公里。

"南水北调中线工程是一棵大树，白龟山水库就是大树上一个苹果。"白龟山水库管理局党委书记魏恒志做了这样的比喻。过去水库靠天补水，现在工程实现了水资源的远距离调配，这个"苹果"更漂亮了。

省防办专家认为，南水北调中线工程向白龟山实施生态补水，有利于减轻长江中下游防洪压力，同时实现洪水资源化利用。白龟山水库长期处于低水位运行，通过生态补水使水库水量大增，为平顶山市城市用水提供保证。

同时，沿线河道通过生态补水，回补了地下水，优化了水生态和水环境，也为沿线城市水景观增添了亮点。

不仅仅是白龟山水库，这样的场景在沿线许多地区上演。

此次生态补水，共有5个退水闸向郑州实施输水，总补水量3231万立方米。

记者从郑州市水务局了解到，郑州水资源严重短缺，人均水资源量仅为全国平均水平的十分之一。境内河流十河九枯，汛期降雨时才有水源，平时主要靠黄河补水。

"小时候溱水河水很大，后来水越来越少。"60多岁的新郑市观音寺镇溱水寨村村民刘乐枝告诉记者。溱水河绕村而过，但过去七八年基本上就没有水。此次生态补水，又让溱水河重现清波。

新郑市水务局水政科科长冯文涛认为，通过生态补水，改善了河流水质，增加了水量，对地下水的回升也起到积极作用。

郑州市的贾鲁河、索河、双泊河、西流

湖等，均受益于此次生态补水。

在焦作市的龙源湖公园，人们感到水变清了，水面也变大了，周边小河钓鱼的人明显多了起来。

但大多数人可能并不清楚，龙源湖公园里80万立方米原水已全被近期南水北调中线干渠退出的丹江水给置换了一遍。丹江水通过闫河退水闸流向焦作大地，经群英河、黑河进入龙源湖，之后再由黑河进入新河，最终注入大沙河。

这是焦作首次利用南水北调进行生态补水，不仅增加了水生态文明建设所需水源，同时也为水系治理打开了很好的思路。

汤阴县的郑成星老人有冬泳的习惯，在水质不太好的汤河游泳后，习惯用随身携带的自来水再冲一冲。南水北调对汤河实施生态补水后，水质大为改善，郑成星来汤河游泳也不用带自来水了。

◎畅通水脉　调配互济

"南水北调中线工程是我国南北调剂、东西互济水资源配置大格局的重要组成部分，能有效破解我国经济社会发展格局与水资源不匹配的难题。"省南水北调办建管处处长单松波说。

我国的水资源总体匮乏，同时空间分布也很不均匀。全国水资源量八成集中分布在长江及其以南地区。南水北调工程通过东、中、西三条线路，与长江、淮河、黄河、海河相互连接，构成"四横三纵"的水资源调配总体格局。

目前，仅仅南水北调中线工程就已累计调水约110亿立方米，不仅大大缓解华北上亿人口的饮水问题，而且经济、社会、生态效益日渐显现。

我省是水资源严重短缺地区，人均水资源量不及全国平均水平的五分之一。南水北调中线工程建成投用，有效缓解了我省水资源供需矛盾。

去年年底，全省已实现南水北调规划受

水区通水全覆盖，丹江水惠及南阳、漯河、周口、平顶山、许昌、郑州、焦作、新乡、鹤壁、濮阳、安阳11个省辖市及邓州市、滑县2个省直管县（市）。通水以来，累计向我省供水达40多亿立方米，提高了水资源支撑能力，受益人口达到1800万。

多年来，为维系地区经济社会发展，我省多地存在严重超采地下水问题。地下水资源过度开采导致部分区域地下水补排失衡，水位大幅下降，引发地面沉降、地裂缝、水质恶化等一系列生态与地质问题。

通水后，丹江水置换出受水区超采的地下水和被挤占的生态用水，生态环境不断改善。据今年7月统计，我省受水区中深层地下水平均上升幅度1.88米。

我省不仅水资源严重短缺，且时空分布不均，类似南水北调这样的水资源调配、水系连通工程对我省意义重大。河南地跨长江、淮河、黄河、海河四大流域，南水北调中线工程通水后连通了四大流域，构建起跨流域调水的有利条件。

此次生态补水，再次充分展示了南水北调工程在水资源调配方面的巨大作用。

按照《河南省水资源综合利用规划》，我省将规划建设一批重大水系连通工程，着力构建南北互济、东西相通的现代水网，未来将实现全省水资源的科学调配。

（来源：河南日报　2017年12月13日　记者　张海涛　通讯员　余培松）

南水北调助力濮阳绿色健康发展

核心提示　2014年12月12日14时32分，历时10余年建设、全长1432公里，举世瞩目的世纪工程——南水北调中线工程正式通水。今年12月12日是南水北调中线工程通水3周年纪念日。市南水北调配套工程自2015年5月建成通水，至今已累计供水1.18亿立方米，供水范围包括中原油田基地在内的整个

濮阳市城区和清丰县城区，受益人口近80万人。

构筑龙都大水网

我市是全省南水北调受水区11个省辖市之一，年分配水量为1.19亿立方米。从南水北调中线总干渠35号口门分水，全部实行地埋管道输水，设计输水流量为每秒6立方米，输水管线总长108公里，分别向市第一自来水厂、市第二自来水厂、西水坡调节池、濮阳华源水务有限公司、濮阳县南水北调水厂、南水北调清丰中州水厂和南乐县第三水厂供水。市南水北调配套工程于2012年10月26日正式启动。在市委、市政府和省南水北调办公室的指导下，在沿线各级党委、政府和广大人民群众的大力支持下，市南水北调配套工程主管线和西水坡支线建设已于2014年12月全部完成。为尽快实现通水目标，惠及全市人民，市南水北调办公室及早谋划，着力推动工程通水工作。西水坡支线于2015年5月11日向西水坡调节池供水，市第一自来水厂利用西水坡调节池向市城区供水，成为我市首个接受南水北调水源的水厂。濮阳华源水务有限公司于2016年6月22日实现通水，日供水量为10万立方米，实现了市城区南水北调供水全覆盖，包括中原油田在内的市城区居民告别30年来饮用黄河水的历史，饮用上了丹江水。

为进一步扩大南水北调供水覆盖范围，提高供水效益，最大限度地消化南水北调水量，在濮阳市和清丰县两级政府的共同努力下，省南水北调办公室于2015年批准建设清丰县南水北调供水配套工程。工程于2016年4月开工建设，从南水北调濮阳供水配套工程输水主管线开口取水，全部采用地埋管道输水，设计流量为每秒1.33立方米，输水管道长18.5公里，工程概算投资1.92亿元。2017年5月5日，南水北调清丰县供水配套工程胜利通水，日供水量为2万立方米，清丰县城区和马庄桥镇的居民饮用上了丹江水。

为使市第二自来水厂和濮阳县南水北调水厂用上南水北调水，2016年，省南水北调办公室批准建设南水北调西水坡支线延长段工程。在西水坡支线末端（调节阀后）设置分水支管，延伸输水管道1.44公里，与市第二自来水厂、濮阳县南水北调水厂输水管道对接，向两个水厂供水。工程于2017年4月开工建设，2017年9月25日建成通水，提高日供水量13万立方米。

南乐县南水北调集中供水项目于2017年5月开工建设，从南水北调清丰县供水配套工程输水管线上开口取水，计划铺设南水北调输水管线28.86公里，城区配水管网34公里，建水厂1座，日供水量5万立方米。目前，工程建设进展顺利，已完成管沟开挖25公里、管道安装10公里，提水泵站、穿越马颊河等控制性工程正在紧张施工，水厂建设已接近尾声，预计2018年上半年建成通水。届时，南乐县城区的居民将告别长期饮用苦咸地下水的历史，喝上甘甜的丹江水。

目前，市南水北调工程已实现向市第一自来水厂、市第二自来水厂、西水坡调节池、濮阳华源水务有限公司、南水北调清丰中州水厂等5个供水目标正常供水，待濮阳县和南乐县南水北调水厂通水后，南水北调供水将覆盖整个濮阳市城区和3个县城区，受益人口将达100万人。

一切为了供水安全

水是生命之源，是生态之基。市南水北调办公室在继续做好工程建设管理工作的同时，重点抓好建设期工程运行管理工作，并逐步将工作重心由建设管理向运行管理转变。在过渡期，依靠现有机构和管理模式，加强供用水管理、安全巡查、维修养护，确保供水安全平稳。

健全管理队伍，加强人员培训。市南水北调办公室成立了南水北调配套工程运行管理领导小组，组建了运行管理办公室。办公室下设工程技术组、水量调度组、现场管理组，以及3个现地管理站和2个工程巡查组，具体负责现地管理站调度值守、输水管线安全巡查等工作，其人员数量和专业配置基本满足工作需求。工作期间，除抽调业务骨干参加省南水北调办公室集中培训外，市南水北调办公室还根据年初制订的培训计划，采取以会代训、集中学习、现场教学、知识竞赛、岗位练兵等多种形式，对运管人员进行业务培训。通过培训学习，运管人员的理论知识、业务技能、综合素质及管理水平均得到了明显提高。

完善规章制度，规范运管行为。市南水北调办公室根据有关规定和运行管理实际情况，建立完善运行管理、安全巡查、水量调度、维护检修、现场操作等规章制度和应急预案。定期对工程安全、工程安保及现地运行管理行为进行巡查，做到及时发现情况并组织处理有关问题，确保工程安全正常运行。严格按照调度指令进行调度，加强与省南水北调办公室、干线工程运管处、地方人民政府、有关部门和用水单位之间的沟通、协调，保证各类调度信息互通共享、同步操作。认真组织安装、调试流量和水量计量设施设备，定时与干线工程管理处和用水单位对流量计的流量和水量读数进行现场核对并签字确认，真正促进运行管理工作走上规范化道路。

创新管理手段，确保供水安全。南水北调输水管道埋设在地下，有的还穿越村庄、城镇，地面上虽然有标志桩，但管线上面或管线两侧，经常有群众挖沟、取土、打井、植树、建坟，还有穿越邻近南水北调输水管线的工程建设。为保护好全市人民赖以生存的这条"水脉"，市南水北调办公室在全省率先使用自动化智能巡线系统进行安全巡查，巡线员随时将巡查中发现的问题上传到调度中心，调度中心对发现的问题进行归纳整理，制订问题整改台账，明确责任单位、责任人和整改时限，及时跟进，监督整改，确保工程运行安全。

助力濮阳绿色健康发展

一脉碧水逶迤东行，润泽龙都造福万家。南水北调工程的一渠清水，圆了龙都人畅饮丹江水的梦。我市水资源总量不足，多年平均水资源量约4.5亿立方米，人均水资源量210立方米，不足全省人均占有量的一半，为全国人均占有量的十分之一。加之我市水利基础设施薄弱，调蓄能力不足，管理体制不够健全，这些问题严重制约着我市经济社会可持续发展。

南水北调工程建成通水，极大地改善了城市居民和工业生产的供水状况。通过南水北调水的置换，严格限制甚至禁止超采地下水，防止因长期开采导致水位逐年下降，局部形成地下水漏斗区，从而引起地面沉降等一系列生态环境问题，让地下水得以休养生息，将被城市长期挤占的农业和生态用水予以退还，恢复生态环境。

南水北调工程建成通水，将有利于加快推进城市化进程。根据南水北调河南水质监测中心对丹江水长期监测的结果看，丹江水一直保持Ⅱ类及以上水标准，部分指标达到Ⅰ类水标准，丹江水的多项监测指标都优于黄河水，丹江水的氯化物、硫酸盐的含量远低于黄河水，口感上清爽甘甜，煮沸后不容易产生水垢，可极大地改善城市居民的生活质量，对于构建和谐、宜居城市具有重大意义。

南水北调工程建成通水，将显著改善城市的投资环境，吸引更多的外商和国内企业投资，促进城市经济和社会发展，对经济建设具有积极的促进作用。2015年5月，濮阳市启用南水北调丹江水水源。此后，我市供水以稳定的丹江水为主，黄河水源、地下水源并存，城市供水保证率大大提高，各行各业的发展不受供水制约，给城市的经济带来巨大的间接效益，助力濮阳绿色健康发展。

南水北调，利国利民。南水北调工作已

翻开新的一页，市南水北调办公室将在市委、市政府和省南水北调办公室的坚强领导下，深入推进南水北调各项工作，使之发挥更大的效益，不断造福人民，为建设富裕文明和谐美丽新濮阳、实现中华民族伟大复兴的中国梦做出新的更大贡献。

（来源：濮阳日报 2017年12月12日 文/图 王道明 陈晨 王献伟）

南水北调中线工程鹤壁段：三年供水8133万立方米，43万多人受益
—— 南水北调中线工程通水三周年专题报道

历史的时针拨回三年前：2014年12月12日，全长1432公里、历时11年建设的南水北调中线工程正式通水。

烟波浩渺、清流无际的丹江水，瞬间水龙奔腾、绵延千里，上百亿立方米的优质江水流向北方。我市淇滨区、鹤壁国家经济技术开发区、市城乡一体化示范区、淇县县城、浚县县城43万多人先后喝上了甘甜的丹江水，多年连续下降的地下水水位止降回升，河流湖泊愈加碧波荡漾，水生态建设呈现新貌，人民群众的获得感、幸福感、安全感全面提升。

截至今年12月1日，市南水北调配套工程规划的6座水厂已投入使用5座；通过市南水北调配套工程34号、35号、36号三座分水口门的三条输水线路，南水北调中线工程已累计向我市水厂供水8133万立方米，供水人口43万多人；南水北调中线工程还通过淇河退水闸向淇河生态补水1500万立方米。

通水效益凸显——有效缓解水资源短缺改善淇河生态环境

我市是一个水资源短缺的城市，水资源贫乏，人均占有量少，且用水量大，地下水超采，供需矛盾突出，可供开发利用的当地水资源量不能满足经济社会发展的需求。南

水北调中线工程的建设和使用，为我市人民带来了福音。受益于南水北调中线工程，我市每年可分配1.64亿立方米的丹江水，能有效缓解我市水资源短缺和供需矛盾。

南水北调中线工程鹤壁段全长30公里，涉及淇县、淇滨区、鹤壁国家经济技术开发区等县（区）和9个乡（镇、办事处）、36个行政村。该工程2009年5月15日开工，2013年主体工程完工，2014年汛后通水。工程建设过程中，建设管理方与各参建单位始终坚持一切为了重点工程建设、一切服务于重点工程建设、一切服从于重点工程建设的目标，切实履行职责，积极协调解决问题，主动提供优质服务，保持了文明施工、和谐共建的良好局面，为南水北调中线工程正式通水及平稳运行做出了积极贡献，树立了我市的良好形象。

市南水北调配套工程输水管线工程总长60公里，涉及浚县、淇县、淇滨区、鹤壁国家经济技术开发区等县（区）和12个乡（镇、办事处）、43个行政村。配套工程于2012年11月28日开工，2013年主体工程完工，2014年与南水北调中线工程同步建成、同步通水、同步达效。在11个省辖市中，我市的配套工程开工最晚，为了实现配套工程和中线主体工程同步建成、同步通水、同步达效的总目标，建设管理方与各参建单位克服开工最晚、管径最大、技术复杂、人员紧张、建设任务繁重等诸多困难，强力推进配套工程建设，分水口门线路顺利通水，实现了工程建设快速推进与政治社会稳定和谐的双赢。

南水北调中线工程向我市供水后，有效缓解了我市水资源短缺和供需矛盾，提高了城市工业和生活用水的保证率，改善了居民生活用水水质，不仅沿线空气质量得到改善，而且减少了对地下水的开采和超采，使地下水位有所上升。长期被城市用水所挤占的农业用水也相应增加，农业优势得到进一

步发挥。

我市生活和工业用水对淇河的依赖也减少许多，提取淇河水的情况也少了，因缺水而萎缩的部分河道重现生机，沿河的植被状况有所修复。南水北调中线工程向淇河生态补水，有效地改善了淇河的环境以及周边小气候，如今淇河的水更清了、景更美了，对地下水的回补和淇河生态的恢复都有极大的好处。生态补水助推了以南水北调淇河河渠倒虹吸工程下游淇河水面为轴，淇河西岸的生态景观和淇河东岸的现代城市景观相互辉映环境的形成，使淇河两岸真正融现代性、生态性、文化性为一体，提升了城市品位和人民生活质量。

运行管理科学——守护一渠清水永续北送

为确保一渠清水永续北送，让市民用上甘甜的丹江水，加强南水北调配套工程运行管理工作是关键之处。三年来，我市认真落实省南水北调办运行管理工作要求，使用科学的管理体制方式，完善配套工程各项管理制度，实施自动化与智能巡检系统，做好南水北调配套工程34号、35号、36号分水口门线路平稳供水及工程设施、电路、阀件的日常运行及检查维护工作，确保南水北调配套工程安全平稳运行。我市完成了市南水北调配套工程泵站代运行维护项目单位招标工作；委托劳务公司公开招聘运管人员，开展岗前培训，及时组建运行管理队伍，加强巡线检查及运行维护工作；做好年度水量调度计划编制申报工作；确保配套工程调度供水、运行维护管理顺利进行。

在运行过程中，市南水北调办进一步加强岗前培训，确保管理规范；强化运行监管，确保供水安全；狠抓工作落实，确保目标完成。为保供水安全，他们加强组织领导，落实安全责任，全面排查重点项目和重点部位，发现隐患及时整改，并加强值班值守，要求工作人员24小时保持通信通畅，发现问题及时上报，妥善处理。同时，高度重

视落实飞检、稽查问题整改工作，认真研究整改措施，制订详细整改方案，建立问题整改台账，切实督促落实问题的整改。按照省南水北调办的要求，市南水北调办对市配套工程全线丢失损坏的界桩和标识标牌进行了全面排查，尽快补齐界桩和标识标牌；强化各现地管理站、泵站日常巡视检查工作，坚持做好问题排查和隐患处理，确保泵站、管道安全运行。他们还坚持推行市配套工程运行管理月例会制度，定期开展各类检查评比，实行精细化管理，确保工程和供水安全；组织维修养护单位做好日常维修养护、专项维修养护计划，配合维修养护单位做好配套工程维修保养。

在市委、市政府的正确领导下，在省南水北调办、省政府移民办的精心指导、大力支持下，市南水北调办按照"提供一流服务、创造一流环境、建管一流工程"的总体工作目标，精心组织，创新举措，务实重效，强力推进，圆满完成了南水北调中线工程鹤壁段征迁安置、服务协调、创优环境及配套工程建设与管理运行各项任务目标，成效显著，总体工作走在了全省前列，多次受到省政府、省南水北调办、省政府移民办和市委、市政府表彰。近年来，市南水北调办先后获得全省南水北调工作先进单位、全省重点工程建设竞赛先进单位、全省南水北调配套工程一等奖第一名、全省南水北调配套工程先进单位、全省南水北调宣传工作先进单位及推进全市经济社会发展重大任务做出突出贡献单位、全市年度综合考评先进单位、全市年度完成责任目标先进单位等荣誉称号。

保护渠道水质——打造"清水走廊""绿色走廊"

2014年南水北调中线工程总干渠正式通水后，如何确保工程发挥应有作用，成败在水质，关键在沿线水质保护工作。我市积极开展南水北调中线工程鹤壁段总干渠两侧水源保护区管理工作，确保南水北调水质安全，将南水北调中线工程鹤壁段打造成"清水走廊""绿色走廊"。

"南水北调，千里水脉；爱渠护水，行动起来！"5月23日，在市青少年活动中心礼堂，市淇滨中学300多名学生举起右手，整齐呼喊着护水口号，为爱护南水北调工程立下了铮铮誓言。

这是南水北调公民大讲堂走进鹤壁市的活动场景。为了确保南水北调水质安全，我市利用报纸、网络等媒体刊登文章或专题，利用电视、广播等媒体播发新闻信息，采用南水北调公民大讲堂、道德讲堂、游走字幕、张贴标语、发放宣传单等多种形式，广泛宣传水源保护区划定工作的重要性及相关法律、法规，宣传保护区管理的重大意义，增强全社会做好南水北调中线工程水质保护的自觉性、积极性和主动性，营造出做好水源保护的浓厚氛围。

三年来，市南水北调办通过不断在媒体上播发公告和采用游走字幕的形式持续宣传南水北调安全保卫工作，保障市南水北调工程沿线人民群众生命安全和工程安全；向群众宣传《南水北调工程供用水管理条例》等法规，全面强化群众自我安全保护意识；组织党员志愿者进社区开展南水北调政策宣讲活动，对过往群众认真讲解南水北调工程建设、水源保护和节约用水的重要意义；积极参加"世界水日""中国水周"宣传活动，制作宣传展板，宣传南水北调工程建设管理及意义。通过广泛深入的宣传教育，让大家保护南水北调水源，爱护南水北调工程设施，让全社会更加了解、关心、支持南水北调工作，确保供水安全，保护人民群众人身安全。

建设生态带——构筑南水北调总干渠的绿色屏障

如果从空中俯瞰南水北调中线工程总干渠鹤壁段，你会发现清水两侧树木成林，犹如绿色屏障，这既是美丽的景观，也是输水水质安全的一道保障。

为构筑南水北调中线工程总干渠的绿色屏障，确保南水北调中线工程输水水质安全，市南水北调办定期到水源保护区沿线督查和实地查勘，切实做好水源保护区内建设项目的监督管理，完成总干渠两侧一、二级水源保护区分县区面积的复核、统计、上报工作，为国家出台各县区水源保护区内相关政策提供基础资料支撑。我市规划、环保、国土和县区南水北调办等部门对保护区内相应改扩建或新建企业严格把关，形成工作合力，共同保护总干渠水源；做好保护区内污染企业及养殖业排查工作，对总干渠鹤壁段两侧一、二级水源保护区内的养殖业进行核查统计，为水源保护区两侧的污染企业和养殖业治理奠定了坚实基础。目前市南水北调办配合市环保局、市畜牧局关闭和搬迁总干渠保护区范围内的畜牧养殖场33家。

在《南水北调中线一期工程干线生态带建设规划》中，南水北调生态带建设分为红线内、红线外两大部分。红线内总干渠两侧各8米宽实施乔灌木绿化，节点工程建筑物周边管理范围内实施园林绿化，由建设单位实施，我市做好服务配合工作。在城市总体规划、土地利用总体规划和绿地系统规划工作中，我市把总干渠红线外两侧林业生态带建设作为重点任务，建设防护林带和农田林网，并在城区边缘建设园林景观，打造城市重要的生态功能区。截至今年11月底，市南水北调总干渠红线外两侧规划总绿化面积8630亩，已绿化8110亩，占任务的94%，南水北调生态廊道景观初见成效。

"在各级各部门的努力下，南水北调中线工程通水为我市实现水资源的优化配置，保障饮水安全，改善生态环境，加快城市化进程，发挥了积极作用，为我市经济社会的可持续发展提供了强有力的水资源保障，为我市建设生态文明、活力特色、幸福和谐的品质'三城'做出了积极贡献。"市南水北调办主任杜长明表示。

（来源：鹤壁日报 2017年12月12日 记者 汪丽娜）

郑州：南来之水破困局

郑州航空港经济综合实验区、郑洛新国家自主创新示范区、中国（郑州）跨境电子商务综合试验区……随着一系列国家战略在郑州落地，近年来这座中原龙头城市步履如飞。

但郑州也是一座十分"干渴"的城市，随着经济社会的发展，人口的快速增加，水资源供需矛盾日益尖锐。

南水北调中线工程通水三周年之际，记者深入郑州采访。一渠清水为郑州注入了新的生机活力，也夯实了国家中心城市建设的水资源支撑。

水资源严重短缺

郭保森家住郑州经济技术开发区东旭花

园小区，多年来用水问题一直困扰着他，到了夏季，断水更让人度日如年。郭保森印象最深的一次停水，时间有 10 天左右。

这是郑州水资源短缺的一个缩影。历史上，郑州水资源曾较为丰沛。全市共有大小河流 124 条，流域面积较大的河流就有 29 条。郑州市区内贾鲁河、金水河、索须河等十几条河流纵横交错。

但是随着自然变迁、社会经济的发展，郑州缺水情况日益严重。

目前，郑州市人均水资源量只有 178 立方米，是全国平均水平的十分之一，是全省平均水平的二分之一，属于严重缺水城市。

南水北调中线工程通水前，郑州市城市供水主要水源为黄河水，但也常常捉襟见肘。

2013 年，黄河主河床向北移动几十米，提灌站取不到水，郑州部分市区群众用水出现困难。郑州市委市政府迅速启动应急预案，全市各个自来水厂的总经理在黄河滩上安营扎寨，日夜督促应急施工。

因为缺水，水生态环境也日益恶化。境内河流十河九枯，汛期降雨时才有水源，平时主要靠黄河补水。

丹江水效益巨大

2014 年 12 月，丹江水跨越数百公里，从遥远的长江流域来到淮河流域，流向郑州市的千家万户。

通水那一天，郭保森和老伴特意跑到总干渠，像迎接亲人一样迎接远道而来的南水。

记者从郑州市南水北调办了解到，郑州市每年分配丹江水 5.4 亿立方米。目前，丹江水已在郑州市区实现全覆盖，全市供水总量累计 9.8 亿立方米，受水人口达到 680 万。丹江水为郑州的发展夯实了水资源支撑，经济社会效益十分明显。

郑卫平现在住在航空港区的正弘中央公园，原来的村子在附近，已在城市化的进程中消失。过去家家户户打井，用水泵取水。

"水有咸味，水垢多，茶壶用久了能多出来一半重量。"这是原来村子里井水留给郑卫平的印象。丹江水则让她觉得味道甘甜，清澈透亮。

丹江水的生态效益也在日益显现。总干渠在郑州境内长 129 公里，渠道水面达 1.5 万亩，相当于百亩水面的湖泊 150 个，对改善郑州的生态环境将起到很好的作用。

原本用于城市供水的黄河水被置换出来，助力郑州水生态建设。眼下，从郑东新区到郑州西郊，水面越来越多，龙湖、象湖、龙子湖、如意湖、西流湖碧波荡漾。

南水到来以后，郑州市大力推进地下水压采工作。截至 2016 年年底，郑州市已经累计压采封停自备井 831 眼，压采地下水 4361 万立方米。目前中深层地下水水位已回升 3 米多。

助力中原腾飞梦

郑州航空港区处于黄泛区，地表以沙质土壤为主，无法形成地表水资源，地下水储量也极为贫瘠，掘井深度近年来更是屡创新高。

但随着航空港区的发展，对水资源的需求与日俱增。仅仅机场夏季一天就要用 5000 立方米左右。大量企业的入驻，更对水资源供应提出严峻考验。

南水北调中线工程的通水，为航空港区的发展破解了难题。郑州航空港区年受水量达 9400 万立方米，完全可以支撑其中期发展，对中原外向型经济引领更加有力。

目前，港区两座水厂一天供丹江水 15 万立方米，惠及人口约 60 万，已累计为航空港区供水 1.2 亿立方米，从根本上解决了"口渴"问题。

丰富水资源和优良生态环境成为港区招商发展的金字招牌，UPS、IAI、中兴、中部国际设计中心、国外领使馆、国际会展中心等影响力巨大的项目纷纷入驻航空港区。

现在，每天 100 多万立方米的南水，源源不断地从中线工程总干渠分水口门涌向郑州。一条新水脉,正让中原"龙头"高高昂起。

（来源：河南日报 2017年12月10日 记者张海涛 高长岭 通讯员佘培松）

许昌："昔日"莲城"重现清波

许昌,历史上曾是美丽的"莲城",后来变成水资源严重短缺的城市。南水北调中线工程通水后,这里重现了北方水城的动人面貌。

11月底,记者走进许昌,探寻这一转变背后的故事。

缺水的"莲城"

历史上的许昌,依水而建,因水而兴,夏季护城河里莲花盛开,有着"莲城"的美誉。

后来,许昌水资源不断减少。上世纪七八十年代,由于大规模开发地下水,引起地下水位下降,工农业生产受到严重制约。一些工厂因水源不足被迫停工,国家棉纺厂曾有意在许昌建厂,最终因水资源缺乏而无奈放弃。

近年来,许昌更是成为一座名副其实的缺水之城,人均水资源量仅有210立方米,不足全国平均水平的十分之一,资源型和工程型缺水问题长期并存。

穿越许昌市区的3条河流均为季节性河流,污染问题突出,水生态环境恶化,"水问题"严重制约着许昌市经济社会可持续发展。

历届许昌市委、市政府和几代许昌人都在兴水利、丰水源上不懈努力,不断与相邻的兄弟市大打"夺县争水"战,高价从其他地区买水,但水资源问题依然突出。

驰援的南水

南水北调通水后,为许昌破解水资源困局、开展水生态文明建设提供了历史机遇。

2014年12月,清凌凌的丹江水长途跋涉而来,源源不断注入许昌干涸的大地。

许昌市南水北调办公室负责人介绍,按照南水北调工程规划,年均分配许昌水量2.26亿立方米,相当于给许昌增加了两座大型水库。三年来,许昌市累计受水3.08亿立方米,供水面积达到174.5平方公里,受益人口165万。

过去,许昌城市供水主要靠北汝河水,不仅水源不太充足,而且汝河水质仅达到Ⅲ类。

"过去自来水水质硬,家里茶壶水垢很多。用上丹江水后,不仅水垢不见了,口感也比过去有很大改变。"家住莲城大道的市民牛梅告诉记者。记者在采访中还了解到,许多居民家中的净水器也"退役"了。

重生的"水城""过去非汛期清潩河基本没水,现在常年有水,各种水鸟也多了。"许昌市清潩河浮沱闸管理所的职工解思专告诉记者。管理所有一口水井,水位也比过去上升了三四米。

这是许昌水生态文明建设成就的一个缩影。

南水北调通水后，让许昌市捉襟见肘的水资源状况大为改观。原本作为城市供水水源的北汝河河水被置换出来，成为生态用水，每年可向市区水系供水8000万立方米，同时充分利用再生水，实施了水系连通工程、水生态文明建设。

2015年9月1日起，许昌市水系连通工程开始试蓄水，颍汝总干渠上的闸门缓缓升起，河水喷涌而出，流入许昌市区7条河流、2条水渠和8个湖泊。这天起，常年忍受缺水之痛的许昌开始变得生动起来。

许昌目前已形成了以82公里环城河道、5个城市湖泊、4片滨水林海为主体的"五湖四海畔三川、两环一水润莲城"的水系新格局，呈现出"河畅、湖清、水净、岸绿、景美"的生态画卷。

今年5月，许昌市刚刚通过国家水生态文明试点城市建设验收，长期"干渴"的许昌如今河畅湖清，水韵悠悠。

同时，作为南水北调受水区，许昌还对城市规划区供水管网覆盖范围内的590多眼自备井全部实施关停，年压采地下水1360万立方米，地下水水位平均回升2米多。

城区水系连通后，为许昌经济社会发展增添了新动能、新活力。

2016年春节长假，护城河吸引游客近40万人次，北海公园仅在大年初一就有超过5万人次的客流，许昌出现了"满城尽是看水人"的盛况。2016年许昌市旅游综合收入74亿元，比上一年增长24%。

在荷香中入梦，在水声中醒来，正成为许多许昌人生活的真实写照。这个因水而困、因水而忧的北方城市，如今因水而兴、因水而美。水之清、水之畅、水之美已经成为许昌一张最靓丽的名片。

从一个严重缺水的城市变成令人赞叹的"北方水城"，在美丽嬗变的背后，有一个重要功臣——南水北调中线工程。未来，一渠清水还将为这座北方水城不断注入生机活力。

（来源：河南日报 2017年12月8日 记者张海涛 高长岭 通讯员薛雅琳）

完善长效运行管理机制 确保通水及水质安全

南水北调中线工程自2014年12月12日通水以来，沿线高标准做好安保工作，确保干渠工程新乡段运行平稳安全；配套工程自2015年6月30日试通水以来，实现安全平稳运行，水质改善明显，供水效益凸显。市民日均用丹江水约24万立方米，占我市市民日用水量的90%左右，受水区域、受益人口、用水量逐步提高，受益人口已达150万人。受水总量位居全省第三位。2016年4月份，市南水北调办公室被人社部、国务院南水北调办公室联合授予"南水北调东中线一期工程建成通水先进集体"荣誉称号，这也是南水北调系统内表彰的最高荣誉。

多措并举，规范管理。为加强配套工程运行管理和线路巡查，确保工程运行安全，市南水北调办公室采取多种措施，推进运行管理标准化工作。

一是明确运行管理问题处置流程。结合工作实际，进一步明确各科室职责，规范工作处理流程，出台问题处置方案，全力保障运行安全。在工作中，运管人员发现问题及时上报运管QQ群、微信群等信息平台，各站站长填写问题处置报告单，书面上报运管办，运管办明确专人对问题进行搜集分类，按照处置流程将问题分流到责任科室、责任人，并限期解决，取得了较好效果。

二是建立月例会季考核制度。每月召开一次市办运管例会，通报工作情况，研究存在问题及解决方案，编发运管简报；每季度组织一次日常考核，考核结果与个人及现地管理站争先创优挂钩，对考核前3名现地管理站颁发标准化管理流动红旗，各站之间形成了比学赶帮超的良好局面。

三是积极完善硬件设施。为保证运管工作的正常开展，市办为各现地管理站统一购置办公生活家具、电脑打印设备，配置安全绳、工具箱、头灯、胶靴等巡检工具和劳保防护用品，加装防盗窗、防盗网，运管人员统一服装，管理方统一制度上墙，开发运管巡检手机定位跟踪系统电子平台，不断完善配套工程运行管理硬件装备。

四是专项治理，加强养护。为加强配套工程供水设施保护，针对个别地方在管道上方和保护范围内私搭乱建，给输水管道安全运行以及供水保障带来很大隐患的情况，2016年4月份至5月份，我市开展了为期50天的南水北调供水配套工程管护专项治理工作，建立了《影响供水安全问题台账》。通过专项治理，台账中涉及的14项30个问题全部销号，顺利解决，取得了较好的效果。

五是做好政策法规宣传贯彻工作，积极组建执法队伍。市办积极开展水法、南水北调配套法规宣传工作，提高市民知晓率。积极与市水利局沟通，成立了市南水北调水政监察大队，明确了水政监察大队大队长、副队长、队员，执法工作已经有序开展。对于巡线中发现的邻接穿越工程不经审批盲目建设问题，要求邻接穿越工程权属单位在建设前必须按照相关程序逐级报批进行安全评估工作，切实维护配套工程运行安全。

（来源：《新乡日报》2017年12月8日记者秦保树　通讯员吴燕）

南水北调丹江水"飞"向世界

冬日暖阳透过蓝天，照射在碧绿的丹江水面。12月5日，记者在郑州航空港区第二水厂，看到南水北调丹江水在偌大的水池中净化过滤。这些水直供机场，随国际航班"飞"向世界各地。

"随着客运流量的不断增加，用水激增。河南机场集团为了保障机场不断水，2016年专门建立泵站，从航空港区二水厂引水储存，每天向机场供水2700吨，夏季每天供水6000吨。"机场集团后勤管理中心主任平文敏微笑着说，"每天飞机上供应的都是丹江水，各国的朋友都能喝上。"

二水厂厂长孟爱珍介绍，丹江水清澈，出厂浊度是0.059%，远远低于国际标准的1%。

由于南水北调在港区境内绵延32公里，俨然是一条景观河流，成了航空港区招商引资的金字招牌。优质的水资源吸引了富士康、台湾精密仪器、菜鸟、顺风、UPS等企业集团先后落户航空港区。手机屏幕的生产对水质的要求极为苛刻，南水北调丹江水满足了生产要求。富士康生产的苹果手机，在生产流水线上经过丹江水的"洗礼"，从航空港区起航飞向全球。

（来源：河南日报农村版　2017年12月8日　记者赵川）

南水北调工程通水三年河南受水区中深层地下水平均升近两米

12月6日，记者从南水北调中线一期工程通水三周年（河南）新闻通气会上了解到，南水北调工程通水三年来，累计向河南省供水40多亿立方米，受益人口达到1800万人。全省受水区中深层地下水平均升幅1.88米。

南水北调中线一期工程通水三年来，河南省南水北调工程运行管理逐步规范，供水配套管网不断完善，供水范围不断扩大，供水效益不断提升。

河南省南水北调办公室副主任杨继成介绍，截至12月5日，全省累计有33个口门及14个退水闸开闸分水，向引丹灌区、59座水厂、3座水库及14条沿线河流供水补水。"累计供水40.25亿立方米，占中线工程供水总量的38%。供水目标涵盖11个省辖市和2个省直管县（市），实现了规划供水范围全覆盖，受益人口达到1800万人。农业有效灌溉面积115.4万亩。"

在确保城市供水的同时，今年河南省抓住丹江口水库来水充沛的机遇，自9月29日起，通过总干渠的13个退水闸，向下游河道及水库进行生态补水，范围涵盖工程沿线7个省辖市，累计补水2.96亿 m³，其中向白龟山水库补水2.05亿 m³。"使洪水资源化，调来水量2.96亿立方米，用于改善城市的生态环境，生态环境得到了很好的提升。"河南省南水北调办建设处处长单松波介绍。

据介绍，三年来，河南省受水区超采的地下水和被挤占的生态用水得以置换，生态环境大为改善，工程沿线14座城市地下水位明显回升。全省受水区浅层地下水平均升幅1.14米，其中安阳市上升3.6米，新乡市上升2.35米；中深层地下水平均升幅1.88米，其中，郑州市回升3.03米，许昌市回升2.96米。

通水三年来，河南省持续加强水源地和沿线输水水质，关停并转涉污企业，推进农业生态转型，保障南水北调中线工程输水水质稳定保持和优于饮用水Ⅱ类标准。

通水三年来，河南省有关部门采取综合措施，保证丹江口水库库区和总干渠输水安全，在库区和总干渠依法划定水源保护区，开展环境综合整治，关停并转污染企业，积极发展生态农业。"为了保证水质安全，我们在库区有12个监测断面实时对水库的水质进行监测，"河南省南水北调办环境移民处处长邹志悝说，"在总干渠布置了16个监测断面，对总干渠从出水口到出河南境内全线进行检测，通水以来，共检测数据532组，累计监测数据15000多组。目前的水质优于或达到Ⅱ类水质，满足调水要求。"

邹志悝介绍，南水北调中线工程河南段长731公里，占全线总长的一半以上，为保证输水安全，河南省在总干渠沿线两侧高起点

规划、高标准实施生态带建设工作，目前生态带建设工作已完成19.3万亩，完成了河南省规划的89.3%。"生态带的建设对保证南水北调水质输水安全起到了重要的生态屏障作用，剩余项目计划明年上半年完成。生态带建成之后，在干渠沿线会建起一个绿色的长廊，与城市景观结合为市民提供休闲旅游，把生态效益、社会效益和经济效益能够综合发挥。"

（来源：河南新闻广播 2017-12-08 12：02：35 河南台记者朱圣宇）

濮阳：水润龙乡绽新姿

2015年5月，水资源匮乏的濮阳大地，迎来了千里之外的丹江水。如今，70多万群众喝上了甘甜的"南水"，城市面貌焕然一新，"北方水城"逐渐呈现俏丽的轮廓。

龙乡畅饮丹江水

濮阳古称帝丘，传说五帝之一的颛顼曾以此为都，故有帝都之誉。在濮阳发现的蚌壳龙被考古学界认定为"中华第一龙"，濮阳也被命名为"中华龙乡"。

濮阳境内虽然有97条河流，但人均水资源量不足全省的一半，是严重缺水地区。

"西水坡是濮阳市的城市供水调节池，占地1080亩，能蓄水200万立方米，原来用的是黄河水。"11月30日，濮阳市自来水公司总经理任广勇站在西水坡岸边介绍，西水坡可在紧急状态下供应城市用水20天。

2015年5月11日，丹江水第一次流入西水坡，满城欢腾。2016年6月22日，濮阳市第三自来水厂正式向全市居民供应丹江水，濮阳成为全省第二家实现城区居民全部饮用丹江水的城市。

"我市南水北调支线工程自2015年5月通水试运行，到今年11月底，我市已用丹江水1.18亿立方米。"濮阳市南水北调办主任张作斌说，濮阳每年可用丹江水1.19亿立方米，每天可供水32万立方米，目前城区日用水12万立方米。

濮阳市区和清丰县目前有70多万群众已经畅饮上丹江水。甘甜清冽的丹江水，让群众心头充满了幸福感。"丹江水干净，泡茶更好喝。"在濮阳市中铁三局家属院居住的孙德有提起丹江水赞不绝口。

一泓清水靓新城

在濮阳市城乡一体化示范区，占地8200多亩的引黄灌溉调节水库又称龙湖，设计库容1800万立方米，如今，龙湖周边的新区成为正在崛起的"黄金板块"。

濮阳市引黄灌溉调节水库建设管理办公室主任常华介绍，由于工农业用水持续增加，地下水过度开采，濮阳北部形成了地下水漏斗区，2014年龙湖建成蓄水后，地下水位提升了四五米，生态环境也得到了明显改善。

濮阳市还承担着引黄入冀补淀任务，引黄入冀补淀是国务院确定的172项节水供水重大水利工程之一，也是雄安新区生态水源保障项目，被濮阳群众称为"小南水北调工程"。2015年年底，引黄入冀补淀工程河南段开始施工，引黄渠道需要断流，龙湖失去了水源，经上级同意，濮阳市调丹江水对龙湖补充水源，近两年来累计对龙湖应急补水3600多万立方米。"丹江水补充进来后，龙湖水质得到进一步改善，野鸭更多，现在连白天鹅也来龙湖了。"常华说。

濮阳市正在对龙湖的岸线进行综合提升改造，目前已经栽种树木10多万株，建成湖滨广场8个，花园16个，绿色生态廊道长29公里，多姿多彩的龙湖风景吸引人们前来休闲、旅游。今年"十一"长假期间，就吸引游客45万人次。

小米煮得更黏香

去年4月，南水北调清丰县供水配套工程开工建设。"今年5月，清丰县顺利用上了丹江水，告别了原来的苦咸水。"清丰县南水北调办主任、中州水务公司副总经理张俊峰说，水厂设计能力日供水5万立方米，县城12万群众吃上了丹江水。

张俊峰介绍，清丰县是严重缺水地区，水井越挖越深。地下水水质较差，铁锰含量尤其高，每升水溶解性总固体达到1000毫克左右，多项指标处于安全饮用水的临界状态。由于清丰县群众饮水问题突出，去年年初，我省同意把清丰县纳入南水北调工程供水范围。

丹江口水库的软水，让清丰人感受到了甘甜。"用了丹江水，就觉得这水真软，我家原来的水壶水垢太多就扔掉了，新买了水壶。"清丰县盛世佳园社区的刘凌云说，现在连熬小米粥，都觉得比以前熬得更黏更香了。

越来越多的居民盼望喝上丹江水。以前使用自备井饮用地下水的清丰县供电小区，正在改造供水管网，179户小区居民将陆续喝上丹江水。

11月30日，社区居民邹玉芬刚用上丹江水才4天，她高兴地对记者说："丹江水干净好喝，根本不用澄，直接可以做饭，这日子太幸福了。"

（来源：河南日报 2017年12月7日 记者高长岭 张海涛 通讯员余培松）

南水北调工程通水三年
河南1800万人用上了丹江水

2014年12月12日，南水北调中线一期工程正式通水。三年来，已经为我省累计供水40.25亿立方米。12月6日，在河南省南水北调通水三周年新闻通气会上，省南水北调办副主任杨继成表示，目前，河南省南水北调工程供水目标涵盖11个省辖市和2个省直管县（市），受益人口达到1800万人。

三年累计供水40.25亿立方米 1800万人受益

"自从用了丹江水，烧水壶里水垢都少多了。"许多郑州市民对南水北调送来的丹江水水质赞不绝口。郑州是水资源严重匮乏地区，不足全国人均水平的1/10。南水北调中线工程通水后，郑州市水供需矛盾得到了暂时缓解，和原来所饮用以黄河水为主要水源的自来水来说，很多市民表示口感更好。

此外，郑州市河湖水库仍然普遍存在水量小、水面窄、水体功能退化等问题，很多时候"河水清、鱼儿游"已经成为人们美好的回忆。而南水北调中线工程生态补水也让河南更多地方对水的记忆有了新景象，仅今年就向我省7个省辖市累计补水2.96亿立方米。农业有效灌溉面积115.4万亩。

截至2017年12月5日，全省累计有33个口门及14个退水闸开闸分水，向引丹灌区、59座水厂、3座水库及14条沿线河流供水补水，累计供水40.25亿立方米，占中线工程供水总量的38%。供水目标涵盖11个省辖市和2个省直管县（市），实现了规划供水范围全覆盖，受益人口达到1800万人。农业有效灌溉面积115.4万亩。

郑州中深层地下水回升三米多

在确保城市供水的同时，河南省南水北调工程还抓住丹江口水库来水充沛的机遇，向下游河道及水库进行生态补水。

今年9月以来，丹江口水库及上游地区来水量充足，水位一度攀升至167米高程，蓄水量超过260亿立方米，相比去年同期多蓄水107亿立方米。"这次我们利用丹江口秋汛丰富的水量，使洪水资源化，通过13个退水闸，从9月29日开始，向河南一些城市和河湖水库进行补水，取得了很好的生态效益。"省南水北调办建设处处长单松波表示。

河南省南水北调工程通过总干渠的13个退水闸，向下游河道及水库进行生态补水，范围涵盖工程沿线7个省辖市，累计补水2.96亿立方米，受水区超采的地下水和被挤占的生态用水得以置换，生态环境大为改善，工程沿线14座城市地下水位明显回升，全省受水区浅层地下水平均升幅1.14米，其中安阳市上升3.6米，新乡市上升2.35米；中深层地下水平均升幅1.88米，其中，郑州市回升3.03米，许昌市回升2.96米。

水源地保护措施带动村民致富

"不出门在家门口打工一年能挣个三四万

块钱。"陈志香说的打工，就是在南阳市淅川县唐王桥村金银花基地里打理枝条。2011年，村里的金银花基地成为北京市首批对口支援项目，陈志香也随之实现了从农民到工人的身份转变。

金银花种植不施肥、不打药，安置太阳能灭虫灯又避免了使用杀虫剂，再没有化肥农药威胁水源区水质。生态农业建设只是对南水北调水源地严把生态关的措施之一。截至2017年10月，我省已累计完成生态带建设长约684.83公里，面积约19.28万亩，占《河南林业生态省建设提升工程规划》总任务21.59万亩的89.3%。南阳、许昌、新乡、安阳市以及邓州市已全部完成生态带建设任务。

为确保"一渠清水永续北送"，积极探索绿色经济发展模式，确保把南水北调中线工程建成清水走廊、生态走廊，按照省政府《河南林业生态省建设提升工程规划》，总干渠两侧生态带宽度各为100米。扣除总干渠沿线河流、桥梁引道和各类交叉建筑物后，规划建设生态带总面积为21.6万亩。

这场持续多年的"生态转型战"效果持续显现，南水北调中线渠首环境监测应急中心监测科负责人介绍，通水以来每月都会对库区及汇入河流断面等20个点位进行采样监测，结果显示，丹江水水质稳定保持在Ⅱ类及以上标准，多项指标达到Ⅰ类或逐渐接近Ⅰ类标准。

（来源：猛犸新闻·东方今报 2017年12月6日 记者 章衡/文 沈翔/图）

通水三年！南水北调中线工程给河南带来哪些变化？

"引水供应河南超过40亿立方米，1800万人受益，地下水位明显回升，水质持续稳定达标……"12月6日，在南水北调中线工程通水三周年纪念日即将到来之际，河南省南

▲南水北调中线工程南阳淅川陶岔渠首枢纽工程（资料图）

水北调办公室举行新闻通气会，介绍通水三年来给我省带来的变化。

1800万人受益

今年12月12日，是南水北调中线工程通水三周年纪念日。通水后，省南水北调办将工作重心由建设管理向运行管理转移。通水三年来，我省南水北调工程运行管理逐步规范，供水配套管网不断完善，供水范围不断扩大，供水效益不断提升。

截至今年12月5日，全省累计有33个口门及14个退水闸开闸分水，向引丹灌区、59座水厂、3座水库及14条沿线河流供水补水，累计供水40.25亿立方米，占中线工程供水总量的38%。供水目标涵盖11个省辖市和2个省直管县（市），实现了规划供水范围全覆盖，受益人口达到1800万人。农业有效灌溉面积115.4万亩。

在确保城市供水的同时，今年我省抓住丹江口水库秋汛来水充沛的机遇，9月29日到11月13日，通过总干渠的13个退水闸，向下游河道及水库进行生态补水，对沿线7个省辖市累计补水2.96亿立方米，其中向白龟山水库补水2.05亿立方米。

我省受水区生态环境大为改善，工程沿线14座城市地下水位明显回升。全省受水区浅层地下水平均升幅1.14米，其中安阳市上升3.6米，新乡市上升2.35米；中深层地下水平均升幅1.88米，其中郑州市回升3.03米，许昌市回升2.96米。

水质稳定达标

水质决定着南水北调的成败，南水北调的水质到底如何？

省南水北调办有关负责人介绍，近两年来，库区12个水质监测断面、总干渠我省16个水质监测断面、1个移动实验室达标率均为100%。丹江口库区水质稳定达到Ⅱ类水质，总干渠出境水质稳定达标，调水水质符合要求。

为了保障清水长流，我省严把水源保护区环评审核关口。三年来，我省受理保护区内新建、扩建项目1100余个，其中700多个因存在污染风险被否决。我省加快推进水源地及总干渠沿线生态建设，完成中线工程总干渠两侧生态带建设19.28万亩，占我省规划任务的89.3%。

在水源地，我省关闭或停产整治工业和矿山企业200余家；封堵入河市政生活排污口433个，规范整治企业排污口27个；关闭、取缔或搬迁禁养区、限养区养殖户600余家；拆除库区养殖网箱51729箱，有效改善了丹江口水库水质。在干线工程沿线，排查排污单位668家，计划分三年完成整治，今年计划取缔或整治183家，目前已完成175家。

在各方共同努力下，我省为南水北调水质安全筑牢了生态屏障，确保了供水水质稳定达到或优于Ⅱ类标准。在国家六部委组织的四次年度考核中，我省均名列第一。

移民收入过万

我省搬迁安置丹江口库区移民16.54万人，加上总干渠沿线5.5万征迁群众，共计22万人，是中线工程移民征迁群众数量最多的省份。

移民最近的生活怎么样？省南水北调办有关负责人介绍，我省大力实施"强村富民"工程，推进"一村一品"发展，90%以上的移民村有集体收入。2016年，河南省南水北调丹江口库区移民人均可支配收入已突破万元大关，是搬迁前的2.5倍，初步实现了"搬得出、稳得住、能发展、可致富"的目标。

我省扎实开展京豫对口协作，北京市的6个区与我省水源区6县（市）结对协作。北京市政府共拿出7.5亿元财政资金，在我省水源区实施对口协作项目249个，并设立了3.6亿元的南水北调对口协作产业投资基金，一批水质保护、产业发展、社会事业项目已建成投用，为我省水源区产业转型起到了良好的示范带动作用。

近年来，20多家河南省属高校和北京市属高校联合开展了教育合作交流；首创集团、北汽集团等大型企业和机构相继在河南投资，京豫两地互利多赢的协作优势逐步显现。

（来源：河南日报客户端 2017年12月6日 记者 高长岭）

饮水思源：谁在净化着一江清流？

南水北调中线工程通水三周年之际
探访豫鄂陕三地水源保护和生态建设

首都人民的大水缸——密云水库蓄水量近日突破20亿立方米，这是自2000年3月23日以来最大蓄水量。

烟波浩渺、气象万千的密云水库的背后，南水北调中线工程有着不小的"功劳"。

自2014年12月12日南水北调中线一期工程通水以来，向北京、天津、河南、河北输水逾100亿立方米，5300多万人受益。

滔滔汉江绿水，过巴山秦岭，一路北上，润泽京津。但涓涓甜水得来并不容易。

在南水北调中线工程即将迎来通水3周年之际，记者跟随由国务院南水北调办组织的中线水源保护和生态建设媒体采访组，赴河南、湖北、陕西进行了深入采访。

冬到渠首，漫江碧透

渠首，顾名思义，就是南水北调中线工程干渠的源头。3年前，就是在这里，正式开闸放水。

记者在陶岔渠首枢纽工程看到，一泓清澈的丹江水流经3个闸口，一路进京津。

渠首所在县就是河南省南阳市淅川县，水域面积506平方公里，占丹江口水库总面积的48.2%。

作为南水北调中线工程源头和核心水源区，淅川县是如何保护一库清水永续北送的？

丹江口水库的水在通过引水闸时，先流到了饮渠。在饮渠，记者看到三三两两的环保打捞船正在水面作业。工作人员介绍说："由于近期水位上涨，两岸松针落入水中，他们正在水面打捞松针。"

淅川县财政每年拿出2000万元用于护水清漂支出。建立了护水清漂机制，成立了水上清漂队伍，实现了对库区水质常态化保护监管。

为了保有一库清水，淅川县在渠首陶岔建了环境监测应急中心，具备饮用水109项指标分析能力，并与国家、省环保部门自动监控系统联网。

因为南水北调对水质的刚性要求，淅川县先后关停380多家冶炼、化工等污染企业，掀起"绿色革命"。取缔库区水上餐饮船及养鱼网箱，全面取缔禁养区内415家养殖场。

此外，在各乡镇建立了完善的污水处理设施，持续开展水污染防治。在马蹬镇上游的淅川县城区西侧，一个占地近30亩、日处理能力达50吨的污泥处理厂正在运行。

马蹬镇有个远近闻名的白鹭滩。以前，它叫白渡滩，是一个荒坡滩头。如今，郁郁葱葱的丛林之上，成千上万只白鹭漫天飞舞。白鹭滩，是水源区生态变化的缩影。

入库河流，必须达标

最新监测数据表明，丹江口水库水质稳定达到国家地表水Ⅱ类标准。

这一成绩首先得益于国家有关部门的大力支持。"十二五"期间，国家累计安排重点流域水污染防治和"丹治"水土保持中央预算内资金56.5亿元，及各类治污环保专项资金115.6亿元，支持丹江口库区及上游生态环境保护。

当然，更离不开地方政府的扎实工作。通过不懈努力，让沿江、沿库县级以上城镇污水和垃圾直排现象彻底改变，水土流失得到有效治理，水源涵养能力不断加强，入库泥沙进一步减少。

尤其是流经十堰辖区的神定河、泗河、犟河、剑河、官山河等5条曾经水质较差的入库河流，水质已由Ⅴ类、劣Ⅴ类提高到Ⅲ~Ⅳ类，"黑、臭"面貌已明显改观，河边成为群众休闲娱乐场所。

在湖北省十堰市茅箭区泗河流域马家河段的河岸广场，一群人正在打太极拳。

今年70岁的张大珍居住在泗河附近。她说："现在河水变得干净，人的心情也舒畅了。以前河周边养猪养鸡，臭味熏天。水质非常差，接触过身上就会起红疹子。现在，水变清了，有了鸭子和白鹭，还有来河边钓鱼的。"

十堰市南水北调办副主任吴芳说："神定河、泗河、犟河等有3.8亿立方米的流量入丹江口水库，不能放过每一类、每一个污染源。在上游，对农家乐安装了一体化污水处理装置，对畜禽养殖进行了清理，解决了面源污染；在中游进行了截污，把生活污水截到管网里进行处理后再排放，工业废水必须达标排放，否则要入管网再处理；在下游，引入污水处理厂尾水水质净化工程，让污水净化到Ⅲ类再排放。"

十堰市深港环保科技有限公司运营主管易杰介绍道："居民生活污水经过污水处理厂处理后，进入公司水质净化工程净化后排入泗河。"

除了泗河，在神定河、犟河都建有水质净化工程。但是，也会因地制宜采取不同举措。比如，剑河流域对污水处理厂实施提标改造工程，把沿河生活污水全部截污进入武当山污水处理厂，一步到位处理成地表水Ⅳ

类标准后排入剑河。再通过人工湿地，进一步净化水质。

剑河发源于武当山天柱峰的倒开门一带，在香炉院汇入丹江口水库。初冬，剑河两岸亲水平台上，有大人抱着小孩悠闲地晒着太阳，一只白鹭在河上空翩翩飞舞。

记者在武当山污水处理厂看到，进水口的水质发黄且浑浊，而在出水口看到，水质变得清澈透明。工作人员舀上来一桶水倒入玻璃杯中，无色无味。

曾经污染严重的剑河水质，随着南水北调中线调水工程的实施而改变。如今，城区段剑河旁边已是绿树成荫，河水清澈见底，久违的鱼儿又游回来了，曾经劣Ⅴ类的水质回到了Ⅱ类。

今年80岁的周荣英家就住在剑河边的王家院。正在河中洗衣服的她回忆道："以前下水道的水流到河里，水质很脏。现在水质变好后，夏天时小孩都在水中玩耍。"

水源涵养，责任重大

西安往南几十公里，秦岭蜿蜒不绝，进入陕南三市（汉中、安康和商洛），陕南三市28个县都处于水源地。然而，汉中、安康、商洛3市都是经济欠发达地区，为了保护水源地，很多项目的开发受到限制。比如，安康市9成以上国土面积为限制开发区域。

保护汉江，安康顶着巨大的压力。作为临江而建的城市，安康如果管不好居民的生活垃圾、生活污水，汉江水质的保护就无从谈起。为此，安康近年来投资18.6亿元建成21个城市污水和垃圾处理厂。

为保水质安全，安康从2013年开始探索推行河长制。目前，安康市、县、镇、村"河长+警长"工作责任体系实现全覆盖。

石泉县位于安康西部，是南水北调中线工程主要水源涵养地。全县地表水水质优良（达到或优于Ⅱ类）比例达到100%，汉江石泉断面水质始终保持在Ⅱ类。

石泉县在陕西省率先探索推行河长制，

持续开展汉江水质保护十项专项行动，今年还新创了"河长+警长+四员（水政监察员、环保监督员、海事监察员、城建监察员）"的管理保护新模式。

群英村镇村主任陈崇海就是其中一名村级河长。他负责中坝河河口和汉江河群英村河段，10天巡河一次，一周两次检查村里垃圾收置等情况，并开展宣传，增强村民环境保护意识。

"繁殖季节禁止打渔。但以前没人管的时候，放网的人很多。自从当了河长，巡河时若发现有人放网捞鱼，就给渔政打电话。此外，以前河面垃圾没有人管，漂浮物很多，通过实施河长制，水面变得干净了不少。"陈崇海说。

地域宽广，人力有限，管理手段需要现代化。安康市在省内率先建成安康市南水北调环境应急指挥处置中心，成为保护南水北调汉江水源水质安全的环保"110"。

这套环境应急系统将境内1037条河流、2206个环境网格管理员、2051名河长纳入平台的"网格化"管理体系，统一调度。通过24小时视频监控，一旦发生环境应急突发事件，第一时间通知到河长、网格管理员。同样，只要河长、网格管理员在管辖区域内发现环境舆情，会通过专用手机将现场情况及时反馈到系统平台。

工作人员现场连线了正在汉阴县污水处理厂进行检查的安康市应急中心工作人员赖青，介绍了污水处理厂运行情况。通过大屏幕，我们仿佛身临其境。

群众若发现身边环境污染事件，可拨打电话投诉。记者现场听到一起汉滨区关家镇造纸厂直排工业废水、严重影响邹家口村几千人饮水的投诉电话。据工作人员介绍，系统的12369热线具有24小时留言、录音、回放等功能。并通过回访和群众评价，对解决不力的进行通报。

这一系统运行近两年来，依靠互联网、

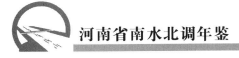

大数据、云计算、物联网等先进技术，正发挥着巨大作用。

水清民富，实现双赢

既能让当地老百姓脱贫致富，又不污染、少污染水源，如何将南水北调的"最大制约"变为"最大机遇"，实现双赢的发展目标？

通过走访发现，着力生态保护，发展林果业和生态观光旅游，成为南水北调水源地一致的选择。

丹江口水库淅川县马蹬镇库边的山坡上，原来的农田已变成林地。

"丹江水清不清，就看淅川的山绿不绿。"在河南省淅川县当地，有着这样一句口号。

淅川县环库绿化示范工程区位于丹江口水库东岸，在保护水质前提下发展生态产业。

马蹬镇镇长周云山说："我们大力发展扶贫产业，加大库区沿线扶贫力度，形成了长线+中线+短线相结合的产业发展格局。长线就是发展生态旅游业，中线发展林果业，短线发展中药材。"

马蹬镇所辖丹江口库区岸线设置了110个保水护源的公益岗位，优先安排给贫困户，月最低收入1420元。

据了解，马蹬镇有9个贫困村，去年脱贫3个，今年年底要实现全部脱贫。

站在山顶，眺望着丹江口库区，周云山说："将来，这里将成为全县环库生态旅游经济的新亮点，区域内贫困户将依靠服务旅游和生态经济发展走上致富路。"

湖北省丹江口市习家店镇位于南水北调中线工程的核心水源区。今年43岁的陈家湾村村民夏清华，是湖北省丹江口市习家店农博园里的一位员工。

夏清华以前在深圳塑胶玩具厂打工了12年。父母身体不好，女儿在上大学，还有一个上初中的儿子。在外打工时一年才回家一次，家里上有老下有小却照顾不了。今年6月回到家乡，在农博园找到了就业机会。"在外面打工时，越打工心越凉。如今在家门口工作，感觉有了依靠。"

夏清华家里11亩土地流转给了公司，每亩地一年有500元收入，打工一月工资也有3000元左右。

不但要治理丹江口库区周边，也要治理小流域。

余家湾小流域总面积37平方公里，这些小流域的水最终要汇入汉江河，然后进入丹江口水库。余家湾小流域水土保持项目完工后，采取土地流转的方式，由省级林业龙头企业——霖煜农公司租赁近800亩栽植了清香核桃苗木，打造精品示范园区。记者在园区看到，园区内核桃苗木长势良好。预计再有两年就可以获得经济效益。

湖北省丹江口市蒿坪镇专职人大副主席张立德说："'十三五'期间，余家湾小流域将巩固提高，采取以库区生态清洁小流域的标准进行建设。目前正在编制方案，预计明年实施。届时，将会把村庄污水垃圾、沟道塘堰等一起纳入治理范围，充分发挥这一流域水土资源的经济效益和社会效益。"

据测算，小流域各项措施进入效益期后，年可保水204.72万立方米，保土5.87万吨。仅种植薄壳核桃每亩年收入可达8500元左右，收入是治理前的6倍。

河南省淅川县九重镇唐王桥村金银花基地，是2011年北京市首批对口支援合作项目。建设规模1.5万亩，是全县连片面积最大的金银花产业基地。

福森药业集团党委副书记韩建忠表示，通过采取公司+基地+农户的模式，实行精准扶贫。

11月已经不再是摘花季节，偌大的金银花基地显得格外冷清。但是，待到明年五六月，会有1万~1.5万人（次）在基地采摘金银花，场面热闹非凡。

韩建忠说："农户通过土地流转，每亩每

年可获得六七百元。每年5~10月，农户到基地摘花、除草、施肥等，每人能收入七八千元。在解决农民就业、增加农民收入的同时，有效保护了丹江水质，改善了生态环境。"

据统计，丹江口库区移民平均年收入，从搬迁前的约3000元，提高到2016年的9000元以上，增长了200%。

水变得更清了，山变得更绿了，农民变得富裕了。这就是"绿水青山就是金山银山"的生动实践。

（来源：中国环境报 2017年11月27日 记者 赵 娜）

中线通水成就"三大工程"

湖北丹江口水库风光 张墨成摄

"效益显著。"十三年来，作为南水北调中线工程亲历者，湖北丹江口市当地普通干部陈华平用这四字向《瞭望》新闻周刊记者评价中线通水三周年成效。国务院南水北调办最近数据显示，中线一期工程通水三年来，累计入渠水量106.85亿立方米，惠及北京、天津、石家庄、郑州等沿线19座大中城市、5310多万居民。

"京津冀豫四省市沿线受水区供水水量有效提升，地下水水位下降趋势得到遏制，城市水生态得到了初步修复和改善。"北京师范大学水科学研究院院长、水利部南水北调规划设计管理局原局长许新宜告诉本刊记者，"对南水北调工程的受水区而言，这是衡量其调水成功的关键标准。"

更令人欣慰的是，日前本刊记者在中线水源区三省调研发现，中线工程三年来，在丹江口水源区不但成功实现了调水工程，而且改变了当地生态面貌实现了生态工程的大提升，大力推动了当地脱贫攻坚实现了脱贫工程的大跃升，巨大的可喜变化意味着一项工程带动产生了"三项工程"的显著效益。

接受《瞭望》新闻周刊记者采访的业内权威专家表示，丹江口水源区宜抓住南水北调工程的难得契机，以及十九大报告关于生态文明建设和脱贫攻坚的战略部署，顺势而为，在生态文明建设和决胜全面小康的脱贫攻坚战上成为全国的先行示范区。

调水生命线工程成效卓著

现在，南水北调中线工程第3个调水年度任务圆满完成，已经进入2017至2018调水年度。国务院南水北调办日前向《瞭望》新闻周刊记者透露，目前中线已经成为沿线大中城市的生命线：

引江通水后，天津构架出了一横一纵、引滦引江双水源保障的新的城市供水格局，形成了引江、引滦相互连接、联合调度、互为补充、优化配置、统筹运用的城市供水体系。

北京市内的南水北调工程已基本沿西四环和东、南、北五环建成了一条输水环路，并建设了向城市东部、西部输水的支线工程及密云水库调蓄工程，连通了地表水、外调水、地下水和各大水厂，形成三水联调、环向输水、放射供水、高效用水的安全保障格局。

河南省依托南水北调构建一条蓝色大动脉，纵贯南北，输水线路总长约1000公里，11个省辖市、37个县用上南水，1800万人受益。

河北石家庄、廊坊、保定、沧州等7个城市1510万人受益。特别是面积3.6万平方公里包括衡水、邢台、邯郸、沧州等6市50县（市、区）黑龙港流域的400万人，从此告别了高氟水、苦咸水。

"南水北调不仅是超长距离的跨时空调水，更在区域内部激活了水资源的合理调配。"接受本刊记者采访中，令中国水力发电工程学会副秘书长张博庭印象尤为深刻的场景是，11月19日5时18分，密云水库蓄水量突破20亿立方米，这是自2000年以来的最高水位。"南水进京三年来，密云水库得到了前所未有的休养生息。同时，使得北京地区的水资源矛盾有了根本性的缓解。"

与此同时，北京区域水资源还得以盘活、优化配置。自1999年开始，北京市地下水一直处于超采状态，当年年均超采5亿立方米。日前，来自北京市水务局的数据显示，北京市地下水共压采约2.5亿立方米，提前完成国务院下达的到2020年的压采任务目标，促进了地下水的涵养和回升。2015年末，北京平原区地下水埋深第一次实现与2014年末基本持平，仅下降0.09米。2016年7月31日北京全市地下水埋深度较6月30日回升15厘米，这是1999年以来地下水位的首次回升；2017年也呈现小幅度稳步回升态势，截至9月末，同比回升0.25米。2015年以前，连续15年年均下降1米。

"这再次证明了南水北调中线工程非常成功。"张博庭告诉本刊记者，由于南水效益彰显，天津、河北等沿途地要水的积极性越来越高。

水质保护成就"生态新样板"

调水之要，在于水质。水质保护，水源区和调水沿线生态保护成为中线调水可持续发展的保障关键。采访中，《瞭望》新闻周刊记者了解到，先节水后调水，先治污后通水，先环保后用水，绝不让污水北上已成为水源区和调水沿线上下的普遍共识和一致行动。

"环保分值从5分增加到15~25分，在27个考核单位中权重最大。"本刊记者从十堰市了解到，作为南水北调中线工程的核心水源区，2014年，十堰在全省率先制定出台《环境保护"一票否决"制度实施办法》，把污染物总量减排目标、辖区生态环境质量目标等生态文明建设指标纳入综合考评体系，实行"一票否决制"。

水源区豫鄂陕三省九市，向紧看齐，尺度一致：南阳，加大常态化管理，从村民小组开始都建立有巡查队伍，全市总共有8200多人的巡查队伍；安康成立南水北调环境应急处置中心，对辖区监控点实行24小时实时环境监管、实现"一张网"全覆盖监管、多部门共同监管，并将安康境内集雨面积在5平方公里以上的1037条河流、1365名河长纳入平台的"网格化"管理体系，统一调度，还通过与公安、水利、安监、气象等部门信息数据的互联互通，形成多部门共同监管的环保大格局。

"一直稳定在Ⅱ类以上标准"。本刊记者在河南南阳、湖北十堰（丹江口）和陕西安康等地走访了解到，水源区三省坚持以水质保护倒逼生态文明建设，实现丹江口水库各流域"水清、河畅、岸绿、景美"，丹江口水库水质多项指标已经达到Ⅰ类或逐渐接近Ⅰ类标准，完全满足调水北上的需要。2015年11月13日，当时的环保部主要负责同志用"三个没想到"高度肯定：

一是丹江口水库水质保持稳定，部分支流稳中趋好。随着水污染防治和水土保持投入力度的不断加大，水库水质保持优良，在污染物总氮不参加评价的前提下，取水口陶岔水质稳定在Ⅱ类或优于Ⅱ类，满足调水要求；丹江口水库库体、汉丹江干流和水量较大的主要入库支流水质稳定，达到规划目标。

二是治污和水保能力不断加强。规划确定的443个项目实施429个（占96.8%），其中建成 399 个（占 90.1%），规划大部分项目都已发挥环境效益，沿江、沿库县级以上城镇污水和垃圾直排现象彻底改变，水土流失得到有效治理，水源涵养能力不断加强，入库泥沙进一步减少。

三是绿化工程保障了库区生态长治久安。"春有樱花海棠，夏来月季竞放，秋染漫山红叶，冬现碧波荡漾。"南阳市淅川县马镫镇绿化示范工程位于丹江口水库东岸，沿线全长 25 公里，规划造林绿化总面积 2.5 万亩，是丹江口水源地水土保持的重要组成部分。指着点点山花，护林工冯新奇打开手机，向《瞭望》新闻周刊记者展示今年 4 月份绿化示范工程樱花漫山遍野的盛景，"那时花开得更多。"

张博庭坦言，丹江口水源地等地，在没有南水北调情况下本身也要进行污水处理和水土保持等生态建设，而南水北调则是一个千载难逢的历史机遇，大大助推了水源地三地的生态建设，"等于是提前做到了。"

繁荣生态经济打赢脱贫攻坚战

"（南水北调中线工程）提前做了未来要做的事情。"面对《瞭望》新闻周刊记者，马镫镇镇长周玉山表达了自己的意想不到，该工程将造林绿化、水质保护、石漠化治理等生态建设，与旅游开发，精准扶贫，产业发展相结合，今后的两三年里，将成为水源地生态旅游经济的新亮点。"届时区域内贫困户将依靠生态经济发展走上致富路。"

据统计，中线水源区的丹江口库区内最盛时累计有 15 万只养殖网箱，涉及丹江口市、武当山旅游经济特区、郧阳区等地。其中，丹江口市是国内集中连片规模最大的网箱养殖片区，约有网箱 12 万只，从事专业养殖和捕捞的渔民有 7000 多户，年产值约 10 亿元。而截至目前，丹江口库区的网箱已基本清理完毕，处于扫尾阶段。

曾经的"养殖大王"叶朋成也"停船靠岸"，围绕着这片生活了半辈子的水区"转

型"，搞起了休闲垂钓，继续"靠水吃水"，年纯收入和此前已不相上下。截至 2016 年年底，河南省南水北调丹江口库区移民人均可支配收入已突破万元大关，是搬迁前的 2.5 倍；湖北省则为 9022 元，约为搬迁前的 3 倍。

转型的背后是近十年来，特别是党的十八大以来，中央对水源区民生与发展高度重视和巨大投入，实现南北优势互补，互利共赢。

转移支付方面：国务院南水北调办最新数据显示，自 2008 年起率先将水源区纳入国家重点生态功能区转移支付范围以来，中央财政已累计下达转移支付资金 271 亿元，且力度逐年加大。

五年规划方面：2006 年、2012 年、2017 年国务院先后批复实施了《丹江口库区及上游水污染防治和水土保持规划》《丹江口库区及上游水污染防治和水土保持"十二五"规划》和《丹江口库区及上游水污染防治和水土保持"十三五"规划》。以湖北为例，上述三次总投资约 120 亿元。其中，《"十三五"规划》估算总投资 196 亿元，其中湖北省估算投资 59.22 亿元，较上一次规划投资增长了 164%。

对口支援方面："十二五"期间，按照协作双方制订的对口协作规划，京、津两市累计安排对口协作资金 23 亿元，支持水源区实施了生态建设和环境保护、生态型特色产业发展、公共服务改善、人才交流培养与劳务合作、经贸协作等 650 个项目。

对于未来结合民生发展与生态建设推动调水区脱贫攻坚，水源区南阳、十堰和安康等地南水北调办相关负责人向本刊记者建议：

在政策支持方面，建立水源地生态文明先行试点示范区，在国家层面整合各项资金，进行综合治理，达到长期保护水质的目的。生态补偿方面，由国家主导尽快建立相应的生态补偿机制，以此为契机，在生态建

设方面倒逼脱贫攻坚工程，先行一步。

（来源：瞭望 2017年11月25日 记者 李亚飞）

问水哪得清如许 南水北调中线工程丹江口库区生态保护见闻

图为深秋的丹江口水库美如画

丹江口库区浩荡无际。在大坝加高前，从河南淅川到湖北丹江口形成的广阔水域，当地称为"小太平洋"。

为修建南水北调中线工程，丹江口大坝加高以后，水库正常蓄水位从157米提高至170米，库容从174.5亿立方米增加到290.5亿立方米，水域面积更加辽阔，最大面积1022.75平方公里。这几乎相当于香港的面积。

2017年10月29日2时，丹江口水库水位蓄至167.0米，高于大坝加高前坝顶高程（162米）5米，超过历史最高水位（160.72米，2014年11月）6.28米。这意味着，在原大坝顶以上，承受了5米高的水压。新加高的大坝经受了考验。

这是我们能够看到的建设奇迹。

还有一种奇迹，只有身临其境才能深刻体会到。

11月13日至16日，我们随国务院南水北调办公室有关专家，由河南淅川陶岔，穿越"小太平洋"溯水而上，经十堰、丹江口市，抵达汉江上游陕西省安康，看到丹江口库区及汉江上游人民护水的决心，看到了那些世代依水而居的群众生活的变化，同时也感受到南水北调工程对当地建设的反哺。

淅川陶岔：打开"水龙头"可以直饮

陶岔，被称作南水北调的"水龙头"，3个闸门同时开启，流量为350立方米/秒，最大流量可达到400立方米/秒。2014年12月12日通水以来，超过100亿立方米的汉江水，就是由此源源不断北送。陶岔取水口海拔141米，而北京团城湖终点受水口约45米，两地落差100米左右，汉江水不需要加压，自流进京。

我们到访那日，陶岔闸门上游水位165米，高出取水口20多米。这里水质清冽、绿树环绕、远山层林尽染，秋日里，整个陶岔就像是一座花园。如今，"水龙头"的水可以直接饮用。

库区人民是如何呵护这库清水的？由陶岔，沿着库岸线向深处进发，一路花团锦簇，万山红遍。

淅川县九重镇唐王桥，漫山遍野的金银花，一眼望不到尽头。这里是淅川县连片面积最大的金银花产业基地，是2011年北京市首批对口支援合作项目。

淅川县，是南水北调中线工程水源区和渠首所在地，也是国家扶贫开发重点县。让老百姓有持续增收的门道，是确保一库清水北送的关键所在。金银花基地的建设，正是一种有效的办法。过去，这块地方种植小麦、玉米等。为了保护水质，当地进行农业结构调整，于2011年建成金银花种植基地。种植过程使用有机肥，不使用农药。库区农民不仅可以得到土地流转费，还能够通过在基地打工赚钱。

金银花种植面积已达到3.5万亩，成为全国知名的金银花基地。种植、采摘需要大量的劳动力，日常务工人员达到5000余人，每年5月到10月的摘花季节，还吸引了周边大量农民前来务工。这给周边农民带来了稳定的就业机会，带动他们持续增收，每户年均增收1万元以上。

在淅川县马蹬镇，还建立了淅川县环库

绿化示范工程，既保护水源，又保证群众增收致富。记者沿线看到，两侧过去的荒山，现开辟了樱桃园、海棠园、软籽石榴园、碧桃核桃红叶林等经济作物，每到假期参观者络绎不绝。

为保护好一渠清水，淅川县坚持以水质保护倒逼生态文明建设，以生态文明引领绿色发展，先后关停企业800多家，关闭、取缔、搬迁养殖户1082家，取缔网箱养鱼5万个。

丹江口习家店：移民安居乐融融

由淅川风景区大观园，穿越浩瀚的"小太平洋"水域，就来到了十堰市丹江口习家店镇。

春来杏花纷飞，秋来果实累累。习家店农博园，是南水北调工程建成后引进的项目，于2014年开工建设。园区核心面积3000多亩，串联茯苓村、马家院村和陈家湾村3个村庄，辐射周边区域面积达3万多亩。都市人可以在此找到相应的乐趣，更重要的是，农博园的建设成为村民安居乐业增收的保障。

这3个村共有5000余人，有不少就是当年建丹江口水库和南水北调工程的移民。"移二代"朱冰英的父辈，早在1958年丹江口水利枢纽工程建设时移民到此处。现今她在园区做修枝嫁接的技术工，工资收入一年1万多元，另外还有15亩的土地流转给公司。

陈家湾村43岁的村民夏清华，过去在深圳一家塑胶玩具厂打工12年，并升任为厂长。农博园开园后，他毅然辞工回到家乡，先是在公司开车，现在又当起了保管员。夏清华说，他家里有5口人，3个孩子在上学，父亲还常年有病。说起当年一家人分离之苦，他几次抹起眼泪。"谁也不想背井离乡，我是做梦都想回来。可是没办法，以前在家种地实在挣不到钱。但农博园的建成，使我梦想成真。"夏清华说，没有什么比一家人团圆更幸福，在家门口打工，既有收入保障，又能照顾家人。特别是，随着农博园的建

设，家乡现在山清水秀，就像是花园一般，一家人其乐融融。

今年7月，习家店农博园开园当天，游客有4万多人。就在那天，2017世界旅游小姐丹江口赛区海选仪式在这里同步举行。"人山人海，村里从来没有过这么多的游客，又有美女如云。"村民们谈起开园那天，掩饰不住喜悦。

十堰市南水北调办副主任吴芳介绍，丹江口市是南水北调核心水源区，湖岸线长达2313公里，淹没土地最多、移民安置任务最重、税源损失最大，同时也是水质保护压力最大的县市。为一渠清水永续北送，丹江口库区群众作出了巨大牺牲，他们有理由享受这种生活的快乐。

剑河再闻捣衣声：武当山特区要下"禁洗令"

11月15日11时许，十堰市，武当山镇，王家院小区剑河岸侧。

冬日的阳光洒向大地，河道里波光粼粼，可以看到远山的投影。

80岁的周荣英老太太，提着篮子，从亲水平台的台阶上来到水边，找到一块石头开始在河中洗衣，清澈的河中可以看到小鱼游动。

周荣英家住武当山镇王家院小区，是南水北调中线工程的后靠移民，从丹江口市土关垭搬迁到武当山镇已经8年。

周荣英老人说，刚刚搬来时，家门口这条河别说洗衣，就是到岸边都不敢去，夏天更是臭味难闻，窗户不能打开。

剑河发源于武当山天柱峰的倒开门金顶附近，流经紫霄宫、太子坡、财神庙、王家院、老君堂、武当山镇，在香炉院直接汇入丹江口水库，流域面积47.2平方公里，主河道长为26.5公里。

过去武当山镇生产、生活用水全部直排进了剑河，汇入丹江口水库。其实，为确保一江清水永续北送，武当山镇一直在治理，

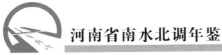

但由于没有实行清污分流，没能实现治理目标。

武当山特工委副书记鲁斌介绍，借助南水北调，十堰市开始包括剑河在内的五河治理工程。穿越武当山镇的剑河更是重中之重。武当山特区实施剑河流域综合治理，通过地下管廊和河道治理，重点实施污水处理厂尾水中水回用工程、剑河沿岸环境综合整治工程、剑河流域水环境综合修复三大工程，最终实现Ⅲ类水质达标排放，同时打造了亲水平台，塑造了独具特色的武当文化景观带。如今，剑河的水全部来自武当山金顶沿线的自然河流甘泉，实现了"水清、河畅、岸绿、景美"的目标。

同行的一位30岁的记者说，这是他有生以来，第一次看到有人在河里洗衣服。他兴奋地说，"长安一片月，万户捣衣声"，此情此景只在李白的《子夜吴歌》里读到过，没想到今天在武当镇看到了。

但是，这种情况将不再重现。武当山特区城管局副局长赵波说，洗衣粉是化学合成洗涤剂，特别是含磷洗衣粉也是一种有毒有害的化合物。它不仅对环境造成污染，也影响人体健康，对水质有损害，为此他们下定决心禁止在河中洗衣服了。

不仅是剑河，十堰市对五河的治理，不仅清洁了水质，现在五条河流都已经成为休闲的去处。守一方青山，护一江清水。"仙山、秀水、汽车城"，成为十堰人引以为傲的亮丽新名片，显示一座城市护水的决心。

秦巴深处：为有源头活水来

走近汉水之滨的陕西安康市石泉县，我们有些诧异和惊叹，秦巴山深处，竟然藏着一座美丽的水乡。这就是石泉县后柳乡群英村，一颗群山中的明珠。

石泉是蚕桑产业大县，誉"丝路之源、金蚕之乡"；是南水北调重要的水源涵养地和西部重要的电力能源基地；是先秦文化的重要发祥地，纵横学派鼻祖鬼谷子在石泉县修炼授徒，又称鬼谷子故里。

三国时著名的子午道穿石泉县境，破中国南北分界线秦岭。子午道，即子午栈道，是中国古代，特别是汉、唐两个朝代，自京城长安通往汉中、巴蜀及其他南方各地的一条重要通道。当年霸王项羽设"鸿门宴"后，死里逃生的刘邦被迫由霸上去南郑就汉王位时，走的即是子午道。

明修栈道，暗度陈仓，曾令多少人感叹。而今天，我们在踏访中，更多的是为那备受呵护的一泓清水而感动。石泉县，是陕西最早探索推进"河长制"的地方。在后柳乡，我们见到了永红村的村级河长，他告诉记者，自己负责4.5公里的河道。主要的工作分为两块，一是加强环保知识宣传，让村民养成自我管理、自我约束、自我教育的行为习惯。第二就是定期开展巡查，一个月3次巡河。"像爱护自己的眼睛一样爱护河。"后柳古镇，三面环水，不能称之为半岛，但水乡风情浓郁。站在高坡上俯视小镇，就会被小镇溢出的种种美丽所陶醉。

大山深处，收入单一，为了保护水源，村民们舍弃了工业生产，致力于发展没有污染的旅游业。

与后柳乡一山之隔的中坝镇，发展旅游业中以吸纳西安、汉中、十堰的游客为主。政府专门为村民们建设的古色古香的徽式民居，二楼自己住，一楼开各种客栈，号称七十二作坊，有磨坊、油坊、酒坊、茶坊、铁匠铺，游客可体验。

为了保护水源，安康市作出了巨大牺牲，作出了巨大努力。该市持续开展汉江水质保护"十项"专项行动，严厉打击环境违法犯罪行为，形成了环境执法监管高压态势。

安康市水质监测断面由12个增加到24个，对所有断面水质每月监测一次，监测结果每季度全市通报一次。建立了汉江大水面视频监控系统，实现24小时在线监控，进一步强化了汉江水质防控能力。

我们在安康市监测应急中心看到，汉江重要断面及企业，都是实时监测，调开监控探头，水质情况一目了然。

几天时间，我们不仅穿越一座"小太平洋"，亲眼目睹三省不同的城市和乡村、不同的生活习俗与生存方式，更是看到三省相同的决心和目标：守护好汉江，让一渠清水永续北送！

（来源：湖北日报 2017年11月25日 记者 张欧亚 陈华平）

大运河 东方古文明的千年辉煌

与中国万里长城齐肩媲美，中国京杭大运河在人类文明史上，无疑已成为一部千年传奇。这条从两千多年前的远古流淌而来的人工河流，在其漫长的生命兴衰过程中，承载了一个东方古国命运的太多跌宕，也演绎了一个民族历史太多的传说。政治、经济、军事……千年的国事、民生都在这条东方大地南北纵向流淌的河流里浩荡奔腾……

一 通惠河的开通，将大运河一线贯通。自此，一条全长约1800公里的人工大河——京杭大运河，从历史的深处奔流而来。

历史回溯到公元前486年，吴国进攻齐国。

没有现代交通的古代，大量的兵粮运输多依赖水路，但长江与淮河之间没有一条可以通航的河流。于是，吴王夫差下令开挖一条连通长江与淮河的水沟，因这条水沟是从邗城（今江苏扬州）城脚下开始，故被称为邗沟。这是大运河最早的一段，也是江苏境内两千多年来始终没有断流且繁华至今的一段运河。

集中开凿大运河是在公元七世纪的隋朝，一个中国历史上极其短暂的朝代（尚不足40年）却留下了一项震烁千古的水利工程。隋统一中国后，为加强对南方的控制，于605年，隋炀帝下令，征发数百万民工开凿了沟通南北的大运河。隋朝大运河以东都洛阳为中心，北抵涿郡（今北京），南至余杭（今杭州），全长2700公里，南北纵向沟通了海河、黄河、淮河、长江、钱塘江五大水系，自此，大运河上"商船往返，船乘不绝"。运河沿岸汇聚了无数茶馆、酒肆、丝绸庄以及民间戏楼，无数古典园林、藏书楼阁、桥梁古塔在岸边落成。南北经济文化的交流、繁荣，为一个中央集权的东方大国奠定了一统天下的格局。

742年，唐朝在三门峡以东开凿天宝河，大运河开始用于漕运，把富庶的江南物资源源不断地运往国家政治中心长安，使唐王朝的经济文化呈现出一片昌盛。经济繁荣，交通发达，古老的隋唐运河哺育了一个伟大的东方古国，使之为世界所瞩目和仰望。

大规模开发大运河，发生在13世纪的元朝。元世祖忽必烈定北京为大都，全国的政治、经济中心随之转移到大都。在洛阳拐了一个弯的隋唐大运河，就显得弓背路长。1289年，元世祖忽必烈下令开凿会通河，北始山东临清，南到东平路（今山东境内）的安山，大运河大幅度东移；又在北京至通县之间开凿了一条通惠河，与北运河相通。由此，北京至杭州不再绕道洛阳，比隋朝大运河缩短900多公里，这就是今天的京杭大运河的前身。

通惠河的开通，将大运河一线贯通。自此，一条全长约1800公里的人工大河——京杭大运河，从历史的深处奔流而来。

修筑通惠河的元代水利专家郭守敬，是让世界仰望的一位天文学家，上世纪七十年代国际小行星命名委员会正式将2012号小行星命名为"郭守敬星"。1281年，当集郭守敬、王恂等人天文学研究成果之大成的《授时历》在东方古国开始颁行时，世界还处在"天地一体""地为中心"的一片蒙昧与沉睡之中。此后的200年开始孕育哥白尼——第谷——开普勒——伽利略——牛顿的欧洲大地，在数百年仰望星空后才有了隐隐的躁动与苏醒。某一天，当西方人将郭守敬誉为"中国的第谷"，并为此一片惊叹和哗然时，丹麦的第谷已离开人世20多年，而中国的郭守敬早已长眠地下300多年。

作为天文学家又精通水利的郭守敬，一生修浚的河渠泊堰，大小达数百处，而他的主要贡献除西夏（今宁夏一带）治水外，就数开凿大都通惠河了。

古城北京，自1153年金王朝迁都燕京（今北京）后的800余年里，始终成为中国政治、经济、文化的中心，唯其中心，历朝历代的统治者无不为这个没有大河流经的古城的水源而困扰。即使800多年后的今天，已发展为国际大都市的北京，依然是依赖引三千里汉水进京而生活着、发展着。仅此意义上，我们对始于1292年的郭守敬开浚通惠河、有效解决元大都水源一事生发出深深的敬意。

定北京为中都的金王朝每年需漕运数百万石粮食入京，这是最早的"南粮北调"吧。但"不能胜舟"的金口河、北运河使漕运任务屡屡失败。元王朝灭金后在金中都北郊建元大都，此为今日北京城之基础。这时，为解决江南漕粮北运任务，曾先后用十几年时间进一步疏通了南北大运河，使江南漕粮可水运抵通州。而通州至大都二三十公里旱路的转运任务十分艰巨，陆运耗费巨大，据郭守敬说每年需六万缗（古代一缗等于1000枚方孔铜钱），而且一到夏秋季节，阴雨连绵，道路泥泞，"驴畜死者不可胜计"。为将已运抵通州的大批南粮顺利运至大都，在没有汽车、火车、飞机的古代，唯一有效的办法就是修浚运河，走水路。但大都地势较通州高，要修运河关键问题是在大都寻找足够的水资源，引大都水至通州与白河汇合。

61岁的郭守敬，在遍踏大都周围的山地之后，发现了离大都30多公里的昌平神山有一水清量大的白浮泉，引白浮泉水至瓮山泊（今万寿山下的昆明湖）蓄水开浚至通州运河（即通惠河）水源应不成问题。为使白浮泉水顺利注入瓮山泊，他亲自规划、设计、施工，凡遇重大技术问题，均由郭守敬本人"指授而后行事"。

通惠河东至通州与北运河衔接，使漕粮直达京都积水潭。通州原名潞县，金代"取漕运通济之意"改称通州，是北运河的终点码头，前后使用达七八百年，可谓古代典型的河港城市。而积水潭是通惠河的终点码头，通惠河运输虽以漕粮为主，但"南来诸物，商贾舟楫，皆由直沽达通惠河"。

我们完全可以想象700多年前积水潭码头车船装卸、货物囤积、旅客熙攘、商贾繁忙的景象。元人傅若金在诗中吟咏的"舳舻遮海水，仿佛到方壶"和《元史》中所记载的"舳舻蔽水"，都是对积水潭码头繁华盛况的反映。

今天，当我们漫步在北京前海、后海、北海、南海时，依然感念700多年前古老运河遗留下的这泓万波清影。

二　大运河的开通连接了古代中国五大水系，形成了一个南北东西全方位的水网，运河两岸日渐繁荣起来，先后兴起了20多座繁华的都市。

大运河的命运始终与漕运相伴相生。漕运曾是古代中国一项重要的经济制度，是利用水道调运粮食的一种专业运输，主要供宫廷消费、百官俸禄、军饷支付和民食调剂。唐宋以来，随着经济重心的不断南移，运河漕运愈发显得重要。1293年，大运河实现全线贯通后，成为元朝最理想的南北纵向水上线路。据史载，当时仅从大运河北调的南粮，就达全国总税粮的六分之五。

明清时期漕运更是成为封建王朝重要的生命线。运河作为漕运的载体，辉煌了整个明清时期，长达500多年之久。明代每年经运河北上的漕粮有400万石，专职押运粮食的官兵多达12.7万余人，漕船1.2万艘。漕运支撑了国家财政收入大半壁江山。京城的文武百官、王公贵族、军兵吏卒及其家属，构成庞大的消费集团，"京师控天下，上游朝祭之需、官之禄、主之廪、兵之饷，咸于漕平取给"。

清代，漕运在清政府财政收入上同样占有重要地位，当时，清政府一年的财政收入是7000万两白银，漕运占其财政收入的三分之二。故清代耗费巨大人力、物力和财力，用于运河河道的治理和沿线漕运的管理。漕运最高长官为漕运总督，驻江苏淮安。下辖各省粮道及押运、领运诸官。清代朝廷对漕运和运河河道的治理非常重视，如康熙帝曾亲自在淮安的码头镇玉坝村担土、采石。为了保证漕运的安全，清政府每年要拨1000万两白银用于治理河道淤塞。

大运河不仅成为一条南北水运龙脉，而且对中国的政治、经济、军事、文化等，都产生过重要的影响。大运河的开通连接了古代中国五大水系，形成了一个南北东西全方位的水网，运河两岸日渐繁荣起来，先后兴起了20多座繁华的都市。许多城镇由此诞生，或新建、或发展，如淮安、扬州、苏州、杭州，乃至北方的徐州、济宁、沧州、天津、北京等，都成为当时富庶的郡县和城市，也由此奠定了这些城市千年的繁华和名气。

古老的运河，从隋朝到清朝晚期，伴随着漕运，走过了千年辉煌。

晚清，发生了一系列与漕运有关的事件，最终导致漕运衰落。1842年，英军在鸦片战争后期，不惜付出重大代价，攻占京杭大运河与长江交汇处的镇江，封锁漕运，迫使道光皇帝迅速做出求和的决定，不久即签订了中英《南京条约》。1853年后，太平天国占据南京和安徽沿江一带，运河漕运被迫中断十几年。运河沿线的主要城市，扬州、临清、苏州和杭州都遭受重创甚至全部被毁弃。1855年又遭遇黄河改道，运河山东段几

乎全部淤废。1872年，轮船招商局在上海成立，正式用轮船承运漕粮。1901年，清政府颁旨，停止漕运。有着千年历史的漕运走下历史舞台。

1912年，津浦铁路全线通车，大运河经历了最后500多年漕运的繁荣之后，随着漕运的废止，运河的辉煌逐渐淡出历史。没有漕运的大运河多处淤塞，许多地段已不能通航，沟通南北的大运河从此成为历史的记忆。

三　古老的运河辉煌虽已淡出历史，但运河文明犹如一枚鲜明的胎记，始终附着在一个民族文明的肌肤上，从来没有走出人们的视野。

2500多年前的邗沟——扬州至徐州段从未断流。三年前，我曾到达扬州古运河之滨的名城江都，著名的江都水利枢纽工程就坐落在江都老城区南端。就是这座50多年前建于长江中下游北岸古运河基础上的枢纽工程，使广袤的苏北平原成为稻菽浪千重的鱼米之乡。即使那些早已断流、干涸的运河段城市，也把自己城市的区名叫作"运河区"，而许多沿运河城市在打造城市生态景观时，把城市公园起名"运河公园""运河森林公园"；运行了近800年的运河港口通州，即将建设成为首都北京的辅城区……人们对运河文明的眷恋从未走远。

古老的运河辉煌虽已消失，但其沿线城市遗留下大量的城址、衙署、驿站、寺庙、商铺、桥梁和地下的古墓、沉船、关闸、石坝等，有一千余处，两岸民俗风情也已成为中华民族重要的文化标志。这些密集的历史遗存和文化遗产是大运河留给中华民族的宝藏。2006年，中国做出了大运河申遗的决定，选取了运河各个河段的典型河道段落1000余公里，以及运河水工遗存、运河附属遗存、运河相关遗产共计58处，申报世界文化遗产。

2014年6月，中国大运河成功入选《世界遗产名录》，成为中国第32处世界文化遗产和

第46处世界遗产。八年的申遗之路，也是大运河的复活之路。跨越地球10多个纬度，纵贯中国最富饶的华北平原和东南沿海地区的一条古老的人工河流，以其存在时间之长、流经地域之广、历史遗存之丰、文化底蕴之厚终于获得了世界认可，一项创造了工业革命之前世界上规模最大、范围最广的土木工程项目——中国大运河被列入世界遗产，消息轰动全球。

2016年，18座大运河沿线城市形成共识：同舟共济，携手保护和传承运河文化，发掘和利用大运河资源，打造出一条靓丽的运河文化休闲观光带。促进大运河及其周边资源的可持续发展，已成为运河沿线城市的共同使命。

古老的大运河对人类遗产贡献出了令世人惊叹的价值。

四　南水北调东线工程全部完工后，北方大地将迎来"长江水时代"。

中国南水北调东线工程规划利用江苏省江水北调工程，扩大规模，向北延伸。从江苏省扬州附近的长江干流引水，利用京杭大运河以及与其平行的河道输水，逐级翻水北送，连通洪泽湖、骆马湖、南四湖、东平湖，并作为调蓄水库。经泵站逐级提水进入东平湖后，分水两路，一路向北穿黄河后自流到天津，另一路向东经过新辟的胶东地区输水干线向胶东地区供水。供水区内分布有淮河、海河、黄河流域的25座地级市及其以上城市，包括天津、济南、青岛等大型城市和沧州、衡水、聊城、德州、滨州、烟台、威海、淄博、潍坊、东营、枣庄、济宁、徐州、菏泽、泰安、扬州、淮安、宿迁、连云港、蚌埠、淮北、宿州等中等城市。

南水北调东线工程创造了世界上规模最大的泵站群，全部工程完工后，50余处泵站将长江水汩汩送入北方，北方大地将迎来"长江水时代"。

然而，东线供水区面临着地表水过度开发、地下水严重超采、水体污染、环境恶化的严峻形势。

曾几何时，"发展经济不可能不污染""先发展、后治污"的以牺牲环境为代价的经济发展模式，已经使环境与经济一起陷入困境。东线调水沿途的湖泊、江河无一不是劣V类水质，"淮河在呻吟""太湖污染一片哗然""微山湖已成酱油湖"……我们听到了天津人"不要东线水"的呼声；也听到了"从工业最发达、人口最密集、污染最严重的江苏、山东调水，从已成为臭水沟、垃圾场的古运河引水，不亚于天方夜谭"的争议。

"先治污，后调水"——东线调水摧毁了一个愚昧、顽固的观念和行为陷阱。调水沿线各级政府，无数水利人、环保人用全新的理念、意志和责任打造东线调水的"清水长廊"。沿线各城市及县（市、区）全部以"壮士断腕"的壮烈开始了治污大战役。

两年前，我与几位作家马不停蹄、风尘仆仆地行走在运河两岸。在东线千余公里的长路上，我们穿越了南京、扬州、江都、淮安、宿迁、徐州、枣庄、台儿庄、滕州、济宁、济南。当我们静静伫立在风景如画的东线调水"源头"江都，当我们走进建在千年古运河上的调水泵站宝应站、淮安四站、皂河站、台儿庄站，当我们目睹了淮安、徐州、滕州、济宁的截污导流工程和污水处理设施，当我们心旷神怡地徜徉在美丽无比的徐州云龙湖畔，当我们乘船放歌在苇草与水相伴烟波缥缈的微山湖上……一个长久郁积在心头的"东线沿运河调水，治污难过关"的纠结，便一天天被释怀。

仅以"运河之都"淮安为例：2015年4月18日，我们一行来到了淮安市，在这里我们目睹了江苏治污的大决心、大成效。

淮河流域下游的淮安市，境内河湖密布，运河穿境而过。作为南水北调东线工程输水通道，淮安市必须保证所有河湖水质达标，治污任务十分艰巨。

里运河是南水北调东线工程输水干线的一条河道，穿越淮安市区的里运河曾经污染相当严重，重金属严重超标。里运河是京杭大运河在淮安市区的一个分支，是一条已有1400多年历史的人工开挖河，历史上曾是南船北马的重要驿站。上世纪六七十年代，里运河沿岸建设了石油化工、钢铁、农药、化肥、有机化工、纺织印染等各类工厂，企业的工业废水直接排入里运河，工厂排污口每年向里运河排放污废水近两千万吨。河流两岸的居民到上世纪末已达十五万之众，每天有近一万吨生活垃圾倒入河中。

在淮安古运河畔，几十家沙石店密布，每天六十多艘船只在河道无序停靠。令人不能容忍的是，沿河店铺老板造"码头"根本不用土石，而是用城市垃圾垫砌，适逢气温高的夏秋季节，河水整日发出恶臭，路人掩鼻，附近居民深受其害。仅在河道内侧私建厕所就有二十多个，每逢大雨，雨水一冲，粪便全部流入河中，造成极为严重的环境污染。河中经常漂浮着诸如废塑料袋、杂物、乱纸等垃圾，河面一片狼藉。

进入21世纪以来，淮安市以创建国家环保模范城市为契机，以建设南水北调"清水长廊"为动力，全面实施城市环境综合整治工程。实施绿水工程，建立全覆盖的"河长制"，对市域范围内所有河道实行"河长"管理，明确"河长"是其所负责河道的第一责任人，对所负责河道的水生态、水环境持续改善、断面水质达标以及杜绝重大事件出现负有第一责任，要求每个河塘实现河水清、无杂草、无垃圾、无秸秆、无漂浮物的"一清四无"的目标；与此同时，淮安市加快污水处理厂的建设进度，建成一批污水处理厂和水污染防治等重点工程项目，我们到达时，各个污水处理厂已全部投入运行；封闭里运河、古黄河排污管道，拆迁里运河两岸10.7万平方米的民房，沿大运河、里运河铺设截污干管约24公里，清除里运河全长24公

里的污染底泥，挖取淤泥140多万立方米，完成土方257万余立方米，石方3.4万余立方米……

经过全面治理，淮安市京杭大运河水质已达到III类水标准，饮用水源地水质达标率连续三年达到100%。2010年2月9日，淮安市获得国家环保模范城市称号，成为全国第一个按新指标体系通过国家环保模范城市考核的地级市。淮安作为京杭大运河沿线的全国历史文化名城，其城市曲折嬗变的历史，正是运河兴衰的一个典型缩影。

五　伴随着大运河文化带建设的全面推进，已有2500多年历史的古运河死而复生，"流动的文化"运河时代已然开启，中华古文明之光照耀着悠悠大运河。

南水北调东线一期工程主要是为黄淮海平原东部和胶东地区引水，涉及江苏、安徽、山东3省的71个县（市、区），补充城市生活、工业和环境用水，兼顾农业、航运和其他用水。

2013年，东线调水一期工程全线通水。东线工程正式通水以来，工程历经试通水、试运行、正式运行，圆满完成各个年度的调水任务，设计年抽江水量87.7亿立方米，工程运行安全平稳，III类水质稳定达标，沿线城市的供水保证率有效提升，工程的社会、经济、生态效益正日益凸显。

沧州是京杭大运河流经城市中里程最长的城市，全长215公里。在沧州青县，历史记载的古运河道有三四十米宽、四五米深，但后来只剩下长满了杂草、填满了垃圾的干河沟。2015年11月12日，南水北调中线工程4.8亿吨清澈的汉江水汩汩地注入大浪淀水库，沧州中线工程正式通水，760万狮城人民开始告别祖祖辈辈饮用苦咸水、高氟水的历史。待东线二期工程完工，6亿吨长江水将经大运河流入沧州，古老的运河之城将从此跨入"长江水时代"。泉城济南，干涸了数十年的趵突泉，如今泉眼水涌如注，"一城山色半

城湖"的美名重新归来。上世纪末，微山湖曾一度沦为鱼虾绝迹的"死湖""酱油湖"。现在，以野生红荷为主的微山湖自然湿地景观为华东独有、世界罕见，微山湖已成为全国最大的国家湿地公园。湿地内现有藻类植物115属，维管植物635种，各种脊椎动物325种，其中包括鱼类、两栖类、爬行类、鸟类、兽类。

许多曾经消失的物种开始渐渐回归了。

伴随着大运河文化带建设的全面推进，已有2500多年历史的古运河死而复生，"流动的文化"运河时代已然开启，中华古文明之光照耀着悠悠大运河。

（来源：河北日报 2017年11月24日 记者 梅 洁）

谁在守护我们的水脉

一杯水在手止渴解乏，一湖水绕城养眼怡神；杯中水清纯甘甜保证了我们的健康，湖中水波光潋滟扮亮了龙都的风景。在饮用和观赏的同时，你可曾想过，这是来自千里之外的丹江水；你可曾想过——

晴天一身土，雨天一身泥，堪称南水北调濮阳段巡线员梁鹏威最日常的工作写照。11月4日下午，天气偏冷，野外尤冷，空中不光刮着阴冷的风，还飘着零星的雨点，可记者在市南水北调王助管理站见到梁鹏威的时候，他和他的同伴却大汗淋漓，安全帽檐下面冒出缕缕热气。原来，附近有不知情的村民在拆除一座猪圈，把没用的碎砖烂瓦都堆到了管线旁边的一片空地上。按规定，管线左右30米是不能有任何障碍物的，害得梁鹏威和同伴费了半天劲才清理干净。"这样的事情多了，"梁鹏威抬起衣袖子擦了把汗说，"隔不了十天半月就能遇到一起。"

陪同记者采访的市南水北调办主任张作斌说，出现这种情况，也不是沿线群众觉悟低，故意搞破坏，而是因为管线埋设在地

下，日久天长，地面上几乎看不出痕迹，管线上面或管线两侧，经常会有群众随手堆放的庄稼秸秆或生活垃圾。为此，他们把每月1日定为南水北调宣传日，组织人员赴沿线村庄散发有关宣传材料。"其实，"张作斌说，"地面上的障碍物还好清理，最棘手最麻烦的，是那些兔子、老鼠、蚂蚁和蛇挖的洞。有洞就有隐患，必须发现一个堵一个。夏天是庄稼生长的旺季，各种小动物也最活跃，为了堵这些曲里拐弯的洞儿，小梁他们常常连饭都顾不上吃哟。"

因为清理那堆砖瓦耽搁了时间，梁鹏威和他的同伴也顾不上接这话茬儿。他们系紧安全带，带好工具，用力掀开VBd01号阀井的井盖，猫腰爬了下去。井深约6米，有上下两层，灯光照去，一道直径2.4米的大粗管线豁然在目。井内湿气重，空气稀薄，井壁和管线上积满星星点点的水珠。置身其间，只觉得呼吸困难、头重脚轻。三五分钟过去，记者什么也没干已感力不从心，可梁鹏威和他的同伴还在攀上爬下地谛听水声、记录数据、检测仪表，一丝不苟。

从井里出来，梁鹏威和他的同伴又是一身湿漉漉的了。他告诉记者，这样的阀井，我市境内有21座，巡线检查时，每一座阀井都不能遗漏。他还告诉记者，今年7月17日，就是这座井突然渗漏，水以每秒0.3立方米的速度冲破管线，瞬间溢满井室，并冲塌阀井护墙向外蔓延。他们迅速关闭上下游阀门，报请领导启动应急预案，全员24小时奋战在抢险一线。也是那几天停供丹江水调补黄河水的经历，让他们深感肩头负着沉甸甸的责任。因为有些市民不了解情况，只看到水质变了，不光把他们的供水热线打爆了，还反映到了市领导那里。"身系千家万户的饮水质量和饮水安全，"提起那段往事，梁鹏威还有点余悸未息，手不自觉地捂上胸口说，"真是一点也不敢马虎呀。"

我市南水北调配套工程是2012年10月26

日开工建设，2015 年 5 月 11 日建成通水的。这条水脉不光让市城区 63 万居民告别了 30 年来饮用黄河水的历史，还先后三次为龙湖补水，产生的社会效益和经济效益正日益凸显。南水北调管线濮阳段全长 11 公里，可因为路径与管线位置不一，巡线员每天往返的里程不下 50 公里。虽然单位给他们配备了电瓶车，可遇上雨雪天气或庄稼地，只能徒步检查。但自通水的那一天起，梁鹏威和他的同伴就这样穿梭于城乡之间，守护水脉，风雨无阻。

（来源：濮阳日报 2017年11月23日 记者高林 刘文华 通讯员王道明 摄影报道）

南水北调助力河南生态调水
水多了岸绿了景更美了

今年秋季以来，丹江口上游降水丰沛，南水北调中线工程水源地——丹江口水库具备了向我省南水北调受水区大量生态补水的条件。河南省向南水北调管理方申请生态调水，河南多地因此受益，逐渐变得水多、岸绿、景美。

图为南水北调干渠通过澎河河道向平顶山白龟山水库生态补水 彭可摄影

记者在南水北调中线工程郑州贾峪河退水闸看到，清澈的丹江水通过贾峪河流入西流湖，然后再进入贾鲁河。喝足了的西流湖湖面进一步扩大，吸引了不少居民来公园游玩。

"我在这附近住，这一段时间水比较多，比以前要好，环境好了很多。"一些游玩的居民向记者介绍，"水流更加清澈了，好多以前我们没有见过的鸟类也飞过来了。"

郑州是水资源严重匮乏地区，不足全国人均水平的1/10。南水北调中线工程通水后，郑州市水供需矛盾得到了暂时缓解，但多出的南水北调水主要是还生态用水、局部超采地下水的"旧账"。此外，郑州市河湖水库仍然普遍存在水量小、水面窄、水体功能退化等问题，很多时候"河水清、鱼儿游"已经成为人们美好的回忆。

"贾峪河退水闸从10月12号开始退水，退水流量是5个流量。对改善西流湖的水质，对贾鲁河的冲刷，都有很大帮助。像这样的退水闸在郑州境内一共是5个，对提升地下水位帮助很大。"郑州市南水北调办计划处人员胡永涛说，这次补水将有利于改善全市的生态环境。

不仅是郑州，河南省南水北调工程沿线的南阳、平顶山、许昌、焦作、鹤壁、安阳等地，都进行了生态补水。发源于嵩山腹地的颍河，是淮河第一大支流，每年这个季节往往会出现断流现象。不过，从今年10月底，通过生态补水，一度干涸的河道焕发了生机。

"没事就和家人出来游游转转，水也好了，水位也高了，也很清澈，"许昌禹州市民韩女士说，现在她很喜欢拍水景发朋友圈，"拍个照片发个朋友圈，有些人给我点赞哩。"

作为南水北调中线工程唯一流经城区的焦作，这次也通过补水，向市区的龙源湖、新河、大沙河生态补水180万立方米。焦作市南水北调办公室副主任刘少民："要让全市人民喝上优质的丹江水，还要让全市人民观赏到南水北调水文化为主题的水生态景观。"

今年9月以来，丹江口水库及上游地区来水量充足，水位一度攀升至167米高程，蓄水量超过260亿立方米，相比去年同期多蓄水107亿立方米。河南省南水北调办建设管理处处长单松波介绍，河南省水利厅、省南水北调办抓住这一有利时机，向南水北调中线建管局申请对河南省进行生态补水，以缓解河道、水库缺水现状，实现南北互济。

"这次我们利用丹江口秋汛丰富的水量，使洪水资源化，通过13个退水闸，从9月29日开始，向河南一些城市和河湖水库进行补水，取得了很好的生态效益。"单松波说。

据了解，截至目前，南水北调中线工程向南阳、平顶山等市13条河湖、水库、湿地开展生态补水，全省生态补水总量达到2.95亿立方米。

记者从河南省南水北调办公室了解到，南水北调中线工程通水三年来，已经累计向河南供水39亿立方米，1800万居民受益。同时，沿线受水城市地下水位下降趋势得到遏制，置换出的水用以补充河湖，发挥出显著的社会、经济、生态和减灾效益。

（来源：河南新闻广播 2017年11月21日 记者 朱圣宇）

生态补水润中原（三）

水清景美百姓点赞

10月31日，经常带着外甥去龙源湖公园游玩的焦作市民张献生惊喜地发现，近段时间在龙源湖公园周边小河钓鱼的人明显多了起来，原本发绿浑浊还散发着腥味的水变清了也变多了，芦苇丛也由岸边"转移"到了水中央，湖边浅浅的石头缝隙里小鱼在潺潺流水里轻轻游弋。但大多数人可能并不清楚，龙源湖公园里80万立方米原水已全被近期南水北调中线干渠退出的丹江水给置换了一遍。

地处河南北部的焦作市水资源总量、均量都少，地域时空降雨分布不均，水资源缺乏。南水北调中线通水以来，因配套还没建成，焦作市区人民至今没有喝上甘甜的丹江水，只能看着清澈的丹江水一路向北，城区工业、生活用水基本是靠开采岩溶地下水来满足。

"还没吃上丹江水，就先体验到南水北调水的美，真是太意外了。经干渠闫河退水闸退出的水流经群英河、黑河进入龙源湖，之后再由黑河进入新河，最终注入大沙河，持续放水近20天，累计生态补水150万立方米。"焦作市南水北调办副主任刘少民兴奋地告诉记者，全市境内有沁河、丹河、大沙河和蟒河，尽管过境水丰富，但过境水大部分集中在汛期，来猛去速，难以开发利用。

由于地势北高南低，多年来焦作市建设城市水系都只能解决城市南边水源的问题，北边只能通过提灌，不仅成本高而且水源还受到限制。用南水北调的水进行生态补水，这对焦作市是首次，是一次千载难逢的机会，不仅完善了水生态文明建设所需水源，同时也为水系治理打开了很好的思路。

刘少民说，水生态是一项民生工程，水清了，岸绿了，环境好了，老百姓很认可，10年前龙源湖公园每天晚上人很少，现在每天晚上湖边游人如织。焦作市作为南水北调中线工程唯一穿越中心城区的城市，这一渠清水对于当地气候的调节、生态环境的保护都有积极意义。为了让老百姓在吃饱喝足后有更多精神上的享受，未来几年，焦作市将围绕南水北调干渠打造一个以南水北调为主题的5A级风景区。

11月1日，记者在汤河渡槽退水闸下游遇到郑成星、李美学几位刚从汤河冬泳完的老人。说起水变清了，几位老人纷纷竖起大拇指点赞。有着多年冬泳爱好的郑成星告诉记者，几个月以前，汤河的水也就1米多深，黑色的水面还时不时漂着死鱼，大多数人都是去游泳馆里游泳，自从9月30日南水北调退水进入汤河后，河道经过冲刷，水质有了明显的改善，原来都习惯了游完泳后用随身携带的自来水再冲一冲，现在汤河水清了，这一步也省了，归根到底还是南水北调为老百姓谋了福利。

新郑地表水资源尤为短缺，除双洎河外

的其他河道基本断流,工农业生产和居民生活基本靠取用地下水,造成地下水位逐年下降,前几年的持续干旱,境内的杨庄水库、五虎赵水库、唐寨水库等市管水库和更多的乡管水库相继干涸。尽管南水北调中线工程通水后,用水结构得到改善,但缺口依然很大。为了满足用水需求,2016年新郑市通过水权交易向南阳市购买了8000万立方米用水指标,然而吃水问题解决了,生态补水远远不够。

前几天,南水北调中线干渠向沿线受水区退水的消息一出,新郑市水务局水政科冯文涛的电话一直响个不停,打电话的都是下面乡镇主管水利的人,来电也只有一个目的,就是看看能不能给调配点儿用水指标。僧多粥少,给谁不给谁,这让冯文涛十分为难。经过与上级部门多次争取后,分别通过总干渠双泊河退水闸、总干渠沂水河退水闸对双泊河、沂水河等河道以及河道下游的梯级水库进行生态补水。

这几天,新郑市观音寺镇溧水村村支书白福先心里的石头终于落了地,脸上的皱纹也乐得像开了花,村里原来干涸的水库充满了水,多年不见的候鸟也多了起来,通过水库水的下渗使当地的地下水也得到了补充,依托水生态环境改善建立起来的傍水景观工程也有了眉目,打造水美乡村也就更有了底气。

在一路的采访中,记者看到,南水北调中线干渠沿线只要是退水流进的河道,诸如南阳白河、鹤壁淇河这些水质一直处于全省前列的明星河道,在进行生态补水后水面附着物明显少了许多,而像颍河、汤河、安阳河、群英河等季节性河道经过补水的冲刷后水质也有了很大改善,水量大了,水面清了,市民游玩也有了好去处。

(来源:河南工人日报 2107年11月17日 记者 彭爱华)

生态补水润中原(二)

让丹江水用在最需要的地方

如何有效地接纳南水北调干渠退水为沿线进行生态补给?各个受水区水量怎么分配?后汛期退水如何确保沿线河道安全?每一个环节都不能少,为了确保让好钢用在刀刃上,生态补水用在最需要的地方,真正发挥南水北调中线工程生态效益的潜力,省水利厅、省南水北调办对干渠沿线城市进行了细致的摸底。

白龟山水库位于南水北调中线总干渠的下游,南水北调水可自流进入库区,无疑是首选的补水水库。经摸底,汛期结束后白龟山水库还有1.8亿立方米的库容缺口,退水经澎河退水闸流入澎河然后再进入白龟山水库,无需提灌全程可实现自流;许昌、郑州、焦作、安阳、鹤壁等沿线城市除了生活供水,水系连通亟待补水。

10月26日,"喝"了1.67亿立方米丹江水后的白龟山水库水面增大,库面波光粼粼。生态补水不仅充盈了平顶山全市人民的"大水缸",还开始通过白龟山水库泄洪闸和南干渠向水库下游"吐"水,清澈的水流为水库下游沙河注入生机和活力,提升生态景观效果,为市民休闲娱乐提供良好的水环境,也为沙河流经沿线漯河、周口等城市以生态滋养。

"许昌市严重缺水,生态补水主要依靠北汝河地表水、中水和南水北调退水,自南水北调通水以来已为许昌市生态供水1.9亿立方米,这也成为许昌水系构筑的重要依托。"许昌市南水北调办工作人员告诉记者。像北方大多数河流一样,作为季节性河流,后汛期颍河的水量并不大。10月27日,记者在南水北调颍河退水闸处看到,随着闸门缓缓提起,伴随着轰隆声响,白浪翻腾,一路扬波奔流进入颍河。注入颍河的丹江水将汇入颍汝河干渠最终流入许昌市区清潩河等河道,为许昌水系进行生态补水。自2015年许昌水系连通后，这座曾经饱尝缺水之痛的城市一跃成为因水而美的"北方水城"，满城清流赋予许昌无穷无尽的灵动，水多、水美成为许昌一道亮丽的风景，也为城市发展集聚了雄厚的生态优势。

"北方河道常年干枯，有点儿水过不了几天都干了，有水大多也是工业污水，对土壤、环境都是污染。这次利用南水北调退水对沿线城市进行生态补水是挖掘中线工程生态效益潜力的一次探索，建议这项活动常年坚持下去，多了多放，少了少放。"

"南水北调工程没建之前，想送都送不过来。"这样的呼声，在一路的采访中，记者不时听到。

跟许昌一样，郑州也严重缺水。随着城市框架的拉大，城市人口越来越多，对水的需求越来越大。南水北调中线工程通水以后大大缓解了城市居民供水难题，受水区超采的地下水和被挤占的生态用水得以置换，尽管如此，郑州水系连通还是缺少活水注入。有着郑州"绿肺"之称的西流湖公园，原来主要水源是黄河水，由于上游没来水，一度成为一个污水潭、脏水坑。自2014年丹江水通过贾峪河退水闸陆续流入西流湖公园后，水位和水质都有了明显的改观，生态环境也有了大大改善。

（来源：河南工人日报 2017年11月16日 记者 彭爱华）

生态补水润中原（一）

抢抓机遇用好富余丹江水

时值秋末冬初，记者跟随省南水北调办生态补水调研组一行沿南水北调中线干渠由南向北调研，沿线随处可见人水和谐的美丽画面：清澈的水潺潺流动，宽阔的水面波光粼粼，上涨的水位滋养着河湖两岸植被，成群结队的野鸭"扑棱扑棱"拍打着翅膀在芦

苇荡里嬉戏玩耍，自然风光秀丽、绿树成荫、草木繁茂，吸引着不少市民拍照观赏……这得益于今年我省充分利用南水北调中线工程退水的机会，对我省城市、河湖、水库进行的生态补水。

绿水青山就是金山银山。近年来，我省加大生态环境建设，着力打造水清、岸绿、景美的宜居环境。我省人口众多，多年平均水资源总量为403.53亿立方米，人均不足400立方米，为全国平均水平的1/5，世界平均水平的1/20，水资源严重匮乏。尽管我省地跨长江、淮河、黄河、海河四大流域，但特殊的地理位置、降雨时空不均，全省雨水越来越少，河流天然径流量下降，加上水污染严重，全省大大小小的河流呈现出"有水全污，有河全干"、过度开采地下水的紧张用水局面。

由于我省水资源缺口太大，随着水生态文明建设、河湖库水系连通的推进，全省对水资源的需求愈发凸显。水资源短缺已成为制约经济社会可持续发展的主要因素。2014年12月12日，南水北调中线一期工程全面通水，历时50年论证、10多年的建设终于实现了"南方水多，北方水少，如有可能，借点过来也是可以的"的梦想。按照分配指标，我省每年可分得37.7亿立方米的用水指标。经过近3年的安全运行，干渠沿线许昌、郑州、新乡、安阳、焦作等严重缺水城市居民生活用水难题得以缓解，居民饮水解了渴，南水北调水替换下来的水源用于补充地下水，水资源配置正发挥越来越重要的作用。

"南水北调中线工程建设的初衷就是为了解决北方缺水的问题，首先得保证沿线人民生活供水，特殊情况下可进行生态补水，但生态补水也是有限的。"省南水北调办建设管理处处长单松波告诉记者。今年恰逢长江中下游发生流域性的秋汛，汉江、丹江上游后汛期降水丰沛，丹江口水库水位大涨，达到大坝加高后首次167米高水位运用，刷新了丹

江口大坝历史最高水位160.72米，丹江口水库库容达到260多亿立方米。鉴于丹江口大坝加高后首次高水位蓄水，为了确保工程安全和中下游防洪安全，国家防总长江防总按照安全、科学、稳妥、双赢，留有余地的原则调度丹江口水库及上游水库群，丹江口水库自9月份开始开闸泄洪，下泄的洪水最终汇入长江流进大海。

一边是城市干渴缺水，一边又看着水被白白放走，何不利用南水北调中线这一现有千秋伟业工程，充分发挥其生态效益的潜力，实现洪水资源化？如何实施生态补水？都有哪些受水区有调水需求？经过多方努力，省水利厅、省南水北调办与南水北调中线建管局协调，申请通过南水北调中线工程干渠退水闸向干渠沿线南阳、平顶山、许昌、郑州、焦作、安阳、鹤壁、濮阳等城市河湖、水库、湿地生态补水。

淅川县香花镇居民赵正有告诉记者："在水库边生活了63年，从来没见过今年这么大的水面。"记者站在南水北调中线干渠陶岔渠首岸边，水面宽阔得一眼望不到边，清澈的丹江水正以每秒300立方米的流量顺着闸门翻滚着奔流而下，浩浩荡荡一路向北。

（来源：河南工人日报 2017年11月15日 记者 彭爱华）

我省举行南水北调水污染应急演练

南水北调丹江水突遇污染如何处置、供水安全能否得到保证？11月11日，首次针对水污染事件的应急演练在南水北调中线工程总干渠荥阳段举行。

南水北调中线工程通水以来，截至11月上旬，已向北方供水110亿立方米，其中向我省供水达38亿多立方米，惠及沿线1800多万居民。丹江水已成为许多受水区的主要水源，一旦发生断水将对群众生活等造成重大影响。

南水北调中线工程总干渠为露天明渠，跨渠桥梁和铁路交叉工程多，突发事件、自然灾害等造成断水的风险始终存在，人为污染物进入总干渠也是工程水质保护面临的风险源。

记者从省南水北调办获悉，为贯彻南水北调工程建设委员会第八次全体会议精神，确保南水北调中线工程水质安全，提高应急处置能力，省南水北调办联合南水北调中线局河南分局实施了此次应急演练。

记者在南水北调中线工程总干渠荥阳段应急演练现场看到，"水质污染"事件发生后，一系列应急行动紧张有序开展：紧急消解污染物、监测水质、将受污染水体通过退水闸排出渠道等。同时，相关水厂接报后立即停止供水，切换成备用水源，待危险解除后及时恢复供水。

通过演练，各项应急预案的可操作性得到检验，各方协调联动水平、水污染防治应急处置能力也得到提高。

（来源：河南日报 2017年11月14日 记者 张海涛）

南水北调中线工程新调水年度计划调水57.84亿立方米

国务院南水北调办今天（2日）通报，南水北调中线一期工程自11月1日起进入2017—2018调水年度，年度计划陶岔入渠水量57.84亿立方米，计划向各省市分水量51.17亿立方米。目前，中线水源丹江口水库水位达167米，为历史最高水位，高于大坝加高前坝顶高程（162米），水量充足，为中线年度调水奠定了良好基础。

据了解，10月31日，南水北调中线一期工程已完成2016—2017年度调水任务。该调水年度从2016年11月1日至2017年10月31日，入渠水量44.92亿立方米，超过计划供水量3.62亿立方米。水质各项指标稳定达到或优于地表水Ⅱ类。

南水北调中线工程已完成3个调水年度的供水任务，累计入渠水量106.85亿立方米。其中，向河南供水37.82亿立方米，向河北供水11.68亿立方米，向天津供水22.84亿立方米，向北京供水28.44亿立方米，工程效益好于预期。工程质量良好，移民稳定。

自2014年12月12日中线一期工程正式通水以来，已经平稳运行1055天。工程惠及北京、天津、石家庄、郑州等沿线19座大中城市，5310多万居民喝上了南水北调水。其中，北京1100万人，天津900万人，河北1510万人，河南1800万人。

中线一期工程通水3年来，北京、天津、河北、河南沿线受水省市供水水量有效提升，居民用水水质明显改善，地下水水位下降趋势得到遏制，部分城市地下水水位开始回升，城市河湖生态显著优化，社会、经济、生态、减灾效益同步显现，已经成为沿线大中城市的生命线。

（来源：央广网 2017年11月2日 记者 沈静文）

河南焦作市4个月完成
搁置8年的南水北调中线工程
干渠焦作城区段绿化带征迁工作

河南焦作是南水北调中线工程唯一被从中心城区穿过的城市。南水北调城区段绿化带建设工程除了保护总干渠水质外，还具有巨大的生态、社会和经济效益。但是，由于种种原因，绿化带工程曾被搁置8年，困难重重的绿化带征迁更是整个工程的重点和难点。焦作市仅用4个月就完成了1.8万人的征迁任务，为一渠清水送京津提供了重要保障

南水北调工程是党中央、国务院作出的重大战略决策，是关系我国经济社会可持续发展的重大工程。河南焦作是南水北调中线工程唯一被从中心城区穿过的城市。为保障南水北调总干渠水质安全，提升城市形象，盘活城市资源，造福人民群众，焦作市从去年起开启了城建史上规模最大的南水北调城区段绿化带工程和改造提升区工程建设，仅用4个月就完成了1.8万人的征迁任务，为一渠清水送京津提供了重要保障。

绿化带工程意义重大

南水北调城区段绿化带建设工程，除了保护总干渠水质以外，还将产生巨大的生态、社会和经济效益，进一步改善城市生态环境、提升城市生态品质，切实造福百姓

不久前，记者来到位于焦作城区的南水北调干渠，只见水面波光粼粼。干渠两侧，建筑物都已经拆除，被绿色的防尘布整齐覆盖。未来，这些拆除的地方都将成为绿化带。

南水北调总干渠焦作城区段全长8.82公里，涉及焦作中心城区13个城中村，征迁居民2440户9317人，拆迁房屋52.7万平方米，2009年10月已经完成征迁任务。

南水北调绿化带工程作为总干渠配套工程，应与总干渠一同安排、同步征迁、同步建设。但是由于种种原因，总干渠工程完工后，绿化带工程搁置长达8年，迟迟没有启动，造成总干渠两侧环境脏乱差，私搭乱建现象严重，妨碍泄洪、影响总干渠和主城区汛期安全，社会普遍关注，群众反映强烈。

焦作市委书记王小平说："实施南水北调城区段绿化带建设工程，不仅是关乎民生福祉的第一民生工程、提升城市品位的重点工程，而且是保护一渠清水送京津的生态工程、保障国家利益的政治工程，对确保南水北调总干渠水质、改善城市生态环境、提升城市品位、盘活城市资源，实现经济社会发展具有重大而深远的意义。"

焦作市副市长魏超杰介绍，南水北调焦作城区段绿化带建成后，除了保护总干渠水质以外，还将产生巨大的生态、社会和经济效益。通过实施绿化带工程，可为焦作城区新增近2300亩绿地，中心城区人均增加2平

方米绿地，形成贯穿焦作城区东西的生态廊道，进一步改善城市生态环境、提升城市生态品质，为市民提供舒适、怡人的休闲运动场所，切实造福民众、惠及百姓，提高市民生活质量，让广大群众真正成为绿化带工程的受益者和优美环境的享有者。

不仅如此，通过实施绿化带工程，还可把绿化带建成集中展示和纪念南水北调伟大工程，弘扬"忠诚担当、顽强拼搏、团结协作、无私奉献"南水北调焦作精神的系列精品景区，使之成为体现南水北调精神的新地标，并通过实施绿化带工程，加快形成以高铁站为中心，集商业、旅游、休闲为一体的"高铁板块"，带动焦作经济转型发展。

征迁工作顺利完成

焦作市征迁工作队员从群众利益出发，克服困难，仅用4个月时间，就全面完成了绿化带征迁协议的签订、搬空、拆除"三个100%"目标。

2017年3月，焦作市打响了南水北调绿化带集中征迁战。此次拆迁共涉及13个城中村4008户，1.8万人，房屋面积176万平方米，涉及13家企事业单位，市政管线110条。焦作市2000多名市区村街四级征迁工作队队员奔赴一线，吃住在村，仅用了4个月时间，就全面完成了南水北调城区段绿化带征迁协议的签订、搬空、拆除"三个100%"的任务，顺利实现了和谐征迁的工作目标。

征迁可谓"天下第一难"，焦作市广大征迁工作队员从群众利益出发，克服困难，征迁工作取得圆满成功的同时，也赢得了广大拆迁群众的称赞。

征迁干部冉照辉晚上走访征迁户时崴了脚，踝骨骨折，腿上打了石膏。他不顾医生反对，每天拄着拐杖在村里做群众工作。知情的朋友开玩笑说："你都受伤了，咋还天天是微信运动第一名？"

包村干部李胤铮是一名女同志，一次入户沟通时，有名妇女情绪比较大，越说越激动，一巴掌甩到她脸上。李胤铮打不还手、骂不还口，噙着泪说："大姐，我知道你现在不理解我，等住上更好的房子、有了更美的生活环境，你一定会理解我的！"

征迁工作一开始，焦作市解放区安监局副局长毋福海便带领一支有着11名队员、平均年龄不到35岁的征迁队伍昼夜奋战。可常规性工作不能帮助他们打开工作缺口，一个月过去了，他们所分包的58户征迁户一个也没签协议。

怎么打开局面？毋福海说，征迁群众不签字，是我们工作没做到位。

于是，"草帽队"诞生了。这支烈日下、风雨里戴着草帽的队伍，是流动的"搬迁队"，是脏活累活抢着干的"服务队"。谁家要搬迁，谁家有难事，只要在门口招招手，喊一声"草帽队"，他们便二话不说主动服务。他们常常大中午蹲在墙脚，啃着馒头，喝着矿泉水，随时等待群众的召唤。

征迁群众说，这么多天来，这些在自己家还肩不扛、手不提的小伙子们晒黑了，手都磨出了老茧。将心比心，咱得支持他们啊！两个月后，"草帽队"出色地完成了任务。

焦作市解放区征迁干部、解放区政府副区长王大青连续两个多月吃住在村里，顾不上去看望80多岁的老母亲。端午节那天，她忙着给征迁户送粽子，全然忘了老母亲还在等她回家。第二天，老母亲竟提着粽子找到了村里，见她便说："大青，你没空看我，我来看看你。"

群众住进新居更舒心

搬进新居，拆迁群众迎来舒心的新生活。群众满意的笑脸让人相信，焦作市城区段绿化带项目将在改善城市形象、提高人民生活品质方面发挥重要作用

故土难离。拆迁工作的完成，离不开广大拆迁干部的努力，更离不开拆迁群众的理解和支持。

南水北调绿化带恩村二街的征迁包村干部、山阳区委常委、办公室主任苏哲告诉记者，今年5月1日，他们入户检查村民搬空情况时，看到征迁户柳小孬一个人坐在自家老院里发呆。拆迁队员们问他："回老房再坐一坐？"他说："祖祖辈辈都住在这儿，真要走了，舍不得啊！"还没等拆迁队员说话，柳小孬接着说："南水北调是国家大事，俺不会拖后腿。不舍归不舍，该拆还得拆！"

村民吕永林对安置政策没意见，但就是舍不得离开老房子。17年前儿子意外去世，成了老两口一辈子的痛。征迁队员进门不提征迁事儿，白天抢着帮老两口干活，晚上陪他们聊天拉家常。他们对老两口说："大爷大娘，以后我们就是你们的孩子。"征迁队员的真情打动了吕永林，他主动说："俺知道你们是真心为俺们好，协议，俺签！"

搬进新居，拆迁群众迎来舒心的新生活。

来到位于焦作市解放区的南水北调绿化带安置小区，25岁的舞蹈教师欧慧正在和家人一起布置新房，三室两厅的房子宽敞明亮、温馨舒适。欧慧告诉记者，过去他们一家人住在河道北岸解放区新余村的二层小楼里，冬天要烧煤，卫生条件也不是很好。这次拆迁搬进了新楼房，欧慧全家人都感到很满意。她说，新房子格局好，很干净，她一直都盼着能住进这样的楼房，现在终于如愿了。

像欧慧一家一样高兴的还有56岁的王有运一家，他家原来住在解放区西于村。离开住了26年的老房子，一家人于今年8月份搬进了新居，是一套120多平方米的三居室。王有运说："以前做饭和取暖都要烧煤球。住上了楼房，不用烧煤了，比以前干净，有的邻居算了账，交取暖费比以前烧煤还要省钱呢！"

群众满意的笑脸让人相信，焦作市城区段绿化带项目不仅能够在保护主干渠上发挥重要作用，也将在改善城市形象、提高人民生活品质方面发挥重要作用。

（来源：经济日报·中国经济网 2017年10月31日 记者 亢舒）

南水北调中线水位突破165米 累计向北方输水超100亿立方米

2017年10月5日，湖北省十堰市，南水北调中线水位已突破165米。

据了解，截至5日上午10时30分，南水北调中线水位已达到165.43米。南水北调中线一期工程自2014年12月12日通水以来，共向华北地区调水量逾100亿立方米，惠及的人口超过6000万。南水北调中线工程在缓解受水区水资源供给矛盾、提高供水保障率、改善水质、保护生态环境、促进资源节约型环境、有效减少自然灾害等方面，正在发挥重要的战略性基础作用。

（来源：光明网 2017年10月6日 记者薛乐生）

南水北调工程建设者回访考察活动启动

9月12日，南水北调东线一期和中线一期工程建设者回访考察活动在山东济南和河南郑州分别启动。

此次活动为期4天，30名建设者代表们沿线参观考察穿黄工程、济南小清河枢纽工程、北京大宁调压池、密云水库等工程，感受亲身建设工程的宏伟壮观，体验工程通水以来发挥的巨大效益，共同见证南水北调事业为沿线人民带来的实惠。

此次活动邀请来自东中线一期工程建设中的设计、施工、监理等单位的代表。他们在南水北调工程规划、勘探、设计、建设中时间最长的达30多年，最短的也有10多年。在工程最艰难的时期，他们不舍昼夜，长期离别亲人，用坚强的臂膀和智慧的双手，穿山越河，架槽穿洞，盾构筑涵，打造出长渠纵贯、倒虹卧野的调水工程，高质量建设了一流的工程，铸就出人间天河，攻克了多项世界难题。

正是有像他们这样的10多万名建设者，经历十余年的努力，建成2908公里的东中线一期工程，完成土石方近16亿立方米，如果按1平方米断面筑堤，大约可绕地球40圈。

南水北调共取得新产品、新材料、新工艺等63项成果，申请国内技术专利110项，全面提升了水利工程设计、施工、机械设备、管理等多方面的技术水平，填补了多项国内空白，形成了具有中国特色的调水工程技术体系。

一是在南水北调工程科技工作中，取得大量的新产品、新材料、新工艺、新装置、新计算机软件等科技成果。二是完成了专用技术标准13项。三是申请并获得国内专利数十项。四是多项科技研究成果获得了国家与省部级科技进步奖。

如今，广大建设者已经转战其他工程现场，遍布世界各地，从事着高铁、机场、码头、地铁、水电站等重大基础设施建设。在他们心中，南水北调积累的新技术、新工艺、管理经验、技术标准，已经成为宝贵财富，广泛应用到新的项目建设当中，发挥着中国标准、中国技术的优势。

（来源：中国网 2017年9月13日 记者何珊）

南水北调中线工程防汛抢险
应急演练在河南开展

"我宣布，演练开始！"6月16日上午9时，随着国务院南水北调办公室副主任、防汛抢险应急演练总指挥张野的宣布，南水北调中线工程防汛抢险应急演练在平顶山宝丰县境内北汝河倒虹吸工程正式拉开序幕。

演练模拟宝丰县北汝河上游普降暴雨，造成北汝河水位猛涨，与南水北调中线工程建筑物交汇处的水位超过警戒水位，北汝河倒虹吸裹头出现险情，部分堤段相继发生坍岸险情，威胁南水北调中线工程建筑物安全和周边群众的生命财产安全。

险情发生后，防汛抢险工作随即启动。现场先期抢险队伍迅速到达现场组织设置警戒线，布置岗哨，拆除抢险区域隔离网。防汛抢险队伍立即调运铅丝笼等抢险物资、机械设备加固南水北调工程倒虹吸裹头，武警官兵防汛抢险队协调配合对北汝河滑塌的河堤进行抢险。

南水北调中线干线工程自2014年12月12日正式通水以来，已向北方输水80亿立方米，惠及北京、天津、河北、河南四省市18座大中型城市。南水北调工程使沿线大中城市的供水保障能力明显提高，京津冀豫四省市受益人口达到5300万人。由于南水北调中线工程线路长、输水安全制约因素多，工程断水风险始终存在，南水北调中线建管局河南分局局长陈新忠介绍，工程一旦发生险情，将会对沿线群众生产生活造成严重影响。

"南水北调中线工程河渠交叉建筑物特别多，交叉建筑物也是最容易出现险情的地方，去年在峪河裹头冲刷就威胁到了总干渠的安全，今年选了北汝河的一个断面开展防汛应急演练。"北汝河全长250公里，是河南省南部重要的一条河流，流域面积6080平方公里。上游为山区，是暴雨多发地区。据历史资料记载，最大洪峰流量达7050立方米每秒。

"指挥长：请宝丰县人民政府立刻组织边庄村群众安全撤离！指挥：收到，立即执行！"地方政府紧急组织周边村民撤离，村干部用高音喇叭通知群众，并逐家排查群众撤离情况，最终周边群众全部安全撤离至安全区域。

为提升南水北调中线干线工程与地方政府联合作战的能力，进一步提高防汛抢险机动队伍的实战能力，为河南省境内南水北调中线干线工程安全度汛积累宝贵的实战经验，国务院南水北调办组织河南省水利厅、河南省南水北调办、平顶山市人民政府、南水北调中线建管局和武警平顶山支队联合举办此次演练。

这次防汛应急演练的成功举行，检验了各类险情抢险方案的可操作性、合理性，检验了地方防汛部门、武警官兵与工程管理单位联合抢险协调配合的灵活性、科学性，以及抢险队伍在应对意外事件的快速反应能力和抢险技术的熟练程度。

"今年在河南分局（分管）546公里布置了3支应急抢险队伍，设了5个驻守的点，从6月15日到9月30日，每个点都驻守了15个人，4台/套设备。总结去年的经验教训，今年改装了14台应急电源车，确保一旦出现险情，第一时间设备都能跟上。我们河南局分管的设有135个风险点，每个风险点都编有预案，与地方合作，资源共享。"陈新忠说，目前我省对南水北调工程沿线防汛工作已全面部署，保障汛期南水北调中线工程安全输水。

（来源：河南广播网 2017年6月19日 记者朱圣宇 通讯员蒋勇杰 薛雅琳）

河南日报特刊：砥砺奋进的五年 新水脉托举新梦想

穿黄工程隧洞盾构施工中 余培松摄

运行中的穿黄工程 本报记者王铮摄

建设中的平顶山西暗渠 余培松摄

运行中的平顶山西暗渠 本报记者王铮摄

位于淅川县的南水北调中线工程陶岔渠首 本报资料图片

2014年12月，南水北调中线一期工程正式通水之际，习近平总书记作出重要指示：

南水北调工程功在当代，利在千秋，是实现我国水资源优化配置、促进经济社会可持续发展、保障和改善民生的重大战略性基础设施。

□本报记者 周岩森 张海涛

2017年春天，雄安新区的伟大构想横空出世，吸引了全世界的目光。

兴奋和希冀中，也有这样的疑问，雄安新区地处严重缺水的华北地区，水资源问题能否妥善解决？人们不由想起了中华民族的另一个伟大构想——南水北调工程。

跨越时空，两个伟大构想其实已经邂逅：今年4月，雄安新区所涉及的雄县、安新、容城三县全部实现调引丹江水。

伟大的构想成就伟大的工程，伟大的工程标注伟大的时代。

过去五年，南水北调中线工程从攻坚冲刺到如期通水，从盼水望水到效益日显，一代伟人的雄奇构想终于变为现实，神州大地书写了一部治水新史诗。

今天，纵贯三千里的新水脉豪迈地流淌在世界的东方，托举起古老大地一个个崭新的梦想。让我们一起回眸，为这项千秋伟业交出的优异成绩单喝彩。

算算资源账 北送"西湖"700个

人类自古逐水而居，但水从来没有像今天这样重要。我国是13个人均水资源最贫乏的国家之一，而且空间分布很不均匀，全国水资源量的八成集中在长江及其以南地区，20世纪后北方水资源短缺局面日益严重。

"河南人均水资源量约400立方米，不及全国平均水平的五分之一，是严重缺水地区。"省水利厅水政水资源处处长郭贵明介绍。北京的情况更甚，南水北调工程通水前人均水资源量只有100立方米左右，比沙漠国家以色列还低。

著名水资源专家、中国工程院院士王浩指出，南水北调工程通过东、中、西三条线路，与长江、淮河、黄河、海河相互连接，构成"四横三纵、南北调配、东西互济"的水资源总体格局。

随着2013年、2014年南水北调东、中线工程相继通水，水资源配置的新系统正在发挥越来越重要的作用，有效破解了经济社会发展格局与水资源不匹配的难题。

截至6月9日，南水北调东线中线一期工程已累计输水100亿立方米，相当于从南方向北方搬运了700个西湖。其中中线工程输水近80亿立方米，使18座大中城市的供水保障能力得到提高。

雄安新区所涉及的雄县、安新、容城三县全用上了丹江水，受水城市保定还置换出水源补给白洋淀，间接为雄安新区提供水资源支撑。未来这一支撑作用将更明显。

此外，有了水资源保障，京津冀协同发展、中原经济区、郑州国家中心城市等战略步伐将更加坚实。

算算经济账 年增产值近1000亿元

郑州航空港区和卫辉市均严重缺水，富士康和百威啤酒落子两地时，林林总总的选择因素中都有这一条：南水北调中线工程通水后将有效破解当地水资源困局。

南水北调工程不仅是绿色生命线，也是一条黄金新水脉，受水区经济发展受益颇多。据国务院南水北调办测算，东、中线一期工程通水后，每年至少将增加工农业产值近千亿元。

水源极度短缺的郑州航空港区年受水量达9400万立方米，完全可以支撑其中期发展，对中原外向型经济引领更加有力。

南水北调工程在建设期间对水源区和沿线地区加大治污环保力度，投资数百亿元进行水污染治理和生态环境建设，各地加快产业结构调整的步伐。

受水区使用南水后，置换出的其他地表水源反哺农业，改善了农业灌溉条件。在我省，南水北调工程肩负着115.4万亩农田灌溉的任务。

在北京市农业部门的帮助下，淅川县的无公害蔬菜，已在北京卖出了好价钱，这是京豫对口协作结出的硕果。

北京与我省实施对口协作以来，2014-2016年共支持水源地县（市）对口协作资金7.5亿元，实施249个对口协作项目，设立了总规模3.6亿元的南水北调对口协作产业投资基金，一大批水质保护、产业发展等项目已建成投用。

算算民生账惠及人口5300万

去年8月邓州市因故暂停供丹江水，改为备用水源，群众纷纷打电话到自来水公司询问。近日记者再赴南阳采访，在新野县又听到了类似的故事。

一条新水脉，正带给无数人甘甜的舌尖体验，为市井巷陌的寻常日子增添韵味。

"南水北调中线一期工程通水后，我省加快配套工程建设，扩大供水能力，确保工程平稳运行，供水效益不断提升。"省南水北调办主任刘正才说。

截至今年5月31日，全省累计有31个口门及7个退水闸开闸分水，供水27.23亿立方米，约占中线工程供水总量的37%。河南受水区包括南阳、漯河、平顶山、许昌、郑州、焦作、新乡、鹤壁、濮阳、安阳、周口11个省辖市及邓州市、滑县2个省直管县（市），去年年底已实现了规划受水区通水全覆盖。

南水北调中线工程共惠及京津冀豫四省市5300万人，其中我省受益人口达到1800万。

郑州市过去水源短缺，夏季用水高峰期供水保障不足。如今，每天约110万立方米的丹江水流向千家万户，人们不再因水而忧。"俺这里是山区，以前靠雨窖或是到外边买水，家家户户都有拉水车。"禹州市神垕镇杨岭村村民赵仁义说，通水后神垕镇受益人口已近10万。

采访中，丹江水"不结垢"、"口感好"是群众普遍的反映。丹江水的甘甜口感源于水质保护的不懈努力。中线一期工程通水以来，丹江水水质始终保持在Ⅱ类标准。

南水北调工程是一项实实在在的民生工程，品茶饮水时的细微感受，成为群众获得感幸福感提升的最好写照。

算算生态账20多座城市地下水回升

今年4月，许昌市刚刚通过国家水生态文明城市建设试点验收，长期"干渴"的许昌如今河畅湖清，水韵悠悠。

记者在许昌市南水北调办找到了变化的重要原因。许昌年均分配丹江水2.26亿立方米，捉襟见肘的水资源状况大为改观，实施了水系连通工程、水生态文明建设。目前，郑州、新乡等受水区也在加快生态水系建设。

南水北调中线工程通水两年多来，不仅经济社会效益逐渐凸显，生态效益也与日俱增，美丽河南建设加快步伐。

清丰县处于豫北地区最大的地下水漏斗中心，已无可供大规模开采的地下水源，且地下水仍以每年0.5米的速度下降。

这是我省地下水状况的一个缩影。多年来，许多地区为维系经济社会的快速发展，陷入井越打越深、水越来越少的怪圈。其中，省内南水北调受水区超采总量为5.73亿立方米，形成了大面积的地下水漏斗区。

南水北调中线工程通水后，为各受水区压采地下水提供了条件。随着一口口深水井封停"下岗"，我省许多南水北调中线工程受水区出现了地下水水位回升的状况。目前，全省20多座城市地下水水位得到不同程度提升。其中，郑州市回升2.02米，许昌市回升2.6米。

水生态环境在改善，南水北调中线工程沿线的林业生态也在变化。为保护干渠水质，我省开展了总干渠两岸生态带建设，总长度约631公里，面积23万亩。目前建设任务已完成超九成，中原新增一条纵贯南北的绿色长廊。

算算精神账筑成1座巍峨丰碑

伟大的工程蕴含着伟大的精神，举世瞩目的人工天河——红旗渠，把可歌可泣的伟大精神镌刻在巍巍太行。今天，三千里长

渠不仅为我们留下一座伟大工程，更筑成一座精神丰碑。国务院南水北调办组织专家学者将南水北调精神总结提炼为"负责、务实、求精、创新"。在我省的实践中，还蕴含其他一些精神内涵——

舍小家、顾大局的牺牲精神，有移民牺牲，有建设者的牺牲；淡名利、重责任的奉献精神，相关工作者做出极大奉献；不唯书、只唯实的创新精神，南水北调许多技术问题堪称世界级难题，不创新难以克服；手挽手、肩并肩的协作精神，繁杂而庞大的系统工程离不开各方协作。此外，还有重进度、保质量的担当精神，吃大苦、耐大劳的拼搏精神等。

省文学院院长何弘近期出版了讲述南水北调工程建设的著作《命脉》。他希望，由一个个个人的牺牲奉献凝结成的南水北调精神成为中国社会进步的强大动力。

6月的一天下午，当记者再次来到陶岔渠首工程，一渠清水从闸门奔涌而出，踏上远赴京津的征程。眼前的景象，为"上善若水"这句话做着最生动的注解。

水质保护篇
一渠清水的承诺

□本报记者 张海涛

从丹江口水库穿山越河调水入京，成败在水质。我省是核心水源地，全力以赴抓好水质保护工作，确保一渠清水永续北送。

2003年以来，我省在水源区累计关停并转污染企业1000多家，在总干渠水源保护区否决了600多个存在污染风险的拟建项目。水源区的每个县（市）、乡镇都建设了污水处理厂和垃圾处理场。

淅川县九重镇张河村土地全部流转，由农业公司统一种植软籽石榴，耕作方式生态环保。

像张河村一样，一场声势浩大的治理面源污染战役已在水源区各市县持续多年，大力推广生态农业，探索实现水清民富的双赢目标。

为保护水质，我省在总干渠两侧共划定水源保护区面积3054.43平方公里，其中一级保护区面积203.17平方公里，二级保护区面积2851.26平方公里。

我省还开展了干渠两岸生态带建设，南水北调中线工程成为一条绿色长廊。

在连续四次《丹江口库区及上游水污染防治和水土保持"十二五"规划》实施情况考核中，我省均拔得头筹。丹江水水质如今长期稳定在Ⅱ类标准，许多指标已达到Ⅰ类标准。

移民篇
"郑生"老家在淅川

□本报记者 张海涛

李郑生是新郑市郭店镇新李营村的孩子，他的老家在淅川县上集镇，2010年搬迁后在新家出生，父母就给他取名"郑生"。

和本地通婚的已有一二十个，在新郑出

生的孩子日渐增多。用村支书李新华的话说，现在算是真正扎下根了。

老家在山区，交通不便，经济落后。新村子紧邻城区、工业区，村民打工方便，几乎人人有事干。土地集中流转给农业公司，后期扶持资金入股休闲农业公司。搬迁前村里没有买小车的，现在购买汽车的村民已有150多户。

新李营村是过去几年我省南水北调移民搬迁、发展的一个缩影。

我省南水北调丹江口库区移民工作正式启动后，16.54万淅川移民舍小家为大家，泣别故土，远徙他乡，河南实现了移民工作"四年任务、两年完成"的庄严承诺。

搬迁任务完成了，但这只是万里长征走完了第一步，新旧问题交织、矛盾纠纷丛生的移民村，要扎根生长，急需政府和社会帮扶。

省委省政府高度重视移民后期帮扶工作，出台了《关于加强南水北调丹江口库区移民后期帮扶工作的意见》等一系列政策和措施。

我省在移民村推进"强村富民"战略，开展社会治理创新，移民村从动荡快速走向稳定，开启了致富新道路。

新的梦想正在新家园里萌芽生长，短短数年间，他乡已成故乡。

工程建设篇
我省是南水北调中线工程的主战场，许多专家称：河南成则中线成！

我省干渠最长，干渠占全线的57%，超过了河北段和北京段的总长度。难度最大。我省干渠工程中各种交叉建筑物密集，渠首大坝、大型隧洞、渡槽、桥梁、倒虹吸等1254座，平均每公里达到1.7座。此外，开工最晚，而主体工程完工时间都是2013年年底。

省委省政府高度重视南水北调工程，广大建设者克难攻坚、全力以赴，河南731公里

干渠建设不断提速。

2013年12月25日，河南南水北调中线主体工程胜利完工，为2014年12月12日正式通水奠定了坚实基础。

工程通水后，我省及时将工作重心由建设管理向运行管理转变，确保工程平稳运行。同时，加快配套工程扫尾工作和受水水厂建设，受水地区不断增多。

难点工程

1.穿黄工程

历史

在穿越大江大河的隧道施工中，穿黄工程是国内盾构领域在高地下水，充满泥沙、淤泥等复合沉积地层中的第一次穿越，是国内第一条穿越黄河的输水隧道，堪称人类历史上最宏大的穿越大江大河工程。穿黄工程先后攻克了7项在国内外具有挑战性的技术难题。

今天

"通水以来，穿黄工程稳定运行，逐步发挥效益，已累计向北方送水约55亿立方米（穿黄工程以南受水区已大量受水）。"6月9日，穿黄工程管理处处长韦国虎对记者说。

现在，每天约1000万立方米丹江水通过穿黄工程北送，相当于每天搬运一座中型水库。

"通水后，一次墨尔本大学学生来穿黄工程参观，他们的感受首先都是震撼。"韦国虎回忆。他参与了穿黄工程建设，现在又成为一名管理者。在他眼里，穿黄工程就像自己培养的孩子，满怀感情，更充满自豪。

2.平顶山西暗渠

历史

平顶山西暗渠工程穿越焦柳铁路，号称"亚洲第一顶"。

工程主要有两大难，一是在繁忙的焦柳铁路上施工。焦柳铁路每天有260多列列车运行，平均行车间隔7分钟。首先要在铁路上将铁轨架空，施工只能抓住零星的间隔时间。二是双层顶进施工。工程采用上下两层顶进

施工，技术要求非常高，不能有丝毫偏差。

今天

蓝天白云下，丹江水静静流淌，穿越暗渠后继续北行，暗渠上方就是焦柳铁路，时而传来一声汽笛。

流动的列车与流动的渠水，如今各行其道，互不相扰。记者在现场粗略统计了一下，不到5分钟，就有一辆火车经过，由此可以想见当年抢时间施工的难度。

平顶山西暗渠现在处于南水北调中线工程宝丰管理处辖区。管理处主任工程师张晓亮说，通水后进入运行期，保证工程平稳运行责任重大。工程每天有专人巡查，暗渠的闸门要定期启动检查，确保一渠清水永续北送。

人物故事
大国工程中的"省队"队长

□本报记者　张海涛

回忆火热建设岁月，陈建国、符运友有着相似的感觉：作为一名水利工作者，能参建南水北调工程是一种荣幸。

陈建国是省水利一局职工，曾任方城六标项目经理。符运友是省水利二局职工，曾任潮河四标项目经理。

符运友告诉记者，南水北调是千秋伟业、超级工程，是水利建设者难得的机遇，他对这样的机会十分珍视。当时参建单位既有央企也有省内企业，"我们'省队'与'国家队'同台竞技，心里攒着劲要把活干好。"

两个"省队"队长都充满激情，带领各自的队伍，在这个极具挑战性的超级工地上大显身手。

方城六标渠段地质条件十分复杂，施工难度大。为加快工程进度，陈建国不等不靠、积极创新。

一段近1公里长的渠道，里面全是十几米厚的淤泥，开挖十分困难。陈建国与同事商量后，把一块块厚钢板焊起来，挖掘机开到钢板上，使得淤泥开挖顺利进行。

在几年工程建设中，处处快人一步，已成为潮河四标的重要标签。潮河四标多次获得南水北调中线建管局和省南水北调办组织的劳动竞赛奖。

对家人，两人都满怀亏欠。

当时，陈建国父亲已70多岁，母亲去世后，父亲没人照顾，身体每况愈下。为不耽误工程建设又能照顾父亲，他索性将父亲接到工地居住，书写了一段带父修渠的感人故事。

符运友家在郑州，虽然离工地不远，但他经常是一两个月回家一次。

2013年暑假，家人在武汉不慎受伤，要做手术。当时正是施工关键期，符运友头天下午赶到武汉，第二天一大早又出现在工地上。

"参建国家大型工程，工期紧压力大，但回头看看收获更大，现在不管碰到啥工程咱都有底气。"符运友笑言。

大事记

2012年11月28日河南省南水北调配套工程全部开工建设

2013年12月25日南水北调中线河南段主体工程完工

2014年12月12日南水北调中线一期工程正式通水

2014年12月15日河南省南水北调配套工程正式通水

2015年5月18日省南水北调办与受水区各省辖市、直管县市南水北调办签订协议，明确供水水量、供水价格等

2015年12月12日通水一周年，河南累计受水8.74亿立方米

2016年10月11日《河南省南水北调配套工程供用水和设施保护管理办法》公布

2016年12月12日南水北调中线工程通水两周年，中线工程累计向北方送水59.66亿立方米，向河南供水22.05亿立方米

2016年12月14日我省规划中的丹江水受水区全部通水

（来源：大河网－河南日报 2017年6月16日 记者周岩森 张海涛）

南水北调东中线一期工程战略作用日益显现

南水北调东中线一期工程，这张经过五十年规划论证、十余年艰辛建设、数十万建设者和数十万移民群众用真诚、爱心和奉献编织的"四横三纵、南北调配、东西互济"的中国大水网，面对中国跨区域调配水资源、缓解北方水资源严重短缺问题，在保障用水、保护生态环境、促进经济发展方式转变等方面，默默发挥着自己不可或缺的战略作用。

供水保障有力

东、中线一期工程通水以来，受水区覆盖北京、天津2个直辖市，及河北、河南、山东、江苏等省的33个地级市，为受水区开辟了新的水源，改变了供水格局，提高了供水保证率。

东线一期工程自通水以来，累计调入山东省境内水量约19.9亿立方米。山东省平原区地下水位较去年同期上升0.18米。受益人口超过4000万，大大缓解了山东省水资源短缺矛盾。东线工程还建成完善了江苏省原有江水北调工程体系。

南水北调水占北京城区日供水量的73%，全市人均水资源量由原来的100立方米提升至150立方米，供水范围基本覆盖城六区及大兴、门头沟、通州等地区。中心城区供水安全系数由1.0提升至1.2，极大提升了城市水资源承载能力；天津全市14个行政区市民用上了南水北调水，形成了一横一纵、引滦引江双水源保障的新供水格局。河北省石家庄、邯郸、廊坊、保定、沧州等7个区市已用上南水北调水。

南水北调工程规划中的河南省受水区郑州、新乡、焦作、安阳、周口等11个省辖市全部通水。河南省累计有31个口门及3个退水闸开闸分送南水北调水，向引丹灌区和44个水厂供水，向禹州市颍河与3座水库充水，农业有效灌溉面积115.4万亩，供水效益逐步扩大。

受水区水质大幅改善 生态效益初显

南水北调成败在水质。在加强工程建设的同时，东线一期工程大力加强水污染治理和生态环境建设。

"十一五""十二五"期间，江苏、山东两省通过深化治污措施，建立了治理、截污、导流、回用、整治一体化治污体系。经过两省各级政府十几年不懈努力，在环保、水利、发改、城建、交通、南水北调等多部门的协同配合下，东线治污规划及实施方案确定的426个治污项目已全部建成，主要污染物入河总量比规划前减少85%以上，提前实现了输水干线水质全部达标的庄严承诺，并稳定达到地表水Ⅲ类标准，沿线生态环境显著改善。

在受水区，水质改善更为明显。北京市自来水集团监测显示，使用南水北调水后自来水硬度由原来的380毫克每升下降至120～130毫克每升。

工程通水以来，北京、天津等受水区6省市加快南水北调水与当地地下水水源的置换，已压减地下水开采量8亿多立方米。北京市、河南省郑州市和许昌市城区以及山东省平原地区等超采区的地下水位已经开始回升。南水北调工程的生态效益不断显现。

山东省通过东线工程向东平湖、南四湖上级湖分别生态调水0.55亿立方米、1.45亿立方米，极大地改善了"两湖"的生产、生活和生态环境，有效防范了可能引发的东平湖、南四湖生态危机。

北京市抽引南水北调水入密云水库，使密云水库蓄水量自2000年以来首次突破17亿立方米，提高了首都水安全的战略储备。

南水北调工程建成通水后，天津市加快了滨海新区、环城四区地下水水源转换工作，使地下水位累计回升0.17米。城市水源置换后，有更多的引滦水和本地水改向农业和河道补水，有效改善了农业生产条件和生态环境。

河北省利用南水北调工程向滹沱河、七里河生态补水0.7亿立方米，使该区域缺水状况得到有效缓解，干涸的河道重现生机；河南省邓州等14座城市地下水水源得到涵养，地下水位得到不同程度的回升；湖北省兴隆水利枢纽改善了区域生态环境，省内绝迹多年的中华秋沙鸭、黑鹳等国家一级保护动物先后出现在兴隆水域。

经济效益初显

东、中线一期工程通水后，由于沿线省市增加了水资源的供给，直接给城市生活和工业供水，兼顾重点区域的农业供水。经初步测算，每年至少将增加工农业产值近千亿元。

南水北调受水区是我国重要的工业经济发展聚集区、能源基地和粮食主产区。通过调水可以让这些地区破除水资源短缺瓶颈，更加有利于这些地区发挥区位优势、资源优势，建立富有特色的主导产业，并促进关联产业的发展。

南水北调工程通水以后，一方面，使北京、天津、石家庄、济南等北方大中城市基本摆脱缺水的制约，为经济结构调整创造机会和空间。另一方面，有力促进受水区节水工作的开展，带动发展高效节水行业，淘汰限制高耗水、高污染行业。各地大力推广工农业节水技术，逐步限制、淘汰高耗水、高污染的建设项目，实行区域内用水总量控制，加强用水定额管理，提高用水效率和效益。此外，南水北调工程实行两部制水价，且按成本核定水价，可助推受水区水价改革，通过价格杠杆促进节水型社会建设。

移民安稳发展

34.5万丹江口水库移民搬迁后，河南、湖北两省积极落实水库移民后期扶持政策，加大移民帮扶力度，促进移民就业增收，提高移民生产生活水平。目前，移民居住条件、社区环境显著改善，移民人均住房面积从搬迁前的20平方米左右增加到30多平方米，且房屋结构从砖木为主变为砖混为主；移民生产生活水平较搬迁前有较大幅度提高，正逐渐融入安置区经济社会发展，移民群众安居乐业，库区社会大局稳定。

湖北省领导重视，政策引领，狠抓后续帮扶。省直20多个厅局全力帮扶移民安稳发展，共安排项目资金28亿元。全省接收安置移民的26个县（市、区）均出台了支持移民相关政策，帮扶移民发展增收，支持力度逐年增大。

截至目前，河南省丹江口库区208个移民村共投入生产发展资金23.7亿元，已建成和在建生产发展项目近800个（不含商业服务业），移民经济发展势头强劲，移民村集体经济不断壮大。全省已累计培训移民8.3万人次，转移就业3.9万人。此外，河南省在"4+2"工作法基础上，结合移民村实际，探索建立了移民村社会治理创新模式，形成"两委"主导、"三会"（民主议事会、民主监事会、民事调解委员会）协调、社会组织参与、法治保障的新型移民村社会治理格局。通过民主治理，激活了村级社会治理细胞，实现了移民自我管理、自我发展、自我完善、自我提升，保证了移民村和谐稳定。

协作成果丰硕

2013年，国务院批复《丹江口库区及上游地区对口协作工作方案》，明确由北京、天津两市对中线水源区河南、湖北、陕西三省开展对口协作。"十二五"期间，北京市和河南省、湖北省建立健全了对口协作工作机制，确定了"一对一"结对关系。北京市每年从市财政安排5亿元，支持两省生态特色产业发展，改善基础设施条件，共安排对口协作项目332个，使用协作资金10.7亿元，重点支持水源区生态建设和环境保护、生态型特色产业发展、公共服务改善、人才交流培养等，干部双向挂职交流150余人次，组织20多批、300多名医疗专家到水源区指导帮扶、开展义诊，在水质保护、产业转型、民生保障等方面取得了初步成效。2017年1月，北京市印发《北京市南水北调对口协作"十三五"规划》，明确继续加大对口协作力度，安排对口协作资金25亿元，在提升精准扶贫、促进环境改善、发展生态产业、深化民生协作等方面，加强与河南、湖北两省的深入协作，共同构建起南北共建、互惠双赢的协调发展新格局。

天津市和陕西省建立健全了对口协作工作机制，投入协作资金4.2亿元，围绕生态经济、环境建设、公共服务、科技支撑、经贸合作和人力资源开发等领域扶持项目104个，汉中、安康、商洛三市与天津签署医药、旅游、矿产开发等合作项目累计48个，签约金额达248亿元，对提高水源涵养功能，保护水质安全，促进产业结构优化和改善民生等都发挥了重要作用。2017年5月，天津市政府批准实施《天津市对口协作陕西省水源区"十三五"规划（2016—2020年）》，对口协作资金将提高到每年3亿元，进一步支持陕西省水源区加强生态环境建设、支持精准扶贫、发展生态特色产业、促进产业转型升级等。

科技创新成就

南水北调工程所涉及的许多硬技术和软科学是世界级的，是水利学科与多个边缘学科联合研究的前沿领域，尤其是在工程技术方面，有相当数量的科技成果已经应用于工程建设。

在南水北调工程科技工作中，取得了大量的新产品、新材料、新工艺、新装置、计算机软件等科技成果；完成了专用技术标准13项（如：丹江口水利枢纽混凝土坝加高施工技术规定与质量标准、渠道混凝土衬砌机械化施工技术规程、渠道混凝土衬砌机械化施工质量评定验收标准等），获得国内专利数十项（如：重力坝加高后新老混凝土结合面防裂方法、长斜坡振动滑模成型机、电动滚筒混凝土衬砌机、电化学沉积方法修复混凝土裂缝的装置等），科研成果已应用到工程设计与施工中，对工程质量和进度起到了保障作用；多项科技研究成果获得国家与省部级科技奖：大型渠道混凝土机械化衬砌成型技术与设备获得国家科技进步二等奖，低扬程水泵选型关键技术及应用研究获大禹水利科学技术奖二等奖，淮安四站泵送混凝土防裂方法研究与应用获水利部大禹水利科学技术三等奖，PCCP输水阻力试验研究获水利部大禹水利科学技术奖三等奖，长距离调配与运行获教育部科技进步一等奖。

南水北调工程技术研究成果，全面提升了我国在水利工程设计、施工、机械设备、管理等多方面的技术水平，填补了多项国内空白，形成了具有中国特色的调水工程技术体系，进一步推动水利行业相关科学的发展，使行业共性技术、关键技术研究及应用达到新水平。科研成果的应用，使南水北调工程节约了投资，保障工程安全，为南水北调工程建设、运行和管理提供了有力支撑。

南水北调工程将继续加强运行管理，深化水质保护，保障移民发展，充分发挥效益，不断造福民族、造福人民。

（来源：中国青年报 2017年6月12日 记者 李晨赫）

河南淅川移民精神报告团 获得高校师生"点赞"

"在整个移民搬迁过程中，没有发生一起移民重大伤亡事件，但却有300多名淅川干部晕倒在搬迁现场，100多名干部因公负伤，10名干部倒下牺牲。"6月10日，在华北水利水电大学第一报告厅，河南淅川移民精神报告团成员的深情讲述，令500余名师生数度落泪。

6月4日至6月11日，淅川南水北调移民精神报告会走进大学校园，在郑州大学、河南农业大学、河南财经政法大学、郑州航空工业管理学院等省内高校巡回举行。感人肺腑的移民故事、可歌可泣的移民精神，撞击着青年学子的心灵……

闪着泪光的感动

"因为国家需要，我的外公何兆圣，从23岁搬迁青海，30岁移民荆门，到75岁跨过黄河，他像一颗种子，落到哪里就在哪里顽强生长。52年的搬迁之路，外公从血气方刚到白发苍苍，最终长眠在异乡！"

河南财经政法大学报告厅里，听着何兆胜外孙女姚昆玉的讲述，青年学子们忍不住落泪。

除了姚昆玉，移民安置指挥部干部葛飞、公安干警刘玉、新闻记者赵川、人民教师苗燕，报告团成员分别登台，结合亲身经历和所见所感，用朴实无华的语言、生动感人的故事和满腔真挚的情感，再现了令人难忘的移民大搬迁情景。

淅川县曲剧团表演的现代豫剧《丹江夜雨》把报告会推向高潮。《丹江夜雨》讲述的是淅川县丹江库区移民李奶奶一家历经半个世纪的搬迁，在丈夫、儿子因为移民相继去世的情况下，孙子李丹江从留恋故土到支持搬迁的变化过程，让青年学子们感到震撼。

润泽心灵的甘露

掌声，一次又一次响起；泪水，一次又一次流下。每一场报告会，都是一次生动的爱国主义教育，让大学师生深深地领会了淅川移民精神的精髓。

"听了报告，让我对'移民精神'有了全新的深刻认识，移民干部和移民群众作出的奉献和牺牲，让我受到了灵魂洗礼，作为新一代青年学子，我们应该以此为标杆，立德立行，砥砺前行，为社会作出更大贡献。"郑州航空工业管理学院学生王立伟说。

"我们每一位师生都应该记住渠首淅川，记住南水北调移民精神，我们将用'移民精神'为青春导航，让奋斗的青春为实现中国梦绽放光彩。"华北水利水电大学学生工作处处长费昕说，学校将在渠首建立综合实践基地，服务淅川发展。

河南农业大学党委副书记褚金海说，报告会为师生们真实再现了那场令人难忘的移民大搬迁，感人至深，催人泪下。河南农大将把"移民精神"作为推进大志、大爱、大雅"三大教育"的生动教材，在青年学子中唱响主旋律、弘扬正能量，进一步将立德树人推向深入。

（来源：中国网 2017年6月12日 记者王振阳）

近百亿方南水惠及1亿多人

北京地下水水位又回升了！4月底监测显示，北京平原区地下水埋深同比回升0.36米，这是自2015年7月以来的持续回升，其背后离不开南水北调的功劳。

调南方水，解北方渴。截至6月4日，南水北调东中线一期工程累计向北方调水99.2亿立方米，相当于向北输送了690个西湖的水量。调水线成为供水"生命线"，受水区覆盖京津及冀豫苏鲁等省33个地级市，超过1亿人受益；调水线也成为绿色"生态线"，沿线治污提速，修复生态，绿色发展理念深入人心。南水北调，这一水资源优化配置的重大战略性基础工程，取得实实在在的社会、经济、生态综合效益。

千里调水来之不易。世界最大输水渡槽、第一次隧洞穿越黄河……南水北调数十万建设者矢志创新，攻克一个个世界级难题。保丹江口大坝强度，混凝土浇筑5年保持一个温度；通"咽喉"工程，3公里穿黄隧洞测量误差不到50毫米；治"工程癌症"膨胀土，泥坑里一实验就是3年……63项新材料、新工艺，110项国内专利，南水北调人用

"中国智慧"筑起世界最大的调水工程。

保供水，南水成为不少北方城市的"主力"水源。全面通水以来，中线工程累计调水79.3亿立方米，在北京，南水占到自来水日供水量的73%，中心城区供水安全系数由1.0提升至1.2；在天津，主城区居民喝上南水，相当于新增一条供水"生命线"；在河南，11个地市、37个县用上南水，1800万人受益；在河北，用水范围覆盖7个地级市、96个水厂。东线工程让长江水受益93个区县，调入山东水量累计19.9亿立方米，大大缓解了胶东半岛和鲁北地区的缺水问题。

保水质，环保先行铁腕治污。从调水源头到沿线各地，治污环保不断加力，新建污水处理厂350家，新建垃圾处理设施150座。东线治污方案确定的426个治污项目全部建成，主要污染物入河总量减少85%以上，全线水质稳定达到Ⅲ类水标准，中线丹江口水库持续保持在Ⅱ类水以上，南水北调成为流域治污的典范。用上南水后，北京自来水硬度由每升380毫克降至120~130毫克，河北黑龙港地区告别饮用苦咸水、高氟水的历史。

保生态，不合理用水结构在变。南水来了，多用地表水、压采地下水、回补生态水，受水区优化配置水资源，通过水源置换，累计压采地下水8亿多立方米。北京"喝存补"并举，河湖水质明显改善；天津用南水置换出生态用水，变应急补水为常态补水，海河水生态有了保障；山东向东平湖、南四湖生态调水2亿立方米，干渴的湖泊重现生机。

保发展，节水优先促转型。沿线各地坚持"先节水、后调水"，以水定城、以水定产，用水不再"任性"。北京量水而行，去年再生水用量超过10亿立方米，生态用水占到近30%。天津精打细算用水，把水细分为5种：地表水、地下水、外调水、再生水和淡化海水，实现差别定价、优水优用。河北今年在全国率先启动水资源税改革，"三高"行业用水税率从高设定，以税收杠杆促节水。加快转变用水方式，淘汰限制高耗水、高污染行业，一大批新型产业应运而生。经测算，东中线通水后，每年将增加工农业产值近千亿元。

保应急，抗旱减灾显效益。河南平顶山大旱，南水北调中线应急调水5011万立方米，缓解了城市"水荒"。应对去年苏北旱情，东线江苏段开足马力，几百公里抗旱调水，让4500多万亩农田有了灌溉保证。

（来源：人民日报海外版　2017年6月5日　记者　牛书培）

南水北调工程通水两年：
破水资源短缺瓶颈　经济生态效益凸现

作为中国跨区域调配水资源、缓解北方水资源严重短缺现象的战略性设施，同样也是世界距离最长、规模最大的调水工程，南水北调工程自提出构想数十年来一直备受全球关注。

"南水北调不仅是供水工程，更是保障水安全的战略选择，必将为经济社会可持续健康发展提供重要基础支撑。"国务院南水北调工程建设委员会办公室主任鄂竟平接受中新社记者采访时表示，南水北调东、中线一期通水运行的两年来，取得了社会、经济、生态等综合效益。

南水北调中线工程的水源涵养地红寺湖水库　张一辰摄

供水保障有力

南水北调东、中线一期工程通水以来，受水区覆盖北京、天津2个直辖市，及河北、河南、山东、江苏等省的33个地级市，为受水区开辟了新的水源，改变了供水格局，提高了供水保证率。

南水北调东线总公司总经理赵登峰介绍说："东线一期工程自通水以来，累计调入山东境内水量约19.9亿立方米，大大缓解了山东水资源短缺矛盾。"

"中线一期工程通水，使北京、天津、石家庄、郑州、新乡、保定等18座大中城市的供水保障能力得到有效改善。截至今年5月31日，中线一期工程累计调入干渠78.7亿立方米，累计分水量74.7亿立方米，惠及北京、天津、河北、河南四省市达5300万人。"南水北调中线建管局局长于合群告诉记者。

水质大幅改善

"南水北调成败在水质。"鄂竟平表示，在工程建设的同时，加强水污染治理和生态环境建设是重中之重。

"十一五"和"十二五"期间，东线治污规划及实施方案确定的治污项目426个已全部建成，主要污染物入河总量比规划前减少85%以上，提前实现了输水干线水质全部达标的庄严承诺，并稳定达到了地表水Ⅲ类标准，沿线生态环境显著改善。

中线丹江口库区及上游环境保护和生态修复工作受到广泛关注。《丹江口库区及上游水污染防治和水土保持"十三五"规划》于2017年3月22日经国务院批准，并于5月27日印发实施。规划实施分区分类管控，估算总投资196亿元人民币，将支持水源区建设一大批水污染防治、水源涵养和生态建设、风险管控三大治理任务15类治理项目。

在受水区，水质改善则更为明显。北京市自来水集团的监测显示，使用南水北调水后自来水硬度由原来的每升380毫克，降至每升120至130毫克。

生态效益显现

工程通水以来，北京、天津等受水区6省市加快了南水北调水对当地地下水水源的置换，已压减地下水开采量2.78亿立方米。北京市、河南省郑州市和许昌市城区以及山东省平原地区等超采区的地下水位已经开始回升。南水北调工程的生态效益不断显现。

山东省通过东线工程向东平湖、南四湖上级湖分别生态调水0.55亿立方米、1.45亿立方米，极大地改善了"两湖"的生产、生活和生态环境，有效防范了可能引发的东平湖、南四湖生态危机。

2014年，为保护南四湖下级湖的湖泊生态环境，江苏省利用南水北调工程进行应急生态补水累计8069万立方米。通过东线水环境治理，提高了区域水环境容量和承载能力，使得工程沿线的城乡水环境极大改善。曾以脏乱差闻名的"煤都"徐州，也以碧湖、绿地、清水打造成为宜人居住的绿色之城。

经济效益显著

鄂竟平告诉记者，东、中线一期工程通水后，由于沿线省市增加了水资源的供给，直接给城市人口供水，并兼顾重点区域的工农业供水，每年将产生巨大的经济效益。

与此同时，南水北调受水区是重要的工业经济发展聚集区、能源基地和粮食主产区，通过调水可以让这些地区破除水资源短缺的瓶颈，更加有利于这些地区发挥区位优势、资源优势，建立富有特色的主导产业，并促进关联产业的发展。

（来源：中新社 2017年6月5日 记者刘辰瑶）

京豫合作再掀新篇：
20所高校"一对一"在郑"牵手"

6月3日，京豫两地20所高校在郑州签约，将通过"一对一"模式开展全方位交流

与合作。此举将进一步提升我省高等教育发展水平，加快我省高水平大学的建设步伐。

这20所高校将在学术交流、人才培养、协同创新、学科共建等方面开展合作。比如，联合培养研究生；增加学术交流，共享学术资源；在重大科研项目、课题等研究方面联合攻关。其实，早在去年8月，京豫两地教育部门已签订《京豫高等教育合作协议》，先后推选出了此次牵手的20所高校。

一渠贯南北，京豫情相牵。随着我国南水北调中线工程的实施，京豫两地此前已在基础教育领域开展合作并取得丰硕成果：2013年12月，北京市教委与河南省教育厅签订教育合作协议，决定在基础教育领域对河南省南水北调水源地区进行对口援助。3年多来，通过骨干教师培训、名师巡回讲学、干部挂职锻炼、"手拉手"结对帮扶等一批合作项目，北京市共为我省南水北调水源地区培训干部教师440人，为水源地学校开放授权60个北京数字学校优质资源共享点，并接收76名干部教师到北京市学校跟岗研修。这些举措，有力地推动了水源地区基础教育快速发展，并带动了我省基础教育整体水平的提升。

京豫20所"一对一"合作交流高校名单

北京工业大学—河南科技大学

首都师范大学——河南师范大学

首都医科大学——新乡医学院

首都经济贸易大学——河南财经政法大学

北京工商大学——郑州航空工业管理学院

北京信息科技大学—南阳理工学院

北方工业大学—郑州工程技术学院

北京联合大学——信阳职业技术学院

北京工业职业技术学院——洛阳职业技术学院

北京卫生职业学院——三门峡职业技术学院

（来源：河南日报客户端　2017年6月5日记者　史晓琪）

河南成立水权收储中心合理"调度"全省水资源

大河网讯（记者莫韶华）4月18日，河南省水权收储转让中心揭牌暨开封市人民政府河南省水利收储中心签约仪式同时举行，这也是该中心成立之后的第一个签约仪式。

据悉，该中心将以南水北调结余水指标收储转让为工作重点，积极推进合同节水，有序推进区域、流域间水指标联动转让的水资源交易平台，承担着全省水权收储、转让的重要职能。

4亿立方米新增南水北调用水的需求亟待解决

水权收储转让中心成立缓解各地水资源稀缺

河南成立水权收储中心　为全国第二家平台公司

河南的水权试点工作开展以来，虽然已完成了三宗1.22亿立方米的水量交易，但仍有郑州、开封、驻马店市提出通过水量交易解决4亿立方米新增南水北调用水的需求难以落实。郑州目前发展较快，人口较多，水资源使用情况比较紧张，急需外界输入。目前测算来看，就从水权交易来说，现在已经提出了2亿立方米的用水需求，通过水权交易已经解决1.2亿立方米，下一步将解决8000万立方米的用水指标。

通过收储将暂且一定期限内结余的指标进行统一配置，保证各地用水情况和均衡发展。另一方面，大型的水权交易不仅要求有一定的水资源，更要有适合引调的水工程建设保障，需要大量的投资，通过水权收储，有利于发挥水利投融资平台在水资源配置中的重要作用。

河南是一个水资源严重短缺的省份，人多水少、水资源时空分布不均，特别是随着工业化、城镇化、农业现代化的发展，不少地方用水量已接近甚至超过水资源的承载能力。同时，南水北调工程分配河南的37亿立方米用水指标，目前乃至今后若干年还有大量节余。

水权收储转让中心的成立，不仅有利于盘活我省南水北调节余指标，积极发挥南水北调中线工程综合效益，而且，从长期来看，通过节水措施的强化并进一步推广应用，节约出来的农业用水、工业用水、城市生活用水指标，还会向高效率、高收益行业流转，实现水资源高效利用和有效保护，促进不同区域社会经济共同协调发展。

河南个别地方水资源紧的情况主要是由两个方面造成的，第一是配套工程建设比较落后，短期内还无法消化相应的指标，第二是发展不均衡。

自南水北调中线工程建成以来，已初步实现了干线工程与配套工程同步通水运行的目标。南水北调用水指标已经分配到省内11个省辖市和2个省直管县，各地按照分配指标缴纳南水北调建设基金和基本水费。如果采用行政手段无偿调剂区域间用水指标，难度较大。

据了解，作为河南省级水资源交易平台，河南省水权收储转让中心将按照建立现代企业制度的要求，不断健全法人治理结构，完善决策、薪酬、财务、用人、监督等内部规章制度，建立健全权责对等、协调运转、有效制衡的决策执行监督机制。

利用先进科技技术，逐步建设符合国家标准要求、适应水权收储转让的信息网络体系，积极做好与中国水权交易所、省公共资源交易中心等交易平台的沟通衔接，逐步实现交易信息的互通互联。

据悉，水权交易是水投集团水资源延伸业务的重要组成部分，河南省水权收储转让中心的成立不仅进一步完善了集团"一平三翼"业务布局，而且为集团在涉水项目、供水项目的市场开拓以及投资、建设、运营方面提供了有力的先决条件，为集团发展奠基了坚实基础。

河南水利厅厅长李柳身说："我们应该结合今年全省治水攻坚年行动、百城建设提质要求和河长制管理目标，以院士工作站、水权收储转让中心为依托，以区域水环境运营为突破，以黑臭水体治理、中水回用、污水处理等技术为重点，从水安全、水资源、水环境、水生态、水景观、水文化、水管理、水产业等方面统筹谋划，不断提升治水新理念，着力创新治水新技术，探索建立全省水问题的'水投解决方案'，力争为全省水利发展做出新的、更大的贡献！"

（来源：大河网 2017年4月19日 记者刘瑞朝）

河南省南水北调对口协作
产业投资基金成立

1月23日，河南省南水北调对口协作产业投资基金正式在郑州泰宏文森特酒店成立。

现场，河南省发改委、河南省财政厅、河南省投资集团、北京普惠正通投资有限公司、内乡县政府以及来自河南省内外的200多位企业家、金融证券及投资机构代表共同参加了基金成立仪式。

北京普惠正通投资有限公司董事长丁建

华首先向参加基金成立的各位领导嘉宾致欢迎辞。

河南省发改委党组书记、主任刘伟出席了该基金启动暨投资项目签约仪式并发表重要讲话。刘伟指出，南水北调对口协作产业投资基金的成立标志着北京河南对口协作又一丰硕成果，这标志着该基金正式步入运营投资的新阶段。

据了解，南水北调对口协作产业投资基金是河南省政府与北京市政府经济合作的产物，它是在河南省发改委直接领导下、社会资本的积极参与下成立的，首期规模3.6亿，其中政府出资1.4亿。主要投资于南水北调中线水源地地区，旨在实现"保水质、强民生、促转型"工程，有效促进水源区经济社会发展。

针对该基金政府出资目标成效要求，河南省发改委、财政厅、投资集团等相关政府主管部门在制定方案时勇于创新，目前为止南水北调基金是政府引导基金中，投资领

域、投资阶段最宽泛、投资方式最灵活、对社会出资收益让利最大的一支基金。该基金通过灵活的投资方式、通过专业化的投资管理，以实现资本的保值、增值。

北京普惠正通投资有限公司是在中国证券基金业协会备案的专业资本管理公司，总部位于北京，业务覆盖全国。多年来致力于投资和投资管理，和政府参与的投资基金的合作是我们团队的优势，目前在管基金规模12亿元，在管项目30余家，覆盖新材料、

TMT、高端制造等领域，多个项目已实现上市或处于上市审核阶段，实现了良好的投资效益，同时也取得了很好的社会效益。其中该公司管理的国家新材料创业投基金在业内取得了广泛的赞誉。

河南省南水北调对口协作产业投资基金成立北京普惠正通投资有限公司董事长丁建华表示，作为南水北调对口协作产业投资基金的管理人，公司将牢记使命，严格按照合伙协议的约定，认真履行自己的义务，通过不懈的努力来实现本基金的三个满意，一、政府的满意：牢记使命达到"保水质、强民生、促转型"的目的，助力区域经济社会发展。二、出资人满意：通过科学的专业化的投资及管理，实现投资效益最大化。三、被投资企业的满意：投资及增值服务助力创新型企业的发展，通过投资及资源的整合，实现企业的做强做大。

（来源：腾讯大豫网　创业频道　[微博] 2017年1月23日16：46）

媒体报道篇目摘要

河南工人日报：南水北调通水三年新变化（六）被"激活"的古镇 [2017-12-21]

河南工人日报：南水北调通水三年新变化（五）水，带动了旅游 [2017-12-21]

河南工人日报：南水北调中线工程首次向公众开放 [2017-12-19]

河南工人日报：南水北调通水三年新变化（四）企业发展的"助推器" [2017-12-19]

河南日报：让洪水变资源　为河湖添生机　南水北调成功为我省实施生态补水 [2017-12-18]

河南工人日报：南水北调通水三年新变化（三）"长高"的地下水 [2017-12-15]

南水北调通水三周年　河南各地市宣传掀高潮·之四 [2017-12-14]

河南工人日报：南水北调通水三年新变化（二）"被提高"的幸福指数 [2017-12-14]

河南工人日报：南水北调通水三年新变化（一）"多源互补"保障城市供水 [2017-12-14]

安阳电视台：南水北调通水三周年　我市累计引供水6499万立方米 [2017-12-13]

南水北调通水三周年　河南各地市宣传掀高潮·之三 [2017-12-13]

南水北调通水三周年　河南各地市宣传掀高潮·之二 [2017-12-13]

南水北调通水三周年　河南各地市宣传掀高潮·之一 [2017-12-13]

河南日报：濮阳：水润龙乡绽新姿

[2017—12—13]

河南日报：许昌：昔日"莲城"重现清波 [2017—12—13]

大河报 AI—17版：一渠碧波一首歌——南水北调中线工程鹤壁段通水三周年纪实 [2017—12—12]

鹤壁日报：南水北调中线工程鹤壁段：三年供水8133万立方米，43万多人受益——南水北调中线工程通水三周年专题报道 [2017—12—12]

河南日报农村版：南水北调丹江水"飞"向世界 [2017—12—08]

河南日报农村版：南水北调中线工程3年向我省供水超40亿立方米 [2017—12—08]

河南工人日报：南水北调中线一期工程通水3年累计向我省供水40.25亿立方米 [2017—12—08]

大河报：北上三年丹水润中原 [2017—12—08]

河南商报：南水北调中线通水3年，我省已"喝"40.25亿立方米丹江水 [2017—12—08]

河南新闻广播：南水北调工程通水三年河南受水区中深层地下水平均升近两米 [2017—12—08]

猛犸新闻：南水北调工程通水三年 河南1800万人用上了丹江水 [2017—12—08]

河南日报：通水三年！南水北调中线工程给河南带来哪些变化？ [2017—12—08]

新华社：南水北调中线：3年向河南供水超40亿立方米惠及1800万人 [2017—12—06]

中国日报：南水北调中线工程三年累计向豫供水40.25亿立方米 [2017—12—06]

河南日报：道口：丹江水润运河明珠 [2017—12—06]

河南日报：神垕：一渠清水活瓷都 [2017—12—06]

河南日报：赊店：南水辉映古会馆 [2017—12—01]

瞭望：中线通水成就"三大工程" [2017—11—30]

中国环境报：饮水思源：谁在净化着一江清流？ [2017—11—30]

河北日报：大运河 东方古文明的千年辉煌 [2017—11—30]

湖北日报：问水哪得清如许 南水北调中线工程丹江口库区生态保护见闻 [2017—11—30]

河南新闻广播：河南南水北调持续多年"生态转型战"库区水质持续改善 [2017—11—21]

河南新闻广播：南水北调助力河南生态调水 水多了岸绿了景更美了 [2017—11—21]

生态补水润中原（三）水清景美百姓点赞 [2017—11—21]

生态补水润中原（二）让丹江水用在最需要的地方 [2017—11—17]

生态补水润中原之（一）抢抓机遇用好富余丹江水 [2017—11—17]

河南日报：我省举行南水北调水污染应急演练 [2017—11—15]

东方今报：南水北调中线工程首次举行水污染应急演练 [2017—11—15]

央广网：南水北调中线工程新调水年度计划调水57.84亿立方米 [2017—11—02]

经济日报：一渠清水送京津 [2017—11—01]

光明日报：党的十八大以来南水北调事业发展纪实 [2017—10—25]

央广公益：知道吗？你喝的不是水，是奇迹 [2017—10—25]

经济日报：南水北调移民家庭：走出大山，幸福生活就像芝麻开花 [2017—10—25]

央视纪录片《超级工程》揭秘南水北调与城市运行的24小时 [2017—10—24]

构建助推中华民族伟大复兴的大水网——党的十八大以来南水北调事业发展纪实 [2017—10—24]

河南日报："最后一公里"顺利打通——千里绿带贯中原　守护丹水送京津 [2017-10-19]

河南日报：丹江水北调达100亿立方米 [2017-10-09]

新华网：5310万北方人喝上长江水 [2017-10-09]

经济日报：南水北调中线工程累计调水100亿立方米惠及5000多万人 [2017-10-09]

光明日报：南水北调中线工程累计向北方输水100亿立方米 [2017-10-09]

光明网：南水北调中线水位突破165米累计向北方输水超100亿立方米 [2017-10-09]

新华网郑州：水润焦作绿生金——南水北调焦作城区建设10公里绿色长廊 [2017-9-18]

中国网：南水北调工程建设者回访考察活动启动 [2017-09-14]

光明网：南水北调中线一期工程通水1000天 [2017-09-14]

人民网：记载大禹治水到南水北调　河南用20年修成水利志 [2017-09-14]

东方今报：南水北调中线工程最后一段绿化带完成征迁 [2017-09-14]

中国网：焦作打造南水北调中线工程最美风景线 [2017-9-9]

光明日报：焦作打造南水北调中线工程最美风景线 [2017-09-8]

中国环境网：水城融合新典范　城市景观新亮点　造福民众新举措焦作打造南水北调中线工程最美风景线 [2017-9-8]

中国南水北调：看郑州　细说百姓水事 [2017-09-01]

中国南水北调：一馆一园一廊一楼点睛焦作新亮点 [2017-08-30]

中国南水北调：忠诚担当　破解焦点问题——南水北调焦作城区段绿化带征迁工作纪实 [2017-08-30]

河南日报：当郑万高铁"遇上"南水北调 [2017-08-30]

南水北调报：中线一期工程累计输水90亿立方米 [2017-08-22]

大河网：河滨公园运动场悄然"抵"郑 [2017-08-15]

焦作日报：解放区南水北调提升区征迁工作有序进行 [2017-07-27]

中国南水北调报：河南段总干渠绿化带征迁完成 [2017-07-26]

中国南水北调：河南：新水脉托举新梦想 [2017-07-26]

河南日报：丹江水供豫突破30亿立方米 [2017-07-24]

河南日报：汛期丹江水如何平稳北送 [2017-06-19]

河南广播网：南水北调中线工程防汛抢险应急演练在河南开展 [2017-06-19]

河南日报特刊：【砥砺奋进的五年】新水脉托举新梦想 [2017-06-16]

大河报：站在历史的高处书写南水北调 [2017-06-13]

人民日报海外版：近百亿方南水惠及1亿多人 [2017-06-13]

中新社：南水北调工程通水两年：破水资源短缺瓶颈经济生态效益凸现 [2017-06-13]

中国青年报：南水北调东中线一期工程战略作用日益显现 [2017-06-13]

中国网：河南淅川移民精神报告团获得高校师生"点赞" [2017-06-13]

中国经济网：首创集团为南水北调工程保驾护航 [2017-06-13]

新华社：清水永续通南北—南水北调工程成效综述 [2017-06-13]

河南日报：谢伏瞻在防汛抗洪工作电视电话会议上强调：确保南水北调中线工程安全 [2017-06-07]

河南日报：京豫合作再掀新篇：20所高校"一对一"在郑"牵手"[2017-06-05]

央视新闻：南水北调中线两年半调水76.6亿方 河南分的水最多 [2017-05-23]

新浪河南：南阳师范学院赴南水北调中线渠首开展志愿服务 [2017-05-22]

中央电视台：南水北调中线工程两年半调水量76.6亿方 相当547个西湖水量 [2017-05-19]

河南日报：节水引水净水美水郑州要争当全省水生态建设排头兵 [2017-05-02]

三门峡日报：2017年"南水北调" 河南省水利系统乒乓球比赛开幕 [2017-05-02]

河南日报：淅川国税：倾情倾力服务中线渠首"绿色发展" [2017-05-02]

平顶山新闻网：平顶山市南水北调总干渠临时用地复垦退还基本完成 [2017-05-02]

新华社：河南：各地"南水北调"取用水结余指标可跨行政区域交易转让 [2017-05-02]

河南商报：郑州最后俩区域将喝上"南水"今后用水指标能调配 [2017-04-21]

大河网：河南成立水权收储中心 合理"调度"全省水资源 [2017-04-21]

焦作日报：焦作市召开南水北调城区段绿化带和综合改造第二次汇报会 [2017-04-21]

中国南水北调网：鄂竟平主任到北京市通州区调研南水北调保障北京城市副中心供水安全情况 [2017-02-28]

新华网：河南已签订3宗水量交易，累计交易丹江水1.2亿立方米 [2017-01-24]

新华网：南水北调先进集体和个人获表彰 [2017-01-19]

大豫网：河南省南水北调对口协作产业投资基金成立 [2017-01-19]

大河网：河南淅川——弘扬移民精神奋力脱贫攻坚 [2017-01-19]

河南日报：2016河南数说"三农" [2017-01-19]

人民日报：南水北调 调来的不只是水 [2017-01-13]

中国南水北调网：2017年南水北调工作会议召开 鄂竟平作工作报告 表彰南水北调东中线一期工程建设... [2017-01-12]

学术研究篇目摘要

南水北调中线工程水源地河南段水质安全评价 祁秉宇 华北水利水电大学 2017-04-01 硕士

南水北调中线干渠（河南段）浮游细菌群落组成及影响因素 陈兆进；陈海燕；李玉英；黄进；鲁开杰 中国环境科学 2017-04-20 期刊

南水北调中线工程水源地河南段水质现状及污染分析 刘增进；祁秉宇；张关超 华北水利水电大学学报（自然科学版）2017-04-15 期刊

南水北调中线河南段生态走廊建设初探 赵娟娟；郭志永；孟丹丹 旅游纵览（下半月） 2017-03-23 期刊

南水北调中线输水调度实时控制策略 曹玉升；畅建霞；黄强；陈晓楠；黄会勇 水科学进展 2016-12-17 期刊

南水北调中线北京段水质状况分析 徐华山；赵磊；孙昊苏；任玉芬；丁涛 环境科学 2016-12-27 期刊

南水北调中线总干渠水质快速预测理论与方法 王卓民 武汉大学 2017-05-01 博士

南水北调中线陕西水源区污染源排放时

空变化特征 王蕾；姚志鹏；吴蕊；关建玲；罗仪宁 中国环境监测 2017-01-06 期刊

南水北调中线工程智能调控与应急调度关键技术 王浩；雷晓辉；尚毅梓 南水北调与水利科技 2017-03-27 期刊

基于生态服务价值的南水北调中线水源区生态补偿资金分配研究 朱九龙；王俊；陶晓燕；王世军 生态经济 2017-06-01 期刊

南水北调中线工程水源地河南段水质现状及污染分析 刘增进；祁秉宇；张关超 华北水利水电大学学报（自然科学版） 2017-04-15 期刊

南北同枯场景下南水北调中线丹江口水库供水调度方式 张睿；孟明星；蔡淑兵；饶光辉 湖泊科学 2017-11-06 期刊

南水北调中线工程水源区居民福利损失分析 杨佩刚；王博峰 华东经济管理 2017-05-26 期刊

南水北调中线工程汉江水源地水生态文明建设绩效评价研究 胡仪元；唐萍萍 生态经济 2017-02-01 期刊

南水北调中线工程典型倒虹吸进口上游垂向流速分布 付辉；郭新蕾；杨开林；郭永鑫；王涛 水科学进展 2017-11-15 期刊

重大线型水利工程征迁安置风险管理研究 吴赛 郑州大学 2017-05-01 硕士

南水北调中线原水风险及供水安全应对建议 林明利 给水排水 2017-03-10 期刊

南水北调中线干渠（河南段）浮游细菌群落组成及影响因素 陈兆进；陈海燕；李玉英；黄进；鲁开杰 中国环境科学 2017-04-20 期刊

北京市南水北调中线工程供水效益评估 杨丽；朱启林；孙静；杜勇；申碧峰 人民长江 2017-05-28 期刊

南水北调中线水权交易市场建设探讨

郭晖 水利发展研究 2017-06-10 期刊

南水北调中线水源地保护法制保障能力分析 黄文清；谷树忠 人民长江 2017-12-14 期刊

水土保持与旱地农业研究专家上官周平先生论南水北调中线水源地水土保持工作 上官周平 水土保持通报 2017-04-15 期刊

基于模糊评价模型的南水北调中线冰害风险空间分布 李芬；李昱；李敏；张弛 南水北调与水利科技 2017-01-04 09：29 期刊

Comments on "Geochronology and geochemistry of rhyolites from Hormuz Island, southern Iran: A new Cadomian arc magmatism in the Hormuz Formation by N. S. Faramarzi, S. Amini, A. K... Habibeh Atapour；Alijan Aftabi LITHOS 2017-07-30

南水北调中线工程水源地河南段水质安全评价 祁秉宇 华北水利水电大学 2017-04-01 硕士

静态控制动态管理在南水北调中线工程投资管理中的实践 徐学东 水利规划与设计 2017-12-14 期刊

气候变化下南水北调中线工程的输水制度与适应 董芳 水利规划与设计 2017-11-14 期刊

基于Spark框架的南水北调中线工程应急信息协同机制 王中锋 工业安全与环保 2017-06-27 期刊

南水北调中线水源区旅游空间结构构建 白景锋；贾丽 南阳师范学院学报 2017-09-26 期刊

南水北调中线水源地秸秆污染治理成效分析 何文；杨小敏；简红忠；高鹏；姚远 陕西农业科学 2017-10-25 期刊

基于层次分析—灰色理论的南水北调中线穿黄隧洞施工风险评价研究 朱莎 华北水利水电大学 2017-05-01 硕士

南水北调中线干线渠道工程工期延误分析方法研究 杨耀红；卢娇娇 水电能源科学 2017-02-25 期刊

南水北调中线工程污染源风险评估及控制研究 史越英 中国水利 2017-07-12 期刊

南水北调中线水源区生态补偿标准与资金分配方式 朱九龙 水电能源科学 2017-04-25 期刊

南水北调中线工程水源区生态补偿优先系数研究 朱九龙 水电能源科学 2017-07-25 期刊

南水北调中线水源地商洛尾矿库安全风险评价 张鑫；刘建林；王聪 金属矿山 2017-03-15 期刊

流域尺度人类活动时空格局及水土流失效应分析 高文文 中国林业科学研究院 2017-04-01 博士

基于多源遥感数据的断裂构造提取方法研究——以南水北调中线工程核心水源区为例 李雪；刘小利；王秋良；李井冈；张丽芬 大地测量与地球动力学 2017-02-15 期刊

南水北调中线穿越工程技术方案的重点问题 郝泽嘉 河南水利与南水北调 2017-10-30 期刊

南水北调中线水源地应建成国家绿色产业示范区 张宝通 新西部 2017-08-10 期刊

南水北调中线河南段生态走廊建设初探 赵娟娟；郭志永；孟丹丹 旅游纵览（下半月） 2017-03-23 期刊

对口协作路径与机制创新：南水北调中线工程水源区与受水区实证研究 徐燕；任步攀 湖北社会科学 2017-04-20 期刊

南水北调中线工程节制闸大开度检验调度方案 李立群；李伟东 南水北调与水利科技 2017-01-04 期刊

南水北调中线工程丹江口市农村内安移民增收保稳策略研究 盛丰；吴丹；邓国法 水利发展研究 2017-03-10 期刊

南水北调中线水源区生态农业与生态旅游业耦合协调度评价——以河南淅川县为例 王世军；陶晓燕；朱九龙 农村经济与科技 2017-05-30 期刊

南水北调中线输水调度实时控制策略的思考 王峰；李立群；王洁 工程技术研究 2017-12-26 期刊

南水北调中线通水后北京新增生态环境效益初评 李阳；胡桂全；杨丽锦；李世君 城市地质 2017-12-15 期刊

南水北调中线总干渠水质变化趋势及污染源分析 梁建奎；辛小康；卢路；胡圣；朱惇 人民长江 2017-08-14 期刊

南水北调中线受水区应急资源协同研究 朱伟 工业安全与环保 2017-11-06 期刊

南水北调中线工程丹江口市农村内安移民增收保稳问题分析 盛丰；吴丹；邓国法 水利发展研究 2017-01-10 期刊

南水北调中线水源区氮磷面源污染负荷计算 孟令广；徐森；朱明远；胡圣 人民长江 2017-10-28 期刊

南水北调中线工程对海河流域的生态调度影响浅析 汪瑶 低碳世界 2017-08-25 期刊

南水北调中线一期工程运行管理模式研究初探 钱萍；孙庆宇；陈烈奔 水利发展研究 2017-05-10 期刊

南水北调中线挖方渠段渗控措施优化研究 崔皓东；张伟；张家发；吴德绪 长江科学院院报 2017-12-15 期刊

基于南水北调中线原水的土臭素去除技术研究 闫慧敏；韩正双；李荣光；陈静梅；白雪娟 供水技术 2017-06-10 期刊

基于PSR模型的南水北调中线主干渠沿线区域生态环境评价 郭恒亮；刘如意；赫晓慧；田智慧 南水北调与水利科技 2017-06-20 期刊

南水北调中线丹江口移民影像库系统研

究与应用 张军珲；霍建伟；姬胜昔；王建付 电脑与电信 2017-04-10 期刊

南水北调中线配套工程主干通信光缆设计 杨铁树 水科学与工程技术 2017-02-25 期刊

丹江口水利枢纽供水调度方式 张利升；张睿；孟明星 南水北调与水利科技 2017-05-06 期刊

南水北调中线干线工程运行成本分摊方法研究 齐雪艳；张雪，陆亚萍 东北水利水电 2017-02-15 期刊

汉丹钩沉 传承守望 湖北省文物局执笔 杜杰 中国文物报 2017-06-09 报纸

南水北调中线膨胀土边坡变形破坏类型及处理 周代涛；梁润成 住宅与房地产 2017-09-25 期刊

构建南水北调中线生态屏障 刘慧 河北水利 2017-12-28 期刊 南水北调中线工程核心水源区地震波 Q 值分析 魏贵春；姚运生；廖武林；张丽芬；申学林 大地测量与地球动力学 2017-02-15 期刊

重庆市大宁河干流水电开发方案研究——与南水北调中线三峡水库补水工程无缝对接 陶涛；李玉桥 水利规划与设计 2017-08-15 期刊

南水北调中线渠道通过煤矿采空区变形监测设计研究 李乔；付超云；陈勤 城市勘测 2017-02-28 期刊

南水北调中线应急响应系统设计与实现 赵鸣雁 探索"智慧水利"推动科技创新——2017（第五届）中国水利信息化技术论坛论文集 2017-03-30 中国会议

南水北调中线干线工程招标工作分析 晏绪芳；田锐 住宅与房地产 2017-10-15 期刊

南水北调中线工程应急调度目标水位研究 聂艳华；黄国兵；崔旭；刘孟凯 南水北调与水利科技 2017-06-20 期刊

南水北调中线衬砌面板冻损破坏修复技

术 郝清华；王伟；马成杰 河南水利与南水北调 2017-10-30 期刊

南水北调中线穿黄隧洞高强度环锚张拉快速施工技术研究与运用 江道远；张杰；李富兵 2017 年全国锚固与注浆技术学术研讨会论文集 2017-11-17 中国会议

南水北调东、中线一期工程运行成本与效益分析 钟慧荣 水科学与工程技术 2017-06-25 期刊

邵明煤田采空区变形对南水北调中线总干渠影响监测研究 安志坤 水利规划与设计 2017-03-15 期刊

浅谈南水北调中线工程水泥改性土的研究与应用 李小晶 水利水电施工 2017-06-30 期刊

南水北调中线干线高元段高填方渠段建设管理 吕德全 中国科技信息 2017-01-11 10：16 期刊

基于 MongoDB 的海量活断层探测文件存储入库方法——以南水北调中线核心水源区活断层管理系统测试为例 刘坚；陈晓琳 软件导刊 2017-09-18 期刊

南水北调中线工程闸站监控系统报警功能设计 贾斌 中国设备工程 2017-02-10 期刊

南水北调中线康庄、岳村桥变更为暗渠设计 王金晶 建材与装饰 2017-11-10 期刊

南水北调中线工程强膨胀岩渠基回弹监测分析与变形模型 刘祖强；赵鑫；粟玉英；伍博；杨晓峰 南水北调与水利科技 2016-11-18 期刊

南水北调中线工程安全监理工作的实践 蒲建军 建设监理 2017-06-20 期刊

浅析南水北调中线左岸截流渠方城段存在的问题与对策 李小杰；庞正立；刘云凤；郭铁功；朱广东 科技创新导报 2017-02-21 期刊

沼蛤在南水北调中线渠道沿程迁徙的研

究　曹新垲；程婷婷；张雯雯；王敏；李玉仙　城镇供水　2017-09-15　期刊

南水北调中线工程纪念园开建　记者　刘汉泽　通讯员　时红　湖北日报　2017-07-03　报纸

南水北调中线工程合同分析　晏绪芳；田锐　住宅与房地产　2017-10-15　期刊

南水北调中线总干渠冰期调度策略及冰害防治措施　赵永生　河北水利　2017-10-28　期刊

南水北调中线工程与河南省区域联结开发的价值与出路　李飞　河南水利与南水北调　2017-02-28　期刊

南水北调中线高填方边坡工后稳定性预测方法研究　李毅男；李海河；海翔；胡全舟　第十五届全国工程物探与岩土工程测试学术大会论文集　2017-11-08　中国会议

南水北调中线工程穿越采空区技术应用研究　冯娜；孙大为　河南水利与南水北调　2017-10-30　期刊

南水北调中线一期总干渠鲁山南2段工程金属结构设计　刘国军；尹航　水利水电工程设计　2017-05-25　期刊

南水北调中线一期工程临城段某滑坡原因分析　翟新典；阎传宝；张庆彬　水利规划与设计　2017-03-15　期刊

南水北调中线工程商洛水源地可持续发展评价　张雁；李占斌；刘建林；李鹏　西安理工大学学报　2017-06-30　期刊

南水北调工程航运开发中关键问题分析　谭彬　重庆交通大学学报（自然科学版）2017-05-08　期刊

南水北调中线年度调水启动　记者　赵永平　人民日报　2017-11-03　报纸

南水北调中线供水配套工程管道设计重难点研究　王全锋；杨璐；马会珍；高小涛　河南科技　2017-08-05　期刊

南水北调中线工程出土的唐代白瓷盖罐　张艺薇　文物春秋　2017-08-25　期刊

南水北调中线总干渠中氨氮检测方法　韩晓东；陈希　水科学与工程技术　2017-06-25　期刊

南水北调中线水源地堵河流域降水变化分析　崔英；何意；计强；郝蓉　湖北农业科学　2017-07-25　期刊

加强对汉江中下游生态环境保护　中国经贸导刊　2017-03-10　期刊

南水北调工程异构网络下的视频监控方案　贾克斌；魏之皓　北京工业大学学报　2017-02-10　期刊

大型输水工程水量计量可靠性评价模型与应用　李广凯；王洪博；郭磊　河南科学　2017-10-27　期刊

南水北调工程复合土工膜老化特性及拉伸强度衰减规律研究　何怡　中国地质大学　2017-05-01　博士

浅析汉江流域历史时期降水变化　丁玲玲；张弢；聂晓　农村经济与科技　2017-11-20　期刊

南水北调工程中线受水区生态补偿标准研究　谢开杰　华北电力大学（北京）　2017-03-01　硕士

丹江口水库枯水期浮游细菌群落组成及影响因素研究　陈兆进；丁传雨；朱静亚；李冰；黄进　中国环境科学　2017-01-20　期刊

基于物元可拓法的水源水质综合评价　陆颖臣；郭轩；张旭东；马越；张世红　供水技术　2017-04-10　期刊

我国生态补偿横向转移支付制度研究　白洁　中国财政科学研究院　2017-06-01　硕士

南水北调受水区水源转换及对地下水影响的问题研究　李茜　天津大学　2016-11-01　硕士

南水北调工程治安风险评价及其安防措施研究　牛白兰　天津工业大学　2017-01-06　硕士

省南水北调工程防汛抢险应急演练在平举行

记者 孙鹏飞 平顶山日报 2017-06-17 报纸

后注浆技术在南水北调中线工程基桩施工中的应用 李书群；吴宏军 水利规划与设计 2017-03-15 期刊

丹江口水库调蓄水效应遥感监测分析 徐慧 湖北大学 2017-04-23 硕士

丹江水水质评价与郑州段南水北调水强化混凝研究 耿悦 华北水利水电大学 2017-05-26 硕士

呵护汉江出陕"最后一关" 记者 原登荣 各界导报 2017-04-28 报纸

水资源适应性利用理论的应用规则与关键问题 左其亭 干旱区地理 2017-09-15 期刊

在新时代弘扬南水北调移民精神 黄荣杰 社会主义核心价值观研究 2017-12-20 期刊

交通桥梁跨越中线工程风险识别及处理措施 郝泽嘉；郝清华 水科学与工程技术 2017-08-25 期刊

基于基尼系数的南水北调受水区水资源空间匹配分析 洪思扬；宋志松；程涛；王红瑞 北京师范大学学报（自然科学版） 2017-04-15 期刊

南水北调工程渠道机械化衬砌设计若干问题 何彦舫；陶自成；杨广杰 人民黄河 2017-10-10 09：29 期刊

南水北调通水后的海河流域水资源配置与调度管理研究工作若干思考 丁志宏；唐肖岗；杨婷 海河水利 2017-06-20 期刊

推进供水运行管理水平提升 充分发挥南水北调工程效益 省水利厅党组书记、省南水北调办主任 刘正才 河南日报 2017-12-11 报纸

多水系原水郑州刘湾水厂设计与运行实践 钟燕敏；邬亦俊；娄宁；张炯 给水排水 2017-03-10 期刊

南水北调配套工程突发事件应急调度的思考 庄春意 河南水利与南水北调 2017-03-30 期刊

节制闸水头开度和过闸流量动态特性分析与应用 李宛东；田景环；李维东 农业与技术 2017-12-15 期刊

南水北调重构我国水资源格局 经济日报·中国经济网记者 刘慧 经济日报 2017-10-10 报纸

淅川县移民特色及其影响探究 焦凤宾；刘鼎 现代经济信息 2017-12-25 期刊

河南：南水北调取用水结余指标科学交易转让 记者 潘热新 范纪安 中国经济导报 2017-06-20 报纸

成品油改线穿沁河工程项目的防洪评价 翟凤君 中国新技术新产品 2017-01-25 期刊

以史诗性的作品反映史诗性的工程 本报记者 赵立功 河南日报 2017-06-09 报纸

膨胀岩渠道换填水泥改性土施工技术 付开贵 工业设计 2017-10-20 期刊

丹江口水库多目标调度与管理 孙启伟；董付强；朱小宁 人民长江 2017-06-28 期刊

南水北调水源地生态环境监测体系建设 武洪涛；郭佳伟；董亚丽；郑朋涛 河南水利与南水北调 2017-02-28 期刊

丹江口水库多目标调度与管理 孙启伟；董付强；朱小宁 人民长江 2017-06-28 期刊

南水北调水源地生态环境监测体系建设 武洪涛；郭佳伟；董亚丽；郑朋涛 河南水利与南水北调 2017-02-28 期刊

后跨越南水北调总干渠桥梁选型及设计 张存超；马志芳；车安刚 中外公路 2018-01-02 期刊

渠道边坡膨胀土抗滑稳定措施分析 李旭 河南水利与南水北调 2017-09-30 期刊

用中国智慧构筑中华水网 本报记者 李慧 光明日报 2017-12-10 报纸

南阳市河湖水系连通设计方案探讨 李娜；包明臣 河南水利与南水北调 2017-05-30

期刊

郑州市城区跨流域调水工程与调蓄水库联合调度研究 高申 郑州大学 2017-05-01 硕士

南水北调工程运行阶段日常维护项目采购管理 刘亚丽 水利建设与管理 2017-04-23 期刊

南水北调工程水平位移监测方法的分析与比较 赵义春；王树宝；艾明明 东北水利水电 2017-02-15 期刊

全域旅游视域下的县域旅游开发——以河南省淅川县为例 苏梅芳 南阳理工学院学报 2017-05-25 期刊

构建南水北调生态屏障的新思路：可交易生态公益林 许岩 新疆农垦经济 2017-02-15 期刊

大型预应力混凝土矩形渡槽槽身结构型式研究 陈玉英 郑州大学学报（工学版） 2017-08-21 期刊

北京南水北调工程中期滚动预算编制方案研究 王琪 首都经济贸易大学 2017-05-01 硕士

水源地生态敏感区有机农业生态补偿实践及机制研究 冯丹阳；赵桂慎；崔艳智 生态经济 2017-12-01 期刊

"一馆一园一廊一楼"扮靓山阳城 本报通讯员 许安强 中国水利报 2017-09-22 报纸

汉水往北 朱白丹 大江文艺（2017第3期 总第168期） 2017-06-28 中国会议

石墨烯材料在南水北调突发污染事件处理中的应用探讨 陈清 水利技术监督 2017-11-14 期刊

基于GF1卫星的丹江口水库水面面积-蓄水量-水位相关性研究 孙建芸；袁琳；王新生；李朋泽；邹金秋 南水北调与水利科技 2017-08-29 期刊

《淅川熊家岭墓地》简介 文耀 考古 2017-03-25 期刊

科技治水 利国利民 初心不改 进无止境——我国南水北调工程建设中重大技术装备自主化回顾 董必钦 建设机械技术与管理 2017-06-20 期刊

南水北调进京水营养化态势及对策研究 陶亮；黄振芳；陆玉娇 北京水务 2017-11-02 期刊

南水北调高填方渠道渗漏监测的多源数据融合模型研究 田壮壮 华北水利水电大学 2017-05-01 硕士

丹江湿地信息提取方法研究 宁新理 中国地质大学（北京） 2017-05-01 硕士

大直径盾构隧道下穿南水北调干渠施工影响分析 李新臻；杜守继；孙伟良 河北工程大学学报（自然科学版） 2017-12-25 期刊

黄河水西调 确保雄安新区水资源供给 张永复 水利规划与设计 2017-10-13 期刊

勿让水源地之争误了南水北调大计 童彤 中国经济时报 2017-01-10 报纸

南水北调工程测量一体化系统实现关键技术研究 王海城 测绘学报 2017-09-15 期刊

南水北调丹江口库区移民的社会心理适应研究 吴亚男 重庆工商大学 2017-05-19 硕士

《武当山遇真宫遗址》简介 雨珩 考古 2017-09-25 期刊 明渠调水工程事故段上游闸门群应急调控研究 崔巍；穆祥鹏；陈文学；杨星 水利水电技术 2017-11-20 期刊

南水北调配套水利工程动态管理系统的设计与实现 李景宏 山东大学 2017-04-20 硕士

基于南水北调工程的我国大型水利工程投资控制研究 戴颖 交通财会 2017-12-05 期刊

南水北调配套工程验收问题及对策 齐浩 河南水利与南水北调 2017-12-30 期刊 汉阴PPP模式建设镇级污水处理厂 姜

波；刘皎 西部财会 2017-01-10 期刊

SNMP 协议对工业级网络设备远程监控研究 张娟；孙维亚；王伟 信息技术 2017-12-20 期刊

基于 SWOT 分析的南水北调项目（商洛）水源地尾矿库安全管理模式研究 丁茜；刘建林；张家荣 项目管理技术 2017-02-10 期刊

基于南水北调工程工期延误影响因素研究 杨耀红；袁红卫 价值工程 2017-04-18 期刊

基于节水增效目标的河南省南水北调受水区水权交易模型 张建岭；窦明；赵培培；李桂秋 中国农村水利水电 2017-10-15 期刊

南水北调工程丹江口库区移民档案管理探析 黄艳艳 现代经济信息 2017-12-25 期刊

南水北调配套工程安全监测自动化系统设计 李毅男；郭志刚；杜一飞 河南水利与南水北调 2017-11-30 期刊

节制闸调控下明渠输水系统水力特性研究 李毅佳；马斌；周芳 中国农村水利水电 2017-05-15 期刊

南水北调中线核心区土地利用变化及其生态环境响应研究 殷格兰；邵景安；郭跃；党永峰；徐新良 地球信息科学学报 2017-01-11 期刊

大力弘扬南水北调焦作精神 本报记者 岳静 焦作日报 2017-06-12 报纸

陕西省岚皋千层河水利风景区 水利建设与管理 2017-08-23 期刊

为南水北调水资源调度提供支撑 通讯员 王苗 中国气象报 2017-06-01 报纸

南水北调中线一期工程总干渠漳古段边坡塌方加固处理方法 王彦奇 山西水利科技 2017-11-20 期刊

陕南力排万难确保"一泓清水永续北上" 记者 原登荣 各界导报 2017-08-23 报纸

多供水需求下水库多年调节策略和

hedging 优化调度方法研究 孙萧仲 天津大学 2016-10-01 博士

基于南水北调中线配套工程沉井结构有限元分析 于志博 华北水利水电大学 2017-05-01 硕士

长距离输水工程突发水污染事件应急调控决策体系研究 龙岩 天津大学 2016-11-01 博士

引黄入冀补淀工程地下水环境影响研究 曹娜；王瑞玲；娄广艳；朱彦锋；黄文海 人民黄河 2017-11-15 期刊

南水北调配套工程巡检管理系统研究与应用 徐秋达 人民黄河 2017-12-21 期刊

南水北调中穿渠建筑物及渠道土方填筑质量控制 王瑞；杨英鸽；袁靓；琚龙昌；袁宾 2017年3月建筑科技与管理学术交流会论文集 2017-03-27 中国会议

赊店：南水辉映古会馆 本报记者 张海涛 高长岭 河南日报 2017-12-01 报纸

边坡稳定性外部变形监测精度探讨及应用实例 李迎春；李毅男；马啸 第十五届全国工程物探与岩土工程测试学术大会论文集 2017-11-08 中国会议

香根草的生态与经济价值 高科技与产业化 2017-04-15 期刊陕南水源地生态发展对策探讨 姚蓉 新西部 2017-05-10 期刊

安康地区农民绿色生活方式调查研究——以安康市汉阴县为例 赵科选 赤峰学院学报（自然科学版） 2017-01-25 期刊

当郑万高铁"遇上"南水北调 本报记者 李俊 河南日报 2017-08-25 报纸

水泥改性土换填施工质量控制 李红星；申红旗；袁吉娜；马彦亮 河南水利与南水北调 2017-03-30 期刊

陕南地区集中连片特困区绿色产业脱贫构想 唐萍萍；胡仪元 改革与战略 2017-05-26 期刊

河南淅川县北王营墓地发掘简报 杨海

青；史智民；胡小龙；许海星；燕飞 洛阳考古 2017-07-31 辑刊

许昌：昔日"莲城"重现清波 本报记者 张海涛 高长岭 本报通讯员 薛雅琳 河南日报 2017-12-08 报纸

商洛地区地表水离子组成特征及控制因素 赵培；赵希宁；唐家良 人民长江 2017-01-14 期刊

膨胀岩高地下水渠段换填施工的实践 刘东雨 河南水利与南水北调 2017-08-30 期刊

施工安全生产的动态管理 张晓辉；袁靓；琚龙昌；袁宾；李中生 2017年3月建筑科技与管理学术交流会论文集 2017-03-27 中国会议

AHP方法在工程建设安全生产管理评价中的应用 周铁军；赵培；陈崇德 2017年3月建筑科技与管理学术交流会论文集 2017-03-27 中国会议

"丹江第一移民户"两代人的家庭迁徙 胡晶 档案记忆 2017-06-05 期刊

GPS在南水北调工程控制测量中的应用 汤庆丰；王小红 四川水力发电 2017-10-15 期刊

我国水利工程中BIM应用现状及障碍研究 王明明；姚勇；陈代果 绿色建筑 2017-05-20 期刊

河南淅川 转移发展重心 突破发展瓶颈 陆家木；刘同伟；高凡；梁兵 农村工作通讯 2017-03-30 期刊

河南省南水北调配套工程供用水和设施保护管理办法 河南日报 2017-01-17 报纸

南水北调配套工程突发事件应急调度的思考 庄春意 河南水利与南水北调 2017-03-30 期刊

南水北调配套工程验收问题及对策 齐浩 河南水利与南水北调 2017-12-30 期刊

面向南水北调配套工程空间基础信息数据的转换入库应用研究 郭玉祥；豆喜朋；李鸿宇 内蒙古水利 2017-07-25 期刊

南水北调配套工程自动化数据采集、交换及展示 刘豪祎 河南水利与南水北调 2017-12-30 期刊

南水北调配套工程多源、异构基础信息应用机制研究 郭玉祥；豆喜朋；李鸿宇 江苏水利 2017-08-01 期刊

南水北调配套工程巡检管理系统研究与应用 徐秋达 人民黄河 2017-12-21 期刊

南水北调配套工程突发事件应急调度的思考 庄春意 河南水利与南水北调 2017-03-30 期刊

面向南水北调配套工程空间基础信息数据的转换入库应用研究 郭玉祥；豆喜朋；李鸿宇 内蒙古水利 2017-07-25 期刊

河南省南水北调配套工程供用水和设施保护管理办法 河南日报 2017-01-17 报纸

南水北调配套工程有压输水管道水锤计算及防护措施 韩李明 科技与创新 2017-10-05 期刊

南水北调配套工程安全监测自动化系统设计 李毅男；郭志刚；杜一飞 河南水利与南水北调 2017-11-30 期刊

北京市南水北调配套工程财政项目绩效管理体系构建 田坤 经济研究导刊 2017-10-25 期刊

基于运行管理的安阳市南水北调配套工程设计优化建议 史拥军 中国给水排水 2017-03-17 期刊

南水进京第二通道开建 京冀南水北调配套工程将实现互连互通 本报记者 李志杰 通讯员 许安强 郭晨英 中国水利报 2017-05-26 报纸

南水北调配套工程自动化数据采集、交换及展示 刘豪祎 河南水利与南水北调 2017-12-30 期刊

南水北调配套工程验收问题及对策 齐浩 河南水利与南水北调 2017-12-30 期刊

北京市南水北调配套工程前柳林泵站安全监测成果分析 高大伟 北京水务 2017-04-15 期刊

南水北调配套工程管道安装技术要点 李朋 河北水利 2017-02-28 期刊

穿越107国道工程顶管穿越设计——基于南水北调配套工程 韩李明 工业技术创新 2017-10-25 期刊

南水北调中线配套工程主干通信光缆设计 杨铁树 水科学与工程技术 2017-02-25 期刊

北京南水北调工程中期滚动预算编制方案研究 王琪 首都经济贸易大学 2017-05-01 硕士

谈定向钻穿越在南水北调配套工程中的应用 张明 山西建筑 2017-07-10 期刊

基于滚动预算的项目库构建研究 李俊英 首都经济贸易大学 2017-06-01 硕士

定向钻施工技术在南水北调配套工程中的应用 王宇洁 建筑技术开发 2017-07-20 期刊

浅谈南水北调配套工程建设进度管理 刘庆利 河北水利 2017-05-28 期刊

南水北调助力濮阳绿色健康发展 王道明 陈晨 王献伟 濮阳日报 2017-12-12 报纸

南水北调配套工程顶管内力及配筋计算 韩艳丽 水利技术监督 2017-07-05 期刊

周口南水北调配套工程双管线定向钻穿越沙河设计 鞠厚磊；杨书统；朱明峰 低碳世界 2017-07-25 期刊

南水北调配套工程定向钻施工应急控制措施 王宇洁 河南水利与南水北调 2017-05-30 期刊

基于南水北调中线配套工程沉井结构有限元分析 于志博 华北水利水电大学 2017-05-01 硕士

南水北调中线供水配套工程管道设计重难点研究 王全锋；杨璐；马会珍；高小涛 河南科技 2017-08-05 期刊

南水北调受水区节水指标体系构建及应用 朱永楠；王庆明；任静；赵勇；杨伟 南水北调与水利科技 2017-11-15 期刊

基于基尼系数的南水北调受水区水资源空间匹配分析 洪思扬；宋志松；程涛；王红瑞 北京师范大学学报（自然科学版） 2017-04-15 期刊

基于节水增效目标的河南省南水北调受水区水权交易模型 张建岭；窦明；赵培培；李桂秋 中国农村水利水电 2017-10-15 期刊

南水北调中线受水区应急资源协同研究 朱伟 工业安全与环保 2017-11-06 期刊

对口协作路径与机制创新：南水北调中线工程水源区与受水区实证研究 徐燕；任步攀 湖北社会科学 2017-04-20 期刊

南水北调工程中线受水区生态补偿标准研究 谢开杰 华北电力大学（北京） 2017-03-01 硕士

南水北调中线工程智能调控与应急调度关键技术 王浩；雷晓辉；尚毅梓 南水北调与水利科技 2017-03-27 期刊 1

基于多目标规划模型的区域水资源优化配置研究 周伟凯；李新德；金翠翠 水利科技与经济 2017-06-30 期刊 1

南水北调中线水源区生态补偿标准与资金分配方式 朱九龙 水电能源科学 2017-04-25 期刊

南水北调中线干线工程运行成本分摊方法研究 齐雪艳；张雪；陆亚萍 东北水利水电 2017-02-15 期刊

基于运行管理的安阳市南水北调配套工程设计优化建议 史拥军 中国给水排水 2017-03-17 期刊

河南：南水北调取用水结余指标科学交

易转让 记者 潘热新 范纪安 中国经济导报 2017-06-20 报纸

南水北调中线干渠（河南段）浮游细菌群落组成及影响因素 陈兆进；陈海燕；李玉英；黄进；鲁开杰 中国环境科学 2017-04-20 期刊

南水北调中线水源区生态农业与生态旅游业耦合协调度评价——以河南淅川县为例 王世军； 陶晓燕； 朱九龙 农村经济与科技 2017-05-30 期刊

河南作家笔下的南水北调与移民记忆——主评何弘、吴元成的《命脉》 刘海燕 中州大学学报 2017-10-20 期刊

南水北调中线河南段生态走廊建设初探 赵娟娟；郭志永；孟丹丹 旅游纵览（下半月） 2017-03-23 期刊

拾贰 组织机构

河南省南水北调中线工程建设领导小组

【领导小组成员】

豫政办文〔2017〕42号：

组　　　长：陈润儿（省长）

副组　　长：翁杰明（常务副省长）

常务副组长：王　铁（副省长）

副组　　长：张维宁（副省长）

　　　　　　徐　光（副省长）

成员：

朱良才（省政府副秘书长）

刘　伟（省发展改革委主任）

张震宇（省科技厅厅长）

范玉龙（省公安厅副厅长）

王东伟（省财政厅厅长）

朱长青（省国土资源厅厅长）

李和平（省环保厅厅长）

裴志扬（省住房城乡建设厅厅长）

张　琼（省交通运输厅厅长）

李柳身（省水利厅厅长）

刘正才（省南水北调办主任）

宋虎振（省农业厅厅长）

陈传进（省林业厅厅长）

陈红瑜（省政府法制办主任）

李　涛（省政府国资委主任）

寇武江（省旅游局局长）

张雷明（省安全监管局局长）

徐诺金（人行郑州中心支行行长）

吕国范（省政府移民办主任）

田　凯（省文物局局长）

王承启（省畜牧局局长）

宋灵恩（省通信管理局局长）

侯清国（省电力公司总经理）

何　元（郑州铁路局局长）

程志明（郑州市市长）

刘宛康（洛阳市市长）

周　斌（平顶山市市长）

王新伟（安阳市市长）

唐远游（鹤壁市市长）

王登喜（新乡市市长）

徐衣显（焦作市市长）

宋殿宇（濮阳市市长）

胡五岳（许昌市市长）

蒿慧杰（漯河市市长）

安　伟（三门峡市市长）

霍好胜（南阳市市长）

丁福浩（周口市市长）

罗岩涛（邓州市市长）

陈　忠（滑县县长）

河南省南水北调中线工程建设领导小组办公室机构设置

【办公室领导】

主　　任：刘正才

副主　任：贺国营　杨继成

副巡视员：李国胜

【办公室各处职能】

综合处

一、协助办领导组织机关日常工作；

二、组织重要文件的草拟工作，对重大

问题进行调研；

三、起草机关综合性规章制度；

四、组织办公室召开的综合性会议、主任办公会议和办务会议，管理文电、机要、保密和档案等机关政务工作；

五、组织南水北调工程建设有关信息、资料的搜集、整理、发布和电子政务建设；

六、组织南水北调工程建设的宣传工作，组织协调重大宣传活动；

七、管理机关信访工作；

八、负责重要事项的督办、查办和催办工作；

九、管理机关后勤、保卫工作；

十、组织协调拟订南水北调工程建设有关法规草案、政策和管理办法，负责机关法律事务工作；

十一、负责机关并协调管理直属单位的机构编制、干部人事、工资福利、社会保险和职工培训等工作；

十二、负责机关科及科以下干部的考核使用工作，负责向党组提出办机关处级干部、直属单位领导班子的考核使用意见；

十三、组织开展省与省外政府机构、组织的合作与交流，协助有关方面做好南水北调工程建设的资金和技术引进工作；

十四、负责办公室公务接待安排；

十五、负责机关及直属单位的党风廉政建设工作；

十六、承办机关党组织的日常工作，负责机关及直属单位的工会、社团及计划生育工作；

十七、承办办领导交办的其他事项。

投资计划处

一、研究提出并编制省南水北调前期工作计划，组织开展南水北调工程前期工作；

二、组织和参与我省南水北调工程的科研、勘测、规划设计等前期工作任务书及最终成果的预审和审查，参与建设过程中重大设计变更问题的研究；

三、负责前期工作中的合同管理工作；

四、监督控制南水北调工程投资总量，监督工程建设项目投资执行情况；

五、提出年度开工项目及投资规模的建议；

六、承办南水北调工程建设和直属基础设施建设年度投资计划编制、下达和调整的有关具体工作；

七、协调、平衡南水北调工程投资计划和工程进度；

八、组织协调南水北调工程建设专题研究及前期工作中的对外合作交流；

九、审查并提出工程预备费项目和投资结余使用计划的建议；

十、提出因政策调整及不可预见因素增加的工程投资建议；

十一、审查年度投资价格指数和价差，组织管理和参与工程建设项目评价工作，管理基建投资统计工作；

十二、参与工程建设期间水量调度方案的编制和水量调度；

十三、负责研究制订省南水北调工程基金征收方案和基金征收管理办法，研究南水北调工程的投融资政策；

十四、协调和监督南水北调工程建设基金的筹措、管理和使用；

十五、承办办领导交办的其他事项。

经济与财务处

一、加强对南水北调工程建设资金的监督、管理和使用；

二、参与研究、协调省有关部门和地方提出南水北调工程基金筹集方案和基金征收管理办法；

三、根据年度工程投资计划，审查并提出年度建设资金预算，经批准后组织实施；

四、组织实施投资控制和风险分析；

五、负责南水北调工程经济运行机制和供水水价方案的研究；

六、负责机关预算编制、财务及资产管理工作；

七、负责内部审计工作；

八、组织实施工程建设竣工审计，配合上级及审计、财政部门的审计、检查工作；

九、参与研究南水北调工程的投融资政策，负责研究水价政策；

十、承办办领导交办的其他事项。

建设管理处

一、配合国家有关部门协调、监督、服务南水北调省内干线工程、水源工程的建设工作；

二、协调、指导和监督、检查省内南水北调工程的建设工作；

三、监督管理省内南水北调工程招投标、建设监理、质量监督工作；

四、负责建设期征地的协调管理工作；

五、监督实施行业规程规范、技术标准；

六、监督、组织南水北调工程建设特殊的规章制度、技术标准的实施；

七、参与南水北调全省配套工程阶段性验收、单位工程验收和竣工验收；

八、组织协调南水北调全省配套工程建设的重大技术问题；

九、组织管理省内南水北调工程建设科研及咨询工作；

十、配合国家有关部门研究中线干线工程建设管理体制；组织研究省内配套供水工程建设管理体制；

十一、配合协调省内南水北调工程建设环境问题；

十二、承办办领导交办的其他事项。

环境与移民处

一、承办协调落实"先节水后调水；先治污后通水，先环保后用水"原则有关措施的具体工作；

二、负责组织、协调和监督南水北调中线工程移民安置规划的实施及控制沿线人口及实物增长政策的落实工作；

三、指导、监督南水北调工程有关移民政策的贯彻落实，并根据需要组织制订相应的实施细则；

四、参与审核南水北调中线治污工程、移民工程项目建议书、可行性研究报告；

五、参与编制治污工程、移民安置年度计划并对执行情况进行监督检查；

六、参与协调工程项目区环境保护和生态建设工作；

七、协调南水北调中线工程调水区及受水区水资源、生态环境和水土流失监测工作；

八、协调移民工作中的重大问题；

九、参与指导、监督工程影响区文物保护工作；

十、组织研究前期工作中涉及的南水北调工程环境问题。组织编制建设项目环境影响评价报告书和水土保持方案等涉及南水北调工程的专项报告，并参与预审或审查；

十一、承办办领导交办的其他事项。

监督处

一、负责制定河南省南水北调工程建设行政监督和稽察工作的管理办法及有关规章制度；

二、组织开展河南省南水北调工程建设的行政监督工作，负责对工程建设中遵守法律、法规与执行上级决策情况的监督检查；

三、配合国家有关部门参与河南省南水北调工程建设的稽察活动，承担国务院南水北调办公室委托的稽察工作；

四、组织对南水北调中线干线工程河南段委托项目建设进行经常性监督检查和稽察，督促监督检查和稽察整改意见落实；

五、组织对河南省南水北调受水区供水配套工程前期工作、工程建设、征地移民等进行经常性监督检查和稽察，并提出监督整改落实意见；

六、承担河南省南水北调工程建设项目招标投标活动全过程的行政监督工作；

七、组织对河南省南水北调工程沿线人口及实物控制政策贯彻执行情况进行监督检查，开展南水北调工程线路保护工作；

八、负责受理河南省南水北调工程建设违法违纪问题（不包括河南省南水北调办公室、河南省南水北调中线工程建设管理局机关信访案件）的举报工作，组织开展举报调查，提出处理意见并检查落实；

九、负责稽察专家队伍的建设与管理工作；

十、承办办领导交办的其他事项。

审计监察室

一、监督检察办及所属系统执行党的路线、方针、政策和决议情况，遵守法律、法规等情况；

二、在《中国共产党章程》和《行政监察法》规定范围内，对领导班子及其成员和其他领导干部实行监督；

三、协助领导班子开展党风廉政建设，纠正本系统内的不正之风；会同有关部门对党员、干部进行党纪、政纪教育；

四、负责本系统腐败预防和治理措施的制定与监督、检查工作；

五、负责行政效能监察工作，督促落实工作制度和工作纪律；

六、负责受理机关干部来信来访和举报调查工作；

七、按照有关法律、法规，制订内部经济活动审计制度；

八、负责对经费支出、国有资产管理和使用情况进行审计监督；

九、负责对办直属干部任期内经济责任制履行情况和部门（单位）内部控制制度执行的有效性进行审计评价；

十、参与工程招投标和经济合同管理等工作；

十一、协助配合国家审计机关对办（局）的审计工作；

十二、负责人事、劳资、外事、社保、劳保及职工福利工作；

十三、负责机构编制、人力资源配置和考核奖惩工作；

十四、完成办领导交办的其他事项。

河南省南水北调中线工程建设管理局机构设置

【建设管理局各处职责】

总工程师

一、协助局领导负责技术把关和技术协调工作；

二、负责技术文件审核；

三、负责或参与前期工作技术成果审查；

四、负责或参与招标设计、招标文件、工程变更等技术审查工作；

五、负责或参与科研项目立项审查和科研成果审查；

六、负责或参与工程建设较大技术问题研究；

七、参与阶段性工程验收和竣工验收；

八、完成局领导交办的其他事项。

总经济师

一、组织有关人员研究南水北调有关经济问题；

二、参与研究河南省作为南水北调工程股东的相关权益问题；

三、参与研究南水北调工程终端供水水价和水费征收方案；

四、参与南水北调工程运行成本核算，提出实现良性运行的经营建议；

五、参与研究与修订南水北调工程各项财务规章制度，参与研究南水北调工程重大行政事业费和基本建设费的支出；

六、参与南北调工程建设基金和南水北调工程建设资金的征收、管理和使用工作；

七、参与研究南水北调工程后方基地建设方案；

八、完成局领导交办的其他工作。

综合处

一、协助局领导负责技术把关和技术协

调工作；

二、负责技术文件审核；

三、负责或参与前期工作技术成果审查；

四、负责或参与招标设计、招标文件、工程变更等技术审查工作；

五、负责或参与科研项目立项审查和科研成果审查；

六、负责或参与工程建设较大技术问题研究；

七、参与阶段性工程验收和竣工验收；

八、完成局领导交办的其他事项。

投资计划处

一、负责制定前期工作、计划、统计、合同、投资控制和招标等方面的管理办法；

二、参与主体工程可行性研究和初步设计的管理工作，负责组织委托建设项目的招标设计和配套工程的前期工作；

三、负责前期技术管理工作，参与工程建设期技术管理工作；

四、负责工程建设项目的投资计划管理工作；

五、负责工程项目的投资控制、价差管理、工程预备费的管理及价格指数建议的提出；

六、负责工程项目的招标投标管理工作；

七、负责合同的综合管理；

八、负责工程建设项目的统计管理工作；

九、参与工程价款结算工作；

十、参与单项工程验收、工程阶段性验收、工程竣工验收和竣工决算工作；

十一、承办局领导交办的其他事项。

经济与财务处

一、负责制定财务管理、会计核算及资产管理办法；

二、负责财务管理、会计核算及资产价值形态的管理工作；

三、负责工程前期工作经费和工程建设资金的催拨、管理、使用和监督检查；

四、负责资金支出计划的编制、项目建

管处建管费支出预算的审核与资金拨付工作；

五、参与工程价款结算的审核，办理工程价款支付；

六、负责按月、季度编制会计报表，按年度编制会计决算报告，对外提供相关会计信息资料；

七、负责组织工程竣工财务决算的编制工作；

八、参与工程项目招标文件审查、合同签订及工程竣工验收工作，负责履约保函、预付款保函的审查、保管与退回工作；

九、负责办理政府采购报批手续；

十、负责财务人员的管理和后续教育工作；

十一、负责南水北调工程经济运行机制和配套工程供水方案、水价政策的研究；

十二、承办局领导交办的其他事项。

环境与移民处

一、负责中线干线工程建设的水土保持、环境保护工作；

二、参与、协调移民安置、土地征用和文物保护工作；

三、监督、检查中线干线水土保持、环境保护计划执行和资金使用情况；

四、监督、协调工程项目区水土保持、环境保护和生态建设工作；

五、负责水土保持、环境保护合同的执行和管理；

六、监督、协调水土保持、环境保护的监理、监评工作；

七、参与配合工程移民迁安、水土保持、环境保护和文物保护的验收工作；

八、负责配套工程征地拆迁、文物保护的前期工作与合同管理，组织征地拆迁、文物保护项目的实施与验收工作；

九、负责配套工程水土保持、环境保护的前期工作，组织水土保持、环境保护项目的实施与验收工作；

十、承办局领导交办的其他事项。

建设管理处

一、参与工程可行性研究、初步设计审查和重大技术问题研究；

二、负责组织工程建设的实施管理工作，组织编制工程建设、进度、质量、安全管理办法；

三、负责组织编制工程技术标准和规定（包括质量控制标准和要求），并监督执行；

四、负责工程建设合同技术条款的拟定或审核及履约阶段的技术归口管理；

五、负责工程进度和工程施工信息管理；

六、参与筹建和归口管理工程项目建管处；

七、负责组织对项目建管处的建设管理行为和监理单位的监理管理行为进行监督检查；

八、负责建立质量安全管理体系，监督管理工程建设质量和安全生产工作；

九、负责组织制定、上报在建工程度汛方案，并督促检查落实；

十、负责组织工程实施阶段较大技术问题的处理；

十一、负责工程实施阶段科研工作和科技成果的推广应用；

十二、负责对工程建设所需主要材料的管理和质量控制；

十三、负责文明工地创建工作；

十四、负责工程验收组织工作；

十五、负责工程移交前的临时管理工作；

十六、承办局领导交办的其他事项。

河南省南水北调办公室

【概述】

2017年河南省南水北调工程运行安全平稳、水质稳定达标、综合效益持续提升。河南省南水北调办公室推进"两学一做"学习教育常态化制度化，全面从严治党责任，综合实施强管理、建机制、重执法、保安全、抓创新、带队伍六项举措，以"三个一"（开展一次运行管理规范年活动、紧盯一套问题台账狠抓落实、打响一场水污染防治攻坚战）为载体，全面完成年度各项工作任务，实现河南省南水北调工程经济、生态和社会效益逐步扩大的工作目标。2017年供水17.11亿 m^3，占年度计划供水量14.62亿 m^3 的117%，较上一个供水年度增长27.2%，累计完成压采地下水2.39亿 m^3，占计划压采总量的88.5%。实际受益人口1800万人。河南省沿线河湖、城市水生态环境明显改善，工程沿线14座城市地下水位明显回升。

【机构编制】

南水北调工程经国务院批准于2002年12月27日正式开工。河南省依据国务院南水北调工程建设委员会有关文件精神，2003年11月成立河南省南水北调中线工程建设领导小组办公室（豫编〔2003〕31号），作为河南省南水北调中线工程建设领导小组的日常办事机构，设主任1名，副主任3名，副巡视员1名，与省水利厅一个党组，主任任省水利厅党组副书记，副主任任省水利厅党组成员。2004年10月成立河南省南水北调中线工程建设管理局（豫编〔2004〕86号），是河南省南水北调配套工程建设的项目法人。同时明确，办公室与建管局为一个机构、两块牌子。

2017年，河南省南水北调办公室（河南省南水北调建管局）下设综合处、投资计划处、经济与财务处、环境与移民处、建设管理处、监督处、审计监察室7个处室和南阳、平顶山、郑州、新乡、安阳5个南水北调工程建设管理处（豫编〔2008〕13号）。根据工作需要，内设机关党委、机关纪委、机关工会。受国务院南水北调办公室委托、代管南水北调工程河南质量监督站。批复人员编制156名，其中行政编制40名，工勤编制12名，财政全供事业编制104名。

（杜军民）

【人事管理】

2017年河南省水利厅党组书记 刘正才

2017年河南省南水北调办公室现任主要领导 王国栋：河南省水利厅党组副书记、河南省南水北调办公室主任；贺国营：河南省水利厅党组成员、河南省南水北调办公室副主任；杨继成：河南省水利厅党组成员、河南省南水北调办公室副主任；李国胜：河南省南水北调办公室副巡视员。

人事任免 2018年1月，豫政任〔2018〕23号：任命王国栋同志为河南省南水北调办公室主任（正厅级），免去其河南省水利厅副厅长职务；免去刘正才同志河南省南水北调办公室主任职务。

2017年9月，豫调办〔2017〕90号：安琦同志任河南省南水北调中线工程建设领导小组办公室监督处调研员，免去其河南省南水北调中线工程建设领导小组办公室监督处副处长职务；李首伦同志任河南省南水北调中线工程建设领导小组办公室环境与移民处副处长，免去其河南省南水北调中线工程建设管理局安阳建设管理处副处长职务；李申亭同志任河南省南水北调中线工程建设领导小组办公室建设管理处副处长，免去其河南省南水北调中线工程建设管理局平顶山建设管理处副处长职务；李华光同志任河南省南水北调中线工程建设领导小组办公室建设管理处副处长，免去其河南省南水北调中线工程建设管理局平顶山建设管理处副处长职务；赵南同志任河南省南水北调中线工程建设管理局新乡建设管理处副处长（试用期一年）；秦水朝同志任河南省南水北调中线工程建设管理局平顶山建设管理处副处长（试用期一年）；殷宝军同志任河南省南水北调中线工程建设领导小组办公室环境与移民处副调研

员；张攀同志任河南省南水北调中线工程建设管理局平顶山建设管理处副处长（试用期一年）；樊桦楠同志任河南省南水北调中线工程建设管理局安阳建设管理处副处长（试用期一年）。

（王笑寒）

【纪检监察】

2017年，省南水北调办党风廉政建设聚焦中心任务，突出主业主责，形成风清气正的政治生态。开展"一准则、一条例、一规范"学习，及时通报典型违纪违法案例，组织全体干部职工观看警示教育片，做到警钟长鸣；配合省纪委驻厅纪检组开展"述职能、明责任、防风险"调研活动，落实驻厅纪检组有关工作要求。开展纪检监察业务培训，进一步完善监督体系。开展明察暗访持之以恒"反四风"。学习贯彻党的十九大精神，把党的政治建设放在首位，全面推进政治建设、思想建设、组织建设、作风建设、纪律建设，在政治立场、政治方向、政治原则、政治道路上，坚决同以习近平同志为核心的党中央保持高度一致。坚持领导干部率先垂范，落实"两个责任"，及时传达学习习近平总书记批示精神，警惕"新四风"反弹，开展八项规定精神制度建设"回头看"活动。组织违规公款消费高档白酒专项排查。集中研究制定基础性长期性的县级以上"4+2"党建制度体系。印发24项党建制度汇编及党组两个责任清单等，构建较为系统的党建制度。设立举报信箱和举报电话，畅通信访举报通道。运用监督执纪"四种形态"，抓早抓小抓常。开展谈话谈心活动，重点进行纠正和预防工作。坚持"纪挺法前"的原则，强化监督检查，严肃执纪问责，推进"两个责任"落实。落实党风廉政建设目标责任制，用过程考核及事后考核规范干部职工的职责行为。全年7次组织开展明察暗访活动。

（杜军民）

【学习贯彻党的十九大精神】

党的十九大召开，省南水北调办机关党委组织干部职工收看收听十九大开幕会直播，印发《河南省南水北调办公室学习宣传贯彻党的十九大精神实施方案》，各支部把学习贯彻党的十九大精神作为首要政治任务，在学懂弄通做实上下功夫，确保在思想上政治上行动上同以习近平同志为核心的党中央保持高度一致，把学习贯彻十九大精神与南水北调各项工作结合起来。

【"两学一做"学习教育】

推进"两学一做"学习教育常态化制度化，制订印发《河南省南水北调办公室关于推进"两学一做"学习教育常态化制度化的意见》《河南省南水北调办公室关于推进"两学一做"学习教育常态化制度化的实施方案》；编发"两学一做"学习教育工作简报22期；组织开展以"决胜全面小康让中原更加出彩"为主题的微型党课比赛活动，并选派一名同志参加水利厅举办的微型党课比赛；加强对各支部协调指导，督促各支部开展专题学习、专题研讨，对各支部学习教育工作进行督导检查。

【落实"三会一课"制度】

机关党委落实"三会一课"制度，组织开展各类学习活动，组织学习《中国共产党章程》《中国共产党廉洁自律准则》《中国共产党纪律处分条例》《中国共产党问责条例》《关于新形势下党内政治生活的若干准则》《中国共产党党内监督条例》等党规党纪，学习《习近平总书记系列重要讲话读本》《习近平治国理政》《习近平总书记系列重要讲话文章选篇》等。组织观看《辉煌中国》《强军》《大国崛起》等多部十九大献映政论片。十九大一中全会召开后，机关党委迅速编印《中共十九大精神学习资料汇编》，组织集中观看中央宣讲团解读十九大精神视频，加深干部职工对党的十九大的精神实质、精髓要义、政策措施的认识。

【落实党建工作责任】

按照中央和省委要求，树立"抓好党建是本职，不抓党建是失职，抓不好党建是不称职"的思想理念，明确党建工作责任制，强化措施整合力量，加强对各支部的分类指导和工作责任落实情况的督促检查。2017年新成立审计监察室党支部、退休干部党支部，指导纪委、精神文明办、工会、共青团、妇联工作，配合厅党组督导组对省南水北调办全面从严治党主体责任落实情况检查，完成"标本兼治　以案促改"、中央八项规定精神制度建设"回头看"、违规公款消费高档白酒集中排查整治等3项党风廉政重要工作，进一步提升党建工作水平。10月30日印发《河南省南水北调办公室意识形态工作职责》。

【党费管理】

机关党委严格按照《中国共产党党费收缴、使用和管理的规定》开展党费收缴工作，每季度下发《党费收缴的通知》，要求各支部按时完成党费收缴工作。按照省委省直工委《关于党费收缴工作专项检查中清理收缴的党费使用有关问题的通知》精神，在"七一"前夕，慰问困难党员和帮扶村困难党员6000元，并向每个支部拨付活动经费1400元，用于支部开展主题党日、创先争优等活动。向每位党员发放300元的购书卡，鼓励党员干部多读书读好书。

【党员管理】

机关党委制定党员发展工作计划和规划。按照"坚持标准、保证质量、改善结构、慎重发展"的方针，规范党员发展工作程序，保证党员发展质量。2017年，预备党员转正1人，发展预备党员1人。加强党员日常管理，及时了解掌握各支部的党员动态，建立健全党员管理台账，规范和理顺党员组织隶属关系，根据人员调整变化情况，对各支部的党员人数进行重新划分。建立党员关爱激励机制，开展交心谈话、批评与自我批评活动，关爱慰问困难党员、看望生病党员，注重政治激励、物质激励、精神激励、思想疏导、精神抚慰、生活帮助、亲情关爱，形成关爱党员的良好氛围。

【社会主义核心价值观建设】

2017年，坚持培育和践行社会主义核心价值观，推进"两学一做"学习教育，开展文明风尚传播、学雷锋志愿服务活动、诚信建设、文明交通、文明家庭文明创建活动，细化考评指标，提升党建权重，将"抓党建作为最大政绩"贯穿文明创建全过程。

推进思想道德建设 加强干部职工社会公德、职业道德、个人品德教育，组织观看《感动中国2016年度人物颁奖盛典》，举办社会主义核心价值观系列讲坛，组织消防安全、健康知识系列讲堂活动；组织干部职工分批到确山竹沟革命纪念馆、中原烈士陵园等地接受红色革命传统教育；开展2017年度"评先选树活动"系列活动。

开展学雷锋志愿服务活动 弘扬奉献友爱互助进步的志愿精神，引导干部职工把参与雷锋志愿服务活动作为一种生活方式和生活习惯。组织开展"保卫美丽家园"、帮扶慰问贫困户、组建"农家书屋"，送温暖献爱心等公益活动。

推进文明社会风尚行动 推进"践行价值观、文明我先行"主题教育实践活动，开展低碳环保宣传实践活动，开展文明餐桌活动，倡导"文明行车 拒绝酒驾"的文明交通活动，开展创先争优流动红旗评比活动。

开展群众文体活动 开展"我们的节日"主题活动；工会、机关团委联合举办"承五四精神，展青春风采"首次职工健身活动；坚持开展工间操活动。

【党纪党规宣传教育】

2017年，对全面从严治党战略布局和党中央、中纪委做出的一系列反腐败新精神、新要求、新规定及时传达学习。组织党员干部职工学习《廉洁自律准则》《纪律处分条例》《问责条例》，组织纪委委员学习驻省水利厅纪检组《关于转发豫纪办发〔2017〕6号

的通知》《全省纪检监察机关"一准则一条例一规则"集中学习教育活动方案》，加强作风建设，提升党员干部纪律意识，凝聚工作合力，加强自我约束。

纪委日常工作 按照省政府督查室印发的《关于认真落实〈关于贯彻落实谢伏瞻同志在十届省纪委二次全会上的讲话精神的任务清单〉的通知》要求，组织各支部参加《全省纪检监察机关"一准则一条例一规则"知识测试》；组织5名负责纪检工作的同志参加驻厅纪检组在新郑教育基地的培训；参与省南水北调办(局)招投标工作。配合审监室核查失联、出走、外逃人员和清理整改违规持有身份证、出国境证件工作。按照上级有关要求，完成"坚持标本兼治推进以案促改"、中央八项规定精神制度建设"回头看"、集中排查整治违规公款购买消费高档白酒等重点工作。

警示教育 组织处以上干部参加水利厅组织党员领导干部集中警示教育活动。组织全体职工观看警示教育片《诱发公职人员职务犯罪的20个认识误区》。开展坚持标本兼治推进以案促改工作，以王建武典型案件为重点，组织党员干部结合岗位职责开展剖析和自我剖析，进一步增强拒腐防变能力，以案促改工作取得成效。

(崔堃)

【精神文明创建】

2017年，省南水北调办精神文明建设工作全面贯彻落实党的十八大和十八届三中、四中、五中、六中全会精神，学习贯彻党的十九大精神，学习习近平总书记新时代中国特色社会主义思想，增强"四个意识"、坚定"四个自信"，按照统筹推进"五位一体"总体布局和协调推进"四个全面"战略布局，围绕中心工作，培育和践行社会主义核心价值观，争创省级文明单位标兵称号，以南水北调工程平稳运行、综合效益持续发挥为目标，开展群众性精神文明创建活动，加强干部职工思想道德建设、法制文明建设、服务

型机关建设、文明礼仪建设，提升干部职工的文明素质和文明程度，推动形成"做文明人、办文明事"的良好风尚，为推动南水北调事业发展和中原崛起、河南振兴、让中原更加出彩提供强大的精神力量和丰厚的道德滋养。

凝聚思想共识 学习贯彻党的十九大精神，印发学习中央文明委《关于深化群众精神文明创建活动的指导意见》，以"两学一做"学习教育常态化制度化为载体，领导带头到所在党支部上党课，带头制定学习计划、撰写学习心得。周二、周五下午学习日时间，采取中心组学习、集中学习、各支部学习、个人自学等形式；邀请省委宣讲团成员宣讲党的十九大精神，组织开展党的十九大轮训、主题党日、优秀征文、微型党课比赛、读书月，观看专题教育片，参观纪念馆，到延安、遵义、井冈山红色革命教育基地学习。

践行社会主义核心价值观 加强干部职工社会公德、职业道德、家庭美德、个人品德教育活动，举办以加强自身职业道德和敬业奉献为主题的道德讲堂活动，组织观看《感动中国2016年度人物颁奖盛典》宣传片，举办社会主义核心价值观、保密安全教育、健康知识、消防安全等系列讲堂活动。开展爱国主义教育实践活动。组织干部职工分批到南水北调精神教育基地、确山竹沟革命纪念馆、豫西革命纪念馆、烈士陵园等地接受红色革命传统教育。开展2017年度"我评议、我推荐身边好人"系列活动，参加第五届省直"十大道德模范"评选表彰活动。

加强法治建设 开展普法宣传教育，学习宣传习近平总书记关于全面依法治国的重要论述，发挥法治在南水北调工作中的引领和规范作用；加强宪法宣传教育，参加专家主讲宪法权威讲座，宣传依宪治国、依宪执政理念。召开2017年党风廉政工作会议，各处室签订廉政责任目标书；组织党员干部学习

《中国共产党廉洁自律准则》，集中参观警示教育基地，组织全体干部职工观看廉政警示教育片。开展《河南省南水北调配套工程供用水和设施保护管理办法》颁布一周年宣传工作，组织省内主流媒体集中采访宣传，刊发解读文章；利用通水三周年宣传，制作并发放办法宣传手册1.3万册，利用省南水北调办微信公众号集中推送宣传信息；印发办法宣传彩页，拟定宣传标语，播放办法录音，为南水北调工程安全、高效运行提供法律保障。发挥南水北调政策法律研究会作用，结合南水北调发展实际，制定研究计划，确定重点研究课题，组织专家学者开展政策法律研究调研活动，举办南水北调生态安全法治论坛，促进南水北调生态安全法理体系的建立，推动南水北调工程运行管理法制化、规范化。

丰富创建载体 开展学雷锋志愿服务活动，弘扬奉献友爱互助进步的志愿精神。参加省直义务植树、城市大清扫行动，到帮扶村开展"清除白色垃圾　保卫美丽家园"活动。开展"送温暖、献爱心"活动。组织干部职工积极参加义务献血活动，为深受巨额医药费困扰的水投物业员工刘建松爱心捐款，为环卫工人送爱心粥、防霾口罩、消暑食品。支持"慈善呵护·关爱童行"慈善项目。开展全国志愿者注册工作，按照省直文明办的要求，党员领导干部发挥示范带头作用，开展网上注册工作，完成志愿者注册99人，在职党员注册人数达到在职党员总人数的97%。

开展优质服务建设活动 根据南水北调运行管理工作实际制定干部职工培训计划，开展职业道德、综合宣传、工程财务决算、工程运行管理、水污染防治等技术培训；持续开展以改进工作作风、严明工作纪律、提升工作水平、美化工作环境为内容的创先争优流动红旗评比活动。在网站公开信访举报电话及邮箱，确保举报信息渠道畅通，建立群

众信访接访事项受理办法及工程建设项目举报受理办法，明确专人负责信访举报工作；加强信访协调和举报案件办理。开展评选表彰活动，对2016年总体工作、宣传工作、配套工程管理设施和自动化系统建设工作表现突出、成绩优异的先进单位及个人进行表彰；对2016年推进精神文明创建工作的处室、个人及家庭进行表彰。

结对帮扶脱贫攻坚 召开抓党建促扶贫工作会议，成立扶贫工作领导小组，制定扶贫工作方案，明确帮扶工作重点，建立帮扶工作台账及月报制度，派驻驻村第一书记及工作人员常住帮扶村。完善工作机制，落实"单位做后盾、领导负总责"的工作机制。办领导每季度到派驻村进行一次实地调研、慰问，领导成员轮流每月在村连续工作两天以上。开展科技帮扶，邀请农业科技专家进行实用专业技术、技能培训。添置一批电脑、科技等实用书籍，建成农家书屋，规范农家书屋运行管理。开展贫困户家庭帮扶，组织11个党支部与帮扶村的贫困户结成对子，定期到贫困户家中了解情况，制定有针对性的脱贫措施，定期走访慰问并送去棉被等物资。"七一"前夕，省南水北调办主要领导到贫困户慰问看望贫困老党员。资助贫困儿童学生，发放助学金，捐赠学前教育器材、学生书包、秋季校服等物品，开展"与爱同行"夏令营等活动。开展产业帮扶，先后累计申请到2891.5万元的投资用于肖庄村学校教育、农村道路、供水供电等基础设施条件的修建。帮助肖庄村注册成立确山县彩云谷旅游开发有限公司，协调各方投资1310万元用于发展乡村旅游资源建设；结合肖庄村种植优势，引进爱必励健康有限公司在肖庄村投资3000万元建设艾草加工企业，引领村民种植艾草2017年取得明显的经济收益；由确山县财政为肖庄村投资修建的光伏发电项目正在筹备。

推进文明社会风尚行动 围绕讲文明、守礼仪、有公德、树新风，开展文明社会风尚行动，引导干部职工自觉遵守公共秩序和规则，建立和谐清新人际关系。开展文明主题活动，制定2017年"五文明"教育实践活动方案，开展加强专业知识培训的文明服务活动。建立执法队伍，制定执法制度，严格执法程序的文明执法活动。倡导文明用餐、反对铺张浪费的文明餐桌活动。倡导"文明行车 拒绝酒驾"的文明交通活动。开展低碳环保宣传实践活动，制作展板、标语、倡议签名、发放节能倡议书、健步走，提升干部职工生态文明、绿色低碳的环保发展理念。开展"讲文明、知礼仪、树形象"主题教育活动，填写知识答卷、聘请专家开展知识培训。

开展群众文体活动 推进"我们的节日"主题活动，在春节元宵节清明节端午节七夕等传统节日里，组织开展"金鸡报春"新春联谊会、猜灯谜、悼念革命烈士、包粽子、"晒家训、亮家风、讲家风好故事"特色活动。举办"承五四精神，展青春风采"首次全民健身活动，机关各处室、各项目建管处共13支代表队90多人参加健身活动。坚持开展干部职工工间操活动。举办并参加2017年"南水北调杯"水利系统乒乓球比赛，省南水北调办代表队在44支参赛队伍中获得女子单打冠军，男子单打第五名、男子团体第五名的成绩；组队参加2017年碧源·羽毛球精英邀请赛。

【建立精神文明创建长效机制】

争创省级文明标兵单位树立南水北调良好形象 每年召开主任办公会，年初有安排、年中有小结、年末有总结，将文明建设工作同业务工作、党建工作一起部署、一起检查、一起考核，做到两个文明同步推进，相互促进。2017年，组建高素质精神文明建设骨干队伍，配备专职人员，完善规章制度，按照文明单位验收体系，完善办公室工作人员文明行为规范、文明优质服务承诺、文明上网、文明用餐等一系列规章制度。按照南水北调建设及运行管理情况，制定完善质量管理、运行管理、资金管理、剩余工程建设月报、水政监察与行政执法、稽查巡查办法等工作规章制度，进一步强化制度管理，把权利交给制度，用制度管事管人规范行为。

（龚莉丽）

【精准扶贫】

2017年，推进肖庄村精准扶贫工作主动作为，集中力量办实事。省南水北调办派驻扶贫工作队常驻现场，领导成员每月入村调研，组织各党支部结对帮扶14户贫困户，一对一资助8名困难家庭学生，倡议干部职工爱心捐款10万元救助贫困户子女，捐赠500册书籍组建农家书屋等。截至2017年底，累计投资3140万元，定点扶贫村肖庄村学校、道路、饮水等基础设施基本建成，乡村旅游开发、扶贫产业、集体经济发展势头良好。

开展党建工作 肖庄村党建工作把"三会一课"、党员活动日、"两学一做"学习教育，调整村两委干部结构一体化部署。劝退一名长期在外打工的村干部，吸纳一名大专毕业且致富带富能力强的党员进入村两委，组织村干部到信阳、南阳等地学习考察。发展2名新党员、4名入党积极分子，开展无职党员设岗定责活动。机关党委多次派党员到派驻村（自然村）开展心连心、保卫美丽家园等志愿服务活动，提升帮扶村党支部的凝聚力影响力战斗力。

完善乡村道路及公共服务设施 肖庄村主干道路16条，总长26.27km，投资900余万元，2017年实现组组通。协调县财政部门25万元、省派第一书记专项资金43万元，整村推进资金8万元，用于实施前后城、乔庄等5个村民组的户户通道路3.1km和70盏太阳能灯的安装，户户通道路铺设面积8600m²，投资17.5万元对环村道路进行绿化。出资5万元购买1000m³石渣对组内户户通道路基础进行垫铺，栽种1500余棵红叶石楠和大叶女贞行道树。协调资金22万元，修建4个文化广场、2个文化大舞台，安装健身体育器材36台套。

完善学校基础设施 2017年，投资10万元更新肖庄小学桌椅和美化装修教学楼。委托当地水利部门投资10万元为学校打一眼3m口径的水井，投资6万元重建学校公厕，添置4万余元的学前教育器材和160套秋季校服。协调25万元建设900m²的高标准环形跑道塑胶运动场，改善肖庄小学体育设施。

保障安全饮水升级改造电网 协调水利部门在肖庄村18个村民组建设15处集中供水点，彻底解决肖庄村用水困难。整改电路25km，安装变压器6台，提高供电能力和供电可靠性。

推动乡村旅游项目建设 协调水利部门投资210万元，对村内700m河道进行浆砌石护坡，投资300万元建设回龙湾拦河坝。与河南艾森地产集团有限公司合作开发乡村旅游，投资500万元铺设9.8km盘山旅游道路，投资300万元建设长廊亭楼、游客服务中心、下石门至上石门的木栈道、下石门至大洼段水泥路等。协助肖庄村注册成立确山县彩云谷旅游开发有限公司，负责运营村内旅游开发。

发展集体经济 开发肖庄村天然种植优势，引进爱必励健康产业有限公司对艾草种植进行深加工，年加工艾草3000t。修建900m²扶贫车间厂房和450kW光伏发电项目增加村集体经济。用省派第一书记2017年专项扶贫资金55万元，规划建设一处扶贫体验餐厅作为村集体经济产业。

（杜军民）

【南阳建管处党建工作】

南阳建管处党支部2017年组织开展学习贯彻十九大精神，学习领会习近平新时代中国特色社会主义思想，学习教育常态化。坚持每周集中理论学习，周二周五学习并开展讨论。专题学习党的十八届六中全会精神，支部书记带头，党建工作和业务工作一起谋划、一起部署、一起检查。召开专题会、通气会、讨论会。支部成员带头参加"决胜全面小康，让中原更加出彩"微型党课比赛，取得较好成绩。开展向焦裕禄、杨善洲、廖俊波等先进模范人物学习，组织观看反腐倡廉警示教育片。落实落实"三会一课"制度，2017年召开党员大会3次，支部委员会12次，组织生活会2次，民主生活会1次，讲党课2次，谈心谈话4次，组织支部集体学习24次。自拟关于党的十九大报告的测试题考核全体党员1次。规范支部组织建设，两名长期借调人员组织关系转入建管处党支部统一管理。全体党员及时交党费，自觉履行党员义务。

南阳建管处开展扶贫工作，协调当地政府将扶贫对象纳入五保户，向扶贫点捐赠一批空调、办公桌、凳子及会议桌，协调当地林业部门解决春季绿化所需的部分树苗。2017年2次到定点贫困户家里走访座谈，并带去慰问品。

（郑　军　郑国印）

【平顶山建管处党建工作】

"两学一做"学习教育　2017年，平顶山建管处党支部按照省南水北调办机关党委要求开展"两学一做"学习教育，制定学习计划，每周两次学习，学习教育常态化制度化。不断丰富学习内容，按计划学习《党章》《中国共产党党内监督条例》《中国共产党纪律处分条例》，学习习近平总书记系列重要讲话，学习十九大报告、《中国共产党巡视工作条例》《中国共产党工作机关条例（试行）》、习近平总书记"7·26"重要讲话、中央《若干规定》和《实施细则》、谢伏瞻《坚持真"学"实"做"永葆共产党员本色》党课讲稿和在省委常委会（扩大）会议传达学习贯彻党的十九大精神时的讲话以及中国古代官德文化等。学习廖俊波、赵超文等同志先进事迹，观看警示教育片《慎交友》，纪录片《将改革进行到底》和《新党章公开课》等视频。

党建和党风廉政建设　2017年，平顶山建管处党支部按照党中央《中国共产党党和国家基层组织工作条例》及省委贯彻落实《实施办法》要求，全面履行从严治党主体责任。支部书记履行抓党建"第一责任人"的岗位职责。组织党员干部学习《中国共产党党章》《中国共产党廉洁自律准则》《中国共产党纪律处分条例》《中国共产党党内监督条例》《中国共产党巡视工作条例》《中国共产党工作机关条例（试行）》、党中央《若干规定》和《实施细则》等党内规章制度，进一步规范日常生活工作中的行为。党建工作和业务工作相统一，两项工作分别布置共同推进，"两手抓、两手硬"，业务工作有序开展，党风廉政建设保持应有力度。

精神文明创建　平顶山建管处精神文明创建工作以培育和践行社会主义核心价值观为目标，对照任务清单制定实施计划，开展岗位技能培训、社会主义核心价值观建设、先进人物事迹报告会、学法用法活动、学雷锋活动、道德讲堂活动、文明上网活动、"传家训、立家规、扬家风"活动。

信访工作　2017年，平顶山建管处建立健全信访工作管理机制，制定信访接待办法，加强信访工作管理。提高来信来电来访处理效率，强化各项工作隐患评估，预防群访和越级访、重复访发生，维持社会秩序稳定。2017年，平顶山段建管处组织对宝丰郏县段、禹州长葛段农民工工资支付情况进行排查梳理，列出维稳风险重点单位，加强对风险单位的管理。一是与银行合作严密监管标段银行账户和资金流向，保证结算资金优先支付农民工工资，维护农民工合法权益和社会稳定。二是组织协调价差调整工作，加快工程结算，减少施工单位维稳风险。平顶山建管处对来访人员细心解释，并协调相关单位及时给予解决。对短时无法解决的问题耐心对上访人进行安抚，一方面帮助其树立解决问题的信心，一方面同相关单位协商解决问题的途径。

扶贫工作　2017年平顶山建管处党支部的扶贫对象是驻马店市确山县竹沟镇肖楼村后城组的宋小明一家。按照省南水北调办统一安排，平顶山建管处支部采取帮扶措施。1.协调安排小明妻子柳爱莲到竹沟镇养老院打工，帮助五保老人做饭洗涮月工资1000元；2. 5月发放资金1000元帮助种植艾草3亩；3. 根据林业部门政策安排柳爱莲在护林岗位上工作。2017年共到宋小明家看望5次，其精神面貌较以前有很大改观。

（高 翔）

【郑州建管处党建工作】

2017年郑州建管处党支部围绕工程建管加强党建工作。组织全体党员学习领会贯彻十九大精神，发挥党支部的战斗堡垒作用，为郑州段的各项工作任务完成提供政治保障。全体党员干部在各项工作落实过程中发挥模范带头作用，郑州建管处党支部党建工作得到全面发展。

"两学一做"学习教育 开展"两学一做"学习教育常态化制度化活动。郑州建管处党支部按照机关党委安排部署，组织全体党员学习党章党规，学习习近平总书记系列讲话，学习《中国共产党廉洁自律准则》《中国共产党纪律处分条例》《中国共产党问责条例》《中国共产党党员权利保障条例》，学习习近平总书记"7·26"重要讲话精神。党支部制定十九大精神学习计划，每周一次集中学习与业余时间自学相结合，集中学习研读党的十九大报告和党章，自学学习新华社系列社论、《党的十九大报告学习辅导百问》《十九大党章修正案学习问答》，读原著学原文悟原理。

廉政建设 落实一岗双责廉政建设。明确党建工作责任制，落实建管处主要负责人履行党建"第一责任人"的职责和领导成员对分管科室实行一岗双责。组织开展廉政警示教育活动，提醒警示每个党员干部在工作中时刻牢记自己的第一身份，履行党员职责，完成本职工作，树立党员形象。

扶贫工作 郑州建管处党支部与确山县竹沟镇肖庄村贫困户张毛家结对帮扶。2017年，郑州建管处党支部组织集资为张毛家购买鸡苗和部分饲料，在正常收入的基础上增加副业收入。多次到家里了解情况和慰问，及时解决困难。响应省南水北调办"一对一结对帮扶贫困家庭学生倡议"，支部委员带头，全体党员参与结对帮扶献出爱心。

（岳玉民）

【新乡建管处党建工作】

党建和党风廉政建设 在日常工作中以"三会一课"制度为载体，紧紧围绕本年度党建中心工作任务，切实加强党的思想、组织、作风和制度建设，加强领导，明确职责，狠抓落实，以改革创新的精神努力推进我处党建工作，实现以党建促进全处业务工作共同发展的良好局面。

落实"两个责任" 一是全面落实主体和监督责任，将述责述廉情况纳入单位年度总结考核中。二是按照"三重一大制度"规定，履行领导班子集体决策运行机制，防范决策风险、规范决策程序、不断提高工作透明度。三是全面落实党风廉政建设责任制等制度，以科级以上干部为重点，签订党员领导干部廉洁承诺书、党员廉洁承诺书。

廉政宣传教育 组织学习传达省市纪委全会精神，加强对全处干部职工讲规矩守纪律、清正廉洁教育，支部书记带头讲廉政党课，组织干部职工观看《巡视利剑》《永远在路上》警示教育片，对近年中纪委、省纪委公布的党员领导干部忏悔录汇编中的典型案例集中传达讨论。

"两学一做"学习教育 新乡段建管处党支部制定党员学习计划，列出学习篇目。组织全体党员干部学习贯彻执行中央和省委、省南水北调办的各项部署，每周二、五组织全体职工学习党内最新会议精神。组织集中学习、职工自学、主题党课、民主生活会。

以案促改 按照省南水北调办开展标本兼治推进以案促改工作实施方案要求，对现有制度进行全面审查、评估和清理，查漏补缺，完善制度，形成靠制度管权管事管人的长效机制。建立坚持标本兼治推进以案促改常态化工作机制，在剖析整改阶段共查找出3个岗位风险点，制定8项风险防控措施。

扶贫工作 2017年建管处党支部组织人员3次到确山县竹沟镇肖庄村开展扶贫慰问活动，走访帮扶对象，送去米、面、油等生活必需品，鼓励树立生活信心。

信访工作 按照省南水北调办的安排，新乡建管处对受外债较多、信访风险较大的施工单位进行约谈，对施工单位外债情况进行梳理。要求施工单位在结算后优先保证农民工工资发放，减少因资金问题引起不稳定。落实维稳工作责任制，及时处置各类突发事件，对来访人员文明接待并严格按照法律法规和规范性文件解释，不回避、不退却、不推诿，全力维护信访稳定，及时准确报送信访信息，掌握信访动态，从源头上预防。

（蔡舒平）

【安阳建管处党建工作】

"两学一做"学习教育 按照省南水北调办"两学一做"推进会精神制定安阳建管处党支部推进"两学一做"学习教育常态化制度化实施方案。周二、周五半天集体学习，半天自学。学习《习近平谈治国理政》和习近平总书记系列重要讲话，学习十九大报告，学习中纪委报告和新党章。年度支部党员撰写学习心得体会6篇，党支部印发简报5期。组织党员干部参加南水北调精神学习和延安、遵义理想信念专题教育培训，参加省南水北调办组织的"决胜全面小康，让中原更加精彩"微型党课比赛。组织支部全体党员到林州谷文昌故里红色教育基地接受理想信念教育，重温入党誓词。

党支部组织建设 履行党建工作职责，把业务工作和思想政治工作相结合，落实"两个责任"，落实"三会一课"制度，定期召开党员大会，支部委员会，学习贯彻中央、省委有关精神，落实省南水北调办党建工作部署。2017年上党课3次。落实一岗双责。组织编制支部党建工作年度计划，党务工作明确专人负责，及时上缴党费。开展对入党积极分子培养和引导工作，主动谈心交流沟通思想，关心生活，帮助进步。

党风廉政建设 严格执行中央八项规定精神和省委省政府20条意见。按照《党风廉政建设责任书》责任目标，落实水利厅党组和省南水北调办党风廉政建设工作部署，明确党风廉政建设主体责任和监督责任。进一步完善党风廉政建设体系，党支部设置党风廉政建设分管同志和纪检监督员。工作中严格按合同、按程序按制度办事，禁止接受施工单位吃请、礼品；严格执行财务制度，不以任何方式发放补贴和实物。

精神文明建设 加强社会主义核心价值观学习教育，按照上级党委工作要求，开展学法用法活动、学雷锋活动、学习型文明机关建设活动和"传家训，立家规，扬家风"活动。

扶贫工作 按照省南水北调办扶贫工作方案，与扶贫户对接，研究贫困原因，制定帮扶脱贫方案，2017年安阳建管处扶贫户实现脱贫。

（李沛炜 骆 州）

省辖市省直管县市南水北调办公室

南阳市南水北调办

【机构设置】

南阳市南水北调中线工程领导小组办公室于2004年6月经市编委批准成立，与南阳市南水北调中线工程建设管理局一个机构两块牌子，市政府直属事业单位，参照公务员管理，正处级规格，经费实行财政全额预算管理，核定人员编制32人。2017年实有人员27人。其中：处级干部8人，科级干部17

人，科级以下人员2人。

【人事管理】

2017年南阳市南水北调办领导成员共8人。靳铁拴（主任、局长、党组书记）主持办公室全面工作，曹祥华（副主任、副局长、党组成员），皮志敏（副主任、副局长、党组成员），齐声波（副主任、副局长、党组成员），郑复兴（副主任、副局长、党组成员），张士立（纪检组长、党组成员），杨青春（副调研员），赵杰三（副处级干部）。

【党建工作】

2017年，南阳市南水北调办开展学习贯彻习近平总书记系列重要讲话精神和治国理政新理念新思想新战略，落实市委市政府工作部署，严肃党内政治生活，加强党内监督，推动全面从严治党发展。

南阳市南水北调办三次召开党组扩大会议对党建工作进行专题研究，成立党建工作领导小组，建立领导成员一岗双责责任体系。办公室内部增设党办，与综合科合署办公，配备1名党办主任和2名专干，专办专责推进。制订下发《2017年党建工作要点》，召开机关党建工作会议，进行全面安排部署。党组每月听取一次党建工作汇报，分析研判形势，解决具体问题。执行《公务员法》《党政领导干部选拔任用工作条例》，按照公开公正公平的原则，按程序选拔任用调整干部3人，遴选1人，实现人岗相适、人尽其才。开展干部素质提升和业务技能培训10余次。以"工作看实绩、一切重实效"为导向，加强对干部的绩效考核，激发干事创业的活力。依据《中国共产党党组工作条例》，制订《市南水北调办党组工作规则》，明确议事决策制度和程序。每季度组织机关科室内部评议，主动征求沿线县区、征迁群众和参建单位代表工作意见。2017年开展评议3次，征求各类意见建议15条。党组书记讲党课3次，对群众反映强烈的征迁资金兑付、工程影响处理、农民工工资、水质污染风险等问题建立台账

明确责任妥善解决，及时回应群众关切维护群众利益。与市直工委对接规范收缴标准和记录，纪检监察部门对党费收缴工作进行不定期专项检查。

按照学习计划开展党组中心组学习、"三会一课"学习、开设"学习大讲堂"领导干部授课学习、"请进来"与"走出去"素质提升学习、个人自学、网络培训学习。组织两批南水北调系统党员干部到复旦大学开展中国梦学习教育活动，组织党员志愿者服务活动6次，业务培训12次。把"两学一做"学习教育与强化履职尽责、"五查五促"活动结合。对各科室所有承办的月度重点工作、领导批示件、议定事项办理情况实行一月一督查一通报，日常工作完成情况，作为年终评先创优的依据。

对党员组织关系集中排查，建立完善党员档案，加强干部档案管理，对机关干部人事档案进行审核整理和数字化规范制作，通过组织部门验收。结合工作实际，对党员划分支部设立党小组。经过排查没有党员违规违法行为，没有失联党员情况出现。对照"七个有之"，落实"五个必须"，增强"四个意识"。"三公"经费与2016年同期相比压缩20%。

【精准扶贫】

2017年，南阳市南水北调办驻淅川县香花镇柴沟村脱贫攻坚工作赢得各方的赞誉，新浪网、南阳电视台、南阳日报、南阳晚报及淅川县电视台、宣传部、扶贫办信息等均进行报道，国家、省、市有关部门多次到柴沟村督导调研督导予以肯定。开展"两弘扬两争做"等项活动，受到国务院研究室肯定，选入淅川县"两学一做"典型事迹报告和全市驻村扶贫工作先进事迹报告会进行巡回宣讲。南阳电视台大型系列故事片《我的扶贫故事》，首期栏目到柴沟拍摄，取得良好的部门和社会效益。

柴沟村位于香花镇西南部，是丹江口库

区沿边山村，属国家深度贫困村，面积16.7km²。涉及林地面积14000亩，荒坡地面积5000亩，基本农田面积900亩，位置偏僻、资源匮乏、山多地少、交通条件差、群众居住分散。柴沟村原有12个村民小组10个自然村，南水北调中线工程搬迁后，余下8个村民小组7个自然村，分散在6沟7岗。2017年柴沟村有农村居民161户649人，其中非贫困户61户205人，建档立卡贫困户100户444人，其中一般贫困户65户302人，低保贫困户30户135人，五保贫困户5户7人；劳动力202人，镇外务工73人。2016年度脱贫26户116人，2017年脱贫49户205人，扣除死亡和增加人口，仍有24户119人未脱贫。现有党员14名，在村内党员9名，外出务工党员5名。

村基层党组织建设 2017年加强村两委建设，召开群众代表座谈会和党员大会，讨论完善村内议事制度、"三会一课"制度、党风廉政制度。与镇党委沟通，增加1名两委成员，9月调整村支书并完善分工。党员管理落实"三会一课"制度，开展"两学一做"学校教育活动、每月党日活动、争做"四讲四有"党员活动，新发展党员1名。在党日活动中，驻村工作队和镇组织部门联合召集村两委班子和全体党员，由村支部书记、工作队长、第一书记分别为党员作"不忘初心，爱党拥党，精准帮扶，共圆中国梦"、党的知识、扶贫政策等为主题的党课，就党章、廉洁自律行为准则、纪律处分条例、扶贫优惠政策、项目实施、资金管理等向同志们进行讲解，传达市委组织部"四联两聚"活动要求，结合淅川县、香花镇工作部署，开展"两弘扬两争做"活动，向14位党员每人发放一枚党徽、一本党章党规学习手册、一本笔记本、一部收放机，将习近平系列讲话和党章、做合格党员等学习资料，制成总时长12小时的音频，供党员平时随身学习。利用村内大喇叭播放学习，发挥党员的先锋模范作

用和基层党组织的战斗堡垒作用。2017年全村转正党员1名，上报党员发展对象1名，上报入党积极分子2名，递交入党志愿书16名。对外出党员建立流动党员台账，定期联系、指导工作和学习。开展十九大精神学习宣传和贯彻落实工作。由第一书记负总责，驻村工作队会同村两委成员，成立柴沟村十九大精神宣传队，组织村干部学习十九大报告原文、十九大学习资料、十九大100问等宣传资料，村内高音喇叭播放习总书记十九大报告以及有关方面领导、专家讲解十九大报告内容，让群众学习了解十九大精神。推行"阳光村务"。对贫困户的识别、低保户的认定、扶贫项目建设、贫困户退出等，严格按照"四议两公开"的工作流程进行。加强党风廉政建设。对两委成员和小组干部，按照"两学一做"、"三亮三评"和"三清理一公开"活动要求，学习习总书记系列讲话和党的知识、扶贫知识。开展文明创建、文化引领等活动，动员全村干部群众，倡导文明生活，树立新风正气。廉政建设纳入制度化轨道。完善各项廉政制度，制定措施。建成新的党群服务中心共3层20间670m²房屋，桌椅、电教等设备、设施配套到位，党员活动室、道德讲堂等配套齐全，村级3200m²的文化广场建成，宣传栏建设8幅，设立村情村貌、产业布局、村规民约、政策法规、公示公告等展板16块，以及大型宣传墙等，一期路灯12盏安装完成，绿化美化工作正在进行，一批文体器材安装，二批文体器材到村，待社区二期工程完工后安装。加强党建档案资料管理，设立专门档案室，配置专门档案柜，按类归纳整理各类档案资料。

护林护绿 2017年开展淅川县香花镇南山区森林资源管护现场会，对护林护绿进行动员部署。12月20日，由驻村工作队组织，会同村两委成员，邀请县委宣传部、县扶贫办、县南水北调办、香花镇领导出席，隆重举行"两弘扬两争做及保水质护运行"表彰

会，全村在家的党员干部群众共100多人与会，对最美家庭4户、孝心儿媳6人、最美致富带头人4人、保水质爱家园先进个人6人进行表彰，为每个获奖者披红戴花，发放奖牌和奖品，奖品两件，一把电热水壶壶上喷绘"保水质爱家园"，一把扫帚寓意要靠我们勤劳的双手，要经常打扫环境卫生，保持家庭和村域环境干净整洁，还要打扫思想垃圾，做到思想先进，精神饱满，言行文明，树立劳动光荣理念，通过扫帚寓意扫除贫困，扫除陈旧的观念，靠勤劳的双手致富。开展文明创建活动推动群众精神面貌焕然一新，新风正气正在形成。

精准施策 截至2017年，柴沟村共引进各项资金3000万元，对具备搬迁条件的95户贫困户实施易地搬迁安置，第一批69户贫困户完成搬迁入驻新居，第二批房屋正在建设；建设村内2处人畜安全饮水工程；修建6条30km水泥道路，村内水泥路四通八达，连接国道的3km连接路路基拓宽，年底随国道G241一并贯通；协调新建1800m²的黄粉虫养殖场，配套建设3000亩林下经济产业实验示范基地，高标准建设万亩有机林果产业园，发展薄壳核桃、软籽石榴、大樱桃等5000亩经济林果，以及1万多亩的桂花樱花梅花及各类松柏竹子等风景林木，建成16km长1.2万株的常绿行道林，新村部和文化广场建成，发放小额精准扶贫贷款25户75万元，发放到户增收款34户97500元，发展企业到户增收带贫56户，发放2017年度到户增收款66080元，2处共600kW光伏发电站建成并网发电，发放光伏补助54户40500元，发放生态产业帮扶项目补助资金21户15750元，群众的生产生活条件得到较大改观，国家旅游扶贫开发重点村格局初步显现。

2017年，按照724（7大类24项）村档整理要求，组织人员对村级扶贫档案及党建档案进行整理，对南阳市检查组提出的13项问题，列出整改清单，制订整改方案，逐项进行整改。对100户贫困户档案建立电子档案，进行详细核对。

2017年在镇的具体指导下，按照市委"千企帮千村万名干部助脱贫"的要求，对柴沟村100户建档立卡贫困户帮扶工作进行具体细化，市办帮扶55户，淅川县政协帮扶30户，镇政府帮扶5户，镇卫生院帮扶10户。由河南渠首生态园有限公司、清源农民林果合作社负责帮带56户贫困户脱贫，务工23户。同时，组织帮扶责任人，按照每月不少于2天的要求，定期进村入户走访慰问、政策宣讲。市南水北调办领导及帮扶人员定期到田间地头、农户家中走访慰问，与贫困户一起算收支账，一起学习有关扶贫政策、填写明白卡等。

（朱 震）

平顶山市南水北调办

【概述】

2017年，平顶山市南水北调办开展"两学一做"学习教育，制定下发"两学一做"常态化制度化实施方案，引导党员干部学用结合、知行合一，进一步增强"四个意识"，强化宗旨意识，勇于担当作为，保持发展党的先进性和纯洁性。市水利局党组和各党支部按照年度学习计划，组织党员干部开展学习。党组以中心组学习为主要形式，各支部依托"三会一课"、主题党日活动，进行党章、习近平总书记重要讲话、十八届六中全会精神和十九大精神学习及省委、市委党代会精神的学习。教育党员按照"四讲四有"标准，自觉对照，时时检视，主动践行。按照市委巡察组反馈的巡察整改意见，对党的领导弱化、党的建设缺失、管党治党宽松软等问题进行整改，严格审核严格督办，不合格不过关，不达目标不放过。

按照市委市政府全面推进依法治市要求，开展南水北调工程征迁、运行管理、移民后扶、财务资金管理、信访维稳等法律法

规的学习贯彻，在12月12日南水北调工程通水三周年之际，市水利局组织集中宣传活动

2017年，组织市水利局机关干部职工、县市区移民、南水北调系统干部职工到四川大学、湖南大学、河南省南水北调精神教育培训基地举办多期培训班。建立健全规章制度，完善制定请销假、考勤、工作人员行为规范、出差审批报销、财务收支管理、水利局服务承诺等20余项内部规章制度，明查和暗访落实情况。加强民主集中制建设，对重大事项、重要工作、大额资金支出按"三重一大"程序上会研究。落实"两个责任"，严管党员干部，严肃党的政治纪律和廉洁纪律，领导成员实行一岗双责，利用多媒体系统开展经常性警示教育。

（张伟伟）

漯河市南水北调办

【机构设置】

2017年，漯河市南水北调办核定事业编制15人，实有人数14人。90%以上为大专以上学历，具有高级职称人员2人，中级职称人员4人。2012年9月15日，漯河市机构编制委员会批准成立漯河市南水北调中线配套工程建设领导小组办公室，加挂漯河市南水北调配套工程建设管理局牌子，隶属漯河市水利局领导，财政全供事业单位，机构规格为副处级。2013年1月11日，漯河市机构编制委员会明确漯河市南水北调中线配套工程建设领导小组办公室（漯河市南水北调配套工程建设管理局）机构编制方案。内设综合科、计划财务科、建设管理科3个科室。2013年12月，漯河市机构编制委员会办公室将原漯河市移民安置局人员整体划转到漯河市南水北调中线配套工程建设领导小组办公室。

【人事管理】

2012年9月，成立漯河市南水北调中线配套工程建设领导小组办公室（漯河市南水北调配套工程建设管理局）主任（局长）：王有亮 副主任（副局长）：雷卫华 总工：谢东升。

2013年9月，潘彦君任主任（局长）。2014年1月，主任（局长）潘彦君，副主任（副局长）于晓冬、张全宏 总工：艾孝玲。

2015年7月~2017年12月31日，李洪汉任主任（局长），副主任（副局长）于晓冬、张全宏 总工艾孝玲。

【党建与廉政建设】

2017年，漯河市南水北调办围绕南水北调中心工作大局，按照"抓落实、全覆盖、求实效、受欢迎"的工作要求，以实施基层党建项目化管理为支撑，以创先争优为动力，把基层党组织服务中心和建设队伍两大任务落到实处，把协助和监督两大作用发挥到位，全面提升党建工作水平，使基层党组织和党员在南水北调各项工作中"走前头、当先行、做表率"。

落实主体责任，在安排部署重点工作的同时，传达廉政建设精神，部署廉政建设事项，落实廉政建设措施，检查廉政建设效果，追究违反廉政建设责任，党风廉政建设贯彻日常工作全过程。履行一岗双责，履行党风廉政建设岗位职责和廉政承诺，印发领导班子及成员党风廉政建设主体责任清单。围绕管住管好"权、钱、物、人"这四个重点部位，建立完善招投标、变更索赔、资金支付结算等一系列规章制度。严格执行公务接待、公务用车、办公用房等管理制度，压缩"三公经费"。加强对招标投标、大宗材料采购、工程结算、资金使用等关键环节、重点岗位和关键权力的制约和监督，确保权力正确行使。

【"两学一做"学习教育与精神文明建设】

2017年漯河市南水北调办全面贯彻党的十八大、十九大精神，学习贯彻习近平总书记系列重要讲话精神，围绕南水北调中心任务，以培育和践行社会主义核心价值观为主线，全面加强理论和思想道德建设，开展群

众性精神文明创建活动。

开展"两学一做"学习教育，学习党章的基本内容和各项要求，用党章指导规范精神文明建设各项工作，加强政治纪律和政治规矩教育，持续开展党规党纪和中央有关要求的学习，坚守党的纪律要求和纪律底线。学习宣传贯彻习近平总书记系列重要讲话精神，以集中学习、个人自学、专题研讨等形式推动党员干部读原著、学原文、悟原理。

开展中国特色社会主义和中国梦学习宣传教育。开展中国特色社会主义理论体系学习和"中国梦 我的梦"主题教育实践活动，引导干部职工联系南水北调的难点热点问题，学习党的路线方针政策和国家法律法规，增强政治认同、理论认同、情感认同。

加强形势任务教育。学习贯彻党的十八届历次全会精神，及时传达十九大精神，组织干部职工学习省南水北调工作会议精神，全面准确宣传解读国民经济和社会发展、南水北调事业发展的业绩成就以及"十三五"规划，认清美丽中国、生态文明建设及南水北调目标任务，并将形势任务教育作为党员干部理论学习、思想政治教育的重要内容，通过专题研讨交流，引导干部职工自觉地把思想和行动统一到中央的决策部署上来。

（周　璇）

周口市南水北调办

【机构设置】

2017年，周口市南水北调办增加人员、增设机构、完善职能，构建处所站三级管理体系，周口市南水北调办管理处、周口管理所和商水县管理所以及各现地管理站。经市政府同意，在市水利系统内部管理人员带编调整组建运管机构人员，第一批5人于2016年10月调整到位，第二批10人于2017年6月调整到位。周口市南水北调办运行管理人员编制共26名，在原有编制10名增加编制16

名。增设生产调度运行科，增加科级领导职数3名，增设专业技术副高级岗位一个。周口市现任主任（局长）徐克伟，副主任（副局长）谢康军、陈向阳。

【"两学一做"学习教育常态化制度化】

2017年，周口市南水北调办按照中央"两学一做"学习教育部署推进"两学一做"学习教育常态化制度化。建立学习制度，进行学前准备，规范学习机制，明确学习的重点和内容，学有记录、学有成效，及时整理学习文字、影像资料。提出"五个一"要求，每名党员制定一份学习计划，每周组织一次集中学习，每月领导做一次专题辅导，每季度开办一期学习专栏，每人撰写一篇学习心得。开展调研和征求意见建议活动，分类分层梳理问题，查找剖析原因，查漏补缺，完善方案，强化措施，持续进行问题整改落实，以群众是否满意为标尺，立规执纪，做到善做善成，推动党员教育制度化常态化长效化。

【党风廉政建设】

2017年周口市南水北调办落实党风廉政建设责任制，坚持一岗双责，把党风廉政建设与业务一起部署一起落实一起检查，统筹推进共同提高。领导以身作则，带头维护党纪的严肃性，在每周例会上进行廉政提醒教育，重大节日节前教育，组织干部职工观看廉政教育片，参加周口监狱警示教育活动。不折不扣贯彻执行中央八项规定和省市实施意见，正文风改会风转作风树新风，营造新风正气，抵制歪风邪气。坚持从自身做起，厉行勤俭节约，落实公务接待制度，落实公务用车配备使用管理规定，清理使用办公用房，按照党员领导干部应当报告的九项内容向组织如实报告个人有关情况。

【文明单位创建】

周口市南水北调办把精神文明创建工作作为推动南水北调工作发展的动力，建立制度和机制，创建工作思路清晰、目标明确、措施有力，坚持以人为本，加强干部队伍建设，提高干部综合素质。运用各种活动载体全员参与，不断提升创建品位。2017年被授予省级文明单位称号。

（孙玉萍　朱子奇）

许昌市南水北调办

【机构设置】

2004年4月12日许昌市成立许昌市南水北调中线工程建设领导小组（许政文〔2004〕34号），2004年8月10日经许昌市编制委员会批准成立许昌市南水北调中线工程建设领导小组办公室（许编〔2004〕21号），正处级规格，单位内设综合科、计划建设科、经济与财务科、环境与移民科。核定事业编制18名，其中主任1名，副主任4名，科级领导职数6名。核定驾驶员事业编制3名。参照公务员管理（许编〔2004〕21号）。2007年1月成立许昌市移民工作领导小组，许昌市南水北调办公室与许昌市移民工作领导小组办公室合署办公（许政文〔2007〕8号）。2011年3月，设立许昌市南水北调配套工程建设管理局（许编〔2011〕3号）。2011年7月，环境与移民科更名为移民安置科，增设质量监督科（挂"许昌市南水北调配套工程质量监督站"牌子），增加事业编制3名，其中科级领导职数1名（许编〔2011〕22号）。2012年设立禹州市南水北调工程管理所、长葛市南水北调工程管理所、襄城县南水北调工程管理所、市区南水北调工程管理所，隶属市南水北调中线工程建设领导小组办公室（市南水北调配套工程建设管理局）领导，核定编制共计16名，其中科级领导职数4名（许编〔2012〕20号）。2013～2017年许昌市南水北调办（配套工程建设管理局）所属4个工程管理处增加事业编制16名。许昌市南水北调配套工程建设管理局所属4个工程管理处编制共计32名（许编〔2013〕28号）。

【人事管理】

2017年，许昌市南水北调办主任张小

保，副主任范晓鹏、李国林、李禄轩，副调研员孙卫东、陈国智。4月16日～5月26日，许昌市南水北调办副主任李国林参加由许昌市委组织主办第23期县级干部培训班，学习《党章》《习近平总书记系列讲话读本》、党的十八届六中全会精神、《廉洁自律准则》等。学习期满成绩合格并颁发结业证书。9月4~30日，许昌市南水北调办质量监督科科长李留参加由许昌市委组织部主办2017年干部教育培训秋季班（许昌市第26期正科级实职干部培训班），学习党的十八大、十八届三中、四中、五中、六中全会和习近平总书记系列重要讲话精神。学习期满成绩合格并颁发结业证书。

【党建与廉政建设】

2017年，按照中央部署和省委、许昌市委要求，参加许昌市委贯彻党的十九大精神专题研讨班暨县级主要领导干部党的十九大精神轮训班，邀请市委有关专家进行集中宣讲，领导成员到分管科室开展党的十九大精神主题宣讲，按照开展干部轮训工作的要求，分批次进行党员领导干部和党支部书记培训。结合"两学一做"学习教育常态化制度化，开展"党建+"行动、"三会一课"制度、主题党日活动，集中学习和个人自学相结合、通读文件与专题研讨相结合，学深悟透、学通弄懂。

全面从严治党实施"党建+"和"四大工程"，严明政治纪律和政治规矩，把全面从严治党要求落到每个支部、每名党员。规范组织生活，领导成员到联系科室讲党课，以普通党员身份参加所在党支部的组织生活，落实"三会一课"、民主生活会、组织生活会、民主评议党员活动。签订党风廉政建设目标责任书，在年度工作会议和"两学一做"专题会安排部署党风廉政建设工作。配合省南水北调办开展内部审计工作，对审计存在的问题，制定整改措施，落实责任。开展党章党规党纪，"一准则、一条例、一规范"学习，开展"剖析典型案件，推进以案促改专项工作"。开展八项规定精神制度建设"回头看"活动，列出问题清单。建立健全信访工作机制，设立举报电话，每周安排一名领导成员接访，2017年受理近30起群众来电来访，件件有专人负责有答复有落实。开展大约谈活动，全年组织7次明察暗访活动。

【精准扶贫】

许昌市南水北调办按照市委组织部的要求和部署，2015年8月选派干部到襄城县颍阳镇洪村寺村开展驻村扶贫工作。洪村寺村2014年被识别为贫困村。按照精准识别三个"面对面""四议两公开""六步工作法"，2017年5月重新核实贫困户17户53人，标识稳定脱贫户26户84人。2017年底动态调整后，脱贫8户20人，新识别3户11人，建档立卡贫困户共11户43人。对2016年省际间交叉考核、省第三方评估以及省市县在巡查督查中发现的问题立整立改，核实贫困户信息，完善户档村档资料。2017年6月，省委驻许昌市巡视组专程到洪村寺村调研对洪村寺村的工作给予肯定。实施产业帮扶，建设光伏发电、扶贫车间项目，实施产业分红。撰写《襄城县颍阳镇洪村寺村调研报告》《襄城县颍阳镇洪村寺村脱贫实施方案》调研报告，为指导扶贫工作提供参考依据。

（程晓亚）

郑州市南水北调办

【机构设置】

郑州市南水北调办公室（郑州市移民局），省批参照公务员管理单位。2003年12月25日经郑州市编制委员会批准成立。在编人数60人，实有人数70人；内设综合处、财务处、建设管理处、计划处、移民处、质量安全监督管理处共6个处。

2017年，郑州市南水北调办公室（郑州市移民局）主任、局长李峰，郑州市南水北调办公室（郑州市移民局）书记刘玉钊，副主任、副局长王永强、邓银龙、张立强、胡仲泰。

【党建与"两学一做"学习教育】

成立党建工作领导小组，印发《2017年党建工作计划》，明确重点工作任务，做到党建工作与业务工作同安排同考核，落实机关学习制度，全年集中学习12次、研讨交流6次。开展"两学一做"学习教育实践活动，以活动促转变、以活动促提升。2017年开展集中学习、党小组学习35次，书记讲党课，邀请省委党校教授开展机关思想理论学习"月大讲堂"专题教育三期、在南水北调网站发布党建宣传信息21条，组织35名党员干部到南阳南水北调精神教育基地开展"万名党员进党校，锤炼党性铸忠诚"集中培训学习。

（刘素娟 罗志恒）

焦作市南水北调办

【机构设置】

2005年5月～2017年，焦作市机构编制委员会同意成立焦作市南水北调中线工程建设领导小组办公室，处级规格参照公务员管理，内设综合科、拆迁安置科、计划建设科、财务审计科。2006年2月，焦作市南水北调中线工程建设领导小组办公室加挂"焦作市南水北调中线工程移民办公室"（焦编〔2006〕3号），2012年7月，加挂"焦作市南水北调工程建设管理局"（焦编〔2012〕14号）。

【人事管理】

2005～2017年，根据焦作市机构编制委员焦编〔2005〕14号文件，焦作市南水北调办公室核定全供事业编制15人。2015年6月，焦作市机构编制委员增加焦作市南水北调办公室2个编制（焦编〔2015〕103号），增加后事业编制17人。2016年6月，焦作市南水北调办公室退休1人，2017年实际在编14人。

2017年，焦作市南水北调办公室现任主任（局长）段承欣，副主任（副局长）刘少民、吕德水。

【党建与"两学一做"学习教育】

2017年推进"两学一做"学习教育常态化制度化，落实"三会一课"，加强基层党组织建设。开展坚持"四讲四有"标准、争做合格党员活动，发挥党支部的战斗堡垒作用和党员的模范带头作用。

全面落实从严治党要求，坚定维护以习近平同志为核心的党中央权威和集中统一领导，坚定政治方向。履行全面从严治党职责，加强日常监管，履行一岗双责，加强党员管理，严格执行党的纪律和政治规矩。执行民主集中制，"三重一大""五个不直接分管""末位表态"制度。严格执行"四大纪律八项要求"、省委廉洁从政十二条规定，完善惩防体系，自律和他律相结合，从自身做起增强党性觉悟，加强纪律约束。

【文明单位创建】

焦作市南水北调办精神文明创建工作求实创新，成立组织，制定工作方案，召开动员大会，分解细化工作任务，落实责任主体。定期督导、定期会商，解决实际问题推进工作。参与文明城市创建活动，设置公益广告8处，宣传社会主义核心价值观。结合工作特点在世界水日中国水周期间，开展"节约用水，保护水工程"特色主题宣传活动。

【干部轮岗交流】

南水北调工作由建设管理型向运行管理型转变，2017年对中层干部进行轮岗交流，避免惯性思维和方式固化。操作上严格按照党管干部原则，程序规范、审慎推进，提高轮岗交流成效。轮岗激发中层干部干事创业的活力和动力，收到良好效果。

【驻村帮扶】

焦作市委市政府"结千村、访万户、解民忧、帮民富"和扶贫攻坚工作任务下达后，焦作市南水北调办党组立即安排布置，先后挑选5名干部驻村工作。2017年，市南水北调办领导成员每周驻村1到2天调研，帮助

群众解决实际问题。在司马岗村解决村民吃水井淤沙问题，先后投资6万多元，淘洗吃水井1眼，新购30t压力水罐一台，新盖钢架遮阳棚一座，配套压力钢管40m。在武陟县小董乡新李庄村，对村委会设施进行全面修缮，改善村两委办公条件。

（樊国亮）

焦作市南水北调城区办

【机构设置】

2006年6月9日焦作市政府成立南水北调中线工程焦作城区段建设领导小组办公室，领导成员6名，设综合组、项目开发组、拆迁安置组、工程协调组。2009年2月24日焦作市委市政府成立南水北调中线工程焦作城区段建设指挥部办公室，领导成员3名，设综合科、项目开发科、拆迁安置科、工程协调科。2009年6月26日，指挥部办公室内设科室调整为办公室、综合科、安置房建设科、征迁安置科、市政管线路桥科、财务科、土地储备科、绿化带道路建设科、企事业单位征迁科。2011年，领导成员7名（含兼职），内设科室调整为综合科、财务科、征迁科、安置房建设科、市政管线科、道路桥梁工程建设科、绿化带工程建设科。2012年，领导成员7名（含兼职），内设科室调整为综合科、财务科、征迁科、安置房建设科、市政管线科、工程协调科。2013年10月14日，领导成员6名（含兼职）。2014年，领导班子成员5名。2015年，领导班子成员4名。2016年，领导成员7名。2017年，领导成员7名。现任常务副主任吴玉岭。

主要职责是落实南水北调焦作城区段绿化带征迁安置政策；按照指挥部的要求，协调解决绿化带征迁安置建设中遇到的困难和问题；协调市属以上企事业单位和市政专项设施迁建工作；制定工作程序，完善奖惩机制；信息沟通，上传下达，做好综合性事务联络工作；协调总干渠征迁安置后续工作，

配合、服务城区段总干渠运行管理工作。

【党建工作】

2017年，焦作市南水北调城区办党支部学习贯彻党的十九大精神、习近平新时代中国特色社会主义思想、《习近平谈治国理政》（第二卷）和市委十一届四次、五次全会精神，学习中央、省委、市委重大决策部署、重要会议精神，持续加强机关党建和党风廉政建设，提高党的建设科学化水平。

履行全面从严治党主体责任 进一步增强党建主体责任意识，自觉担当党建首要责任。加强领导班子的集体责任、党组织书记的第一责任和班子成员的一岗双责，合理划分责任主体之间的责任界限，构建全面从严治党的责任体系。严明党的纪律，学习和落实《中国共产党纪律处分条例》等党纪党规；把严明政治纪律摆在首位，警戒各种违纪苗头问题，进一步增强"四个意识"，强化"四个自信"，筑牢思想防线。

加强基层党建 落实"三会一课"、民主评议党员制度，不断提高党内政治生活质量；开展党员违纪违法未给予相应处理情况排查清理工作，开展党费收缴工作专项检查；严肃党内政治生活，组织召开党员领导干部民主生活会查找问题，咬耳扯袖、红脸出汗成为常态。

严格执行民主集中制 坚持"集体领导、民主集中、个别酝酿、会议决定"的基本原则，重大问题由领导班子集体讨论作出决定，没有发生个人说了算或者个别人说了算的现象。2017年，根据有关要求，完善领导班子议事制度，增加领导班子议事内容，调整指挥部工作例会议题收集程序，更加突出民主集中制的要求，提高科学决策水平。

【"两学一做"学习教育】

继续深化党员教育，围绕党的十九大精神、习近平新时代中国特色社会主义思想、党章党规等，不断改进学习方式，拓展学习途径。组织开展在职自学，领导成员和党员原原本本学习规定内容；组织党支部学习，联系工作实际开展交流讨论；采取党课和专题讲座等形式，领导成员、中层干部结合自己的分工和特长，为全体工作人员作专题辅导。2017年，举行领导班子学习和党支部学习40余次，利用手机短信平台传送学习资料约10万字。坚持问题导向，推进学做结合，组织党员紧密联系思想工作实际查找不足、解决问题；深化学做结合的有效载体，把开展学习教育与推进绿化带征迁安置工作结合起来，引导党员干部在破解征迁安置难题中担当作为；推行"党支部主题党日"制度，参加"结千村、访万户、解民忧、帮民富"活动，拓宽党员联系服务群众的渠道。

【廉政建设】

落实党风廉政建设责任制 及时调整党风廉政建设工作领导小组，定期召开会议，分析研究安排党风廉政建设工作。制订《2017年度党风廉政建设工作目标》，健全机制完善《廉政约谈制度》《签字背书制度》。贯彻廉洁从政各项要求，严格教育和管理配偶、子女和身边的工作人员。

提高党员干部廉洁自律意识 提高党员干部的廉洁自律意识，落实学习制度，以会代训学习党章、党的十九大精神、中央八项规定精神、《中国共产党廉洁自律准则》《中国共产党纪律处分条例》《关于新形势下党内政治生活的若干准则》等党内法规。在领导干部中开展书写"廉情寄语""家规家训"活动，传递家庭助廉正能量；强化廉政理念，营造廉洁自律氛围，加强反面典型教育，剖析违法违纪典型案例和观看警示教育片。召开党风党纪专题民主生活会，查摆问题深刻反思，制定措施落实整改。

构建拒腐防变保障机制 不断建立和完善党风廉政建设和反腐败工作制度，用制度管人管物管事。完善办公用房制度、公务接待制度、公车管理制度、廉政约谈制度、签字背书制度等一系列制度。健全举报投诉接访制度，设立举报信箱，公开举报电话，进一步畅通举报投诉渠道，强化群众监督，促进党风廉政建设。

强化权力制约和监督 坚持"有权必有责、有责要担当、失责必追究"原则，组织开展"严格问责保落实、优化环境促发展""标本兼治以案促改"、落实中央八项规定精神制度建设"回头看""严守政治纪律严明政治规矩专项治理""懒政怠政为官不为专项整治"等活动。在各项活动中，围绕南水北调绿化带征迁安置建设各项重点工作，以从严问责倒逼责任落实，防止产生不作为乱作为懒政怠政等问题。对各科室担负的重点任务，公开公示具体项目、责任人、工作计划、完成时限。2017年，共出台相关实施方案、规章制度38项，梳理、整改各类问题49个。

（李新梅）

新乡市南水北调办

【机构设置】

2012年9月，《新乡市机构编制委员会关于新乡市南水北调中线工程领导小组办公室（新乡市南水北调配套工程建设管理局）清理规范意见的通知》（新编〔2012〕106号）进一步明确：市南水北调中线工程领导小组办公室（市南水北调配套工程建设管理局）机构规格相当于正处级；核定事业编制24名，其中单位领导职数1正2副，总工程师1名（正科级），内设机构领导职数8名，工勤人员1名；经费实行财政全额拨款。

【人事管理】

2017年，新乡市南水北调办公室（新乡市南水北调配套工程建设管理局）共有在编工作人员21人，其中县处级2人，科级以上12人，科员6人，工勤人员1人。2017年新乡市南水北调办公室主任（兼新乡市南水北调配套工程建设管理局局长）邵长征，副主任（兼副局长）洪全成，党组成员、总工 司大勇。

【党建工作】

2017年，新乡市南水北调办党组在市直机关工委的领导下，推动"两学一做"学习教育常态化制度化和学习宣传党的十九大精神，开展"敢转争"实践活动，进一步加强和改进党建工作，推进党的工作规范化制度化科学化建设，构建党要管党、从严治党的党建工作新常态，发挥党组织的战斗堡垒作用，全面推进党的政治建设、思想建设、组织建设、作风建设和纪律建设。

落实党组主体责任 新乡市南水北调办党组印发《中共新乡市南水北调办公室党组关于进一步加强党建工作的意见》（新调办党〔2017〕9号），明确党组书记为党建工作第一责任人，领导以普通党员身份参加党支部专题组织生活会，带头开展批评与自我批评。全年讲党课5次，参加各类学习及组织生活28次。

学习领会党的十九大报告 学原文悟原理，收听收看十九大开幕式，两次组织全体党员对照报告原文逐字逐句精读细读，进一步理解新时代伟大斗争、伟大工程、伟大事业、伟大梦想的基本内涵、新时代中国特色社会主义思想的精神实质。党小组对新时代发展中国特色社会社会主义的14条基本方略，坚定不移推进全面从严治党8个方面等内容要重点学习。全体党员干部结合本职工作撰写心得体会并进行交流研讨。把十九大报告中涉及民生工程、水资源保护等方面要求与全市南水北调工作实际结合起来，进一步推动全市南水北调配套工程运行管理、工程安全、供水安全工作，扩大用水范围，力争将原阳、封丘、平原示范区等县市区纳入南水北调供水范围，扩大供水目标和效益。

【"两学一做"学习教育制度化常态化】

新乡市南水北调办出台《关于推进"两学一做"学习教育常态化制度化的实施意见》（新调办支〔2017〕5号），对各项工作目标举措进行明确。以党支部为基础、组织生活为基本形式，以落实党员日常教育管理制度为依托，把"两学一做"学习教育常态化制度化融入全面从严治党部署。在"两学一做"学习教育中，主要领导讲党课，参加民主生活会，开展批评与自我批评，以普通党员身份参加所在支部和党小组的组织生活。

【"敢转争"实践活动】

根据市委《中共新乡市委关于开展"敢担当、转作风、争一流"实践活动的意见》，成立新乡市南水北调办"敢担当、转作风、争一流"实践活动领导小组，制订《新乡市南水北调办公室"敢担当、转作风、争一流"实践活动实施方案》，设立综合协调、督导考核、激励追责3个工作组，召开动员会学习贯彻市委"敢转争"实践活动精神。开展学习习近平同志关于责任担当的重要论述，省委书记谢伏瞻同志署名文章《弘扬敢于担当精神，做时代的劲草真金》和张国伟同志关于学习贯彻谢伏瞻同志署名文章的批示。每名党员干部写出"敢转争"实践活动心得体会和发言提纲，建立"敢转争"实践活动工作台账。通过对重点工作完成情况、主任办公会交办任务、上级交办任务、领导交办临时任务等六个方面的督导考核，整治机关存在的不愿为、不敢为、不能为、慢作为、乱作为等现象，形成敢于担当转变作风争创一流的工作氛围。

【廉政建设】

2017年，新乡市南水北调办加强廉政建设责任制，党组进一步落实党风廉政建设主体责任，对领导分工进行调整，明确领导联系科室的廉政建设责任。新乡市南水北调办主要领导集体廉政约谈、提醒8次，与领导成员和科室负责人廉政谈话10人次。党组书记与各科室负责人签订廉政目标责任书和承诺书，推进党风廉政建设和反腐败工作。开展以案促改，加强风险点防控。每人结合个人岗位职责和特点，共梳理出重大事项决策、合同变更处理、征迁安置、工程量审核、招投标、物品采购、财务报销、各类手续办理等19个廉政风险防控点，制定出20条可操作

性强的防控措施。按照市委第三巡察组提出的问题意见建议开展整改落实工作，2017年，整改事项24项完成20项，完成83%，剩余事项整改正在加紧推进。巡察整改以来，结合以案促改工作，共新建修订相关制度37项。

【精神文明建设】

2017年，新乡市南水北调办精神文明建设工作，参与创建全国文明城市，巩固市级文明单位创建成果，树立人人参与、人人负责、共创共赢的理念。爱国主义教育开展中国特色社会主义和中国梦学习教育活动，组织全体干部职工观看《中国梦365个故事》、学习中国特色社会主义理论知识。组织全体人员参观《光辉的历程—历次全国代表大会简介展》、参加全民健身活动，开展"全民阅读·书香机关"读书活动，4月27日，印发《新乡市南水北调办公室关于印发〈2017年"全民阅读·书香机关"读书活动实施方案〉的通知》。

文明细胞创建 出台《新乡市南水北调办公室培育和践行肾会注意核心价值观实施方案》，组织开展社会主义核心价值观知识竞赛、践行"文明之行五个一"活动，开展职业道德教育活动，进一步理解"富强、民主、文明、和谐"的价值目标，"自由、平等、公正、法治"的价值取向，践行"爱国、敬业、诚信、友善"的价值准则。开展六文明系列活动，规范干部职工文明服务、文明执法、文明经营、文明旅游、文明餐桌、文明交通行为，推进文明单位创建工作。

道德建设 开展"争创文明科室、争做文明职工"活动。9月12日，制定"文明科室""文明职工""和谐家庭"争创活动实施方案，并在年底开展评比和表彰活动。12月1日组织全体干部职工进行民主推荐活动，确定推荐名单，经公示共有2个科室、11名职工获得荣誉称号。宣传和评议道德模范和身边好人，面向市、县南水北调办、干线管理处、受水水厂、对口帮扶村等相关单位，专

题开展"身边好人"和"最美家庭"评选推荐活动，共收到28位"身边好人"和11个"最美家庭"的推荐材料。经市南水北调办评委会审定，评选出"身边好人"6名，"最美家庭"2个。举办道德讲堂和文化讲堂。按照市文明办关于开展"道德讲堂"（文化讲堂）建设的有关要求，举办道德讲堂5期、文化讲堂1期。开展文明礼仪养成教育活动。组织开展文明礼仪知识讲座活动，举办文明礼仪知识竞赛，强化公民道德建设，推进公共文明建设，在单位办公走廊和明显位置设置文明标牌和遵德守礼提示牌，增强每位职工的文明意识。

法治建设 组织职工学习习近平总书记关于社会主义民主法治建设系列重要论述以及对加强法治中国建设作出的重要指示；学习宣传宪法基本原则和基本精神、国家基本政治制度、基本经济制度、公民基本权利和义务，加强南水北调有关法规的学习宣传，在世界水日举办南水北调相关法律宣传活动。

诚信建设 新乡市南水北调办组织开展诚信建设活动并制定实施方案。按照实施方案安排，8月24日，市南水北调办组织系统内部学习，开展行业特色诚信创建活动，参会代表宣读承诺书，要争做一名"诚信文明南水北调人"。8月29日，市南水北调办印发《关于实行诚信"红黑名单"制度的通知》（新调办〔2017〕103号），进一步规范个人诚信信誉奖惩办法；11月6日，组织诚信建设专题道德讲堂，宣讲人员以陶行知先生一句"千教万教教人求真，千学万学学做真人"结束学习，赢得全场人员一致认可。引导干部职工认识讲诚信与自身利益的密切关系，树立良好的职业道德，从不说谎、不作弊、不欺诈做起，在社会做诚信公民、在单位做诚信建设者、在家庭做诚信成员。

服务型单位建设 制订《开展创建"服务型机关"活动方案》（新调办〔2017〕112号）。分为宣传动员、查摆问题、整改提高、

考核总结四个步骤，提升为基层和群众服务水平。3月22日"世界水日"宣传日，宣传南水北调工程及供水的重大意义，提升市民的爱水惜水节水意识。为干线水源保护区内新建改扩建项目审批和其他工程穿越邻接供水管道手续办理提供便利条件。市编办统一部署，2017年修订完善2项行政审批事项工作流程并予以网上公告。干线水源保护区内新建改扩建项目受理8起办结5起，正在办理3起。其他工程穿越邻接配套供水管道工程受理5起办结2起，报省南水北调办审查待批复2起，正在整理材料1起。

学雷锋志愿服务活动 新乡市南水北调办成立学雷锋志愿服务队，2017年有成员21人，占单位人数的100%。制定年度学雷锋志愿服务活动实施方案、活动计划，明确活动的主要内容。先后组织志愿服务队到无助庭院打扫卫生、到"驻村联户 结对帮扶"村义务植树和世界水日义务普法宣传。助力新乡市创建全国文明城市，参与帮扶无主庭院活动，为牧野区工人街社区购置户外乒乓球台1套、户外座椅2套、不锈钢垃圾箱1个、宣传栏1个，硬化地面100余 m^2；捐赠社区电子阅览室联想台式电脑3部，组织志愿者每周到社区义务打扫卫生，清理卫生死角，宣传文明知识。

网络文明传播 建立由5人组成的网络文明传播志愿者工作小组，并制定网络文明传播志愿者服务活动实施方案，宣传自觉遵守网络文明倡导文明上网，开展网络文明活动，志愿者工作小组引导职工参与新乡文明网"好人推荐"等各类网上活动，通过大河网等平台及时了解网络媒体对南水北调工程的舆情；制定干部职工文明上网规范，发起全体干部职工文明上网倡议书签字活动；利用"文明新乡南水北调办"官方微博等网络平台撰写博文及评论，宣传思想文化和精神文明建设内容。

文体活动 按照《全民健身计划（2016—

2020 年）》增强人民体质、提高健康水平的根本目标，举办丰富多彩的文体活动。购买乒乓球案、羽毛球、篮球、购买书籍扩充阅览室，组织南水北调系统"丹江杯"篮球友谊赛，参与市直机关趣味运动会、健步走活动，定期与市水利局、市财政局、市机关事务管理局进行篮球友谊赛，开展"我们的节日"主题教育活动。春节前后组织党员义工开展春节送温暖活动，先后去帮扶贫困村、现地管理站看望慰问贫困户及基层员工，清明节组织开展"网上祭英烈"活动，端午节组织观看端午晚会及篮球友谊赛，国庆节和中秋节期间开展"赏月 团圆"系列活动，重阳节组织老干部参观南水北调供用水管理。

【驻村帮扶】

新乡市南水北调办驻村帮扶获嘉县照镜镇方台村。2017 年为村里订阅党报党刊 5000 元；邀请新乡市园林绿化局技术员到村实地考察，制定植树规划方案。根据规划图，协调红叶李、大叶女贞、樱花、海桐球树苗 400 余棵，并联合县质监局为方台村筹措资金 7000 余元购买绿化树苗，市南水北调办出动 30 余人次帮助完成植树。协助市体育局为村文化广场添置 12 套体育健身器材、2 个乒乓球案、1 副篮球架；协调县文化部门为方台村无偿提供音响设备一套，支持村广场舞队参加全县比赛并取得良好名次。

1 月 17 日市南水北调办全体职工在会议室开展"慈善一日捐"活动，共筹集捐款 2250 元用于帮扶方台村贫困户。春节前，1 月 18 日，市南水北调办干部职工到方台村开展慰问，各帮扶责任人送大米食用油到贫困户家中。落实"队员当代表、单位做后盾、领导负总责、全员搞帮扶"方针，继续坚持一月至少到村里、到贫困户家中走访一次的原则，制定帮扶计划落实帮扶措施。落实"扶贫帮扶日"制度。2017 年继续坚持领导带队每月进村工作制度，各帮扶责任人进村入户，宣传落实扶贫政策，帮助贫困户理思路想办法，解决实际困难和问题，整理户容户貌。落实各项扶贫政策帮助贫困户增收脱贫。帮助贫困户使用医疗、教育、保险等扶贫政策减少支出。2017 年实现全村 8 户 35 人脱贫。

（吴 燕）

濮阳市南水北调办

【机构设置】

濮阳市南水北调中线工程建设领导小组办公室（濮阳市南水北调配套工程建设管理局），事业性质，机构规格相当于副处级，隶属于市水利局领导。经费财政全额拨款。事业编制 14 名，实有 13 人。其中主任 1 名，副主任 2 名；内设机构正科级领导职数 4 名。人员编制结构为管理人员 3 名，专业技术人员 9 名，工勤人员（驾驶员）1 名。

2017 年濮阳南水北调办公室设综合科、计划财务科、工程建设管理科、征迁安置科。

【党建工作】

2017 年濮阳市南水北调办学习贯彻党的十九大精神改进思想作风和工作作风，开展"两学一做"学习教育，加强党的建设。学习党章党规、学习系列讲话。党的十九大召开后，迅速开展学习贯彻党的十九大精神的工作，全体党员干部结合思想工作实际开展研讨交流，撰写心得体会 20 余篇。

开展党支部"三会一课"学习。围绕理论教育、党性教育内容，采取集中办班、专题辅导、座谈讨论等形式，提升党员党性意识。落实党务公开、民主评议党员等组织生活制度，逐步完善党员服务制度；参加市"双报到双服务"活动，开展义务劳动、社区宣传等活动 12 次。

组织党员开展"坚定理想信念、明确政治方向"专题组织讨论活动，引导全体党员铭记党员身份、履行党员义务、做出党员表率，做"四讲四有"合格党员；按时缴纳党费，2017 年度共缴纳党费 4782 元，给每个党员过政治生日，重温入党誓词，发展预备党员 2 名，党组织的凝聚力和战斗力明显增强。

【廉政建设】

2017 年，濮阳市南水北调办贯彻落实十八届中央纪委七次全会及河南省纪委十届二次全会会议精神，贯彻落实中央八项规定精神，结合"两学一做"学习教育，开展党规党纪学习教育，严明党的纪律和规矩。明确责任，形成"一把手负总责，班子成员齐抓共管"的工作机制坚持把纪律挺在前面，严肃党内政治生活，加强党内监督，正风肃纪纠正"四风"，推动全面从严治党发展。

加强对落实党风廉政建设责任制的领导，履行一岗双责，制定责任目标，分解责任任务。制定下发2017年党风廉政建设和反复倡廉工作责任目标，确定 2017 年反腐倡廉工作重点。把反腐倡廉工作贯穿到业务工作中，对党风廉政建设责任制的落实情况与业务工作实行统一部署、统一落实、统一检查。与各科室签订《2017 年党风廉政建设目标责任书》，明确各单位在党风廉政建设中的目标任务，并及时检查责任完成情况。

推动管党治党政治责任全覆盖真落实。主体责任是"全责"，领导成员承担分管部门管党治党领导责任，一岗双责，形成合力，共同落实全面从严治党工作任务。结合工作实际制定实施方案，召开动员会，制定学习计划，严格学习纪律，学习党章和《中国共产党廉洁自律准则》《中国共产党纪律处分条例》等党纪法规以及中央、省、市纪委全会精神。严格控制"三公"经费支出。在重大节假日期间，封停公务用车，严防公款吃喝、公款送礼、公款旅游、公车私用等违规违纪问题的发生。不定期对工作纪律情况进行明察暗访，纠正在上班时间上网聊天、打游戏等行为。落实《濮阳市水利局围绕吴灵臣、雷凌霄、王璀英等案件开展以案促改工作的实施方案》，按时参加以案促改廉政教育专题党课，剖析原因找出问题症结，以发生在身边的反面典型为教训，以案促教、以案促改、以案促建，营造风清气正的干事创业环境。

【精准扶贫】

2017 年，按照濮阳市扶贫工作要求推进精准扶贫工作，制定精准帮扶措施。实现"三个确保"（确保每户贫困户都有干部结对帮扶，确保贫困村农民人均纯收入年均增幅高于全县年均增幅，确保"两不愁、三保障"）年度发展目标，制定切实可行的年度帮扶计划。濮阳市南水北调办实行党员一对一帮扶措施，组织 10 余名干部进行入村帮户工作。宣传党和国家关于"三农"工作及扶贫开发的方针政策，贯彻落实省、市黄河滩区扶贫开发措施，引导群众转变观念,克服等靠要思想，树立脱贫致富加快发展的坚定信心。

2017 年开展送温暖活动 3 次；开展"情系千安社区，关注妇女健康"大型义诊活动，为200 多名村民进行免费体检和健康指导；谋划土地整理项目，推动原村址土地平整复耕和整村土地流转；加大对全村农田水利基础设施的投入和改造，硬化生产道路 500m，疏通生产渠道 2000m，整理废弃坑塘 1 处，发展林下经济，形成经济林木种植、蔬菜种植、禽类散养、水产养殖等规模化立体种养基地 1 处，带动 50 名村民就近就业。

（王道明）

鹤壁市南水北调办

【机构设置】

鹤壁市南水北调中线工程建设领导小组成立于 2005 年 1 月 31 日，9 月 29 日成立鹤壁市南水北调中线工程建设领导小组办公室，加挂鹤壁市南水北调中线工程建设管理局牌子。2007 年 6 月 29 日加挂鹤壁市南水北调中线工程移民办公室牌子。2011 年 10 月 17 日鹤壁市公务员局批复同意鹤壁市南水北调中线工程建设领导小组办公室参照公务员法管理。

2017 年，鹤壁市南水北调办内设综合科、投资计划科、工程建设监督科、财务审计科 4 个科室。事业编制 15 名，其中主任 1 名，副主任 2 名；内设机构科级领导职数 6 名（正科级领导职数 4 名，副科级领导职数 2 名）。经费实行财政全额预算管理。12 月 12 日鹤壁市机构编制委员会办公室批复同意成立鹤壁市南水北调水政监察大队，与鹤壁市南水北调办工程建设监督科实行"一个机构、两块牌子"的管理体制。鹤壁市南水北调水政监察大队主要职责：负责宣传贯彻《中华人民共和国水法》《南水北调工程供用水管理条例》《河南省南水北调配套工程供用水和设施保护管理办法》等水法律法规规章；负责监督检查南水北调配套工程水法律法规规章的实施情况，维护正常的水事秩序；负责受理对南水北调配套工程水事违法行为的检举、控告，依法制止水事违法行为；负责查处南水北调配套工程管理和保护范围内违反水法律、法规、规章的行为，实施行政处罚；协助公安，司法部门查处水事治安和刑事案件。鹤壁市水利局与鹤壁市南水北调办于 2017 年 12 月 15 日签订行政执法委托书。

【人事管理】

2017 年 1 月 25 日，鹤壁市政府任命杜长明为鹤壁市南水北调办（市南水北调建管局、市南水北调移民办）主任（局长、主任）。调研员常江林，副主任郑涛，副调研员张志峰。

【党风廉政建设】

鹤壁市南水北调办隶属鹤壁市水利局党组领导，党建工作和文明建设由市水利局党组统一安排部署和管理。2017 年，鹤壁市南水北调办坚定落实中央、省委和市委、市水利局党组决策部署，以"两学一做"学习教育为载体，组织干部职工学习十九大报告、习近平新时代中国特色社会主义思想和新《党章》。配齐配强党务干部，规范党内组织生活。反腐倡廉建设坚持"两个责任"落实，明确党风廉政建设主体责任和监督责任

清单，逐级签订党风廉政建设目标责任书。开展"转变作风、强化担当、推动落实"专项活动、中央八项规定精神制度建设"回头看"、坚持标本兼治推进以案促改、"五查无促"等活动，改进工作作风，推动工作落实。严格资金监管与审计，加强南水北调资金审计及整改工作。

（姚林海）

安阳市南水北调办

【机构设置】

安阳市南水北调工程建设领导小组办公室（安阳市南水北调工程配套工程建设管理局），是经安阳市机构编制委员会于 2004 年 6 月批复成立，机构规格相当于正县级，编制 19 名，内设综合科、投资计划科、建设管理科、经济与财务科、环境与移民科、监督检查科 6 个科。2017 年有干部职工 17 名；从市水利系统借调工作人员 15 名满足配套工程建设需要；通过劳务派遣招聘配套工程运行管理人员 27 名；2017 年有干部职工 60 名。

【人事管理】

2017 年 9 月 25 日市政府安政任〔2017〕6 号文，任命马荣洲同志为安阳市南水北调工程建设领导小组办公室（安阳市南水北调配套工程建设管理局）主任（局长），免去郑国宏同志安阳市南水北调工程建设领导小组办公室主任职务。市南水北调办副主任郭松昌、牛保明，副调研员马明福。根据《关于马荣洲同志任职的通知》（安水党〔2017〕38 号），经市水利局党委研究决定，任命马荣洲同志为中共安阳市南水北调办支部委员会书记。

【贯彻落实十九大精神】

2017 年，安阳市南水北调办组织机关全体人员集中收看党的十九大开幕式实况转播，组织全体党员原原本本学报告，认认真真读党章，领会党的十九大的主题，领会习近平新时代中国特色社会主义思想的历史地

位和丰富内涵，领会我国社会主要矛盾的变化，领会新时代中国共产党的历史使命，在学懂弄通做实上下功夫。组织全体党员观看李公乐同志、王新伟同志宣讲十九大精神录像片，开展"我为安阳水利发展建言献策""转型发展、重返第一方阵，我该怎么办"大讨论活动，引导党员干部认清新时代、迎接新挑战、践行新理念。

【党建工作】

2017年，市南水北调办党建工作围绕市委市政府和市水利局党委的工作部署，贯彻习近平新时代中国特色社会主义思想开展"两学一做"学习教育常态化制度化建设，围绕年初确定的党建工作目标，以党的政治建设为统领，全面推进党的思想组织作风和制度建设。

组织建设 制订《2017年党建工作计划》（安调水党〔2017〕5号），制定党建工作目标。1月16日、3月24日、4月19日、5月4日、5月26日，分别就民主评议党员、廉政建设、党的建设、知识竞赛、"两学一做"学习教育常态化制度化进行安排，全方位多方面加强党的建设。加强党员管理和服务，2017年党员组织关系接转4名，转入2名，转出2名。按照2016年12月份工资基数，重新核算22名党员2017年的党费基数，党费每月按时上交至水利局党委。

思想建设 落实《安阳市南水北调办公室党支部政治理论学习制度》，周五下午全体党员理论学习。领导干部带头开展调研，带头给所在党小组领读学习，讲党课示范，撰写笔记。学习中央、省、市经济工作会议精神，习近平总书记在中央纪委历次全会上重要讲话，十八届中央纪委七次全会精神，市委十四届一次会议精神，市委、水利局党委党风廉政建设会议精神，人民日报评论员文章，《中国共产党纪律条例》《中国共产党巡视工作案例》、十九大报告、新修订《党章》等。全年共组织党员集中学习和培训50次，

学习书报文章100多篇。

制度建设 下发《关于进一步规范执行基层党组织"三会一课"制度的通知》（安调水党〔2017〕4号），对全年学习计划作出安排；按规定每季度召开一次全体党员大会，全年召开9次；每月召开1次支部委员会（中心组理论学习），全年学习12次；每月召开1次党小组会，全年学习12次；党支部每季度至少组织1次党课，全年上党课4次。坚持"支部主题党日"制度，印发《2017年"党员主题活动日"实施方案》，每月开展一次活动，既有规定动作，又有创新举措，与"两学一做"学习教育、"三会一课"、交纳党费、服务群众等有机结合，全年活动开展15次。

【"两学一做"学习教育】

推进"两学一做"学习教育，印发《关于构建"四个常态"深入推进"两学一做"学习教育常态化制度化的实施方案》（安调水党〔2017〕6号），推进"学党章党规、学系列讲话、做合格党员"学习教育，将"两学一做"学习教育纳入党支部"三会一课"基本制度，学习教育融入日常工作。

【廉政建设】

2017年，全面落实从严治党要求，弘扬"负责、务实、求精、创新"的南水北调精神，开展"两学一做"学习教育和"大讨论"活动，落实党风廉政建设主体责任，健全"一把手负总责，分管领导各负其责，班子成员齐抓共管"的领导体制和工作机制，推进党风廉政建设和反腐败工作。年初召开年度反腐倡廉建设工作部署会，对反腐倡廉建设工作进行任务分解，从主要领导到分管领导再到科室负责人层层签订《党风廉政目标管理责任书》，召开专题会议研究反腐倡廉工作，制定工作方案和具体措施。全年参加水利系统10余次专题会议。

2017年安阳市南水北调办党支部组织学习中纪委和省、市纪委会议精神12次，开展以"五个一"为主要内容的反腐倡廉警示教

育活动，召开党员干部警示教育大会，组织观看《四风之害》《廉政中国》《打铁还需自身硬》等15部警示教育片，分批到安阳市监狱参加警示教育，开展腐败典型学习对照检查活动。节假日发送廉政过节短信500余条。进一步完善效能监察长效机制，"四级联动"制度，信访应急机制，征迁部门联席会、现场协调组碰头会等会议制度，建设环境及征迁工作联系人制度，实行参建人员挂牌上岗制度、《领导集体决策重大问题议事规则》《党风廉政建设责任制制度》《财务管理制度》等20余项管理规章制度，编制南水北调配套工程参建人员应知应会知识手册。配套工程建管局对工程质量安全提出"一旁站、二监控、三报验、三考核、五要素和五控制"的质量安全管理思路。严格实行质量事故责任追究制度。6月对各县区配套工程开工半年来的征迁工作完成情况进行一次全面督察，印发督察通报。建立健全组织生活会、谈心交心制度，以及学习制度、财务管理制度、车辆管理制度、限时办结制度等20项规章制度。开展公务用车、办公用房、会员卡清退、"吃空饷"、公款走访等专项治理活动12次。严格执行上级有关接待标准，公务接待一律在水利局食堂安排就餐，不上烟酒。工作日内严禁饮酒，市水利局监察室加大查处力度，凡发现工作日内饮酒从严从重处理。2017年有公车2辆没有公车私用现象，无超标使用办公房现象。全年精减合并各类会议11个，节约会议经费近3万元。全年市水利局监察室对南水北调办进行作风纪律检查6次未发现违法人员。

【文明单位建设】

2017年，组织开展文明单位创建工作，市南水北调办和市水利局联合创建国家级文明单位，年初调整创建领导小组，根据文明单位创建工作要求，制定文明单位创建实施方案，月月有创建活动，2017年通过国家级文明单位创建验收。

全年开展志愿者文明交通活动10余次，志愿者进社区活动20余次，按照市委要求每周五下午对帮扶的孝民屯社区开展清洁家园活动。开展我们的节日活动，在春节清明节端午节组织春节包饺子、到烈士陵园祭奠缅怀革命先烈、粽叶飘香经典诵读活动。开展道德讲堂、社会主义核心价值观演讲比赛、"中国梦、劳动美"水利系统专场文艺演出、体操比赛，文明职工、文明科室、文明家庭创建活动。

【精准扶贫】

2017年，落实"干部当代表，单位做后盾，领导负总责"工作机制，按照市委市政府的安排，选派第一书记进驻示范区（安阳县）高庄镇西崇固村。制订《安阳市南水北调办公室驻村定点帮扶整改方案》，为贫困户进行危房改造，开展捐赠衣物、增添桌椅、被褥、床等，为贫困户送米面油等生活物资送温暖活动。实施精准帮扶，贫困户实现，完成2017年市委第四批驻村干部选派工作。双节期间开展"向特困职工献爱心，送温暖"活动。组织人员对安阳市新兴快捷宾馆的特困职工、海军水泥厂军转干部进行慰问。中秋节期间，对南水北调建管施工单位及现场建设者进行走访慰问。开展"慈善一日捐"活动向社会捐款3000元。

（任　辉　李志伟）

邓州市南水北调办

【党建工作】

2017年落实党建和意识形态责任制，加强党风廉政建设，开展"两学一做"学习教育，学习党的十九大精神和习近平新时代中国特色社会主义思想。落实"三会一课"制度，加强党员教育管理和监督。履行全面从严治党主体责任，坚持民主集中制，带头作批评和自我批评查摆问题改进作风。建立党建工作责任清单，明确改进措施责任人和时间节点推进工作落实。

【文明单位创建】

2017年，邓州市南水北调办按照市文明委要求和工作安排，开展市级标兵文明单位创建工作取得明显成效。精神文明建设工作纳入2017年4项重点工作之一，成立南水北调市级标兵文明单位创建工作领导小组，制定创建工作实施方案，召开会议研究部署。按照市级文明标兵单位评选管理办法，对创建活动建立工作台账，设定时间节点，明确责任分工，对基础设施进行升级改造。3月初市南水北调办投资16万余元，在单位院内栽植绿化苗木面积386m²、设计安装彩灯带300m、定制内容为"社会主义核心价值观"和"南水北调，利国利民"的10m²铁艺版栏2块，达到文明标兵单位"绿化、亮化、美化"创建标准；添置除湿机、加湿机、防磁柜、消磁柜各一台，档案柜10个桌椅2套，实现档案室硬件设施全面升级。市南水北调办参与市文明办举办的多项活动，落实"金秋助学"政策向林扒镇闫东村柳树庄研究生雷浩提供助学金2000元；组建20人次的志愿者服务队参与文明交通志愿活动10余次，献爱心送温暖活动3次，其中向赵集镇红庙小学捐赠图书"课课练"450册，计60000余元。10月31日，全办干部职工到花洲书院廉政教育基地开展教育实践，聆听廉政教育，感受"忧乐"精神。

12月12日南水北调中线工程通水三周年纪念日，开展弘扬"渠首精神"活动，组织举办"丹水涛涛邓州情"主题书画摄影展。2017年被市文明办评为邓州市标兵文明单位，被市委办授予办公室系统一体化工作机制建设暨全年从严治党主体责任落实工作先进单位荣誉称号。开展平安建设和创卫活动，获2017年度综合治理和平安建设、卫生工作先进单位荣誉。依托南水北调业务开展促进邓州市农村工作，被评为市"农村工作先进单位"。

【驻村帮扶】

邓州市南水北调办作为驻村第一书记派驻单位和结对帮扶责任单位，落实省市脱贫攻坚有关精神和具体要求，提高政治站位，担当工作后盾责任。2017年选派一名优秀中层干部派驻赵集镇扁担张村任村第一书记，抽调2名副科级领导成员为驻村工作队长，2名中层干部为工作队员，确定14人与贫困户结对帮扶。按照精准扶贫"一进二看三算四比五议六定"六步工作法和"两评议两公示一比对一公告"程序，精准识别扁担张村2016年建档立卡贫困户20户48人，动态调整新识别2017年建档立卡贫困户3户10人，因户施策制定帮扶计划和脱贫措施，并落实到位。派驻第一书记制定并实施帮扶规划，协调筹措资金50余万元，完善村内道路及排水设施5.3km，改善村部环境，修建文化广场。2017年，邓州市南水北调办领导成员及帮扶人员进村入户70余次，开展"关心、关爱、关注"活动，捐送米面油衣服等生活必需品价值8000余元，为贫困户排忧解难助推扶贫攻坚工作开展。

（石帅帅）

获 得 荣 誉

集体荣誉

【南阳市南水北调办】

南阳市南水北调办获2016年度河南省南水北调工作先进单位表彰（豫调办〔2017〕7号）。

南阳市南水北调办获2016年度河南省南水北调配套工程管理设施和自动化系统建设先进单位表彰（豫调办〔2017〕8号）。

南阳市南水北调办获2016年度全市科学

高效发展绩效先进单位表彰（宛文〔2017〕34号）。

南阳市南水北调办获政协南阳市委2016年度优秀提案办理工作先进单位表彰（宛协发〔2017〕2号）。

南阳市南水北调办机关党总支获南阳市委市直工委先进党总支表彰（宛直发〔2017〕56号）。

南阳市南水北调办获南阳市2017年全市大造林大绿化工作先进单位表彰（宛创森指〔2017〕4号）。

南阳市南水北调办获2016年度全市综治和平安建设优秀单位表彰（宛综委〔2017〕24号）。

南阳市南水北调办获全市2016年政务信息工作先进单位、应急管理工作先进单位（宛政办〔2017〕26号）。

【漯河市南水北调办】

漯河市南水北调办获漯河市水利局2017年度先进单位表彰（漯水发〔2018〕30号）。

【焦作市南水北调办】

焦作市南水北调办公室被中共焦作市委、焦作市人民政府表彰为2017年度焦作市十大基础设施重点项目建设工作先进单位（焦文〔2018〕69号）。

【焦作市南水北调城区办】

焦作市南水北调城区办被焦作市委市政府授予"2017年度工作改革创新奖三等奖"（焦文〔2018〕15号）。

焦作市南水北调城区办被焦作市委市政府授予"2017年度焦作市有重大影响的十件大事突出贡献单位"（焦文〔2018〕18号）。

焦作市南水北调城区办被焦作市委市政府授予"2017年度焦作市十大基础设施重点项目建设工作突出贡献奖"（焦文〔2018〕69号）。

【新乡市南水北调办】

2018年3月，新乡市委办公室授予新乡市南水北调办2017年度党委系统信息工作先进

单位（新办文〔2018〕10号）。

个人荣誉

【南阳市南水北调办】

南阳市南水北调办鲁其灿获南阳市政协提案办理工作先进个人奖（宛协发〔2017〕2号）。

南阳市南水北调办齐声波、朱震获2016年度全省南水北调宣传工作先进个人表彰（豫调办综〔2017〕7号）。

南阳市南水北调办张轶钦获南阳市政府2016年度人大代表建议政协提案办理工作先进个人表彰（宛政〔2017〕16号）。

南阳市南水北调办李家峰获南阳市委市直工委脱贫攻坚优秀共产党员表彰，冀金涛获优秀党务工作者表彰（宛直发〔2017〕56号）。

南阳市南水北调办靳铁拴、曹祥华、庄春波、赵鑫、门戈、杨青春获优秀公务员嘉奖，李家峰记三等功（宛人社〔2017〕221号）。

【漯河市南水北调办】

漯河市南水北调办董志刚获漯河市水利局优秀共产党员表彰（漯水党〔2017〕7号）。

漯河市南水北调办于晓冬、孙军民、董志刚、李志鹏获漯河市水利局2017年度先进个人表彰（漯水发〔2018〕30号）。

【焦作市南水北调办】

焦作市南水北调办刘少民被焦作市委市政府表彰为2017年度焦作市十大基础设施重点项目建设工作先进个人（焦文〔2018〕69号）。

【焦作市南水北调城区办】

焦作市南水北调城区办李海龙、陈子海被焦作市委市政府授予"2017年度焦作市十大基础设施重点项目建设工作先进个人"（焦文〔2018〕69号）。

【鹤壁市南水北调办】

新乡市南水北调办司大勇被评为新乡市

党的十九大稳定安全信访工作先进个人（新文〔2017〕116号）。

新乡市南水北调办孙晓龙被评为新乡市2017年度环境污染防治攻坚战先进个人（新文〔2018〕49号）。

新乡市南水北调办周郎中被授予新乡市

2017年度党委系统信息工作先进工作者（新办文〔2018〕10号）。

鹤壁市南水北调办冯飞被鹤壁市委市直工委表彰为2017年度优秀共产党员（鹤直文〔2018〕18号）。

拾叁 统计资料

河南省南水北调受水区
供水配套工程运行管理月报

运行管理月报2017年第1期总第17期

【工程运行调度】

2017年1月1日8时，河南省陶岔渠首引水闸入总干渠流量97.34m³/s；穿黄隧洞节制闸过闸流量63.82m³/s；漳河倒虹吸节制闸过闸流量58.16m³/s。截至2016年12月31日，全省累计有31个口门及6个退水闸（白河、颍河、沂水河、双洎河、贾峪河、淇河）开闸分水，其中，28个口门正常供水，2个口门线路因受水水厂暂不具备接水条件而未供水（5、11-1），1个口门线路因地方不用水暂停供水（11）。

【各市县配套工程线路供水情况】

序号	市、县	口门编号	分水口门	供水目标	运行情况	备注
1	邓州市	1	肖楼	引丹灌区	正常供水	
2	邓州市	2	望城岗	邓州一水厂	正常供水	
	邓州市			邓州二水厂	正常供水	
	南阳市			新野二水厂	正常供水	
3	南阳市	3-1	谭寨	镇平县五里岗水厂	暂停供水	备用
				镇平县规划水厂	正常供水	
4	南阳市	5	田洼	龙升工业园区水厂	未供水	静水压试验分水完成，水厂建设滞后
5	南阳市	6	大寨	南阳第四水厂	正常供水	
6	南阳市	7	半坡店	唐河县水厂	正常供水	
				社旗水厂	正常供水	
7	漯河市	10	辛庄	舞阳水厂	正常供水	
				漯河二水厂	正常供水	
				漯河三水厂	未供水	穿沙工程未完成
				漯河四水厂	正常供水	
				漯河五水厂	正常供水	
				漯河八水厂	正常供水	
7	周口市	10	辛庄	商水水厂	正常供水	
				东区水厂	正常供水	
				二水厂（西区水厂）	未供水	水厂缓建
8	平顶山市	11	澎河	平顶山白龟山水厂	正常供水	地方不用水，口门分水暂停
				平顶山九里山水厂	正常供水	
				平顶山平煤集团水厂	正常供水	
9	平顶山市	11-1	张村	鲁山县城水厂	未供水	静水压试验分水完成，水厂建设滞后
10	平顶山市	13	高庄	平顶山王铁庄水厂	正常供水	
				平顶山石龙区水厂	正常供水	
11	平顶山市	14	赵庄	郏县规划水厂	正常供水	
12	许昌市	15	宴窑	襄城县三水厂	正常供水	

续表1

序号	市、县	口门编号	分水口门	供水目标	运行情况	备注
13	许昌市	16	任坡	禹州市二水厂	正常供水	
				神垕镇二水厂	正常供水	
14	许昌市	17	孟坡	许昌市周庄水厂	正常供水	
				北海石梁河	正常供水	
	临颍县			临颍县一水厂	正常供水	
				临颍县二水厂	正常供水	水厂未建,利用管道向湿地生态供水
15	许昌市	18	洼李	长葛市规划三水厂	正常供水	
16	郑州市	19	李垌	新郑第一水厂	正常供水	
				新郑第二水厂	正常供水	
				新郑望京楼水库	暂停供水	充库任务已完成
17	郑州市	20	小河刘	郑州航空城一水厂	正常供水	
				中牟县第三水厂	正常供水	
18	郑州市	21	刘湾	郑州市刘湾水厂	正常供水	
19	郑州市	23	中原西路	郑州柿园水厂	正常供水	
				郑州白庙水厂	正常供水	
				郑州常庄水库	暂停供水	
20	郑州市	24	前蒋寨	荥阳市四水厂	正常供水	
21	郑州市	24-1	蒋头	上街区规划水厂	正常供水	
22	焦作市	26	北石涧	武陟县城三水厂	正常供水	
23	焦作市	28	苏蔺	焦作市修武水厂	正常供水	
24	新乡市	30	郭屯	获嘉县水厂	正常供水	
25	新乡市	32	老道井	新乡高村水厂	正常供水	
				新乡新区水厂	正常供水	
				新乡孟营水厂	正常供水	
26	新乡市	33	温寺门	卫辉规划水厂	正常供水	
27	鹤壁市	34	袁庄	淇县铁西区水厂	正常供水	
				城北新区水厂	正常供水	水厂未启用,利用管道向赵家渠供水
28	濮阳市	35	三里屯	引黄调节池(濮阳第一水厂)	正常供水	
				濮阳第三水厂	正常供水	
	鹤壁市			浚县水厂	正常供水	
				鹤壁第四水厂	正常供水	
	滑县			滑县三水厂	正常供水	
29	鹤壁市	36	刘庄	鹤壁第三水厂	正常供水	
30	安阳市	37	董庄	汤阴一水厂	正常供水	12月26日起配合穿越工程安全鉴定工作,中断供水48小时
31	安阳市	38	小营	六水厂	未供水	静水压试验分水完成,水厂建设滞后
				安钢水厂	未供水	
				八水厂	正常供水	
32	南阳市		白河退水闸	南阳城区	正常供水	
33	禹州市		颍河退水闸	许昌城区	已关闸	

续表2

序号	市、县	口门编号	分水口门	供水目标	运行情况	备注
34	郑州市		贾峪河退水闸	西流湖	已关闸	
35	新郑市		沂水河退水闸	唐寨水库	已关闸	
36	新郑市		双洎河退水闸	双洎河	已关闸	
37	鹤壁市		淇河退水闸	淇河	已关闸	

【水量调度计划执行情况】

区分	序号	市、县名称	年度用水计划（万m³）	月用水计划（万m³）	月实际供水量（万m³）	年度累计供水量（万m³）	年度计划执行情况（%）	累计供水量（万m³）
农业用水	1	引丹灌区	41440	1500	1524.22	3049.11	7.36	88294.13
城市用水	1	邓州	1980	105	98.89	179.97	9.09	984.32
	2	南阳	6259.5	380.20	779.13	1266.29	20.23	5855.17
	3	平顶山	2010	188	206.27	383.58	19.08	7990.07
	4	许昌	9103	872.5	659.41	1364.49	14.99	21143.05
	5	漯河	6153	449.6	423.59	845.34	13.74	6452.21
	6	周口	1629.5	0	34.94	38.44	2.36	52.44
	7	郑州	48810	3609.9	3545.83	7086.80	14.52	64522.15
	8	焦作	1366	97	100.53	204.27	14.95	1737.76
	9	新乡	9413	574.3	845.31	1715.10	18.22	14206.65
	10	鹤壁	5082	361	404.27	800.48	15.75	7237.97
	11	濮阳	6793	370	550.05	969.64	14.27	7231.09
	12	安阳	5157	356.50	243.54	438.15	8.50	970.33
	13	滑县	1003	20	29.73	50.84	5.07	53.84
	小计		104759	7406.9	7421.90	7421.9	14.65	123093.66
合计			146199.0	8884.00	9445.71	18392.5	12.58	226731.18

运行管理月报2017年第2期总第18期

【工程运行调度】

2017年2月1日8：00，河南省陶岔渠首引水闸入总干渠流量74.41m³/s；穿黄隧洞节制闸过闸流量50.18m³/s；漳河倒虹吸节制闸过闸流量43.71m³/s。截至2017年1月31日，全省累计有31个口门及6个退水闸（白河、颍河、沂水河、双洎河、贾峪河、淇河）开闸分水，其中，27个口门正常供水，2个口门线路因受水水厂暂不具备接水条件而未供水（5、11-1），1个口门线路因地方不用水暂停供水（11），1个口门线路暂停供水（1）。

【各市县配套工程线路供水】

序号	市、县	口门编号	分水口门	供水目标	运行情况	备注
1	邓州市	1	肖楼	引丹灌区	暂停供水	

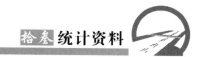

续表1

序号	市	编号	口门名称	水厂名称	供水状态	备注
2	邓州市 南阳市	2	望城岗	邓州一水厂	正常供水	
				邓州二水厂	正常供水	
				新野二水厂	正常供水	
3	南阳市	3-1	谭寨	镇平县五里岗水厂	暂停供水	备用
				镇平县规划水厂	正常供水	
4	南阳市	5	田洼		未供水	静水压试验分水完成，水厂建设滞后
5	南阳市	6	大寨	南阳第四水厂	正常供水	
6	南阳市	7	半坡店	唐河县水厂	正常供水	
				社旗水厂	正常供水	
7	漯河市	10	辛庄	舞阳水厂	正常供水	
				漯河二水厂	正常供水	
				漯河四水厂	正常供水	
				漯河五水厂	正常供水	
				漯河八水厂	正常供水	
7	周口市	10	辛庄	商水水厂	正常供水	
				周口东区水厂	正常供水	
8	平顶山市	11	澎河	平顶山白龟山水厂	暂停供水	地方不用水，口门分水暂停
				平顶山九里山水厂	暂停供水	
				平顶山平煤集团水厂	暂停供水	
9	平顶山市	11-1	张村		未供水	静水压试验分水完成，水厂建设滞后
10	平顶山市	13	高庄	平顶山王铁庄水厂	正常供水	
				平顶山石龙区水厂	正常供水	
11	平顶山市	14	赵庄	郏县规划水厂	正常供水	
12	许昌市	15	宴窑	襄城县三水厂	正常供水	
13	许昌市	16	任坡	禹州市二水厂	正常供水	
				神垕镇二水厂	正常供水	
14	许昌市 临颍县	17	孟坡	许昌市周庄水厂	正常供水	
				北海、石梁河、清潩河	正常供水	
				临颍县一水厂	正常供水	
				千亩湖	正常供水	水厂未建，利用临颍县二水厂支线向千亩湖供水
15	许昌市	18	洼李	长葛市规划三水厂	正常供水	
16	郑州市	19	李垌	新郑第一水厂	暂停供水	备用
				新郑第二水厂	正常供水	
				新郑望京楼水库	暂停供水	充库任务已完成
17	郑州市	20	小河刘	郑州航空城一水厂	正常供水	
				中牟县第三水厂	正常供水	
18	郑州市	21	刘湾	郑州市刘湾水厂	正常供水	
19	郑州市	23	中原西路	郑州柿园水厂	正常供水	
				郑州白庙水厂	正常供水	
				郑州常庄水库	暂停供水	

续表2

20	郑州市	24	前蒋寨	荥阳市四水厂	正常供水	
21	郑州市	24-1	蒋头	上街区规划水厂	正常供水	
22	焦作市	26	北石涧	武陟县城三水厂	正常供水	
23	焦作市	28	苏蔺	焦作市修武水厂	正常供水	
24	新乡市	30	郭屯	获嘉县水厂	正常供水	
25	新乡市	32	老道井	新乡高村水厂	正常供水	
				新乡新区水厂	正常供水	
				新乡孟营水厂	正常供水	
26	新乡市	33	温寺门	卫辉规划水厂	正常供水	
27	鹤壁市	34	袁庄	淇县铁西区水厂	正常供水	
				赵家渠	正常供水	水厂未用，利用城北水厂支线向赵家渠供水
28	濮阳市	35	三里屯	引黄调节池（濮阳第一水厂）	正常供水	
				濮阳第三水厂	正常供水	
	鹤壁市			浚县水厂	正常供水	
				鹤壁第四水厂	正常供水	
	滑县			滑县三水厂	正常供水	
29	鹤壁市	36	刘庄	鹤壁第三水厂	正常供水	
30	安阳市	37	董庄	汤阴一水厂	正常供水	
31	安阳市	38	小营	安阳八水厂	正常供水	
32	南阳市		白河退水闸	南阳城区	已关闸	
33	禹州市		颍河退水闸	许昌城区	已关闸	
34	郑州市		贾峪河退水闸	西流湖	已关闸	
35	新郑市		沂水河退水闸	唐寨水库	已关闸	
36	新郑市		双洎河退水闸	双洎河	已关闸	
37	鹤壁市		淇河退水闸	淇河	已关闸	

【水量调度计划执行】

区分	序号	市、县名称	年度用水计划（万 m³）	月用水计划（万 m³）	月实际供水量（万 m³）	年度累计供水量（万 m³）	年度计划执行情况（%）	累计供水量（万 m³）
农业用水	1	引丹灌区	41440	2900	517.59	3566.70	8.61	88811.72
城市用水	1	邓州	1980	105	140.24	320.21	16.17	1124.56
	2	南阳	6259.5	2380.4	746.88	2013.17	32.16	6602.05
	3	漯河	6153	499.3	442.43	1287.76	20.93	6894.64
	4	周口	1629.5	124	73.37	111.81	6.861	125.81
	5	平顶山	2010	181.5	226.07	609.65	30.33	8216.14
	6	许昌	9103	695.7	755.71	2120.21	23.29	21898.76
	7	郑州	48810	3313.7	3272.67	10359.47	21.22	67794.82
	8	焦作	1366	90	99.59	303.86	22.24	1837.35
	9	新乡	9413	615.85	811.18	2526.28	26.84	15017.83
	10	鹤壁	5082	298	397.48	1197.96	23.57	7635.45
	11	濮阳	6793	340	545.07	1514.71	22.30	7776.15

续表

区分	序号	市、县名称	年度用水计划（万 m³）	月用水计划（万 m³）	月实际供水量（万 m³）	年度累计供水量（万 m³）	年度计划执行情况（%）	累计供水量（万 m³）
城市用水	12	安阳	5157	256.5	225.57	663.72	12.87	1195.90
	13	滑县	1003	30	111.37	162.21	16.17	165.21
		小计	104759	8929.95	7847.63	23191.02	22.14	146284.68
合计			146199	11829.95	8365.22	26757.72	18.30	235096.40

【水质信息】

序号	断面名称	断面位置（省、市）	采样时间	水温（℃）	pH值（无量纲）	溶解氧	高锰酸盐指数	化学需氧量（COD）	五日生化需氧量（BOD₅）	氨氮（NH₃-N）	总磷（以P计）
								mg/L			
1	沙河南	河南鲁山县	1月13日	7.7	8.2	10.3	1.7	<15	1.3	0.033	<0.01
2	郑湾	河南郑州市	1月13日	6.2	8.2	10.9	1.8	<15	0.6	0.03	0.01

序号	断面名称	总氮（以N计）	铜	锌	氟化物（以F⁻计）	硒	砷	汞	锡	铬（六价）	铅
						mg/L					
1	沙河南	0.86	0.03	<0.05	0.21	0.00026	0.00178	0.00001	<0.001	<0.004	<0.01
2	郑湾	0.72	<0.01	<0.05	0.2	0.00046	0.00149	<0.000002	<0.001	<0.004	<0.01

序号	断面名称	氰化物	挥发酚	石油类	阴离子表面活性剂	硫化物	粪大肠菌群	水质类别	超标项目及超标倍数
				mg/L			个/L		
1	沙河南	<0.002	<0.002	<0.01	<0.05	<0.01	0	Ⅱ类	
2	郑湾	<0.002	<0.002	<0.01	<0.05	<0.01	0	Ⅰ类	

【运行管理大事记】

1月9～10日，河南省南水北调工程运行管理第20次例会在新乡市召开，并现场观摩新乡市南水北调配套工程建设与管理。

1月11日14：00，根据南水北调中线建管局总调中心《关于关闭肖楼分水口门和白河退水闸的函》，肖楼分水口门和白河退水闸关闭。

1月25日15：00，35号三里屯口门线路加大向濮阳市供水量，增加供水流量1m³/s。

运行管理月报2017年第3期总第19期

【工程运行调度】

2017年3月1日8：00，河南省陶岔渠首引水闸入总干渠流量85.27m³/s；穿黄隧洞节制闸过闸流量62.35m³/s；漳河倒虹吸节制闸过闸流量53.33m³/s。截至2017年2月28日，全省累计有31个口门及6个退水闸（白河、颖河、沂水河、双泊河、贾峪河、淇河）开闸分水，其中，28个口门正常供水，2个口门线路因受水水厂暂不具备接水条件而未供水（5、11-1），1个口门线路因地方不用水暂停供水（11）。

【各市县配套工程线路供水】

序号	市、县	口门编号	分水口门	供水目标	运行情况	备注
1	邓州市	1	肖楼	引丹灌区	正常供水	
2	邓州市	2	望城岗	邓州一水厂	正常供水	
				邓州二水厂	正常供水	
	南阳市			新野二水厂	正常供水	
3	南阳市	3-1	谭寨	镇平县五里岗水厂	暂停供水	备用
				镇平县规划水厂	正常供水	
4	南阳市	5	田洼		未供水	静水压试验分水完成，水厂建设滞后
5	南阳市	6	大寨	南阳第四水厂	正常供水	
6	南阳市	7	半坡店	唐河县水厂	正常供水	
				社旗水厂	正常供水	
7	漯河市	10	辛庄	舞阳水厂	正常供水	
				漯河二水厂	正常供水	
				漯河四水厂	正常供水	
				漯河五水厂	正常供水	
				漯河八水厂	正常供水	
7	周口市	10	辛庄	商水水厂	正常供水	
				周口东区水厂	正常供水	
8	平顶山市	11	澎河	平顶山白龟山水厂	暂停供水	地方不用水，口门分水暂停
				平顶山九里山水厂	暂停供水	
				平顶山平煤集团水厂	暂停供水	
9	平顶山市	11-1	张村		未供水	静水压试验分水完成，水厂建设滞后
10	平顶山市	13	高庄	平顶山王铁庄水厂	正常供水	
				平顶山石龙区水厂	正常供水	
11	平顶山市	14	赵庄	郏县规划水厂	正常供水	
12	许昌市	15	宴窑	襄城县三水厂	正常供水	
13	许昌市	16	任坡	禹州市二水厂	正常供水	
				神垕镇二水厂	正常供水	
14	许昌市	17	孟坡	许昌市周庄水厂	正常供水	
				北海、石梁河、清潩河	正常供水	
	临颍县			临颍县一水厂	正常供水	
				千亩湖	正常供水	水厂未建，利用临颍县二水厂支线向千亩湖供水
15	许昌市	18	洼李	长葛市规划三水厂	正常供水	
16	郑州市	19	李垌	新郑第一水厂	暂停供水	备用
				新郑第二水厂	正常供水	
				新郑望京楼水库	正常供水	
17	郑州市	20	小河刘	郑州航空城一水厂	正常供水	
				中牟县第三水厂	正常供水	
18	郑州市	21	刘湾	郑州市刘湾水厂	正常供水	

续表

序号	市、县	口门编号	分水口门	供水目标	运行情况	备注
19	郑州市	23	中原西路	郑州柿园水厂	正常供水	
				郑州白庙水厂	正常供水	
				郑州常庄水库	暂停供水	
20	郑州市	24	前蒋寨	荥阳市四水厂	正常供水	
21	郑州市	24-1	蒋头	上街区规划水厂	正常供水	
22	焦作市	26	北石涧	武陟县城三水厂	正常供水	
23	焦作市	28	苏蔺	焦作市修武水厂	正常供水	
24	新乡市	30	郭屯	获嘉县水厂	正常供水	
25	新乡市	32	老道井	新乡高村水厂	正常供水	
				新乡新区水厂	正常供水	
				新乡孟营水厂	正常供水	
26	新乡市	33	温寺门	卫辉规划水厂	正常供水	
27	鹤壁市	34	袁庄	淇县铁西区水厂	正常供水	
				赵家渠	正常供水	水厂未用，利用城北水厂支线向赵家渠供水
28	濮阳市	35	三里屯	引黄调节池（濮阳第一水厂）	正常供水	
				濮阳第三水厂	正常供水	
	鹤壁市			浚县水厂	正常供水	
				鹤壁第四水厂	正常供水	
	滑县			滑县三水厂	正常供水	
29	鹤壁市	36	刘庄	鹤壁第三水厂	正常供水	
30	安阳市	37	董庄	汤阴一水厂	正常供水	
31	安阳市	38	小营	安阳八水厂	正常供水	下游供水管道爆管，2月9日下午14：00开始抢修，暂停供水6天
32	南阳市		白河退水闸	南阳城区	已关闸	
33	禹州市		颍河退水闸	许昌城区	已关闸	
34	郑州市		贾峪河退水闸	西流湖	已关闸	
35	新郑市		沂水河退水闸	唐寨水库	已关闸	
36	新郑市		双泊河退水闸	双泊河	正常供水	生态补水
37	鹤壁市		淇河退水闸	淇河	已关闸	

【水量调度计划执行】

区分	序号	市、县名称	年度用水计划（万 m³）	月用水计划（万 m³）	月实际供水量（万 m³）	年度累计供水量（万 m³）	年度计划执行情况（%）	累计供水量（万 m³）
农业用水	1	引丹灌区	41440	1500	325.48	3892.18	9.39	89137.20
城市用水	1	邓州	1980	150	150.02	470.23	23.75	1274.58
	2	南阳	6259.5	1353.20	436.34	2449.51	39.13	7038.39
	3	漯河	6153	436.8	390.60	1678.37	27.28	7285.24
	4	周口	1629.5	119	103.89	215.70	13.24	229.70

续表

区分	序号	市、县名称	年度用水计划（万 m³）	月用水计划（万 m³）	月实际供水量（万 m³）	年度累计供水量（万 m³）	年度计划执行情况（%）	累计供水量（万 m³）
城市用水	5	平顶山	2010	173	197.70	807.35	40.17	8413.84
	6	许昌	9103	629.8	638.34	2758.55	30.30	22537.10
	7	郑州	48810	3325	3424.78	13784.25	28.24	71219.60
	8	焦作	1366	91	92.07	395.93	28.98	1929.42
	9	新乡	9413	604	761.73	3288.01	34.93	15779.56
	10	鹤壁	5082	389	402.84	1600.80	31.50	8038.29
	11	濮阳	6793	530	688.25	2202.95	32.43	8464.40
	12	安阳	5157	210.00	160.52	824.24	15.98	1356.42
	13	滑县	1003	45	58.44	220.65	22.00	223.65
		小计	104759	8055.80	7505.52	30696.54	29.30	153790.19
		合计	146199	9555.80	7831.00	34588.72	23.66	242927.39

【水质信息】

序号	断面名称	断面位置（省、市）	采样时间	水温（℃）	pH值（无量纲）	溶解氧	高锰酸盐指数	化学需氧量（COD）	五日生化需氧量（BOD₅）	氨氮（NH₃-N）	总磷（以P计）
						mg/L					
1	沙河南	河南鲁山县	2月7日	6.3	8.2	9.0	1.7	<15	1.5	<0.025	0.01
2	郑湾	河南郑州市	2月7日	6.3	8.4	10.4	1.7	<15	<0.5	<0.025	<0.01

序号	断面名称	总氮（以N计）	铜	锌	氟化物（以F⁻计）	硒	砷	汞	镉	铬（六价）	铅
		mg/L									
1	沙河南	0.8	<0.01	<0.05	0.19	0.00074	0.00214	<0.00002	<0.001	<0.004	<0.01
2	郑湾	0.7	<0.01	<0.05	0.19	0.00092	0.00192	<0.00002	<0.001	<0.004	<0.01

序号	断面名称	氰化物	挥发酚	石油类	阴离子表面活性剂	硫化物	粪大肠菌群	水质类别	超标项目及超标倍数
		mg/L					个/L		
1	沙河南	<0.002	<0.002	<0.01	<0.05	<0.01	0	I类	
2	郑湾	<0.002	<0.002	<0.01	<0.05	<0.01	0	I类	

说明：根据南水北调中线水质保护中心3月7日提供数据。

【突发事件及处理】

2月9日14:00，38号小营口门线路安阳八水厂下游供水管道发生爆管险情，经抢修15日16:00恢复供水。

【运行管理大事记】

2月16~17日，河南省南水北调工程运行管理第21次例会在周口市召开，并现场观摩周口市南水北调配套工程建设与管理。

运行管理月报2017年第4期总第20期

【工程运行调度】

2017年4月1日8：00，河南省陶岔渠首引水闸入总干渠流量109.77m³/s；穿黄隧洞节制闸过闸流量84.71m³/s；漳河倒虹吸节制闸过闸流量71.43m³/s。截至2017年3月31日，全省累计有31个口门及6个退水闸（白河、颍河、沂水河、双洎河、贾峪河、淇河）开闸分水，其中，28个口门正常供水，2个口门线路因受水水厂暂不具备接水条件而未供水（5、11-1），1个口门线路因地方不用水暂停供水（11）。

【各市县配套工程线路供水】

序号	市、县	口门编号	分水口门	供水目标	运行情况	备注
1	邓州市	1	肖楼	引丹灌区	正常供水	
2	邓州市	2	望城岗	邓州一水厂	正常供水	
	邓州市			邓州二水厂	正常供水	
	南阳市			新野二水厂	正常供水	
3	南阳市	3-1	谭寨	镇平县五里岗水厂	暂停供水	备用
				镇平县规划水厂	正常供水	
4	南阳市	5	田洼		未供水	静水压试验分水完成，水厂建设滞后
5	南阳市	6	大寨	南阳第四水厂	正常供水	
6	南阳市	7	半坡店	唐河县水厂	正常供水	
				社旗水厂	正常供水	
7	漯河市	10	辛庄	舞阳水厂	正常供水	
				漯河二水厂	正常供水	
				漯河四水厂	正常供水	
				漯河五水厂	正常供水	
				漯河八水厂	正常供水	
7	周口市	10	辛庄	商水水厂	正常供水	
				周口东区水厂	正常供水	
8	平顶山市	11	澎河	平顶山白龟山水厂	暂停供水	地方不用水，口门分水暂停
				平顶山九里山水厂	暂停供水	
				平顶山平煤集团水厂	暂停供水	
9	平顶山市	11-1	张村		未供水	静水压试验分水完成，水厂建设滞后
10	平顶山市	13	高庄	平顶山王铁庄水厂	正常供水	
				平顶山石龙区水厂	正常供水	
11	平顶山市	14	赵庄	郏县规划水厂	正常供水	
12	许昌市	15	宴窑	襄城县三水厂	正常供水	
13	许昌市	16	任坡	禹州市二水厂	正常供水	
				神垕镇二水厂	正常供水	
14	许昌市	17	孟坡	许昌市周庄水厂	正常供水	
				北海、石梁河、清潩河	正常供水	
	临颍县			临颍县一水厂	正常供水	
				千亩湖	正常供水	水厂未建，利用临颍县二水厂支线向千亩湖供水
15	许昌市	18	洼李	长葛市规划三水厂	正常供水	

续表

16	郑州市	19	李垌	新郑第一水厂	暂停供水	备用
				新郑第二水厂	正常供水	
				新郑望京楼水库	正常供水	
17	郑州市	20	小河刘	郑州航空城一水厂	正常供水	
				中牟县第三水厂	暂停供水	管道漏水抢修，3月2~8日暂停供水6天；3月9日因检修阀漏水再次暂停供水
18	郑州市	21	刘湾	郑州市刘湾水厂	正常供水	
19	郑州市	23	中原西路	郑州柿园水厂	正常供水	
				郑州白庙水厂	正常供水	
				郑州常庄水库	暂停供水	
20	郑州市	24	前蒋寨	荥阳市四水厂	正常供水	
21	郑州市	24-1	蒋头	上街区规划水厂	正常供水	
22	焦作市	26	北石涧	武陟县城三水厂	正常供水	
23	焦作市	28	苏蔺	焦作市修武水厂	正常供水	
24	新乡市	30	郭屯	获嘉县水厂	正常供水	
25	新乡市	32	老道井	新乡高村水厂	正常供水	
				新乡新区水厂	正常供水	
				新乡孟营水厂	正常供水	
26	新乡市	33	温寺门	卫辉规划水厂	正常供水	
27	鹤壁市	34	袁庄	淇县铁西区水厂	正常供水	
				赵家渠	正常供水	水厂未用，利用城北水厂支线向赵家渠供水
28	濮阳市	35	三里屯	引黄调节池（濮阳第一水厂）	正常供水	
				濮阳第三水厂	正常供水	
	鹤壁市			浚县水厂	正常供水	
				鹤壁第四水厂	正常供水	
	滑县			滑县三水厂	正常供水	
29	鹤壁市	36	刘庄	鹤壁第三水厂	正常供水	
30	安阳市	37	董庄	汤阴一水厂	正常供水	
31	安阳市	38	小营	安阳八水厂	正常供水	水厂供电线路改造，3月8日6：00~23:00暂停供水17小时
32	南阳市		白河退水闸	南阳城区	已关闸	
33	禹州市		颍河退水闸	许昌城区	已关闸	
34	郑州市		贾峪河退水闸	西流湖	已关闸	
35	新郑市		沂水河退水闸	唐寨水库	已关闸	
36	新郑市		双洎河退水闸	双洎河	正常供水	生态补水
37	鹤壁市		淇河退水闸	淇河	已关闸	

【水量调度计划执行】

区分	序号	市、县名称	年度用水计划（万 m³）	月用水计划（万 m³）	月实际供水量（万 m³）	年度累计供水量（万 m³）	年度计划执行情况（%）	累计供水量（万 m³）
农业用水	1	引丹灌区	41440	3200	574.00	4466.18	10.78	89711.20
城市用水	1	邓州	1980	150	156.13	626.37	31.63	1430.72
	2	南阳	6259.5	1498.70	465.96	2915.46	46.58	7504.34
	3	漯河	6153	484.8	484.77	2163.14	35.16	7770.02
	4	周口	1629.5	131.75	126.89	342.59	21.02	356.59
	5	平顶山	2010	189.7	222.06	1029.41	51.21	8635.90
	6	许昌	9103	872	902.07	3660.61	40.21	23439.17
	7	郑州	48810	4090.8	3638.14	17422.39	35.69	74857.74
	8	焦作	1366	95	98.81	494.74	36.22	2028.23
	9	新乡	9413	639.1	873.03	4161.04	44.21	16652.59
	10	鹤壁	5082	376.7	468.90	2069.70	40.73	8507.19
	11	濮阳	6793	835	699.26	2902.22	42.72	9163.66
	12	安阳	5157	352.70	228.04	1052.28	20.40	1584.46
	13	滑县	1003	77.5	64.90	285.55	28.47	288.55
		小计	104759	9793.75	8428.96	39125.50	37.35	162219.16
合计			146199	12993.75	9002.96	43591.68	29.82	251930.36

【水质信息】

序号	断面名称	断面位置（省、市）	采样时间	水温（℃）	pH值（无量纲）	溶解氧	高锰酸盐指数	化学需氧量（COD）	五日生化需氧量（BOD_5）	氨氮（NH_3-N）	总磷（以P计）
								mg/L			
1	沙河南	河南鲁山县	3月10日	11	8.2	10.4	1.8	<15	1.3	0.037	0.01
2	郑湾	河南郑州市	3月10日	11.3	8.2	10	1.6	<15	2.3	0.038	0.01

序号	断面名称	总氮（以N计）	铜	锌	氟化物（以F⁻计）	硒	砷	汞	镉	铬（六价）	铅
						mg/L					
1	沙河南	0.66	<0.01	<0.05	0.24	0.0007	0.0018	<0.00001	<0.001	<0.004	<0.01
2	郑湾	0.62	<0.01	<0.05	0.28	0.0004	0.0013	<0.00001	<0.001	<0.004	<0.01

序号	断面名称	氰化物	挥发酚	石油类	阴离子表面活性剂	硫化物	粪大肠菌群	水质类别	超标项目及超标倍数
				mg/L			个/L		
1	沙河南	<0.002	<0.002	<0.01	<0.05	<0.01	0	Ⅰ类	
2	郑湾	<0.002	<0.002	<0.01	<0.05	<0.01	0	Ⅰ类	

说明：根据南水北调中线水质保护中心4月1日提供数据。

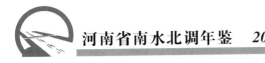

【突发事件及处理】

3月2日，20号小河刘口门线路中牟县第三水厂管道漏水抢修，暂停供水。

3月8日6：00，38号小营口门线路安阳八水厂供电线路改造，暂停供水，23：00恢复供水。

【运行管理大事记】

3月9～10日，河南省南水北调工程运行管理第22次例会在邓州市召开，并现场观摩邓州市南水北调配套工程建设与管理。

运行管理月报2017年第5期总第21期

【工程运行调度】

2017年5月1日8：00，河南省陶岔渠首引水闸入总干渠流量138.65m³/s；穿黄隧洞节制闸过闸流量104.68m³/s；漳河倒虹吸节制闸过闸流量93.98m³/s。截至2017年4月30日，全省累计有31个口门及7个退水闸（白河、小清河、颍河、沂水河、双洎河、贾峪河、淇河）开闸分水，其中，28个口门正常供水，2个口门线路因受水水厂暂不具备接水条件而未供水（5、11-1），1个口门线路因地方不用水暂停供水（11）。

【各市县配套工程线路供水】

序号	市、县	口门编号	分水口门	供水目标	运行情况	备注
1	邓州市	1	肖楼	引丹灌区	正常供水	
2	邓州市	2	望城岗	邓州一水厂	正常供水	
	邓州市			邓州二水厂	正常供水	
	南阳市			新野二水厂	正常供水	
3	南阳市	3-1	谭寨	镇平县五里岗水厂	暂停供水	备用
				镇平县规划水厂	正常供水	
4	南阳市	5	田洼		未供水	静水压试验分水完成，水厂建设滞后
5	南阳市	6	大寨	南阳第四水厂	正常供水	
6	南阳市	7	半坡店	唐河县水厂	正常供水	
				社旗水厂	正常供水	
7	漯河市	10	辛庄	舞阳水厂	正常供水	
				漯河二水厂	正常供水	
				漯河四水厂	暂停供水	因更换管道施工，4月12日起暂停停水
				漯河五水厂	正常供水	
				漯河八水厂	正常供水	
7	周口市	10	辛庄	商水水厂	正常供水	
				周口东区水厂	正常供水	
8	平顶山市	11	澎河	平顶山白龟山水厂	暂停供水	地方不用水，口门分水暂停
				平顶山九里山水厂	暂停供水	
				平顶山平煤集团水厂	暂停供水	
9	平顶山市	11-1	张村		未供水	静水压试验分水完成，水厂建设滞后
10	平顶山市	13	高庄	平顶山王铁庄水厂	正常供水	
				平顶山石龙区水厂	正常供水	
11	平顶山市	14	赵庄	郏县规划水厂	正常供水	
12	许昌市	15	宴窑	襄城县三水厂	正常供水	
13	许昌市	16	任坡	禹州市二水厂	正常供水	
				神垕镇二水厂	正常供水	

序号	市、县	口门编号	分水口门	供水目标	运行情况	备注
14	许昌市	17	孟坡	许昌市周庄水厂	正常供水	
				北海、石梁河、清潩河	正常供水	
	临颖县			临颖县一水厂	正常供水	
				千亩湖	正常供水	水厂未建，利用临颖县二水厂支线向千亩湖供水
15	许昌市	18	洼李	长葛市规划三水厂	正常供水	
16	郑州市	19	李垌	新郑第一水厂	暂停供水	备用
				新郑第二水厂	正常供水	
				新郑望京楼水库	正常供水	
17	郑州市	20	小河刘	郑州航空城一水厂	正常供水	
				中牟县第三水厂	暂停供水	因漏水处理，3月9日起暂停供水
18	郑州市	21	刘湾	郑州市刘湾水厂	正常供水	
19	郑州市	23	中原西路	郑州柿园水厂	正常供水	
				郑州白庙水厂	正常供水	
				郑州常庄水库	暂停供水	
20	郑州市	24	前蒋寨	荥阳市四水厂	正常供水	
21	郑州市	24-1	蒋头	上街区规划水厂	正常供水	
22	焦作市	26	北石涧	武陟县城三水厂	正常供水	
23	焦作市	28	苏蔺	焦作市修武水厂	正常供水	
24	新乡市	30	郭屯	获嘉县水厂	正常供水	
25	新乡市	32	老道井	新乡高村水厂	正常供水	
				新乡新区水厂	正常供水	
				新乡孟营水厂	正常供水	
26	新乡市	33	温寺门	卫辉规划水厂	正常供水	
27	鹤壁市	34	袁庄	淇县铁西区水厂	正常供水	
				赵家渠	正常供水	水厂未用，利用城北水厂支线向赵家渠供水
28	濮阳市	35	三里屯	引黄调节池（濮阳第一水厂）	正常供水	
				濮阳第三水厂	正常供水	
	鹤壁市			浚县水厂	正常供水	
				鹤壁第四水厂	正常供水	
	滑县			滑县三水厂	正常供水	
29	鹤壁市	36	刘庄	鹤壁第三水厂	正常供水	
30	安阳市	37	董庄	汤阴一水厂	正常供水	
31	安阳市	38	小营	安阳八水厂	正常供水	
32	南阳市		白河退水闸	南阳城区	已关闸	
33	南阳市		小清河退水闸	方城县	正常供水	生态补水
34	禹州市		颍河退水闸	许昌城区	已关闸	
35	郑州市		贾峪河退水闸	西流湖	已关闸	
36	新郑市		沂水河退水闸	唐寨水库	已关闸	
37	新郑市		双洎河退水闸	双洎河	正常供水	生态补水
38	鹤壁市		淇河退水闸	淇河	已关闸	

【水量调度计划执行】

区分	序号	市、县名称	年度用水计划（万 m³）	月用水计划（万 m³）	月实际供水量（万 m³）	年度累计供水量（万 m³）	年度计划执行情况（%）	累计供水量（万 m³）
农业用水	1	引丹灌区	41440	3100	604.95	5071.13	12.24	90316.15
城市用水	1	邓州	1980	180	162.51	788.88	39.84	1593.23
	2	南阳	6259.5	496.00	473.41	3388.87	54.14	7977.75
	3	漯河	6153	468.2	411.84	2574.98	41.85	8181.86
	4	周口	1629.5	147	118.66	461.25	28.31	475.25
	5	平顶山	2010	192	215.10	1244.51	61.92	8851.00
	6	许昌	9103	897.6	871.28	4531.89	49.78	24310.44
	7	郑州	48810	4261	3655.73	21078.12	43.18	78513.47
	8	焦作	1366	100	105.47	600.21	43.94	2133.70
	9	新乡	9413	678	783.39	4944.43	52.53	17435.98
	10	鹤壁	5082	378.8	437.97	2507.67	49.34	8945.17
	11	濮阳	6793	300	388.76	3290.98	48.45	9552.42
	12	安阳	5157	264.00	215.05	1267.33	24.57	1799.51
	13	滑县	1003	81	104.97	390.52	38.94	393.52
		小计	104759	8443.60	7944.14	47069.64	44.93	170163.30
		合计	146199	11543.60	8549.09	52140.77	35.66	260479.45

【水质信息】

序号	断面名称	断面位置（省、市）	采样时间	水温（℃）	pH值（无量纲）	溶解氧	高锰酸盐指数	化学需氧量（COD）	五日生化需氧量（BOD₅）	氨氮（NH₃-N）	总磷（以P计）
								mg/L			
1	沙河南	河南鲁山县	4月6日	13.8	8.3	10.8	1.7	<15	1.2	0.039	<0.01
2	郑湾	河南郑州市	4月6日	13.7	8.2	10.8	1.9	<15	1.1	0.042	<0.01

序号	断面名称	总氮（以N计）	铜	锌	氟化物（以F计）	硒	砷	汞	镉	铬（六价）	铅
						mg/L					
1	沙河南	0.7	<0.01	<0.05	0.19	<0.0003	0.0016	<0.00001	<0.001	<0.004	<0.01
2	郑湾	0.62	<0.01	<0.05	0.25	<0.0003	0.0013	<0.00001	<0.001	<0.004	<0.01

序号	断面名称	氰化物	挥发酚	石油类	阴离子表面活性剂	硫化物	粪大肠菌群	水质类别	超标项目及超标倍数
				mg/L			个/L		
1	沙河南	<0.002	<0.002	<0.01	<0.05	<0.01	0	Ⅰ类	
2	郑湾	<0.002	<0.002	<0.01	<0.05	<0.01	0	Ⅰ类	

说明： 根据南水北调中线水质保护中心5月8日提供数据。

【运行管理大事记】

4月13～14日，河南省南水北调工程运行

管理第23次例会在滑县召开。

运行管理月报2017年第6期总第22期

【工程运行调度】

2017年6月1日8：00，河南省陶岔渠首引水闸入总干渠流量165.50m³/s；穿黄隧洞节制闸过闸流量122.58m³/s；漳河倒虹吸节制闸过闸流量106.61m³/s。截至2017年5月31日，全省累计有31个口门及7个退水闸（白河、

清河、颍河、沂水河、双洎河、贾峪河、淇河）开闸分水，其中，28个口门正常供水，2个口门线路因受水水厂暂不具备接水条件而未供水（5、11–1），1个口门线路因地方不用水暂停供水（11）。

【各市县配套工程线路供水】

序号	市、县	口门编号	分水口门	供水目标	运行情况	备注
1	邓州市	1	肖楼	引丹灌区	正常供水	
2	邓州市	2	望城岗	邓州一水厂	正常供水	
	邓州市			邓州二水厂	正常供水	
	南阳市			新野二水厂	正常供水	
3	南阳市	3–1	谭寨	镇平县五里岗水厂	暂停供水	备用
				镇平县规划水厂	正常供水	
4	南阳市	5	田洼		未供水	静水压试验分水完成，水厂建设滞后
5	南阳市	6	大寨	南阳第四水厂	正常供水	
6	南阳市	7	半坡店	唐河县水厂	正常供水	
				社旗水厂	正常供水	
7	漯河市	10	辛庄	舞阳水厂	正常供水	
				漯河二水厂	正常供水	
				漯河四水厂	正常供水	更换管道施工完毕，5月4日起恢复供水
				漯河五水厂	正常供水	
				漯河八水厂	正常供水	
7	周口市	10	辛庄	商水水厂	正常供水	
				周口东区水厂	正常供水	
8	平顶山市	11	澎河	平顶山白龟山水厂	暂停供水	地方不用水，口门分水暂停
				平顶山九里山水厂	暂停供水	
				平顶山平煤集团水厂	暂停供水	
9	平顶山市	11–1	张村		未供水	静水压试验分水完成，水厂建设滞后
10	平顶山市	13	高庄	平顶山王铁庄水厂	正常供水	
				平顶山石龙区水厂	正常供水	
11	平顶山市	14	赵庄	郏县规划水厂	正常供水	
12	许昌市	15	宴窑	襄城县三水厂	正常供水	
13	许昌市	16	任坡	禹州市二水厂	正常供水	
				神垕镇二水厂	正常供水	
14	许昌市	17	孟坡	许昌市周庄水厂	正常供水	
				北海、石梁河、清潩河	正常供水	
	临颍县			临颍县一水厂	正常供水	
				千亩湖	正常供水	水厂未建，利用临颍县二水厂支线向千亩湖供水

续表

15	许昌市	18	洼李	长葛市规划三水厂	正常供水	
16	郑州市	19	李垌	新郑第一水厂	暂停供水	备用
				新郑第二水厂	正常供水	
				新郑望京楼水库	正常供水	
17	郑州市	20	小河刘	郑州航空城一水厂	正常供水	
				中牟县第三水厂	正常供水	5月4日起恢复供水
18	郑州市	21	刘湾	郑州市刘湾水厂	正常供水	
19	郑州市	23	中原西路	郑州柿园水厂	正常供水	
				郑州白庙水厂	正常供水	
				郑州常庄水库	暂停供水	
20	郑州市	24	前蒋寨	荥阳市四水厂	正常供水	
21	郑州市	24-1	蒋头	上街区规划水厂	正常供水	
22	焦作市	26	北石涧	武陟县城三水厂	正常供水	因供电线路故障，5月20日暂停供水5小时
23	焦作市	28	苏蔺	焦作市修武水厂	正常供水	
24	新乡市	30	郭屯	获嘉县水厂	正常供水	
25	新乡市	32	老道井	新乡高村水厂	正常供水	
				新乡新区水厂	正常供水	
				新乡孟营水厂	正常供水	
26	新乡市	33	温寺门	卫辉规划水厂	正常供水	
27	鹤壁市	34	袁庄	淇县铁西区水厂	正常供水	
				赵家渠	正常供水	水厂未用，利用城北水厂支线向赵家渠供水
28	濮阳市	35	三里屯	引黄调节池（濮阳第一水厂）	正常供水	
				濮阳第三水厂	正常供水	
				清丰县固城水厂	试供水	
	鹤壁市			浚县水厂	正常供水	
				鹤壁第四水厂	正常供水	
	滑县			滑县三水厂	正常供水	
29	鹤壁市	36	刘庄	鹤壁第三水厂	正常供水	
30	安阳市	37	董庄	汤阴一水厂	正常供水	
31	安阳市	38	小营	安阳八水厂	正常供水	
32	南阳市		白河退水闸	南阳城区	已关闸	
33	南阳市		清河退水闸	方城县	正常供水	生态补水
34	禹州市		颍河退水闸	许昌城区	已关闸	
35	郑州市		贾峪河退水闸	西流湖	已关闸	
36	新郑市		沂水河退水闸	唐寨水库	已关闸	
37	新郑市		双洎河退水闸	双洎河	正常供水	生态补水
38	鹤壁市		淇河退水闸	淇河	已关闸	

【水量调度计划执行】

区分	序号	市、县名称	年度用水计划（万㎥）	月用水计划（万㎥）	月实际供水量（万㎥）	年度累计供水量（万㎥）	年度计划执行情况（%）	累计供水量（万㎥）
农业用水	1	引丹灌区	41440	4540	3301.62	8372.75	20.20	93617.77
城市用水	1	邓州	1980	192.2	159.10	947.98	47.88	1752.33
	2	南阳	6259.5	554.70	621.85	4010.72	64.07	8599.60
	3	漯河	6153	471.8	445.38	3020.36	49.09	8627.23
	4	周口	1629.5	151.9	158.19	619.44	38.01	633.44
	5	平顶山	2010	185.92	231.94	1476.45	73.46	9082.94
	6	许昌	9103	1185.12	896.57	5428.46	59.63	25207.01
	7	郑州	48810	4203.5	3827.68	24905.80	51.03	82341.15
	8	焦作	1366	102	132.18	732.39	53.62	2265.88
	9	新乡	9413	684.6	1027.83	5972.26	63.45	18463.81
	10	鹤壁	5082	357.6	361.09	2868.76	56.45	9306.26
	11	濮阳	6793	772	814.68	4105.66	60.44	10367.11
	12	安阳	5157	238.70	221.64	1488.97	28.87	2021.15
	13	滑县	1003	90	103.27	493.79	49.23	496.79
小计			104759	9190.04	9001.40	56071.04	53.52	179164.70
合计			146199	13730.04	12303.02	64443.79	44.08	272782.47

【水质信息】

序号	断面名称	断面位置（省、市）	采样时间	水温（℃）	pH值（无量纲）	溶解氧	高锰酸盐指数	化学需氧量（COD）	五日生化需氧量（BOD₅）	氨氮（NH₃–N）	总磷（以P计）
									mg/L		
1	沙河南	河南鲁山县	5月9日	19.7	8.2	13.6	1.8	<15	1.2	<0.025	0.01
2	郑湾	河南郑州市	5月9日	19.8	8.2	11	1.8	<15	<0.5	<0.025	<0.01

序号	断面名称	总氮（以N计）	铜	锌	氟化物（以F计）	硒	砷	汞	镉	铬（六价）	铅
						mg/L					
1	沙河南	0.74	<0.01	<0.05	0.23	<0.0003	0.0012	<0.00001	<0.001	<0.004	<0.01
2	郑湾	0.64	<0.01	<0.05	0.22	0.0003	0.0011	<0.00001	<0.001	<0.004	<0.01

序号	断面名称	氰化物	挥发酚	石油类	阴离子表面活性剂	硫化物	粪大肠菌群	水质类别	超标项目及超标倍数
				mg/L			个/L		
1	沙河南	<0.002	<0.002	<0.01	<0.05	<0.01	30	Ⅰ类	
2	郑湾	<0.002	<0.002	<0.01	<0.05	<0.01	0	Ⅰ类	

说明：根据南水北调中线水质保护中心6月7日提供数据。

【突发事件及处理】

5月2日10：00，巡查人员发现漯河市南水北调配套工程10号主管线90号排空阀井与主管道连接处因焊缝质量缺陷出现渗漏水，经不停水抢修，于5月14日处理完毕。

5月16日下午，巡查人员发现配套工程2号口门线路邓州市邓一支线分叉口流量计阀井内法兰糊接处出现多处孔状喷水，同时末端检修阀井内法兰接口的垫片处漏水，经抢修，于5月20日8：00恢复一水厂供水。5月27日5：30，邓一支线分叉口管理房院内控制阀井内法兰糊接处再次漏水，抢修后于5月31日9：00恢复一水厂供水。

【运行管理大事记】

5月12日，河南省南水北调工程运行管理第24次例会暨配套工程维修养护项目进场对接会在郑州市召开。

运行管理月报2017年第7期总第23期

【工程运行调度】

2017年7月1日8：00，河南省陶岔渠首引水闸入总干渠流量174.92m³/s；穿黄隧洞节制闸过闸流量112.29m³/s；漳河倒虹吸节制闸过闸流量97.99m³/s。截至2017年6月30日，全省累计有31个口门及7个退水闸（白河、清河、颍河、沂水河、双泊河、贾峪河、淇河）开闸分水，其中，28个口门正常供水，2个口门线路因受水水厂暂不具备接水条件而未供水（5、11-1），1个口门线路因地方不用水暂停供水（11）。

【各市县配套工程线路供水】

序号	市、县	口门编号	分水口门	供水目标	运行情况	备注
1	邓州市	1	肖楼	引丹灌区	正常供水	
2	邓州市	2	望城岗	邓州一水厂	正常供水	
				邓州二水厂	正常供水	
	南阳市			新野二水厂	正常供水	
3	南阳市	3-1	谭寨	镇平县五里岗水厂	暂停供水	备用
				镇平县规划水厂	正常供水	
4	南阳市	5	田洼		未供水	静水压试验分水完成，水厂建设滞后
5	南阳市	6	大寨	南阳第四水厂	正常供水	
6	南阳市	7	半坡店	唐河县水厂	正常供水	
				社旗水厂	正常供水	
7	漯河市	10	辛庄	舞阳水厂	正常供水	
				漯河二水厂	正常供水	
				漯河四水厂	正常供水	
				漯河五水厂	正常供水	
				漯河八水厂	正常供水	
7	周口市	10	辛庄	商水水厂	正常供水	
				周口东区水厂	正常供水	
8	平顶山市	11	澎河	平顶山白龟山水厂	暂停供水	地方不用水，口门分水暂停
				平顶山九里山水厂	暂停供水	
				平顶山平煤集团水厂	暂停供水	
9	平顶山市	11-1	张村		未供水	静水压试验分水完成，水厂建设滞后
10	平顶山市	13	高庄	平顶山王铁庄水厂	正常供水	
				平顶山石龙区水厂	正常供水	

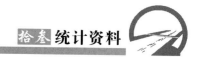

续表1

序号	市、县	口门编号	分水口门	供水目标	运行情况	备注
11	平顶山市	14	赵庄	郏县规划水厂	正常供水	
12	许昌市	15	宴窑	襄城县三水厂	正常供水	
13	许昌市	16	任坡	禹州市二水厂	正常供水	
				神垕镇二水厂	正常供水	
14	许昌市 临颍县	17	孟坡	许昌市周庄水厂	正常供水	
				北海、石梁河、清潩河	正常供水	
				临颍县一水厂	正常供水	
				千亩湖	正常供水	水厂未建，利用临颍县二水厂支线向千亩湖供水
15	许昌市	18	洼李	长葛市规划三水厂	正常供水	
16	郑州市	19	李垌	新郑第一水厂	暂停供水	备用
				新郑第二水厂	正常供水	
				新郑望京楼水库	正常供水	
17	郑州市	20	小河刘	郑州航空城一水厂	正常供水	
				中牟县第三水厂	正常供水	
18	郑州市	21	刘湾	郑州市刘湾水厂	正常供水	
19	郑州市	23	中原西路	郑州柿园水厂	正常供水	
				郑州白庙水厂	正常供水	
				郑州常庄水库	暂停供水	
20	郑州市	24	前蒋寨	荥阳市四水厂	正常供水	
21	郑州市	24-1	蒋头	上街区规划水厂	正常供水	
22	焦作市	26	北石涧	武陟县城三水厂	正常供水	
23	焦作市	28	苏蔺	焦作市修武水厂	正常供水	
24	新乡市	30	郭屯	获嘉县水厂	正常供水	
25	新乡市	32	老道井	新乡高村水厂	正常供水	
				新乡新区水厂	正常供水	
				新乡孟营水厂	正常供水	
26	新乡市	33	温寺门	卫辉规划水厂	正常供水	
27	鹤壁市	34	袁庄	淇县铁西区水厂	正常供水	
				赵家渠	正常供水	水厂未用，利用城北水厂支线向赵家渠供水
28	濮阳市 鹤壁市 滑县	35	三里屯	引黄调节池 （濮阳第一水厂）	正常供水	
				濮阳第三水厂	正常供水	
				清丰县固城水厂	正常供水	
				浚县水厂	正常供水	
				鹤壁第四水厂	正常供水	
				滑县三水厂	正常供水	
29	鹤壁市	36	刘庄	鹤壁第三水厂	正常供水	
30	安阳市	37	董庄	汤阴一水厂	正常供水	
31	安阳市	38	小营	安阳八水厂	正常供水	因供电线路改造，6月5日8时至11时暂停取用南水北调水
32	南阳市		白河退水闸	南阳城区	已关闸	

续表2

序号	市、县	口门编号	分水口门	供水目标	运行情况	备注
33	南阳市		清河退水闸	方城县	正常供水	生态补水
34	禹州市		颍河退水闸	许昌城区	已关闸	
35	郑州市		贾峪河退水闸	西流湖	已关闸	
36	新郑市		沂水河退水闸	唐寨水库	已关闸	
37	新郑市		双泊河退水闸	双泊河	正常供水	生态补水
38	鹤壁市		淇河退水闸	淇河	已关闸	

【水量调度计划执行】

区分	序号	市、县名称	年度用水计划（万m³）	月用水计划（万m³）	月实际供水量（万m³）	年度累计供水量（万m³）	年度计划执行情况（%）	累计供水量（万m³）
农业用水	1	引丹灌区	41440	6480	6630.26	15003.01	36.20	100248.03
城市用水	1	邓州	1980	186	158.11	1106.09	55.86	1910.43
	2	南阳	6259.5	1547.00	621.04	4631.76	74.00	9220.65
	3	漯河	6153	485.7	450.14	3470.50	56.40	9077.38
	4	周口	1629.5	189	188.46	807.90	49.58	821.90
	5	平顶山	2010	186	223.55	1700.00	84.58	9306.49
	6	许昌	9103	2169.6	931.07	6359.53	69.86	26138.08
	7	郑州	48810	3688.5	4037.33	28943.13	59.30	86378.48
	8	焦作	1366	120	133.18	865.57	63.37	2399.06
	9	新乡	9413	718	912.92	6885.18	73.15	19376.73
	10	鹤壁	5082	322	423.17	3291.94	64.78	9729.43
	11	濮阳	6793	690	567.26	4672.92	68.79	10934.37
	12	安阳	5157	249.00	224.63	1713.60	33.23	2245.78
	13	滑县	1003	105	94.54	588.33	58.66	591.33
	小计		104759	10655.80	8965.40	65036.45	62.08	188130.11
	合计		146199	17135.80	15595.66	80039.46	54.75	288378.14

【水质信息】

序号	断面名称	断面位置（省、市）	采样时间	水温（℃）	pH值（无量纲）	溶解氧	高锰酸盐指数	化学需氧量（COD）	五日生化需氧量（BOD₅）	氨氮（NH₃-N）	总磷（以P计）
								mg/L			
1	沙河南	河南鲁山县	6月7日	23.1	8.2	8.2	1.6	<15	0.6	<0.025	<0.01
2	郑湾	河南郑州市	6月7日	23.4	8.1	7.6	1.8	<15	1	<0.033	<0.01

序号	断面名称	总氮（以N计）	铜	锌	氟化物（以F⁻计）	硒	砷	汞	镉	铬（六价）	铅
							mg/L				
1	沙河南	0.88	<0.01	<0.05	0.19	<0.0003	0.0016	<0.00001	<0.001	<0.004	<0.01

续表

序号	断面名称	断面位置（省、市）	采样时间	水温（℃）	pH值（无量纲）	溶解氧	高锰酸盐指数	化学需氧量（COD）	五日生化需氧量（BOD₅）	氨氮（NH₃—N）	总磷（以P计）
								mg/L			
2	郑湾	0.83	<0.01	<0.05	0.2	0.0003	0.0016	<0.00001	<0.001	<0.004	<0.01

序号	断面名称	氰化物	挥发酚	石油类	阴离子表面活性剂	硫化物	粪大肠菌群	水质类别	超标项目及超标倍数
		mg/L					个/L		
1	沙河南	<0.002	<0.002	0.01	<0.05	<0.01	0	I类	
2	郑湾	<0.002	<0.002	<0.01	<0.05	<0.01	0	I类	

说明：根据南水北调中线水质保护中心7月4日提供数据。

【突发事件及处理】

6月14日，巡查人员发现配套工程2号口门线路邓州市邓一支线7号空气阀井漏水，经抢修，于6月24日10：00恢复一水厂供水。

6月15日9：00～11：00，21号口门线路

实时调度配合刘湾水厂开展水源切换应急演练。

【运行管理大事记】

6月8日，河南省南水北调工程运行管理第25次例会在郑州市召开。

运行管理月报2017年第8期总第24期

【工程运行调度】

2017年8月1日8时，河南省陶岔渠首引水闸入总干渠流量191.38m³/s；穿黄隧洞节制闸过闸流量121.65m³/s；漳河倒虹吸节制闸过闸流量114.49m³/s。截至2017年7月31日，全省累计有31个口门及7个退水闸（白河、清

河、颍河、沂水河、双洎河、贾峪河、淇河）开闸分水，其中，28个口门正常供水，2个口门线路因受水水厂暂不具备接水条件而未供水（5、11-1），1个口门线路因地方不用水暂停供水（11）。

【各市县配套工程线路供水】

序号	市、县	口门编号	分水口门	供水目标	运行情况	备注
1	邓州市	1	肖楼	引丹灌区	正常供水	
2	邓州市	2	望城岗	邓州一水厂	正常供水	
	邓州市			邓州二水厂	正常供水	
	南阳市			新野二水厂	正常供水	
3	南阳市	3-1	谭寨	镇平县五里岗水厂	暂停供水	备用
				镇平县规划水厂	正常供水	
4	南阳市	5	田洼		未供水	静水压试验分水完成，水厂建设滞后
5	南阳市	6	大寨	南阳第四水厂	正常供水	

续表1

序号	市、县	口门编号	分水口门	供水目标	运行情况	备注
6	南阳市	7	半坡店	唐河县水厂	正常供水	
				社旗水厂	正常供水	
7	漯河市	10	辛庄	舞阳水厂	正常供水	
				漯河二水厂	正常供水	
				漯河四水厂	正常供水	
				漯河五水厂	正常供水	
				漯河八水厂	正常供水	
7	周口市	10	辛庄	商水水厂	正常供水	
				周口东区水厂	正常供水	
8	平顶山市	11	澎河	平顶山白龟山水厂	暂停供水	地方不用水，口门分水暂停
				平顶山九里山水厂	暂停供水	
				平顶山平煤集团水厂	暂停供水	
9	平顶山市	11-1	张村		未供水	静水压试验分水完成，水厂建设滞后
10	平顶山市	13	高庄	平顶山王铁庄水厂	正常供水	
				平顶山石龙区水厂	正常供水	
11	平顶山市	14	赵庄	郏县规划水厂	正常供水	
12	许昌市	15	宴窑	襄城县三厂	正常供水	
13	许昌市	16	任坡	禹州市二水厂	正常供水	
				神垕镇二水厂	正常供水	
14	许昌市	17	孟坡	许昌市周庄水厂	正常供水	
				北海、石梁河、清潩河	正常供水	
				许昌市二水厂	正常供水	
				临颍县一水厂	正常供水	
	临颍县			千亩湖	正常供水	水厂未建，利用临颍县二水厂支线向千亩湖供水
15	许昌市	18	洼李	长葛市规划三水厂	正常供水	
16	郑州市	19	李垌	新郑第一水厂	暂停供水	备用
				新郑第二水厂	正常供水	
				新郑望京楼水库	正常供水	
17	郑州市	20	小河刘	郑州航空城一水厂	正常供水	
				郑州航空城二水厂	正常供水	
				中牟县第三水厂	正常供水	
18	郑州市	21	刘湾	郑州市刘湾水厂	正常供水	
19	郑州市	23	中原西路	郑州柿园水厂	正常供水	
				郑州白庙水厂	正常供水	
				郑州常庄水库	暂停供水	
20	郑州市	24	前蒋寨	荥阳市四水厂	正常供水	
21	郑州市	24-1	蒋头	上街区规划水厂	正常供水	
22	焦作市	26	北石涧	武陟县城三水厂	正常供水	进水阀门维修，7月17日暂停供水两小时
23	焦作市	28	苏蔺	焦作市修武水厂	正常供水	
24	新乡市	30	郭屯	获嘉县水厂	正常供水	

续表2

序号	市、县	口门编号	分水口门	供水目标	运行情况	备注
25	新乡市	32	老道井	新乡高村水厂	正常供水	
				新乡新区水厂	正常供水	
				新乡孟营水厂	正常供水	
26	新乡市	33	温寺门	卫辉规划水厂	正常供水	
27	鹤壁市	34	袁庄	淇县铁西区水厂	正常供水	
				赵家渠	正常供水	水厂未用，利用城北水厂支线向赵家渠供水
28	濮阳市	35	三里屯	引黄调节池（濮阳第一水厂）	正常供水	
				濮阳第三水厂	正常供水	
				清丰县固城水厂	正常供水	
	鹤壁市			浚县水厂	正常供水	
				鹤壁第四水厂	正常供水	
	滑县			滑县三水厂	正常供水	
29	鹤壁市	36	刘庄	鹤壁第三水厂	正常供水	
30	安阳市	37	董庄	汤阴一水厂	正常供水	
				内黄县第四水厂	正常供水	
31	安阳市	38	小营	安阳八水厂	正常供水	
32	南阳市		白河退水闸	南阳城区	已关闸	
33	南阳市		清河退水闸	方城县	正常供水	生态补水
34	禹州市		颍河退水闸	许昌城区	已关闸	
35	郑州市		贾峪河退水闸	西流湖	已关闸	
36	新郑市		沂水河退水闸	唐寨水库	已关闸	
37	新郑市		双泊河退水闸	双泊河	正常供水	生态补水
38	鹤壁市		淇河退水闸	淇河	已关闸	

【水量调度计划执行】

区分	序号	市、县名称	年度用水计划（万m³）	月用水计划（万m³）	月实际供水量（万m³）	年度累计供水量（万m³）	年度计划执行情况（%）	累计供水量（万m³）
农业用水	1	引丹灌区	41440	6696	6635.09	21638.10	52.22	106883.12
城市用水	1	邓州	1980	186	190.46	1296.55	65.48	2100.90
	2	南阳	6259.5	1573.70	1584.75	6216.51	99.31	10805.39
	3	漯河	6153	513.6	489.50	3960.01	64.36	9566.88
	4	周口	1629.5	217	204.50	1012.40	62.13	1026.40
	5	平顶山	2010	189.7	237.05	1937.05	96.37	9543.54
	6	许昌	9103	2605.52	2484.33	8843.86	97.15	28622.42
	7	郑州	48810	3957	4644.30	33587.43	68.81	91022.78
	8	焦作	1366	116	144.94	1010.51	73.98	2544.00
	9	新乡	9413	744.6	1076.49	7961.67	84.58	20453.22
	10	鹤壁	5082	330.1	394.00	3685.94	72.53	10123.43
	11	濮阳	6793	690	340.53	5013.46	73.80	11274.90
	12	安阳	5157	272.80	270.50	1984.10	38.47	2516.28
	13	滑县	1003	114.7	62.00	650.33	64.84	653.33
		小计	104759	11510.72	12123.35	77159.82	73.65	200253.47
		合计	146199	18206.72	18758.44	98797.92	67.58	307136.59

【水质信息】

序号	断面名称	断面位置（省、市）	采样时间	水温（℃）	pH值（无量纲）	溶解氧	高锰酸盐指数	化学需氧量COD）	五日生化需氧量（BOD₅）	氨氮（NH₃–N）	总磷（以P计）
								mg/L			
1	沙河南	河南鲁山县	7月10日	28.7	8.2	7.6	1.7	<15	1.7	<0.036	0.01
2	郑湾	河南郑州市	7月10日	29.1	8.4	8.6	1.7	<15	1.7	<0.042	0.01

序号	断面名称	总氮（以N计）	铜	锌	氟化物（以F⁻计）	硒	砷	汞	镉	铬（六价）	铅
							mg/L				
1	沙河南	1.26	<0.01	<0.05	0.17	0.0004	0.0011	<0.00001	<0.001	<0.004	<0.01
2	郑湾	1.27	<0.01	<0.05	0.19	<0.0003	0.0009	<0.00001	<0.001	<0.004	<0.01

序号	断面名称	氰化物	挥发酚	石油类	阴离子表面活性剂	硫化物	粪大肠菌群	水质类别	超标项目及超标倍数
				mg/L			个/L		
1	沙河南	<0.002	<0.002	0.04	<0.05	<0.01	0	I 类	
2	郑湾	<0.002	<0.002	0.01	<0.05	<0.01	0	I 类	

说明：根据南水北调中线水质保护中心8月8日提供数据。

【突发事件及处理】

7月17日，巡查人员发现配套工程35号三里屯口门线路西水坡支线首端管道渗漏，经抢修，于7月26日恢复向濮阳市第三水厂和清丰县水厂供水。

运行管理月报2017年第9期总第25期

【工程运行调度】

2017年9月1日8：00，河南省陶岔渠首引水闸入总干渠流量216.08m³/s；穿黄隧洞节制闸过闸流量142.00m³/s；漳河倒虹吸节制闸过闸流量130.09m³/s。截至2017年8月31日，全省累计有32个口门及7个退水闸（白河、

【运行管理大事记】

7月5日12:00，白河退水闸开闸向南阳市中心城区补充生产生活用水。

7月14日，河南省南水北调工程运行管理第二十六次例会在郑州市召开。

清河、颖河、沂水河、双洎河、贾峪河、淇河）开闸分水，其中，29个口门正常供水，2个口门线路因受水水厂暂不具备接水条件而未供水（5、11-1），1个口门线路因地方不用水暂停供水（11）。

【各市县配套工程线路供水】

序号	市、县	口门编号	分水口门	供水目标	运行情况	备注
1	邓州市	1	肖楼	引丹灌区	正常供水	
2	邓州市	2	望城岗	邓州一水厂	正常供水	因支线管道漏水抢修，8月22日至8月25日暂停供水；因水厂管道维修，8月26日16:00至8月30日上午8:00再次暂停供水
				邓州二水厂	正常供水	因支线末端管道漏水抢修，8月15日至8月20日暂停供水
	南阳市			新野二水厂	正常供水	
3	南阳市	3-1	谭寨	镇平县五里岗水厂	暂停供水	备用
				镇平县规划水厂	正常供水	
4	南阳市	5	田洼		未供水	静水压试验分水完成，水厂建设滞后
5	南阳市	6	大寨	南阳第四水厂	正常供水	
6	南阳市	7	半坡店	唐河县水厂	正常供水	
				社旗水厂	正常供水	
7	方城县	9	十里庙	泵站	正常供水	
8	漯河市	10	辛庄	舞阳水厂	正常供水	
				漯河二水厂	正常供水	
				漯河四水厂	正常供水	
				漯河五水厂	正常供水	
				漯河八水厂	正常供水	
8	周口市	10	辛庄	商水水厂	正常供水	
				周口东区水厂	正常供水	
9	平顶山市	11	澎河	平顶山白龟山水厂	暂停供水	地方不用水，口门分水暂停
				平顶山九里山水厂	暂停供水	
				平顶山平煤集团水厂	暂停供水	
10	平顶山市	11-1	张村		未供水	静水压试验分水完成，水厂建设滞后
11	平顶山市	13	高庄	平顶山王铁庄水厂	正常供水	
				平顶山石龙区水厂	正常供水	
12	平顶山市	14	赵庄	郏县规划水厂	正常供水	
13	许昌市	15	宴窑	襄城县三水厂	正常供水	
14	许昌市	16	任坡	禹州市二水厂	正常供水	
				神垕镇二水厂	正常供水	
15	许昌市	17	孟坡	许昌市周庄水厂	正常供水	
				北海、石梁河、清潩河	正常供水	
				许昌市二水厂	正常供水	
				临颍县一水厂	正常供水	
	临颍县			千亩湖	正常供水	水厂未建，利用临颍县二水厂支线向千亩湖供水
16	许昌市	18	洼李	长葛市规划三水厂	正常供水	
17	郑州市	19	李垌	新郑第一水厂	暂停供水	备用
				新郑第二水厂	正常供水	
				新郑望京楼水库	正常供水	

续表

序号	市、县	口门编号	分水口门	供水目标	运行情况	备注
18	郑州市	20	小河刘	郑州航空城一水厂	正常供水	
				郑州航空城二水厂	正常供水	
				中牟县第三水厂	正常供水	因交叉工程管道对接，8月27日21:00至9月1日21:00暂停供水
19	郑州市	21	刘湾	郑州市刘湾水厂	正常供水	因供电部门检修泵站线路，8月28日8:00至20:00暂停供水
20	郑州市	23	中原西路	郑州柿园水厂	正常供水	
				郑州白庙水厂	正常供水	
				郑州常庄水库	暂停供水	
21	郑州市	24	前蒋寨	荥阳市四水厂	正常供水	
22	郑州市	24-1	蒋头	上街区规划水厂	正常供水	
23	焦作市	26	北石涧	武陟县城三水厂	正常供水	因博爱新增项目管道对接，8月3日8:00至8月8日18:00暂停供水
24	焦作市	28	苏蔺	焦作市修武水厂	正常供水	
25	新乡市	30	郭屯	获嘉县水厂	正常供水	
26	新乡市	32	老道井	新乡高村水厂	正常供水	
				新乡新区水厂	正常供水	
				新乡孟营水厂	正常供水	
	新乡县			七里营水厂	正常供水	
27	新乡市	33	温寺门	卫辉规划水厂	正常供水	
28	鹤壁市	34	袁庄	淇县铁西区水厂	正常供水	
				赵家渠	正常供水	水厂未用，利用城北水厂支线向赵家渠供水
29	濮阳市	35	三里屯	引黄调节池（濮阳第一水厂）	正常供水	
				濮阳第三水厂	正常供水	
				清丰县固城水厂	正常供水	
	鹤壁市			浚县水厂	正常供水	
				鹤壁第四水厂	正常供水	
	滑县			滑县三水厂	正常供水	
30	鹤壁市	36	刘庄	鹤壁第三水厂	正常供水	
31	安阳市	37	董庄	汤阴一水厂	正常供水	
				内黄县第四水厂	正常供水	
32	安阳市	38	小营	安阳八水厂	正常供水	
33	南阳市		白河退水闸	南阳城区	正常供水	生态补水
34	南阳市		清河退水闸	方城县	已关闸	
35	禹州市		颍河退水闸	许昌城区	已关闸	
36	郑州市		贾峪河退水闸	西流湖	已关闸	
37	新郑市		沂水河退水闸	唐寨水库	已关闸	
38	新郑市		双泊河退水闸	双泊河	已关闸	
39	鹤壁市		淇河退水闸	淇河	已关闸	

【水量调度计划执行】

区分	序号	市、县名称	年度用水计划（万m³）	月用水计划（万m³）	月实际供水量（万m³）	年度累计供水量（万m³）	年度计划执行情况（%）	累计供水量（万m³）
农业用水	1	引丹灌区	41440	8035	7672.38	29310.48	70.73	114555.50
城市用水	1	邓州	1980	186	166.70	1463.25	73.90	2267.60
	2	南阳	6259.5	1567.80	1587.70	7804.21	124.68	12392.73
	3	漯河	6153	515.6	455.72	4415.73	71.77	10022.60
	4	周口	1629.5	217	199.39	1211.79	74.37	1225.79
	5	平顶山	2010	217.85	236.65	2173.70	108.14	9780.19
	6	许昌	9103	1354.52	1168.53	10012.39	109.99	29790.95
	7	郑州	48810	4057.5	4117.31	37704.74	77.25	95140.09
	8	焦作	1366	116	141.52	1152.03	84.34	2685.52
	9	新乡	9413	763.2	1039.24	9000.91	95.62	21492.46
	10	鹤壁	5082	343.5	438.68	4124.61	81.16	10562.11
	11	濮阳	6793	922	743.97	5757.42	84.76	12018.87
	12	安阳	5157	282.10	293.15	2277.25	44.16	2809.43
	13	滑县	1003	117.8	101.91	752.23	75.00	755.23
		小计	104759	10660.87	10690.47	87850.26	83.86	210943.57
		合计	146199	18695.87	18362.85	117160.74	80.14	325499.07

【水质信息】

序号	断面名称	断面位置（省、市）	采样时间	水温（℃）	pH值（无量纲）	溶解氧	高锰酸盐指数	化学需氧量（COD）	五日生化需氧量（BOD₅）	氨氮（NH₃-N）	总磷（以P计）
								mg/L			
1	沙河南	河南鲁山县	8月8日	28	8.1	8.7	1.7	<15	1.1	0.047	0.01
2	郑湾	河南郑州市	8月8日	28.1	8.2	8.9	1.7	<15	0.7	0.04	0.01

序号	断面名称	总氮（以N计）	铜	锌	氟化物（以F⁻计）	硒	砷	汞	镉	铬（六价）	铅
						mg/L					
1	沙河南	1.36	<0.01	<0.05	0.17	<0.0003	0.001	<0.00001	<0.001	<0.004	<0.01
2	郑湾	1.15	<0.01	<0.05	0.2	<0.0003	0.001	<0.00001	<0.001	<0.004	<0.01

序号	断面名称	氰化物	挥发酚	石油类	阴离子表面活性剂	硫化物	粪大肠菌群	水质类别	超标项目及超标倍数
				mg/L			个/L		
1	沙河南	<0.002	<0.002	<0.01	<0.05	<0.01	10	Ⅰ类	
2	郑湾	<0.002	<0.002	<0.01	<0.05	<0.01	10	Ⅰ类	

说明：根据南水北调中线水质保护中心9月4日提供数据。

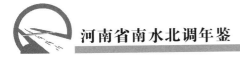

【突发事件及处理】

8月15日，巡查人员发现配套工程2号望城岗口门邓州二水厂支线末端冒水，经抢修，于8月20日下午恢复二水厂供水。

8月18日，漯河突降特大暴雨，巡查人员发现配套工程10号辛庄口门漯河五水厂支线末端管理房院内积水，经抽排，19日恢复正常，未影响供水。

8月22日，巡查人员发现配套工程2号望城岗口门邓州一水厂支线阀井内管道漏水，原因为玻璃钢夹砂管法兰与糊接处裂缝，经抢修，于8月25日下午恢复一水厂通水。

【运行管理大事记】

8月14日9：00，9号十里庙口门开闸放水进行静水压试验。

8月14~15日，河南省南水北调工程运行管理第27次例会在安阳市召开。

运行管理月报2017年第10期总第26期

【工程运行调度】

2017年10月1日8时，河南省陶岔渠首引水闸入总干渠流量223.24m³/s；穿黄隧洞节制闸过闸流量122.85m³/s；漳河倒虹吸节制闸过闸流量117.63m³/s。截至2017年9月30日，全省累计有32个口门及9个退水闸（白河、清河、澎河、颍河、双泊河、沂水河、贾峪河、淇河、汤河）开闸分水，其中，29个口门正常供水，2个口门线路因受水水厂暂不具备接水条件而未供水（5、11-1），1个口门线路因地方不用水暂停供水（11）。

【各市县配套工程线路供水】

序号	市、县	口门编号	分水口门	供水目标	运行情况	备注
1	邓州市	1	肖楼	引丹灌区	正常供水	
2	邓州市	2	望城岗	邓州一水厂	正常供水	
	邓州市			邓州二水厂	正常供水	
	南阳市			新野二水厂	正常供水	
3	南阳市	3-1	谭寨	镇平县五里岗水厂	暂停供水	备用
				镇平县规划水厂	正常供水	
4	南阳市	5	田洼		未供水	静水压试验分水完成，水厂建设滞后
5	南阳市	6	大寨	南阳第四水厂	正常供水	
6	南阳市	7	半坡店	唐河县水厂	正常供水	
				社旗水厂	正常供水	
7	方城县	9	十里庙	泵站	正常供水	
8	漯河市	10	辛庄	舞阳水厂	正常供水	
				漯河二水厂	正常供水	
				漯河四水厂	正常供水	
				漯河五水厂	正常供水	
				漯河八水厂	正常供水	
8	周口市	10	辛庄	商水水厂	正常供水	
				周口东区水厂	正常供水	

续表1

序号	市、县	口门编号	分水口门	供水目标	运行情况	备注
9	平顶山市	11	澎河	平顶山白龟山水厂	暂停供水	9月29日20：00起澎河退水闸开闸退水
				平顶山九里山水厂	暂停供水	
				平顶山平煤集团水厂	暂停供水	
10	平顶山市	11-1	张村		未供水	静水压试验分水完成，水厂建设滞后
11	平顶山市	13	高庄	平顶山王铁庄水厂	正常供水	
				平顶山石龙区水厂	正常供水	
12	平顶山市	14	赵庄	郏县规划水厂	正常供水	
13	许昌市	15	宴窑	襄城县三水厂	正常供水	
14	许昌市	16	任坡	禹州市二水厂	正常供水	
				神垕镇二水厂	正常供水	
15	许昌市	17	孟坡	许昌市周庄水厂	正常供水	
				北海、石梁河、清潩河	正常供水	因许昌段管道维修，9月20日14:00起暂停北海水厂供水，启用备用水源
				许昌市二水厂	正常供水	因许昌段管道维修，9月20日14:00起暂停水厂供水，启用备用水源
	临颍县			临颍县一水厂	正常供水	因许昌段管道维修，9月20日14:00起暂停水厂供水，启用备用水源
				千亩湖	正常供水	因许昌段管道维修，9月20日14:00起暂停水厂供水，启用备用水源
16	许昌市	18	洼李	长葛市规划三水厂	正常供水	
17	郑州市	19	李垌	新郑第一水厂	暂停供水	备用
				新郑第二水厂	正常供水	
				新郑望京楼水库	正常供水	
18	郑州市	20	小河刘	郑州航空城一水厂	正常供水	
				郑州航空城二水厂	正常供水	
				中牟县第三水厂	正常供水	
19	郑州市	21	刘湾	郑州市刘湾水厂	正常供水	
20	郑州市	23	中原西路	郑州柿园水厂	正常供水	
				郑州白庙水厂	正常供水	
				郑州常庄水库	暂停供水	
21	郑州市	24	前蒋寨	荥阳市四水厂	正常供水	
22	郑州市	24-1	蒋头	上街区规划水厂	正常供水	
23	焦作市	26	北石涧	武陟县城三水厂	正常供水	
24	焦作市	28	苏蔺	焦作市修武水厂	正常供水	
25	新乡市	30	郭屯	获嘉县水厂	正常供水	
26	新乡市	32	老道井	新乡高村水厂	正常供水	
				新乡新区水厂	正常供水	
				新乡孟营水厂	正常供水	
	新乡县			七里营水厂	正常供水	
27	新乡市	33	温寺门	卫辉规划水厂	正常供水	
28	鹤壁市	34	袁庄	淇县铁西区水厂	正常供水	因清淤施工，9月7日上午8时~13日下午13时，34号袁庄口门关闸，暂停供水
				赵家渠	正常供水	水厂未用，利用城北水厂支线向赵家渠供水

续表2

序号	市、县	口门编号	分水口门	供水目标	运行情况	备注
29	濮阳市	35	三里屯	引黄调节池（濮阳第一水厂）	正常供水	
				濮阳第三水厂	正常供水	
				清丰县固城水厂	正常供水	因阀井维修，9月7日、28日两次停水，9月29日16:00恢复供水
	鹤壁市			浚县水厂	正常供水	
				鹤壁第四水厂	正常供水	
	滑县			滑县三水厂	正常供水	
30	鹤壁市	36	刘庄	鹤壁第三水厂	正常供水	
31	安阳市	37	董庄	汤阴一水厂	正常供水	
				内黄县第四水厂	正常供水	
32	安阳市	38	小营	安阳八水厂	正常供水	
33	南阳市		白河退水闸	南阳城区	正常供水	生态补水
34	南阳市		清河退水闸	方城县	已关闸	
35	平顶山市		澎河退水闸	澎河	正常供水	
36	禹州市		颍河退水闸	许昌城区	已关闸	
37	新郑市		双泊河退水闸	双泊河	已关闸	
38	新郑市		沂水河退水闸	唐寨水库	已关闸	
39	郑州市		贾峪河退水闸	西流湖	已关闸	
40	鹤壁市		淇河退水闸	淇河	已关闸	
41	汤阴县		汤河退水闸	汤河	正常供水	

【水量调度计划执行】

区分	序号	市、县名称	年度用水计划（万m³）	月用水计划（万m³）	月实际供水量（万m³）	年度累计供水量（万m³）	年度计划执行情况（%）	累计供水量（万m³）
农业用水	1	引丹灌区	41440	7776	7635.00	36945.48	89.15	122190.50
城市用水	1	邓州	1980	180	182.65	1645.90	83.13	2450.25
	2	南阳	6259.5	1415	1503.66	9307.87	148.70	13896.75
	3	漯河	6153	522	463.30	4879.02	79.29	10485.90
	4	周口	1629.5	180	166.85	1378.65	84.61	1392.65
	5	平顶山	2010	186	479.44	2653.14	132.00	10259.63
	6	许昌	9103	1827.6	1347.42	11359.81	124.79	31138.37
	7	郑州	48810	4635	3962.75	41667.49	85.37	99102.84
	8	焦作	1366	111	147.13	1299.16	95.11	2832.65
	9	新乡	9413	845	981.42	9982.33	106.05	22473.88
	10	鹤壁	5082	344	454.83	4579.44	90.11	11016.94
	11	濮阳	6793	1014	985.10	6742.52	99.26	13003.97
	12	安阳	5157	297	374.55	2651.80	51.42	3183.98
	13	滑县	1003	114	116.98	869.22	86.66	872.22
		小计	104759	11670.60	11166.08	99016.35	94.52	222110.03
合计			146199	19446.6	18801.08	135961.83	93.00	344300.53

【水质信息】

序号	断面名称	断面位置（省、市）	采样时间	水温（℃）	pH值（无量纲）	溶解氧	高锰酸盐指数	化学需氧量（COD）	五日生化需氧量（BOD₅）	氨氮（NH₃-N）	总磷（以P计）
						mg/L					
1	沙河南	河南鲁山县	9月12日	26.1	8.2	8.5	1.5	<15	<0.5	0.026	<0.01
2	郑湾	河南郑州市	9月12日	25.2	8.3	9.04	1.7	<15	0.5	0.035	<0.01

序号	断面名称	总氮（以N计）	铜	锌	氟化物（以F⁻计）	硒	砷	汞	镉	铬（六价）	铅
						mg/L					
1	沙河南	0.77	<0.01	<0.05	0.18	<0.0003	0.0011	<0.00001	<0.001	<0.004	<0.01
2	郑湾	0.83	<0.01	<0.05	0.19	<0.0003	0.0012	1E-05	<0.001	<0.004	<0.01

序号	断面名称	氰化物	挥发酚	石油类	阴离子表面活性剂	硫化物	粪大肠菌群	水质类别	超标项目及超标倍数	
				mg/L			个/L			
1	沙河南	<0.002	<0.002	<0.01	<0.05	<0.01	0	I 类		
2	郑湾	<0.002	<0.002	<0.01	<0.05	<0.01	0	I 类		

说明：根据南水北调中线水质保护中心10月10日提供数据。

【突发事件及处理】

9月20日10：00，配套工程巡查人员发现17号孟坡口门线路供水管道被许昌市方圆设计有限公司作业时损坏，经抢修，29日11：00恢复通水。

【运行管理大事记】

9月7日8：00～13日13：00，34号袁庄口门线路停止运行进行进水池清淤施工。

9月12～13日，河南省南水北调工程运行管理第28次例会在许昌市召开。

9月29日20：00，澎河退水闸开闸向平顶山市澎河退水，分水流量为50m³/s。

9月30日10：00，汤河退水闸开闸向汤阴县汤河供水，分水流量为1m³/s。

运行管理月报2017年第11期总第27期

【工程运行调度】

2017年11月1日8：00，河南省陶岔渠首引水闸入总干渠流量302.86m³/s；穿黄隧洞节制闸过闸流量156.65m³/s；漳河倒虹吸节制闸过闸流量119.78m³/s。截至2017年10月31日，全省累计有32个口门及14个退水闸（白河、清河、澎河、沙河、颍河、双洎河、沂水河、十八里河、贾峪河、索河、闫河、淇河、汤河、安阳河）开闸分水，其中，29个口门正常供水，2个口门线路因受水水厂暂不具备接水条件而未供水（5、11-1），1个口门线路因地方不用水暂停供水（11）。

【各市县配套工程线路供水】

序号	市、县	口门编号	分水口门	供水目标	运行情况	备注
1	邓州市	1	肖楼	引丹灌区	正常供水	
2	邓州市	2	望城岗	邓州一水厂	暂停供水	
				邓州二水厂	正常供水	
	南阳市			新野二水厂	正常供水	
3	南阳市	3-1	谭寨	镇平县五里岗水厂	正常供水	
				镇平县规划水厂	暂停供水	备用
4	南阳市	5	田洼		未供水	静水压试验分水完成,水厂建设滞后
5	南阳市	6	大寨	南阳第四水厂	正常供水	
6	南阳市	7	半坡店	唐河县水厂	正常供水	
				社旗水厂	正常供水	
7	方城县	9	十里庙	泵站	正常供水	
8	漯河市	10	辛庄	舞阳水厂	正常供水	
				漯河二水厂	正常供水	
				漯河四水厂	正常供水	
				漯河五水厂	正常供水	
				漯河八水厂	正常供水	
8	周口市	10	辛庄	商水水厂	正常供水	
				周口东区水厂	正常供水	
9	平顶山市	11	澎河	平顶山白龟山水厂	暂停供水	
				平顶山九里山水厂	暂停供水	
				平顶山平煤集团水厂	暂停供水	
10	平顶山市	11-1	张村		未供水	静水压试验分水完成,水厂建设滞后
11	平顶山市	13	高庄	平顶山王铁庄水厂	正常供水	
				平顶山石龙区水厂	正常供水	
12	平顶山市	14	赵庄	郏县规划水厂	正常供水	
13	许昌市	15	宴窑	襄城县三水厂	正常供水	
14	许昌市	16	任坡	禹州市二水厂	正常供水	
				神垕镇二水厂	正常供水	
15	许昌市	17	孟坡	许昌市周庄水厂	正常供水	
				北海、石梁河、清潩河	正常供水	
				许昌市二水厂	正常供水	
	临颍县			临颍县一水厂	正常供水	
				千亩湖	正常供水	
16	许昌市	18	洼李	长葛市规划三水厂	正常供水	
17	郑州市	19	李垌	新郑第一水厂	暂停供水	备用
				新郑第二水厂	正常供水	
				新郑望京楼水库	正常供水	
18	郑州市	20	小河刘	郑州航空城一水厂	正常供水	
				郑州航空城二水厂	正常供水	
				中牟县第三水厂	正常供水	
19	郑州市	21	刘湾	郑州市刘湾水厂	正常供水	

续表

序号	市、县	口门编号	分水口门	供水目标	运行情况	备注
20	郑州市	23	中原西路	郑州柿园水厂	正常供水	
				郑州白庙水厂	正常供水	
				郑州常庄水库	暂停供水	
21	郑州市	24	前蒋寨	荥阳市四水厂	正常供水	
22	郑州市	24-1	蒋头	上街区规划水厂	正常供水	
23	焦作市	26	北石涧	武陟县城三水厂	正常供水	
24	焦作市	28	苏蔺	焦作市修武水厂	正常供水	
25	新乡市	30	郭屯	获嘉县水厂	正常供水	
26	新乡市	32	老道井	新乡高村水厂	正常供水	
				新乡新区水厂	正常供水	
				新乡孟营水厂	正常供水	
	新乡县			七里营水厂	正常供水	
27	新乡市	33	温寺门	卫辉规划水厂	正常供水	
28	鹤壁市	34	袁庄	淇县铁西区水厂	正常供水	
				赵家渠	正常供水	水厂未用，利用城北水厂支线向赵家渠供水
29	濮阳市	35	三里屯	引黄调节池（濮阳第一水厂）	正常供水	
				濮阳第三水厂	正常供水	
				清丰县固城水厂	正常供水	
	鹤壁市			浚县水厂	正常供水	
				鹤壁第四水厂	正常供水	
	滑县			滑县三水厂	正常供水	
30	鹤壁市	36	刘庄	鹤壁第三水厂	正常供水	
31	安阳市	37	董庄	汤阴一水厂	正常供水	
				内黄县第四水厂	正常供水	
32	安阳市	38	小营	安阳八水厂	正常供水	
33	南阳市		白河退水闸	南阳城区	已关闸	
34	南阳市		清河退水闸	方城县	已关闸	
35	平顶山市		澎河退水闸	澎河	正常供水	
36	平顶山市		沙河退水闸	沙河	正常供水	
37	禹州市		颍河退水闸	许昌城区	正常供水	
38	新郑市		双洎河退水闸	双洎河	正常供水	
39	新郑市		沂水退水闸	唐寨水库	已关闸	
40	郑州市		十八里河退水闸	十八里河	正常供水	
41	郑州市		贾峪河退水闸	西流湖	正常供水	
42	郑州市		索河退水闸	索河	正常供水	
43	焦作市		闫河退水闸	闫河	正常供水	
44	鹤壁市		淇河退水闸	淇河	正常供水	
45	汤阴县		汤河退水闸	汤河	正常供水	
46	安阳市		安阳河退水闸	安阳河	正常供水	

【水量调度计划执行】

区分	序号	市、县名称	年度用水计划（万 m³）	月用水计划（万 m³）	月实际供水量（万 m³）	年度累计供水量（万 m³）	年度计划执行情况（%）	累计供水量（万 m³）
农业用水	1	引丹灌区	41440	8035	5696.57	42642.05	102.90	127887.07
城市用水	1	邓州	1980	186	177.78	1823.68	92.11	2628.03
	2	南阳	6259.5	1430.20	688.68	9996.55	159.70	14585.43
	3	漯河	6153	529.6	468.64	5347.66	86.91	10954.54
	4	周口	1629.5	186	181.21	1559.85	95.73	1573.85
	5	平顶山	2010	192.7	16652.49	19305.63	960.48	26912.12
	6	许昌	9103	1332.3	1602.91	12962.72	142.40	32741.27
	7	郑州	48810	4078.6	5998.95	47666.44	97.66	105101.79
	8	焦作	1366	105	296.68	1595.84	116.83	3129.33
	9	新乡	9413	793.9	967.80	10950.13	116.33	23441.68
	10	鹤壁	5082	341	574.90	5154.35	101.42	11591.84
	11	濮阳	6793	384.4	382.12	7124.64	104.88	13386.09
	12	安阳	5157	384.40	1297.25	3949.05	76.58	4481.23
	13	滑县	1003	108	121.02	990.24	98.73	993.24
小计			104759	10052.10	29410.43	128426.78	122.59	251520.44
合计			146199	18087.10	35107.00	171068.83	117.01	379407.51

【水质信息】

序号	断面名称	断面位置（省、市）	采样时间	水温（℃）	pH值（无量纲）	溶解氧	高锰酸盐指数	化学需氧量（COD）	五日生化需氧量（BOD₅）	氨氮（NH₃-N）	总磷（以P计）
						mg/L					
1	沙河南	河南鲁山县	10月10日	20.7	8.2	8.8	1.6	<15	0.6	0.038	<0.01
2	郑湾	河南郑州市	10月10日	19.5	8.2	7.6	1.6	<15	<0.5	0.026	<0.01

序号	断面名称	总氮（以N计）	铜	锌	氟化物（以F-计）	硒	砷	汞	镉	铬（六价）	铅
						mg/L					
1	沙河南	1.07	<0.01	<0.05	0.18	<0.0003	0.0014	<0.00001	<0.001	<0.004	<0.01
2	郑湾	0.92	<0.01	<0.05	0.19	<0.0003	0.0014	0.00001	<0.001	<0.004	<0.01

序号	断面名称	氰化物	挥发酚	石油类	阴离子表面活性剂	硫化物	粪大肠菌群	水质类别	超标项目及超标倍数
				mg/L			个/L		
1	沙河南	<0.002	<0.002	<0.01	<0.05	<0.01	0	I 类	
2	郑湾	<0.002	<0.002	<0.01	<0.05	<0.01	0	I 类	

说明：根据南水北调中线水质保护中心11月13日提供数据。

【运行管理大事记】

10月8日11：00，沙河退水闸开闸向平顶山市沙河退水。

10月11日11：00，十八里河和索河退水闸开闸向郑州市十八里河和索河退水。

10月12日12：00，双泊河和贾峪河退水闸开闸向郑州市双泊河和贾峪河退水。

10月12~13日，河南省南水北调工程运行管理第二十九次例会在焦作市召开。

10月13日16：00，闫河退水闸开闸向焦作市闫河退水。

10月23日16：00，沂水河退水闸关闭，停止补水。

10月26日17：00，2号望城岗口门至邓州一水厂线路因受水水厂设备维修，暂停供水。

10月27日11：00，汤河和安阳河退水闸开闸向安阳市汤河和安阳河退水。

10月27日11：00，淇河退水闸开闸向鹤壁市淇河退水。

10月27日11：00，颍河退水闸开闸向许昌市颍河退水。

运行管理月报2017年第12期总第28期

【工程运行调度】

2017年12月1日8：00，河南省陶岔渠首引水闸入总干渠流量171.52m³/s；穿黄隧洞节制闸过闸流量119.90m³/s；漳河倒虹吸节制闸过闸流量118.55m³/s。截至2017年11月30日，全省累计有33个口门及14个退水闸（白河、清河、澎河、沙河、颍河、双泊河、沂水河、十八里河、贾峪河、索河、闫河、淇河、汤河、安阳河）开闸分水，其中，30个口门正常供水，2个口门线路因受水水厂暂不具备接水条件而未供水（5、11-1），1个口门线路因地方不用水暂停供水（11）。

【各市县配套工程线路供水】

序号	市、县	口门编号	分水口门	供水目标	运行情况	备注
1	邓州市	1	肖楼	引丹灌区	正常供水	
2	邓州市	2	望城岗	邓州一水厂	暂停供水	水厂设备故障，10月26日暂停供水12天，11月9日10：00再次暂停供水3天
				邓州二水厂	正常供水	
	南阳市			新野二水厂	正常供水	
3	南阳市	3-1	谭寨	镇平县五里岗水厂	正常供水	
				镇平县规划水厂	暂停供水	备用
4	南阳市	5	田洼		未供水	静水压试验分水完成，水厂建设滞后
5	南阳市	6	大寨	南阳第四水厂	正常供水	
6	南阳市	7	半坡店	唐河县水厂	正常供水	
				社旗水厂	正常供水	
7	方城县	9	十里庙	泵站	暂停供水	泵站调试
8	漯河市	10	辛庄	舞阳水厂	正常供水	
				漯河二水厂	正常供水	
				漯河四水厂	正常供水	
				漯河五水厂	正常供水	
				漯河八水厂	正常供水	
8	周口市	10	辛庄	商水水厂	正常供水	
				周口东区水厂	正常供水	

续表1

序号	市、县	口门编号	分水口门	供水目标	运行情况	备注
9	平顶山市	11	澎河	平顶山白龟山水厂	暂停供水	
				平顶山九里山水厂	暂停供水	
				平顶山平煤集团水厂	暂停供水	
10	平顶山市	11-1	张村		未供水	静水压试验分水完成，水厂建设滞后
11	平顶山市	13	高庄	平顶山王铁庄水厂	正常供水	
				平顶山石龙区水厂	正常供水	
12	平顶山市	14	赵庄	郏县规划水厂	正常供水	
13	许昌市	15	宴窑	襄城县三水厂	正常供水	
14	许昌市	16	任坡	禹州市二水厂	正常供水	
				神垕镇二水厂	正常供水	
15	许昌市	17	孟坡	许昌市周庄水厂	正常供水	
				北海、石梁河、清潩河	正常供水	
				许昌市二水厂	正常供水	
	临颍县			临颍县一水厂	正常供水	
				千亩湖	正常供水	
16	许昌市	18	洼李	长葛市规划三水厂	正常供水	
17	郑州市	19	李垌	新郑第一水厂	暂停供水	备用
				新郑第二水厂	正常供水	
				新郑望京楼水库	正常供水	
18	郑州市	20	小河刘	郑州航空城一水厂	正常供水	
				郑州航空城二水厂	正常供水	
				中牟县第三水厂	正常供水	
19	郑州市	21	刘湾	郑州市刘湾水厂	正常供水	
20	郑州市	23	中原西路	郑州柿园水厂	正常供水	
				郑州白庙水厂	正常供水	
				郑州常庄水库	暂停供水	
21	郑州市	24	前蒋寨	荥阳市四水厂	正常供水	
22	郑州市	24-1	蒋头	上街区规划水厂	正常供水	
23	温县	25	北冷	温县三水厂	未供水	水厂设备调试，计划下月供水
24	焦作市	26	北石涧	武陟县城三水厂	正常供水	
25	焦作市	28	苏蔺	焦作市修武水厂	正常供水	
26	新乡市	30	郭屯	获嘉县水厂	正常供水	
27	新乡市	32	老道井	新乡高村水厂	正常供水	
				新乡新区水厂	正常供水	
				新乡孟营水厂	正常供水	
	新乡县			七里营水厂	正常供水	因调蓄需要，11月8日15:00暂停供水
28	新乡市	33	温寺门	卫辉规划水厂	正常供水	
29	鹤壁市	34	袁庄	淇县铁西区水厂	正常供水	
				赵家渠	正常供水	水厂未用，利用城北水厂支线向赵家渠供水

续表2

序号	市、县	口门编号	分水口门	供水目标	运行情况	备注
30	濮阳市	35	三里屯	引黄调节池（濮阳第一水厂）	正常供水	
				濮阳第三水厂	正常供水	
	鹤壁市			清丰县固城水厂	正常供水	
				浚县水厂	正常供水	
	滑县			鹤壁第四水厂	正常供水	
				滑县三水厂	正常供水	
31	鹤壁市	36	刘庄	鹤壁第三水厂	正常供水	
32	安阳市	37	董庄	汤阴一水厂	正常供水	
				内黄县第四水厂	正常供水	
33	安阳市	38	小营	安阳八水厂	正常供水	
34	南阳市		白河退水闸	南阳城区	已关闸	
35	南阳市		清河退水闸	方城县	已关闸	
36	平顶山市		澎河退水闸	澎河	已关闸	
37	平顶山市		沙河退水闸	沙河	已关闸	
38	禹州市		颍河退水闸	许昌城区	已关闸	
39	新郑市		双洎河退水闸	双洎河	已关闸	
40	新郑市		沂水河退水闸	唐寨水库	已关闸	
41	郑州市		十八里河退水闸	十八里河	已关闸	
42	郑州市		贾峪河退水闸	西流湖	已关闸	
43	郑州市		索河退水闸	索河	已关闸	
44	焦作市		闫河退水闸	闫河	正常供水	
45	鹤壁市		淇河退水闸	淇河	已关闸	
46	汤阴县		汤河退水闸	汤河	正常供水	
47	安阳市		安阳河退水闸	安阳河	已关闸	

【水量调度计划执行】

区分	序号	市、县名称	年度用水计划（万m³）	月用水计划（万m³）	月实际供水量（万m³）	年度累计供水量（万m³）	年度计划执行情况（%）	累计供水量（万m³）
农业用水	1	引丹灌区	46900	3100	3150.39	3150.39	6.72	131037.46
城市用水	1	邓州	2910	186	156.41	156.41	5.37	2784.44
	2	南阳	8529	1451	439.80	439.80	5.16	15025.23
	3	漯河	6773	512	474.70	474.70	7.01	11429.24
	4	周口	4454.5	180	180.00	180.00	4.04	1753.85
	5	平顶山	4330	207.3	4034.03	4034.03	93.16	30946.15
	6	许昌	15375	1296.6	2632.95	2632.95	17.12	35374.22
	7	郑州	53157	3862	5019.07	5019.07	9.44	110120.86
	8	焦作	4881.5	163	146.31	146.31	3.00	3275.64
	9	新乡	10982.5	787	994.84	994.84	9.06	24436.52
	10	鹤壁	4633	289	715.03	715.03	15.43	12306.87
	11	濮阳	5127	369	412.48	412.48	8.05	13798.57
	12	安阳	6693	462	2596.66	2596.66	38.80	7077.89
	13	滑县	2527	102	127.49	127.49	5.05	1120.73
	小计		130372.5	9866.9	17929.77	17929.77	13.75	269450.21
合计			177272.5	12966.9	21080.16	21080.16	11.89	400487.67

【水质信息】

序号	断面名称	断面位置（省、市）	采样时间	水温（℃）	pH值（无量纲）	溶解氧	高锰酸盐指数	化学需氧量（COD）	五日生化需氧量（BOD₅）	氨氮（NH₃-N）	总磷（以P计）
								mg/L			
1	陶岔	河南淅川县	11月7日	19	8	9.3	1.6	<15	0.9	0.035	<0.01
2	郑湾	河南郑州市	11月7日	16.7	8.2	9.9	1.9	<15	0.7	0.028	<0.01
3	穿黄后	河南郑州市	11月7日	16.5	8.2	9.9	1.9	<15	0.9	0.033	<0.01
4	漳河北	河南安阳市	11月7日	16.1	8.3	9.6	1.8	<15	0.7	0.027	<0.01

序号	断面名称	总氮（以N计）	铜	锌	氟化物（以F计）	硒	砷	汞	镉	铬（六价）	铅
						mg/L					
1	陶岔	1.12	<0.01	<0.05	0.15	<0.0003	0.0013	<0.00001	<0.001	<0.004	<0.01
2	郑湾	1.36	<0.01	<0.05	0.19	<0.0003	0.0014	0.00001	<0.001	<0.004	<0.01
3	穿黄后	1.11	<0.01	<0.05	0.2	<0.0003	0.0014	<0.00001	<0.001	<0.004	<0.01
4	漳河北	1	<0.01	<0.05	0.27	<0.0003	0.0014	<0.00001	<0.001	<0.004	<0.01

序号	断面名称	氰化物	挥发酚	石油类	阴离子表面活性剂	硫化物	粪大肠菌群	水质类别	超标项目及超标倍数
				mg/L			个/L		
1	陶岔	<0.002	<0.002	<0.01	<0.05	<0.01	0	I类	
2	郑湾	<0.002	<0.002	<0.01	<0.05	<0.01	10	I类	
3	穿黄后	<0.002	<0.002	<0.01	<0.05	<0.01	0	I类	
4	漳河北	<0.002	<0.002	<0.01	<0.05	<0.01	10	I类	

说明：根据南水北调中线水质保护中心11月29日提供数据。

【运行管理大事记】

11月8日15：00，32号老道井口门至七里营水厂线路因配套调蓄工程需要，暂停供水。

11月9日10：00，2号望城岗口门至邓州一水厂线路因受水水厂设备维修，暂停供水。

11月10日下午，关闭澎河退水闸，11月11日下午关闭沙河、颍河退水闸，至11月12日完全关闭淇河、安阳河、双洎河、十八里河、贾峪河、索河退水闸，停止生态补水。

11月14~15日，河南省南水北调工程运行管理第30次例会在新郑市召开。

河南省南水北调受水区供水配套工程验收月报

【验收月报2017年第1期总第1期】

河南省南水北调受水区供水配套工程验收2017年2月完成情况统计表1

序号	配套工程建管局名称	单元工程				分部工程				单位工程				合同项目完成			
		总数	本月完成数量	累计完成		总数	本月完成数量	累计完成		总数	本月完成数量	累计完成		总数	本月完成数量	累计完成	
				实际完成量	%			实际完成量	%			实际完成量	%			实际完成量	%
1	南阳市建管局	18742	35	18498	98.7	316	2	274	86.7	25	0	16	64.0	25	0	0	0.0
2	平顶山市建管局	7371	0	7221	98.0	117	0	116	99.2	10	0	9	90.0	10	0	9	90.0
3	漯河市建管局	11424	0	11239	98.4	76	0	50	65.8	11	0	7	63.6	11	3	3	27.3
4	周口市建管局	4859	0	4859	100	66	0	42	63.6	10	0	2	20.0	10	0	0	0.0
5	许昌市建管局	12306	0	12306	100	182	0	182	100	15	0	15	100	15	0	12	80.0
6	郑州市建管局	13722	0	9840	71.7	139	0	78	56.1	20	0	0	0.0	14	0	0	0.0
7	焦作市建管局	8733	55	7823	89.6	91	0	69	75.8	11	0	8	72.7	11	0	8	72.7
8	新乡市建管局	9391	0	8881	94.5	129	0	98	75.9	21	0	0	0	21	0	0	0
9	鹤壁市建管局	5781	0	5756	100	132	3	118	89.4	14	0	0	0	12	0	0	0
10	濮阳市建管局	2497	0	2497	100	36	0	36	100	5	0	1	20.0	5	0	0	0.0
11	安阳市建管局	13707	0	13525	98.7	161	0	142	88.2	17	0	12	70.6	16	0	3	18.8
12	清丰县建管局	1435	110	970	67.6	21	0	6	28.6	3	0	0	0.0	3	0	0	0
	全省统计	109968	200	103415	94.0	1466	5	1211	82.6	162	0	70	43.2	153	3	35	22.9

河南省南水北调受水区供水配套工程验收2017年2月完成情况统计表2

序号	配套工程建管局名称	专项工程验收				泵站机组试运行工程验收				单项工程通水验收			
		总数	本月完成数量	累计完成		总数	本月完成数量	累计完成		总数	本月完成数量	累计完成	
				实际完成量	%			实际完成量	%			实际完成量	%
1	南阳市建管局	5	0	0	0.0	4	0	0	0.0	8	0	4	50.0
2	平顶山市建管局	未上报											
3	漯河市建管局	未上报											
4	周口市建管局	4	0	0	0					1	0	0	0

续表

序号	配套工程建管局名称	专项工程验收				泵站机组试运行工程验收				单项工程通水验收			
		总数	本月完成数量	累计完成		总数	本月完成数量	累计完成		总数	本月完成数量	累计完成	
				实际完成量	%			实际完成量	%			实际完成量	%
5	许昌市建管局	/		/	/	1	/	1	100.0	1	/	1	100.0
6	郑州市建管局	35		0	0.0	8		0	0.0	16		0	0.0
7	焦作市建管局	3	0	0	0.0	1	0	0	0.0	6	0	1	16.7
8	新乡市建管局	未上报											
9	鹤壁市建管局	41	0	0	0.0	3	0	0	0	8	0	3	37.5
10	濮阳市建管局	5	0	0	0.0	1	0	0	0.0	1	0	1	100.0
11	安阳市建管局					/	/	/	/	16	0	12	75.0
12	清丰县建管局	未上报											
	全省统计												

【验收月报2017年第2期总第2期】

河南省南水北调受水区供水配套工程验收2017年3月完成情况统计表1

序号	配套工程建管局名称	单元工程				分部工程				单位工程				合同项目完成			
		总数	本月完成数量	累计完成		总数	本月完成数量	累计完成		总数	本月完成数量	累计完成		总数	本月完成数量	累计完成	
				实际完成量	%			实际完成量	%			实际完成量	%			实际完成量	%
1	南阳市建管局	18742	72	18570	99.1	316	4	278	88.0	25	0	16	64.0	25	0	0	0.0
2	平顶山市建管局	7371	0	7221	98.0	117	0	116	99.2	10	0	9	90.0	10	0	9	90.0
3	漯河市建管局	11424	0	11239	98.4	76	0	50	65.8	11	0	7	63.6	11	3	3	27.3
4	周口市建管局	4859	0	4859	100	66	0	42	63.6	10	0	2	20.0	10	0	0	0.0
5	许昌市建管局	12306	0	12306	100	182	0	182	100	15	0	15	100	15	3	15	100
6	郑州市建管局	13037	631	10471	80.3	139	0	78	56.1	20	0	0	0.0	14	0	0	0.0
7	焦作市建管局	8733	124	7968	91.2	91	0	69	75.8	11	0	8	72.7	11	0	8	72.7
8	新乡市建管局	9391	0	9122	97.1	129	0	98	75.9	21	0	0	0	21	0	0	0
9	鹤壁市建管局	5781	0	5781	100	132	0	118	89.4	14	0	0	0	12	0	0	0
10	濮阳市建管局	2497	0	2497	100	36	0	36	100	5	0	1	20.0	5	0	0	0.0
11	安阳市建管局	13707	0	13525	98.7	161	0	142	88.2	17	0	12	70.6	16	0	3	18.8
12	清丰县建管局	1510	157	1183	78.3	21	0	7	33.3	3	0	0	0.0	3	0	0	0
	全省统计	109358	984	104742	95.8	1466	4	1216	82.9	162	0	70	43.2	153	6	38	24.8

河南省南水北调受水区供水配套工程验收2017年3月完成情况统计表2

序号	配套工程建管局名称	专项工程验收				泵站机组试运行工程验收				单项工程通水验收			
		总数	本月完成数量	累计完成		总数	本月完成数量	累计完成		总数	本月完成数量	累计完成	
				实际完成量	%			实际完成量	%			实际完成量	%
1	南阳市建管局	5	0	0	0.0	4	0	0	0.0	8	0	4	50.0
2	平顶山市建管局	未上报											
3	漯河市建管局	未上报											
4	周口市建管局	4	0	0	0					1	0	0	0

续表

序号	配套工程建管局名称	专项工程验收				泵站机组试运行工程验收				单项工程通水验收			
		总数	本月完成数量	累计完成		总数	本月完成数量	累计完成		总数	本月完成数量	累计完成	
				实际完成量	%			实际完成量	%			实际完成量	%
5	许昌市建管局	/	/	/	/	1	/	1	100.0	1	1	1	100.0
6	郑州市建管局	35	0	0	0.0	8	0	0	0.0	16	0	0	0.0
7	焦作市建管局	3	0	0	0.0	1	0	0	0.0	6	0	1	16.7
8	新乡市建管局	未上报											
9	鹤壁市建管局	41	0	0	0.0	3	0	0	0.0	8	0	3	37.5
10	濮阳市建管局	5	0	0	0.0	0	0	0	0.0	1	0	1	100.0
11	安阳市建管局					/	/	/	/	16	0	12	75.0
12	清丰县建管局	未上报											
	全省统计												

【验收月报2017年第3期总第3期】

河南省南水北调受水区供水配套工程验收2017年4月完成情况统计表1

序号	配套工程建管局名称	单元工程				分部工程				单位工程				合同项目完成			
		总数	本月完成数量	累计完成		总数	本月完成数量	累计完成		总数	本月完成数量	累计完成		总数	本月完成数量	累计完成	
				实际完成量	%			实际完成量	%			实际完成量	%			实际完成量	%
1	南阳市建管局	18742	35	18605	99.3	316	4	282	89.2	25	2	18	72.0	25	0	0	0.0
2	平顶山市建管局	7371	0	7221	98.0	117	0	116	99.2	10	0	9	90.0	10	0	9	90.0
3	漯河市建管局	11424	0	11239	98.4	76	7	57	75.0	11	0	7	63.6	11	4	7	63.6
4	周口市建管局	4859	0	4859	100	66	0	42	63.6	10	0	2	20.0	10	0	0	0.0
5	许昌市建管局	12306	0	12306	100	182	0	182	100	15	0	15	100	15	0	15	100
6	郑州市建管局	13037	41	10512	80.6	139	0	78	56.1	20	0	0	0.0	14	0	0	0
7	焦作市建管局	8733	129	8097	92.7	91	0	69	75.8	11	0	8	72.7	11	0	8	72.7
8	新乡市建管局	9391	0	9122	97.1	129	0	98	75.9	21	0	0	0	21	0	0	0
9	鹤壁市建管局	5781	0	5781	100	132	0	118	89.4	14	0	0	0	12	0	0	0
10	濮阳市建管局	2497	0	2497	100	36	0	36	100	5	0	1	20.0	5	0	0	0.0
11	安阳市建管局	13707	12	13537	98.8	158	1	143	90.5	17	0	13	76.5	16	4	7	43.8
12	清丰县建管局	1510	131	1306	86.5	21	0	8	38.1	3	0	0	0	3	0	0	0
	全省统计	109358	348	105082	96.1	1463	12	1229	84.0	162	3	73	45.1	153	8	46	30.1

河南省南水北调受水区供水配套工程验收2017年4月完成情况统计表2

序号	配套工程建管局名称	专项工程验收				泵站机组试运行工程验收				单项工程通水验收			
		总数	本月完成数量	累计完成		总数	本月完成数量	累计完成		总数	本月完成数量	累计完成	
				实际完成量	%			实际完成量	%			实际完成量	%
1	南阳市建管局	5	0	0	0.0	4	0	0	0.0	8	0	4	50.0
2	平顶山市建管局	未上报											
3	漯河市建管局	未上报											

续表

序号	配套工程建管局名称	专项工程验收				泵站机组试运行工程验收				单项工程通水验收			
		总数	本月完成数量	累计完成		总数	本月完成数量	累计完成		总数	本月完成数量	累计完成	
				实际完成量	%			实际完成量	%			实际完成量	%
4	周口市建管局	4	0	0	0					1	0	0	0
5	许昌市建管局	/	/	/	/	1	/	1	100	1	1	1	100
6	郑州市建管局	35		0	0.0	8		0	0.0	16		0	0.0
7	焦作市建管局	3	0	0	0.0	1	0	0	0.0	6	0	1	16.7
8	新乡市建管局	未上报											
9	鹤壁市建管局	41	0	0	0.0	3	1	1	33.3	8	1	4	50.0
10	濮阳市建管局	5	0	0	0.0	0	0	0	0.0	1	0	1	100
11	安阳市建管局					/	/	/	/	16	0	12	75.0
12	清丰县建管局	未上报											
	全省统计												

【验收月报2017年第4期总第4期】

河南省南水北调受水区供水配套工程验收2017年5月完成情况统计表1

序号	配套工程建管局名称	单元工程				分部工程				单位工程				合同项目完成			
		总数	本月完成数量	累计完成		总数	本月完成数量	累计完成		总数	本月完成数量	累计完成		总数	本月完成数量	累计完成	
				实际完成量	%			实际完成量	%			实际完成量	%			实际完成量	%
1	南阳市建管局	18742	20	18625	99.4	316	2	284	89.9	25	0	18	72.0	25	0	0	0.0
2	平顶山市建管局	7371	0	7221	98.0	117	0	116	99.1	10	0	9	90.0	10	0	9	90.0
3	漯河市建管局	11424	0	11239	98.4	76	0	57	75.0	11	0	7	63.6	11	0	7	63.6
4	周口市建管局	4859	0	4859	100	66	0	42	63.6	10	3	5	50.0	10	5	5	50.0
5	许昌市建管局	12306	0	12306	100	182	0	182	100	15	0	15	100	15	0	15	100
6	郑州市建管局	13037	22	10534	80.8	139	0	78	56.1	20	0	0	0.0	14	0	0	0.0
7	焦作市建管局	8733	118	8215	94.1	91	0	69	75.8	11	0	8	72.7	11	0	8	72.7
8	新乡市建管局	9391	0	9122	97.1	129	0	98	76.0	21	0	0	0.0	21	0	0	0.0
9	鹤壁市建管局	5781	0	5781	100	132	0	118	89.4	14	0	0	0.0	12	0	0	0.0
10	濮阳市建管局	2497	0	2497	100	37	0	36	97.3	5	0	1	20.0	5	0	0	0.0
11	安阳市建管局	13707	6	13543	98.8	158	0	143	90.5	17	0	13	76.5	16	0	7	43.8
12	清丰县建管局	1510	146	1452	96.2	21	6	14	66.7	3	0	0	0.0	3	0	0	0.0
	全省统计	109358	312	105394	96.4	1464	8	1237	84.5	162	3	76	46.9	153	5	51	33.3

河南省南水北调受水区供水配套工程验收2017年5月完成情况统计表2

序号	配套工程建管局名称	专项工程验收				泵站机组试运行工程验收				单项工程通水验收			
		总数	本月完成数量	累计完成		总数	本月完成数量	累计完成		总数	本月完成数量	累计完成	
				实际完成量%				实际完成量%				实际完成量%	
1	南阳市建管局	5	0	0	0.0	4	0	0	0.0	8	0	4	50.0

续表

序号	配套工程建管局名称	专项工程验收		累计完成		泵站机组试运行工程验收		累计完成		单项工程通水验收		累计完成	
		总数	本月完成数量	实际完成量	%	总数	本月完成数量	实际完成量	%	总数	本月完成数量	实际完成量	%
2	平顶山市建管局	未上报											
3	漯河市建管局	未上报											
4	周口市建管局	4	0	0	0					1	0	0	0
5	许昌市建管局	/	/	/	/	1	/	1	100	1	0	1	100
6	郑州市建管局	35	0	0	0.0	8	0	0	0.0	16		2	12.5
7	焦作市建管局	3	0	0	0.0	1	0	0	0.0	6	0	1	16.7
8	新乡市建管局	未上报											
9	鹤壁市建管局	41	0	0	0.0	3	0	1	33.3	8	0	4	50.0
10	濮阳市建管局	5	0	0	0.0	0	0	0	0.0	1	0	1	100
11	安阳市建管局					/	/	/	/	4	0	2	50.0
12	清丰县建管局	未上报											
	全省统计	93				17		2		45	1	15	

【验收月报2017年第5期总第5期】

河南省南水北调受水区供水配套工程验收2017年6月完成情况统计表1

序号	配套工程建管局名称	单元工程		累计完成		分部工程		累计完成		单位工程		累计完成		合同项目完成		累计完成	
		总数	本月完成数量	实际完成量	%	总数	本月完成数量	实际完成量	%	总数	本月完成数量	实际完成量	%	总数	本月完成数量	实际完成量	%
1	南阳市建管局	18742	10	18635	99.4	316	1	285	90.2	25	0	18	72.0	25	2	2	8.0
2	平顶山市建管局	7371	0	7221	98.0	117	0	116	99.1	10	0	9	90.0	10	0	9	90.0
3	漯河市建管局	11424	0	11239	98.4	76	0	57	75.0	11	0	7	63.6	11	0	7	63.6
4	周口市建管局	4859	0	4859	100	66	0	42	63.6	10	0	5	50.0	10	0	5	50.0
5	许昌市建管局	12306	0	12306	100	182	0	182	100	15	0	15	100	15	0	15	100
6	郑州市建管局	13037	0	10534	80.8	139	0	78	56.1	20	0		0.0	20	0		0.0
7	焦作市建管局	8733	175	8390	96.1	91	0	69	75.8	11	0	8	72.7	11	0	8	72.7
8	新乡市建管局	9391	0	9122	97.1	129	1	98	76.0	21	0		0.0	21	0		0.0
9	鹤壁市建管局	5781	0	5747	99.4	132	0	118	89.4	12	0		0.0	12	0		0.0
10	濮阳市建管局	2497	0	2497	100	37	0	36	97.3	5	0	1	20.0	5	0		0.0
11	安阳市建管局	13707	0	13543	98.8	158	0	143	90.5	17	0	13	76.5	16	0	7	43.8
12	清丰县建管局	1459	182	1433	98.2	20	0	13	65.0	3	0		0.0	3	0		0.0
	全省统计	109307	367	105526	96.5	1463	2	1237	84.6	160	0	76	47.5	153	2	53	34.6

河南省南水北调受水区供水配套工程验收2017年6月完成情况统计表2

序号	配套工程建管局名称	专项工程验收		累计完成		泵站机组试运行工程验收		累计完成		单项工程通水验收		累计完成	
		总数	本月完成数量	实际完成量	%	总数	本月完成数量	实际完成量	%	总数	本月完成数量	实际完成量	%
1	南阳市建管局	5	0	0	0.0	4	0	0	0.0	8	0	4	50.0
2	平顶山市建管局	未上报				0	0	0	0.0	7	0	1	14.3
3	漯河市建管局	未上报				0	0	0	0.0	2	0	1	50.0
4	周口市建管局	4	0	0	0.0	0	0	0	0.0	1	0	0	0
5	许昌市建管局	/	/	/	/	1	0	1	100	1	0	1	100
6	郑州市建管局	35	0	0	0.0	8	0	0	0.0	16	0	2	12.5
7	焦作市建管局	3	0	0	0.0	1	0	0	0.0	6	0	1	16.7
8	新乡市建管局	/	/	/	/	1	0	0	0.0	4	0	0	0.0
9	鹤壁市建管局	41	0	0	0.0	3	0	1	33.3	8	0	4	50.0
10	濮阳市建管局	5	0	0	0.0	1	0	0	0.0	1	0	1	100
11	安阳市建管局	未上报				0	0	0	0.0	4	0	2	50.0
12	清丰县建管局	未上报				0	0	0	0.0	0	0	0	0.0
	全省统计	93				18	0	2	11.1	59	0	17	28.8

【验收月报2017年第6期总第6期】

河南省南水北调受水区供水配套工程验收2017年7月完成情况统计表1

序号	配套工程建管局名称	单元工程		累计完成		分部工程		累计完成		单位工程		累计完成		合同项目完成		累计完成	
		总数	本月完成数量	实际完成量	%	总数	本月完成数量	实际完成量	%	总数	本月完成数量	实际完成量	%	总数	本月完成数量	实际完成量	%
1	南阳市建管局	18742	7	18642	99.5	316	1	286	90.5	25	0	18	72.0	25	0	2	8.0
2	平顶山市建管局	7371	0	7221	98.0	117	0	116	99.1	10	0	9	90.0	10	0	9	90.0
3	漯河市建管局	11424	0	11239	98.4	76	0	57	75.0	11	0	7	63.6	11	0	7	63.6
4	周口市建管局	4859	0	4859	100	66	0	42	63.6	10	0	5	50.0	10	0	5	50.0
5	许昌市建管局	12306	0	12306	100	182	0	182	100.0	15	0	15	100	15	0	15	100
6	郑州市建管局	13037	10	10544	80.9	139	0	78	56.1	20	0	0	0.0	14	0	0	0.0
7	焦作市建管局	9133	178	8568	93.8	91	5	74	81.3	11	0	8	72.7	11	0	8	72.7
8	新乡市建管局	9391	0	9122	97.1	129	1	98	76.0	21	1	1	4.8	21	0	0	0.0
9	鹤壁市建管局	5781	0	5747	99.4	132	0	118	89.4	14	0	0	0.0	12	0	0	0.0
10	濮阳市建管局	2497	0	2497	100	37	0	36	97.3	5	0	1	20.0	5	0	1	20.0
11	安阳市建管局	13707	0	13543	98.8	158	7	150	94.9	17	1	13	82.4	16	4	11	68.8
12	清丰县建管局	1459	0	1433	98.2	20	0	13	65.0	3	0	0	0.0	3	0	0	0.0
	全省统计	109707	195	105721	96.4	1463	13	1250	85.4	162	2	78	48.1	153	4	58	37.9

河南省南水北调受水区供水配套工程验收2017年7月完成情况统计表2

序号	配套工程建管局名称	专项工程验收				泵站机组试运行工程验收				单项工程通水验收			
		总数	本月完成数量	累计完成		总数	本月完成数量	累计完成		总数	本月完成数量	累计完成	
				实际完成量	%			实际完成量	%			实际完成量	%
1	南阳市建管局	5	0	0	0.0	4	0	0	0.0	8	0	4	50.0
2	平顶山市建管局	5	0	0	0.0	0	0	0	0.0	7	0	1	14.3
3	漯河市建管局	5	0	0	0.0	0	0	0	0.0	2	0	1	50.0
4	周口市建管局	5	0	0	0.0	0	0	0	0.0	1	0	0	0
5	许昌市建管局	5	0	0	0.0	1	0	1	100	1	0	1	100
6	郑州市建管局	5	0	0	0.0	8	0	0	0.0	16	0	2	12.5
7	焦作市建管局	5	0	0	0.0	1	0	0	0.0	6	0	1	16.7
8	新乡市建管局	5	0	0	0.0	1	0	0	0.0	4	0	0	0.0
9	鹤壁市建管局	5	0	0	0.0	3	0	2	66.6	8	0	4	50.0
10	濮阳市建管局	5	0	0	0.0	0	0	0	0.0	1	0	1	100
11	安阳市建管局	5	0	0	0.0	0	0	0	0.0	4	0	2	50.0
12	清丰县建管局	5	0	0	0.0	0	0	0	0.0	0	0	0	0.0
	全省统计	60	0	0	0.0	18	0	3	16.7	59	0	17	28.8

【验收月报2017年第7期总第7期】

河南省南水北调受水区供水配套工程验收2017年8月完成情况统计表1

序号	配套工程建管局名称	单元工程				分部工程				单位工程				合同项目完成			
		总数	本月完成数量	累计完成		总数	本月完成数量	累计完成		总数	本月完成数量	累计完成		总数	本月完成数量	累计完成	
				实际完成量	%			实际完成量	%			实际完成量	%			实际完成量	%
1	南阳市建管局	18742	12	18654	99.5	316	4	290	91.8	25	0	18	72.0	25	0	2	8.0
2	平顶山市建管局	7521	0	7371	98.0	117	0	116	99.1	10	0	9	90.0	10	0	9	90.0
3	漯河市建管局	11424	0	11239	98.4	76	0	57	75.0	11	0	7	63.6	11	0	7	63.6
4	周口市建管局	4859	0	4859	100	66	0	42	63.6	10	0	5	50.0	10	0	5	50.0
5	许昌市建管局	12306	0	12306	100	182	0	182	100	15	0	15	100	15	0	15	100
6	郑州市建管局	12179	57	10823	88.9	139	0	78	56.1	20	0	0	0.0	14	0	0	0.0
7	焦作市建管局	9133	6	8570	93.8	91	5	74	81.3	11	0	8	72.7	11	0	8	72.7
8	新乡市建管局	9391	0	9122	97.1	129	4	98	76.0	21	0	1	4.8	21	0	0	0.0
9	鹤壁市建管局	5781	0	5747	99.4	132	0	118	89.4	12	0	12	100	12	0	0	0.0
10	濮阳市建管局	2497	0	2497	100.0	37	0	36	97.3	5	0	1	20.0	5	0	0	0.0
11	安阳市建管局	13707	0	13543	98.8	158	0	150	94.9	17	0	14	82.4	16	0	11	68.8
12	清丰县建管局	1459	0	1433	98.2	20	0	19	95.0	3	0	0	0.0	3	0	0	0.0
	全省统计	108999	75	106164	97.4	1463	13	1260	86.1	160	0	78	48.8	153	0	57	37.3

河南省南水北调受水区供水配套工程验收2017年8月完成情况统计表2

序号	配套工程建管局名称	专项工程验收				泵站机组试运行工程验收				单项工程通水验收			
		总数	本月完成数量	累计完成		总数	本月完成数量	累计完成		总数	本月完成数量	累计完成	
				实际完成量	%			实际完成量	%			实际完成量	%
1	南阳市建管局	5	0	0	0.0	4	0	0	0.0	8	0	4	50.0
2	平顶山市建管局	5	0	0	0.0	0	0	0	0.0	7	0	1	14.3
3	漯河市建管局	5	0	0	0.0	0	0	0	0.0	2	0	1	50.0
4	周口市建管局	5	0	0	0.0	0	0	0	0.0	1	0	0	0
5	许昌市建管局	5	0	0	0.0	1	0	1	100	1	0	1	100
6	郑州市建管局	5	0	0	0.0	8	0	0	0.0	16	0	2	12.5
7	焦作市建管局	5	0	0	0.0	1	0	0	0.0	6	0	1	16.7
8	新乡市建管局	5	0	0	0.0	0	0	0	0.0	4	0	0	0.0
9	鹤壁市建管局	5	0	0	0.0	3	0	2	66.6	8	0	7	87.5
10	濮阳市建管局	5	0	0	0.0	0	0	0	0.0	1	0	1	100
11	安阳市建管局	5	0	0	0.0	0	0	0	0.0	4	0	2	50.0
12	清丰县建管局	5	0	0	0.0	0	0	0	0.0	1	0	0	0.0
	全省统计	60	0	0	0.0	18	0	3	16.7	59	0	20	38.9

【验收月报2017年第8期总第8期】

河南省南水北调受水区供水配套工程验收2017年9月完成情况统计表1

序号	配套工程建管局名称	单元工程				分部工程				单位工程				合同项目完成			
		总数	本月完成数量	累计完成		总数	本月完成数量	累计完成		总数	本月完成数量	累计完成		总数	本月完成数量	累计完成	
				实际完成量	%			实际完成量	%			实际完成量	%			实际完成量	%
1	南阳市建管局	18742	8	18662	99.6	316	9	299	94.6	25	0	18	72.0	25	0	2	8.0
2	平顶山市建管局	7521	0	7371	98.0	117	0	116	99.1	10	0	9	90.0	10	0	9	90.0
3	漯河市建管局	11424	0	11239	98.4	76	0	57	75.0	11	0	7	63.6	11	0	7	63.6
4	周口市建管局	4859	0	4859	100	66	0	42	63.6	10	0	5	50.0	10	0	5	50.0
5	许昌市建管局	12306	0	12306	100	182	0	182	100	15	0	15	100	15	0	15	100
6	郑州市建管局	12179	18	10841	89.0	139	0	78	56.1	20	0	0	0.0	14	0	0	0.0
7	焦作市建管局	9133	6	8559	93.7	91	0	74	81.3	11	0	8	72.7	11	0	8	72.7
8	新乡市建管局	9391	0	9122	97.1	129	0	98	76.0	21	0	1	4.8	21	0	0	0.0
9	鹤壁市建管局	5781	0	5747	99.4	132	0	118	89.4	12	0	0	0.0	12	0	0	0.0
10	濮阳市建管局	2497	0	2497	100	37	0	36	97.3	5	0	1	20.0	5	0	0	0.0
11	安阳市建管局	13707	0	13543	98.8	158	0	150	94.9	17	0	14	82.4	16	0	11	68.8
12	清丰县建管局	1459	4	1437	98.5	20	0	19	95.0	3	0	0	0.0	3	0	0	0.0
	全省统计	108999	36	106183	97.4	1463	9	1269	86.7	160	0	78	48.8	153	0	57	37.3

河南省南水北调受水区供水配套工程验收2017年9月完成情况统计表2

序号	配套工程建管局名称	专项工程验收				泵站机组试运行工程验收				单项工程通水验收			
		总数	本月完成数量	累计完成		总数	本月完成数量	累计完成		总数	本月完成数量	累计完成	
				实际完成量	%			实际完成量	%			实际完成量	%
1	南阳市建管局	5	0	0	0.0	4	0	0	0.0	8	0	4	50.0
2	平顶山市建管局	5	0	0	0.0	0	0	0	0.0	7	0	1	14.3
3	漯河市建管局	5	0	0	0.0	0	0	0	0.0	2	0	1	50.0
4	周口市建管局	5	0	0	0.0	0	0	0	0.0	1	0	0	0
5	许昌市建管局	5	0	0	0.0	1	0	1	100	1	0	1	100
6	郑州市建管局	5	0	0	0.0	8	0	0	0.0	16	0	2	12.5
7	焦作市建管局	5	0	0	0.0	1	0	0	0.0	6	0	1	16.7
8	新乡市建管局	5	0	0	0.0	1	0	0	0.0	4	0	0	0.0
9	鹤壁市建管局	5	0	0	0.0	3	0	2	66.6	8	0	7	87.5
10	濮阳市建管局	5	0	0	0.0	0	0	0	0.0	1	0	1	100
11	安阳市建管局	5	0	0	0.0	0	0	0	0.0	4	0	2	50.0
12	清丰县建管局	5	0	0	0.0	0	0	0	0.0	1	0	0	0.0
	全省统计	60	0	0		18	0	3	16.7	59	0	20	38.9

【验收月报2017年第9期总第9期】

河南省南水北调受水区供水配套工程施工合同验收2017年10月完成情况统计表1

序号	配套工程建管局名称	单元工程				分部工程				单位工程				合同项目完成			
		总数	本月完成数量	累计完成		总数	本月完成数量	累计完成		总数	本月完成数量	累计完成		总数	本月完成数量	累计完成	
				实际完成量	%			实际完成量	%			实际完成量	%			实际完成量	%
1	南阳市建管局	18742	9	18671	99.6	316	0	299	94.6	25	0	18	72.0	25	0	2	8.0
2	平顶山市建管局	7521	0	7371	98.0	117	0	116	99.1	10	0	9	90.0	10	0	9	90.0
3	漯河市建管局	11424	0	11239	98.4	76	0	57	75.0	11	0	7	63.6	11	0	7	63.6
4	周口市建管局	4859	0	4859	100	66	0	42	63.6	10	0	5	50.0	10	0	5	50.0
5	许昌市建管局	14699	0	14246	98.4	196	0	182	92.8	17	0	15	88.2	17	0	15	88.2
6	郑州市建管局	12179	16	10857	89.1	139	0	78	56.1	20	0	0	0.0	14	0	0	0.0
7	焦作市建管局	9133	11	8570	93.8	91	0	74	81.3	11	0	8	72.7	11	0	8	72.7
8	新乡市建管局	9391	0	9122	97.1	129	0	98	76.0	21	0	1	4.8	21	0	0	0.0
9	鹤壁市建管局	5781	0	5747	99.4	132	0	118	89.4	14	6	6	42.9	12	5	0	41.7
10	濮阳市建管局	2497	0	2497	100	37	0	36	97.3	5	0	1	20.0	5	0	0	0.0
11	安阳市建管局	13707	0	13543	98.8	158	0	150	94.9	17	0	14	82.4	16	0	11	68.8
12	清丰县建管局	1459	0	1437	98.5	20	0	19	95.0	3	0	0	0.0	3	0	0	0.0

续表

序号	配套工程建管局名称	单元工程				分部工程				单位工程				合同项目完成			
		总数	本月完成数量	累计完成		总数	本月完成数量	累计完成		总数	本月完成数量	累计完成		总数	本月完成数量	累计完成	
				实际完成量	%			实际完成量	%			实际完成量	%			实际完成量	%
	全省统计	111392	36	108159	97.1	1477	0	1269	85.9	164	6	78	47.6	155	5	57	36.8

河南省南水北调受水区供水配套工程政府验收2017年10月成情况统计表2

序号	配套工程建管局名称	专项工程验收				泵站机组试运行工程验收				单项工程通水验收			
		总数	本月完成数量	累计完成		总数	本月完成数量	累计完成		总数	本月完成数量	累计完成	
				实际完成量	%			实际完成量	%			实际完成量	%
1	南阳市建管局	5	0	0	0.0	4	0	0	0.0	8	0	4	50.0
2	平顶山市建管局	5	0	0	0.0	0	0	0	0.0	7	0	1	14.3
3	漯河市建管局	5	0	0	0.0	0	0	0	0.0	2	0	1	50.0
4	周口市建管局	5	0	0	0.0	0	0	0	0.0	1	0	0	0
5	许昌市建管局	5	0	0	0.0	1	0	1	100	4	0	1	25.0
6	郑州市建管局	5	0	0	0.0	8	0	0	0.0	16	0	2	12.5
7	焦作市建管局	5	0	0	0.0	1	0	0	0.0	6	0	1	16.7
8	新乡市建管局	5	0	0	0.0	1	0	0	0.0	4	0	0	0.0
9	鹤壁市建管局	5	0	0	0.0	3	0	2	66.6	8	0	7	87.5
10	濮阳市建管局	5	0	0	0.0	0	0	0	0.0	1	0	1	100
11	安阳市建管局	5	0	0	0.0	0	0	0	0.0	4	0	2	50.0
12	清丰县建管局	5	0	0	0.0	0	0	0	0.0	1	0	0	0.0
	全省统计	60	0	0	0.0	18	0	3	16.7	62	0	20	32.3

【验收月报2017年第10期总第10期】

河南省南水北调受水区供水配套工程施工合同验收2017年11月完成情况统计表1

序号	配套工程建管局名称	单元工程				分部工程				单位工程				合同项目完成			
		总数	本月完成数量	累计完成		总数	本月完成数量	累计完成		总数	本月完成数量	累计完成		总数	本月完成数量	累计完成	
				实际完成量	%			实际完成量	%			实际完成量	%			实际完成量	%
1	南阳市建管局	18281	0	18241	99.8	253	0	239	94.5	18	0	16	88.9	18	0	2	11.1
2	平顶山市建管局	7521	0	7371	98.0	117	0	116	99.1	10	0	9	90.0	10	0	9	90.0
3	漯河市建管局	11424	0	11239	98.4	76	0	57	75.0	11	0	7	63.6	11	0	7	63.6
4	周口市建管局	4859	0	4859	100.0	66	0	42	63.6	10	0	5	50.0	10	0	5	50.0
5	许昌市建管局	14699	236	14482	98.5	196	0	182	92.9	17	0	15	88.2	17	0	15	88.2
6	郑州市建管局	12035	6	10778	89.6	139	0	78	56.1	20	0	0	0.0	14	0	0	0.0
7	焦作市建管局	9133	86	8656	94.8	91	0	74	81.3	11	0	8	72.7	11	0	8	72.7

续表

序号	配套工程建管局名称	单元工程		累计完成		分部工程		累计完成		单位工程		累计完成		合同项目完成		累计完成	
		总数	本月完成数量	实际完成量	%	总数	本月完成数量	实际完成量	%	总数	本月完成数量	实际完成量	%	总数	本月完成数量	实际完成量	%
8	新乡市建管局	9391	0	9122	97.1	129	0	98	76.0	21	0	1	4.8	21	0	0	0.0
9	鹤壁市建管局	5956	0	5922	99.4	123	0	117	95.1	14	0	6	42.9	12	0	5	41.7
10	濮阳市建管局	2497	0	2497	100.0	37	0	36	97.3	5	0	1	20.0	5	0	0	0.0
11	安阳市建管局	14601	0	13885	95.1	157	0	150	95.5	17	0	14	82.4	16	0	11	68.8
12	清丰县建管局	1518	0	1498	98.7	20	0	19	95.0	3	0	0	0.0	3	0	0	0.0
	全省统计	111915	328	108550	97.0	1404	0	1208	86.0	157	0	82	52.2	148	0	62	41.9

河南省南水北调受水区供水配套工程政府验收2017年11月完成情况统计表2

序号	配套工程建管局名称	专项工程验收		累计完成		泵站机组试运行工程验收		累计完成		单项工程通水验收		累计完成	
		总数	本月完成数量	实际完成量	%	总数	本月完成数量	实际完成量	%	总数	本月完成数量	实际完成量	%
1	南阳市建管局	5	0	0	0.0	4	0	0	0.0	8	0	4	50.0
2	平顶山市建管局	5	0	0	0.0	0	0	0	0.0	7	0	1	14.3
3	漯河市建管局	5	0	0	0.0	0	0	0	0.0	2	0	1	50.0
4	周口市建管局	5	0	0	0.0	0	0	0	0.0	1	0	0	0
5	许昌市建管局	5	0	0	0.0	1	0	1	100	4	0	1	25.0
6	郑州市建管局	5	0	0	0.0	8	0	0	0.0	16	0	2	12.5
7	焦作市建管局	5	0	0	0.0	1	0	0	0.0	6	0	1	16.7
8	新乡市建管局	5	0	0	0.0	0	0	0	0.0	4	0	0	0.0
9	鹤壁市建管局	5	0	0	0.0	3	0	2	66.6	8	0	7	87.5
10	濮阳市建管局	5	0	0	0.0	0	0	0	0.0	1	0	1	100
11	安阳市建管局	5	0	0	0.0	0	0	0	0.0	4	0	2	50.0
12	清丰县建管局	5	0	0	0.0	0	0	0	0.0	1	0	0	0.0
	全省统计	60	0	0	0.0	18	0	3	16.7	62	0	20	32.3

【验收月报2018年第1期总第11期】

河南省南水北调受水区供水配套工程施工合同验收2017年12月完成情况统计表1

序号	配套工程建管局名称	单元工程		累计完成		分部工程		累计完成		单位工程		累计完成		合同项目完成		累计完成	
		总数	本月完成数量	实际完成量	%	总数	本月完成数量	实际完成量	%	总数	本月完成数量	实际完成量	%	总数	本月完成数量	实际完成量	%
1	南阳市建管局	18281	0	18241	99.8	253	0	239	94.5	18	0	16	88.9	18	0	2	11.1

续表

序号	配套工程建管局名称	单元工程		累计完成		分部工程		累计完成		单位工程		累计完成		合同项目完成		累计完成	
		总数	本月完成数量	实际完成量	%	总数	本月完成数量	实际完成量	%	总数	本月完成数量	实际完成量	%	总数	本月完成数量	实际完成量	%
2	平顶山市建管局	7521	0	7371	98.0	117	0	116	99.1	10	0	9	90.0	10	0	9	90.0
3	漯河市建管局	11424	0	11239	98.4	76	0	57	75.0	11	0	7	63.6	11	0	7	63.6
4	周口市建管局	4859	0	4859	100.0	66	0	42	63.6	10	0	5	50.0	10	0	5	50.0
5	许昌市建管局	14699	86	14568	99.1	196	0	182	92.9	17	0	15	88.2	17	0	15	88.2
6	郑州市建管局	13454	25	12373	92.0	139	5	83	59.7	20	0	0	0	14	0	0	0.0
7	焦作市建管局	9133	13	8669	94.9	92	5	79	86.8	11	0	8	72.7	11	0	8	72.7
8	新乡市建管局	9391	0	9122	97.1	129	4	102	79.1	21	1	2	9.5	21	0	0	0.0
9	鹤壁市建管局	5956	0	5922	99.4	123	0	117	95.1	14	0	6	42.9	12	0	5	41.7
10	濮阳市建管局	2497	0	2497	100.0	37	1	37	100.0	5	4	5	100.0	5	5	5	100.0
11	安阳市建管局	14601	0	13885	95.1	157	3	153	97.5	17	1	15	88.2	16	3	14	87.5
12	清丰县建管局	1518	0	1498	98.7	20	0	0	0.0	3	0	0	0.0	3	0	0	0.0
	全省统计	113334	124	110244	97.3	1405	18	1207	86.0	157	6	88	56.1	148	8	70	47.3

河南省南水北调受水区供水配套工程政府验收2017年12月完成情况统计表2

序号	配套工程建管局名称	专项工程验收		累计完成		泵站机组试运行工程验收		累计完成		单项工程通水验收		累计完成	
		总数	本月完成数量	实际完成量	%	总数	本月完成数量	实际完成量	%	总数	本月完成数量	实际完成量	%
1	南阳市建管局	5	0	0	0.0	4	0	0	0.0	8	0	4	50.0
2	平顶山市建管局	5	0	0	0.0	2	0	1	50.0	7	0	1	14.3
3	漯河市建管局	5	0	0	0.0	0	0	0	0.0	2	0	1	50.0
4	周口市建管局	5	0	0	0.0	0	0	0	0.0	1	0	0	0
5	许昌市建管局	5	0	0	0.0	1	0	1	100	4	0	1	25.0
6	郑州市建管局	5	0	0	0.0	7	0	0	0.0	16	0	2	12.5
7	焦作市建管局	5	0	0	0.0	0	0	0	0.0	6	0	1	16.7
8	新乡市建管局	5	0	0	0.0	1	0	0	0.0	4	0	0	0.0
9	鹤壁市建管局	5	0	0	0.0	2	0	1	50.0	8	0	7	87.5
10	濮阳市建管局	5	0	0	0.0	0	0	0	0.0	1	0	1	100
11	安阳市建管局	5	0	0	0.0	0	0	0	0.0	4	0	2	50.0
12	清丰县建管局	5	0	0	0.0	0	0	0	0.0	1	0	0	0.0
	全省统计	60	0	0	0.0	18	0	3	16.7	62	0	20	32.3

配套工程管理处所建设

【建设月报2017年第1期总第1期】

输水管道和管理处（所）建设进度情况统计表　2017年3月

序号	建管局	输水管道铺设（km）					管理处（所）建设（座）				管理处（所）名称	备注
		管道总长	累计完成管道开挖		累计完成管道铺设		总数	已建成	正在建设	前期阶段		
			开挖长度	完成比例	铺设长度	完成比例						
1	南阳	179.28	179.28	100.0%	179.28	100.0%	8	8	0	0	南阳管理处、市区管理所、新野县管理所、镇平县管理所、社旗县管理所、唐河县管理所、方城县管理所、邓州管理所	
2	平顶山	79.40	79.00	99.5%	79.00	99.5%	7	0	4	3	叶县管理所、鲁山管理所、宝丰管理所、郏县管理所正在建设；平顶山管理处、石龙区管理所、新城区管理所3处合建	另有:利用河流输水14.2km,利用干渠输水0.5km
3	漯河	119.69	119.51	99.8%	119.51	99.8%	4	0	0	4	漯河市管理处（所）合建、舞阳管理所、临颍管理所	
4	周口	51.85	51.85	100.0%	51.85	100.0%	3	1	2	0	商水县管理所已建成；市管理处、市区管理所与东区水厂现地管理房合并建设	
5	许昌	124.80	124.80	100.0%	124.80	100.0%	5	5	0	0	许昌市管理处、市区管理所、襄城县管理所、禹州市管理所、长葛市管理所	
	鄢陵支线	21.60	3.03	14.0%	0.59	2.7%	1			1	鄢陵县管理所	
6	郑州	97.65	97.65	100.0%	97.65	100.0%	7	0	0	7	郑州管理处（郑州管理所）合建、新郑管理所、港区管理所、中牟管理所、荥阳管理所、上街管理所	
7	焦作	58.54	57.07	97.5%	57.07	97.5%	6	0	0	6	焦作管理处（市区管理所）合建、温县管理所、修武管理所、武陟管理所、博爱管理所	含博爱支线
8	新乡	75.60	75.60	100.0%	75.60	100.0%	5	1	0	4	辉县管理所已建成；新乡市管理处（市区管理所）合建、卫辉市管理所、获嘉县管理所	

续表

序号	建管局	输水管道铺设（km）					管理处（所）建设（座）				管理处（所）名称	备注
		管道总长	累计完成管道开挖		累计完成管道铺设		总数	已建成	正在建设	前期阶段		
			开挖长度	完成比例	铺设长度	完成比例						
9	鹤壁	58.98	58.98	100.0%	58.98	100.0%	6	0	0	6	黄河北维护中心及鹤壁市管理处、市区管理所合建、黄河北物资仓储中心、淇县管理所、浚县管理所	
10	濮阳	23.01	23.01	100.0%	23.01	100.0%	1	1			濮阳管理处	
	濮阳西水坡支线延长段	1.44										新增变更项目
	清丰支线	18.50	17.20	93.0%	15.90	85.9%	1	0	0	1	清丰县管理所	
11	安阳	120.07	120.07	100.0%	120.07	100.0%	5	0	0	5	安阳管理处（所）合建、内黄县管理所、汤阴县管理所、滑县管理所	
	郑州建管处						2			2	黄河南维护中心、黄河南仓储中心	
	合计	1030.4	1007.0	97.7%	1003.3	97.4%	61	16	6	39		

【建设月报2017年第2期总第2期】

输水管道和管理处（所）建设进度情况统计表2017年5月

序号	建管局	输水管道铺设（km）					管理处（所）建设（座）				管理处（所）名称	备注
		管道总长	累计完成管道开挖		累计完成管道铺设		总数	已建成	正在建设	前期阶段		
			开挖长度	完成比例	铺设长度	完成比例						
1	南阳	179.28	179.28	100.0%	179.28	100.0%	8	8	0	0	南阳管理处、市区管理所、新野县管理所、镇平县管理所、社旗县管理所、唐河县管理所、方城县管理所、邓州管理所、全部建成	
2	平顶山	79.40	79.00	99.5%	79.00	99.5%	7	0	4	3	叶县管理所、鲁山管理所、宝丰管理所、郏县管理所正在建设；平顶山管理处、石龙区管理所、新城区管理所3处合建，未开工	另有:利用河流输水14.2km,利用干渠输水0.5km
3	漯河	119.69	119.51	99.8%	119.51	99.8%	4	0	0	4	漯河市管理处（所）合建、舞阳管理所、临颍管理所，均未开工	

续表

序号	建管局	管道总长	累计完成管道开挖		累计完成管道铺设		总数	已建成	正在建设	前期阶段	管理处（所）名称	备注
			开挖长度	完成比例	铺设长度	完成比例						
4	周口	51.85	51.85	100.0%	51.85	100.0%	3	1	2	0	商水县管理所已建成；周口市管理处、市区管理所与东区水厂现地管理房合建，正在施工	
5	许昌	124.80	124.80	100.0%	124.80	100.0%	5	5	0	0	许昌市管理处、市区管理所、襄城县管理所、禹州市管理所、长葛市管理所，全部建成	
	鄢陵支线	21.60	10.09	46.7%	4.093	18.9%	1			1	鄢陵县管理所，未开工	
6	郑州	97.65	97.65	100.0%	97.65	100.0%	7	0	0	7	郑州管理处（郑州管理所）合建、新郑管理所、港区管理所、中牟管理所、荥阳管理所、上街管理所，均未开工	
7	焦作	58.54	57.58	98.4%	57.54	98.3%	6	0	0	6	焦作管理处（市区管理所）合建、温县管理所、修武管理所、武陟管理所、博爱管理所，均未开工	含博爱支线
8	新乡	75.60	75.60	100.0%	75.60	100.0%	5	1	0	4	辉县管理所已建成；新乡市管理处（市区管理所）合建、卫辉市管理所、获嘉县管理所未开工	
9	鹤壁	58.98	58.98	100.0%	58.98	100.0%	6	0	0	6	黄河北维护中心及鹤壁市管理处、市区管理所合建，黄河北物资仓储中心、淇县管理所、浚县管理所，均未开工	
10	濮阳	23.01	23.01	100.0%	23.01	100.0%	1	1			濮阳管理处，已建成	
	濮阳西水坡支线延长段	1.44										新增变更项目
	清丰支线	18.50	18.50	100.0%	18.50	100.0%	1	0	0	1	清丰县管理所，未开工	
11	安阳	120.07	120.07	100.0%	120.07	100.0%	5	0	1	4	滑县管理所正在建设；安阳管理处（所）合建、内黄县管理所、汤阴县管理所，未开工	
	郑州建管处						2			2	黄河南维护中心、黄河南仓储中心，均未开工	
	合计	1030.4	1015.9	98.6%	1009.9	98.0%	61	16	7	38		

【建设月报2017年第3期总第3期】

输水管道和管理处（所）建设进度情况统计表　2017年6月

序号	建管局	输水管道铺设（km）					管理处（所）建设（座）					备注
		管道总长	累计完成管道开挖		累计完成管道铺设		总数	已建成	正在建设	前期阶段	管理处（所）名称	
			开挖长度	完成比例	铺设长度	完成比例						
1	南阳	179.28	179.28	100.0%	179.28	100.0%	8	8	0	0	南阳管理处、市区管理所、新野县管理所、镇平县管理所、社旗县管理所、唐河县管理所、方城县管理所、邓州管理所，全部建成	
2	平顶山	79.40	79.00	99.5%	79.00	99.5%	7	0	4	3	叶县管理所、鲁山管理所、宝丰管理所、郏县管理所正在建设；平顶山管理处、石龙区管理所、新城区管理所3处合建，未开工	另:利用河流输水14.2km,利用干渠输水0.5km
3	漯河	119.69	119.51	99.8%	119.51	99.8%	4	0	0	4	漯河市管理处（所）合建、舞阳管理所、临颖管理所，均未开工	
4	周口	51.85	51.85	100.0%	51.85	100.0%	3	1	2	0	商水县管理所已建成；周口市管理处、市区管理所与东区水厂现地管理房合建，正在施工	
5	许昌	124.80	124.80	100.0%	124.80	100.0%	5	5	0	0	许昌市管理处、市区管理所、襄城县管理所、禹州市管理所、长葛市管理所，全部建成	
	鄢陵支线	21.60	15.339	71.0%	11.166	51.7%	1			1	鄢陵县管理所，正在招投标	
6	郑州	97.65	97.65	100.0%	97.65	100.0%	7	0	0	7	郑州管理处（郑州管理所）合建、新郑管理所、港区管理所、中牟管理所、荥阳管理所、上街管理所，均未开工	
7	焦作	58.54	57.63	98.4%	57.59	98.4%	6	0	0	6	焦作管理处（市区管理所）合建、温县管理所、修武管理所、武陟管理所、博爱管理所，均未开工	含博爱支线
8	新乡	75.60	75.60	100.0%	75.60	100.0%	5	1	0	4	辉县管理所已建成；新乡市管理处（市区管理所）合建、卫辉市管理所、获嘉县管理所未开工	

续表

序号	建管局	输水管道铺设（km）					管理处（所）建设（座）					备注
		管道总长	累计完成管道开挖		累计完成管道铺设		总数	已建成	正在建设	前期阶段	管理处（所）名称	
			开挖长度	完成比例	铺设长度	完成比例						
9	鹤壁	58.98	58.98	100.0%	58.98	100.0%	6	0	0	6	黄河北维护中心及鹤壁市管理处、市区管理所合建，黄河北物资仓储中心、淇县管理所、浚县管理所，开标评标工作已完成	
10	濮阳	23.01	23.01	100.0%	23.01	100.0%	1	1			濮阳管理处，已建成	
	濮阳西水坡支线延长段	1.44	0.58	40.3%	0.3	20.8%						新增变更项目
	清丰支线	18.50	18.50	100.0%	18.50	100.0%	1	0	0	1	清丰县管理所，已于5月17日发布招标公告	
11	安阳	120.07	120.07	100.0%	120.07	100.0%	5	0	1	4	滑县管理所正在建设；安阳管理处（所）前期准备；内黄县管理所、汤阴县管理所开工准备	
	郑州建管处						2			2	黄河南维护中心、黄河南仓储中心，均未开工	
	合计	1030.4	1021.8	99.2%	1017.3	98.7%	61	16	7	38		

【建设月报2017年第4期总第4期】

输水管道和管理处（所）建设进度情况统计表　2017年7月

序号	建管局	输水管道铺设（km）					管理处（所）建设（座）					备注
		管道总长	累计完成管道开挖		累计完成管道铺设		总数	已建成	正在建设	前期阶段	管理处（所）名称	
			开挖长度	完成比例	铺设长度	完成比例						
1	南阳	179.28	179.28	100.0%	179.28	100.0%	8	8	0	0	南阳管理处、市区管理所、新野县管理所、镇平县管理所、社旗县管理所、唐河县管理所、方城县管理所、邓州管理处，全部建成	
2	平顶山	79.40	79.00	99.5%	79.00	99.5%	7	0	4	3	叶县管理所、鲁山管理所、宝丰管理所、郏县管理所正在建设；平顶山管理处、石龙区管理所、新城区管理所3处合建，未开工	另:利用河流输水14.2km,利用干渠输水0.5km

续表1

序号	建管局	输水管道铺设（km）					管理处（所）建设（座）				管理处（所）名称	备注
		管道总长	累计完成管道开挖		累计完成管道铺设		总数	已建成	正在建设	前期阶段		
			开挖长度	完成比例	铺设长度	完成比例						
3	漯河	119.69	119.51	99.8%	119.51	99.8%	4	0	0	4	漯河市管理处（所）合建、舞阳管理所、临颍管理所，均未开工	
4	周口	51.85	51.85	100.0%	51.85	100.0%	3	1	2	0	商水县管理所已建成；周口市管理处、市区管理所与东区水厂现地管理房合建，正在施工	
5	许昌	124.80	124.80	100.0%	124.80	100.0%	5	5	0	0	许昌市管理处、市区管理所、襄城县管理所、禹州市管理所、长葛市管理所，全部建成	
	鄢陵支线	21.60	16.50	76.4%	13.39	62.0%	1			1	鄢陵县管理所，正在招投标	
6	郑州	97.65	97.65	100.0%	97.65	100.0%	7	0	0	7	郑州管理处（郑州管理所）合建、新郑管理所、港区管理所、中牟管理所、荥阳管理所、上街管理所，均未开工	
7	焦作	58.54	57.63	98.4%	57.59	98.4%	6	0	1	5	焦作管理处（市区管理所）合建、温县管理所、修武管理所、博爱管理所，均未开工。武陟管理所正在建设	含博爱支线
8	新乡	75.60	75.60	100.0%	75.60	100.0%	5	1	0	4	辉县管理所已建成；新乡市管理处（市区管理所）合建、卫辉市管理所、获嘉县管理所未开工	
9	鹤壁	58.98	58.98	100.0%	58.98	100.0%	6	0	0	6	黄河北维护中心及鹤壁市管理处、市区管理所合建，黄河北物资仓储中心、淇县管理所、浚县管理所，开标评标工作已完成	
10	濮阳	23.01	23.01	100.0%	23.01	100.0%	1	1			濮阳管理处，已建成	
	濮阳西水坡支线延长段	1.44	1.44	100.0%	1.20	83.3%						新增变更项目
	清丰支线	18.50	18.50	100.0%	18.50	100.0%	1	0	0	1	清丰县管理所，已完成招标	

续表2

序号	建管局	输水管道铺设（km）					管理处（所）建设（座）					备注
		管道总长	累计完成管道开挖		累计完成管道铺设		总数	已建成	正在建设	前期阶段	管理处（所）名称	
			开挖长度	完成比例	铺设长度	完成比例						
11	安阳	120.07	120.07	100.0%	120.07	100.0%	5	0	3	2	滑县管理所、内黄县管理所、汤阴县管理所正在建设；安阳管理处（市区管理所）合建未开工	
	郑州建管处						2			2	黄河南维护中心、黄河南仓储中心，均未开工	
	合计	1030.4	1023.8	99.4%	1020.4	99.0%	61	16	10	35		

【建设月报2017年第5期总第5期】

输水管道和管理处（所）建设进度情况统计表　2017年8月

序号	建管局	输水管道铺设（km）					管理处（所）建设（座）					备注
		管道总长	累计完成管道开挖		累计完成管道铺设		总数	已建成	正在建设	前期阶段	管理处（所）名称	
			开挖长度	完成比例	铺设长度	完成比例						
1	南阳	179.28	179.28	100.0%	179.28	100.0%	8	8	0	0	南阳管理处、市区管理所、新野县管理所、镇平县管理所、社旗县管理所、唐河县管理所、方城县管理所、邓州管理所，全部建成	
2	平顶山	79.60	79.30	99.6%	79.30	99.6%	7	0	4	3	叶县管理所、鲁山管理所、宝丰管理所、郏县管理所正在建设；平顶山管理处、石龙区管理所、新城区管理所3处合建，已发中标通知，准备开工	另:利用河流输水14.2km,利用干渠输水0.5km
3	漯河	119.60	119.10	99.6%	119.10	99.6%	4	0	0	4	漯河市管理处（所）合建、舞阳管理所、临颍管理所，均未开工	
4	周口	51.85	51.85	100.0%	51.85	100.0%	3	1	2	0	商水县管理所已建成；周口市管理处、市区管理所与东区水厂现地管理房合建，正在施工	
5	许昌	146.40	143.05	97.7%	143.05	97.7%	6	5	1	0	许昌市管理处、市区管理所、襄城县管理所、禹州市管理所、长葛市管理所，鄢陵县管理所，除鄢陵县管理所正在建设外其余全部建成	含鄢陵支线

续表

序号	建管局	输水管道铺设（km）					管理处（所）建设（座）					备注
		管道总长	累计完成管道开挖		累计完成管道铺设		总数	已建成	正在建设	前期阶段	管理处（所）名称	
			开挖长度	完成比例	铺设长度	完成比例						
6	郑州	97.69	97.69	100.0%	97.69	100.0%	7	0	0	7	郑州管理处（郑州管理所）合建、新郑管理所、港区管理所、中牟管理所、荥阳管理所、上街管理所，均未开工	
7	焦作	57.89	57.63	99.6%	57.59	99.5%	6	0	3	3	焦作管理处（市区管理所）合建、武陟管理所正在建设；温县管理所、修武管理所、博爱管理所，未开工	含博爱支线
8	新乡	75.57	75.57	100.0%	75.57	100.0%	5	1	0	4	辉县管理所已建成；新乡市管理处（市区管理所）合建、卫辉市管理所、获嘉县管理所未开工	
9	鹤壁	58.98	58.98	100.0%	58.98	100.0%	6	0	6	0	黄河北维护中心及鹤壁市管理处、市区管理所合建，黄河北物资仓储中心、淇县管理所、浚县管理所，正在施工	
10	濮阳	23.01	23.01	100.0%	23.01	100.0%	1	1			濮阳管理处，已建成	
濮阳西水坡支线延长段		1.44	1.44	100.0%	1.43	99.3%						新增变更项目
清丰支线		18.50	18.50	100.0%	18.50	100.0%	1	0	0	1	清丰县管理所，已完成招标	
11	安阳	119.54	119.07	99.6%	119.07	99.6%	5	0	3	2	滑县管理所、内黄县管理所、汤阴县管理所正在建设；安阳管理处（市区管理所）合建未开工	
郑州建管处							2			2	黄河南维护中心、黄河南仓储中心，未开工	
合计		1030	1024.5	99.5%	1024.5	99.5%	61	16	19	26		

【建设月报2017年第6期总第6期】

管理处（所）建设进度情况统计表　2017年9月

序号	建管局	管理处（所）建设（座）				管理处（所）名称	备注
		总数	已建成	正在建设	前期阶段		
1	南阳	8	8	0	0	南阳管理处、南阳市区管理所、新野县管理所、镇平县管理所、社旗县管理所、唐河县管理所、方城县管理所、邓州管理所，全部建成	
2	平顶山	7	0	4	3	叶县管理所、鲁山管理所、宝丰管理所、郏县管理所正在建设；平顶山管理处、石龙区管理所、新城区管理所3处合建，已发中标通知，准备开工	
3	漯河	4	0	0	4	漯河市管理处（市区管理所）合建、舞阳管理所、临颍管理所，均处于前期阶段	
4	周口	3	1	2	0	商水县管理所已建成；周口市管理处、市区管理所与东区水厂现地管理房合建，正在施工	
5	许昌	5	5	0	0	许昌市管理处、市区管理所、襄城县管理所、禹州市管理所、长葛市管理所，全部建成	
	鄢陵支线	1		1		鄢陵县管理所，正在建设	
6	郑州	7	0	0	7	郑州市管理处（市区管理所）合建、港区管理所、中牟管理所、荥阳管理所、上街管理所，前期阶段；新郑管理所，评标结果已公示	
7	焦作	6	0	3	3	温县管理所、修武管理所、博爱管理所，前期阶段；焦作管理处（市区管理所）合建、武陟管理所正在建设	
8	新乡	5	1	0	4	辉县管理所已建成；新乡市管理处（市区管理所）合建、卫辉市管理所、获嘉县管理所处于前期	
9	鹤壁	6	0	6	0	黄河北维护中心及鹤壁市管理处、市区管理所合建、黄河北物资仓储中心、淇县管理所、浚县管理所，施工单位已进场	
10	濮阳	1	1			濮阳管理处，已建成	
	清丰	1	0	0	1	清丰县管理所，施工合同已签订	
11	安阳	5	0	3	2	滑县管理所、内黄县管理所、汤阴县管理所正在建设；安阳管理处（所），前期阶段	
12	郑州建管处	2			2	黄河南维护中心、黄河南仓储中心，前期阶段	
合　计		61	16	19	26		

【建设月报2017年第7期总第7期】

管理处（所）建设进度情况统计表　2017年10月

序号	建管局	管理处（所）建设（座）				管理处（所）名称	备注
		总数	已建成	正在建设	前期阶段		
1	南阳	8	8	0	0	南阳管理处、南阳市区管理所、新野县管理所、镇平县管理所、社旗县管理所、唐河县管理所、方城县管理所、邓州管理所，全部建成	
2	平顶山	7	0	4	3	叶县管理所、鲁山管理所、宝丰管理所、郏县管理所正在建设；平顶山管理处、石龙区管理所、新城区管理所3处合建，已发中标通知，准备开工	
3	漯河	4	0	0	4	漯河市管理处（市区管理所）合建、舞阳管理所、临颍管理所，均处于前期阶段	
4	周口	3	1	2	0	商水县管理所已建成；周口市管理处、市区管理所与东区水厂现地管理房合建主体完工，正在内部装饰	
5	许昌	5	5	0	0	许昌市管理处、市区管理所、襄城县管理所、禹州市管理所、长葛市管理所，全部建成	
	鄢陵支线	1		1		鄢陵县管理所，正在建设	
6	郑州	7	0	0	7	新郑管理所，施工单位进场；郑州市管理处（市区管理所）已发布招标公告；港区管理所、中牟管理所、荥阳管理所、上街管理所，前期阶段	
7	焦作	6	0	3	3	温县管理所、修武管理所、博爱管理所，前期阶段；焦作管理处（市区管理所）合建、武陟管理所正在建设	
8	新乡	5	1	0	4	辉县管理所已建成；新乡市管理处（市区管理所）合建、卫辉市管理所、获嘉县管理所处于前期	
9	鹤壁	6	0	6	0	黄河北维护中心及鹤壁市管理处、市区管理所合建、黄河北物资仓储中心、淇县管理所、浚县管理所，正在施工	
10	濮阳	1	1			濮阳管理处，已建成	
	清丰	1	0	0	1	清丰县管理所，施工合同已签订	
11	安阳	5	0	3	2	滑县管理所、内黄县管理所、汤阴县管理所正在建设；安阳管理处（所），前期阶段	
12	郑州建管处	2			2	黄河南维护中心、黄河南仓储中心，前期阶段	
合　计		61	16	19	26		

【建设月报2017年第8期总第8期】

管理处（所）建设进度情况统计表　　2017年11月

序号	建管局	管理处（所）建设（座）				管理处（所）名称	备注
		总数	已建成	正在建设	前期阶段		
1	南阳	8	8	0	0	南阳管理处、南阳市区管理所、新野县管理所、镇平县管理所、社旗县管理所、唐河县管理所、方城县管理所、邓州管理所，全部建成	
2	平顶山	7	0	4	3	叶县管理所、鲁山管理所、宝丰管理所、郏县管理所正在建设；平顶山管理处、石龙区管理所、新城区管理所3处合建，已发中标通知，准备开工	
3	漯河	4	0	0	4	漯河市管理处（市区管理所）合建、舞阳管理所、临颖管理所，均处于前期阶段	
4	周口	3	1	2	0	商水县管理所已建成；周口市管理处、市区管理所与东区水厂现地管理房合建主体完工，正在内部装饰	
5	许昌	5	5	0	0	许昌市管理处、市区管理所、襄城县管理所、禹州市管理所、长葛市管理所，全部建成	
	鄢陵支线	1		1		鄢陵县管理所，正在建设	
6	郑州	7	0	3	4	新郑管理所，郑州市管理处（市区管理所）正在建设；港区管理所、中牟管理所、荥阳管理所、上街管理所，处于前期阶段	
7	焦作	6	0	3	3	温县管理所、修武管理所、博爱管理所，前期阶段；焦作管理处（市区管理所）合建、武陟管理所正在建设	
8	新乡	5	1	0	4	辉县管理所已建成；新乡市管理处（市区管理所）合建、卫辉市管理所、获嘉县管理所处于前期阶段	
9	鹤壁	6	0	6	0	黄河北维护中心及鹤壁市管理处、市区管理所合建、黄河北物资仓储中心、淇县管理所、浚县管理所，正在施工	
10	濮阳	1	1			濮阳管理处，已建成	
	清丰	1	0	0	1	清丰县管理所，施工合同已签订	
11	安阳	5	1	2	2	滑县管理所已建成；内黄县管理所、汤阴县管理所正在建设；安阳管理处（所），处于前期阶段	
12	郑州建管处	2			2	黄河南维护中心、黄河南仓储中心，处于前期阶段	
	合计	61	17	21	23		

【建设月报2017年第9期总第9期】

管理处（所）建设进度情况统计表　2017年12月

序号	建管局	管理处（所）建设（座）				管理处（所）名称	备注
		总数	已建成	正在建设	前期阶段		
1	南阳	8	8	0	0	南阳管理处、南阳市区管理所、新野县管理所、镇平县管理所、社旗县管理所、唐河县管理所、方城县管理所、邓州管理所，全部建成	
2	平顶山	7	0	4	3	叶县管理所、鲁山管理所、宝丰管理所、郏县管理所正在建设；平顶山管理处、石龙区管理所、新城区管理所3处合建，已发中标通知，准备开工	
3	漯河	4	0	0	4	漯河市管理处（市区管理所）合建、舞阳管理所、临颍管理所，均处于前期阶段	
4	周口	3	1	2	0	商水县管理所已建成；周口市管理处、市区管理所与东区水厂现地管理房合建主体完工，正在内部装饰	
5	许昌	5	5	0	0	许昌市管理处、市区管理所、襄城县管理所、禹州市管理所、长葛市管理所，全部建成	
	鄢陵支线	1		1		鄢陵县管理所，正在建设	
6	郑州	7	0	3	4	新郑管理所，郑州市管理处（市区管理所）正在建设；港区管理所、中牟管理所、荥阳管理所、上街管理所，处于前期阶段	
7	焦作	6	0	3	3	温县管理所、修武管理所、博爱管理所，前期阶段；焦作管理处（市区管理所）合建、武陟管理所正在建设	
8	新乡	5	1	0	4	辉县管理所已建成；新乡市管理处（市区管理所）合建、卫辉市管理所、获嘉县管理所处于前期阶段	
9	鹤壁	6	0	6	0	黄河北维护中心及鹤壁市管理处、市区管理所合建、黄河北物资仓储中心、淇县管理所、浚县管理所，正在施工	
10	濮阳	1	1			濮阳管理处，已建成	
	清丰	1	0	0	1	清丰县管理所，施工合同已签订	
11	安阳	5	2	1	2	滑县管理所、内黄县管理所已建成；汤阴县管理所正在建设；安阳管理处（所），处于前期阶段	
12	郑州建管处	2			2	黄河南维护中心、黄河南仓储中心，处于前期阶段	
	合计	61	18	20	23		

（齐　浩）

拾肆 大事记

大 事 记

1 月

1月6日，南阳市首家移民企业河南省时兴农业发展股份有限公司在中原股权交易中心路演厅挂牌。

1月9～10日，河南省南水北调工程运行管理第20次例会在新乡召开，省南水北调办副主任杨继成、新乡市副市长李刚出席会议并讲话，省南水北调办总工程师、机关有关处室、各项目建管处负责人，中线建管局河南分局、渠首分局，配套工程沿线省辖市、省直管县南水北调办分管领导和分管部门负责人，省水利设计公司、黄河设计公司负责人参加会议。参会人员到新乡市32号线路新区水厂、新乡调蓄工程及新乡县七里营镇刘庄村现场观摩。

1月11～13日，南水北调中线宝丰郏县段工程档案通过项目法人验收。

1月12～13日，2017年南水北调工作会议在北京召开，表彰南水北调东中线一期工程建成通水先进集体与先进个人，向80个先进集体、60名先进工作者、20名劳动模范颁发奖牌、证书。国务院南水北调办主任鄂竟平作工作报告。国家公务员局副局长张义全出席会议并宣布表彰决定。中纪委派驻纪检组组长田野，国务院南水北调办副主任张野、蒋旭光出席会议。

1月12～13日，省南水北调办副主任李颖带领综合处、建设管理处、投资计划处及河南省水利勘测设计研究有限公司负责人一行11人到定点帮扶村确山县竹沟镇肖庄村进行扶贫慰问。

1月13日，省南水北调办印发《关于进一步加强南水北调总干渠沿线水污染风险点整治力度的通知》，要求沿线8市南水北调办协调当地环保部门，配合开展南水北调干渠沿线水污染风险点整治工作，建立完善日常巡查、工程监管、污染联防、应急处置制度。

1月13日，焦作市南水北调城区段建设指挥部召开南水北调绿化带征迁市直单位驻村工作动员会，13个市直工作队130名队员到13个村入户开展工作。

1月16日，省南水北调建管局批复同意焦作市南水北调配套工程生产调度中心占地6.6亩、总建筑面积5246m²、工程预算投资1046.7万元，武陟管理所占地5亩，建筑面积1220m²，投资预算236.53万元。

1月16日，省南水北调办决定授予南阳、许昌、郑州、濮阳、鹤壁、安阳市南水北调办等6个单位2016年度河南省南水北调工作先进单位荣誉称号；对2016年度配套工程管理设施和自动化建设先进单位濮阳、许昌、南阳市南水北调办通报表扬，奖励濮阳市南水北调办50万元，许昌市、南阳市南水北调办各30万元。

1月17日，2017年河南省南水北调工作会议在郑州召开。省南水北调办主任刘正才出席会议并讲话。省南水北调办副主任贺国营宣读2016年全省南水北调工作先进单位表彰决定，副主任李颖主持会议，副主任杨继成传达2017年全国南水北调工作会议精神，副巡视员李国胜出席会议。沿线各省辖市、省直管县市南水北调办主要负责人、省南水北调办机关全体职工、各项目建管处副处级以上干部共130余人参加会议。

1月17日，省南水北调办向国务院南水北调办报告，投标保证金在招标工作完成后已全部退还；履约保证金全部采取银行保函的形式收取，担保金额为合同价格的5%至10%，共151份履约保函，担保金额108148万元；工程质量保证金在每次支付参建单位工程进度款时扣留，比例为价款结算金额的5%，129个标段共91399万元。

1月17日，全省南水北调系统党风廉政建设工作会议在郑州召开，省水利厅党组副书记、省南水北调办主任刘正才作题为"不忘初心，坚决推动全面从严治党向纵深发展"的重要讲话，厅党组成员、省纪委驻厅纪检组组长郭永平就全面从严治党工作提出三点要求。

1月19日，安阳市南水北调办通过35号线濮阳供水配套工程（安阳境内）濮阳施工7、8、9标的合同项目完成验收。

1月19～20日，省南水北调办副主任贺国营到南阳建管处、平顶山建管处和南阳师范学院南水北调中线水源区水安全协同创新中心进行春节慰问，副巡视员李国胜参加慰问。

1月20日，省南水北调办副主任杨继成一行到焦作南水北调供水配套工程博爱输水线路建设工地慰问建设者。

1月22日，省南水北调办主任刘正才带领综合处、投资计划处、建设管理处负责人看望慰问郑州市配套工程22号分水口门尖岗水库入库工程施工人员和郑州建管处干部职工。

1月22日，省南水北调办副主任李颖带领综合处、经济与财务处负责人一行到濮阳市南水北调清丰供水配套工程施工现场和安阳建管处看望慰问。

1月23日，省南水北调办在机关16楼会议室举办在郑参建单位新春联谊会，省南水北调办主任刘正才致新春贺词，向为河南省南水北调工作奉献智慧和力量的全体人员，向支持南水北调事业发展的职工家属致以节日的问候和新春的祝福！

1月23日，中线建管局局长于合群到新乡慰问春节值班的干线和配套工程运行管理人员。

1月24日，省南水北调办召开主任办公扩大会，省水利厅党组副书记、省南水北调办主任刘正才传达省纪委典型案例通报并主持

讨论发言。省南水北调办副主任李颖传达国务院南水北调办党风廉政建设工作会议精神，省南水北调办副主任杨继成，副巡视员李国胜出席会议，综合处、投资计划处、经济与财务处、建设管理处、审计监察室负责人列席。

1月24日，省南水北调办印发《河南省南水北调办公室关于打赢水污染防治攻坚战的实施意见》，成立河南省南水北调水污染防治攻坚战领导小组。

1月24日，平顶山市出台的《平顶山市南水北调供水水费收缴办法》正式施行。常务副市长黄祥利表示对拖欠的南水北调水费分两次于6月30日和12月31日前缴纳完毕。

2 月

2月8日，焦作市召开南水北调城区段绿化带集中征迁动员大会暨指挥部第二次会议，绿化带征迁工作全面启动。

2月8～9日，国务院南水北调办主任鄂竟平带队到河南检查中线运行管理情况。鄂竟平一行先后检查十八里河出口控制闸、杏园西北沟左排渡槽、金水河节制闸、索河渡槽进口节制闸、荥阳段1号泵房降压站及3号集水井、枯河控制闸及穿黄进口检修闸，并对飞检发现问题整改情况现场核查。

2月9日14：00时，安阳第八水厂下游供水管道发生爆管险情暂停取用南水北调水。2月15日16：00时抢修完成恢复供水。

2月13日，省南水北调办副主任杨继成带队到焦作市协调府城水厂选址，勘察现场并召开研讨会，省水利设计院、市南水北调办参加。

2月14日，国务院南水北调办防办印发《关于加快水毁工程修复 做好防汛准备的通知》，要求加快防汛应急项目、左岸防洪影响处理工程建设，推动工程管理范围和保护范围划定工作，确保工程度汛安全和供水安全。

2月14～16日，国务院南水北调办副主任张野调研南水北调中线河南段防洪防护应急工程和安防系统建设情况。张野一行查看辉县峪河暗渠、杨庄沟左排渡槽，卫辉山庄河渠道倒虹吸、十里河渠道倒虹吸、金灯寺左排倒虹吸，郑州郜庄沟排水倒虹吸、水泉沟排水渡槽等防洪防护应急工程建设情况。

2月16日晚，南阳市召开2017年度南水北调保水质护运行暨移民工作会议。市委副书记王智慧、市人大副主任程建华、副市长和学民、市政协副主席柳克珍、市委副秘书长张岩、市政府副秘书长王书延出席会议。各相关县区委分管副书记、政府（管委会）分管南水北调及移民工作的副县区长（副主任）、保水质护运行办主任、南水北调办主任和移民局局长，市直对口帮扶南水北调移民村、市保水质护运行工作领导小组成员单位、中线工程建管单位及北控南阳水务集团负责人、相关乡镇村负责人参加会议。王智慧主持会议，和学民安排部署2017年度工作。

2月16～17日，省南水北调办在周口市组织召开河南省南水北调工程运行管理第21次例会，副主任杨继成主持会议并讲话。中线建管局河南分局、渠首分局负责人，省南水北调办总工程师、省南水北调建管局总工程师，机关各处、各项目建管处负责人，各省辖市南水北调办（建管局）、省直管县市南水北调办分管领导，黄河设计公司、省水利设计公司、自动化代建单位负责人以及有关人员参加会议。会议通报水费征缴情况、配套工程管理处所建设进展情况和前20次运管例会纪要事项及工作安排落实情况。

2月21日，清丰县南水北调配套工程建管局批复同意清丰县管理所净占地6.0762亩、总建筑面积1325m²，核定清丰县管理所工程建筑部分预算投资总计2174756元。

2月24日，平顶山市移民安置局召开全市移民暨南水北调工作会议，局长曹宝柱讲话，副局长王铁周、王海超，副调研员李庆铎、刘嘉淳参加会议，王海超主持会议。各县市区移民局、南水北调办主要负责人、移民后扶及南水北调工作分管负责人，机关全体人员参加会议。曹宝柱代表市南水北调办接受叶县、鲁山县、宝丰县、郏县南水北调办递交的2017年度工作目标责任书，并签订2017年度供水协议。

2月24日，焦作市召开2017年度南水北调工作会议。焦作市南水北调办全体干部职工、各县区南水北调办主要负责人、供水配套工程在建单位参加会议。

2月26～27日和4月12～13日，漯河市南水北调建管局先后组织施工1、2、3、4、5、10、11等7个标段参建单位代表和专家，召开合同项目完成验收会议，省南水北调办和省水利水电工程建设质量监测监督站代表列席，7个标段合同项目通过验收。

2月27日，安阳市南水北调配套工程建管局批复同意内黄管理所总建筑面积1214m²，汤阴管理所总建筑面积1218.4m²，核定内黄管理所预算投资200.62万元，汤阴管理所预算投资200.89万元。

2月28日，郑州市南水北调办2017年全市南水北调暨移民工作会议在郑州嵩山饭店召开。会议由市南水北调办（市移民局）书记刘玉钊主持，市南水北调办（市移民局）主任、局长李峰出席并讲话。

2月28日，漯河市南水北调办召开全市南水北调工作会议，市水利局党组书记、局长吕孟奇主持，市水利局党组成员、南水北调办主任李洪汉对南水北调工作进行总结和安排。

3 月

3月3日，省南水北调办副主任杨继成带领检查组飞检鹤壁市配套工程运行管理情况。特邀专家、省南水北调办建管处及飞检大队随同检查。

3月6日，国务院南水北调办印发《南水北调中线工程跨区域水量转让运行管理规定（试行）》。

3月7日，国务院南水北调办经财司副司长王平到许昌市调研禹州市南水北调工程扫尾阶段征地移民资金监管情况，省政府移民办副主任李定斌、杜晓琳，许昌市南水北调办主任张小保、副主任李国林随同调研。

3月8日6~23时，安阳第八水厂因供电线路改造暂停取用南水北调水，23时恢复使用南水北调水。

3月8~10日，南水北调系统宣传通联业务第六期培训班在江苏省扬州市东线工程江都水利枢纽举办，国务院南水北调办综合司副巡视员杜丙照出席会议，河南省南水北调系统30余名宣传员参加培训。

3月9日，省南水北调建管局批复同意黄河北物资仓储中心施工图设计，仓储中心用地10亩，总建筑面积4220.74m²，核定工程费787.73万元。

3月9~10日，省南水北调办在邓州市召开河南省南水北调工程运行管理第22次例会，副主任杨继成主持会议并讲话。河南分局、渠首分局负责人，省南水北调办总工程师、省南水北调建管局总工程师，机关各处、各项目建管处负责人，各省辖市南水北调办（建管局）、省直管县市南水北调办分管领导，黄河设计公司、省水利设计公司、自动化代建单位负责人以及有关人员参加会议。

3月10日，省南水北调办副巡视员李国胜一行在督导濮阳市大气污染防治工作期间检查配套工程管理处所及自动化系统建设工作。李国胜一行查看自动化系统操作室、档案管理室、会议室和绿城路现地管理站。

3月12~21日，省南水北调办副主任杨继成、省防办主任申季维带领联合检查组，对中线工程防汛工作及左岸防洪影响处理工程建设情况进行检查。对40个防汛重点风险项目实地查看并召开座谈会。

3月13~16日，省水利厅副厅长、省政府移民办主任吕国范一行6人到南阳市调研南召县、卧龙区、西峡县、淅川县水库移民后期扶持、脱贫攻坚、避险解困、南水北调丹江口库区移民创新发展、移民安置省级初验问题整改和淅川县九重镇移民产业试点等工作。

3月14日，省南水北调办印发《河南省南水北调配套工程运行管理规范年活动实施方案》《河南省南水北调配套工程日常维修养护技术标准（试行）》，要求对发生的专项维修养护抢险项目，按照"一事一报一处理"原则处理。

3月14日，省南水北调建管局专家组到周口市督导配套工程变更索赔处理工作，市南水北调配套工程建管局局长徐克伟、副局长谢康军、陈向阳及各科室负责人、监理单位总监参加会议。

3月14日，省防汛抗旱指挥部办公室主任申季维、省南水北调办建管处处长单松波到许昌市检查南水北调防汛工作暨防洪影响处理工程，现场查看禹州市陈口西沟、任坡西沟、长葛市山头刘沟左排倒吸虹工程。许昌市水务局副局长王项英、市南水北调办副调研员孙卫东随同检查。

3月15日，由省人社厅副巡视员白杨林带领的省综治和平安建设工作考核组到省南水北调办考核2016年度综治和平安建设工作开展情况。省南水北调办副主任贺国营、李颖、杨继成出席考核会议，机关各处室负责人参加考核。

3月15~17日，国务院南水北调工程建设委员会专家委员会调研组先后查看南水北调中线岗头隧洞进口段、西黑山进口闸、节制闸工程现场，了解2016~2017年冬季冰期输水情况。

3月16~17日，国务院南水北调办副主任蒋旭光带队检查中线工程部分项目运行管理情况。蒋旭光一行先后检查陶岔渠首、邓州管理处、镇平管理处、南阳管理处和方城管理处所辖的工程运行管理情况，沿途查看渠首水质自动监测站、膨胀土及深挖方渠段安全防护项目，调研基层党建工作开展情况。

3月17日，省南水北调办印发《河南省南水北调配套工程运行管理监督检查工作方案》，规定由巡查大队、飞检大队、稽察组承担运行管理日常监督工作。

3月20日，安阳市南水北调办召开会议确定濮阳7、8、9标和滑县支线自动化建设方案。

3月20日，郑州市农林水利工会召开2017年度工作会议。郑州市南水北调办工会被授予2016年度先进基层工会荣誉称号，韩国利被评为优秀工会工作者。

3月21日，省南水北调办定点帮扶村驻马店市确山县竹沟镇肖庄村代表一行3人，向省南水北调办赠送一面写有"惠百姓颂党恩，真扶贫办实事"锦旗。省南水北调办副主任李颖会见肖庄村代表，双方就发展村办集体经济，加快产业脱贫、搬迁流转脱贫等方面进行交流。

3月21～22日，省南水北调工程质量飞检大队对许昌市配套工程17号分水口门鄢陵供水工程施工1、2标施工质量及内业资料进行飞检，共发现19项问题。

3月22日，第25届"世界水日"，第30届"中国水周"，漯河市南水北调办开展南水北调宣传，在沙河景区红枫广场展出宣传牌、悬挂宣传条幅、播放录音、现场讲解南水北调知识。

3月22日，安阳市南水北调办在东区两馆广场参加市水利局组织的"世界水日""中国水周"宣传活动启动仪式，设立咨询台，摆放宣传板面2块、分发《南水北调工程供用水管理条例》《河南省南水北调配套工程供用水和设施保护管理办法》，出动宣传车10余次。

3月22日，南阳市移民局召开全市移民系统党建、精神文明建设、党风廉政建设暨重点工作推进会，全市16个县区移民机构书记、局长、纪检书记和市移民局全体干部职工参加会议。

3月23日，许昌市南水北调办召开配套工程运行管理规范年活动动员会。

3月27日，省南水北调办授予南阳市南水北调办等6家单位"2016年度全省南水北调宣传工作先进单位"荣誉称号；授予齐声波等27人"2016年度全省南水北调宣传工作先进个人"荣誉称号。

3月28日，省南水北调建管局批复，配套工程黄河北维护中心、鹤壁管理处、市区管理所合并建设，建筑面积7766.97m²，核定变更设计概算投资工程费2499.4万元，监理费59.48万元。

3月28日，省南水北调建管局批复同意濮阳供水配套工程35号口门清丰输水线路增设南乐分水口的设计变更，变更增加投资67.48万元由南乐县承担。

3月29日，河南省南水北调宣传工作会议在郑州召开。会议传达国务院南水北调办2017年宣传工作实施方案，表彰2016年度先进单位和先进个人，安排部署2017年工作。省南水北调办副主任贺国营出席会议并讲话，省南水北调办综合处处长王家永主持会议。各省辖市、省直管县市南水北调办负责人、综合科科长、省南水北调办机关各处室、各项目建管处负责人，各单位年鉴撰稿联系人等70余人参加会议。

3月29日，南阳市政府在2楼会议室召开会议，讨论研究南水北调中线水资源税征收及财务资金使用有关报告，市南水北调办主任靳铁拴参会。

3月29～30日，省政府移民办召开陶岔渠首征迁安置验收安排会议，南阳市南水北调办副主任曹祥华参会。

3月29～31日，国务院南水北调办主任鄂竟平率队检查南水北调中线河南段工程防汛工作。国家防汛抗旱总指挥部办公室防汛抗旱督察专员王磊参加检查。检查期间，鄂竟平会见河南省省长陈润儿。鄂竟平一行冒雨检查陶岔渠首工程、淅川膨胀土深挖方渠段、王家西沟左岸排水渡槽、湍河渡槽、沙河渡槽、禹州采空区段等防汛重点项目，在郑州召开防汛检查座谈会。

3月31日，新乡市南水北调配套工程2017年运行管理工作会议在市政府第二会议室召开。会议对2016年度运行管理工作先进现地管理站及优秀个人进行表彰。

4 月

4月6日，省南水北调建管局在郑州召开中线工程委托建管项目验收工作专题会。省南水北调办总工程师申来宾主持会议，省南水北调建管局综合处、投资计划处、经济与财务处、建设管理处、各项目建管处、质量监督站及各委托建设管理单位负责人参加会议。

4月6日，漯河市南水北调办组织召开全市配套工程征迁安置培训会，邀请主持南水北调征迁安置规划制定的2位专家和征迁总监授课。漯河市5个县区18个乡镇，西平县主管领导和业务人员共70余人参加培训。

4月6日，焦作市委书记王小平带领相关部门负责人调研南水北调绿化带征迁安置工作，并召开座谈会听取全市绿化带征迁安置工作和解放区、山阳区征迁工作进展情况。

4月6日，南阳市政协召开“脱贫攻坚和水污染防治专项民主监督会议”，市南水北调办主任靳铁拴参会。

4月6~7日，省南水北调办召开南阳市配套工程自动化设备安装条件设计交底会议。

4月6~7日，北京市南水北调办副主任李甲坤、海淀区副区长吴计亮一行到许昌市调研城市生态水系建设，许昌市南水北调办副主任范晓鹏陪同调研。

4月7日，漯河市南水北调办组织开展“两学一做”主题党日活动。

4月10日~6月14日，历时64天，陶岔渠首工程和董营副坝工程征迁安置验收完成。

4月11日，国务院南水北调办检查组对南水北调中线河南、河北和北京段工程防汛检查发现问题和隐患22项。其中河南段9项，河北段5项，北京段8项。主要问题是设备维护不到位、河道违规采砂、河道冲刷、边坡失稳、外部单位违规占用河道、部分左排建筑物出口排水不畅、水毁工程修复和防洪防护应急处理工程尚未完成。

4月11~12日，省社科院党委书记魏一明带领南水北调精神研究课题组到焦作市，对南水北调焦作精神进行调研。省南水北调办副主任杨继成一同调研。

4月12日，南水北调中线安阳段设计单元工程通过国务院南水北调办组织的工程档案专项验收。

4月13~14日，国务院南水北调办副主任蒋旭光带队检查南水北调中线河南段黄河以北工程防汛准备工作并调研基层党建工作。蒋旭光一行先后检查穿黄隧洞进口深挖方段、济河倒虹吸、小官庄左排渡槽、聩城寨倒虹吸、峪河暗渠防护项目、杨庄沟排水渡槽防洪影响项目、孟坟河倒虹吸、山庄河倒虹吸等，并到温博管理处对基层党建工作进行调研。

4月18日，省南水北调办开通新浪微博官方账号“河南省南水北调办公室”。

4月18~20日，鹤壁市南水北调办主持召开配套工程36号分水口门第三水厂泵站机组启动及第三水厂供水工程通水验收会，省南水北调办、省水利水电工程建设质量监测监督站代表及特邀专家组成的验收委员会通过验收。

4月19日，濮阳市南水北调办召开配套工程运行管理规范年活动动员会，副主任张玉堂主持，主任张作斌出席并讲话。

4月19~23日，鹤壁市南水北调建管局组织开展配套工程巡检智能管理系统应用培训工作。省水利勘测有限公司专家主讲，市南水北调办机关全体人员，配套工程现地管理机构、泵站运管工作人员参加培训。

4月24日，郑州市南水北调办全体党员党性教育培训班在南阳市南水北调精神教育基地开班。党支部书记刘玉钊、副主任邓银龙、胡仲泰和机关近40名党员参加培训。开班仪式上，南阳市市委组织副部长谢广平向全体学员表示欢迎，并介绍南阳市南水北调精神教育基地的基本情况，省南水北调办副主任贺国营出席开班仪式。

4月26日，焦作市市长徐衣显带领解放、山阳两城区和市直单位负责人，对南水北调城区段绿化带征迁安置工作进行专题调研。

4月26～27日，安阳市南水北调配套工程建管局主持，建管、勘测、设计、监理、施工、管道、阀件、电气设备厂家等参建单位代表及特邀专家参加，分别组成配套工程施工5、6、7、8标合同项目完成验收工作组。省南水北调办、省水利质监站、市南水北调办派员列席验收会议。验收工作组通过合同项目完成验收。

4月27日，省南水北调办副主任杨继成督导许昌市配套工程自动化建设工作，参加督导的有省南水北调办副巡视员李国胜，以及投资计划处、环境移民处负责人。

4月27日，漯河市南水北调办举办以"传承良好家风·弘扬中华美德"为题的道德讲堂，漯河市水利、南水北调系统50余人参加活动。

5 月

5月4日，南阳市南水北调办志愿者服务队在白河开展"保护母亲河，激情五四节"活动。一行十余人到白河附近捡拾垃圾、拔除杂草，召开座谈会交流青年志愿者服务经验。

5月4日，南阳市移民局在淅川县大石桥乡郭家渠贫困村召开局党组会，市县乡村四级联动现场办公，商讨解决异地搬迁、香菇大棚建设等问题。

5月4～5日，国务院南水北调办副主任张野一行调研郑州市新郑观音寺调蓄水库及郑州管理处和新郑管理处自动化运行情况。河南省南水北调办副主任杨继成、河南分局局长陈新忠、郑州市副市长李喜安、市南水北调办主任李峰陪同调研。

5月5日，南水北调清丰县供水配套工程举行通水仪式。省南水北调办副主任李颖、濮阳市副市长王天阳，市水利局局长孙文标，市南水北调办主任张作斌，清丰县委书记冯向军、县长刘兵出席，常务副县长王军利主持通水仪式。

5月5日，南乐县南水北调集中供水项目开工仪式在睢庄第三水厂举行。省水投集团总经理林四庆、濮阳市水利局局长孙文标、市南水北调办主任张作斌及县有关领导参加开工仪式。

5月8日，鹤壁市南水北调办主任杜长明带领有关科室负责人，检查南水北调中线工程鹤壁段防汛工作，鹤壁管理处负责人李合生参加检查。杜长明一行检查盖族沟左排渡槽、淇河倒虹吸、赵家渠倒虹吸、袁庄沟排水渡槽、杨庄沟排水倒虹吸、刘庄沟左排倒虹吸等工程。

5月11～12日，许昌市南水北调办举办水政执法培训班。有关科室及有关县市区南水北调办分管领导和执法业务人员50余人参加培训。

5月12日，京津冀农林高校协同创新联盟与南阳市政府协商，双方决定签署产学研战略合作协议并召开签约会议，市南水北调办副主任郑复兴参会。

5月13～19日，省南水北调办副主任贺国营带领15名党员干部到延安干部培训学院开展理想信念专题教育培训。

5月16日，漯河市南水北调办组织开展配

套工程运行管理业务专题学习研讨。全体干部职工和运行管理人员参加学习研讨。漯河市南水北调办主任李洪汉做动员讲话并主持领学首次学习研讨。

5月17日，叶县管理处防汛应急抢险演练在叶县常村镇启动。河南分局、平顶山市南水北调办、叶县县政府、叶县南水北调防汛指挥部等有关单位领导和技术人员20余人参加现场观摩。

5月18日，全省南水北调2017年防汛工作会在郑州召开。省南水北调办主任刘正才讲话，部署南水北调防汛工作。

5月18~19日，国务院南水北调办副主任张野率队对南水北调中线河南境内左岸防洪影响处理工程实施情况进行检查，在郑州召开座谈会。张野一行先后检查峪河暗渠倒虹吸永久防护工程，辉县市五里屯、杨庄沟、郑州市楼庄沟、站马屯沟、杏园沟等五处左岸防洪影响处理工程实施情况。

5月23日，国务院南水北调办组织有关单位在郑州市召开新郑观音寺调蓄工程立项工作协调会，研究建立立项工作机制。

5月23日，平顶山市市长周斌带领市政府办公室、督查室相关人员及市南水北调办、环保局、畜牧局等单位负责人，到鲁山县、宝丰县、郏县调研检查南水北调干渠平顶山段沿线环境综合整治工作。副市长冯晓仙、邓志辉一同调研。

5月23日，南水北调公民大讲堂走进鹤壁市活动在鹤壁市青少年校外活动中心四楼报告厅举行。中线建管局及河南分局、黄河北各干渠管理处、市南水北调办、市教育局、淇滨中学师生代表共320余人参加。大讲堂活动由鹤壁管理处负责人李合生主持。中国南水北调报编辑部主任张存有作题为《南水北调的前世和今生》的讲座。南水北调相关负责人向学生代表赠《南水北调工程知识百问百答》、南水北调志愿者袖标、南水北调志愿者旗帜。志愿者代表领读护水宣言："南水北

调，千里水脉，爱渠护水，行动起来。"志愿者随音乐执旗绕场一周。

5月26日，省南水北调办举办以"决胜全面小康让中原更加出彩"为主题的微型党课比赛活动。

5月26日，安阳市南水北调办举办"我们的节日·粽叶飘香"端午节经典诵读活动。

5月31日，国务院南水北调办印发《南水北调工程舆情应对工作预案（试行）》。

6 月

6月1日，省南水北调办印发《河南省南水北调工程水费收缴及使用管理办法（试行）》。

6月1日，省南水北调办成立河南省南水北调水政监察支队，监督处处长田自红任支队长。

6月4日，广西自治区移民管理局副局长杜勇带领考察团一行6人到南阳市卧龙区和淅川县考察调研南水北调丹江口水库移民生产发展和移民乡村旅游工作。

6月5日，新乡市报送石门河倒虹吸左岸应急度汛处理方案，工程总投资450.49万元。

6月5日8~11时30分，安阳第八水厂进行供电线路改造暂停取用南水北调水，当日按时恢复正常供水。

6月6日，省水利厅组织召开南水北调中线防洪影响处理工程建设专题推进会。

6月6日，安阳市召开全市畜禽养殖环境整治工作会，副市长刘建发、市政府副秘书长王建军、市水利局局长、市南水北调办主任郑国宏、市农业畜牧局局长马天福出席会议，各县区政府及市直相关单位负责人参加会议。会议要求9月底前，完成对南水北调干渠两侧一级保护区内的畜禽养殖场（小区）和养殖专业户依法实施关闭和搬迁，完成二级保护区内的畜禽养殖场（小区）和养殖专业户污染整治，达到环保要求。

6月8日，国务院南水北调办主任鄂竟平率队检查南水北调中线河南境内部分防洪工程施工进展情况。鄂竟平一行先后检查峪河暗渠、梁家园排水渡槽、石门河倒虹吸、韭山路公路桥上游渠道、杨庄沟排水渡槽、潞王坟沟排水渡槽、沧河倒虹吸等防洪工程。

6月8日，郑州市南水北调配套工程建管局在上街区召开运行管理现场会。市南水北调办主任李峰、副主任张立强以及有关处室负责人，新郑市、航空港区、中牟县、二七区、管城区、中原区、荥阳市、上街区南水北调办主要领导及分管领导和主要负责人参加会议。会议由市南水北调办副主任王永强主持。会前与会人员到24-1号分水口门蒋头泵站现场参观学习，会议对配套工程运行管理先进单位通报表彰，并奖励上街区南水北调办10万元，荥阳市和管城区南水北调办各5万元。

6月9日，河南分局组织新乡市南水北调办和卫辉管理处开展防汛应急演练。卫辉市南水北调办、卫辉市防办、唐庄镇政府、新乡医学院第一附属医院、河南省水利第二工程局（应急抢险队）、卫辉管理处各维护队和安保单位参加演练。演练模拟汛期持续降雨，山庄河河道内冲积物增加，导致下游致富路涵洞发生淤堵，河道水位迅速抬升，涵洞进口边坡出现多处滑塌为背景进行。

6月9日，北京首都创业集团有限公司邀请南阳市政府领导参加首创集团2017年"首都国企开放日 走进南阳"现场活动，市南水北调办副主任郑复兴参加。

6月13日，渠首分局在南阳组织召开河南省南水北调受水区供水配套工程主干通信光缆渠首段工程建设协调会，省南水北调建管局、南阳市南水北调建管局参会。

6月15日，省南水北调办召开"两学一做"学习教育常态化制度化部署推进会。省水利厅党组副书记、省南水北调办主任刘正才，党组成员、省南水北调办副主任贺国营出席会议，副处级以上干部和全体党员共71人参加会议。

6月15～17日，国务院南水北调办副主任张野一行，到河南省检查南水北调黄河以南段工程防汛工作。国务院南水北调办投计司、建管司、监管中心及中线建管局有关负责人参加检查。省南水北调办主任刘正才、副主任杨继成陪同检查。张野一行先后检查前蒋寨左排渡槽、丈八沟渠道倒虹吸、府君庙渠道倒虹吸、澧河渡槽；观摩在北汝河渠道倒虹吸举行的防汛抢险应急演练；检查齐庄南沟左排倒虹吸、白河渠道倒虹吸、淅川深挖方渠段和陶岔渠首工程。

6月16日，省南水北调办召开全省南水北调行政执法工作座谈会，举行河南省南水北调水政监察支队揭牌仪式。省南水北调办副主任贺国营在座谈会和揭牌仪式上讲话；省水利厅副巡视员刘长涛出席揭牌仪式并讲话。

6月18日，省南水北调办主任刘正才到定点帮扶村驻马店市确山县竹沟镇肖庄村调研脱贫攻坚工作，检查贫困户档卡建立情况，看望慰问困难党员，调研肖庄村产业扶贫、乡村旅游项目和基础设施建设。刘正才一行到肖庄村委了解村党支部工作开展情况，查看党员群众活动室、党建活动室、图书阅览室，并为肖庄村送去600册图书和5000元困难党员慰问金。

6月20日，郑州市南水北调办主任李峰、副主任王永强一行检查南水北调防汛工作，相关处室负责人参加检查，郑州管理处、荥阳管理处，管城区、中原区、荥阳市南水北调办主要负责人随同检查。李峰一行到南水北调管城段站马屯倒虹吸参加防汛应急演练，到中原区段董港公路桥下游土堆堆放、荥阳市段前蒋寨沟排水渡槽等防汛隐患点查看现场环境和施工进度。

6月21～24日，省南水北调办稽察组到许昌市检查配套工程输水管线、泵站、沿线构筑物（含设备）、自动化系统及配电设施等运行管理工作情况。

6月22日，国务院南水北调办党组书记、主任鄂竟平一行到河南省新郑市观音寺乡调研南水北调调蓄工程前期工作进展情况。河南省政府副秘书长胡向阳、省南水北调办主任刘正才等陪同调研。

6月22日，国务院南水北调办主任鄂竟平带领有关司局主要负责人到河南省社科院慰问南水北调精神研究课题组全体人员，并主持召开座谈会。

6月22日，平顶山市南水北调水费收缴工作推进会由市南水北调办、市财政局联合组织召开，相关县区财政局、南水北调办（移民局）等负责人参加会议。

6月25日，焦作市南水北调城区段建设指挥部举办以"真实经历、真实故事、真实感受"为主题的绿化带集中征迁工作演讲会。35名市、区征迁工作队员参加演讲，市委宣传部、市广播电视台、焦作日报社、焦作大学等单位负责人及专业人员进行现场评选。

6月26日，省水利厅党组副书记、省南水北调办主任刘正才到"两学一做"学习教育联系点郑州建管处以"发挥表率作用，做忠诚干净担当的好干部"为主题讲党课。

6月26日，省交通运输厅、省南水北调办、中线建管局在郑州组织召开河南省境内南水北调跨渠公路桥梁移交验收工作协调推进会。

6月26日，安阳市南水北调工程防汛工作会在干渠安阳管理处召开。市南水北调工程防汛分指挥部指挥长、副市长刘建发、市政府副秘书长王建军出席会议，南水北调工程防汛分指挥部全体成员单位负责人及相关县区南水北调办主要负责人参加会议。刘建发一行察看南水北调工程沿线南田沟、岗嘴沟、黄甫屯等防汛风险点、汤阴畜禽养殖场综合整治点和南水北调左岸排水防洪影响处理工程。

6月26～29日，省南水北调办副主任贺国营带领考察组，到广东粤港供水有限公司和重庆市水利局考察学习。考察组先后考察学习广东粤港供水有限公司运行管理经验及相关法规、管理机制建设，重庆市水利局执法队伍建设、执法宣传和行政执法开展情况。

6月27日，省南水北调办副主任杨继成到许昌市调研配套工程鄢陵段建设和许昌市自动化安装工作。省南水北调办投资计划处处长雷怀平、质量监督站站长禹建庄，许昌市南水北调办主任张小保、副调研员陈国智随同调研。杨继成一行到17号分水口门鄢陵段1、2标和许昌市示范区实地察看并召开座谈会。

6月28日，平顶山市召开南水北调中线工程保护范围划定工作会议。市政府副秘书长李学良出席并讲话，市南水北调办主任曹宝柱主持会议。市水利局、市交通运输局、市公路局、河南分局有关负责人，叶县、鲁山县、宝丰县、郏县政府南水北调工作分管负责人和南水北调办、交通局、水利局、规划局等单位主要负责人参加会议。

6月28日，郑州市水务局举办庆七一"党旗高扬 喜迎十九大"歌咏比赛，全系统12个党支部参加。

6月28日，南阳大文化研究院、南阳市移民局、淅川县委宣传部主办的南阳移民精神与报告文学《命脉》读者恳谈会在南阳召开。

6月28～29日，国务院南水北调办征地移民司副司长王宝恩、省政府移民办常务副主任李定斌一行到南阳市卧龙区、淅川县调研南水北调移民后续发展稳定、大中型水库移民避险解困、贫困移民精准扶持、移民档案管理等工作。

6月29日，省政府移民办主任吕国范带领省移民重点工作督导组到郑州市调研指导移民重点工作。吕国范一行实地查看新郑市梨河镇新蛮子营村生产发展项目建设情况、乡村旅游试点工作推进情况、移民村村容村貌、创新社会治理等。到荥阳市京城办冯寨社区、高村乡李山村，查看大中型水库移民避险解困试点工作推进情况及李山村乡村旅游试点工作开展情况，并进行座谈交流。

6月29日，国务院南水北调办印发《关于南水北调工程项目招标投标活动全部进入公共资源平台交易的通知》，7月1日起，依法必须招标的河南省南水北调工程项目招标投标活动全部进入公共资源交易平台交易。

6月29～30日，省水利厅党组成员、省南水北调办副主任杨继成带领投资计划处、建设管理处，安阳、新乡、平顶山项目建管处党员到鲁山县豫西革命纪念馆、南水北调干渠沙河渡槽进行现场学习，开展理想信念专题教育，实地感受南水北调精神。在平顶山建管处，杨继成以"两学一做"学习教育专题讲党课。

6月30日，国务院南水北调办新媒体平台微博、微信、客户端正式开通。

6月30日，省政府移民办召开河南省南水北调中线陶岔渠首工程完工阶段征迁安置省级验收会议，南阳市南水北调办副主任曹祥华参会。

6月30日，南水北调干线安阳段设计单元消防工程完成专项验收备案；7月7日，安阳市消防部门组织有关单位对安阳段消防工程进行验收，质量合格；7月14日在河南消防网公示。

6月30日，安阳市南水北调办全部完成干渠两侧146家畜禽养殖场和养殖专业户综合整治工作。

7 月

7月3日，省水利厅党组副书记、省南水北调办主任刘正才主持召开领导班子中心组集体学习（扩大）会暨"两学一做"学习交流会并上党课，集中学习交流"两学一做"学习教育常态化制度化的理解和认识。

7月3～7日，南水北调中线禹州长葛段

工程档案通过国务院南水北调办设管中心组织的工程档案专项验收检查评定。

7月4日，焦作市委书记王小平督导调研人民路府城水厂及输水线路建设，现场办公协调解决问题，并代表市委市政府看望慰问施工人员。

7月4日，鹤壁市委书记范修芳检查南水北调中线工程鹤壁段防汛工作。市委常委、市委秘书长王英超，副市长常英敏随同检查，市水利局副局长肖用海、市南水北调办主任杜长明参加。范修芳一行到淇河倒虹吸实地检查防汛工作，查看南水北调工程运行情况，听取鹤壁管理处负责人李合生对防汛工作情况介绍。

7月5日，国务院南水北调办综合司副司长杜丙照一行到南阳市调研南阳移民精神。

7月5日，漯河市南水北调办组织全体党员职工看望市福利院孤残儿童，向收养的100多名儿童送去慰问品和祝福。

7月5～7日，鹤壁市南水北调办主持召开配套工程34分水口门铁西水厂泵站机组启动验收、供水工程通水验收及35号分水口门浚县支线供水工程通水验收会议3个项目全部通过验收。省南水北调办、省水利水电工程建设质量监测监督站，勘测、设计、监理、施工、管材、阀件、电气设备供应等单位代表以及特邀专家参加。

7月6日，河南省南水北调工作务虚会在郑州召开。各省辖市、省直管县市南水北调办主要负责人，省南水北调办总师，机关各处室、各项目建管处主要负责人参加会议并发言。省南水北调办主任刘正才出席会议并讲话。省南水北调办副主任贺国营主持会议，副主任杨继成出席会议，并分别发言。

7月7日，省南水北调建管局印发《关于进一步加强档案安全管理的通知》，要求达到防火、防水、防盗、防光、防潮、防尘、防虫、防鼠、防高温、防有害气体的"十防"要求。

7月7日，许昌市召开南水北调中线工程保护范围划定工作会议，市政府副秘书长候坡，禹州市、长葛市政府和市直有关单位分管领导参加会议。

7月7日，淅川县召开保水质护运行重点工作推进会议，下发保水质护运行督办通知，宣读《关于规范报送保水质护运行日常巡查报告单的通知》。

7月8日，省人大常委会副主任刘满仓在省南水北调办主持召开南水北调精神研讨会，对省社科院课题组提交的南水北调精神研究成果进行讨论交流，征求意见和建议。省政协秘书长王树山，中共焦作市委书记王小平，省社科院党委书记魏一明，省南水北调办主任刘正才、副主任杨继成，南阳市委常委、组织部部长杨韫，省社科院原副院长、研究员刘道兴及课题组有关专家学者参加会议。

7月9日，焦作市南水北调城区段绿化带征迁任务全面完成，共征迁4008户1.8万人，拆除房屋176万 m^2。

7月10～12日，省南水北调办副主任杨继成带队到定点帮扶村确山县竹沟镇肖庄村调研驻村扶贫工作，投资计划处、建设管理处、审计监察室、各现场建管处及部分省水利企业主要负责人参加。杨继成一行首先到肖庄村小学，察看省南水北调办引入社会资金为肖庄村小学援建的教职工宿舍楼、多媒体教室、图书室等，为肖庄村小学购置的学生秋季校服和学前教学教具。检查回龙湾挡水坝，查勘木栈道、上石门水库、休闲长廊、彩云谷等乡村旅游项目，调研艾叶加工厂等在建产业脱贫项目。在了解到新增贫困户张长江家中16岁的大女儿脊柱侧弯时，杨继成叮嘱驻村工作队要主动作为，联系医院早日治疗。同时随行的各党支部负责人分别走访慰问结对帮扶贫困户。

7月11日，省南水北调工程第一、二巡查大队开始对配套工程运行管理情况进行现场巡查。

7月11～14日，省南水北调办带领运行管理巡查大队对新乡市配套工程运行管理工作进行全面巡检。按照省南水北调办"全检查、严格查、细致查"的要求，巡查大队检查33号线路首末端管理房、30号线路首末端管理房、32号线路北环现地房、高村水厂站、孟营水厂站、新区水厂站。进驻市南水北调办，检查运行管理制度建设、现场资料记录、运管值守及巡线工作开展、电气设备安装运行情况。

7月12日，省水利厅副厅长杨大勇、省南水北调办副主任杨继成带领相关处室负责人到郑州市检查调研南水北调防汛和防洪影响处理工程建设工作。市政府副秘书长冯卫平，市水务局局长张胜利、市南水北调办书记刘玉钊及相关区县负责人随同调研。杨大勇一行查看管城区战马屯沟、二七区贾寨沟防洪影响处理工程和南水北调尖岗水库出入库工程，并召开座谈会。

7月12日，郑州市南水北调办在新密市召开全市南水北调及移民工作推进会。会议由市南水北调办书记刘玉钊主持，主任李峰参加并讲话。各县市区南水北调办主任、分管副主任和各县市区移民主管部门主要负责人、机关中层以上领导干部60人参加会议。

7月12日，南阳市移民局党组书记、局长秦性奇带队到淅川县督导移民产业发展和精准扶贫工作。

7月12～14日，国务院南水北调办副主任蒋旭光率队检查南水北调中线干线黄河以南部分项目防汛工作。蒋旭光一行先后检查陶岔渠首水质自动监测站、肖楼分水口、刁河渡槽、淅川深挖方渠段、白河渠道倒虹吸、东赵河渠道倒虹吸、索河渡槽、穿黄工程进口段等防汛风险项目。

7月13日，省南水北调办在郑州组织召开南水北调登封供水工程方案协调会。

7月14日，省南水北调办在郑州召开运行

管理第26次例会，副主任杨继成主持会议并讲话。

7月14日，平顶山市移民安置局组织召开全市移民和南水北调工作座谈会。局长曹宝柱出席并讲话，王海超，副调研员李庆铎参加会议，副局长王铁周主持会议。

7月17日，国务院南水北调办环保司副司长范治晖调研焦作市南水北调干渠绿化带集中征迁工作及水厂建设情况。对焦作市委市政府在4个月内完成绿化带征迁工作，为南水北调工程水质安全和沿线生态环境做出的贡献表示祝贺和感谢。

7月19日，安阳市市长、市防汛抗旱指挥部指挥长王新伟对南水北调工程防汛工作进行检查督导。安阳军分区司令员、市防汛抗旱指挥部副指挥长刘党峡，副市长、市防汛抗旱指挥部副指挥长刘建发，市水利局局长、市防汛抗旱指挥部副指挥长郑国宏及相关县区和市直单位有关领导随同检查。王新伟一行来到南水北调工程重点防汛部位龙安区岗嘴沟左排倒虹吸检查，对工程措施和非工程措施防汛准备工作给予肯定。王新伟指出，今天是安阳抗击"7·19"特大暴雨洪水一周年，也是进入"七下八上"的防汛关键期的节点，要吸取经验教训，严密关注汛情发展，全面落实各项防汛准备工作。

7月19～20日，国务院南水北调工程建设委员会专家委员会在北京组织召开《南水北调中线干线工程运行调度改进工作方案》技术咨询会。专家委副主任汪易森主持会议，副主任高安泽参加会议。

7月19～20日，省南水北调办总会计师卢新广一行到平顶山督导配套工程运行财务管理工作。

7月21日，安阳市委副书记、统战部部长、南水北调工程防汛分指挥部政委谢海洋对南水北调工程防汛进行检查。市水利局局长、南水北调办主任郑国宏及相关县区和市直单位有关领导随同检查。谢海洋一行实地

检查洪河高新区段、羑河文峰区段、汤阴县段、龙安区段，检查汤河渡槽、董庄沟、岗嘴沟、活水沟左排倒虹吸等防汛重点部位，对正在实施的应急度汛工程进行现场指导。

7月25日，省南水北调办主任刘正才到安阳建管处调研，综合处、建设管理处主要负责人随同调研。座谈会上刘正才强调，7月是主汛期，要做好值班值守和沟通配合，落实各项应急措施，发现问题及时处置，确保工程安全度汛。

7月25日，省南水北调办主任刘正才暗访鹤壁市、安阳市、濮阳市配套工程运行管理工作。检查采用飞检方式，事后进行通报。综合处、建设管理处主要负责人及飞检大队随同检查。刘正才一行先后检查鹤壁市34号口门铁西泵站、安阳市38号口门小营现地管理站、濮阳市西水坡支线王助现地管理站。

7月26日，南阳市政府召开南水北调渠首光伏发电领跑者基地协调推进会，市南水北调办总工张磊奇参会。

7月26日，省南水北调办副主任杨继成主持召开南阳段工程变更索赔工作推进会。

7月26日，新乡市政府组织召开"三县一区"南水北调配套工程南线项目设计方案研讨会，研究论证、修改完善南线新乡县、原阳县、平原示范区输水线路设计方案。

7月26日，漯河市移民办主任安红义带领临颍县、郾城区、召陵区有关人员一行11人，到南阳市调研南水北调移民安置档案管理工作。

7月26～27日，国务院南水北调办副主任蒋旭光一行到河南省调研中线焦作市区段工程和绿化带征迁工作，并检查辉县段峪河暗渠防护工程、韭山路公路桥上游渠道衬砌修复工程。

7月28日，省南水北调办印发《河南省南水北调受水区供水配套工程运行管理稽察办法（试行）》，共7章36条。

7月28日，周口市副市长洪利民主持召开

南水北调向二水厂供水工程征迁工作协调会，市政府副秘书长孙鸿俊、市有关局（办）、川汇区政府及需征迁的专业项目单位负责人参会。市南水北调办主任徐克伟汇报工程进展情况。

7月31日，省南水北调办决定开展河南省南水北调配套工程运行管理"互学互督"活动，并印发活动实施方案。活动时间从8月10日提交方案开始，到9月20日完成总结报告结束。

7月31日，周口市市长丁福浩主持召开市长办公会议，研究解决南水北调有关问题。一是西区水厂支线向二水厂供水工程加快建设；二是所欠基本水费，先缴纳500余万元，剩余基本水费，明确时间逐年还清，正在使用的水费，按时按规定缴纳；三是加快启动调蓄工程建设；四是将淮阳县城纳入南水北调供水范围；五是加大关闭南水北调受水区自备井力度，同时加快城市供水管网更新改造速度，提高南水北调供水量。

8 月

8月1日，省南水北调建管局回复同意安阳市南水北调配套工程管理局按照相关规定缴纳农民工工资保证金共计119486元，所需资金可从工程建设资金中暂支。

8月1日，湖北省十堰市南水北调办党组书记、主任王太宁一行到郑州市考察南水北调水质保护工作，市南水北调办主任李峰、副主任王永强，中原区相关领导陪同考察。王太宁一行到中原区参观南水北调生态廊道建设。十堰市是南水北调工程坝区、库区、核心水源区。水源面积最大，汇入丹江水库的成雨面积 $20868km^2$；水域范围最宽，占水库水域面积 $1050km^2$ 的60%。

8月1日，新乡市"敢转争"实践活动办公室第12督查组对南水北调中线干渠及配套工程防汛工作进行专项督查，市南水北调办主任邵长征参加。督查组到南水北调配套工程穿越共产主义渠倒虹吸，干渠辉县段峪河暗渠防护工程、杨庄沟防洪影响处理工程现场督查。

8月1日，台湾媒体《大陆寻奇》摄制组到渠首拍摄。

8月1~4日，省南水北调工程第一巡查大队对南阳市南水北调配套工程运行管理情况进行现场巡查，发现问题39项，12月29日整改完毕。

8月2日，省南水北调建管局批复同意方城段8标大韩庄土料场内道路恢复费用索赔，索赔费用核定为315853元。

8月2日，南阳市移民局召开移民美丽乡村观摩暨半年工作会议。

8月3日，焦作市南水北调办在配套工程26-1现地管理站组织26号分水口门武陟输水线路断水应急演练。省南水北调办运管办对演练进行现场指导。修武、博爱、温县、武陟县南水北调办负责人全程观摩。

8月3日，焦作市政府印发《焦作市南水北调水费收缴办法（试行）》（焦政办〔2017〕99号）。

8月4日，省南水北调建管局批复同意许昌供水配套工程17号口门鄢陵输水线路增设建安区分水口的设计变更，核定设计变更增加投资34.96万元，由许昌县政府承担。

8月6日，周口市常务副市长吉建军带领市南水北调办、水利局、财政局等单位负责人，到周口供水配套工程西区水厂支线、西区二水厂调研。

8月7日，安阳市南水北调办组织召开全市南水北调工程运行管理工作培训会议。市南水北调办运行管理相关人员，汤阴县、内黄县南水北调办主要领导及现场工作人员参加培训会议。会议就值班、考勤等基本工作制度，线路巡查工作规定以及现地管理房值守、调度操作等工作进行学习和培训。

8月7~12日，省南水北调办副主任贺国

营带领省南水北调办与河南财经政法大学组成的《南水北调中线工程生态补偿制度建构研究》课题调研组到平顶山、南阳、新乡、鹤壁调研干渠生态带建设、保护区内产业转型升级、关停并转企业及养殖业情况。

8月8～10日，国务院南水北调办副主任张野调研南水北调中线河南段工程运行情况。张野一行先后检查叶县段杨蛮庄桥下游和澧河渡槽工程、焦作城区段工程、辉县峪河渠道倒虹吸永久防护工程运行情况。

8月9日，河南省南水北调配套工程运行管理保护法律制度实施问题课题调研组到许昌市调研，实地查看配套工程运行情况，了解工程保护机制、执法队伍建设并召开座谈。许昌市南水北调办副调研员陈国智参加调研。

8月10日，许昌市南水北调建管局举办第二期配套工程运行管理培训班邀请专家授课。

8月12日，省南水北调办组织定点扶贫村确山县竹沟镇肖庄村十余名建档立卡贫困家庭学生，开展以"关注贫困学生、与爱同行"为主题的夏令营活动。学生们来到郑州市科技馆，零距离接触到奇妙的磁电现象、奥斯特实验、螺之美生物科学展示、水翻转力学实验、3D打印、激光切割拼图等，神奇的科学原理和实验让学生们大开眼界。并参观河南博物院、郑州市动物园和"大象中原"河南古代文明瑰宝展。

8月14～15日，全省南水北调工程运行管理第27次例会在安阳召开。

8月15日，河南省南水北调丹江口库区移民安置总体验收初验委员会会议与会成员现场观摩郑州新郑市梨河镇新蛮子营村、薛店镇观沟村移民安置及生产发展情况，郑州市副市长李喜安，市南水北调办（移民局）主任（局长）李峰、书记刘玉钊，新郑市市委书记刘建武参加观摩。省初验委员会由省政府牵头，成员由省直有关厅局、6个省辖市及1个省直管县的政府主管领导和移民局局长、

南水北调中线水源公司、有关规划设计单位和监理单位组成。

8月15日，邓州市配套工程二水厂支线末端管道发生漏水造成供水中断。省南水北调办聘请专家组成调查组对漏水问题进行调查后认为，管道漏水是玻璃钢夹砂管管材自身存在质量缺陷所致。9月18日，省南水北调办对生产厂家山东呈祥电气电工有限公司通报批评，并责成南阳市南水北调建管局对生产厂家进行经济处罚。

8月16～18日，安阳市南水北调办派出配套工程运行管理人员到邓州进行"互学互督"学习检查。

8月17日，省南水北调办复函同意开封市、驻马店市、郑州高新区和郑州经开区分别新增1亿m³、0.4亿m³、0.37亿m³、0.62亿m³，共2.39亿m³南水北调用水指标，通过水权收储转让形式解决。

8月17日，南阳市南水北调办召开全市南水北调工作务虚会。

8月18日晚10时30分～8月19日凌晨7时，漯河市遭遇特大暴雨，最大降雨量280mm，市区平均降雨量211mm。南水北调配套工程市区多个现地管理房院内积水。市区五水厂现地管理房调流阀室和流量计井有不同程度的进水，影响到工程设施安全和正常供水。19日上午12时，院内积水全部排清，经阀件和流量计厂家现场检测，设施完好无损，保证召陵区正常供水。

8月18日，省南水北调办批复鹤壁市南水北调配套工程泵站代运行项目分标方案，同意代运行项目计划服务期为一年，核定招标控制价242.4424万元。9月28日，核定鹤壁市南水北调配套工程泵站代运行项目2017年招标核算299.907万元。

8月18日，周口市南水北调西区水厂支线供水工程开工仪式举行，副市长洪利民出席开工仪式并下达开工令。市南水北调办主任徐克伟介绍项目基本情况。西区水厂供水工

程全长3620.15m，总投资3325.38万元。

8月18日，许昌市南水北调办召开配套工程征迁验收培训会。

8月21日，省南水北调办主任刘正才主持召开主任办公扩大会议，听取"坚持标本兼治推进以案促改"工作进展和中心组学习安排情况、调蓄工程和新增供水工程进展情况、配套工程财务管理工作进展情况汇报，研究配套工程基础信息管理系统及巡检智能管理系统项目招标工作，听取运行管理规范年活动、水污染防治攻坚战、干渠两侧保护区划定、水污染事件应急预案及应急演练、配套工程征迁验收、南水北调工程压覆矿产资源评估、京豫对口协作、干渠两侧生态带建设、南水北调行政执法工作、配套工程管理处所建设、中央财政生态转移支付、中央八项规定精神"回头看"等工作情况汇报，研究部署近期重点工作。

8月21～24日，"南水北调中线工程口述史"项目负责人河南财经政法大学朱金瑞教授带领项目组一行15人调研南水北调中线工程陶岔渠首、湍河渡槽、沙河渡槽、郏县移民新村以及南阳、平顶山、许昌的配套工程。

8月22日，省南水北调办召开"以案促改"专题座谈会，落实省纪委和水利厅党组安排部署，剖析王建武案件，推进"坚持标本兼治推进以案促改"工作开展。水利厅党组副书记、省南水北调办主任刘正才出席会议并讲话。厅党组成员、省南水北调办副主任贺国营主持会议。厅党组成员、省南水北调办副主任杨继成，副巡视员李国胜，驻厅纪检组副组长李冰，省南水北调办三总师，机关各支部、各项目建管处支部，审计监察室、质量监督站、机关党委、机关纪委主要负责人参加会议。

8月22～23日，省南水北调办副主任贺国营带领飞检大队及有关专家组成的检查组，对周口市、漯河市配套工程运行管理情况进行飞检。检查组先后检查周口市商水县水厂现地管理站、周口市东区水厂现地管理站及漯河市第五水厂、第二水厂、第四水厂现地管理站等项目。检查漯河市第五水厂、第二水厂、第四水厂现地管理站等项目。

8月23～26日，省南水北调工程第一巡查大队对焦作市南水北调配套工程运行管理情况及博爱支线在建项目进行检查，发现问题35项。11月20日，焦作市南水北调办报告完成全部整改。

8月24日，河南财经政法大学朱金瑞教授带领《南水北调中线工程口述史》课题组到许昌市南水北调配套工程禹州任坡泵站，南水北调干渠绿化带、建安区朱山村进行实地调研和座谈，许昌市南水北调办副调研员孙卫东陪同调研。

8月24日，南阳市南水北调建管局提出配套工程运行过程中，由于地形地貌发生变化，致使部分阀井低于现状地面，存在渗水、漏水现象，建议对低于地面的阀井加高处理。12月21日，省南水北调建管局批复同意南阳南水北调配套工程管线阀井井壁加高处理，核定增加投资288.11万元。

8月24～25日，国务院南水北调办副主任蒋旭光带队检查南水北调中线河南段部分渠段防汛和河南分局基层党建工作。蒋旭光一行先后检查鲁山管理处沙河渡槽、禹州管理处颍河倒虹吸、新郑管理处双泊河渡槽等重点防汛部位和河南分局分调中心、防汛应急会商中心。

8月28日，省委宣传部副部长张曼如带领省委宣传部调研组调研南水北调焦作城区段工作，市领导姜继鼎、贾书君随同调研。

8月29日，省南水北调办组织全体干部职工观看《诱发公职人员职务犯罪的20个认识误区》警示教育片。

8月30日～9月1日，周口市南水北调办主任徐克伟带队，由各有关科室负责人，商水县南水北调办有关人员，各现地管理站负责人共11人组成"互学互督"小组，到濮阳市南水北调办开展"互学互督"活动。

8月31日，南阳市移民局党组委托副处级干部韩连和冒雨到西峡县慰问被北大录取的移民子女胡曼。

8月31～9月1日，省南水北调办副巡视员李国胜带领检查组对许昌市南水北调配套工程运行管理情况进行飞检。检查组检查配套工程16号线任坡泵站及17号线周庄水厂、许昌市二水厂、曹寨水厂三个现地管理站和部分阀井。

9 月

9月3日，省南水北调办同意周口市政府从10号分水口门线路末端开口向淮阳县城供水，同意设立淮阳县配套工程管理所。

9月5日，鹤壁市南水北调办组织中州水务控股有限公司维修养护中心24人进场开始清淤，12日完成任务。期间协调干渠管理单位关闭34号分水口门进水闸并停水。

9月6～7日，省发展改革委召开南水北调对口协作申报暨丹江口库区及上游水污染防治和水土保持"十三五"规划项目分解工作会议。

9月7日，新华社、经济日报等中央和省级13家新闻媒体记者到焦作市采访南水北调绿化带征迁安置工作。

9月8日，濮阳市南水北调办召开抓安全促稳定工作会议，全体干部职工及巡检值守人员和施工单位代表共40余人参加会议。会议由副主任张玉堂主持，主任张作斌讲话。

9月10日，长葛市召开南水北调配套工程征迁安置自验工作推进会，自验委员会成员单位负责人参加会议。

9月11～17日，省南水北调办组成专家稽察组，对鹤壁市南水北调配套工程运行管理情况进行稽察，发现问题62项。

9月12日，中线建管局党组副书记、纪检书记刘杰带领南水北调工程建设者代表团一行60人，回访考察南水北调郑州段工程建设成果和通水效益。省南水北调办副巡视员李国胜、郑州市南水北调办主任李峰等领导陪同考察。刘杰一行考察中原西路南水北调生态廊道、配套工程23号泵站和郑州市柿园水厂，了解通水后的效益和两岸环保工作情况。

9月12日，河南省南水北调工程运行管理第28次例会在许昌召开，省南水北调办副主任杨继成出席会议并讲话。参会代表对许昌市配套工程17号分水口门二水厂支线、鄢陵供水工程、鄢陵县引黄调蓄及生态园林工程进行考察。

9月12日，濮阳市南水北调办组织召开濮阳市南水北调2017－2018年度水量调度计划编制工作会议。市水利局、市城市管理局、市南水北调办、清丰县南水北调办、南乐县水利局、市自来水公司、华源水务公司、濮阳县华电水务公司负责人参加会议，市南水北调办主任张作斌出席会议并讲话。

9月13日，省南水北调办在鄢陵召开河南省南水北调配套工程自动化系统建设促进会，省南水北调办副主任杨继成出席会议并讲话。

9月13～16日，省南水北调工程第一巡查大队对漯河市配套工程进行现场巡查，发现问题30项。11月21日，漯河市南水北调办报告整改问题26项，剩余4项正在整改中。

9月14～15日，省南水北调办副巡视员李国胜一行五人，到定点帮扶村肖庄村调研脱贫攻坚工作。李国胜一行到肖庄小学看望教师，举行学前教育器材及160套秋季校服的捐赠仪式，到贫困户家中走访慰问并送去棉被等物资，查看回龙湾水库、木栈道等在建乡村旅游项目，沿环村道路查看风力发电、烟叶种植、艾草种植等扶贫产业发展情况，并在肖庄村村部举行专题座谈会。

9月15日，省南水北调办主任刘正才调研南阳市配套工程运行管理工作。刘正才先后到南阳市唐河县管理所、孟庄现地管理站及水厂管理站、社旗县管理所、水厂现地管理站和方城县十里庙泵站，检查配套工程运行管理规范化建设等各项工作推进落实情况，对南阳市配套工程运行管理工作取得的成绩予以肯定，并就运行管理工作存在的有关问题进行现场研究部署。

9月15日，省南水北调建管局委托河南精诚工程造价咨询有限公司对南水北调中线工程潮河段9个标段进行稽察，共发现763个问题，涉及核减金额1107.27万元；对新郑南段3个标段进行稽察，发现377个问题，涉及核减金额2338.18万元。

9月15日，郑州市南水北调办（市移民局）召开全市南水北调及移民系统信访稳定和综合管理工作会议。

9月15日，国务院南水北调办环保司召开丹江湖国家5A级景区创建工作情况汇报会，南阳市南水北调办副主任郑复兴参会。

9月15~16日，安阳市南水北调办对37-5号管理站设施设备进行联合调试，同时对运管人员进行现场演示培训。

9月18日，周口市南水北调办组织全体干部职工集中观看省委宣传部、河南广播电视台联合制作的九集电视政论片《让改革落地生根》第一集《坚定跟着党中央令旗走》和第二集《奔小康路上　不落下一人》。

9月18日，南阳市召开南水北调稳定安全信访工作会议，市南水北调办领导成员、县区南水北调办主任、渠首分局及5个干渠管理处负责人参加会议。市南水北调办党组书记、主任靳铁拴明确全市南水北调系统两大目标：确保水质安全和工程运行安全，确保党的十九大期间不发生来自南阳南水北调的干扰。

9月18~19日，平顶山市南水北调办副主任刘嘉淳一行5人对新乡市配套工程运行管理情况进行"互学互督"督导检查。查阅运行管理资料，现场查看32号线路新区水厂管理站、33号线路卫辉管理站。

9月19~20日，省南水北调办副主任杨继成对南阳市、周口市配套工程自动化系统、管理处所建设进行督导，并主持召开座谈会。

9月20日，新乡市南水北调办主任邵长征一行到长葛市、禹州市开展互督互学检查观摩。

9月20日，许昌市配套工程17号孟坡口门线路主管线管道被当地钻探勘测施工损坏，导致配套工程向许昌市二水厂和临颍县供水中断。

9月20日，安阳市南水北调办组织召开配套工程运行管理培训会，除在班值守外的所有运管人员及维修养护单位相关负责人参加会议。对省南水北调工程巡查大队发现的问题逐一进行梳理，分析原因，确定整改方案，并就阀井和现地管理房的专项维护进行安排。

9月20~21日，焦作市南水北调办邀请供水配套工程电器供应商进行业务知识和实际操作培训，管理及现地操作人员20人参加培训。

9月20~22日，省南水北调办副主任贺国营带领环境移民处负责人到南阳调研信访稳定工作。分别在南阳市和淅川县召开座谈会，贺国营充分肯定南阳市南水北调办和淅川县政府在信访稳定方面的工作安排，并对十九大期间信访稳定工作提出明确要求。

9月21日，省南水北调办副主任杨继成一行到焦作市调研督导。指出配套工程处所建设和自动化建设存在的问题，查看府城供水泵站项目。

9月21日，省南水北调建管局召开周南高速跨越南阳供水配套工程专题设计报告审查会，南阳市南水北调办副主任皮志敏参会。

9月21日，新乡市南水北调办召开信访稳定工作分析研判会，党组书记、主任邵长征主持会议。

9月22日，省南水北调办向南水北调中线工程南阳市段5标和新乡卫辉段2标的承建单位下达约谈通知书。南阳市段5标于2014年建成通水，尚有1392.35万元预支付资金未返还，另有两项预支付资金5148.58万元因结算手续不全急需完善，同时经结算工程量稽查待扣多结算工程款1042万元；新乡卫辉段2标项目部欠债数额巨大，导致农民工多次上访，同时尚有70亩临时用地未返还。同日，省南水北调办约谈郑州1段2标工程承包单位，通报施工标段拖欠农民工工资情况，要求尽快解决拖欠农民工工资问题。

9月24日，河南财经政法大学朱金瑞教授带领"南水北调中线工程口述史"项目课题组一行20人到中线穿黄工程调研。省南水北调办副巡视员李国胜，河南分局党委副书记、纪委书记王江涛陪同调研。

9月25～27日，省南水北调办在山河宾馆举办"河南省南水北调系统水费收缴及运行管理会计核算培训会"。省南水北调办主任刘正才出席培训会并讲话。总会计师卢新广出席培训会，经济与财务处处长张兆刚主持会议。各有关省辖市、直管县市南水北调办主管副主任、相关财会人员，各省辖市建账的县区主管副主任、相关会计人员共122人参加培训会。

9月26日，国务院南水北调工程建设委员会专家委员会在北京组织召开《南水北调工程可持续性发展的水价研究》项目验收会，专家委副主任宁远、汪易森参加会议。

9月26日，郑州市南水北调配套工程建管局批复同意郑州管理处占地11344.75亩、总建筑面积6364.27m²、工程主体及室外工程等建设部分的工程造价总计14683537.42元，核定郑州管理处工程主体及室外工程等建设部分的工程造价总计14683537.42元，核定郑州管理处工程建设监理费总计412416元。

9月26～27日，国务院南水北调办副主任张野带队检查中线丹江口大坝及渠首大坝至方城段工程运行管理情况。张野一行先后检查丹江口大坝加高工程、渠首大坝、邓州膨胀土渠段、白河倒虹吸、东赵河倒虹吸等工程。

9月27日，国务院南水北调工程建设委员会专家委员会在北京组织召开《南水北调中线沿线聚脲防渗体系的调查与分析研究》项目验收会。专家委副主任汪易森主持会议，副主任高安泽、宁远参加会议。

9月27日，新乡市南水北调配套工程第6座通水的受水水厂新乡县本源水厂正式通水。

9月27日，新乡市"敢转争"第12督导组采取不打招呼、突击检查方式，到市南水北调办就双节期间及十九大期间信访稳定工作、节日期间安全生产等工作进行督导检查。督导组到配套工程高村水厂管理站北环现地管理房检查，查阅值班、巡线记录本，检查控制阀、控制室、配电室等运行情况。

9月28日，省南水北调建管局回复安阳市南水北调配套工程建管局，同意在39号口门供水管线上增设向第四水厂供水的分水口。

9月29日，省南水北调办在郑州召开河南省南水北调配套工程运行管理"互学互督"活动专题座谈会，省南水北调办有关处室负责人及各省辖市、直管县市南水北调办分管领导和有关人员参加会议。

9月29日，国务院南水北调办批复中线建管局，同意水规总院提出的南水北调中线干线陶岔渠首至沙河南方城段等5个设计单元工程2014年价差报告的审查意见，核定价差投资3222万元；10月9日批复同意水规总院提出的南水北调中线干线黄河北至漳河南10个设计单元工程2014年价差报告的审查意见，核定价差投资13146万元。

9月29～30日，国务院南水北调办副主任蒋旭光率队到河南省调研南水北调丹江口水库移民稳定发展情况。蒋旭光一行先后到长葛市佛耳湖镇下集村、和尚桥镇新张营村，新郑市薛店镇观沟村、梨河镇新蛮子营村，与基层移民干部交谈，了解移民村产业发展、移民生产生活、家庭收入及信访稳定情况，实地考察移民养牛场、棉纺加工厂、有机蔬菜农场及农业观光公园等移民帮扶企业，了解移民村土地流转、企业经营模式等情况，对河南移民生产发展和维护稳定工作给予充分肯定。

9月30日上午10时，南水北调干渠汤河退水闸开闸放水至汤河流量1m³/s，以缓解汤阴县城区缺水状况。

10 月

10月3日，安阳市副市长刘建发带领市政府副秘书长王建军、水利局局长郑国宏等有关人员对配套工程运行情况进行检查。刘建发一行查看南水北调干渠38号小营分水口门降压站、闸门的工作状态，到配套工程38号口门现地管理站检查指导。

10月9日，省南水北调建管局批复郑州建管处，郑州1段2标抗滑桩施工尺寸调整增加费用索赔成立，核定索赔费用197.42万元。

10月9日，新乡市南水北调干渠及配套工程征迁安置信访维稳工作座谈会在市南水北调办召开，干渠辉县管理处、卫辉管理处、市南水北调办有关科室、各县市区南水北调办主要负责人参加会议，市南水北调办主任邵长征主持会议并讲话。

10月10~20日，河南省南水北调水污染防治培训班在北京举行。干渠沿线各省辖市、直管县及水源区六县南水北调办水质环保管理人员30人参加培训。培训主要围绕水污染防治、水生态修复、水资源开发和利用等内容。对污水处理进行仿真教学，实地考察北京市西郊雨洪调蓄工程、团城湖调节池、大宁调蓄池、汉石桥湿地自然保护区、高碑店再生水厂、北京市排水科普展览馆。

10月11日，省南水北调办和中线建管局在干渠宝丰管理处召开宝丰段工程保护范围划定工作协调会。

10月11~18日，周口市南水北调办对新

进人员和现地管理站运行工作人员分两批到武汉大禹阀门股份有限公司进行业务培训。第一批19人，第二批20人。

10月12日，周口供水配套工程西区水厂支线向二水厂供水工程电气标二次在周口公共资源交易中心开标，由于管材采购标4家报名单位中只有1家单位下载招标文件，电气采购标无单位报送投标文件，管材采购标和电气采购标二次招标失败。

10月12~13日，河南省南水北调工程运行管理第29次例会在焦作召开。

10月13日16时16分，焦作市南水北调干渠闫河退水闸门开启，开始南水北调生态供水。水流经过群英河、黑河进入龙源湖，再经由黑河进入新河，最终注入大沙河，对龙源湖实施南水北调水大置换。放水流量1m³/s，持续放水18天，累计放水150万m³。

10月15日，省水利厅副厅长、省政府移民办主任吕国范到南阳市现场查看淅川县受灾移民村山体滑坡山体垮塌情况、移民房屋受损和受灾群众临时安置情况。

10月16日，省南水北调办副主任贺国营带队到定点扶贫村肖庄村进行为期2天的走访慰问活动。省南水北调办环境与移民处、监督处、审计监察室相关人员和省南水北调办驻肖庄村第一书记及工作队人员参加。

10月16日，省南水北调办印发《河南省南水北调办公室信访突发事件应急预案》。

10月17日，第四个全国扶贫日和第25个国际消除贫困日，漯河市南水北调办开展"秋冬送温暖、捐衣送爱心"志愿捐赠活动。

10月17日，安阳市南水北调办主任马荣洲、副主任牛保明一行到帮扶贫困村市示范区（安阳县）高庄镇西崇固村慰问。

10月17~20日，南水北调潮河段设计单元工程通过中线建管局组织的档案项目法人验收。

10月17~27日，省南水北调办对南水北调受水区13个省辖市、省直管县市进行业务

督查。督查内容包括：水费收缴、配套工程内部审计整改以及运管账务的录入工作。

10月18日上午9时，中国共产党第十九次全国代表大会在北京人民大会堂隆重召开。省南水北调办组织机关干部职工在16楼会议室集中收看收听开幕会直播盛况。各项目建管处自行组织收看。

10月18日，驻豫全国政协委员及省南水北调办负责人一行38人，到新乡视察南水北调干渠沿线水质保护情况并召开座谈会。新乡市领导舒庆、王登喜、刘建华、李刚、王宁及市南水北调办、市林业局、市环保局、市国土局主要负责人陪同。

10月18日，周口市南水北调配套工程建管局召开会议，决定采用竞争性谈判确定配套工程建设管材、电气中标单位。

10月18~19日，国务院南水北调办副主任蒋旭光检查中线工程河南分局、郑州管理处、禹州管理处、长葛管理处、辉县管理处、卫辉管理处、鹤壁管理处、汤阴管理处等安全稳定加固措施落实情况。

10月19日，省南水北调办经济与财务处处长张兆刚带领督导组对周口市财务管理工作进行督导检查。督导组检查内部审计整改资料、2017年度运行管理费财务资料、水费征缴情况。

10月19日，新乡市南水北调行政执法工作座谈会暨新乡市南水北调水政监察大队揭牌仪式举行。省南水北调办监督处处长、水政监察支队队长田自红出席。

10月19~20日，南水北调受水区供水配套工程新乡单元工程辉县市征迁安置县级验收工作完成。

10月20日，省南水北调办副主任杨继到焦作调研南水北调生态供水情况。杨继成到闫河退水闸查看闸门出流情况，沿群英河顺流而下到达供水目标龙源湖。听取焦作市关于增设府城水厂生态供水口门的汇报。

10月23日，国务院南水北调办投资计划司、中线建管局、河南省南水北调办等6家单位在辉县市联合召开会议，研究在辉县市洪洲乡境内利用南水北调中线工程调蓄建设抽水蓄能工程相关事宜。

10月24日，省南水北调办和省林业厅联合督导组到鹤壁市检查南水北调干渠两侧生态带建设，市南水北调办调研员常江林、市林业局副局长曹荣举随同检查。督导组一行到淇县工业路与南水北调干渠交叉口、黄庄南跨渠公路桥等处查看干渠鹤壁段两侧生态带建设情况。

10月24日，省南水北调办批复同意许昌市南水北调办关于16号口门任坡泵站2017-2018年度运行管理分标方案中标段划分意见，核定招标控制价110.8408万元。

10月24~27日，南水北调中线新郑南段设计单元工程通过国务院南水北调办设计管理中心组织的档案专项验收。

10月25日，省南水北调办对鹤壁安阳濮阳南水北调配套工程飞检发现的问题进行复查。

10月25~27日，省南水北调第二巡查大队对周口市南水北调运行管理情况进行监督检查。

10月26日，新乡市纪委组织老干部到南水北调干渠辉县管理处及配套工程受水水厂参观，市南水北调办主任邵长征陪同。

10月27日11时，安阳市开始从南水北调干渠对安阳河、汤河进行生态补水。共引用南水北调生态补水829.01万 m^3，其中安阳河引水345.6万 m^3，汤河引水483.41万 m^3。受水区域主要是安阳河退水闸下游两岸殷都区、北关区、市城乡一体化示范区（安阳县）和内黄县以及汤阴县城区及周边乡镇村。副市长刘建发带领相关人员实地调研生态补水工作。市水利局局长郑国宏，市南水北调办主任马荣洲、副主任郭松昌随同调研。

10月27日，河南省淅川县召开库区水上环境综合整治工作动员会议。县长杨红忠，纪委书记周兴中，副县长王德会、张涛出席会议。马蹬、仓房、盛湾等10个库区乡镇书记或乡镇长和县政府办、南水北调办、交通局、水利局、食药监局、水产局、航运中心等19个县直单位主要负责人或分管负责人参加会议。

10月29日2时，南水北调中线水源地丹江口水库水位实现167.0m，超过2014年11月历史最高水位6.28m。

10月30日，省南水北调办印发《河南省南水北调水政监察与行政执法制度（试行）》，其中包括《河南省南水北调行政执法办案制度》等21项制度。

10月31日，省南水北调办会同省水利厅、河南分局及有关新闻媒体对鹤壁市利用南水北调水进行生态补水的情况进行调研和采访。截至10月31日，南水北调中线工程通过鹤壁市南水北调配套工程34号、35号、36号三座分水口门三条输水线路累计供水8780万m³，通过南水北调淇河退水闸向淇河生态补水1170万m³。

10月30日，郑州市水务局党组书记、局长张胜利带领市水务局党组副书记武拥军、办公室主任王举、组干处处长王勤学到市南水北调办调研南水北调和移民工作。武拥军主持召开座谈会，王勤学宣读市委组织部关于市南水北调办（市移民局）主要领导调整的决定。

10月31日，国务院南水北调办印发《南水北调工程突发事件新闻发布应急预案》。

10月31日～11月3日，省南水北调建管局综合处分两组，对南水北调中线方城段、膨胀土试验段和禹州长葛段设计单元工程档案检查评定落实整改情况进行检查。

11 月

11月1日，国家园林城市复检组调研焦作城区段南水北调绿化带工程征迁建设工作。

11月1日，河南分局在郑州组织召开南水北调干线安阳段设计单元工程档案移交工作会，参加会议的有河南省南水北调建管局、安阳建管处、河南分局、干渠安阳管理处等单位代表。会议明确工程档案移交、接收单位；明确移交工作方案；确定档案移交切割点；确定移交时间和地点。

11月1～2日，国务院南水北调工程建设委员会专家委员会在北京组织召开中线建管局机电设备运行维护标准技术咨询会，专家委副主任宁远主持会议，副主任汪易森参加会议。

11月1～3日，全省南水北调干线工程征迁验收工作培训会在鹤壁市召开。

11月2日，国务院南水北调工程建设委员会第八次全体会议在北京召开，国务院副总理、国务院南水北调工程建设委员会主任张高丽主持会议并讲话。中共中央政治局常委、国务院副总理、国务院南水北调工程建设委员会副主任汪洋出席会议。

11月2日，周口市副市长洪利民、市政府副秘书长孙鸿俊调研南水北调配套工程西区支线施工进展情况。市水利局局长邵宏伟、市南水北调办主任徐克伟随同调研。

11月3日，国务院南水北调办印发《南水北调中线干线工程投放危险物质处置管理办法（试行）》。

11月3日，省南水北调办召开南阳供水配套工程管理设施完善项目设计及阀井加高设计方案审查会。

11月6日，南水北调中线水源地鄂豫两省环丹江口水库公路开工建设。

11月6日，省南水北调办召开会议，学习贯彻党的十九大会议精神。副主任杨继成主持会议并讲话，副巡视员李国胜传达党的十九大会议精神。四总师、机关各处室、各项目建管处主要负责人参加会议。会议要求把学习宣传贯彻党的十九大精神作为当前及今后一个时期首要政治任务。

11月6日，漯河市南水北调办举行南水北调工程断水应急演练。演练真实模拟漯河市配套工程10号分水口门供水管道市区五水厂支线9号检修阀井处发生故障，导致向五水厂供水中断，漯河市启动断水应急预案，与五水厂协调联动进行断水应急处置。

11月6日，漯河市南水北调办组织开展以"预防为主、消防结合"为主题的消防应急演练。演练开始点火员点燃火桶，每组依次轮流进行灭火演练。检查灭火器压力值、上下颠倒灭火器使桶内干粉松动、一拔、二握、三瞄、四扫。消防员讲解各种消防器材的用途和使用方法。

11月6~7日，全省移民系统学习贯彻十九大精神暨联学联做活动在淅川县举行。与会人员重温移民精神，观摩淅川县移民村。

11月7日，省南水北调建管局与河南分局在郑州召开河南分局辖区跨渠桥梁竣工验收移交促进会。

11月7日，南阳市召开全市南水北调配套工程"百日会战"动员会议。渠首分局局长尹延飞参加会议，市南水北调办机关全体人员、各县区（管委会）南水北调办、省南水北调配套工程自动化建设南阳代建部和南阳市配套工程管理处（所）相关参建单位负责人参加会议。

11月7日，郑州市南水北调办在五楼会议室召开会议，向退休老干部传达党的十九大精神，市南水北调办副主任胡仲泰主持会议并讲话。

11月8日，省南水北调办副主任杨继成带领投资计划处、建设管理处、审计监察室、现场建管处及部分省水利企业主要负责人，到定点帮扶村肖庄村调研脱贫攻坚及组织新老第一书记交接工作。

11月8日，焦作市南水北调供水配套工程温县线路试通水。

11月8~9日，国务院南水北调办副主任蒋旭光带队检查南水北调干渠新郑段、宝丰段、郏县段安全稳定运行管理工作。蒋旭光一行先后检查梅河倒虹吸节制闸、玉带河倒虹吸节制闸、兰河渡槽节制闸等重点运行管理部位。

11月10日，中线建管局在北京召开焦作市府城水厂线路穿越干渠设计方案审查会。

11月10日，安阳市南水北调办党支部组织全体党员到河北省涉县赤岸村八路军129师司令部旧址参观学习，开展主题党日活动，接受爱国主义教育。

11月11日，河南省南水北调办联合中线建管局河南分局开展突发水污染事件应急演练。演练分为事故发现报告与现场救援、应急会商与决策、应急调度、水源切换、应急监测、恢复供水等多个应急演练场景。

11月11~12日，河南财经政法大学朱金瑞教授带领"南水北调中线工程口述史"课题组一行10人到南水北调中线工程焦作段、新乡段调研。课题组实地考察焦作市南水北调城区段景观建设、绿化带征迁安置小区、山门河暗渠工程和膨胀土试验段工程，并访谈焦作、新乡两市的部分工程技术人员、施工人员、工程管理人员和征迁安置群众，详细了解工程建设过程中的具体情况。

11月13~14日，国务院南水北调办主任鄂竟平带队对丹江口大坝、丹江口库区、渠首大坝，以及中线陶岔渠首至邓州段渠道工程运行管理情况进行检查。

11月13~14日，国务院南水北调办组织的南水北调中线工程水源保护和生态建设媒体集中采访活动在南阳市淅川县举行。来自新华社、经济日报、中国日报及省市共20多家新闻媒体代表实地探访九龙镇唐王桥金银花基地、陶岔渠首枢纽工程和淅川县环库绿化示范工程。

11月13~15日，北京市支援合作办副主任梁义一行10人到三门峡市卢氏县调研南水北调对口协作工作开展情况，县委书记王清华，县长张晓燕陪同调研。

11月14日，省南水北调办在郑州市航空港区召开南水北调工程运行管理第30次例会，省南水北调办副主任杨继成主持会议并讲话。

11月14~20日，南水北调中线安阳段设计单元工程档案移交工作会在安阳召开，完成工程档案向项目法人移交工作。

11月15日，省南水北调办召开主任办公（扩大）会议，传达学习《中共中央政治局关于加强和维护党中央集中领导的若干规定》《中共中央政治局贯彻落实中央八项规定实施细则》。省水利厅党组成员、南水北调办副主任杨继成主持会议并讲话。三总师，机关各处室，各项目建管处主要负责人参加会议。

11月15日，省政府移民办副主任杜晓琳一行4人到许昌市调研丹江口库区移民工程完工财务决算工作。

11月15日，河南省水利勘测设计研究有限公司和Esri（中国）联合共建的水利空间信息技术创新应用研究中心成立暨揭牌仪式在郑州举行。

11月16~17日，省南水北调办组织档案验收组对焦作市配套工程苏蔺、温县、武陟、修武线路工程档案及征迁档案进行预验收。焦作市南水北调建管局、监理单位和相关施工、采购单位参加。

11月19日，省南水北调办召开南水北调中线河南段饮用水水源保护区调整方案审查会。参加审查会议的有特邀专家，省环保厅、省国土资源厅、省水利厅等单位的代表，省南水北调办总工程师及有关处室人员。

11月20日，鹤壁市南水北调办召开南水北调干线工程鹤壁段征迁验收工作座谈会。市档案局，淇县、淇滨区、开发区南水北调办、档案局，黄河移民局，河南省水利勘测设计研究有限公司等部门单位人员参加会议。

11月21日，北京市密云水库蓄水量自2000年以来首次达到20亿㎥，北京市南水北调办向河南省南水北调办发感谢信。

11月21日，南阳市南水北调办召开全市南水北调监督执纪案件审查工作会议。纪检组长张士立参加并讲话，纪检副组长王双玉主持会议，各县区南水北调办纪委书记（纪检组长）、纪检专员及机关相关科室参加会议。

11月21日，南阳市方城县南水北调办联合干渠方城管理处在方城县第七小学举行"南水北调公民大讲堂暨渠道防溺亡安全宣讲活动"，方城县组织全县小学师生近三千人参加。

11月22日，漯河市南水北调办组织水政监察执法人员进行业务学习培训。培训会由漯河市南水北调办法律顾问主讲。

11月22日，省南水北调办投资计划处长雷淮平带队到周口市进行《充分发挥南水北调工程供水效益促进我省经济转型发展》专题调研并召开座谈会。市水利局、城管局、住建局、南水北调办、财政局、发展改革委、商水县南水北调办等相关单位负责人参加座谈会。

11月22日，郑州市南水北调办在荥阳市召开南水北调干线征迁验收工作推进会议。

11月22日，安阳市南水北调办组织召开征迁安置验收工作启动会，黄委会移民局负责南水北调干渠征迁安置技术验收3标负责人、南水北调中线干渠工程涉及的县区南水北调征迁机构负责人和工作人员参加会议。

11月23日，省级文明单位第三复查组组长省委宣传部机关党委专职副书记郑志宏，复查组成员赵惠、刘玉洁、唐浏韵一行四人，到省南水北调办对2017年度精神文明建设工作进行全面考评。省水利厅党组成员、省南水北调办副主任贺国营参加考评活动。

11月23日，平顶山市移民安置局在鲁山县组织召开全市移民和南水北调系统学习贯彻十九大精神暨学用结合工作会议。党组书记、局长曹宝柱讲话。邀请市委宣讲团成员市委党校教授宣讲党的十九大精神，副局长王海超主持会议。

11月28日，省南水北调办与省社科院组成的联合课题组到鹤壁专题调研南水北调水资源利用情况。联合课题组一行到盘石头水库和南水北调淇河退水闸等处了解水资源状况和南水北调供用水等情况，并召开座谈会。

11月28日～12月1日，安阳市南水北调办对运行管理单位进行工作考核。

11月29日，漯河市南水北调办主任李洪汉就南水北调通水运行三周年答漯河晚报记者问。

11月29日～12月1日，国务院南水北调办副主任蒋旭光一行到河南省调研南水北调丹江口库区移民稳定发展工作，看望库区移民干部群众，考察南水北调干部学院。蒋旭光一行先后到淅川县九重镇桦栎扒村、邹庄村、周岗村查看中药材、莲藕、猕猴桃、红豆杉种植基地，了解移民产业发展试点进展情况，沿途查看仓房镇宋岗码头及东岸部分村庄地质灾害情况，考察位于渠首的南水北调干部学院以及盛湾镇鱼关村移民丰碑纪念馆。蒋旭光对河南省在受灾移民救灾维稳、移民产业发展创新、移民精神宣传等方面取得的成绩予以充分肯定。

11月29日～12月1日，北京市支援合作办、北京市卫生计生委和京东集团领导到卢氏县调研南水北调对口协作项目中医院异地新建项目、大众电商创业园项目。

11月30日，北京市支援合作办支援一处处长王志伟、南水北调办协作办主任靖立玲一行7人，到南阳市考察南水北调库区水质保护及精准扶贫工作，市南水北调办副主任齐声波、副调研员杨青春及淅川县常务副县长方建波陪同考察。

11月30日，漯河市南水北调办召开专题会议，传达学习贯彻11月2日国务院南水北调工程建设委员会第八次全体会议和11月10日国务院南水北调办务虚会精神。漯河市南水北调办全体干部职工参加会议。

12 月

12月1日，省发展改革委、省财政厅、省国土资源厅等九部门联合印发《河南省耕地河湖休养生息实施方案（2016~2030年）》，确定中原水土资源"作息时间表"。到2020年省内南水北调中线工程受水区压减地下水开采量2.7亿m³；到2030年全省基本实现地下水采补平衡。

12月1日，豫鄂陕三省五地检察机关召开首次联席会议，共同发出倡议，建立南水北调中线工程水源区执法协作机制。联席会议由淅川县检察院发起，南水北调中线工程水源地保护圈内的南阳市西峡县，湖北省丹江口市、十堰市郧阳区，陕西省商洛市商南县检察机关的代表参加，就建立跨区域信息共享平台、跨区域部门联动、延伸检察职能服务生态保护制度等议题展开讨论。

12月5日，国土资源部党组成员赵凤桐、国务院南水北调办副主任蒋旭光一行，到南阳市淅川县调研丹江口库区地质灾害防治工作。省政府副秘书长吴浩、省国土资源厅副厅长杨士海、省南水北调办副主任贺国营、省政府移民办主任吕国范等参加调研。赵凤桐一行到仓房镇磨沟村毕家营组、大石桥乡西岭村、老城镇穆山村移民安置点，实地查看了解山体滑坡发生的原因、造成的损失，询问当地政府对受灾群众的安置情况，以及对地质灾害点的治理方案。山体滑坡未发生人员伤亡和重大经济损失。

12月5日，省南水北调办召开邓州市三水厂支线玻璃钢夹砂管排查质量问题专题会。

12月5日，安阳市南水北调办举办党的十九大精神宣讲报告会，邀请安阳市十九大代表孟瑾同志作党的十九大精神宣讲报告，全体干部职工参加。

12月5日，第32个国际志愿者日，南阳市南水北调办志愿服务队开展学习《志愿服务条例》活动。

12月6日，国务院南水北调工程建设委员会专家委员会在北京组织召开《大数据技术应用于南水北调工程的技术方案研究》项目验收会。专家委主任陈厚群、副主任宁远出席会议。

12月6日，省南水北调办召开南水北调中线一期工程通水三周年新闻通气会。省南水北调办副主任杨继成通报南水北调中线工程通水三年来河南省南水北调工作情况和主要成效，中线建管局总会计师、河南分局局长陈新忠介绍南水北调干线工程运行情况，省南水北调办副巡视员李国胜主持会议。省水利厅水政水资源处、省南水北调办机关各处室主要负责人及干部职工代表60余人参加会议。

12月6日，省南水北调办召开退休干部党员大会，选举产生退休干部支部委员会和党支部书记。省水利厅党组成员、省南水北调办副主任杨继成出席并通报工作情况。

12月7日，郑州电视台、郑州日报、郑州晚报、郑州人民广播电台、大河报等媒体到郑州市南水北调移民村、配套工程分水口门泵站、南水北调生态文化公园采访。

12月7日，鹤壁市水利局、市南水北调办举办主题为"爱岗敬业、无私奉献"的道德讲堂活动。

12月8日，省水利厅召开干部大会，传达省委决定，刘正才同志任中共河南省水利厅党组书记，李柳身同志不再担任中共河南省水利厅党组书记；孙运锋同志任河南省水利厅副厅长（正厅级）。

12月8日，南水北调中线辉县段设计单元工程档案通过中线建管局项目法人验收。至此，南水北调中线工程河南委托项目16个设计单元工程档案全部通过项目法人验收。

12月8日，郑州市南水北调办（市移民局）开展"重温入党誓词主题党员活动日"活动，全体党员干部参加宣誓活动。

12月9~15日，鹤壁市南水北调办在配套工程现地管理站和泵站外墙悬挂宣传横幅标语，带领宣传车在配套工程沿线附近村庄实地播放南水北调法规录音、宣讲南水北调知识。共发放宣传材料2000余份，提供咨询服务500多人次。

12月11日，鹤壁市南水北调办副主任郑涛做客市人民广播电台《政风行风热线》直播栏目，开展南水北调工程通水三周年宣传，介绍鹤壁市南水北调基本情况、通水效益、运行管理、生态带建设、水质保护工作情况，与听众进行互动交流，现场接听并解答听众的咨询和提出的问题。

12月11日，省环境保护厅召开加强丹江口水库饮用水水源保护区规范化建设会议，南阳市南水北调办副主任郑复兴参会。

12月12日，省南水北调办邀请年鉴和水利专家召开《河南省南水北调年鉴2017》评审会。

12月12日，平顶山市南水北调办在新城区市民广场组织开展南水北调中线工程通水三周年集中宣传活动，副市长冯晓仙出席活动。通水三年平顶山市已承接南水北调中线工程生活供水8040万 m^3，受益人口150万人，先后向白龟湖生态补水近3亿 m^3。

12月12日，漯河市南水北调办在沙河景区红枫广场举行南水北调工程通水三周年宣传活动。展出宣传展板、悬挂宣传条幅、现场向市民发放宣传材料。通水三年来，漯河市南水北调8个受水水厂通水7个。2017年度供水5420万 m^3，完成年度用水计划的88%。供水目标有市区、临颍县和舞阳县，临颍县利用南水北调水建设千亩湖湿地公园。

12月12日，濮阳市南水北调办在综合楼北门设立宣传咨询台现场答疑，悬挂"热烈庆祝南水北调中线工程通水三周年"为内容的标语，制作宣传版面8块，出动宣传车2台次，散发南水北调宣传手册300余份，环保手提袋400余个，雨伞100把。12月12日的《濮阳日报》专版刊登题为"南水北调助力濮阳绿色健康发展"的文章。

12月12日，安阳市南水北调办组织志愿者在高新区七仙女广场举行以"人水和谐清水永续"为主题的宣传活动。

12月12日，邓州市委宣传部、市南水北调办、市文明办主办，邓州书画院承办的"庆祝南水北调中线工程通水三周年"书画展在市老干部活动中心开幕，共展出书画作品及图片300余幅，为期5天。

12月12日，滑县南水北调办组织全体人员开展南水北调中线工程通水三周年宣传活动。在滑县各大商场附近悬挂条幅、摆设展板，发放《河南省南水北调科普手册》《河南省南水北调配套工程供用水和设施保护管理办法》，张贴《工程保护人人有责》宣传漫画。

12月12～13日，平顶山市南水北调办组织对宝丰、郏县、鲁山、叶县的配套工程现地房、管理所、调流阀室、泵站等进行安全生产大检查。发现影响工程生产安全的问题有：1.部分施工人员没有佩戴安全帽；2.安全警示标志欠缺；3.办公区及生活区发现存在部分用电线路老化；4.郏县出口现地房变压器外箱门脱落；5.高庄泵站一号站蝶式止回阀无法正常关闭等。

12月13日，省南水北调建管局召开南阳配套工程监控设施完善及管理处绿化方案审查会，南阳市南水北调办副主任皮志敏参会。

12月13～15日，新乡市南水北调办召开配套工程运行管理培训会，对新招聘人员及各管理站运管人员进行运行管理业务培训。市南水北调办主任邵长征出席开班仪式并讲话。对配套工程概况、供水工艺、运管制度及相关法律法规进行系统的理论学习和现场教学并进行理论考试，总工司大勇对培训做总结。

12月14日，省南水北调办印发《河南省南水北调配套工程运行管理物资采购管理办法》《河南省南水北调中线工程建设领导小组

办公室配套工程运行管理资产管理办法》。

12月14日，省南水北调建管局召开南阳供水配套工程合同变更及调度中心监理延期费用审查会，南阳市南水北调办副主任皮志敏参会。

12月14～17日，三门峡市卢氏县10家名优企业产品参加北京市特色产品展销会。

12月15日，省南水北调办与河南分局联合在焦作城区段举办通水三周年"开放日"活动，这是南水北调中线工程焦作段首次向民众开放。

12月15日，南阳市南水北调办联合渠首分局在解放广场举行南水北调中线工程通水三周年纪念日活动暨保水质护运行志愿者授旗仪式，市南水北调办副主任郑复兴、市文明办毛胜军、渠首分局书记万金波参加活动并致辞。向志愿者授旗、发放南水北调徽章，向群众发放南水北调相关书籍和宣传手册。

12月18～19日，省水利厅党组成员、省南水北调办副主任贺国营带队到定点扶贫村肖庄村调研指导工作。

12月18～24日，南阳市南水北调办进行配套工程运管人员岗前培训，共有86名学员参加。主任靳铁拴看望培训学员并与大家合影留念，副主任齐声波出席培训动员会并作动员报告，纪检组长张士立、副处级干部赵杰三参与培训活动。

12月19日9:30，温县南水北调水厂正式向城区并网供水。

12月19～20日，省南水北调办在平顶山召开河南省南水北调工程运行管理第31次例会，副主任杨继成主持会议并讲话。

12月21日，省南水北调办召开全面从严治党落实"两个责任"动员大会，机关各处室、各项目建管处副处级以上干部及部分科级以下干部职工参加会议。省水利厅党组书记、省南水北调办主任刘正才主持会议，省水利厅党组成员、驻厅纪检组组长刘东霞，省水利厅党组成员、省南水北调办副主任贺

国营、杨继成，驻厅纪检组副组长李冰等督查组成员出席会议。

12月21日，省南水北调办批复同意南阳南水北调配套工程完善管理设施设计，核定南阳南水北调配套工程完善管理设施预算总投资803.08万元。

12月21日，中线建管局印发《南水北调中线干线工程建设管理局建设期运行档案技术标准（试行）》。

12月22日，省南水北调办在郑州召开配套工程征迁验收工作推进会。

12月22日，按照省南水北调办机关党委要求，监督处党支部开展主题党日活动，以强化四个意识为主题谈认识说想法分享体会。副巡视员李国胜出席会议并进行点评。会议由支部书记田自红主持，支部全体党员参加会议。

12月22日，由省文联、省南水北调办、南阳市委宣传部、省美术家协会主办，省书画院承办的"南水北调中线工程写生创作展"在河南博物院开幕，展出百余幅作品。

12月22日，南水北调登封供水工程建设协调会在禹州召开，省南水北调办副主任杨继成、省水利厅副厅长杨大勇出席会议并讲话。规划登封供水工程从干渠16号任坡分水口取水，向登封年供水2000万m³。

12月22日，河南省南水北调配套工程征迁安置验收工作推进会在郑州召开，省南水北调办副主任贺国营出席并讲话。

12月22～24日，国务院南水北调办首次在郑州组织开展南水北调东中线工程基层管理者针对性防汛培训。各项目法人、工程管理单位三级管理机构负责人和防汛业务人员共180余人参加培训。

12月29日，中线建管局局长于合群一行到焦作市调研南水北调绿化带项目、黑臭水体治理、穿越干渠工程和生态调水调蓄工程情况。省南水北调办副主任杨继成一同调研。

12月31日，焦作市南水北调26号分水口门博爱输水线路向博爱配套水厂试通水。

简称与全称对照表

简　称	全　称
国务院南水北调建委会	国务院南水北调工程建设委员会
国务院南水北调办 国务院南水北调办公室	国务院南水北调工程建设委员会办公室
南水北调中线建管局 中线建管局	南水北调中线干线工程建设管理局
河南省南水北调办公室 省南水北调办	河南省南水北调中线工程建设领导小组办公室
省南水北调建管局	河南省南水北调中线工程建设管理局
省政府移民办	河南省人民政府移民工作领导小组办公室
渠首分局	南水北调中线干线工程建设管理局渠首分局
河南分局	南水北调中线干线工程建设管理局河南分局
南阳市南水北调办	南阳市南水北调中线工程建设领导小组办公室
平顶山市南水北调办	平顶山市南水北调中线工程建设领导小组办公室
漯河市南水北调办	漯河市南水北调中线工程建设领导小组办公室
许昌市南水北调办	许昌市南水北调中线工程建设领导小组办公室
郑州市南水北调办	郑州市南水北调中线工程建设领导小组办公室
焦作市南水北调办	焦作市南水北调中线工程建设领导小组办公室
焦作市南水北调城区办	焦作市南水北调中线工程城区段建设领导小组办公室
新乡市南水北调办	新乡市南水北调中线工程建设领导小组办公室
濮阳市南水北调办	濮阳市南水北调中线工程建设领导小组办公室
鹤壁市南水北调办	鹤壁市南水北调中线工程建设领导小组办公室
安阳市南水北调办	安阳市南水北调中线工程建设领导小组办公室
邓州市南水北调办	邓州市南水北调中线工程建设领导小组办公室
滑县南水北调办	滑县南水北调中线工程建设领导小组办公室
卢氏县南水北调办	卢氏县南水北调办公室
栾川县南水北调办	栾川县南水北调办公室